普通高等教育"十一五"国家级规划教材

现代生物化学

第三版

黄熙泰　于自然　李翠凤　主编

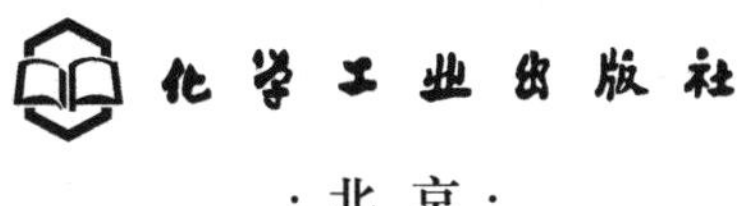

·北京·

内容简介

《现代生物化学》（第2版）自2005年出版以来，由于内容简明新颖，概念准确，功能齐全，受到教师和学生的普遍欢迎。2006年被教育部评为普通高等教育“十一五”国家级规划教材。《现代生物化学》第3版在第2版的基础上作了重大修改和增删，完善体系、更新内容，以适应学科发展与教学需求。

本书体系完整，表述清晰，每章附有思考题，书末附有关键生化名词中英文对照及索引。适合生物学各专业和农、林、医、药、工各相关专业本科生、研究生作教学用书，也可作科研参考书。

图书在版编目（CIP）数据

现代生物化学/黄熙泰，于自然，李翠凤主编．—3版．北京：化学工业出版社，2012.4（2024.8重印）
普通高等教育“十一五”国家级规划教材
ISBN 978-7-122-13567-4

Ⅰ．现…　Ⅱ．①黄…②于…③李…　Ⅲ．生物化学-高等学校-教材　Ⅳ．Q5

中国版本图书馆CIP数据核字（2012）第027286号

责任编辑：赵玉清　　文字编辑：刘　畅
责任校对：陈　静　　装帧设计：关　飞

出版发行：化学工业出版社（北京市东城区青年湖南街13号　邮政编码100011）
印　　装：河北延风印务有限公司
787mm×1092mm　1/16　印张40¼　字数1024千字　　2024年8月北京第3版第14次印刷

购书咨询：010-64518888　　售后服务：010-64518899
网　　址：http://www.cip.com.cn
凡购买本书，如有缺损质量问题，本社销售中心负责调换。

定　　价：79.00元

第三版前言

《现代生物化学》（第二版）出版以来，由于内容简明新颖，概念准确，功能齐全，受到教师和学生的普遍欢迎。2006年被教育部评为普通高等教育“十一五”国家级规划教材。六年来已重印七次，总印数35500册，取得了良好的社会效益和经济效益。

当今世界，由于生物化学研究手段不断更新，有关生物化学的研究新成果、新理论不断涌现。有人做过统计，每过八年有关生物化学的信息就增加一倍，现在有关生命科学，生物化学的研究进展更加迅速。为了适应生物化学的飞速发展，修订新版《现代生物化学》就成为摆在我们面前的迫切任务。

本次再版有两个主要目标：第一，完善生物化学体系，使本书更有利于理工农医药各个学科对基础生物化学教学要求。第二，更新内容，主要是增加生物化学相关新发现新进展的内容。主要修订内容如下。

一，在绪论部分，①增加“生物能学和热力学”一节为生物化学提供贯穿全书的物理化学基础。②增加“水及水与生物分子的相互作用”一节介绍水的性质，水在生命过程中的作用及对生物大分子结构的影响。介绍水溶液对溶质的依数性和渗透压的影响。③在第四章“核苷酸和核酸”之后增加“糖和糖生物学”一章，介绍糖，多糖，糖缀合物的结构和组成；糖作为能源储备，多糖的结构及支持作用以及糖作为信息分子的功能。

二，逐章逐节进行内容更新和文字润色。主要内容包括在第二章蛋白质化学中增添蛋白组学中的重要技术，质谱分析技术及应用，圆二色性分析，蛋白质与配基结合的动力学分析，血红蛋白携氧的动力学分析。在第三章“酶”部分加强别构酶和别构调节部分。改进了对酶抑制剂的阐述，用医学和工业应用实例说明了酶抑制剂的功能。第六章“维生素与辅酶”部分对各种维生素的功能和作用机理进行补充。在第七章“生物膜”部分，对脂类的结构，分类及生物学功能作了描述；对膜的“流动镶嵌”模型，“脂筏”等概念进行了更新和补充，并对一些关键膜蛋白进行了介绍。在第八章“激素和信号转导”部分对“信号分子与受体之间的相互作用”的原理及过程作进一步深入介绍。对六种信号转导的基本机制，门控离子通道，受体蛋白，受体酶，核受体，与胞浆直接连接的受体及与胞外基质大分子作用的受体的功能深入介绍。在脂代谢部分增加胆固醇代谢相关蛋白包括胆固醇携带胞浆脂蛋白，载脂蛋白，乳糜微粒，低密度脂蛋白，极低密度脂蛋白，高密度脂蛋白的介绍。第十五章，更新对嘌呤核苷酸分解代谢的表述。在第十七章中增加“SnoRNA”及“一个由未知功能RNA组成的RNA世界”一节介绍转录组学研究新成果。在第十九章增加“RNA介导的基因表达调节”，介绍Riboswitch和非编码RNA对基因表达的调节作用。对“Epigenetics”（表遗传学）作了简介。

本书第一、四、五、十六～二十章由黄熙泰教授编写；二、三、六、七及十五章由于自然教授编写；第八～十一、十三、十四章由李翠凤教授编写；第十二章由王勇教授编写。

本书在编写和使用过程中得到国内外读者的关心和帮助，得到南开大学各级领导的关怀和支持，特此致谢。

感谢化学工业出版社的编辑为本书的出版和修订所付出的辛勤劳动。

2012年2月

第二版前言

《现代生物化学》一书第一版自2001年9月出版以来，由于内容简明、新颖，概念准确，功能齐全，受到使用单位和读者的普遍欢迎，三年多来已重印5次。2002年度获第六届石油和化学工业优秀教材二等奖。

据教学单位和读者的反馈意见，本书第二版对内容作了较大范围的增删。增加绪论一章，介绍生命的特征，生物化学研究范围、研究目标和一些生物化学的基本概念。由于细胞是生命的基本单位，而生物膜是细胞和亚细胞器的边界，具有多样的生物学功能，因而新版增加了“生物膜”一章，对生物膜作扼要的介绍。地球上所有生物赖以生存和发展的能量源泉直接或间接地来自于植物吸收太阳光能的光合作用，因此我们补充了“光合作用”一章以完善生物化学体系。

在当今科学界，生物化学是发展最快的学科之一，有关生物分子结构和功能的信息呈指数增长。因而在第二版的第十九章中增加了“基因组学”和“蛋白质组学”两节，分别介绍人和其他模型物种全基因组DNA测序的理论和方法，基因组信息研究方法与成果，以及蛋白质组学的研究方法与研究内容。生物体的发育过程是“级联”控制的，在第十七章增加“λ噬菌体的发育调节”一节，给出了这个重要概念。

为了增强学生的研究能力，加深学生对新知识、新研究手段的了解，本书修订版着重增加了相关技术的介绍，如“超离心及沉降系数”，“X射线衍射分析”，“基因表达的小RNA干扰”，“RNA适配体人工系统进化技术（SELEX)”，“基因文库的建造”，“蛋白质序列比对与生物系统发生”等重要的新技术、新手段。

本次修订还对生物化学主要名词和概念的描述作了进一步的提炼，以使这些概念和名词更准确。对一些章节作了重新编排，使知识连接更合理，更有利于讲授和阅读。删去一些模棱两可的概念。为了便于教学，本书中所列习题的答案已载入于自然等编写的“生物化学习题及答案”一书。在本书附录部分增补了英汉生化名词对照及索引，以方便读者检索。

本书第一、四、十五～十九章由黄熙泰教授负责编写，第二、三、五、六及十四章由于自然教授负责编写，第七～十、十二、十三章由李翠凤教授负责编写，第十一章由王勇教授编写。马宝全、郭宏杰副教授曾经参与第一版中第七、八、五章的编写。

本书共80余万字，内容丰富，深入浅出，适合理、工、农、林、医各相关专业的本科生、研究生作教学用书，也可作为相关专业科研参考书。

本书编写过程中得到南开大学院系各级领导的大力支持，特此致谢。

感谢化学工业出版社的编辑为本书的出版和修订所付出的辛勤劳动。

第一版前言

生物化学是一门研究生命现象的化学本质的学科。其目标是在分子水平上探讨构成生物体的基本物质（如糖、脂、蛋白质、核酸、酶、维生素和激素等）的结构、性质和功能，这些物质在生物体内的代谢规律及其与复杂的生命现象如生长、生殖、衰老、运动、免疫等之间的关系。

19 世纪末和 20 世纪初，在有机化学和生理学研究的基础上，生物化学才逐渐发展成为一门独立的学科。虽然，生物化学与有机化学、生理学、物理化学、分析化学等有着密切的联系，但是作为一门独立的学科，生物化学本身具有独特的研究对象和研究方法。

生物化学既是各门生物学科的基础，又是现代生物学中发展最快的一门前沿学科。细胞生物学、遗传学、微生物学、免疫学、病毒学、进化论甚至分类学的研究都离不开生物化学的理论和方法。生物化学又是临床医学、药学与制药工程、食品和营养等学科的基础。它与人类的健康，疾病的诊断与治疗，工农业生产及国防建设等密切相关。

1953 年，Watson 和 Crick 建立了 DNA 分子的双螺旋结构模型，从此生命科学揭开历史新的一页。DNA 的复制与修复、RNA 和蛋白质的生物合成、遗传密码的破译等知识极大地丰富了生物化学的理论和实践。同时，人们也不断依靠对生物大分子——蛋白质、核酸和酶的结构与功能关系的新的认识来充实和促进生物化学的发展；而生物化学研究成果的不断积累，又为分子生物学的发展奠定了坚实的基础。一个最明显的例子是分子生物学的关键技术——重组 DNA 技术就是在两个关键的工具酶，DNA 限制性内切酶和 DNA 连接酶的发现之后诞生的。由于 DNA 重组技术的出现，使生命科学出现了革命性变化，从此生命现象和生命过程的研究开始全面进入分子水平。

经典生物化学一般是从分离纯化一种生物物质开始，进而研究这种物质的结构和功能。它很难准确了解这些物质在整个机体中的作用。现代生物化学则借助分子生物学的理论和手段，从基因水平全面了解蛋白质的结构，确定它们在生物体的生长发育、生殖、衰老等过程中的作用。使生物化学研究变得更加彻底、更加多元化、更加丰富多彩了。

由于人类基因组工程的接近完成，一批模型生物基因组 DNA 序列的完全了解，生命科学已进入后基因组时代，即功能基因组学和蛋白质组学（proteomics）时代，一个生命过程的网络结构正逐渐清晰地呈现在人们面前。《现代生物化学》一书将为广大读者提供一本全新的生物化学教材，以适应 21 世纪生命科学及其相关学科发展的需要。

本书共分 16 章，包括氨基酸和蛋白质化学、核酸和核苷酸、酶化学、维生素与辅酶、激素及其作用机理、糖类及其代谢、脂类代谢、氨基酸代谢、DNA 的复制与修复、RNA 的代谢、蛋白质的生物合成与修饰、DNA 重组技术、基因表达的调节控制等。书中基本概念论述准确，深度适中，紧紧扣住生物化学的基本内容，又力求反映生物化学研究的新成果、新进展、新的研究手段和方法，以达到拓宽基础、开阔视野、加强对学生的科学素养和能力培养之目的。

本书适合作为综合性大学及师范院校生命科学院各专业学生共同的生物化学基础课教材，也可作为与生命科学相关的学科，如化学、医学、农学、发酵工程、药学、制药工程、营养与食品科学、环境科学和生物物理等专业学生学习生物化学课程的教材或参考书。近年来，遗传信息及其传递部分的研究新成果甚多，本书在第十二章～第十五章里作了较为详细的介绍，可供生化及分子生物学专业的学生及对该部分感兴趣的读者参考。

本书编写过程中，受到兄弟院校同行、南开大学生命科学院各级领导和同事以及化学工业出版社的鼓励和支持，在此表示由衷的感谢。21 世纪将是科学技术飞速发展的世纪，作为高新科技基础和前沿的生命科学，生物化学等也将有新的突破和发展。由于学科本身每年都会有大量新的研究成果涌现，加上编者水平、经验有限，书中难免会有不当之处，敬请广大读者批评指正。

编者

2001 年 5 月

目　录

第一章　绪　论

第二章　蛋白质化学

第三章　酶化学

第四章　核苷酸和核酸

第五章　碳水化合物和糖生物学

第六章　维生素与辅酶

第七章　生物膜

第八章　激素与生物信号转导

第九章　新陈代谢引论

第十章　糖代谢

第十一章　生物氧化

第十二章　光合作用

第十三章　脂代谢

第十四章　氨基酸的代谢

第十五章　核苷酸代谢

第十六章　DNA 的复制、修复和重组

第十七章 RNA 代谢

第十八章 蛋白质的生物合成与修饰

第十九章 基因表达的调节

第二十章 重组 DNA 技术与基因组学

第一章　绪　论

第一节　生命的特征和生物化学的研究范畴

150 亿～200 亿年前，宇宙产生于一次热核的、能量巨大的亚原子微粒大爆炸，在一瞬间形成了最小的元素氢和氦。当宇宙膨胀和冷却下来的时候，在重力的影响下，物质凝集形成星球。有些星球太大，又爆炸形成超新星（supernovae）。释放出的能量使较小的原子核融合成较复杂的元素，最后经过多少亿年后，产生了地球本身和存在于当今地球上的化学元素。大概在 40 亿年前，生命诞生了。最初是最简单的微生物，它们能够吸收有机化合物或太阳光的能量，利用地球表面的元素和化合物制造一系列更复杂的生物分子（biomolecules）。

生物化学研究的是成千上万不同的无生命的生物分子怎样产生有显著特征的活的有机体。当这些分子独立存在时，它们服从所有用于描述无生命物质行为的物理和化学定律。而且所有发生在有机体中的过程也服从这些定律。生物化学要揭示何以这些构成活机体的无生命分子的组合和相互作用，就能维持和繁衍这么多活生生的生命。

生物体具有其他物质的集合所不具有的杰出特征，那么，什么是活机体所具有的独特性质？以下六点概括了生物体的独特性质：

生物体具有高度的化学复杂性和精细的微观组织

成千上万种不同的分子组成细胞精细的内部结构。每种分子都有着它自己的特殊组成单位和排序顺序。它们具有独特的三维结构，且在细胞内有着高度选择性的结合伙伴。

生物体有着从环境中吸收、转化和使用能量的系统

这个系统使得生物体能建立和维持他们的精密结构，并且用这种能量去做化学功、机械功、渗透压功和电功。而无生命物质只能蜕变、腐朽、趋于更加紊乱，趋于和环境平衡。

生物体具有精确的自我复制和自组装（self-assembly）**能力**

一个细菌细胞放在一种灭菌的营养介质中 24h 之内可以产生十亿个相同的子代细胞；每个细胞含有成千上万种不同的分子，有些分子极端复杂；每个子代细菌是原来细菌细胞的忠实复制品，它的结构信息完全来自于原来细胞的遗传物质。

生物体能够感觉到环境改变并有作出反应的能力

生物体总是调整生物个体内部的化学变化以适应环境改变的需要。

生物体内部的化学成分及它们之间有规律的相互作用各具有独特的功能

这种特征不单存在于宏观结构，如植物的树干和叶子；动物的心脏和肺，而且存在于细胞内的微观结构和单个化学成分。生物体内的化学成分之间的相互作用是动态的，一种成分的改变会引起另一种成分的协同或补偿改变，而整体所表现出的特点是生命，这是其他各种化学组分所不具有的。各种生物分子的组合执行着一种程序，最终结果是这种程序的再生和生命的自我延续。

生物的进化

有机体可以改变可遗传的生活方式以使自己适应环境的改变，亘古进化的结果造成生命形式的丰富多样性和其外观的巨大差异性。但是，由于他们有共同的祖先而具有根本上的相关性。鸟类、牲畜、植物和土壤微生物与人类拥有共同基本结构单位——细胞，拥有相同类型的生物大分子——DNA、RNA 和蛋白质，以及组成这些大分子的单体（monomeric subunit)：核苷酸、氨基酸。它们使用相同的遗传密码，衍生自相同的进化祖先。

尽管生物体有上述这些共同的性质和根本的一致性，但每种生物之间存在着巨大的差异性。生物的生活范围从接近沸点的温泉到异常寒冷的北极圈，从动物的肠道到学校的学生宿舍，这些生活方式的巨大差异都要一系列特征性的生物化学适应性与之相匹配。

生物化学在分子水平描述所有生物体共同的结构、工作机制和化学过程，了解支配所有不同生命形式的基本原理，即所谓生命的分子逻辑（the molecular logic of life）。虽然生物化学为医学、农业、营养学和工业提供基础知识和实际应用知识，但它的最终目标是了解生命本身。

第二节　一些生物化学的基本概念

生物化学的目标在于从化学的观点描述生命的结构和功能。其中最富有成果的研究方法之一是从活机体上分离、纯化单个生物化学成分，例如纯化一种蛋白质以研究它的结构和化学特征。到18世纪后期，化学家们已得到结论：生命物质的成分与非生物世界有着惊人的区别。Antoine Lavoiser（1743～1794年）注意到“矿物世界”的相对化学简单性与“动物和植物世界”复杂性的差别。他了解到，后者的组成富含碳、氧、氮、磷元素。

到20世纪前半叶，比较生物化学研究了解到在酵母细胞和动物肌肉细胞这两种明显不同的细胞中葡萄糖的分解过程有明显的化学相似性。在这两种细胞中葡萄糖都同样地被分解成十种不同的中间体。其后对其他物种的生物化学研究肯定了这个发现的普遍性。因此Jacques Monod总结出一条道理：“大肠杆菌中发生的葡萄糖的代谢过程也发生在大象体内”。现在关于所有生物都有着共同的进化始祖的看法部分是基于这些统一的化学中间体和转化过程的发现。

在90多种天然化学元素中只有约30种是生物体所必需的。活体中的大部分元素都具有较低的原子序数。只有五种元素原子序数在硒元素（34）之上。根据原子数的百分含量，生物体中最丰富的四种元素是氢、氧、氮和碳，它们占大部分细胞质量的99%。他们是最轻的元素，各自能形成一、二、三、四个共价键。一般，越轻的元素形成的共价键越强。一些痕量元素，尽管占有人体质量中很小的一部分，但是对生命是必需的，通常因为它们是某些特殊蛋白质（包括一些酶）的功能所必需的，例如血红蛋白分子有输氧的功能，它的活性绝对依赖只占其质量0.3%的四个铁离子。

一、生物分子是含有不同功能基团的含碳化合物

生物体是由含碳化合物组成的。碳元素占细胞干重的一半以上。碳原子能和氢形成单键，也可与氧原子和氮原子形成单键和双键。最有生物学意义的是碳原子与碳原子之间能形成非常稳定的单键。每个碳原子能和其他四个碳原子形成单键，两个碳原子能够共用两个（或三个）电子对因而形成双键（或三键）。

由一个碳原子形成的四个单键联系的四个原子排列在以这个碳原子为中心的正四面体的顶点，任何两个单键的夹角为109.5°；平均键长0.154nm。这些单键可以自由旋转，除非单键两端的碳原子附着庞大的或高电荷性的基团，使旋转受到空间的限制。双键则更短一些（约0.134nm），并且是僵直的，不能围绕着它的轴旋转。

在生物分子中共价联系的许多碳原子能够形成线性链、分叉链或环形结构。在这些碳骨架上能够附着一些其他原子的基团称为功能基团（functional group，官能团），它们为分子提供特殊的化学性质。碳原子的这种多样的成键功能看来是生物在起源和进化过程中选择碳化合物作为细胞分子机器的主要因素。没有其他任何元素能够形成这么多大小形状不同带有这么多种功能基团的分子。

大部分生物分子可以看成是碳氢化合物的衍生物，把氢原子替换成不同的功能基团就可以产生一系列不同的有机化合物。这些化合物中最典型的有醇类（有一个或多个羟基）、醛

类和酮类（带有羰基）、胺类（带有氨基），以及羧酸类（带有羧基）。许多生物分子是多功能的，含有两种或两种以上的功能基团，每种功能团都有自己的化学特性和反应。一个化合物的化学“个性”是由它的功能基团及其在分子三维结构中的位置所决定的。

二、细胞含有一组通用的小分子

所有细胞水相（细胞质）中溶解着一组分子量（M_r）约 100～500 的 100～200 个不同的有机化合物。这些主要代谢中间体和代谢途径存在于整个进化过程中。这些小分子包括普通氨基酸、核苷酸、糖和它们的磷酸化衍生物，以及一批单羧基、二羧基和三羧基的羧酸。这些分子是极性或带电荷的、水溶性的，并以微克分子浓度（micromolar）或毫克分子浓度（millimolar）存在。它们被关闭在细胞内，因为细胞质膜对它们来说是不可透过性的，虽然膜上有特殊的跨膜蛋白促进这些分子进出细胞。各物种的活细胞中含有许多共有的小分子种类。这种现象说明不同物种代谢途径的设计是通用的，反映了代谢途径在进化上的保守性。这些代谢途径起源于早期远古生物的细胞中。

有一些小的生物分子只存在于一些特殊类型的细胞或物种中。例如，维管束植物除了普通的小分子之外还含有一些额外小分子叫做次生代谢物（secondary metabolites），它们对植物生命有特殊作用。这些特殊的代谢物给植物以特殊的气味。而像吗啡（morphine）、奎宁（quinine）、尼古丁（nicotine）和咖啡因（caffeine）这些化合物对人体有生理效应。但对植物来说有其他用处。一种给定细胞的全部小分子的集体还被称为这种细胞的“代谢物组”（metabolome），就像一种细胞的全部 DNA 被称为“基因组”（genome）一样。如果我们知道一个细胞的代谢物组的成分，就能够预测这个细胞的酶类和代谢途径。

三、分子量，分子质量和它们的正确单位

有两种常用的（也是等价的）描述分子质量的方法，二者都在本书中使用。第一种是分子量（molecular weight）或相对分子质量（relative molecular mass），记为 M_r。一种物质的分子量定义为这种分子的质量对一个碳原子（^{12}C）质量的 1/12 的比率。由于 M_r 是一种比率，所以它没有计量单位的概念。第二种是分子质量（molecular mass）记为 m，它就是一个分子的质量，或者是这种物质的摩尔质量（the molar mass，克分子质量）除以阿佛伽德罗数。这个分子质量 m 以道尔顿（daltons，Da）为单位表示。一个道尔顿等于一个碳原子（^{12}C）质量的 1/12。一个千道尔顿（kilodalton，kDa）等于 1000 道尔顿。一个 magadalton（MDa）等于一百万道尔顿。

如果一个分子的质量是水分子的 1000 倍，我们可以说这个分子的 $M_r=18000$ 或 $m=18000Da$，我们可以说它是一个 18kDa 的分子，但是表示成 $M_r=18000$ 道尔顿是不正确的。

四、摩尔和摩拉

摩尔（mole）是特殊的数量单位，用来计量物质微粒，如分子、原子、离子、中子、质子、电子的数量，数值上等于阿佛伽德罗常数（Avogadro's number）$6.022\times10^{23}/mol$。当把摩尔和具体物质相联系时，它又成了质量单位，如 1 摩尔的水的质量如果以克作单位，数值上等于它的分子量。1 摩尔水（H_2O）的质量是 18 克，1 摩尔氢分子（H_2）质量是 2 克，1 摩尔氢原子（H）的质量是 1 克。它们所含微粒的数量都是 6.022×10^{23}（个）。

摩拉（The Molarity，简称 Molar）是生物化学界中最常用的溶液浓度单位。它在我国曾被译作“克分子浓度”。摩拉定义为一升溶液中所含溶质的摩尔数，单位为 M。例如，一升氯化钠溶液中，如果含有 58.5 克氯化钠溶质，则这个氯化钠溶液的浓度为 1M。如溶液浓度为这个浓度的千分之一（$\times10^{-3}$），则浓度单位称为 mM。若是百万分之一（$\times10^{-6}$）则称为 μM。

五、生物大分子是细胞的主要成分

许多生物分子是大分子（macromolecules），这些大分子是由相当简单的前体分子（单体）组装而成的高分子量多聚物（polymer）。蛋白质、核酸和多糖是由分子量小于500的小分子化合物聚合而成的。被多聚化的单体的数目从几个到几百万个不等。合成生物大分子是细胞的主要耗能活动。生物大分子本身可能被进一步组装成超分子复合物（supermolecular complex），组成像核糖体（ribosome）这样的功能装置。表1-1列举了大肠杆菌细胞中的生物大分子的主要种类和数目。

表 1-1　大肠杆菌细胞的分子成分

分子种类	占细胞全部质量的百分数/%	在细胞中的大约分子种类数
水	70	1
蛋白质	15	3000
DNA	1	1
RNA	6	＞3000
多糖	3	5
脂	2	20
单体和中间体	2	500
无机离子	1	20

蛋白质是氨基酸的长链聚合物，它们是细胞的主要组分（除水之外）。有些蛋白质是酶类，它们有催化活性和功能，其他蛋白质可以是结构元件、信号受体或携带特殊物质进出细胞的运输蛋白，蛋白质大概是生物分子中最多种多样的。在一种给定细胞中全部功能蛋白质种类总称为这种细胞的“蛋白质组”（proteome）。

核酸包括DNA和RNA两大类，是核苷酸的多聚物。它们贮存和传递遗传信息。有些在超分子复合物中的RNA分子还有催化和结构功能。

多糖（polysaccharide）是诸如葡萄糖这样的单糖的聚合物。它们主要有两种功能：一是作为产能的燃料储藏物；二是作为细胞外的结构因子。还为一些特殊蛋白提供特异的结合位点。较短的单糖聚合物（寡糖）附着在处于细胞表面的蛋白或脂类表面作为特殊的细胞信号。

脂类是一类滑润和油腻的碳水化合物的衍生物。它们是细胞膜的结构成分，细胞中高能量的储存物、色素和细胞内信号分子。

在蛋白质，核酸，多糖和脂类中许多结构亚单位是很大的。蛋白质亚基的分子量 M_r 在5000～1000000之间，核酸分子的分子量可达几十亿，多糖如淀粉的分子量有几百万。单个脂类分子分子量较小（M_r 为750～1500），不能算大分子，但是大量脂分子能够靠非共价联系结合成很大的结构。细胞膜就是由脂类和蛋白质分子构成的巨大非共价凝集物。

蛋白质和核酸是信息高分子（informational macromolecule）：每种蛋白和每种核酸都有一个富含信息的特征性单体排列顺序。有一些含有6个或更多不同单糖组成的带有分支链的寡糖（oligosaccharides）也携带信息。它们能在细胞表面构成具有高特异性的识别点参与许多细胞生物学过程。

六、生物分子的构型

一个生物分子的共价键和功能基团是其生物学功能的核心，但是生物分子中各基团的原子在空间上的排列位置对其生物学功能有同等重要的意义。这就是生物分子的立体结构。一个含碳化合物通常存在着立体异构体（stereoisomers），即那些具有相同的化学基团和化学键，但具有不同且固定的原子空间排列，因而具有不同构型（configuration）的分子。生物分子之间的相互作用永远有“立体特异性（stereospecific）”。相互作用的分子要求特异的立体化学构型。

图 1-1 以三种方式显示一个简单分子丙氨酸的立体化学结构。图（a）为丙氨酸分子的透视图（perspective form），这种透视图能准确地显示分子的立体结构，但是要了解键角和原子中心至中心的键长则以球棍模型（ball-and-stick model）表示更佳图（b）。图（c）为空间填充式模型（space-filling model），它能成比例地显示分子内每个原子间的范德华半径和分子占据的空间。

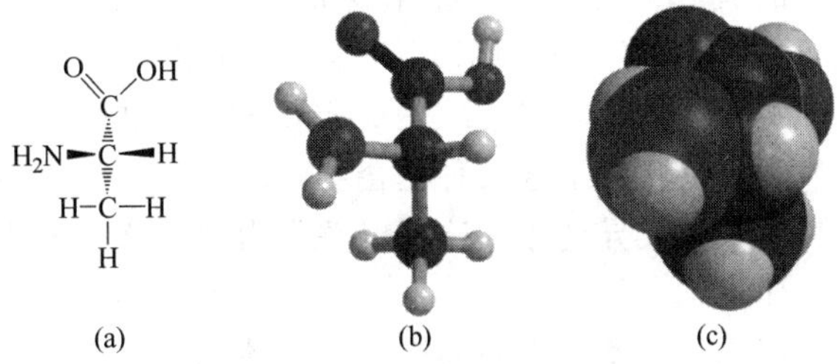

图 1-1 丙氨酸（alanine）分子的三种表示模式

（a）透视式结构式，实心箭头从大到小表示在读者一边的原子和纸平面上的手性碳原子的共价键走向，虚线箭头表示从纸平面上的手性碳原子向纸背面延伸的共价键；（b）球棍模型表示的丙氨酸分子结构；（c）填充式模型表示的丙氨酸分子，原子间的距离相当于范德华半径

一个有机化合物的构型是由两种结构元素赋予的。一是分子中存在着双键，围绕着双键的取代基团不能做自由旋转。二是分子中存在着手性中心，围绕着手性中心碳原子的取代基团有特异的空间顺序。要证实构型异构体的方法是若不切断分子中的共价键，则两个分子的结构不能互相变换。图 1-2(a) 显示马来酸（顺丁烯二酸）和它的异构体富马酸（反丁烯二

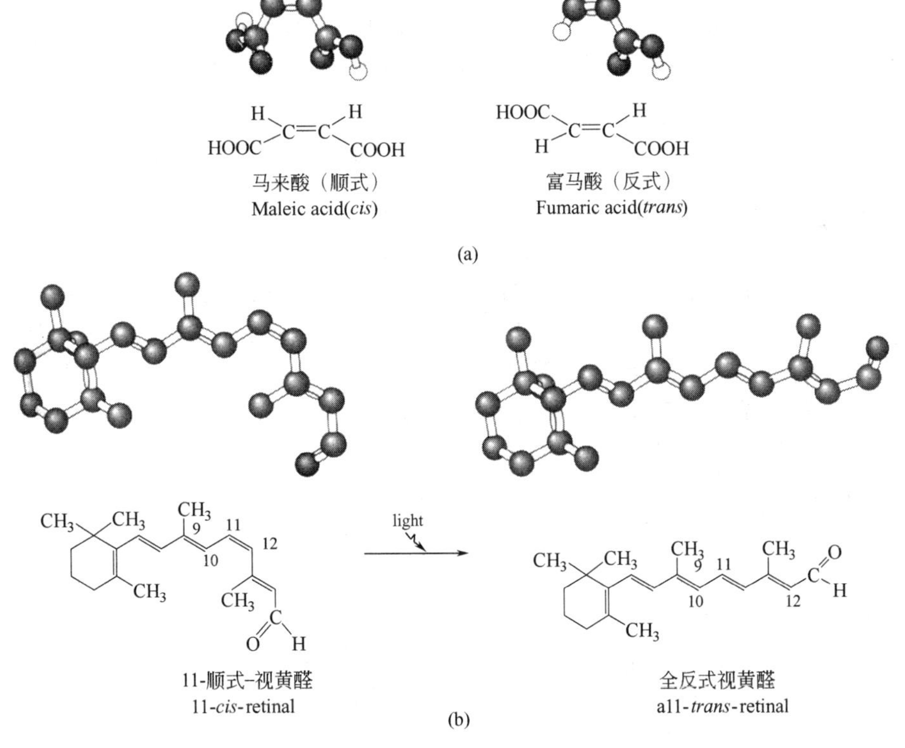

图 1-2 几何异构体的构型

（a）马来酸（maleic acid，顺丁烯二酸）和富马酸（fumaric acid，反丁烯二酸）这两种几何异构体在不发生共价键断裂的时候不会互相转变；（b）在脊椎动物的视网膜中，光被动物视觉检出的起始事件是由 11-顺式视黄醛吸收可见光。用吸收的能量（约 250kJ/mole）把 11-顺式视黄醛变成全反式视黄醛（all-*trans*-retinal），进而，触发视网膜细胞的电位改变，导致一个神经脉冲

酸）的构型，这两种化合物成为几何异构体（geometric）或顺反异构体（*cis-trans* isomers）。它们的区别在于不能自由旋转的碳-碳双键两端的取代基团的排列位置。马来酸是顺式异构体，而富马酸是反式异构体。这两种立体异构体能被分离，且各自有独特的化学性质。一个互补于这两种化合物中的一种的分子结合位点（如酶的结合位点）不能适合和结合另一个顺反异构体。这可以解释为什么这两种化合物尽管有相似的化学性质却有不同的生物学作用。

第二种类型的构型异构体，与碳原子键合的四种不同取代基团可以在空间上以两种不同的方式排列，于是产生两种构型，这两种立体异构物具有类似的或完全相同的化学性质，但其物理学和生物学性质不一样。带有四个不同取代基团的碳原子被称为不对称碳原子。这个不对称碳原子被称为“手性中心”（chiral center）。只含一个手性碳原子的分子有两种立体异构体。如果分子中有两个或更多个（n 个）不对称碳原子时，就会有 2^n 个立体异构体。一些立体异构体互相是对方的镜像，他们被称作对映体（enantiomers）；一对立体异构体如果不是互为镜像的，称作非对映异构体。

Louis Pasteur 首先观察到，对映体分子有着几乎完全相同的化学性质，但是当他们和平面极化光相互作用时，有一种不同的物理性质，即旋光性。在分开的溶液中时，两种对映体各使偏振光的平面向相反方向旋转。但两个对映体的等摩拉浓度（equimolar）溶液没有光旋转性。没有手性中心的化合物不会旋转极化光平面。

由于立体化学对生物分子之间反应的重要性，生化学家把每种生物分子的结构和名称描述得毫无疑义。对于含有多于一个手性中心的化合物，以 *R*，*S* 系统来命名是最有用的，在这个系统中，附着于手性碳原子的每个基团被指定出一个“优先顺序”。一些常见取代基团的优先顺序是：

$$—OCH_3 > —OH > —NH_2 > —COOH > —CHO > —CH_2OH > —CH_3 > —H$$

为了使用 *R*，*S* 系统判定一个手性化合物的结构，把优先性最低的基团（“综合原子序数”最低的基团）放在远离观察者的方向（图 1-3 中 4 号基团）从手性中心碳原子向 4 号基团方向观察，如果其他基团的优先性以顺时针方向减少，则这个手性碳原子的构型是（*R*）型，则右手性；如果向逆时针方向减少则是（*S*）型，左手性。按照这种方法，分子中的每个手性碳原子都可以被指定为（*R*）型或（*S*）型。这种结论性判定为化合物的命名提供了没有疑义的立体化学描述。

另一种立体异构体化合物的命名系统是 D 和 L 系统。一个分子如果只有一个手性中心（如甘油醛），则能够准确地用这两个系统命名。

参照 L-甘油醛，D-甘油醛的构型给具有单个不对称碳原子的化合物指定构型的 D，L 系列称为绝对构型。它与手性化合物造成偏振光平面的旋转方向没有对应关系。

七、生物分子的构象

和上述“构型”不同的是生物分子的构象（conformation），所谓构象是指与 C—C 单键相连的取代基团由于碳—碳单键自由旋转造成的空间上的不同排列。这种构象的改变无需切断共价键，例如在简单碳氢化合物乙烷中，C—C 键几乎可以完全自由地旋转，因此在乙烷分子中，因

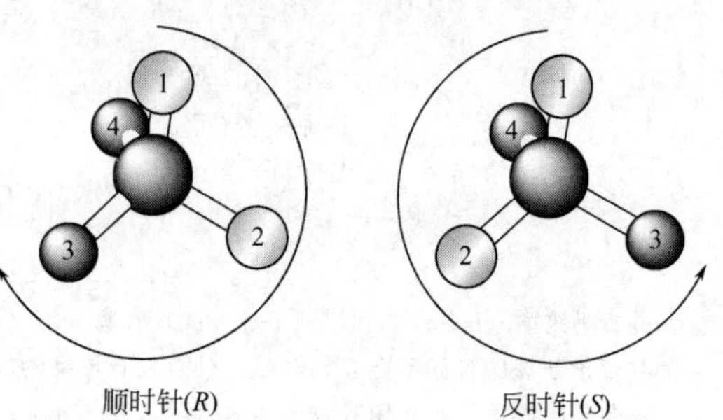

图 1-3　手性分子的 *R*，*S* 系统构型认定

旋转角度的不同，许多乙烷分子不同构象的互变是可能的(图 1-4)。其中两种构象有特殊的意义：氢原子处于交错的位置或完全重叠的位置。交错位置由于比其他构象更稳定，因而占支配地位，而重叠型的构象是最不稳定的。我们不能独立分离到这两种构象形式，因为它们可以自由地互变。但是当一个或多个氢原子被功能基团所取代，且这些基团很大或带有电荷时，围绕着碳—碳单键的自由旋转受到阻碍。这就限制了具有稳定构象的乙烷衍生物的数量。

势能/(kJ/mol)
12
8
4
0
12.1
kJ/mol
0
60
120
180
240
300
360
扭转角/°

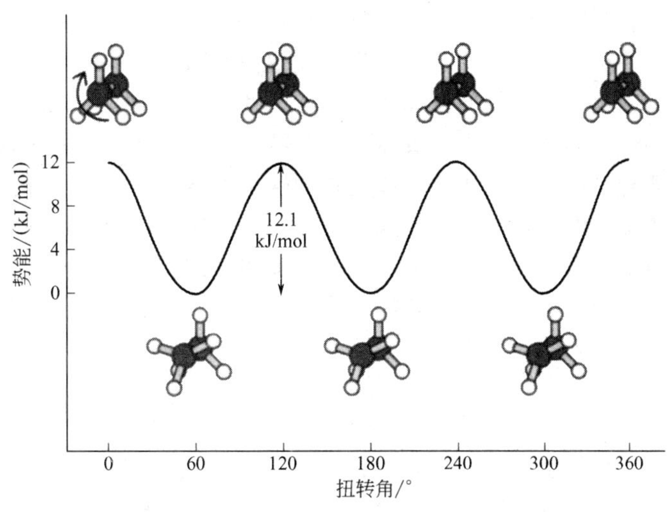

图 1-4　乙烷分子不同构象的互变和势能差

八、生物分子之间的相互作用有立体特异性

生物分子之间的相互作用（interaction）是立体结构特异的：适合这类相互作用的过程必定是立体结构相匹配的。大小生物分子的三维结构——构型和构象的组合是生物分子之间发生相互作用所必需的。反应物和酶；激素和细胞表面的受体；抗原和他的特异性抗体等，这些生物分子之间的相互作用就是例子。用精确的物理方法研究生物分子的立体结构是现代细胞结构和生物化学功能研究的一个重要部分。

在活有机体中，常常只存在一种立体异构体。例如蛋白质中的氨基酸都是 L 型的；细胞内的葡萄糖只存在 D 型的。但是当我们在试验室用化学法合成含不对称碳原子化合物的

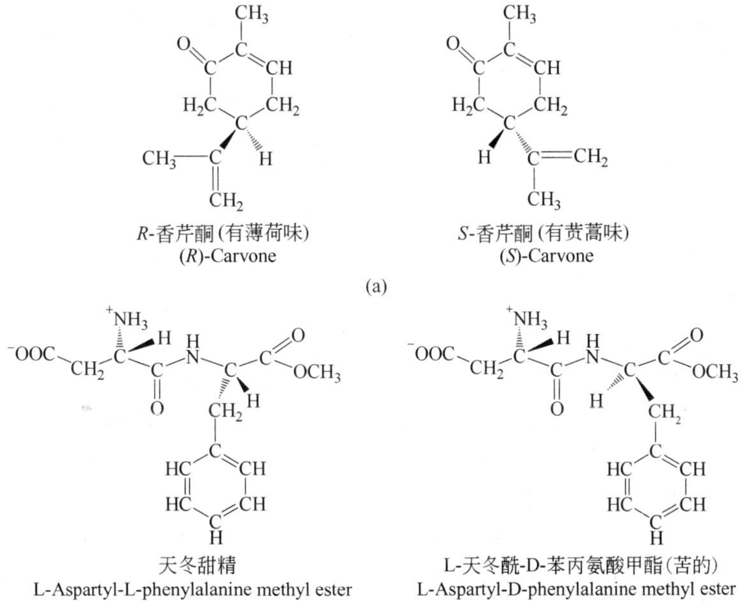

R-香芹酮(有薄荷味)
(*R*)-Carvone
S-香芹酮(有茴蒿味)
(*S*)-Carvone
(a)
天冬甜精
L-Aspartyl-L-phenylalanine methyl ester
L-天冬酰-D-苯丙氨酸甲酯(苦的)
L-Aspartyl-D-phenylalanine methyl ester
(b)

图 1-5　靠人的味觉能区分立体异构体

时候，反应产物中常常含有所有可能的手性异构体，一个 D 型和 L 型的混合物。活细胞只产生一种手性生物分子，因为合成他们的酶也是手性的。

能够区分立体异构体的立体特异性是酶和其他蛋白的一种性质。是活细胞分子机制的一种特性。如果一种蛋白表面的一个结合位点互补于一种手性化合物中的一种异构体，他将不会适合另一个异构体，就像左脚的鞋子不会适合右脚一样。有两个生物系统能区分立体异构体的惊人例子：两种香芹酮立体异构体，提取自绿薄荷油的（*R*）型香芹酮（*R*-carvone）有薄荷的特殊芳香气味，但从另一种植物贲蒿提取的（*S*）型香芹酮则有贲蒿味。而一种人工甜味剂天门冬粉，商品名叫 NutraSweet，很容易靠人的甜味受体把它与带苦味的立体异构体区分开来（见图 1-5）。

第三节　生物能学和热力学

生物能学（Bioenergetics）是定量研究能量转换（energy transduction）的科学：能量从一种形式改变成另一种形式，这些过程发生在活细胞中，这些化学过程的性质和功能是这些转换的基础。

一、生物能量转化服从热力学定律

在 19 世纪由物理学家和化学家对不同形式的能量转换所作的定量研究，导致两个热力学（thermodynamics）基本定律的产生。第一热力学定律是能量守恒定律：“任何物理、化学改变，体系（the Universe）中的能量保持不变，能量可以改变成不同形式，也可以从一个地方输送到另一个地方，但是它不能创生也不被消灭”。

热力学第二定律能以不同形式描述。它表明“体系”总是趋向于增加紊乱程度（disorder)：在所有自发过程中，体系的熵（entropy）增加。

生物体由许多种分子的集合组成，它比建造它的环境物质有更高的有序性。有机体维持和产生有序性，好像不遵守第二定律，但是活机体是不违背第二定律的，它们严格地遵循这个定律，为了讨论热力学第二定律在生物系统中的应用，我们必须首先定义这些系统和它们的环境。

反应系统（the reacting system）是进行特殊化学和物理过程的物质的总称，它可以是一种生物，一个细胞，或两个反应化合物。反应系统和它的环境一起组成“体系”（the universe)。在实验室中一些化学或物理过程能够在隔绝环境和密闭系统中进行，它和环境没有物质和能量交换。但是活细胞和有机体是个开放系统，和环境既有物质交换也有能量交换。活物系统绝不和环境平衡。活物系统和环境不断地交换解释了为什么有机体内部能创造有序性，又能遵循热力学第二定律。在物理化学中，定义了三个热力学的量，来描述发生在化学反应中的能量改变。

Gibbs 自由能（Gibbs free energy，G)，表示一个反应在恒温恒压情况下，能够做功的能量的数量。当一个反应进行时，释放自由能，就是说系统以自由能减少的形式改变，即自由能改变，ΔG 是负值，这个反应被称为放能反应（exergonic)。在吸能反应中（endergonic）系统获得自由能，ΔG 是正值。

焓（Enthalpy，H)，是反应系统的热含量，它反映出反应物和产物化学键的类型和数量。当一个化学反应释放能量时，它被称为放热的反应，也就是反应产物的热含量少于反应物。通常地把这种情况叫做 ΔH 负值。反应系统从环境吸收热量称吸热反应，有一个正的 ΔH 值。

熵（Entropy，S）是一个系统随机性或紊乱程度的定量表达。当一个反应的产物比反应物更简单和更紊乱时，这个反应被认为获得熵（熵增加)。ΔG 和 ΔH 的单位是 J/mol 或卡/mol（1 卡＝4.184 焦耳)，熵的单位是（J/mol·K)。

根据生物系统的条件（包括恒温、恒压)，自由能、焓、熵的改变遵守下列方程的定量相关性。

$$\Delta G = \Delta H - T\Delta S \tag{1-1}$$

其中反应系统的 ΔG 是 Gibbs 自由能改变；ΔH 是系统的焓改变；T 是绝对温度；ΔS 是系统的熵改变，通常当熵增加时，ΔS 是正值，当系统释放热到环境时，ΔH 是负值，这两种情况一般是能量有利的反应过程，趋向于使反应系统 ΔG 为负值，事实上，一个自发过程 ΔG 总是负值。

热力学第二定律叙述在所有化学和物理过程中“体系”的熵增加，但是它不要求熵增加发生在反应系统本身。在细胞生长和分裂过程中有序性的产生，由产生它们的环境的紊乱度增加补偿，简而言之，活机体保持它们的内部有序性是以营养和太阳光的方式从环境中吸收自由能，并且以熵和热能的形式返回给环境等量的能量。

二、细胞需要自由能资源

细胞是等温系统，它们必须在恒温恒压下工作。热的流动不是能量源泉，因为它只有在传递给一个较低温度的区域或物体时才能做功。细胞能用的、必须使用的是自由能，表述为 Gibbs 自由能函数 G，它能预示一个化学反应的方向，它们的精确平衡位置，以及在恒温恒压下它们能做功的数量（理论上的）。异养型细胞（heterotrophic cells）从营养物质中获得自由能，光合成细胞获得自由能靠吸收太阳光的能量，两大类细胞都把自由能转化成 ATP 和其他富能化合物，为在恒温下做生物功提供能量。

三、标准自由能改变和一个反应的平衡常数直接相关

一个化学反应系统的成分（化学反应的反应物和产物的混合物），趋向于连续改变直至达到平衡。在平衡时的反应物和产物的浓度，正反应的速度与逆反应的速度相等，系统不再有净改变发生。在反应平衡时，反应物和产物的浓度决定平衡常数 K_{eq}。在总的反应式 $a\mathrm{A}+b\mathrm{B} \rightleftharpoons c\mathrm{C}+d\mathrm{D}$ 中 a、b、c、d 是参与反应的分子 A、B、C、D 的分子数，则平衡常数为：

$$K_{eq} = \frac{[\mathrm{C}]^c[\mathrm{D}]^d}{[\mathrm{A}]^a[\mathrm{B}]^b} \tag{1-2}$$

式中，[A]、[B]、[C]、[D] 是反应成分在平衡点时的摩拉浓度（molar concentriction）。当反应系统未达到平衡时，向平衡移动的趋势体现为一种驱动力，这种驱动力的大小可以以反应的自由能改变 ΔG 来表示。在标准条件下（298K＝25℃），当反应物和产物起始浓度都是 1M，或气体成分分压为 101.3 千帕（kPa）或一个大气压，这时，驱动反应向平衡移动的力被定义为标准自由能改变，ΔG°。根据这个定义反应的标准状态包括氢离子浓度 $[\mathrm{H}^+]$ ＝1M（pH0），但大部分生物化学反应都发生在 pH7 的缓冲溶液中，pH 和水的浓度（55.5M）必须是常数。

关键惯例：为了计算上的方便，生物化学家研究了一个不同于在物理学和化学中应用的标准状态，这种生物化学标准状态 $[\mathrm{H}^+]$ 浓度是 10^{-7}M（pH7）；水的浓度为 55.5M；对于有镁离子参与的反应（大部分有 ATP 参与的反应都需要 Mg^{2+}），镁离子浓度 $[\mathrm{Mg}^{2+}]$ 为 1mM 看成常数值。

基于这个生物化学标准状态的物理常数叫做“标准转化常数”（standard transformed constants），它们被写成 $\Delta G'^\circ$ 和 K'_{eq}，各加上一个“ $'$ ”以区别于物理学家和化学家使用的转化常数。(要注意的是大部分其他教科书使用的符号是 $\Delta G'^\circ$ 而不是 $\Delta G'^\circ$，我们使用 $\Delta G'^\circ$ 是国际化学家和生物化学协会推荐的，意在强调转化自由能 G' 是平衡的标准)。为方便起见，我们从此以后把这些转化常数看成“标准自由能改变”(standard free-energy changes)。

关键公约：其他一些生物化学家使用的公共约定中 H_2O，H^+ 或 Mg^{2+} 如果是反应物或产物，它们的浓度不包括在方程 1-2 中，就像 K'_{eq} 是各反应的一种物理常数一样，$\Delta G'^\circ$ 也是一种常数。K'_{eq} 与 $\Delta G'^\circ$ 之间有一个简单的关系式：

$$\Delta G'^{\circ} = -RT \ln K'_{eq} \tag{1-3}$$

一个化学反应的标准自由能改变被简单地以数学方式表达为它的平衡常数，表 1-2 表明 $\Delta G'^{\circ}$ 和 K'_{eq} 之间的关系，如果一个给定的化学反应的平衡常数是 1.0，这个反应的标准自由能改变是 0.0（1.0 的自然对数是 0）。如果一个反应的 K'_{eq} 大于 1.0，则它的 $\Delta G'^{\circ}$ 是负值。如果 K'_{eq} 小于 1.0，$\Delta G'^{\circ}$ 是正值，由于 $\Delta G'^{\circ}$ 和 K'_{eq} 是对数关系，$\Delta G'^{\circ}$ 相当小的改变就可造成 K'_{eq} 的大改变。

表 1-2 化学反应的标准自由能改变和平衡常数之间的关系

K'_{eq}	$\Delta G'^{\circ}$		K'_{eq}	$\Delta G'^{\circ}$	
	kJ/mol	kcal/mol		kJ/mol	kcal/mol
10^3	−17.1	−4.1	10^{-2}	11.4	2
10^2	−11.4	−2.7	10^{-3}	17.1	4.1
10^1	−5.7	−1.4	10^{-4}	22.8	5.5
1	0.0	0.0	10^{-5}	28.5	6.8
10^{-1}	5.7	1.4	10^{-6}	34.2	8.2

注：除以 4.184 可把千焦耳变成千卡。

也可以以另一种方式来考虑自由能，可以把 $\Delta G'^{\circ}$ 看成是反应物的自由能含量和反应产物的自由能含量之差。当 $\Delta G'^{\circ}$ 是负值时，反应产物比反应物含有较少的自由能。于是在标准条件下，反应将自发地进行。所有的化学反应趋向于向导致系统自由能减少的方向进行。一个 $\Delta G'^{\circ}$ 正值意味着反应的产物比反应物含更多的自由能。如果在标准条件下，这个反应将向逆方向进行（所有的反应成分浓度都是 1M），表 1-3 概括了这种关系。

表 1-3 K'_{eq}，$\Delta G'^{\circ}$ 和化学反应方向之间的关系

K'_{eq}	$\Delta G'^{\circ}$	所有化学反应成分都是 1M 时
>1.0	负值	反应正向进行
1.0	0	反应在平衡状态
<1.0	正值	反应逆向进行

第四节 水及生物分子间的弱相互作用

水是生命系统中最丰富的物质，它占大多数生物体重的 70%以上，地球上的第一个活有机体一定是诞生在水的环境里。生命的进化过程必定是在水介质中进行的。所有细胞的结构和功能必定以适应水的物理和化学性质为前提。水分子之间的吸引力以及水的微弱解离倾向对生物分子的结构和功能至关重要。水分子和它的解离产物，H^+ 和 OH^- 深刻地影响着所有细胞成分，包括蛋白质、核酸和脂的结构，自组装和特性。水的溶剂性质包括它自身之间以及和溶质之间形成氢键的能力，对生物分子之间相互“识别”的特异性和强度，即生物分子之间的非共价相互作用有着决定性的影响。

水分子之间的氢键提供了黏附力，使水在室温下是一种液体，当它形成冰时（结晶状态）采取极端有序的分子状态。极性生物分子易溶于水，因为它们能用能量更优的水-溶质相互作用来替换水分子之间的相互作用。相反，非极性生物分子干扰水分子之间的相互作用，而且不能形成溶质和水之间的相互作用。于是，非极性分子在水中的溶解度很小。在水溶液中，非极性分子趋向于凝集在一起，导致水与有机溶剂的“分层”。

氢键（hydrogen bond）、离子键、疏水相互作用和范德华作用（van der Waals interaction）是生物系统中常见的弱键，但它们力量的集合对蛋白质、核酸、多糖以及膜脂的三维结构有重要影响。

一、氢键使水具有特殊性质

水比其他普通溶剂具有较高的熔点、沸点和蒸发热（表 1-4），这些不寻常性质是相邻水分子之间互相吸引的结果。它使得液态水具有巨大的内部黏附力，看一下水分子的电子结构，就可知道这些分子内吸引力产生的原因。

表 1-4　一些溶剂的熔点、沸点和蒸发热

溶剂种类	熔点/℃	沸点/℃	蒸发热/(J/g)①	溶剂种类	熔点/℃	沸点/℃	蒸发热/(J/g)①
水	0	100	2260	丙酮 CH_3COCH_3	−95	56	523
甲醇 CH_3OH	−98	65	1100	己烷 $CH_3(CH_2)_4CH_3$	−98	69	623
乙醇 CH_3CH_2OH	−117	78	854	苯 C_6H_6	6	80	394
丙醇 $CH_3CH_2CH_2OH$	−127	97	687	丁烷 $CH(CH_2)_2CH_3$	−135	−0.5	381
丁醇 $CH_3(CH_2)_2CHOH$	−90	117	590	氯仿 $CHCl_3$	−63	61	247

① 在一个大气压下同等温度把 1.0g 液体变成气体所需的热能。它是克服液态分子之间吸引力的能量的直接度量。

一个水分子中的每个氢原子和中心氧原子共享一对电子，水分子的几何学受到氧原子外层电子轨道的限制，这个电子轨道有点像碳原子的 sp^3 轨道，大概像个四面体，使每个氢原子处于四面体的两个角上，这个 H—O—H 的键角为 104.5°，略小于标准四面角的 109.5°。由于氧原子核比氢原子核对电子对的吸引力更强，因此，氧原子有更多的电负性，这就意味着这些电子对离氧原子更近。这种不均等电子分布的结果，使水分子产生两个电偶极，每个 O—H 键形成一个偶极，氢原子带有部分正电荷（δ^+），而氧原子带有部分负电荷（δ^-）。于是，一个水分子中的氧原子和另一个水分子中的一个氢原子之间有一种静电吸引力，这种不同分子之间或同一分子不同位置的电负性原子和电正性氢原子之间的吸引作用叫做氢键（hydrogen bond），如图 1-6 所示。

氢键是相当弱的，在液态水中它有 23kJ/mol 的键能（断裂一种化学键所需的能量，bond dissociation energy），比较水分子中的共价键 O—H 的 470kJ/mol 或 C—C 键的 348kJ/mol 的键能，氢键的键能约是共价键键能的二十分之一。在室温下，水溶液的热能（单个分子的运动动能）和断裂一个氢键的能量属于同一个级别。当水被加热时，温度的增加反映了水分子运动的加快。在一给定时间内，大部分液态水分子都处于氢键键合状态，但是，每个氢键的寿命仅有 1～20ps（picosecond，$1ps=10^{-12}s$）。当一个氢键断裂，另一氢键在 0.1ps 内形成。可以用“闪电串”（“flicking clusters”）来描述水中由氢键联系的短命水分子集团。水分子之间的所有氢键的总和为液态水提供巨大的内部黏附力。水分子之间氢键网络的延伸，也能形成溶质之间的桥梁，使得大分子如核酸或蛋白质之间能在几纳米的距离互相作用，无需物理接触。

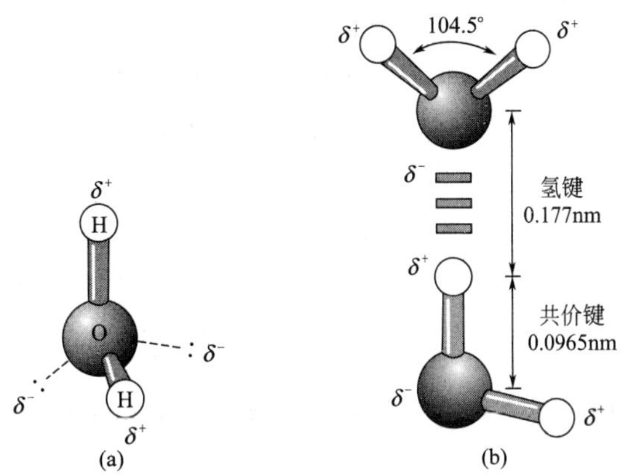

图 1-6　水分子的结构

(a) 以球棍模型显示的水分子的偶极性质。虚线代表非键合轨道。围绕着氧原子的外围电子对有着近似正四面体的排列。两个氢原子带部分正电荷，氧原子带部分负电荷。(b) 两个水分子以氢键相连，下面的分子提供氢原子（氢键供体），上面的分子提供氧原子（氢键受体）。氢键较共价键长，而且较弱

氧原子电子轨道近似正四面体排列，使得每个水分子能够和多至四个的近邻水分子形成氢键。在室温和大气压下液态水中的水分子是无序的，并处于不断运动之中，所以每个水分子只和平均 3.4 个其他水分子形成氢键。然而在冰中，每个水分

子在空间上是固定的，和全部四个互补水分子形成氢键，产生有规则的晶格结构（图 1-7）。破坏一个冰晶体中的氢键需要耗费很大热能，这可解释为什么水有很高的熔点，当冰溶解或水蒸发时发生系统对热的吸收。

$$H_2O(\text{固态}) \longrightarrow H_2O(\text{液态}) \quad \Delta H = +5.9\text{kJ/mol}$$

$$H_2O(\text{液态}) \longrightarrow H_2O(\text{气态}) \quad \Delta H = +44.0\text{kJ/mol}$$

在熔解和挥发期间，水系统的熵增加，因为高度有序排列的水分子被释放成较少氢键结合的液态水中或到完全无序的气体状态。这是个需能的过程。

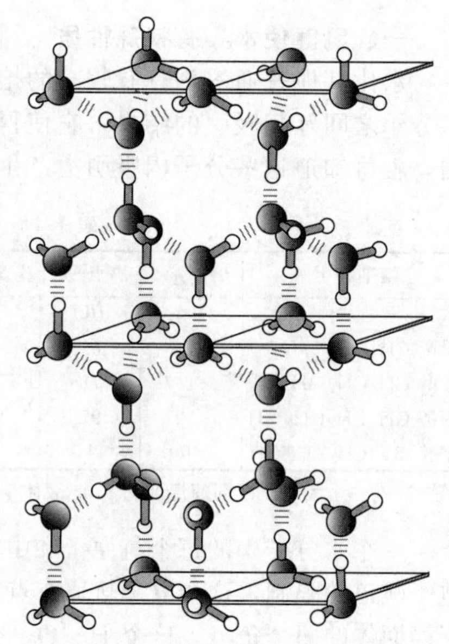

图 1-7 冰中的氢键

在冰中，每个水分子形成四个氢键，产生规律性的晶格。这是水分子形成氢键的最大可能。比较在室温下的液态水中，每个水分子能和其他水分子平均形成 3.4 个氢键。冰的晶格结构使得冰的密度比水低，因此冰漂浮在液态水的表面

二、水和极性溶质形成氢键

能形成氢键不是水的独特性质，一个电负性原子（氢键中的氢受体，通常是氧原子或氮原子）和一个与电负性原子共价结合的氢原子（氢供体）之间都能形成氢键，不管它们是同一分子的不同部分，或是来自于不同分子。氢原子如果和碳原子共价结合不能参与氢键的形成，因为碳原子较氢原子只有略微的电负性，因此，C—H 键只有很弱的极性。这种区别解释了为什么正丁醇有相当高的沸点（117℃）而丁烷的沸点只有 −0.5℃，正丁醇有一羟基能在分子间形成氢键。不带电但是极性的分子如糖类很容易溶解在水里，因为糖分子的羟基和羰基能和水形成稳定的氢键。醇类、醛类、含羰基的分子和含 N—H 键化合物都能和水分子形成氢键，因而趋向于溶于水。

当键合的分子之间的取向极大化静电作用时，此时的氢键最强。也就是说，当氢原子和共享它的两个原子处于一直线的时候，氢键受体原子和氢键供体原子，氢原子共处一直线的时候，氢键最强，使得带正电荷的氢原子处于两个带部分负电性的原子之间。因此，氢键有高度的方向性，使两个以氢键键合的分子或原子团之间有一定的几何排列。我们将看到，由于氢键的这个性质，使得蛋白质和核酸分子有着精确的三维结构，它们有许多分子内氢键。

三、水和带电溶质的相互作用

水是一种极性溶剂。它易于溶解大部分生物分子，这些生物分子一般是带电的或极性化合物。易溶于水的化合物称为“亲水的”（hydrophilic）。而非极性溶剂像氯仿和苯对极性生物分子不是好溶剂但是易于溶解“疏水化合物”（hydrophobic）——非极性分子如脂肪和蜡。

水溶解像 NaCl 这样的盐类靠水合作用并稳定 Na^+ 和 Cl^+ 离子，以弱化它们之间的静电作用，抵抗它们结合成晶体的趋向。水对生物分子有相同的情况，含有可解离的羧基（$—COO^-$），质子化的氨基（$—NH_3^+$）和磷酸基团或焦磷酸基团的生物分子易溶于水，水依靠水和这类溶质之间的氢键替换溶质和溶质之间的氢键，因而屏蔽溶质分子之间的静电作用。

四、结晶物质溶于水导致熵增加

像 NaCl 这样的盐溶解时，钠离子和氯离子获得比在晶格中大得多的运动自由度，结果系统的熵增加，这是盐类易溶于水的原因。从热力学的观点看这种溶液的形成发生了有利的自由能改变：$\Delta G = \Delta H - T\Delta S$，这里 ΔH 有一较小的正值，而 $T\Delta S$ 有一大的正值，于是，ΔG 是负值，这个过程是自发的。

五、非极性气体在水中的溶解度很小

一些在生物学上很重要的气体 CO_2，O_2 和 N_2 是非极性的。在 O_2 和 N_2 中电子对由两个原子平均共享；在 CO_2 中每个 C ═O 是极性的，但是，两个偶极方向相反互相抵消。在气态时自由运动的分子进入水相时它们的运动受到限制。而水的运动也受到限制，因此，气体在水相的溶解表现为熵的减少。这些气体的非极性性质以及当它们进入溶液时熵的减少，使得它们很难溶于水。有些生物体含有水溶性的“载体蛋白”（carrier proteins，如血红蛋白和肌红蛋白），它们能促进 O_2 的运输。二氧化碳在水溶液中形成碳酸，因而作为 HCO_3^- 自由地溶于水（在 25℃时约 100g/L），又可和血红蛋白结合。三种其他气体，NH_3、NO 和 H_2S 在一些生物体中也很重要，这些气体是极性的，易溶于水，而且在水溶液中可以离子化。

六、非极性化合物迫使水结构作能量优化改变

当水与苯或己烷混合后会形成两个相，两种液体互不溶于对方。像苯和己烷这类非极性化合物，是“疏水”的，它们不能够和水进行能量优化的相互作用，而且它们干扰水分子之间氢键的形成。水溶液的所有分子或离子都干扰一些水分子与近邻分子的氢键键合，但是，极性分子或带电溶质依靠形成水-溶质相互作用来补偿丢失的水分子间的氢键。溶解这些溶质的焓的净改变一般都很小。但是疏水溶质不能提供这种补偿，所以他们加入水可能导致一个小量焓的获得；水分子之间的氢键断裂会从系统中吸收能量，需要从环境中输入能量。除了这种能量输入，在水中溶解这些疏水化合物产生了可以测定的焓减少。在非极性溶质周围的水分子会被限制于特定的取向，使它形成一个高度有序的“栏状”外壳围绕着每个疏水溶质分子。虽然这些水分子不能像非极性溶质的结晶那样高度定向成“晶格”，但是结果是一样的：水分子的有序性降低了熵。所以这些有序水分子的数量也就是熵减少的数量是和被锁定在疏水溶质分子栏内的水分子的数量成正比的。因此，溶解一种非极性溶质于水中的自由能改变是不利的，非优势的。在 $\Delta G=\Delta H-T\Delta S$ 中，ΔH 是正值，ΔS 是负值，因而 ΔG 值是正的。

双亲化合物（amphipathic）在结构中既含有极性区域，又含有非极性区。当一种双亲化合物和水混合时，分子的亲水区优先和溶剂相互作用倾向于溶解；但是非极性区，即疏水区倾向于避免和水接触。于是这类分子的非极性区串联在一起形成一个最小疏水区域，而分子的极性区排列成微球面，使它们和水溶剂接触最大化（图 1-8）。这种双亲化合物在水中的稳定结构称作“微球”（micelle），它可能含有成千上万个这类双亲分子。这种使分子的非极性区聚集在一起的力叫做“疏水相互作用”（hydrophobic interaction），疏水作用力不是由于非极性部分之间的任何特殊吸引力，它是依靠最大地降低围绕溶质的疏水部分的有序水分子的数量，使系统获得最大的热力学稳定性产生的。通俗地说，油和水混合最后一定会自发分层，就是疏水相互作用力驱动的。油水分离是一种熵增加自由能减少的自发过程。

许多生物分子是双亲的，蛋白质、色素、一些维生素，以及甾体和膜磷脂，它们都兼具极性和非极性的表面区域。由这些双亲分子组成的结构是由分子内非极性部分之间的疏水相互作用来稳定的。脂之间，脂和蛋白质之间的疏水相互作用是生物膜结构的最重要的决定因子。非极性氨基酸残基侧链之间的疏水相互作用也是蛋白质三维结构重要的稳定力量。

水和极性溶质之间建立氢键，也造成水分子一定的有序性，但是比起非极性溶质来说，对能量的影响要小得多，极性底物（反应物）与酶的互补极性表面结合的一部分驱动力来自于底物替换有序的水分子造成的熵增加。因为底物从酶表面替换下有序性的水。

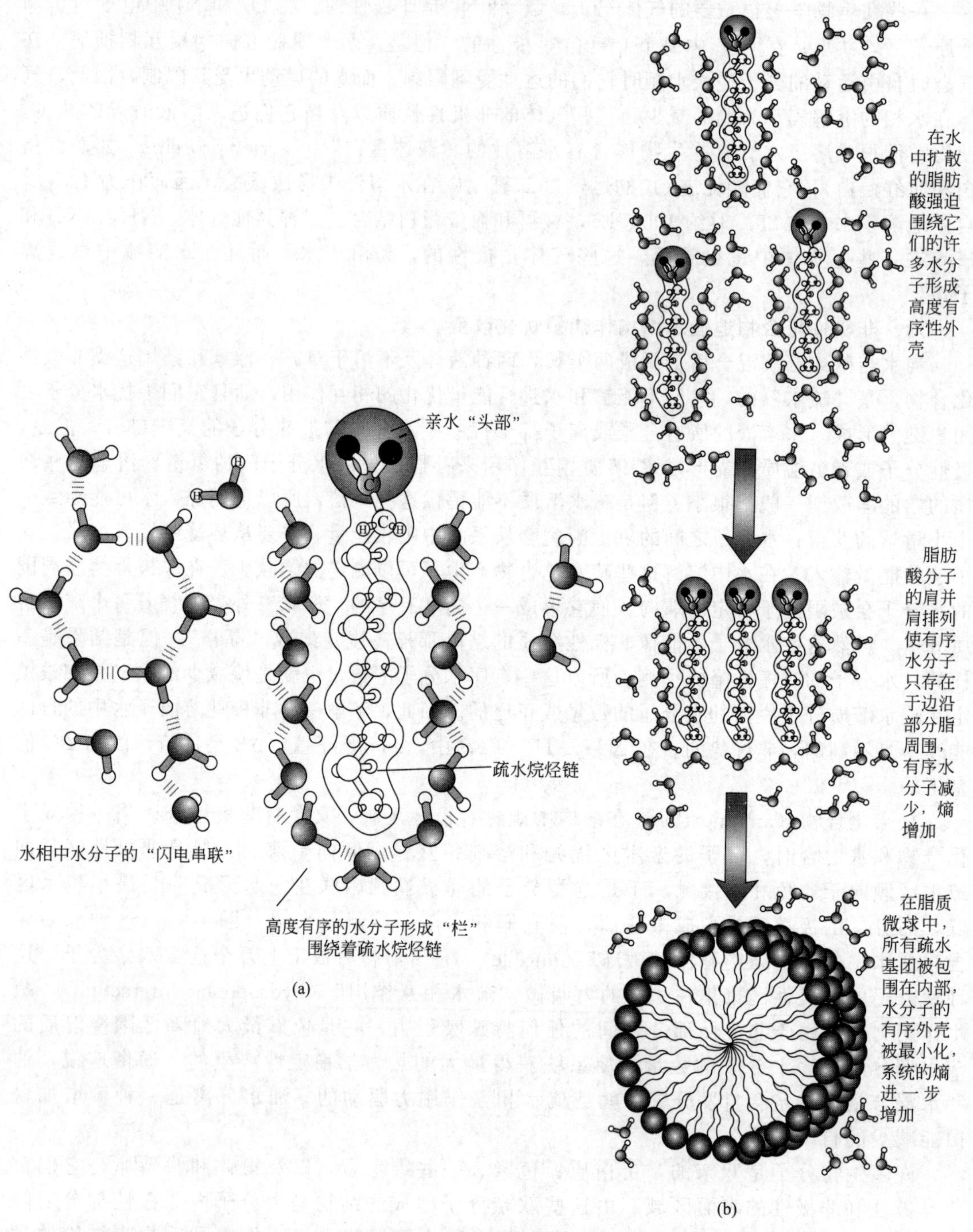

在水中扩散的脂肪酸强迫围绕它们的许多水分子形成高度有序性外壳
亲水“头部”
脂肪酸分子的肩并肩排列使有序水分子只存在于边沿部分脂周围，有序水分子减少，熵增加
疏水烷烃链
水相中水分子的“闪电串联”
在脂质微球中，所有疏水基团被包围在内部，水分子的有序外壳被最小化，系统的熵进一步增加
高度有序的水分子形成“栏”围绕着疏水烷烃链
(a)
(b)

图 1-8　水溶液中的双亲化合物形成微球

(a) 长链脂肪酸有很长的烷烃链，被一层高度有序的水分子所包围；(b) 依靠把分子排列在一起，使脂肪酸分子们在水中暴露最小表面积，减少有序水分子组成的外壳。由解放有序水分子获得的能量来稳定双亲分子组成的微球

七、范德华作用是原子间的弱吸引力

当两个不带电原子互相靠近时，它们的核外电子云会互相影响，核外电子云在位置上的随机分布可能产生瞬时偶极，这种一个原子的瞬时偶极会诱导近邻原子产生诱导偶极，于是两个偶极分子就存在弱的相互吸引，使得两个核靠得更近。这种弱吸引力叫做范德华相互作用（van der Waals interaction，有时也叫伦敦力或伦敦弥散力 London forces）。作为两个核被拉近的结果，它们的电子层开始互相排斥。在净吸引力达到最高的某一点上，此时两个核之间称作范德华接触。每种原子有一特征性的“范德华半径”（van der Waals radius），这是这个原子和另一个原子可接近的最近距离（表 1-5），在本书中所用的空间填充分子模型中所显示的原子大小与它们的范德华半径成正比。

表 1-5　一些元素的范德华半径和共价半径（单键）

元件	van der Waals 半径/nm	单键共价半径/nm	元件	van der Waals 半径/nm	单键共价半径/nm
H	0.11	0.030	S	0.18	0.104
O	0.15	0.066	P	1.19	0.110
N	0.15	0.070	I	0.21	0.133
C	0.19	0.077			

注：van der Waals 半径描述原子的空间填充型尺寸，当两个原子共价连系时，在键合点上的原子半径小于范德华半径，因为两个键合的原子被共享电子对拉到一起。在范德华相互作用或共价相互作用中，两个原子核之间的距离约等于两个原子的范德华半径或共价半径之和。如 C—C 单键的长度等于 0.077+0.077=0.154nm。

八、弱相互作用是大分子结构和功能的关键

我们已经介绍的非共价相互作用：氢键、离子键、疏水相互作用和范德华相互作用比共价键要弱得多。要裂解 1mol C—C 单键需要输入 350kJ 的能量，裂解 1mol C—H 键需要约 410kJ 的能量，但要破坏 1mol 普通的范德华作用 4kJ 就足够了。疏水相互作用也比共价键弱得多，虽然它们可以被高极性溶剂所大大加强。离子键和氢键在长度上是可变的，依赖于溶剂的极性和氢键键合原子的排列。但是他们总是比共价键弱得多，在 25℃ 的水溶剂中这些弱相互作用的热能可以在同一个数量级。并且溶质和溶剂之间及溶质-溶质之间的这类作用都差不多。因此，氢键、离子键、疏水作用和 van der Waals 作用始终在不断地形成和断裂。

虽然这四种相互作用相对于共价键来说，都很微弱的，但是许多这样的非共价相互作用的累积能够很强，很重要。例如，一种酶对底物的非共价结合可以含有几个氢键和一个或几个离子键，以及疏水相互作用和范德华作用。每种这类弱相互作用的形成都为系统贡献净负自由能。我们可以从结合能计算一种非共价相互作用的稳定性。例如，一种小分子通过氢键和它的大分子受体结合，结合稳定性可以从结合反应的平衡常数计算，结合能可以有对数方式的改变。两种生物分子之间的解离（例如：酶和它结合的底物）需要多重弱相互作用同时破坏。由于这些弱相互作用是随机波动的，同时破坏不太可能。所以由 5～20 个弱互相作用赋予的分子稳定性比推测的简单小结合能的综合要大得多。

蛋白质、DNA 和 RNA 含有很多潜在的氢键、离子键、范德华相互作用和疏水相互作用的结合位点。这些小结合力的累积非常强大。对生物大分子来说，最稳定的结构（即处于天然状态的），就是处于它的弱相互作用最高值的状态。单条肽链或多条肽链折叠成稳定的蛋白质三维结构就是这个道理。一个抗原和特异抗体的结合，依赖于许多弱相互作用的累积效应。正如我们在前面提到的，一种和它的底物非共价结合能的释放是酶催化动力的主要来源。一种激素、或一种神经递质与它的细胞受体蛋白的结合，是多重弱相互作用的结果。对于它们的底物或配体来说，酶和蛋白质受体分子量的庞大造成大表面提供了许多弱相互作用的机会。生物分子之间在分子水平的互补性反映了这些分子表面极性基团、带电基团以及疏

水基团之间的互补性和弱相互作用。

当一种蛋白质的结构使用X射线晶体学进行测定的时候，人们常发现有些水分子与蛋白质分子结合得很牢固以至于它们成了蛋白质结晶结构的一部分。相同的情况也存在于RNA或DNA的结晶中。这种处于结合状态的水分子，即使在溶液中也可以用核磁共振的方法检出，它们和溶剂中游离状态的水分子是不一样的。它们没有“渗透压”活性(见下述)。对许多种蛋白质来说，紧密结合的水分子是它们的活性所必需的。例如，在光合成过程的反应中心，像电子通过一系列电子载体蛋白一样，光驱动质子跨过生物膜。这些蛋白中的一种，细胞色素f（cytochrome f）有一条5个结合水分子的链，它可能提供一种质子跨膜运动的途径。这个过程已知叫做“质子跳跃”（proton hopping）。另一个这种光驱动质子泵，细菌视紫红质，几乎肯定是精确定向地结合水分子的一条链用于跨膜运输质子（图1-9，图1-10）。

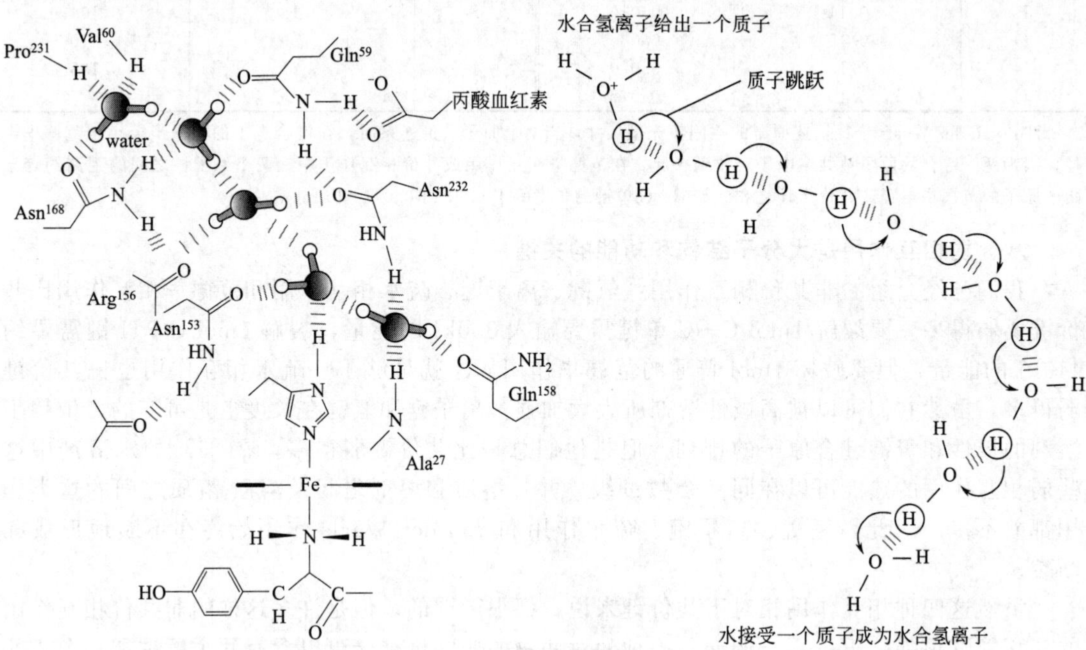

图1-9　细胞色素f中的水链

五个水分子被非共价结合于膜蛋白细胞色素f的质子通道，成为叶绿体中光合成能量捕捉机制的一部分。五个水分子靠氢键结合成一条链形成这个蛋白的功能基团。其中缬氨酸、脯氨酸、精氨酸和丙氨酸残基在肽主链上的原子及三个天冬酰胺残基和两个谷氨酰胺残基上侧链的原子都参与与水分子的氢键结合。这个蛋白结合着一个铁离子，它促进光合作用过程的电子流动。电子流和质子跨膜运动偶联，这种运动可能通过结合的水链实现“质子跳跃”（proton hopping）

图1-10　质子跨膜“跳跃”

质子在一串由氢链联系的水分子之间的“跳跃”导致氢离子（质子）实现极端迅速的“长距离”运动。在图左上方释放一个质子，在这端（右下边）的水分子获得一个质子成为氢合离子（hydronium）。这种质子跳跃比真正的扩散要快得多。这解释了比较其他单价金属离子Na^+和K^+的跨膜运动，氢离子的运动要快得多的原因

九、溶质影响水溶液的依数性和渗透压

所有类型的溶质都能在一定程度上改变水溶剂的一些物理性质：它的蒸汽压、沸点、熔点（冷冻点）和渗透压。这些物理特性被称为“依数性”（colligative property），因为溶质对这四种性质的影响有一个共同的基础：水的浓度低于纯水中的浓度。溶质浓度对水的依数性的影响与溶质的化学性质无关；它仅依赖于在特定数量的水中溶质颗粒（分子颗粒，离子颗粒）的数目。一种像氯化钠这样的化合物，当它溶于水的时候，它对溶液渗透压的影响两

倍于等摩尔数的非解离溶质（如葡萄糖）。

根据一个系统有趋于紊乱的物化特性，水分子趋向于从高水浓度向低水浓度的溶液运动。当两种不同水溶液被一个半透膜（一种让水通过但不让溶质分子通过的膜）隔开，水分子会从高水浓度的区域向低水浓度的区域扩散，于是产生渗透压。这种渗透压Π是用能抵抗水渗透所需的力来测量的，它遵循 van't Hoff 方程：

$$\Pi = icRT$$

其中，R 为气体常数，T 是绝对温度，ic 项为溶液的摩拉浓度渗透压（osmolarity，摩拉渗透压），它是溶质解离成两个或多个离子种类的解离能力，即 van't Hoff 因子 i 和溶质摩拉浓度 c 的乘积。在稀 NaCl 溶液中，溶质完全解离成 Na^+ 和 Cl^-，加倍了溶质颗粒的数量，于是 $i=2$，对所有非解离溶质，$i=1$。对于几种溶质的溶液，Π等于每种溶质贡献的总和：

$$\Pi = RT(i_1c_1 + i_2c_2 + \cdots i_nc_n)$$

在不同渗透压驱动下，水分子跨过半透膜的运动，是大部分细胞生命的一种重要形式。细胞质膜对水比起其他小分子，离子和大分子有更大的可透性，这种通透性主要是由于在质膜中的蛋白质（水孔蛋白，aquaporins）组成的通道选择性地允许水通过。一种溶液的摩拉渗透压等于细胞质的渗透压时，这个溶液被称为等渗溶液。在等渗溶液中，细胞既不丢失水分也不吸收水分（图 1-11）。在一个高渗溶液（hypertonic solution）中，由于它的摩拉渗透压比细胞质大，细胞因水分的流出而皱缩；在一个低渗溶液（hypotonic solution）中，由于环境的渗透压比细胞质小，细胞会因为水的进入而膨胀。在天然环境中，细胞往往含有比环境浓度高的生物分子和离子，所以在渗透压下，趋于促使水进入细胞。如果没有一定的反平衡机制，这种水的进入运动甚至可能会使细胞爆裂（渗透压裂解）。

有几种机制参与防御这种灾难。在细菌和植物中，细胞质膜被不可膨胀的细胞壁所环绕，细胞壁有足够的刚性和强度抵抗渗透压防止细胞被渗透压所裂解。有些淡水原生动物生活在极低渗的介质中，它们有一个专门的细胞器——收缩泡（contractile vacuole）把水泵出细胞。在多细胞动物中，血浆和细胞间质液被维持在渗透压接近于细胞质的水平，血浆中高浓度的血浆白蛋白和其他蛋白维持它的渗透压（osmolarity）。细胞本身也及时泵出 Na^+ 离子和其他进入细胞间质的离子维持它和环境的渗透压平衡。

由于溶质对摩拉渗透压的影响依赖于溶质颗粒的数量而不是它们的质量，所以生物大分子比起相等质量的组成它们的单体成分（氨基酸、核苷酸、单糖）对摩拉渗透压有小得多影响。例如，含有 1000 个葡萄糖残基的 1g 多糖，对摩拉渗透压的影响只相当于 1mg 葡萄糖，以多糖作为储存燃料（如淀粉或糖原），而不是储存葡萄糖或其他单糖避免了细胞渗透压的巨大增加。

植物利用渗透压以获得机械强度，植物细胞液泡中很高的溶质浓度吸引水进入细胞（图 1-11），但是非膨胀性的细胞壁防止细胞膨胀这种压力挤压细胞壁，使细胞和组织变得坚挺，因而使植物体挺立。莴苣在色拉盘中萎蔫，是因为丢失了水分减少了膨胀力。渗透压也有实验技术的应用。例如，线粒体、叶绿体和溶酶体都是被封闭在半透膜中的。在破裂细胞分离这些细胞器的时候，生化学者必须在等渗溶液中执行这些细胞器的分离，以防止水过分进入，使细胞器发生膨胀最后破裂，用于这种细胞器分离的缓冲液，通常含有足够浓度的蔗糖或其他惰性溶质，以防止细胞器被渗透压裂解。

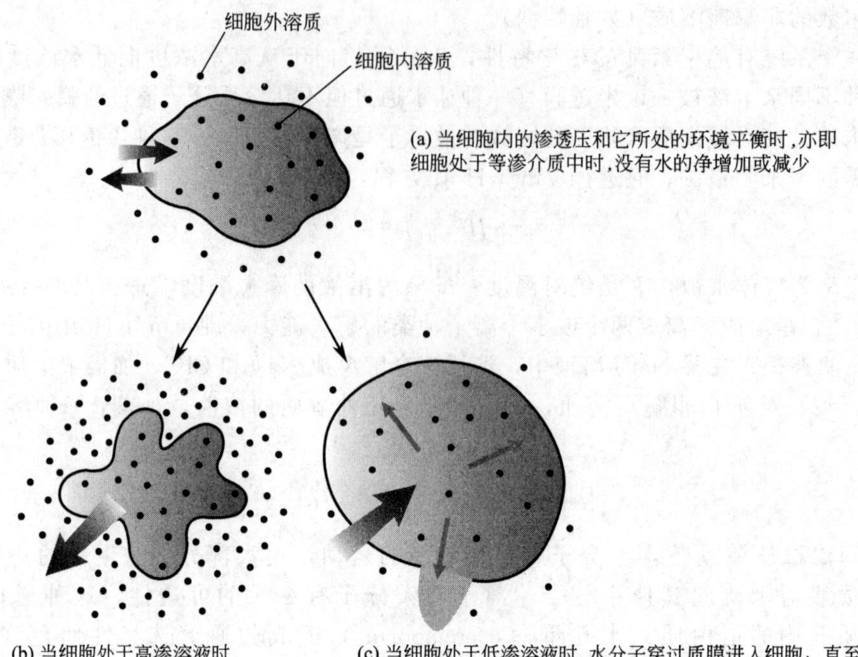
细胞外溶质
细胞内溶质
(a) 当细胞内的渗透压和它所处的环境平衡时，亦即细胞处于等渗介质中时，没有水的净增加或减少
(b) 当细胞处于高渗溶液时，发生水的渗出，细胞皱缩
(c) 当细胞处于低渗溶液时，水分子穿过质膜进入细胞，直至细胞内外渗透压相等，这个过程导致细胞肿胀，甚至破裂

图 1-11 细胞外渗透压对水跨膜运动的影响

提 要

生物体由上千上万种无生命的生物分子组装而成。这些生物分子独立存在时，它们服从所有的物理和化学定律，而且发生在生物体内的过程也服从这些定律。

生物具有其他物质及其集合体所不具有的特性，这些特性是：(1) 生物体具有高度的化学复杂性和精细的微观组织；(2) 生物能从环境中吸收、转化和使用能量；(3) 生物体具有精确的自我复制和自组装能力；(4) 生物体能够感觉环境改变并作出反应；(5) 生物体内的化学组分及它们之间有规律的相互作用具有独特的功能；(6) 生物体可以发生遗传特性的改变以适应环境的改变，这是造成生命形式多样性和外观巨大差异性的原因。但是由于它们有共同的祖先，因而具有根本上的相关性。

生物化学在分子水平研究生物体共同的结构、工作机制和化学过程，了解生命持续的基本原理。生物化学为医学、营养学、农业和工业提供基础知识和技术。但其最终目标是了解生命本身。

由于碳原子能和碳原子及其他原子形成多种多样的结合键，碳原子能形成许多带有功能基团的 C—C 骨架。这些功能基团使各种生物分子具有生物学和化学个性。

生物细胞中含几百种普遍存在的小分子化合物，这些小分子互相转换过程在中心代谢途径上的进化是保守的。

蛋白质和核酸是由简单的单一亚基（monomeric subunit）组成的线形多聚物（生物高分子 biopolymer）。这些单体的排列顺序信息决定分子的三维结构和生物学功能。

一个分子的构型只有切断其共价键才能被改变。对于一个具有四种不同取代基团的碳原子（手性碳原子），这些取代基团能以两种不同的方式排列，产生具有独特性质的立体异构体。其中只有一种立体异构体具有生物学活性。

所谓分子的“构象”是原子在空间的排列位置。分子构象因为 C—C 单键的旋转可被改变，这种改变不需要切断共价键。

生物分子之间的相互作用总是具有立体特异性，它需要相互作用的分子之间的互补匹配。

思 考 题

1. 生物化学研究什么？

2. 生物体有哪些区别于无生命物质特征？

3. 生命现象遵守现有的物理、化学定律吗？描述热力学第一定律和第二定律。

4. 至今为止你认为哪些物质是生物分子？

5. 给出氢键，离子键，疏水相互作用，范德华相互作用四种非共价力的定义。

6. 假定在完整溶酶体（一种细胞器）中的主要溶质是 KCl(～0.1M) 和NaCl(～0.03M)。在裂解细胞抽提溶酶体时，抽提液中的蔗糖浓度应该是多少才能防止溶酶体膨胀和裂解？

7. 解释为什么乙醇比乙烷更易溶于水？

8. 生物体“绝不和环境平衡”。的确，如果活物系统和环境平衡，则“活物”就变成“死物”了。根据你的理解，活物与环境不平衡应包括哪些方面？

第二章 蛋白质化学

第一节 通 论

一、蛋白质的化学概念

18 世纪中叶，Beccaria 首次报道了从面粉中能分离到一种黏性很高的物质，现知为谷蛋白。尔后的一系列研究都证明，应用稀酸、稀碱、盐类都可从植物，动物组织中分离到类似的物质。

19 世纪中期，荷兰化学家莫特（G. J. Mulder）从动、植物组织中也得到了这种物质，并命名为“protein”（取自希腊文 protos，即“第一重要”的意思），中文译为蛋白质。

近代生物化学及分子生物学研究表明，蛋白质是由 20 种 α-氨基酸通过肽键相互连接而成的一类具有特定的空间构象和生物学活性的高分子有机化合物。它广泛存在于生物界。每种蛋白质在实现细胞内协调一致的活动中扮演着各自特定的角色，如参与细胞结构的建造，起支持和保护作用。生命的最基本特征是能够进行新陈代谢，新陈代谢所包括的一切化学反应都是在生物催化剂——酶的作用下完成的；迄今为止，几乎所有的酶都是蛋白质。

疾病的发生与防御也与蛋白质有关，如免疫系统中的各种抗体都是蛋白质。生命活动所需的许多小分子物质和离子，它们的运输均需要蛋白质来完成。如血红蛋白负责运输氧，脂蛋白负责运输脂类，铁传递蛋白负责运输铁。

生物的运动也离不开蛋白质。如肌肉收缩是由肌球蛋白和肌动蛋白的相对滑动来实现的。细菌的鞭毛和纤毛是由许多微管蛋白组装起来的，也能产生类似的活动。研究发现在非肌肉的运动系统中普遍存在着运动蛋白。

二、蛋白质的分类

分类是把科学知识系统化的一个有用的手段。在生物化学发展的早期，就进行过蛋白质的分类，以便找出它们的共同点和不同之处，求得认识和了解它们的系统知识。但大多是根据蛋白质的溶解行为、来源、凝集能力等方面的差异来分类。这种分类法在蛋白质研究中起过一定的作用，但有较大的局限性。随着生物化学研究的进展，对蛋白质物理、化学性质的了解愈来愈多，尤其是近 20 年来，许多蛋白质的结构也已搞清楚，这些知识都是对蛋白质进行科学分类的基础。最合理的分类原则，应根据蛋白质的结构。但目前结构已知的蛋白质的数目有限，而蛋白质的种类甚多，最简单的单细胞生物大肠杆菌，每个菌体也含有大约 2000 种以上的蛋白质。高等生物如人体内，则含有十万种以上的蛋白质。目前常用的分类方法如下。

1. 根据分子形状分类

蛋白质按其分子外形的对称程度可分为两类。

（1）球状蛋白质　分子比较对称，接近球形或椭球形，溶解度较好，能结晶。大多数蛋白质属于球状蛋白质。如血红蛋白、肌红蛋白、生物催化剂酶、各种抗体等。

（2）纤维状蛋白质　分子对称性差，类似细棒状或纤维状，溶解性质不一。大多数不溶于水，如胶原、角蛋白等。有的溶于水，如肌球蛋白、血纤维蛋白原等。

2. 根据功能分类

20 世纪 70 年代开始，根据蛋白质研究的进展，开始根据其功能分类。按功能可将蛋白质分为六大类。

（1）起催化作用的蛋白，即“酶”类。它们能催化细胞内外一系列的化学反应，其催化效率和特异性是任何一种化学催化剂所不可比拟的。属于酶类的蛋白也许是地球上最早出现的一批蛋白质，后来才出现其他一些功能特异化的蛋白质。

（2）结构蛋白类，它们为细胞提供结构支持，如微管蛋白、肌动蛋白等。有些结构蛋白能对机体提供保护和支持，如动物毛发、刺猬身上的刺等中的角蛋白类。

（3）转运蛋白类，它们控制各种物质穿过细胞质膜的流动。

（4）调节蛋白，它们能作为感应器或开关控制基因的表达和蛋白质的活性。

（5）信号传递蛋白，它们包括细胞表面的受体以及传递细胞外信号至细胞内的一些蛋白质。

（6）动力蛋白（motor protein），它们导致机体的运动和细胞内亚细胞部分的移动。此外，还有一些具有特殊功能的蛋白质如抗冻蛋白；存在于非洲植物中的应乐果甜蛋白（Monellin），是一种天然的甜味剂；存在于节肢动物运动关节间的节肢弹性蛋白（Resilin）等；蜜蜂飞行时翅膀能每秒钟振动 300～400 次，跳蚤能以每秒近两米的速度起跳，都是由于节肢弹性蛋白的功劳，因为这种蛋白在受到挤压后储存的能量可迅速释放，从而产生巨大的推力。

3. 根据组成分类

根据组成可将蛋白质分为两类。

（1）简单蛋白质（simple protein） 分子中只含氨基酸。

（2）结合蛋白质 也称复合蛋白质（conjugated protein）或全蛋白质（holoprotein）。它由简单蛋白质和非蛋白质部分结合而成。主要的结合蛋白有六种。

① 色蛋白(chromoprotein) 蛋白质和某些色素物质结合而成。非蛋白质部分多为血红素，故又称为血红素蛋白（hemoprotein)。血红素为卟啉类化合物，卟啉环中心含有金属，如含铁的血红蛋白、细胞色素类，含镁离子（Mg^{2+}）的如叶绿蛋白，含铜离子的有血蓝蛋白（hemocyanin）等。

② 金属蛋白(metalloprotein) 直接与金属结合的蛋白质，如铁蛋白（ferritin）含铁，乙醇脱氢酶含锌，黄嘌呤氧化酶含钼和铁等。

③ 磷蛋白（phosphoprotein） 分子中含磷酸基，磷酸基一般与蛋白质分子中的丝氨酸或苏氨酸通过酯键相连。如酪蛋白、胃蛋白酶等。

④ 黄素蛋白（flavoproteins)，非蛋白部分为黄素单核苷酸（flavin nucleotides)，如琥珀酸脱氢酶等。

⑤ 脂蛋白(lipoprotein) 蛋白质和脂类结合构成脂蛋白，如卵黄球蛋白（lipovitellin)，凝血致活酶（thromboplastin）等都是重要的脂蛋白。其主要功能是在体内运输甘油三酯、胆固醇和磷脂。在脂蛋白中，脂类和蛋白质之间以非共价键结合。脂蛋白中的蛋白质部分称为脱辅基蛋白或载脂蛋白（apoprotein)。脂蛋白广泛分布于细胞和血液中，因此将脂蛋白又分为细胞脂蛋白和血浆脂蛋白两类。

a. 细胞脂蛋白。它主要存在于生物膜（细胞膜和细胞器膜)。细胞脂蛋白的蛋白质部分常常又是糖蛋白，如红细胞细胞膜上的主要蛋白质为血型糖蛋白（glycophorin)，由 131 个氨基酸组成，肽链上连有 16 个低聚糖单位（图 7-5)。细胞脂蛋白中的脂类主要是磷脂，其次为糖脂。

b. 血浆脂蛋白。血浆脂蛋白又称为可溶性脂蛋白，在水中部分溶解，主要含有三酰基甘油、胆固醇及其酯、磷脂和载脂蛋白四种成分。不同的血浆脂蛋白所含有的这四种成分的比例不同。不同血浆脂蛋白由于所含的载脂蛋白不同，分子大小及所带的净电荷不同，在电场中的迁移率不同。根据血浆脂蛋白在电场中的迁移率，可分为 α 脂蛋白和 β 脂蛋白两大类。根据其功能及超速离心时的沉降行为，血浆脂蛋白还可分为：乳糜微粒（chylomicron，CM），高密度脂蛋白、低密度脂蛋白和极低密度脂蛋白四种（表 2-1）。

表 2-1　血浆脂蛋白的种类和基本成分/%

名称＼组成	甘油三酯	胆固醇及其酯	磷脂	载脂蛋白质
乳糜微粒(CM)	83	8	7	<2
极低密度脂蛋白(VLDL)	50～60	14～18	19～20	8～12
高密度脂蛋白(HDL)	8	12～17	22～25	50
低密度脂蛋白(LDL)	8～10	15～27	28～30	21

⑥ 糖蛋白(glycoprotein)　蛋白质和糖类结合构成糖蛋白。糖蛋白广泛存在于动物、植物、真菌、细菌及病毒中。糖蛋白的相对分子质量大小悬殊，糖含量一般占 1%～85%。在糖蛋白中，蛋白质部分和糖之间以共价键结合。有两种主要的连接类型，*O*-连接（*O*-linked），即连接到多肽链中丝氨酸和苏氨酸的羟基上；*N*-连接（*N*-linked），即连接到天冬酰胺的氨基上。天冬酰胺（Asn）残基一般位于“—Asn—Xaa—Ser/Thr”保守序列，以便糖酰化酶的识别和 *N*-连接寡糖修饰。糖蛋白中的糖一般为低聚糖（<15 个糖单位），个别的糖蛋白中所含的糖基多达 100 个以上，如动物颌下腺糖蛋白。

蛋白多糖（proteoglycan），也是一种糖蛋白，存在于多种组织和体液中，但含糖量比一般糖蛋白高（可达95%），故实为含蛋白的多糖。血浆中的各种球蛋白，如 α 球蛋白、β 和 γ 球蛋白，纤维蛋白原等都是糖蛋白。

糖蛋白具重要的生物学功能。可作为机体内外表面的保护物及润滑剂；如鱼类体表面的黏液含丰富的糖蛋白，有防止在不利的条件下水分丧失的作用。动物消化道，呼吸道等体腔含有的糖蛋白，有助于物质运输并保护体腔不受机械损伤，关节滑液中的糖蛋白起润滑作用。糖蛋白充当一些物质（如维生素，激素）的载体，常与它们结合，有助于这些物质在体内的转移和分配等。

4. 根据溶解度的不同分类

根据溶解度的不同，可将蛋白质分为如下几种。

(1) 清蛋白(albumin)　又称白蛋白。在自然界分布广泛；清蛋白溶于水、中性盐类、稀酸和稀碱，可被饱和硫酸铵沉淀。清蛋白含甘氨酸少，血清清蛋白几乎不含甘氨酸。

(2) 球蛋白　在生物界广泛存在，具重要的功能。有两类球蛋白：

① 拟球蛋白（假球蛋白）(pseudoglobulins)，溶于水。

② 优球蛋白（euglobulins)，不溶于水，但溶于稀盐溶液中。

球蛋白可被半饱和的硫酸铵沉淀，一般含 3.5%的甘氨酸。如血清球蛋白、肌球蛋白、植物种子球蛋白等。

(3) 组蛋白(histones)　组蛋白是染色体的结构蛋白，含精氨酸和赖氨酸多，所以呈碱性。在进化上，组蛋白高度保守，无组织特异性。胸腺和胰腺中含组蛋白多。

(4) 精蛋白(protamines)　是一类分子量较小的碱性蛋白质，存在于成熟的精细胞中，含碱性氨基酸，特别是精氨酸多，分子量小，易溶于水、稀酸中，如鲑精蛋白。

(5) 醇溶蛋白(prolamines)　醇溶蛋白溶于 70%～80%的乙醇，多存在于禾本科植物的种子，特别是种子的外皮中，如玉米蛋白等。

(6) 硬蛋白类(scleroproteins)　主要存在于皮肤、毛发、指甲等，起支持和保护作用。在稀酸、稀碱、水和盐溶液中均不溶。如角蛋白、胶原蛋白、弹性蛋白和丝蛋白等。丝蛋白多由昆虫的丝囊腺所分泌，刚分泌出来时为液体，遇空气则硬化，它是丝纤维的主要成分。

(7) 谷蛋白类(glutelins)　主要存在于谷类作物中，不溶于水、中性盐和醇溶液，但溶于稀酸和稀碱。如麦蛋白、米蛋白等。

5. 根据营养价值不同分类

(1) 完全蛋白质　含有人体所必需的各种氨基酸。

(2) 不完全蛋白质　缺乏人体所必需的某种氨基酸。如植物蛋白所含有的必需氨基酸与人体蛋白质有较大的差异。大豆蛋白中缺乏蛋氨酸，小麦蛋白中缺乏赖氨酸，玉米蛋白中缺乏色氨酸等。如果把缺乏甲种氨基酸的蛋白质和缺乏乙种氨基酸的蛋白质适当配合使用，可获得最高的蛋白质利用率。实验证明，如果单吃玉米和大豆，蛋白质的利用率分别是60%和64%；如果把两者按3∶1的比例混合使用，混合食物蛋白质的利用率可达到76%。将不同来源的蛋白质混合食用，以提高蛋白质的生理价值的作用称为蛋白质的互补作用。

三、蛋白质的元素组成

蛋白质的元素组成是指蛋白质分子中所含的各种元素的多少，蛋白质不论其来源如何，各种蛋白质的元素组成很近似；所含的主要元素有：

碳（50%～55%），平均52%；　　氢（6.9%～7.7%），平均7%；

氧（21%～24%），平均23%；　　氮（15%～17.6%），平均16%；

硫（0.3%～2.3%），平均2%。

除此之外，不同种类的蛋白质中尚含有少量的其他元素，这些称为微量元素。蛋白质中所含的微量元素主要有：

磷（0.4%～0.9%），平均0.6 %；如酪蛋白中含磷；

铁（0.4%～0.9%），动物肝脏是含铁丰富的食物；

碘，主要存在于甲状腺球蛋白中。此外还有锌，铜等。

相对于糖和脂来说，蛋白质元素组成的特点是一切蛋白质都含有氮元素，且比较恒定；平均为16%。而糖、脂多不含氮，即使含氮，其量也甚微，且不恒定。

既然蛋白质中含氮量平均为16%，那么任何生物样品中每克蛋白氮的存在，大约表示该样品中含有100/16=6.25g蛋白质，6.25常称为蛋白质系数。若能测出样品的总氮量和非蛋白氮量，总氮量减去非蛋白氮量等于蛋白氮量（PN），蛋白氮量乘以蛋白质系数(6.25)即得某样品中的蛋白质含量。

第二节　蛋白质的组成单位——氨基酸

1819年，法国化学家布拉孔诺（H·Braconnot）把纤维素放在酸里加热，成功地把纤维素水解为葡萄糖，从而知道纤维素是由许许多多的葡萄糖“手拉手”组成的，因此他想，能不能像研究纤维素那样来研究蛋白质的组成呢？首先他把明胶放在酸里加热，结果从酸水解液中分离到一种分子量比蛋白质小得多的含氮化合物，后来取名为甘氨酸；他又用同样方法从肌肉水解液中提取出另一种含氮化合物，因它的结构中含氨基和羧基，故取名为氨基酸。现已确证蛋白质的基本组成单位是氨基酸。

一、氨基酸的一般结构特征

目前，已发现的氨基酸很多，但组成蛋白质分子的主要氨基酸只有20种。这20种氨基酸也称为编码氨基酸，因为遗传密码表中只有这20种氨基酸的密码。这20种氨基酸中，有19种（除脯氨酸外）具有下列的结构：

$$\begin{array}{c} NH_2—\underset{\displaystyle R}{\underset{|}{CH}}—COOH \end{array}$$

故组成蛋白质的氨基酸，除 R 基团不同外，其分子中均含有氨基和羧基，且氨基和羧基都连在同一个 α 碳原子上，故称为 α-氨基酸；自由存在的氨基酸中，也有 β-氨基酸，如 β-丙氨酸，但是蛋白质分子中的氨基酸均为 α-氨基酸。

当 R 不等于 H 时，氨基酸分子中都含有不对称碳原子，因此有 D-型和 L-型两种异构体；D-和 L-氨基酸在化学性质、熔点、溶解度等性质方面没有区别，但生理功能完全不同；D-型氨基酸一般不能被人和动物利用。蛋白质分子中的氨基酸一般为 L-型的。D-和 L-型氨基酸是以甘油醛或乳酸为参考标准（参见图 2-1）。

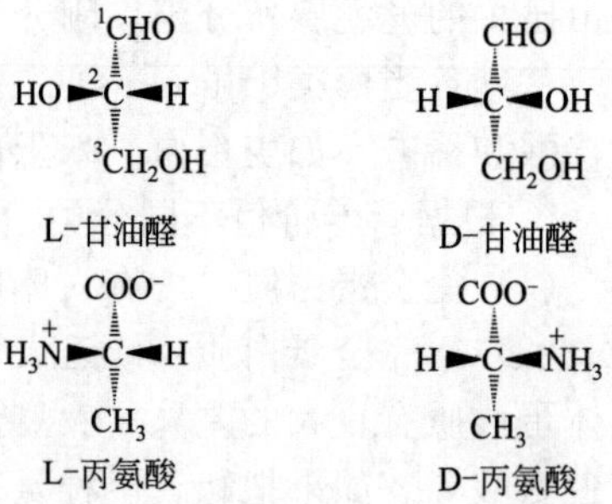

L-甘油醛　　D-甘油醛

L-丙氨酸　　D-丙氨酸

图 2-1　D-甘油醛、L-甘油醛和 D-丙氨酸，L-丙氨酸透视图

二、氨基酸的分类和结构

根据氨基酸的结构特征，有多种分类方法；目前常用的是根据侧链 R 的极性（polarity）性质或在生理 pH（约为 pH7.0）条件下与水相互作用的情况，20 种氨基酸可分为：

1. 非极性具脂肪族侧链的氨基酸

包括甘氨酸、丙氨酸、缬氨酸、亮氨酸、异亮氨酸、甲硫氨酸（蛋氨酸）和脯氨酸，它们的结构、三字母和单字母的名称缩写见图 2-2(a)。

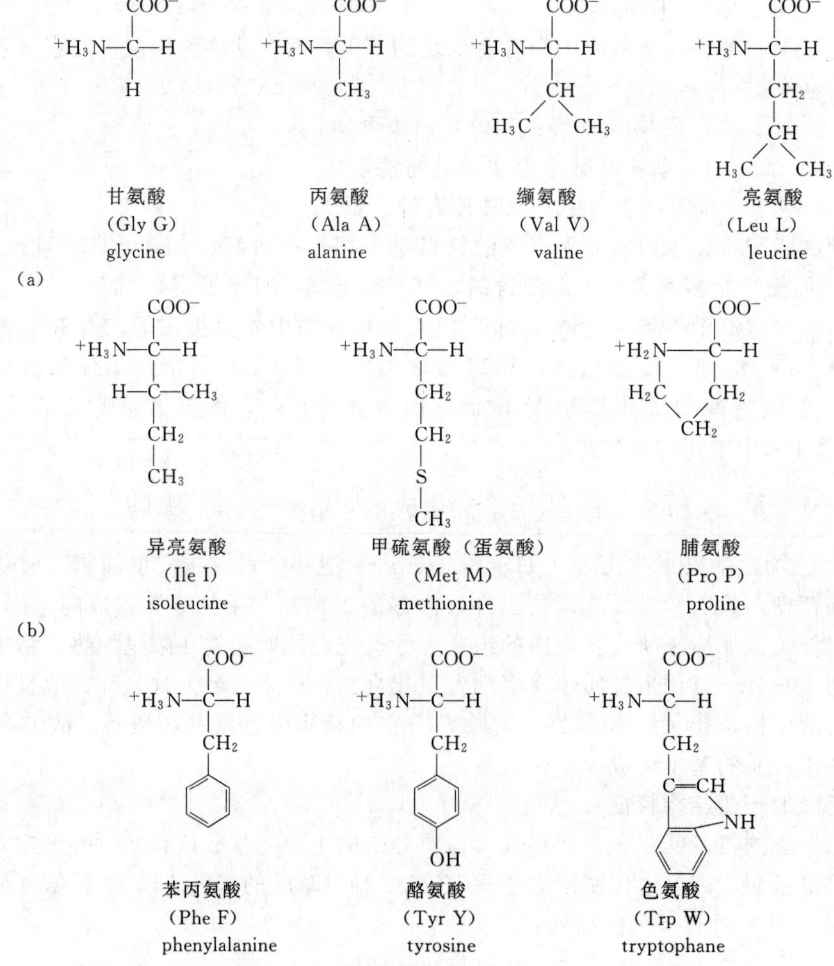

图 2-2　(a) 非极性具脂肪族侧链的氨基酸；(b) 具芳香族侧链的氨基酸

2. 具有芳香族侧链的氨基酸

包括苯丙氨酸、酪氨酸和色氨酸三种，它们的结构、三字母和单字母缩写见图 2-2(b)。酪氨酸首先从乳酪中发现，名字衍生于希腊语“tyros”。

3. 在生理 pH 条件下极性带电荷的氨基酸

包括天冬氨酸、谷氨酸（首先从小麦面筋中发现）、精氨酸、赖氨酸和组氨酸。它们的结构、三字母和单字母缩写见图 2-3(a)。

4. 在生理 pH 条件下极性但不带电荷的氨基酸

包括天冬酰胺、谷氨酰胺、半胱氨酸、丝氨酸和苏氨酸。它们的结构、三字母和单字母缩写见图 2-3(b)。天冬酰胺是在 1806 年从天门冬属（asparagus，芦笋）中得到的第一个氨基酸。苏氨酸发现的最晚（1938 年）。蛋白质分子中，丝氨酸和苏氨酸的羟基易参与氢键的形成；适当部位的两个半胱氨酸残基通过二硫键（—S—S—）连接，对稳定蛋白质的结构起重要作用。

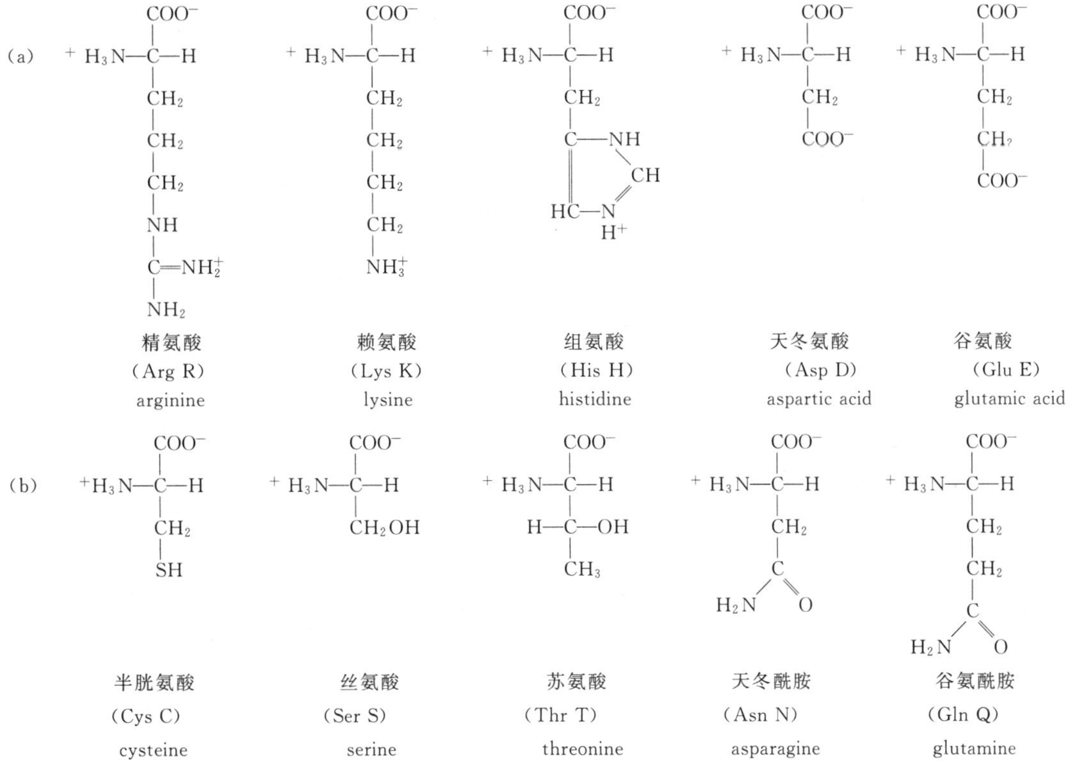

(a)

精氨酸	赖氨酸	组氨酸	天冬氨酸	谷氨酸
(Arg R)	(Lys K)	(His H)	(Asp D)	(Glu E)
arginine	lysine	histidine	aspartic acid	glutamic acid

(b)

半胱氨酸	丝氨酸	苏氨酸	天冬酰胺	谷氨酰胺
(Cys C)	(Ser S)	(Thr T)	(Asn N)	(Gln Q)
cysteine	serine	threonine	asparagine	glutamine

图 2-3 （a）极性带电荷的氨基酸；（b）极性但不带电荷的氨基酸

氨基酸名称的缩写有三字母和单字母缩写两种。三字母缩写一般使用氨基酸英文名称的前三个字母表示（天冬酰胺、谷氨酰胺、异亮氨酸和色氨酸除外）。单字母缩写是由 Margaret Oakley Dayhoff 命名并被大家公认的缩写方法。单字母缩写一般使用氨基酸英文名称的第一个字母表示。若有重复时，一般将多数蛋白质中比较常见的氨基酸，或结构较简单些的氨基酸的英文名称的第一个字母作为该氨基酸的单字母缩写；如亮氨酸和赖氨酸比较，亮氨酸在蛋白质中更常见，所以亮氨酸的单字母缩写用“L”，而赖氨酸用“K”，因按字母顺序，“K”最接近“L”。又如丙氨酸和精氨酸（前者用“A”）；甘氨酸、谷氨酸和谷氨酰胺（前者用“G”）；苏氨酸和酪氨酸（前者用“T”）等；有些氨基酸的缩写是根据它们的发音或结构中的某些特征，如精氨酸（a**R**ginine）、苯丙氨酸（**F**enyl）、酪氨酸（t**Y**rosine）、色氨酸

(t**W**yptophan)。有些是根据它们的名称或名称中的特征字母，如天冬氨酸（aspar**D**ic)、天冬酰胺（asparagi**N**e)、谷氨酸（glutam**E**ke)、谷氨酰胺（Q-tamine)。

三、蛋白质中的修饰性氨基酸

除上述 20 种氨基酸外，有些蛋白质中尚含有少数特殊的氨基酸。如弹性蛋白和胶原蛋白中含有羟脯氨酸（植物细胞壁蛋白质中也存在）和羟赖氨酸（5-羟赖氨酸)；肌球蛋白（myosin，肌肉组织中的可收缩蛋白）中含有 6-*N*-甲基赖氨酸；γ-羧基谷氨酸，存在于凝血酶原（prothrombin）中。哺乳类动物的肌肉中存在 *N*-甲基甘氨酸（肉氨酸)；酪蛋白中存在磷酸丝氨酸等，这些氨基酸称为修饰性氨基酸，是蛋白质多肽链在合成过程中或合成后，其中的某些由遗传编码的氨基酸经酶法修饰而成，可赋予该蛋白质特殊的功能。

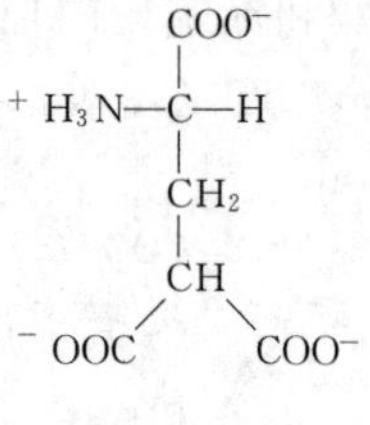

γ-羧基谷氨酸 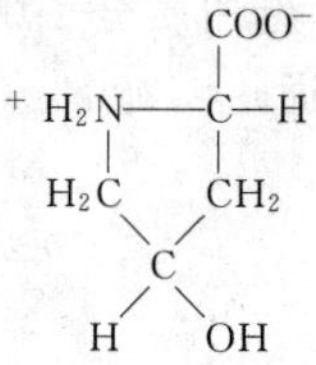　　羟脯氨酸 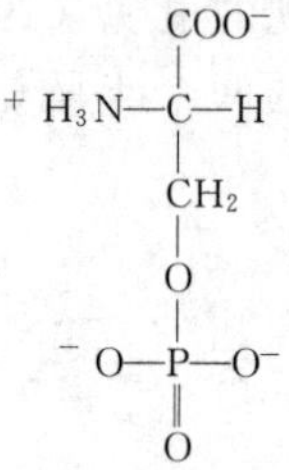　　磷酸丝氨酸

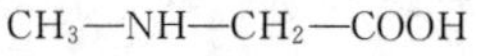

$CH_3—NH—CH_2—COOH$

N-甲基甘氨酸（肉氨酸）

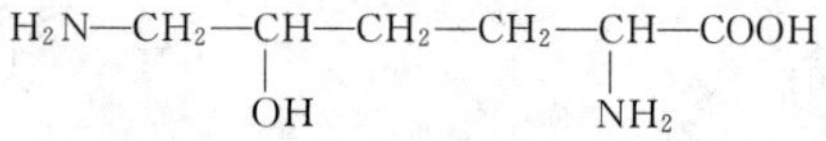

$H_2N—CH_2—CH(OH)—CH_2—CH_2—CH(NH_2)—COOH$

5-羟赖氨酸

$CH_3—NH—CH_2—CH_2—CH_2—CH_2—CH(NH_2)—COOH$

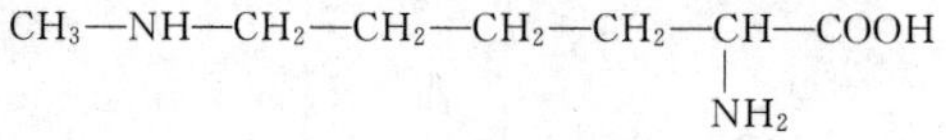

6-*N*-甲基赖氨酸

硒（代）半胱氨酸（selenocysteine）是一个特殊的氨基酸。它不是通过合成后的修饰，而是在蛋白质合成期间掺入多肽链中的。它含有硒（selenium，Se）而不是硫（即半胱氨酸分子中的—SH 基被—HSe 基取代)。这个硒是从丝氨酸衍生来的，硒半胱氨酸是少数几个已知蛋白质的组成成分。

蛋白质分子中的某些氨基酸残基也可遭受临时性的修饰而改变其功能。如磷酸化、甲基化、乙酰化、腺苷酰化修饰等；有些修饰可使蛋白质的活性升高，有些使其活性降低。在酶化学及代谢部分详述。

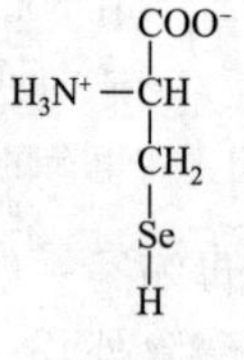

硒代半胱氨酸 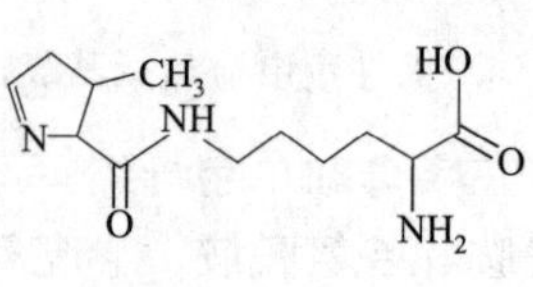　　吡咯赖氨酸

四、非蛋白质氨基酸

除了上述的氨基酸外，自然界中还存在许多的氨基酸（已发现 300 多种）。它们多以游离状态存在于生物的某些组织或细胞中。如 β-丙氨酸是维生素泛酸的组成成分。同型丝氨酸（高丝氨酸）和同型半胱氨酸（高半胱氨酸）是某些氨基酸合成代谢的中间产物。脑组织中存在有 γ-氨基丁酸，西瓜中含有瓜氨酸（Citrulline)，瓜氨酸和鸟氨酸（Ornithine）与尿素的合成密切相关。牛磺酸广泛存在于动物细胞中，多以游离形式存在。1927 年，首次从牛

胆中分离到，植物中尚未发现它的存在，它不参与任何蛋白质的合成，但可参与某些小肽的组成，如脑组织中的γ-谷氨酰牛磺酸。

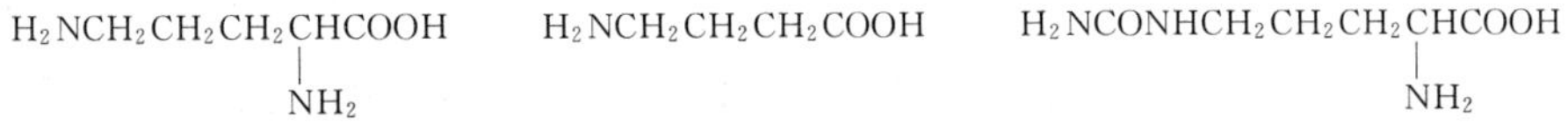

$H_2NCH_2CH_2CH_2CH(NH_2)COOH$ L-鸟氨酸

$H_2NCH_2CH_2CH_2COOH$ γ-氨基丁酸

$H_2NCONHCH_2CH_2CH_2CH(NH_2)COOH$ L-瓜氨酸

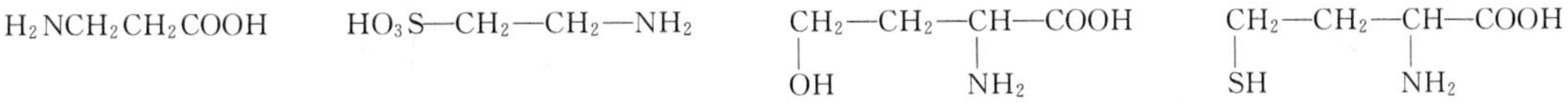

$H_2NCH_2CH_2COOH$ β-丙氨酸

$HO_3S—CH_2—CH_2—NH_2$ 牛磺酸

$CH_2(OH)—CH_2—CH(NH_2)—COOH$ 高丝氨酸

$CH_2(SH)—CH_2—CH(NH_2)—COOH$ 高半胱氨酸

五、氨基酸的一般性质

氨基酸均为无色结晶体或粉末状，每种氨基酸都有自己特有的结晶形状，可用于鉴定。与相应的有机酸比较，氨基酸的熔点较高，一般都大于200℃。如甘氨酸的熔点为232℃，而相应的乙酸的熔点为16.5℃。

在可见光区氨基酸均无吸收。在近紫外区（220～300nm），苯丙氨酸、酪氨酸和色氨酸都有吸收，由于三者结构上的差异，最大吸收波长不同。酪氨酸的最大吸收波长（λ_{max}）为275～278nm，苯丙氨酸为257～259nm，色氨酸为279～280nm。蛋白质在280nm波长下的紫外吸收性质绝大部分是由色氨酸和酪氨酸所引起的。

组成蛋白质的氨基酸，除甘氨酸外，均含有不对称碳原子，故具有旋光性。在一定的温度和溶剂系统中，不同的氨基酸都有各自的比旋光值，可用于定性鉴定。

除胱氨酸、半胱氨酸、酪氨酸外，氨基酸一般溶于水。但在稀酸、稀碱中溶解最好。除脯氨酸溶于乙醇、乙醚外，绝大多数氨基酸都不溶于有机溶剂，故可用有机溶剂沉淀法生产氨基酸。脯氨酸极易溶解于水中，故易潮解不易制成结晶。

六、氨基酸的化学性质

氨基酸的化学性质是由它的结构决定的，不同氨基酸之间的差异仅在侧链上，因此氨基酸具有许多共同的性质，个别氨基酸由于侧链的特殊结构尚有许多特殊的性质。

1. 两性性质和等电点

根据Bronsted-lowry的酸碱理论，氨基酸分子中既含有羧基，又含有氨基，故它是两性电解质（ampholyte）。当氨基酸所处环境的pH值改变时，其分子中的羧基和氨基能作为酸性或碱性基团提供或接受质子。

根据氨基酸的某些物理性质，如熔点高，易溶于极性溶剂等可以判定晶体状态或水溶液中的氨基酸，应以两性离子形式存在。两性离子（dipolarion，dipolar ion），又称为兼性离子（zwitterion），偶极离子，即在同一个分子中含有等量的正负两种电荷。

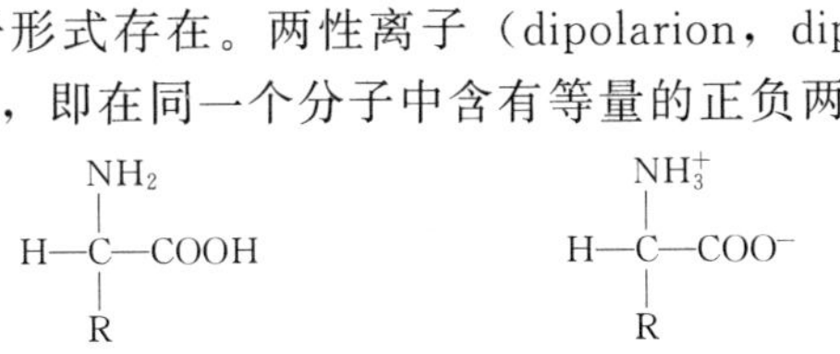

$H—C(NH_2)(R)—COOH$ 中性分子形式

$H—C(NH_3^+)(R)—COO^-$ 两性离子形式

氨基酸既是两性电解质，它在溶液中的带电情况，随溶液pH的变化而变化。改变溶液的pH，可以使氨基酸带正电，或带负电。以甘氨酸为例，它完全质子化时，可以看做是一个多元的酸，其解离情况如下：

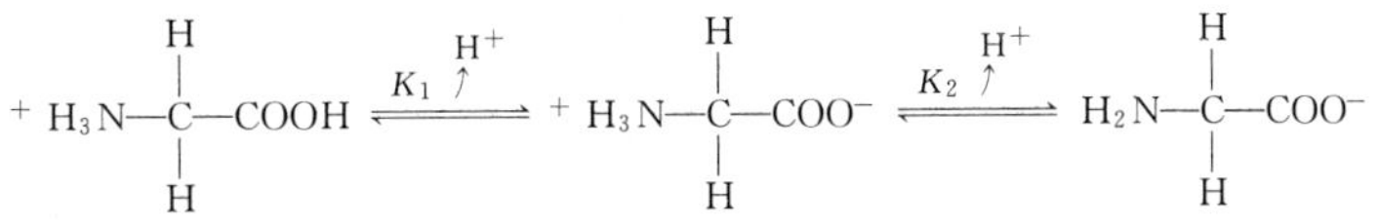

$$\underset{(1)}{{}^{+}H_3N—CH_2—COOH} \underset{}{\overset{K_1\ \ H^+\uparrow}{\rightleftharpoons}} \underset{(2)}{{}^{+}H_3N—CH_2—COO^-} \overset{K_2\ \ H^+\uparrow}{\rightleftharpoons} \underset{(3)}{H_2N—CH_2—COO^-}$$

在一定的 pH 条件下，氨基酸分子中所带的正电荷和负电荷数相同，即净电荷为零，此时溶液的 pH 称为该种氨基酸的等电点（isoelectric point）。氨基酸的等电点是它呈现电中性时所处环境的 pH。也就是说，溶液中的氨基酸绝大多数以两性离子形式存在，少部分是等量的正离子和负离子，因而净电荷为零。氨基酸既不向正极移动，也不向负极移动。不同氨基酸由于分子中所含的可解离基团不同，解离程度不同，等电点不同。在等电点时，氨基酸的物理性质有所不同，最显著的特性是溶解度降低。氨基酸的等电点可由实验测定，也可根据氨基酸分子中所带的可解离基团的 pK 值来计算，如根据上述甘氨酸的解离方程，可得到：

$$K_1=\frac{[H^+][Gly^{+-}]}{[Gly^+]} \tag{2-1}$$

$$K_2=\frac{[Gly^-][H^+]}{[Gly^{+-}]} \tag{2-2}$$

根据等电点的定义，当 $[Gly^+]=[Gly^-]$ 时，溶液的 pH 即为氨基酸的等电点。那么，从式（2-1）和式（2-2）可导出下式：

$$\frac{[H^+][Gly^{+-}]}{K_1}=\frac{K_2[Gly^{+-}]}{[H^+]} \tag{2-3}$$

式（2-3）整理得：$K_1K_2=[H^+]^2$，两边取对数得 $pH=\frac{1}{2}(pK_1+pK_2)$

从上述结论知，氨基酸等电溶液的 pH 与离子浓度无关，氨基酸的 α 羧基、α 氨基以及侧链上的可解离基团都有一特定的 pK 值（表 2-2）。pK 的编号通常以酸性最强的基团的解离开始，分别用 pK_1、pK_2、pK_3……表示。

表 2-2　20 种常见氨基酸的 pKa 值、分子量和等电点

氨基酸名称	pKa 值			分子量	等电点(pI)
	pK_1(α 羧基)	pK_2(α 氨基)	pK_3(侧链)		
甘氨酸	2.34	9.6		75	5.97
丙氨酸	2.34	9.69		89	6.01
缬氨酸	2.32	9.62		117	5.97
亮氨酸	2.36	9.6		131	5.98
异亮氨酸	2.36	9.68		131	6.02
丝氨酸	2.21	9.15		105	5.68
苏氨酸	2.11	9.62		119	5.87
半胱氨酸	1.96	10.28	8.18	121	5.07
蛋氨酸	2.28	9.21		149	5.74
天冬氨酸	2.0	9.6	3.65	133	2.77
天冬酰胺	2.02	8.8		132	5.41
谷氨酸	2.2	9.7	4.25	147	3.22
谷氨酰胺	2.17	9.13		146	5.65
赖氨酸	2.2	8.95	10.53	146	9.74
精氨酸	2.17	9.04	12.48	174	10.76
组氨酸	1.82	9.17	6.0	155	7.59
苯丙氨酸	1.83	9.13		165	5.48
酪氨酸	2.2	9.11	10.9	181	5.66
色氨酸	2.38	9.39		204	5.89
脯氨酸	1.99	10.96		115	10.96

2. 氨基酸的化学反应

(1) 茚三酮反应(ninhydrin reaction)　在 pH 5～7 和 80～100℃条件下，大多数氨基酸和茚三酮乙醇溶液反应形成蓝紫色的化合物，并放出氨和二氧化碳。这是 α-氨基酸特有的反应；氨和胺类也与茚三酮反应，但不放出二氧化碳。氨基酸与茚三酮反应产生的蓝紫色化合物在 570nm 有最大吸收，可用于定量测定，但不能作为唯一的定量测定的依据，因有氨等化合物的干扰，要定量测定，可测定放出的二氧化碳的量，因为只有氨基和羧基连在同一个 α 碳原子上的化合物与茚三酮反应才放出二氧化碳。谷氨酰胺和天冬酰胺与茚三酮反应产生棕色化合物，而脯氨酸与茚三酮反应形成黄色的产物，在 440nm 有最大吸收，可定量测定。

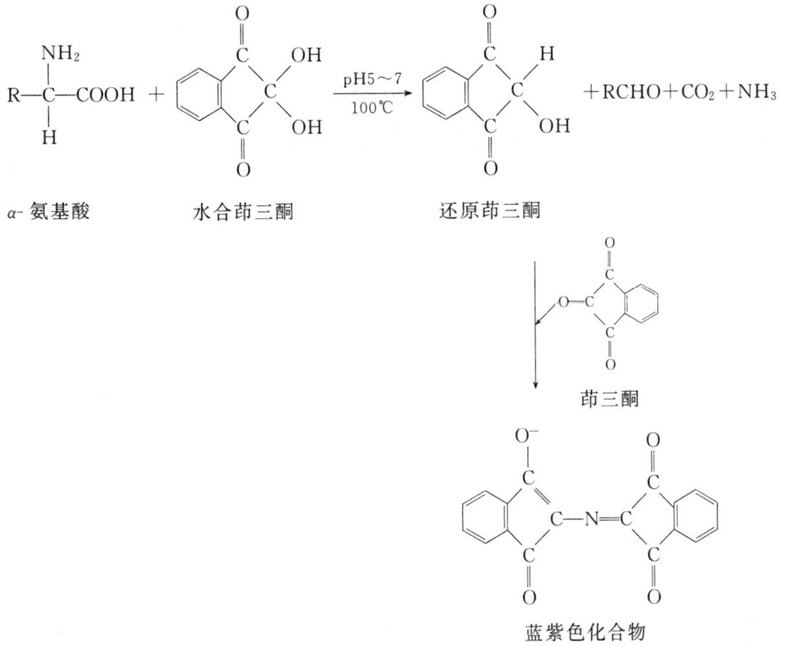

$$\underset{\alpha\text{-氨基酸}}{R-\underset{H}{\overset{NH_2}{C}}-COOH} + \text{水合茚三酮} \xrightarrow[100℃]{pH5\sim7} \text{还原茚三酮} + RCHO + CO_2 + NH_3$$

α-氨基酸　　水合茚三酮　　还原茚三酮

茚三酮

蓝紫色化合物

(2) α-氨基参与的反应

① 成盐作用　酸水解液中的氨基酸，多以氨基酸盐酸盐的形式存在。

② 亚硝酸反应　这是 α-氨基所特有的反应。氨基酸与亚硝酸反应放出氮，其中的一个氮来自氨基酸，另一个来自亚硝酸。该反应是 Van Slyke 氏氨基氮测定的理论基础。此反应可用来判断蛋白质的水解程度，蛋白质水解愈完全，放出的 α-氨基酸愈多，与亚硝酸反应放出的氮愈多。

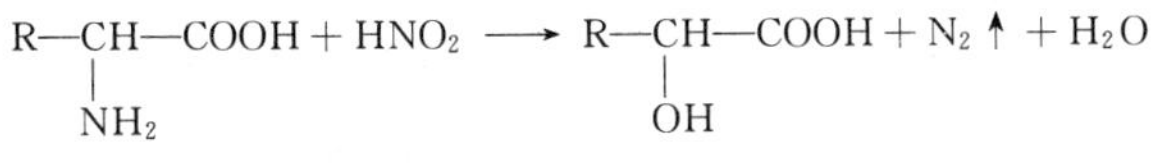

$$\underset{\text{氨基酸}}{R-\underset{NH_2}{CH}-COOH} + HNO_2 \longrightarrow \underset{\text{羟酸}}{R-\underset{OH}{CH}-COOH} + N_2\uparrow + H_2O$$

③ 甲醛滴定　氨基酸既是酸又是碱，但不能直接用酸碱滴定法来测定其含量，因为它的酸碱滴定的等当点 pH 过高或过低，没有适当的指示剂可用。如氨基酸的 α-氨基的 pK 值为 9.7 左右。在室温和 pH 中性条件下，甲醛与氨基酸的 α-氨基反应，生成羟甲基衍生物，释放出 H^+。可选择酚酞指示剂（变色范围 8.2～10），用氢氧化钠滴定释放出的 H^+，因为每释放出一个 H^+，就相当于有一个氨基氮，从氨基氮量可算出氨基酸的量。

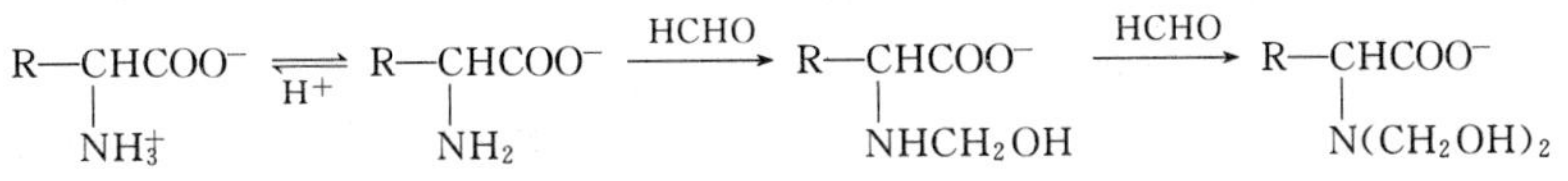

$$R-\underset{NH_3^+}{CHCOO^-} \underset{H^+}{\rightleftharpoons} R-\underset{NH_2}{CHCOO^-} \xrightarrow{HCHO} \underset{\text{一羟甲基衍生物}}{R-\underset{NHCH_2OH}{CHCOO^-}} \xrightarrow{HCHO} \underset{\text{二羟甲基衍生物}}{R-\underset{N(CH_2OH)_2}{CHCOO^-}}$$

④ 氨基酸与2,4-二硝基氟苯的反应　在弱碱性（pH 8～9）、暗处、室温或40℃条件下，氨基酸和2,4-二硝基氟苯（dinitrofluorobenzene，DNFB或FDNB）反应产生黄色的二硝基苯氨基酸（dinitrophenylamino acid，简称DNP-氨基酸）。该反应由F. Sanger首先发现，并用于鉴定多肽或蛋白质的N-端氨基酸。除α-氨基外，酚羟基、ε-氨基、咪唑基也有反应，但反应的产物在酸性条件下，不溶于乙醚、乙酸乙酯，而留在水相中。

$$\mathrm{H{-}C(R)(COOH){-}NH_2} + \mathrm{F{-}C_6H_3(NO_2)_2} \xrightarrow[\text{pH }8\sim9]{\text{室温}} \mathrm{H{-}C(R)(COOH){-}NH{-}C_6H_3(NO_2)_2} + \mathrm{HF}$$

氨基酸　　2,4-二硝基氟苯　　DNP-氨基酸

⑤ 氨基酸与苯异硫氰酸（phenyl isothiocyanate，PITC）的反应　在弱碱性条件下，氨基酸与苯异硫氰酸反应生成苯氨基硫甲酰氨基酸（PTC-氨基酸）。在酸性条件下，生成的PTC-氨基酸环化而转变为苯乙内酰硫脲氨基酸（phenylthiohydratoin amino acid），简称PTH-氨基酸。瑞典科学家Edman首先使用该反应测定蛋白质*N*-末端的氨基酸。

$$\mathrm{C_6H_5{-}N{=}C{=}S} + \mathrm{H_2N{-}CH(R){-}C(=O){-}OH} \longrightarrow \text{PTH-氨基酸}$$

苯异硫氰酸

苯乙内酰硫脲氨基酸

⑥ 氨基酸与5′-二甲氨基萘-1-磺酰氯（5′-dimethyl-amino-naphthalene-1-sulfonyl chloride，简称DNS-Cl）反应　产生有荧光的DNS-氨基酸的衍生物。

$$\text{DNS-Cl} + \mathrm{H_2N{-}CH(R){-}COOH} \longrightarrow \text{DNS-氨基酸}\ (\mathrm{R{-}CHCOOH{-}NH{-}SO_2{-}C_{10}H_6{-}N(CH_3)_2}) + \mathrm{HCl}$$

DNS-Cl　　DNS-氨基酸

(3) α-羧基参与的反应

在一定的条件下，氨基酸的α-羧基可以和醇成酯。氨基酸可以和碱，如氢氧化钠反应生成氨基酸的钠盐。当氨基酸转变为相应的氨基酸酯或盐后，其羧基的化学反应性就被掩盖了，而氨基的化学反应性相对地增加，可与一些酰基试剂反应。

(4) 侧链的反应

① 米伦（Millon）反应　酪氨酸及含酪氨酸的蛋白质均有此反应，反应产物是红色的硝酸汞、亚硝酸汞等的混合物。

② 福林（Folin）反应　福林试剂的主要成分是磷钼酸和磷钨酸。在碱性条件下，酪氨酸及含酪氨酸的蛋白质和福林试剂反应产生一种蓝色的化合物。

③ 坂口反应(Sakaguchi reaction)　是精氨酸特有的反应。试剂的主要成分是碱性次溴酸钠、α-萘酚；精氨酸可与之反应产生红色的产物。

④ Pauly反应　试剂的主要成分为：5%的对氨基苯磺酸盐酸溶液，亚硝酸钠，碳酸钠；组氨酸、酪氨酸与该试剂在0～4℃反应，生成橘红色的产物。

⑤ 乙醛酸（glyoxalate）反应　这是色氨酸特有的反应，色氨酸与乙醛酸和浓硫酸反应，在溶液的界面处产生一种紫红色的物质。

⑥ 半胱氨酸的反应　半胱氨酸可与亚硝酸-铁氰化钠的甲醇溶液反应产生一种红色的化合物。

3. 氨基酸的离子交换色谱法分离　离子交换树脂是以苯乙烯为单体、二乙烯苯为交联剂，人工合成的不溶于水的高分子聚合物，其颗粒表面带有可被交换的酸性或碱性基团，并具三维网状结构。在交换过程中，树脂的物理性能不会发生改变。苯二乙烯用量多少称为交联度，用“X”表示。如 DOW 化学公司生产的 DOWex50-X8，即含 8%的苯二乙烯。根据其分子表面所带的可交换基团的性质，离子交换树脂有阳离子交换树脂和阴离子交换树脂两种。前者可交换的基团为阳离子，后者可交换的基团为阴离子。

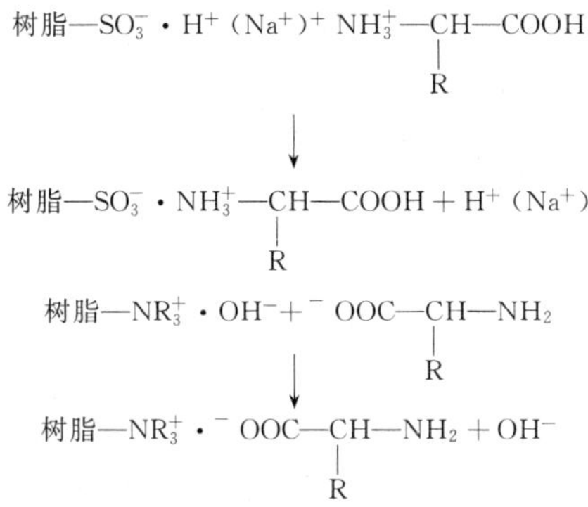

离子交换柱色谱法分离氨基酸的基本原理是：在一定的 pH 条件下，不同氨基酸，由于等电点不同所带的净电荷不同，与离子交换树脂结合的能力不同。这样，就可根据欲分离的氨基酸的性质，选择阳离子或阴离子交换树脂，吸附这些氨基酸。然后再选择一定 pH 和离子强度的缓冲液进行洗脱，不同的氨基酸和树脂的结合能力不同，在洗脱过程中将依次被从柱上洗出，达到相互分离的目的。

为了研究某一蛋白质的氨基酸组成，常把蛋白质样品进行水解，通过离子交换柱色谱法分析，可确定该种蛋白质分子中含有那些氨基酸。如果用自动分部收集仪定时收集洗脱液，结合茚三酮显色，在 570nm 或 440nm 波长（脯氨酸）测定其光密度，可定量测定该蛋白质中每种氨基酸的含量。常用的水解蛋白质的方法如下。

① 酸水解　常用 6mol/L 的盐酸。所用酸量一般是蛋白质的 5～10 倍；水解温度一般为 110～120℃，水解时间一般需要 24h 或更长。酸水解的优点：水解彻底，不产生消旋作用。能使蛋白质全部转变为氨基酸；缺点：色氨酸完全被破坏，它与含醛基的化合物如糖类作用生成一种黑色物质，称为腐黑质。其次，酸水解液中的谷氨酰胺（Gln）转变为谷氨酸（Glu），天冬酰胺（Asn）转变为天冬氨酸（Asp）。含羟基的氨基酸，随着水解时间的延长，都有不同程度的破坏。

② 碱水解　多用 4.2～5mol/L 的氢氧化钠，有时也用 4mol/L 的氢氧化钡。一般水解温度为 110℃，时间为 24h。碱水解的优点是色氨酸不被破坏，缺点是易发生外消旋作用，即某一个氨基酸溶液中，该氨基酸的 D-和 L-型各占 50%，彼此旋光性抵消，失去旋光性。由于 D-型氨基酸不能被人体所利用，因而营养价值降低。该水解方法常用于蛋白质分子中色氨酸的定量分析。

第三节　蛋白质的结构

自然界存在的蛋白质大约有 10^{10}～10^{12} 种，不同的蛋白质具有不同的结构，那么，由

20 种氨基酸如何组成了数目繁多、结构各异的蛋白质大分子？20 世纪 50 年代初，Linderstrom-Lang 及其同事最先认识到蛋白质具有不同的结构层次，并引入一级、二级、三级结构的概念。这是蛋白质分子在结构上的一个最显著的特征。这种划分尽管有一定的缺点，但它反映了蛋白质分子结构的多层次和错综复杂的基本特点。这种划分概念清楚，使用也方便。60 年代以后，随着对蛋白质分子结构知识的积累，又增加了不少新的内容。如在三级结构以上又增加了四级结构，在二级和三级结构之间又增加了超二级结构和结构域这两个结构层次。

天然蛋白质都具有独特而稳定的三维结构，即构象（conformation）。构象是指分子内各原子或基团之间的相互立体关系。构象的改变是由于单键的旋转而产生的，不需有共价键的变化（断裂或形成），但涉及氢键等次级键的改变。1969 年国际纯化学和应用化学联合会（IUPAC）规定在描述蛋白质等生物大分子的空间结构时应使用构象一词。按照这种划分，二级结构以上的结构都属于构象的范畴。构型（configuration），是指在立体异构体中，取代基团或原子因受某种因素的限制，在空间取不同位置所形成的不同立体结构。如几何（顺反）异构体中，取代基团因受双键的限制，而有顺式和反式两种构型；在光学异构体中，手性碳原子上的四个基团不同，只可能取两种不同的空间排布，这两种不同的空间排布称为不同的构型。构型的改变必须有共价键的断裂。

一、蛋白质的一级结构

蛋白质的一级结构（primary structure）可看作是组成它的氨基酸之间通过肽键相互连接起来的线性序列。不同的蛋白质都具有特定的构象，但从一级结构来看，蛋白质是由许多的氨基酸按照一定的排列顺序，通过肽键相互连接起来的多肽链结构。1969 年，IUPAC 曾规定蛋白质的一级结构是指肽链中的氨基酸排列顺序和连接方式。它是蛋白质分子结构的基础，包含了决定蛋白质分子所有结构层次构象的全部信息。

1. 肽键和肽链

1902 年，Hofmeister 和 Fischer 各自提出了肽键（peptide bond）是蛋白质中氨基酸残基之间的主要连接方式，即一个氨基酸的 α-羧基与另一个氨基酸的 α-氨基之间脱去一分子水相互连接形成肽键，氨基酸之间的连接符号“—”表示肽键（图 2-4）。

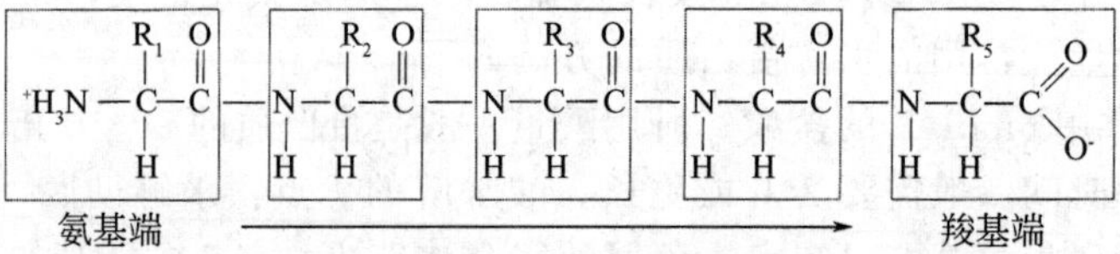

$$^{+}H_3N-CH(R_1)-CO-NH-CH(R_2)-CO-NH-CH(R_3)-CO-NH-CH(R_4)-CO-NH-CH(R_5)-COO^{-}$$

氨基端 → 羧基端

图 2-4 一个五肽的结构

蛋白质结构的肽键学说的正确性，已被许多研究者所证实。1888 年，俄国科学家发现，肽类化合物在碱性条件下，与硫酸铜反应可生成一种紫色的化合物，天然蛋白质均有此反应。这个反应被称为“双缩脲反应”，可用于蛋白质的分光光度法定量测定。酸碱滴定的结果说明，蛋白质分子中含有的自由氨基和羧基较少，在蛋白质的水解过程中，随着水解的进行，滴定值逐渐增加，说明氨基酸分子中的氨基和羧基在构成蛋白质大分子时，参与了某种结合。1902 年，E. Fischer 人工合成了 18 肽，合成的 18 肽能被蛋白水解酶水解，且呈现双缩脲反应。已知蛋白酶专一性水解肽键，这就进一步确证了蛋白质分子中的氨基酸之间是通过肽键相互连接的。

一个氨基酸的 α-羧基与另一个氨基酸的 α-氨基之间缩去一分子水形成酰胺键（即肽键）相互连接而成的化合物称为肽。由两个氨基酸组成的肽称为二肽，由三个氨基酸组成的肽称为三肽。由 5 个氨基酸组成的一个五肽的结构如图 2-4 所示。一般把小于 10 个氨基酸组成的肽称为寡肽（oligopeptides），而大于 10 个氨基酸组成的肽称为聚肽或多肽（polypeptide）。

在某些肽中，有非 α-羧基和 α-氨基之间形成的肽键。如谷胱甘肽分子中，谷氨酸的 γ-羧基和半胱氨酸的 α-氨基之间形成肽键。这样的肽键很稳定，不易被蛋白酶作用。

```
COOH
|
CHNH2
|
CH2
|
CH2
|
CO—NH—CH—CO—NH—CH2—COOH
       |
       CH2
       |
       SH
```

谷胱甘肽的分子结构

肽链结构中有主链和侧链之分。来自一个个氨基酸的酰胺 N 原子，α-碳原子和羰基 C 原子依次重复出现构成多肽链的骨架，而氨基酸残基的侧链基团从多肽链的骨架向外伸出，故主链骨架是指除侧链 R 以外的部分；肽链中的每一个氨基酸，由于相互连接失去一分子水，与原来的相比，分子稍有残缺，因此通常把肽链中的每一个氨基酸单位称为氨基酸残基。任何一个肽，尽管它的氨基和羧基相互连接成肽键，但在肽链的一端仍有自由的氨基，另一端仍有自由的羧基，分别称为氨基末端（或 N 端）和羧基末端（或 C 端）。表示多肽链的组成，在书写时通常将 N 末端的氨基酸残基写在左手位，而将 C 末端残基写在右手位（图 2-4）。

2. 肽的命名及结构

一个肽可根据所含的氨基酸残基数简单地称为二肽、三肽和四肽。但肽的命名一般是根据其功能和来源。如脑啡肽（enkephalin，EK）；1975 年，Hughes and Kosterlitz 发现猪脑内有内源性吗啡样活性物质，并从脑抽提液中分离纯化出两种脑啡肽，均由 5 个氨基酸组成。现已证明，高等动物脑中有两种形式的脑啡肽：

蛋氨酸脑啡肽，H — Tyr-Gly-Gly-Phe-Met — OH

亮氨酸脑啡肽，H — Tyr-Gly-Gly-Phe-Leu — OH

它们都有镇痛作用，因而又称为镇痛肽（anodynin）。对他们的深入研究，不仅有可能人工合成出一类既具有镇痛作用，而又不像吗啡那样使人上瘾的药物来。

自然界中存在的肽有开链式结构和环状结构。对环状肽，找不到它的游离的氨基末端和游离的羧基末端。环状肽在微生物中常见。如短杆菌肽 S（图 2-5），对革兰氏阳性细菌有强大的抑制作用。α-鹅膏蕈碱（amanitin），是一个环状 8 肽，存在于毒蘑菇中，它能抑制真核 RNA 聚合酶的活性，从而抑制核糖核酸（RNA）的合成，导致机体死亡。γ-谷氨酰肽与氨基酸的运输有关，是氨基酸的载体。肌肽（carnosine）和鹅肌肽（anserine），存在于肌肉、骨骼肌中，可能参与调节肌肉的收缩。

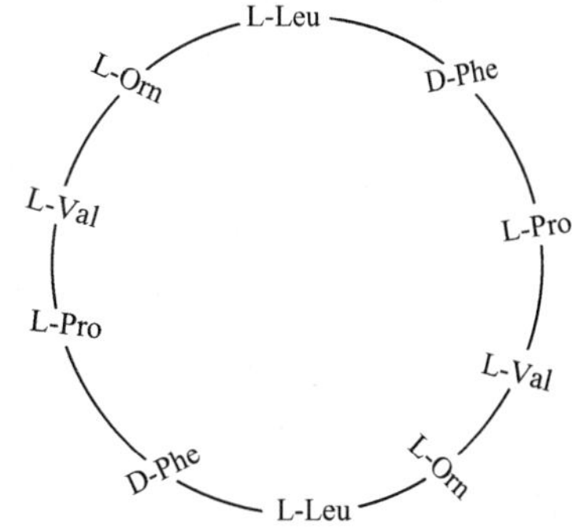

图 2-5　短杆菌肽 S 的结构

大多数小肽具有一定的结晶形状，熔点较高，有自己的等电点。含两个或两个以上肽键的化合物都有双缩脲反应。

3. 肽链表达式

肽是由氨基酸之间通过肽键形成的化合物。若用结构式表示，占空间较大，且不方便。一般用氨基酸中文名称的字头表示，中间用“.”号或“-”号将它们隔开，也可用氨基酸英文名称的三字母缩写名或单字符号写表示，中间用“.”号或“-”号将其隔开，如下所示：

甘·丙·丝·缬·亮·蛋·赖·赖·精·谷……

Gly-Ala-Ser-Val-Leu-Met-Lys-Lys-Arg-Glu……

G-A-S-V-L-M-K-K-R-E……

有些肽的氨基端是乙酰化的，如细胞色素 C 氨基端的甘氨酸是乙酰甘氨酸；有些肽的羧基端是酯化的或酰胺化的，如催产素羧基端的甘氨酸为酰胺化的甘氨酸，也应写出。

Cys-Tyr-Ile-Gln-Asn-Cys-Pro-Leu-Gly—NH_2
└—S——S—┘

牛催产素的结构

4. 一级结构研究

一级结构研究包括蛋白质的氨基酸组成，氨基酸排列顺序和二硫键位置，肽链数目，末端氨基酸的种类等。

在生物化学及其相关的领域中，许多问题都需要知道蛋白质的一级结构。蛋白质顺序分析是揭示生命的本质，阐明结构与功能的关系，研究酶的活性中心和酶蛋白高级结构的基础，也是研究基因表达、克隆和核酸顺序分析的重要内容。一旦搞清了某种蛋白质的一级结构，就为人工合成这种蛋白质创造了条件。多肽链中氨基酸排列顺序测定的开拓者是英国著名的生物化学家桑格（F. Sanger），他用了十年的时间，于 1953 年首次报道了胰岛素的全部氨基酸排列顺序（图 2-6），从而揭开了蛋白质一级结构研究的序幕。在 20 世纪 40 年代，一级结构研究被认为是无从入手的大难题，组成蛋白质的氨基酸有 20 种，而一般一种蛋白质分子中都含有上百个氨基酸，如何确定它们之间的排列顺序？桑格选择了胰岛素，胰岛素分子虽小，但具有代表性。目前蛋白质顺序分析工作尽管其测定方法有了改进，顺序测定的自动化程度也有了很大的提高，但基本的方法是相同的。一级结构测定的基本方法包括：

1）获取一定量纯的蛋白质样品，将一部分样品完全水解，通过离子交换色谱分离确定该蛋白质中的氨基酸种类、数目和每种氨基酸的含量。

2）进行末端分析　确定该种蛋白质的肽链数目，N-端和 C-端各是什么氨基酸。

① N-末端分析（氨基末端分析）

a. 2,4-二硝基氟苯（FDNB）法。在弱碱性（pH 8～9）条件下，多肽链 N 端的氨基酸与 FDNB 试剂反应生成一种二硝基苯肽（DNP-肽）。后者经酸水解，可得到黄色的二硝基苯氨基酸（DNP-氨基酸）和其他氨基酸的混合

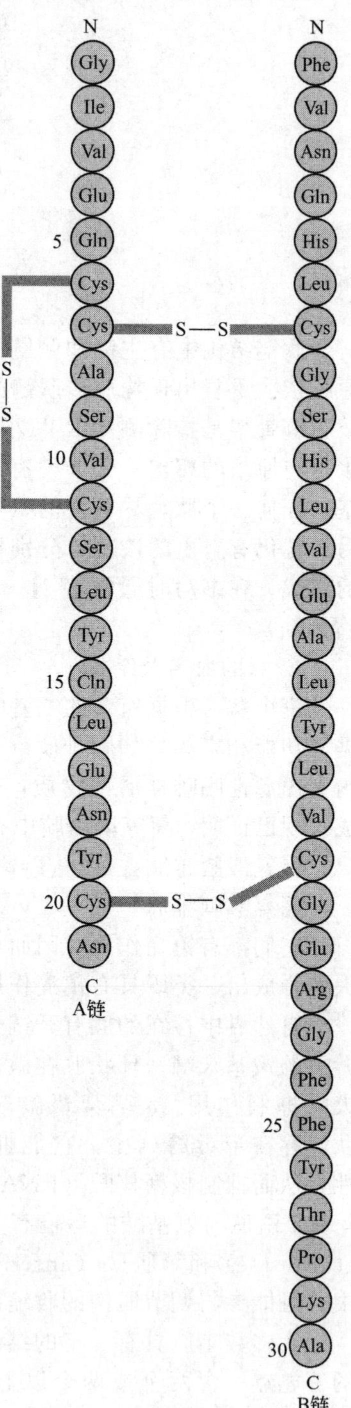

图 2-6　牛胰岛素的一级结构

液［图 2-7(a)］。其中只有 DNP-氨基酸溶于乙酸乙酯；故用乙酸乙酯抽提将抽提液进行色谱分析，并用标准的 DNP-氨基酸作为对照可鉴定之。除氨基末端的氨基酸反应外，侧链氨基也有此反应，但反应较慢，且生成的 DNP-氨基酸不溶于乙酸乙酯，而保留在水相。

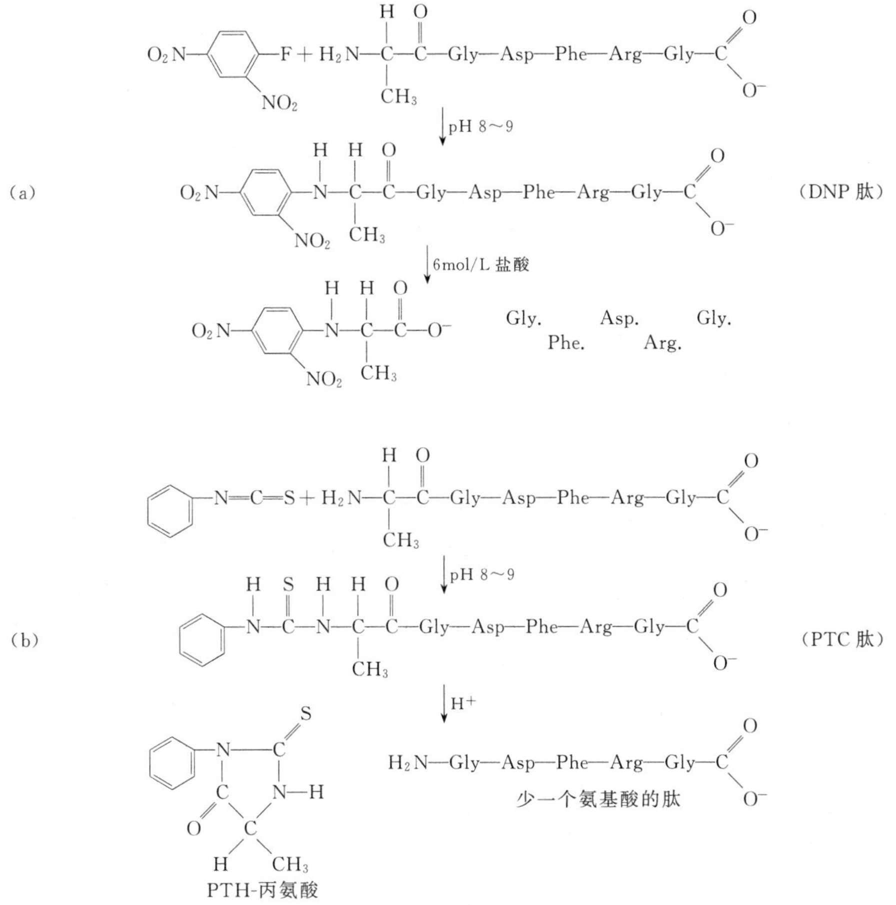

(a)

O_2N—C₆H₃(NO_2)—F + H_2N—CH(CH_3)—CO—Gly—Asp—Phe—Arg—Gly—COO^-

↓ pH 8～9

O_2N—C₆H₃(NO_2)—NH—CH(CH_3)—CO—Gly—Asp—Phe—Arg—Gly—COO^- （DNP 肽）

↓ 6mol/L 盐酸

O_2N—C₆H₃(NO_2)—NH—CH(CH_3)—COO^- Gly. Phe. Asp. Arg. Gly.

(b)

C₆H₅—N=C=S + H_2N—CH(CH_3)—CO—Gly—Asp—Phe—Arg—Gly—COO^-

↓ pH 8～9

C₆H₅—NH—CS—NH—CH(CH_3)—CO—Gly—Asp—Phe—Arg—Gly—COO^- （PTC 肽）

↓ H^+

PTH-丙氨酸 + H_2N—Gly—Asp—Phe—Arg—Gly—COO^-

少一个氨基酸的肽

图 2-7　N-末端分析法

(a) 2,4-二硝基氟苯法；(b) Edman 降解法

b. Edman 降解法。这是瑞典科学家 P. Edman 建立的。蛋白质多肽链 N 端的氨基酸与苯异硫氰酸酯在弱碱性条件下反应生成苯氨基硫甲酰肽（phenylthiocarbamyl peptide，简称 PTC-肽）。在酸性条件下后者环化生成苯乙内酰硫脲氨基酸（PTH-氨基酸）及 N 端少了一个氨基酸的肽链［图 2-7(b)］。在酸性条件下，生成的 PTH-氨基酸极稳定，用乙酸乙酯抽提，PTH-氨基酸溶于乙酸乙酯，经高效液相色谱（high performance liquid chromatography，HPLC）鉴定可知 N 端是什么氨基酸。该法优点，可连续分析出 N 端的十几个氨基酸。蛋白质自动顺序分析仪就是根据该反应原理而设计的。

c. 5-二甲氨基萘-1-磺酰氯法（丹磺酰氯法，DNS 法）。1963 年，Gray and Hartley 发现，5-二甲氨基萘-1-磺酰氯，简称丹磺酰氯，可与多肽链 N 端氨基酸的氨基反应，生成丹磺酰肽（DNS-肽），后者经酸水解产生 DNS-氨基酸（具有荧光）和其他游离的氨基酸（图 2-8）。用乙酸乙酯抽提，可得到 DNS-氨基酸，用色谱分析可鉴定之。该法灵敏度很高。

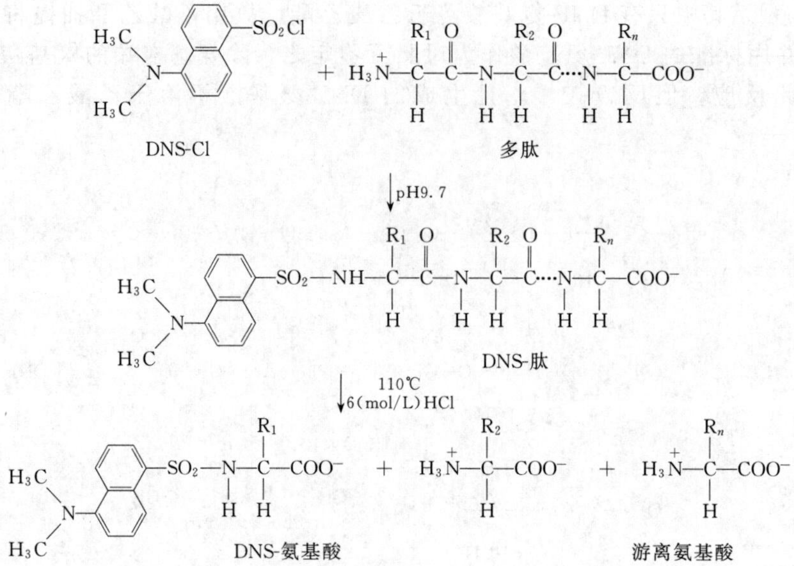

DNS-Cl + 多肽（$H_3\overset{+}{N}-CHR_1-CO-NH-CHR_2-CO\cdots NH-CHR_n-COO^-$）

↓ pH9.7

DNS-肽（DNS$-SO_2-NH-CHR_1-CO-NH-CHR_2-CO\cdots NH-CHR_n-COO^-$）

↓ 110℃，6(mol/L)HCl

DNS-氨基酸（DNS$-SO_2-NH-CHR_1-COO^-$） + $H_3\overset{+}{N}-CHR_2-COO^-$ + $H_3\overset{+}{N}-CHR_n-COO^-$（游离氨基酸）

图 2-8 丹磺酰氯法（DNS 法）

② C-末端分析（羧基末端分析）

a. 肼解法。多肽链和过量的无水肼（NH_2NH_2）在 100℃，反应 5～10h，除 C-端氨基酸游离存在外，肽链中的其他氨基酸都肼解为氨基酸酰肼。向反应体系中加入苯甲醛，氨基酸酰肼转变为二苯基衍生物（二亚苄衍生物），不溶于水；离心分离，C-端氨基酸在水相，于水相中加入 2,4-二硝基氟苯与 C-端氨基酸反应（图 2-9），经色谱分析可鉴定一条肽链的 C-末端氨基酸。

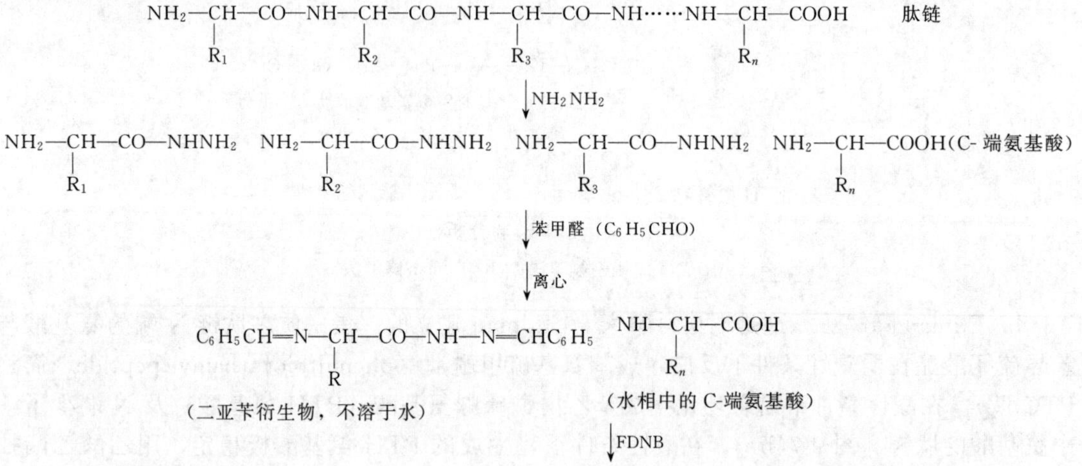

$NH_2-CHR_1-CO-NH-CHR_2-CO-NH-CHR_3-CO-NH\cdots\cdots NH-CHR_n-COOH$ 肽链

↓ NH_2NH_2

$NH_2-CHR_1-CO-NHNH_2$　$NH_2-CHR_2-CO-NHNH_2$　$NH_2-CHR_3-CO-NHNH_2$　NH_2-CHR_n-COOH（C-端氨基酸）

↓ 苯甲醛（C_6H_5CHO）

↓ 离心

$C_6H_5CH{=}N-CHR-CO-NH-N{=}CHC_6H_5$（二亚苄衍生物，不溶于水）　$NH-CHR_n-COOH$（水相中的 C-端氨基酸）

↓ FDNB

DNP—氨基酸⟶色谱分析鉴定

图 2-9 C-端分析——肼解法示意

b. 羧肽酶法（Carboxypeptidase method，CPE 法），能从羧基末端逐个切下氨基酸残基。常用的羧肽酶有：

羧肽酶 A，当 C 端为赖氨酸、精氨酸和脯氨酸时，或倒数第二个氨基酸是脯氨酸时，该酶均不能作用；

羧肽酶 B，C 端不是赖氨酸和精氨酸，或 C 端是赖氨酸和精氨酸，但倒数第二个氨基酸为脯氨酸时该酶均不能作用。

3）二硫键的拆分　蛋白质中的二硫键干扰 Edman 降解反应和蛋白酶的水解反应，因而影响肽链的测序，应予拆分。如下所示，可采用过甲酸（performic acid）氧化或二硫苏糖醇（dithiothreitol，DTT）还原的方法拆开二硫键。若采用二硫苏糖醇（dithiothreitol，DTT）还原的方法，还需使用碘乙酸进行乙酰化修饰以防止产生的—SH 基重新形成二硫键。

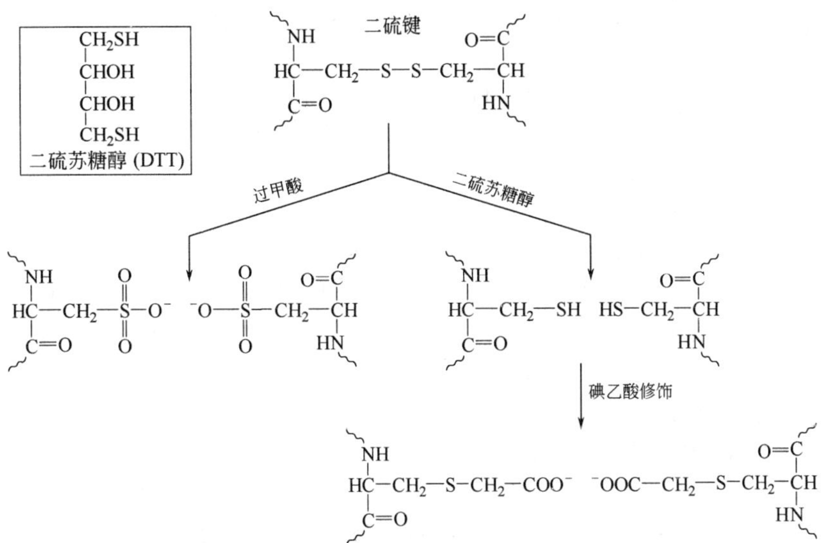

如 Sanger 利用 2,4-二硝基氟苯法分析胰岛素的结构，得到了一个 DNP-甘氨酸和一个 DNP-苯丙氨酸，可知胰岛素有两条肽链组成。用过甲酸氧化，电泳或色谱法分离得到两个肽段：一个含酸性氨基酸多，N-末端为甘氨酸，称它为 A 链；另一个肽含碱性氨基酸多，N-末端为苯丙氨酸，称它为 B 链。

4）肽链中氨基酸排列顺序的确定　一般使用片段重叠法。首先使用一些专一性的蛋白水解酶或化学试剂，能使蛋白质的多肽链在特定的部位断裂，产生一些大小不同的末端部分氨基酸顺序重叠的片段，分离纯化这些肽段，测定每一肽段的氨基酸组成和排列顺序，根据这些重叠的片段，推断出完整肽链的氨基酸排列顺序。常用的断裂多肽链的方法有以下几个。

① 溴化氰（cyanogen bromide，CNBr）裂解法　它专一性水解甲硫氨酸的羧基形成的肽键。溴化氰水解的结果产生以高丝氨酸内酯为末端的肽，高丝氨酸内酯是甲硫氨酸转变来的。

$$\sim NH-CH(R_1)-CO-NH-CH(CH_2CH_2SCH_3)-CO-NH-CH(R_3)-CO\sim \xrightarrow{+CNBr} \sim NH-CH(R_1)-CO-NH-\underset{\text{高丝氨酸内酯环}}{CH-C(=O)-O-CH_2-CH_2} + H_3\overset{+}{N}-CH(R_3)-CO\sim$$

肽酰高丝氨酸内酯

② 胰蛋白酶水解法　胰蛋白酶（trypsin）专一性水解赖氨酸和精氨酸的羧基形成的肽键。但是，如果赖氨酸和精氨酸的羧基与脯氨酸相连，则该肽链不被胰蛋白酶切割。

③ 胰凝乳蛋白酶（chymotrypsin，糜蛋白酶）水解法　它专一性水解疏水性氨基酸，主要是酪氨酸、苯丙氨酸和色氨酸的羧基形成的肽键。若与它们的羧基相连的氨基酸为脯氨酸，则不被水解。

④ 胃蛋白酶水解法　专一性水解苯丙氨酸、酪氨酸和色氨酸的氨基形成的肽键。

⑤ 金黄色葡萄球菌蛋白酶（谷氨酸蛋白酶）水解法　它专一性水解谷氨酸和天冬氨酸的羧基形成的肽键。

⑥ 梭状芽孢杆菌蛋白酶（精氨酸蛋白酶）水解法　它能水解精氨酸的羧基形成的肽键。

⑦ 蛋白内切酶 LysC（endoproteinase LysC）专一性水解赖氨酸的羧基形成的肽键。

如一个九肽，用胰蛋白酶和胰凝乳蛋白酶水解各产生下列肽段：

胰蛋白酶	胰凝乳蛋白酶
Gly-Phe-Val-Glu-Arg	Asp-Lys-Gly-Phe
Val-Phe-Asp-Lys	Val-Phe
Val-Glu-Arg	

使用片段重叠法可知该九肽的氨基酸序列为：

Val-Phe-Asp-Lys- Gly-Phe-Val-Glu-Arg

为了测定多亚基蛋白的氨基酸组成以及每个亚基的氨基酸组成和排列顺序，要先使用一些变性剂如尿素或盐酸胍（guanidine hydrochloride）以破坏亚基间的非共价的相互作用力，分离提纯每一亚基后再进行顺序测定。

5）确定二硫键的位置　如图 2-10 所示，用胃蛋白酶（pepsin）或胰蛋白酶、胰凝乳蛋白酶在微酸性条件下对蛋白质进行部分降解（在此条件下二硫键比较稳定），将酶解液点样进行对角线纸电泳分析（a）。当第一相电泳结束后（b），把含有肽段电泳区带的滤纸放在过甲酸蒸汽中熏一定的时间（c），然后把它贴于同样大小的另一张滤纸上后，再进行第二相电泳分析（d）。第二相电泳的方向与第一相电泳的方向垂直，其他条件如缓冲液的组成、pH 和离子强度等与第一相电泳时的完全相同。这样，不含二硫键的肽段不受过甲酸的影响，性质不变，两次电泳的行为一样，电泳分离斑点应出现在对角线上；而含有二硫键的肽段因受到过甲酸的氧化，二硫键断裂，相应的肽段被氧化为含磺酸基的肽段，电泳行为改变，因而将偏离对角线（e）。

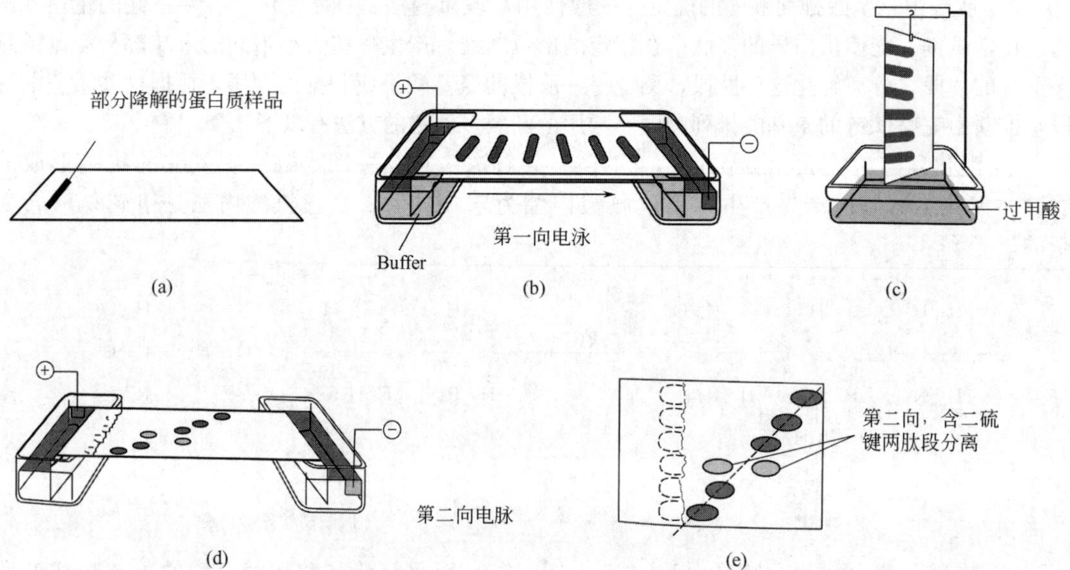

图 2-10　对角线电泳示意图

由于蛋白质的一级结构归根到底是基因表达的产物，因此测定脱氧核糖核酸（DNA）的核苷酸序列，就能间接分析出蛋白质多肽链中氨基酸的排列顺序。随着 DNA 序列测定技术的发展，许多蛋白质一级结构的测定工作已经完成。

[附]：质谱在肽和蛋白质研究中的应用

质谱已成为生物化学研究中必不可少的工具。在多肽和蛋白质的一级结构研究中常用的质谱技术有三种：基质辅助激光解吸/离子化质谱（matrix-assisted laser desorption/ionization mass spectrometry，简称 MALDI MS）、电喷雾离子化质谱（electrospray ionization mass spectrometry，简称 ESI MS）和串联质谱（tandem MS，MS/MS）。

基质辅助激光解吸电离质谱技术的基本原理是：把待测样品如蛋白质放在吸光的基质中(light-absorbing matrix)，利用激光的短脉冲使蛋白质电离，产生离子，并从基质被解吸进入真空系统。该技术已成功地用于各种大分子质量的测定。

电喷雾离子化质谱的工作原理如图 2-11(a) 所示。溶液中的大分子直接被转变成气态。当待测样品的溶液通过固定在高电势中的电喷雾针管（毛细管状的带电针管）时，将被分散成细小带电的呈喷雾状的雾滴（mist）；随着大分子周围溶剂的快速被蒸发掉，雾滴表面积逐渐缩小，表面的电荷密度不断增加，最终爆裂（碎裂）为带电的气相离子。因此，待测的大分子样品完好无损地被转化为气态。这样，一个蛋白质将获得不同数量的质子；产生带有不同质荷比（mass to charge ratios，m/z）的离子光谱［图 2-11(b)］。从左到右的每一个光谱峰对应于一种带不同电荷的离子，两个相邻的光谱峰之间的电荷差是 1，质量差也是 1（一个质子的差异）；因此，蛋白质的质量可从任一两个相邻光谱峰的质荷比测定之。若测得的一个光谱峰的质荷比（m/z）是：

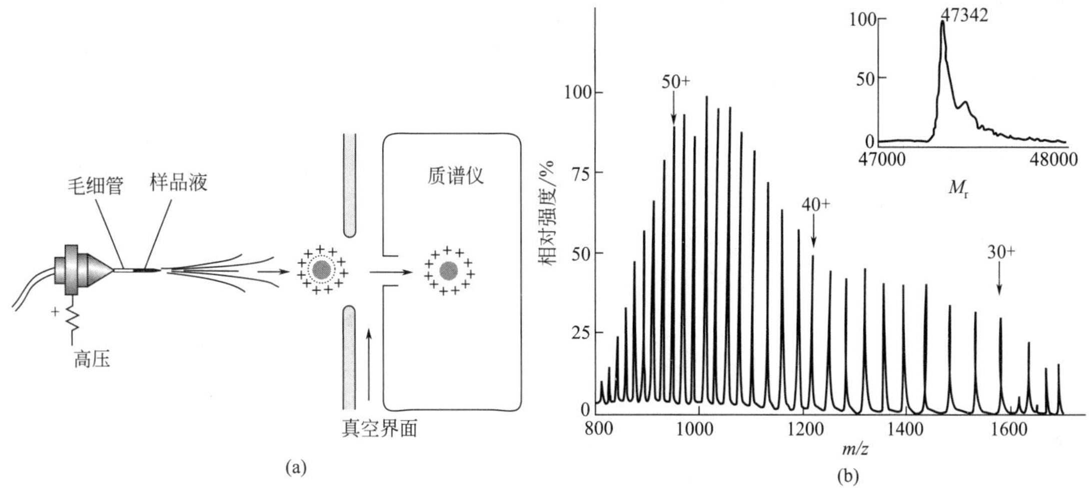

图 2-11 （a）蛋白质的电喷雾质谱示意图
（b）获得的碎片离子峰

$$(m/z)_2=\frac{M+n_2X}{n_2} \tag{1}$$

式中，M 是蛋白质的质量；n_2 是电荷数（应为整数）；X 是加入的基团（此处是质子）的质量，其值为 1；那么它的相邻峰的质荷比应为：

$$(m/z)_1=\frac{M+(n_2+1)X}{n_2+1} \tag{2}$$

在上述表达式中，M 和 n_2 是未知的。从式（1）可知：

$$M=n_2[(m/z)_2-X] \tag{3}$$

将式（3）代入式（2）得到：

$$n_2=\frac{(m/z)_1-X}{(m/z)_2-(m/z)_1}$$

备注：

(1) 对于带单位正电荷的离子，$z=1$，这时的质荷比就是质量值。

(2) 如从获得的质谱图上可找出任一两个相邻的碎片离子峰的质荷比值，代入该方程可求出 n_2 值；将 n_2 代入式 (3)，即可求出质量值。结合计算机软件计算可获得更准确的结果。

第三种常见的质谱是串联质谱，常用于短肽链（含 20～30 个氨基酸残基）的序列分析。其基本原理是：先用专一性蛋白酶或其他的化学方法水解蛋白质，产生的肽混合液不必进行分离纯化，直接注入第一个质谱仪中（MS-1）[图 2-12(a)]，在这里所有组分被分类选择以便进一步被选择性分析。被选择分析的带电肽段通过两个质谱仪之间的真空室（碰撞室，collision cell）时，被高能量的惰性气体如氦气（helium gas）或氩气（argon）碰撞进一步断裂。肽段断裂形成肽离子碎片。这种断裂多发生在肽键位置，产生两组碎片离子峰；一组碎片离子称为 C 端 y 型离子（电荷留在 C 端，羧基一侧），一组称为 N 端 b 型离子（电荷留在 N 端，氨基一侧）。因为键的断裂发生在质谱仪之间的碰撞室，不会产生完整的氨基和羧基。完整的氨基和羧基是在原完整多肽链的两端 [图 2-12(a)]；因此，这两组碎片离子可根据它们质量上的微小差异鉴定之。产生的所有带电片段的质荷比值在第 2 个质谱仪（MS-2）中被分析测定。不带电荷的片段不能被检测出。[图 2-12(b)] 给出的一组峰表示同为 y 型离子或同为 b 型离子构成的一组峰。每一峰较它前面的峰少一个氨基酸残基。峰与峰质量上的差异相当于缺少的那个氨基酸残基；这样，通过比较两次断裂获得的片段的关系及相邻序列离子的质量差，可以推出肽段的氨基酸序列和蛋白质的结构信息。从一组碎片离子峰获得的氨基酸序列与另一组获得的相互印证，以增强获得精确的序列信息的信心。由于亮氨酸和异亮氨酸的分子量相同，易出现误判，需使用质量分辨率更高的质谱仪进行分辨。与 Edman 降解比较，肽和蛋白质的质谱序列测定具有以下优点：

(1) 只需微量样品，这样，经二维凝胶电泳高效分离纯化的样品即可直接使用。

(2) 所需时间短，几分钟即可完成；而 Edman 降解一个循环需一小时或更长。

(3) 易操作，可同时分析肽混合物，不需将它们分离纯化。

二、蛋白质的二级结构

1. 二级结构的概念

多肽链的基本结构如图 2-13 所示。多肽链主链形式上都是单键，如果它们自由旋转可以设想一个多肽主链将可能有无限多种构象。其实不然，在生物体内，一个蛋白质只有一种或很少几种活性构象。

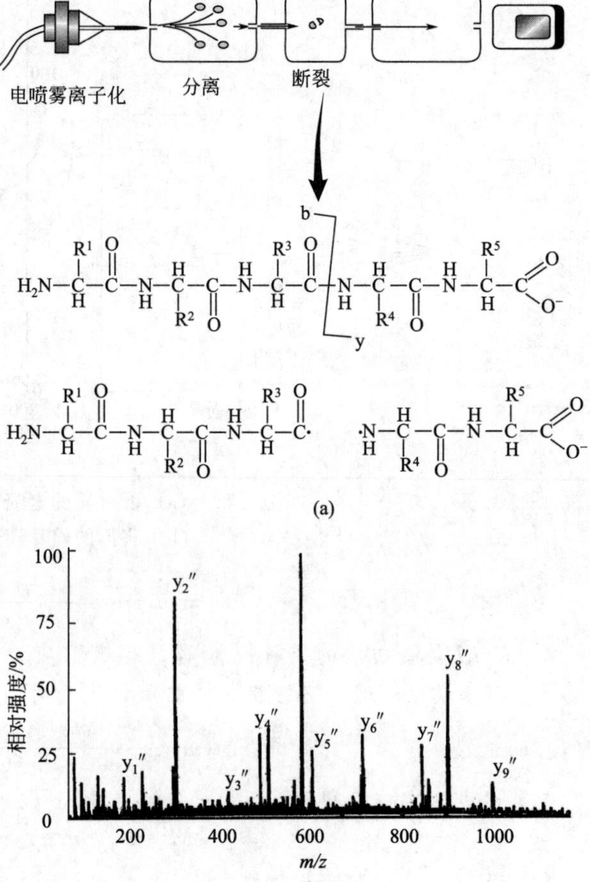

图 2-12　串联质谱工作原理

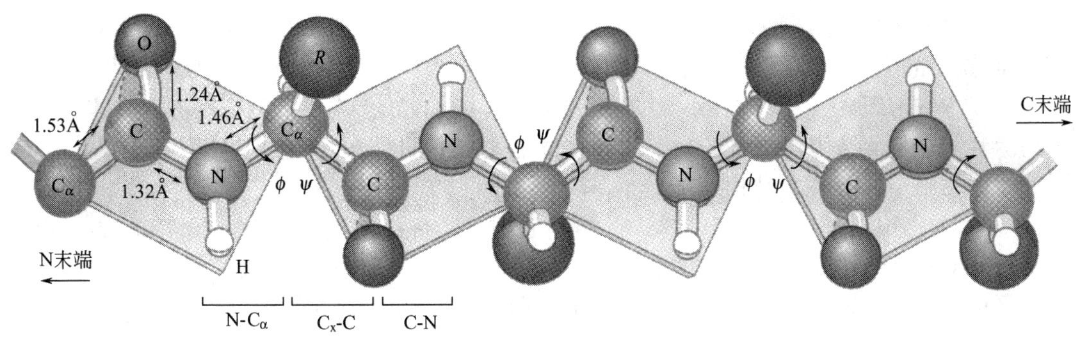

图 2-13 多肽链主链骨架的构象及不同键的键长

(1Å=0.1nm)

蛋白质二级结构（secondary structure）的形成，主要是其多肽链的主链骨架上所含的羰基和亚氨基，在主链骨架盘绕折叠时可以形成氢键，依靠这种氢键的维持固定，多肽链主链骨架上的若干肽段可以形成有规律性的空间排布，这种由多肽链主链骨架盘绕折叠，依靠氢键维持固定所形成的有规律性的结构称为蛋白质的二级结构。二级结构与侧链 R 的构象无关。维持二级结构稳定的化学键主要是氢键。

早在 20 世纪 30 年代后期，Linus Pauling and Robert Corey 就开始用 X 射线衍射法分析氨基酸和小肽的精确结构，希望获得这些构件的标准键距和键角，并用这些资料去预测蛋白质的构象，他们的重要发现之一是确定了肽单位（peptide unit）。肽单位是多肽链中从一个 α 碳原子到相邻 α 碳原子之间的结构（图 2-13）。

肽单位的构象具有三个显著的特征。

（1）肽单位是一个刚性的平面结构　这是由于肽键中的C—N键（0.132nm）比一般的C—N单键（0.147nm）要短些，而比一般的C═N 双键（0.128nm）要长些，因而具有部分双键的性质（40%），不能自由旋转。使得肽单位所包含的六个原子处于同一个平面上，这个平面又称为酰胺平面或肽平面（图 2-13）。

（2）肽平面中羰基的氧原子与亚氨基的氢原子以反式排列　X 射线分析方法得到的天然蛋白质晶体结构中，已证明多肽链中绝大多数肽单位上羰基的氧和亚氨基的氢都以反式排列。因为反式是热力学上较稳定的形式。仅 X-Pro 之间的肽键可以是顺式的，顺式脯氨酸肽键有利于肽链在此处转折。这里 X 代表任意一个氨基酸（图 2-14）。

（3）C_α 和亚氨基的 N 及羰基 C 之间的键都是单键（0.146nm 及 0.15nm），均可以自由旋转。原则上讲，C_α—N 和 C_α—C 键的旋转角可以取－180°和＋180°之间的任一数值，但由于多肽主链中的原子和氨基酸侧链间的位阻效应，这两个单键的旋转会受到一定的限制。因此，相邻的两个酰胺平面通过 C_α 相对旋转的程度决定了两个相邻的肽平面的相对位置。于是肽平面就成为肽链盘绕折叠的基本单位，也是蛋白质之所以会形成各种立体构象的根本原因。C_α—N 键旋转的程度通常用 ϕ（phi）表示；C_α—C 键旋转的程度用 ψ（psi）表示，它们被称为 C_α 原子的二面角（dihedral angle），也称为扭角（torsion angle）（图 2-13）。如果一条肽链从 N 端到 C 端，每一个连接处的二面角都各自取相同的值，产生的结构将是有规律性的结构。

注意：在研究一级结构时，氨基酸残基被看成是一个最小的单位，在研究蛋白质的高级结构时，肽链中的最小单位是肽单位。多肽链中所有的肽单位都具有近似的键长和键角。所以多肽链的骨架结构可以写成锯齿状。

由于肽平面的存在，大大限制了主链所能形成的构象数目，但如果没有这个平面的存在，蛋白质多肽链的主链的自由度过大，而导致蛋白质不能形成特定的构象。

2. 二级结构的主要类型

一条多肽链可以折叠成什么样的规则结构？为了解决这一问题，Pauling 和 Corey 建立了多种分子模型，仔细地观察了氨基酸和小肽的键角和键距，于 1951 年提出了两个肽链折叠的结构模型，分别称为 α-螺旋结构和 β-折叠结构。它们是多肽链折叠的主要二级结构模型。

(1) α-螺旋（α-helix）结构

1）α-螺旋结构是一个类似棒状的结构　从外观看，紧密卷曲的多肽链构成了棒的中心部分，侧链 R 伸出到螺旋的外面（图 2-15）。完成一个螺旋，需 3.6 个氨基酸残基。螺旋每上升一圈，相当于向上平移 0.54nm，即螺旋的螺距为 0.54nm。相邻两个氨基酸残基之间的轴心距为 0.15nm。

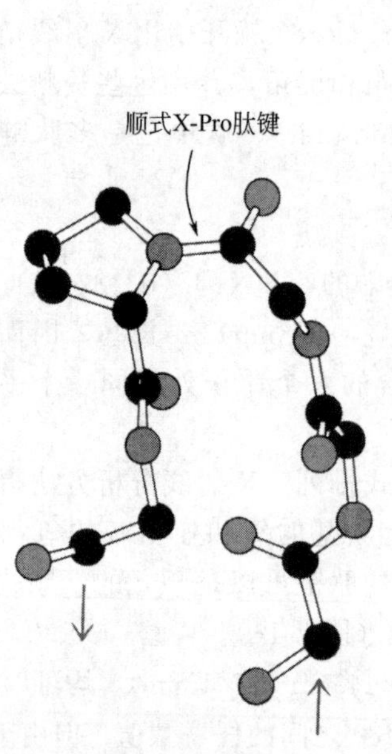

图 2-14　顺式 X-Pro 肽键使肽链转弯形成“发卡”

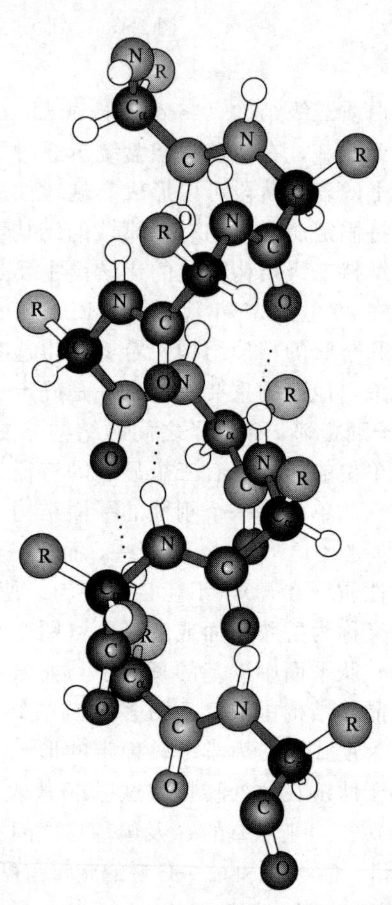

图 2-15　α-螺旋结构

2）α-螺旋结构的稳定主要靠链内的氢键　氢键形成于第一个氨基酸的羰基与线性顺序中第五个氨基酸的氨基之间（图 2-16）。氢键环内包含 13 个原子，因此称这种螺旋为 3.6（13）螺旋。

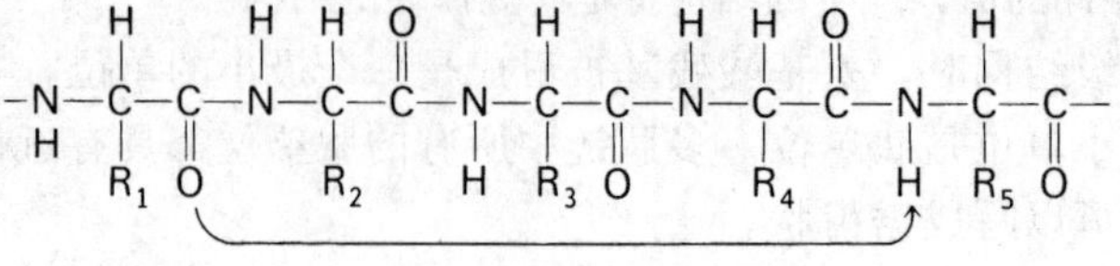

图 2-16　α-螺旋中的氢键环

3）大多数蛋白质中存在的 α-螺旋均为右手螺旋。

4）一条肽链螺旋结构的形成以及是否稳定，与它的氨基酸组成有关 一般来说，甘氨酸、脯氨酸不易形成 α-螺旋结构。两个或两个以上相邻的残基上带有相同的电荷时，如多聚赖氨酸和多聚谷氨酸不易形成 α-螺旋结构。两个或两个以上相邻的氨基酸残基上带有较大的侧链时，如 Ile・Ile・Ile，Val・Val・Val，Leu・Leu・Leu 等，都会阻止 α-螺旋结构的形成。连续的几个丝氨酸或苏氨酸，由于羟基与氢键有强烈相吸的倾向，而破坏 α-螺旋的形成。

不同蛋白质中 α-螺旋含量不同。有些蛋白质中，如肌红蛋白、血红蛋白，主要是由 α-螺旋结构组成的。有的蛋白质中，如 γ-球蛋白、肌动蛋白中几乎不含 α-螺旋结构。

α-螺旋的国际表示法，以 n_s 表示。n 指每个螺旋中所包含的氨基酸残基数；s 指氢键环内共价键所连接的原子数。

（2）β-折叠结构 β-折叠结构（β-pleated sheet）又称为 β-折叠片层结构、β-结构等。它是肽链主链或某一肽段的一种相当伸展的结构（图 2-17），这种结构的多肽链呈扇面状折叠。

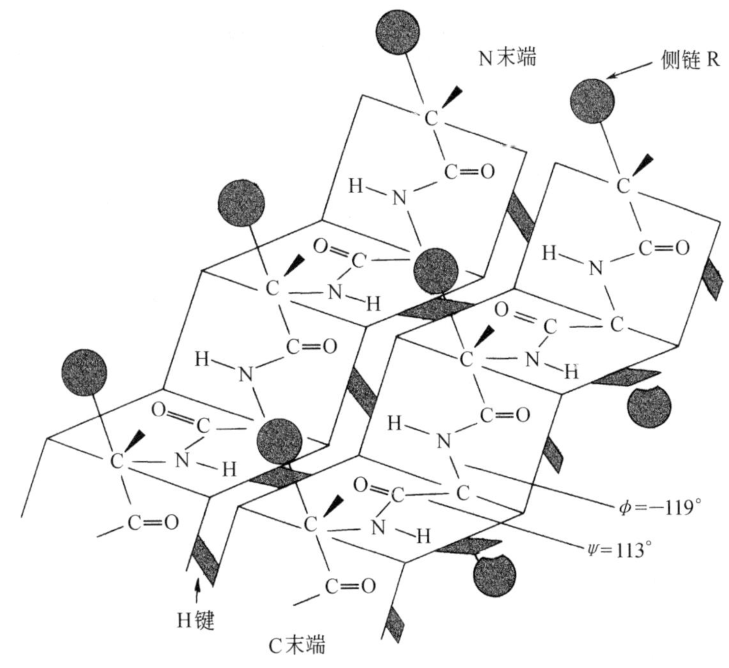

图 2-17 β-折叠结构

β-折叠结构的形成一般需要两条或两条以上的肽段共同参与，即两条或多条几乎完全伸展的多肽链侧向聚集在一起，相邻肽链主链上的氨基和羰基之间形成有规则的氢键，维持这种片层结构的稳定。这样的多肽链构象就是 β-折叠结构。α-螺旋结构和 β-折叠结构都是 Pauling 和 Corey 发现的。β-折叠结构的特点如下。

1）在这种结构中，所有的肽键都参与了链间氢键的形成，氢键与肽链的长轴近于垂直。

2）在 β-折叠结构中，多肽主链是比较伸展的，取锯齿状折叠构象；相邻的两个氨基酸之间的轴心距为 0.35nm。侧链 R 交替地分布在片层平面的上方和下方，以避免相邻侧链 R 之间的空间障碍。β-折叠除作为某些纤维状蛋白质的基本构象外，也普遍存在于球状蛋白质中，免疫球蛋白分子主要由 β-折叠结构组成。

3）β-折叠结构有平行和反平行两种（图 2-18）。在反平行的 β-折叠结构中，相邻肽链的走向相反，但氢键近于平行［图 2-18(b)］。在平行的 β-折叠结构中，相邻肽链的走向相同，氢键不平行［图 2-18(a)］。

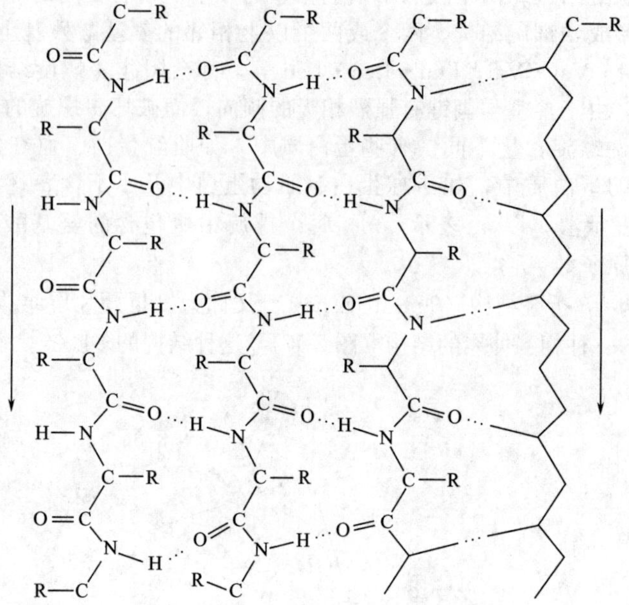

图 2-18 β-折叠结构的类型

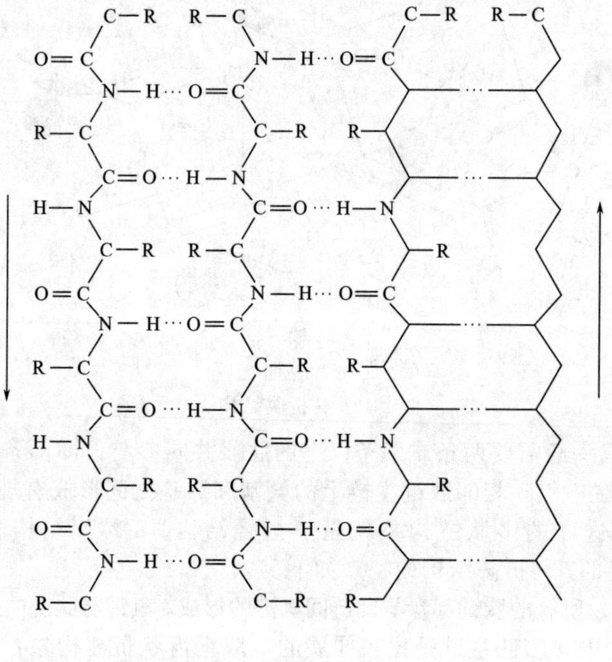

（a）平行的 β-折叠；（b）反平行的 β-折叠

为了清楚而形象地表示出一个蛋白质分子中的 α-螺旋结构和 β-折叠结构，Jane Richardson 设计使用一条宽的带子来表示 β-折叠结构的肽段，用螺旋状的丝带表示 α-螺旋肽段，两者之间的连接部分用细的绳子表示，核糖核酸酶的丝带型结构如图 2-19 所示。

(3) β-转角结构　β-转角结构（β-turn）也称为 β-弯曲（β-bend），β-回折（β-reverse），发夹结构（hairpin structure）、U 形转折等。蛋白质分子的多肽链在折叠形成空间构象时，经常会出现 180°的回折（转折），形成套圈环状，回折处的结构就称为 β-转角结构。一般有四个连续的氨基酸组成。在构成该种结构的四个氨基酸残基中，第一个氨基酸的羧基和第四个氨基酸的氨基之间形成氢键（图 2-20）。如蛋清溶菌酶分子中，Cys_{115}-Lys_{116}-Gly_{117}-Thr_{118} 形成一个 β-转角结构。甘氨酸和脯氨酸易出现在这种结构中；在某些蛋白质，如嗜热菌蛋白酶中有三个连续的氨基酸形成的 β-转角结构。氢键形成于第一个氨基酸中羰基氧和第三个氨基酸中亚氨基的氢之间。

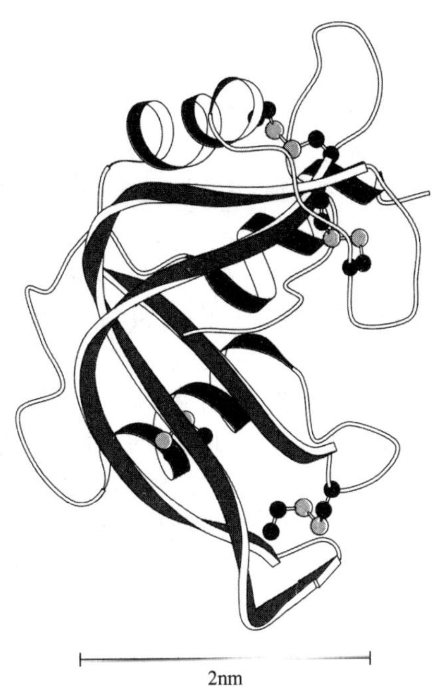

图 2-19　核糖核酸酶的构象

蛋白质的多肽链是否折叠成特定的二级结构可根据圆二色性光谱（circular dichroism spectroscopy，CDS）分析之。组成蛋白质的氨基酸除甘氨酸外，都具有手性，是手性分子，都具有光学活性。手性分子对左旋和右旋平面偏振光的吸收不同，这称为圆二色性。左旋和右旋平面偏振光在光吸收上的差值称为圆二色值；手性物质的圆二色性与波长有关，对手性物质按照一定的波长扫描，便可获得该物质的圆二色性光谱图。如一个肽链折叠的蛋白质将产生特征的吸收光谱峰，并具有正的或负的光吸收值或特征的吸收区域。这是由于发色团肽键的存在，其最大吸收在 190～250nm。左手和右手平面偏振光摩拉消光系数（molar extiaction coefficients）之间的差（Δε）对波长作图发现，α 螺旋肽段、β 折叠肽段和 β 转角结构都有自己特征的 CD 光谱（图 2-21）；根据 CD 光谱，我们可以确定蛋白质的多肽链是否折叠成特定的二级结构及改变环境条件，蛋白质结构变化的情况等。

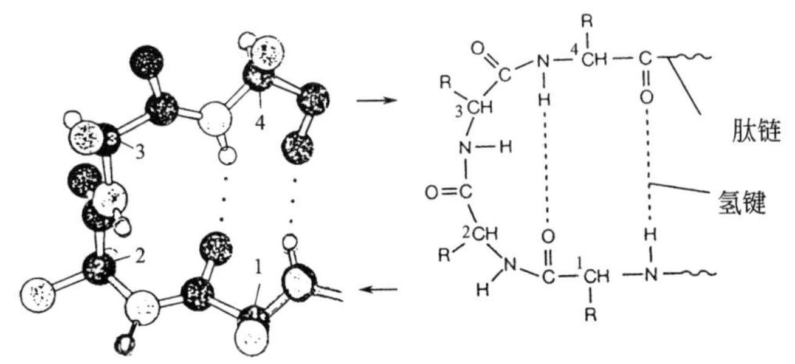

图 2-20　β-转角结构

三、纤维状蛋白质的结构

纤维状蛋白质（fibrous protein）广泛存在于脊椎动物和无脊椎动物体内，它是动物体的基本支架和外保护成分。纤维状蛋白质种类很多，有的溶于水，如肌球蛋白和纤维蛋白原等。有的不溶于水，如角蛋白、胶原蛋白和弹性蛋白等。纤维状蛋白的三级结构相对简单，多数肽段一般折叠成 α 螺旋或 β 折叠结构；即一种纤维状蛋白分子中一般只存在一种二级结构单元。

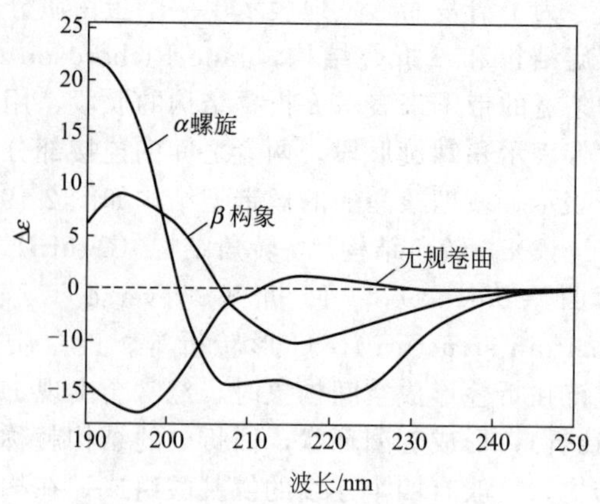

图 2-21 多聚赖氨酸的圆二色性光谱

1. α-角蛋白的结构

角蛋白（keratin）是结构支持蛋白。有 α-角蛋白和 β-角蛋白两种。α-角蛋白是称为中间纤维（丝）蛋白（intermediate filament proteins，IF 蛋白）广义蛋白家族的一部分，主要存在于动物的毛发、蹄子、爪、羽毛根（quills，如刺猬和豪猪的刺）、指甲等组织中。其他的 IF 蛋白存在于动物细胞的细胞骨架（cytoskeletons）中。X 射线衍射分析显示出 α-角蛋白中螺旋肽链的结构与 L. pauling 等提出的 α-螺旋结构类似，也是右手螺旋［图 2-22(a)］；但螺旋呈现0.515～0.52nm 而不是 0.54nm 的螺距。因为在 α-角蛋白中，两条螺旋肽链以平行的方式（即两条链的走向相同，N-末端在同一侧）相互缠绕，螺旋轴弯曲形成左手的卷曲螺旋（coiled coil）结构即超螺旋结构［图 2-22(b)］。α-角蛋白中富含疏水的氨基酸如 Ala、Val、Leu、Ile、Met 和 Phe 等，这些氨基酸残基的侧链有序地联结咬合在一起，使得两条 α-螺旋肽链紧紧包裹在这个卷曲螺旋之中。这种卷曲螺旋结构在丝状蛋白（filamentous）和肌浆球蛋白（myosin）中十分常见。这种卷曲螺旋以高度有序的方式进一步组装形成原纤维（原丝，Protofilament）［图 2-22(c)］和初原纤维（Protofibril）［图 2-22(d)］，原纤维由两个卷曲螺旋组成，原纤维的二聚化形成初原纤维。大约 4 个初原纤维即 32 条 α 螺旋肽链结合在一起形成中间纤维（中间丝，intermediate filament）；毛发就是由许多的中间纤维组成的，毛发的截面图如图 2-22(e) 所示。

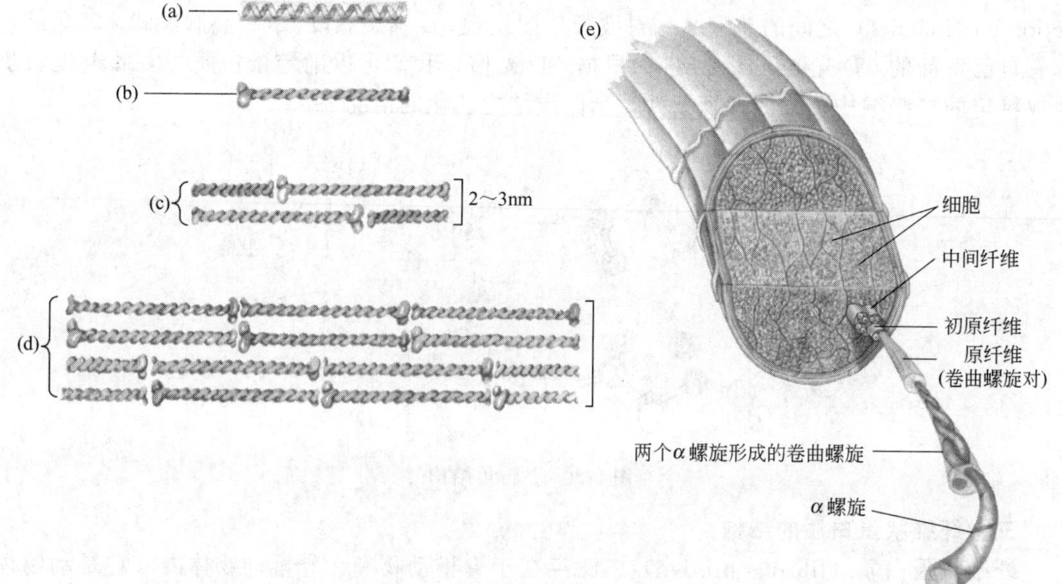

图 2-22 (a) 毛发 α 角蛋白中的 α 螺旋；(b) 由两个 α 螺旋以左手性互相缠绕形成的超螺旋；(c) 原纤维（卷曲螺旋对）；(d) 初原纤维；(e) 毛发截面图

维系 α 角蛋白高级结构稳定的力还有共价键二硫键。毛发中的二硫键相对较少，使得毛发比较柔软。而爪、指甲的角蛋白分子中二硫键丰富，使得这些组织比较坚硬。犀牛角（rhinoceros horn）中的 α 角蛋白是最坚硬的，含约 18%的半胱氨酸，这些半胱氨酸残基都参与二硫键的形成。

当毛发暴露于湿热中时，角蛋白的 α 螺旋中的氢键断裂，毛发 α 螺旋肽链伸展而转变为 β 构象；当冷却时 β 构象又可自发地恢复成 α 螺旋构象。毛发 α 角蛋白的这一特性是人们“烫发”即“永久性波浪”形成的基础。烫发时在湿热条件下，用还原剂（如含巯基的化合物）处理毛发后，因二硫键可被含巯基的化合物打断，湿热破坏了 α 螺旋的氢键，使毛发 α 角蛋白的高级结构被破坏，肽链变得伸展；然后除去还原剂，加入氧化剂使肽链之间的巯基按新的组合形成新的二硫键。再洗去氧化剂，待毛发冷却后多肽链特定的螺旋构象将使毛发按人们希望的花式卷曲。

2. 丝心蛋白的结构

存在于蚕丝、蜘蛛丝（spider webs）中的丝心蛋白（Fibroin）具有典型的反平行 β-折叠片。在这种蛋白质分子中，反平行式 β-折叠片以平行的方式堆积成多层结构（图 2-23）；链间主要以氢键连接。氢键形成于相邻肽链的肽键之间；而 β-折叠片和 β-折叠片之间主要靠 Van der waals 力维系。一级结构分析表明，在这种蛋白质中，含甘氨酸、丝氨酸和丙氨酸较多。有（Gly-Ala-Gly-Ala-Gly-Ser）这样的重复结构。这意味着甘氨酸将位于 β-折叠片层的同侧，丝氨酸和丙氨酸将位于另一侧。还有一些大侧链的氨基酸，如酪氨酸、脯氨酸等。这些氨基酸往往构成丝心蛋白分子中的无规则区（无序区）。无序区的存在，赋予丝心蛋白

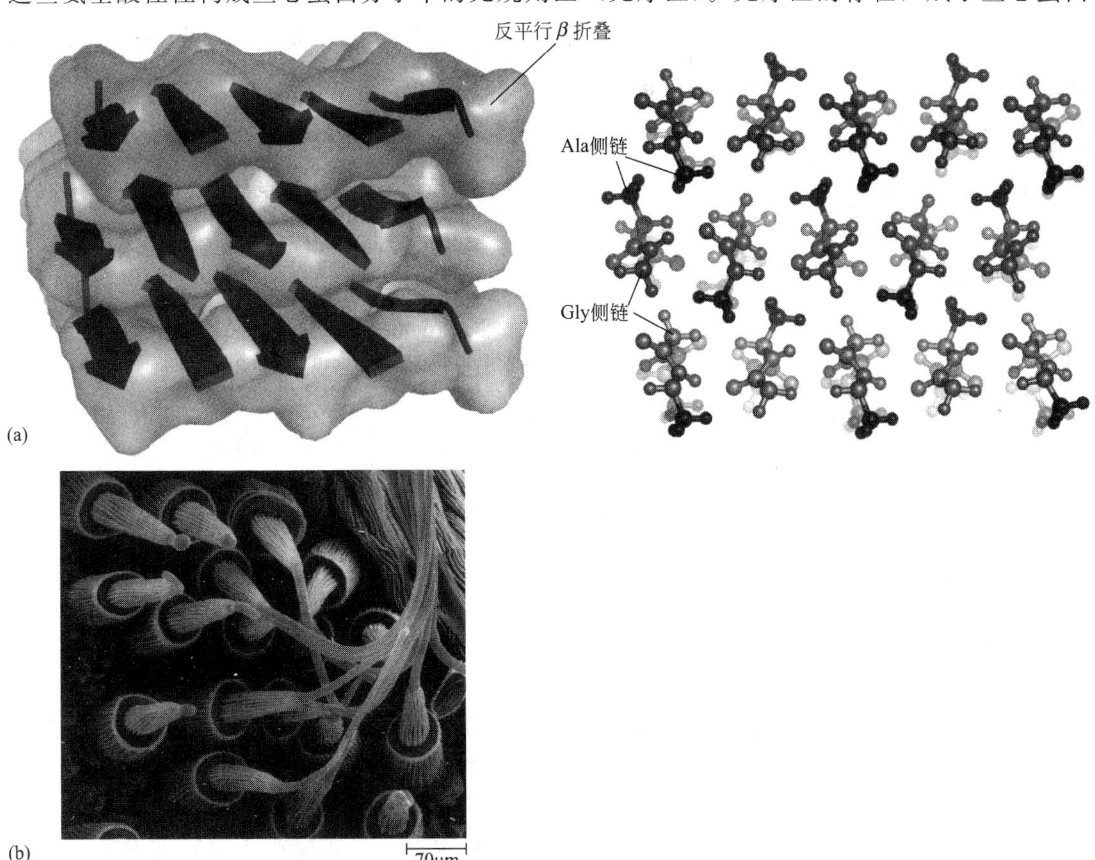

图 2-23 （a）丝心蛋白的结构

（b）蜘蛛丝丝心蛋白的电镜图

以一定的伸展度。

3. 胶原蛋白

图 2-24　原胶原三螺旋结构

胶原蛋白（collagen）是一个结构上相关的蛋白质家族的名称，是高等脊椎动物体内含量丰富的一种蛋白质，是皮肤、软骨、动脉管壁及结缔组织中的主要成分。胶原蛋白的相对分子质量约为300000，是一个棒状分子，长约300nm，厚约1.5nm。胶原蛋白种类很多。胶原蛋白的一般结构特征是：胶原蛋白在体内以胶原纤维的形式存在，其基本组成单位是原胶原（protocollagen，tropocollagen）。原胶原由三条α-肽链组成。每条肽链含大约1000个氨基酸残基，形成左手螺旋状结构，每圈螺旋含3.3个氨基酸残基。胶原蛋白的多肽链中含有［Gly—X—Y］的重复结构；X多数情况下为脯氨酸，Y一般为羟脯氨酸；X和Y位也可被赖氨酸、羟赖氨酸或组氨酸占据。由于氨基酸组成上的这些特点，胶原蛋白的多肽链是比较伸展的。三条这样的比较伸展的多肽链以右手方向相互缠绕形成一超螺旋（三螺旋）结构（图2-24）。原胶原分子经多级聚合形成胶原纤维，在电子显微镜下胶原纤维呈现特有的横纹区带。

胶原三螺旋目前认为只存在于胶原纤维中。使胶原纤维稳定的力主要有下列三种。

① 三螺旋链之间的氢键，形成于一条螺旋链上甘氨酸的氨基和另一条螺旋链上X氨基酸的羰基氧之间；此外羟脯氨酸的羟基也参与氢键的形成。

② 原胶原分子内和分子间的共价交联

共价交联主要是由赖氨酸和羟赖氨酸参与形成的。若X位或Y位上有组氨酸，它也能参与共价交联的形成。如下所示，一条多肽链上的赖氨酸与另一条肽链上的羟赖氨酸之间形成一特殊的氨基酸残基脱氢羟赖氨酸正亮氨酸（dehydrohydroxylysinonorleucine），使得多肽链之间通过共价交联而趋于稳定（图2-25）。

H—N　　　　　　　　　　　　　　　　　　　　　　　　　N—H

CH—CH_2—CH_2—CH_2—CH═N—CH_2—CH—CH_2—CH_2—CH

O═C　　　　　　　　　　　　　　　OH　　　　　　　　　C═O

多肽链　　失去ε氨基的赖氨酸（正亮氨酸）　　羟赖氨酸　　多肽链

脱氢羟赖氨酸正亮氨酸

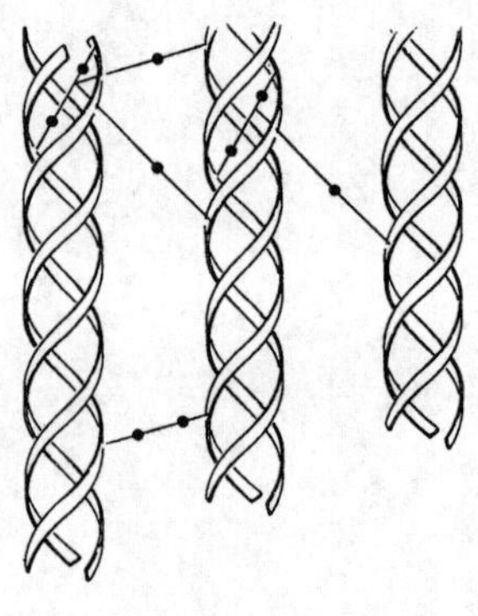

图 2-25　胶原分子内和分子间的共价交联

此外，在赖氨酰氧化酶作用下，原胶原分子中的赖氨酸残基的ε-氨基转变为醛基，形成醛赖氨酸（allysine）；两分子醛赖氨酸经醛醇缩合作用形成醛醇。缩合时，一条肽链上赖氨酸醛基中的氧与另一条肽链上赖氨酸δ-位上的H结合成一分子水而失去，使得两条肽链之间形成共价交联而趋于稳定，如下图所示。胶原纤维就是由多个胶原分子定向排列，靠氢键、共价交联等聚集形成稳定的胶原纤维。交联的程度和类型随组织器官的生理功能和年龄等而有所不同。如成熟老鼠的腱中的胶原蛋白是高度交联的。而易弯曲的尾巴腱中的胶原蛋白，其交联度很小。

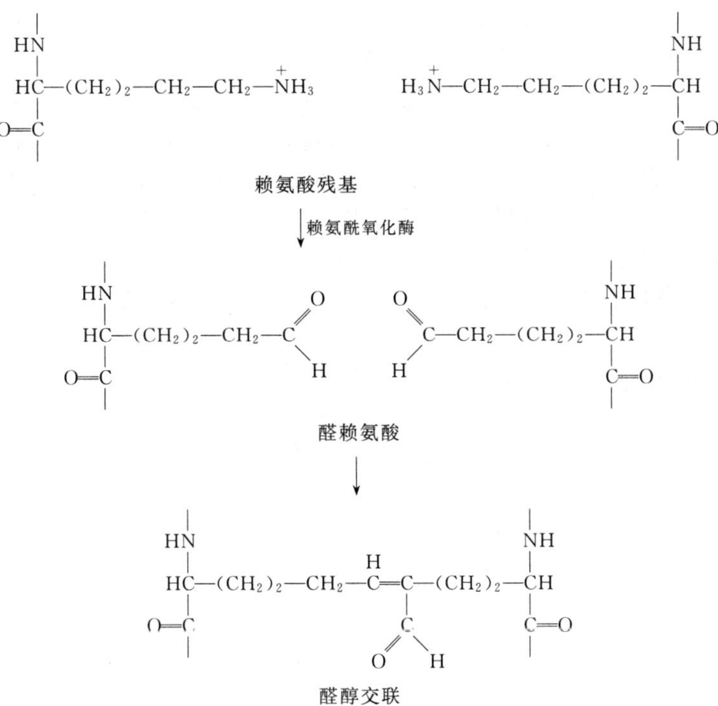

胶原分子中两个赖氨酸之间形成的交联

③ 有的胶原中还有二硫键。由于胶原三螺旋中的肽链是处于特异的伸展状的螺旋，好像一条扭紧的绳索，不易再被牵引拉长，为结缔组织提供了很高的抗张强度的结构材料，形成了胶原纤维强大的韧性，动物愈大愈重，胶原在其总蛋白中所占的比例就大，随着年龄的增加，在胶原三螺旋内和三螺旋之间的共价交联形成的就愈多；因此使得结缔组织中的胶原纤维愈来愈硬而变得较脆，结果改变了肌腱、韧带、软骨的机械性能，使骨头变脆，眼球角膜透明度变小。胶原蛋白只能被胶原酶水解。胶原于水中煮沸即转变为明胶（gelatin），后者是一种可溶性肽的混合物。因缺乏许多人体必需的氨基酸，营养价值很低。

四、超二级结构和结构域

超二级结构（super-secondary structure）的概念是 M. Rossmann 于 1973 年提出来的。对球蛋白的三级结构研究发现，蛋白质分子中的多肽链在三维折叠中往往形成有规则的二级结构聚集体，如 α-螺旋聚集体（$\alpha\alpha$ 型）［图 2-26(a)］。此外，还有 β-折叠的聚集体（$\beta\beta\beta$）［图 2-26(c)］，α-螺旋和 β-折叠的聚集体，常见的是 $\beta\alpha\beta$ 型聚集体［图 2-26(b)］。这种二级

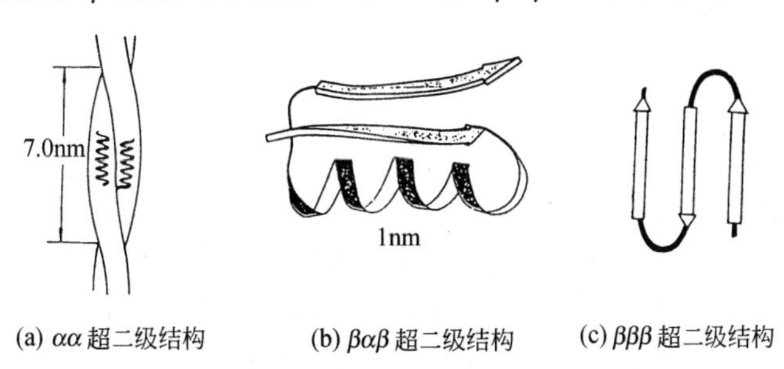

(a) $\alpha\alpha$ 超二级结构　(b) $\beta\alpha\beta$ 超二级结构　(c) $\beta\beta\beta$ 超二级结构

图 2-26　蛋白质分子中的超二级结构

结构的组合称为超二级结构。超二级结构一般以一个整体参与三维折叠，充作三级结构的构件。这些二级结构元件的组合也称为模体（序）(motif)。

Michael Rossmann 在研究乳酸脱氢酶的结构时发现，该酶分子中存在着由两个相同的模序（β-α-β-α-β）［图 2-27(a)］组成的折叠结构，人们称它为 Rossmann 折叠。典型的 Rossmann 折叠一般含有 6 条平行的 β 折叠肽段和 4 条 α 螺旋肽段。［图 2-27(b)］显示出乳酸脱氢酶分子中的 NAD（图中球棒模型表示的部分）通过氢键和盐键与 Rossmann 折叠中的两个模序结合的情况。在大多数脱氢酶的 NAD 结合部位常出现这种结构。

一般来说，模序是一个可区分的折叠结构，它包含两个或多个二级结构元件及它们之间的连接。虽然模序、超二级结构和折叠三者在文献中的使用有些混乱，但一般来讲它们可交换使用。一个模序的结构可能很简单，只有两个二级结构元件组成，如 β-α-β 环［图 2-26(b)］；也可能是一个很复杂的结构；许多二级结构元件折叠在一起，如 β-桶（barrel，琵琶桶）结构（图 2-28）。有时，一个大的模序可包括蛋白质的所有二级结构元件。α 角蛋白中的卷曲螺旋也是一个模序。这样的模序也存在于其他的蛋白质分子中。一个模序不是介于二级结构和三级结构之间的一种结构层次，它只是多肽链的一种折叠模式；它用于说明一个蛋白质分子内一小部分肽链或完整肽链的折叠情况。

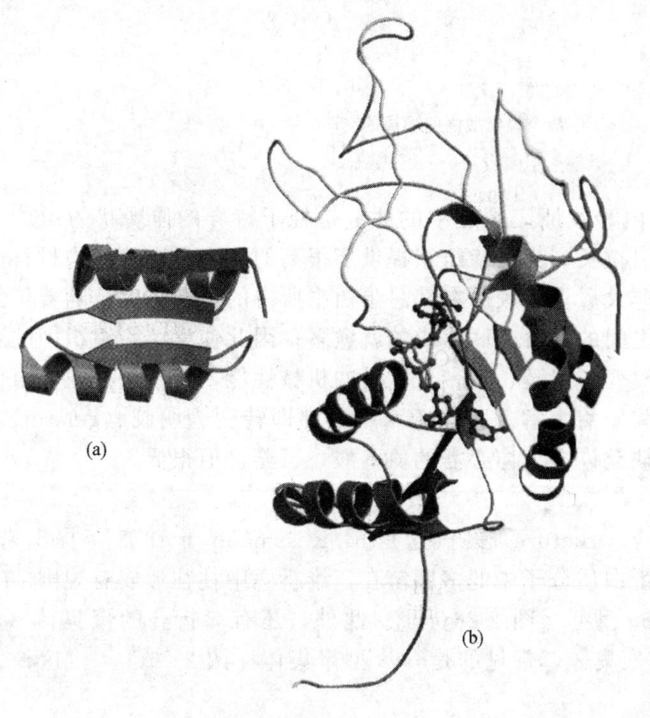

图 2-27　(a) β-α-β-α-β 结构
(b) Rossmann 折叠

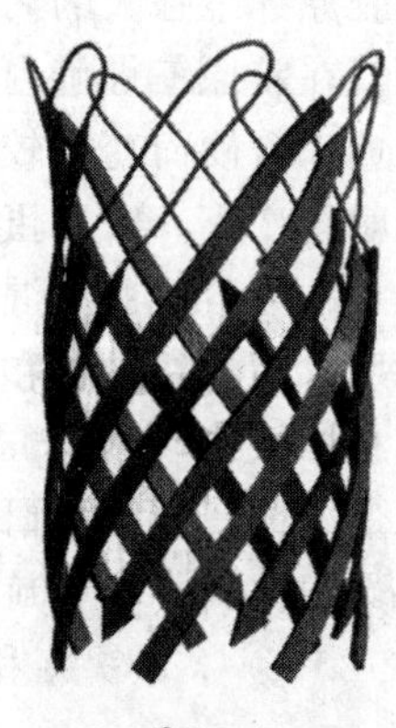

图 2-28　β 琵琶桶结构

二级结构元件之间的连接不可能是交叉形（crossover）的连接或形成结（疙瘩，knots）［图 2-29(a)］。如果两条平行的 β 折叠肽段必须交叉形连接，这种连接一般来说应有右手性或左手性两种连接构象［图 2-29(b)］。但在蛋白质分子中总是右手性连接。因右手性连接和左手性连接比较，前者弯曲的角度较小，肽链之间连接的路径较短，连接易于形成。许多 β 折叠肽段以这种方式盘绕在一起将形成特征性的 β 琵琶桶结构（图 2-28）以及盘绕的 β 折叠片［图 2-29(c)］，构成了许多大的结构的核心。从一个简单的 β-α-β 环重复排列形成的 α/β 琵琶桶，也是常

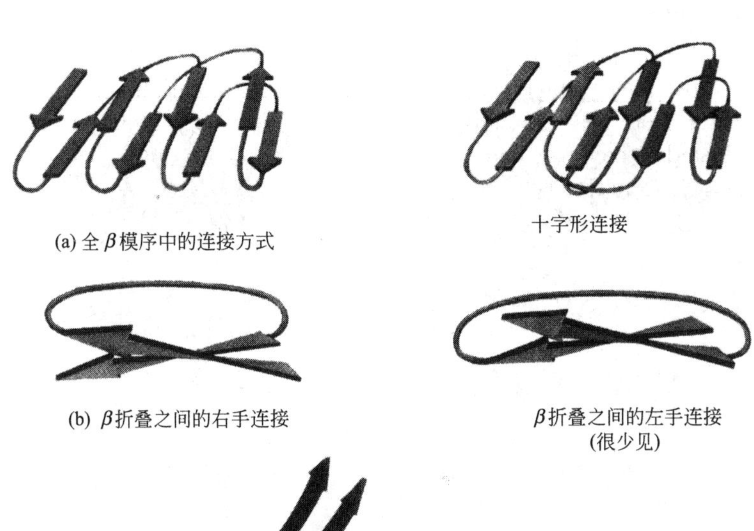

图 2-29 蛋白质分子中稳定的折叠模型

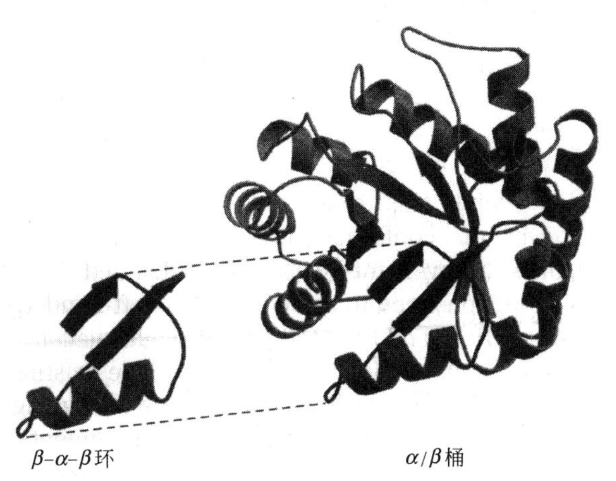

图 2-30 从一个 β-α-β 环形成的 α/β 桶结构

见的模序（图 2-30）。在这种结构中，每一条平行的 β 折叠肽段通过一 α 螺旋肽段与相邻的 β 折叠肽段连接，且都是右手性连接。许多酶分子中存在着 α/β 琵琶桶结构。靠近 α/β 桶的一端有袋子样的孔穴，这里往往是酶的辅助因子或底物的结合部位。

模序是蛋白质结构分类的基础。根据蛋白质结构分类（The Structural Classification of Proteins ，SCOP）数据库提供的信息，有些蛋白质几乎全是由 α 螺旋结构组成的，如肌红蛋白和血红蛋白（图 2-31）；有些蛋白质几乎全是由 β 折叠结构组成的，如免疫球蛋白分子；而有些蛋白质分子中 α 螺旋和 β 折叠结构都存在。若 α 螺旋肽段和 β 折叠肽段相独立，称为 α+β 型；若 α 螺旋肽段和 β 折叠肽段相间存在（交替出现），称为 α/β 型；详见图 2-31 所示。

Wetlaufer 于 1973 年根据对蛋白质结构及折叠机制的研究结果提出了介于二级和三级结构之间存在的另一种结构层次即结构域（domain）。Wetlaufer 最早提出的考查蛋白质结构

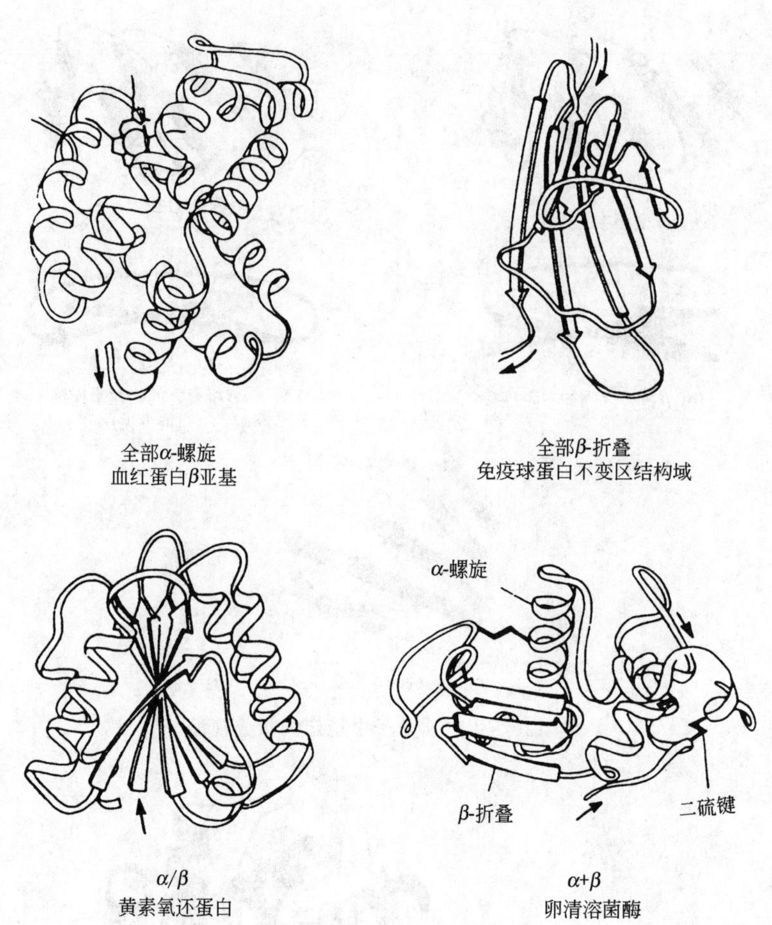

图 2-31 根据二级结构的蛋白质分类

的方法是视觉观察法。他定义结构域为蛋白质亚基结构中明显分开的紧密球状结构区域，又称为辖区。1981 年，Jane Richardson 把结构域定义为：是一条多肽链中相对独立而稳定的紧密结合的区域，并可作为一个整体移动。含有数百个氨基酸残基以上的多肽链易折叠成 2 个或多个在空间上能明显区分开来的折叠实体，且具有不同的功能。这些实体被称为结构域。结构域的概念现在已被生物科学工作者普遍接受。的确，在一些较大的蛋白质中，往往存在两个或多个在空间上可明显区分的、相对独立的区域性结构。结构域自身是紧密装配的，但结构域与结构域之间关系松懈。结构域与结构域之间常常有一段长短不等的肽链相连，并且在两个结构域之间有一明显的“颈部”或称为“凹口”，形成所谓铰链区（hinge region）。不同的蛋白质分子中，其结构域的数目不同；同一蛋白质分子中的几个结构域，彼此相似或者很不相同。常见结构域的氨基酸残基数在 100～400 个之间；最小的结构域只有 40～50 个氨基酸残基，大的结构域可超过 400 个氨基酸残基。有的结构域含某些氨基酸残基（如脯氨酸、甘氨酸或酸性氨基酸）特别丰富，分别称它们为富含 Pro 结构域、富含 Gly 结构域等。有时也从功能的角度给结构域下定义；结构域是蛋白质分子中具有一定活性的小区域，如激酶结构域、脱氧核糖核酸（DNA）结合结构域等。从动力学的角度来看，一条较长的多肽链先折叠成几个相对独立的单位，在此基础上进一步折叠盘绕成为完整的立体构象。要比直接折叠成完整的立体构象更合理些。

如免疫球蛋白分子中的结构域。免疫球蛋白有多种，但都有两类肽链组成。一类相对分子质量较小，称为轻链，用 L（light）表示；另一类肽链的相对分子质量较大，称为重链，用 H（heavy）表示。免疫球蛋白 G（IgG）分子由两条轻链和两条重链组成。免疫球蛋白 G 轻链两个结构域的结构如图 2-32 所示。

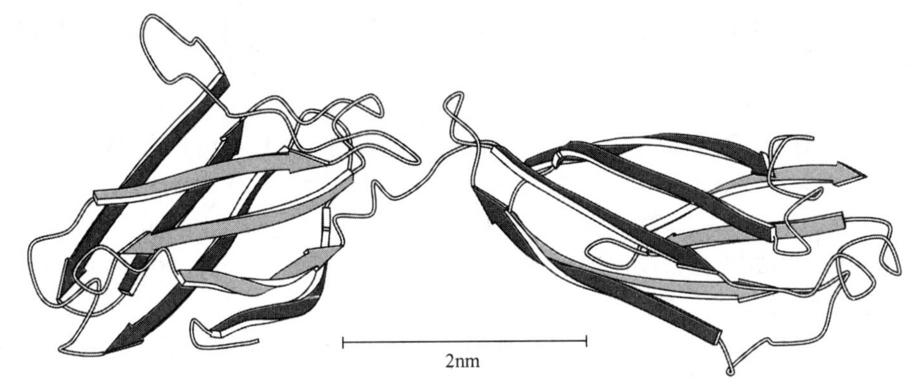

图 2-32　免疫球蛋白 G 轻链的两个结构域

五、球状蛋白质的三级结构

蛋白质的三级结构（Tertiary structure）是建立在二级结构、超二级结构，乃至结构域的基础上的。1958 年，英国著名的科学家 John Kendrew 等人使用 X 射线结构分析法（关于 X 射线晶体衍射分析法测定蛋白质等生物大分子构象的原理见本章后附注）第一个搞清了抹香鲸肌红蛋白（myoglobin，Mb）的三级结构。在这种球状蛋白质中，多肽链不是简单地沿着某一个中心轴有规律地重复排列，而是沿多个方向进行卷曲、折叠，形成一个紧密的近似球形的结构（图 2-33）。侧链 R 的相互作用对稳定球状蛋白质的三级结构起重要的作用。三级结构即一个蛋白质的立体结构，或称三维结构，包括多肽链中一切原子的空间排列方式。

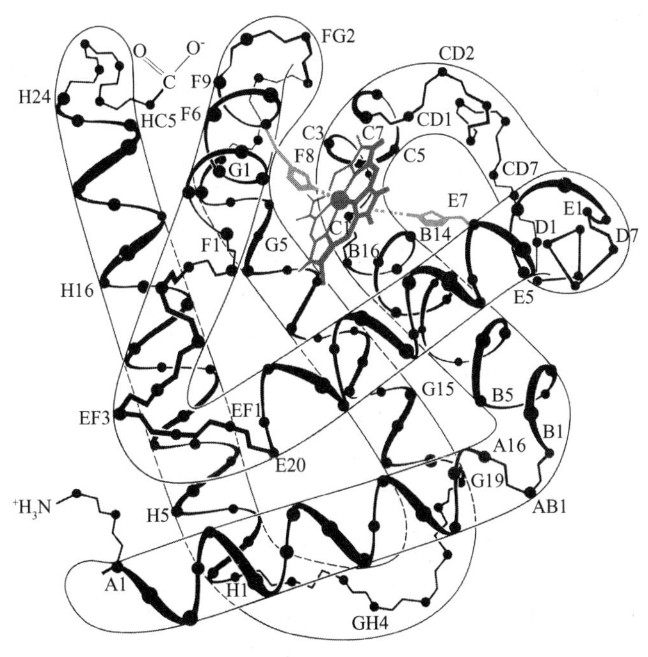

图 2-33　抹香鲸肌红蛋白的构象

在球状蛋白质中，亲水基团多位于分子表面，而疏水基团多位于分子的内部，形成疏水的核心，如肌红蛋白的三级结构。肌红蛋白是哺乳类动物肌肉中负责储存并运输氧的一种蛋白质，一条肽链，含 153 个氨基酸和一个血红素辅基，相对分子质量为 17800，它的主链的 75%是 α-螺旋。分子中有八段螺旋区：分别用 A，B，C，D，E，F，G，H 表示，短的螺旋区含有大约 7～8 个氨基酸残基，最长的有大约 23 个氨基酸残基组成。分子中还含有 7 段非螺旋区，含 4 个脯氨酸，均处于拐弯处。非螺旋区位于：①N-端有 2 个氨基酸组成的一段；②A 和 B 螺旋之间；③C 和 D 螺旋之间；④E 和 F 螺旋之间；⑤F 和 G 之间；⑥G 和 H 之间；⑦C 端有 5 个氨基酸组成的一段。由于侧链的相互作用，使得多肽链折叠、盘绕成内有袋形空穴（裂隙，gap）的紧密结构。肌红蛋白分子内部几乎全为非极性氨基酸残基，只有 His_{93}（F8）和 His_{64}（E7）在分子内部参与其结合氧功能的调节。血红素辅基（hemeprosthetic group）垂直地伸出在分子的表面，并通过 93 位组氨酸残基和 64 位组氨酸残基与肌红蛋白内部相连。在肌红蛋白分子的空穴中，由于远位的 His_{64} 等残基存在于第六配位键附近，通过位阻而阻止了血红素与氧形成中间复合物，避免了 Fe^{2+} 的氧化，仅出现电子暂时重排的氧结合，使其能持续发挥其结合氧的功能。

备注：

在肌红蛋白分子中的每个氨基酸残基，或者以它在肽链中的氨基酸排列顺序命名，或者以它所在的 α 螺旋中的位置（排列顺序）命名。如与血红素形成配位键的第 93 位组氨酸，也称为 His_{93}（或 F_8），因肽链的卷曲折叠使它处于肌红蛋白 F 螺旋中的第 8 位残基上。处在两个螺旋之间连接肽段上的非螺旋残基依次标记为：AB、CD、EF、FG 和 GH。N 端和 C 端的非螺旋残基分别标记为 NA 和 HC。个别的连接肽段如 BC 和 DE 是分开的，不含任何残基；而图中出现的连接是计算机模拟的（即人工画出的），血红素辅基处于 E 和 F 螺旋形成的袋状空穴内。

维持蛋白质三级结构稳定的力主要是非共价键

（1）氢键　1936 年，Pauling 和 Mirsky 提出，氢键是保持肽链折叠结构的主要因素。它在维持蛋白质空间构象中起着重要的作用。

当氢原子与一个电负性较大的原子形成共价键时，氢原子带有正电性，可与另一个电负性较强的原子形成氢键，如下所示：

$$A—H\cdots B$$

A 和 B 是电负性强的原子，A—H 基团是质子供体，B 是质子受体；氢键的键能较小（约 20 kJ/mol）。在蛋白质分子中有多个可形成氢键的基团，如主链的肽键之间可形成氢键；侧链与主链之间、侧链与侧链之间都可以形成氢键，见图 2-34，尿素与胍盐类可与蛋白质分子中的氢键供体及氢键的受体竞争形成氢键，使蛋白质变性，故它们是氢键的破坏者。

（2）疏水相互作用（hydrophobic interaction，疏水力）　疏水基团为避开水相而相互靠近。蛋白质分子中有许多疏水的氨基酸，蛋白质的多肽链在盘绕折叠形成特定的构象时，这些疏水侧链相互靠近趋向于分子内部以减少其与水的界面，这是蛋白质空间构象形成的驱动力之一。称为疏水力或疏水相互作用，见图 2-34。

1959 年，Kauzmann 从热力学的角度对疏水相互作用进行了分析研究后指出，非极性化合物从水中转移到有机溶剂中时，伴随着熵的增加。设想两个疏水基团原来和水接触，经过变化，两个疏水基团相互接触，除了它们自身的吸引力外，还有将它周围一部分排列整齐的水分子排入游离的水相中，使水分子的紊乱程度增加；由于熵是体系紊乱程度的衡量，体系紊乱程度越高，其熵越大。因此两个疏水基团的相互吸引将伴随着熵的增大。反过来说，由于熵增是自发过程，是一个使体系能量趋于极小即能量上有利的过程，所以疏水的相互作用

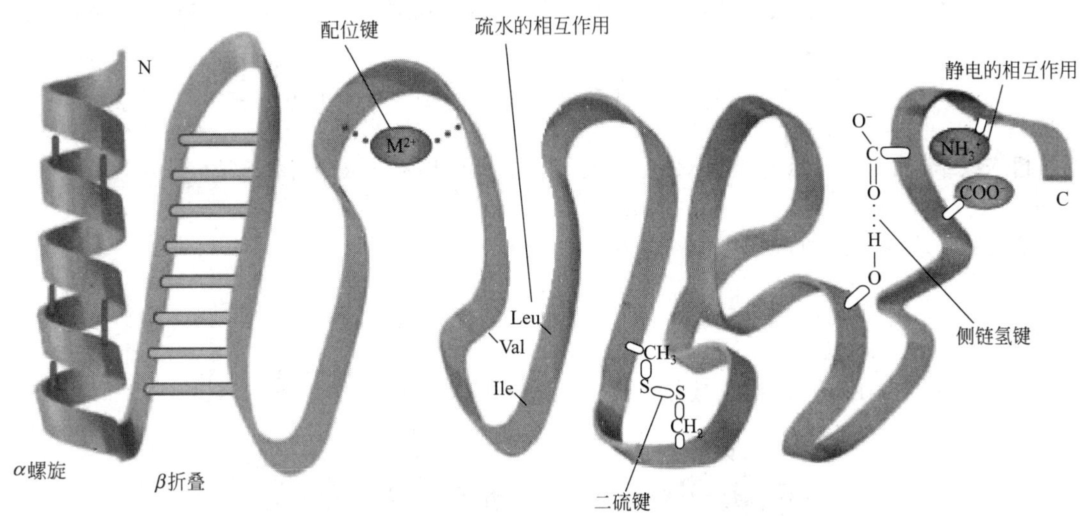

图 2-34　维持蛋白质构象的作用力

是熵所驱动的。疏水相互作用是稳定蛋白质高级结构的一种重要的力。非极性溶剂、去污剂等可破坏疏水的相互作用，因此是蛋白质变性剂。

（3）范德华力　范德华（van der Waals）力是一种原子间的非特异性吸引力。当任意两个原子间的距离达到 0.3～0.4nm 时，可产生这种吸引力。虽然这种力比氢键和原子及原子之间的静电吸引力（如离子键）要弱，但它们在生物系统中的功能与其他非共价相互作用力一样重要。

（4）离子键（盐键）　它是存在于带相反电荷的基团之间的静电吸引力（electrostatic forces），见图 2-34。两个带电基团在没有成键时，其周围都定向地排列着水分子；两个带相反电荷的基团一旦接近，周围有一部分水分子将被释放到水相中，使其有序的排列被打乱，因此盐键的形成过程也伴随着熵的增加。

（5）配位键　指在两个原子之间，由其中的一个原子单独提供电子对而形成的一种特殊的共价键。多存在于含金属的蛋白质分子中。螯合剂如乙二胺四乙酸（EDTA）可除去蛋白质中的金属离子，使配位键不能形成。

稳定蛋白质三级结构的力主要是非共价键，此外在某些蛋白质中还有二硫键，见图 2-34。

六、蛋白质的四级结构

有些蛋白质分子中含有多条肽链，每一条肽链都具有各自的三级结构。这种由数条具独立的三级结构的多肽链彼此通过非共价键相互作用而成的聚合体结构就是蛋白质的四级结构（Quaternary structure）。在具有四级结构的蛋白质中，每一个具有独立的三级结构的多肽链称该蛋白质的亚基（亚单位 subunit）。在一种蛋白质中的亚基可以相同，也可以不同。亚基一般以 α，β，γ 等命名；如血红蛋白（hemoglobin，Hb）分子中含有 2 个 α 亚基和 2 个 β 亚基（图 2-35）。亚基的数目一般为偶数，个别为奇数，如荧光素酶（luciferase）分子中含三个亚基。亚基在蛋白质中的排布一般是对称的，对称性是具有四级结构的蛋白质的重要性质之一。

由多个亚基组成的蛋白质一般称为多亚基蛋白质（multisubunit protein）或称为多聚体（multimer）；只有少数几个亚基组成的一般称为寡聚体（oligomer）。但并非所有的蛋白质都有四级结构。蛋白质的一级结构、二级结构、三级结构和四级结构示意图及其相互关系如图 2-36 所示。蛋白质的结构层次从低到高可表示为：

一级结构：由共价键联系的结构，指多肽链中的氨基酸残基的排列顺序和二硫键的位置
↓
二级结构：由氢键维系的蛋白质的基本结构元件，如α螺旋和β片层结构
↓
超二级结构：几个二级结构元件的有机组合，即模体（motif）
↓
结构域：在空间上可明显区分的，相对独立的区域性结构
↓
三级结构：蛋白质的三维结构
↓
四级结构：多亚基蛋白质亚基的组合方式及亚基间的相互作用特性

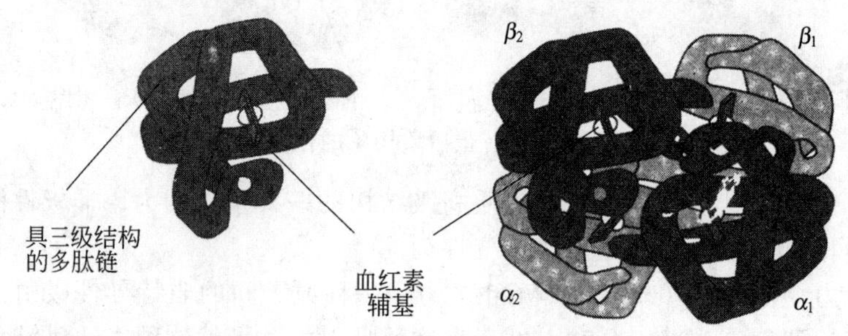

图 2-35　血红蛋白的构象

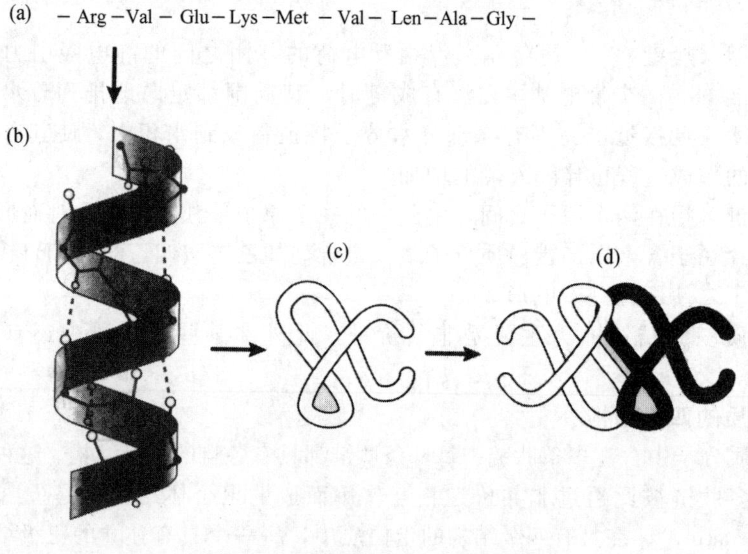

(a)　– Arg – Val – Glu – Lys – Met – Val – Len – Ala – Gly –

(b)

(c)

(d)

图 2-36　蛋白质的四个结构水平

（a）一级结构；（b）α-螺旋结构；（c）三级结构；（d）四级结构

第四节　蛋白质的结构与功能

研究生物大分子如蛋白质、核酸的结构与功能的关系，是从分子水平上认识生命现象的最终目标，它与生命起源、细胞分化、代谢调节等重大理论问题的解决密切相关。同时，也为工农业生产和医疗实践中所提出的许多重大问题的解决，如农作物优良品种的培育，治疗遗传性疾病，防治病虫害，新型催化剂的研制等提供重要的理论依据。本节将围绕一级结构

与功能、蛋白质的构象与功能的关系等做扼要的论述，以在生物机体的总体水平上加深读者对蛋白质结构与其功能的关系的认识。

一、蛋白质的一级结构决定其高级结构

蛋白质一级结构与高级结构之间的关系可以核糖核酸酶的例子来说明。核糖核酸酶（RNase）分子中含有124个氨基酸残基，一条肽链经折叠形成一个近似于球形的分子。构象的稳定除了氢键等非共价键外，还有4个二硫键［图2-37(a)］。C. Anfinsen以核糖核酸酶为对象，研究了维系蛋白质构象的二硫键的还原和重新氧化对该酶活性的影响，发现在蛋白质变性剂（如8M尿素）和一些还原剂（如巯基乙醇）存在下，酶分子中的二硫键全部还原，酶的三维结构破坏，肽链成无规线团，酶的催化活性完全丧失。当用透析方法慢慢除去变性剂和巯基乙醇后，发现酶的大部分活性恢复；因为二硫键重新形成［图2-37(b)］。这说明完全伸展的多肽链能自动折叠成其活性形式；若将还原后的核糖核酸酶在8M尿素中重新氧化，产物只有1%的活性，因为巯基没有正确的配对。变性核糖核酸酶的8个巯基相互配对形成二硫键的几率是随机的，但只有一种是正确的。那些不正确配对的产物称为“错乱”（scrambled）的核糖核酸酶。Anfinsen向含有“错乱”核糖核酸酶的溶液中加入微量的巯基乙醇，大约10个小时后发现，“错乱”核糖核酸酶转变为天然的、有全部酶活性的核糖核酸酶［图2-37(c)］。即微量的巯基乙醇催化二硫键的重新形成。以上实验说明，蛋白质的变性是可逆的，变性蛋白在一定的条件下之所以能自动折叠成天然的构象，是由于形成复杂的三维结构所需要的全部信息都包含在它的氨基酸排列顺序上，蛋白质分子多肽链的氨基酸排列顺序包含了自动形成正确的空间构象所需要的全部信息，即一级结构决定其高级结构。由于蛋白质特定的高级结构的形成，出现了它特有的生物活性。

二、蛋白质的一级结构与功能

蛋白质实现其生物学功能，从根本上来说是决定于它的一级结构。如蛋白质分子的进化，蛋白质分子异常而导致的分子病等，都从一个侧面反映了蛋白质的一级结构与其功能的关系。

1. 物种之间蛋白质的同源性

所谓“同源蛋白质”（homologous proteins），是那些在进化上相关联的蛋白质。它们在不同物种之中执行相同的功能。如细胞色素C（Cytochrome C）是存在于线粒体内膜上，与呼吸过程有关的蛋白质，含血红素辅基；在真核生物的生物氧化途径中它充当电子传递体。研究发现不同种属的同源蛋白质，其一级结构上有些变化，这就是所谓的种属差异；由于物种的变化起源于进化，故从比较生物化学的角度来研究同源蛋白质的结构在种属之间的差异，有助于对分子进化的研究。根据它们在结构上的差异程度，可以判断它们之间的亲缘关系，可以反映出生物系统进化的情况。同源蛋白质的氨基酸顺序中，有许多位置的氨基酸对所有的种属来说都是相同的，这些称为保守残基（invariant residues）。但其他位置上的氨基酸残基，对不同种属来说有较大的差异，这些称为可变残基（variable residues）。这说明不同种属的生物中具有同一功能的蛋白质，在进化上可来自相同的祖先，但存在着种属差异；如脊椎动物的细胞色素C含有104个氨基酸残基，昆虫的细胞色素C含有108个氨基酸残基，植物的细胞色素C含有114个氨基酸残基。所有的细胞色素C，其N-端均为乙酰化的。对所有已测定物种的细胞色素C（包括脊椎动物、某些无脊椎动物、酵母、较高等的植物等）的一级结构分析发现，只有27个位置上的氨基酸残基是不变的残基，这就意味着这些位置上的氨基酸残基对于这种蛋白质的生物学活性是至关重要的，这些多是维持其构象所必需的残基。所有细胞色素C分子中的22、25位的两个半胱氨酸是不变的残基，这是与血红素连接的位置，其26位组氨酸、73位蛋氨酸也是不变残基，是与铁离子形成配位键的

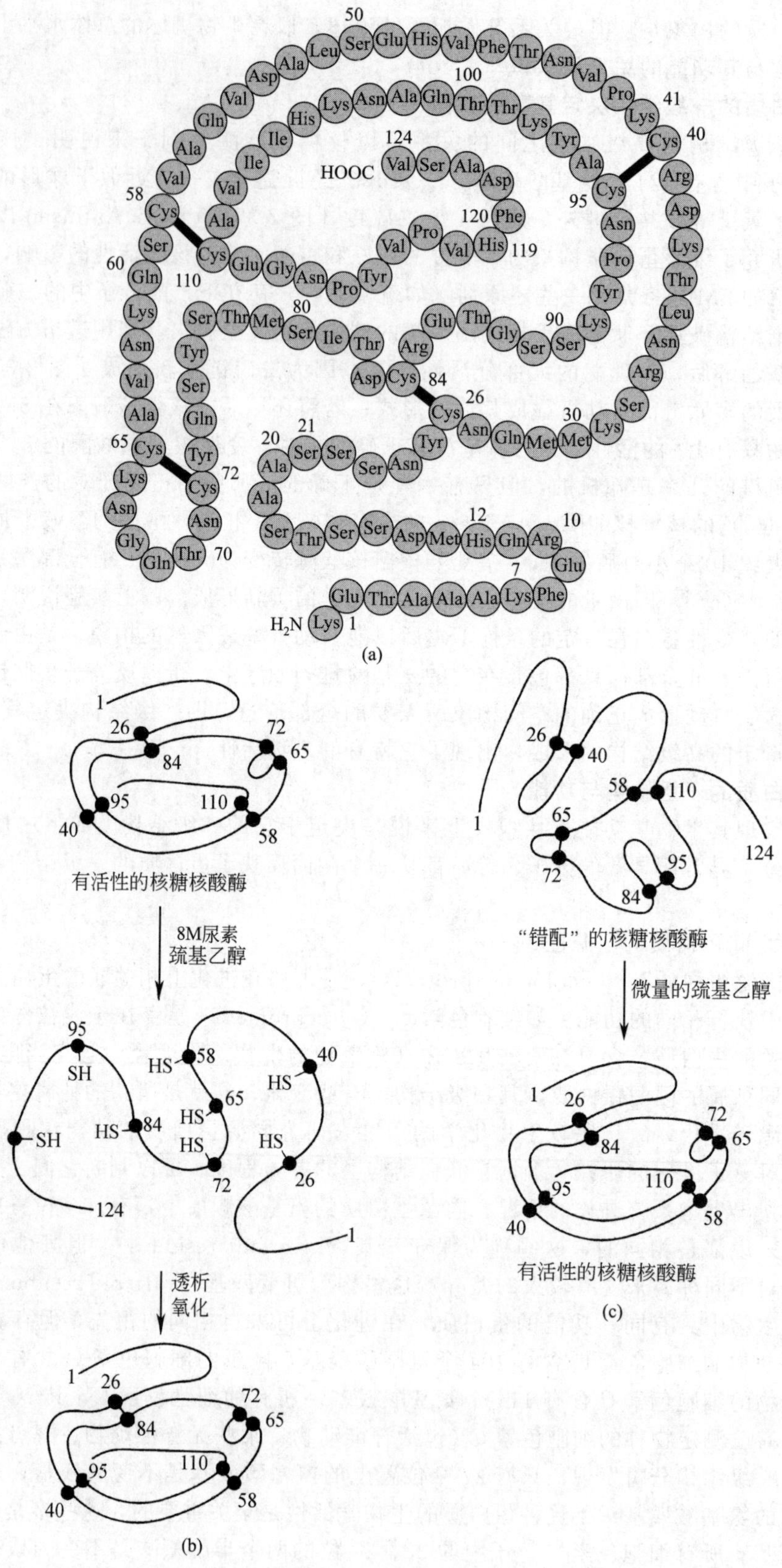

图 2-37　核糖核酸酶的结构及其变性与复性

残基；其78～88位的11个氨基酸残基是不变残基，从空间构象看，88位最靠近血红素辅基；40位亮氨酸，38、79位脯氨酸，18、56位酪氨酸，67位色氨酸等疏水侧链都指向血红素，这些残基与78～88位的不变残基组成的肽段共同形成血红素的疏水环境，这对于细胞色素C的功能十分重要。而其他位置上的氨基酸残基表现出种间的差异性。

有趣的是，在一些残基位置上，大多数的变化只是在性质相似的氨基酸之间。例如，带正电荷的氨基酸残基（如精氨酸）可能被带正电荷的赖氨酸残基所取代；又如，疏水的缬氨酸被异亮氨酸取代，极性的丝氨酸被天冬酰胺取代等。这种变化叫做“保守取代”（conservative substitutions）。相反，也有极少数的氨基酸残基被性质完全不同的氨基酸残基取代。如疏水的亮氨酸被带正电荷的赖氨酸取代；带负电荷的谷氨酸被带正电荷的精氨酸取代等。这称为非保守取代（nonconservative substitutions）。由于蛋白质的多肽链必须折叠成特定的构象，对一级结构有着依赖性，因此，这种改变将对蛋白质的结构和功能产生重大的影响。

同源蛋白质中可变的氨基酸残基提供了另一种信息：物种间的系统发生（进化）关系（phylogenetic relationship）。这种物种的分子分类方法（taxonomic methods）已被生物化学研究所证实。研究细胞色素C和其他同源蛋白质的同源顺序发现，两种同源蛋白质中不同氨基酸残基的数量与两个物种系统发生的差异性（或进化上的距离）成正比。亲缘关系愈接近，其氨基酸组成的差异愈小；亲缘关系愈远，氨基酸组成的差异愈大（表2-3）。不同物种的同源蛋白质之间不同氨基酸残基数量的信息可以用于建立一个进化树（evolutionary tree）以说明不同物种在进化上的起源和出现顺序。这种生化分类学和经典分类学有紧密的一致性。

表2-3　一些生物与人的细胞色素C不同的氨基酸残基数目

黑猩猩	0	鸡、火鸡	13
恒河猴	1	乌龟	15
兔　子	9	金枪鱼	20
牛、猪、羊	10	昆虫	25
狗	11	小麦	35
马	12	酵母	44

2. 一级结构上的细微变化可直接影响其功能

分子病的概念是L. Pauling提出来的。它是由于基因的突变导致了蛋白质分子结构的改变或某种蛋白质的缺陷所引起的。如血浆凝血因子缺陷所引起的血友病。胰岛素分子病是由于胰岛素分子中B链第24位的苯丙氨酸被亮氨酸取代，使胰岛素成为活性很低的分子，不能降血糖。

1949年，Linus Pauling及其同事对正常人的血红蛋白（HbA）和患有镰刀型红细胞贫血症患者的血红蛋白（HbS）的物理化学性质进行了分析研究发现，无论氧合的HbS还是脱氧的HbS的等电点都高于HbA的等电点（表2-4）。

表2-4　HbA和HbS的等电点

血红蛋白	HbA的等电点	HbS的等电点	差 值
氧合Hb	6.87	7.09	0.22
脱氧Hb	6.68	6.91	0.23

这说明两种血红蛋白分子中所含的可解离基团的种类和数目不同。1954年，Vernon Ingram采用指纹分析（fingerprinting）确定了两种血红蛋白分子结构上的差异，如下所示：

（HbA）　Val-His-Leu-Thr-Pro-Glu-Glu-Lys---------

（HbS）　Val-His-Leu-Thr-Pro-Val-Glu-Lys---------

（β链）　1　2　3　4　5　6　7　8　---------

这样，相当于在HbS分子中多了两个非极性的氨基酸（Val）而少了两个极性氨基酸（Glu）。从血红蛋白的构象来看，由于β链上的这个非极性氨基酸处于分子的表面，从而引起脱氧血红蛋白的溶解度下降，在细胞内易聚集形成长纤维状，丧失了结合氧的能力，使正常的红细胞变为长而薄，呈新月状（crescentlilk）或镰刀状（sickle-cell）的红细胞（图2-38）。镰刀型红细胞贫血症是一种分子病。它是由于血红蛋白基因中的一个核苷酸的突变导致该蛋白分子中β链第六位的谷氨酸被缬氨酸取代。

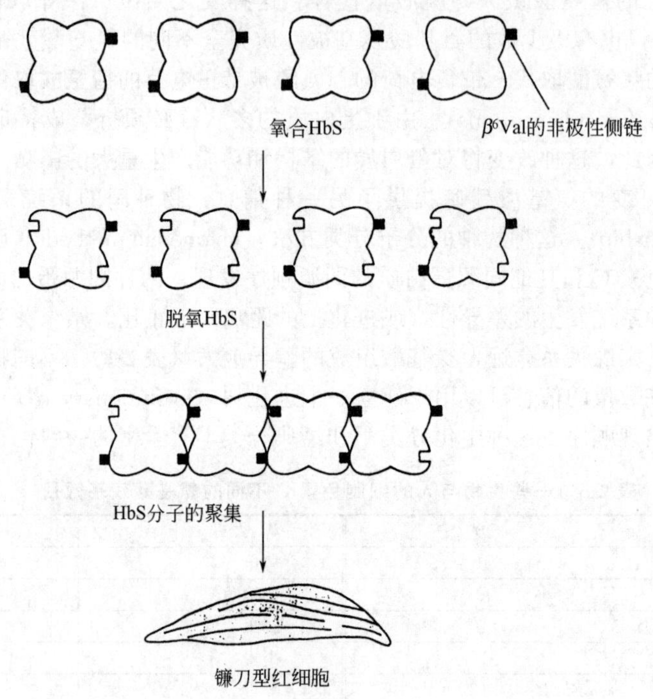

图2-38 突变的血红蛋白凝集导致细胞变形

1988年美国国立癌症研究所的Barbacid和麻省理工学院的Weinberg发现，膀胱癌细胞中的一种P21蛋白（$M_r=21000$）与正常细胞中的这一蛋白相比，也仅仅是一个氨基酸的差异（第12位甘氨酸被Val取代），因而发生癌变。

三、蛋白质的空间结构与功能

生物体内各种蛋白质都具有特定的构象，而这种构象是与它们各自的功能相适应的。

1. 胰岛素的结构与功能

胰岛素有A、B两条肽链组成。A链中没有典型的α-螺旋结构；B链中有螺旋结构和β-转角结构，还有β-折叠结构。胰岛素分子内部有一疏水的核心，极性侧链都位于分子的表面。不同来源的胰岛素尽管氨基酸组成有差别，但功能相同；分子中6个半胱氨酸的位置不变，不同来源的胰岛素具有相同的连接方式，三个二硫键使不同来源的胰岛素具有相同的空间构象（图2-39）。

2. 蛋白质与配基的可逆结合：携氧蛋白

许多蛋白质能可逆地结合其他分子，蛋白质的生物学功能常常要围绕蛋白质与其他分子互相作用的可逆性来考虑。能被一种蛋白质可逆地结合的分子称为配体（ligand）或配基。配体可以是任何分子包括其他蛋白质。

在蛋白质分子中能结合配体的部位叫作结合位点（binding site）。该位点和结合的配体之

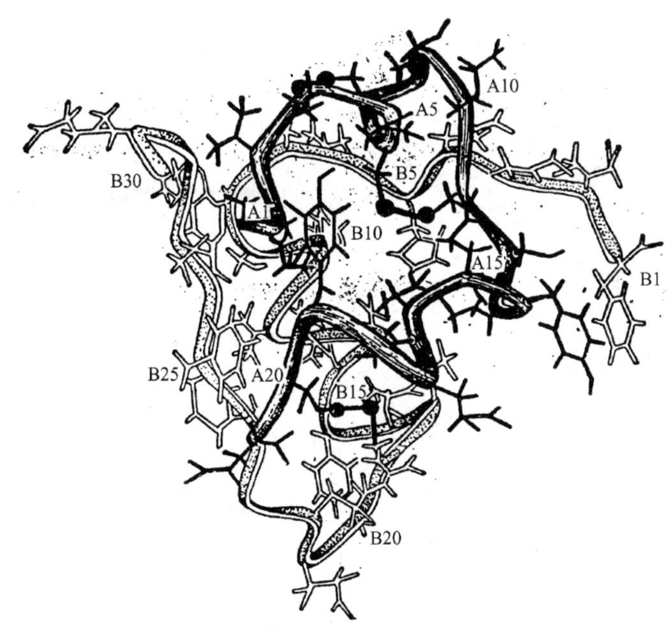

图 2-39 胰岛素的构象

间在大小、形状、所带的电荷以及疏水性或亲水性方面都是互补的，而且这种作用是特异的。蛋白质能区分环境中成千上万种不同的分子，并且有选择性地结合一种配体或少数几种与配体分子类似的分子；一种蛋白分子上可能有几个不同配体的结合位点。蛋白质与配体之间特异的相互作用对维持高度有序的生命活动是极其重要的；它使生物体对环境和代谢情况的改变能作出迅速的反应。如几乎所有动物血液所携带的氧都是由红血细胞中的血红蛋白结合和运输的。肌红蛋白是肌肉组织中的氧结合蛋白。作为一种输氧蛋白，它促进肌肉中的氧扩散。肌红蛋白在潜水哺乳动物如海豹和鲸的肌肉中特别丰富。它有储氧的功能以延长潜水的时间。

(1) 肌红蛋白只有一个氧结合位点

氧在水中的溶解度极低，如果只是简单地靠血清中的溶解氧是不足以供应组织所需的氧，而且氧在组织内的扩散只能有几个毫米的距离。多细胞生物利用一些金属离子如铁和铜有很强的氧结合能力的特性来实现氧的运输。但是，游离的铁离子能催化高活性氧种类如羟基自由基的形成，它们可能损伤 DNA 或其他大分子。为减少它的反应性，细胞中的铁离子被结合于携氧蛋白的辅基（prosthetic group）如肌红蛋白和血红蛋白的血红素辅基之中而实现对氧的运输。所谓辅基是一类永久性结合于蛋白的化合物，它能赋予蛋白质特殊的功能。

血红素由四个吡咯环构成的原卟啉Ⅸ（protoporphyrin Ⅸ）和一个二价铁离子组成（Fe^{2+}），作为亚铁离子可形成 6 个配位键；其中 4 个与原卟啉环中央的四个氮原子连接；剩下的两个配位键垂直于卟啉环，可以在卟啉环的两侧继续结合；一个与近位的 His93（F8）残基的侧链氮原子结合，同时第六个位置能与氧可逆结合。非氧合状态时该位置由水分子占据［图 2-40(a)］。配位键结合的氮原子有电子供体的性质，它们防止铁离子变成三价态；因为二价态铁离子能可逆结合氧而三价态不能和氧结合。邻近氧的结合处还有一个组氨酸残基（His64）（E7）［图 2-40(a)］，因它和血红素距离较远，不能与 Fe^{2+} 形成配位键；但它能与结合于血红素的氧相互作用形成氢键，为了与近位的 His93 区分，称它为远端的组氨酸，它能有效地阻止 Fe^{2+} 与一氧化碳的结合，降低血红素对一氧化碳的亲和力，具重要的生理意义。

氧分子对血红素辅基的结合也依赖于分子运动，或者叫蛋白质结构的“呼吸”作用。血红素分子被深埋在折叠的多肽链中，氧分子没有直接的途径从环境溶液中进入配体结合位

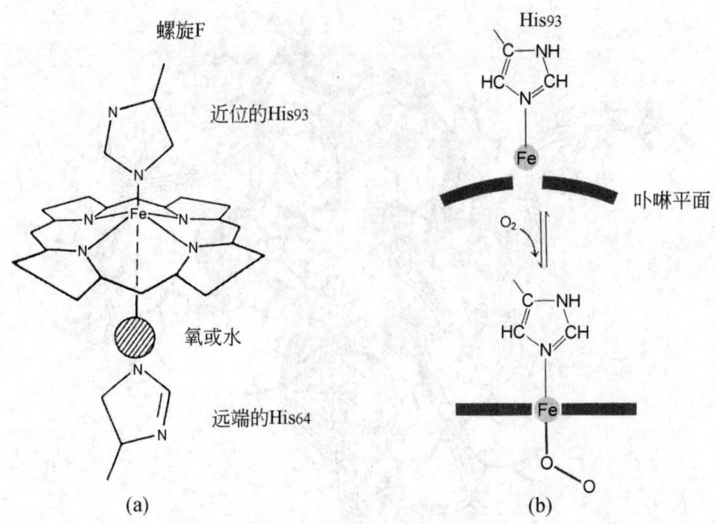

图 2-40 （a）脱氧血红蛋白分子中，铁位于血红素平面上；（b）氧合血红蛋白分子中，铁跌入血红素平面内

点。如果蛋白质是僵直的，氧分子就不可能以可测定的速度进入血红素口袋。但是肽链中氨基酸侧链的迅速弯曲，产生蛋白质结构的暂时性孔洞，使得氧分子确实可以进出这些孔洞。一个主要的通路是远端组氨酸残基即 His_{64} 侧链的旋转造成的；它发生在纳秒（nanosecond，10^{-9} s）范围内。因此，蛋白质构象的细微改变对其活性都是极其重要的。

肌红蛋白和血红蛋白的功能不仅在于它们能够与氧结合，还在于能在需要氧的地方释放氧。

蛋白质如肌红蛋白或血红蛋白对配体的可逆结合能用一个简单的方程来描述：

$$P + L = PL \tag{2-4}$$

式中，P 代表蛋白质，L 代表配体。蛋白质和配体相互作用的结合常数（association constant）K_a 应等于：

$$K_a = \frac{[PL]}{[P] \cdot [L]} \tag{2-5}$$

重排上述方程得到：

$$[PL] = K_a[P] \cdot [L] \tag{2-6}$$

若以 θ（theta）代表配体占据结合位点的分数（简称结合分数），那么：

$$\theta = \frac{\text{被配体占据的结合位点数}}{\text{全部结合位点数}} = \frac{[PL]}{[PL] + [P]} \tag{2-7}$$

代 $[PL] = K_a[P] \cdot [L]$ 入上述方程并整理得：

$$\theta = \frac{[L]}{[L] + 1/K_a} \tag{2-8}$$

从 θ 对游离配体的浓度（可取任一单位表示）作图可得到 K_a 值［图 2-41(a)］，因此结合分数 θ 是配体浓度的双曲线函数。当［L］达到全部配体可结合位点一半时的浓度（θ=0.5）就是配体结合常数的倒数（$1/K_a$）。如果把配体和蛋白质的解离常数（dissociation constant）K_d 看做是结合常数 K_a 的倒数，则上述表达式可转变为：

$$\theta = \frac{[L]}{[L] + K_d} \tag{2-9}$$

当 $[L] = K_d$ 时，一半的配体结合位点被占据；即 K_d 等于有一半的配体结合位点被占据时的配体浓度。在实际工作中使用 K_d 来表示一个配体对蛋白质亲和力的大小。

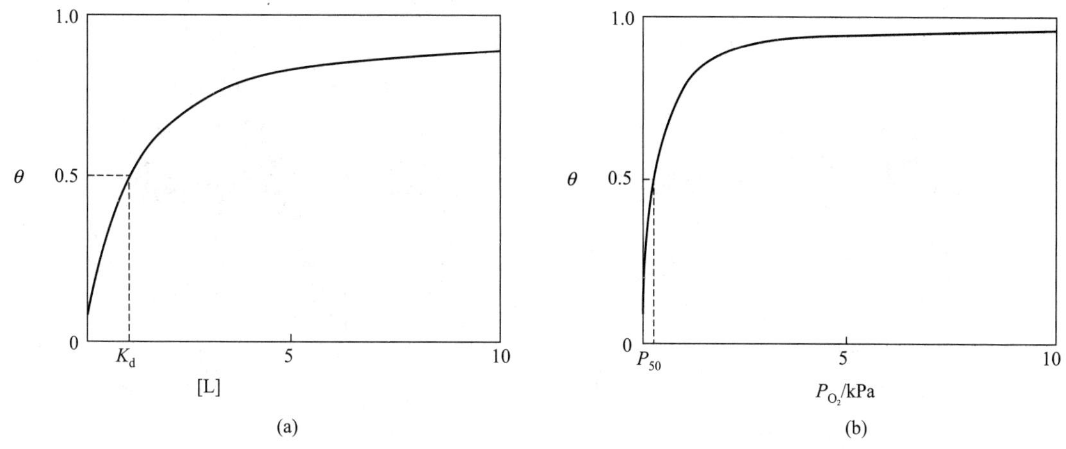

图 2-41 (a) θ 对游离配体的浓度［L］作图；(b) 肌红蛋白的氧合曲线

氧对肌红蛋白和血红蛋白的结合遵循上述模型。以溶解氧的浓度代替上述方程中的［L］，式(2-9) 可转变为：

$$\theta-\frac{[O_2]}{[O_2]+K_d} \tag{2-10}$$

因 K_d 等于有一半的配体结合位点被占据时的配体浓度，即［O_2］0.5，代入上式得：

$$\theta=\frac{[O_2]}{[O_2]+[O_2]0.5} \tag{2-11}$$

一个挥发性物质在溶液中的浓度总是和这种气体如氧的局部分压成正比，且测定在溶液上面的氧分压（p_{O_2}）比测定溶液中溶解氧的浓度容易；若以 P_{50} 代表［O_2］0.5 时的氧分压，上述方程转化为：

$$\theta=\frac{p_{O_2}}{p_{O_2}+P_{50}} \tag{2-12}$$

肌红蛋白的氧合曲线见［图 2-41(b)］。氧分压以千帕斯卡（kilopascals，kPa）表示；氧与肌红蛋白紧密结合，P_{50} 为 0.26kPa。

(2) 血红蛋白与氧的运输

1959 年，Max Perutz 和 John kendrew 及他们的同事用 X 射线晶体衍射法揭示出血红蛋白的结构。成人血红蛋白含有两种类型的珠蛋白（globin，血红蛋白分子中的每一条肽链）；即有两个 α 亚基和 2 个 β 亚基组成。4 个亚基间通过非共价的相互作用等聚集成一个近似球形的分子（$\alpha_2\beta_2$），直径约 5.5nm。血红蛋白的 α 亚基含有 141 个氨基酸残基，β 亚基含有 146 个氨基酸残基；α 亚基和 β 亚基的三维结构与肌红蛋白的构象十分相似，尤其 β 亚基（图 2-42），它们都是珠蛋白家族的成员；它们所含氨基酸的种类、数目以及氨基酸的排列顺序都有较大的差异（只有 27 个位置上的氨基酸相同），但它们的三级结构十分相似。这是蛋白质结构中一个较普遍的现象，即不同的一级结构能够形成非常相似的三维结构。由于血红蛋白多肽链的空间结构和肌红蛋白的结构相似，使它们都具有基本的氧合功能。对肌红蛋白分子中 α 螺旋肽段的命名也适用于血红蛋白，只是血红蛋白的 α 亚基缺少 D 螺旋，血红素辅基也是处于 E 螺旋和 F 螺旋形成的袋状空穴内。

X 射线分析表明血红蛋白有两种主要构象，R 态（R state）和 T 态（T state）。虽然氧与这两种状态的血红蛋白都能结合，但对 R 态血红蛋白有较高的亲和力；氧的结合可以稳定 R 态。当实验性缺氧时，T 态血红蛋白更稳定因而是去氧血红蛋白（deoxy hemoglobin）

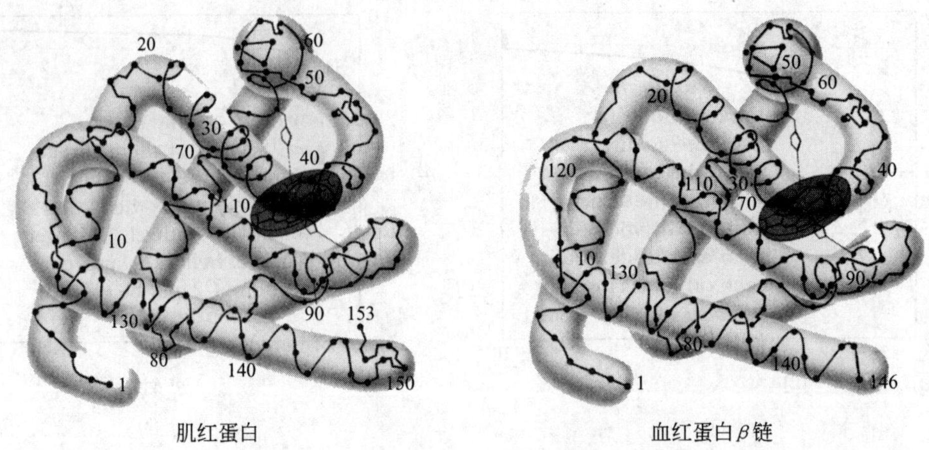

图 2-42 血红蛋白β链与肌红蛋白的构象

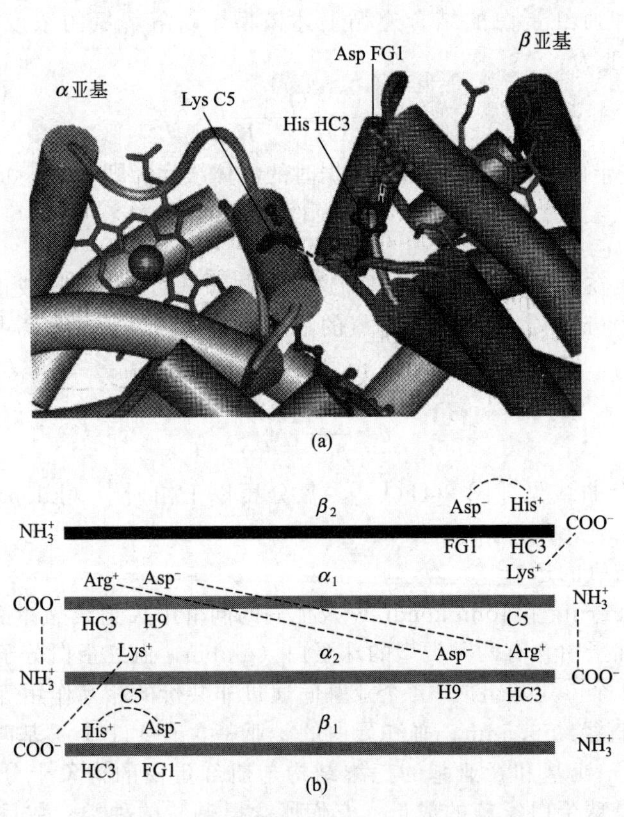

图 2-43 使血红蛋白 T 态稳定的离子键

的主要构象。R 态原先被称为松弛态（relaxed）；T 态原先被称为“紧张态”（tense），因为 T 态是由许多离子键稳定的；这些离子键多位于 $\alpha_1\beta_2$（和 $\alpha_2\beta_1$）的界面上［图 2-43(a)］。如 β 亚基 C 末端的 His HC3（His_{146}）的 α 羧基（α-COO^-）和 α 亚基上 Lys C5（Lys_{40}）的侧链上的 NH_3^+ 之间的离子键等。由于这些离子键的存在［图 2-43(b)］，使血红蛋白处于受约束的紧张状态（T 态）。当一个氧分子冲破了某种阻力和血红蛋白的一个亚基结合后，使得亚基的构象发生改变；从而导致邻近亚基的构象也发生改变。使血红蛋白的构象转变为易于结合氧的 R 态构象。当血红蛋白发生这种构象转变时，单个亚基结构的改变很小。但是，

$\alpha\beta$ 亚基对之间发生相对滑动并旋转，使 β 亚基之间的口袋（孔洞）变窄（图 2-44）；稳定 T 态的离子键被打断，一些新的离子键形成。马克思·皮鲁慈（Max Perutz）提出，T 态变 R 态的跃迁是由围绕着血红素的一些重要氨基酸残基的位置改变造成的。当血红蛋白在 T 态时，卟啉环有点弯曲引起铁离子突向近端组氨酸（His_{93}）一边［图 2-40(a)］，与氧的结合使得血红素采取一种更加平面的构象，近端组氨酸位置移动，铁离子跌入血红素平面内［图 2-40(b)］；这些改变导致在 $\alpha_1\beta_2$ 界面上离子对位置的调整。比较不同种属血红蛋白的氨基酸组成发现，只有 9 个氨基酸残基是不变的，其中就包括 His_{93} 和 His_{64} 残基；这两个组氨酸对血红蛋白执行的输氧功能是必需的。

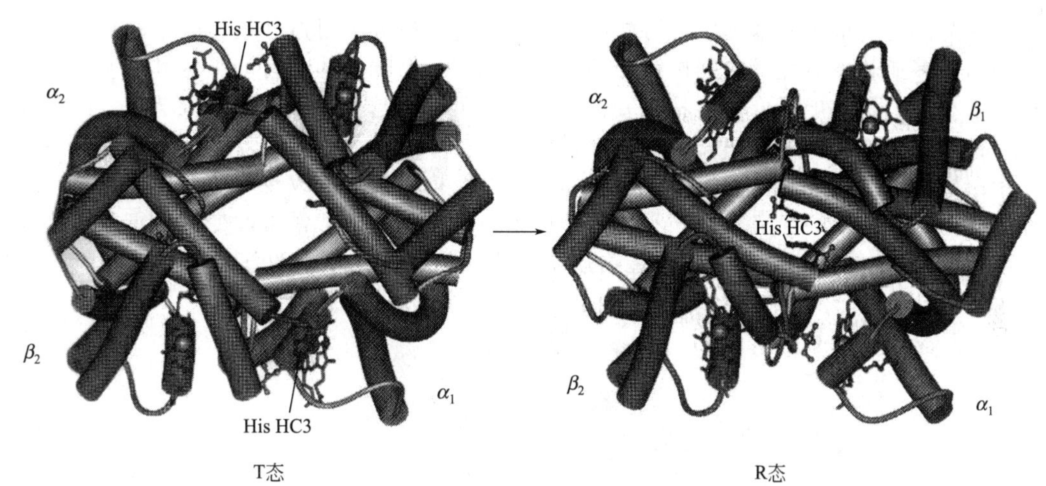

图 2-44　血红蛋白 T 态向 R 态的转变

研究发现，当较多的氧分子与血红蛋白结合时，血红蛋白遭受从 T 态（低亲和力构象）向 R 态（高亲和力构象）的转变。因此，血红蛋白的氧合曲线是杂合的 S 型或 S 型（图 2-45）。

S 型结合曲线反映了一种蛋白质对配体由低亲和力向高亲和力的跃迁。使得血红蛋白对组织和肺部之间氧浓度的微小变化作出更灵敏的反应，使血红蛋白在肺部结合氧（肺部氧分压高，约为 13.3kPa），在组织中释放氧（这里的氧分压低，约为 4kPa）。含有单一配体结合位点的蛋白质（如肌红蛋白）与配体结合时不能产生 S 型结合曲线，即使它在与氧结合时发生构象改变。因每个配体的结合是独立的，它不影响其他分子的结合。肌红蛋白的氧合曲线为双曲线，对血液中溶解氧浓度的变化不敏感。相反，氧与血红蛋白的一个亚基结合后能改变相邻亚基对氧的亲和力。第一个氧分子和去氧血红蛋白的相互结合力较弱，因为 T 态血红蛋白与氧的亲和力低。但是，它的结合导致的构象改变将影响到相邻亚基，使它较易于和第二个氧分子结合。事实上，一旦一个氧分子与血红蛋白的一个亚基结合后更易于使第二个亚基从 T 态

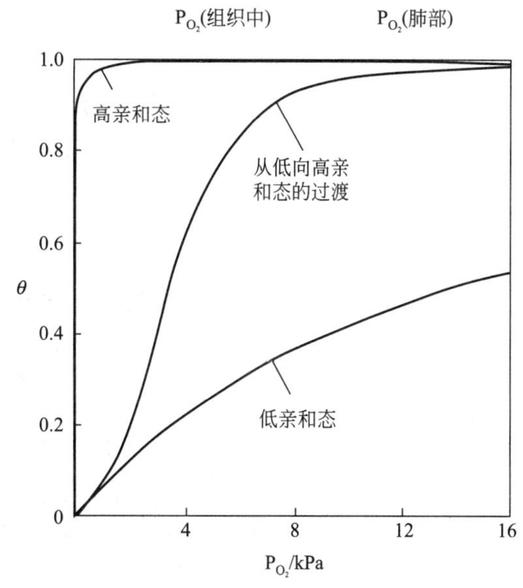

图 2-45　血红蛋白的 S 型氧合曲线

转变成 R 态。第四个氧结合时这个亚基已经处于 R 态，因此，它和氧的亲和力比第一分子氧结合时高得多。S 型结合曲线就是这种协同作用（结合）的特征性表现，它使血红蛋白对配体浓度（O_2）有着更灵敏的反应。

所谓别构蛋白（变构蛋白，allosteric protein）是这种蛋白的一个结合位点结合了配体之后影响它的另一个结合位点结合性质的蛋白。英文名称“allosteric”衍生自希腊字 allos（其他的）和 stereos（固态或形状）。也就是说，别构蛋白是那些由于配体的结合导致其构象改变的蛋白，这种配体称为“调节物”（modulators）。由调节物诱导的构象改变将使蛋白质对配体的结合能力增强或减弱。因此，这些调节物对别构蛋白来说可能是它的激活物（剂）或是它的抑制物。

一种配体对一个多亚基蛋白的协同结合，如前述的氧分子对血红蛋白分子的结合是我们观察到的在多亚基蛋白分子中别构结合的一种形式。一个配体的结合能影响其他所有未结合位点的亲和力，氧分子既可以被看成一种配体，也可看成是一种激活性的调节物。细胞内别构蛋白种类很多，在酶化学一章中将详细讨论。

蛋白质构象的协同改变依赖于蛋白质不同部位结构稳定性的改变。一个变构蛋白的结合位点一般由互相连接的稳定肽段和不稳定肽段组成；它们的构象常被改变或进行重新组合移动（图 2-46）；当结合一个配体后，蛋白质结合位点的稳定性较小的部分可能转变为一个特

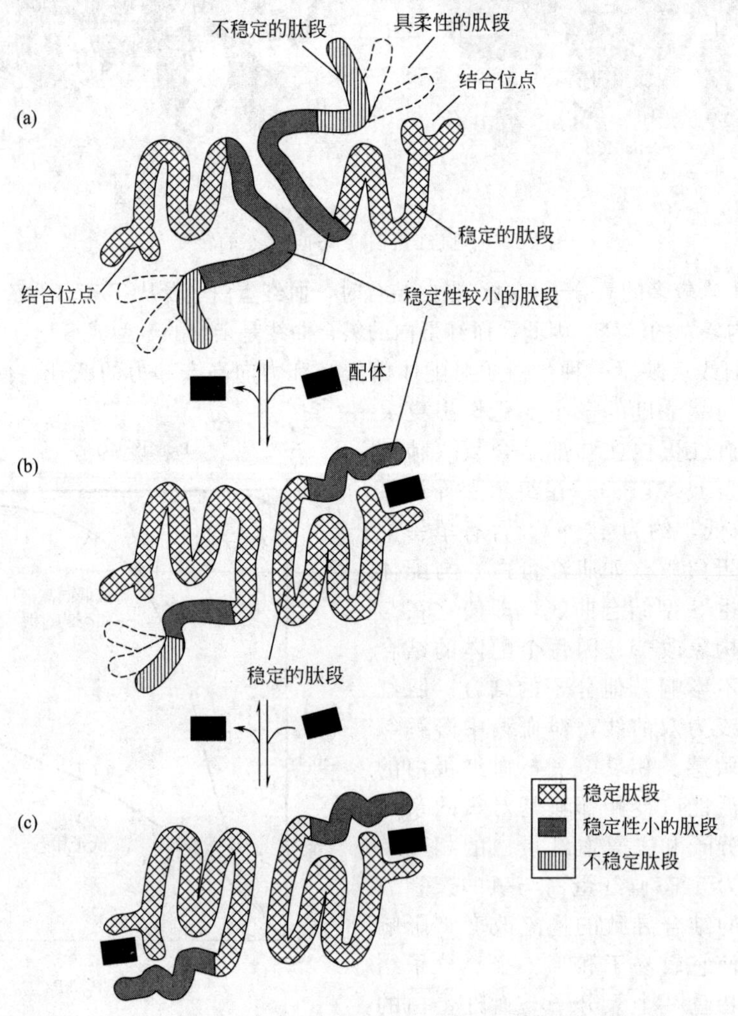

图 2-46　多亚基蛋白与配体协同结合时发生的构象变化

定的稳定构象，进而影响相邻亚基的构象。如果结合位点全部是高度稳定的构象，当结合配体后，结合位点很难发生结构改变，亦不会影响到蛋白质的其他部分。

为了解释血红蛋白和氧分子协同结合的机制提出了两个模型，它们是：

① 协同模型（concerted model） 是 Jacques Monod，Jeffries Wyman，和 Jean-Pierre Changeux 在 1965 年提出的，也称为 MWC 模型［图 2-47(a)］。该模型假定多亚基蛋白的各亚基在功能上是相同的，每个亚基至少存在两种构象，且每个亚基同时从一种构象向另一种构象跃迁。即蛋白质的每一个亚基或者都是低亲和力的构象或者都是高亲和力的构象。两种构象处于平衡状态，依赖于两种形式的平衡常数（K）。配体可与任一种构象结合，但具有不同的亲和力。配体分子与低亲和力构象（在配体分子不存在时，它是较稳定的构象）的成功结合有可能使蛋白质亚基转变为（跃迁）高亲和力的构象。

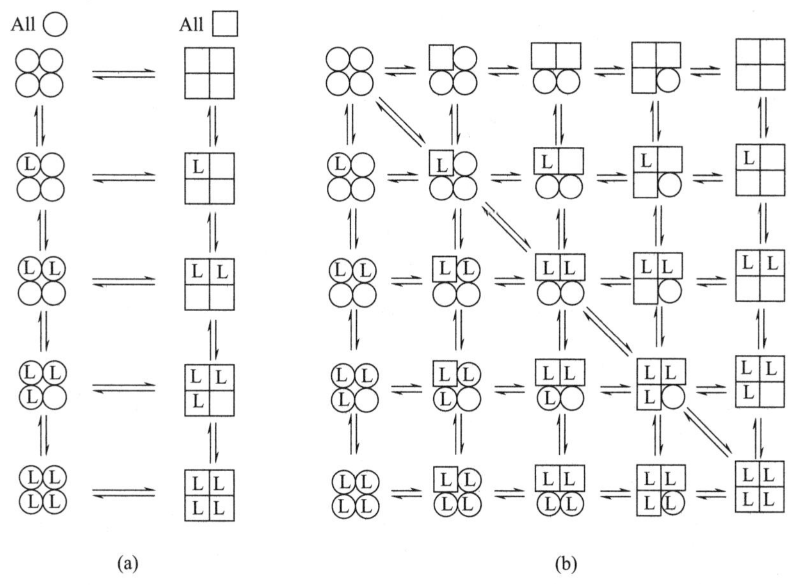

图 2-47 (a) 协同模型 (b) 续变模型

② 续变模型（sequential model） 是 Daniel Koshland 及其同事 Nemethy 和 Filmer 于 1966 年提出来的，也称为 KNF 模型［图 2-47(b)］。这个模型认为，配体的结合能诱导一个亚基构象的改变，该亚基构象的改变可诱导邻近亚基的构象发生类似的改变；这种改变更有利于第二个配体分子与之结合。这一模型中存在中间的结构状态，每个亚基可以是“O”型或“□”型，因此蛋白质有多种构象。

对血红蛋白的研究还发现，在一定的条件下，血红蛋白的亚基可解离。分离得到的 α 链与肌红蛋白的性质十分相似，α 链本身与氧的亲和力较高，氧合曲线为双曲线。分离得到的 β 链易聚合形成四聚体结构（$\beta4$），与氧的亲和力高，但与 α 链、肌红蛋白一样，$\beta4$ 也没有血红蛋白的变构性质。由此可见，血红蛋白的功能单位是由两类多肽链组成的四聚体结构；它的变构性质来自于它的亚基间的相互作用。

血红蛋白与氧的结合性质受二磷酸甘油酸，二氧化碳分压等因素的影响。

① 二磷酸甘油酸（BPG）可降低血红蛋白与氧的亲和力 早在 1921 年，Joseph Barcroft 就想知道，Hb-O_2 复合物的形成过程中是否必须有第三种物质的存在。1967 年，Reinhold Benesch 和 Ruth Benesch 发现，在 BPG 不存在时，血红蛋白与氧的亲和力强（p_{50}＝1Torr），与肌红蛋白一样；BPG 与血红蛋白结合后可极大地降低血红蛋白对氧的亲

和力，降低的程度依赖于 BPG/Hb 的比值［图 2-48］。BPG 存在于人的红细胞中，和血红蛋白的摩尔浓度相同，是红细胞内糖在无氧或暂时缺氧情况下分解代谢的特殊产物。如高原缺氧、心肺功能不全或贫血时，均可使 2,3-二磷酸甘油酸产生增加。血红蛋白和 BPG 结合后，氧合曲线向右移，这是血红蛋白在组织的毛细血管中释放氧所必需的。因此，BPG 的存在使血红蛋白结合氧的能力降低，即释放氧的量增加，以满足组织的需要。但 BPG 只影响脱氧血红蛋白与氧的结合能力，不影响氧合血红蛋白与氧的亲和力。

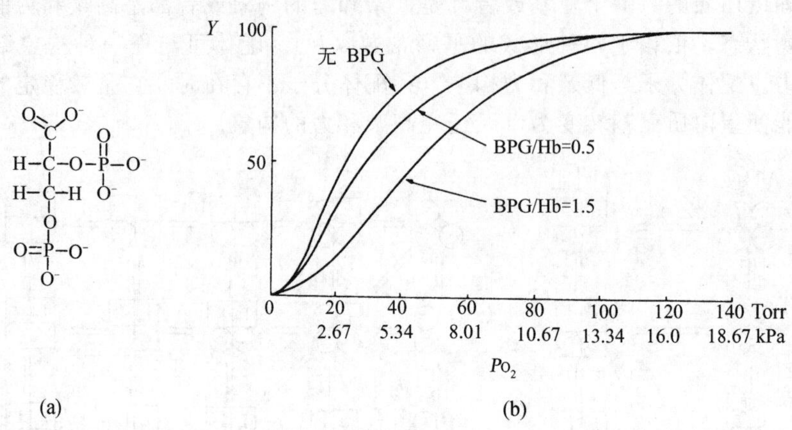

图 2-48 (a) 2,3-二磷酸甘油酸 (BPG)；
(b) BPG 的结合降低了血红蛋白与氧的亲和力

为什么 BPG 的存在可降低血红蛋白与氧的亲和力？从血红蛋白的构象看，它的四个亚基相互靠近，分子的中央有一个孔穴 (cavity)。X 射线结构分析证实了 BPG 是结合在这个孔穴内［图 2-49(a)］。在生理 pH 条件下，BPG 带有负电荷，可与附近两条 β 链上带正电荷的残基如 His_2，Lys_{82} 和 His_{143} 形成盐键［图 2-49(b)］，使血红蛋白处于稳定的不易和氧结合的状态。在氧合血红蛋白中，由于分子中的盐键被打断，血红蛋白的四级结构发生了相当大的变化，两条 β 链的 H 螺旋相互靠近，使分子中央的孔穴变小不能容纳 BPG 分子；同时两条 β 链末端氨基之间的距离变大，不能与 BPG 形成盐键，大大降低了对 BPG 的亲和力。

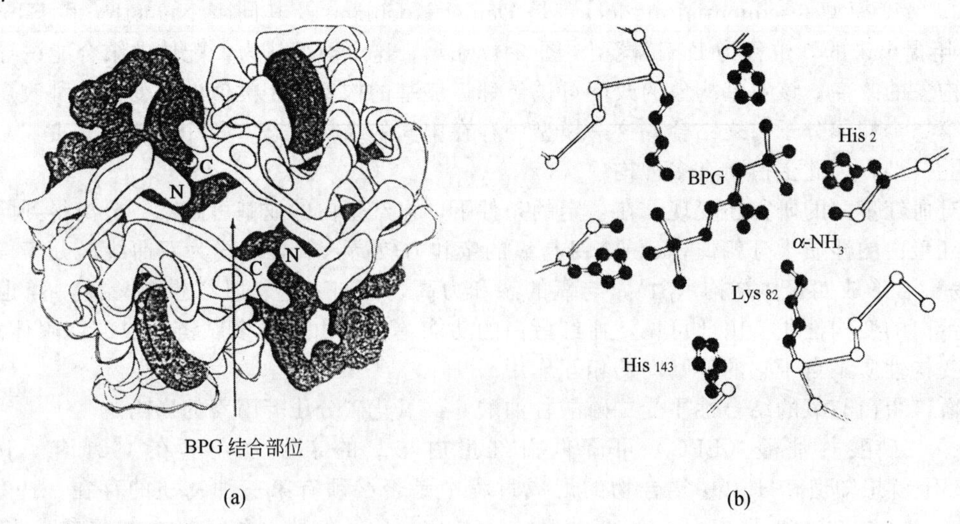

图 2-49 (a) BPG 结合在脱氧血红蛋白中央的孔穴内；
(b) BPG 与脱氧 Hb 孔穴中的三个带正电荷的残基结合

人们早已知道胎儿血与氧的亲和力较高，但直到发现了 BPG 后才弄清了原因。胎儿的血红蛋白有两条 α 链和两条 γ 链组成，称为 HbF。它的重要特性之一是在生理条件下比成人的血红蛋白与氧的亲和力要高，但与 BPG 的结合能力小于成人的血红蛋白，这是由于成人的血红蛋白的 β 链，第 143 位是组氨酸，而 HbF 分子中 γ 链的第 143 位残基是不带电荷的丝氨酸，它使 HbF 与 BPG 的结合能力减弱，而与氧的亲和力增加，以利于从母体获得足够的氧；BPG 不存在时，HbF 与氧的亲和力要小于成人的 Hb 与氧的亲和力。

可见，人体在发育的不同阶段，可以表达不同基因（如血红蛋白 β 或 γ 链基因）组成功能不同的血红蛋白，以适应生理状态的需要。在高等生物的不同组织中常存在着同一种蛋白的不同形式，同型蛋白（isoform 或 isotypes），但仅对血红蛋白的同型蛋白的功能了解得最清楚。

② 质子和二氧化碳对血红蛋白与氧亲和力的影响　1904 年，丹麦科学家 Christian Bohr 发现，血红蛋白与氧的亲和力依赖于 pH，而肌红蛋白无此现象。二氧化碳分压也影响血红蛋白的氧结合性质。二氧化碳是糖、脂和蛋白质在线粒体中氧化产生的，也是细胞呼吸的终产物。它在水中的溶解度很小，如果不转变成其他可溶解的形式，在组织和血液中它可能形成气泡。红血细胞中含有丰富的碳酸酐酶（carbonic anhydrase，碳水合酶），可使二氧化碳水合为碳酸氢根（bicarbonate）和氢离子。

$$CO_2 + H_2O \rightleftharpoons H^+ + HCO_3^-$$

二氧化碳的水合反应导致组织中氢离子浓度的升高，pH 降低；在代谢旺盛的组织（如可收缩的肌肉）中产生较多的二氧化碳，血红蛋白和质子及二氧化碳的结合将导致与氧分子亲和力的下降；于是氧被释放到组织中去。相反，在肺部的毛细血管中，二氧化碳被呼出时，pH 升高，血红蛋白对氧分子的亲和力增加，以结合更多的氧运送到组织中去。这种 pH 和二氧化碳浓度对血红蛋白与氧结合和释放能力影响的现象，称为波意尔效应（Bohr effect）；是丹麦生理学家 Christian Bohr 和他的父亲 Niels Bohr（一名物理学家）在 1904 年发现的。

为了解释氢离子浓度对血红蛋白与氧结合性质的影响，质子化了的血红蛋白（HHb^+）与一个氧分子的结合平衡可用下列方程表示：

$$HHb^+ + O_2 \rightleftharpoons HbO_2 + H^+$$

这个方程告诉我们，血红蛋白的氧饱和曲线受 H^+ 浓度的影响。在生理 pH 范围内，降低 pH 可使血红蛋白的氧合曲线向右移动（图 2-50）。因此，血红蛋白与氧的亲和力降低。肺部氧浓度高，血红蛋白结合氧释放质子；而外周组织中的氧浓度低，血红蛋白结合质子而释放氧。氧分子和 H^+ 与血红蛋白的结合不在同一个位点。氧分子与血红素辅基的铁原子结合，而氢离子可与血红蛋白分子中的好几个氨基酸残基结合。血红蛋白 β 亚基中的 His_{146} 残基是 Bohr 效应的主要贡献者。质子化的 His_{146} 残基能与 Asp_{94} 形成离子键，使脱氧血红蛋白的构象稳定在 T 态，这个离子键也稳定 His_{146} 的质子化形式，此时它具有异常高的 pK_a 值。当血红蛋白处于

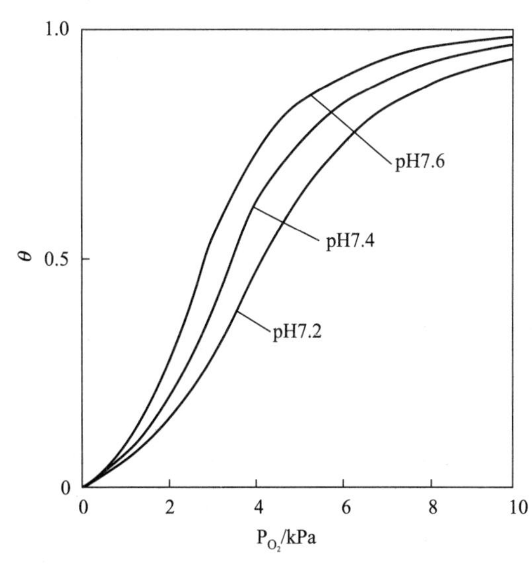

图 2-50　pH 对血红蛋白与氧亲和力的影响

R 态时，这个残基的 pK_a 值跌落到它的正常值 6.0；因为当血红蛋白在肺部血液（pH7.6）中与氧结合时，这个残基主要以非质子化的形式存在，不能参与离子键的形成。当质子（H^+）浓度升高时，His_{146} 残基质子化，促进氧的释放而利于血红蛋白向 T 态转变。α 亚基氨基末端的残基，一些其他的组氨酸残基等有着类似的作用。

血红蛋白还能与二氧化碳结合。如下所示，二氧化碳与每个珠蛋白氨基末端的 α 氨基基团结合形成甲酰氨基血红蛋白。这个反应产生质子，因此参与波尔效应。由于甲酰氨基血红蛋白的 N 末端带负电荷，可与带正电荷的基团形成盐键，稳定血红蛋白的 T 态构象，从而降低了它与氧的亲和力，促进氧的释放。

$$O{=}C{=}O + H_2N-\underset{R}{\overset{H}{C}}-\overset{O}{\overset{\|}{C}}- \xrightarrow{H^+} {}^{-}O-\overset{O}{\overset{\|}{C}}-\overset{H}{N}-\underset{R}{\overset{H}{C}}-\overset{O}{\overset{\|}{C}}-$$

氨基末端残基　　　　甲酰氨基末端残基

在外周组织中，当二氧化碳浓度高时，二氧化碳与血红蛋白结合，使血红蛋白对氧的亲和力降低，因而释放氧；相反，由于肺部的高氧浓度促进血红蛋白对氧的结合并释放二氧化碳。正是由于这种配体结合信息能从一条肽链传送到其他肽链，使血红蛋白能够在红细胞中执行运输氧、二氧化碳和质子三种功能。

3. 免疫球蛋白的结构与功能

像多糖、核酸和蛋白质一类的外来物质（一般称为抗原）侵入机体时，机体的免疫系统会产生相应地被称为抗体的物质与之反应，这就是所谓的免疫反应。抗体是高等脊椎动物免疫反应的效应分子。人类产生的抗体种类很多，其化学本质均属于球蛋白；世界卫生组织（WHO）建议将各类抗体统称为免疫球蛋白（Immunoglobulin，Ig）。

免疫球蛋白 G（IgG）是血清中的主要抗体，相对分子质量为 150000。电子显微镜分析证明，免疫球蛋白分子都具有 Y 字形的结构，见图 2-51(a)。

1959 年，Gerald Edelman 和 Rodney Porter 用木瓜蛋白酶裂解免疫球蛋白 G 发现，它的分子中有三个活性部分，相对分子质量均为 50000。其中依然保留抗原结合能力的两个片段称为 Fab 片段（F，指 fragment；ab，是 antigen binding 的缩写）。每个 Fab 片段含有一个半抗原（hapten）或抗原（antigen）结合部位［图 2-51(a)］。另一个片段易结晶，但与抗体活性无关，称为 Fc（c，crystallization）片段，如下所示：

$$\underset{(150000)}{\text{IgG}} \xrightarrow{\text{木瓜蛋白酶}} \underset{(\text{各 }50000)}{2\ \text{Fab}} + \underset{(50000)}{\text{Fc}}$$

Eldman 用 β-巯基乙醇使免疫球蛋白 G 分子中的二硫键全部还原，分离出四条肽链。其中的两条相对分子质量较小（25000），称为轻链（L，Light）；相对分子质量较大的两条链（50000），称为重链（H，heavy）。因此 IgG 的分子组成为 L_2H_2，见图 2-51(b)。1968 年，Gerald Edelman 测定了 IgG 分子中的全部氨基酸顺序。轻链含有 5 个半胱氨酸，羧基端的一个半胱氨酸与重链之间相应的残基形成链间二硫键，另外四个形成链内二硫键。而重链之间至少通过一个二硫键相互连接，见图 2-51(c)。每条轻链大约含 220 个氨基酸残基，其 N 端的大约 110 个残基组成的区域，氨基酸排列顺序可以改变，称为可变区（variable regions），用 V 表示；而 C 端的大约 110 个氨基酸残基比较保守，不易改变，称为保守区（constant regions），用 C 表示。每条轻链的这两个区域各自盘绕折叠成两个致密的结构域（图 2-32），分别称为可变区结构域和保守区结构域。每条重链大约含有 440 个氨基酸残基。在它的 N 端有大约 110 个氨基酸残基组成的可变区结构域，C 端有三个保守区结构域，它们的结构相似，分别用 CH_1、CH_2 和 CH_3 表示。X 射线衍射分析揭示出，Fab 片段有

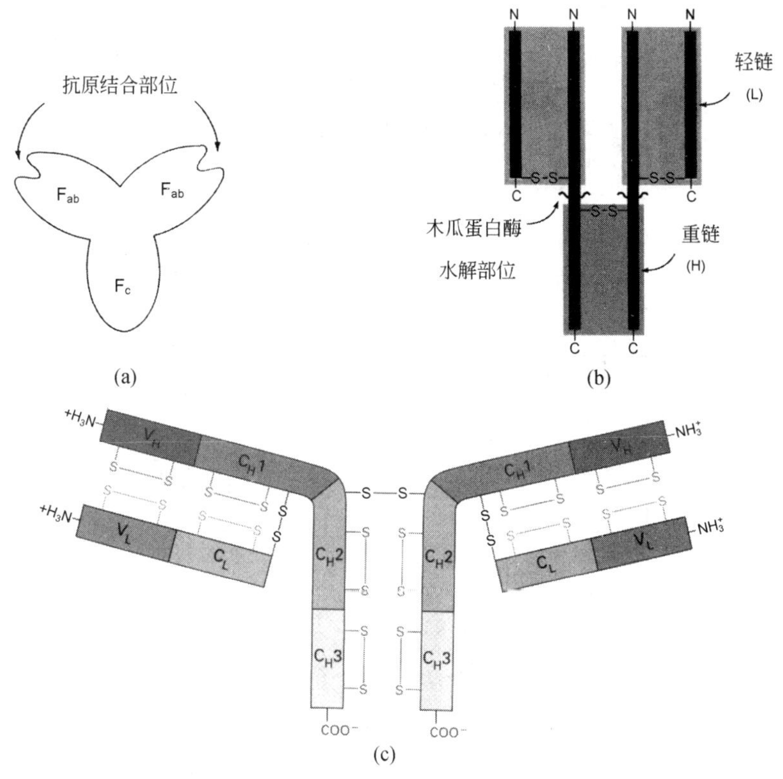

图 2-51 (a) 免疫球蛋白的 Y 字形结构；(b) 免疫球蛋白 G 的分子组成为 H_2L_2；(c) 免疫球蛋白分子中的二硫键

CH_1，V_H，C_L 和 V_L 四个结构域组成。Fc 段有两个 CH_2 和两个 CH_3 组成。Fc 和两个 Fab 段之间通过一铰链区（hinge）相连，铰链区位于 CH_1 和 CH_2 之间。铰链区富含脯氨酸，同时存在寡糖基团。这种特殊的结构成分，使得多肽链保持较高的柔曲性（flexibility），以利于抗原和抗体的相互作用；同时，铰链区也是抗体易受蛋白酶水解的裸露部位（图 2-52）。若用胃蛋白酶水解，将释放出它的 Y 字形结构中的两个臂，但两个臂仍连在一起，称为 Fab′片段。因此，这个片段有两个抗原结合部位，即它是双价的。

免疫球蛋白的每一个结构域含有大约 100～110 个氨基酸残基，都有两个反平行的 β 折叠片组成，折叠片之间有二硫键连接（图 2-53）；这种由 β 折叠片所围成的结构可称为桶壁状结构。许多疏水的残基被紧紧地裹在折叠片之间，这种结构花式也称为免疫球蛋白折叠（Immunoglobulin fold）。在不变区结构域中，桶壁的两层折叠片，一层由三段肽链组成，另一层由四段肽链组成 [图 2-53(a)]；在可变区结构域中，桶壁的一层有四条肽段组成，另一层由五条肽段组成 [图 2-53(b)]。重链和轻链的可变区共同形成了抗原结合部位，而不变区则有其他功能，如结合补体等。补体是由近 20 种不同的血清糖蛋白组成的多组分系统。由于可变区的氨基酸序列相互间有较大的差异，尤其可变区内某些部位的氨基酸的变化更为频繁；1970 年，Elvin Kabat 提出了“超变区”的概念。它是与不同抗原特异性结合的结构基础；超变区也称为互补性决定区（complementarity determining regions，简称 CDR），因为它们决定了抗体的专一性。轻链有三个 CDR（图 2-52），CDR_1（24～34 位氨基酸残基），CDR_2（50～56 位氨基酸残基）和 CDR_3（89～97 位氨基酸残基）。重链可变区内也有 CDR，重链和轻链可变区内超变区的位置是十分严格的，可变区是免疫球蛋白高度专一性的分子基础。

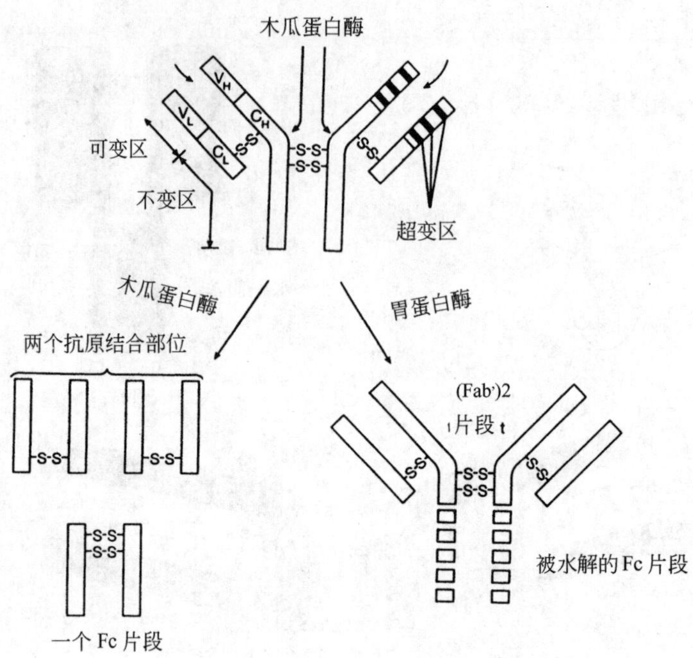

图 2-52　木瓜蛋白酶和胃蛋白酶对免疫球蛋白的水解作用

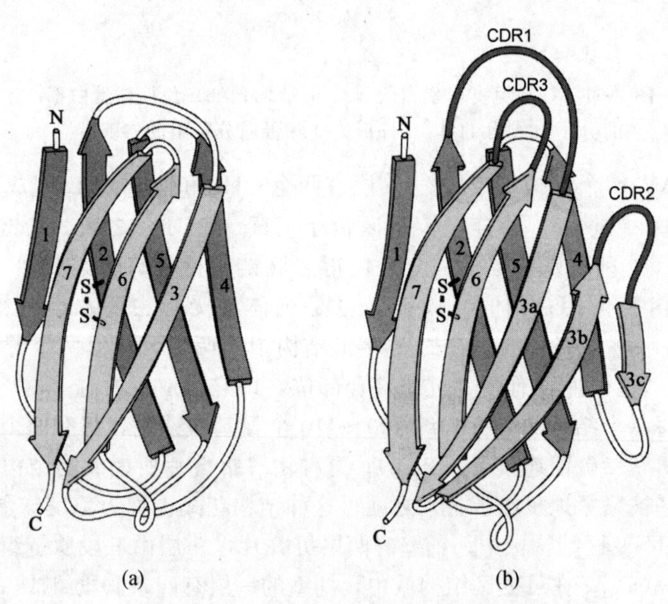

图 2-53　(a) 免疫球蛋白不变区结构域的构象；
(b) 免疫球蛋白可变区结构域的构象

免疫球蛋白的种类很多，其分类和命名的方法亦很多。目前使用的方法是 1972 年世界卫生组织所采用的方法。免疫球蛋白的重链根据分子结构和抗原性的不同可分为五类，分别用 α、γ、δ、ε 和 μ 表示。免疫球蛋白的轻链根据其抗原性的不同分为两型：kappa (κ) 和 lambda (λ)，一种免疫球蛋白分子中只含有一型轻链，要么是 κ，要么是 λ。正常人体内有五大类免疫球蛋白，如表 2-5 所示。

表 2-5　人免疫球蛋白的种类

种类	血清浓度/(mg/ml)	相对分子质量	沉降系数/S	轻 链	重链	分子结构
IgG	12	150000	6.6	κ 或 λ	γ	$\kappa_2\gamma_2$ 或 $\gamma_2\lambda_2$
IgA	3	160000	7,9,11	κ 或 λ	α	$(\kappa_2\alpha_2)_n$ 或 $(\lambda_2\alpha_2)$
IgM	1	900000	18～20	κ 或 λ	μ	$(\kappa_2\mu_2)_5$ 或 $(\lambda_2\mu_2)_5$
IgD	0.1	185000	7	κ 或 λ	δ	$\kappa_2\delta_2$ 或 $\lambda_2\delta_2$
IgE	0.001	200000	8	κ 或 λ	ε	$\kappa_2\varepsilon_2$ 或 $\lambda_2\varepsilon_2$

抗体的结构决定了抗体的高度特异性，而抗体结构中高变区的丰富多彩的变化，又决定了抗体及其功能的多样性。如 IgG 和 IgM 是循环血清中的主要抗体蛋白，直接参与和抗原的结合；IgG 可以通过胎盘，是机体二次免疫反应中的主要抗体；IgM 不能通过胎盘，是机体初次免疫反应中的主要抗体。

4. 蛋白质分子的修饰和多肽链局部的切割赋予它新的功能

许多蛋白质合成后，肽链中的某些氨基酸须进行修饰才能表现其生物活性。如新合成的胶原分子中的某些脯氨酸必须进行羟化转变为羟脯氨酸后才成为稳定的胶原分子。新合成的凝血酶原，其多肽链 N 端附近的大约 10 个谷氨酸必须在依赖于维生素 K 的酶系催化下，转变为 γ-羧基谷氨酸后才表现活性。因 γ-羧基谷氨酸是一个强的钙离子螯合剂，可与钙离子结合，这是新合成的凝血酶原转变为有活性的凝血酶原所必需的。在受损的三叶草中含有香豆素及其衍生物如双羟香豆素和新双香豆素，它们都是维生素 K 的拮抗剂，动物（如牛）吃了这些干草后将合成一种异常的凝血酶原，不能与钙离子结合，产生严重的出血性疾病。香豆素及其衍生物在临床上被用作抗凝血药物以防止血栓（thrombose）的形成。

有些蛋白质刚合成出来时，是以前蛋白质原（preproproteins）的形式存在，无生物活性，须经特异性分子断裂才成为有活性的蛋白质。如胰岛素、鼠肝中的血清清蛋白等。前清蛋白原（preproalbumin）是前清蛋白（proalbumin）的前体形式，前胰岛素原是胰岛素原的前体形式；前清蛋白原除去氨基端的信号肽转变为前清蛋白，然后再除去氨基端的 6 个氨基酸残基后才转变为功能性的清蛋白。信号肽的主要作用是引导新合成的肽链进入正确的部位。

H_2N-M. K. W. V. T. F. L. L. L. L. F. I. S. G. S. A. F. S. R. G. V. F. R. R. E. A. H. K. S. E-----

（前清蛋白原）

↓ 除去信号肽

H_2N-R. G. V. F. R. R. E. A. H. K. S. E---------

↓（前清蛋白）

H_2N-E. A. H. K. S. E----------

（血清清蛋白）

前胰岛素原（preproinsulin），含 110 个氨基酸残基。进入内质网腔后被信号肽酶作用切去信号肽转变为胰岛素原。再经特异性酶的作用，切下一段 C 肽后才转变为有活性的胰岛素（图 2-54）。为什么先以胰岛素原的形式存在？可能是为了更好地折叠成活性形式。研究发现，除去 C 肽的胰岛素原，两条链不能很好地组装成有活性的胰岛素。1981 年，Tager 发现，有一种糖尿病人，其血液中胰岛素原样肽（pro-insulin like）的水平很高。分析其原因是该病人的胰岛素原分子中的第 63 位精氨酸突变为非碱性氨基酸。因此，在胰岛素原转变为胰岛素时，63 位（此位必须是碱性氨基酸）～64 位之间的肽键不能被酶切开，不能形成正常的胰岛素分子。所以 C 肽仍挂在 A 链的 N 端，这样的分子称为胰岛素原样肽。

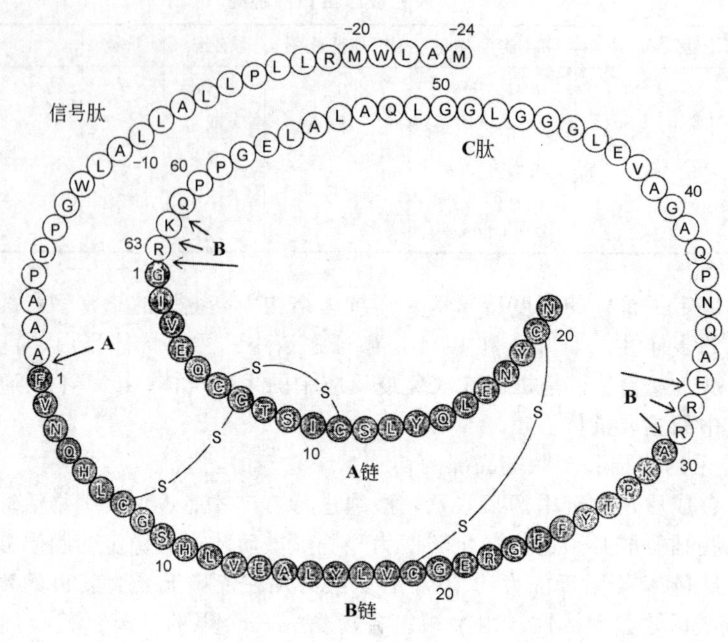

图 2-54　猪前胰岛素原的结构

A—信号肽酶的作用位点；B—特异性酶切位点

综上所述，蛋白质分子中多肽链的修饰和局部切割，具有很高的专一性，是生物活性蛋白质的形成并执行特定的生物学功能所必需的过程，在生物机体中普遍存在。

5. 蛋白质错误折叠与疾病

许多疾病是由于蛋白质分子的错误折叠引起的。这类疾病统称为蛋白质错误折叠病。如Ⅱ型糖尿病（diabetes）、老年痴呆症（Alzheimer's disease，AD）、亨丁顿氏舞蹈病（Huntington's disease，HD）、帕金森氏病（Parkinson's disease，PD）以及系统性淀粉样变性（systemic amyloidoses）等都是由于蛋白质分子的错误折叠所致的疾病。

细胞内合成的蛋白质若以错误的折叠构象分泌出来，将转变为不溶性的淀粉样纤维（amyloid fiber）；淀粉样纤维是组织淀粉样蛋白（amyloid protein）沉积的结果，是涉及多个系统的代谢疾病。淀粉样纤维是高度有序的结构，无分支，直径约 7～10nm。当一个蛋白质分子正常的折叠构象发生改变时（一般是 α 螺旋肽段转变为 β 折叠结构），都会形成淀粉样纤维；因此，错误折叠的构象富含 β 折叠结构。一条肽链上的 β 折叠片段与另一条肽链上的 β 折叠片段结合聚集，形成了淀粉样纤维核心区（β 折叠片的核心区）（图 2-55）。这些蛋白的 β 折叠片的核心区都富含带芳香环的氨基酸残基，在正确的折叠构象形成之前，核心区已形成；这类疾病也称为淀粉样变性（amyloidoses）。

此外，脑蛋白错误折叠已被认为是引起哺乳类许多罕见的脑组织退化病的根源。牛海绵状脑病（bovine spongiform encephalopathy，BSE）即疯牛病（mad cow disease）是研究的最清楚的一种；此外还有人类的库鲁病（Kuru disease）、人的纹状体脊髓变性病（Creutzfeldt-Jakob disease，CJD，也称为克雅氏病或早老性痴呆）、羊瘙痒症（scrapie）以及鹿和麋鹿（elk）的慢性消耗性疾病（chronic wasting disease，CWD）等。它们的共同特征是海绵样脑病。这是因为患者脑组织中致病蛋白形成并堆积成愈来愈大的纤维状聚集物。当致病蛋白聚集到一定程度时，造成神经元死亡使受累脑区呈现海绵样空洞。最典型的症状是：痴呆（dementia）和丧失协调性（loss of coordination），站立不稳等。

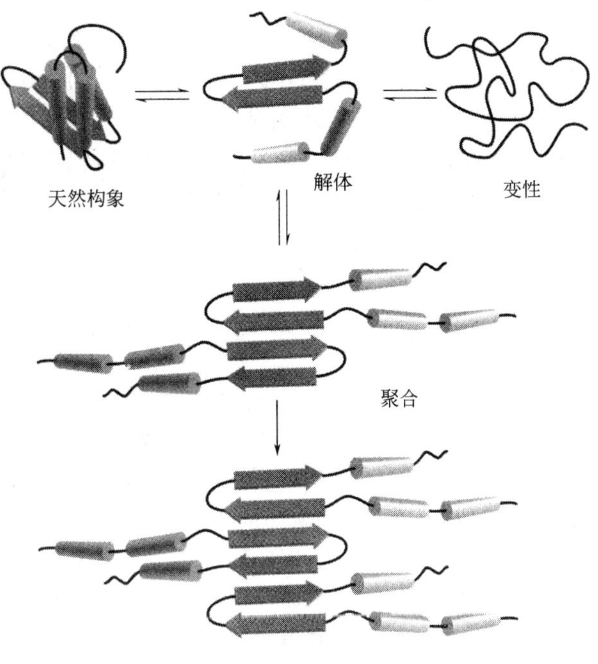

图 2-55　淀粉样纤维核心区结构

20 世纪 60 年代初，研究者发现了一种致病剂不含核酸，Tikvah Alper 建议把它称为蛋白质。在这一发现之前，人们认为所有的病原体都有核酸，如病毒、细菌和真菌等，且它们的致病性（毒性，virulence）是可以遗传和传播的。Stanley Prusiner 根据多年的实验研究结果，提出这是一种蛋白质侵染颗粒（proteinaceous infection particle），并将它称为朊病毒蛋白（prion protein，PrP）或 PrP^c（C 代表细胞 cellular），简称朊蛋白。朊蛋白是所有哺乳类动物脑组织的正常成分，其在脑组织中的功能还不十分清楚，似乎有分子信号的作用。研

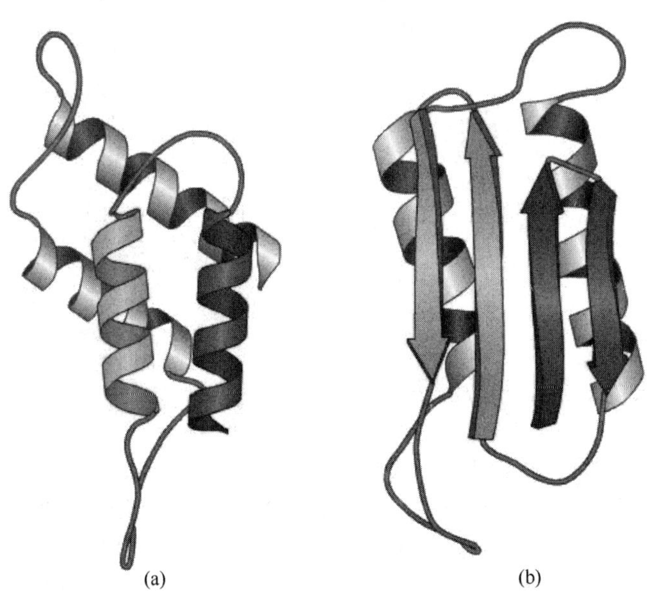

图 2-56　(a) 正常朊蛋白的结构；(b) 异常朊蛋白的结构

究发现，缺乏 PrP 基因的老鼠一般不会致病。

朊蛋白单体的相对分子质量为 28000，多肽链主要折叠成 α 螺旋结构。当分子内的 α 螺旋肽段向 β 折叠结构转变，使细胞内正常的蛋白（PrP^c）转变为具有感染性的蛋白 PrP^{SC}（SC 代表 scrapie）时疾病发生。PrP^c 和 PrP^{SC} 的相互作用也可使 PrP^c 转变为 PrP^{SC}，使愈来愈多的脑蛋白转变为疾病形式（图 2-56）；PrP^{SC} 的存在所致的海绵样脑病的机制还不清楚，但编码朊蛋白（PrP）的基因突变，将使所编码的蛋白质结构不稳定，易于转变为疾病型。实验证明，一个氨基酸位点的改变（突变），就可以使正常动物脑组织中的朊蛋白转变为具感染性的朊蛋白。

第五节　蛋白质的性质

一、蛋白质的水合作用和透析

蛋白质分子的分子量较大，其中球蛋白类蛋白质分子表面有许多亲水的基团，实验证明，每一克蛋白质约可以结合 0.3～0.5g 的水，使蛋白质分子表面形成一层水化膜（hydration shell）。由于这层水化膜的存在，蛋白质颗粒彼此不能接近，因而增加了蛋白质溶液的稳定性，阻碍蛋白质颗粒从溶液中沉淀出来。蛋白质分子的一个很重要的性质是不能通过半透膜。所谓半透膜是指这类膜上具有小孔，只允许水及小分子物质通过，而蛋白质等大分子不能通过，故称为“半透膜”（semipermeable membrane）（图 2-57）。细胞质膜就是一种特殊的半透膜，另外像人造火棉胶，羊皮纸，玻璃纸等都是半透膜。把蛋白质粗提物样品放入用半透膜做成的透析袋后扎紧两端，水和袋中一些小分子溶质分子可透过半透膜。在几次更换透析缓冲液后可将混在蛋白质样品中的小分子（如硫酸铵等）除去；同时，可在蛋白质样品中导入不同缓冲剂和甘油等抗冻剂。

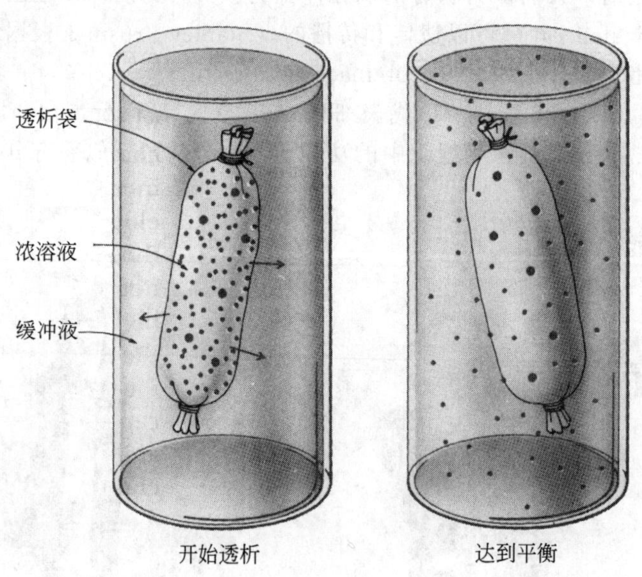

图 2-57　透析装置

二、蛋白质的两性性质和等电点

蛋白质分子中尽管各个氨基酸之间通过肽键相互连接，但其分子表面仍带有许多可解离的基团，如氨基、羧基、酚羟基、咪唑基等，因此蛋白质是两性电解质，既可与酸，又可与碱相互作用。溶液中蛋白质的带电情况，与它所处环境的 pH 有关。调节溶液的 pH，可以使一个蛋白质带正电或带负电或不带电；在某一 pH 时，蛋白质分子中所带的正电荷数目与负电荷数相等，即净电荷为零，在电场中不移动，此时溶液的 pH 即为该种蛋白质的等电点 (isoelectric point)。不同蛋白质，由于氨基酸组成不同，等电点不同（表 2-6），在同一 pH 条件下所带净电荷不同，在同一电场中移动的方向、速度不同，因此可以相互分离。在等电状态的蛋白质分子，其物理性质有所改变，但最显著的是溶解度最小。

表 2-6　一些蛋白质的等电点（pI）

蛋白质	PI	血红蛋白	6.8
胃蛋白酶	1.0	肌红蛋白	7.0
卵清蛋白	4.6	胰凝乳蛋白酶原	9.5
血清蛋白	4.9	细胞色素 C	10.7
脲酶	5.0	溶菌酶	11.0
β乳球蛋白	5.2		

$$Pr\begin{matrix}NH_3^+\\COOH\end{matrix} \longrightarrow Pr\begin{matrix}NH_3^+\\COO^-\end{matrix} \longrightarrow Pr\begin{matrix}NH_2\\COO^-\end{matrix}$$

蛋白质的等电 pH 将随介质的离子组成、pH 而有所变动。故测定蛋白质的等电点时，要在一定 pH、离子强度的缓冲液中进行。在不含任何盐的纯水中进行蛋白质等电点的测定时，所得到的值称为等离子点（isoionic point），即分子带电情况仅仅取决于分子本身的解离情况。

三、蛋白质的变性作用与复性

蛋白质因受某些物理的或化学的因素的影响，分子三维结构的破坏，从而导致其理化性质，生物学活性改变的现象称为蛋白质的变性作用。强酸、强碱、剧烈搅拌、重金属盐类、有机溶剂、脲、胍类、超声波等都可使蛋白质变性。我国著名生物化学家吴宪先生就曾指出，蛋白质的变性就是从肽链的高度折叠状态转变到伸展状态，用现代蛋白质化学的术语来说，蛋白质的变性就是二级结构以上的高级结构的破坏，而导致生物活性丧失的过程。变性蛋白的溶解度降低（因疏水基团外露），分子的不对称性增加，尤其是球蛋白。变性蛋白失去结晶能力，易被蛋白酶水解。

某些蛋白质变性后可以在一定的实验条件下恢复原来的三维结构，使生物学活性恢复，这个过程称为蛋白质的复性（renaturation）。变性蛋白能否复性，取决于蛋白质变性的因素、蛋白质的种类以及蛋白质分子结构改变的程度等。如核糖核酸酶的复性，胰蛋白酶在酸性条件下短时间加热可使其变性，但缓慢地冷却，胰蛋白酶可以复性。血红蛋白在酸性条件下易变性，但如果用碱缓慢中和，可使其活性部分恢复。

四、蛋白质的沉淀作用

由于水化层的存在，蛋白质溶液是一种稳定的胶体溶液。如果向蛋白质溶液中加入某种电解质，以破坏其颗粒表面的水化层或调节溶液的 pH，使其达到等电点，蛋白质颗粒因失去电荷变得不稳定而将沉淀析出。这种由于受到某些因素的影响，蛋白质从溶液中析出的作用称为蛋白质的沉淀作用。蛋白质的沉淀作用有可逆的和不可逆的两种类型。

1. 可逆的沉淀作用

蛋白质发生沉淀后，若用透析等方法除去使蛋白质沉淀的因素后，可使蛋白质恢复原来的溶解状态。如在稀盐溶液中，大多数蛋白质的溶解度增加，这种现象称为盐溶作用（salting in)。如果向蛋白质溶液中加入大量的盐类，如硫酸铵，蛋白质的溶解度逐渐下降，以至从溶液中沉淀出来，这称为盐析作用（salting out)。若用透析除去盐类，蛋白质可重新溶解于原来的溶剂中，这种沉淀作用称为可逆的沉淀作用。不同的蛋白质由于氨基酸组成不同，结构不同，从溶液中析出所需要的盐的浓度不同。向含有多种蛋白质的溶液中加入不同浓度的盐，使不同的蛋白质依次从溶液中沉淀出来的方法称为分级盐析。因为盐类既是电解质，又是脱水剂，使蛋白质失去电荷，脱去水化层而沉淀。硫酸铵是常用的沉淀蛋白质的盐类，因它在水中的溶解度大。

2. 不可逆的沉淀作用

如重金属盐类、有机溶剂、有机酸如三氯乙酸等都可使蛋白质发生沉淀，且不能用透析等方法除去沉淀剂而使蛋白质重新溶解于原来的溶剂中，这种沉淀作用称为不可逆的沉淀作用。

重金属盐沉淀蛋白质的机理是：在碱性条件下，蛋白质带负电，可与重金属离子如汞离子、铅离子结合，形成不溶性的重金属蛋白盐沉淀。

$$Pr\begin{matrix} NH_2 \\ COO^- \end{matrix} + Hg^{2+} \longrightarrow Pr\begin{matrix} NH_2 \\ COO^-;Hg^{2+} \end{matrix}$$

临床检验实验中，常用醋酸铅或硫酸铜沉淀体液中的蛋白质，以分析体液中的氨基酸或其他小分子化合物。

第六节　蛋白质的分离纯化和测定

一、蛋白质分离纯化的一般原则

蛋白质的分离纯化具有重要的理论和实际意义。许多蛋白质是重要的药物，研究蛋白质的结构与功能的关系，按照人们的意愿去制备一些特殊功能的蛋白质，也需要获得一定量的纯品作为研究的对象；生物技术所需的许多工具酶，如 DNA 连接酶、限制性核酸内切酶等本身就是蛋白质。

蛋白质的分离提纯是一项复杂的工作。因为大多数蛋白质在组织细胞中都是和核酸等生物分子结合在一起的，许多蛋白质在性质、结构上有许多相似之处；到目前为止，还没有一套一成不变的方法能把不同蛋白质从复杂的混合物中提取出来。但是对于任何一种蛋白质都有可能选择一种较合适的分离纯化程序以获得高纯度的制品。蛋白质分离纯化的基本原则有以下几点。

1. 材料的预处理及细胞破碎

要制备有活性的蛋白质，所用的材料必须新鲜，含量高。如果要制备的蛋白质对丙酮不敏感，可将材料先用丙酮处理成干燥状态，以防止组织中的蛋白酶对蛋白质的破坏作用，并确保蛋白质不至于因温度的变化而变性。

除体液外，一般材料都需要破碎，以使蛋白质从细胞中释放出来。以下为常用的破坏组织细胞的方法。

① 机械破碎法　是利用机械力的搅切作用，使细胞破碎。常用设备有，高速组织捣碎机、匀浆器、研钵等。

② 渗透破碎法　利用低渗条件使细胞溶胀而破碎。

③ 反复冻融法　生物组织经冻结后，细胞内液结冰膨胀而使细胞胀破。该法简单方便，但要注意那些对温度变化敏感的蛋白质不宜采用此法。

④ 超声波法　使用超声波振荡器使细胞膜上所受张力不均而使细胞破碎。

⑤ 酶法　如用溶菌酶破坏微生物细胞等。

2. 蛋白质的抽提

抽提是根据所要制备的蛋白质的性质，选择合适的方法将所要提取的蛋白质与其他细胞成分分开。抽提所用的缓冲液的 pH、离子强度、组成成分等条件的选择，应根据欲制备的蛋白质的性质而定。如膜蛋白的抽提，抽提缓冲液中一般要加入表面活性剂（十二烷基磺酸钠、tritonX-100 等），使膜结构破坏，利于蛋白质与膜分离。在抽提过程中，应注意温度，避免剧烈搅拌等以防止蛋白质的变性。

3. 蛋白质粗制品的获得

比较方便获得蛋白质粗制品的有效方法是根据蛋白质溶解度的差异进行的分离。常用的有下列几种方法。

① 等电点沉淀法　不同蛋白质、氨基酸组成不同，等电点不同。可用等电点沉淀法使它们相互分离。使用该法时，蛋白质溶液中的盐浓度要尽量低，因为盐的存在，会使蛋白质的等电点有所改变，盐类本身也影响蛋白质的溶解行为。

② 盐析法　蛋白质在不同浓度的中性盐溶液中，其溶解度相差很大。由于不同蛋白质对中性盐浓度变化的反应不同，盐析法就成为分离蛋白质混合物的一个重要步骤。被盐析沉淀下来的蛋白质仍保持其天然性质，并能再度溶解而不变性。实验发现，磷酸钾和硫酸钠的盐析效果最好，但它们在水中的溶解度低，且受温度的影响较大。硫酸铵由于在水中的溶解度最大，受温度的影响较小，常用于盐析法沉淀蛋白质。

③ 有机溶剂沉淀法　中性有机溶剂如乙醇、丙酮，可与水混溶，能使大多数球状蛋白质在水溶液中的溶解度降低，进而从溶液中沉淀出来，因此可用来沉淀蛋白质。在某一蛋白质的等电点附近，蛋白质分子主要以偶极离子形式存在，此时再加入乙醇或丙酮，增加了偶极离子间的静电吸引，从而使蛋白质分子相互聚集而沉淀出来，效果更好。此外，有机溶剂本身的水合作用会破坏蛋白质表面的水化层，也促使蛋白质分子变的不稳定而析出。由于有机溶剂会使蛋白质变性，使用该法时，要注意在低温下操作，选择合适的有机溶剂浓度。

二、分离纯化的主要方法

用等电点沉淀法、盐析法所得到的蛋白质一般含有其他蛋白质杂质，须进一步分离提纯才能得到有一定纯度的样品。常用的纯化方法有：离子交换纤维素色谱、分子排阻色谱、亲和色谱、疏水色谱等。有时还需要这几种方法的联合使用。才能得到纯度较高的蛋白质样品。在联合使用这些技术时，孰先孰后，应根据具体的分离对象而定，没有统一的标准。

1. 凝胶过滤法（gel-filtration chromatography）

该法又称为分子排阻色谱（molecular exclusion chromatography），分子筛色谱（molecular sieve chromatography）。它是使用一种葡聚糖凝胶，即交联葡聚糖（cross-linked dextran），商品名为 Sephadex，由水溶性的葡聚糖（dextran）和环氧氯丙烷交联而成。这种凝胶具有网状结构，其交联度或网孔大小决定了凝胶的分级范围。当把这种凝胶装入一根细的玻璃管中，使不同蛋白质的混合溶液从柱顶流下，由于网孔大小的影响，对不同大小的蛋白质分子将产生不同的排阻现象。比网孔大的蛋白质分子不能进入网孔内而被排阻在凝胶颗粒周围，先随着溶液往下流动；比网孔小的蛋白质分子可进入网孔内，由于不同的蛋白质分子大小不同，进入网孔的程度不同，因此流出的速度不同，从而达到分离目的（图 2-58）。

2. 离子交换纤维素柱色谱法

该法是利用不同蛋白质在一定的 pH 溶液中所带电荷不同因而与离子交换剂的亲和力不同作为分离的基础。离子交换纤维素（cellulose ion exchanger）是人工合成的纤维素衍生物，它具有松散的亲水性网状结构，有较大的表面积，故交换容量较大，因此常用于蛋白质

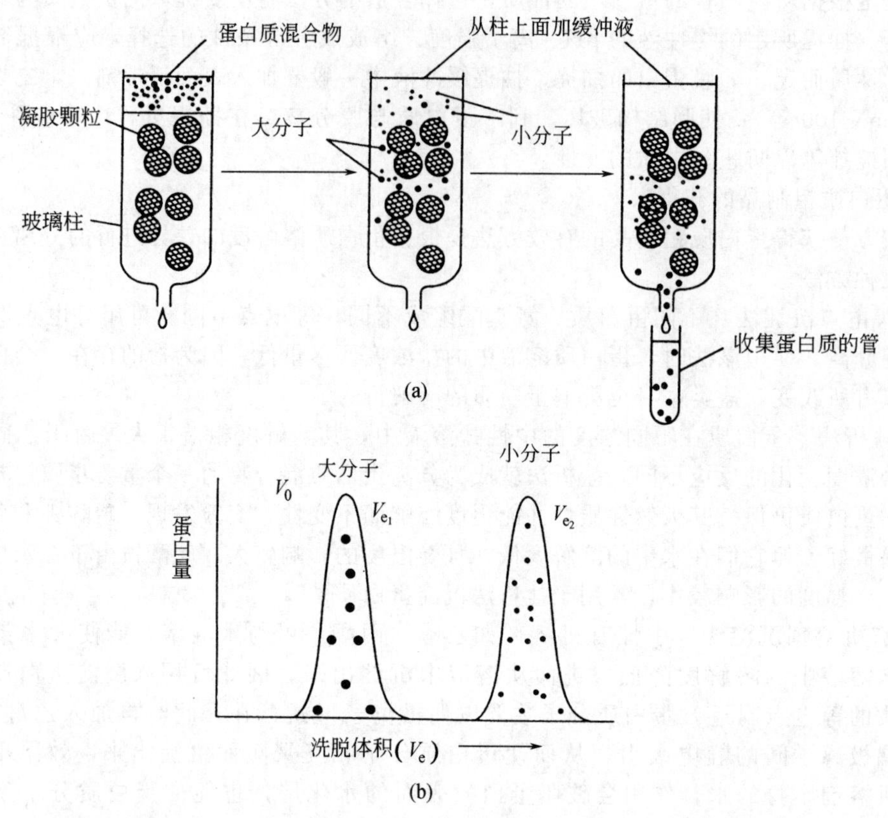

图 2-58 (a) 分子排阻色谱示意图；(b) 洗脱顺序，大分子先被洗出

的分离。

(1) 羧甲基纤维素（CM-纤维素） 在纤维素颗粒上带有羧甲基基团。在中性 pH 条件下，羧甲基上的质子可解离下来［图 2-59(a)］，而溶液中带正电荷的蛋白质分子可与纤维素结合。因此这是一种阳离子交换纤维素。蛋白质与离子交换纤维素之间的结合能力的大小取决于彼此间相反电荷基团之间的静电吸引。

(2) 二乙氨基乙基纤维素（DEAE-纤维素） 在中性 pH 条件下，它含有带正电荷的基团，可与溶液中的带负电荷的蛋白质结合，故它是一种阴离子交换纤维素［图 2-59(a)］。当一蛋白质混合溶液通过装有 DEAE-纤维素的色谱柱时，带正电荷的蛋白质不能结合而随着洗脱液的流动先被洗脱下来。带负电荷的蛋白质将被结合到柱上。结合力取决于彼此相反电荷基团间的静电吸引。然后选用一定 pH 和离子强度的缓冲液进行洗脱，使蛋白质分子所带的静电荷性质改变，依次从柱上流下达到相互分离之目的［图 2-59(b)］。

3. 亲和色谱

亲和色谱（affinity chromatography）分离技术是根据许多蛋白质对特定的小分子物质具有专一性结合的原理。这些能被生物大分子如蛋白质所识别并与之结合的小分子称为配基（或配体，ligand）。亲和色谱是一种极有效的分离纯化蛋白质的方法。如酶对它的底物具有特殊的亲和力，抗原和抗体互为配基。以伴刀豆球蛋白 A（concanavalin A）的分离纯化为例［图 2-60(a)］，由于该蛋白对葡萄糖有专一性亲和吸附，因此可把葡萄糖通过适当的化学反应共价地连接到像琼脂糖凝胶一类的载体表面上。为了防止载体表面的空间位阻影响待分离的蛋白质大分子与其配基的结合，在配基和载体之间往往插入一段所谓的连接臂（或称为

(a)

纤维素颗粒或琼脂糖 $—CH_2—CH_2—\overset{+}{N}H(C_2H_5)_2$

二乙氨基乙基纤维素（DEAE-纤维素）

纤维素颗粒或琼脂糖 $—CH_2—COO^-$

羧甲基纤维素（CM-纤维素）

(b)

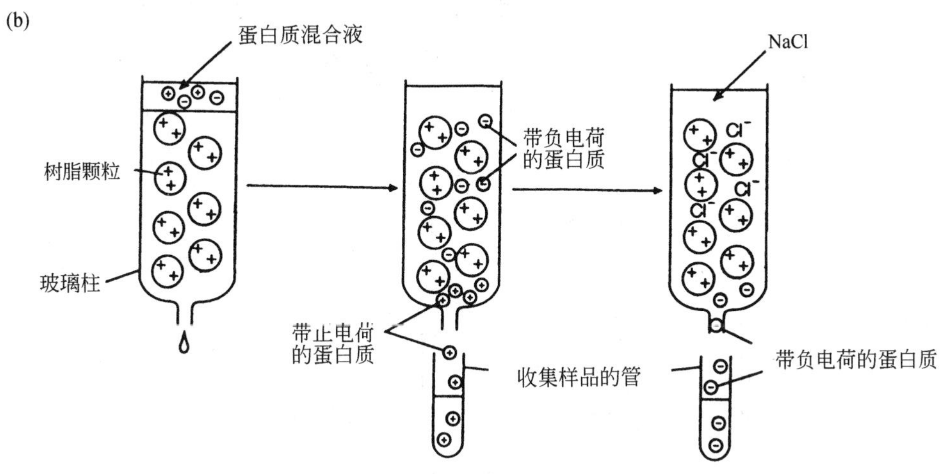

(c)

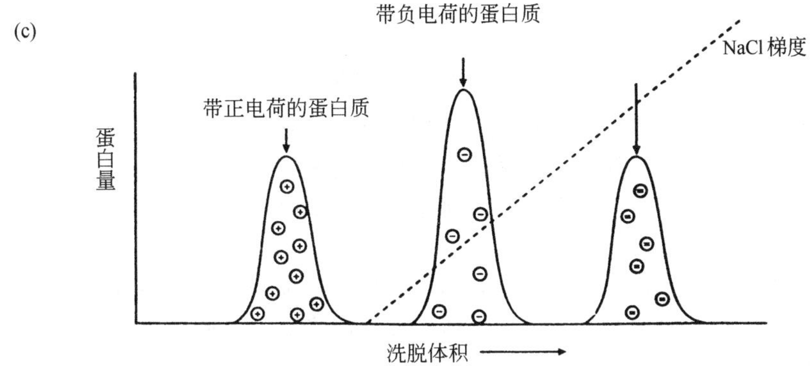

图 2-59 (a) DEAE-纤维素和 CM-纤维素的结构；(b) 离子交换纤维素色谱示意图；(c) 离子交换纤维素色谱分离图谱

间隔臂，spacer arm)，使配体与载体之间保持足够的距离。如下图所示：

⊗············G

载体　　配基

连接臂

将这种多糖和载体偶联物颗粒装入一定规格的玻璃管中就制成了一根亲和色谱柱。当含有伴刀豆球蛋白的提取液加到这种物质填充的柱的上部，并沿柱向下流动时，待纯化的蛋白质与其特异性配基结合而被吸附到柱上，其他蛋白因不能与葡萄糖配基结合将随着淋洗液流出柱外。然后采用一定的洗脱条件，如浓的葡萄糖溶液进行洗脱，即可把该蛋白质洗脱下来，达到与其他蛋白质分离的目的［图 2-60(b)］。

4. 高效（压）液相色谱（HPLC）

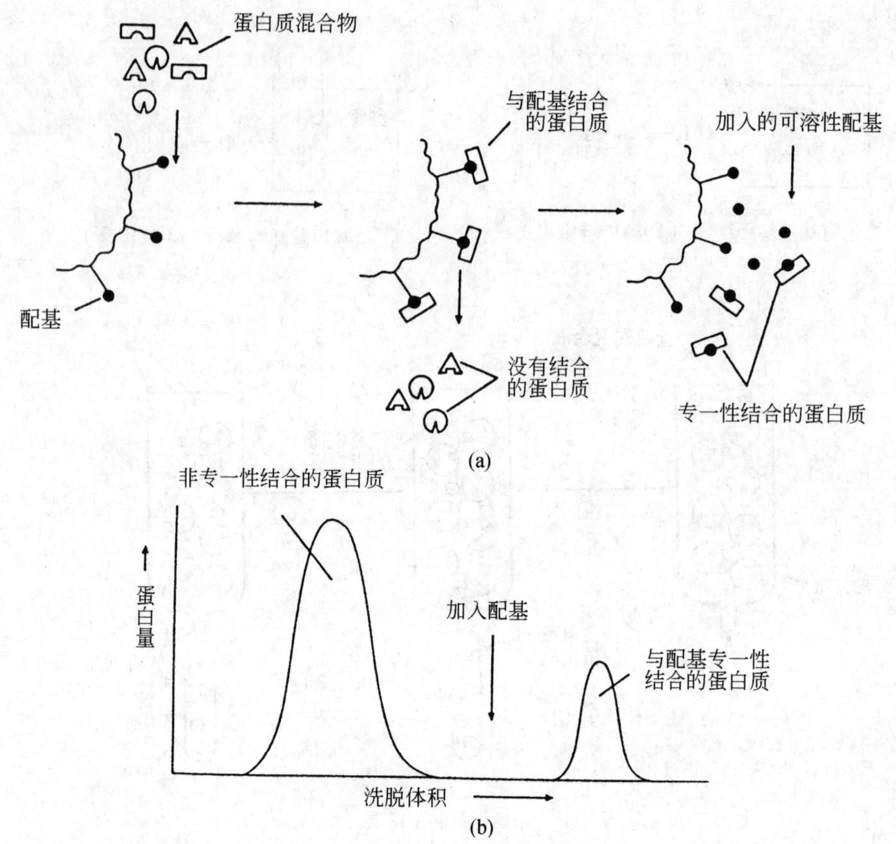

图 2-60　亲和色谱示意图

本法具有快速、灵敏、分辨率高等优点。使用不同支持物作为填料，如葡聚糖凝胶、离子交换纤维素、亲和介质等，可制成不同的高效液相色谱柱，用于氨基酸、多肽和蛋白质的分离纯化。几种蛋白质在 TSK-sp-5-pw 柱上的保留行为如图 2-61 所示。

5. 疏水色谱

该方法是利用蛋白质的疏水性质，使用疏水凝胶作为分离介质；在高盐浓度下，蛋白质的疏水性增加，可与疏水性介质结合。然后使盐浓度逐渐降低，不同蛋白质因疏水性不同依次被洗脱下来而达到纯化的目的。

三、蛋白质分子量的测定

蛋白质分子量测定的方法很多，目前常用的方法有以下几种。

1. 凝胶过滤法

如前所述，凝胶过滤色谱法分离蛋白质的原理是根据分子量大小。由于不同交联度的葡聚糖凝胶允许一特定分子量范围的蛋白质分子进入凝胶颗粒，在此范围内，蛋白质分子量的对数和洗脱体积之间成线性关系。因此，用几种已知分子量的蛋白质为标准，进行凝胶过滤色谱分析。以每种蛋白质的洗脱体积对它们的分子量的对数作图，绘制出标准洗脱曲线（见图 2-62）。未知蛋白质在同样的条件下作色谱分析，根据其所用的洗脱体积，从标准洗脱曲线上可求出此未知蛋白质对应的分子量来。

2. SDS-聚丙烯酰胺凝胶电泳法测定分子量

在外加电场作用下，带电颗粒向着与其所带电荷相反的电极移动的现象，称为电泳。带电颗粒在电场中移动的速度决定于它所带的净电荷的多少以及颗粒的大小及形状。不同的蛋

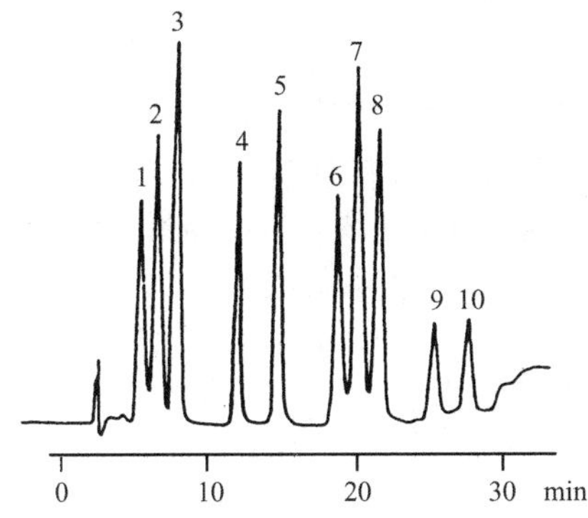

图 2-61　几种蛋白质在 TSK-sp-5-pw 柱上的保留行为

1—催产素；2—脑啡肽；3—促甲状腺激素；4—内啡肽；5—黄体激素释放激素；6—神经降压肽（十三肽）；7—促黑素细胞激素；8—血管紧张肽Ⅱ；9—P 物质；10—β内啡肽

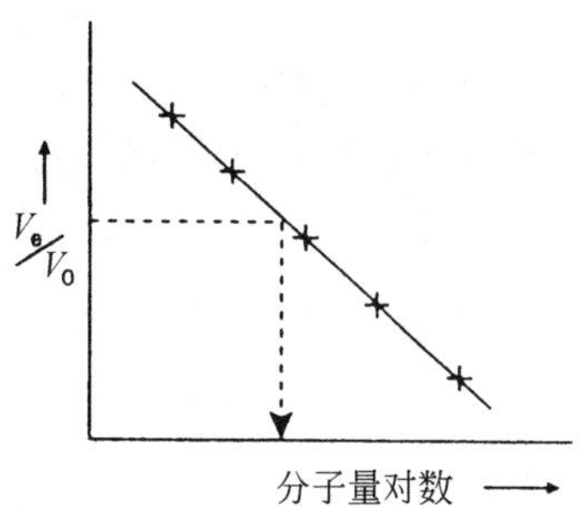

图 2-62　蛋白质的分子量与洗脱体积之间的关系

V_0—外水体积；

V_e—洗脱体积

白质，氨基酸组成不同，等电点不同，在同一pH 条件下所带的净电荷多少不同。因此在同一电场中的迁移速度不同而达到互相分离之目的。

聚丙烯酰胺凝胶电泳法（polyacrylamide gel electrophoresis，简称 PAGE）常用于蛋白质混合物的分析。它不仅可以快速鉴定一个蛋白质样品中含有多少种蛋白质及一个特定蛋白质的纯度，而且还可以测定一个蛋白质的重要性质如它的等电点和分子量。聚丙烯酰胺凝胶是用丙烯酰胺为单体，*N*,*N*-亚甲基双丙烯酰胺作为交联剂聚合而成的具网状结构的凝胶。在实验操作中，聚丙烯酰胺凝胶可制成凝胶柱，也可制成凝胶板[图 2-63(a)]。如果把凝胶再制成相连的两层凝胶，使它们的孔径大小不同，这样的凝胶在分离蛋白质混合物时，由于存在多种物理效应，如样品的浓缩效应，凝胶对蛋白质分子的筛选效应，电泳分离的电荷效应等，可使不同的蛋白质得到充分的分离[图 2-63(b)]。

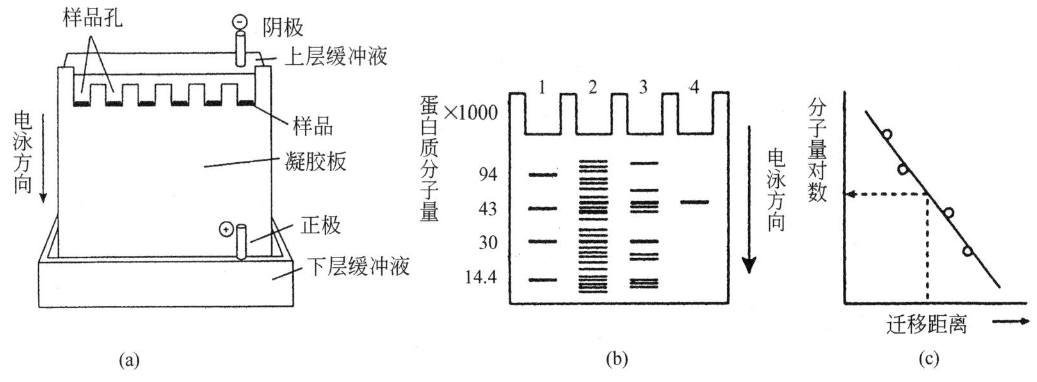

图 2-63　(a) 垂直板状聚丙烯酰胺凝胶电泳示意；(b) 电泳分离图谱 (c) 蛋白质分子量对数与其迁移率的关系

1—标准蛋白；2—未纯化的蛋白质样品；3—部分纯化的蛋白质样品；4—纯化的蛋白质样品

SDS（十二烷基硫酸钠，sodium dodecyl sulfate）是一种阴离子去污剂。Shapiro 等人发现，如果在聚丙烯酰胺凝胶电泳中加入一定量的 SDS（一般加入量为 0.1%），则蛋白质分子在电场中的迁移速度主要取决于它的分子量大小。这是由于在 SDS 存在下，蛋白质变性，肽链伸展，SDS 与蛋白质结合，使其都带负电荷。实验表明，每克蛋白质大约可结合 1.4g SDS。这些电荷量远远超过蛋白质分子原来所带的电荷量，因而掩盖了不同蛋白质之间的电荷差异，分子量愈大，其所带的电荷愈多。又因是在聚丙烯酰胺凝胶中进行电泳，由于分子筛效应，肽链愈长，迁移速度愈慢。在一定分子量范围内，蛋白质分子量的对数与蛋白质多肽链的迁移率之间有线性关系。这样，根据已知蛋白质的分子量的对数与它们的迁移率之间的关系曲线，使未知蛋白质在同样条件下电泳，从其迁移率可求出对应的分子量大小［图 2-63(c)］。在聚丙烯酰胺凝胶电泳中，每种蛋白质的相对迁移率等于样品迁移的距离与指示染料（如溴酚蓝）迁移的距离之比值。

$$\text{相对迁移率}=\frac{\text{样品迁移距离}}{\text{指示染料（溴酚蓝）迁移的距离}}$$

3. 超速离心法可用于分离纯化蛋白质及其分子量的测定

离心机是生命科学研究中强有力的工具，可用来分离纯化各类细胞、细胞器和生物大分子。把含有不同质量的微粒或生物大分子溶液装入离心管中，如果微粒的密度大于溶剂的密度，在高速离心场中，这些微粒将沿旋转中心向外周方向以不同的速度沉降，并产生界面（图 2-64）。在界面处因浓度差造成折射率不同，因此，可使用特殊的光学仪器观察测量这种界面的移动情况。

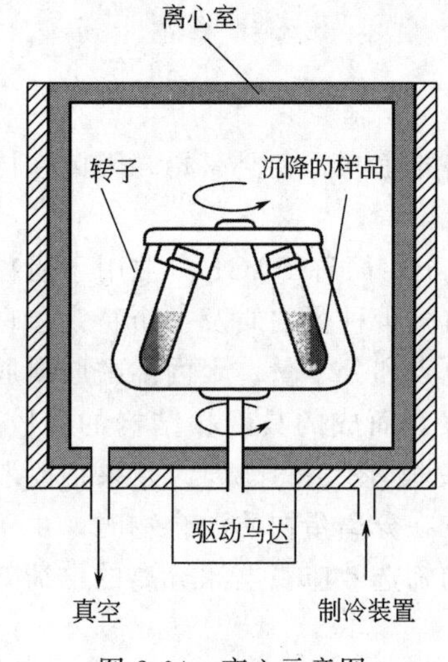

图 2-64　离心示意图

在离心场中，蛋白质分子沉降的速度受离心力（centrifugal force，Fc）、浮力和黏度滞力（viscous drag，Vf）的影响。其中：

$$\text{离心力}\quad (Fc)=m'\omega^2 r=m(1-\overline{V}\rho)\omega^2 r \tag{2-13}$$

这里 m' 是微粒的有效质量，有效质量 m' 小于微粒的实际质量 m，因为它所置换的液体产生相反的力。ω 是离心机转子（rotor）每秒钟的角速度（angular velocity），以弧度/秒计（即 2π×转子每秒钟的转数）。r 是微粒界面与旋转中心之间的距离（以 cm 计）。$\omega^2 r$ 是离心场（centrifugal field），$(1-\overline{V}\rho)$ 是浮力因子（buoyancy factor），其中 $\overline{V}$ 是微粒的微分比容（partial specific volume）；而 ρ 则是溶液（离心介质）的密度。在离心场中，一个微粒或分子所受到的净离心力应等于离心力减去浮力；要使一个微粒在这个离心力场中以速度 V 做匀速运动时，离心力 Fc 应该等于离心介质黏度滞力，这里 f 是这个微粒的摩擦系数（frictional coefficient），因此，微粒的沉降速度应为：

$$V=\frac{Fc}{f}=\frac{m(1-\overline{V}\rho)\omega^2 r}{f} \tag{2-14}$$

方程（2-14）表明，微粒的沉降速度取决于其质量大小、形状、密度，也取决于离心场强度以及离心介质的密度和黏度。

在生物化学中，通常用 S 值来表示生物大分子或微粒的质量。S 值即沉降系数。当离心介质为 20℃的水时，沉降系数，又称沉降常数（sedimentation coefficient，S）定义为：

$$S=\frac{V}{\omega^2 r}=\frac{m(1-\overline{V}\rho)}{f} \tag{2-15}$$

沉降系数通常以思维伯格单位（Svedberg units，S）表示，以纪念超离心法创始人，瑞典著名的蛋白质化学家 T. Svedberg。蛋白质的沉降系数常用 $S_{20.w}$ 表示。这里测定的温度校正为 20℃，溶剂为水。蛋白质的沉降系数介于 $10^{-13}\sim200\times10^{-13}$ s 的范围内。当蛋白质的浓度为零时，用外推法求得的沉降系数近于 1×10^{-13} s，故把 1×10^{-13} s 称为一个 Svedberg 单位，或直接称为一个 S。例如，假定一个相对分子质量为 150000 的抗体蛋白在离心半径为 8cm 的超速离心场中作 75000 转/分的离心，在这种情况下，离心场等于 $4.9\times10^{8}\ cm/s^{2}$；如果在此离心场中，这个抗体蛋白的沉降速度为 $3.4\times10^{-4}cm/\ s$，那么，它的沉降系数应为 7S。

从方程（2-15）可以得出几个重要结论：

① 一个微粒的沉降速度依赖于它的质量，形状和密度相同的颗粒如果质量越大沉降速度越快；

② 被离心微粒的形状很重要，因为影响黏滞力，形状比较致密的微粒（如球体），它的摩擦系数 f 小于质量相同的细长形的微粒，一个没打开的降落伞比打开了的降落伞下降速度快得多，细长颗粒比球形颗粒沉降的要慢；

③ 一个密度高的微粒比低密度微粒沉降的要快，因为它的反向浮力要小（即$\overline{V}\rho$ 要小）；

④ 沉降速度也依赖于离心介质的密度（ρ），当$\overline{V}\rho$ 小于 1 时微粒下沉，当$\overline{V}\rho$ 大于 1 时微粒漂浮；$\overline{V}\rho$ 等于 1 时微粒不移动。

虽然蛋白质的沉降系数随着相对分子质量的增加而增加，但它们之间并无正比关系，因为前者还受到蛋白质分子的摩擦系数（即分子形状）的影响；但是如果同时测得了有关分子形状的参数如扩散系数，则可按下列公式计算出蛋白质的相对分子质量。

$$M=\frac{RTS}{D(1-V\rho)} \tag{2-16}$$

式中 R——气体常数，$R=8.314$J/(mol·K)；

T——绝对温度，K；

S——沉降系数，S；

D——扩散系数，在数值上等于当浓度梯度为 1 单位时，在 1s 内，通过 $1cm^{2}$ 面积而扩散的溶质量，g/(cm^{2}·s)；

$\overline{V}$——蛋白质的微分比体积（partial specific volume）当加入 1g 干物质于无限大体积的溶剂中，溶液体积的增量；

ρ——溶剂的密度，g/cm^{3}。

因此进行沉降分析，不仅可以提供关于分子量的数据，而且也可以作为鉴定蛋白质分子是否均一性的一种方法。纯的蛋白质，其分子量和形状相同，在离心场中以同一速度移动。

4. 蛋白质最低分子量的计算

如果蛋白质分子中所含的某一元素的量已知，可根据下式计算其最低分子量：

$$蛋白质最低分子量=\frac{元素的原子量\times100}{元素的百分含量} \tag{2-17}$$

四、蛋白质纯度的鉴别标准

蛋白质纯度的鉴别有下列几点。

（1）蛋白质在不同 pH 条件下的电泳，均呈现一条分离区带。图 2-63(b) 给出了未纯化的蛋白质样品 2、部分纯化的蛋白质样品 3 以及纯化后的蛋白质样品 4 在聚丙烯酰胺凝胶电泳中的分离结果。可以看出，不同蛋白质样品在电泳分离后，用特定的染料如考马斯亮蓝(Coomassies blue) 显色，因染料只与蛋白质结合，不与凝胶结合，故显现出一条条清晰的分离区带。一个纯的蛋白质样品在不同的 pH 条件下电泳应呈现一条分离区带。

（2）蛋白质等电聚焦电泳呈现一条分离带。等电聚焦（isoelectric focusing，IEF）或电聚焦（electrofocusing）技术是瑞典科学家 Svensson 发明的。蛋白质混合物在 pH 梯度凝胶中相互分离的原理是基于不同的蛋白质具有不同的等电点这一性质。在分离胶（如聚丙烯酰胺凝胶）中加入了具有一定 pH 梯度的两性电解质，见图 2-65(a)，当电泳进行时，凝胶支持物中就具有了一定的 pH 梯度，每种蛋白质将移向并聚焦在等于其等电点的 pH 梯度处，见图 2-65(b)，形成一条条清晰的分离区带，从而达到分离提纯的目的。如果把凝胶板转 90°再进行一次电泳，可使一个复杂的蛋白质混合物得到分离，见图 2-65(c)。

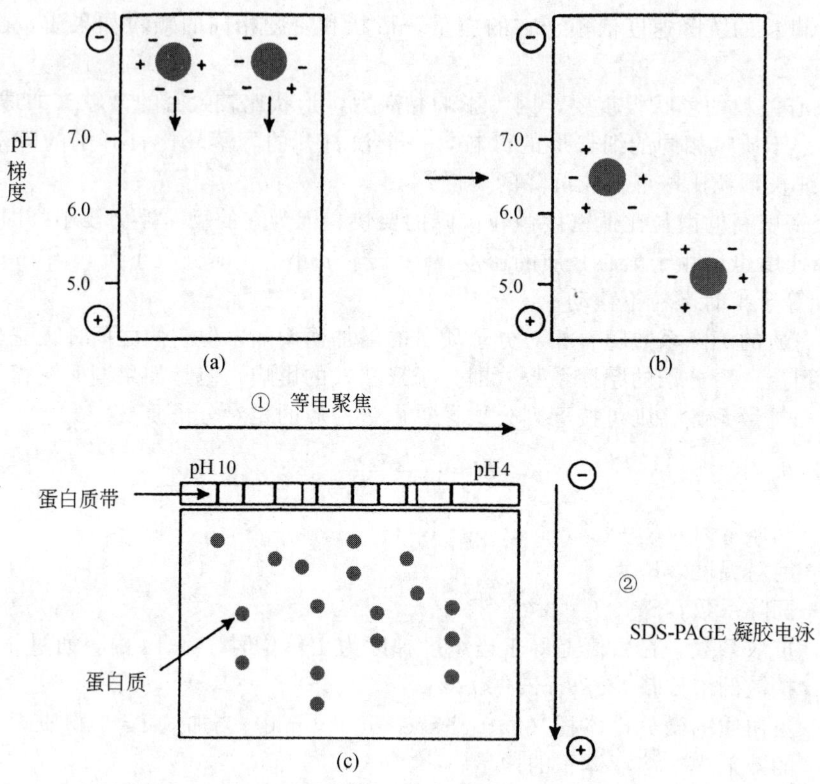

图 2-65 等电聚焦电泳

(a) 在电泳凝胶中加入两性电解质；(b) 电泳后，每种蛋白质将移向并聚焦在等于其等电点的 pH 梯度处；(c) 双相凝胶电泳示意图

(3) 经纯化后的蛋白质，应不失其生物活性。

(4) 纯的蛋白质在超速离心场中，以单一的沉降速度运动。

五、蛋白质含量的测定

蛋白质含量的测定是分离纯化工作中的重要部分。也是生物学工作者经常遇到的问题。蛋白质含量测定的方法很多，究竟采用哪一种方法，要根据不同的实验目的而定。

(1) 紫外吸收法

① A_{280}吸收法，该法优点快速，简便，不消耗样品。

② A_{280}和A_{260}吸收差法　当样品不纯，尤其含有核酸时常用此法。经验公式为：

$$蛋白质浓度(mg/ml)=1.45A_{280}-0.74A_{260}$$

(2) 福林酚法（Folin 法）　又称 Lowry 法。蛋白质与福林试剂反应生成蓝色的化合物。在一定的浓度范围内，其所成颜色的深浅与蛋白质含量之间有线性关系，可用于蛋白质含量的测定。

(3) 染料结合法（Bradford 法）　该法基于蛋白质与考马斯亮蓝 G-250 试剂反应，产生一种亮蓝色的化合物，在 595nm 有最大吸收。在一定的浓度范围内，吸收强度与蛋白质含量之间有线性关系，因此可用于蛋白质的定量测定。注意：未结合蛋白质之前，染料试剂本身为棕褐色，在 465nm 有吸收。该法快速，简便，干扰因素少。

[附]：蛋白质结构的X射线晶体衍射法分析

X射线晶体衍射分析（X-ray crystallography）方法的建立极大地促进了蛋白质结构和功能的研究。虽然这种技术已建立半个多世纪，但至今为止它仍然是在原子水平上了解生物大分子结构最基本的手段和最可靠的方法。蛋白质分子中大多数原子的精确三维空间位置的确定都依赖于该技术，下面介绍这种方法的基本原理。

X射线是波长很短的电磁波（波长范围在0.01～10nm）。当这种X射线穿过蛋白质晶体时，因为分子中的各个原子使X射线发生散射，可以在感光胶片上产生不连续的衍射斑点，足以分辨并确定蛋白质分子中各个原子的位置。进行X射线晶体衍射分析时，被分析的蛋白质样品要有足够的纯度，并获得这种蛋白质的结晶。获得结晶的过程需要向蛋白质溶液中补加硫酸铵或其他盐类以降低蛋白质的溶解度。例如肌红蛋白的结晶须在3mol/L的硫酸铵溶液中进行；缓慢盐析有利于高度有序的结晶形成，否则只能形成不定型的沉淀。有些蛋白质很容易结晶，而有些蛋白质要经过千辛万苦的实践才能找到合适的结晶条件。获得蛋白质结晶是一门技术，它需要研究者不懈的努力和足够的耐心。目前已有很多的分子量大、结构复杂的蛋白质被制成结晶。如脊髓灰白质炎病毒，相对分子质量为8500000，由240个蛋白质亚基围绕着一个核糖核酸（RNA）分子核心组装而成。它的结构也已用X射线晶体衍射法分析。

X射线晶体衍射法技术的三个要素是：X射线源、蛋白质结晶和衍射信号检出器（detector）（图2-66）。由加速电子产生的一束波长为0.154nm的X射线对准一个铜靶，一窄束电子轰击蛋白质结晶；有一部分X射线直接通过结晶粒，其余的向各个方向散射（scattered）；被散射（或称衍射，diffracted）的X光束可使X射线感光胶片感光而被检出。胶片感光（黑化）程度与散射X光的强度成正比。这种X光衍射检出器也可以是一个固体电子检出器。这种技术的物理学原理如下。

1. 电子衍射X射线　由一个原子衍射的X射线强度和它的电子数成正比，就是说碳原子对X光的散射能力比氢原子强6倍。

2. 衍射波重新组合　每个原子贡献各自的衍射光束，如果衍射波的相位相同，衍射波会互相加强（叠加）；如果相位不同，它们会互相抵消。

3. 衍射波重组的方式仅仅依赖于原子的排列

蛋白质结晶固定在一个毛细管中并精确放在X射线和感光胶片中间。晶体连续移动会产生一个由有规则排列的衍射斑点组成的X光衍射照片［图2-67(a)］。每个衍射斑点的强度是可以测定的，这些点的强度是X光晶体衍射分析的基本实验数据。从观察到的衍射点强度可以重建蛋白质图像。在光学显微镜或电子显微镜中，衍射光束可被透镜聚焦直接形成图像；但是不存在聚焦X射线的透镜。因此，X光衍射图像必须应用数学关系式进行傅里叶变换（Fourier transform）运算作图。对每个衍射点运算的结果会产生一个电子密度波图，它的强度与所观察到的衍射点强度的平方根成正比。每个波还有一个相位，也就是波峰和波谷相对于其他波的时相。每个波的相位决定两个点贡献的波之间是互相加强或抵消。这些相位情况可应用重金属（如铀或汞）在蛋白质的特殊位点进行置换作为参考标志，从获得的良好的衍射图来确定。

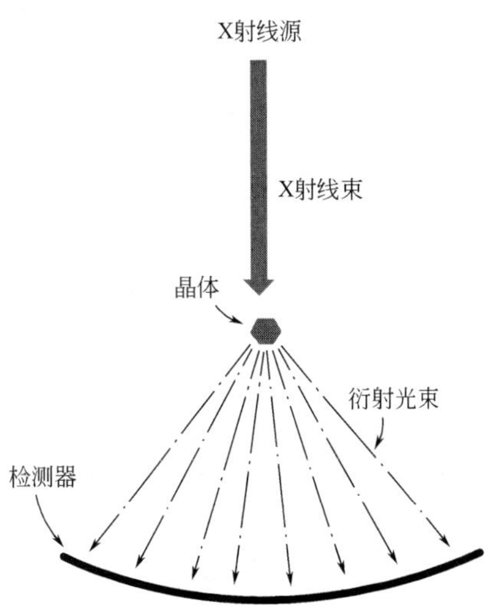

图2-66　X射线晶体衍射法分析实验的必需因素：X射线束，蛋白质晶体和衍射图检出器

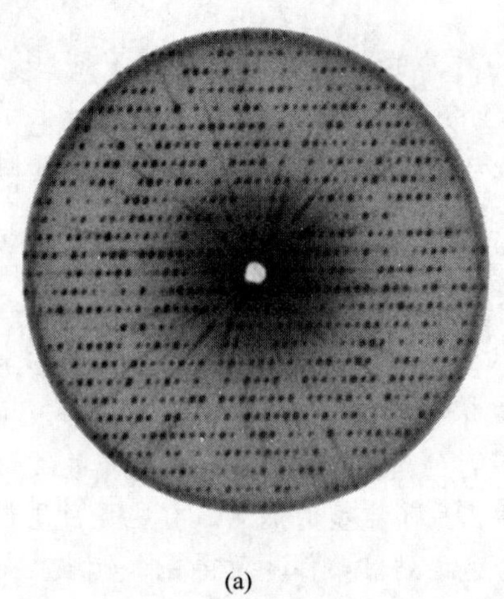
(a)

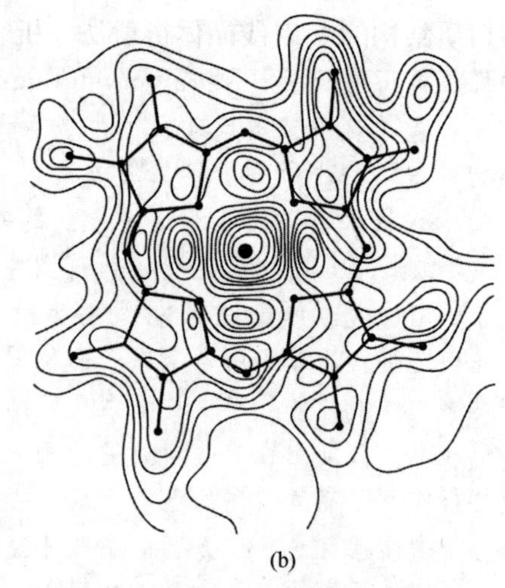
(b)

图 2-67 (a) 肌红蛋白结晶的 X 射线连续衍射图；(b) 肌红蛋白电子密度图断面图，示血红素基团这个断面的中心峰位置是铁原子的位置

然后就是电子密度图的计算阶段。把每个二维的电子密度图断面一个挨着一个堆积起来就形成一个蛋白质晶体的三维电子密度分布图。每个断面用一张透明塑料薄膜（或一个计算机层面图像）表示。在薄膜上的电子密度用等位线表示［图 2-67(b)］。

下面解释这个电子密度图。一个重要因素是 X 射线分析的“分辨率”。它决定于用于傅里叶合成（Fourier synthesis）的衍射点强度的总数。图像的保真性（精确度，the fidelity）依赖于傅里叶合成的分辨率。一个 0.6nm 分辨率的分析图像只能知道多肽链的走向，而了解不到其他结构细节；原因是这些多肽链堆积在一起时，它们之间的中心距离就是0.5～10nm。要描绘出原子团的位置需要更高的分辨率，一个 X 射线衍射分析最终的分辨率决定于结晶完美性的程度，对蛋白质来说，通常的分辨率的限度是 0.2nm。

现已有 300 个以上的蛋白质获得原子级分辨率的结构分析，这些详细的分子结构细节为我们了解蛋白质如何识别和结合其他分子，如何行使酶的催化功能，如何折叠、如何进化等。由 X 射线衍射分析法了解蛋白质和核酸及其复合物的结构的步伐正在加快，所获得的研究成果正在深刻地影响着整个生物化学领域。

除 X 射线衍射分析法外，核磁共振光谱法可用于测定溶液状态的生物大分子（如蛋白质）的构象，不需要将蛋白质制成结晶，本书不予讨论。

提　要

蛋白质是重要的生物大分子，其基本组成单位是氨基酸。标准氨基酸有 20 种，且都是 α-氨基酸。蛋白质可被酸、碱或蛋白酶水解成为它的基本组成单位氨基酸；氨基酸是两性化合物，不同氨基酸由于其所带的可解离基团不同，等电点不同；酪氨酸、苯丙氨酸和色氨酸在紫外区有特征的吸收高峰，大多数蛋白质都含有这些氨基酸，故蛋白质在 280nm 下也有特征的吸收，这是紫外吸收法定量测定蛋白质的基础。

氨基酸的 α-羧基和另一个氨基酸的 α-氨基之间脱水形成的化学键称为肽键，氨基酸通过肽键相互连接而成的化合物称为肽；由两个氨基酸组成的肽称为二肽，由三个氨基酸组成的肽称为三肽，由多个氨基酸组成的肽称为多肽。

蛋白质是具有特定构象的大分子；为了研究的方便，蛋白质的结构可分为四个结构水平。蛋白质的一级结构指多肽链中氨基酸残基的排列顺序和二硫键的位置。二级结构是指多肽链主链骨架盘绕折叠由氢键维持所形成的有规律性的结构，不涉及侧链的构象，如 α-螺旋、β-折叠和β转角结构。二级、三级和四级结构一般称为三维构象或高级结构。构象是由于分子中单键的旋转所表现出的原子或基团在空间的不同排布。多肽链在三维折叠中，若干α-螺旋或β-折叠肽段往往组合在一起，形成有规则的二级结构聚合体，如$\alpha\alpha$聚合体、$\beta\alpha\beta$聚合体等；这种由二级结构间组合的结构层次称为超二级结构。即所谓"模体"（或"模序"，英文名为 motif)。超二级结构一般以一个整体参与三维折叠，充做三级结构的构件。结构域的概念是 Wetlaufer 提出来的；它是介于二级和三级结构之间的另一种结构层次。在一些较大的蛋白质中，往往存在少数几个在空间上可明显区分的，相对独立的区域性结构，即结构域。结构域自身是紧密装配的，结构域和结构域之间常常有一段长短不等的肽段相连，形成所谓的铰链区。蛋白质的三级结构是建立在二级结构、超二级结构，乃至结构域的基础上的。在球状蛋白质中，多肽链往往沿多个方向进行盘绕折叠形成一个紧密的近似球形的结构，几乎所有的极性基团都位于蛋白质分子的表面，而非极性基团被埋在分子内部。侧链 R 的相互作用对稳定球状蛋白质的三级结构起重要的作用。维持蛋白质三维构象的力主要是氢键、离子键、疏水相互作用、范德华力等非共价键；在某些蛋白质中尚有二硫键。

有些蛋白质分子中含有两条或两条以上的肽链。每一条肽链都有各自特定的三级结构。这种由数条具独立的三级结构的多肽链彼此通过非共价键相互连接而成的聚合体结构就是蛋白质的四级结构。在具有四级结构的蛋白质分子中，每一条具有独立的三级结构的肽链称为亚基或亚单位。四级结构涉及亚单位在整个分子中的空间排布以及亚单位之间的相互关系。

蛋白质是重要的功能物质。不同的蛋白质，由于结构不同而具有不同的生物学功能。血红蛋白是一个四聚体蛋白质，它的每一个亚基的构象与肌红蛋白的构象十分相似，故二者都具有氧合功能，但它们的氧合曲线不同。肌红蛋白的氧合曲线为双曲线，血红蛋白的氧合曲线为 S 型曲线；研究发现，脱氧血红蛋白分子中由于多个盐键的存在，使它不易和氧结合。当一个氧分子冲破了某种阻力和血红蛋白的一个亚基结合后，使该亚基的构象发生改变，进而引起邻近亚基的构象也发生改变，并继续影响第三个、第四个亚基，使它们易于和氧结合；故表现出 S 型的氧合曲线。此现象最初由著名的生物化学家 Monod 发现，并提出了蛋白质的变构作用学说。

蛋白质分子表面带有许多亲水的基团，如—COOH—NH_3^+ 等。在水溶液中，蛋白质分子表面可形成一层水膜（或称为水化层)，使蛋白质分子相互分开。使蛋白质成为亲水的胶体溶液。蛋白质分子表面具有许多可解离的基团，不同蛋白质，由于所含有的氨基酸的种类、数目不同，具有不同的等电点。等电状态的蛋白质溶解度最小。蛋白质因受某些物理的或化学因素的影响，会发生沉淀作用和变性。利用蛋白质的这些性质，可从某一蛋白质混合液中分离制备我们所需要的蛋白质。根据不同的蛋白质，分子大小不同、分子形状不同、在一定的 pH 条件下所带的电荷性质不同等，可采用凝胶过滤法、离子交换纤维素色谱法等分离纯化蛋白质。

生化基本题型举例

一、填空题

1. __________不是真正的氨基酸，而是一个__________。

2. 组成蛋白质的氨基酸都是__________。

3. 蛋白质可被______、______和______水解。

4. 由一条多肽链组成的蛋白质没有__________结构，由几条多肽链通过__________键相互连接而成的蛋白质也没有__________结构。

5. 蛋白质在 280nm 有吸收，因大多数蛋白质分子中含有______、______和__________。

二、解释题

1. 蛋白质的等电点。

2. 肽单位。

3. 蛋白质的二级结构。

4. 蛋白质的沉淀作用。

5. 蛋白质的变构作用。

三、是非题

1. 氨基酸与茚三酮反应都产生蓝紫色的化合物。

2. 蛋白质是生物大分子，因此都有三级和四级结构。

3. 沉淀的蛋白质都已变性，失去生物活性。

4. 纤维素柱色谱法分离蛋白质是根据蛋白质的分子大小。

5. 肽键不能够自由旋转，因为它具有双键的性质。

四、选择题

1. 在 280nm 处有最大吸收的氨基酸是：

1）丙氨酸　　2）色氨酸　　3）脯氨酸　　4）精氨酸

2. 氨基酸侧链可解离基团的 pK 值接近于生理 pH 的氨基酸是：

1）蛋氨酸　　2）酪氨酸　　3）组氨酸　　4）丙氨酸

3. 下面关于蛋白质四级结构的论述不正确的是：

1）一般有两条或两条以上的肽链组成；

2）每一条肽链都有自己特定的空间构象；

3）亚单位之间靠非共价键或共价键相互连接；

4）亚单位单独存在没有生物活性。

4. HbS 和 HbA 的结构比较，下列哪一论述是正确的？

1）HbA α_1 亚基中的第六位谷氨酸被缬氨酸取代；

2）HbA α_2 亚基中的第六位谷氨酸被缬氨酸取代；

3）HbA β 亚基中第六位的谷氨酸被缬氨酸取代；

4）HbA β_1 亚基中第六位的谷氨酸被缬氨酸取代。

5. 下面关于蛋白质三级结构的论述正确的是：

1）维持蛋白质三级结构稳定的力都是非共价键；

2）分子近于球形，亲水基团多位于分子表面；

3）分子近于球形，疏水基团多位于分子表面；

4）球状蛋白质分子内只有 α 螺旋结构。

五、问答题

1. 从 Anfinsen 以核糖核酸酶进行的实验可得出哪些结论？

2. 试比较 β-折叠和 α-螺旋的结构特征。

3. 什么是蛋白质的沉淀作用？引起蛋白质沉淀的因素及作用机理是什么？

4. 将含有 Asp(pI=2.98)、Gly(pI=5.97)、Thr(pI=6.53)、Lys(pI=9.74) 的 pH 为 3.0 的柠檬酸缓冲液，加到预先用同样缓冲液平衡过的阳离子交换树脂柱上，随后用该缓冲液洗脱此柱，问这四种氨基酸将按何种顺序被洗脱？

5. 从下列资料推出一条肽的氨基酸顺序：

1）含有 Phe，Pro，Glu，Lys_2；

2）Edman 试剂处理生成 PTH—Glu；

3）用胰蛋白酶，羧肽酶 A 和 B 处理都不能得到任何较小的肽和氨基酸。

第三章　酶　化　学

第一节　通　　论

一、酶是生物催化剂

人们对酶（enzyme）的认识来源于长期的生产和科学研究的实践。1833 年，佩延（Payen）从麦芽的水溶抽提物中沉淀出一种对热不稳定的物质，它可促进淀粉水解成糖，人们开始意识到生物细胞中可能存在着一种类似于催化剂的物质。1878 年库尼（W. Kühne）首先把这类物质称为“enzyme”，中文译为“酶”。1896 年德国学者巴克纳兄弟（Buchner）发现，用石英砂磨碎的酵母细胞或无细胞滤液和酵母细胞一样能将一分子葡萄糖转化成二分子乙醇和 CO_2。1926 年，萨姆纳（J. Sumner）首次从刀豆中得到了脲酶结晶，并证实这种结晶能催化尿素分解，并提出酶本身就是一种蛋白质。现已证明，所有的生物都能合成自身所需要的酶，包括许多病毒。酶几乎参与所有的生命活动过程。

1982 年以后陆续发现某些 RNA 也具有酶的催化功能，使人们认识到，酶不都是蛋白质。现代科学认为，酶是由活细胞产生的，能在体内或体外起催化作用的一类具有活性中心和特殊构象的生物大分子，包括蛋白质和核酸。酶是一切生命活动的基础，是机体内一切化学变化的激发促进者。本章只讨论蛋白质属性的酶。

二、酶催化的特征

酶具有一般催化剂的特征，如①能加快化学反应的速度，而其本身在反应前后没有结构和性质的改变；②催化剂只能缩短反应达到平衡所需的时间，而不能改变反应的平衡点，酶亦如此。然而酶是生物大分子，具有其自身的如下特性。

1. 催化效率高

酶催化反应的速率比非酶催化反应的速率高 $10^8 \sim 10^{20}$ 倍，比一般催化剂高 $10^7 \sim 10^{13}$ 倍。如过氧化氢酶催化过氧化氢分解的反应：若用铁离子作为催化剂，反应速率为 6×10^{-4} [mol/(mol$_{催化剂}$ · s)]。若用过氧化氢酶催化，反应速率为 6×10^6 [mol/mol$_{催化剂}$ · s]。酶能高效催化，是因酶和其他催化剂一样，能使反应的活化能降低。不同催化剂存在下过氧化氢分解反应中的活化能变化情况如下。

催化剂	活化能/(cal/mol)①
无催化剂时	18000
胶态钯	11700
过氧化氢酶	1700

① 1cal=4.184J。

2. 酶的催化活性易受环境变化的影响

一般催化剂在一定的条件下会中毒而失去催化能力。酶是生物大分子，对环境的变化更敏感。

3. 酶的催化活性可被调节控制

酶的种类很多，不同的酶调控方式不同。例如，乳腺组织中乳糖的合成是由乳糖合成酶催化的，该酶有两种蛋白组成。蛋白 A 有催化作用，也称为催化亚基，它催化尿苷二磷酸半乳糖和 *N*-乙酰-D-葡萄糖胺生成 *N*-乙酰乳糖胺，释放出尿苷二磷酸；因此这个蛋白 A 单独存在时也称为半乳糖基转移酶。在动物乳腺组织和肝脏、小肠中都存在这种蛋白。蛋白 B 是 α-乳清蛋白，只存在于乳腺中；无催化作用，也称为修饰亚基。催化亚基本身不能合成乳糖，只有在修饰亚基存在时，它才能催化乳糖的合成。在妊娠期间和分娩时，由于激素水平急剧变化，修饰亚基大量合成，它和催化亚基结合后，改变了催化亚基催化反应的专一性（或称特异性），使催化亚基可以催化尿苷二磷酸半乳糖（UDP-半乳糖）与葡萄糖反应生成乳糖。

$$\text{UDP-半乳糖} + \text{D-葡萄糖} \longrightarrow \text{UDP} + \text{乳糖}$$

酶的调控方式多种多样，十分严密，十分灵巧，这是一般催化剂所不具有的特征。

4. 具高度专一性

被酶作用的物质称为酶的底物（substrate）。酶作用的专一性，是指酶对它所催化的反应或底物有严格的选择性，酶往往只能催化一种或一类紧密相关的反应。这是酶与非酶催化剂最重要的区别之一。如果没有这种专一性，生命本身有序的代谢活动就不存在，生命也就不复存在。

酶的底物专一性是指酶对它所作用的物质有严格的选择性；一种酶只能作用于某一种或某一类紧密相关的物质，这种对底物的选择性称为酶的特异性或作用的专一性。如蛋白质、脂肪和淀粉，均可被一定浓度的酸、碱水解为其组成成分，但若用酶水解，蛋白酶只能水解蛋白质，脂肪酶只能水解脂肪，而淀粉酶只能作用于淀粉。不同的蛋白酶，其专一性程度也不相同；如胰蛋白酶专一性水解赖氨酸和精氨酸的羧基形成的肽键，凝血酶只水解精氨酸的羧基和甘氨酸的氨基之间的肽键。当底物具有立体异构体时，酶只作用于其中的一个。如 L-氨基酸氧化酶只催化 L-氨基酸的氧化脱氨基作用，对 D-氨基酸无作用。延胡索酸酶可催化延胡索酸加水生成苹果酸，但不能催化顺丁烯二酸加水。

酶作用的专一性问题很早就引起了科学家们的注意，并提出了多个假说来解释这种专一性。

（1）锁钥学说（lock and key model） 1894 年，德国著名有机化学家 Emil Fisher 发现，水解糖苷键的酶能区分糖的立体异构体；氨酰-tRNA 合成酶在蛋白质生物合成的过程中，以高精度的方式，对大量的非常相似的底物进行识别，如异亮氨酰-tRNA 合成酶选择异亮氨酸而不选择亮氨酸作为底物，于是提出了锁钥学说来解释酶作用的专一性问题。他认为酶像一把锁，酶的底物或底物分子的一部分结构犹如钥匙一样，能专一性地插入到酶的活性中心部位，因而反应发生［图 3-1(a)］。

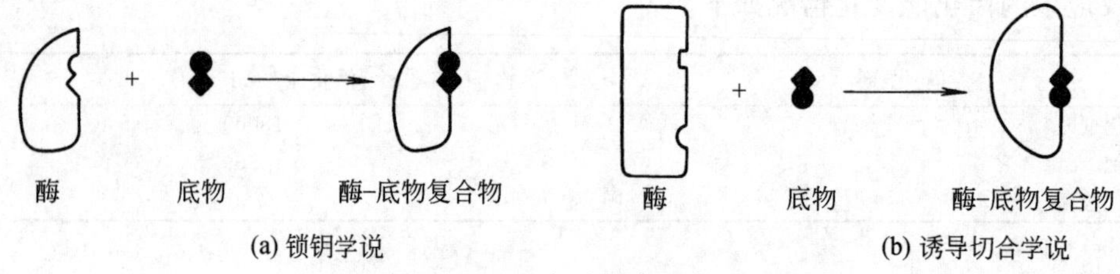

图 3-1 底物与酶结合示意图

（2）三点附着学说（three point attachment theory） 该学说是 A. Ogster 在研究甘油激酶催化甘油转变为磷酸甘油时提出来的。酶具有立体异构专一性，是由于立体对映体中的一对底物虽然基团相同，但空间排布不同；那么这些基团与酶活性中心的有关基团能否互相匹配不好确定。只有三点都相互匹配时，酶才能作用于这个底物(图 3-2)。

以上两种学说都把酶和底物之间的关系认为是“刚性的”，只能说明底物与酶的结合，不能说明催化。因此属于“刚性模板”学说。专一性应包含两层意义：结合专一性和催化专一性。有的钥匙能插入锁孔中，但不一定能把锁打开。

(3) 诱导契合假说 1958 年，D. Koshland 首先认识到底物的结合可以诱导酶活性部位发生一定的构象变化，并提出了诱导契合理论 (induced fit theory)。该学说的要点是：酶活性中心的结构具有柔性 (flexibility)，即酶分子本身的结构不是固定不变的。当酶与其底物结合时，酶受到底物的诱导，其构象发生相应的改变，从而引起催化部位有关基团在空间位置上的改变；以利于酶的催化基团与底物的敏感键正确的契合，形成酶-底物中间复合物。近年来使用各种物理-化学方法和 X 射线衍射、核磁共振、差示光谱等技术证明了酶和底物结合时酶构象的变化情况[图 3-1(b)]。

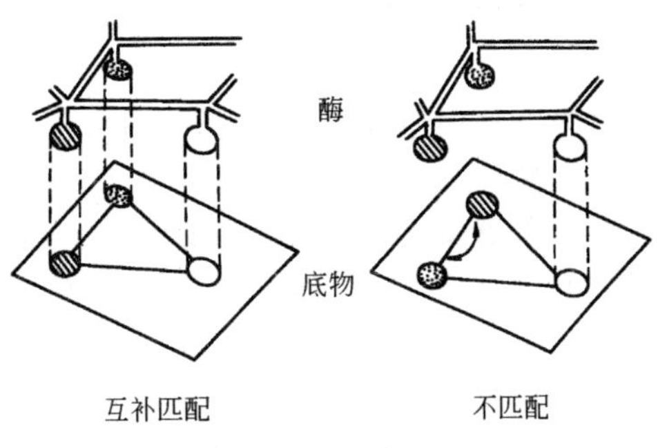

图 3-2 三点附着学说示意图

对酶的底物专一性研究具有重要的生物学意义。它有利于阐明生物体内有序的代谢过程，酶的作用机制等。

第二节 酶的分类和命名

一、酶的命名

自然界中酶的种类很多，许多酶的英文名称是在它的底物名称后面加上“-ase”，如脲酶 (urease)。但有些酶的命名不是，如胰蛋白酶、胰凝乳蛋白酶等。为了更好地研究和应用酶，适应酶学发展的需要，1961 年，国际生物化学联合会酶学委员会 (Enzyme Commission，EC) 在对自然界中存在的酶进行了广泛研究的基础上，对每一种酶都给出了一个系统名称和习惯名称。

1. 习惯命名法 (recommended name)

1961 年以前使用的酶的名称都是习惯沿用的，称为习惯名。习惯命名法有以下原则：

① 根据催化的底物命名，如蛋白酶、淀粉酶等；

② 根据所催化的反应性质命名，如脱氢酶、转氨酶、脱羧酶等；

③ 有些酶的命名是既根据所催化的底物，又根据所催化的反应性质，如琥珀酸脱氢酶、乳酸脱氢酶等；

④ 有些酶的命名，除了上述原则外，再加上酶的来源及酶的其他特征。如胃蛋白酶、碱性磷酸酶等。

习惯命名法简单、易懂，应用历史较长，但缺乏系统性。国际酶学委员会于 1961 年提出了系统命名和系统分类原则，现已为国际生物化学协会所采用。

2. 国际系统命名法 (systematic name)

根据国际系统命名法原则，每一种酶都有一个系统名称和习惯名称。习惯名称应简单，便于使用。系统名称应明确标明：酶的底物及所催化的反应性质。如果有两个底物都应写出，中间用冒号隔开。此外，底物的构型也应写出。如谷丙转氨酶，其系统名称为 L-丙氨酸：α-酮戊二酸氨基转移酶；如果其中一个底物是水，可以省去不写。如 D-葡萄糖-δ-内酯水解酶，不必写成 D-葡萄糖-δ-内酯：水水解酶。

二、酶的国际系统分类法

1. 国际系统分类法分类原则

国际生物化学联合会酶学委员会提出的酶的国际系统分类法的分类原则是：将所有已知

的酶按其催化的反应类型，分为六大类，分别用（1）、（2）、（3）、（4）、（5）、（6）的编号来表示，即

（1）氧化还原酶类（oxido-reductases）

（2）转移酶类（transferases）

（3）水解酶类（hydrolases）

（4）裂合酶类（裂解酶类，lyases）

（5）异构酶类（isomerases）

（6）合成酶类，也称为连接酶（ligases）

根据底物分子中被作用的基团或键的性质，将每一大类分为若干亚类，每一亚类又按顺序编为若干亚亚类。因此，每个酶赋予一个学名（系统名）和一个编号，同时推荐一个习惯名。每一个酶的编号由四个数字组成；如催化乳酸脱氢转变为丙酮酸的乳酸脱氢酶，编号为EC 1.1.1.27。“EC”指国际酶学委员会的缩写；第一个1，代表该酶属于氧化还原酶类；第二个1，代表该酶属于氧化还原酶类中的第一亚类，催化醇的氧化；第三个1，代表该酶属于氧化还原酶类中第一亚类的第一亚亚类；第四个数字表明该酶在一定的亚亚类中的排号。

2. 六大类酶的特征

（1）氧化还原酶类　顾名思义是催化氧化还原反应的酶。反应通式：$AH_2 + B \rightleftharpoons A + BH_2$。如乙醇脱氢酶、乳酸脱氢酶等。该类酶的辅酶是NAD或NADP，FAD或FMN。有些酶可用NAD，也可用NADP，如L-谷氨酸脱氢酶。苹果酸脱氢酶催化苹果酸脱氢的反应如下：

$$\begin{array}{l}COOH\\ |\\ CH{-}OH\\ |\\ CH_2\\ |\\ COOH\end{array} + NAD \longrightarrow \begin{array}{l}COOH\\ |\\ C{=}O\\ |\\ CH_2\\ |\\ COOH\end{array} + NADH_2$$

（2）转移酶类　催化某一化合物上的某一基团转移到另一个化合物上。反应通式为：$A{-}R + C \rightleftharpoons A + C{-}R$，如转甲基酶、转氨酶等。转移酶类包括8个亚类，每一亚类表示被转移基团的性质。如：

① 转移一碳单位

② 转醛、酮基

③ 转酰基

谷丙转氨酶催化丙氨酸和α-酮戊二酸之间氨基转移的反应如下：

$$\begin{array}{l}COOH\\ |\\ CH{-}NH_2\\ |\\ CH_3\end{array} + \begin{array}{l}COOH\\ |\\ C{=}O\\ |\\ CH_2\\ |\\ CH_2\\ |\\ COOH\end{array} \xrightarrow{\text{谷丙转氨酶}} \begin{array}{l}COOH\\ |\\ C{=}O\\ |\\ CH_3\end{array} + \begin{array}{l}COOH\\ |\\ CH{-}NH_2\\ |\\ CH_2\\ |\\ CH_2\\ |\\ COOH\end{array}$$

（3）水解酶类　催化底物的加水分解或其逆反应。反应通式：$A{-}B + H_2O \rightleftharpoons A{-}H + B{-}OH$。如胰蛋白酶、脂肪酶、淀粉酶、核酸酶等。该类酶包括9个亚类，每一亚类表示被水解键的性质，如：

① 水解酯键

② 水解糖苷键

③ 水解肽键

（4）裂合酶类（裂解酶类） 催化底物的裂解或其逆反应。底物裂解时，一分为二；产物中往往留下双键。在逆反应中，催化某一基团加到这个双键上。反应通式：A—B $\rightleftharpoons$ A+B，如醛缩酶催化1,6-二磷酸果糖分子断裂生成磷酸二羟丙酮和3-磷酸甘油醛的反应。

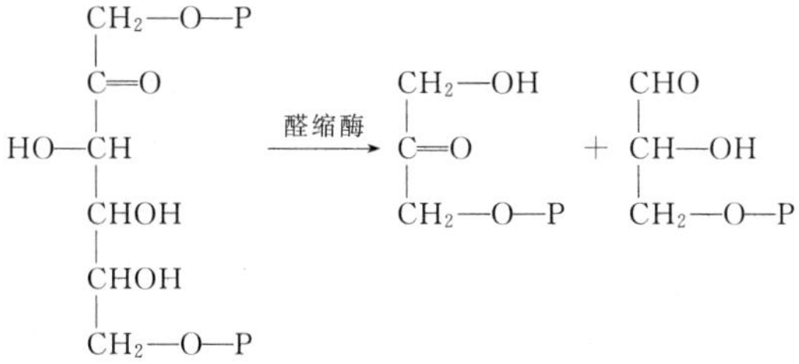

$$
\begin{array}{c}
CH_2\text{—O—P} \\
| \\
C\text{=O} \\
| \\
\text{HO—CH} \\
| \\
\text{CHOH} \\
| \\
\text{CHOH} \\
| \\
CH_2\text{—O—P}
\end{array}
\xrightarrow{\text{醛缩酶}}
\begin{array}{c}
CH_2\text{—OH} \\
| \\
C\text{=O} \\
| \\
CH_2\text{—O—P}
\end{array}
+
\begin{array}{c}
\text{CHO} \\
| \\
\text{CH—OH} \\
| \\
CH_2\text{—O—P}
\end{array}
$$

该类酶包括5个亚类，亚类表示被裂解键的性质，如：

① C—C 键的断裂

② C—O 键的断裂

③ C—N 键的断裂

（5）异构酶类 催化同分异构体之间的相互转变。反应通式：A $\rightleftharpoons$ B；如磷酸丙糖异构酶催化3-磷酸甘油醛和磷酸二羟丙酮之间的相互转变。该类酶包括6个亚类，亚类表示异构作用的类型。

（6）合成酶类 催化由两种或两种以上的物质合成一种物质的反应，且必须有ATP参加。反应通式：A+B+ATP $\longrightarrow$ A—B +ADP+Pi；如丙酮酸羧化酶催化丙酮酸羧化为草酰乙酸的反应。

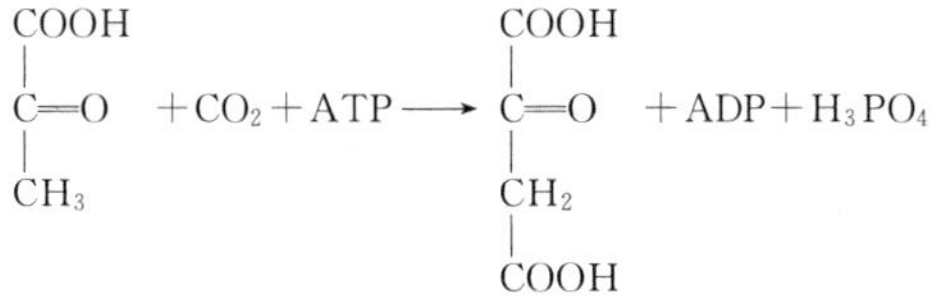

$$
\begin{array}{c}
\text{COOH} \\
| \\
C\text{=O} \\
| \\
CH_3
\end{array}
+CO_2+\text{ATP}\longrightarrow
\begin{array}{c}
\text{COOH} \\
| \\
C\text{=O} \\
| \\
CH_2 \\
| \\
\text{COOH}
\end{array}
+\text{ADP}+H_3PO_4
$$

合成酶类包括4个亚类，亚类表示所形成键的类型。

三、酶的组成分类

蛋白质性质的酶主要由20种氨基酸组成。从酶蛋白分子的组成来看，可将酶分为简单酶类（也称为单体酶或单成分酶）和结合酶类。简单酶类分子中只含有氨基酸，如胃蛋白酶、胰蛋白酶、核酸酶、脲酶等水解酶类。结合酶类也称为全酶（holoenzyme）或复合酶类，由酶蛋白和非蛋白质两部分组成。如氧化还原酶类和转移酶类中的许多酶都属于结合酶类。

全酶中的非蛋白部分，称为酶的辅助因子（cofactor）、辅酶（coenzyme）或辅基（prosthetic group）。按照近代意义，辅助因子一般是指金属离子，许多酶的催化作用需要金属离子。金属离子和酶的关系比较复杂，有的金属离子与酶的催化活性直接相关，如羧肽酶A中的锌离子；也有的金属离子主要是维持酶的空间构象，如脂肪酶中的金属钙，天冬氨酸转氨甲酰酶分子中的锌离子等。辅酶或辅基一般指小分子的有机化合物，二者之间没有严格的界限。一般来说，辅基与酶蛋白通过共价键相结合，不易用透析等方法除去。辅酶与酶蛋白结合较松，可用透析等方法除去而使酶丧失活性。自然界中酶的种类甚多，但辅酶、辅基的种类并不多，因一种辅酶或辅基可以和多种酶蛋白结合构成不同的酶。如脱氢酶类的辅酶均为NAD或NADP；转氨酶类的辅酶都是磷酸吡哆醛。

酶蛋白和辅酶、辅基是酶表现催化活性不可缺少的两部分。酶蛋白决定反应的专一性，辅酶或辅基则参与和底物分子作用，催化底物反应，起转移电子、原子和功能基团的作用。

辅酶、辅基和酶蛋白单独存在时都无活性，只有二者结合成全酶才有活性。

第三节 酶催化作用的结构基础

一、酶分子结构的特征

1. 酶的活性部位

酶作为生物催化剂，在起作用时，是整个酶分子都与催化活性有关呢？还是分子中的某一部分结构与催化活性直接相关？实验证明，与酶的催化活性有关的，并非酶的整个分子，而往往只是酶分子中的一小部分结构。如木瓜蛋白酶由 180 个氨基酸残基组成。当用氨肽酶将木瓜蛋白酶 N-端的 20 个氨基酸残基切去后，剩余的 160 个氨基酸仍有酶的活性。

酶的本质为蛋白质，其分子一般为球形结构。在所有已知结构的酶分子的表面，通常都有一个内陷的凹穴（crevice，或称裂隙，cleft），为疏水区域，有的裂隙中也含有极性残基，此凹穴正好能够容纳一个或两个小分子底物或大分子底物的一部分［图 3-3 和图 3-4(a)］。

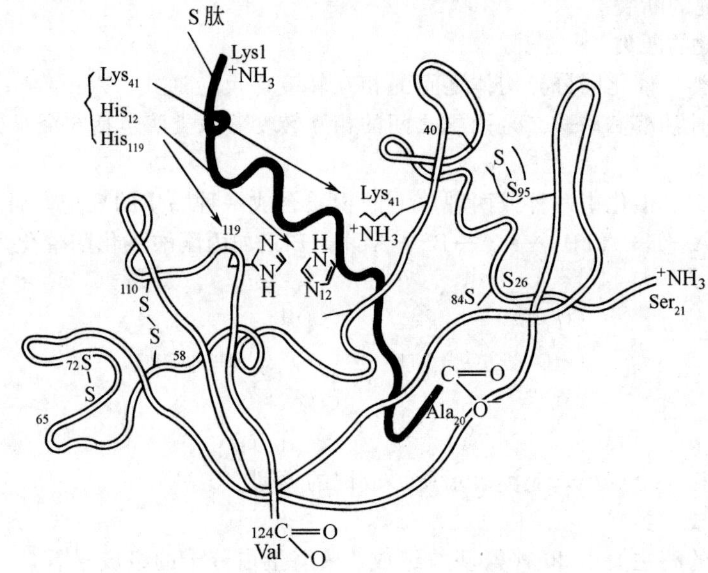

图 3-3 RNase S 的结构

研究证明，酶的活性部位（active site），也称活性中心，是酶分子中直接参与和底物结合，并与酶的催化作用直接有关的部位。它是酶行使催化功能的结构基础。对简单酶类来说，活性部位就是酶分子中在三维结构上比较靠近的少数几个氨基酸残基或是这些残基上的某些基团组成的。它们在一级结构中可能相差甚远，但由于肽链的盘绕折叠使它们相互靠近。对复合酶类来说，它们肽链上的某些氨基酸以及辅酶或辅酶分子上的某一部分结构往往就是其活性部位的组成部分。

值得注意的是，不同的酶尽管在结构和专一性，甚至在催化机理方面都有相当大的差异，但它们的活性部位有许多共性存在。研究表明，活性部位只占酶分子的很小一部分结构。无论底物是小分子或大分子化合物，酶与之接触的部位，均局限于几个或十几个氨基酸残基。而酶分子中的大部分氨基酸残基不与底物接触。酶与其专一性底物的结合一般通过离子键、氢键等非共价键。

因此，酶活性中心有两个功能部位：一是结合部位，底物通过多种弱的相互作用结合于此；一个是催化部位，底物分子中的化学键在此处被打断或形成新的化学键。构成这两个部

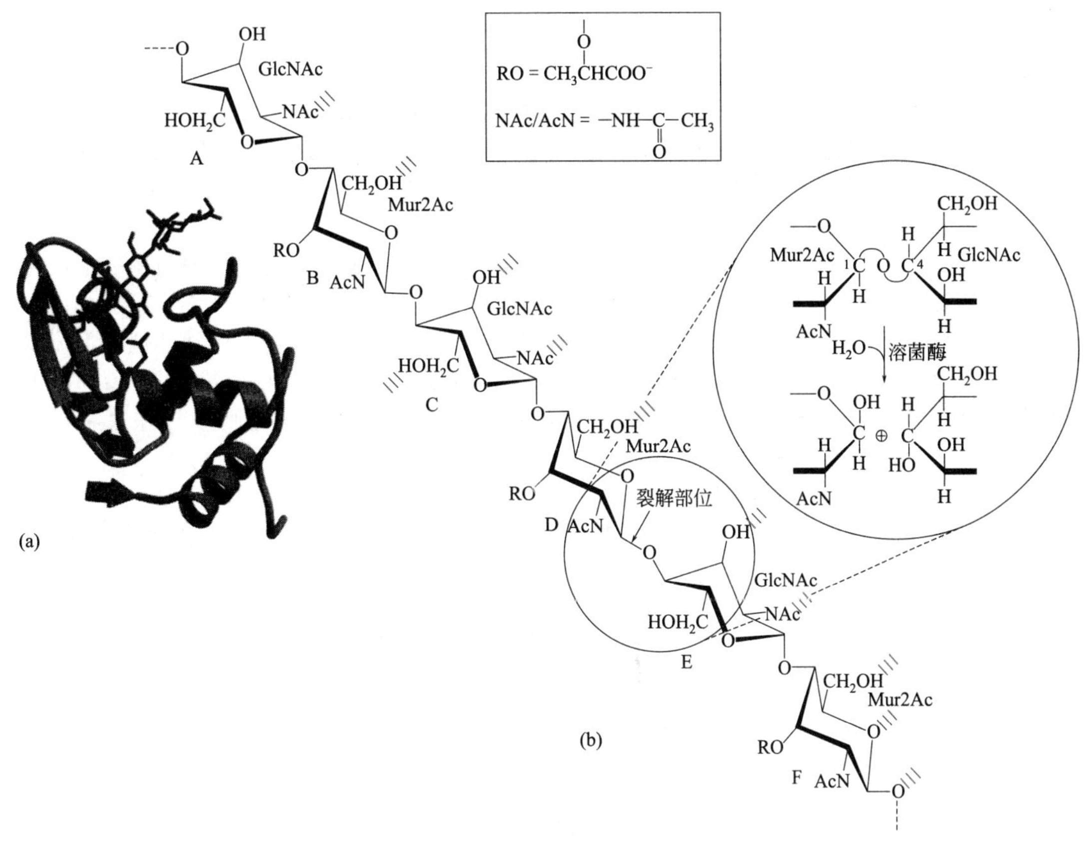

图 3-4 (a) 最适底物结合在溶菌酶的活性部位；(b) 溶菌酶催化的反应

位的有关基团，有的同时兼有结合底物和催化底物发生反应的功能。

(1) 溶菌酶 (lysozyme) 的活性中心　X 射线衍射分析结果表明，溶菌酶分子表面有一狭长的凹穴，*N*-乙酰葡糖胺 (*N*-acetylglucosamine，NAG，GlcNAc) 和 *N*-乙酰胞壁酸 (*N*-acetylmuramate，NAM，Mur2Ac) 相间排列形成的六糖分子 (NAG-NAM-NAG-NAM-NAG-NAM) 是溶菌酶的最适小分子底物 [图 3-4(b)]；这个六糖分子与酶结合时，正好是与酶分子中的长形凹穴相嵌合 [图 3-4(a)]，凹穴中的 Glu_{35} 和 Asp_{52} 构成了该酶的催化部位。由 NAM 和 NAG 通过 β (1→4) 糖苷键连接形成的一个二糖分子的结构如图 3-4 (b) 所示。

(2) 核糖核酸酶 A (RNase A) 和 RNase S 的活性中心　核糖核酸酶 A，一条肽链，含有 124 个氨基酸残基。肽链经多级折叠，第 12 位和 119 位的组氨酸以及第 41 位的赖氨酸相互靠近形成了该酶的活性中心。研究发现，在枯草杆菌蛋白酶作用下，核糖核酸酶 A 分子中 Ala_{20}—Ser_{21}之间的肽键断裂，N 端的 20 个氨基酸组成的肽称为 S 肽，余下的部分称为 S 蛋白；两者单独存在均无活性。在中性 pH 范围，由于 S 肽和 S 蛋白通过多个非共价键结合在一起形成了有活性的核糖核酸酶 S (图 3-3)。核糖核酸酶 S 和核糖核酸酶 A 的活性中心相同，所以催化性质也相同。

值得注意的是，虽然酶的催化作用取决于构成活性中心的几个氨基酸，但并不意味着酶分子中的其他部分就不重要了。因为酶活性中心的形成首先依赖于整个酶分子的结构。如木瓜蛋白酶，在失去 N 端的 20 个氨基酸后虽然仍有活性，但此时酶分子并不稳定，很容易丧失活性。因此，没有酶蛋白结构的完整性，酶蛋白分子的稳定性就随之降低，活性中心也就不存在了。

2. 维持酶活性所必需的氨基酸残基

在活性中心以外的某些区域，尚有不和底物直接作用，但使酶表现催化活性所必需的部分。必需基团与维持整个酶分子的空间构象有关；如胰凝乳蛋白酶，相对分子质量为 25×10^3，三条肽链通过两个链间二硫键连接成一个椭球型的分子（图 3-5）。除活性中心的 His_{57}，Asp_{102} 和 Ser_{195} 三个氨基酸外，所有带电基团都位于分子的表面。用 X 射线衍射法搞清了该酶的三维构象。它的第 16 位异亮氨酸、57 位的组氨酸、102 位的天门冬氨酸、194 位的天门冬氨酸和 195 位的丝氨酸，是酶表现活性所必需的部分。酶的活性部位是这 5 个氨基酸协同作用的结果。第 16 位的异亮氨酸和 194 位的天门冬氨酸不属于活性部位的氨基酸，它们的作用是通过异亮氨酸的氨基和天门冬氨酸的羧基之间的静电吸引以维持活性部位的正确构象。而第 195 位的丝氨酸，57 位的组氨酸和 102 位的天门冬氨酸则参与和底物结合，催化底物分子中敏感键的断裂。

3. 活性中心存在的实验证明

（1）切除法　对小分子的、结构已知的酶多用该法。切去一段肽链后，测剩余肽段有无活性；如果仍有活性，则表示被切去的一段与该酶的活性部位无关。

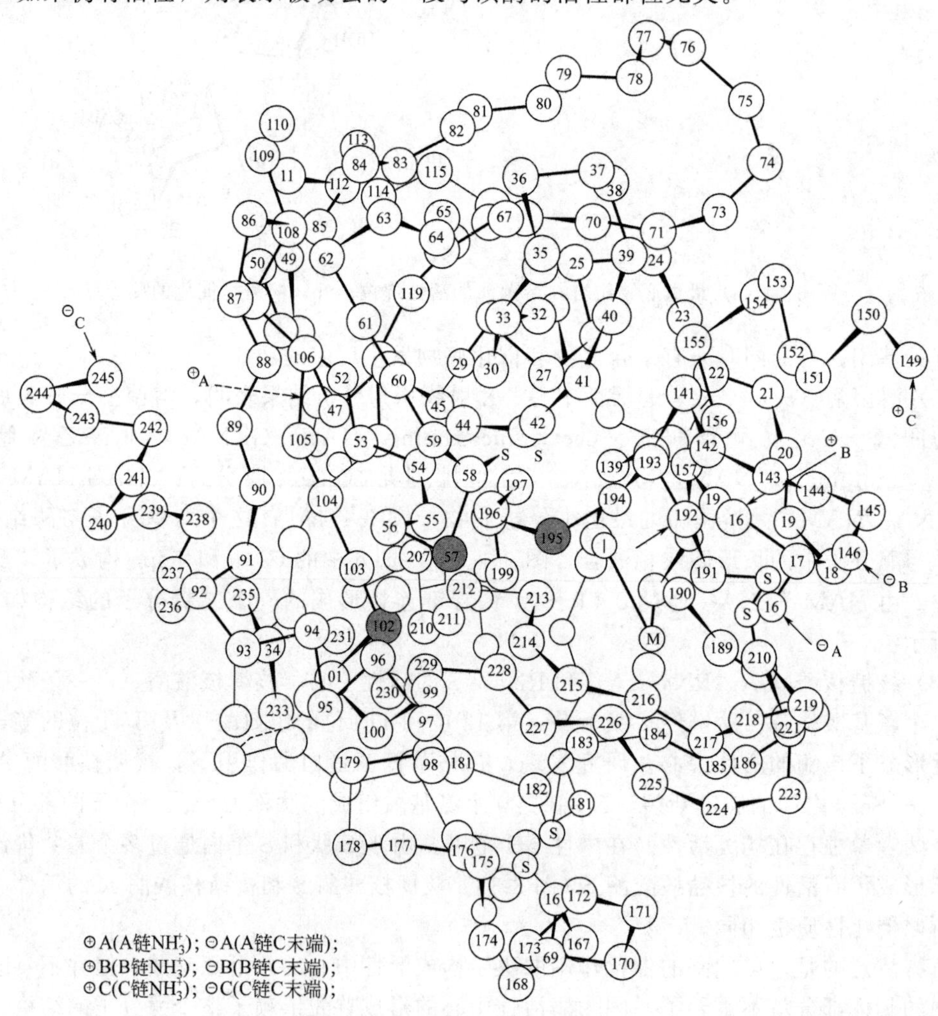

图 3-5　胰凝乳蛋白酶的构象

(2) 化学修饰法　也称共价标记法。一般来说，酶分子中氨基酸残基侧链上的各种基团，如羧基、羟基、巯基等，均为化学修饰的对象。当其被一定的化学试剂修饰后，观察酶活性的变化情况，结合其他方法，可以推断该基团是否为活性中心的基团，如胰凝乳蛋白酶活性中心的确定。使用二异丙基磷酰氟（DIFP），它可与胰凝乳蛋白酶第195位的丝氨酸结合而使酶失活。胰凝乳蛋白酶催化底物水解时，被水解肽键的羰基首先和酶形成一个共价的酰化酶中间复合物。酰基与酶分子中第195位丝氨酸的羟基相连，该丝氨酸侧链上的羟基有很强的化学活性；研究发现，胰凝乳蛋白酶分子中有27个丝氨酸残基，用带有放射性标记的二异丙基磷酰氟与酶作用后，用特异性方法如6mol/L的盐酸水解，结合顺序分析，发现DIFP与195位的丝氨酸结合[图3-6(a)]，说明195位的丝氨酸在酶分子中处于特殊的位置，为该酶活性中心的氨基酸。如果蛋白酶催化肽键水解的活性中心有丝氨酸残基参与，则称该酶为丝氨酸蛋白酶。

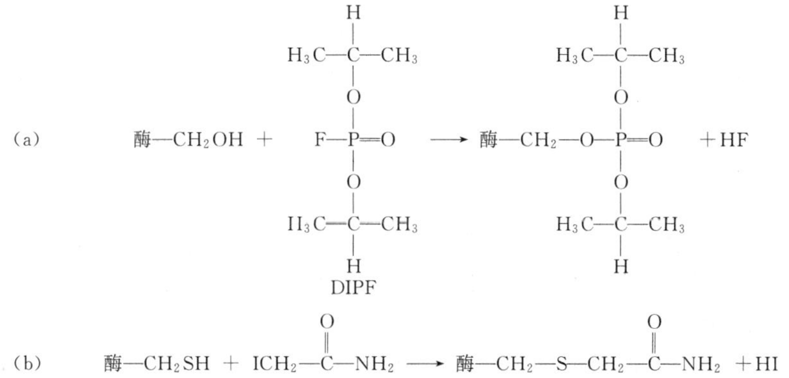

(a)
$$\text{酶}—CH_2OH + F—P(=O)[O—CH(CH_3)_2]_2 \longrightarrow \text{酶}—CH_2—O—P(=O)[O—CH(CH_3)_2]_2 + HF$$

DIPF

(b)
$$\text{酶}—CH_2SH + ICH_2—C(=O)—NH_2 \longrightarrow \text{酶}—CH_2—S—CH_2—C(=O)—NH_2 + HI$$

图3-6　化学修饰法证明酶的活性中心

(a) 二异丙基磷酰氟的结构及作用机制；(b) 碘乙酰胺的作用

由于胰核糖核酸酶A（RNaseA）作用的最适pH为7。人们预料可能它的两个组氨酸参与催化作用，His_{119}的咪唑环以酸型、His_{12}残基的咪唑环以碱型参与反应；化学修饰法证实了这种推测，核糖核酸酶A与烷化剂碘乙酸反应，导致His_{119}侧链咪唑基中的N_1和His_{12}侧链咪唑基中的N_3羧甲基化修饰而使酶丧失活性（图3-7）。底物或竞争性抑制剂存在时可保护核糖核酸酶不被修饰，但被碘乙酸钝化，活性降低。这些研究结果表明，His_{119}和His_{12}是核糖核酸酶活性必需的氨基酸，在酶的催化作用中以质子的供体（His_{119}）和质子的受体（His_{12}）起作用。Frederic Richards 和 Harold Wyckoff 用X射线结晶学的研究也证明了His_{119}和His_{12}处于酶的活性部位。

一些非特异性化学修饰方法也被用来研究酶的活性中心，该法是基于某些酶的活性中心含有的基团，在活性中心以外不存在或极少存在。这时可选用一些非特异性的试剂进行修饰。非特异性试剂，指不能区分活性部位内和活性部位外基团的试剂。如巯基蛋白酶的活性中心含有巯基，任何能与巯基反应的试剂都能抑制它们。木瓜蛋白酶、无花果蛋白酶、菠萝蛋白酶、中华猕猴桃蛋白酶及链球菌蛋白酶都属于巯基蛋白酶。木瓜蛋白酶存在于木瓜汁液中，其相对分子质量为33900，分子中有7个半胱氨酸残基，其中6个形成二硫键，只有1个以游离巯基（25位的半胱氨酸）形式存在于活性部位。采用任何一种巯基试剂如碘乙酸或碘乙酰胺与之反应形成共价化合物，都会使酶失活［图3-6(b)］。

(3) 亲和标记法　该法是根据酶与底物能特异性结合的性质，设计合成一种含有反应基团的底物类似物，作为活性部位基团的标记试剂，它能像底物一样进入酶的活性部位，并以其活泼的化学基团与酶活性部位的某些基团共价结合，使酶失去活性。如胰凝乳蛋白酶的最适底物为*N*-对甲苯磺酰-L-苯丙氨酸乙酯或甲酯［图3-8(b)］，而*N*-对甲苯磺酰苯丙氨酰氯甲基酮[TPCK,图 3-8(a)] 与 *N*-对甲苯磺酰-L-苯丙氨酸乙酯或甲酯的结构相似。在中性条件下，其分子中的氯甲基酮部分，使第 57 位组氨酸咪唑环被烷基化而形成 E-TPCK 衍生物而使酶失活。用^{14}C标记的 TPCK 与胰凝乳蛋白酶作用后，用专一性酶（胃蛋白酶）切发现，含 57 位组氨酸的肽段带有放射活性，而含 40 位组氨酸的肽段不带有放射活性。说明 TPCK 是与 57 位的组氨酸结合。

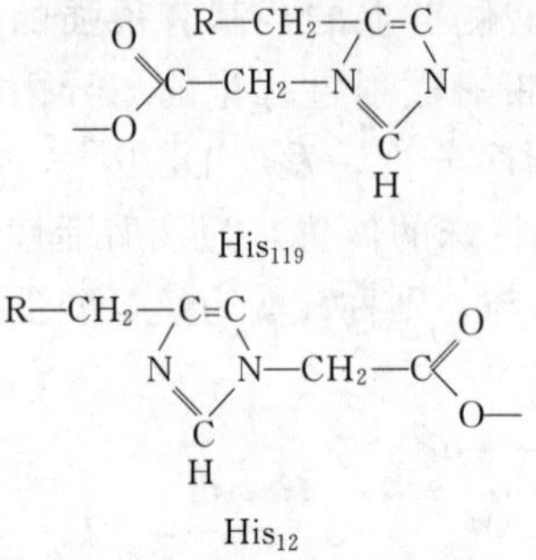

图 3-7　RNase 活性中心的 His_{119} 和 His_{12} 侧链的化学修饰

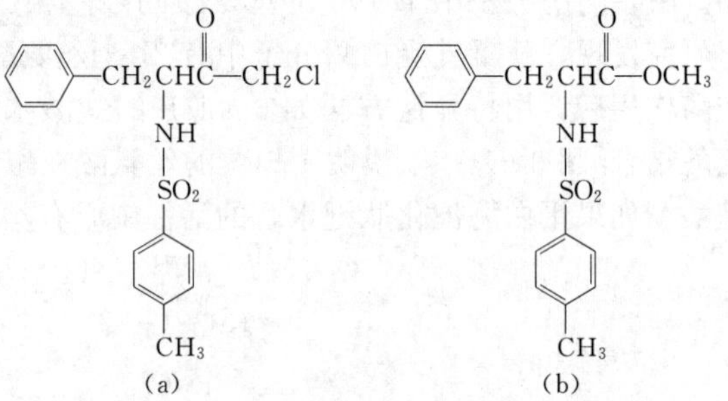

图 3-8　(a) TPCK 的结构；(b) *N*-对甲苯磺酰苯丙氨酸甲酯

(4) X 射线衍射分析法　可直接观察酶与底物的结合情况。把某一纯酶的 X 射线晶体衍射图谱与酶和底物反应后的 X 射线晶体衍射图谱相比较，即可确定酶的活性中心。

二、酶原及酶原的激活

有些酶（如消化系统中的各种蛋白酶）以无活性的前体形式合成和分泌，然后输送到特定的部位；当功能需要时，经特异性蛋白酶的作用转变为有活性的酶而发挥作用。此外还有执行防御功能的酶。这些不具催化活性的酶的前体称为酶原（zymogen）。如胃蛋白酶原（pepsinogen）、胰蛋白酶原（trypsinogen）和胰凝乳蛋白酶原（chymotrypsinogen）等。某种物质作用于酶原使之转变成有活性的酶的过程称为酶原的激活。使无活性的酶原转变为有活性的酶的物质称为致活素。致活素对于酶原的致活作用具有一定的特异性。因有特异性，致活素也可以看成是一种酶；致活作用也可以看作是酶的催化作用。

如胃蛋白酶原在 pH 小于 5 时可自我水解，切去 N-端的 44 个氨基酸残基组成的肽段而转变为有活性的胃蛋白酶；X 射线晶体衍射分析结果显示，在胃蛋白酶原分子中活性中心已经形成，但在中性 pH 条件下，由于 N-端 44 个氨基酸残基组成的肽段中的 6 个赖氨酸和精氨酸与胃蛋白酶分子中的天门冬氨酸和谷氨酸之间形成盐桥造成活性中心被封闭。特别是 N-端的一个赖氨酸与酶活性中心起催化作用的 Asp_{32}、Asp_{215}之间产生静电的相互作用，而不能表现催化活性。当 pH 小于 5 时，这些盐桥因天冬氨酸和谷氨酸侧链羧基的质子化而被破坏，导致构象变化使活性中心得以暴露出来。

又如胰蛋白酶原进入小肠后，在钙离子存在下，肠激酶切割酶原 Lys_6—Ile_7之间的肽键，使之失去 N-端的 6 个氨基酸残基后，肽链重新折叠而形成有活性的胰蛋白酶（图 3-9）。胰蛋白酶原被激活后，可作用于胰凝乳蛋白酶原、弹性蛋白酶原（proelastase）和羧肽酶原（procarboxypeptidase），使它们转变为相应的有活性的蛋白酶，故胰蛋白酶是胰脏中所有蛋白酶原的共同激活剂。

特定肽键的断裂所导致的酶原激活在生物机体中广泛存在，是生物体中存在的重要的调控酶活性的一种方式。哺乳动物消化系统中的几种蛋白酶以无活性的酶原形式分泌出来，使其达到特定的部位后发挥作用，这具有保护消化道本身的生物学意义。如果酶原的激活过程发生异常，将导致一系列疾病的发生。出血性胰腺炎（acute pancreatitis）的发生就是由于

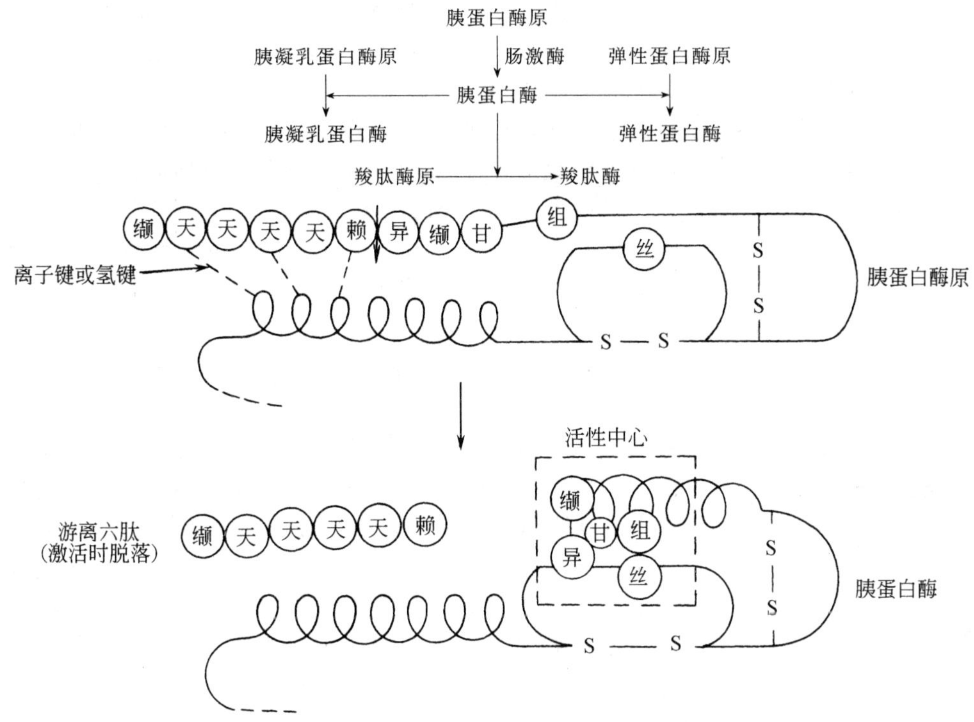

图 3-9 胰蛋白酶原的激活示意图

蛋白酶原在未进入小肠时就被激活，激活的蛋白酶水解自身的胰腺细胞，导致胰腺出血、肿胀、腹部严重疼痛并伴有恶心呕吐等症状。

在酶原激活过程中，酶原分子结构发生不同形式的变化。为什么多肽链经特定的蛋白酶的切割作用后可转变为有活性的酶? Joseph Kraut 研究了胰凝乳蛋白酶原的激活过程发现，胰凝乳蛋白酶原为含有 245 个氨基酸残基的单肽链蛋白质。在胰蛋白酶作用下，第 15 位精氨酸和第 16 位异亮氨酸之间的肽键断裂，形成有活性的 π-胰凝乳蛋白酶；后者再作用于另一分子的 π-胰凝乳蛋白酶，除去两个二肽分子（即 Ser_{14}-Arg_{15} 和 Thr_{147}-Asn_{148}）后，余下的三个肽段经两个链间二硫键相连，构象发生变化而形成有活性的 α-胰凝乳蛋白酶（图 3-10）。

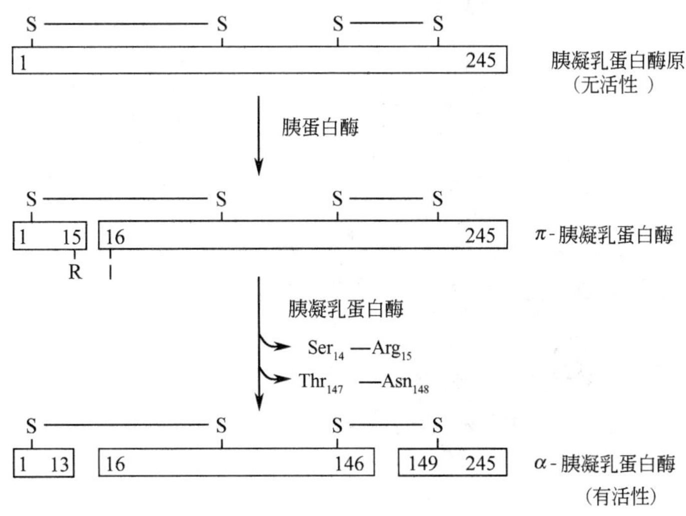

图 3-10 胰凝乳蛋白酶原的激活

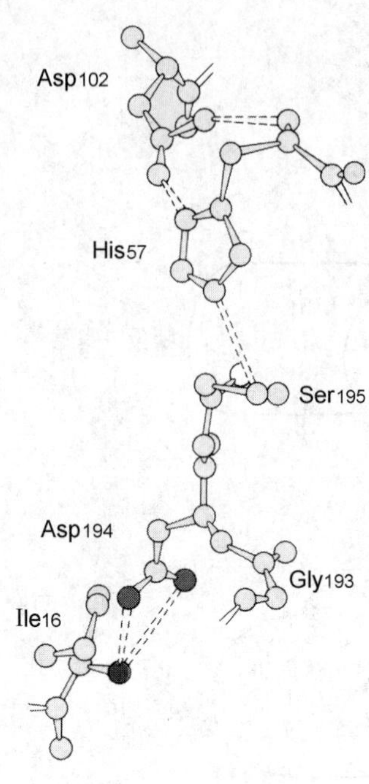

图 3-11　胰凝乳蛋白酶原激活过程中 Ile_{16} 和 Asp_{194} 的相互作用

X 射线衍射分析结果表明，新形成的第 16 位异亮氨酸的氨基向内和 Asp_{194} 的羧基之间的静电吸引触发了一系列构象的变化（图 3-11），特别是 192 位蛋氨酸，在酶原分子中它是深埋在分子内部的，由于 Ile_{16} 和 Asp_{194} 之间的静电吸引而移动到分子表面，Gly_{187}，Gly_{193} 变得比较伸展，形成了能与底物非极性大侧链结合的疏水“口袋”（见图 3-24）。与此同时，Ser_{195} 和 His_{57} 移位，与 Asp_{102} 形成接近线性的排列，相互之间以氢键相连，产生了有电荷中继网络（charge relay network）作用的活性中心。

上述经特定的一个或几个肽键的断裂，使无活性的酶原变为有活性的酶的过程是一个不可逆的过程；因此需要专一性蛋白酶抑制剂的存在，以防止万一因胰蛋白酶等的形成而导致超前的激活作用，这是生物体内的一项双重保险措施；如胰脏中存在的胰蛋白酶抑制剂，相对分子质量为 6×10^3，能与胰蛋白酶的活性部位紧密结合而使该酶的活性被抑制。X 射线分析也证明，胰蛋白酶抑制剂是一个有效的底物类似物，它的 Lys_{15} 深入酶的活性部位与酶活性部位中 Asp_{189} 的侧链形成盐键（图 3-12）。此外，胰蛋白酶和它的抑制剂的侧链之间可形成许多氢键，且和真正的底物所形成的氢键一样，抑制剂对胰蛋白酶的亲和力很高。

α_1-胰蛋白酶拮抗物（α_1-antitrypsin），也称为 α_1-蛋白酶拮抗物（α_1-antiproteinases），是一个相对分子质量为 53×10^3 的血浆蛋白质，可保护组织免受弹性蛋白酶的水解作用，且它对弹性蛋白酶的抑制作用大于对胰蛋白酶的抑制作用，所以更准确地说应称它为弹性蛋白酶拮抗物；该抑制剂能与酶的活性部位不可逆结合而使酶失活。有的肺气肿（emphysema）患者（弹性蛋白酶拮抗物基因遗传缺陷患者）血清中该抑制剂的水平很低，仅为正常人的

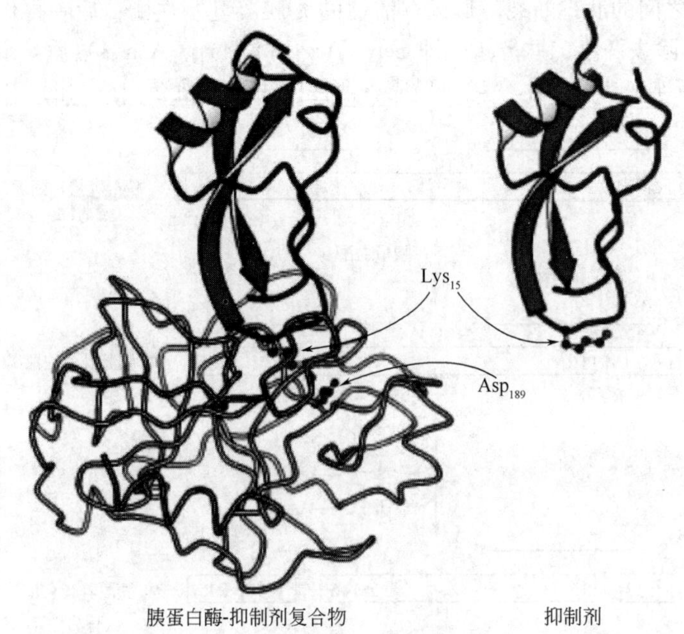

图 3-12　胰蛋白酶与其抑制剂的相互作用

15%。其结果是，过量的弹性蛋白酶消化弹性纤维及其他的结缔组织蛋白质而导致肺气肿。该病患者肺泡的弹性比正常人小，造成呼吸困难。吸烟者患肺气肿的可能性更大，其原因是：吸烟使抑制剂分子中 Met_{358} 被氧化；该蛋氨酸是弹性蛋白酶与抑制剂结合所必需的氨基酸。蛋氨酸的侧链是一种引诱剂（bait），可选择性的诱捕弹性蛋白酶。蛋氨酸氧化后的产物蛋氨酸亚砜（sulfoxide），不能诱捕弹性蛋白酶，不能保护组织免受弹性蛋白酶的水解作用而导致肺气肿（图 3-13）。

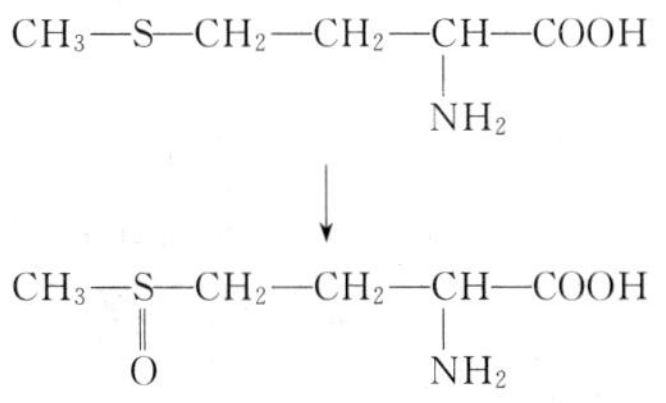

CH3—S—CH2—CH2—CH—COOH
NH2
CH3—S—CH2—CH2—CH—COOH
O
NH2

图 3-13　蛋氨酸氧化为蛋氨酸亚砜

第四节　酶催化作用的机理

酶是由活细胞产生的生物催化剂，且有催化效率高，具高度专一性等特点。酶是如何催化的？哪些因素促成酶具有高的催化效率？物理化学的研究结果表明，在一个化学反应中，反应只向自由能减少、熵增加的方向进行。反应物过渡态（transition state）的形成是反应进行的关键步骤；过渡态指在反应物转变为产物过程中存在的不稳定的化学结构，过渡态具有较高的能量，化学键正处在断裂或形成的过程之中。酶通过稳定过渡态，降低活化能以增加反应速度。

一、酶依靠降低活化能加速化学反应

一个简单的酶促反应可以下式表示：

$$E+S \rightleftharpoons ES \rightleftharpoons EP \rightleftharpoons P+E$$

式中，E，S 和 P 分别代表酶、底物和产物；ES 代表酶和底物的复合物。按照能量学的观点，任何一个化学反应的发生，即产物的生成与过渡态的能量状态有关。任何一个反应从反应物（S）到产物（P）生成过程中的自由能变化可由下面的坐标图来表示（图 3-14）。为了描述一个化学反应的自由能变化，化学家规定一个反应系统的标准状态是指温度为 25℃（298K），每种气体的分压是一个大气压或（101.3kPa），溶质的浓度都定为 1mol/L。在此条件下的自由能变化称为标准自由能变化（standard free energy change），以 $\Delta G'^{\circ}$ 表示。由于生物化学系统中的氢离子浓度一般离 1mol/L 差得很远，因此规定生物化学反应系统中的标准状态为：系统的 pH＝7.0，水的浓度为 55.5mol/L；如果有镁离子（Mg^{2+}）参加反应，其浓度通常定为 1mmol/L。这些条件下的自由能变化称为生物化学标准自由能变化（biochemical standard free energy change），用 $\Delta G'^{\circ}$ 表示。催化剂包括生物催化剂酶，只能加快反应达到平衡点的时间，

过渡态
自由能G
ΔG≠uncat
ΔGB
≠
ΔG≠cat
S
ES
EP
ΔG′°
P
反应历程

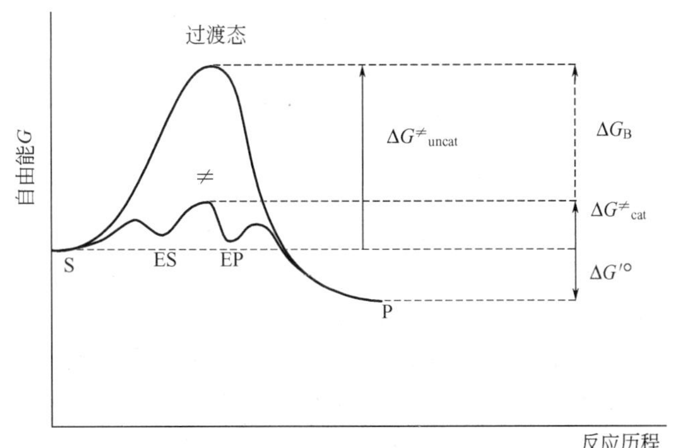

图 3-14　反应历程-能量变化曲线

$\Delta G^{\neq}_{uncat}$——非催化反应的活化能；$\Delta G^{\neq}_{cat}$——酶催化反应的活化能；ΔG_B——结合能

即加快反应物和产物的相互转化，不能改变这个反应达到平衡时的状态和方向。

一个能量上有利的反应并不意味着从反应物到产物的转变能在可检出的水平发生。从反应物S到产物P的转变存在着一个能量壁垒（能阈）。这个能量壁垒是进行反应基团的排列、形成瞬时不稳定带电基团进而进行化学键重排所必需的。反应物分子从“基态”转变到“激发态”（过渡态）所需的能量被称为活化能（activation energy，ΔG^{+}），活化能值决定一个化学反应的速度。所需活化能越高，反应速度越慢。酶和其他催化剂一样，它不能改变一个生化反应的平衡点，但酶和底物的相互作用可以降低活化能，加快反应到达平衡的速度。这个普遍原理可用蔗糖和氧反应生成水和二氧化碳的例子来说明。

$$C_{12}H_{22}O_{11}+12O_2 = 12CO_2+11H_2O$$

蔗糖要直接氧化成二氧化碳和水存在巨大的能障即需要巨大的活化能，因此蔗糖可储存在含氧的容器中长时间没有任何变化。在生物体内，蔗糖氧化为二氧化碳和水是由一系列酶催化的过程。蔗糖很容易被氧化为二氧化碳和水，这种转换有一个巨大的负自由能差。蔗糖氧化所产生的能量可转化为其他的化学能（如ATP），以使细胞可以利用这些能量去完成其他工作。

实际上任何化学反应都有一些被称为“反应中间体”（reaction intermediates）的瞬间化合物中间体的形成和分解的步骤。在一个酶促反应中，ES和EP复合物都是中间体，它们位于坐标图（图3-14）中的低谷处。

各类酶是卓越的催化剂。酶可以提高反应速度的范围在5～17个数量级，即10^5～10^{17}倍。酶催化反应具有高度的特异性，酶能够区分结构上非常相似的底物。这是因为以下两个原因。

（1）酶促反应过程中的共价键重排　在酶与底物的功能基团（如氨基酸侧链上的各种基团、金属离子以及辅酶）之间发生多种类型的反应。酶分子中的功能基团也可与底物发生瞬间的相互作用，激活底物参加反应。或者底物上的一些基团会临时性地被转移到酶的基团上；这些反应通常发生在酶的活性部位，它们以这种方法降低活化能，提供了另一种低能的反应途径，促进反应的进行。

（2）酶和底物之间非共价的相互作用　许多用于降低活化能的能量来自于酶和底物之间弱的非共价的相互作用，这些弱的非共价的相互作用是酶和非酶催化真正的不同之处。酶能与底物形成特殊的ES复合物，在ES复合物中，每个非共价的相互作用力（如氢键、疏水的相互作用、范德华力和离子键等）的形成都伴随着小量自由能的释放；许多弱相互作用的集合促进ES复合物的稳定性。生物化学家们把这些酶与底物之间的相互作用力称作酶-底物结合能（binding energy，ΔG_B）。这种结合能是酶用于降低反应的活化能所需自由能的主要来源。许多酶的催化能力都是衍生自酶和底物之间多重的弱键和非共价相互作用释放的自由能。同时，弱相互作用降低了一个生化反应的活化能。酶分子活性中心不是互补于底物本身，而是互补于激发态底物。通过激发态底物转换成反应产物。

二、一般酸-碱催化

许多生物化学反应涉及不稳定的带电荷中间体的形成及它们的迅速分解。对于非酶促反应来说，质子转移只涉及水的成分或其他弱的质子供体或受体，在通过质子转移进行催化的化学反应中，这种只涉及水中的H^+（H_3O^+）和OH^-的催化称为特殊的酸-碱催化（specific acid-base catalysis），即H^+和OH^-对反应的加速；由于酶促反应的最适pH一般接近中性，细胞内H^+和OH^-的浓度十分有限，因此H^+和OH^-的催化在酶促反应中的重要性不大；一般酸-碱催化（general acid-base catalysis），是指质子供体和质子受体形成的酸碱催化。一般酸是指能释放质子（H^+）的任何物质；一般碱指能接受质子的任何物质；在酶的活性部位上，有许多氨基酸的侧链基团（如谷氨酸和天门冬氨酸的侧链羧基，赖氨酸和精氨酸侧链上的—NH_3^+，组氨酸的咪唑基等）都可充当质子的供体或质子的受体，有些还可作为亲核体（nucleophiles）。质子转移是最普通的生物化学反应，质子的转移过程可降低反应过渡态的自由能，在特定的 pH 条件下发生催化作用。

三、共价催化

在共价催化（covalent catalysis）中，酶与其专一性底物反应可形成瞬间的共价键，如反应物 A—B 水解的反应可表示为：

$$A—B \xrightarrow{H_2O} A+B$$

若有共价催化剂如具有亲核基团 X：的酶存在时，上述反应可写为：

$$A—B+X: \longrightarrow A—X+B \xrightarrow{H_2O} A+X: +B$$

酶分子上的许多基团（如赖氨酸的 ε-氨基，组氨酸的咪唑基，半胱氨酸的—SH 等以及酶的辅酶）在与底物形成共价键时都可充当亲核体，这些共价复合物进一步反应放出酶。酶与底物之间共价键的形成可激活底物，促进底物转变为产物。

四、金属离子催化

金属离子在许多酶的催化反应中起重要的作用。无论是与酶紧密结合的金属离子（如金属酶分子中的金属离子）或是从底物溶液中吸收的金属离子，可以不同方式参与催化，这种催化方式称金属离子催化（metal catalysis）。与酶结合的金属离子和底物之间离子的相互作用可使底物适当定向，以利于反应的发生或稳定带电荷的过渡态中间物；金属离子和底物之间弱的相互作用可释放少量自由能，这与酶-底物之间的结合能相似；金属离子氧化态的可逆变价能够介导氧化还原反应等。

如烯醇化酶（enolase）催化 2-磷酸甘油酸（2-phosphoglycerate，2-PGA）转变为磷酸烯醇式丙酮酸（phosphoenolpyruvate，PEP）的反应。酵母烯醇化酶的相对分子质量为 93316，是一个二聚体；每个亚基含有 436 个氨基酸残基。在催化反应中，酶活性部位上的赖氨酸（Lys_{345}）充当一般的碱催化剂，从底物 2-磷酸甘油酸的 C-2 位上接受一个质子［图 3-15(a)］；而 Glu_{211} 充当一般的酸催化剂可提供一个质子；2-磷酸甘油酸 C-2 位上的质子其

(a) 2-PGA结合到酶上 —①→ 烯醇式中间物 —②(HOH)→ 磷酸烯醇式丙酮酸

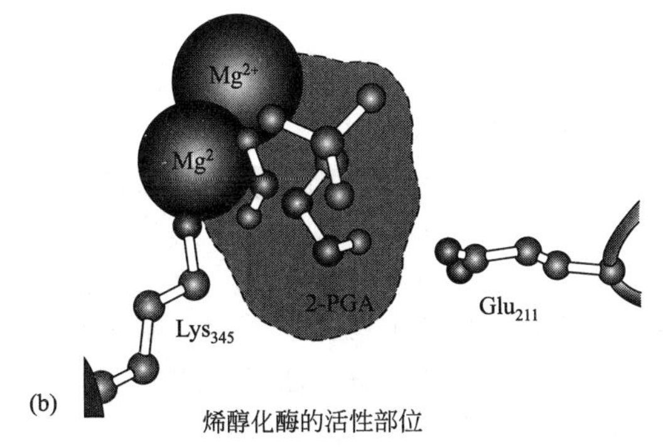

烯醇化酶的活性部位

图 3-15 (a) 烯醇化酶催化的反应；(b) 2-PGA 与酶活性部位的结合

酸性较弱不易除去，但酶活性部位中的两个镁离子（Mg^{2+}）可与 2-PGA 发生强的离子型相互作用，使 2-磷酸甘油酸 C-2 位上质子的酸性增强；两个 Mg^{2+} 离子产生稳定的烯醇式中间物。Glu_{211} 充当一般的酸催化剂可促进羟基（—OH）的离去，生成产物磷酸烯醇式丙酮酸。因此，在烯醇化酶催化的反应中，除金属离子催化外，还有一般的酸碱催化等。

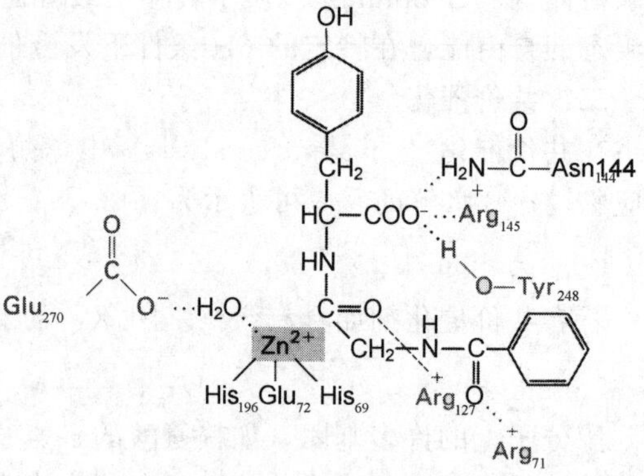

图 3-16　底物与羧肽酶 A 活性部位结合示意图

五、酶执行催化功能的几个实例

1. 羧肽酶 A 的结构及催化机理

羧肽酶 A（carboxypeptidase A）是哺乳动物胰脏产生的一种含锌的蛋白酶，属于金属蛋白酶（metalloproteinase）。它专一性水解多肽链羧基端的肽键，是一种外肽酶。若羧基端的氨基酸为芳香族氨基酸或具有大的非极性侧链的氨基酸时它的水解速度最快。1967 年，William Lipscomb 及其同事对该酶作出 0.2nm 分辨率的三维结构分析；羧肽酶 A 分子中含有 307 个氨基酸残基，一条肽链盘绕折叠成致密的椭球形结构；α 螺旋肽段约占 38%，β 折叠肽段约占 17%。活性部位在分子表面的深沟内。Glu_{270}，Arg_{71}，Arg_{127}，Arg_{145} 和 Tyr_{248} 是活性部位必需的氨基酸（见图 3-16）；此外，锌离子也位于活性部位，是酶的催化活性所必需的；锌离子与 His_{69}、His_{196}、Glu_{72} 残基的侧链及一分子水配位结合［图 3-17(a)］，锌离子附近的袋形空穴可容纳多肽底物末端氨基酸的疏水侧链。

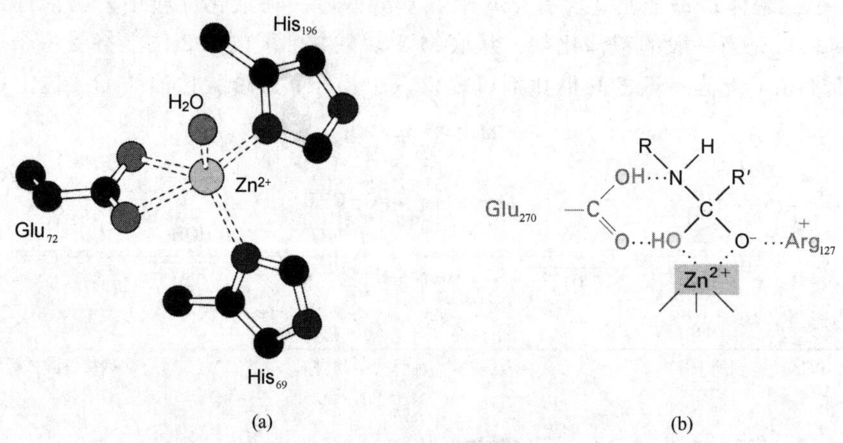

图 3-17　(a) 羧肽酶 A 活性部位中的锌离子；(b) 羧肽酶 A 催化反应中的过渡态类似物

在羧肽酶 A 的催化机理中，有两点特别值得注意：

(1) 酶和底物结合并进行反应　底物分子向酶的活性部位靠近并结合，底物诱导酶的构象发生改变，特别是酶的活性部位的结构；羧肽酶 A 与底物结合时发生的构象变化如图 3-18 所示。

羧肽酶 A 如何识别多肽底物的羧基末端并切下羧基端的氨基酸？Daniel Koshland 利用一个能被酶缓慢水解的底物类似物（如 *N*-苯甲酰甘氨酰酪氨酸）与酶结合的复合物，研究了解到酶的活性部位在结合底物后发生的大的结构重排（图 3-16），并提出了酶作用的诱导锲合模型。三种非共价的相互作用对羧肽酶 A 识别其多肽底物的羧基末端并切下羧基端的

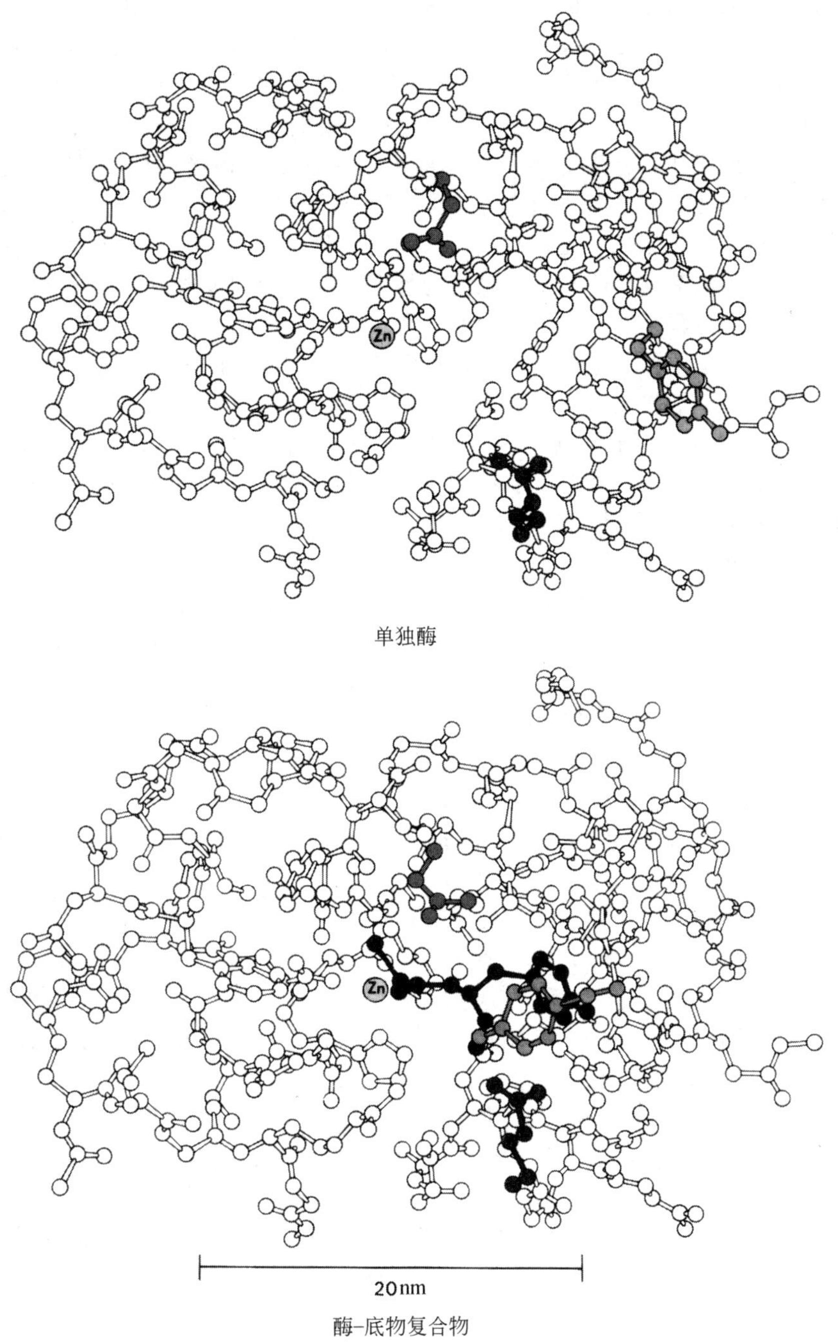

图 3-18　羧肽酶 A 与底物结合时发生的构象变化

氨基酸特别重要。羧肽酶 A 与底物类似物结合后，酶的 Tyr_{248} 残基的酚羟基从分子表面向底物的末端羧基靠拢并与末端 COO—形成氢键，这种移动的重要结果是它关闭活性中心穴并把水分子逐出。在这个转变中，Arg_{145} 的胍基侧链移动 0.2nm 而与底物末端羧基形成盐键，末端羧基还与 Asn_{144} 的侧链酰胺基形成氢键；同时底物羧基端的疏水残基跌进酶的疏水口袋内。这个事实解释了羧肽酶 A 为什么需要含芳香环的或大的脂肪族侧链的氨基酸的原因。

(2) 锌离子激活酶活性部位的水分子，使水的反应性明显增加　蛋白质和肽在中性 pH 环境中是稳定的，因为水不容易攻击肽键。因此，羧肽酶 A 催化作用的关键是激活水分子。这是由活性部位的锌离子在邻近 Glu_{270} 侧链羧基的帮助下完成的。事实上，与锌离子结合的水分子的行为像一个氢氧根离子（OH^-）；催化过程的第一步是被激活的水分子中的亲核氧原子攻击要被剪切肽键中的羰基碳原子；同时 Glu_{270} 还从水接受一个质子，由于与锌离子（Zn^{2+}）、Arg_{127} 侧链上的正电荷之间的静电吸引，形成了一个稳定的带负电荷的四面体中间复合物［图 3-17(b)］；第二步是从 Glu_{270} 的羧基转移一个质子到末端肽键的亚氨基上；这样，谷氨酸羧基的负电荷与产物羧基负电荷的静电排斥，使肽键断裂，把产物从酶的活性部位释放出来。从整个过程来看，由于底物的结合诱导酶分子构象特别是活性部位的结构的一系列变化，使底物分子中的敏感键完全契合在酶活性部位各个催化基团的包围之中，极大地促进了锌离子对水的激活作用（图 3-18）。

综上所述，在羧肽酶 A 的催化中，有诱导契合、锌离子的亲电催化、酸碱催化（通过 Glu_{270} 而实现）以及 Arg_{127} 的静电吸引作用等。若以赖氨酰-酪氨酸为底物，羧肽酶不会发生构象的改变，赖氨酰-酪氨酸不能被水解。

2. 胰凝乳蛋白酶的催化机理

像羧肽酶 A 一样，胰凝乳蛋白酶也是一种来自哺乳类动物的蛋白水解酶，但是它们的底物特异性和催化机理都不一样，胰凝乳蛋白酶的生物学功能是在小肠中催化蛋白质的水解。它选择降解带芳香环侧链的氨基酸（如酪氨酸、色氨酸和苯丙氨酸）和大的疏水侧链的氨基酸（如甲硫氨酸）残基的羧基一边的肽键。胰凝乳蛋白酶是一种丝氨酸蛋白酶（serine proteases），胰蛋白酶（trypsin）和凝血酶（thrombin）也属于丝氨酸蛋白酶。

(1) 丝氨酸蛋白酶类（如胰凝乳蛋白酶）在催化时使底物的一部分共价附着于酶。除了水解肽键之外，胰凝乳蛋白酶也水解酯键；许多关于胰凝乳蛋白酶催化机制的知识来自于这个酶水解简单酯类的研究。最初的研究使用对硝基苯酚乙酯为底物，当加入一定量的酶时会爆发性地产生对硝基酚产物，其后这种产物的形成进入较低速的稳定状态（图 3-19）。

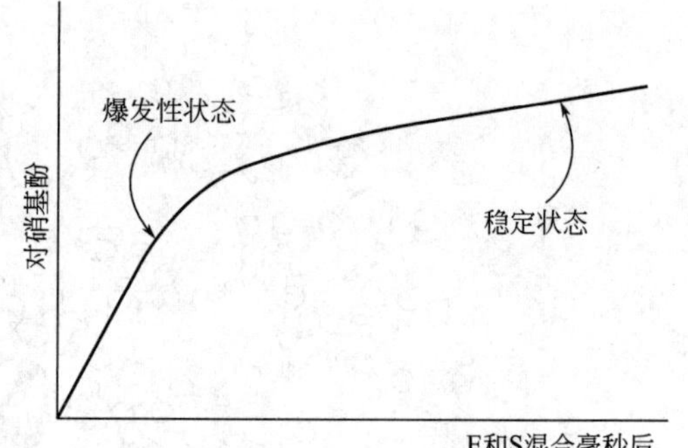

图 3-19　胰凝乳蛋白酶催化底物反应时产物产生的两个状态（爆发性的和稳定的状态）

胰凝乳蛋白酶催化肽键或酯键的水解分成两个阶段。第一阶段是对硝基苯酚乙酯和胰凝乳蛋白酶结合形成一个酶-底物复合物（ES），底物的酯键随后被切开；产物之一对硝基苯酚从酶分子上释放出来，而底物的乙酰基被共价结合在酶分子上形成一个乙酰化酶中间体［图 3-20(a)］。第二阶段是水分子进攻乙酰化酶中间体复合物产生乙酸根离子并重新产生游离的酶分子［图 3-20(b)］。

在反应开始阶段对硝基苯酚的爆发式产生相当于乙酰化酶复合物的形成，这个阶段叫做“酰化作用（acylation）”；后续的对硝基苯酚产生的较慢稳定状态，相当于乙酰化酶复合物的水解产生游离酶；这阶段叫做“脱酰化作用（deacylation）”，它比第一阶段慢得多。这一步决定了胰凝乳蛋白酶进行酯水解反应的全部速度，即“限速步骤”。胰凝乳蛋白酶的这种催化机制可用下式表示：

$$E+S \rightleftharpoons ES \longrightarrow E\text{-}P_2+P_1 \longrightarrow E+P_2$$

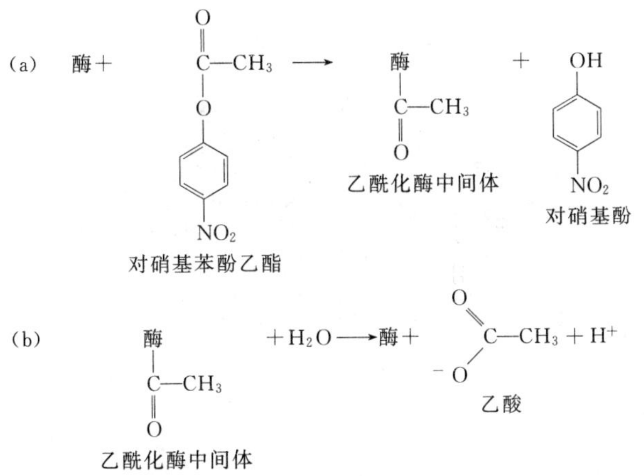

(a) 酶＋ $CH_3-C(=O)-O-C_6H_4-NO_2$ ⟶ 酶$-C(=O)-CH_3$ ＋ $HO-C_6H_4-NO_2$

对硝基苯酚乙酯　　乙酰化酶中间体　　对硝基酚

(b) 酶$-C(=O)-CH_3$ $+H_2O \longrightarrow$ 酶＋ $^{-}O-C(=O)-CH_3 + H^+$

乙酰化酶中间体　　乙酸

图 3-20 (a) 胰凝乳蛋白酶催化过程中乙酰化酶中间体的形成；(b) 乙酰化酶中间体的水解

式中，P_1 可以是肽底物的氨基化合物成分，E-P_2 是共价中间体，P_2 则是底物中含羧基的成分。显然，这种催化机制的特点是产生共价中间体，如第一阶段乙酰基共价结合于酶分子上形成乙酰化酶，第二阶段形成的 E-P_2 是一个羧化中间体。实验证明，E-P_2 中间体在 pH3.0 的环境中特别稳定，羧基是结合在胰凝乳蛋白酶 Ser_{195} 残基侧链羟基的氧原子上。这个丝氨酸残基特别活跃，它能特异性地被有机磷酰氟标记（如二异丙基磷酰氟 DIPF），DIPF 仅和 Ser_{195} 反应形成一个灭活了的二异丙基磷酰氟化酶复合物，该复合物十分稳定；而酶分子中的其他 Ser 都不与 DIPF 反应，这种具有高度反应活性丝氨酸残基的蛋白水解酶称为丝氨酸蛋白酶。

（2）胰凝乳蛋白酶的丝氨酸、组氨酸和天冬氨酸残基组成酶的催化三联体　胰凝乳蛋白酶的催化功能依赖于活性部位的 Ser_{195} 残基。一般来说，$—CH_2OH$ 基团在生理条件下是十分不活泼的，为什么胰凝乳蛋白酶活性中心的 Ser_{195} 有高的化学活性呢？X 射线衍射分析显示出，酶的 His_{57} 靠近 Ser_{195}（图 3-21），Asp_{102} 的羧基埋在酶蛋白分子内部也靠近 His_{57}；酶活性部位的这三个氨基酸残基构成了催化三组合（三联体，catalytic triad）。

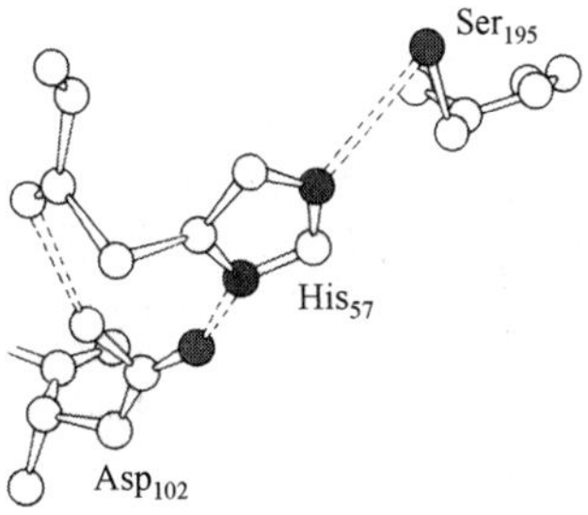

Ser_{195}　His_{57}　Asp_{102}

图 3-21　胰凝乳蛋白酶活性部位中的催化三联体

在没有底物存在时，His_{57} 处于非质子化状态；当 Ser_{195} 羟基中的氧原子对底物进行亲核攻击时，His_{57} 的咪唑基团接受来自 Ser_{195} 羟基的一个质子以求平衡；Asp_{102} 的羧基与组氨酸带正电荷的咪唑基以氢键结合以稳定激发态时 His_{57} 带正电荷的咪唑基，使组氨酸正确定位。这样，三个氨基酸的侧链构成了一个电荷接力系统（charge relay system）图 3-22 反应①，在催化底物反应中，直接参与电子的接受和传递。

（3）胰凝乳蛋白酶催化形成临时四面体中间体　从多个 X 射线晶体学和化学研究资料已推断出一个合理的胰凝乳蛋白酶催化模型（图 3-22）。酶的 His_{57} 和 Ser_{195} 直接参与底物敏感肽键的切割。肽键的水解起始于 Ser_{195} 残基羟基中的氧原子对敏感肽键中羰基碳原子的亲核进攻，造成羰基中的碳-氧键成为单键；因而氧原子获得一个净负电荷，于是四个原子和羰基碳原子键合，并以羰基碳原子为中心排列在一个四面体的顶端。这就使原来的羰基氧原子成为氧负离子并与 Ser_{195} 和 Gly_{193} 两个氨基酸残基的主链 NH 基团形成两个氢键得以稳定（反应②），这个位点称为“氧负离子洞”（oxyanion hole）（图 3-23）。

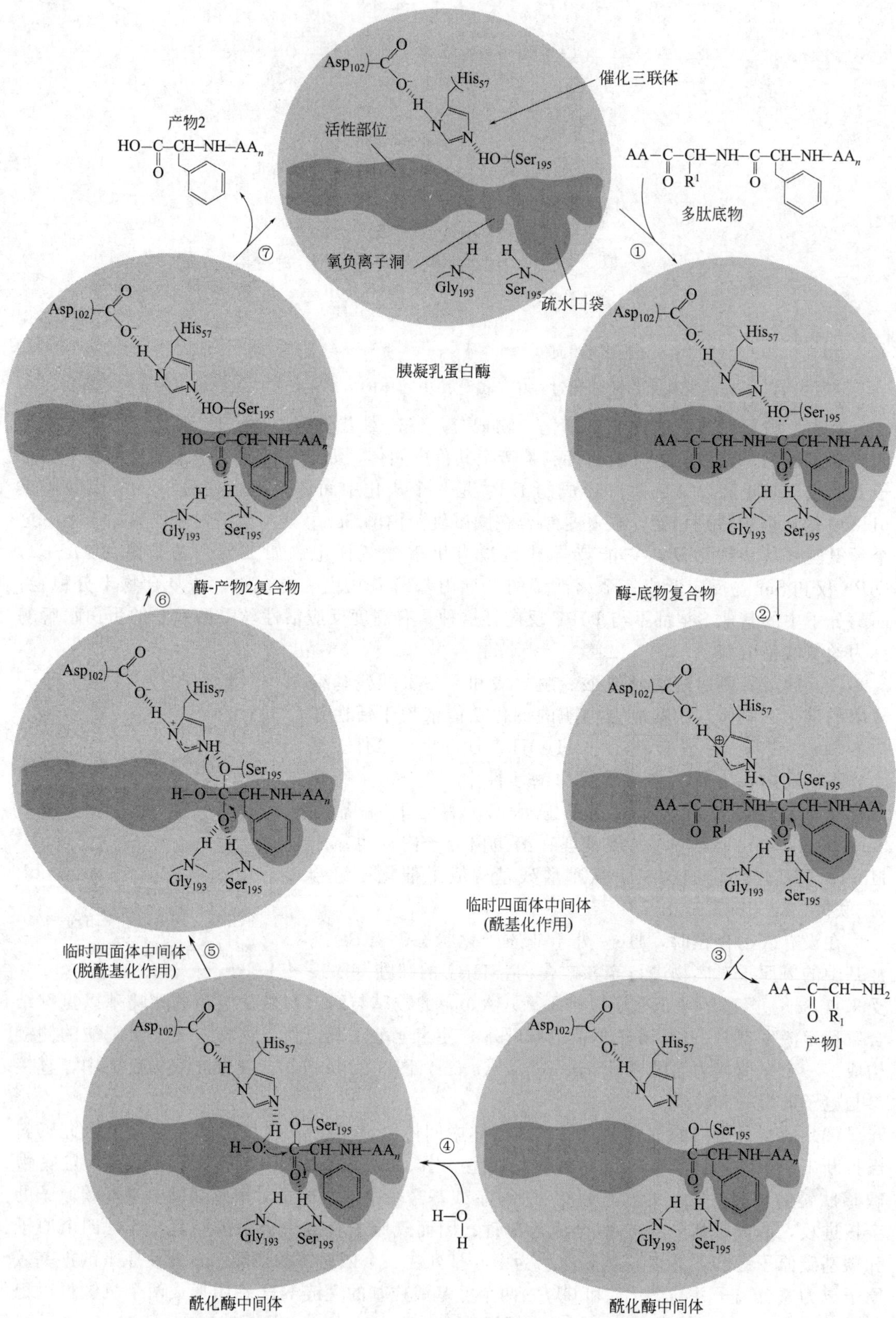

图 3-22　胰凝乳蛋白酶催化肽键断裂的过程

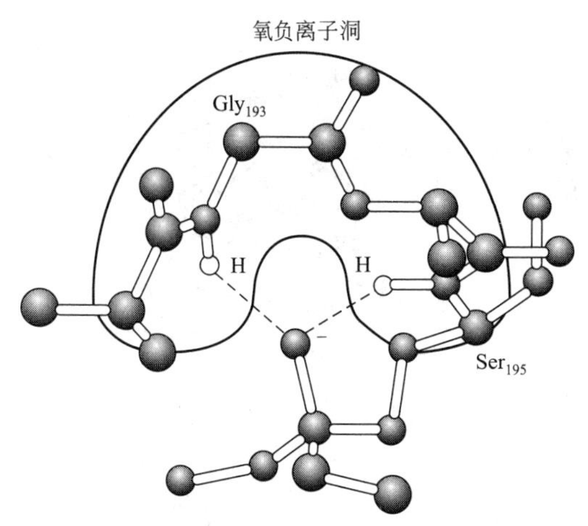

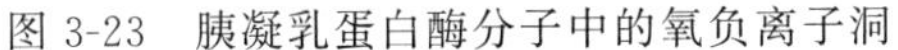
图 3-23 胰凝乳蛋白酶分子中的氧负离子洞

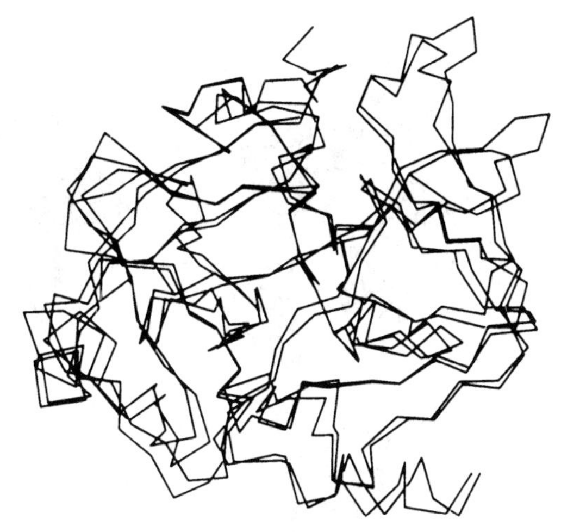
图 3-24 弹性蛋白酶和胰凝乳蛋白酶的构象

这种四面体过渡态（tetrahedral transition state）形成的另一个必须事件是把 Ser_{195} 上的质子转移给 His_{57} 的咪唑基。催化三联体的存在极大地促进了这个质子的转移过程，因为 Asp_{102} 残基的侧链羧基精确地对准 His_{57} 的咪唑环，部分中和了质子转移产生的正电荷；最后，咪唑基结合的质子被转移给敏感肽键的氮原子，于是肽键被切开。此时产生的游离氨基以氢键形式结合在 His_{57} 的咪唑环上，而底物的羧基成分被酯化在 Ser_{195} 的羟基上。氨基成分最后游离，完成了水解反应的酰基化阶段（图 3-22 反应③）。

酶的脱酰基化阶段基本上是酰化阶段的逆反应。首先一水分子占据原底物酰胺基占据的位置；His_{57} 从水分子上吸收一个质子，产生的 OH^- 离子直接进攻结合在 Ser_{195} 残基的羰基碳原子（图 3-22 反应④）。与酰基化阶段一样，一个临时四面体中间体形成，His_{57} 残基的咪唑基最后把质子贡献给 Ser_{195} 残基的氧原子。于是丝氨酸残基最后释放底物的羧基成分。这个羧基成分最后被扩散出来，以便胰凝乳蛋白酶进入另一轮的催化循环（图 3-22 反应⑤⑥⑦）。

在上述的催化过程中，有一般的酸碱催化、共价催化等。

胰蛋白酶和弹性蛋白酶在许多方面与胰凝乳蛋白酶相似。

① 这三个酶的氨基酸排列顺序，40%是相同的，特别是活性部位中 195 位丝氨酸周围的氨基酸顺序，都是 Gly-Asp-Ser-Gly-Gly-Pro；

② X 射线分析揭示出三个酶的构象十分相似（图 3-24）；

③ 三个酶中都存在 Asp_{102}-His_{57}-Ser_{195} 催化三组合结构，因而有相似的催化机理；

④ 三个酶刚分泌出来时，都是以无活性的前体形式存在，经单一肽键的断裂而被激活。

尽管这三个酶在三维结构和催化机理方面都十分相似，但它们的底物专一性完全不同。胰蛋白酶专一性水解赖氨酸和精氨酸的羧基参与形成的肽键；胰凝乳蛋白酶专一性水解芳香族氨基酸，如苯丙氨酸、酪氨酸和色氨酸以及大而疏水的氨基酸（如甲硫氨酸）的羧基形成的肽键；弹性蛋白酶对小分子的氨基酸如丙氨酸和丝氨酸是专一的；X 射线分析研究证明，专一性上的差别正是由于结合氨基酸侧链的“口袋”的一些变化。胰凝乳蛋白酶分子中有一个较宽的、结合大的、疏水侧链的“口袋”，主要由非极性残基组成。“口袋”底部为两个甘氨酸（图 3-25），以利于大侧链的芳香族氨基酸的进入。胰蛋白酶分子中底物结合“口袋”的构象与胰凝乳蛋白酶中的相似，只是“口袋”底部的残基是带负电的 Asp_{189}（图 3-25），以利于和碱性氨基酸赖氨酸和精氨酸侧链上带正电荷的氨基形成离子键；弹性蛋白酶“口

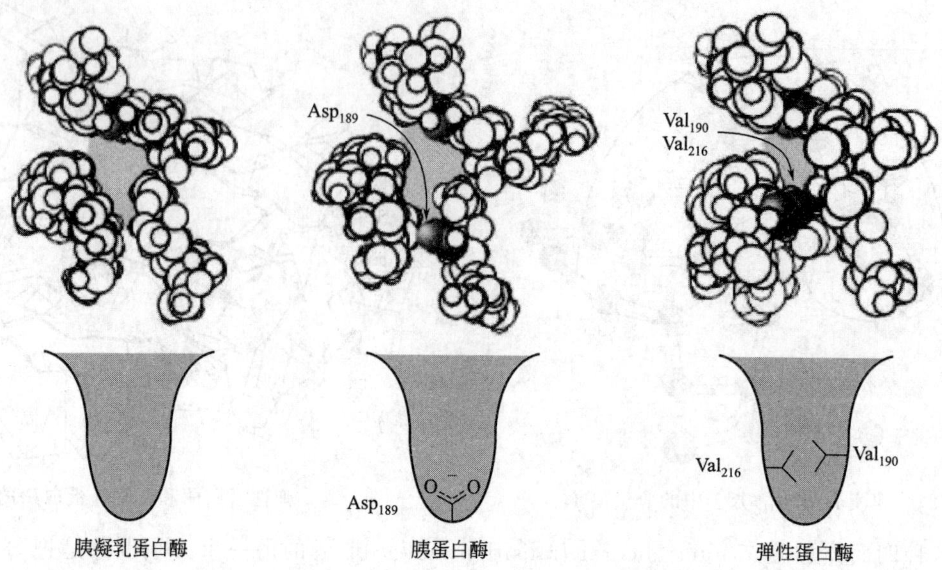

图 3-25　简化的酶底物结合部位的结构

袋”底处为 Val_{216} 和 Val_{190}，可防止大侧链的氨基酸进入“口袋”，而只允许小分子的氨基酸如丙氨酸进入。

3. 胃蛋白酶的催化作用机理

胃蛋白酶是典型的天冬氨酰蛋白酶（aspartyl proteases），即其活性中心起关键催化作用的是 Asp 残基。胃蛋白酶存在于胃液中，一条肽链，相对分子质量为 35000；其作用的最适 pH 在 2～3。Michael Jame 用 X 射线晶体衍射分析法研究证明，胃蛋白酶的活性中心含有一水分子，水分子的两翼是 Asp_{215} 和 Asp_{32}（图 3-26）。当一个天冬氨酸为离子化形式，另一个为非离子化形式时酶才表现其催化活性；天冬氨酸侧链羧基的 pK_a 约为 4.5，而在胃蛋白酶活性部位的非离子化形式的天冬氨酸，其侧链羧基的 pK_a 是 1.2。说明胃蛋白酶所处的环境改变了这个氨基酸残基侧链的性质，使其成为一种强酸。

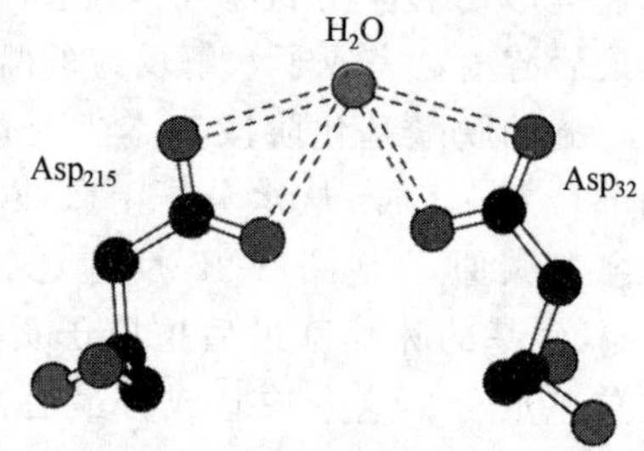

图 3-26　胃蛋白酶活性中心的构象

胃蛋白酶由两个相似的叶形结构域组成（图 3-27）。酶活性部位的两个天冬氨酸位于两个结构域之间，每个结构域提供一个 Asp 残基参与催化作用；这一结构特征提示，在进化上胃蛋白酶的基因可能通过基因复制（gene duplication）和基因融合（gene fusion）的过程。在酶催化底物反应时，底物结合于两个结构域之间的深沟内（deep groove），一个 Asp 来自氨基端的结构域，一个 Asp 来自羧基端的结构域；天冬氨酸在酶的催化过程中起两个作用：激活它们之间的水分子，充当质子的受体和质子的供体。

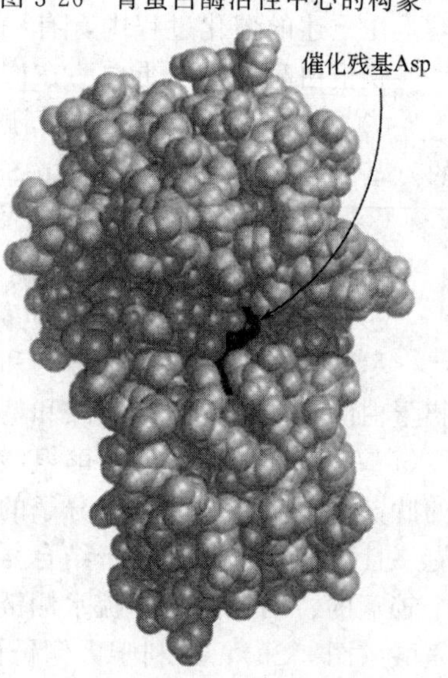

图 3-27　胃蛋白酶由两个相似的结构域组成

天冬氨酸蛋白酶在哺乳类动物、真菌和植物界中分布广泛。除胃蛋白酶外，还有肾素（renin，由肾脏产生，也称血管紧张肽原酶）、凝乳酶（chymosin 或 rennin）、根霉菌胃蛋白酶（rhizopus pepsin）和青霉菌胃蛋白酶（penicillopepsin）、人类免疫缺陷病毒-Ⅰ蛋白酶（简称 HIV-Ⅰ蛋白酶，human immunodeficiency virus-Ⅰ protease）等。在哺乳动物中，肾素催化血管紧张肽原（angiotensinogen）转变为血管紧张肽 Ⅰ（angiotensin Ⅰ），使血压升高。凝乳酶是小牛第四胃中的一种蛋白酶，许多国家已利用它制造乳酪（cheese）。根霉菌胃蛋白酶和青霉菌胃蛋白酶可使真菌（fungi）消化腐烂的植物。人类免疫缺陷病毒（HIV）感染的疾病称为艾滋病（即获得性免疫缺陷综合征，acquired immunodeficiency syndrome，简称 AIDS），HIV-Ⅰ蛋白酶对 AIDS 病毒的复制是必需的。

大多数天冬氨酸蛋白酶的活性可被低浓度的（～ nmol/L）抑菌酶肽（pepstatin）抑制。抑菌酶肽是一种微生物肽（microbial peptide），其分子中含有一个羟基亚甲基四面体单元（tetrahedral hydroxymethylene unit），是天冬氨酸蛋白酶的过渡态类似物。

4. 溶菌酶的结构及催化机理

溶菌酶（lysozyme）是 1922 年由英国著名的细菌学家 Alexander Fleming 发现的，它广泛存在于脊椎动物的细胞和分泌物中（如眼泪、唾液、鼻黏液、血清和鸡卵清等），是一种天然的抗菌剂。溶菌酶是一种糖苷酶，可水解细菌细胞壁中的多糖，也可水解几丁质（chitin，又称壳多糖或甲壳质，一种由 *N*-乙酰葡糖胺聚合而成的均一多糖）。细菌细胞壁由 *N*-乙酰葡糖胺和 *N*-乙酰胞壁酸两种糖组成；在细菌细胞壁中，NAG 和 NAM 交替排列并通过 β（1→4）糖苷键（glycosidic linkages）连接形成聚合体结构。糖苷键中的氧原子可以在糖环平面的上部（β 构型中）或下部（α 构型中），但细胞壁中多糖的所有糖苷键都是 β 构型。不同多糖链上的 NAM 残基之间通过一短肽交联形成巨大的网状肽聚糖（peptidoglycan）分子，使细菌细胞壁具有一定的机械强度，能防止因内部渗透压过高而胀破。青霉素可阻断细菌细胞壁合成过程中不同肽聚糖链之间的交联。

鸡卵清溶菌酶（chichen egg white lysozyme）的相对分子质量较小（14296）。1965 年，David phillips 及其同事用 X 射线晶体衍射法首次获得了高分辨率电子密度图并确定了溶菌酶的三级结构。由 129 个氨基酸残基组成的多肽链盘绕折叠依靠 4 对二硫键的维系形成一个紧密的近似于椭球形的稳定结构。分子表面有一狭长的裂缝，即是该酶的活性部位所在。与血红蛋白和肌红蛋白比较，溶菌酶分子中含 α 螺旋肽段较少，一些区域形成 β 折叠结构［图 3-4(a)］。和大多数球蛋白一样，非极性氨基酸残基多位于分子的内部，疏水的相互作用也是维系酶结构稳定的重要作用力。

溶菌酶的底物是肽聚糖。但研究发现，不同长度的寡糖链如 NAG 三聚体、NAG 四聚体及 NAG 五聚体等都可以和溶菌酶形成复合物。X 射线分析显示出，NAG 三聚体 $(NAG)_3$ 结合在溶菌酶分子表面的裂缝内，但只占据裂缝的一半。$(NAG)_3$ 与溶菌酶的结合靠氢键和范德华力。而 *N*-乙酰葡糖胺的六聚体 $(NAG)_6$，不仅能结合在酶分子表面的狭长裂缝内，而且能被溶菌酶快速水解。溶菌酶水解不同的 NAG 寡聚体底物的速度如表 3-1 所示；可以看出，NAG 寡聚物在 4 个以下时水解速度很慢；当糖残基增加到 5 个时，水解速度增加了 500 倍；当糖残基由 5 个增加到 6 个时，水解速度又增加了 6～7 倍。然而，当糖残基数再增加如增加到 8 个时，水解速度不再增加。说明溶菌酶的最适底物为 *N*-乙酰葡糖胺的六聚体 $(NAG)_6$。这与 X 射线分析结果指出的由 6 个 NAG 组成的寡聚体可充满酶分子表面的裂缝相一致。

表 3-1 溶菌酶水解 NAG 寡聚体的速度比较

底　物	相对水解速度	底　物	相对水解速度
$(NAG)_2$	0	$(NAG)_5$	4000
$(NAG)_3$	1	$(NAG)_6$	30000
$(NAG)_4$	8	$(NAG)_8$	30000

溶菌酶专一性水解 NAM 的 C-1 和 NAG 的 C-4 之间的糖苷键［图 3-4(b)］，不能切断 NAG 的 C-1 和 NAM 的 C-4 之间的糖苷键。$(NAG)_6$ 中有五个糖苷键，溶菌酶水解其中哪个糖苷键？如下所示，$(NAG)_6$ 可以用相当于六个糖残基顺序的 A、B、C、D、E 和 F 表示（A-B-C-D-E-F）；由于细胞壁多糖是由 NAG 和 NAM 交替排列的多聚物，NAG 寡聚体残基数小于或等于 4 个时水解速度很慢，即（$NAG)_3$ 是比较稳定的。寡糖中 A-B 和 B-C 之间的糖苷键不可能是溶菌酶的切割位点；而 C 位应是 NAG 而不可能是 NAM，否则水解速度应很快，建立的模型试验也证明，NAM 的乳酰侧链太大不易占据 C 位和 E 位，故 C-D 之间、E-F 之间的糖苷键都不是溶菌酶的切割位点。所以，D-E 之间的糖苷键是最可能的断裂部位。

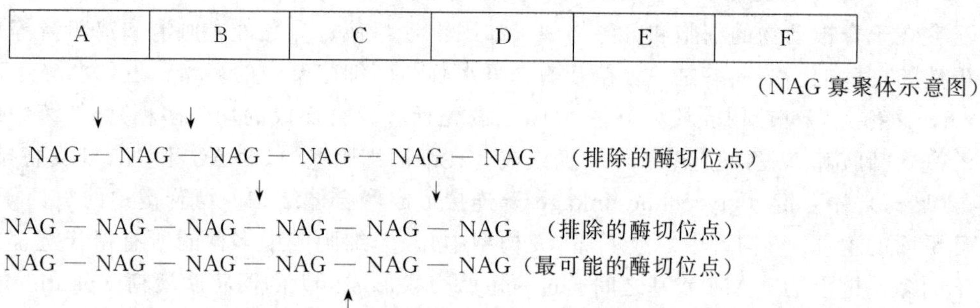

用放射性同位素^{18}O（稳定的重同位素氧）标记水分子进行的溶菌酶酶解实验发现，分离出的 D 位糖残基的 C-1 羟基带有同位素^{18}O 标记，而 E 位糖残基的 C4 羟基不含重同位素^{18}O；说明溶菌酶水解 D-E 之间糖苷键的 C-1—O 键而不是 O—C-4 键。

在大多数酶催化的反应中，酶活性中心的催化基团常常作为质子的供体（proton donors）或质子的受体（proton acceptor）直接参与共价键的形成和断裂反应。溶菌酶的活性中心由 Asp_{52} 和 Glu_{35} 组成，最接近底物敏感键的残基侧链基团也是 Asp_{52} 和 Glu_{35} 的侧链羧基。Asp_{52} 在断裂键的一侧，Glu_{35} 在断裂键的另一侧；但这两个酸性侧链（acidic side chain）所处的环境明显不同。Asp_{52} 被几个极性氨基酸残基所形成的氢键网环绕着，而 Glu_{35} 周围非极性侧链基团较多，使 Glu_{35} 处于非极性微环境中，其羧基解离的程度明显小于处于极性环境下的情况。溶菌酶水解几丁质的最适 pH 为 5.0 左右；pH 大于 5.0 时酶活性降低是由于 Glu_{35} 是离子化的形式；pH 小于 5.0 时酶活性下降是由于 Asp_{52} 是质子化（protonation）的形式。而在 pH5.0，Glu_{35} 的侧链羧基是非离子化的形式，是质子的供体；Asp_{52} 的侧链羧基是离子化的形式，可充当质子的受体；因此，只有当 Glu_{35} 是非离子化的形式，Asp_{52} 是离子化形式时，溶菌酶才表现出最大催化活性。

Phillips 及其同事根据溶菌酶的结构提出了该酶催化作用的机理，其要点如下：

① Glu_{35} 充当一般的酸催化剂，质子化 E 位上的 NAG；D 位 $NAMC_1$ 和糖苷键 O 原子之间的键断裂。由于糖苷键的断裂，$NAMC_1$ 带上一个正电荷，产生了一个糖基正碳中间体（glycosyl carbonium intermediate）［图 3-28(a)］。Asp_{52} 侧链羧基上的负电荷可稳定这个正碳中间体。

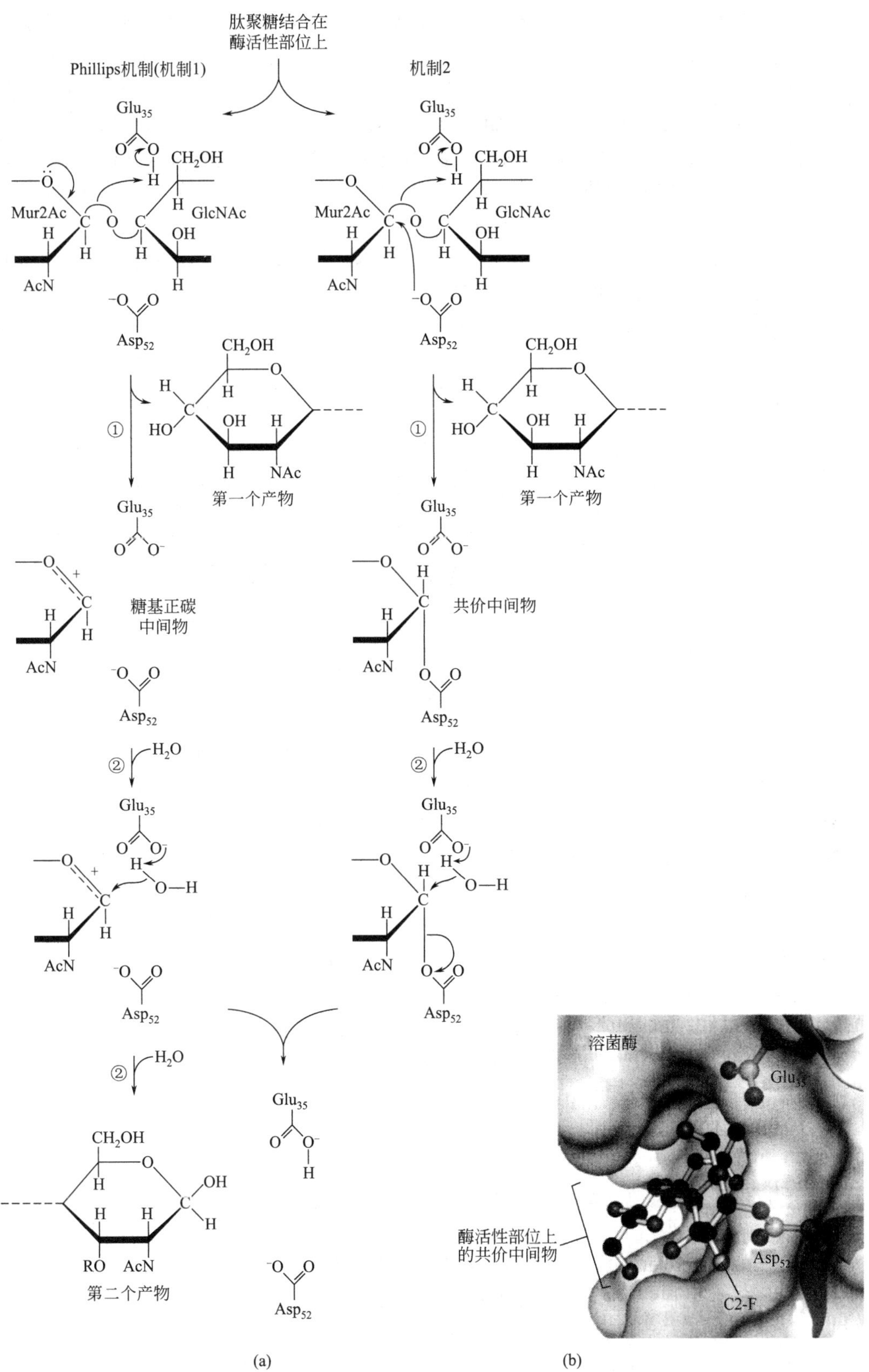

图 3-28 (a) 溶菌酶催化机理 1 和机理 2 示意图；(b) 酶活性部位上共价中间物的球-棒模型

② Glu_{35}充当一般的碱催化剂，促进水分子攻击这个正碳中间体，第二个产物生成。

许多实验结果都证实了以上观点的正确性，如 NAG 六聚体可断裂为 NAG 四聚体和 NAG 二聚体，这与 X 射线晶体分析指出的酶解位点在 NAG 六聚体的第四和第五位糖残基之间相一致。溶菌酶分子中，Asp_{52}的侧链羧基被选择性共价修饰如被酯化后，导致酶活性的完全丧失，进一步说明 Asp_{52}是酶活性中心的氨基酸残基。X 射线晶体分析结果显示出，具有 NAM-NAG-NAM 结构的寡聚体可与溶菌酶结合。它占据相当于 NAG 六聚体的 B-C-D 位置而不是 A-B-C 的位置，因 NAM 不可能占据 C 位；原子坐标（atomic coordinate）清楚地显示出 NAM 是在 D 位；NAG 六聚体要进入溶菌酶活性部位的狭长裂缝内，D 位残基须从椅式构象扭曲为半椅式构象；因为在半椅式构象中，由于环的氧原子和 C-5 的移动使 C-1、C-2、C-6 和环的氧原子共面，极大地促进 C-1 共振稳定的正碳离子中间物的形成(图 3-29)。

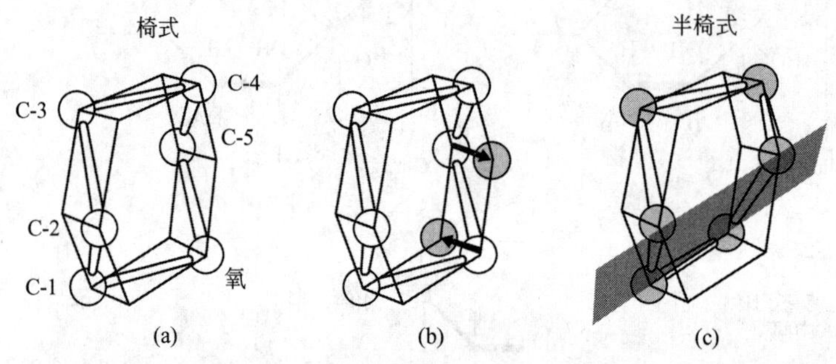

图 3-29 （a）溶菌酶底物分子中第四个糖残基的椅式构象；（b）和（c）溶菌酶和底物结合时，底物第四个糖残基构象的变化

Phillips 的观点虽然已被广泛接受，但仍然存在一些争论，如图 3-28（a）中的机制 2 所示。该机制的要点是：① 在溶菌酶催化的反应中，有共价中间体的形成。Asp_{52}充当一种共价催化剂，它首先攻击 D 位上 NAM 的 C_1，直接取代 NAG，在酶的活性部位产生一个共价中间体［图 3-28(b)］；Glu_{35}充当一般的酸催化剂，质子化 NAG 促使它离开；② 水攻击 NAM 的 C_1，水中的羟基（—OH）取代 NAMC_1 上的 Asp_{52}；Glu_{35}充当一般的碱催化剂，促进生成产物。

由此可见，在溶菌酶的催化作用中有诱导切合，如底物 D 位糖残基的变形、一般酸-碱催化、过渡态的形成以及 Asp_{52}对正碳离子的静电吸引等因素起作用。

综上所述，酶促反应中常见的催化机理有：结构柔性、一般酸碱催化、金属离子催化、酶-底物共价中间物形成或增加底物反应的敏感性等。但在一般的酶促反应中，多数酶同时利用两种或两种以上催化机制。

第五节　酶促反应的动力学

和化学反应动力学一样，酶促反应的动力学是研究酶促反应的速度规律及各种因素对酶促反应速度的影响。酶催化的反应体系复杂，且影响酶促反应速度的因素很多，包括底物浓度、酶浓度、产物的浓度、pH、温度、抑制剂和激活素等。因此酶促反应动力学是个很复杂的问题。现仅限于较简单体系，着重讨论酶催化反应动力学中的几个基本问题；讨论中的反应速度是指酶反应的初速度。初速度通常是指在酶促反应过程中，初始底物浓度被消耗 5% 以内的速度。因为在过量的底物存在下，这时的反应速度与酶浓度成正比，而且可以避免一些因素，如产物的形成、反应体系中 pH 的变化、逆反应速度加快等对反应速度的影响。

一、酶浓度的影响

在一个酶作用的最适条件下，如果底物浓度足够大，足以使酶饱和的情况下，酶促反应的速度（v）与酶浓度［E］成正比。$v=k[E]$，k 为反应速度常数。注意：使用的酶应是纯酶。

二、底物浓度对反应速度的影响

1．单底物酶促反应动力学

研究底物浓度对反应速度的影响实际上是很复杂的，因为在反应过程中底物不断地转变为产物，所以底物的浓度是变化的。在酶动力学研究中一个简单化方法是测定反应的初速度（initial rate or initial velocity）v。当底物浓度远远大于酶浓度时，在一个反应开始足够短的时间内，底物浓度的改变可略而不计，此时的底物浓度可认为是一个常数。

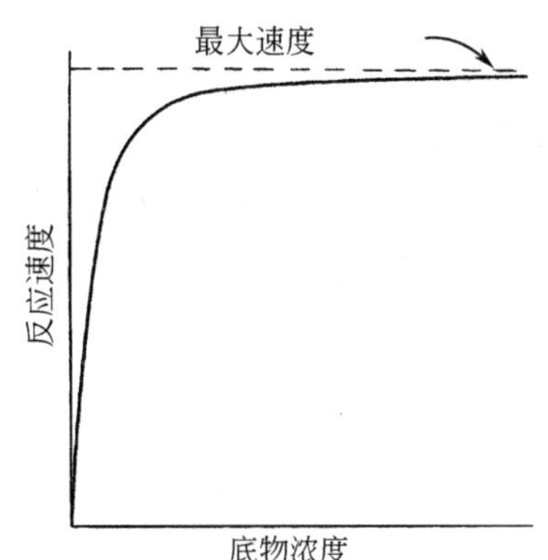

图 3-30 酶促反应速度和底物浓度的关系

底物浓度的变化对反应速度 v 的影响如图 3-30 所示。当底物浓度［S］很低时，反应速度 v 的增加和底物浓度的增加几乎成线性关系；但随着底物浓度的继续增加，反应速度的增加比较缓慢；当底物浓度增加到某种程度时，反应速度不再增加，趋向接近于最大反应速度（v_{max}）的平台现象（plateau）。这是生物催化剂酶区别于化学催化剂所特有的现象。一个酶促反应为什么会有这样的动力学行为？1903 年，Victor Henri 提出酶催化底物转化成产物之前，底物与酶首先形成一个中间复合物（ES），然后这个中间复合物再转变成产物（P）并释放出酶的观点［方程（3-1)］。因此反应的速度不完全与底物浓度成正比，而是取决于中间复合物的浓度。1913 年，Leonor Michaelis 和 Maud Menten 把这个观点归纳成为酶催化的原理。他们推测酶首先和底物迅速可逆地形成酶-底物复合物，然后 ES 复合物以一个较慢的速度分解产生游离的酶和反应产物 P。

$$E+S \underset{k_2}{\overset{k_1}{\rightleftharpoons}} ES \underset{k_4}{\overset{k_3}{\rightleftharpoons}} E+P \tag{3-1}$$

其中 k_1、k_2、k_3 和 k_4 分别代表速度常数。由于第二步反应较慢，因而是整个反应的限速步骤。而第二步反应的速度依赖于 ES 复合物的浓度，因此整个酶促反应的速度与 ES 复合物的浓度成正比。在一个给定的酶促反应的任何一瞬间，都有两种形式的酶存在。游离酶 E 和与底物结合态的酶 ES。在底物浓度低的情况下，大部分酶分子处于游离状态，反应速度与底物浓度成正比；当底物浓度增加时，有利于 ES 复合物的形成；当底物浓度大大高于酶浓度时，反应体系中所有的酶都以 ES 复合物的形式存在，即酶被底物所“饱和”。此时酶促反应的速度达到最大值即 v_{max}。底物浓度的继续增加已对反应速度没有影响。

ES 复合物存在的其他证据：

① 借助电子显微镜观察或用 X 射线衍射方法直接观察到酶和底物反应过程中的 ES 复合物的存在；

② 根据酶和底物反应前后的光谱变化，可证明其存在。如大肠杆菌色氨酸合成酶，催化丝氨酸和吲哚合成色氨酸。该酶的辅基为磷酸吡哆醛（pyridoxal phosphate），当向酶溶液中加入其中的一个底物如 L-丝氨酸，发现该酶的荧光强度明显升高，而加入 D-丝氨酸，则无变化。当再加入另一个底物吲哚，酶的荧光强度又会发生变化（图 3-31）。

当酶与过量的底物混合时，酶与底物结合。反应体系最初的状态称“预稳态”（pre-steady state）；这个预稳态阶段通常很短，反应体系会迅速达到“稳态”（steady state），酶-底物复合物［ES］的浓度接近常数并保持稳定状态。“稳态”理论是 G. E. Briggs 和 Haldane 于 1925 年提出来的。v 的测定通常反映酶促反应体系进入稳态时的速度，尽管 v 仅限于研究酶促反应的早期过程。

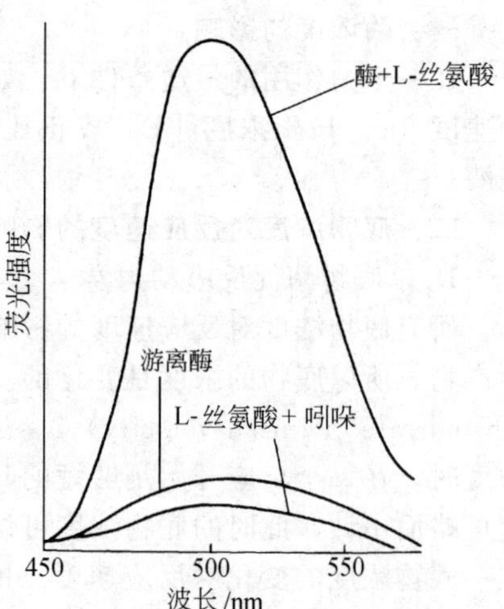

图 3-31　与底物结合前后，色氨酸合成酶荧光强度的变化

由于大多数酶促反应进行得十分迅速，ES 复合物形成后，ES 可分解为 E 和 S，也可解离为 E 和 P，同样 E 和 P 也可以重新形成 ES。在酶促反应的初始阶段，产物浓度极低，那么，由 $E+P \longrightarrow ES$ 的反应速度极小，可以忽略不计。方程（3-1）可转化为：

$$E+S \underset{k_2}{\overset{k_1}{\rightleftharpoons}} ES \xrightarrow{k_3} P+E \tag{3-2}$$

当中间复合物的生成速度和分解速度接近相等，其浓度变化很小时，反应即处于“稳态平衡”状态，即 ES 保持动态的平衡［方程（3-3）］。

$$k_1[E][S]=k_2[ES]+k_3[ES] \tag{3-3}$$

把方程（3-3）转化可得到下列表达式：

$$\frac{k_2+k_3}{k_1}=\frac{[E][S]}{[ES]} \qquad 令\frac{k_2+k_3}{k_1}=K_m，则 K_m=\frac{[E][S]}{[ES]} \tag{3-4}$$

在反应体系中，因底物浓度远远大于酶的浓度，被酶结合的底物的数量较全部底物而言可以略而不计，即［S］－［ES］约等于底物浓度［S］。反应体系中游离酶或非结合态酶的浓度［E］应等于酶的总浓度$[E]_t$减去 ES 复合物的浓度，即$[E]=[E]_t-[ES]$；代入方程（3-4）得：

$$K_m=\frac{\{[E]_t-[ES]\}[S]}{[ES]} \tag{3-5}$$

将方程(3-5)整理得到：$K_m[ES]+[ES][S]=[E]_t[S]$，所以

$$[ES]=\frac{[E]_t[S]}{K_m+[S]} \tag{3-6}$$

由于 ES 的分解是限速步骤，一个酶促反应的速度 v 取决于 ES 复合物的浓度，即：

$$v=k_3[ES] \tag{3-7}$$

将方程（3-7）代入方程（3-6）得：

$$\frac{v}{k_3}=\frac{[E]_t[S]}{K_m+[S]} \qquad 整理得 \quad v=\frac{k_3[E]_t[S]}{K_m+[S]}=\frac{v_{max}[S]}{K_m+[S]} \tag{3-8}$$

这是因为当酶被底物饱和时所有的酶都以 ES 复合物形式存在，反应速度达到最大值 v_{max}，即最大反应速度 $v_{max}=k_3[E]_t$。为了纪念 L. Michaelis 和 M. Menten 对该方程的建立所作的贡献，方程（3-8）被称为米氏方程（Michaelis-Menten equation）。它描述了一个酶促反应的初速度、最大反应速度 v_{max} 和底物浓度之间的关系。

从米氏方程可以看出，当反应速度为最大反应速度一半时，即 $v=\frac{1}{2}v_{max}$ 时所对应的底物浓度即为 K_m。大多数酶遵循米氏方程，K_m 称为米氏常数，它是因酶和底物而异的特征性常数；只与酶的性质有关，K_m 的单位等于浓度单位。一些酶的 K_m 见表 3-2。

表 3-2　一些酶的最适底物及 K_m

酶	底物	K_m /(mmol · L^{-1})	酶	底物	K_m /(mmol · L^{-1})
过氧化氢酶	H_2O_2	25	β-半乳糖苷酶	D-乳糖	4
碳酸酐酶	HCO_3^-	26	苏氨酸脱水酶	苏氨酸	5
胰凝乳蛋白酶	乙酰-L-色氨酰胺	5	丙酮酸羧化酶	丙酮酸	0.4
				CO_2	1
	甘氨酰酪氨酰甘氨酸	108		ATP	0.06
	N-苯甲酰酪氨酰胺	2.5	青霉素酶	苯基青霉素	0.05
精氨酸-tRNA 合成酶	精氨酸	0.003	己糖激酶(脑)	ATP	0.4
	tRNA	4×10^{-4}		D-葡萄糖	0.05
	ATP	0.3		D-果糖	1.5

由上可知，在一个反应体系中，若酶的浓度一定，底物浓度远远大于酶的浓度时，酶对其特定底物的最大反应速度即达最大值；此时，$V_{max}=K_3$ [E_t]。K_3 表示酶被底物完全饱和时，单位时间内，每个酶分子所能催化底物分子转化为产物的分子数，称为转换数（turmover number)；转换数的概念是 O. H. Warburg 首先提出的，也称为催化常数 K_{cat}，其单位是时间的倒数。一些酶的转换数见表 3-3 所示。

表 3-3　一些酶的转换数

酶	底物	K_{cat}/S^{-1}	酶	底物	K_{cat}/S^{-1}
过氧化氢酶	过氧化氢(H_2O_2)	4×10^7	RecA 蛋白(一种 ATPase)	ATP	0.4
碳酸酐酶	HCO_3^-	4×10^5	延胡索酸酶	延胡索酸	800
青霉素酶	青霉素	2000	乙酰胆碱酯酶	乙酰胆碱	14000
乳酸脱氢酶	乳酸	1000			

当 $k_2 \gg k_3$ 时，k_3 可忽略，$K_m=k_2/k_1$；此时 K_m 可看作是 ES 复合物的解离常数，用 K_s 表示更为合适。K_s 大，表示酶与底物的亲和力小；K_s 小表示酶与底物的亲和力大。

对多底物的酶来说，它对每一个底物都有一个 K_m 值，K_m 最小的那个底物一般为该酶的最适底物，或天然底物。K_m 受 pH、温度、离子强度等因素的影响，所以对每种酶来说，它的 K_m 是指在一定的温度、pH、一定的底物存在下而言的。

当 [S]≪K_m 时，表示 [S] 对 K_m 影响很小，[S] 可以忽略，米氏方程可转变为：

$$v=\frac{v_{max}[S]}{K_m}，由于 K_m，v_{max}均为常数，令\frac{v_{max}}{K_m}=k$$

则方程可写为：$v=k[S]$，说明酶促反应的速度与底物浓度成线性关系；表现为一级反应历程。

当 [S] ≫K_m 时，K_m 可忽略，米氏方程可写为：$v=v_{max}$，说明反应速度已达最大值。此时，酶活性部位全部被底物占据，反应速度与底物浓度无关，表现为零级反应。

K_m 在实际工作中有以下应用：

① 判断酶的最适底物，酶通常是根据最适底物命名的。如蔗糖酶既可催化蔗糖分解（$K_m=28$)，也可催化棉籽糖分解（$K_m=350$)，因为前者是最适底物，故称为蔗糖酶，而不称为棉籽糖酶。

② 一般来说，作为酶的天然底物，它在体内的浓度水平应接近于它的 K_m 值。因为如果体内 [S]≪K_m，那么 $v \ll v_{max}$，大部分酶处于“浪费”状态；相反，如果体内的 [S]≫

K_m，那么 v 始终接近于 v_{max}，这也不符合实际情况。

③ 催化可逆反应的酶，对正逆两个方向反应的 K_m 常常是不同的。测定这些 K_m 的大小及细胞内正逆两向的底物浓度，可以大致推测该酶催化正逆两向反应的效率；这对了解酶在细胞内的主要催化方向及生理功能具有重要的意义。

米氏方程可经过数学变换而形成可以用于直接测定米氏常数和最大反应速度 v_{max} 的形式。一个最普遍的变换是把米氏方程的两边取倒数的形式，米氏方程转化成的双倒数方程如下所示。

$$\frac{1}{v}=\frac{K_m}{v_{max}}\cdot\frac{1}{[S]}+\frac{1}{v_{max}}$$

米氏方程的这种形式又称为 Lineweaver-Burk 方程。对于服从米氏方程的酶，以 1/[S] 为横坐标，以 $1/v$ 为纵坐标作图可以产生一条直线。这条直线的斜率为 K_m/v_{max}，直线与纵轴的截距代表最大反应速度的倒数（$1/v_{max}$），而与横坐标轴的截距为 $-1/K_m$ [图 3-32(b)]。因此，米氏方程的这种倒数表达式和作图可以求出一种酶促反应的米氏常数 K_m 和最大速度 v_{max}。这种作图法对区分一些酶促反应机制的不同类型以及酶抑制作用的不同类型很有用。

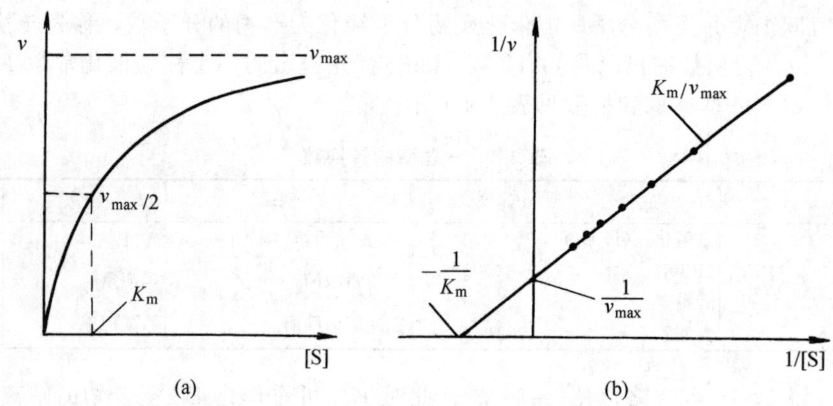

图 3-32 (a) v-[S] 作图法；(b) 双倒数作图法

若以底物浓度 [S] 为横坐标，反应速度 v 为纵坐标作图，可求出最大反应速度 v_{max}。根据 K_m 的定义，最大反应速度一半时所对应的底物浓度即为 K_m [图 3-32(a)]。由于反应速度只能接近 v_{max}，而永远达不到最大速度，所以最大速度的一半不易求得，用该法求得的 K_m 为近似值。

2. 多底物酶促反应动力学

六大类酶中，真正单底物的酶促反应只有异构酶和裂解酶类。大多数酶催化的反应是两个或多个底物间的反应。

如己糖激酶（hexokinase）催化的反应。ATP 和葡萄糖（G）是底物分子，ADP 和 6-P-G 是产物；

$$ATP + G \longrightarrow ADP + G\text{-}6\text{-}P$$

这种双底物反应的速度也可通过 Michaelis-Menten 方程分析之。己糖激酶对其不同底物的 K_m 见表 3-2。

多底物酶促反应的动力学，按反应机制不同分为两类：

(1) 有三元复合物形成　以双底物反应系统为例，在酶促反应中，两个底物同时与酶结合形成一个非共价的三元复合物（ternary complex）。两个底物与酶的结合顺序是随机的

(即可先结合 S_1，再结合 S_2；也可先结合 S_2，再结合 S_1）或按一定的顺序与酶结合（如先结合 S_1 再结合 S_2）；前者称为随机机制（random order mechanism），后者称为有序机制（ordered mechanism），如下所示：

随机机制

$$E \rightleftharpoons ES_1 \rightleftharpoons ES_1S_2 \longrightarrow E+P_1+P_2;\quad E \rightleftharpoons ES_2 \rightleftharpoons ES_1S_2$$

有序机制

$$E+S_1 \rightleftharpoons ES_1 \overset{S_2}{\rightleftharpoons} ES_1S_2 \longrightarrow E+P_1+P_2$$

（2）无三元复合物形成　　如下所示：

$$E+S_1 \rightleftharpoons ES_1 \rightleftharpoons E'P_1 \overset{P_1}{\rightleftharpoons} E' \overset{S_2}{\rightleftharpoons} E'S_2 \longrightarrow E+P_2$$

即酶与 S_1 结合并催化其转变为产物 P_1；P_1 在底物 S_2 与酶结合之前释放出来，因此无三元复合物形成。也称为乒乓机制（ping-pong mechanism）或双置换机制（double displacement mechanism）。

一个酶促反应中是否有三元复合物形成可利用稳态动力学分析（图 3-33）。首先使用双倒数作图法画出随着 S1 浓度的变化而伴随的反应速度的变化情况，然后在反应体系中分别加入不同浓度的 S2，观察反应速度的变化。

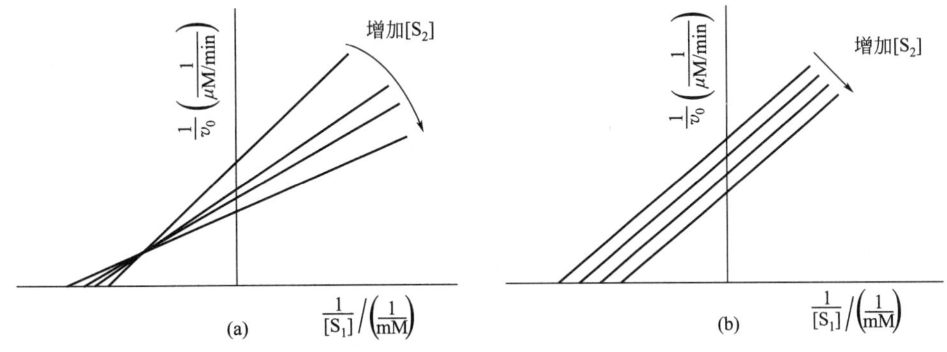

图 3-33　双底物反应的稳态动力学分析

（a）交叉线表示有三元复合物产生；（b）平行线表示无三元复合物产生

三、温度对酶促反应速度的影响

由于酶促反应也是一种化学反应，所以在一定的温度范围内，温度升高，反应速度加快。但由于酶是蛋白质，温度过高会使酶变性失活。如果以温度为横坐标，反应速度为纵坐标，可得到如图 3-34 所示的曲线。对每一种酶来说，都有一个显示最大活力的温度，这一温度称为该酶的最适温度（optimum temperature）。

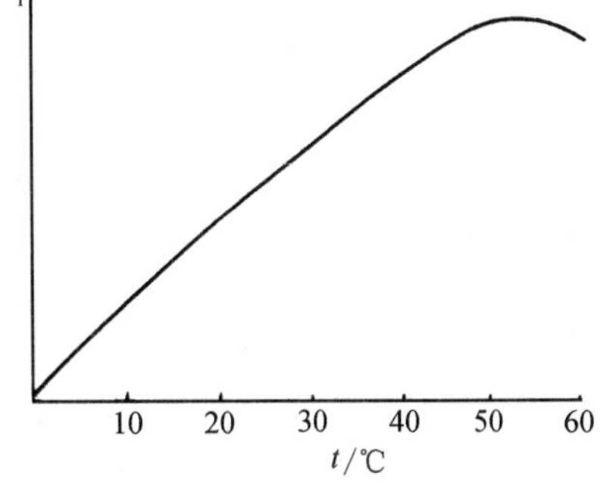

图 3-34　温度对酶促反应速度的影响

不同来源的酶，最适温度不同，一般植物来源的酶，最适温度在 45～60℃；动物酶，最适温度在 37～50℃；但有的动物酶的最适温度较低，如淡水鱼的最适温度在 20～30℃。微生物酶的最适温度差别较大，细菌高温淀粉酶的最适温度达 80～90℃。一般来讲，温度超过 60℃，大多数酶都要变性失活，但也有一些酶具有较高的抗热性，如木瓜蛋白酶、核糖核酸酶

(RNase) 等，牛胰核糖核酸酶在 100℃仍不失活。

最适温度不是酶的特征物理常数，它往往受到酶的纯度、底物、激活剂、抑制剂等因素的影响。因此对某一种酶而言，必须说明是什么条件下的最适温度。

四、pH 的影响

pH 对酶促反应速度的影响是复杂的。pH 的变化不仅影响酶的稳定性，而且还影响酶活性中心重要基团的解离状态及底物的解离状态。若用不同 pH 条件下测得的酶活力对 pH 的变化作图可得到一钟罩形的曲线。从曲线可以看出，一种酶只在某一 pH 范围内，表现出最高的催化活性，偏离此值则反应速度下降。通常称此 pH 值为某酶的最适 pH。

大多数酶的反应速度对 pH 的变化呈钟罩形曲线［图 3-35(a)］，个别的只有钟罩形的一半［图 3-35(b) 和 (c)］。也有的酶，如木瓜蛋白酶的活力 (activity) 与反应液的 pH 变化关系不大。多数植物和微生物来源的酶，最适 pH 在 4.5～6.5 左右；动物酶的最适 pH 在 6.5～8.0 左右；个别也有例外；如胃蛋白酶的最适 pH 为 1.5～2.5，精氨酸酶的最适 pH 在 9.8～10.0。

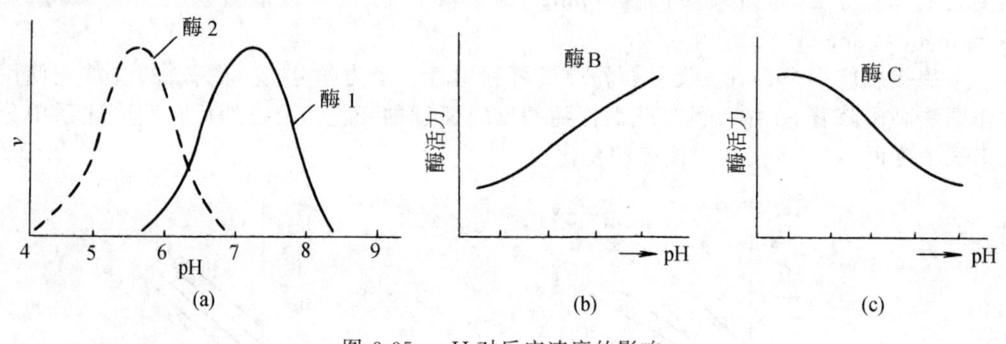

图 3-35　pH 对反应速度的影响

五、激活剂的影响

凡能提高酶活性，加速酶促反应进行的物质都称为该酶的激活剂 (activator)。激活剂按其分子量大小可分为以下三种。

(1) 无机离子激活剂　如氯离子、溴离子 (Br^-)、某些金属离子、Na^+、K^+、Mg^{2+}、Ca^{2+}、Zn^{2+}，Mn^{2+} 等。一般认为金属离子的激活作用，主要是由于金属离子在酶和底物之间起了桥梁的作用，形成酶-金属离子 (M)-底物三元复合物，从而更有利于底物和酶的活性中心部位的结合。有的酶只需要一种金属离子作为激活剂，如乙醇脱氢酶。有的酶则需要一种以上的金属离子作为激活剂，如 α-淀粉酶以 Na^+、K^+、Ca^{2+} 为激活剂。在作为激活剂的金属离子中，Mg^{2+} 尤为突出，它几乎参与体内所有的代谢反应。

(2) 一些小分子的有机化合物　如抗坏血酸、半胱氨酸、谷胱甘肽等对某些酶也有激活作用。还原型谷胱甘肽能保护巯基酶分子中的巯基不被氧化，从而提高酶的活性。牛磺胆酸钠是脂肪酶的激活剂。

(3) 生物大分子激活剂　一些蛋白激酶对某些酶的激活，在生物体代谢活动中起重要的作用。如磷酸化酶 b 激酶可激活磷酸化酶 b，而磷酸化酶 b 激酶又受到 cAMP 依赖性蛋白激酶的激活。霍乱毒素由相对分子质量为 29×10^3 的 A 亚基和相对分子质量为 10×10^3 的 B 亚基组成，它可激活小肠黏膜上皮细胞膜上的腺苷酸环化酶。

激活剂对酶的作用具有一定的选择性；一种激活剂对某种酶可能具有激活作用，但对另一种酶可能具有抑制作用。如镁离子是脱羧酶、烯醇化酶、DNA 聚合酶等的激活剂，但对肌球蛋白腺三磷酶（肌球蛋白 ATP 酶）的活性有抑制作用。

六、抑制剂的影响

酶的催化活性可被专一性小分子或离子抑制。如许多药物和毒物可抑制酶的活性。这些物质能与酶分子上的某些基团，主要是活性中心的一些基团结合，使酶活性中心的结构和性质发生改变，从而引起酶活力下降或丧失。这种作用称为抑制作用，能引起这种抑制作用的物质称为某酶的抑制剂（inhibitor）。抑制剂对酶的作用有一定的选择性。一种抑制剂只能引起某一种酶或某一类酶的活性丧失或降低。凡可使酶蛋白变性而引起酶活力丧失的作用称为失活作用。蛋白变性剂均可使酶蛋白变性而使酶丧失活性，变性剂对酶的作用没有选择性。

抑制作用有不可逆的抑制作用和可逆的抑制作用两种。

1. 不可逆的抑制作用

有些抑制剂能与酶分子上的某些基团以共价键方式结合，导致酶的活性下降或丧失，且不能用透析等方法除去抑制剂而使酶的活性恢复的作用称为不可逆的抑制作用（irreversible inhibition）。常见的不可逆抑制剂有以下几类。

（1）重金属离子、有机汞、有机砷化合物　如 Pb^{2+}、Hg^{2+} 及含有 Hg^{2+}、Ag^{+}、As^{3+} 离子的化合物可与某些酶活性中心的必需基团如巯基结合而使酶失去活性。化学毒剂“路易士气”就是一种含砷的化合物，它能抑制需巯基的酶的活性。

$$E(SH)_2 + Hg^{2+} \longrightarrow E(S)_2Hg + 2H^{+}$$

（失活的酶）

（2）有机磷化合物　如有机磷农药，敌敌畏，敌百虫等，能与酶（如乙酰胆碱酯酶）活性中心上的丝氨酸以共价键结合而使酶丧失活性。

$$(R{-}O)(R'{-}O)P(=O){-}X + Ⓔ{-}Ser{-}OH \xrightarrow{-HX} (R{-}O)(R'{-}O)P(=O){-}O{-}Ser{-}Ⓔ$$

（失活的酶）

R、R′代表烷基，X代表卤素或—CN

胆碱酯酶与中枢神经系统有关。正常机体在神经兴奋时，神经末梢释放出乙酰胆碱传导刺激。乙酰胆碱发挥作用后，被乙酰胆碱酯酶水解为乙酸和胆碱。若胆碱酯酶被抑制，神经末梢分泌的乙酰胆碱不能及时地分解掉，造成突触间隙乙酰胆碱的积蓄，引起一系列胆碱能神经过度兴奋，如抽搐等症状，最终导致死亡。因此这类物质又称为神经毒剂。

（3）氰化物和一氧化碳　这些物质能与金属离子形成稳定的络合物，而使一些需要金属离子的酶的活性受到抑制。如含铁卟啉辅基的细胞色素氧化酶。

自杀性灭活剂（suicide inactivators）是一种特殊的不可逆抑制剂。这些物质在它们结合到特定酶的活性部位之前是相对地无反应性的（unreactive）。它们可掺入一个酶促反应的前面几步反应，但不是被转变为产物，而是被转换为反应性强的化合物与酶不可逆的结合；这些物质也称为机制依赖性灭活剂（mechanism-based inactivators），因它们挟制（hijack，绑架）正常的酶促反应机制使酶失活。自杀性灭活剂在合理地设计药物研究中起重要的作用。

2. 可逆的抑制作用

抑制剂与酶以非共价键方式结合而引起酶的活性降低或丧失，用透析、超滤等方法可除去抑制剂而使酶恢复活性，此种抑制作用称为可逆的抑制作用（reversible inhibition），主要有下列三种。

(1) 竞争性抑制作用（competitive inhibition）

竞争性抑制作用是最常见的可逆抑制作用［图 3-34(a)］。酶的竞争性抑制剂与它的底物竞争与酶的活性部位结合。当竞争性抑制剂（I）与酶的活性部位结合后，其底物不能与酶结合；许多竞争性抑制剂与酶的底物的结构相似，可与酶结合形成 EI 复合物。但酶不能催化其发生反应。如琥珀酸脱氢酶可催化其底物琥珀酸转变为延胡索酸，而丙二酸与琥珀酸的结构相似，也能与琥珀酸脱氢酶结合，但无产物生成。在竞争性抑制剂存在下，Michaelis-Menten 方程转化为：

$$\underset{\text{琥珀酸}}{\begin{array}{c}COO^-\\|\\CH_2\\|\\CH_2\\|\\COO^-\end{array}} + FAD \xrightarrow{\text{琥珀酸脱氢酶}} \underset{\text{延胡索酸}}{\begin{array}{c}COO^-\\|\\CH\\\|\\CH\\|\\COO^-\end{array}} + FADH_2 \qquad \underset{\text{丙二酸}}{\begin{array}{c}COO^-\\|\\CH_2\\|\\COO^-\end{array}} \xrightarrow{\text{琥珀酸脱氢酶}}$$

$$v=\frac{v_{max}[S]}{aK_m+[S]} \tag{3-9}$$

其中，$a=1+\frac{[I]}{K_i}$，$K_i=\frac{[E][I]}{[EI]}$

方程（3-9）描述了竞争性抑制剂的重要性质。在抑制剂存在时的 K_m 常称为表观 K_m（apparent K_m）。由于竞争性抑制剂和酶的底物与酶的结合有竞争性，所以，向反应体系中加入过量的底物，使其远远大于抑制剂的浓度时，抑制剂不能与酶结合，反应速度可达正常的最大反应速度（v_{max}）。由方程（3-9）转化出的双倒数方程可写为：

$$\frac{1}{v}=\left(\frac{aK_m}{v_{max}}\right)\frac{1}{[S]}+\frac{1}{v_{max}}$$

图 3-36(b) 显示出了无抑制剂存在和有两个不同浓度的竞争性抑制剂存在时所得到的双倒数作图的结果。从中可以看出，随着竞争性抑制剂浓度的增加，在纵轴上的截距不变，即最大反应速度不变，但斜率变为：

$$\text{斜率}=\frac{aK_m}{v_{max}}$$

因此，在任一给定的抑制剂浓度［I］下，从斜率的变化值可计算出 a 值，知道了［I］和 a，从公式 $a=1+[I]/K_i$ 可求出 K_i 的值。

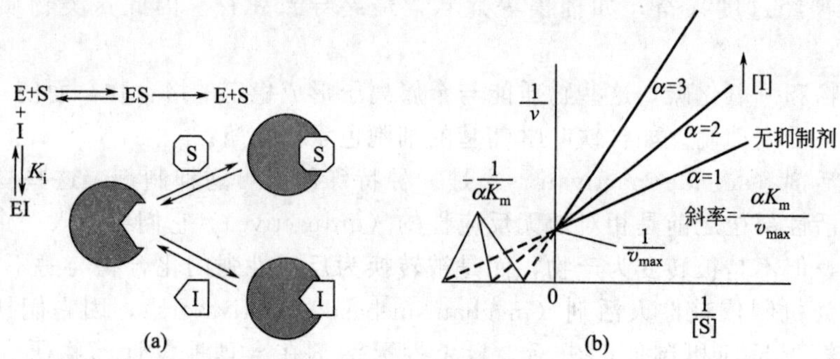

图 3-36　竞争性抑制作用

对竞争性抑制作用的研究具重要的应用价值。许多药物如磺胺类药物就是根据酶的竞争性抑制作用的原理而设计的。由于某些细菌的生长繁殖，需要对氨基苯甲酸以合成叶酸；磺胺类药物的基本结构是对氨基苯磺胺衍生物，与对氨基苯甲酸的结构相似，可与对氨基苯甲酸竞争与叶酸合成酶结合，导致叶酸合成受阻，进而影响核苷酸和核酸的合成。人体能直接利用食物中的叶酸，细菌则不能直接利用外源的叶酸。

甲醇是有毒的，因肝中的乙醇脱氢酶可将甲醇转变为甲醛（formaldehyde），后者可使多种组织受损，如视觉丧失（blindness，盲眼）就是甲醇摄入的结果；因为眼睛对甲醛十分敏感。根据竞争性抑制的原理，对甲醇中毒患者可采用静脉灌输乙醇的方法处理。乙醇与甲醇结构相似，同时，它也是乙醇脱氢酶的正常底物。乙醇可充当一种竞争性抑制剂。在体内，乙醇可转变为乙醛，产物乙醛可继续被机体利用，且对机体无毒性作用。

(2) 反竞争性抑制作用（uncompetitive inhibition）

与竞争性抑制剂不同，反竞争性抑制剂不与酶结合，只与ES复合物结合；如图3-37(a)所示。在反竞争性抑制剂存在时，Michaelis-Menten方程转化为：

$$v=\frac{v_{max}[S]}{K_m+a'[S]} \tag{3-10}$$

其中，$a'=1+\frac{[I]}{K_i'}$，$K_i'=\frac{[ES][I]}{[ESI]}$

正如方程(3-10)所描述的，在高的底物浓度下，反应速度接近v_{max}/α'；因此，当反应体系中有反竞争性抑制剂存在时，最大反应速度（v_{max}）和表观K_m值都减小了［图3-37(b)］。因为达到最大反应速度一半所需的底物浓度减少了。

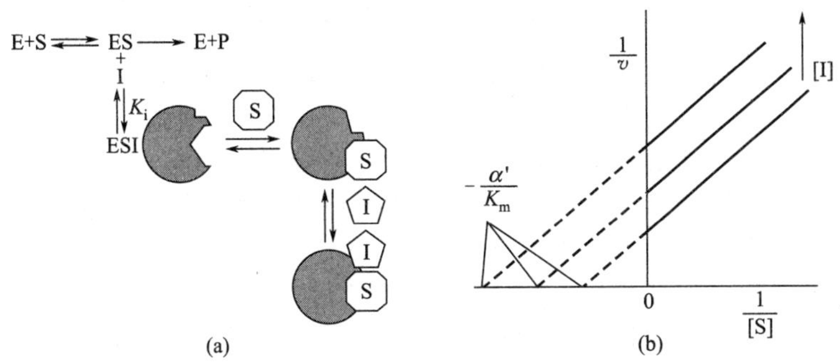

图3-37 反竞争性抑制作用

(3) 混合型抑制作用（mixed inhibition）

与反竞争性抑制剂一样，这种类型的抑制剂也不与酶的活性部位结合。但它既可与游离酶结合，又可与ES复合物结合。即底物和酶结合后还可与抑制剂结合。同样，抑制剂与酶结合后还能与底物结合［图3-38(a)］。但形成的酶-底物-抑制剂三元复合物（ESI）不能转变为产物。

在这种抑制剂存在下的Michaelis-Menten方程转化为：

$$v=\frac{V_{max}[S]}{aK_m+a'[S]} \tag{3-11}$$

α和α'的含义同上。当这种抑制剂存在于反应体系中时，对K_m和v_{max}都有影响［图3-38(b)］。

当$\alpha=\alpha'$时（此种情况在实验中很少遇到），这种抑制作用也称为非竞争性抑制作用

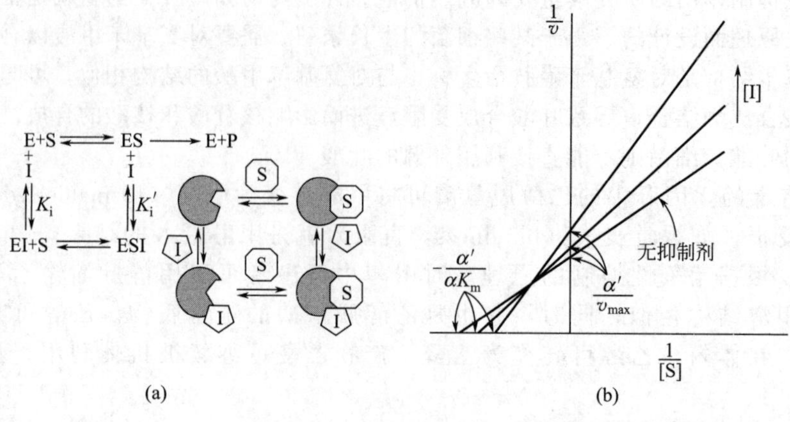

图 3-38 混合型抑制作用

(noncompetitive inhibition)。从方程（3-11）可以看出，当反应体系中有非竞争性抑制剂存在时，为什么只影响最大反应速度（v_{max}）而不影响 K_m。

方程（3-11）可看作是可逆抑制剂存在时对反应速度影响的一般表达式。当 $a'=1$ 时，即为竞争性抑制作用。当 $a=1$ 时，即为反竞争性抑制作用。可逆抑制剂对表观 v_{max} 和表观 K_m 的影响如下所示：

可逆抑制剂对表观 v_{max} 和表观 K_m 的影响

抑制剂类型	表观 v_{max}	表观 K_m	抑制剂类型	表观 v_{max}	表观 K_m
无抑制剂	v_{max}	K_m	反竞争性抑制剂	v_{max}/a'	K_m/a'
竞争性抑制剂	v_{max}	aK_m	混合型抑制剂	v_{max}/a'	aK_m/a'

事实上，反竞争性和混合型抑制作用只是当一个酶具有两个底物（如 S_1 和 S_2）或多个底物时才出现的情况。如果一个抑制剂结合到底物 S_1 正常结合的部位，这个抑制剂就是一个竞争性抑制剂；如果一个抑制剂结合到由底物 S_2 正常结合的部位，这个抑制剂就是底物 S_1 的一个反竞争性或混合型的抑制剂。究竟属于何种抑制作用依赖于底物如 S_1 和 S_2 与酶的结合是有序的还是随机的，本书中不予讨论。

酶抑制剂的研究在工农业生产上具有重要的应用价值。近年来，蛋白酶抑制剂转基因植物用于农作物抗虫害的研究取得了令人瞩目的结果。这是因为一些植物，如大豆、豇豆、菜豆、小麦、马铃薯等，含有较多的蛋白酶抑制剂，这些抑制剂的化学本质为蛋白质，能专一性抑制一些昆虫消化道中的胰蛋白酶和胰凝乳蛋白酶，而对植物蛋白酶作用不大。因而通过转基因操作，可使转基因植物具有明显的抗虫效果。如科研人员将豇豆胰蛋白酶抑制剂基因转入烟草从而提高了烟草的抗病虫害能力。

七、过渡态类似物是酶的一种潜在抑制剂

1946 年，Linus Pauling 首次提出了某种类似于一个酶促反应的过渡态的物质是酶的有效的抑制剂，这种物质被称为过渡态类似物（transition-state analogs）。如来自于微生物的脯氨酸外消旋酶可被吡咯-2-羧酸酯抑制就是一个例子。该酶催化 L-脯氨酸异构化为 D-脯氨酸。脯氨酸的外消旋作用通过一个过渡态，在此过渡态中，脯氨酸的 α-碳原子丢失一个质子而成为三角形（trigonal）而不是四面体构型（图 3-39）；三个键都在一个平面上；α-碳原子带一个负电荷，这个对称性的负碳离子（carbanion）在一侧被重新质子化，而形成 L-异构体，或者在另一侧重新质子化形成 D-异构体。人们发现，吡咯-2-羧酸酯（pyrrole-2-carboxylate）像脯氨酸那样能紧紧地与外消旋酶结合；它的 α-碳原子像上述过渡态一样是三角形

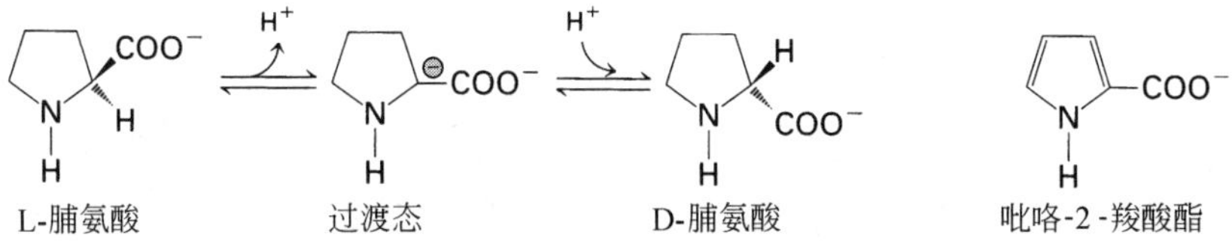

L-脯氨酸　　过渡态　　D-脯氨酸　　吡咯-2-羧酸酯

图 3-39　脯氨酸外消旋酶的催化作用

的，也带有一个负电荷，比脯氨酸与外消旋酶的结合更紧，吡咯-2-羧酸酯是一种过渡态类似物。

许多试验证明，过渡态类似物与酶的活性部位是互补的，它比酶的底物更易于通过多种弱的相互作用与酶的活性部位结合。这一原理已广泛应用于一些新药物的设计。如艾滋病毒蛋白酶（HIV 蛋白酶）是艾滋病毒生活周期过程中的关键酶之一；它负责把艾滋病毒基因转译成的“多聚蛋白”切割成多条活性多肽，使之与病毒 RNA 组装成为成熟的、能感染宿主细胞的病毒颗粒。抗艾滋病毒的药物如茚地那韦（Indinavir）、奈非那韦（Nelfinavir）、沙奎那韦（Saquinavir）和洛匹那韦（Lopinavir）等都是 HIV 蛋白酶的不可逆抑制剂（它们的结构如下所示），能与蛋白酶的活性部位紧密结合形成非共价的复合物（备注：蛋白酶抑制剂作为药物必须对某种蛋白酶具有高度的专一性而不会抑制其他蛋白酶的活性）；HIV 蛋白酶属于天冬酰胺蛋白酶（aspartyl proteases），活性部位有一可结合芳香环基的“口袋”（图 3-40），专一性水解苯丙氨酸和脯氨酸之间的肽键（— Phe — Pro —）。HIV 蛋白酶由两个相同的亚基组成，每个亚基含 99 个氨基酸残基。在其催化的反应中，有四面体过渡态中间体的形成；活性部位上的两个天冬氨酸（位于不同的亚基上）充当一般的酸碱催化剂，促进水分子对肽键羰基碳原子的直接亲核攻击使其断裂。HIV 蛋白酶抑制剂的结构中都含有一带羟基的主链，且靠近该羟基还有一带苯基的支链；这种结构排布将苯基导向酶的芳香基团结合口袋。羟基模仿（mimicking）四面体过渡态中间体中带负电的氧原子，提供一个过渡态类似物，羟基附近的苯环和其他基团被设计用来互补酶表面的隙缝，促进与酶的结合。这些根据 HIV 蛋白酶抑制剂设计的药物有效地延长了千百万艾滋病病人的生命，提高了他们的生存质量。

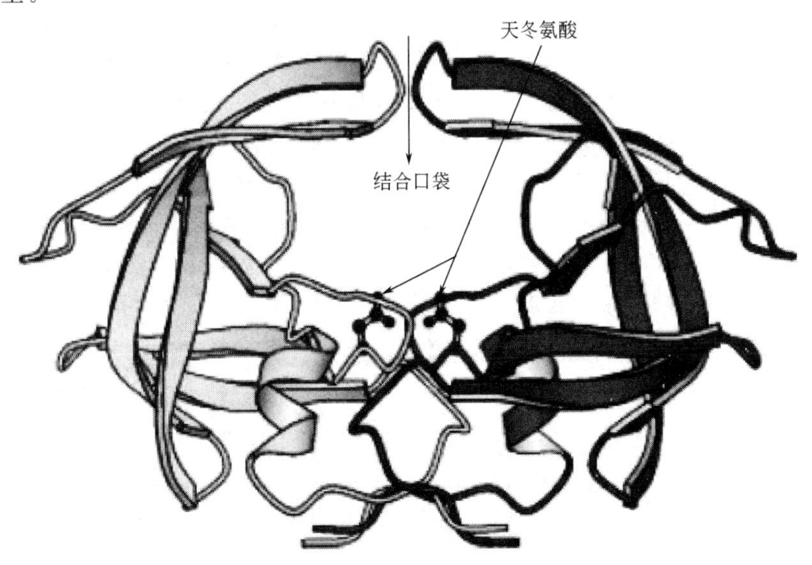

图 3-40　HIV 蛋白酶的结构

茚地那韦、奈非那韦、沙奎那韦和洛匹那韦的结构：

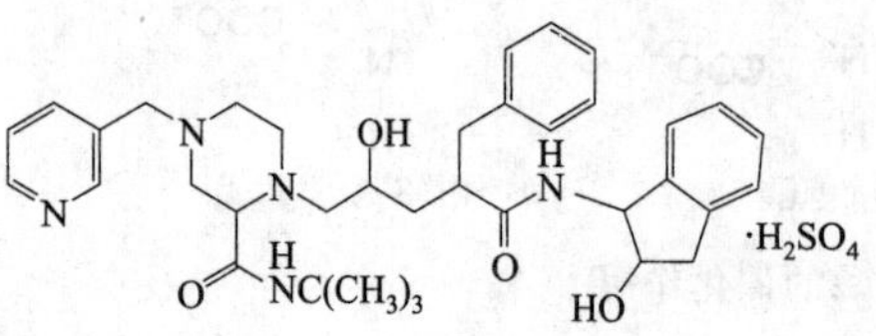

$\cdot H_2SO_4$

Indinavir　　茚地那韦

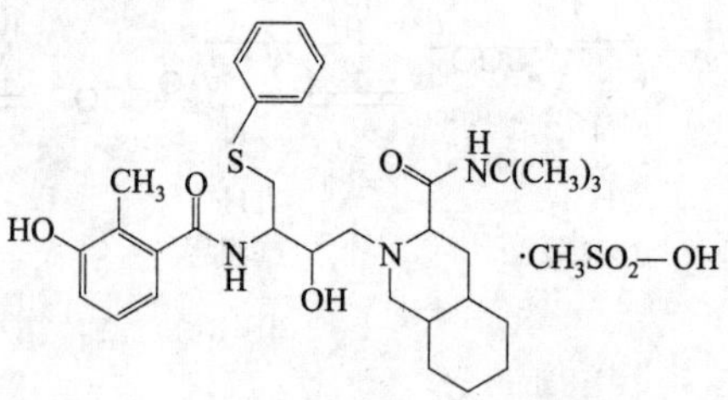

$\cdot CH_3SO_2—OH$

Nelfinavir　　奈非那韦

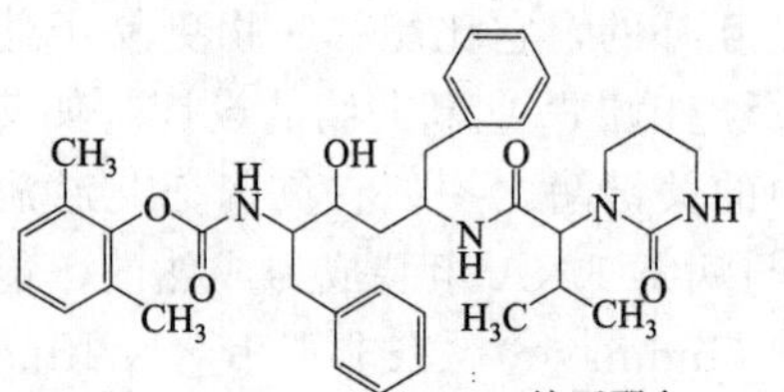

Lopinavir　　洛匹那韦

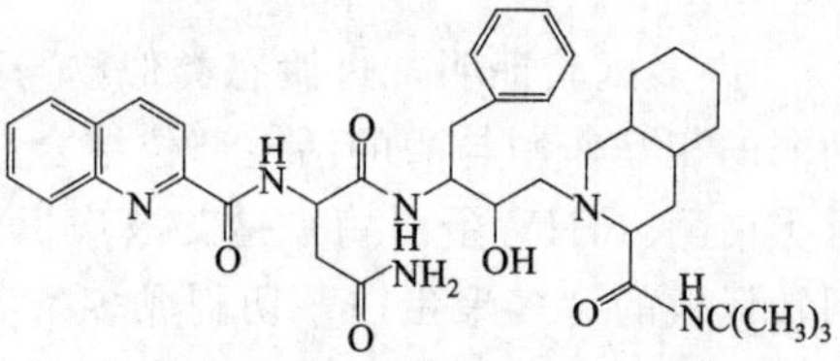

Saquinavir　　沙奎那韦

第六节　重要酶类及其活性调节

细胞内的代谢途径错综复杂，但能有条不紊地协调进行是因为机体内存在着精细的调节作用。有多种因素对这种有序性进行着调节和控制，但从分子水平上讲，是以酶为中心的调控系统。细胞可通过调节酶的活性，或控制酶蛋白合成的量等来调节自身的代谢活动。本节重点介绍调节酶。

一、多酶体系

在完整细胞的某一代谢过程中，由几个酶组成的反应链体系称为多酶体系（multible enzyme）。多酶体系是具有高度组织性的一个多酶复合体。在功能上，各种酶互相配合，第一个酶作用的产物是第二个酶作用的底物，第二个酶作用的产物又是第三个酶作用的底物，直到复合体中的每一个酶都参与了自己所承担的化学反应。生物细胞中的许多酶是在这样的一个连续反应中起作用的。许多多酶体系都具有自我调节的能力。这种多酶体系反应的总速度决定于其中反应速度最慢的那一步反应。反应速度最慢的那一个反应称为限速步骤或关键步骤（committed step）。大部分具有自我调节能力的多酶体系的第一步反应就是限速步骤，而催化第一步反应的酶是一种调节酶。当全部反应序列中的最终产物的量超出细胞的需要时，催化第一步反应的酶的活性可被这些终产物所抑制，这种类型的调节称为反馈抑制作用(feedback inhibition)［图 3-41(a)］。如从 L-苏氨酸经 5 步连续的反应转变为 L-异亮氨酸的途径中，催化第一步反应的苏氨酸脱氢酶可被该途径的终产物异亮氨酸反馈抑制。而其他四个中间产物（A、B、C 和 D）均不影响该酶的活性；异亮氨酸结合到该酶的调节部位而不是活性部位。调节物与酶的结合是非共价的结合，如果反应体系中异亮氨酸水平下降，苏氨

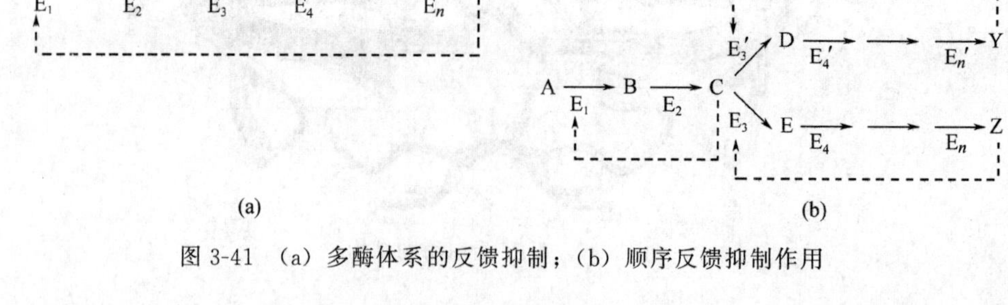

(a)　(b)

图 3-41　(a) 多酶体系的反馈抑制；(b) 顺序反馈抑制作用

酸脱氢酶催化的反应速度加快，以满足机体对异亮氨酸的需要（见图 14-19）。

许多代谢途径是有分支的，如图 3-41(b) 所示。在分支途径中，当产物之一 Y 过多时对酶 E_3' 产生反馈抑制，阻断 C ⟶D 的反应；于是中间产物 C 的浓度增加，促使反应向 E ⟶⟶Z 方向进行。由此造成另一终产物 Z 的浓度增加。由于 Z 过多，对酶 E_3 产生抑制，阻断 C ⟶E 的反应，又使中间产物 C 的浓度增加；C 过多又对酶 E_1 发生抑制，使 A ⟶B 的反应被阻断。这种调节方式称为顺序反馈抑制（sequential feedback inhibition），也称为逐步反馈抑制。

二、调节酶

调节酶（regulatory enzyme）都是多亚基蛋白质，其活性调节的方式随不同的调节酶而异。

1. 别构酶及别构调节

别构酶（allosteric enzyme）也称为变构酶。别构酶一般为寡聚酶，含有两个或多个亚基，每个亚基上都有活性部位。别构酶分子中除活性部位外，还有一个或多个调节部位（regulatory site）或称为别构部位（变构部位，allosteric site）；它们可能存在于同一个亚基的不同部位，也可能存在于不同的亚基上，多数变构酶的活性部位和调节部位存在于不同的亚基上；存在调节部位的亚基一般称为调节亚基（R）。别构酶的活性部位负责对底物的结合与催化（C），调节部位可结合调节物（modulator），负责调节酶促反应的速度。

调节物是能与别构酶结合并调节其活性的物质，也称为别构效应物（allosteric effectors）或别构调节剂（allosteric modulator），一般是酶的底物或底物类似物以及小分子的代谢产物。效应物与别构酶的别构部位结合后，诱导出或稳定住酶分子的某种构象，使酶活性部位对底物的结合和催化作用受到影响，从而调节酶的反应速度及代谢过程，此效应称为别构效应（allosteric effect）。效应物的结合使酶活性升高者，称为正效应物或别构激活剂；相反，使酶的活性降低者，称为负效应物或别构抑制剂。

一个效应物分子与变构酶的变构部位结合后对第二个效应物分子结合的影响称为协同效应（cooperative effect）。当一个效应物分子和酶结合后，影响另一相同的效应物分子与酶的另一部位结合称为同促效应（homotropic effect）；如果一分子效应物和酶结合后，影响另一不同的效应物分子与酶的另一部位结合则称为异促效应（heterotropic effect）。有些别构酶与调节物如它的底物结合后，本身的构象发生改变，这种新的构象很有利于后续的底物分子或调节物的结合。这种别构酶的 v-[S]曲线为 S 型曲线（sigmoidal plots）[图 3-42(a)]，而不是简单的双曲线型（hyperbolic plots）。一般来说，

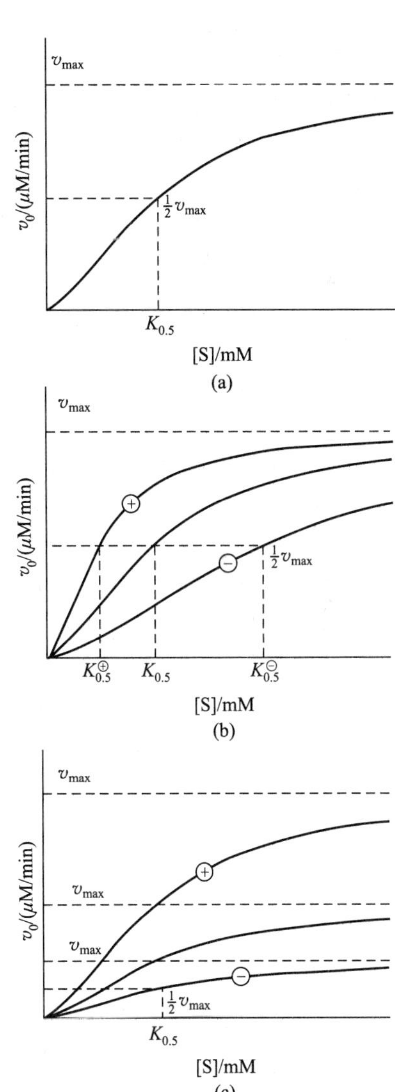

图 3-42　变构酶的 v-[S] 曲线

(a) 同促变构酶；(b) 正调节物（+）和负调节物（−）对 v_{max}和 $K_{0.5}$的影响；(c) 不常见的调节类型

如果变构酶的调节物就是它的底物，这种变构酶称为同促（向同性）变构酶（homotropic allosteric enzymes）。同促变构酶的底物往往充当其正调节物（positive modulator），是一种激活剂。若调节物是其底物以外的小分子代谢物，这种变构酶称为异促（向异性）变构酶（heterotropic allosteric enzymes ）。

在一个变构酶催化的反应中，当反应速度等于最大反应速度一半时（$v = 1/2\ v_{max}$）所对应的底物浓度我们用 $[S]_{0.5}$ 或 $K_{0.5}$ 表示［图 3-42(a)］。S 型动力学曲线表明亚基间协同的相互作用；也就是说，由于亚基界面上非共价的相互作用的调节，使得一个亚基构象的改变将导致邻近亚基构象的改变。酶具有 S 型曲线的动力学性质，对于较小的底物浓度的变化，酶反应速度即可作出灵敏的应答［图 3-42(a)］。这具有重要的生物学意义。因为在生理条件下，底物浓度的变化一般较小。

异促变构酶的 v-[S] 曲线比较复杂。有些异促变构酶，激活剂的存在将降低 $K_{0.5}$ 但不影响 v_{max} ［图 3-42(b)］，在任一给定的底物浓度下的反应速度均是增加的。有些异促变构酶，激活剂的存在 $K_{0.5}$ 变化极小（接近不变），但 v_{max} 增加［图 3-42(c)］。一种负调节物（negative modulator，一种抑制剂）的存在使 v-[S] 曲线接近 S 型，$K_{0.5}$ 增加［图 3-42(b)］。因此，异促变构酶显示出不同的 v-[S] 曲线，因有些酶的调节物是抑制性的，有些酶的调节物是激活性的，而有些酶既有激活性的调节物又有抑制性的调节物。

如大肠杆菌的天冬氨酸转氨甲酰酶（Aspartate transcarbamoylase，ATCase），它催化天门冬氨酸和氨甲酰磷酸合成氨甲酰天门冬氨酸；这是嘧啶生物合成途径中的第二步反应（图 15-9）。若以反应速度对其底物之一天冬氨酸的浓度作图，另一底物氨甲酰磷酸的浓度保持在充分高的水平，得到一 S 型曲线（图 3-43）；S 型曲线说明 ATCase 的协同行为。

John Gerhart 和 Arthur pardee 发现，该酶不仅被嘧啶核苷酸合成途径中的终产物 CTP 反馈抑制，而且氨甲酰磷酸和天冬氨酸与酶的结合具有协同性。CTP 通过降低酶与底物的亲和力而抑制酶的活性，ATP 增加酶与底物的亲和力。

Gerhart 和 Howard Schachman 用超速离心法证明，ATCase 的沉降常数为 11.6S［图 3-44(a)］，汞化物处理过的 ATCase 解离为两种亚基，其中一个的沉降常数为 2.8S，另一个的为 5.8S［图 3-44(b)］；这两种亚基所带的电荷不同，可用离子交换色谱和蔗糖密度梯度离心法使它们相互分离。分离后的 5.8S 亚基仍具催化活性，且不受 ATP 和 CTP 存在的影响，称它为催化亚基；2.8S 亚基无催化活性，但可结合 CTP 或 ATP，因此称它为调节亚基。当 CTP 不与调节亚基结合时酶表现出最大活性。当细胞内 CTP 累积（水平升高）并与调节亚基结合后，酶的构象发生较大的变化，进而影响催化亚基的构象，使酶的催化活性降低。ATP 的结合能阻止 CTP 诱导的构象变化（图 3-43）。

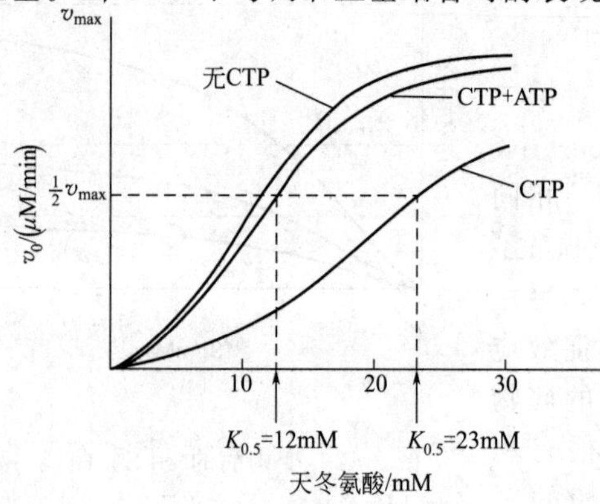

图 3-43　ATCase 的 S 型动力学曲线及 ATP 和 CTP 对其活性的变构调节

William Lipscomb 利用 X-射线分析进一步发现，天冬氨酸转氨甲酰酶有两个催化亚基，每一个催化亚基由三条相对分子质量各为 34×10^3 的 C 肽链组成；ATCase 有三个调节亚基，每一个调节亚基由两条相对分子质量各为 17×10^3 的 γ 链组成［图 3-44(c)］，所以该酶的活性形式可写为：

$$3\gamma_2 + 2C_3 \longrightarrow C_6\gamma_6$$

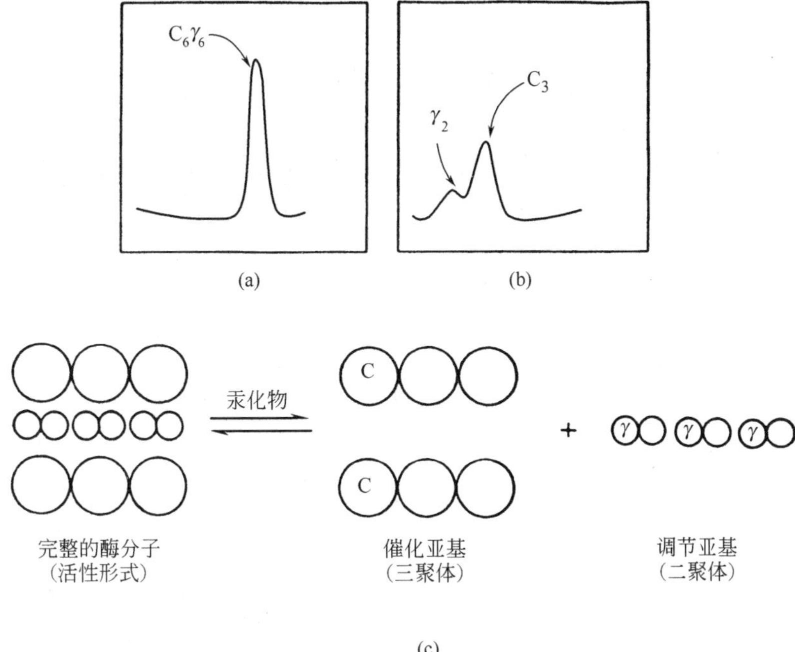

图 3-44 (a) ATCase 的沉降行为;(b) 汞化物处理后 ATCase 的沉降行为;(c) E. coli ATCase 的亚基结构

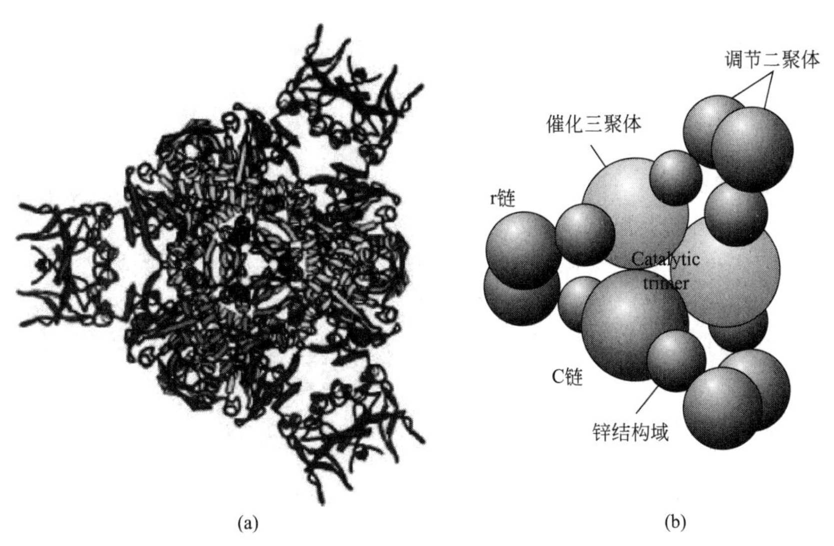

图 3-45 (a) ATCase 的四级结构(顶面观)
(b) ATCase 各亚基间的相互关系简图

从外观看,三个调节亚基(调节二聚体)形成三角状的包围“圈”(每个调节亚基占据三角形的一角)环绕着催化亚基(催化三聚体)(图 3-45)。两个催化亚基一个堆积在另一个的顶部[图 3-45(b)];一个调节亚基内的每条肽链与一个催化亚基内的一条肽链通过 Zn 结构域相互作用;Zn 结构域中的 Zn 离子与 4 个半胱氨酸残基结合。故用汞化物如对羟基汞苯甲酸处理 ATCase 时,汞化物与半胱氨酸残基作用,使酶的催化亚基和调节亚基相互分离。

在催化反应中，氨甲酰磷酸经多个静电吸引及氢键首先与酶结合，然后与天冬氨酸结合。后者的氨基亲核攻击氨甲酰磷酸分子中羰基的碳原子［图 3-46(a)］，形成一个过渡态反应中间体，它相当于两个底物的复合物。这个中间体失去磷酸基产生氨甲酰天冬氨酸。*N*-磷乙酰-L-天冬氨酸［*N*-(phosphonacetyl)-L-aspartate，PALA］是酶的一个抑制剂，类似于两个底物的复合物。因 PALA 带有很强的负电荷，能与天冬氨酸转氨甲酰酶活性部位中的 Arg_{167}，Arg_{105}，Arg_{229}，Lys_{84} 等结合［图 3-46(b)］，但不反应。此外，还通过多个氢键与酶结合。

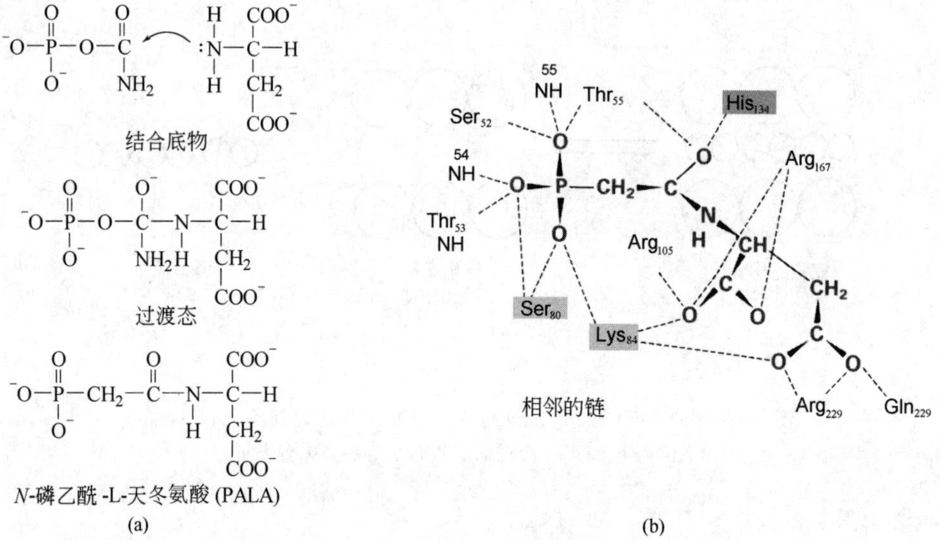

结合底物

过渡态

N-磷乙酰-L-天冬氨酸 (PALA)

(a)

相邻的链

(b)

图 3-46 (a) ATCase 催化反应中的过渡态及 PALA；(b) PALA 与 ATCase 的活性部位结合

比较 ATCase 和 ATCase-PALA 复合物的 X 射线晶体衍射分析结果发现，随着 PALA 的结合伴随着 ATCase 四级结构的重大变化（图 3-47）。

事实上，ATCase 有两种主要的四级结构形式，一种是当底物或底物类似物不与酶结合时的 T 态，一种是当底物或底物类似物与酶结合时的 R 态。T 态对底物的亲和力较低，R 态对底物的亲和力较高；当 PALA 与 ATCase 结合后，酶的四级结构发生重大变化，两个催化亚基分开约 12Å（埃，1.2nm），相对于三维对称（threefold axis of symmetry）轴旋转约 10°；同时，调节亚基也作相应的旋转。PALA 的结合使酶趋于 R 态（图 3-48）。

像变构蛋白 Hb 一样，变构酶的 S 型动力学曲线也可用续变模型和协同模型解释之。依据续变模型，当效应物如酶的底物不存在时，别构酶只有一种构象，紧张态（T 态，tense）存在，对底物的亲和力小。只有当效应物与别构酶结合后，才诱导 T 态向松弛态（R 态，relaxed）的转变；R 态对底物的亲和力高。在这种情况下，不存在 R 态与 T 态之间的平衡状态。若一个别构酶有两个相同的亚基，每一个含有一个活性部位［图 3-49(a)］。当效应物与一个亚基结合后，可诱导该亚基构象从 T 态转变为 R 态，从而形成 R-T 过渡态，并使邻近亚基易于发生同样的构象改变，使该亚基对底物的亲和力增加。

依据协同模型，由于别构酶一般都是寡聚酶，含有确定数目的亚基。各亚基占有相等的地位；因此别构酶都有一个对称轴。每种别构酶的所有亚基，或者全部呈不利于结合底物的 T 状态，或者全部是有利于结合底物的 R 状态。这两种状态间的互变对于每一个亚基都是

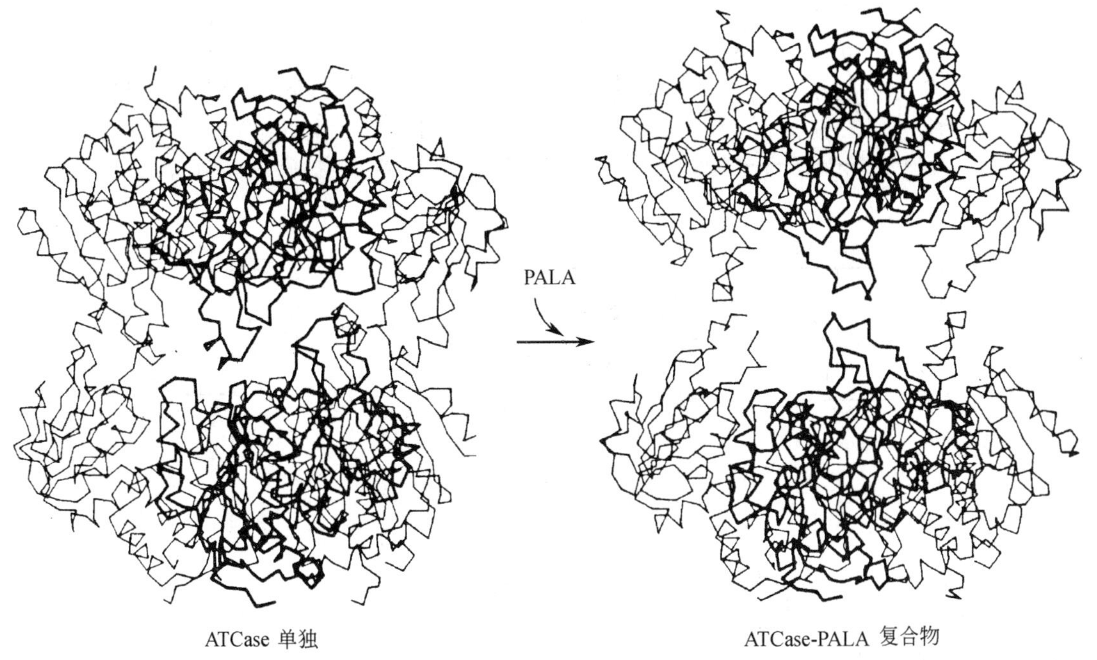

图 3-47　ATCase 与 PALA 结合时发生的构象变化

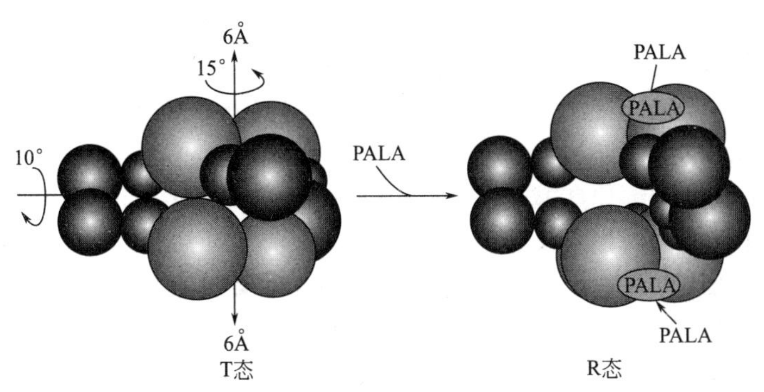

图 3-48　ATCase 的 T 态和 R 态

同时的、齐步发生的，即各亚基在同一时间内均处于相同的构象状态。如底物分子与亚基之一结合后，使该亚基从“T”态转变为“R”态，则其他亚基也几乎同时转变为“R”态，不存在 T-R 过渡态[图 3-49(b)]。T 态与 R 态之间的互变取决于外界条件，也取决于亚基间的相互作用。所以对称性（symmetry）是协同模型的主要特征。

2. 一些酶的活性受可逆的共价修饰调节

共价修饰（covalent modification）调节是酶活性调节的另一种重要方式。某些调节酶在其他酶的作用下，对其结构进行共价修饰，而使其在高活性形式和相对较低的活性形式之间互相转变。可逆共价修饰的方式包括：可逆磷酸化（phosphorylation）、可逆腺苷酰化（adenylylation）、尿苷酰化（uridylylation）、甲基化（methylation）、腺苷二磷酸核糖基化（ADP-ribosylation）等，当酶分子上的一个氨基酸残基被修饰后，这个残基的性质发生改变。一个电荷的引入可使酶分子局部性质改变并诱导其构象的改变。如细菌中的一种趋性（chemotaxis，趋药性）蛋白可接受甲基，当其被甲基化修饰后（甲基供体一般是 *S*-腺苷甲硫氨酸），致使细菌向着溶液中的诱引剂（attractant）如葡萄糖浮游（游去）并远离其他的

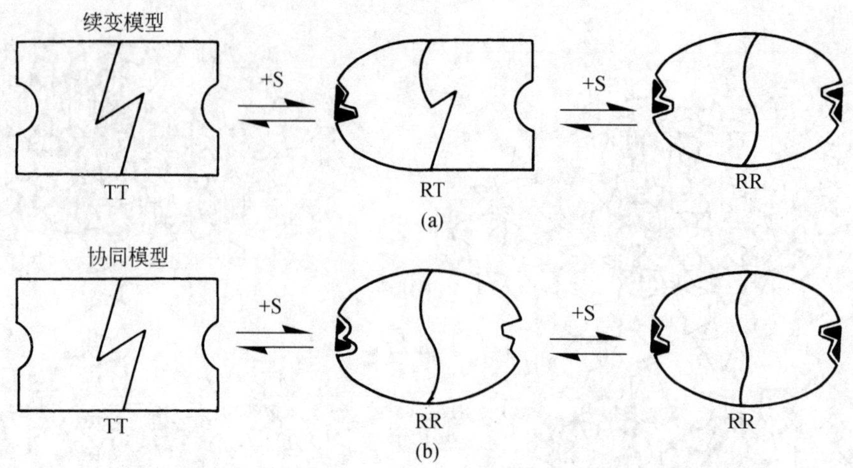

图 3-49　变构酶的续变模型和协同模型

物质。

乙酰化修饰是常见的共价修饰方式之一；真核细胞中大约 80%的可溶性蛋白包括许多的酶分子要进行乙酰化修饰，乙酰化修饰多发生在肽链的氨基末端。此外，酶分子上特定的丝氨酸、苏氨酸或酪氨酸残基的可逆磷酸化修饰也是最常见的共价修饰方式；在真核细胞中，大约 1/3～1/2 的蛋白质受可逆磷酸化修饰。磷酸基与酶分子上特定氨基酸残基的结合是由蛋白激酶（protein kinases）催化的，磷酸基的脱去由蛋白磷酸酶（protein phosphatases）催化。有些酶分子上只有一个磷酸化位点，有些酶分子上有几个磷酸化的位点，个别酶分子上的磷酸化位点多达几十个。磷酸基的结合可使酶的结构发生改变，进而影响其催化活性。

如骨骼肌和肝脏中的糖原磷酸化酶（Glycogen phosphorylase），是糖原分解途径中的一个重要酶，它催化糖原的磷酸解反应。

$$(\text{葡萄糖})_n + \text{Pi} \rightarrow (\text{葡萄糖})_{n-1} \quad + \quad \text{1-磷酸葡萄糖 (G-1-P)}$$

↑（糖原）　　↑（失去一个葡萄糖残基的糖原）

糖原磷酸化酶有两种形式，糖原磷酸化酶 a 和磷酸化酶 b（图 3-50）。磷酸化酶 b 是糖原磷酸化酶的活性较低的形式，由两个亚基组成。磷酸化酶 b 在磷酸化酶激酶（phosphorylase kinase）的作用下，每个亚基上的第 14 位丝氨酸残基接受 ATP 提供的磷酸基被磷酸化而转变为有活性的磷酸化酶 a。磷酸化酶 a 在磷酸化酶磷酸酶（phosphorylase phosphatase）的作用下脱去磷酸基又可转变为磷酸化酶 b。

因此，糖原磷酸化酶的活性形式和非活性形式之间的平衡，使磷酸基共价地结合到酶上或从酶上脱下，从而控制调节着磷酸化酶的活性。1 分子磷酸化酶 b 激酶可催化几千个磷酸化酶 b 分子转变为磷酸化酶 a，从而高速催化糖原分解为 1-磷酸葡萄糖。

糖原磷酸化酶的活性又受别构调节。其分子中的每一个亚基含有 841 个氨基酸残基，一条肽链折叠成十分致密的结构。有两个结构域，氨基末端由 480 个氨基酸残基构成的结构域，是糖原结合部位；羧基端的结构域由 361 个氨基酸组成；催化部位在两个结构域围成的裂缝中。辅酶磷酸吡哆醛位于活性部位，利于催化反应的进行。AMP 是糖原磷酸化酶 b 的变构激活剂，AMP 的结合部位在两个亚基的界面附近，远离催化部位和糖原结合部位（图 3-51）。当 AMP 水平高时，AMP 的结合使两个亚基界面

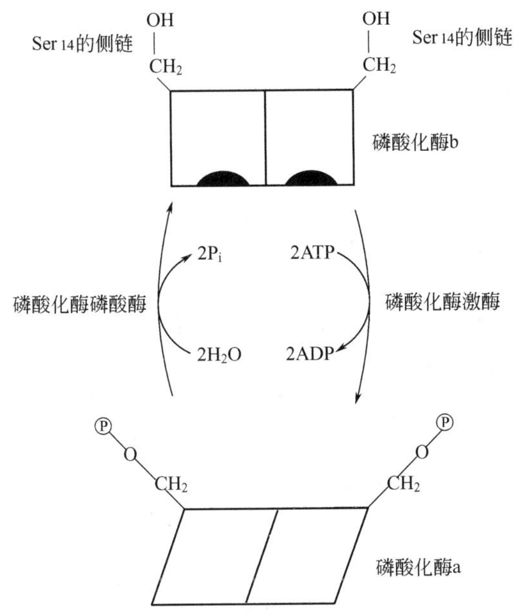

图 3-50　糖原磷酸化酶的活性受共价修饰调节

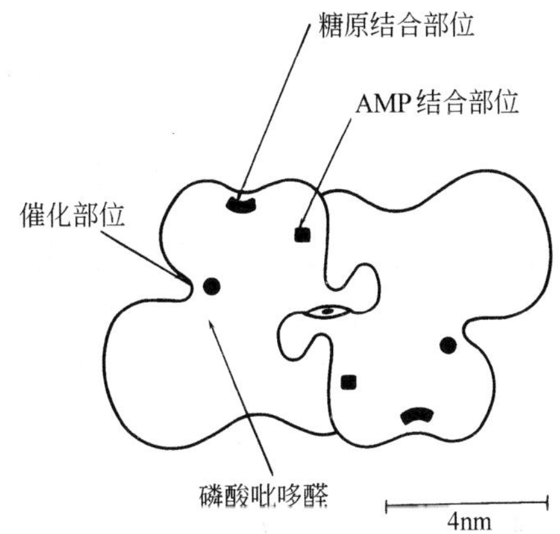

图 3-51　磷酸化酶 b 的结构示意图

处的结构发生变化，导致二聚体结构的改变，使两个催化部位处于催化活性状态；故对于调节酶来说，亚基间的相互作用，特别是两个亚基界面处的相互作用对于该酶活性的变化起重要作用。

像糖原磷酸化酶一样，糖原合成酶的活性也受共价修饰的调节；它的活性形式糖原合成酶 a 是脱磷酸化形式；而低活性形式——糖原合成酶 b 是磷酸化形式。

三、同工酶

早在 1895 年，Fischer 就发现，不同生物种类、不同器官和组织来源的酶，可作用于同一底物，催化相同的化学反应。但这些酶的分子结构和其他化学性质可以不同。但由于对酶的化学本质的认识还不清楚，就谈不上对同工酶的自觉研究。

20 世纪 50 年代初，Meister，Neilands 等从心肌中分离纯化了两种乳酸脱氢酶，1959 年，Markert 和 Moller 系统地总结了前人的研究成果，并提出了同工酶（isozymes）的概念。1964 年，国际纯化学及应用化学联合会（IUPAC），国际生物化学联合会（IUB）确认了酶的多型性和同工酶的概念。

同工酶是同一种酶的不同分子形式，能催化相同的化学反应，但它们的动力学性质、调节性质、所用的辅助因子（如脱氢酶的同工酶有的用 NADH 作为其辅助因子，有的用 NADPH）以及亚细胞分布（可溶的或膜结合的）等方面都存在明显差异的一组酶。它们可存在于同一种属，同一组织，甚至同一细胞内。同工酶的氨基酸序列相似但不相同。同工酶一般有两种或两种以上的亚基组成。如乳酸脱氢酶（LDH）是第一个被发现的同工酶。存在于哺乳类动物中的该酶有 H（心肌型）和 M（骨骼肌型）两种亚基，H 和 M 亚基的氨基酸组成、排列顺序各不相同，可装配成 LDH_1（H_4），LDH_2（H_3M），LDH_3（H_2M_2），LDH_4（HM_3），LDH_5（M_4）五种四聚体［图 3-52(b)］；这五种形式的分子结构、理化性质和电泳行为虽然不同［图 3-52(a)］，但它们都能催化乳酸脱氢生成丙酮酸的反应或其逆反应。H 和 M 亚基分离后，该酶无催化活性。乳酸脱氢酶同工酶在不同组织中的分布如表 3-4 所示。

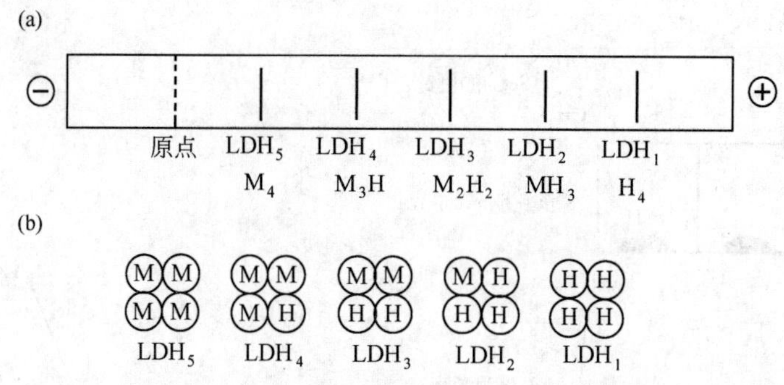

图 3-52 (a) 乳酸脱氢酶同工酶的电泳图谱；(b) 乳酸脱氢酶同工酶的结构

表 3-4 乳酸脱氢酶同工酶在不同组织中的分布/%①

酶	心肌	骨骼肌	肝脏	酶	心肌	骨骼肌	肝脏
H_4	60	4	2	HM_3	微量	16	13
H_3M	33	7	6	M_4	微量	56	64
H_2M_2	7	17	15				

① 百分数指同一组织器官中，每种形式的 LDH 的量占总 LDH 的百分数。

同工酶广泛存在于生物界。如苹果酸脱氢酶同工酶，不仅在动物心脏中存在，豆科植物(如豌豆)、大肠杆菌中都存在。同工酶的研究具有重要的意义。在临床上可应用同工酶帮助诊断疾病。这是由于某一器官组织富含某一种同工酶时，在该器官组织受损伤后，将释放大量这种同工酶入血液，通过对血液中这些酶的测定，可帮助诊断该组织是否发生病变。

目前发现的同工酶有数百种，均为含亚基的蛋白质。如肌酸激酶(CK)同工酶，含 M、B 两种亚基，M 代表肌肉，B 代表脑；它能可逆地催化下列反应：

$$\text{肌酸}+\text{ATP} \xrightleftharpoons{\text{CK}} \text{磷酸肌酸}+\text{ADP}$$

CK 同工酶有 MM、MB 和 BB 三型。MM，在骨骼肌中占优势；MB，在心肌中占优势；BB，在脑组织中占优势。人血清中 MB 同工酶的唯一来源是心肌，患心肌梗死 36h，MB 带即出现；在脑组织受到创伤或脑手术后，可出现 BB 带，可帮助早期诊断。

利用同工酶可判断组织的代谢情况。如实验测知，乳酸脱氢酶同工酶对底物有不同的 K_m 值。心肌富含 LDH_1 (H_4)，它对底物 NAD 有一个较低的 K_m 值，而对丙酮酸的 K_m 较大；故其作用主要是催化乳酸脱氢，以便于心肌利用乳酸氧化供能。而骨骼肌中富含 LDH_5 (M_4)，它对 NAD 的 K_m 值较大，而对丙酮酸的 K_m 值较小，故其作用主要是催化丙酮酸还原为乳酸。这就是为什么骨骼肌在剧烈运动后感到酸痛的原因。

利用同工酶可判断心肌梗死患者心肌损伤的时间长短和程度。因为当心肌受到损伤时，心肌中的 LDH 释放入血液。当心肌受到短暂损伤时，血液中总的 LDH 水平增加，且 LDH2 的水平高于 LDH1；当心肌受损 12h 后，LDH2 和 LDH1 水平相似；当心肌受损 24h 后，LDH2 水平低于 LDH1 的水平；根据 LDH1/LDH2 比值的变化及血液中心肌肌酸激酶水平增加的信号，是近代医学上心肌梗死诊断的重要证据。

四、催化抗体

根据酶催化反应的过渡态理论，1969 年，William P. Jencks 提出了催化抗体 (catalytic antibody) 的概念。他设想：若以一个酶促反应的过渡态类似物（它比真正的过渡态稳定）作为免疫原 (immunogen) 去诱发产生抗体，后者应与该过渡态类似物有着互补的构象；这种抗体与底物结合后，应能诱导底物进入过渡态，从而引起催化作用。这种抗体就是具有酶活性的抗体，可称为催化抗体或抗体酶 (abzyme)。1986 年，Richard Lerner 和 Peter Schultz 两个研究小组都成功地分离出一系列能催化酯类（esters）和碳酸盐（carbonate）水解的单克隆抗体。在这些反应中，水中的羟基攻击羰基碳（carbonyl carbon）产生一个带负电荷的四面体过渡态中间体（图 3- 53）。用酯水解过程中的过渡态类似物膦酸酯（phosphonate ester）或用碳酸盐水解过程中的过渡态类似物磷酸酯（phosphate ester）作为半抗原获得的单克隆抗体能催化相应的酯或碳酸盐的水解反应，且能使反应速率加快 $10^3\sim10^4$ 倍 。

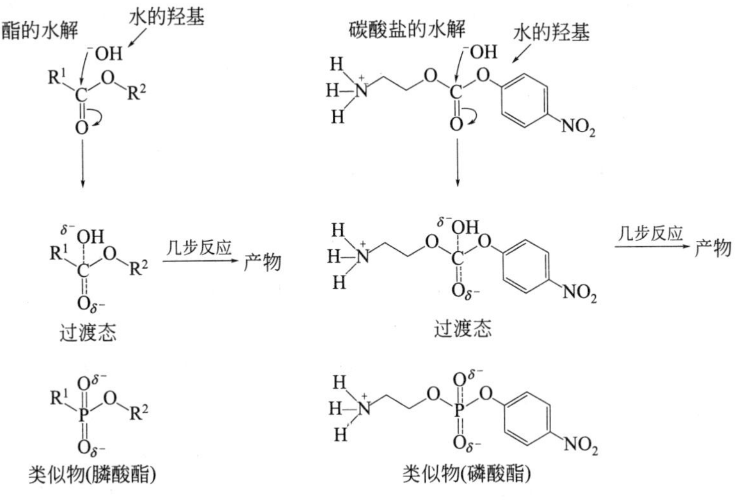

图 3-53　酯和碳酸盐的水解

转氨酶的辅酶是磷酸吡哆醛。磷酸吡哆醛和某一氨基酸反应生成相应的 α 酮酸和磷酸吡哆胺，这是氨基酸代谢中的一个重要反应。N^{α}-(5′- 磷酸吡哆)-L-赖氨酸是该反应的一个过渡态类似物；若把这个类似物与一载体蛋白连接后作为抗原注入宿主，宿主将产生具有催化活性的抗体。这一抗体也能催化磷酸吡哆醛和某一氨基酸反应生成相应的 α 酮酸和磷酸吡哆胺（图 3-54）。

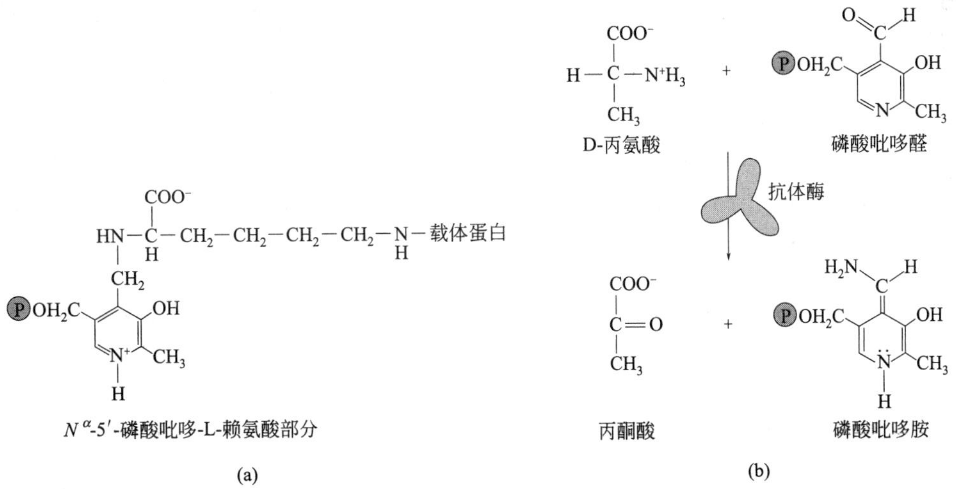

N^{α}-5′-磷酸吡哆-L-赖氨酸部分

(a)

D-丙氨酸　磷酸吡哆醛　抗体酶　丙酮酸　磷酸吡哆胺

(b)

图 3-54　(a) 载体蛋白中的 N^{α}-（5-磷酸吡哆）-L-赖氨酸部分；
(b) 抗体酶催化的反应

催化抗体的研究具重要意义。以某一反应中的过渡态类似物去诱导免疫反应，产生特定的催化抗体；可用于治疗某种酶先天性缺陷的遗传病等。

第七节　酶的分离纯化和活力测定

鉴于酶在国民经济中的特殊地位，使得酶的分离提纯、活力测定等工作具有特别重要的意义。许多酶是重要的生化试剂和药物，各种工具酶是研究生物大分子合成和DNA重组技术中必需的工具；1976年，Wilkinson谈到：全世界医院广泛应用酶活性测定作为诊断疾病的助手，是现代医学给人最深刻印象的发展之一。酶的测定不仅可以用于帮助诊断疾病，了解组织的代谢，还可以作为治疗剂。

一、酶分离纯化的一般原则

酶的种类甚多，性质各异，且来源不同的酶，其分离提纯的方法也不同。但多数酶分离制备中的关键部分、基本手段是相同的。生物细胞内产生的酶，按其作用的部位可分为胞外酶和胞内酶两大类。

① 胞外酶　由细胞内产生后，分泌到细胞外进行作用的酶。这类酶大多数是水解酶，如细菌产生的淀粉酶、蛋白酶；蜗牛消化液中含有的蜗牛酶，动物胃液中的胃蛋白酶等。胞外酶的制备不需要破坏细胞。

② 胞内酶　在细胞内产生后，不分泌到细胞外，而是在细胞内起催化作用。

酶的分离纯化和蛋白质的分离纯化，在材料选择、细胞破碎、粗制品获得以及分离纯化方法等方面十分相似。如要制备活性的酶，应选择新鲜的、含量丰富的材料；常用的破坏细胞的方法同样适用于酶的制备。盐析法、等电点沉淀法、离子交换纤维素色谱、葡聚糖凝胶色谱、亲和色谱等分离纯化方法也同样适用于酶的分离提纯工作。

二、酶的活力与测定

1. 酶活力

酶活力又称酶活性，是指酶催化一定的化学反应的能力。酶活力的大小可用在一定的条件下，酶催化某一化学反应的反应速度来表示。所以，酶的活力测定，实际上就是测定酶所催化的化学反应的速度。酶催化的反应速度愈快，酶的活力就愈高。反应速度可用单位时间内底物的减少量或产物的生成量来表示。在一般的酶促反应体系中，底物的量往往是过量的。在测定的初速度范围内，底物减少量仅为底物总量的很小一部分，测定不易准确；而产物从无到有，较易测定。故一般用单位时间内产物生成的量来表示酶催化的反应速度比较合适。酶活性可以看成是一个溶液中所含酶的总活力单位数。

2. 酶活力单位（active unit）

酶活力的高低使用酶活力单位来表示。在实际工作中，酶活力单位往往与所用的测定方法、反应条件等因素有关。同一种酶采用的测定方法不同，活力单位也不尽相同；如乳酸脱氢酶活力单位的定义是：在25℃，pH 7.5条件下，每分钟A_{340nm}增加0.1个单位或0.5个单位为一个活力单位。也可用丙酮酸的增加量来表示；在最适条件下，每分钟增加10μmol或5μmol丙酮酸为一个活力单位。为了便于比较，酶的活力单位已标准化；1961年国际生物化学学会（IUB）酶学委员会建议使用国际单位（IU）。一国际单位是指在最适条件下，每分钟催化1μmol底物减少或1μmol产物生成所需的酶量。如果酶的底物中有一个以上的可被作用的键或基团，则一个国际单位指的是每分钟催化1μmol的有关基团或键的变化所需的酶量，温度一般规定为25℃。

1972年，国际生化学会酶学委员会为了使酶的活力单位与国际单位制中的反应速度表达方式相一致，推荐使用一种新的单位“开特”（Katal，简称Kat）来表示酶活力单位。1Kat单位定义为：在最适条件下，每秒钟能使1mol底物转化为产物所需的酶量定为一个Kat单位。同理，可使1μmol底物转化的酶量定为1μKat单位；以此类推有毫微Kat（nKat）和微微Kat (pKat) 等。催量和国际单位（I. U.）之间的关系是：1Kat＝6×10^7 I. U.。

3. 比活力

酶的比活力（specific activity）也称为比活性，是指每毫克酶蛋白所具有的活力单位数。有时也用每克酶制剂或每毫升酶制剂所含的活力单位数来表示；比活力是表示酶制剂纯度的一个重要指标。对同一种酶来说，酶的比活力越高，纯度越高。

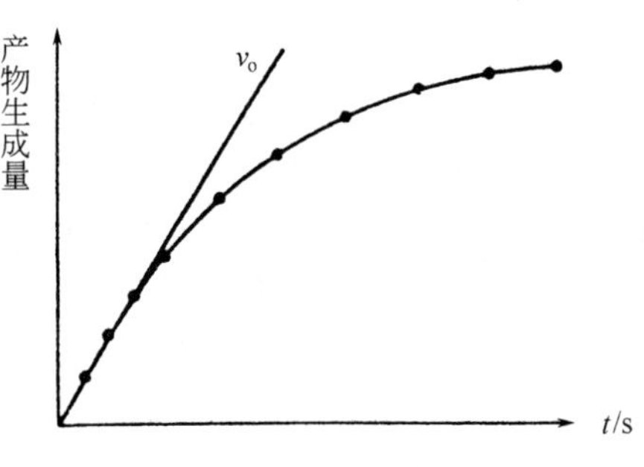

图 3-55 酶促反应进程中，产物生成量和时间的关系

4. 测定酶活力的一般方法

在一定量的酶，底物存在下，在一个酶促反应开始后，于反应的不同时间测定反应体系中产物生成的量。以产物生成的量对时间作图，可得到图 3-55 所示的曲线。

从中可以看出，在反应刚开始时，产物生成量随着反应时间的进程而成比例增加，但随着反应的继续进行，产物生成量与时间不成比例；产生这种现象的原因很多，如底物的减少，随着产物生成的增加，逆反应的速度将增加，产物对酶的抑制作用等。故在进行酶活力测定时，要注意反应初速度的选择。初速度（v_0）可以零时点（zero time-point）为起点作一条与曲线的线性部分相切的直线而获得，直线的斜率等于 v_0（图 3-55）。酶活力测定常用的方法有终点法和动力学方法两类。

（1）终点法　测定完成一定量反应所需的时间，如 α-淀粉酶的活力测定。因为碘对淀粉呈现蓝色反应，当淀粉溶液中加入淀粉酶后，碘的蓝色反应消失而呈现红棕色；碘对淀粉颜色反应消失的时间可表示淀粉酶活力的大小。碘对淀粉颜色反应消失的时间愈短，表示酶的活力愈高。

（2）动力学方法　测定一定时间内所起的化学反应量。

① 比色法　如果酶反应的产物可与特定的化学试剂反应而生成稳定的有色溶液，生成颜色的深浅与产物浓度在一定的浓度范围内有线性关系可用此法。如蛋白酶的活力测定。蛋白酶可水解酪蛋白，产生的酪氨酸可与福林试剂反应生成稳定的蓝色化合物，在一定的浓度范围内，所成蓝色化合物颜色的深浅与酪氨酸的量之间有线性关系，可用于定量测定。

② 量气法　主要用于有气体产生的酶促反应。如氨基酸脱羧酶、脲酶的活力测定。产生的二氧化碳量可用特制的仪器如瓦氏呼吸仪测定之。根据气体变化和时间的关系，即可求得酶反应的速度。

③ 滴定法　如果产物之一是自由的酸性物质可用此法。如脂肪酶催化脂肪分解，脂肪酸的增加量代表脂肪酶的活力。

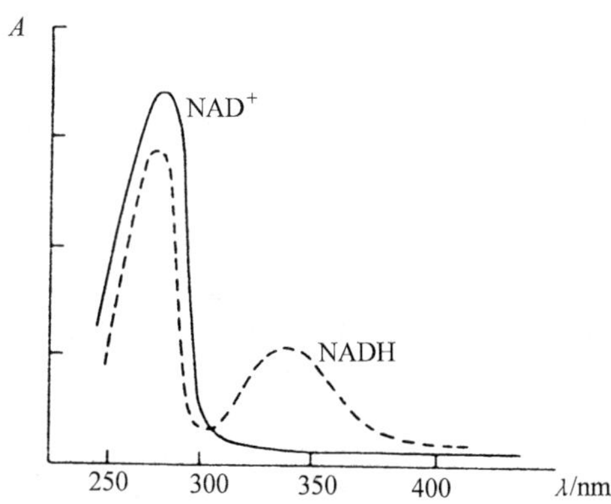

图 3-56 NAD 和 NADH 吸收光谱的比较

④ 分光光度法　利用底物和产物光吸收性质的不同，可直接测定反应混合物中底物的减少量或产物的增加量。几乎所有的氧化还原酶都使用该法测定。如还原型辅酶Ⅰ（$NADH_2$）和辅酶Ⅱ（$NADPH_2$）在 340nm 有吸收，而 NAD 和 NADP 在该波长下无吸收（图 3-56），如乳酸脱氢酶的活力测定，在该酶作用的最适条件下，每分钟在 340nm 下的吸收值（$O.D_{340nm}$）增加 0.1 个单位（或 0.5 个单位）定为一个酶活力单位。该法测定迅速简便；自动扫描分光光度计的

使用对于酶活力的快速准确的测定提供了极大的方便。

⑤ 放射测量法　是酶活力测定中较常使用的一种方法。一般用放射性同位素标记底物，在反应进行到一定程度时，分离带放射性同位素标记的产物并进行测定，就可测知反应进行的速度。常用的同位素有^{3}H，^{14}C，^{32}P，^{35}S，^{131}I等。如脲酶，将底物尿素用^{14}C标记，产生的带放射性的CO_2气体可用标准计数法进行测定。

⑥ 酶偶联分析　某些酶本身没有合适的测定方法，但可偶联另一个酶反应进行测定。其基本方法为：应用某一个高度专一性的工具酶使被测酶反应能继续进行到某一可直接连续且简便准确测定阶段的方法。如下列的反应中，被测E_1反应的产物B是某一脱氢酶（E_2）的底物，向反应体系中加入足够量的脱氢酶和NAD^+或$NADPH^+$，使反应由A经B继续进行到C，然后测定NADH或NADPH的特征吸收光谱的变化，即可间接地测定E_1的活力大小。

$$A \xrightarrow[\text{被测反应}]{E_1} B \xrightarrow[\text{指示反应}]{E_2} C$$

如己糖激酶的活力测定即应用这一方法。

$$\text{葡萄糖} + ATP \xrightarrow{E_1} \text{6-磷酸葡萄糖} + ADP \xrightleftharpoons{E_2} \text{6-磷酸葡萄糖酸}$$
$$NADP^+ \longrightarrow NADPH + H^+$$

式中　E_1——己糖激酶或葡萄糖激酶；

E_2——6-磷酸葡萄糖脱氢酶。

使用该法要求指示酶必须很纯，且具有高度的专一性，以免干扰反应而给测定带来麻烦。

三、回收率和纯化倍数

为检查所采用的分离纯化程序是否合理，在分离纯化过程中，必须经常测定酶的总活力和比活力。一个理想的纯化程序，随着分离纯化的进行，酶的纯度应提高，比活力应增加。此外，还要计算纯化倍数和回收率。纯化倍数等于每一步骤所得之比活力与第一步骤的比活力之比值；回收率等于每一步骤所得的总活力与第一步骤的总活力之比值，以百分比表示。开始时的回收率一般定为100%，起始时的纯化倍数一般定为1。从大肠杆菌分离纯化天冬酰胺酶，各分离步骤所得数据如表3-5所示。

$$\text{回收率} = \frac{\text{每次总活力}}{\text{第一次总活力}} \times 100\% \qquad \text{纯化倍数} = \frac{\text{每次比活力}}{\text{第一次比活力}}$$

表3-5　从*E. Coli*中分离纯化天冬酰胺酶

纯化步骤	总蛋白 mg	总活力 I. U.	比活力 I. U./mg	回收率 /%	纯化倍数	纯化步骤	总蛋白 mg	总活力 I. U.	比活力 I. U./mg	回收率 /%	纯化倍数
匀浆液	1.4×10^6	2.8×10^6	2	100	1	DEAE柱色谱	8×10^3	1×10^6	125	36	62.5
等电点沉淀	4×10^4	1.4×10^6	35	50	17.5	CM柱色谱	5×10^3	9×10^5	180	32	90

从中可以看出，一个正常的、较合理的纯化程序，随着纯化的进行，总蛋白量逐渐减少，比活力不断增加，纯化倍数提高了，但回收率降低。

提　要

酶是生物催化剂，其本质是蛋白质或核酸。本章只讨论蛋白质性质的酶。酶作为生物大分子催化剂除具有一般催化剂的特征外，还具有催化效率高、具高度专一性、作用条件温和、其活性可被调节控制等特点。

蛋白质性质的酶，根据其分子组成，可分为单成分酶和结合酶类两种；单成分酶分子中只含有氨基酸，结合酶类也称为全酶或复合酶类。全酶由酶蛋白和非蛋白质部分组成。全酶中的非蛋白部分一般称为酶的辅助因子、辅酶或辅基。辅助因子一般是指金属离子，辅酶或辅基一般是指小分子的有机化合物。辅酶和辅基之间没有严格的界限。酶蛋白决定反应的专一性，辅酶、辅基和辅助因子则参与催化底物反应，起转移电子、原子和功能基团的作用。

酶与一般蛋白质的不同之处在于它能催化各类热力学上可能进行的化学反应。酶的催化活性与其分子的特殊结构密切相关。不同的酶尽管在结构、专一性及催化机理方面都有相当大的差异，但它们的活性部位确有许多相似之处。研究证明，活性部位只占酶分子的很小一部分结构。酶活性部位有两个功能部位：一是结合部位，一是催化部位；但两者并不是独立存在的。构成这两个部位的有关基团，有的同时兼有结合底物和催化底物发生反应的功能。

不具催化活性的酶的前体称为酶原。某种物质作用于酶原使之转变为有活性的酶的过程称为酶原的激活。这是机体内存在的重要的调控酶活性的一种方式。

酶的催化活性受环境条件如温度、pH、激活剂、抑制剂等的影响。每种酶都有其作用的最适温度和最适 pH；底物浓度和反应速度之间的关系可用米氏方程来表示。当反应速度达到最大速度一半时所对应的底物浓度就是米氏常数 K_m，它是酶的特征常数之一；不同的酶有不同的 K_m 值。凡能提高酶活性的物质都称为该酶的激活剂。有些物质能与酶分子上的某些基团，特别是活性中心的一些基团结合而使酶活性下降或丧失，这种作用称为抑制作用，引起这种抑制作用的物质称为酶的抑制剂。有些抑制剂与酶以非共价键形式结合而引起酶活性降低或丧失，但可用透析等方法除去抑制剂而使酶活性恢复。这种抑制作用称为可逆的抑制作用。有些抑制剂与酶的底物的结构相似，可与底物竞争与酶的结合，此种抑制作用称为竞争性抑制作用。磺胺类药物就是根据竞争性抑制作用的原理设计的。近年来，蛋白酶抑制剂转基因植物用于农作物抗虫害的研究取得了可喜的研究成果。

细胞可通过调节酶的活性来调节自身的代谢活动。调节酶都是多亚基蛋白，如别构酶。别构酶分子上除活性部位外，还有别构部位。活性部位和别构部位可能存在于同一亚基的不同部位上，也可能存在于不同的亚基上。只存在别构部位的亚基一般称为调节亚基。多数别构酶的 v-[S] 曲线不符合米氏方程，其活性既受底物分子的调节，又受底物以外的其他小分子的调节。有两个重要的模型可以解释别构酶的作用机理，即续变模型和协同模型。

一些调节酶的活性受可逆共价修饰的调节。共价修饰的方式包括：可逆磷酸化、可逆腺苷酰化、尿苷酰化、甲基化、腺苷二磷酸核糖基化等，其中酶分子上特定的丝氨酸、苏氨酸或酪氨酸残基的可逆磷酸化修饰最常见；磷酸基与酶分子上特定氨基酸残基的结合是由蛋白激酶催化的，磷酸基的脱去由蛋白磷酸酶催化。磷酸基的结合可使酶的结构发生改变，进而影响其催化活性。如骨骼肌和肝脏中的糖原磷酸化酶有两种活性形式，磷酸化酶 b 是它的活性较低的形式，磷酸化酶 b 在磷酸化酶激酶的作用下，每个亚基上的第 14 位丝氨酸残基接受 ATP 提供的磷酸基被磷酸化而转变为有较高活性的磷酸化酶 a；磷酸化酶 a 在磷酸化酶磷酸酶的作用下脱去磷酸基又可转变为磷酸化酶 b。糖原合成酶的活性也受共价修饰调节，它的活性较高的形式糖原合成酶 a，是脱磷酸化的；而活性较低的形式，糖原合成酶 b 是磷酸化的。一些调节酶如糖原磷酸化酶的活性受调节物和可逆共价修饰的双重调节。AMP 是糖原磷酸化酶 b 的变构激活剂，当细胞内 AMP 水平高时，AMP 与糖原磷酸化酶 b 的结合，使两个亚基界面处的结构发生变化，进而导致酶本身结构的改变，使其催化活性增加。

酶活力是指酶催化一定的化学反应的能力。酶活力的大小用酶的活力单位来表示。酶的国际单位（IU）是指在酶作用的最适条件下，每分钟催化 1μmol 底物减少或 1μmol 产物生成所需的酶量。酶的比活力是指每毫克酶蛋白所具有的活力单位数。比活力的大小是表示酶的纯度高低的一个重要指标。

思考题

一、解释题

1. 酶原 2. 别构效应 3. 多酶体系 4. 米氏常数 5. 酶单位 6. 比活力 7. 同工酶 8. 酶的最适温度

二、由过氧化氢酶催化的反应得到如下的数据：

底物浓度[S]/(mol/L)	反应速度 v/[nmol/(L·min)]	底物浓度[S]/(mol/L)	反应速度 v/[nmol/(L·min)]
6×10^{-5}	14	2×10^{-3}	71
7×10^{-5}	58	10^{-2}	71.5
9×10^{-4}	62		

计算：1. K_m 和 v_{max}

2. 当 [S]$=2.5\times10^{-4}$nmol/(L·min) 时，酶促反应的速度是多少？

三、填空题

1. 复合酶类有__________和__________两部分组成。
2. 有__________抑制剂存在时，酶催化反应的 K_m 增加，而__________不变。
3. 同工酶具有__________，但可催化相同的化学反应。
4. 合成酶类催化由__________合成一种物质的反应，且必须有__________参加。

四、问答题

1. 变构酶的结构特征及其在代谢调节中的作用。
2. 酶的活力单位是如何规定的？何谓比活力、回收率和纯化倍数？
3. 试述影响酶活性的因素及它们如何影响酶的催化活性？
4. 酶与非酶催化剂的主要异同点是什么？
5. 酶原及酶原激活的生物学意义是什么？

第四章　核苷酸和核酸

核苷酸（nucleotides）在细胞代谢过程中有许多重要的作用。它们是生物体各种生物化学成分代谢转换过程中的能量“货币”；还承担传递激素及其他细胞外刺激的化学信号的角色；核苷酸还是一系列酶的辅因子和代谢中间体。并且，核苷酸是一类重要的生物大分子——核酸的组成单位。因为核酸是多聚核苷酸。

核酸（nucleic acids）有两大类，一类是脱氧核糖核酸（deoxyribonucleic acid，DNA）；另一类是核糖核酸（ribonucleic acid，RNA）。它们是各种有机体遗传信息的载体。生物体中的各种蛋白质，直至每种细胞的组分都是细胞中核酸顺序编码的信息产物。

每种蛋白质的氨基酸顺序和 RNA 的核苷酸顺序都是由细胞中 DNA 的核苷酸顺序决定的。含有合成一个功能性生物分子（蛋白质或 RNA）所需信息的一个 DNA 片段可以看成是一个基因（gene）。一个最简单的细胞也含有成千上万个基因。因此 DNA 分子是极大的。至今人们知道的 DNA 功能是贮存生物信息。

细胞中的几类 RNA 分子都有独特的功能。核糖体 RNA（ribosome RNAs，rRNAs）是核糖体的结构成分。核糖体作为 RNA 和蛋白质的复合物负责细胞内蛋白质的合成。信使 RNA（messenger RNAs，mRNAs）是携带一个或几个基因信息到核糖体的核酸。它们指导蛋白质的合成。转移 RNA（transfer RNA，tRNA）是把 mRNA 中的信息准确地翻译成蛋白质中氨基酸顺序的适配器（adapter）分子。除了这些主要类型的 RNA 外还有许多专门功能的 RNA。将在本书的后续部分介绍。首先讨论核苷酸和核酸的化学结构。

第一节　碱基、核苷和核苷酸

一、碱基、核苷和核苷酸

核苷酸含有三种成分：①一种含氮碱基，②一种戊糖，③一个磷酸基团，见图 4-1(a)。这些含氮碱基是两种母体化合物嘌呤和嘧啶的衍生物，见图 4-1(b)。

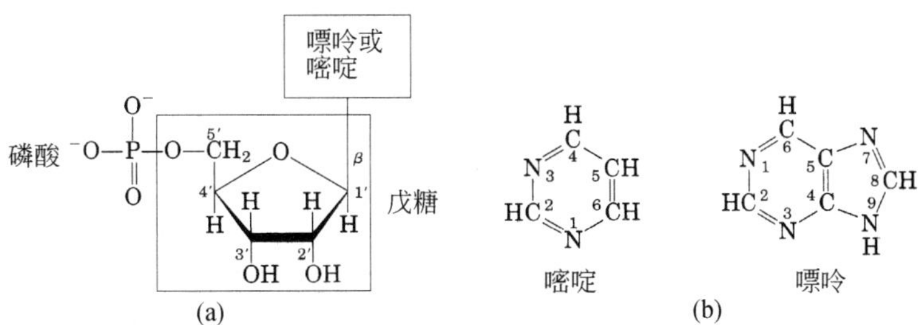

图 4-1　(a) 核苷酸的一般结构，呋喃式五碳糖以 β 型糖苷键与碱基相连，磷酸基团以酯链与 5′碳原子相连，这是核糖核苷酸的分子结构，在脱氧核糖核苷酸中 2′位的羟基被氢原子所取代；(b) 碱基的母体化合物——嘧啶和嘌呤环上原子的编号

普通核苷酸中的碱基和戊糖是杂环化合物。其环中的碳原子和氮原子习惯上加以编号以便命名和鉴别。对戊糖的编号遵循一般规则。但是在核苷酸中戊糖的碳原子编号数字上加“′”以区别于碱基上的编号。碱基以 *N*-糖苷键的形式(嘧啶的 N-1 位和嘌呤的 N-9 位）共价

连接于戊糖的1′碳原子上。磷酸则酯化在5′碳原子上。如*O*-糖苷键的形成一样，*N*-糖苷键是脱水以后形成的（糖的羟基和碱基上的氢原子缩合成水）。没有磷酸的碱基核糖缩合物称为核苷（Nucleoside）。

DNA和RNA都含有两种主要的嘌呤碱基：腺嘌呤（adenine，A）和鸟嘌呤（guanine，G）。DNA和RNA各含两种主要的嘧啶，它们都含有胞嘧啶（cytosine，C），但有一个重要的不同是第二个嘧啶在DNA中是胸腺嘧啶（thymine，T），而在RNA中则是尿嘧啶（uracil，U）。有时胸腺嘧啶也存在于RNA中，而尿嘧啶也存在于DNA中，但很少见。五种主要的碱基结构如图4-2所示。

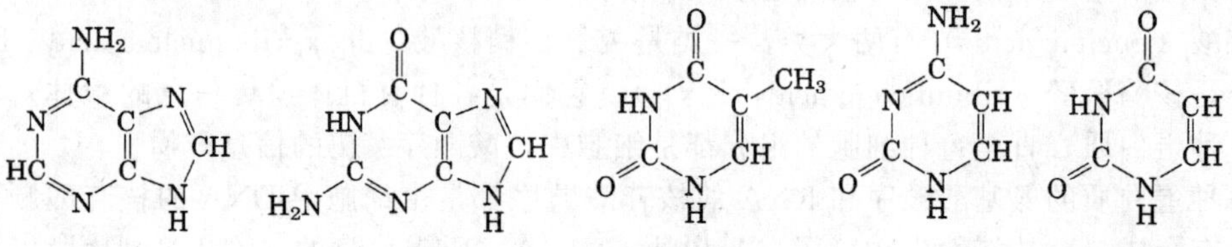

图4-2　核酸中的主要嘧啶和嘌呤碱基

碱基的命名与最初对它们的发现有关，如鸟嘌呤原称鸟便嘌呤，是从鸟粪中发现的

核酸中有两种戊糖，DNA中的核苷酸残基含2-D-脱氧核糖，而RNA中的核苷酸残基有D-核糖（图4-3）。游离核糖的直链醛型结构和闭合呋喃环形结构处于互变平衡状态，但在核苷酸中两种戊糖都采取*β*-呋喃型结构（闭合五元环）。

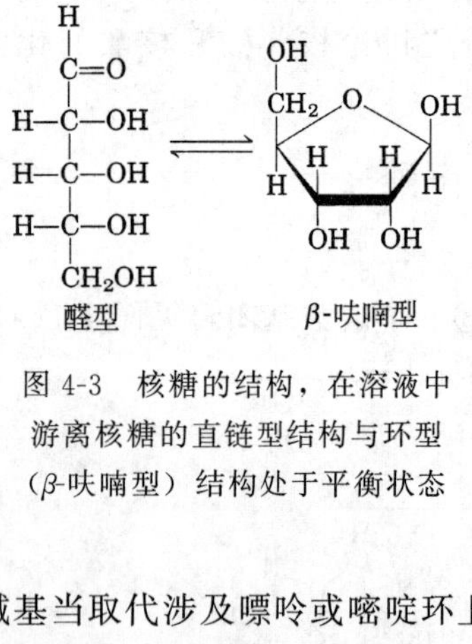

图4-3　核糖的结构，在溶液中游离核糖的直链型结构与环型（*β*-呋喃型）结构处于平衡状态

图4-4给出四种主要脱氧核糖核苷酸和主要核糖核苷酸的结构和名称，在DNA中由A，T，G，C核苷酸残基组成特定顺序为遗传信息编码。虽然核苷酸所携带的碱基一般是上述碱基中的一个，但是RNA和DNA也含有一些稀有碱基（图4-5）。在DNA中最普通的稀有碱基是碱基的甲基化产物。在一些病毒中，一些碱基可能被羟基化或糖基化。这些DNA中修饰了的稀有碱基在不同情况下可能用于调节或保护遗传信息。在RNA中也存在着许多稀有碱基，特别是在tRNA中。

稀有碱基的命名是混乱的。如图4-5所示稀有碱基（如次黄嘌呤）像主要碱基一样通常有俗名。这些取代形式的碱基当取代涉及嘌呤或嘧啶环上的一个原子时，一般只简单地说明取代作用发生在环上原子的顺序数字（例如，5-甲基胞嘧啶，7-甲基鸟嘌呤和5-羟甲基胞嘧啶等），而将取代位置的原子类型略去。如果取代作用发生在环外原子，习惯上原子类型必须提及并把这个原子附着的环上位置数字用小写标在原子的右上角。附着于腺嘌呤6位的氨基标作N^6，鸟嘌呤的羰基氧原子和氨基则是O^6和N^2。如图4-5，环外取代的例子如N^6-甲基腺嘌呤和N^2-甲基鸟嘌呤。

细胞中还含有在5′碳原子以外其他位置磷酸化的核苷酸（如图4-6），2′,3′-环式磷酸核苷是由一些核糖核酸酶和碱水解RNA产生的中间体，其终产物为核苷2′-单磷酸酯和3′-单磷酸酯。另一种形式是3′,5′-环式单磷酸腺苷（3′,5′-cAMP，见图4-6）和3′,5′-环式单磷酸鸟苷（3′,5′-cGMP）。它们是细胞中的信号分子。

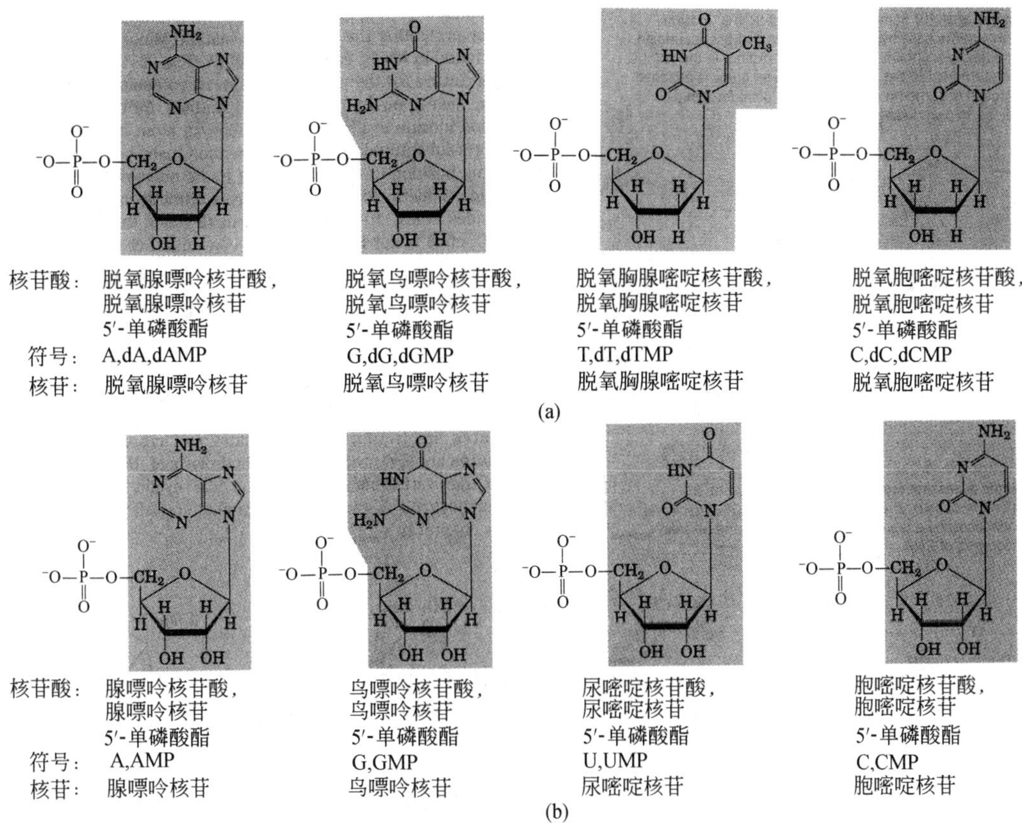

图 4-4　DNA 中的脱氧核糖核苷酸和 RNA 中的核糖核苷酸

图中表示游离核苷酸在 pH7 的溶液中的结构。(a) DNA 中的四种核苷酸是脱氧腺嘌呤核苷酸，脱氧鸟嘌呤核苷酸，脱氧胞嘧啶核苷酸和脱氧胸腺嘧啶核苷酸；分别以 dAMP，dGMP，dCMP 和 dTMP 表示；(b) RNA 中的四种核苷酸是腺嘌呤核苷酸，鸟嘌呤核苷酸，胞嘧啶核苷酸和尿嘧啶核苷酸，分别以 AMP，GMP，CMP，UMP 表示。阴影部分表示各种碱基形成的核苷和脱氧核苷

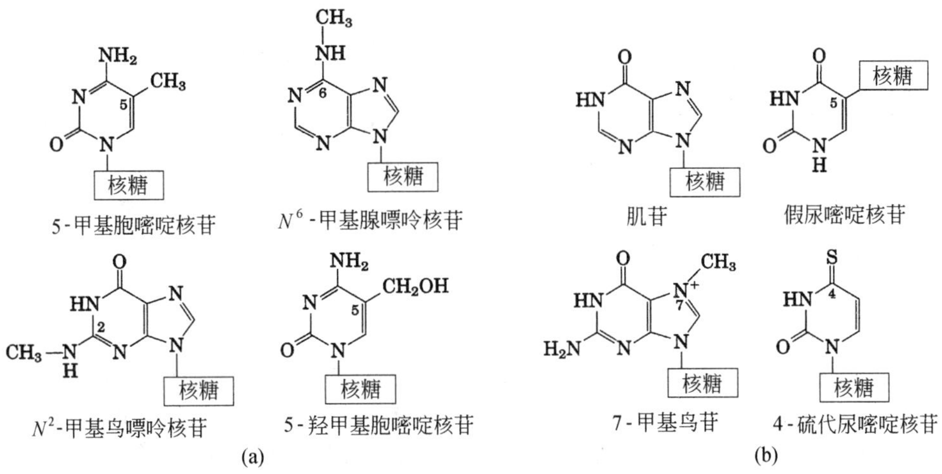

图 4-5　一些稀有的嘌呤和嘧啶碱基（以核苷的形式表示）

(a) DNA 中的稀有碱基，5-甲基胞嘧啶存在于动物和高等植物中；N^6-甲基腺嘌呤存在于细菌 DNA 中，而 5-羟甲基胞嘧啶存在于一些噬菌体感染 DNA 中；(b) 一些 tRNA 中的稀有碱基，肌苷 (Inosine) 中含有次黄嘌呤，而假尿嘧啶核苷中也含尿嘧啶，但核糖是附着在 C-5，而不是正常的 N-1

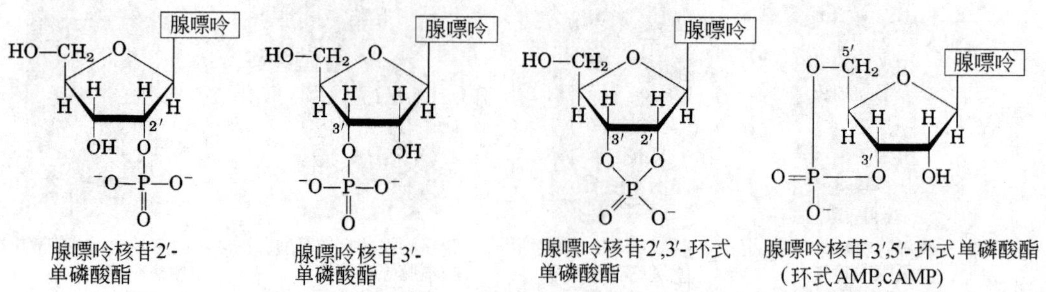

图 4-6 一些腺嘌呤核苷单磷酸酯的不同形式

2′-单磷酸；3′-单磷酸和 2′,3′-环式单磷酸酯可由 RNA 的碱水解或酶法水解产生

二、核苷酸的生物学功能

除了作为核酸的单体之外，核苷酸在每个细胞中还有其他功能，它们可以是能量的载体、酶辅因子的成分和化学信使。

1. 细胞中的携化学能（carry chemical energy）核苷酸

核苷酸共价连接于核糖 5′羟基上的磷酸可以有一个、二个或三个。它们分别被称为核苷单磷酸、核苷二磷酸和核苷三磷酸（图 4-7）。从接近核糖的位置开始三个磷酸酯基团分别标记为 α、β、γ。核苷三磷酸被作为能源用于驱动一系列不同的化学反应。ATP 使用得最广泛，但是 UTP，GTP，CTP 也被用于专门的生化反应中。核苷三磷酸也是 DNA 和 RNA 生物合成的活性前体，这将在后续的章节中介绍。

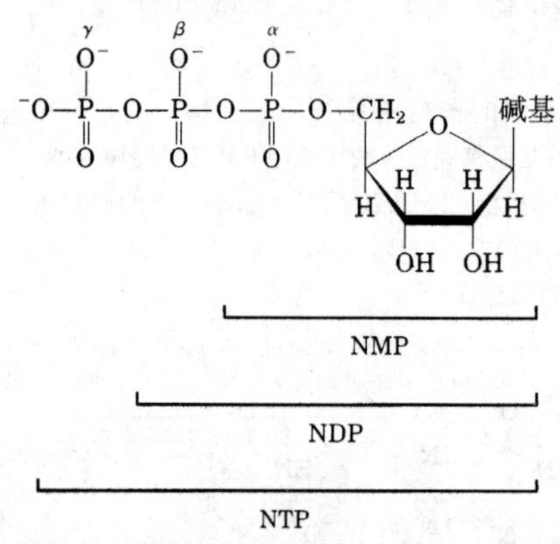

图 4-7 核苷 5′-单磷酸、5′-二磷酸和 5′-三磷酸的一般结构和它们的标准缩写

在脱氧核苷酸（dNMP，dNDP 和 dNTP）中，它们的戊糖是 D-2′-脱氧核糖

图中 N 表示任意一个碱基

由于三磷酸酯的化学结构，ATP 和其他核苷三磷酸的水解是放能反应。在核糖和 α-磷酸基团之间是由一个酯键连系的。α 与 β，β 与 γ 磷酸基团之间是焦磷酸键。酯键水解产生约 14kJ/mol 的热能，而每个焦磷酸键水解产生约 30kJ/mol 的热能，在生物合成中 ATP 的水解常用于驱动吸能的代谢反应（即 $\Delta G^{\ominus} > 0$），当 ATP 的水解和一个自由能增加的反应偶联时，它使反应平衡朝着形成产物的方向移动。

为什么 ATP 在细胞中作为最基本的能量载体？有一种更简单的化合物——焦磷酸，它的化学潜能约是 33kJ/mol，而 ATP 几乎是焦磷酸类似物，它含有两个焦磷酸键。无机焦磷酸比起 ATP 更容易被水解，首先选择 ATP 作能源似乎与进化逻辑相矛盾。

这个问题的答案可以在支配每个化学反应的基本能学原理中找到。为了促进许多生物合成过程中的吸能反应，细胞同时面临着“反应平衡”问题和反应速度问题。一个吸能反应可以和一个放能反应相偶联而使反应得以进行，焦磷酸和 ATP 都可能满足这个要求，所以细胞优先选择 ATP 的原因必定在于控制反应速度，在介绍酶促反应的时候提到，酶催化的高效率来自酶和底物结合能的利用，底物和酶能发生多重的弱相互作用。ATP 由于比无机焦磷酸分子的结构更大，因此能提供更多的弱相互作用（weak interaction）。换句话说，ATP 比无机焦磷酸能提供更多的结合能以提高反应速度，一个几年才能达到平衡的放能反应显然不适用于细胞，这个原理可以用一个简单的实验观察来证明：由无机焦磷酸替代 ATP 参加需 ATP 的酶催化反应，它几乎不起作用，即便焦磷酸也适合酶与 ATP 结合的活性位点。

2. 核苷酸是许多酶的辅因子的结构成分

以腺嘌呤核苷作为它们结构一部分的一系列酶辅因子有不同的化学功能。它们除了腺嘌呤核苷外其他结构均不相同。没有一个辅因子使它的腺嘌呤核苷部分直接参与它们的催化反应，但是除去腺苷使得它们的活性急剧降低，例如，除去乙酰辅酶 A 中的腺嘌呤核苷酸（3′-P-ADP）作为 β-酮脂酰辅酶 A 转移酶底物的活性降低至百万分之一。虽然它需要腺苷的详细原因未完全了解，但是其中必定包括增加酶和底物的结合能，它既被用于催化中也被用于稳定初始酶和底物的复合物。对辅酶 A 转移酶（CoA-transferase）其中的核苷酸部分像是起到结合“把柄”（handle）的作用以帮助把底物拖进活性中心，其他核苷酸辅因子的核苷部分也可能起类似的作用。

为什么是腺苷而不是其他较大的分子参加这些结构？这个问题的答案可能在于一种进化的经济学上。腺嘌呤核苷在提供结合潜能的数量上肯定不是独特的。腺苷的重要性可能不在于它的化学特征上，而是取其存在的广泛性，一旦 ATP 成为标准的化学能源，细胞合成 ATP 比合成其他核苷效率更高。由于它的丰富，把它掺入辅因子结构就成了合乎逻辑的选择。蛋白质中的结合腺苷的结构域就可以用于许多不同的酶。这种结构域叫做“核苷酸结合折叠”（nucleotide-binding fold），它存在于许多结合 ATP 或核苷酸辅因子的酶分子中。

3. 一些核苷酸是细胞通讯的媒介

细胞对环境事件作出反应是由围绕它的介质中的激素和信号化合物提示的。这些细胞外化学信号（第一信使）和细胞受体的互相作用常常导致细胞内“第二信使”（second messengers）的产生，由它们导致细胞内部的适应性改变。第二信使常常是一种核苷酸。

一个最普遍的第二信使是 3′,5′-环式单磷酸腺苷（adenosine 3′,5′-cyclic-monophosphate，cyclic AMP 或 cAMP）。它是由腺苷酸环化酶从 ATP 合成的，这种腺苷酸环化酶与细胞质膜的内表面相连。除了植物界，环式 AMP 在所有细胞中都有调节功能。3′,5′-环式单磷酸鸟苷也存在于许多细胞中，并有调节功能。

另一种调节核苷酸是 ppGpp，它是在氨基酸饥饿期间由细菌产生的，用于减缓蛋白质合成，这个核苷酸抑制 rRNA 和 tRNA 分子的合成。因而抑制蛋白质的合成，防止不必要的核酸生成。

第二节　磷酸二酯键与多核苷酸

DNA 和 RNA 中的核苷酸残基（residue）都是通过磷酸基团这个“桥”而共价相连的。也就是一个核苷酸残基的 3′-羟基通过“磷酸二酯键”（phosphodiester linkage）与下一个核苷酸残基的 5′-羟基相连。因此核酸的主链是由相间出现的磷酸核糖残基通过共价键连接起来的，各种碱基可以看成是连系在核酸主链上的侧链基团。DNA 和 RNA 的主链都是亲水的。糖残基的羟基基团可以和水形成氢键。主链中的磷酸基团 pK 值接近于 0，因此在 pH7 的中性环境中它是完全解离的并带负电荷。这些负电荷总是被带正电荷的蛋白质、金属离子和多胺所中和。

DNA 和 RNA 中的磷酸二酯键在主链中都有相同的取向（图 4-8），因此线型 DNA 或 RNA 具有极性，并有独特的 5′或 3′末端。5′末端（5′-end）在 5′位上缺少核苷酸残基，

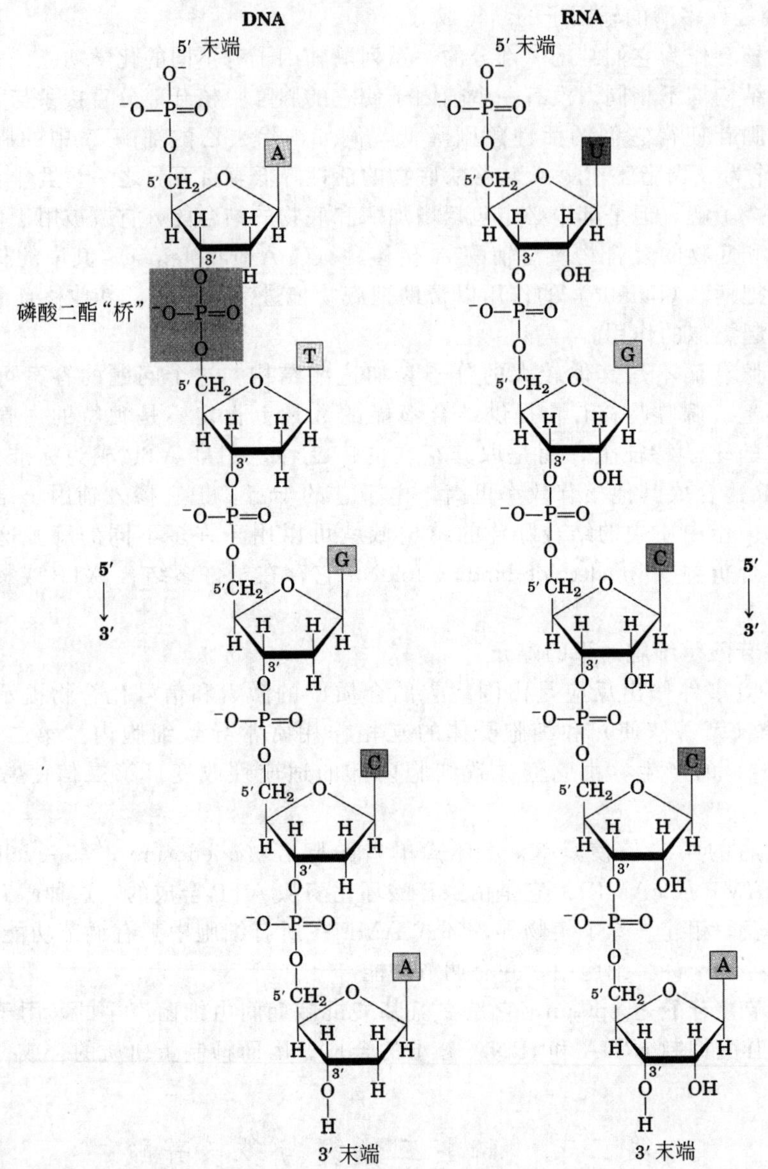

图 4-8 由磷酸二酯键连系的 DNA，RNA 共价主链结构

磷酸二酯键连系连续的核苷酸单位，由糖和磷酸基团相间排列的核酸主链是有极性的

而 3′末端（3′-end）在 3′位置上缺少核苷酸残基，末端上可能存在一个或更多的磷酸基团。

DNA 和 RNA 的共价主链能进行非酶促的缓慢水解，在试管中 RNA 在碱性环境能迅速被水解；但是 DNA 不被碱水解。RNA 中的 2′-OH 参与了这种水解过程。环式 2′,3′-单磷酸核苷是 RNA 碱水解的最初产物，最后迅速进一步水解产生 2′-单磷酸核苷和 3′-单磷酸核苷的混合物，见图 4-9。

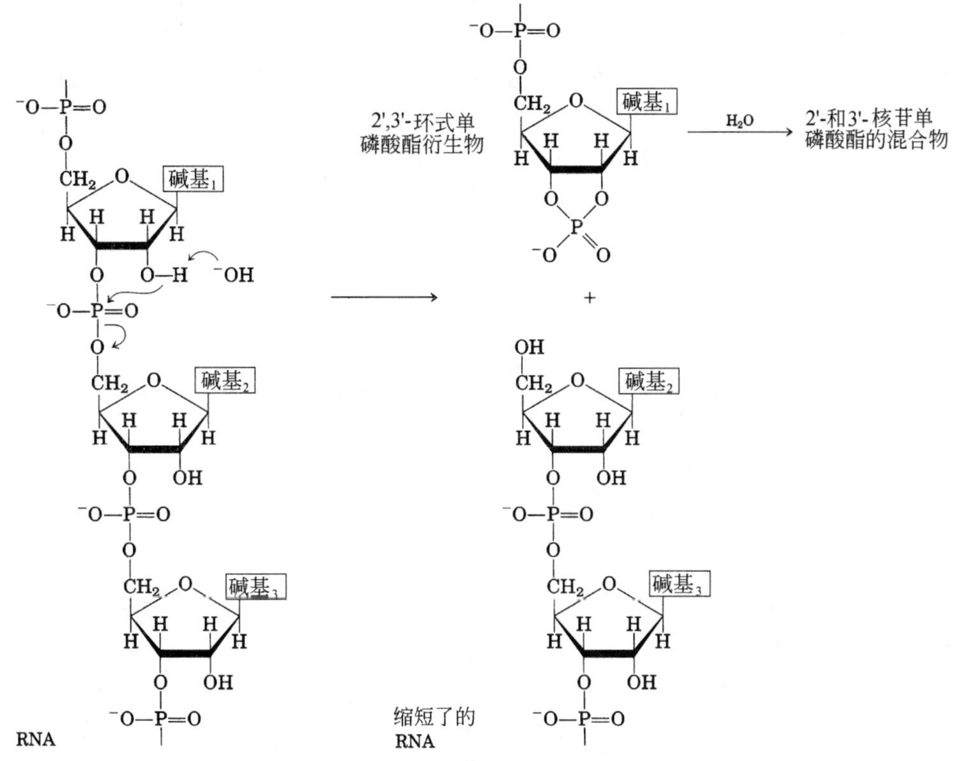

图 4-9　RNA 在碱性环境中的水解过程

RNA 中的 2′-羟基在一个分子内取代过程作为一个亲核基团引起亲核进攻

DNA 由于缺少 2′羟基因而在同样条件下是稳定的

核酸中的核苷酸顺序可以以图式表示，如下图，它表示一个含五个核苷酸残基的 DNA 片段。

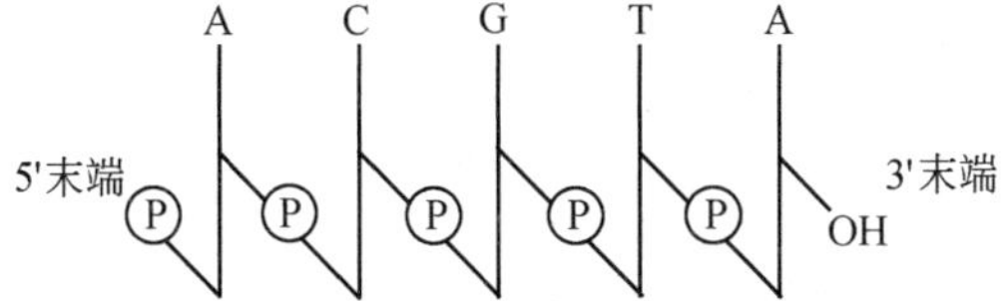

其中磷酸基团用Ⓟ表示，每个脱氧核糖用一垂直线表示，糖中的五个碳原子的位置从垂直线的上端至下端分别是 1′→5′，实际上糖的结构是环形呋喃脱氧核糖结构。一个核苷酸残基的 3′到另一核苷酸残基的 5′之间通过磷酸基团Ⓟ的磷酸二酯键连系，通常记录一条单链核酸的核苷酸顺序总是从左边到右边，左边表示核酸的 5′末端，右边表示 3′末端，即5′→3′方向，上述图示法可以简化为 pA-C-G-T-A_{OH}，pApCpGpTpA 或 pACGTA。一个短的核酸链称为“寡核苷酸”(oligonucleotide)，“短”或“长”是人为确定的，但是“寡核苷酸”常常被看做是 50 个或小于 50 个核苷酸残基的核酸链，更长的核酸链称为多核苷酸（polynucleotide)。

第三节　碱基的性质和核酸结构

碱基有能影响核酸结构和功能的各种化学特性。游离的嘧啶和嘌呤是弱碱性化合物，因而称它们为碱基。由于它们和 DNA、RNA 紧密结合，因此对核酸的结构、电子分布和光吸收有重要影响。碱基环上的许多原子参加共振，因此大部分键具有双键特性。嘧啶是平面分子，而嘌呤分子也近乎是平面的，但略带弯曲（pucker)。游离的嘌呤嘧啶碱基会因 pH 的不同采取两种或多种同分异构形式，如尿嘧啶就可以有内酰胺型（lactam）、内酰亚胺型（lactim）和双内酰亚胺型结构（如图 4-10）。图 4-2 所示的结构是在 pH7 时嘌呤和嘧啶所取的主要形式，由于环上原子共振的结果，所有这些碱基都吸收紫外光，因此，核酸在波长 260nm 处有特征性的强吸收峰（图 4-11）。

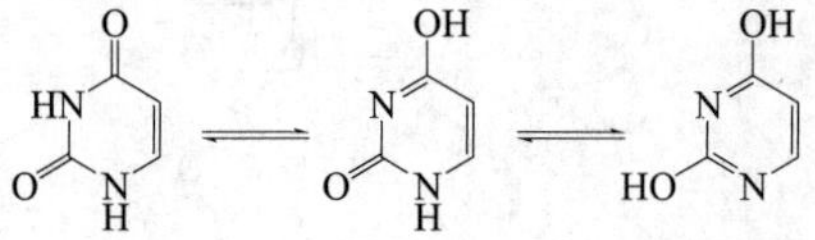

内酰胺　　内酰亚胺　　双内酰亚胺

图 4-10　尿嘧啶的同分异构形式

在 pH7 时酰胺型是主要形式，当 pH 增加时其他形式逐渐增加

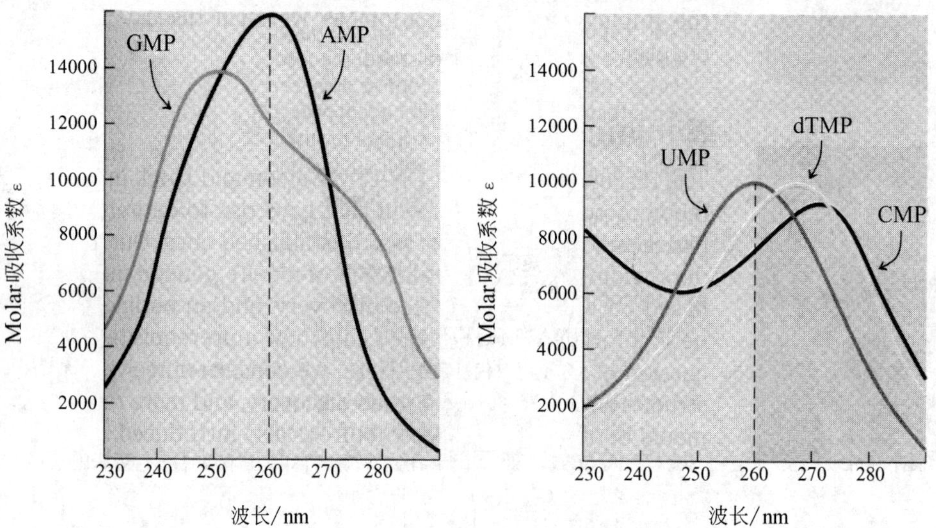

图 4-11　几个主要核苷酸的吸收光谱

这些光谱表明核苷酸的摩拉吸收系数（Molar absorbance coefficient，ε）随波长的变化而变化；核苷酸混合物的最大吸收波长在 260nm 左右，因此 260nm 被用来测定核酸的吸收

嘌呤和嘧啶具有疏水性，在细胞的中性 pH 条件下，它们比较难溶于水。在酸性和碱性 pH 中嘌呤和嘧啶处于带电状态，因此增加了在水中的溶解度，在两个碱基如金属圆币一样上下平行堆积时，碱基之间产生疏水堆积作用（碱基堆积 base stacking）。这是两个碱基之间互相作用的两种重要方式之一。这种堆积作用综合了范德华（van der Waals）引力和偶极作用两种作用力。这种堆积降低了碱基和水的接触，是一种重要的稳定核酸三维结构的力。在核酸中由于碱基之间的氢键键合和碱基的堆积作用，造成核酸比同浓度游离核苷酸对紫外光的吸收减少，这被称为“减色效应”（hypochromic effect）。

嘌呤和嘧啶最重要的功能基团是环上氮原子、羰基和环外氨基。由羰基和氨基参与下形成的氢键是碱基之间互相作用的第二种重要方式。氢键使得核酸的两条链之间发生互补性的连系。最重要的氢键形式是 James Watson 和 Francis Crick 在 1953 年确定的，是由 A 特异性地与 T（或 U）形成的氢键以及 G 和 C 之间形成的氢链，这样形成的碱基配对方式称为 Watson-Crick 碱基对或标准碱基对。这两种碱基对支持双链 DNA 和 RNA 结构（图 4-12）。碱基在碱基对中以内酰胺型（lactam）存在。这种特殊的碱基配对使得遗传信息复制时新合

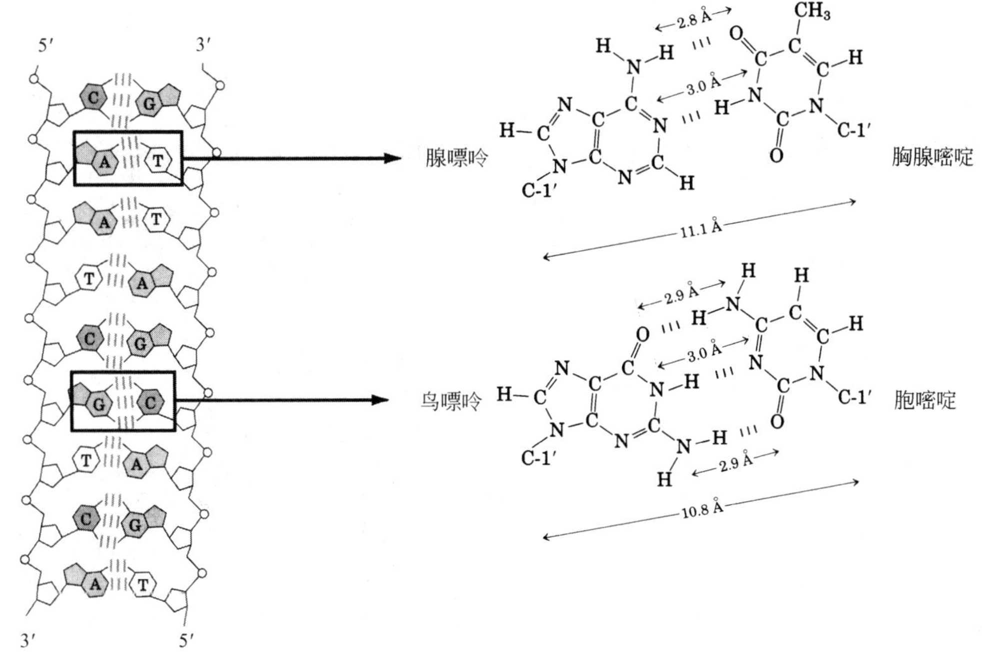

图 4-12　由 Watson 和 Crick 确定的碱基对中的氢键图形

1Å=0.1nm

成的核酸链能互补于先有的链。

第四节　DNA 结构

Watson 和 Crick 发现 DNA 双螺旋结构是科学史上的重大事件，它导致一些全新学科的诞生并影响许多学科的进程。现在对细胞如何储存和利用遗传信息的知识都是在这个发现的基础上进行研究获得的。信息传递过程在本书后一部分进行详细讨论。本章讨论 DNA 结构本身及导致 DNA 结构发现的背景，以及这方面知识的新进展，也介绍 RNA 的结构。

如研究蛋白质结构一样，把核酸结构根据一级、二级、三级分级讨论是有益的，核酸的一级结构是它的共价结构和核苷酸顺序，在核酸中由部分或所有核苷酸残基所形成的任何有规律的稳定结构都可以看成是二级结构。细菌的拟核及真核生物中巨大染色体的复杂折叠方式一般被看成是三级结构。

一、DNA 储存遗传信息的证实

DNA 的生物化学研究起源于 Friedrich Miescher。他对细胞核进行了第一次系统的化学研究。1868 年 Miescher 从脓细胞（白细胞）中分离到一种富磷物质。他把它叫做“核素”(nuclein)，他发现的这种“核素”由一个酸性部分（就是现在人们熟知的核酸）和一个碱性部分（组蛋白）组成。Miescher 后来在鲑鱼精子头部发现了同样的酸性物质。虽然他部分地纯化了核酸，并对它的性质进行了研究，但是了解 DNA 的共价结构形式是在 1940 年以后的事情。

Miescher 和许多人预料核素或者核酸以某种形式与细胞的遗传性相关联，但是直到 1944 年才由 Oswald T. Avery 等人获得 DNA 携带遗传信息的第一个证据。这些研究者发现从有毒肺炎双球菌菌株抽提的 DNA 能使无毒性的同类菌株转化（transformation）成有毒菌株。于是 Avery 和他的同事得出结论：抽提自有毒菌株的 DNA 带有使无毒菌株转化成有毒菌株的可遗传信息。当时不是所有的人都接受他们的结论，因为 DNA 样品中微量残留的蛋白质可能携带遗传信息。但是这种可能性很快被排除。人们发现，把 DNA 样品用蛋白酶处理不破坏 DNA 的转化活性，但是使用脱氧核糖核酸酶处理（破坏 DNA 的酶，DNase）则可使 DNA 失去这种活性。

1952 年由 Alfred D. Hershey 和 Meatha Chase 所作的实验独立地提供了 DNA 携带遗传信息的第二个证据。他们用放射性磷和放射性硫的示踪法证明当细菌病毒 T2（噬菌体）感染它的寄主大肠杆菌细胞时，是病毒颗粒中的含磷 DNA 而不是含硫的病毒蛋白质外壳进入细胞，因此是 DNA 提供了遗传信息完成了病毒的复制（图 4-13）。

这些重要的早期实验和许多其他证据已准确无误说明 DNA 是活细胞中惟一携带遗传信息的染色体成分。

二、各物种 DNA 有着独特的碱基组成

和 DNA 结构有关的最重要的线索来自于 20 世纪 40 年代后期 Erwin Chargaff 和他的同事的研究工作。他们发现来自不同物种的 DNA 有着不同的碱基比例，不同碱基在数量上是紧密相关的，收集自许多物种 DNA 碱基组成的资料，导致 Chargaff 得出下列结论：

① 不同物种间 DNA 碱基组成一般是不同的；

② 同一物种不同组织的 DNA 样品有着相同的碱基组成；

③ 一个给定物种的 DNA 碱基组成不因个体的年龄、营养状态和

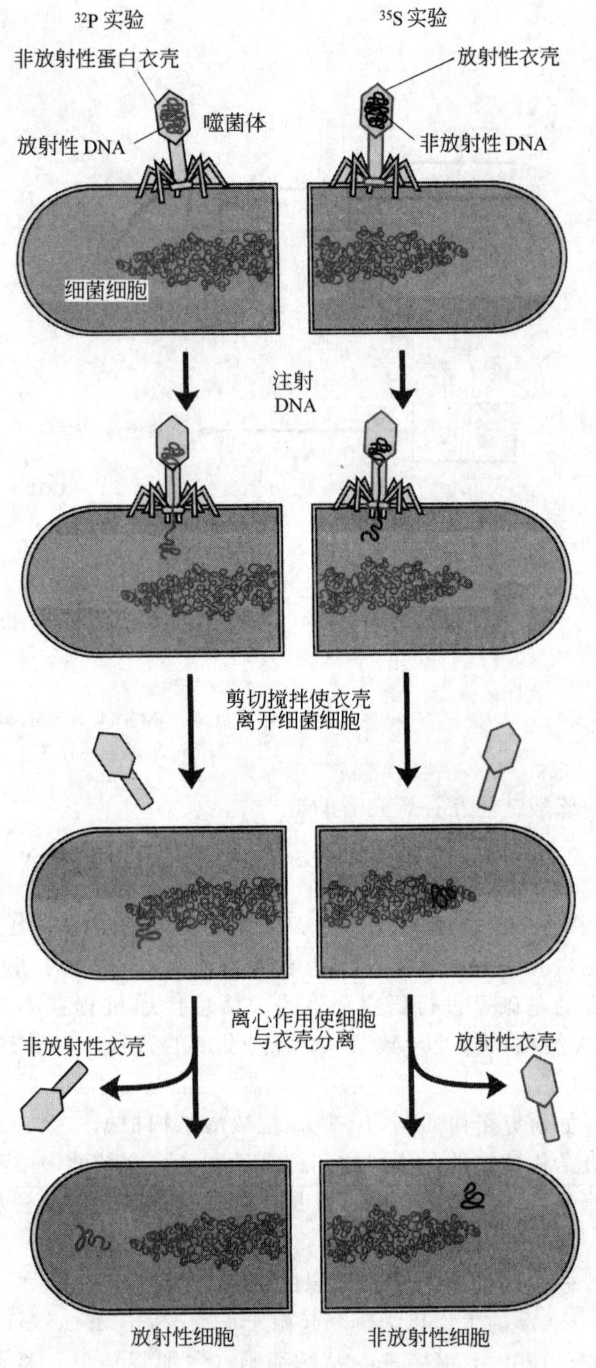

图 4-13 Hershey-Chase 实验

制备两份用放射性同位素标记的噬菌体 T2 颗粒。一份用^{32}P 标记 DNA 的磷酸基团；另一份用^{35}S 标记噬菌体蛋白质衣壳的含硫氨基酸（注意 DNA 不含硫元素，而噬菌体蛋白不含磷），接着用这两份标记病毒颗粒分别感染未标记的细菌悬浮物。然后，感染了噬菌体的细菌细胞置切碎器（blender）中搅拌，以使病毒衣壳离开细菌，并用离心法使空病毒衣壳与细胞分离。发现感染了^{32}P 标记噬菌体的细胞含^{32}P，表明病毒 DNA 已进入细胞而病毒蛋白质外壳不含放射性。用同样方法处理感染了用^{35}S 标记的病毒的细胞发现不含放射性，但病毒衣壳含^{35}S。感染的病毒能复制子代，说明使病毒复制的遗传信息是由 DNA 导入的

环境改变而改变；

④ 任何一种 DNA 样品其腺嘌呤残基的数量等于胸腺嘧啶残基的数量，即[A]=[T]，鸟嘌呤残基的数量一定等于胞嘧啶残基的数量 [G]=[C]。从这两个关系可以得出另一个关系即嘌呤残基的总数等于嘧啶残基的总数，即[A]+[G]=[T]+[C]。这些数量关系被称为“Chargaff 定则”（Chargaff's rules），这个结果后来被许多研究者所肯定，它们是建立 DNA 三维结构和了解 DNA 如何编码遗传信息并把它们代代相传的关键。

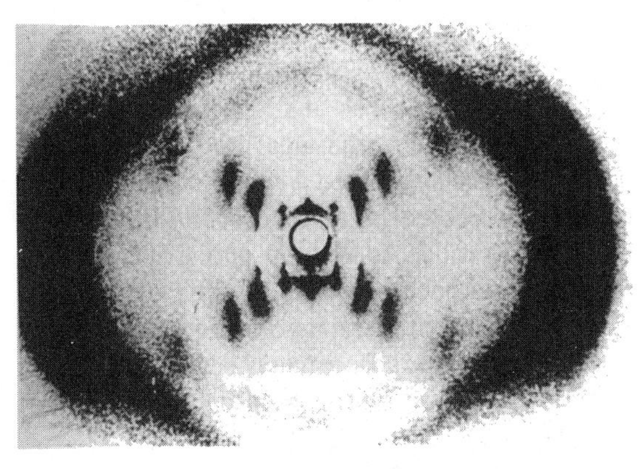

图 4-14　DNA 的 X 射线衍射图
在中心形成交叉的许多衍射点表明 DNA 具有螺旋结构，左右两端的深色带是由重复出现的碱基造成的

三、Watson-Crick DNA 双螺旋结构

为了了解 DNA 结构，Rosalind Franklin 和 Maurice Wilkins 使用强有力的 X 射线衍射方法分析 DNA 结晶，他们在 20 世纪 50 年代早期证明，DNA 能产生有特征性的 X 射线衍射图（图 4-14）。从这个衍射图他们确定 DNA 多聚物是沿着它们的长轴有着两种周期性的螺旋结构，第一周期距离 0.34nm，第二周期距离 3.4nm，这个图还表明 DNA 含有两条链，这个线索对 DNA 结构的确定是极其重要的，其后的问题是如果建立一个 DNA 三维结构模型，这个模型要能诠释 X 射线衍射资料，还必须满足由 Chargaff 发现的[A]=[T]，[G]=[C] 规律以及其他 DNA 的化学性质。

1953 年由 Watson 和 Crick 推出的 DNA 三维结构模型适合当时所有有关 DNA 的资料（图 4-15），它由两条围绕着同一中心轴缠绕的螺旋链形成一个右手性双螺旋，由脱氧核糖和磷酸酯基团相间连接成的亲水性主链位于螺旋的外面，面对着环境中的水。两条链的嘌呤、嘧啶具有疏水性，有着近乎平面的结构，它们相互贴近堆积在双螺旋的内部并垂直于螺旋轴。两条链之间的空间关系，使双链 DNA 产生一条大沟（major groove）和一条小沟（minor groove）。一条链上的每个碱基和它同一平面的另一条链的碱基配对。由 Watson 和 Crick 发现的如图 4-12 所示的由氢键联系的碱基配对最适合 DNA 结构模型，并符合 Chargaff 规则中的碱基比例。应该注意，鸟嘌呤和胞嘧啶之间形成三个氢键，表示为G≡C。而腺嘌呤和胸腺嘧啶之间形成两个氢键，表示为 A=T。其他形式的碱基配对在不同程度上破坏这种双螺旋结构的稳定性。

在 Watson-Crick 结构中，螺旋的两条链是反平行的（antiparallel），它们的 5′,3′-磷酸二酯键走向相反。其后用 DNA 聚合酶的研究肯定了由 X 射线衍射得出的这两条链是反平行的结论。

为解释 X 射线衍射图的周期性图形，Watson、Crick 使用的分子模型表明在螺旋内部垂直堆积的碱基对之间的距离是 0.34nm，第二个 3.4nm 的周期性重复距离可以由每个完整螺旋（360°）由 10 个核苷酸残基组成来解释（图 4-15）。这个模型中 DNA 双螺旋的两条反平行链在碱基成分及排列次序是不一样的，但是他们是互补的，如果一条链上的碱基是腺嘌呤，则另一条链的碱基必是胸腺嘧啶。同样，如果一条链的碱基是鸟嘌呤，则另一条的对应位置是胞嘧啶。这种双链之间的互补性，使得 DNA 中一条链的碱基顺序决定另一条链的碱基顺序（图 4-16）。

DNA 的双螺旋结构是由两种力维系的，一是互补碱基对之间的氢键，一是碱基堆积作

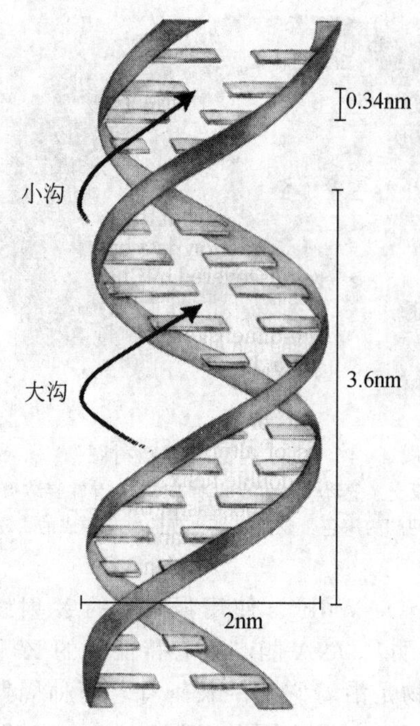

图 4-15　DNA 结构的 Watson-Crick 模型

Watson 和 Crick 最初提出的模型是 10 个碱基对一个螺旋，或每个螺旋 3.4nm，后来的测定证明是每个螺旋含 10.5 个碱基对（base pair，bp），3.6nm

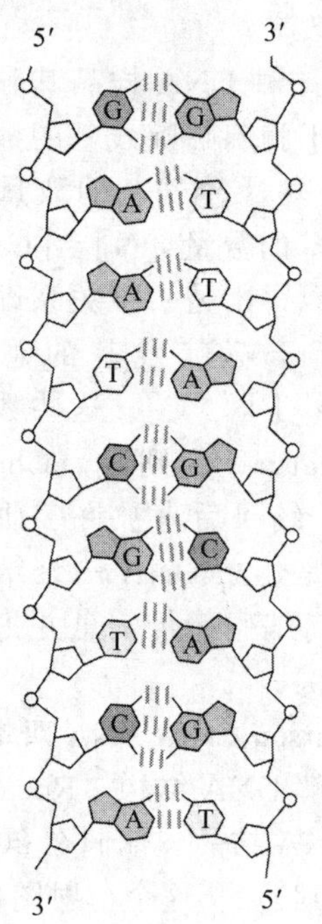

图 4-16　DNA 双螺旋中双链的互补性

互补反平行 DNA 双链遵循 Watson-Crick 提出的碱基配对原则，图中两链的碱基成分不一样，以 5′→3′阅读的碱基顺序也是不一样的

用。维持每条 DNA 链碱基顺序的特异性完全是碱基对之间的氢键的贡献，而碱基堆积作用对碱基成分而言，则主要是非特异性的，碱基堆积的主要贡献是稳定双螺旋结构。

DNA 的双螺旋结构模型的主要特征受到许多化学和生物学证据的支持，而且，这种模型直接提示了遗传信息的传递机制。模型的主要特征之一是两条 DNA 链的互补性（complementary）。要复制这种 DNA 结构显然要经过下列步骤：①分开两条链；②在上述碱基配对规则的指导下把核苷酸连接起来形成一条互补链，每条预先存在的链可以起模板的作用指导互补链的完成（图 4-17），这些预见已被实验证实，它们引发了人类对生物遗传性了解的一场革命。

四、DNA 存在不同的三维结构形式

DNA 是一种挠性很大的分子。糖-磷酸主链中的许多键可以作大范围的自由旋转，热力学状态的变化可以造成 DNA 链的弯曲、伸长及双链 DNA 的鲜螺旋（熔解，melting）。细胞 DNA 的结构与 Watson-Crick 结构有许多重要的偏差。有些差别可能在 DNA 代谢中起重要的作用，这些偏差一般不影响由 Watson、Crick 所定义的 DNA 的主要性质，例如，双链互补、反平行和 A＝T，G≡C 配对。

DNA 结构改变反映了分子中三个部分的协调变化。这三个部分是：脱氧核糖五元环的折叠，磷酸-脱氧核糖主链中各单键对相邻键的旋转，见图 4-18(a)，以及C-1′— N糖苷键的自由旋转，见图 4-18(b)。由于空间上的约束，嘌呤核苷酸残基中的嘌呤碱基对脱氧核糖的取向被限制于两种稳定构象——顺式和反式。而由于糖和嘧啶 C-2 位羰基氧原子的空间上的干扰，使嘧啶碱基被限制于反式构象。

Watson-Crick 结构可以被看成是 B 型 DNA。B 型是在生理条件下具有随机顺序的 DNA

的最稳定结构，所以它可以看成 DNA 性质研究的标准分子。两种 DNA 结构的变种：A 型和 Z 型结构已用分子的结晶加以仔细研究（图 4-19）。在许多相对缺水的溶液中 DNA 趋于取 A 型结构。这种 DNA 仍然是右手双螺旋结构，但是每个碱基对上升 0.26nm，每个螺旋 11 个碱基对。对同一种 DNA 分子，取 A 型将要比 B 型短一些，螺旋直径大一些。由于能促进 DNA 结晶的试剂通常使 DNA 脱水，这就导致许多 DNA 取 A 型结晶。

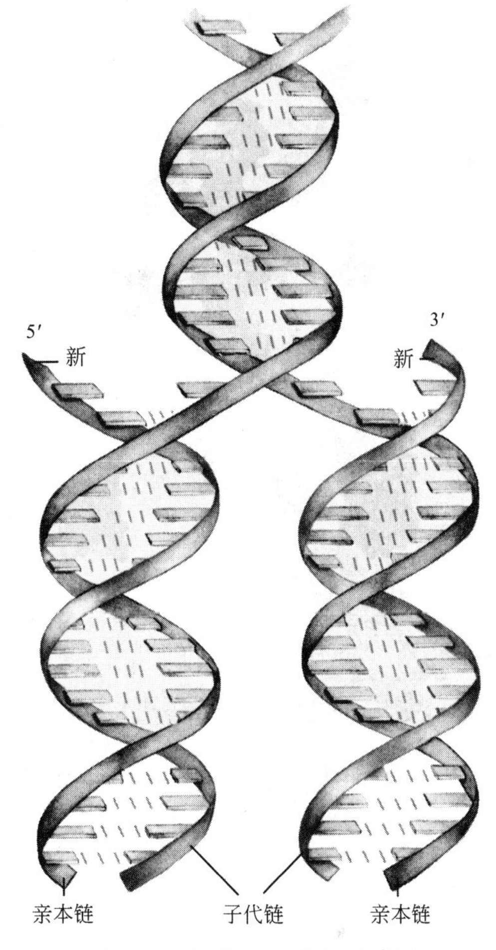

图 4-17　由 Watson 和 Crick 提出的 DNA 复制过程

"双亲"链被分开作为"模板"，以进行互补的子代链的合成

Z 型 DNA 结构与 B 型结构有更大的不同，最明显的区别在于它是左手螺旋的。每个螺旋有 12 个碱基对，每个碱基对上升 0.37nm，DNA 的主链取 Z 字形。有一些核苷酸顺序较易于形成 Z 形结构。主要的例子是嘌呤和嘧啶碱基取相间排列的顺序，特别是 C，G 相间或 5-甲基胞嘧啶与鸟嘌呤相间的顺序。为了使 Z 型 DNA 形成左手螺旋嘌呤碱基翻转成顺式构象，与只取反式构象的嘧啶碱基相间排列，造成主链的弯曲，和 A 型，B 型 DNA 相比较，Z 型 DNA 显得又细又长，大沟近乎消失，小沟窄而深。A 型 DNA 结构是否存在于细胞中不能肯定，但是有证据表明原核生物或真核生物细胞中均存在着短的 Z 型 DNA 段落。这种 Z 型 DNA 段落可能调节一些基因表达或在遗传重组中起作用。

五、与 DNA 碱基顺序相关的特殊结构

一些特殊的 DNA 一级结构（碱基顺序）可以形成特殊的二级结构，这类结构可能有重要的功能。例如，一些顺序能引起 DNA 双螺旋弯曲。如果 DNA 的一条链中连续出现四个或更多的腺嘌呤残基就可导致 DNA 链弯曲。这类弯曲可能在一些蛋白质和 DNA 的结合中起重要作用。如果六个腺嘌呤核苷酸的残基串联即可产生 18°的弯曲。

在 DNA 中发现的一种相当普遍的顺序类型叫回文顺序（palindrome）。所谓回文顺序，就像一个单词，一个词组或一个句子，它们从正方向阅读和反方向阅读，其含义都一样。例如：ROTATOR 和 NURSESRUN。这个名词被用于描述碱基顺序颠倒重复因而具有 2 倍对称的 DNA 段落（图 4-20）。这样的顺序具有链内互补的碱基顺序，有着形成发卡结构和十字架（交叉）结构的能力（图 4-21）。如果颠倒重复存在于同一条链，则这种顺序叫做镜像重复（mirror repeat），镜像重复在同一条链内不具有链内互补顺序，因此不能形成发卡结构和十字架结构（图 4-20）。这种类型的顺序甚至连续几千个碱基对存在于很大的 DNA 分子中。现在还不知道有多少回文顺序能以十字架结构形式存在于细胞中。虽然已知道起码有些十字架结构存在于 *E. coli* 细胞中。具有自身互补顺序的单链 DNA 在溶液中能折叠形成含多个发卡的复杂结构（图 4-21）。

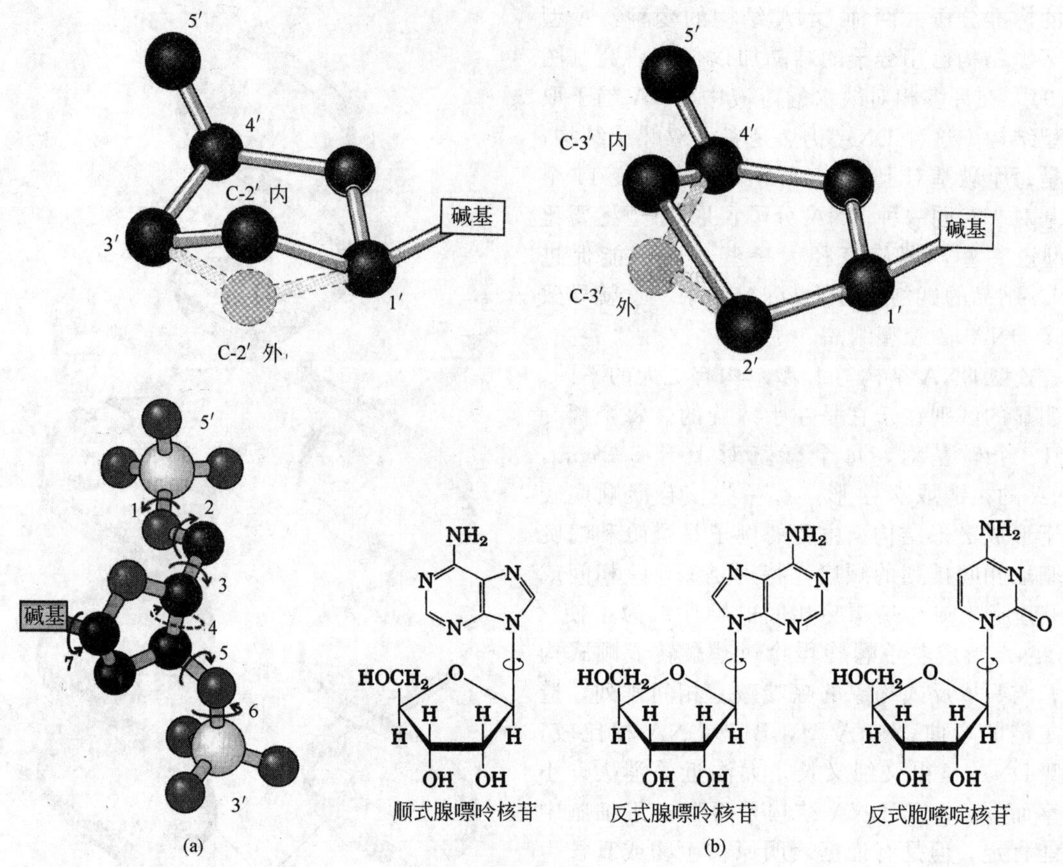

图 4-18 DNA 局部构象

(a) DNA 中一个核苷酸残基的构象受到 7 个不同键的影响，其中 6 个键可以自由旋转，而第四个键的旋转受到糖环的限制。依据环上某一原子突出其他四个原子组成的平面，戊糖具有“内”和“外”构象，突出的原子如与 C-5′在一边称“内”(endo)，在另一边称“外”(exo)；(b) 核苷酸残基中的嘌呤碱基可取反式或顺式构象，嘧啶碱一般只取反式构象

一种特别不寻常的结构叫做 H-DNA，它的 DNA 顺序具有多嘧啶-多嘌呤 (polypyrimidine-poly purine) 特点，并具有镜像重复。一个简单的例子是如图 4-22(b) 所示的一长串的 T 和 C 相间顺序。对 H-DNA 的研究发现它能靠碱基配对形成三链螺旋。天然三链 DNA 结构只存在于同一条链内仅含嘧啶（或仅含嘌呤）的长 DNA 链内。在 H-DNA 三螺旋内三条链中的两条链含有嘧啶，第三条链含有嘌呤。

参与 Watson-Crick 碱基对的核苷酸残基还能形成一批额外的氢键，特别是排列在大沟里的功能基团。例如，一个质子化了的胞嘧啶碱基能和 G≡C 碱基对中的鸟嘌呤碱基配对建立氢键，胸腺嘧啶能和 A═T 对的腺嘌呤碱基配对，如图 4-22(a)。嘌呤碱基中的 N-7，O^6 和 N^6，这些参与在三链 DNA 中形成氢键的位点，被称为 Hoogsteen 位置，且这种非 Watsor-Crick 配对被称为 Hoogsteen 配对。这种不寻常碱基配对可能性是 1963 年由 Karst Hoogsteen 首先认识到的，Hoogsteen 配对使“三链 DNA”得以形成。如图 4-22(b)、(c)，这样的三链 DNA 在低 pH 下最稳定，因为 $C \equiv G \cdot C^+$ 三链需要一个质子化的胞嘧啶。在三链 DNA 中胞嘧啶的 pK_a 值从正常的 4.2 变成大于 7.5。

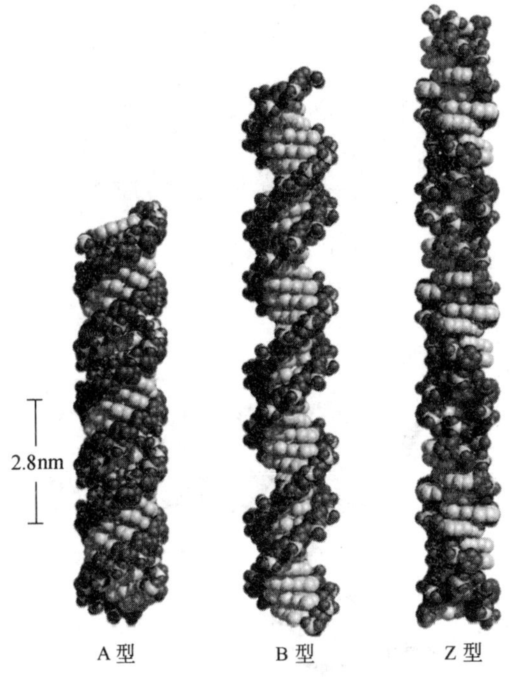

项目	A 型	B 型	Z 型
螺旋手性	右手性	右手性	左手性
直径/nm	~2.6	~2.0	~1.8
碱基对/螺旋	11	10.5	12
每碱基对螺旋上升高度/nm	0.26	0.34	0.37
碱基对螺旋轴的倾角	20°	6°	1°
糖环的构象	C-3′“内”	C-2′“内”	嘌呤碱基对 C-3′“内”，嘧啶碱基对 C-2′“内”
糖苷键构象	反	反	嘧啶反式，嘌呤顺式

图 4-19　A 型、B 型和 Z 型 DNA 的比较

回文顺序

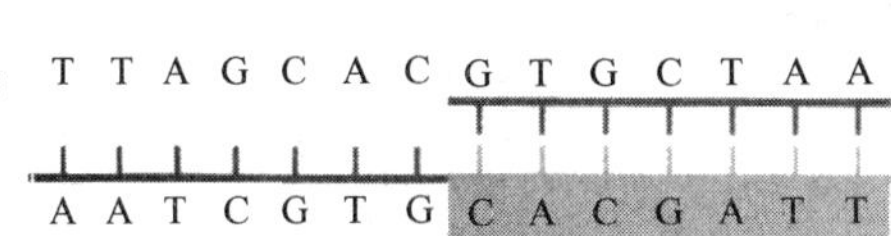

镜像重复

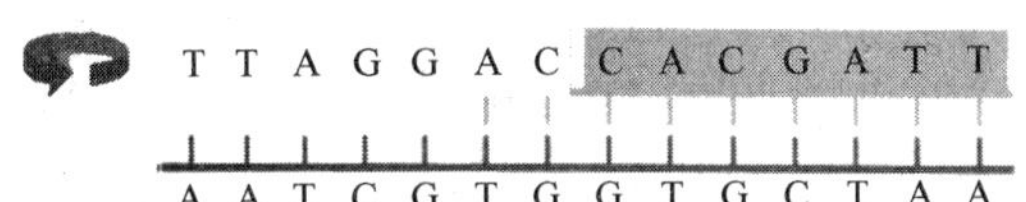

图 4-20　回文顺序和镜像重复

回文顺序具有 2 倍对称性，而镜像重复是碱基顺序在每条链的颠倒重复

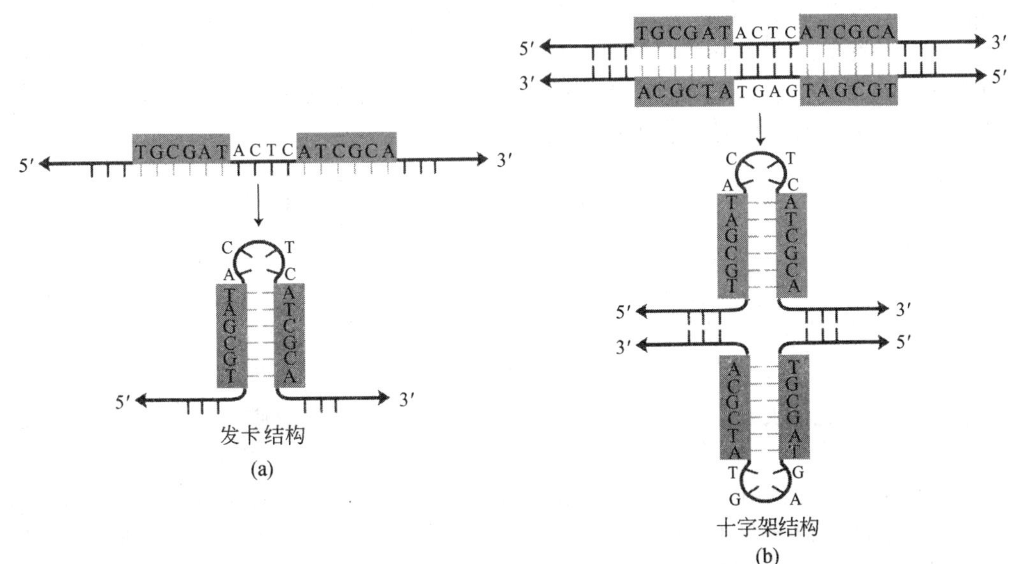

图 4-21　发卡结构（hairpin structure）和十字架结构（cruciform structure）

具有回文结构的 DNA 由于同一条链内有互补顺序，因而在单链 DNA 或 RNA 中能形成发卡结构；在双链 DNA 内能形成十字架结构

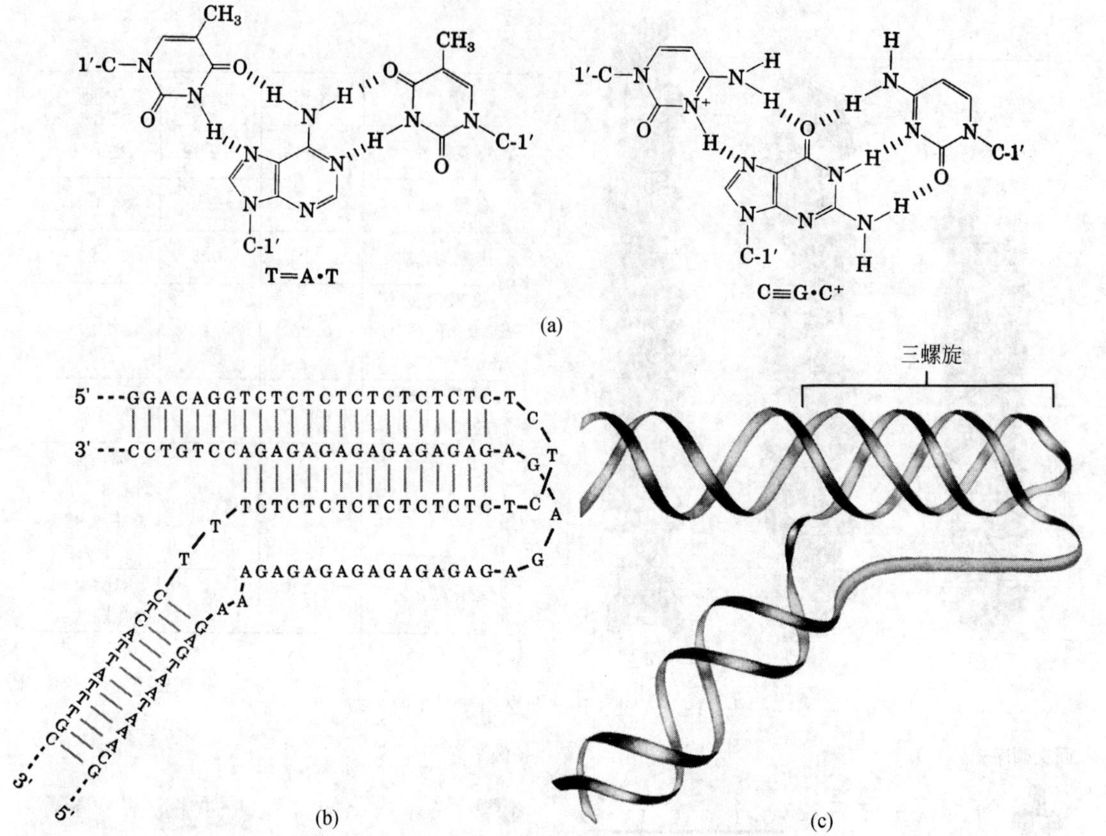

图 4-22　Hoogsteen 碱基配对（Hoogsteen base pair）与三链 DNA

（a）三链 DNA 的碱基配对形式；（b）CT（或 AG）相间的镜像重复形成的 H-DNA；

（c）当 DNA 在分子内形成三链时，有一条多嘌呤链处于不配对状态

这些 DNA 结构上的变化是非常有意义的，因为它们常常存在于 DNA 代谢事件（复制、重组、转录）的起始或调节位点。例如，有许多识别特殊 DNA 顺序的 DNA 结合蛋白的结合位点内常含回文顺序。而 H-DNA 常处在许多真核基因表达的调节区。要确定这些结构和它们的生物学功能重要性仍有许多工作要做。

第五节　RNA 的种类和结构

一、信使 RNA

先对 DNA 所含的遗传信息的表达作一简单的介绍。RNA 是细胞内核酸的第二种主要类型，它在把 DNA 中的遗传信息变成功能性蛋白的过程中起中介作用。

真核 DNA 绝大部分存在于细胞核内，而蛋白质合成则发生在细胞质内的核糖体上。因此，必定有另一类分子把遗传信息从核内带到细胞质中以指导蛋白质的合成，在 20 世纪 50 年代初期，RNA 被估计为执行这种功能最合适的候选分子。因为 RNA 既存在于核中，也存在于细胞质中，并且蛋白质合成的开始总是伴随着胞质中 RNA 数量的增加和 RNA 周转速度的加快。这些发现导致几个研究者提出是 RNA 携带着 DNA 的遗传信息到蛋白质生物合成的机器——核糖体的观点。1961 年 Francois Jacob 和 Jacques Monod 提出了关于这个过程许多方面的统一模式。他们提出把细胞中携 DNA 遗传信息到核糖体的 RNA 叫做信使 RNA（messenger RNA，mRNA）。在核糖体上，mRNA 提供多肽链中氨基酸顺序的模板以

进行多肽合成。所以不同基因相应的 mRNA 在长度上有很大的不同。从一个特殊基因来的 mRNA有特定的长度。在 DNA 模板上形成 mRNA 的过程叫做转录（transcription）。

在原核生物中一个 mRNA 分子可能为几条多肽链编码。如果只为一条肽链编码则这种 mRNA 称为单顺反子 mRNA（monocistronic mRNA）；为两条以上的不同肽链编码的 mRNA称为多顺反子 mRNA（polycistronic mRNA）。在真核生物中大部分 mRNA 是单顺反子的（顺反子 cistron 在这里可以看成是一个基因，这个名称在遗传学上有历史渊源。见本章第 10 节）。mRNA 的最低长度可由它所编码的肽链长度来确定。例如，一个含有 100 个氨基酸残基的多肽起码需要一个含 300 个核苷酸残基的 mRNA 为它编码，因为每一个氨基酸是由核苷酸三联体编码的（见第十七章）。但是从 DNA 上转录产生的 mRNA 总是比简单地为多肽链编码的顺序要长一些。这些附加的顺序用于调节蛋白质合成。

二、其他 RNA 及结构

信使 RNA 仅是几种细胞 RNA 中的一种。转移 RNA（transfer RNA，tRNA）是蛋白质合成中的适配器分子（adapter），它的一端共价连接着一个氨基酸。它们和 mRNA 配合使各种氨基酸以正确的顺序连接。核糖体 RNA（ribosome RNA，rRNA）是核糖体的结构组成成分，还有一系列功能更加专一的 RNA 分子，其中包括一些有催化性 RNA（ribozyme，核酶），将在后续章节详细讨论。DNA 的转录产物总是单链 RNA。这类分子的单链性质并不意味着它们的结构是随机的。这种单链分子趋向于采取右手螺旋构象，它是由碱基堆积造成的（图 4-23）。两个嘌呤之间的堆积作用比嘌呤与嘧啶之间或嘧啶与嘧啶之间的堆积更强，因此，如果两个嘌呤基之间夹着一个嘧啶，嘧啶碱基常常被挤出堆积而使两个嘌呤互相作用。分子中的任何自身互补顺序可导致更复杂和更专一的结构，RNA 能和具有互补顺序的 RNA 或 DNA 链进行碱基配对。碱基配对的方式与 DNA 相同：鸟嘌呤对胞嘧啶，腺嘌呤对尿嘧啶（或胸腺嘧啶）。一个区别是一种不寻常的碱基配对——鸟嘌呤和尿嘧啶碱基配对在两条 RNA 链之间相当普遍，见图 4-25。RNA 和 RNA 或 RNA 与 DNA 的双链螺旋也是反平行。

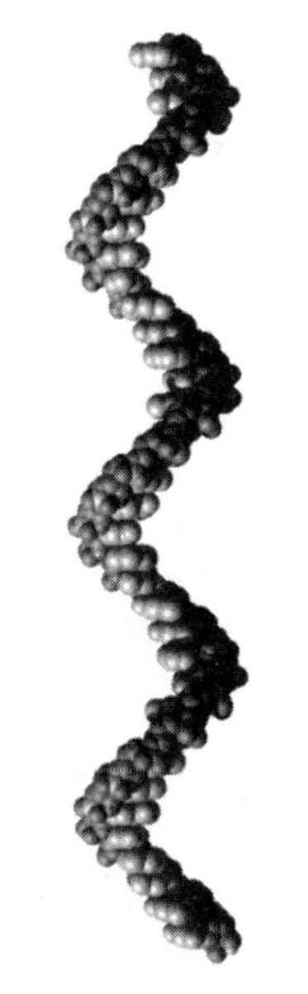

图 4-23　单链 RNA 由碱基堆积造成的右手螺旋结构图形

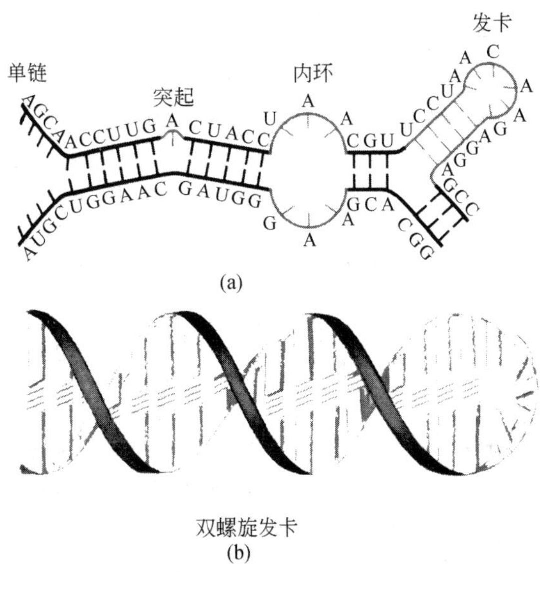

图 4-24
(a) 存在于一些 RNA 分子中二级结构种类；
(b) RNA 中的 A 型发卡结构

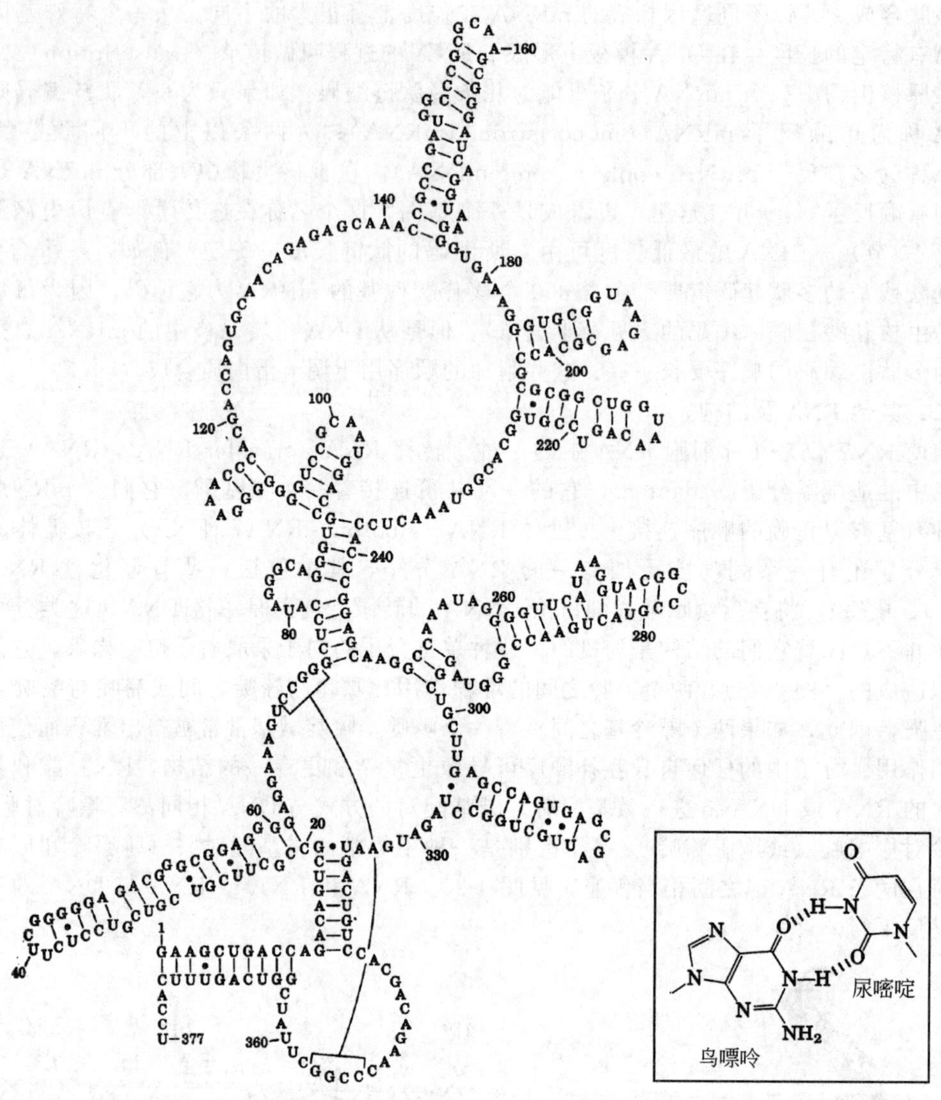

图 4-25　一种 RNA 分子的二级结构

本图示一种特殊核酸水解酶 RNase P 中的 RNA 成分——M1 RNA 可能的二级结构。这个酶还有一个蛋白质亚基，但单独 M1 RNA 已具有酶活性。图中弧线连起来的两段顺序也具有互补性，可能在三维结构中配对。方框内示 RNA 结构中非 Watson-Crick 的 G=U 碱基对

RNA 没有一个简单的有规律的二级结构。像蛋白质一样，许多 RNA 的三维结构是复杂和独特的。与 DNA 一样，弱相互作用，特别是碱基堆积（疏水）作用同样在稳定 RNA 结构中起主要作用。在有互补顺序的地方形成的双链螺旋结构主要是 A 型右手螺旋。人们也曾在实验室中合成过 RNA Z 型螺旋（在很高盐浓度或很高温度下），未曾发现有 B 型 RNA 双螺旋。由错配或无配对碱基打断正常的 A 型螺旋的情况在 RNA 中很常见，于是在 RNA 分子中间形成“突起”和“环”（图 4-24）。在 RNA 链内最近的自身互补顺序能形成发卡环。在 RNA 分子中广泛存在着潜在的由碱基配对形成的螺旋结构，所产生的发卡可以被看成是 RNA 中最普遍的二级结构形式如图 4-25。有些像 UUCG 这样的短序列常常存在于 RNA 发卡的末端，它们能形成特别结实和稳定的环。这类顺序可能在核化（nucleating）和折叠 RNA 分子成为它的精确的三维结构的过程中起到重要作用，支持 RNA 三维结构的

另外一种力是氢键，但它们有一部分不是标准的 Watson-Crick 碱基对，例如核糖的 2′-羟基能和其他基团形成氢键；还看到其他一些非标准的碱基配对情况，这种结构特点已在苯丙氨酸 tRNA 的结构中得到证实（图 4-26）。

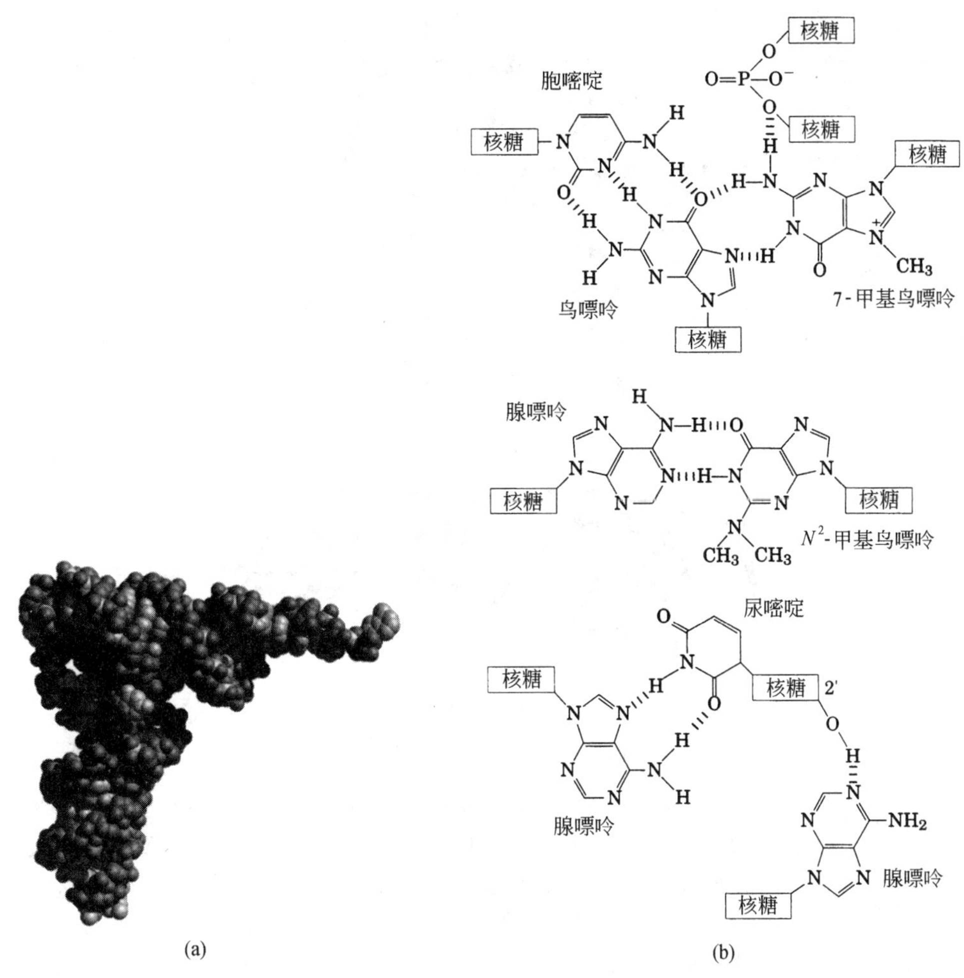

图 4-26　酵母苯丙氨酸 tRNA 的三维结构
（a）三维结构；（b）一些非标准碱基配对方式，其中还有一个磷酸二酯键中的氧原子和一个 2′-羟基参加氢键的形成

RNA 的结构与功能的关系是个新研究领域，它和蛋白质结构研究有同样的复杂性。对 RNA 分子功能了解得越多，RNA 结构研究就越显得重要。

第六节　核酸的变性、复性和杂交

一、DNA 的变性与复性

小心制备的天然 DNA 溶液在室温 25℃的中性溶液中具有很高的黏度，这种溶液在极端的 pH 或处于 80℃以上高温时，它的黏度急剧下降，这表明 DNA 已发生了物理改变。就像热和极端 pH 能引起球蛋白变性一样，这些条件也会使双链 DNA 发生变性（DNA denature），包括碱基对之间的氢键断裂和堆积碱基之间疏水作用的破坏。于是，双链 DNA 解螺旋形成单链，全长或部分（部分变性）的 DNA 双链分开，但不发生 DNA 共价键的断裂（图 4-27）。

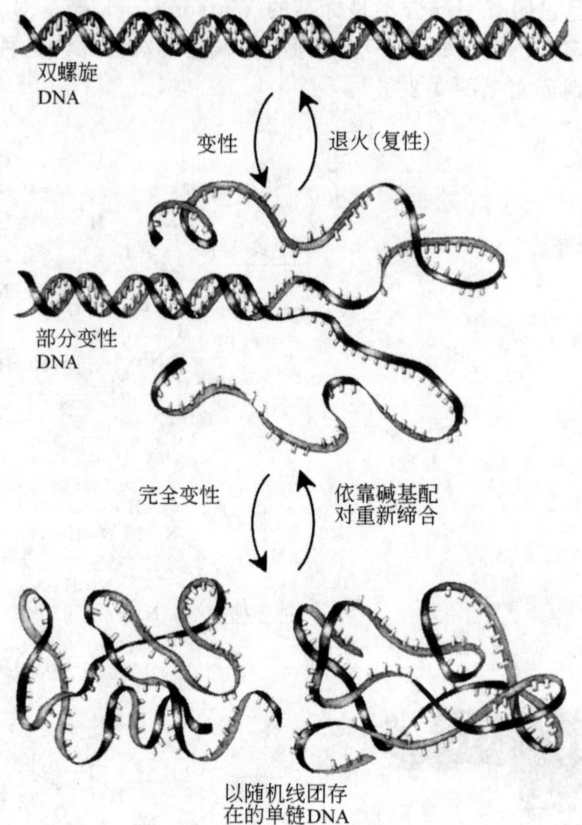

图 4-27　DNA 的变性和复性

变性 DNA 的两条链通过碱基配对重新形成双螺旋的过程称为 DNA 复性（DNA renature)。在 DNA 双链之间还有十几个或更多残基处于双螺旋连系时，DNA 的复性还是个一级反应历程。当温度缓慢降低或 pH 恢复到生理范围时，双链之间解螺旋的段落会重新缠绕，“退火”（anneal）产生完整的双螺旋。但是当 DNA 双链完全分开时，复性是个二级反应历程。其中第一步是相对缓慢的，因为两条链必须依靠随机碰撞找到一段碱基配对部分，首先形成双螺旋。第二步快得多，尚未配对的其他部分按碱基配对相结合，像拉链一样迅速形成双螺旋。

因此，完全变性 DNA 的复性反应的过程可表示为：

$$-\frac{\mathrm{d}c}{\mathrm{d}t}=kc^2 \tag{4-1}$$

式中　$-\frac{\mathrm{d}c}{\mathrm{d}t}$——复性速度微分（反应体系中单链 DNA 浓度的减少）；

k——反应的动力学常数；

c——以核苷酸 Molar 表示的单链 DNA 浓度。

式(4-1) 的积分得：

$$\frac{c}{c_0}=\frac{1}{(1+kc_0\ t)} \tag{4-2}$$

当反应完成一半时，即：$\frac{c}{c_0}=\frac{1}{2}$时

$$\frac{1}{2}=\frac{1}{1+kc_0\ t_{1/2}}$$

整理得 $$c_0 t_{1/2}=\frac{1}{k}=K \tag{4-3}$$

式(4-3) 表示 DNA 复性反应的初始浓度 c_0 与反应完成一半所需时间的乘积是个常数。K 值因复性 DNA 分子分子量的增加而增大。$c_0 t_{1/2}$ 或 K 亦称 DNA 分子复杂度（complexity，C），它是各物种基因组 DNA 含量的一种衡量。

图 4-28 示各种不同 DNA 的复性动力学曲线。从图中可以看出，一种 DNA 分子的分子量越大，其完成复性所需的时间越长，则 $c_0 t_{1/2}$ 越大。

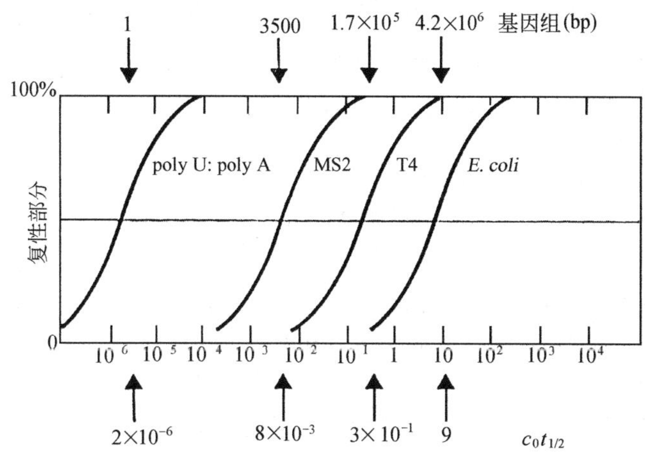

图 4-28 各种不同 DNA 分子的复性动力学曲线

二、DNA 的熔解温度

DNA 由双链变成单链的变性过程会导致溶液紫外光吸收的增加（即增色效应，hyperchromic effect）和黏度的减小，这两种特性可以用于变性的检测。

当病毒或细菌 DNA 分子的溶液被缓慢加热进行 DNA 热变性时，溶液的紫外吸收值在到达某温度时会突然迅速增加，并在一个狭窄的温度区间达到最高值。其紫外吸收值约增加 40%，此时 DNA 变性发生并完成。DNA 热变性时，其紫外吸收增加值到达总增加值一半时的温度，称为 DNA 的变性温度，见图 4-29(a)。由于 DNA 变性过程犹如金属在熔点的熔解，所以 DNA 的变性温度亦称熔解温度（melting temperature，T_m），DNA 熔点的测定一般是在 0.15mol/L NaCl，0.015mol/L 柠檬酸三钠（sodium chloride-sodium citrate，SSC）溶液中进行的。

每种 DNA 都有一个特征性的熔解温度。G≡C 碱基对含量高的 DNA 熔解温度也高。这是因 G≡C 碱基对含三个氢键，比 A═T 对更稳定，因而需要较高的能量。在固定 pH 和离子强度的条件下小心测定 DNA 样品的熔解温度，可以估计出它的碱基百分组成，见图 4-29(b)。DNA 的复制和转录期间必然要使双链分开。这些过程开始的 DNA 位点常常富含 A═T 碱基对。

含有两条 RNA 链或一条 RNA 链一条 DNA 链（RNA-DNA 杂交链）的双链核酸也能被变性。但是 RNA 双螺旋比 DNA 双螺旋更稳定。在中性 pH，双链 RNA 与相当顺序的 DNA 双链相比变性温度约高出 20℃。RNA-DNA 杂交物的稳定性介乎 RNA 和 DNA 之间。这些区别的物理基础还不清楚。

双螺旋 DNA 溶液在加热变性之后，如果把装有变性 DNA 溶液的试管直接插入冰浴，使溶液的温度急速降至 0℃。由于温度降低，单链 DNA 失去碰撞的机会，因而不能复性，保持单链变性状态，这种冷处理过程叫“淬火”(quench)。

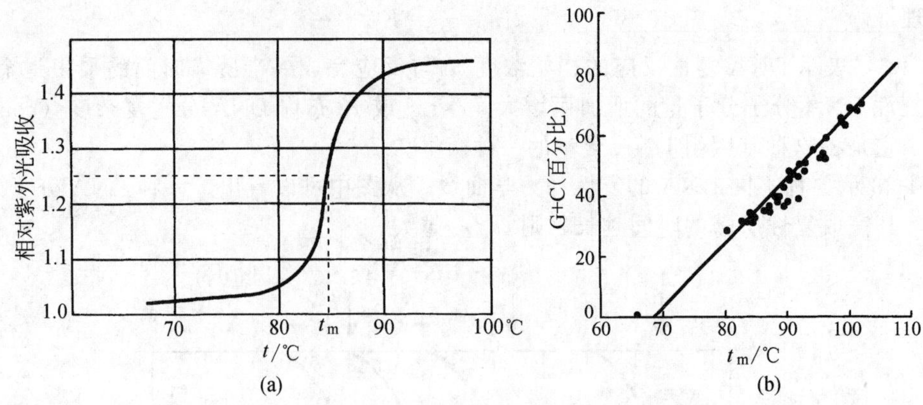

图 4-29　DNA 熔解温度的测定

(a) DNA 的变性过程和熔解温度的测定；(b) DNA 的 G≡C 含量与 t_m 值的关系曲线

三、核酸的杂交及应用

两个互补 DNA 链互相配对形成双螺旋的能力可以用来在不同物种的基因组之间或者同一物种的基因组内检出类似的顺序。如果把人基因组的 DNA 和小鼠基因组的 DNA 热变性，然后把它混合，并在 65℃保持几个小时，DNA 会退火形成双链。大部分小鼠 DNA 会和小鼠本身的互补 DNA 顺序形成 DNA 双螺旋，大部分人的基因组 DNA 能和人本身的互补 DNA 形成双螺旋。但是有些小鼠的 DNA 链会和人的 DNA 形成"杂螺旋"（hybrid duplexes)。因它们之间也有互补的碱基配对区。这反映了不同物种之间有一些共同的进化继承物，不同物种之间总有一些功能类似的蛋白质和 RNA，有着类似的结构。在许多情况下，为这些蛋白和 RNA 编码的 DNA 会含有类似（同源）顺序。进化关系更近的物种之间，DNA 之间的杂交更广泛，例如人的 DNA 与小鼠 DNA 之间的杂交比起人与酵母 DNA 之间的杂交更广泛。

不同来源的单链核酸依据分子的互补性形成双螺旋的过程称为分子杂交（hybridization）不同来源的核酸链的杂交形成了近代分子遗传学许多重要实践技术的基础。在有一段合适的互补 DNA 单链的情况下（通常对这个 DNA 链进行适当的标记)，通过杂交可以在许多其他 DNA 顺序存在时检出一个特殊 DNA 顺序或基因。这些互补 DNA 链可以来自不同物种或同一物种，这种标记的互补 DNA 链称作探针。它还可以在实验室中进行化学合成(对这种合成技术的介绍详见后文)。

分子杂交技术还可以用于检出特殊 RNA，依靠这些技术可以分离和鉴定基因和 RNA。这种技术的发展和完善，已经可以用来在一根毛发的基础上证实某个个人是否在犯罪现场，或者某个个体在临床症状发生几十年前预测他可能发生的疾病。

第七节　核酸的化学反应和酶法修饰

一、核酸的化学反应

为了了解核酸的功能，必须了解它们的化学性质和结构。DNA 所以能够作为遗传信息储存库，部分原因是由于它的化学稳定性。在没有酶作催化剂的情况下，DNA 的化学变化确实发生但非常缓慢。信息稳定地长期储存对细胞来说特别重要，稍微改变 DNA 结构就会导致重要的生理后果，像癌变和衰老可能就是缓慢积累 DNA 不可逆改变的结果。

作为核苷酸的一部分的嘌呤和嘧啶能进行一系列的化学反应，包括共价结构的改变，这些反应一般是非常缓慢的，但是由于细胞对遗传信息改变的低耐受性，它们有重要的生理学意义。DNA 结构改变导致它所编码的遗传信息发生永久性改变叫作“突变”（mutation），许多证据表明突变的积累与衰老和癌症有密切关系。

有些碱基的环外氨基会发生自然的丢失（脱氨，deamination），见图 4-30(a)。例如，在一般的细胞生理条件下 DNA 中的胞嘧啶在 24h 内会以 10^{-7} 的几率脱氨变成尿嘧啶。这等于平均每个哺乳动物基因组每天有 100 个天然脱氨事件发生。腺嘌呤和鸟嘌呤脱氨的速度比胞嘧啶要慢，仅是后者的 1/100。

胞嘧啶的缓慢脱氨反应好像不太有害，但是几乎可以肯定为什么 DNA 含有胸腺嘧啶而不含尿嘧啶。胞嘧啶的脱氨产物尿嘧啶很容易被作为 DNA 的外来物而被 DNA 修复系统除去。如果 DNA 本来就含有尿嘧啶，则由胞嘧啶脱氨产生的尿嘧啶的识别就会很困难，因为保留下来的尿嘧啶就会在复制期间与腺嘌呤配对导致 DNA 顺序的永久性改变。胞嘧啶的脱氨作用会逐渐地导致 G≡C 碱基对的减少和 A＝T 配对的增加，经过千万年以后，胞嘧啶的脱氨作用会排除 G≡C 碱基及含有它的遗传密码。在 DNA 中含有胸腺嘧啶可能是进化过程中的关键转变点，它使得遗传信息的长期储存成为可能。

另一类重要反应是脱氧核苷酸碱基和戊糖之间的糖苷键的水解，见图 4-30(b)。嘌呤碱基比嘧啶碱基发生此类反应快得多，在一般细胞生理条件下 24h 内每 1×10^5 个嘌呤核苷酸残基可有一个糖苷键水解（每个哺乳动物细胞发生 10000 次）。核糖核苷酸和 RNA 的脱嘌呤不被认为有生理重要性。在试管中，嘌呤的丢失可以被稀酸所加速。DNA 在 pH3 的溶液中保温会使嘌呤全部丢失产生一种叫“无嘌呤酸”（apurinic acid）的衍生物。

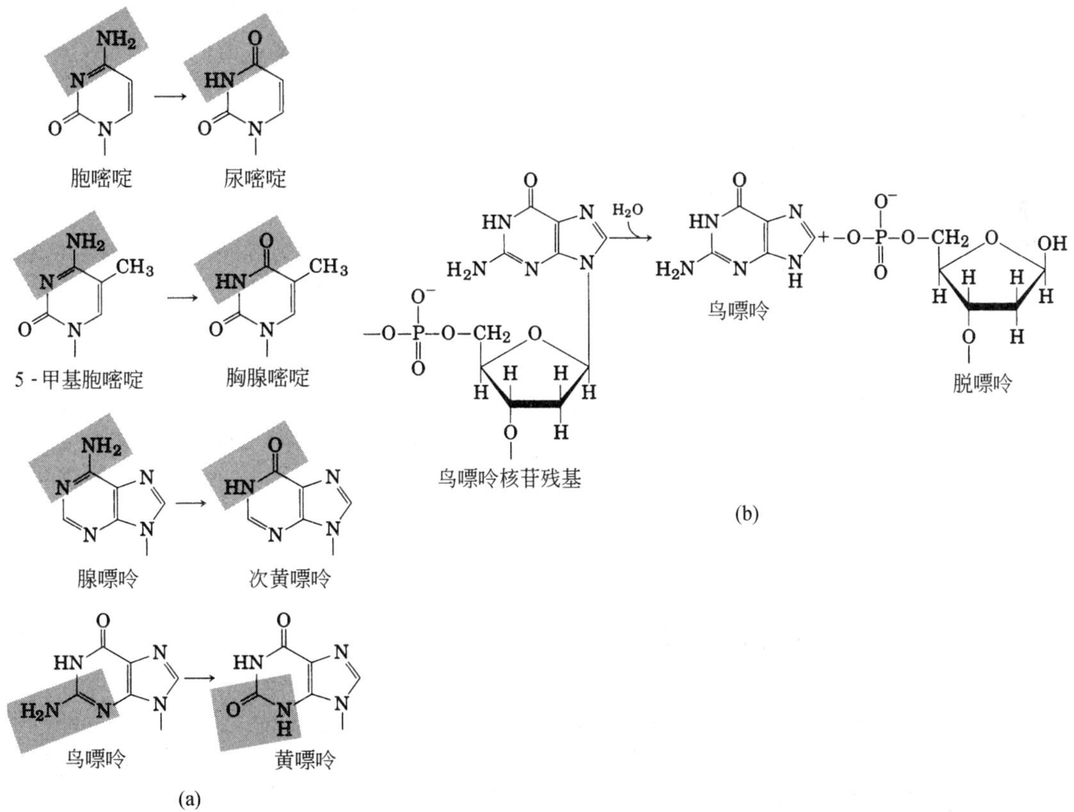

图 4-30 发生在核苷酸残基的一些化学反应

(a) 碱基的脱氨基作用；(b) 核酸的脱嘌呤反应

一些核苷酸的反应可被一些类型的辐射所促进，在实验室中，紫外光可以诱导两个乙烯基团缩合成环丁烷，类似的反应也可以发生在核酸的两个相邻的嘧啶之间，从而形成嘧啶二聚物。这种反应最常发生在DNA的两个相邻胸腺嘧啶残基之间。在紫外光照射下形成的第二种嘧啶二聚物叫做6-4光促产物（如图4-31所示）。电离辐射（X射线和γ射线）能引起碱基的破坏或开环以及打断核酸的共价键。

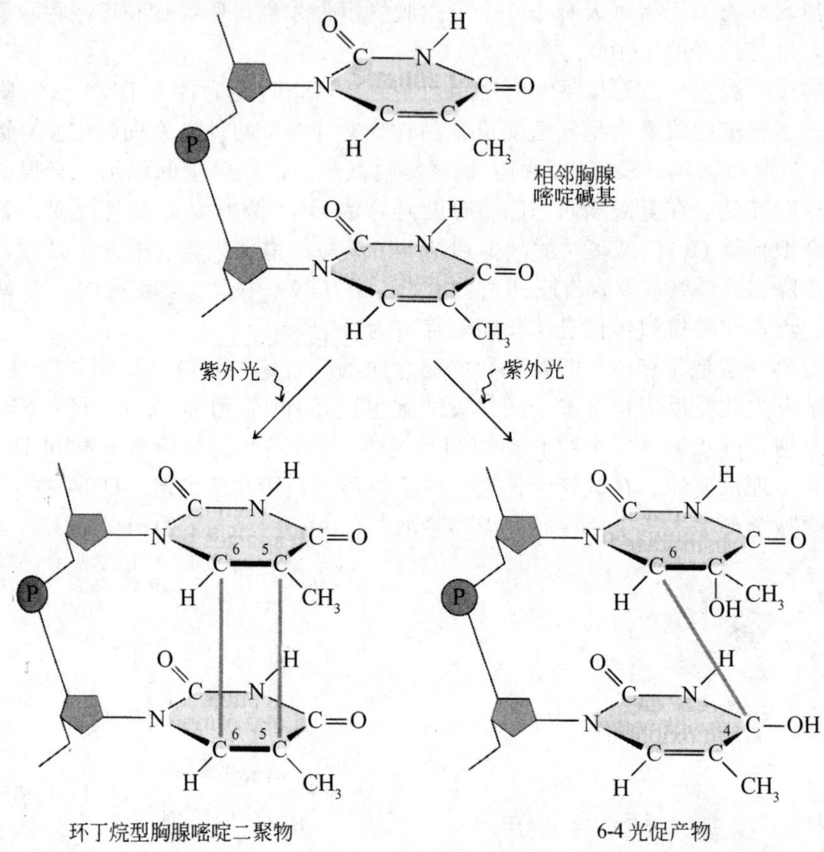

图4-31 紫外光诱导的DNA中相邻胸腺嘧啶碱基的二聚化和交联作用

实际上所有生物体暴露于高能射线下都能引起DNA的化学改变，紫外线（波长200～400nm）是太阳光谱组成的重要部分，它能引起细菌和人皮肤细胞的DNA形成嘧啶二聚物和其他化学变化。人们的周围总是存在的宇宙线辐射场，它能穿入土壤。射线还来自放射性元素（如镭、钚、铀、氡、^{14}C和^{3}H），来自用于医学诊断的X射线，来自肿瘤和其他疾病的放射疗法，估计紫外光和电离辐射造成的DNA损伤约占非生物因素造成的损伤的10%。

工业生产产生的活性化学物对环境的污染也可能导致DNA的损伤，有些产物本身并没有害处，但是它们可能被细胞代谢而改变成有害的形式，有三类主要的这类化学因子，见图4-32(a)：①脱氨试剂，特别是亚硝酸或者是能被代谢成亚硝酸和亚硝酸盐的化合物；②所有烷基化剂；③结构上类似于碱基的化合物。

从化学前体亚硝胺、从亚硝酸盐或硝酸盐产生的亚硝酸是一种能促进DNA脱氨基的化合物。亚硫酸盐也有类似的作用，这两种化合物均被用作食品加工的防腐剂防止有毒细菌的生长，这种防腐处理确实能增加癌病的发病率。大概是由于它们的用量很少，所以它们对DNA的损伤是微小的，如果不用这些化合物防腐，造成的食物腐败也可以危害健康。

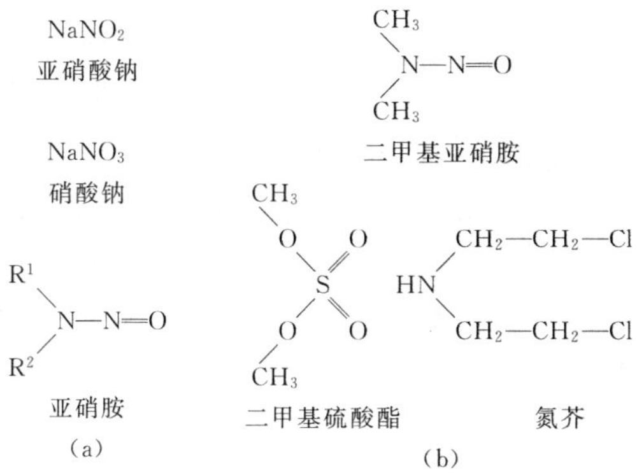

$NaNO_2$
亚硝酸钠

$NaNO_3$
硝酸钠

亚硝胺

(a)

二甲基亚硝胺

二甲基硫酸酯

氮芥

(b)

图 4-32 一些引起 DNA 损伤的化学因子

(a) 亚硝酸前体；(b) 烷基化剂

烷基化剂能改变 DNA 一些碱基。例如，具有高度反应活性的二甲基硫酸酯，见图 4-32(b)，能甲基化鸟嘌呤残基产生 O^6-甲基鸟嘌呤，使它不能和胞嘧啶配对。许多类似的反应是由正常存在于细胞中的烷基化剂，像 S-腺苷酰甲硫氨酸和其他化合物造成的。

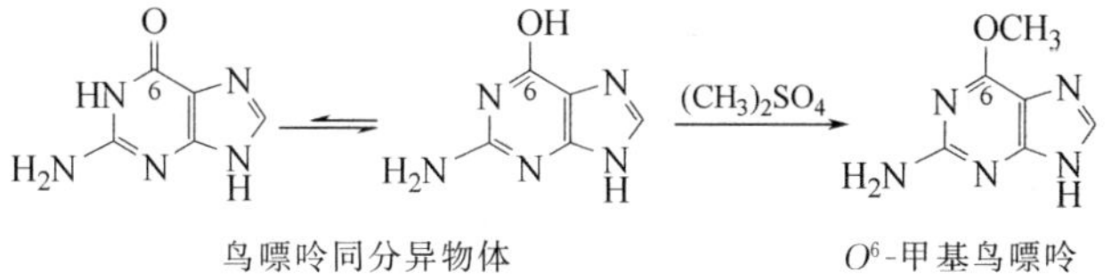

$$\text{鸟嘌呤同分异物体} \xrightarrow{(CH_3)_2SO_4} O^6\text{-甲基鸟嘌呤}$$

可能最重要的突变源是 DNA 的氧化损伤。诸如过氧化氢、羟基游离基和由放射或有氧代谢产生的超氧化物，这些都是活性氧化因子。细胞具有精细的防御系统去破坏这些化合物，包括过氧化氢酶和超氧化物歧化酶。这些氧化剂的一部分肯定会逃脱细胞的防护，因而导致 DNA 的损伤，与之反应的基团包括糖和碱基部分，可以造成核酸链的断裂。这种损伤程度尚未准确估计，但是有一点是清楚的，每天每个人体细胞中的 DNA 都有几千次氧化反应损伤。

一个人们了解清楚的例子是存在于食物、水或空气中的致癌物，由于能修改碱基而表现出的致癌作用。在细胞中，DNA 作为一种高分子，它的完整性的保持比 RNA 和蛋白质要好，因为 DNA 是仅有的有生物化学修复系统的大分子。这些修复过程大大地减少了 DNA 损伤造成的影响。

二、DNA 的酶法甲基化

一些 DNA 的核苷酸碱基常被酶法甲基化，腺嘌呤和胞嘧啶比鸟嘌呤和胸腺嘧啶甲基化现象更多。这些碱基的甲基化不是随机的，而是限于一定顺序或 DNA 分子的某个区域。有些甲基化作用（DNA methylation）的功能了解得较清楚，有些则不太清楚，所有已知的 DNA 甲基化酶使用 S-腺苷酰甲硫氨酸作为甲基供体，在大肠杆菌细胞中有两种主要的甲基化系统，一种是细胞防御机制的一部分，帮助细胞区分自身的 DNA 和外来的 DNA（即下文介绍的限制-修饰系统）；另一个系统把顺序（5′）GATC（3′）内的腺嘌呤残基甲基化成 N^6-甲基腺嘌呤。这是由一个叫做 Dam 甲基化酶的酶介导的。它是偶尔由 DNA 复制造成的碱基错配修复系统的一部分。

在真核细胞中，大概有 5%的胞嘧啶核苷酸残基被甲基化成 5-甲基胞嘧啶。这种甲基化最常发生在 CpG 顺序，在 DNA 的两条链产生对称的甲基-CpG 顺序。CpG 顺序在真核 DNA 分子中的不同位置甲基化程度不同，甲基化是可逆的，常常与基因表达的程度成反比。这些甲基化作用起到结构和调节基因表达的重要作用。在 CpG 相间的 DNA 顺序中胞嘧啶的甲基化增加了这种顺序采取 Z 型结构的趋势。

第八节　核酸酶和 DNA 限制性内切酶

一、核酸的酶法水解与核酸酶的分类

能水解核酸的酶称为核酸酶（nuclease）。实际上所有的细胞中都含有各种核酸酶。它们参加正常的核酸代谢过程。有些器官如胰脏，可以提供含有大量核酸酶的消化液以水解食物中的核酸。核酸酶都是“磷酸二酯酶”（phosphodiesterases），它们催化在水参与下磷酸二酯键的切断。由于核酸链是由两个酯键连系核苷酸而成的，核酸酶切割磷酸二酯键的位置不同会产生不同的末端产物。如下图所示：

在 a 点切断产生 5′磷酸末端；
在 b 点切断产生 3′磷酸末端

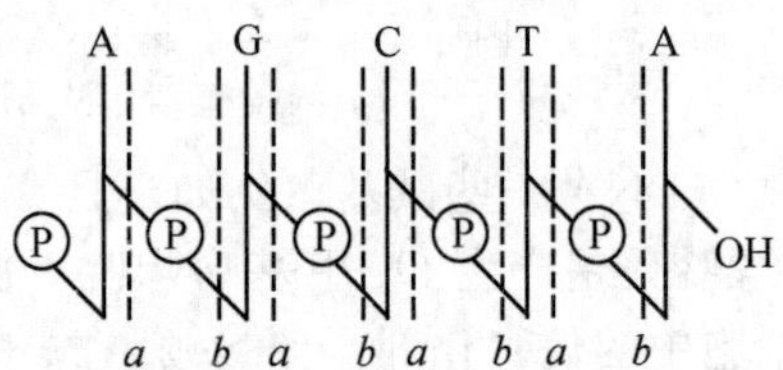

核酸酶分为内切核酸酶（endonuclease）和外切核酸酶（exonuclease）。外切核酸酶只从一条核酸链的一端逐个切断磷酸二酯键释放单核苷酸。而内切核酸酶在核酸链的内部切割核酸链，产生核酸链片段。

二、核酸酶的特异性

像大部分其他的酶一样，核酸酶对它们作用底物的性质表现出选择性或特异性。例如，有些核酸酶只作用于 DNA，称为脱氧核糖核酸酶（DNase），而有些核酸酶只作用于 RNA，称为核糖核酸酶（RNase）。既能水解 DNA 亦能水解 RNA 的称非特异性核酸酶。核酸酶还表现出对二级结构的特异性，有些核酸酶只水解单链核酸；有些则只水解双链核酸。有些核酸酶选择核酸链含某一碱基的核苷酸处切割核酸链（碱基特异性）；有些核酸酶则要求切割点具有 4～8 个核苷酸残基的特殊核苷酸顺序，表 4-1 列举一些主要核酸酶的特异性。对分子生物学家来说，核酸酶是在实验室中切割和操作核酸的工具。

表 4-1 所列的两种非特异性外切酶，蛇毒磷酸二酯酶和脾磷酸二酯酶，这两种酶在特异性上是互补的。蛇毒磷酸二酯酶以游离 3′-OH 末端开始切割磷酸二酯键，产生 5′-单磷酸核苷，而脾磷酸二酯酶从游离 5′-OH 开始切割核酸二酯键产生 3′-单磷酸核苷。

表 4-1　一些核酸酶的特异性

酶	核酸底物	切割点	水解特异性与产物
外切核酸酶			
蛇毒磷酸二酯酶	RNA,DNA	*a*	开始于 3′末端,生成 5′单核苷酸
脾磷酸二酯酶	RNA,DNA	*b*	开始于 5′末端,生成 3′单核苷酸
内切核酸酶			
RNase A(胰脏)	RNA	*b*	特异于嘧啶核苷酸,产生以 3′-磷酸嘧啶核苷为末端的寡核苷酸
枯草杆菌 RNase	RNA	*b*	特异于嘌呤核苷酸,产生以 3′-磷酸嘌呤核苷为末端的寡核苷酸
RNase T_1	RNA	*b*	产生以 3′-磷酸鸟嘌呤核苷为末端的单核苷酸或寡核苷酸
RNase T_2	RNA	*b*	产生以 3′-磷酸腺嘌呤核苷为末端的单核苷酸或寡核苷酸
DNase Ⅰ(胰脏)	DNA	*a*	优先水解嘧啶和嘌呤碱基间磷酸二酯键、切割双链 DNA(dsDNA)中的一条链(nicks),产生 3′-OH 末端
DNase Ⅱ(脾、胸腺、金黄色葡萄球菌)	DNA	*b*	产生寡核苷酸
核酸酶 S_1	DNA,RNA	*a*	切割单链核酸不切割双链核酸

三、限制性内切酶（限制酶）

限制性内切酶（restriction endonuclease）是分离自细菌的一类酶，它们能够切割双链DNA，这些限制性内切酶来自于原核生物，用于防御或“限制”可能入侵细胞的外来DNA（如噬菌体DNA）。原核生物利用它们独特的限制性内切酶把外来DNA切成无感染性的片段。限制酶不能水解自己细胞的染色体DNA，因为细胞内还有“共座”的DNA甲基化酶修饰相应顺序，使之得到保护。限制酶可被分成三种类型。Ⅰ型和Ⅲ型限制酶水解DNA需要消耗ATP，全酶中的部分亚基有通过在特殊碱基上补加甲基基团对DNA进行化学修饰的活性。Ⅰ型限制性内切酶切割DNA在随机位点；Ⅲ型限制酶识别双链DNA的特异核苷酸顺序，并在这个位点内或附近切开DNA双链。

Ⅱ型限制性内切酶已被广泛应用于DNA分子的克隆（cloning）和序列分析，这是因为它们水解DNA不需要ATP，并且也不以甲基化或其他方式修饰DNA。它的靶DNA的甲基化修饰是由独立的甲基化酶进行的。最重要的是它们在它们所识别的特殊核苷酸顺序内或附近切割DNA链。这些特殊顺序常常含4个或6个核苷酸残基，并具有二倍对称性（回文结构）。例如，大肠杆菌有一限制酶称*Eco*R Ⅰ，它识别下列六核苷酸顺序：

5′…………GAATTC…………3′
3′…………CTTAAG…………5′

这种二倍对称性即两条链以5′→3′方向阅读顺序都一样的结构，当*Eco*R Ⅰ碰到DNA的这种顺序的时候，它使这种DNA链作交错切割，产生突出的5′末端。

5′…………G　　　　AATTC…………3′
3′…………CTTAA　　　　G…………5′

由于这种交错切割产生的这种突出末端是碱基互补配对的，所以它们能重新形成碱基配对结构。具有这种“黏性末端”（cohesive ends）的不同来源的双链DNA片段能被DNA连接酶连接在一起，形成“重组DNA分子”。

…………G A-A-T-T-C…………
…………C-T-T-A-A G…………

*Eco*R Ⅰ的交错切割产生突出的5′末端；但是有些限制酶，如*Pst* Ⅰ，它识别序列5′-CTGCAG-3′，并在A与G之间切割DNA双链产生3′突出黏性末端。

还有些限制酶，如*Bal* Ⅰ，它在所识别的序列5′-TGGCCA-3′的二倍对称中心（G与C之间）切开DNA链产生具有平末端（blunt end）的DNA片段。但是，几乎所有的Ⅱ型限制性内切酶都产生以5′-PO_4^{2-}和3′-OH为末端的DNA片段。

表4-2列举了许多常用的限制性内切酶和它们的识别位点，由于所有这些识别位点都具有二倍对称性，因而仅需列出一条链的碱基顺序。已知的限制性内切酶约1000种，它们的名称用三个斜体字母来表示，第一个大写字母来自菌种属名的第一字母，第二、第三两个小写字母来自菌株种名的前两个字母。由于一种细菌常会有不同菌株，且一株菌可能有几种限制酶，在这三个字母的后面常写明菌株名和该酶以发现先后次序编的号。因此，“*Eco*R Ⅰ”表明此酶来自*E. coli* R株。识别位点和切点都一样的不同酶称为同座酶（isoschizomers）。

四、限制片段的长度和限制图

1. 限制片段的长度

假定一种DNA分子内的四种核苷酸残基是等摩尔比例的，且是随机分布的，则某一种四

表 4-2 一些常用限制性内切酶和它们的识别顺序

酶	同座酶	识别顺序和切点	兼容黏性末端
Alu Ⅰ		AG↓CT	平末端
Aos Ⅰ		TGC↓GCA	平末端
Apy Ⅰ	*Atu*, *Eco*RⅡ	CC($^{A}{}_{T}$)GG	
Asu Ⅰ		G↓GNCC	
Asu Ⅱ		TT↓CGAA	*Cla* Ⅰ, *Hpa* Ⅱ, *Taq* Ⅰ
Ava Ⅰ		G↓PyCGPuG	*Sal* Ⅰ, *Xho* Ⅰ, *Xma* Ⅰ
Ava Ⅱ		G↓G($^{A}{}_{T}$)CC	*Sau* 96 Ⅰ
Avr Ⅱ		C↓CTAGG	
Bal Ⅰ		TGG↓CCA	平末端
*Bam*H Ⅰ		G↓GATCC	*Bcl* Ⅰ, *Bgl* Ⅲ, *Mbo*p Ⅰ, *Sau*3A, *Xho* Ⅱ
Bcl Ⅰ		T↓GATGA	*Bam*H Ⅰ, *Eig*L Ⅱ, *Mbo* Ⅰ, *Sau*3A, *Xho* Ⅱ
Bgl Ⅱ		A↓GATCT	*Bam*H Ⅰ, *Bcl* Ⅰ, *Mbo* Ⅰ, *Sau*3A, *Xho* Ⅱ
Bst E Ⅱ		G↓GTNACC	
*Bst*N Ⅰ		CC↓($^{A}{}_{T}$)GG	
*Bst*X Ⅰ		CCANNNNN↓NTGG	
Cla Ⅰ		AT↓CGAT	*Acc* Ⅰ, *Acy* Ⅰ, *Asy* Ⅱ, *Hpa* Ⅱ, *Taq* Ⅰ
Dde Ⅰ		C↓TNAG	
*Eco*R Ⅰ		G↓AATTC	
*Eco*R Ⅱ	*Atu* Ⅰ, *Apy* Ⅰ	↓CC($^{A}{}_{T}$)GG	
*Fnu*4H Ⅰ		GC↓NGC	
*Fnu*D Ⅱ	*Tha* Ⅰ	CG↓CG	平末端
Hae Ⅰ		($^{A}{}_{T}$)GG↓CC($^{T}{}_{A}$)	平末端
Hae Ⅱ		PuGCGC↓Py	
Hae Ⅲ		GG↓CC	平末端
Hha Ⅰ	*Cfo* Ⅰ	GCG↓C	
Hinc Ⅱ		GTPy↓PuAC	平末端
Hind Ⅱ		GTPy↓PuAC	平末端
Hind Ⅲ		A↓AGCTT	
Hinf Ⅰ		G↓ANTC	
Hpa Ⅰ		GTT↓AAC	平末端
Hpa Ⅱ		C↓CGG	*Acc* Ⅰ, *Acy* Ⅰ, *Asu* Ⅱ, *Cla* Ⅰ, *Taq* Ⅰ
Kpn Ⅰ		GGTAC↓C	*Bam*H Ⅰ, *Bcl* Ⅰ, *Bgl* Ⅱ, *Xho* Ⅱ
Mbo Ⅰ	*Sau*3A	↓GATC	
Msp Ⅰ		C↓CGG	
Mst Ⅰ		TGC↓GCA	平末端
Not Ⅰ		GC↓GGCCGC	
Pst Ⅰ		CYGCA↓G	
Pru Ⅱ		CAG↓CTG	平末端
Rsa Ⅰ		GT↓AC	平末端
Sac Ⅰ	*Sst* Ⅰ	GAGCT↓C	
Sac Ⅱ		CCGC↓GG	
Sal Ⅰ		G↓TCGAC	*Ava* Ⅰ, *Xho* Ⅰ
*Sau*3A		↓GATC	*Bam*H Ⅰ, *Bcl* Ⅰ, *Bgl* Ⅱ, *Mbo* Ⅰ, *Xho* Ⅱ
*Sau*96 Ⅰ		G↓GNCC	
Sfi Ⅰ		GGCCNNNN↓NGGCC	
Sma Ⅰ	*Xma* Ⅰ	CCC↓GGG	平末端
Sph Ⅰ		GCATG↓C	
Sst Ⅰ	*Sac* Ⅰ	GAGCT↓C	
Sst Ⅱ		CCGC↓GG	
Taq Ⅰ		T↓CGA	*Acc* Ⅰ, *Acy* Ⅰ, *Asu* Ⅱ, *Cla* Ⅰ, *Hpa* Ⅱ
Tha Ⅰ	*Fnu*D Ⅱ	CG↓CG	平末端
Xba Ⅰ		T↓CTAGA	
Xho Ⅰ		C↓TCGAG	*Ava* Ⅰ, *Sal* Ⅰ
Xho Ⅱ		($^{A}{}_{G}$)GG↓CC($^{T}{}_{C}$)	*Bam*H Ⅰ, *Bcl* Ⅰ, *Bgl* Ⅱ, *Mbo* Ⅰ, *Sau*3A
Xma Ⅰ	*Sma* Ⅰ	C↓CCGGG	*Ava* Ⅰ
Xma Ⅲ		C↓GGCCG	
Xor Ⅱ		CGATC↓G	

核苷酸序列存在于 DNA 中的几率应该是每 $4^4=256$ 个核苷酸残基长的 DNA 序列中有一次。所以，由识别四核苷酸序列的限制酶切割 DNA 分子产生的 DNA 片段的平均长度约是 250bp（base pairs，bp 碱基对）长。而像 *Eco*RⅠ，*Bam*HⅠ这类识别六核苷酸顺序的限制酶大约在 4096（4^6）碱基对长的 DNA 分子中有一个切点。在后续章节将要谈到，遗传密码是三联体的，即三个碱基组成一个密码子，特异于多肽链中的一个氨基酸残基，而通常大多数多肽链不超过 1000 个氨基酸残基。因此，由识别六核苷酸序列的限制酶产生的 DNA 片段接近于一个原核生物基因的大小。这个性质使得这些限制酶可以用于建造和克隆有用的重组 DNA 分子。

为了从基因组获得更大 DNA 片段，使这些片段足以为更大的多肽链编码，或者为含有内含子顺序的（不为肽链编码的基因内顺序）真核基因编码，可以用限制酶进行部分降解的办法。现在已经发现了一些识别 8 个核苷酸序列甚至 13 个核苷酸序列的限制酶，例如：*Not* Ⅰ（识别 GCGGCCGC，并在第一个 C 后切割）和 *Sfi* Ⅰ（识别 GGCCNNNNNGGCC，并在第四和第五个 N 之间切割）。

2. 限制图

这里要介绍限制酶的一个重要应用。由于限制性内切酶能在独特顺序切割双链 DNA 产生大的 DNA 片段，它们提供了一个以碱基对为单位距离给 DNA 分子作图的方法。图 4-33 是一种小环形 DNA 分子质粒 pBR322 DNA 的限制图。此图表明限制图实际上是各种限制性内切酶在某一 DNA 分子或 DNA 片段上切点的排列。由于各酶切点之间的距离是以碱基对表示的[对大的染色体 DNA 则以千碱基对（kilobase pair，kb）或百万碱基对（Mb）表示]，实际上可计算出两切点间的绝对距离，因此，限制图（restriction map）也称物理图（physical map）。

进行 DNA 限制图的制作，首先要对 DNA 分子进行单酶切（完全水解），并用琼脂糖凝胶电泳法分析酶切产物，了解酶切产生的 DNA 片段数，计算出切点数，并在 DNA 分子量标准物的参照下计算出各片段的分子量。在这个基础上，选择两种酶对这个 DNA 分子进行“双酶切”。对酶产生的 DNA 片段的电泳分析有助于推定切点的位置。对 DNA 链一端的放

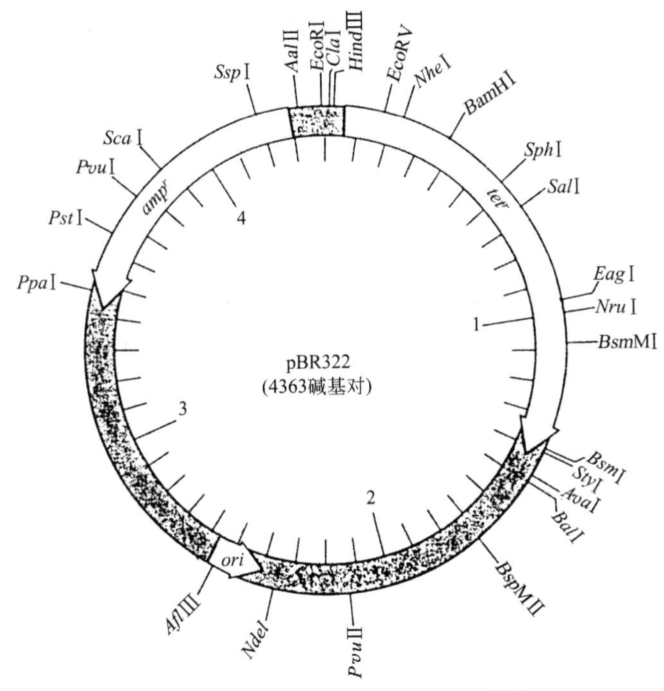

图 4-33　*E. coli* pBR322 质粒的限制图

长度单位：kb

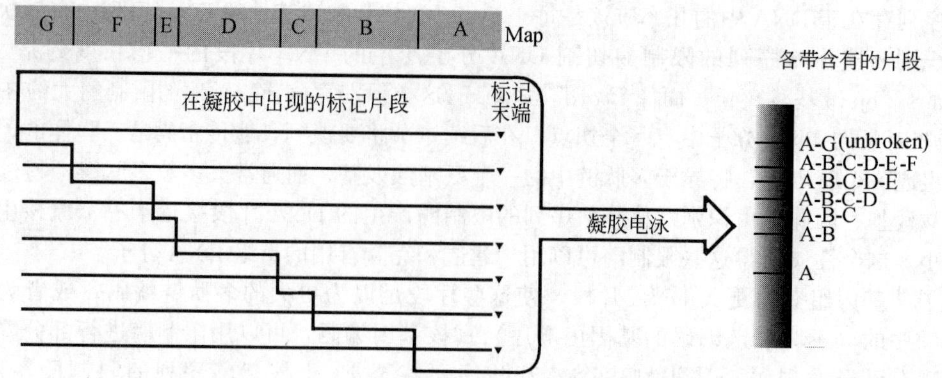

图 4-34　一端标记的酶切片段电泳图，可以直接排列出酶切点的位置

射性同位素标记会给 DNA 作图带来极大方便。如图 4-34 所示，当一端标记的 DNA 分子用一种酶或两种酶作不完全水解后，电泳分析的结果可以允许我们直接排出酶切点的位置。

第九节　DNA 一级结构测定与 DNA 的化学合成

一、DNA 碱基顺序的测定（DNA sequencing）

DNA 的一级结构就是四种不同核苷酸残基在 DNA 链上的排列顺序，就是碱基顺序。DNA 储存信息的能力主要在于它们的核苷酸残基的排列顺序。直至 20 世纪 70 年代末之前测定一个五核苷酸或十核苷酸的 DNA 顺序也是困难和费力的。1977 年发明了两种 DNA 测序的方法，一是由 Alan Maxam 和 Walter Gilbert 发明的化学法，另一个是由 Frederick Sanger 发明的，现在叫双脱氧末端终止法。它们使得 DNA 较长顺序甚至较大的 DNA 分子的测定成为可能，这在几十年前是不可想象的。这些序列测定技术的发明依赖于对核酸化学和 DNA 代谢基础知识的研究进展，还得益于能把仅相差一个核苷酸残基的 DNA 链分开的电泳技术。DNA 电泳类似于蛋白质电泳。聚丙烯酰胺凝胶常被用作支持介质分离短的 DNA 片段（几个到几百个核苷酸残基），琼脂糖凝胶用于分离更长的 DNA 链。

Sanger 和 Maxam-Gilbert DNA 序列分析的基本原理是把 DNA 变成在不同碱基的核苷酸处打断的四套末端标记的 DNA 片段。每套 DNA 片段打断的位置位于一种特异碱基。例如：一个具有 pAATCGACT 的 DNA 顺序，如果一个反应能使 DNA 在 C 处打断就会产生 pAATC 和 pAATCGAC 两个片段。一个能打断在 G 处的反应仅产生一个 pAATCG 一个片段，因此产生的片段大小决定于碱基所处的位置。当相应于 4 个不同碱基产生的四套 DNA 片段并排进行电泳分离时，它们产生一个可以直接读出 DNA 顺序的梯状区带（图 4-35）。Sanger 法应用得更广泛，因为技术上比较简单。这种方法是用酶法合成与被分析链互补的 DNA 链。

DNA 序列分析已经实现自动化。这是一种改进的 Sanger 法。它把每次用于聚合反应的 ddNTP 用不同颜色的荧光标记物标记。这种方法能在几个小时之内分析几千个核苷酸顺序。许多大的 DNA 测序计划已经和正在实施，其中最宏伟的是已经完成的人类基因组工程，它使人类细胞的全部 DNA 约 30 亿碱基对的顺序得到测定。

二、DNA 的化学合成（DNA chemical synthesis）

为生物化学发展铺平道路的另一种技术是具有特定顺序的寡核苷酸的化学合成。核酸化学合成的方法（亚磷酸三酯法）最初是由 H. Gobind Khorana 在 20 世纪 70 年代发明的，这个方法的改进和自动化使得 DNA 合成更迅速和精确。这种合成是把核酸链的一端固定在固体支持物上（图 4-36），使用 Merrifield 合成肽链类似的原理，每次加接一个核苷酸残基的

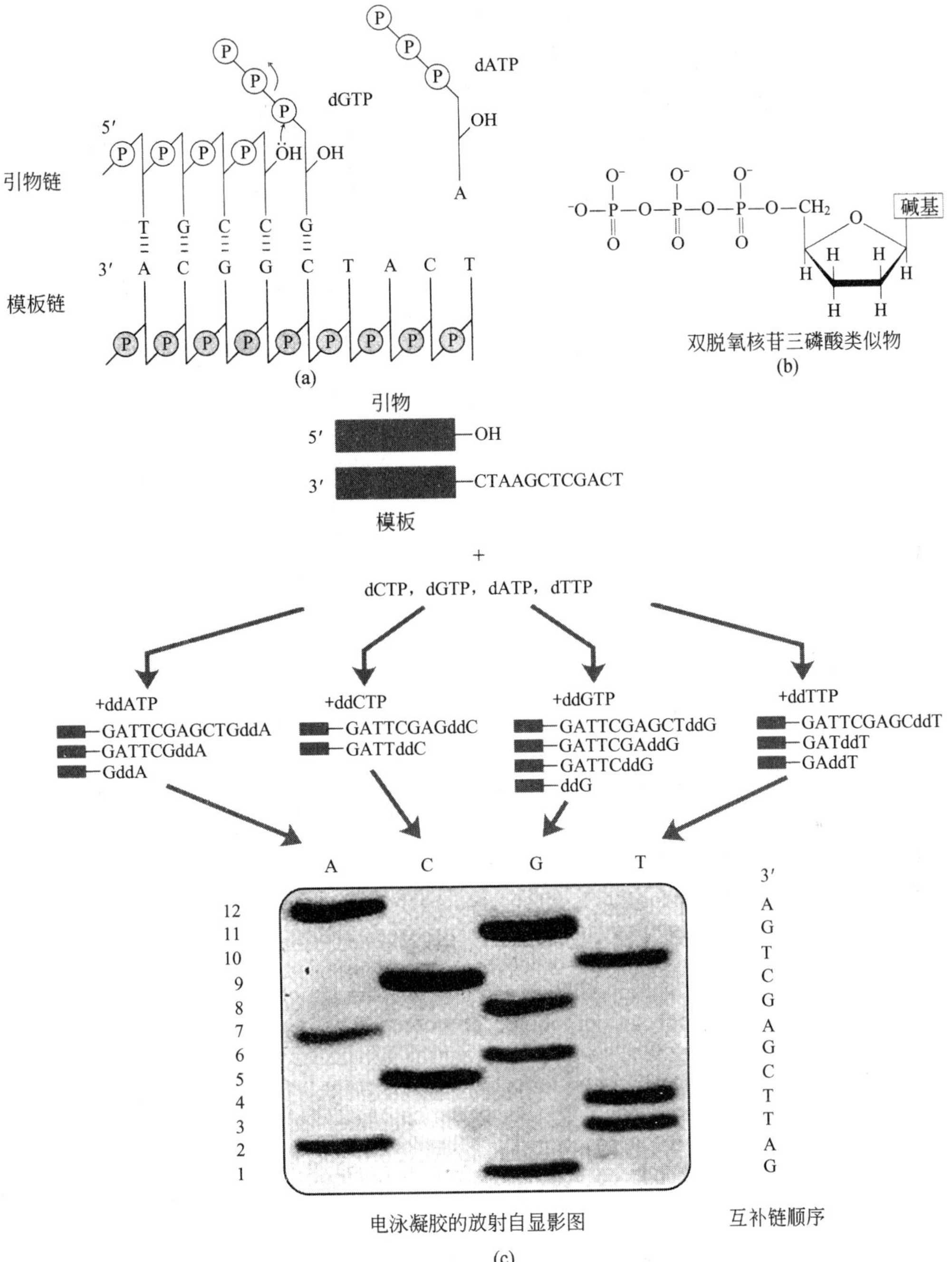

图 4-35 Sanger 的 DNA 序列分析法（双脱氧末端终止法）

(a) DNA 的酶促合成需要一个模板，一个引物，以及四种脱氧核苷三磷酸；(b) 3′-位缺少羟基的核苷酸类似物 ddNTP，当它们掺入合成中的核酸链时，阻止链的继续延长；(c) 在四组由同一模板进行的 DNA 多聚酶促反应中、每组额外加入一种 ddNTP，可产生四组在不同碱基处打断的新合成核酸链，把四组合成产物在同一凝胶中电泳，产生可以直接读出模板互补链顺序的电泳图

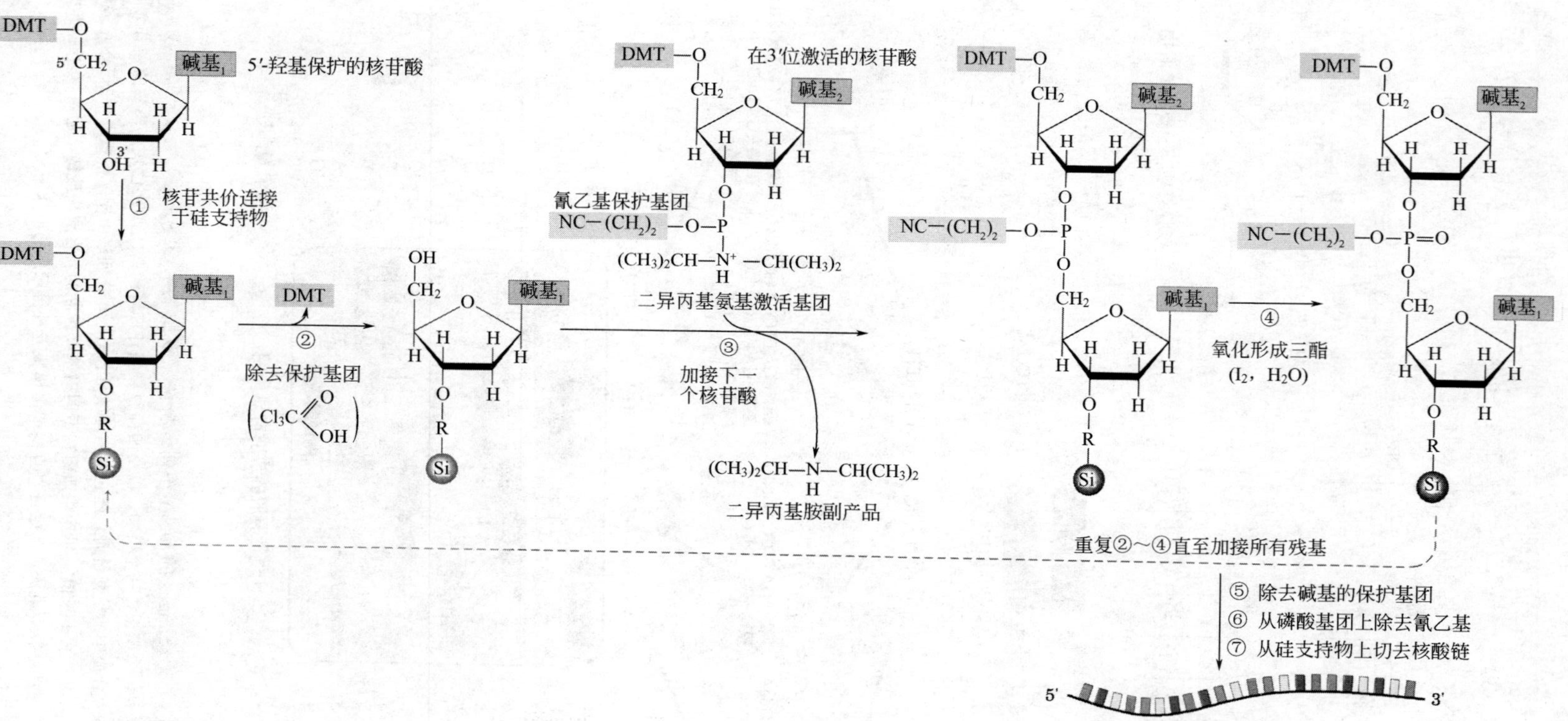

图 4-36　DNA 的化学合成

DNA 的自动化化学合成在程序上类似于多肽的固相合成，第一个核苷酸被固定在硅支持物上，其后把非反应基团适当保护的核苷酸前体，按一定程序逐个加接上去。①5′羟基被 DMT 保护的第一个核苷酸连接于硅支持物上；②用三氯乙酸除去酸不稳的 DMT 保护基团；③下一个核苷酸的 3′亚磷酸基团用二异丙基氨基活化并与第一个核苷反应形成 5′，3′连接；④加 I_2 氧化亚磷酸以产生磷酸二酯键；重复②～④步直至加接所有残基。最后在氨水中除去碱敏感保护基团，并从硅支持物上水解下核酸链效率是很高的，使得普通实验室可以合成70～80个核苷酸多聚物。在一些实验室中能合成更长的DNA链。具有预定顺序的人工DNA多聚物正在强有力地影响所有生物化学领域的进展。

第十节　基因和基因组

多细胞有机体的每一个细胞都含有同样的遗传物质。人类的健康信息包含在每一个细胞之中。由于DNA分子含有所有的细胞基因，它们是细胞中最大的生物大分子。这些DNA分子被包装折叠成“染色体”的形式。大部分细菌和病毒含有单个染色体，而真核生物则通常含有许多个。一个染色体可以含有几千个基因。一个细胞中所有基因和基因间DNA的总和称为基因组（genome）。现在人们也把能独立传递遗传信息的病毒DNA，质粒DNA或RNA分子称为病毒基因组和质粒基因组。

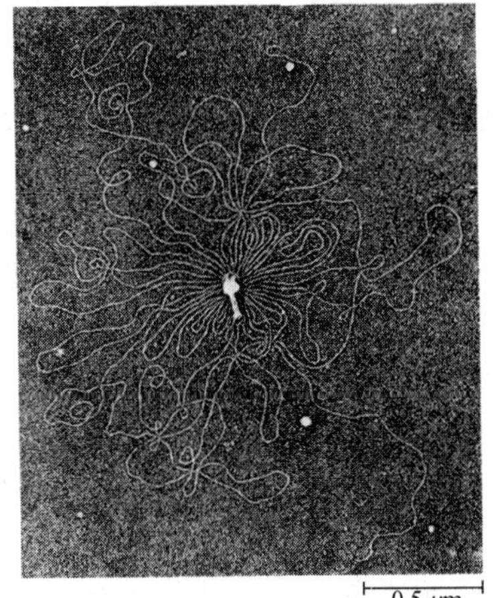

图4-37　由噬菌体 T_2 衣壳释放出来的它的单个DNA分子（电子显微镜照片）

在20世纪50年代所进行的测定表明最大的DNA分子有着 10^6 左右的分子量，相当于15000碱基对，但是随着天然DNA制备方法的改进，人们发现它们的分子量要大得多，现已知道，像大肠杆菌细胞的染色体DNA分子就特别大，以至于很难完整地得到它，在分离过程中它们往往被机械力打断。

具有巨大分子量的DNA分子本身就是个有趣的生物学问题，染色体DNA的长度常常比容纳它的细胞或病毒衣壳要长好多个数量级（图4-37），本文将讨论DNA在体内的包装。首先要了解病毒DNA和染色体DNA的大小，以及它内部的基因和其他顺序的组织情况，还将介绍DNA的拓扑学，以便给出DNA螺旋和缠绕的正式定义，最后还要讨论DNA-蛋白质的相互作用，它使染色体变成更致密的结构。

一、天然DNA分子的大小与顺序特征

我们需要对各种天然DNA分子作一个大概了解，例如，病毒DNA分子，细胞DNA分子，包括真核细胞的DNA和原核细胞的DNA。染色体DNA除了含有为基因编码的DNA顺序以外，还含有帮助DNA实现体内包装和使染色体分离进子代细胞所需的专门功能的DNA顺序。

1. 病毒DNA分子

病毒由于依靠寄主细胞的功能来复制它们自己，因而所需的遗传信息比细胞少得多。病毒基因组可以由RNA组成，也可以由DNA组成。但一般只含其中的一种。几乎所有的植物病毒和某些细菌病毒、动物病毒是RNA病毒。一般RNA病毒基因组很小，而相对地说DNA病毒基因组的分子量变化较大，如表4-3所示。从病毒的分子量可以计算出它们的分子长度和所含碱基对数目（按双链DNA，每核苷酸残基对分子量为650，每个核苷酸对长0.36nm计算。注意：有些病毒DNA是单链DNA）。

表4-3　一些细菌病毒的颗粒大小和DNA长度

病毒种类	病毒颗粒质量（$\times10^6$）	颗粒长度/nm	DNA碱基对	病毒种类	病毒颗粒质量（$\times10^6$）	颗粒长度/nm	DNA碱基对
ΦX174（双链型）	6	25	5386	λ(lambda)	50	190	48502
T_7	38	78	39936	T_2，T_4	220	210	182000（近似值）

许多病毒DNA在它生活周期的某个阶段，由于末端共价连接，使其DNA分子成环形结构。当病毒DNA在细胞内进行复制时，线形病毒DNA的两末端发生共价连接；而单链DNA病毒也会形成双链环状结构，这种双链环状结构称为这些单链DNA病毒的复制型(replicative forms，RF型)。大肠杆菌噬菌体λ(lambda phage)是典型的中等大小的DNA病毒。它在细胞内的复制型是一个含48502bp，长17.5μm的环形双螺旋DNA分子。噬菌体ΦX174是一种小得多的单链环形DNA病毒，它的双链复制型DNA含有5386bp。从上述资料可以看出病毒DNA的分子长度比病毒颗粒的长度要大得多。例如，噬菌体T_2 DNA分子的长度是病毒颗粒的3500倍，见图4-37。

2. 细菌细胞染色体DNA和染色体外DNA

细菌含有比病毒更多的DNA。例如，一个大肠杆菌细胞所含的DNA比一个λ噬菌体颗粒所含的DNA多约200倍，大肠杆菌细胞的染色体DNA是一个含有4.7×10^6bp，周长1.7mm的环形DNA分子，它的长度约是大肠杆菌细胞长度的850倍，显然，大肠杆菌染色体DNA必定具有紧密的三维结构。

细菌细胞无核膜，其环形染色体DNA形成致密的结构存在于拟核(nucleoid)之中。除了这种大的环形染色体DNA外，许多细菌细胞的细胞质中还含有一种或几种小的游离的染色体外遗传因子(elements)，这种染色体外因子称为质粒(plasmid)。许多质粒只有几千碱基对长，但也有超过10^5bp的。质粒携带遗传信息，并能进行复制以产生子代质粒。在细胞分裂时，子代质粒进入不同子代细胞而得以传代。一般说来，质粒是游离于染色体DNA而独立存在的。有些种类的质粒如细菌性因子(F因子，F factor)有时能插入细胞染色体，并共价连接成为细胞染色体DNA的一部分，这个过程称为整合(integration)。它们还能依赖特殊的重组过程从染色体上切出。现已发现质粒也存在于酵母或其他霉菌中。在许多情况下质粒对它们的寄主不是必需的。它们的功能主要用于自身的繁衍。但是一些质粒所携带的基因可以使寄主菌具有抗生素抗性。例如，细菌细胞若含有编码β-内酰胺酶(β-lactamase)基因的质粒，这种菌就具有抗青霉素和氨基苄青霉素的能力。质粒也可能通过在细胞间的传递，把抗生素抗性赋予抗生素敏感菌，这种过程有可能使一些致病菌具有多重抗生素抗性，滥用抗生素的强选择作用(selective force)可能促进致病菌获得抗性。

质粒是研究DNA在体内代谢过程的非常有用的模型，由于它们的分子量小，因而易于完整地从细菌细胞和酵母细胞中分离到它们。质粒已经成为现代基因克隆和分离(制备)的主要载体。来自不同物种的基因能够被插入质粒DNA分子。这类经过改造的质粒可以重新导入正常的寄主细胞。这些经重组的质粒可在细胞内被复制和转录，因而，也可以让寄主细胞制造外来基因编码的蛋白质，本书第十九章将要介绍这种重组DNA技术(recombinant DNA)。

3. 真核细胞染色体DNA

一个最简单的真核细胞——酵母细胞所含的DNA比大肠杆菌细胞染色体DNA多4倍。用于经典遗传学研究的果蝇(*Drosophila*)细胞所含的DNA是大肠杆菌细胞DNA的25倍，人类和其他哺乳动物细胞所含DNA的量约是大肠杆菌的600倍。而许多植物细胞和两栖类动物细胞甚至含有更多的DNA。但是真核细胞核DNA分子是线形的，而不是环形的。

一个人体细胞所有DNA的全长约2m，而大肠杆菌细胞DNA是1.7mm。一个成人全部的人体细胞约有10^{14}个，因而一个人体所含全部DNA的全长可达2×10^{14}m或2×10^{11}km，这个数字是地球周长(4×10^4km)的5×10^6倍，是地球到太阳距离(1.5×10^8km)的1330倍，毫无疑问，DNA在细胞内的包装(packaging)是高度有序和致密的。

用显微镜观察有丝分裂期的真核细胞核可以看到核中的遗传物质被分成许多染色体(图

4-38)，二倍体细胞所含染色体数目因物种不同而不同。例如，人的细胞有 46 条。真核细胞的每条染色体含有一个很大的双链 DNA 分子，它们比大肠杆菌细胞染色体大 4～100 倍。例如，一条较小的人染色体 DNA，其长为 30mm，约比大肠杆菌染色体大 15 倍。人体细胞中共有 24 种不同类型的染色体（22＋X＋Y），最大染色体是最小染色体的 25 倍，每条染色体携带一套独特的基因。

4. 真核生物细胞器中的 DNA

真核细胞除了细胞核中含有 DNA 外，在线粒体（mitochondria）也含有小量碱基成分不同于核 DNA 的 DNA。进行光合作用的细胞其叶绿体中（chloroplasts）也含有 DNA。通常线粒体 DNA 少于体细胞全部 DNA 的 0.1%，但是在受精卵和分裂的卵细胞中，线粒体的数量极多，此时细胞中全部线粒体的数量要多一些，线粒体 DNA 分子比核 DNA 分子小得多，动物细胞的线粒体 DNA 是个小于 20000bp 的环形分子，人的线粒体 DNA 分子含 16569 碱基对。叶绿体 DNA 也是双螺旋环形分子，但比线粒体 DNA 要大得多。

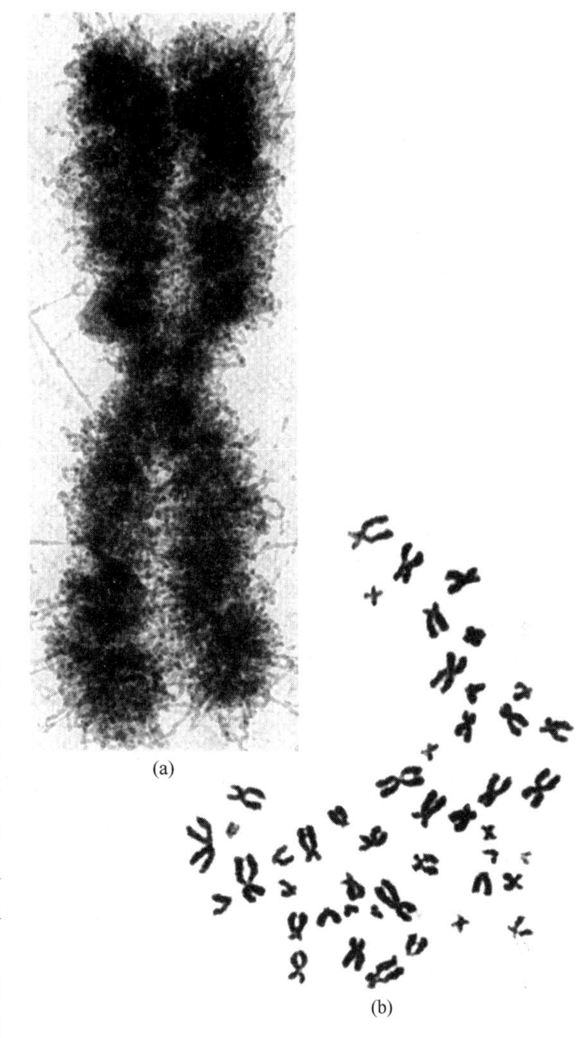

图 4-38　真核染色体

（a）一条人的染色体；（b）人白细胞的整套染色体

（每个正常人体细胞有 46 条染色体）

线粒体和叶绿体 DNA 的进化起源是一个很专门的研究课题。一个广泛被接受的观点认为它们是古细菌细胞染色体 DNA 留下的残迹。这些古细菌被真核细胞吞噬并在细胞质中存活下来成为这些细胞器的前体。线粒体 DNA 为线粒体 tRNA 和 rRNA 以及少量线粒体蛋白质基因编码，95%以上的线粒体蛋白是由核 DNA 编码的。当细胞分裂时，线粒体和叶绿体也分裂。在分裂前和分裂期间它们的 DNA 被复制，使子代 DNA 分子传递给子代细胞器。

二、基因与顺反子

目前对基因的了解比一个世纪以前已深入得多了。经典生物学把基因看成是决定或影响生物体一种性状或一个表现型（phenotype）的染色体上的某一部分。但是，基因分子水平的定义是由 George Beadle 和 Edward Tatum 在 1940 年首先提出的。他们把脉胞菌（*Neurospora crassa*）的孢子用 X 射线照射或用其他能损伤 DNA 的试剂处理，这些处理有时能引起 DNA 顺序的改变，即突变（mutation）。一些突变体不能合成专门的酶，导致一种代谢途径的缺陷，这个发现导致 Beadle 和 Tatum 得出基因是遗传物质上的一个片段的结论，它编码或决定一个酶，这就是“一个基因一个酶”的假设，后来这个概念被扩大成一个基因一个蛋白，因为有时一些基因编码的蛋白不一定是酶。

现在基因的生物化学定义更准确。因为许多蛋白是由多条肽链组成的。一些蛋白，它们的所有肽链是相同的，在这种情况下，这些肽链可以由同一个基因编码。而另一些蛋白含有2条以上不同肽链，这些不同肽链具有不同的氨基酸顺序。例如，成年人的血红蛋白的主要种类血红蛋白A，就是由两种肽链——α链和β链组成的。它们具有不同的氨基酸顺序，并且是由两个不同基因编码的，于是基因和蛋白的关系更精确地说应该是"一个基因一条肽链"。但是不是所有基因最后的表达（表现）产物都是肽链，一些基因为不同的RNA分子编码，如各种tRNA和rRNA（见前述）。所以，基因是为各种多肽链或RNA顺序编码的DNA片断。这些有实际表达产物，为肽链和RNA编码的基因称为结构基因（structural genes）。DNA中还含有一些顺序，它们的功能纯粹是起调节基因转录（表达）作用的，这些DNA序列称为调节顺序（regulatory sequence），它们可以是一个结构基因的起始和终止信号，也可能是影响结构基因转录的启动和开闭的顺序，或者作为DNA本身的复制和重组的识别信号。

基因也可以称为顺反子。顺反子（cistron）是遗传学中互补检测（complementary test）定义的遗传单位。一个顺反子就是一个基因。在一个二倍体细胞中，如果两个突变发生在不同染色体（反式位置）的等位基因上，则这个细胞表现为这个基因的缺陷型。如果两个突变点处于不同染色体而不在等位基因上，由于两个同源染色体上还各有一个野生型等位基因，因此这个细胞的表现型是野生型的，细胞含有隐性突变。野生型等位基因产生的基因产物弥补了突变基因的缺陷。由于一个基因含有许多核苷酸对，每个核苷酸对都可以看成一个遗传位点。因此，处于反式位置而不能互补的许多遗传位点，显然处于同一对等位基因内，这些遗传位点的集合组成一个顺反子。因此一个顺反子就是一个基因。有转录产物（RNA或蛋白）的基因称为反式行为因子（trans-acting factor），而只起调节功能而无转录产物的DNA顺序称为顺式行为元件（*cis*-acting element）。顺式行为元件（DNA顺序）的突变常常是显性突变，因为其他染色体上的等位因子同样无转录产物不能补偿它的缺陷。

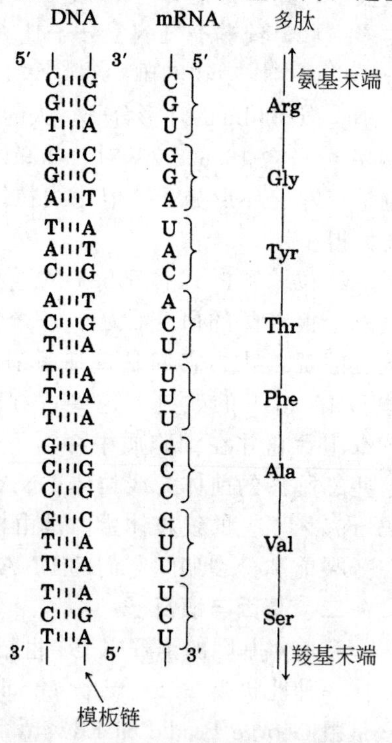

图4-39　DNA，mRNA的核苷酸序列与多肽链中氨基酸序列的共线性

DNA中的核苷酸三联体的顺序通过mRNA信息中间体，决定了蛋白质中的氨基酸顺序

基因的大小可以直接估算，一种肽链中的每个氨基酸实际上是由一条DNA链中三个连续的核苷酸残基编码的，由于每个遗传密码之间是不停顿的，即三个核苷酸残基为一组的密码子是连续排列的，用以对应于多肽链中的氨基酸顺序。图4-39表明DNA、RNA和蛋白质之间的编码关系。一个肽链可以少至50个氨基酸残基多至几千个氨基酸残基。那么为这些肽链编码的基因相应地必需含有三倍于氨基酸残基数或更多的碱基对，由于生物体中肽链的平均长度为350氨基酸残基，因而每个基因平均有1050个碱基对。许多真核基因和少量原核生物基因常常被一些称为"内含子"（introns）的非编码顺序所打断，所以这些基因可能比按上述方法计算出来的要长得多。

一条染色体有多少基因？大肠杆菌这种原核生物的单个环形染色体已被完全测序。它含有4638858个碱基对。这些碱基对编码约4300个蛋白质基因和115个稳定

RNA 分子的基因。对于真核生物的知识了解得还不完全，已有的资料表明人的 24 个不同染色体仅含有 3 万多个基因，比预料的少得多。

三、染色体 DNA 的碱基顺序特征

细菌细胞通常只含有一个染色体，染色体上所含的基因几乎都是单拷贝（copy）的。极少数几个基因，如 rRNA 基因有几次重复。结构基因和调节顺序占据原核细胞染色体 DNA 的大部分。而且，几乎所有基因的 DNA 顺序与蛋白质中的氨基酸顺序（或 RNA 顺序）是共线的。

真核生物染色体和基因在结构上和组织上更加复杂。对真核生物染色体结构的研究已产生许多令人惊奇的结果。对小鼠染色体 DNA 的研究表明，占全部染色体 10％的 DNA 是由名为“高重复顺序”（highly repetitive）的序列组成的，这些 DNA 顺序每个小于 10bp。它们以同向重复（directed repeat）的方式串联在一起，每个细胞重复的次数可达百万次。小鼠细胞染色体 DNA 的 20％是由被称为“中等重复顺序”（moderately repetitive）的成分组成，这些重复顺序的长度可达几百个碱基对，重复次数达 1000 次以上。这些重复顺序在染色体上是分散分布的，剩下的 70％的小鼠染色体 DNA 由单一拷贝序列或只重复几次的 DNA 序列组成。真核生物染色体 DNA 大体由这三类 DNA 组成，各种顺序所占的比例因物种的不同而不同。

有一些重复 DNA 可能是“废物 DNA”（junk DNA），它们是进化过程留下的残迹。但是起码有一部分重复顺序有重要的功能。那些高重复顺序由于其碱基组成通常是特殊的，因此，在全部细胞 DNA 经超声波打成片断后进行氯化铯密度梯度离心时，这些高重复顺序因碱基组成独特，因而具有特殊密度，故能与其他染色体 DNA 形成的主区带分离而成独立小区带，称为“卫星带”，因此，高重复 DNA 亦称“卫星 DNA”（satellite DNA），“卫星 DNA”不大可能为蛋白质或 RNA 编码。许多高重复顺序位于有重要功能的真核染色体的着丝粒和端粒上。

每个染色体有一个着丝粒（centromere）。它的作用是为蛋白质提供一个附着点，使染色体和有丝分裂纺锤体的微管相连系，这个附着点是细胞分裂期间把染色体正确地分离，分配到子代细胞所必需的，酵母染色体的着丝粒 DNA 已被分离并加以研究。对着丝粒功能必需的 DNA 顺序约 130bp 长，并富含 A＝T 碱基对；更高等的真核生物着丝粒 DNA 更长一些，“卫星 DNA”存在于着丝点区由几千个串联（一个个 DNA 片断以相同的方向相连）在一起。已鉴定过的“卫星 DNA”一般 5～10 个碱基对长，“卫星 DNA”在着丝粒中的精确功能尚待进一步研究。

端粒（telomere）是位于真核生物线形染色体末端的 DNA 顺序，它起到稳定染色体的作用，人工除去细胞内染色体的端粒顺序，可使这条染色体很快丢失，一些较简单的真菌细胞染色体端粒 DNA 研究得比较清楚。酵母的端粒顺序约长 100 碱基对，是由：

$$(5')\qquad (TxGy)_n$$

$$(3')\qquad (AxCy)_n$$

组成的重复顺序，其中 X 和 Y 的数目在 1～4 之间。由于线形 DNA 的末端不能用一般细胞 DNA 的复制方法复制（这大概就是为什么细菌染色体 DNA 是环形的一个原因），端粒 DNA 的重复顺序是由一类称为“端粒酶”（telomerase）的酶加接到染色体 DNA 上的，端粒酶自身携一个 RNA 片断作为模板以反转录的方式合成端粒 DNA。细胞如何控制端粒 DNA 的长度尚不清楚。

人们以建立人工染色体（artificial chromosome）作为研究真核染色体结构和功能的手

段。一个相对稳定的人工染色体仅需三种成分：一个着丝粒，两端的端粒以及指导 DNA 复制起始的顺序。

真核细胞中的中等重复 DNA 顺序大约长 150～300 碱基对。它们散布在整个真核基因组中，有些中度重复顺序已被研究清楚，其中有些具有反转座子的结构特征（详见第 17 章）。这些顺序能以很低的频率从基因组的一个位点转移到另一个位点。在人类基因组中有一种称为 *Alu* 家族的中等重复顺序（约 300bp 长），因为它的序列中总含有限制性内切酶 *Alu* Ⅰ的切点，在人类基因组中有几百上千个 *Alu* 顺序，它们占整个人基因组 DNA 的 1%～3%，*Alu* 顺序以及其他与它相似长度中等重复顺序约占人基因组 DNA 的 5%～10%，这类 DNA 的功能尚不为人所知。

许多真核基因含有间隔顺序。大部分真核基因有一种独特的结构，即它们的核苷酸顺序含有一个或更多的间隔 DNA 片断，这些片断不为基因的多肽链产物中的氨基酸顺序编码。它们把那些和多肽中的氨基酸序列有精确共线（colinear）关系的编码核苷酸顺序打断，这些间隔顺序被称为基因的“内含子”（intron），而把真核基因中为肽链编码的顺序称为“外显子”（exon）。鸡卵清白蛋白基因是这种基因结构的一个很好的例子。这种蛋白基因有 7 个内含子顺序，把编码顺序分隔成 8 个片断。它的内含子顺序比外显子顺序长得多，占整个基因的 85%，被研究的大部分真核基因表明，它们所含有的内含子顺序在数量、位置及其在基因中所占比例是变化不定的。例如，人血清白蛋白基因含有 6 个内含子，而一种胶原蛋白基因竟含有 50 多个内含子。而为组蛋白编码的基因不含内含子。仅很少几个原核生物基因有内含子。

第十一节　DNA 超螺旋和染色质结构

一、DNA 的拓扑学结构

前文已经提到，细胞中的 DNA 是极细长的分子，它必须经过致密的包装折叠以便被细胞所容纳。这种折叠应该是高度有序的，因为它们不仅要适合它们所处的细小空间，而且这种折叠和包装还得允许 DNA 能被接近以进行复制和转录。

使 DNA 有秩序进行包装折叠的一个重要结构因子是 DNA 超螺旋（DNA supercoiling）。超螺旋从字面上看意味着在螺旋基础上的再螺旋。例如，电话话筒和电话机之间的电话线一般是螺旋的，这种螺旋线的再卷曲缠绕就形成超螺旋，如图 4-40(a) 所示。DNA 是以双螺旋的形式围绕着同一个轴缠绕的，当双螺旋 DNA 的这个轴再弯曲缠绕时，此时 DNA 就处于超螺旋状态，DNA 的超螺旋状态是结构张力的表现。当双螺旋轴没有“净弯曲”（net bending），则这个 DNA 分子就处于松弛（relaxed）状态。

DNA 的折叠和包装需要 DNA 处于超螺旋状态。这比较容易理解，但是复制和转录过程可能导致 DNA 的超螺旋则不易明白。DNA 的复制及转录过程都需要使互相缠绕的部分 DNA 双螺旋暂时分开，这种螺旋结构的分开可诱导超螺旋的形成，如图 4-40(b) 所示。

细胞内 DNA 都是以超螺旋形式存在的，许多细胞内的环形 DNA 分子在除去结合蛋白和其他成分后仍保持高度超螺旋状态。超螺旋是 DNA 三级结构的一个重要的特征。细胞内的 DNA 采取这种结构，而且 DNA 超螺旋的水平是受细胞调节的。

DNA 超螺旋的性质是可以定量的，这种量化的建立加深了对 DNA 结构和功能的了解。这种定量化的研究引用了数学上的一个分支——拓扑学（topology）的概念。拓扑学用于研究一种物体在不断变形情况下的某些不变的性质。例如，一个共价闭合环形 DNA 分子（ccc DNA）在不切断 DNA 主链的情况下，不管这个 DNA 分子怎样变形或弯曲，它的拓扑学性质是不变的。

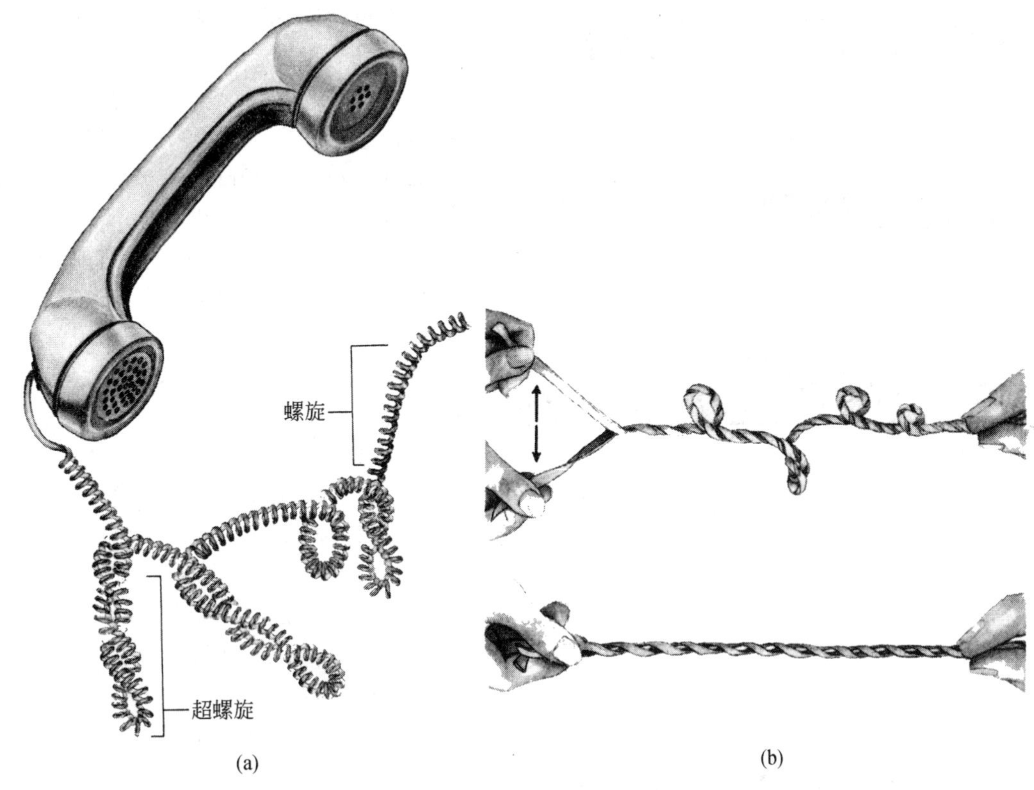

图 4-40　DNA 超螺旋模拟图

(a) 螺旋和超螺旋电话线的超螺旋例子帮助 Jerome Vinograd 和同事证实小分子环形病毒 DNA 的超螺旋状态；(b) 强制分开螺旋结构的两条链导致螺旋其他部分的超螺旋

1. 大部分细胞 DNA 呈负超螺旋

为了了解超螺旋，先得了解质粒和 DNA 病毒环形 DNA 分子的结构特点，当这些 DNA 分子的两条链都不带切口时，这些分子被称为共价闭合环形 DNA（covalent closed circular DNA，ccc DNA）。如果一个共价闭合环形 DNA 分子处于每螺旋 10.5 个碱基对的 B 型结构，这个 DNA 还是处于松弛状态而不是超螺旋（见图 4-41）。超螺旋不是一个随机的过程。只有 DNA 分子处于某种结构张力之下才能形成，但是从生物体中纯化的闭合环形 DNA 很少是松弛型的，而且这些分子的超螺旋程度是一定的。这个事实意味着体内 DNA 存在着某

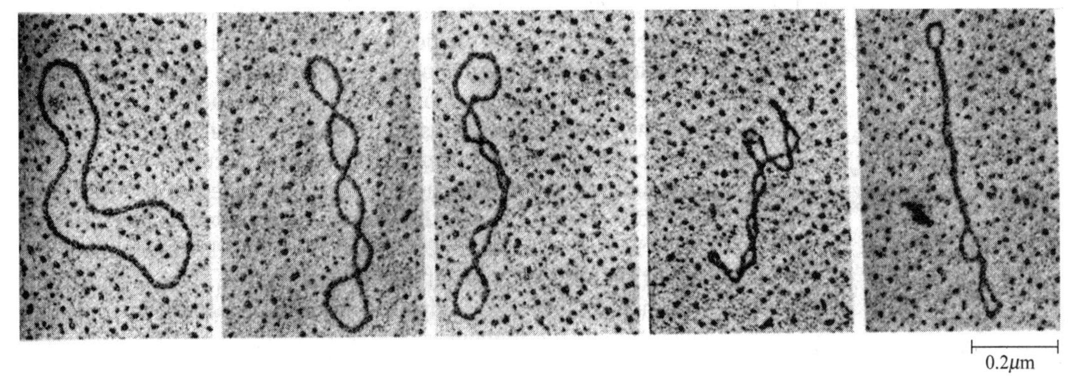

图 4-41　松弛型质粒 DNA 和超螺旋质粒 DNA 的电子显微镜图

左边第一个为松弛型 DNA，其超螺旋程度从左到右逐渐增加

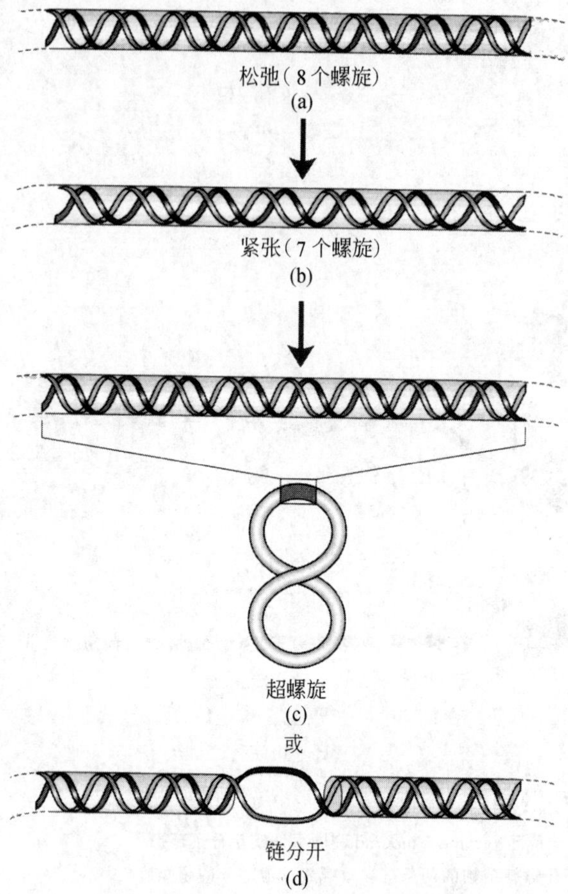

图 4-42　螺旋不足对 DNA 结构的影响

(a) 处于松弛状态的 DNA 的一个片断 84bp，8 个螺旋；(b) 解一个螺旋使 DNA 处于紧张状态；(c) b 型状态可以导致两种不同状态，使 10.5bp 长的 DNA 形成一个超螺旋；(d) 或处于解旋状态

种结构扭力以诱导超螺旋的形成，这种结构紧张的程度是受细胞调节的。

在大多数情况下，这种结构扭力（strain）是由于闭合环形 DNA 的螺旋不足（underwinding）造成的。换句话说，这些 DNA 中两条链的互相缠绕次数比所预期的 B 型结构螺旋数要少。螺旋不足所造成的影响如图 4-42。对于一段 84 个碱基对的 DNA 片段来说，如果它是松弛的，应该具有 8 个螺旋，每个螺旋含有 10.5bp。如果有一个螺旋被解开，这段 DNA 于是含有 84/7≈12 碱基对一螺旋而不是 10.5 个碱基对一螺旋，这就造成这段 DNA 偏离最稳定的 DNA 结构，因此这种 DNA 产生了热力学紧张状态。这种扭力能够以两种方式被容纳：其一是 DNA 的两条链能够被简单分开一定距离，其他部分仍保持 10.5bp 螺旋的 B 型结构，如图 4-42(d)；另一种方式是 DNA 形成一个超螺旋，此时 DNA 的双螺旋轴能被弯曲成一定的方式，可使螺旋不足的 DNA 中的相邻碱基对以最接近于 B 型结构的距离堆积。并使分开的碱基通过氢键重新形成配对形式，如图 4-42(c)。活细胞使用酶学过程使 DNA 解螺旋，产生的 DNA 扭力状态是一种储能的方式。从细胞中制备的环形闭合 DNA，其螺旋不足造成的张力一般都以超螺旋的形式而不是以两链分开的形式存在，因为 DNA 轴弯曲所需的能量要比断裂稳定碱基配对的氢键要少。而且，体内 DNA 的螺旋不足，使得 DNA 的双链易于被分开，以便被复制或转录。易于双链分开是生物体保持 DNA 螺旋不足状态的一个重要原因。

当 DNA 是一个闭合环形分子或者 DNA 被蛋白质所固定，使两链不能自由旋转时才能保持螺旋不足状态，如果在闭合环形 DNA 的一条链上有一个切口，切点上的 DNA 链自由旋转，就可使 DNA 分子由超螺旋状态恢复成松弛状态。DNA 的螺旋数是可以量化的，因此可对超螺旋作更精确的描述。

2. DNA 超螺旋是由拓扑连系数定义的

拓扑学提供的一组概念可用于讨论这个问题。其中主要的概念是连系数（linking number，*Lk*）。一个闭合环形 DNA 分子的连系数，严格的等于没有任何超螺旋情况的螺旋数。连系数具有拓扑学性质，因为不管一闭合环形 DNA 分子如何缠绕或变形，只要两条 DNA 链不被切开，它的值不变。

连系数的概念表示在图 4-43(a)、(b)，假设 DNA 的两条链有如图 4-44(a) 那样的关系，它们之间的有效连系可以被称为拓扑键。如果所有的氢键和碱基堆积都被忽略，两链没

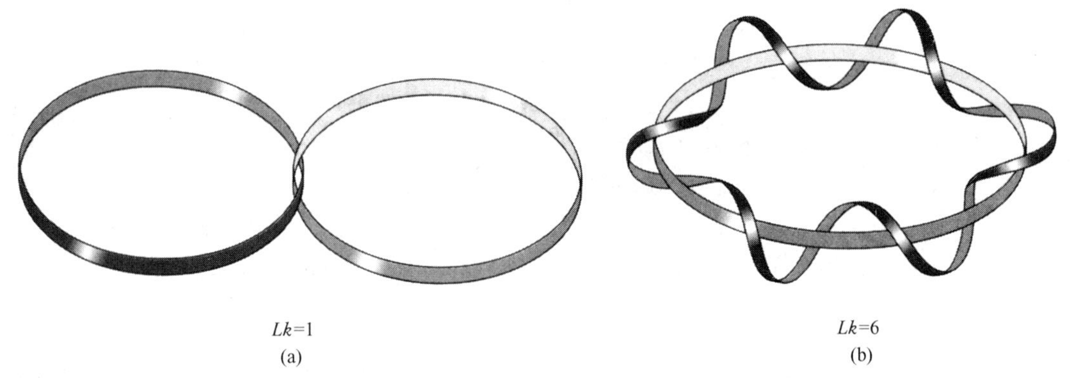

图 4-43　拓扑学中的连系数（Lk）

环形带状物表示一条单链环形 DNA

有物理接触，拓扑键仍然可以把两条链连系在一起。拓扑连系数（Lk）在数值上等于两条链互相缠绕的次数。如图 4-43(a) $Lk=1$，图 4-43(b) $Lk=6$。对一个闭合环形 DNA 分子而言，连系数是个整数。习惯上，DNA 双链如以右手方向互相缠绕，即右手螺旋，连系数被定义为正值（+）。相反如果以左手方向缠绕，则定义为负值（−）。Z 形 DNA 是左手螺旋的，两链左向缠绕一次，其 $Lk=-1$。

把上述概念用于一个含有 2100bp 的环形闭合 DNA 分子（如图 4-44）。如果这个 DNA 分子是松弛状态的，则这个 DNA 分子的连系数等于碱基对总数除以 10.5，即 $Lk=210/10.5=200$。如果要使一个闭合环形 DNA 分子两条链之间的关系保持拓扑结构性质，这两条链的任意一条都不能有切口（nick）。如果有一个切口，则这两条链基本上可被解螺

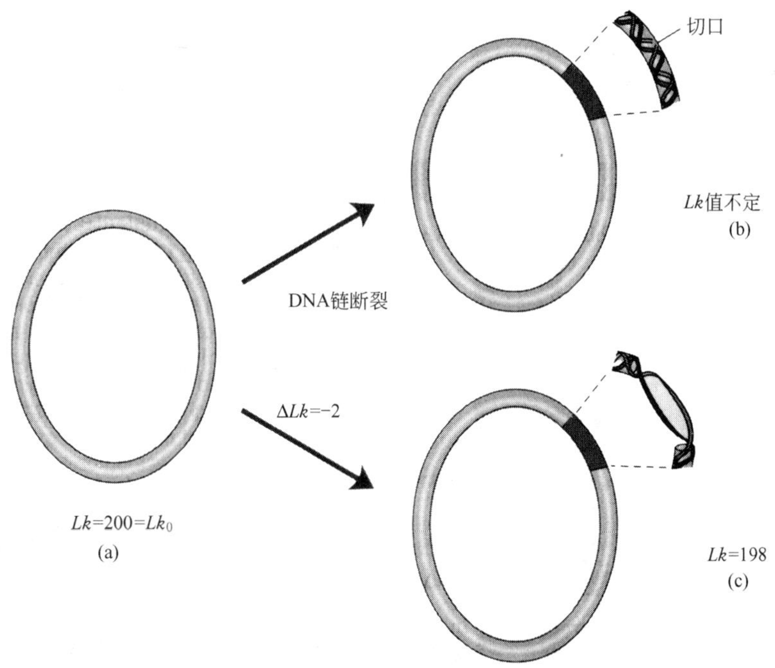

图 4-44　环形双链 DNA 分子的连系数，一个 2100bp 的环形 DNA 分子

(a) 松弛状态，$Lk=200$；(b) 链上有一切口，Lk 值不定；(c) 螺旋不足，$Lk=198$，通常以负超螺旋状态存在

旋，并可被完全分开，见图 4-44(b)，因此在这种情况下，拓扑键是不存在的，它的 Lk 值是不定的。

能够根据 DNA 分子连系数的改变来描述螺旋不足（超螺旋）。松弛状态的 DNA 分子连系数可以作为参照值，称为 Lk_0，在图 4-44(a) 中，$Lk_0=200$，如果从这个分子中解开两螺旋，Lk 值等于 198，这个过程可以解释为：

$$\Delta Lk=Lk-Lk_0=198-200=-2$$

为了方便比较不同长度的 DNA 分子的超螺旋程度，连系数的改变常常可以用一个不依赖于 DNA 长度的数量单位——比连系差（specific linking difference）σ 来表示：

$$\sigma=\frac{\Delta Lk}{Lk_0}$$

在图 4-44(c) 所示的 DNA 分子中，$\sigma=-0.01$，它意味着这个 B 型 DNA 分子的 1%的螺旋被解开。细胞中 DNA 解螺旋的程度一般在 5%～7%范围之内。σ 值有时也称为超螺旋密度，用于衡量 DNA 超螺旋水平。负值表示 DNA 螺旋不足，意味着细胞中 DNA 连系数的改变是 DNA 解螺旋的结果。因此，由螺旋不足诱导的 DNA 超螺旋称负超螺旋。反过来，在有些情况下，DNA 能被过分螺旋（overwound），这种过分螺旋导致的超螺旋，即是正超螺旋。只是 DNA 负超螺旋与 DNA 正超螺旋，螺旋轴缠绕的方向成镜像关系（图 4-45）。超螺旋不是一个随机过程，超螺旋的方向是由加在 DNA 分子上的扭力决定的，看它对于这个 DNA 分子在 B 型结构基础上是增加连系数或是减少连系数。具有不同连系数的同一种 DNA 分子称为这种 DNA 分子的拓扑异构体（topoisomer）。

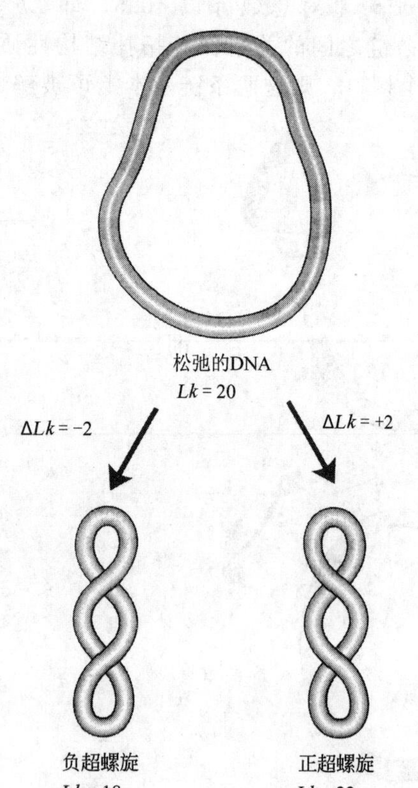

图 4-45　松弛型 DNA 减少连系数或增加连系造成 DNA 的负超螺旋和正超螺旋

拓扑连系数可以被分割成两个结构成分，一个称螺旋数（twist，Tw），一个称超螺旋数（writhe，Wr）。即：

$$Lk=Tw+Wr$$

式中，Tw 和 Wr 两项值不具有拓扑学性质，因为它们在一个闭合环形 DNA 分子的变形中可以被改变，而且它们可以不是整数，Wr 可近似地被看成是螺旋轴的缠绕数，而 Tw 可近似地看成 DNA 双链的互相缠绕数。

为了概括上述的概念，可用细菌的质粒 DNA 来做例子，质粒一般是闭合环形 DNA 分子，由于 DNA 是右手螺旋的，因此，质粒 DNA 具有正的连系数。当 DNA 处于松弛状态时，连系数 Lk_0 等于 DNA 分子的碱基对数除以 10.5，在一般情况下细胞中的质粒是负超螺旋的，因此，它的 Lk 值要低于 Lk_0，σ 为负值。

负超螺旋有利于一些 DNA 分子的结构改变。分开的 DNA 双链更容易存在于负超螺旋 DNA 分子中，这种链分离对于复制和转录过程是必需的，这就是为什么 DNA 被保持于螺旋不足状态的主要原因。其他几种结构变化在生理上不很重要，但可说明螺旋不足的作用。例如，DNA 中的十字架结构总含有单链部分（碱基无法配对），螺旋不足提

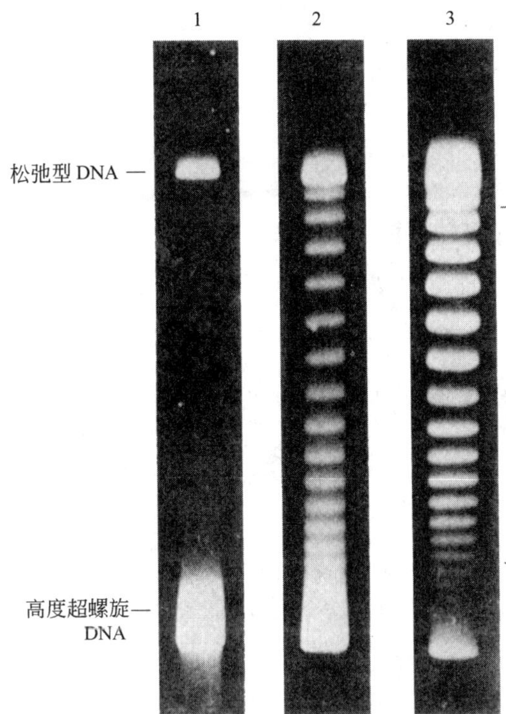

图 4-46　环形 DNA 分子的拓扑异构体能用琼脂糖凝胶电泳分开

图中从上到下，DNA 分子向正极方向移动，高超螺旋密度的 DNA 分子跑得更快，2、3 两个泳道表明大肠杆菌 Ⅰ型 DNA 拓扑异构酶对 DNA 样品的处理导致 DNA 负超螺旋密度的减少

供了这种链分离的条件，另外，右手螺旋 DNA 分子的螺旋不足能促进分子内一小部分适合形成 Z 型 DNA 的顺序形成左手螺旋的 Z 型 DNA。

3. DNA 拓扑异构酶

细胞内 DNA 的超螺旋状态是受精确调节的。这种调节影响与 DNA 相关的许多细胞过程。显而易见，在每个细胞内含有一些专门使 DNA 超螺旋或松弛 DNA 的酶类，这些增加或减少 DNA 超螺旋程度的酶，或者说能改变 DNA 分子的拓扑连系数的酶叫做 DNA 拓扑异构酶（DNA topoisomerases）。这些酶在诸如 DNA 复制和 DNA 包装过程中起着特别重要的作用。

有两大类 DNA 拓扑异构酶。Ⅰ型 DNA 拓扑异构酶作用的方式是临时性地切开双链 DNA 中的一条链，使切口的一端围绕未切割链旋转一圈，并重新连接切口。这类 DNA 拓扑酶每次作用改变 DNA 分子的拓扑连系数为 1；Ⅱ型 DNA 拓扑异构酶同时切开 DNA 的两条链，一次作用改变 DNA 分子的拓扑连系数为 2。

这些酶对 DNA 的结构的影响可以用琼脂糖凝胶电泳显示（图 4-46）。具有相同连系数的质粒 DNA 分子群体在电泳时呈一条均一区带，连系数仅差 1 的 DNA 拓扑异构体，能被凝胶电泳分离。因此，由 DNA 拓扑异构酶诱导的 DNA 连系数的改变能被观察到。

在大肠杆菌细胞中起码有四种不同的拓扑异构酶（Ⅰ～Ⅳ）。Ⅰ型 DNA 拓扑异构酶（拓扑异构酶Ⅰ和Ⅲ）能使 DNA 连系数增加而松弛负超螺旋 DNA。一种细菌 Ⅱ型 DNA 拓扑酶，即：DNA 拓扑酶Ⅱ或称 DNA 旋转酶（gyrase），能把负超螺旋导入 DNA（减少 *Lk*）。它使用 ATP 作为能源，并用令人惊奇的方法完成这个过程（如图 4-47），细菌细胞的超螺旋密度是由 DNA 拓扑异酶Ⅰ和Ⅱ的活性来平衡调节的。

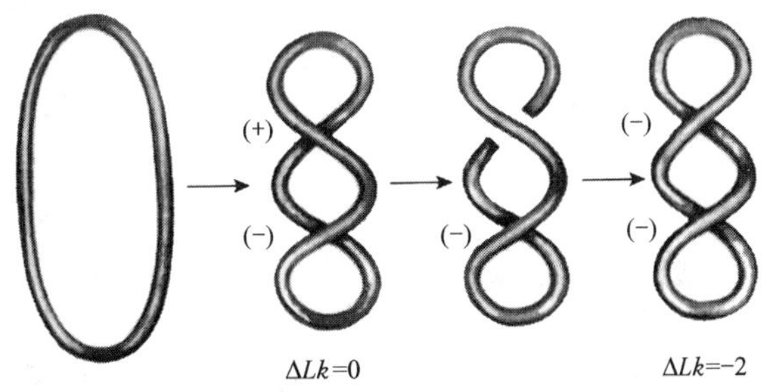

图 4-47　Ⅱ型 DNA 拓扑异物酶作用机制示意图

大肠杆菌Ⅱ型拓扑异构酶（DNA 旋转酶）切开环形 DNA 分子的双链，把 DNA 分子另一部分双链递过切口并重新连接切口，导致 DNA 分子的连系数改变

真核生物细胞也含有Ⅰ型和Ⅱ型 DNA 拓扑酶，真核细胞的拓扑异构酶Ⅰ和Ⅲ都属于Ⅰ型。两种真核Ⅱ型 DNA 拓扑酶$Ⅱ_{\alpha}$，$Ⅱ_{\beta}$既能够松弛负超螺旋也能松弛正超螺旋，但是它不能导入负超螺旋。

二、DNA 在体内的包装

图 4-41 所示的超螺旋 DNA 只是 DNA 采取的超螺旋形式的一种。因为这种 DNA 的螺旋轴互相缠绕，故称互

缠式超螺旋 DNA。如图 4-48(a) 所示模式化了的互缠式超螺旋 DNA。这种超螺旋 DNA 其长度一般是其 DNA 分子本身长度的 40%，溶液中的超螺旋 DNA 常常以这种形式存在。但是细胞要包装 DNA 显然不能采取这种形式，因为它们还很长。另一种超螺旋 DNA 称为线圈型超螺旋（solenoidal suprcoiling）。这种 DNA 超螺旋使 DNA 轴缠绕得像电话筒的连线，见图 4-48(b)。显然，线圈型超螺旋 DNA 比互缠式超螺旋 DNA 要致密的多。虽然形式不同，但它们都是超螺旋的，线圈型超螺旋可被 DNA 结合蛋白所稳定，它们与组蛋白的结合，使 DNA 获得高度的致密化（compaction）。

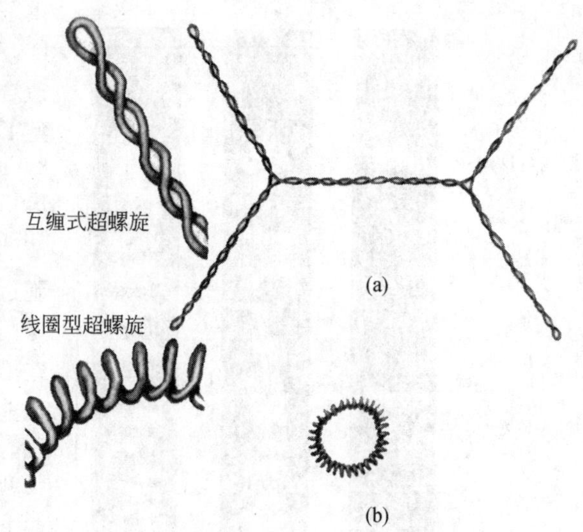

图 4-48　互缠式超螺旋 DNA 与线圈型超螺旋 DNA 线圈型 DNA 有着更紧密的包装

1. 染色质和拟核结构

染色体（chromosome）这个名词现在可以看成是病毒、细菌、真核细胞或细胞器中储存遗传信息的核酸分子。但是，这个名词最初被赋予另一种意义：当真核细胞被碱性染料染色后，用光学显微镜可以观察到细胞核中一种密度很高的着色实体。真核染色体这个词原先的意义只限于定义体细胞有丝分裂期间这种有特定形状的实体。不在分裂相的真核细胞中，这种染色体物质被称为“染色质”（chromatin）。它们是不定型的，且有点随机地分散在整个核中。但是当细胞准备分裂时，染色质凝集，并组装成因物种不同而数目和形状特异的染色体，见图 4-38。

研究从细胞中分离出来的染色质发现，它们是由差不多等量的 DNA 和蛋白质组成的，染色质中的 DNA 紧紧地和一类称为组蛋白（histone）的蛋白质结合，DNA 与组蛋白包装成被称为“核小体”（nucleosome）的结构单位（图 4-49），染色质中还发现一些非组蛋白蛋白（nonhistone proteins）。一些非组蛋白蛋白参与调节特殊基因的表达，以核小体为基础真核染色体可以形成更高级有序的结构。以下介绍真核染色质的结构，并与原核生物细胞中的 DNA 包装做比较。

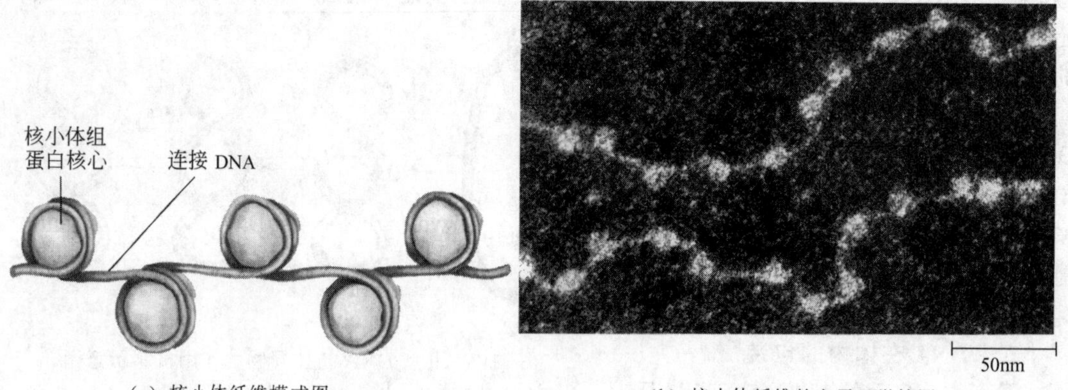

(a) 核小体纤维模式图　　(b) 核小体纤维的电子显微镜图

图 4-49　核小体是 DNA 与组蛋白的复合物

2. 组蛋白是小的碱性蛋白

所有真核染色质的组蛋白相对分子质量在 11000～21000 之间，并且富含碱性氨基酸——精氨酸和赖氨酸。这两种氨基酸之和可达全部氨基酸残基的 1/4。主要的组蛋白有五种，它们具有不同的分子量和氨基酸组成（表 4-4）。组蛋白 H_3 的氨基酸顺序几乎在所有的真核生物中都相同。而组蛋白 H_4 的情况也一样。这个事实说明这些组蛋白生物学功能的重要性。比较 H_4 分子中的 102 个氨基酸残基，人们发现豆科植物和牛的这种组蛋白只有两个氨基酸的差异。人和酵母只有 8 个氨基酸的差异。在真核生物中组蛋白 H_1，H_2A，H_2B 则具较低的同源性。

表 4-4　组蛋白的类型和性质(牛)

组蛋白	相对分子质量	氨基酸残基数	碱性氨基酸的百分含量/%		组蛋白	相对分子质量	氨基酸残基数	碱性氨基酸的百分含量/%	
			Lys	Arg				Lys	Arg
H_1	21130	223	29.5	1.3	H_3	15273	135	9.6	13.3
H_2A	13960	129	10.9	9.3	H_4	11236	102	10.8	13.9
H_2B	13774	125	16.0	6.4					

每种组蛋白都存在着不同形式的变种，这是因为其氨基酸侧链被酶法修饰而甲基化、ADP-核糖基化、磷酸化和乙酰化的缘故。这种修饰改变了组蛋白的静电荷、形状和其他性质。它们在基因转录的调节中起重要作用。

3. 核小体是染色质的基本结构单位

图 4-38(a) 代表一个 DNA 长约 $10^5\mu m$ 的真核染色体被高致密度包装的情况，容纳它的细胞核直径约 5～10μm。这种包装是由几个层次高度有序的折叠组成的。把染色体经过部分解折叠处理，人们了解到染色质的最基本结构单位是核小体。核小体成球体状，这些球状体之间有一定间隔，被 DNA 链连成串珠状。这些 DNA 和组蛋白形成的复合物叫做核小体。每个核小体含有 8 个组蛋白分子，各含两个 H_2A，H_2B，H_3 和 H_4 分子。在染色质上每个核小体和间隔所含的 DNA 约 200 碱基对，其中 146bp 紧紧缠绕着组蛋白八聚体核心，其余的用于连系两个核小体，称为连接 DNA（linker DNA），组蛋白 H_1 不参与核小体的组成，但它通常和连接 DNA 相结合。当染色体用能降解 DNA 的核酸酶处理时，连接 DNA 被水解后释放出核小体颗粒。每个颗粒含有 146bp 的 DNA，由于受到蛋白质的保护而不受降解。以这种方法获得的核小体已被结晶，并用 X 射线衍射法分析。分析结果表明，每个颗粒由 8 个组蛋白分子组成，核心 DNA 以左手螺旋的方式围绕着它形成线圈形超螺旋。

研究核小体结构的结果证明，真核染色体 DNA 是负超螺旋的。核小体中缠绕组蛋白八聚体核心的 DNA 是线圈型负超螺旋（螺旋不足）。每缠绕一圈 DNA 需要解开一螺旋，以解除缠绕所加给 DNA 上的扭力。如果让闭合环形 DNA 分子和组蛋白核心结合，使围绕着蛋白质核心的这部分 DNA 呈负超螺旋状态，这个过程 DNA 分子没有改变拓扑链系数，DNA 分子的另一部分必定形成正超螺旋来补偿。真核生物 DNA 拓扑异构酶不能在 DNA 分子中直接导入负超螺旋，但是它们可以松弛正超螺旋，因而在 DNA 分子中留下负超螺旋，导致 DNA 分子连系数的减少。人们已经在试管内证明要组装染色质需要 DNA 拓扑异构酶的参与。

4. 核小体包装的高级形式

如前所述，DNA 线形长度要比容纳它的病毒衣壳（capsid）或细胞器要大得多，人们把 DNA（或 RNA）与包装它的细胞器长度之比称为包装比。DNA 缠绕着组蛋白八聚体核心形成核小体，在核小体中 DNA 的包装为 1∶7。但是在真核染色体中，DNA 的包装比超过 10000 倍，这个事实本身说明，染色体本身是个高度有序的结构。用很温和的方法制备的染色体样品中，核小体形成一种称为“30nm 核小体纤维”（30nm fiber）的结构，这种核小体纤维结构的形成需要另一种组蛋白（H_1）的参与。每一个核小体含一个组蛋白 H_1 分子，30nm 核小体纤维的存在是有电子显微镜证据的。人们设想在 30nm 核小体纤维中，核小体在 DNA 连系下再以线圈形盘绕，形成直径 30nm 的“纤维”。

染色体并不完全由这种 30nm 纤维组成，这种核小体的组织有时被结合于 DNA 特殊顺序的非组蛋白蛋白所打断，实验观察证明，在编码着基因的转录活性区域，也有核小体纤维存在，但处于较无组织的状态，并且几乎不含 H_1 组蛋白。

在 30nm 核小体纤维中 DNA 获得 100 倍的包装比。更高层次的 DNA 折叠包装组织情况尚不清楚。但是有证据表明，染色体 DNA 的某一些部分和“核骨架”（nuclear scaffold）相连。这些与核骨架相联系的部分，把染色体 DNA 隔成许多含 20000～100000 碱基对长的 DNA 环，每个“环”（loops）有相对的独立性。当一个环被打断或被核酸酶所松弛时，其他环仍可保持超螺旋状态。每个环中好像含有一些相关的基因。例如，果蝇的一整套为组蛋白编码的基因就串联在一起共处于同一个环中。核骨架含有好几种蛋白，其中，组蛋白 H_1 和Ⅱ型 DNA 拓扑异构酶占大部分。Ⅱ型 DNA 拓扑异构酶的存在进一步说明了 DNA 负超螺旋对染色质组装的重要性，有些实验事实表明真核染色体还有更高层次的组织，每个层次都使得染色体的包装变得更致密。这种高层次包装的一个模型如图 4-50。这种模型是基于真核染色体 DNA 一次又一次更高级的缠绕。

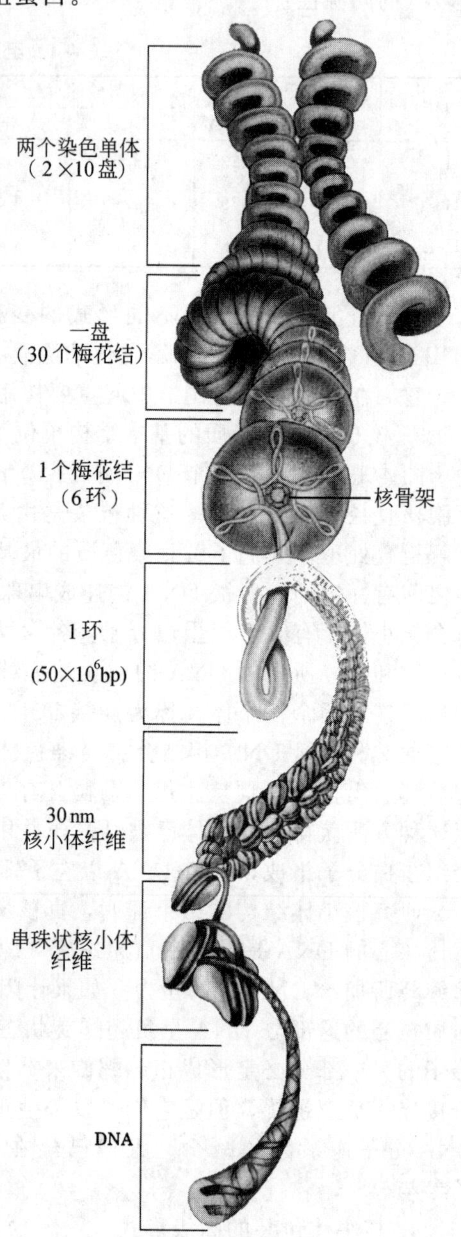

图 4-50 真核染色体不同层次的结构模型——染色质纤维在螺旋的基础上再螺旋

5. 细菌染色体 DNA 在细胞内的组织

细菌染色体 DNA 被压缩成“拟核”（nucleoid）结构，它占据细菌细胞相当大的一部分空间（图 4-51）。细菌染色体 DNA 是附着在细菌细胞质膜内表面的一个点上，人们关于细菌拟核的了解比对真核染色体结构的了解少得多，在大肠杆菌拟核中，有一种“核骨架”样结构，它把细菌细胞的环形染色体 DNA 组织成许多较小的环形结构域，就像真核染色体中的环一样。但是真核染色体的核小体状结构好像不存在于细菌染色体中。在细菌细胞中有一些与真核组蛋白性质类似的“类组蛋白”，其中作过详细研究的是 HU 蛋白，它有两个亚基，相对分子质量19000。但是这些蛋白和 DNA 结合和解离的时间是按秒来计算的，人们尚未证实这些蛋白是否能和细菌染色体 DNA 形成有规律性的结构。

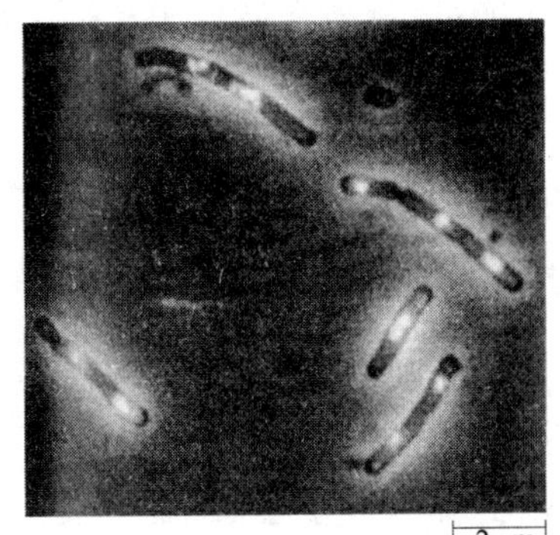

图 4-51 大肠杆菌细胞的“拟核”结构
图中一些细胞已完成 DNA 复制，但尚未进行细胞分裂，因而有多重核

细菌染色体是一个更加动态的结构，因此，它所含的遗传信息更易于被接触到。细菌细胞的分裂周期最短可以是 15min，而一般的真核细胞可能几个月只分裂一次。另外一个不同点是结构基因（为蛋白和 RNA 编码的基因）占原核染色体 DNA 的大部分。由于细菌细胞代谢的高速度，使细菌 DNA 在一短时间内大部分被转录和复制，这和大部分真核生物细胞中的情况是不一样的。

提　要

核苷酸在细胞内有多种重要功能。它们用于合成核酸以携带遗传信息。它们还是细胞中主要的化学能载体，是许多种酶的辅因子的结构成分，而且还是细胞的第二信使。

一种核苷酸由一个含氮碱基（嘌呤或嘧啶），一个戊糖和一个或几个磷酸组成。核酸是核苷酸的多聚物，它们靠磷酸基团形成二酯键使一个戊糖的 5′位羟基和下一个戊糖的 3′-羟基连在一起。有两种类型的核酸，RNA 和 DNA，RNA 中的核苷酸残基含有核糖，其嘧啶碱基一般是尿嘧啶和胞嘧啶，而 DNA 中其核苷酸含有 2′-脱氧核糖，其嘧啶碱基一般是胸腺嘧啶和胞嘧啶。在 RNA 和 DNA 中所含的嘌呤基本上都是鸟嘌呤和腺嘌呤。

许多证据表明 DNA 携带遗传信息。特别是 Avery-Macleod-McGarty 实验证明，从一株细菌提取的 DNA 可以进入另一株细菌细胞，并使后者获得转化，得到由供体 DNA 带来的可遗传的新性状；Hershey-Chase 实验证明是噬菌体的 DNA 而不是蛋白进入细菌细胞使噬菌体得以复制。

从对 DNA 纤维进行的 X 射线衍射研究和由 Chargaff 发现的 DNA 中碱基等价性（即：[A]=[T],[G]=[C]），Watson 和 Crick 推测，天然 DNA 是由右手螺旋的反平行的两条双螺旋链组成的。在这种螺旋中互补的碱基对（A ═T 和 G≡C）通过氢键相连系，而亲水的糖磷酸主链位于螺旋的外面。碱基垂直于螺旋轴堆积，距离 0.34nm，每完成一螺旋需要 10 个碱基对。

DNA 能够以几种结构形式存在。两个从 B 型 DNA 转变而来的结构：A 型和 Z 型结构已在结晶研究中得到证实。在顺序相同的情况下 A 型螺旋较 B 型更短，具有稍大的直径。DNA 中的一些特殊顺序能引起 DNA 弯曲。带有同一条链自身互补的颠倒重复能形成发卡或十字架结构，以镜影排列的多嘧啶序列可以形成被称为 H-DNA 的三链螺旋结构。

信息 RNA 是把遗传信息从 DNA 转移到核糖体以进行蛋白质合成的载体。转移 RNA 和核糖体 RNA 也参加蛋白质合成。RNA 能形成复杂的结构。一条 RNA 链可以形成发卡、双螺旋区和复杂的环结构。

在极端 pH 或加热的情况下，DNA 能发生解螺旋并使双链分开（熔解）。由于 G≡C 比 A＝T碱基对更稳定，因此富含 G≡C 的 DNA 比富含A＝T的 DNA 具有更高的熔解温度。来自不同物种的变性单链 DNA 能形成杂交螺旋。杂交的程度依赖于顺序同源性。分子杂交是用于研究和分离特殊基因和 RNA 的重要技术。

DNA 是相对稳定的生物高分子。天然发生的反应如碱基脱氨、糖苷键水解、形成嘧啶二聚物和氧化损伤等非常缓慢，但是很重要。因为细胞对它的遗传物质的改变具有很低的耐受力。DNA 的核苷酸顺序可进行测定，DNA 还可使用较简单的方法进行化学或酶法合成。

ATP 是细胞中化学能的中心载体。许多酶的辅因子结构中存在腺嘌呤核苷，大概和它们对结合能的需要相关，环式 AMP 是一种普遍的细胞对激素和其他化学信号作出反应的第二信使，它是由 ATP 在腺苷酸环化酶的催化下形成的。

染色体中的 DNA 分子是细胞内最大的大分子。许多较小的 DNA 分子，如病毒 DNA、质粒 DNA、线粒体 DNA 和叶绿体 DNA 也存在于细胞中。许多 DNA 分子，特别是细菌的染色体 DNA 和线粒体、叶绿体 DNA 是环形的。病毒和染色体 DNA 有一个共同的特点，就是它们比包装它们的病毒颗粒和细胞器要长得多，真核细胞所含的 DNA 要比细菌细胞多得多。

基因是染色体上为一条功能性多肽或一个 RNA 分子编码的一个 DNA 片断。除了这些结构基因之外，染色体 DNA 还含有许多参加 DNA 复制、转录及其他过程的调节顺序。在真核染色体中，有两种重要的具有特殊功能的 DNA 重复顺序，一种是着丝粒 DNA，它们是有丝分裂纺锤丝的附着点；另一种即是端粒 DNA，它们存在于线形染色体 DNA 的末端。真核生物的许多基因和个别细菌基因常被称为“内含子”的非编码顺序所打断，而被内含子顺序打断的编码顺序称为外显子。

大部分细胞 DNA 是超螺旋的，超螺旋是由于 DNA 螺旋不足而使 DNA 分子两条链带有结构张力造成的。螺旋不足是指一个 DNA 分子的两条链的互相缠绕次数低于它处于松弛状态，或者说处于 B 型结构状态的缠绕次数（或称螺旋数，每 10.5 个碱基对一螺旋）。为了维持超螺旋状态，DNA 分子必须是闭合环形的，或者 DNA 链两端和蛋白质相结合。由螺旋不足造成的超螺旋定义为负超螺旋。负超螺旋是用一个拓扑学参数——连系数来定量的。一个处于松弛状态的共价闭合环形 DNA 分子的连系数被用作参比值 Lk_0。它在数值上等于这个 DNA 分子所含碱基对数目除以 10.5。DNA 分子超螺旋的程度是由一个称为超螺旋密度（σ）的数值来衡量的。$\sigma=(Lk-Lk_0)/Lk_0$，一般认为细胞内 DNA 的超螺旋密度在 $-0.05\sim-0.07$ 之间。这表明细胞内 DNA 有 5%～7%的螺旋不足。DNA 的负超螺旋状态有利于 DNA 双链的分开，以便进行 DNA 的复制和基因的转录。负超螺旋 DNA 中的互缠式超螺旋存在于溶液中，整体结构是细长的。另一种超螺旋叫作线圈型超螺旋，它比互缠式超螺旋要致密得多，在细胞中 DNA 主要以线圈型超螺旋存在。

仅仅拓扑连系数不同的同种 DNA 分子称为拓扑异构体，促进 DNA 实现负超螺旋或松弛超螺旋 DNA 的酶叫做 DNA 拓扑异构酶。它们的作用是催化 DNA 拓扑连系数的改变。DNA 拓扑异构酶可以分成两大类：一次作用改变一个拓扑连系数的酶称为 Ⅰ 型 DNA 拓扑异构酶；一次作用改变（增加或减少）两个拓扑连系数的酶称为 Ⅱ 型 DNA 拓扑异构酶。在细菌细胞中 DNA 的超螺旋密度反映了增加 DNA 拓扑连系数和减少拓扑连系数的 DNA 拓扑异构酶之间调节的平衡。

真核细胞染色质组织的基本单位是核小体，它由 DNA 和 8 个组蛋白分子构成的蛋白质核心颗粒组成。其中 H_2A，H_2B，H_3，H_4 各占两个分子，有一段 DNA（核心 DNA，约 146bp）围绕着组蛋白核心形成左手性的线圈型超螺旋。核小体在组蛋白 H_1 的参与下被组织成 30nm 核小体纤维，核小体纤维可能以某种形式被进一步折叠以达到 10000 倍的致密度，以使真核染色体 DNA 能被细胞核所容纳。高度有序的折叠染色体附着在富含 H_1 和 Ⅱ 型 DNA 拓扑异构酶的核骨架上。细菌染色体也被高度折叠，压缩成拟核结构，但它们比真核细胞染色体更富动态和不规则，这反映了真核生物细胞周期短和极活跃的细胞代谢。

思考题

1. 一个既含蛋白又含核酸的溶液可以根据它们的光吸收性质测定它们的浓度。蛋白质的最高吸收波长在 280nm，核酸在 260nm 有一吸收高峰，测定一个同时含有这两种物质的溶液在 280nm 和 260nm 处的吸收（A），使用下表数据便可计算出它们各自的浓度。$R_{280/260}$ 是溶液在 280nm 和 260nm 紫外光吸收的比值，表中对应于这个比值给出相应的核酸所占全部物质（蛋白质＋核酸）质量的百分比。还给一个在此比值下蛋白对 280nm 处吸收值的含量因子 F，蛋白质浓度＝$F \times A_{280}$（mg/mL）。如果一个溶液 $A_{280}=0.69$，$A_{260}=0.94$，求出溶液中核酸和蛋白各自的浓度。

$R_{280/260}$	核酸的百分含量/%	F	$R_{280/260}$	核酸的百分含量/%	F	$R_{280/260}$	核酸的百分含量/%	F
1.75	0.00	1.116	1.03	3.00	0.814	0.753	8.00	0.545
1.63	0.25	1.081	0.979	3.50	0.776	0.730	9.00	0.508
1.52	0.50	1.054	0.939	4.00	0.743	0.705	10.00	0.478
1.40	0.75	1.023	0.874	5.00	0.682	0.671	12.00	0.422
1.36	1.00	0.994	0.846	5.50	0.656	0.644	14.00	0.377
1.30	1.25	0.970	0.822	6.00	0.632	0.615	17.00	0.322
1.25	1.50	0.944	0.804	6.50	0.607	0.595	20.00	0.278
1.16	2.00	0.899	0.784	7.00	0.585			
1.09	2.50	0.852	0.767	7.50	0.565			

2. 在 Watson-Crick 碱基配对中，嘌呤环上还有哪些位置可以形成额外的氢键?

3. 请写出双链 DNA（5′）ATGCCCGTATGCATTC（3′）的互补链顺序。

4. 以克为单位计算出从地球延伸到月亮（约 320000km）这么长的双链 DNA 的重量：已知双螺旋 DNA 每 1000 个核苷酸对重 1×10^{-18} g，每个碱基对长 0.34nm（一个有趣的例子是人体一共含 DNA 0.5g）。

5. 假定连续 5 个多腺苷酸序列（polyA）可使 DNA 产生 20°的弯曲。如果两个脱氧腺苷酸串列（$dA)_5$ 的中心碱基对分别相距（a）10 个碱基对；（b）15 个碱基对，计算这两种情况下 DNA 的净弯曲。假定 DNA 双螺旋是 10 个碱基对一个螺旋。

6. 具有回文结构的单链 RNA 或 DNA 可形成发卡结构。这两个发卡结构中的双螺旋部分有何不同?

7. 在许多真核生物细胞中有一些高度专一的系统用于修复 DNA 中的 G-T 错配。这种错配是由 G≡C 对变成的，这种专一的 G—T 错配修复系统对于细胞内一般的修复系统是一种补充，你能说出为什么细胞需要一个专门的修复系统以修复 G—T 错配的原因吗?

8. 解释为什么双链 DNA 变性时紫外光吸收增加（增色效应)?

9. 有两个分离自未知细菌的 DNA 样品，它们各含 32%和 17%的腺嘌呤碱基。你估计这两种细菌 DNA 各自所含的腺嘌呤、鸟嘌呤、胸腺嘧啶和胞嘧啶的比例是多少? 如果这两种细菌中的一种是来自温泉，哪一种菌应该是温泉菌，为什么?

10. 下列 DNA 片断用 Sanger 法进行序列分析，星号表示荧光标志引物。

* 5′—— 3′OH

3′—— ATTACGCAAGGACATTAGAC 5′

此 DNA 样品加入 DNA 聚合酶，并分别加入下列各组核苷酸混合物。

1）dATP，dTTP，dCTP，dGTP，ddTTP

2）dATP，dTTP，dCTP，dGTP，ddGTP

3）dATP，dCTP，dGTP，ddTTP

4）dATP，dTTP，dCTP，dGTP

产生的 DNA 片断用聚丙烯酰胺凝胶分离，并找出荧光带，请画出上述四个样品并列电泳的电泳图。

11. 画出下列核酸成分的结构及它们在水中的溶解度顺序（从最易溶到最难溶）：脱氧核糖、鸟嘌呤、磷酸。请说明这些成分的溶解度如何与双链 DNA 的三维结构相协调。

12. 外切核酸酶是能够从多核苷酸的一端逐个地切断磷酸二酯键产生单核苷酸的酶。用蛇毒磷酸二酯酶部分降解（5′）GCGCCAUUGC（3′）-OH 产生的产物是什么？

13. 当环境不再有利于活细胞代谢时，细菌形成内生孢子。例如土壤细菌枯草杆菌，当一种或多种营养素缺乏时，它们开始孢子化过程，终产物是一种小的代谢休眠状态的结构，这种孢子能不定期地存活下来，没有可检出的代谢活动。孢子在整个休眠期间（可以逾越 1000 年）有防止积累潜在的致死突变的机制。枯草杆菌孢子有着比生长细胞强得多的对热、紫外射线、氧化剂这些引起突变的因子的抵抗能力。

(a) 防止 DNA 损伤的一个因素是孢子大大减少了水的含量，这种因素能减少哪些类型的突变？为什么？

(b) 内生孢子有一类被称作小酸溶性蛋白（SASPs）的蛋白，它们能结合于 DNA 防止环丁烷类二聚物的形成。什么因子造成 DNA 环丁烷型嘧啶二聚物的形成？为什么细菌孢子要有防止它们形成的机制？

14. 大肠杆菌噬菌体 T2 DNA 的分子量为 120×10^6，它的头部长约 210nm，假定每核苷酸对的相对分子质量为 650，计算 T2 DNA 的长度及此长度和头部长度的比。

15. 噬菌体 M13 DNA 的碱基组成是 A，22%；T，36%；G，21%；C，20%，这个碱基组成说明 M13 DNA 具有什么特点？

16. 已知最简单的细菌——生殖道支原体的全部基因组是一个含有 580070 碱基对的环形 DNA 分子。计算这个（DNA 分子的）分子量和它在松弛状态时的周长。这种支原体染色体的 Lk_0 是多少，如果它的 $\sigma=-0.06$，它的 Lk 是多少？

17. 从大鼠肝脏分离到的一个酶有 192 氨基酸残基，并且已知它是由一个 1440bp 的基因编码的。解释这个酶的氨基酸残基数与它的基因的核苷酸对之间的关系。

18. 一个共价闭合环形 DNA 分子，当它处于松弛状态，它的 $Lk=500$，这个 DNA 分子大概有多少个碱基对？出现下列情况这个 DNA 分子的连系数将发生什么变化？a. 与一种蛋白复合物结合形成一个核小体；b. DNA 的一条链被切断；c. 补加 ATP 和 DNA 旋转酶（DNA gyrase）；d. 双螺旋 DNA 被热变性。

19. 噬菌体 λ 感染大肠杆菌细胞的一种方式是把它的 DNA 整合（integration）进入细菌染色体。这个重组过程的成功和大肠杆菌染色体 DNA 的拓扑学具有相关性。当大肠杆菌染色体 DNA 超螺旋密度大于 -0.045时，整合的可能性小于 20%；当 σ 值小于 -0.06 时，这种可能性大于 70%。分离自一大肠杆菌培养物的一段 DNA 长 13800bp，其 Lk 为 1222，计算这段 DNA 的 σ 值，估计噬菌体 λ 感染这个培养物的可能性。

20. 解释为什么负超螺旋的 B 型 DNA 可以有利于 Z-DNA 的形成。

21. 从细胞中获得染色质用能降解 DNA 的内切酶作轻微处理后，并除去所有的蛋白质，把所得的 DNA 样品用于琼脂糖凝胶电泳分析，电泳结果表明，DNA 形成较宽的有规律的梯状区带，各带的相对分子质量是 200bp，400bp，600bp，800bp，……。这个凝胶电泳结果说明什么问题？为什么 DNA 区带不明晰？

22. 酵母人工染色体（YAC）被用于在酵母细胞中克隆大的 DNA 片断。三种什么样的 DNA 顺序可以保证 YAC 在酵母细胞内的复制和繁殖？

第五章　碳水化合物和糖生物学

第一节　概　　论

碳水化合物（carbohydrate）是地球上最丰富的生物分子。每年，光合作用把多于1000亿吨的 CO_2 和 H_2O 变化成纤维素和其他植物产品。一些碳水化合物（如糖和淀粉）是地球上大部分人类的主要食品。碳水化合物的氧化是大部分无光合作用能力的细胞的主要能量产生途径。不溶性的糖多聚物成为细菌和植物的细胞壁及动物的结缔组织，为它们提供结构支持和保护。一些糖类多聚物能够滑润骨骼关节，并参与细胞间的识别和黏附作用。许多复合的糖类聚合物和蛋白及脂类共价结合形成复合糖类，扮演信号分子的作用，决定这些复合分子的细胞内定位和代谢命运。本章介绍碳水化合物及糖缀合物（glycoconjugate）的主要类型，提供一些他们起结构支持及其他生物学功能的例子。

碳水化合物是多羟基醛或酮类，或者它们水解之后产生这两种化合物。许多碳水化合物具有经验结构通式 $(CH_2O)_n$；有些碳水化合物还含有氮、磷、硫元素。自然界有着三类大小不同的碳水化合物：单糖（monosaccharide），寡糖和多糖。单糖是简单糖类，它们具有单一的多羟醛或多羟酮单元（unit，有机化学中称单体）。自然界最丰富的单糖是六碳的D-葡萄糖（D-glucose），曾经也被称作右旋糖（dextrose）。含有四个以上碳原子的单糖一般采取环形结构。

寡糖（oligosaccharides）由较短的单糖链组成，组成寡糖的单糖单元称残基，它们以糖苷键（glycosidic bond）连接。最丰富的寡糖是二糖（disaccharide），含有两个单糖单元。最常同见的二糖是蔗糖（sucrose），它由两个六碳糖，即D-葡萄糖和D-果糖组成。所有的单糖和二糖英文名称都有一个-ose的后缀。在细胞中大部分由三个或更多单糖单元组成的寡糖都和其他非糖分子连接成缀合糖或复合糖而不是以游离实体存在。

多糖（polysaccharide）是含有20个或更多的单糖单元聚合而成的多聚物（polymer，或称高分子）。有些多糖如纤维素具有线性链，而另一些多糖如糖原（glycogen）都有分叉链。糖原和纤维素都由重复单元D-葡萄糖组成，但是它们具有不同的糖苷链，因而具有显著不同的性质和生物学功能。

第二节　单糖和二糖

最简单的碳水化合物单糖是带有两个或更多羟基的醛或酮类。含六个碳原子的单糖葡萄糖和果糖分子有五个羟基。许多羟基结合的碳原子是手性中心，因而在自然界中存在着这些糖的立体异构体。我们先介绍主链具有三个至七个碳原子的单糖家族，它的结构和立体异构体，以及它们在纸平面上的表达式。然后我们介绍几个单糖羰基的化学反应。例如，在同一糖分子增加一个羟基的化学反应中，产生了呋喃糖或吡喃糖环形结构（在水溶液中的主要结构形式），由于增加了一个新的手性中心，因而进一步增加这类化合物的立体化学复杂性。单糖环式结构环上碳原子专一性命名和纸上构象表示方式也将详细讨论，这有利于后面关于糖代谢的介绍，我们还介绍一些重要的单糖衍生物。

一、单糖的两大家族：醛糖和酮糖

单糖是无色的结晶形固体，它们能自由地溶于水但不溶于非极性溶剂，大部分有甜味。

一般单糖分子的主链是不分叉的，所有的碳原子以单键相连。在开链结构形式中末端一个碳原子和氧原子以双键键合形成羰基基团（也就是醛基）的单糖叫醛糖（aldose）；如果羰基基团不在末端碳原子的糖称为酮糖（ketose）。最简单的单糖是两个三碳糖：甘油醛，一个三碳醛糖和二羟丙酮，一种三碳的酮糖［图 5-1(a)］。主链上含有四、五、六、七个碳原子的单糖分别称为丁糖、戊糖、己糖和庚糖。每类这种糖都分别有醛糖和酮糖。如己糖含有己醛糖 D-葡萄糖和己酮糖 D-果糖。它们是自然界最普遍的单糖。戊醛糖 D-核糖和 2-脱氧-D-核糖［图 5-1(c)］是核苷酸和核酸的组成成分。

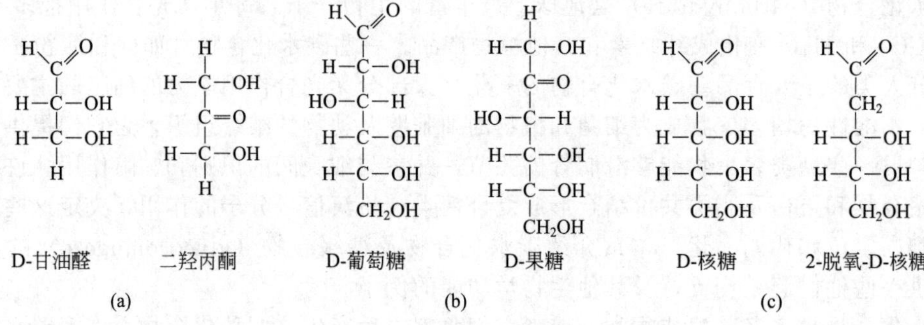

图 5-1　几种代表性单糖

(a) 两种三碳糖，左边一个为醛糖（甘油醛），右边一个为酮糖（二羟丙酮）。
(b) 两种最常见的六碳糖，D-葡萄糖和 D-果糖。(c) 核酸中的戊糖成分，
RNA 中的 D-核糖和 DNA 成分中的 2-脱氧-D-核糖

二、单糖有不对称中心

除了二羟丙酮之外，所有的单糖都含有一个或多个的不对称碳原子（手性碳原子），因而存在光学活性异构体。最简单的醛糖，甘油醛含有一个手性中心（中间的碳原子）所以有两个不同的光学异构体，或称对映体（enantiomers）(图 5-2)。通常这两种结构形式的一个称作 D-型，另一个称作 L 型。对其他有手性中心的生物分子，糖的这种绝对构型是由 X 射线晶体学测定的。为了在纸面上表示糖的三维结构，我们通常采用费舍尔投影式（Fisher projection formulas）(图 5-2)。

一般地说，含有 n 个手性中心的分子含有 2^n 个立体异构体，甘油醛有 $2^1=2$ 个，在己

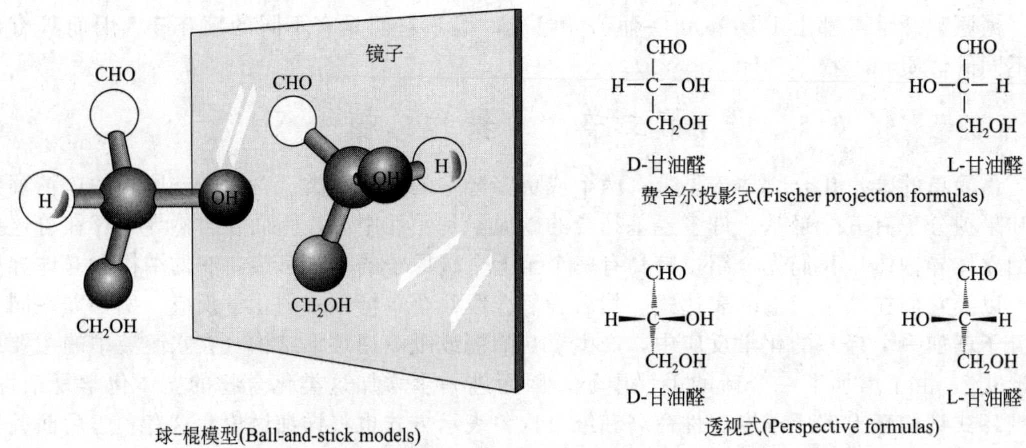

图 5-2　甘油醛两种对映体的三种表示法

这两种对映体互为镜影。球棍模型代表分子的实际构型；右上图为 Fisher 投影式；
右下图为透视式图。实线指向读者方向，虚线远离读者

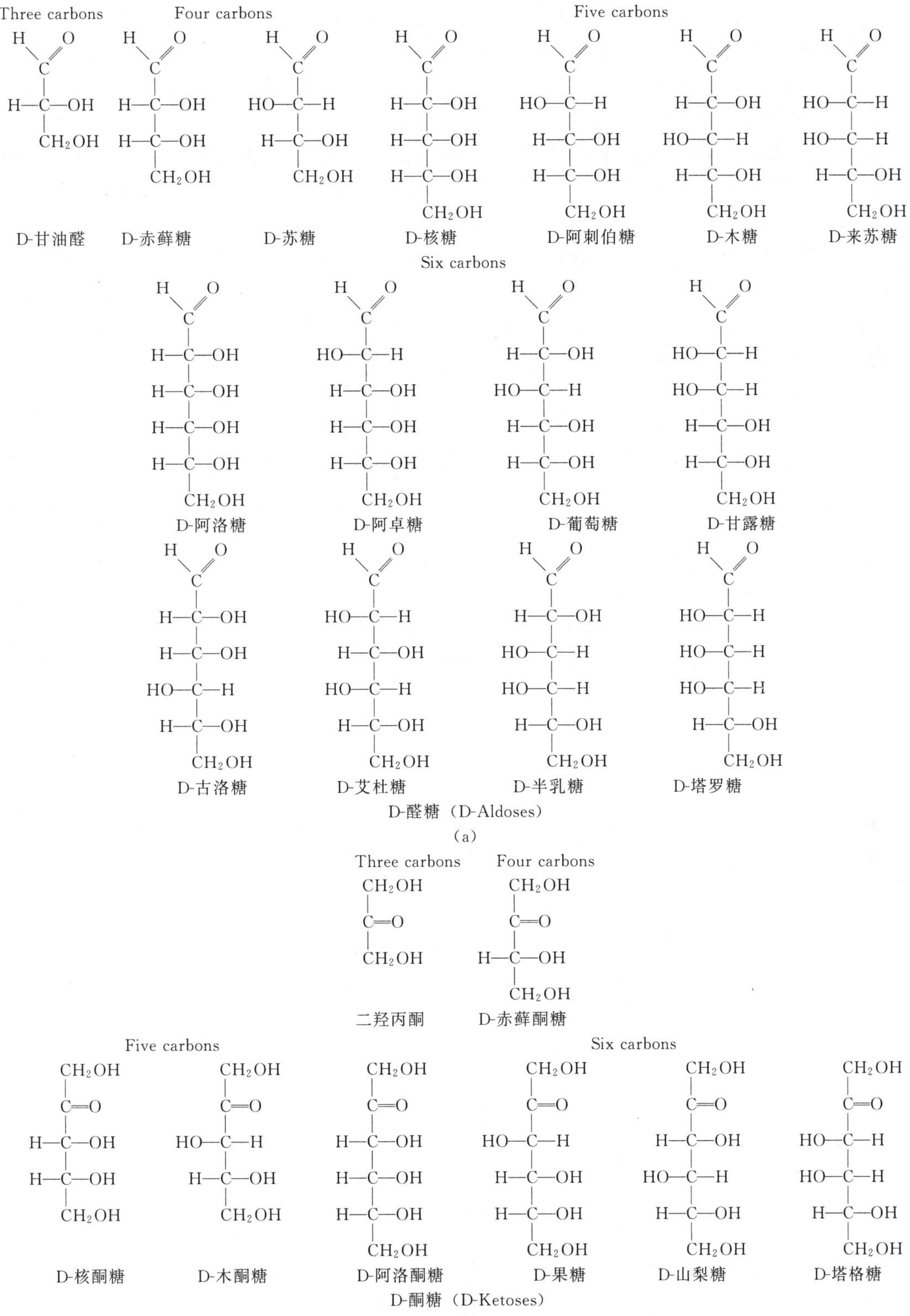

图 5-3　一系列 3～6 个碳原子的醛糖（a）和酮糖（b）的投影式结构

所有这些 D 型异构体它们离羰基最远的一个手性碳原子，

都有和 D-甘油醛一样的构型

醛糖有四个手性中心，因而有 $2^4=16$ 个立体异构体。参照离羰基最远端的手性中心碳原子的构型，单糖的立体异构体可分成两组，参比碳原子与D-甘油醛相同的都归属D型，与L型相同的看成L型。十六个可能的己糖异构体，8个是D型的，8个是L型的，自然界天然存在己糖大部分是D构型的。

图5-3显示具有3～6个碳原子的所有D型醛糖和酮糖的立体异构体。醛糖中从最靠近羰基的不同对称碳原子开始，由于C-2，C-3，或C-4的立体化学不同，每个都有自己的名字：D-葡萄糖、D-半乳糖、D-甘露糖等等。在四碳或五碳酮糖的英文命名中，在醛糖名字中插入“ul”，如D-ribulose（核酮糖），它相应的醛糖名字是核糖（ribose），己酮糖有另外的命名，例如果糖叫fructose，山梨糖叫sorbose。仅在一个碳原子构型上不同的两种糖称为差向异构体（epimer）。D-葡萄糖和甘露糖仅在第二碳原子的构型不同，是差向异构体。葡萄糖和半乳糖也是差向异构体，但差别在第四碳原子（见图5-4）。

自然界有些糖以L构型存在，如L-阿拉伯糖。一些糖的L型异构体存在于复合糖中。

三、一般单糖具有环形结构

为了简单起见，我们至今还用直链分子来表示醛糖或酮糖的结构（图5-3，图5-4）。事实上，在水溶液中，丁醛糖和所有五碳以上的单糖，都优先采取环形结构，在这种结构中它的羰基基团和碳链上的一个羟基氧原子形成共价键。这类环形结构的形成是醇和醛或酮形成半缩醛（hemiacetal）或半缩酮（hemiketal）衍生物的一种普遍反应，这种反应增加了一个不对称碳原子，因此，存在两种立体异构体。例如，D-葡萄糖在水溶液中时，它的C-5的羟基和C-1醛基反应形成半缩醛，使C-1成为另一个不对称碳原子并产生两个立体异构体，称为α和β异构体，这种六元环化合物称作“吡喃糖”，因为它们像六元环化合物吡喃（图5-7）。这两个环形D-葡萄糖的系统命名称作α-D-吡喃型葡萄糖和β-D-吡喃型葡萄糖。

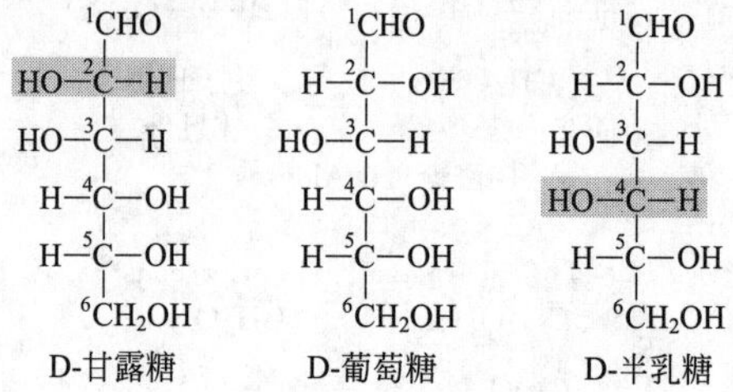

D-甘露糖	D-葡萄糖	D-半乳糖
¹CHO	¹CHO	¹CHO
HO—²C—H	H—²C—OH	H—²C—OH
HO—³C—H	HO—³C—H	HO—³C—H
H—⁴C—OH	H—⁴C—OH	HO—⁴C—H
H—⁵C—OH	H—⁵C—OH	H—⁵C—OH
⁶CH₂OH	⁶CH₂OH	⁶CH₂OH

图5-4 差向异构体，图中以投影式表示

D-葡萄糖和它的两个差向异构体，每个差向异构体仅在一个手性碳原子的构型上有差别（图中阴影部分）

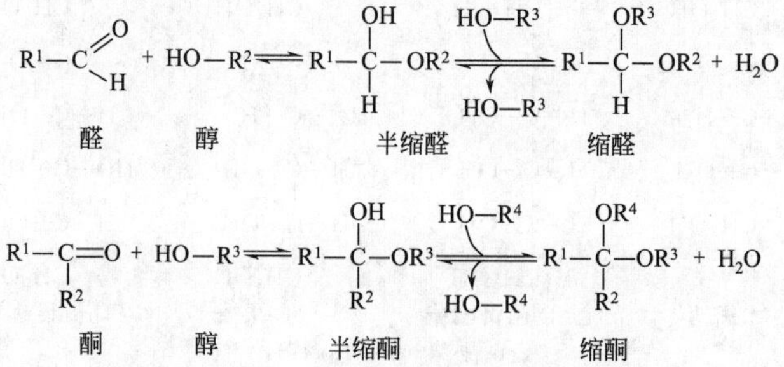

$$R^1-CHO + HO-R^2 \rightleftharpoons R^1-CH(OH)-OR^2 \xrightleftharpoons[-HO-R^3]{+HO-R^3} R^1-CH(OR^3)-OR^2 + H_2O$$

醛　醇　半缩醛　缩醛

$$R^1-C(=O)-R^2 + HO-R^3 \rightleftharpoons R^1-C(OH)(R^2)-OR^3 \xrightleftharpoons[-HO-R^4]{+HO-R^4} R^1-C(OR^4)(R^2)-OR^3 + H_2O$$

酮　醇　半缩酮　缩酮

图5-5 半缩醛和半缩酮的形成。一种醛或酮能和一种醇以1∶1的比例反应各自产生半缩醛或半缩酮。因而在羰基碳原子的位置产生一个新的手性中心。第二个醇分子的取代作用产生缩醛和缩酮。当第二个醇是另一个糖的一部分时产生糖苷键

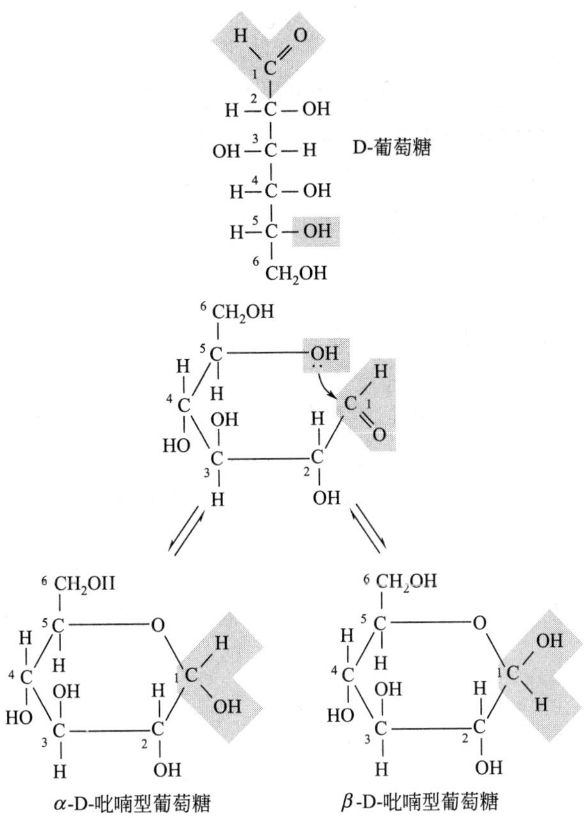

图 5-6　两种环型 D-葡萄糖

葡萄糖的 C-1 醛基基团和 C-5 上的羟基反应产生 α 或 β 两种立体异构体中的一种。它们区别仅在半缩醛碳原子的立体构型。α 和 β 异构体的互变被称之为变旋（mutarotation）

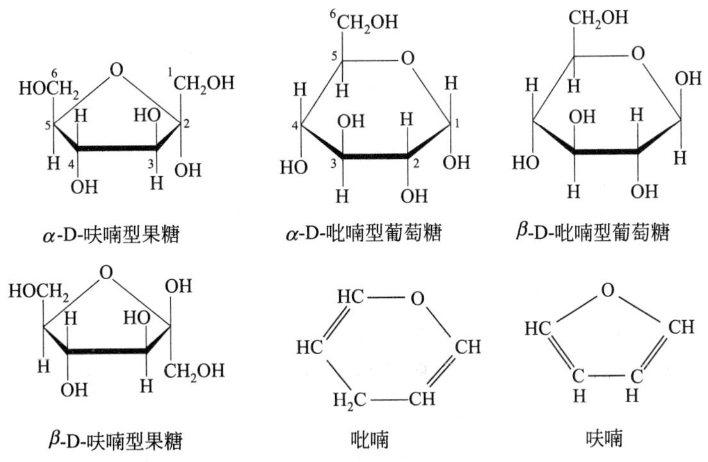

图 5-7　吡喃型糖和呋喃型糖

Haworth 透视图用于表达葡萄糖的吡喃型结构和果糖的呋喃型结构。糖环最靠近读者的边用粗线表示。在这些哈沃兹透视式中环平面下边的羟基应该出现在费舍尔投影式的右边。

六碳醛糖也存在着五元环形式，因为它们类似于五元化合物呋喃，因此称为呋喃糖，但是六元环醛糖比五元环醛糖稳定得多，在水溶液中占有支配地位。只有五碳或比五碳更长碳链的醛糖才可形成吡喃环。

单糖的构型异构如果只存在于半缩醛式半缩酮碳原子之上的称之异头物（anomer，或称端基差向异构体）。半缩醛或酮的碳原子称为异头碳或差向异构碳原子（图 5-6）。D-葡萄糖的 α 和 β 差向异构体可以在水溶液中以一个称为变旋（mutarotation）的过程发生互变。因此，一种 α-D 葡萄糖的溶液实际上形成一种有同一光学性质的平衡混合物。这个混合物有三分之一的 α-D 葡萄糖和三分之二的 β-D 葡萄糖，以及非常少量的线型和五元环形式（呋喃型葡萄糖）。

己酮糖也存在着 α，β 差向异构形式。在这些化合物中 5 位碳原子上的羟基和 2 位碳原子的羰基反应形成一个呋喃（或吡喃）环，含有一个半缩酮（图 5-5）。D-果糖易于形成呋喃环（图 5-7），这是这种糖在 β-D 呋喃果糖衍生物和多聚物中更普遍的端基差向异构体（异头物）。

Haworth 透视式：图 5-7 这样的透视式一般用于表示单糖的环形立体化学。但是这种六元环吡喃环不是平面的，不像 Haworth 透视式所表示的那样，它们趋向于采取两种椅子型构象（图 5-8），回忆第一章，这种分子的两种构象是可以互变的，而无须切断共价键。但是两种构型不同的分子它们之间的互变必须切断共价键才能实现，例如，涉及糖环中 α，β 两种构型的氧原子的位置互变。在一些多糖中，单糖亚基的构象对多糖的生物性质和功能有非常重要的影响。

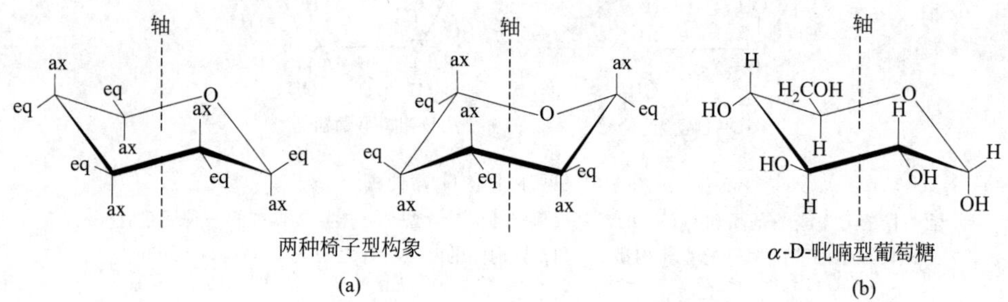

图 5-8　吡喃环型糖的构象

（a）两种可能的椅子型吡喃糖环。糖环上碳原子的取代键及氢原子可能平行于分子轴，也可能垂直于轴。这两种构象在没有打开环的情况下，实际上不易互变，但是在每摩尔糖分子输入 46kJ 能量的情况下，分子被“拉伸”，这些椅子型构象是可以互变的。在通常情况下，位于“赤道”上的取代基团对邻近的基团较少空间妨碍，因此，较大的取代基团正常采取赤道位置（垂直于分子轴）。只有在庞大取代基团的情况下糖分子会取“船型”构象。（b）α-D-吡喃型葡萄糖的椅子型构象

四、生物体含有许多六碳糖衍生物

除了一些简单的六碳糖如葡萄糖、乳糖和甘露糖，还有一批糖的衍生物，母体化合物的羟基被其他基团所取代或者一个碳原子被氧化成一个羧基（图 5-9）。在葡萄糖胺、乳糖胺和甘露糖胺中，母体化合物中的 C-2 羟基被氨基所取代。这种氨基基团几乎总是和乙酸缩合，形成 *N*-乙酰基葡萄糖胺。这种葡萄糖胺衍生物是许多结构性多聚物的成分，譬如，细胞的细胞壁。细菌细胞壁还含有一种葡萄糖胺的衍生物，*N*-乙酰胞壁酸，在这种分子中乳酸（一种三碳羧酸）被酯化在 *N*-乙酰葡萄糖胺的 C-3 羟基上。如果 L-乳糖或 L-甘露糖的 C-6 羟基被氢原子所取代就产生 L-岩藻糖或 L-鼠李糖。这两种脱氧糖类存在于植物多糖中，也是糖蛋白和糖脂中复合寡糖的成分。

葡萄糖的羰基（醛基）碳被氧化到羧基水平产生葡萄糖醛糖醛酸，其他醛糖产生其他相

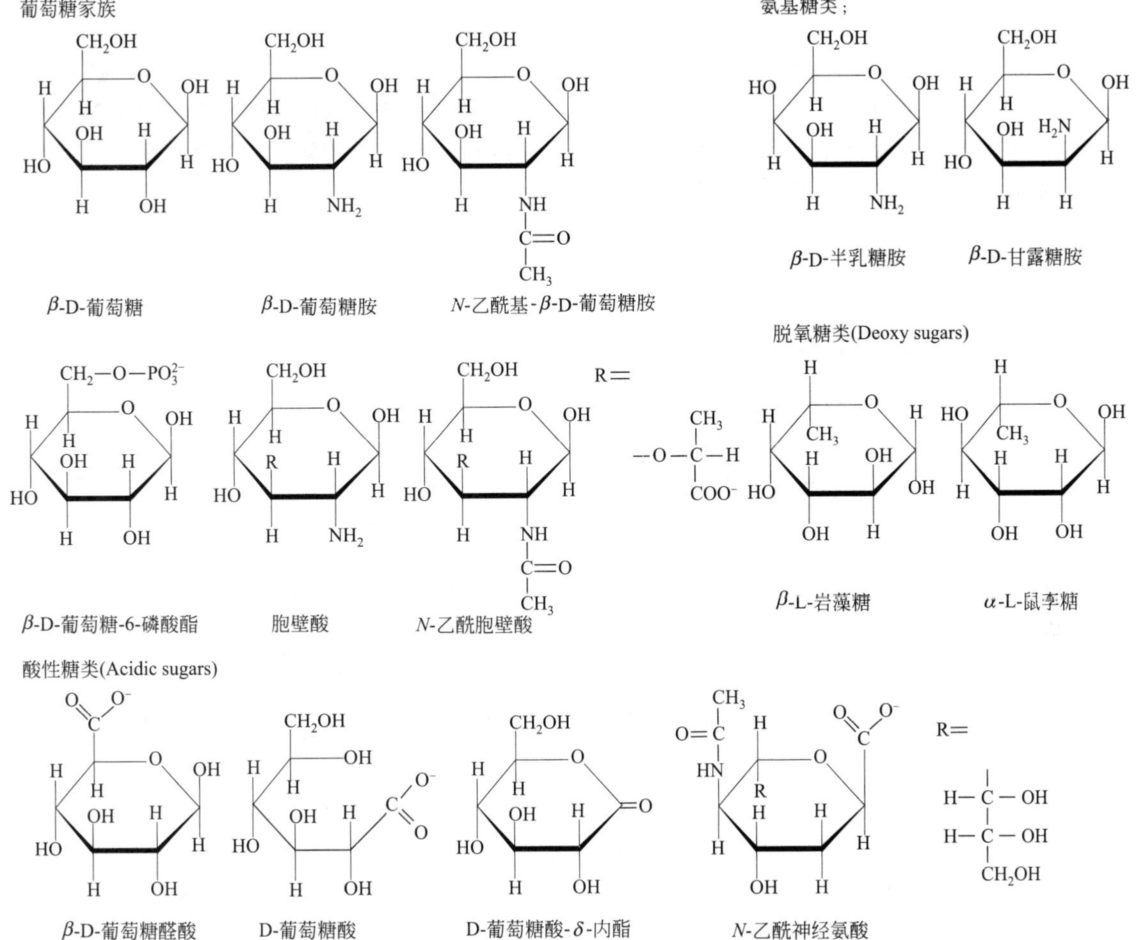

图 5-9 一些在生物学中重要的六碳糖

在六碳糖母体上羟基被氨基取代称氨基糖。氢原子取代羟基产生脱氧糖类，此处只显示自然界中的 L-型异构体。酸性糖含有一个羧基，在中性 pH 时带负电荷。D-葡萄糖酸内酯是由 C-1 羧基和 C-5 的羟基酯化而成，C-5 亦称 δ 碳，所以称 D-葡萄糖酸-δ-内酯

应的醛糖醛酸（aldonic acids）。碳链的另一端碳原子氧化形成相应糖的糖醛酸（uronic acid）如葡萄糖醛酸，半乳糖醛酸和甘露糖醛酸。醛糖醛酸和糖醛酸均能形成稳定的分子内酯键称为内酯（图 5-9）。除这些酸性六碳糖衍生物，一种 9 碳酸性糖还应提及：N-乙酰神经氨酸（一种唾液酸），一种 N-乙酸甘露糖胺的衍生物，它是许多动物糖蛋白和糖酯的成分。这些酸性糖衍生物的羧基基团在 pH7 解离，因此这类化合物正确地应称作羧基盐——葡萄醛酸盐、甘露糖醛酸盐等。

在碳水化合物的合成和分解代谢中，代谢的中间体通常不是糖本身，而是它们的磷酸酯衍生物，磷酸和糖的一个羟基的缩合形成一种磷酸酯，如葡萄糖 6-磷酸酯（图 5-9），糖的磷酸酯化合物在中性 pH 中相当稳定，并带有一个负电荷，糖磷酸化的一种作用是把糖圈在细胞内，大部分细胞质膜没有磷酸糖酯的运输载体。糖的磷酸化作用还激活了糖的细胞内化学转化过程。几个重要的糖磷酸酯衍生物是核苷酸的成分。

五、许多单糖是还原糖

单糖能被相当温和的氧化剂如三价铁离子（Fe^{3+}）或铜离子（Cu^{2+}）所氧化（图 5-

10)。此时羰基碳被氧化成一个羧基基团。葡萄糖和其他糖类有还原铁离子和铜离子的能力，因而被称为还原糖。它们被氧化形成烯二醇类（edediol）再变成醛糖醛酸，然后再形成 2-、3-、4-和 6-碳羧酸的混合物。这种性质是“菲林”反应（Fehling reaction）的基础，这种反应可用于定量测定还原糖的数量。测定被还原的氧化剂的数量，可以检出一个溶液中糖的浓度。多年来这种试验被用于测定糖尿病和人饭后血液和尿液中葡萄糖水平的升高情况，现在有许多更灵敏的方法。如使用葡萄糖氧化酶来测定血糖。

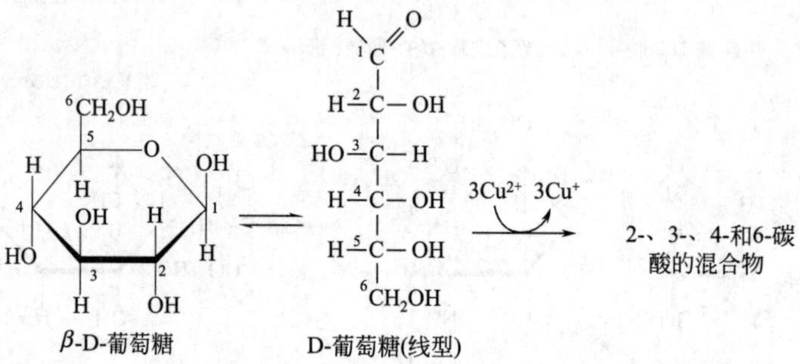

β-D-葡萄糖　　D-葡萄糖(线型)　　$3Cu^{2+}$　$3Cu^{+}$　　2-、3-、4-和6-碳酸的混合物

图 5-10　一些单糖是还原剂

葡萄糖和其他糖类在碱性环境中的氧化作用是菲林反应（Fehling's reaction）的基础。一价铜离子的产生形成氧化铜沉淀。在半缩醛（环型）形式中，葡萄糖的 C-1 不能被二价 Cu^{2+} 所氧化。但是，在水溶液中直链型和环型是平衡共存的，实际上氧化反应能进行到底（完全）。使用的二价铜离子 Cu^{2+} 的反应是复杂的，产生一种混合产物，每 1mol 葡萄糖还原 3mol Cu^{2+}

糖尿症和血糖测定

葡萄糖是大脑的主要能源，当到达大脑的葡萄糖数量太低时，结果会是严重的：根据大脑血糖缺乏的不同程度，会导致病人昏睡、迟钝、昏迷，永久性脑损伤，直至死亡。动物有很复杂的激素调节机制，保持血液中葡萄糖的浓度足够高（约 5mM）以满足大脑的需要。但是不能太高，因为血糖浓度太高，也有严重的生理后果。

具有胰岛素依赖的糖尿症病人，不能产生足够数量的胰岛素，这种激素正常情况下是用于降低血糖浓度的。如果这种糖尿症病人没有得到及时治疗，他们的血糖水平可能高出正常值好几倍，长期过高的血糖水平是肾衰竭，心血管疾病，失明以及伤口不能愈合的原因之一。所以糖尿病治疗的一个目标是靠注射提供足够的胰岛素，以保持血糖接近正常值。为了保持运动，饮食和胰岛素的正确平衡，病人血糖浓度一天需要测定好几次，以调整胰岛素注射的量。

血液和尿液中的葡萄糖浓度可以用简单的还原糖测定的方法，如菲林反应（Fehling's reation）来测定，它在检验糖尿症病人的诊断方面用了很多年。现代的血糖测定法只需要一滴血，滴加在含有葡萄糖氧化酶的纸条上，由一个简单的光密度计，测定由于葡萄糖氧化产生的过氧化氢（H_2O_2）和染料反应产生的颜色，可以读出葡萄糖的浓度，反应如下。

$$\text{D-葡萄糖} + O_2 \xrightarrow{\text{葡萄糖氧化酶}} \text{D-葡萄酸-}\delta\text{-内酯} + H_2O_2$$

上式反应的第二种酶，一种过氧化物酶，催化过氧化氢（H_2O_2）和无色化合物反应产生有色产物，可用分光光度法进行定量测定。

由于葡萄糖水平随着膳食和运动时间的改变而改变，一次测定不能反映出每小时或每天的平均血糖浓度，因此，血糖的增加可能检测不到。平均的葡萄糖浓度可以通过它对血红蛋白的影响来检出，即以红细胞中的携氧蛋白为检测目标。这种红细胞膜中的载氧蛋白和细胞

内胞浆中的葡萄糖浓度平衡，不管血液中的葡萄糖浓度如何，血红蛋白恒定地暴露于葡萄糖。葡萄糖和血红蛋白的一级氨基（氨基末端的缬氨酸或赖氨酸残基的ε-氨基基团）之间会发生一种非酶促反应（见图A）。这个过程的速度与葡萄糖的浓度成正比。因此，这种反应能用作检测几周内平均血糖浓度的基础。在红细胞的整个循环寿命（约120天）的任何时候，糖化血红蛋白(GHB，glycated hemoglobin）的数量都反映着血液中的平均血糖浓度。虽然最后两周的GHB浓度对确定葡萄糖的浓度是最重要的。

血红蛋白糖化（hemoglobin glycation，这个名词可区别糖基化glycosylation)，在临床上的测定是从小血样抽提血红蛋白，然后使用电泳法，使GHB和天然血红蛋白分离，因为糖化蛋白的氨基修饰导致蛋白带电的差异。正常的GHB值是全部血红蛋白的5%（相当于第100mL 120mg血糖）。在未经治疗的糖尿症病人中，这个数值可高达13%，表示平均血糖浓度高达300mg/100ml的危险高浓度。胰岛素治疗成功的一个标准是维持GHB值在约7%。

在血红蛋白糖化反应中，经过第一步的反应（希夫碱形成）后，接着一系列重排反应，氧化反应，糖环部分的脱水作用，产生一种异质性的AGEs混合物，即高度糖化终端产物（Advanced Glycation End products)。这些产物能够离开红血细胞并形成蛋白质之间的交联，干扰正常蛋白质的功能（如图A)。在糖尿症病人中，AGEs产物的高浓度累积，造成关键蛋白的交联，可能损伤肾、视网膜和心血管系统，造成疾病。这些病理过程是药物作用的潜在靶点。

六、二糖含有一个糖苷键

二糖（如麦芽糖、乳糖和蔗糖）是由两个单糖分子以*O*-糖苷键（*O*-glycosidic bond）共价连接形成的，这种糖苷键是由一个糖分子的羟基和另一糖分子的异头碳反应形成的。这个反应相当于由一个半缩醛（吡喃型葡萄糖）和一个醇（糖分子中的羟基）形成缩醛（图5-5)。糖苷键易被酸水解，但对碱水解有抗性。于是二糖能在热的稀酸中被水解成游离的单糖。*N*-糖苷键能使一种糖分子的异头碳和糖蛋白中的氮原子相连。

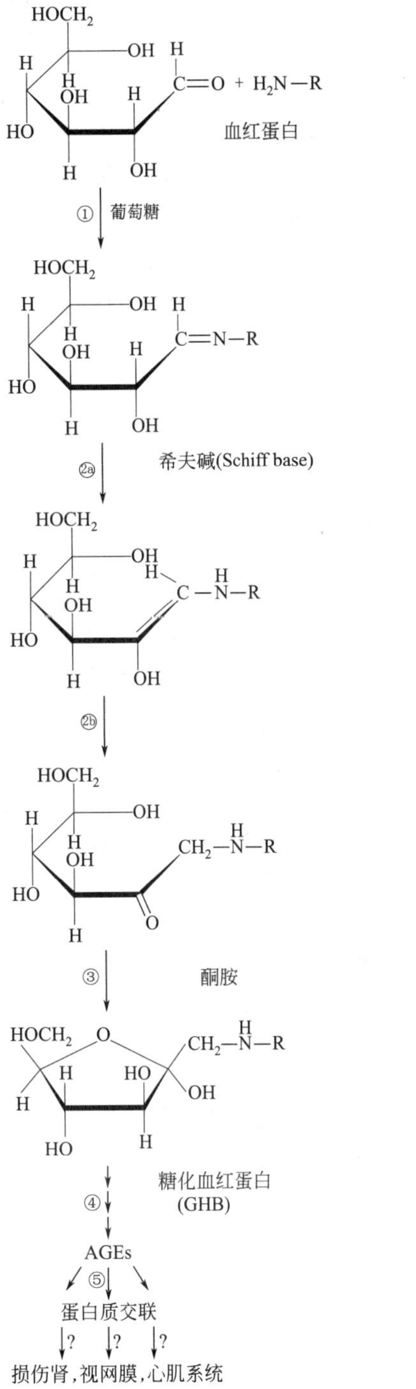

血红蛋白
① 葡萄糖
希夫碱(Schiff base)
②a
②b
③ 酮胺
糖化血红蛋白 (GHB)
④
AGEs
⑤
蛋白质交联
? ? ?
损伤肾，视网膜，心肌系统

图A 葡萄糖和血红蛋白一级氨基的非酶促反应
①形成希夫碱；②进行Amadori重排生成一种稳定酮胺产物；③这种酮胺能进一步环化产生糖化血红蛋白（GHB)；④其后的反应产生高级糖化终产物（AGEs)，如ε-*N*-羧甲基赖氨酸和甲基乙二醛这样的化合物；⑤它们因为交联作用损伤其他蛋白，造成器官的病理改变

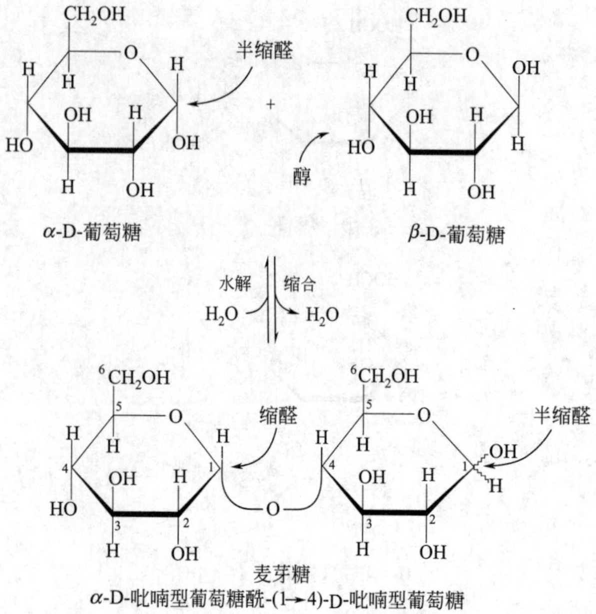

α-D-葡萄糖　　β-D-葡萄糖

水解　缩合

麦芽糖
α-D-吡喃型葡萄糖酰-(1→4)-D-吡喃型葡萄糖

图 5-11　麦芽糖的形成

二糖是由两个单糖形成的（这里是两个葡萄糖分子）。一个葡萄糖分子的羟基（醇，右边）和另一葡萄糖分子（左边）内半缩醛缩合一分子水，形成糖苷键。这个反应的逆反应是水解——水分子进攻糖苷键。由于麦芽糖的 C-1（右端）不参与形成糖苷键的形成，保持了一个还原性半缩醛。由于半缩醛 α 与 β 型的变旋异构作用，这里的键有时以波动线表示，以说明它的结构可能是 α 型，也可能是 β 型

作为鉴定还原糖的铜及铁离子，对糖类异头碳的氧化反应仅能发生在糖分子的线性形式。在水溶液中存在着糖线性形式和环形结构形式的平衡。当异头碳参与形成糖苷键的时候，糖残基不能形成线性形式，因此成为非还原糖。在介绍二糖或多糖时，糖链末端如果含有一个游离的异头碳，这种末端通常被称为“还原末端”（reducing end）。

二糖麦芽糖含有两个葡萄糖残基，它们靠一个糖苷键连接一个糖残基的 C-1 和另一个糖残基的 C-4。由于这种二糖还保留一个游离异头碳（图 5-11 右端葡萄糖残基的 C-1），因此，麦芽糖是一种还原糖。这个异头碳原子在糖苷键中的构型是 α。带有游离异头碳的葡萄糖残基可以以 α-，也可以以 β-吡喃型构型存在。

为了给麦芽糖这类还原性二糖毫无疑义地命名，特别是给更复杂的寡糖命名，几条规则必须遵循：国际公约把要介绍的糖类的非还原端放在左边，糖类的名称的写法遵循下列顺序：（1）先把异头碳的构型（α 或 β）名称放在左边第一个单糖残基的前面。（2）给非还原糖残基命名，为区分五元环或六元环，插入呋喃或吡喃的名称。（3）以括号表明糖苷键连接的两个碳，以箭头连接两个数字，如（1→4）表明一个糖残基的 C-1 连接于第二个糖残基的 C-4。（4）写出第二个糖残基的名字。如果有第三个糖残基，相同方法介绍第二个糖苷键（为了简化对复杂多糖的描述，现在经常使用三个字母单糖的缩写，如表 5-1）。遵循寡糖命名的方法，麦芽糖被称为 α-D-吡喃型葡萄糖-(1→4)-D-吡喃型葡萄糖。由于本书所涉及大部分糖类是 D 型对映体且吡喃型六碳糖占大多数，我们一般使用这些化合物缩短了的正式名字，给出异头碳的构型及这个碳原子在糖苷键中的连接方式，在这种简化的命名学中，麦芽糖是 Glc（α1-4）Glc。

表 5-1　普通单糖和衍生物的缩写名

Abequose	β-脱氧岩藻糖	Abe	Xylose	木糖	Xyl
Arabinose	阿拉伯糖	Ara	Glucuronic acid	葡萄糖醛酸	GlcA
Fructose	果糖	Fru	Galactosamine	半乳糖胺	GalN
Fucose	岩藻糖	Fuc	Glucosamine	葡萄糖胺	GlcN
Galactose	半乳糖	Gal	N-Acctylgalactosamine	N-乙酰半乳糖胺	GalNAc
Glucose	葡萄糖	Glc	N-Acetylglucosamine	N-乙酰葡萄糖胺	GlcNAc
Mannose	甘露糖	Man	Iduronic acid	艾杜糖醛酸	IdoA
Rhamnose	鼠李糖	Rha	Muramic acid	2-葡萄糖-3-乳酸醚胞壁酸	Mur
Ribose	核糖	Rib	N-Acetylmuramic acid	N-乙酰胞壁酸	Mur2Ac
			N-Acetylneuraminic acid	N-乙酰神经氨酸（一种唾液酸）	Neu5Ac

乳糖(β型)
β-D-吡喃型半乳糖酰-(1→4)-β-D-吡喃型葡萄糖
Gal(β1→4)Glc

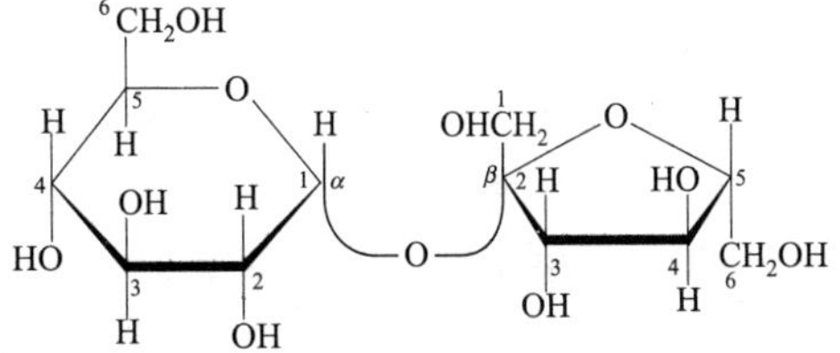

蔗糖
β-D-呋喃型果糖酰-α-D-吡喃型葡萄糖
Fru(2β←→α1)Glc=Glc (α1←→2β)Fru

海藻糖
α-D-吡喃型果糖酰-α-D-吡喃型葡萄糖
Glc(α1←→1α)Glc

图 5-12　一些常见的二糖

像图 5-11 中的麦芽糖，这些二糖都以 Haworth 透视式表示。图中给出它们的俗名，系统命名及缩写。对于蔗糖，葡萄糖虽然被写在左边，但系统命名时作为母体写在右边

另一种二糖乳糖（lactose），它仅天然存在于奶汁中，它水解后产生 D-半乳糖和 D-葡萄糖，其中葡萄糖残基的异头碳易被氧化，因此乳糖是一种还原型二糖，它的缩写名字是 Gal（β1→4）Glc，蔗糖（食用糖）是一种由葡萄糖和果糖组成的二糖。它是由植物而不是由动物产生的，与麦芽糖和乳糖不同，蔗糖没有游离的异头碳；两个单糖单体的异头碳参与形成糖苷键（图 5-12），所以蔗糖是一种非还原糖，非还原二糖中的糖苷链连接着两个异头碳，因此，在缩写式命名中，用一个双箭头连接着特定的两个异头碳。例如，缩写的蔗糖即可以写成 Glc（α1←→2β）Flu，也可以写成 Fru（β2←→1α）Glc。蔗糖是一种光合成的主要中间体产物，在许多植物中蔗糖是从叶片运输到植物体其他部分的主要糖形式，海藻糖 Glc（α1←→1α）Glc（图 5-12），一种 D-葡萄糖组成的二糖，像蔗糖一样是另一个非还原糖。它是昆虫循环体液（血淋巴）中的一种主要成分，作为能量储存的一种化合物。

提　要

* 糖（亦称碳水化合物）是一类含有一个醛基或羰基和两个以上羟基的化合物。

* 单糖一般含有几个不对称碳原子，所以存在一系列立体化学异构体，这些异构体可以以费舍尔投影式表示。在构型上仅有一个碳原子有差别的两种糖，称为差向异构体（epimer，表异构物）。

* 单糖经常形成内部半缩醛或半缩酮，即醛基或羰基和同一个分子中的羟基相连接，产生一种环形结构，这种结构可以用 Haworth 透视式表示。原先存在于醛基或羰基中的碳原子（异头碳）可采取 α 和 β 两种构型，这两种构型可以由于互变发生变旋作用，糖的线型形式和环型形式在溶液中构成平衡混合物，线性形式的糖其异头碳易被氧化。

* 一个糖分子中的羟基可以和另一单糖分子的异头碳缩合形成缩醛，在这种二糖中，糖苷键保护异头碳免受氧化。

* 寡糖是几种单糖以糖苷键相连形成较短的多聚物，在多聚糖链的一端，即还原端的糖残基它的异头碳不参与糖苷链的形成。

* 二糖，寡糖通常按照单糖残基所在的顺序、异头碳的构型和参与糖苷链形成的碳原子的位置来命名。

第三节　多　　糖

大部分自然界中的碳水化合物以多糖的形式存在，它们具有高分子量。

多糖（polysaccharide）亦称聚糖（glycan），它们因单糖残基的身份不同，糖链的长度不同，糖苷键的连接方式不同，以及分叉的程度不同而不同。匀质多糖（homopolysaccharide）仅含一种类型的单体，异质性多糖（heteropolysaccharide）则含有两种以上类型的单糖残基（图 5-13）。一些匀质多糖是生物体的能量储存方式，例如，淀粉和糖原。其他一些匀质多糖（如纤维素和几丁质）是植物细胞的结构支持因子和动物的外骨骼。异质多糖为所有生物王国的成员提供细胞外支持物。例如，细菌细胞一层坚硬的外包膜（肽聚糖，peptidoglycan）的一些成分是两种相间排列单糖残基组成的异质多糖。在动物组织中，细胞外空间完全被几种异质多糖所占据，它们形成一种基质把细胞聚集在一起，并提供保护和外形，支持细胞形成组织和器官。

和蛋白不同，多糖通常不具有特定的分子量。这种差别是两种不同的多聚物不同合成机制的结果。我们将在第 18 章介绍，蛋白质是在特定序列和长度的模板（mRNA）上由酶按照模板精确合成的。多糖的合成没有模板。多糖合成的过程是催化糖残基多聚化的酶的特性决定的，这种过程没有特异的终止点。

一、一些匀聚多糖是能量的储存形式

最重要的储存多糖在植物细胞中是淀粉，在动物细胞中是糖原（glycogen）。这两种多糖在细胞内多以大的串列或颗粒存在（图 5-14）。淀粉和糖原处于极端水合状态，因为它们

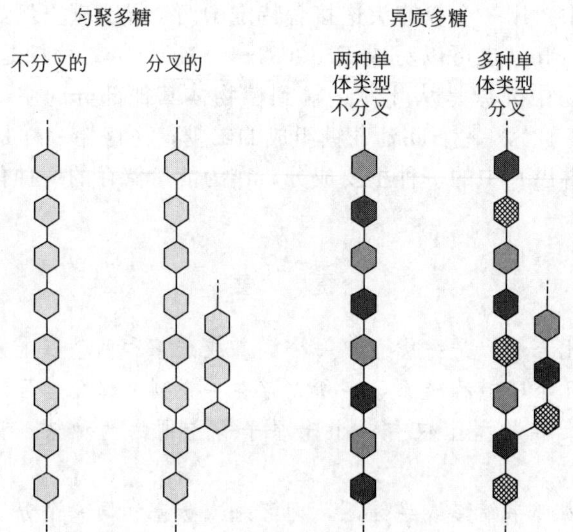

图 5-13　匀质多糖和异质多糖

多糖可以由一种、两种或几种不同的单糖以直链或带分叉的链组成。具有不同的分子长度

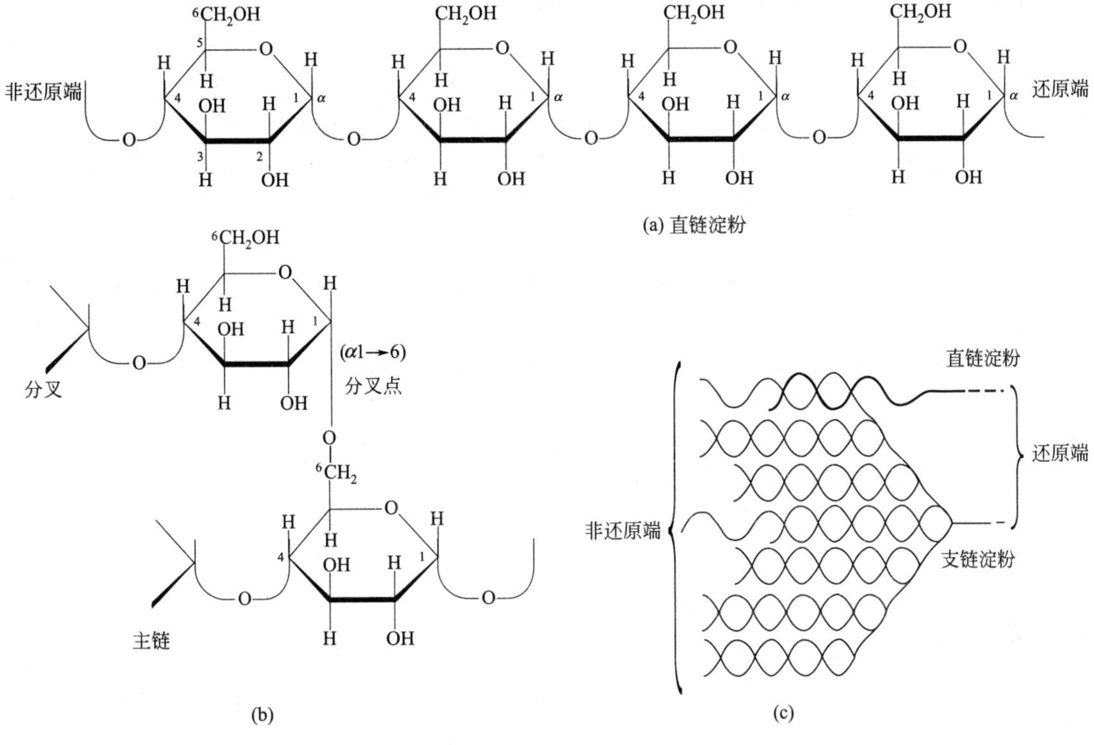

图 5-14 糖原和淀粉

(a) 直链淀粉的一个片段。它是 D-葡萄糖残基以（α1→4）相连接的线性多聚物。一条单链可含有几千个葡萄糖残基。支链淀粉也含有一串列具有同样连接的残基但含有分叉点。糖原含有和支链淀粉相同的基本结构，但有更多的分叉点。(b) 一个糖原或支链淀粉的（α1→6）分叉点结构。(c) 一种存在于淀粉粒中的直链淀粉和支链淀粉结构模式图。支链淀粉链（浅色的）和直链淀粉链（深色的）形成双螺旋结构。产生能量的淀粉动员期间，外部分叉的非还原端葡萄糖残基被酶促水解。糖原具有类似结构，但有更多的分支且更致密

有许多暴露的羟基可与水形成氢键，大部分植物细胞有能力产生淀粉，但是它在植物的块茎中特别丰富，如土豆，在植物种子中也很丰富。

二、淀粉

淀粉（starch）含有两种葡萄糖多聚物，直链淀粉（amylose）和支链淀粉（amylopectin）(图 5-14)。前者由不分叉的以（α1→4）键相连的 D-葡萄糖长链聚合物组成，这种长链葡萄糖聚合物的分子量从几千至上百万不等。支链淀粉也有高分子量（可达到两亿），但是它不像直链淀粉，它是高度分叉的。在支链淀粉中，连接连续葡萄糖残基的糖苷键是（α1→4）；每 24～30 个葡萄糖残基就会出现一个以（α1→6）连接的分叉点。

三、糖原

糖原（glycogen）是动物细胞主要的储存多糖。和支链淀粉一样，糖原是一种以（α1→4）连接的葡萄糖多聚物，带有以（α1→6）相连的分叉，但是糖原具有更多的分叉（平均每 8～12 个残基一次），因而比淀粉更致密，糖原在肝脏中特别丰富，它可占肝脏重量的 7%。它也存在于骨骼肌中。人们发现肝细胞中的糖原以颗粒状存在，由单一的高度分叉的平均分子量达到几百万的糖原分子组成。这类糖原颗粒还含有紧密结合形式的酶，负责糖原的降解。

由于糖原每个分叉的末端都有一个非还原糖残基末端，一个糖原分子有几个分叉就有 $n+1$ 个非还原末端。当糖原作为能量资源时，葡萄糖单体逐个地从糖原的非还原端被水解。只能

作用于非还原端的降解酶能够同时在糖原分子的许多分枝起作用，快速将多糖分解成单糖。

为什么不以单糖的形式储存葡萄糖？有人计算过一个肝细胞储存的糖原相当 0.4M 浓度的葡萄糖，而实际上细胞中糖原由于它是不溶的，它的浓度是 0.01μM，它对细胞质渗透压的贡献极小，如果细胞有 0.4M 葡萄糖，它所造成的渗透压会很高，因而会导致水渗入细胞，导致细胞破裂（见图 1-11）。而且，如果细胞内葡萄糖的浓度是 0.4M，而细胞外的浓度是 5mM。要把葡萄糖吸收入细胞，对抗这种很高的浓度梯度是不可能的。

四、葡聚糖

葡聚糖（右旋糖酐，dextran）是细菌和酵母中以（α1→6）连系组成的多聚-D-葡萄糖，所有这些聚糖具有（α1→3）分叉，有些葡聚糖有（α1→2）或（α1→4）分叉，由细菌在牙齿表面形成的“牙石”就富含葡聚糖。合成的葡聚糖有几种商业用途（如葡聚糖凝胶，sephadex），它被用于根据分子量大小进行排阻层析分离蛋白质。这种化学交联形成的不溶性葡聚糖产品具有多孔性，不同规格允许不同大小的大分子通过。

五、一些匀聚多糖起结构支持作用

纤维素是一种纤维状的强劲的水不溶物质，存在于植物的细胞壁，特别是植物的茎、梗、枝杆和所有植物的本质部。纤维素组成木头质量的大部分，棉花几乎是纯的纤维素。像直链淀粉以及支链淀粉、糖原的主链一样，纤维素分子是线形的，不分叉的匀聚多糖，由 10000～15000 个 D-葡萄糖残基组成。但是与上述多糖不同的是纤维素中的葡萄糖残基有着 β-构型（图 5-15），而直链淀粉、支链淀粉和糖原中的葡萄糖残基是 α 构型。葡萄糖残基在纤维素中以（β1→4）糖苷键相连接，这与淀粉和糖原中的（α1→4）键显著不同。这种区别使得纤维素和淀粉有非常不同的结构和物理性质。

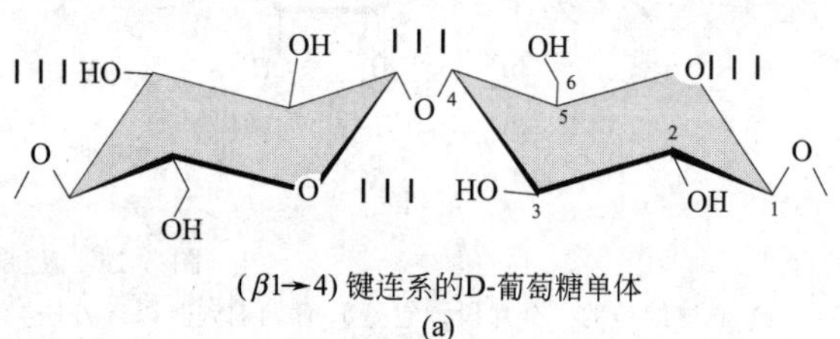

(β1→4) 键连系的D-葡萄糖单体

(a)

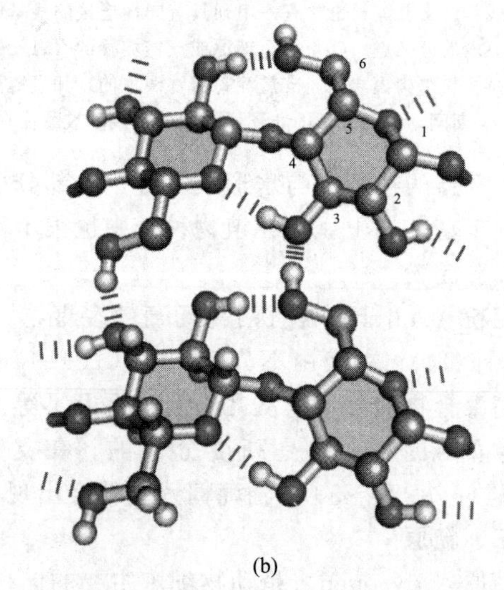

(b)

图 5-15 纤维素

(a) 纤维素链中的两个葡萄糖残基；D-葡萄糖残基以（β1→4）连系。两个僵硬的椅子型构象单体可以相对旋转。(b) 按比例画出的两个平行纤维素链片段，此图表明 D-葡萄糖残基的构象和交联的氢键。在左下边的一个六碳糖残基显示出所有的氢原子。为了简化，在其他三个糖残基中不参加氢键键合的氢原子已被省略

在食物中摄取的糖原和淀粉可被 α-淀粉酶水解，这种酶存在于唾液和小肠分泌物中，它能水解两个葡萄糖残基之间的（α1→4）糖苷键。大部分动物不能利用纤维素作为能源，因为它们缺少水解（β1→4）糖苷键的酶。白蚁能够消化纤维素（因而能以木头为食），那是因为它们肠道中寄居有一种共生的微生物木霉菌，它能分泌纤维素酶，这种酶能水解（β1→4）糖苷键，朽木真菌和细菌也产生纤维素酶。

六、几丁质

几丁质（chitin）是一种以 β 糖苷键连接的由 N-乙酰葡萄糖胺残基组成的匀聚多糖（图 5-16），它们仅有的化学差异是在 C-2 位用乙酰氨基替换羟基。几丁质

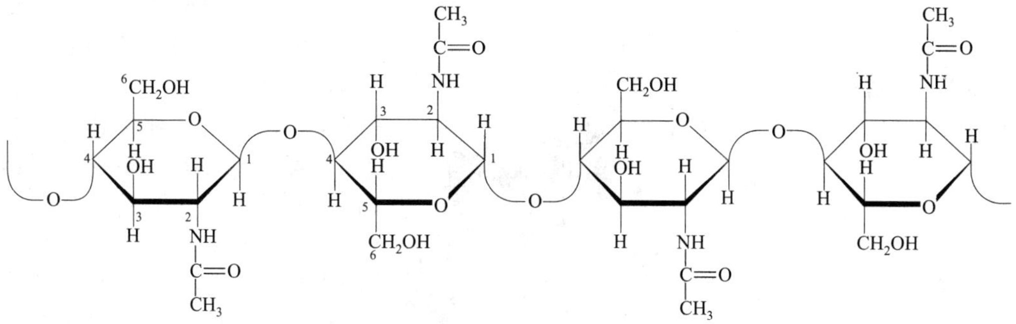

图 5-16 几丁质的结构

此图表示一个几丁质的片段，*N*-乙酰-D-葡萄糖胺残基以（$\beta 1 \rightarrow 4$）糖苷键相连形成匀聚大分子

形成类似于纤维素的长纤维。和纤维素一样它不能被脊椎动物所降解。几丁质是将近一百万种节肢动物，如昆虫、虾类、螃蟹坚硬外骨骼的主要成分，并且大概是自然界仅次于纤维素的第二种最丰富的多糖类。

七、立体结构因子和氢键影响匀聚多糖的折叠

多糖在三维空间的折叠遵循支配多肽折叠的基本原理：稳定大分子三维结构的非共价力氢键、疏水作用、范德华互相作用力和静电基团的作用，影响共价连系的大分子中单体的构象。由于多糖有那么多的羟基，氢键对它们的结构有重要影响。糖原，淀粉和纤维素是由具吡喃型六元环亚单位（subunit，“单体”）组成的。就像我们下面要讨论的糖蛋白，糖脂中的寡糖一样，这些分子的代表性结构是由糖苷键连系的两个较坚挺的吡喃环。因此，联系着两个残基的两个 C—O 键是可以自由旋转的［图 5-15(a)］。但是在肽键中，每个键的旋转要受到取代基团空间阻碍的限制。糖分子的三维结构能够由糖苷键建立的二面角 Φ 和 ψ 来描述（图 5-17）。这类似于肽键中的二面角 Φ 和 ψ。由于吡喃环及其取代基团庞大，以及对异头碳原子的电子效应，造成二面角 Φ 和 ψ 的紧张，有些构象比其他构象具有显著的稳定性。

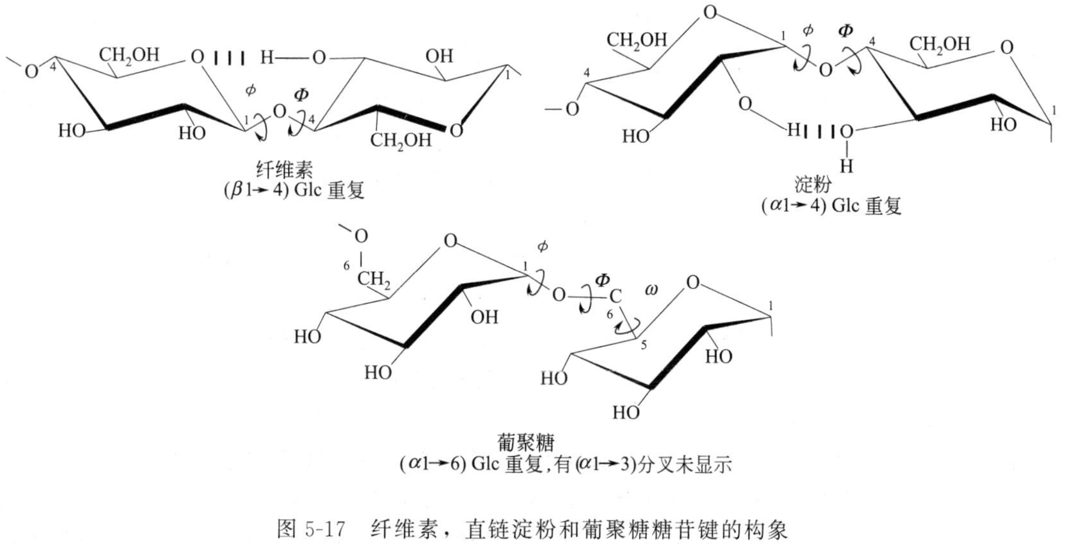

纤维素
（$\beta 1 \rightarrow 4$）Glc 重复

淀粉
（$\alpha 1 \rightarrow 4$）Glc 重复

葡聚糖
（$\alpha 1 \rightarrow 6$）Glc 重复，有（$\alpha 1 \rightarrow 3$）分叉未显示

图 5-17 纤维素，直链淀粉和葡聚糖糖苷键的构象

这些大分子含有葡萄糖残基，坚挺的吡喃糖环以糖苷键相连，这些糖苷键因为是单键，可以自由旋转。在葡聚糖中还有可自由旋转的 C-5 和 C-6 之间的单键（扭转角为 ω）

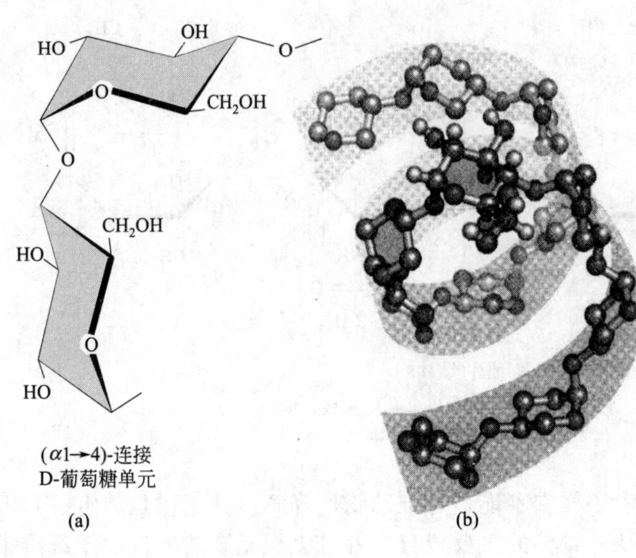

图 5-18 直链淀粉的螺旋结构

(a) 直链淀粉两相邻残基在构象上有一些弯曲，但也是最稳定构象。而纤维素则是直线型构象（见图 5-15)。(b) 一个直链淀粉分子片段的模型。实心环显示两个残基与左边化学结构的比较。直链和支链淀粉以及糖原中的（α1 →4）糖苷键的构象，使这些多糖采取紧密的螺旋结构，这些紧密结构使它们在细胞内形成高密度颗粒

淀粉和糖原最稳定的三维结构是紧密缠绕的由链间氢键稳定的螺旋结构（图 5-18)。在直链淀粉中，这种结构规矩到足以被结晶，可以凭借 X 光衍射进行结构测定，沿着直链淀粉的每个残基和下一个残基形成 60°角，所以每个螺旋有 6 个残基。对直链淀粉来说，螺旋的中心正好能精确地容纳 I^{3-} 或 I^{5-}，因此，和碘离子形成深蓝色复合物，被用来对直链淀粉进行定性分析。

对纤维素来说，最稳定的构象是两相连残基，每个椅子型构象翻转 180°，产生一条直的长链，这样所有羟基都能和它相邻的链形成氢键。对于许多边对边排列的纤维素分子链，这些链间和链内的氢键网络产生了一条笔直的稳定的高强度的纤维［图 5-15(b)］，纤维素的这种性质，使得它成为几千年文明史上的有用物质，许多产品包括莎草纸、纸张、硬纸板、人造丝、绝缘纸和一系列其他有用的材料都衍生自纤维素，这些物质的水含量是较低的，因为广泛的链间氢键满足了它的氢键形成的能力（而不要与水结合)。

八、细菌和藻类细胞壁含有结构性异质多糖

细菌细胞壁的坚硬成分是一种异质性多糖，其中 *N*-乙酰葡萄糖胺和 *N*-乙酰胞壁酸残基以（β1 →4）相间连接（图 5-19)。在细胞壁中这种线型多聚物肩并肩排列，由短肽链交联连系。它们的精细结构因细菌种类不同而不同。肽链的交联把多糖链连接成坚韧的外壳包裹着整个细胞防止由于渗透压使水进入而膨胀和裂解。溶菌酶杀死细菌靠水解乙酰葡萄胺和乙酰胞壁酸之间的（β1 →4）糖苷键。溶菌酶也存在于眼泪中，大概是对细菌感染眼睛的一种防御。一些细菌病毒也产生溶菌酶以保证溶解细胞释放它们的子代，这是病毒感染周期的必需步骤。盘尼西林和相关抗生素靠妨碍交联肽的合成杀死细菌，因为无交联的细胞壁不足以抵抗渗透压。一些海洋红藻包括一些海草，有着含有琼脂（agar）的细胞壁，这些琼脂是硫化异质多糖的混合物，它含有 D-半乳糖和一种 L-半乳糖衍生物以 C-3 和 C-6 之间的醚键相连。琼脂是一种复杂多糖的混合物，它们都有相同的主链结构，但硫酸酯化和丙酮酰化程度不同。两种主要琼脂成分一是不分叉的多聚体琼脂糖（agarose)(Mr～150000)，一种是带分叉的琼脂胶（agaropectin)。由于琼脂糖含有最少带电基团（硫酸和丙酮酸基团)，因此有优良的成胶性能，使它在生化实验中特别有用，当琼脂糖在水中悬浮物被加热并冷却，琼脂糖形成双螺旋：两个分子以平行取向互相缠绕形成三个残基一螺旋，水分子被圈入中心洞中，这些结构接着互相结合形成凝胶——一种三维骨架，它能捕集大量的水。琼脂糖凝胶被用作核酸电泳分离的惰性支持物，这种特性是 DNA 测序过程所必需的。琼脂也被用于形成一种表面以培养细菌菌落。琼脂的另一商业用途是用于制造包装维生素和药物的胶囊，因为

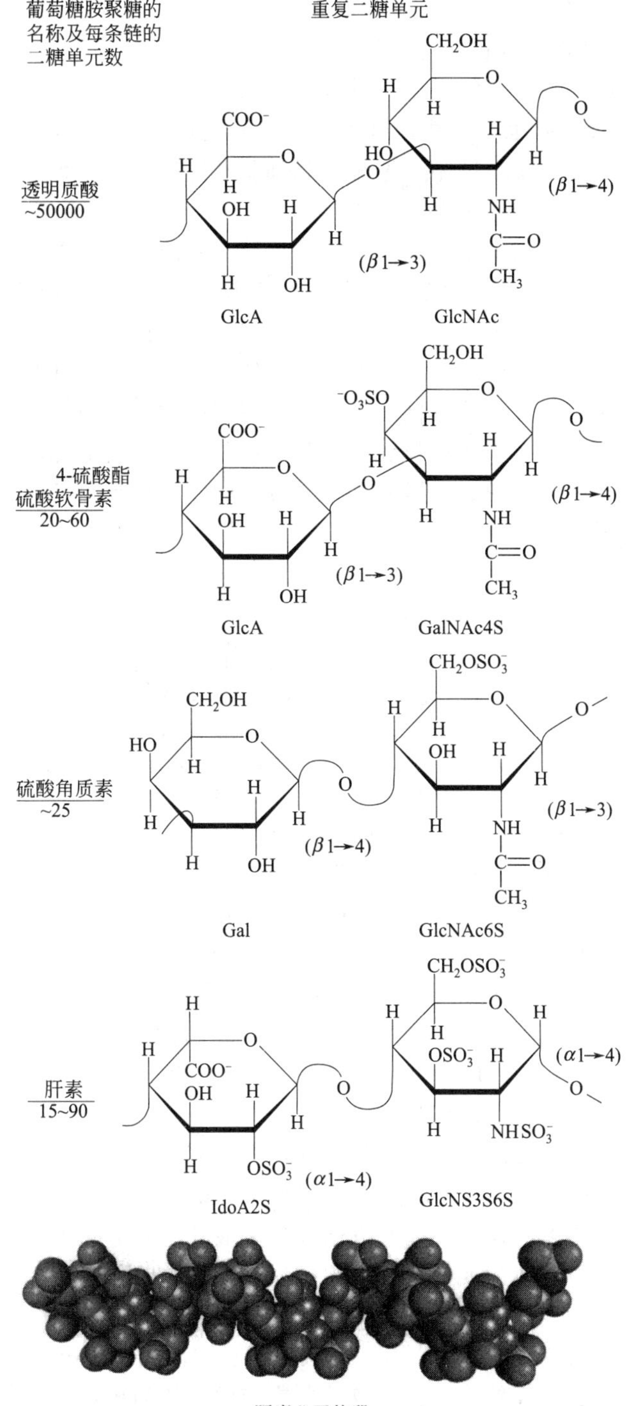

图 5-19 一些细胞外基质的普通葡萄糖胺聚糖的重复二聚体单元

葡萄糖胺聚糖是胞壁酸和氨基葡萄糖残基相间排列的共聚物。[硫酸角质素（keratan sulfate）是个例外，它由氨基葡萄糖和半乳糖残基组成重复单元（repeating unit）]。葡萄糖胺聚糖分子的不同残基上还含有一些硫酸酯基团。但透明质酸又是个例外，这种葡萄糖胺共聚物不含硫酸酯基团。硫酸酯基团使葡萄糖胺聚糖这些高分子带有特别高的负电荷。临床治疗用肝素主要含有艾杜糖醛酸和一小部分葡萄糖醛酸，它是高度硫酸酯化的，并且在分子长度是不均一的，由核磁共振谱测定的肝素填充结构模型片段如图下方所示。硫酸角质素（图中未绘出）类似于肝素，但含有较高比例的葡萄糖醛酸（GlcA）和较少的硫酸酯基团，排列也较不规则琼脂材料易于在胃中溶解且是代谢惰性的。

九、糖胺聚糖是细胞外基质异质多糖

多细胞动物组织的细胞外空间是由一种胶状物质——细胞外基质（extracellular matrix，ECM）来填充的。这种物质也可称基础物质，它使细胞黏附在一起，并且提供多孔的途径，使营养物质和氧能够扩散给各个细胞。这种网状细胞外基质是由一种互联成多孔网络的异质多糖和纤维蛋白，如胶原、弹性蛋白、纤连蛋白（fibronectin）和层黏连蛋白组成的，围绕在成纤维细胞和其他结缔组织细胞的外面。这些糖胺聚糖或称黏多糖是由重复二糖单元组成的线性多聚糖家族（图 5-19）。二糖单元中的一种单糖总是 *N*-乙酰葡萄糖胺或者 *N*-乙酰半乳糖胺；另一个大多数情况是一种糖醛酸（Uronic acid），通常是 D-葡萄糖醛酸或 L-艾杜糖醛酸（L-Iduronic acid）。某些糖胺聚糖它的氨基糖的一个或多个羟基被硫酸所酯化。硫酸基团和糖醛酸残基中的羧基组合，使得糖胺聚糖具有高密度的负电荷，为了降低近邻带电基团的排斥力，这些分子在溶液中采取伸长线型构象。糖胺聚糖中硫酸酯和非硫酸酯残基的特殊面貌，为靠静电结合这些分子的蛋白质配基提供特异的识别位点。糖胺聚糖附着于细胞外蛋白形成蛋白聚糖（见下节）

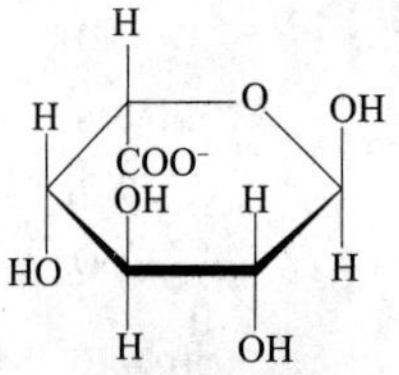

α-L-艾杜糖醛酸 (IdoA)　　β-D-葡萄糖醛酸 (GlcA)

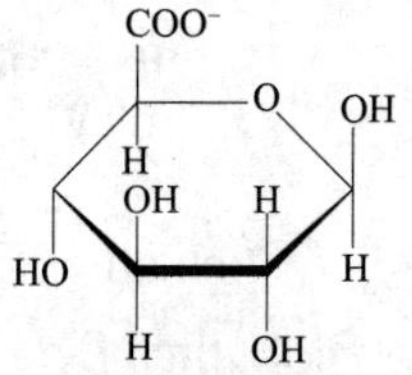

糖胺聚糖透明质酸（hyaluronan，hyaluronic acid）含有交替的葡萄糖醛酸和乙酰葡萄糖胺残基（图 5-19）。透明质酸的基础二糖重复单元可高达 50000 个，分子量可大于一百万，它们形成透明清亮的高黏度的溶液作为关节滑液（synovial fluid）的滑润剂，产生果冻样黏稠滑润的脊索动物眼睛的玻璃液。透明质酸还是软骨和筋腱细胞外基质的一个主要成分，它和基质中的其他成分相互作用帮助软骨和筋键产生巨大的张力和弹性。透明质酸酶，一种由一些病原细菌分泌的酶，能水解透明质酸的糖苷键，使得组织更容易受到细菌的入侵。在许多种生物的精子中有一种类似的酶，它能水解包裹卵子外套中的糖胺聚糖，使精子得以穿入。

其他的糖胺聚糖在两个方面和透明质酸不同，它是糖链短得多的多糖，而且它们和特殊蛋白共价结合（肽聚糖 proteoglycan）。硫酸软骨素（chondroitin sulfate）使得软骨、筋、腱、韧带、主动脉壁有更大的强度，硫酸皮肤素（硫酸软骨素 B）使得皮肤更柔韧，它也存在于血管和心瓣膜中。在这些多聚物中存在于硫酸软骨素中的葡萄糖醛酸残基被它的差向异构体艾杜醛酸所替代。

硫酸角质素（keratan sulfates）没有糖醛酸残基且它们的硫酸酯含量是可变的，它们存在于角膜、软骨、骨骼以及各种死细胞形成的角质结构，如动物角、毛发、蹄子、指甲和爪子中。肝素（heparin）是硫酸角质素的一种特殊形式，它由肥大细胞（一种白细胞）合成。肝素是临床上使用的一种抗凝血剂，它能够结合于蛋白酶抑制物抗凝血酶原抑制凝血，肝素结合引起抗凝血酶结合并抑制凝血酶，一种血凝必需的蛋白酶。这种结合依赖于强烈的静电作用，肝素是任何已知生物大分子中具最高的负电荷密度的物质（图 5-19）。纯化的肝素通常加入临床分析获得的血液样品中，也在捐献的血浆中加肝素以防止血凝。表 5-2 概括了第 5.2 节介绍的各种多糖的组成、性质、功能和来源。

表 5-2　一些多糖的结构和作用

多聚物	类型	重复单元	相对分子质量（单糖残基数）	作用和重要性
直链淀粉（amylose）	匀聚物	$(\alpha1\rightarrow4)$Glc 线形	50～5000	植物中
支链淀粉（amylopectin）	匀聚物	$(\alpha1\rightarrow4)$Glc 带$(\alpha1\rightarrow6)$Glc 每 24～30 残基一分叉	～10^6	能量储存
糖原（glycogen）	匀聚物	$(\alpha1\rightarrow4)$Glc 带$(\alpha1\rightarrow6)$Glc 每 8～12 残基一分叉	～50000	细菌和动物中能量储存
纤维素（celluiose）	匀聚物	$(\beta1\rightarrow4)$Glc	高达 15000	结构支持，在植物中加强和刚化细胞壁
几丁质（chitin）	匀聚物	$(\alpha1\rightarrow4)$GlcNAc	很大	结构支持，昆虫蜘蛛，甲壳类动物建造刚性强力的外骨骼
葡聚糖（dextran）	匀聚物	$(\alpha1\rightarrow6)$Glc 带$(\alpha1\rightarrow3)$分叉	范围宽	结构作用，细菌细胞外黏附
肽聚糖（peptidoglycan）	异质性（肽交联）	4)Mur2Ac$(\beta1\rightarrow4)$GlcNA$(\beta1$	很大	结构作用加强细菌细胞壁
琼脂糖（agarose）	异质性	3)D-Gal$(\beta1\rightarrow4)$ 3，6-anhydro-L-Gal$(\alpha1$	1000	藻类细胞壁
透明质酸（hyaluronan）（一种糖胺聚糖）	异质，酸性	4)GlcA$(\beta1\rightarrow3)$GlcNAc$(\beta1$	～100000	结构，脊椎动物皮肤和结缔组织细胞间质；黏性滑润关节

提　　要

* 多糖（聚糖）可以是细胞能量储存形式、细胞壁的结构成分和细胞间的填充基质。

* 匀聚多糖的淀粉和糖原是植物、动物和细菌细胞的能量储存形式，它们由D-葡萄糖以$(\alpha1\rightarrow4)$糖苷键连接而成，它们还具有一些分叉。

* 匀聚多糖、纤维素、几丁质和葡聚糖起结构作用，纤维素由葡萄糖以$(\beta1\rightarrow4)$糖苷键连系而成，使植物细胞壁具有强度和硬直性。几丁质是一种*N*-乙酰葡萄胺以$(\beta1\rightarrow4)$糖苷键连系的多糖，它强化了节肢动物的外骨骼。葡聚糖围绕着一些细菌细胞形成黏附性外套。

* 匀聚多糖折叠成三维结构。吡喃环的椅子型结构基本上是刚性的，因此多糖的构象被糖环对氧原子之间的糖苷键的旋转所决定。淀粉和糖原形成带有链内氢键的螺旋结构。纤维素和几丁质形成长直链与紧邻的糖链形成多重氢键。

* 细菌和藻类细胞壁被异质多糖所加强，在细菌中是肽聚糖，在红藻中是琼脂。在肽聚糖中的二糖重复单元是GlcNAc$(\beta1\rightarrow4)$Mur2Ac；在琼脂糖中它是D-Gal$(\beta1\rightarrow4)$3，6-anhydro-L-Gal。

* 糖胺聚糖是细胞外异质聚糖，其中两个单糖残基之一是一种糖醛酸，另一个是*N*-乙酰氨基糖。在一些羟基上酯化硫酸基团使这些多糖具有高负离子密度，迫使它们采取细长的构象。这些多聚物（透明质酸，软骨素硫酸酯，硫酸皮肤系，硫酸角质系和肝素）为细胞外基质提供黏度，黏附性和张力强度。

第四节　复合糖：肽聚糖、糖蛋白和糖酯

除了作为储存能源的重要作用（指淀粉、糖原、葡萄糖）和结构支持作用（纤维素、几丁质、肽聚糖）之外，多糖和寡糖还是信息载体：它们提供细胞和胞外环境之间的通讯；有些多糖标记蛋白质使之被输送到特殊细胞器，在特殊细胞位点定位，或使畸形或过剩的蛋白降解；有些标记蛋白质的多糖用作细胞外信号分子的识别位点（如生长因子）或细胞外寄生物的结合

位点（如细菌或病毒）。在几乎所有真核细胞中，特殊寡糖靠共价结合于质膜成分上形成一种碳水化合物层（称为“糖萼”或“多糖包被”，glycocalyx），有几个纳米厚，作为细胞的信息表面面对环境。这些寡糖在细胞对细胞的相互识别，细胞黏附，发育期间的细胞迁移，血凝，免疫反应，伤口愈合和其他细胞过程中起着中心的作用。在大多数情况下，信息多糖共价结合于一种蛋白或酯类，以形成“复合糖”（glycoconjugate），它们都是生物活性分子。

肽聚糖（proteoglycan）是细胞表面或细胞外基质大分子，它由一种糖胺聚糖或更多的糖酯分子共价连接于膜蛋白或分泌蛋白而成。质量上糖胺聚糖一般占肽聚糖分子的大部分，支配着分子结构，且常常是生物活性的主要位点。在许多情况下，生物活性是由多个结合位点提供的，这些位点富于和其他细胞表面或细胞外基质蛋白结合的氢键键合基团和静电作用基团。蛋白聚糖是结缔组织，如软骨的主要成分，依靠许多和其他肽聚糖、蛋白质和糖胺聚糖的非共价相互作用，提供强度和坚韧性抗张性能。肽聚糖是细胞外基质的主要成分。

糖蛋白有着一个或几个复杂程度不同的寡糖与蛋白共价相连。它们存在于细胞质膜外表面，或存在于细胞间基质或血液中，在细胞内它们存在于特殊细胞器，如高尔基复合物，分泌颗粒和溶酶体。比起肽聚糖和糖胺聚糖，糖蛋白的寡糖是多色调的，这些寡糖富于信息，形成供识别的高特异性位点，可被其他蛋白高亲和性结合。

糖酯是膜酯类，它的亲水头部基团是寡糖。像糖蛋白一样，它作为碳水化合物结合蛋白识别的特异性位点。

一、肽聚糖是含有糖胺聚糖的细胞表面或胞外基质中的生物大分子

哺乳动物细胞能产生起码 40 种肽聚糖。这些分子作为某种组织的组织者，影响各种细胞活动，例如生长因子激活和黏附。基本的肽聚糖单位由“核心蛋白”（core protein）和共价结合的糖胺聚糖组成。附着点是一个丝氨酸残基，糖胺聚糖通过一个四聚糖桥和它连接（图 5-20）。丝氨酸残基一般处于-Ser-Gly-*X*-Gly-序列之中（其中 *X* 为任意氨基酸）。虽然不是所有带这个序列的蛋白都附着糖胺聚糖。许多肽聚糖被分泌入细胞外基质，但是有些是膜整合蛋白，例如，片层样细胞外基质（基板、基底层，basal lamina）含有一个家族核心蛋白（相对分子质量 20000～40000）的组织集团，它们各自共价附着几个类硫酸肝素链。有两个主要的膜类硫酸肝素肽聚糖家族：多配体聚糖（syndecan）具有单一的跨膜结构和一个带有 3～5 条硫酸类肝素链，有时是硫酸软骨素链的胞外结构域［图 5-21(a)］；磷酸肌醇蛋白聚糖（glypican）靠一种磷脂锚附着于膜，这是膜脂磷酸肌醇的衍生物，这两种蛋白聚糖

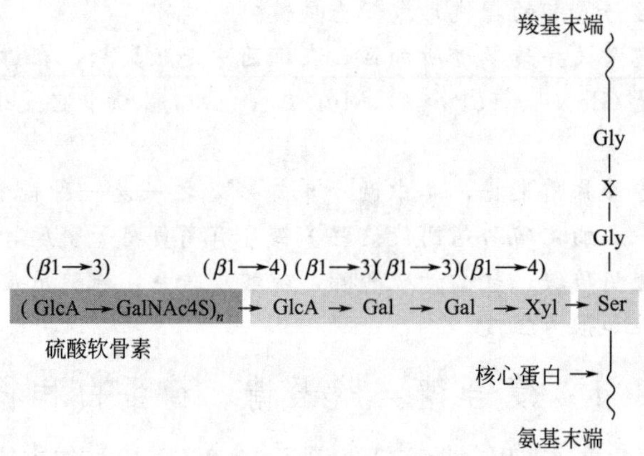

图 5-20　肽聚糖中的四聚糖桥

一个典型的四聚糖桥（浅灰色部分）接头把葡萄糖胺（图中是 4-硫酸酯软骨素，深灰色部分），连接于核心蛋白的丝氨酸残基。接头的还原端的木糖残基的异头碳和丝氨酸残基的羟基相连接

都可以被挂在细胞外空间。在细胞外基质（ECM）中有一种蛋白酶，它能切割肽段紧靠膜表面的位点释放多配体聚糖的胞外结构域，还切割磷酸肌醇蛋白聚糖与磷酯的连系释放磷酸肌醇蛋白聚糖。许多硫酸软骨素（chondroitin sulfate）和硫酸皮肤素（dermatan sulfate）。肽聚糖还存在一些膜结合实体，另一些作为分泌产物进入细胞间质。

糖胺聚糖链能结合于一系列细胞外配基，因而调节配体和细胞表面特异受体的相互作用。详细研究类肝素硫酸酯显示一种非随机的异质性序列，这些结构域（通常有 3～8 个二糖单位长）在序列上不同于近邻的结构域，因而结合特异蛋白的能力也不同。例如，类肝素

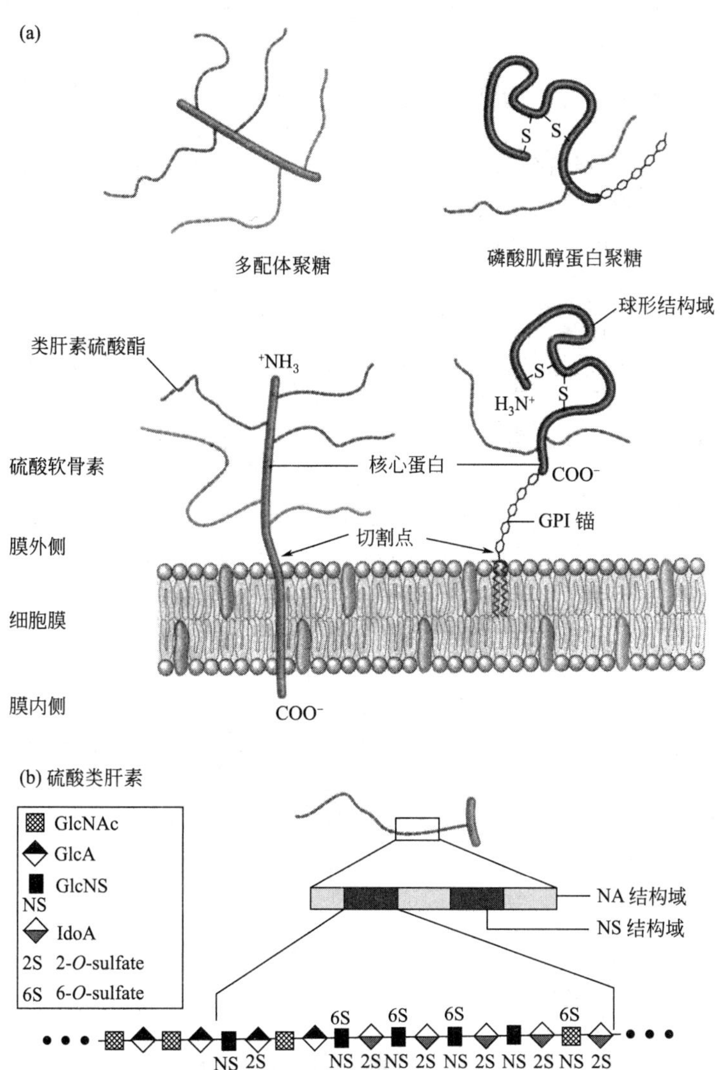

图 5-21　两个家族的膜肽聚糖

（a）图示质膜中的一个多配体聚糖和磷酸肌醇蛋白聚糖。多配体聚糖靠非极性氨基酸残基串列的侧链和质膜脂质分子的非共价相互作用而结合在膜上，它们可因靠近膜表面肽链的单一蛋白酶切割事件而被释放。末端结构域是共价结合着 3 个硫酸类肝素链和 3 个硫酸软骨素链（由像图 5-20 那样的四聚糖接头连接）。磷酸肌醇蛋白聚糖是靠共价附着于膜脂（GPI 锚）而持留在膜上。如果这种脂-蛋白连系键被磷酸酶所切割，就会使之从膜上脱落。所有的磷酸肌醇蛋白聚糖都含有 14 个保守的半胱氨酸残基。它们形成二硫键稳定蛋白质部分，还有两三个葡萄糖胺聚糖链附着于紧靠膜表面的羧基末端。（b）沿着一条类肝素硫酸酯链，富含硫酸聚糖的区域，即 NS 结构域（深色区）和基本上是无修饰的乙酰葡萄糖胺，葡萄糖醛酸残基区的 NA 结构域（浅色区）相间排列。
图中显示一个 NS 区的细节，这个区有着高密度的修饰残基：*N*-硫酸酯基葡萄糖胺（GlcNS），在 C-6 位带硫酸酯基团；而且葡萄糖醛酸和艾杜糖醛酸各带 C-2 硫酸酸酯，在各类肽聚糖中 NS 结构域的硫化情况各个不相同

硫酸酯开始是作为长的多聚物合成的（50～200 个二糖单位）以 *N*-乙酰葡萄糖胺和葡萄糖醛酸残基相间排列。这种简单的糖链在一系列酶的作用下，导入特殊区域的改造。结果是这类多糖的高硫酸酯结构域（称为 NS domain）和含不修饰的 GlcNAc 及 GlcA 残基的结构域相间排列［图 5-21(b)］。在不同肽聚糖的 NS 结构域硫酸酯化的精确图形不尽相同，可能发生修饰的 GlcNAC-IdoA 二聚体单位的数目起码有 32 个。在不同细胞类型，相同的核心蛋白能表现出不同的类肝素硫酸酯化结构。

NS 结构域特异性地结合细胞间质蛋白和信号分子以改变它们的活性。这种活性的改变，可能产生自被诱导结合的蛋白质的构象改变，或者是由于类肝素两个相邻结构域结合两个不同蛋白质，导致它们紧密接近并增加蛋白质——蛋白质的相互作用。第三种作用机制是由细胞外信号分子（如生长因子）对类肝素硫酸酯的结合引起局部浓度的增加因而增强了它们和细胞表面生长因素受体的相互作用，在这种情况下，类肝素硫酸酯扮演了辅受体（co-receptor）的作用。例如，成纤维细胞生长因子，一种刺激细胞分裂的细胞外蛋白质信号分子，它首先结合于靶细胞质膜的多配基蛋白聚糖（syndecan）分子的类肝素硫酸酯部分，类肝类提供成纤维细胞生长因子给质膜上的成纤维生长因子受体，只有这时 FGF 才能有效地和它的受体相互作用触发细胞分裂。最后，这种 NS 结构域依靠静电作用及其他方式和一系列细胞外的可溶分子相互作用，维持细胞表面的高浓度。类肝素硫酸酯中硫酸酯化结构域的重要性是用敲除小鼠能使艾杜糖醛酸（IdoA）C-2 羟基硫酸酯化的酶的基因证明的。这种基因敲除的小鼠出生时就没有肾，而且骨骼和眼睛的发育严重异常。

有一些肽聚糖能形成肽聚糖凝集体，许多核心蛋白的巨大超分子组装都结合在单一个透明质酸分子上，凝集蛋白聚糖（aggrecan）核心蛋白（M_r-250000）有着多重的软骨素硫酸酯和角质素硫酸酯链，通过三糖连接在核心蛋白的丝氨酸残基产生一个相对分子质量约 2×10^6 的聚肽聚糖单体。当一百个或更多的这种“装饰性”核心蛋白结合于一个单一的伸长的透明质酸分子的时候（图 5-22），产生的肽聚糖凝集体（$M_r>2\times10^8$）和它的水合作用结合的

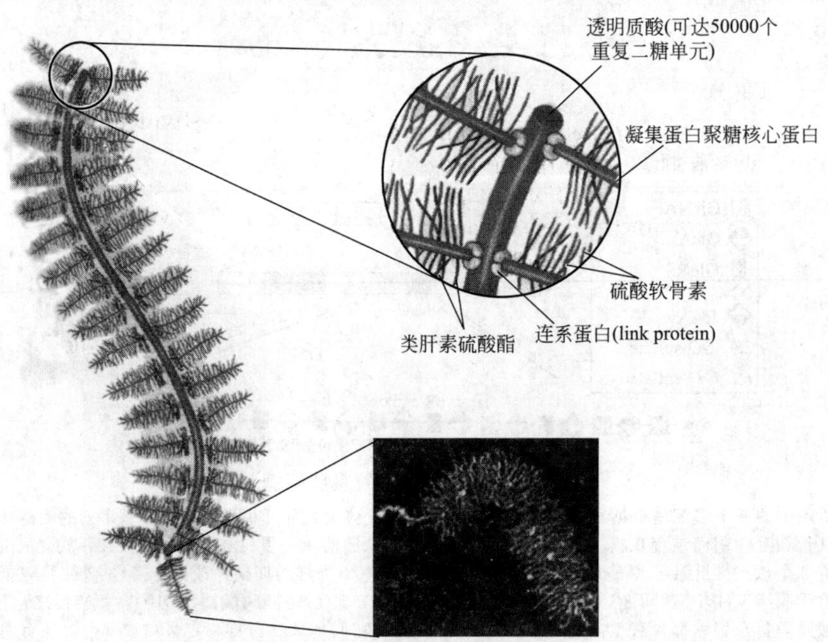

图 5-22　细胞外基质的肽聚糖凝集体

绘图表示含有许多凝集蛋白聚糖分子的肽聚糖。约 100 个核心蛋白凝集蛋白聚糖非共价结合于一个非常长的透明质酸分子。每个凝集蛋白聚糖分子含有许多共价结合的硫酸软骨素链和硫酸角质素链。在每个核心蛋白结合部的连系蛋白和透明质酸主链介导核心蛋白和透明质酸的互相作用。显微部分由原子力显微镜显示单一个凝集蛋白聚糖分子

水所占有的体积可等于一个细菌细胞。肽聚糖在软骨的细胞外基质中强烈地相互作用，使这种结缔组织发育，并加强它们抗张强度和弹性。

和这些巨大的细胞外肽聚糖编织在一起的是纤维基质蛋白胶原蛋白，弹性蛋白和纤连蛋白等，形成交联网络，产生整个细胞基质的强度和张力。一些这类蛋白是多重黏附性的，单一个蛋白质分子可能有几个不同基质蛋白的结合位点。例如，纤连蛋白就有着结合纤维蛋白，类肝素硫酸酯，胶质蛋白，和一个称为“整合素”（integrin）的质膜蛋白家族的独立结构域。整合素又有一批其他细胞外基质蛋白的结合位点。于是呈现出来的细胞基质相互作用的图形表明一系列的细胞和细胞外基质分子的相互作用。这些相互作用不仅把细胞锚定在细胞外基质，还为细胞在发育组织中的定向迁移提供途径。而且通过质膜双向地输送信息（图 5-23）。

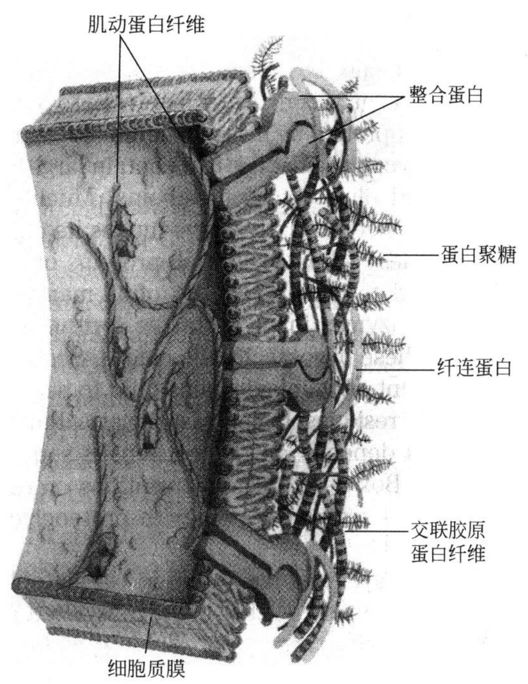

图 5-23　细胞和细胞外基质的相互作用

细胞和细胞外基质的肽聚糖之间的结合是由于膜蛋白（整合蛋白，integrin），和细胞外基质蛋白（图中是纤连蛋白）介导的。它们各带有整合蛋白和肽聚糖的结合位点，注意，胶原蛋白纤维又和纤连蛋白及肽聚糖紧密结合

二、糖蛋白共价结合寡糖

糖蛋白是碳水化合物和蛋白的缀合物，它的聚糖部分较小，有分叉，比较肽聚糖中的糖胺聚糖更富有结构多样性。这些碳水化合物的异头碳通过糖苷键和蛋白质中的 Ser 或 Thr 残基的—OH 连接（*O*-连寡糖，*O*-linked）或通过天冬酰胺残基的亚氨基连接（*N*-连寡糖，*N*-linked）。有些糖蛋白只有一个寡糖链，但许多糖蛋白连接不止一个的寡糖链。黏蛋白（mucins）是细胞分泌物或膜糖蛋白，它们可以含有许多 *O*-连寡糖链。黏蛋白使大多数分泌物成为具有特殊滑润的黏液。所有哺乳动物蛋白中约有一半是糖基化了的，哺乳动物基因编码的酶约1%用于合成和加接这些寡糖链。碳水化合物占糖蛋白总质量从 1%～70%或更多。一大批糖蛋白的 *O*-连或 *N*-连的碳水化合物结构已经较清楚，图 5-24 展示几种典型的寡糖链结构。

如我们将在“生物膜”一章介绍的，细胞质膜的外表面排列着许多不同的共价结于糖蛋白的寡糖，一个了解得最清楚膜糖蛋白是位于红血细胞血型糖蛋白 A（glycophorin）。它含有质量 60%的糖，以 16 个寡糖链的形式（全部 60～70 个单糖残基）共价附着于肽链靠近氨基末端的残基。15 个寡糖链以 *O*-连形式与 Ser 或 Thr 残基相连，一个以 *N*-连形式与天氨酰胺残基相连。

许多由真核细胞分泌的蛋白是糖蛋白，包括大部分血液蛋白。例如，免疫球蛋白（抗体）和一些激素，如促卵泡激素（follicle-stimulating hormone）、黄体生成素（促黄体激素 luteinizing hormone），促甲状腺激素（thyroid stimulating hormone，TSH）都是糖蛋白。许多乳蛋白，包括乳清蛋白，和一些由胰腺分泌的蛋白（如核糖核酸酶）也是糖基化的，就像大部分存在于溶酶体的蛋白一样。

许多情况下，同一种蛋白由不同组织产生具有不同的糖基化图形。例如，人类蛋白干扰素 IFN-β1，当它由卵细胞产生时使用一套寡糖链；而当它由乳腺上皮细胞（breast epithelial cell）生成时，含有另一套寡糖链，这种“组织特异糖基化类型”（tissue glycoforms）的生物学重要性还不清楚，但是有些寡糖链是组织特异标志。

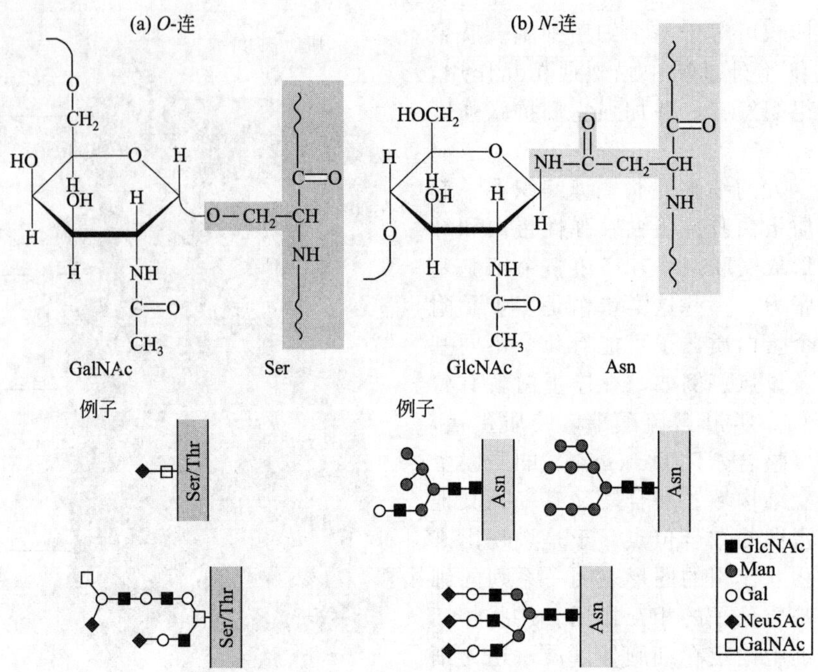

图 5-24 糖蛋白中的寡糖键合作用

(a) O-连寡糖有一糖苷键和蛋白质中的 Ser 和 Thr 残基的羟基相连，图中是寡糖连中的还原端乙酰葡萄糖胺与之成键，以一简单链和一复杂链为例。(b) N-连寡糖有 N-糖苷键使糖残基与天冬酰胺残基的亚胺氮原子相连。图中例举的糖是在末端的乙酰葡萄糖胺。图中例举了三种常见的 N-连寡糖链类型，每种寡糖链的糖苷键连系有专门的位置和立体化学（如 α 或 β 构型）

在蛋白上附加寡糖的生物学优越性正在逐渐被人们所了解。非常亲水的碳水化合物串列能改变它们所结合的蛋白质的极性和溶解度。寡糖链对在内质网上新合成的蛋白和在高尔基器中精心加工的蛋白的附着，可以作为投递到不同目的地的蛋白的分类标志，也可以用作蛋白质的质量控制标准，把错误折叠的蛋白送去水解。肽链和寡糖之间的相互作用可能排斥一种折叠而倾向于另一种折叠。当许多带负电荷的寡糖链集中在一个蛋白的某单一区域，静电排斥会使蛋白质的这一区域倾向于形成细长的棒状结构。寡糖链的庞大和负电性也能保护一些蛋白免受蛋白酶的攻击。除了这些对蛋白的整体性的物理影响外，寡糖链在糖蛋白中还有特殊的生物学功能（见下节）。人类有至少 18 种不同的遗传性蛋白质糖基化紊乱疾病，都引起严重的生理或神经发育缺陷，有些紊乱是致命的。

三、糖脂和脂多糖是膜成分

糖蛋白不是仅有的携带复杂寡糖链的细胞成分；一些脂类也共价结合寡糖。神经节苷脂(ganglioside) 是真核细胞的膜脂，它的极性头部作为脂的一部分形成膜的外表面，是一个含有唾液酸和其他单糖残基的复杂寡糖。有些神经节苷脂的寡糖部分，例如，决定人血型的那些基团，是和一些糖蛋白的糖部分相同的，所以也对血型有决定作用。和糖蛋白的寡糖部分一样，这些膜脂大概也总是存在于质膜的外表面。

脂多糖是像大肠杆菌和伤寒沙门氏菌这类格兰氏阴性细菌外膜表面的特征成分，这些脂多糖分子是脊椎动物免疫系统对细菌感染的免疫反应产生抗体的主要靶子。所以也是细菌菌株血清型的重要决定因子（细菌菌株的血清型是在抗原性质的基础上区分的）。伤寒沙门氏菌的脂多糖含有 6 个脂肪酸结合在两个葡萄胺残基上，其中的一个葡萄糖胺残基是一个复杂寡糖的附着点（图 5-25），大肠杆菌有着类似但独特的脂多糖。有些细菌的脂多糖对人和其他动物是有毒的，例如，由格兰氏阴性细菌感染造成的毒性休克综合征引起的危险的低血压就是由有毒性的脂多糖造成的。

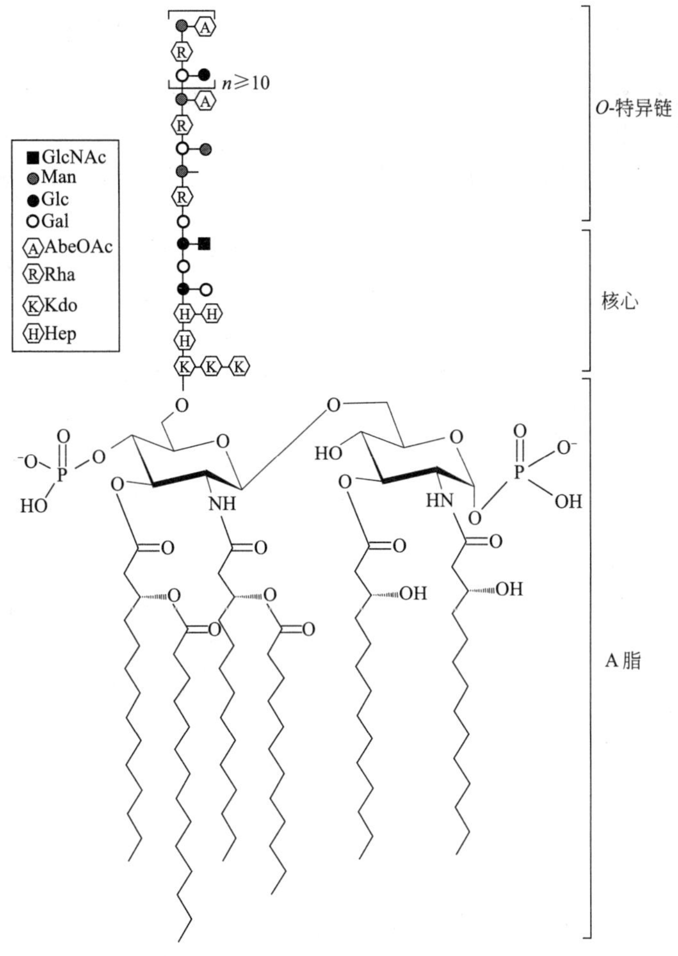

图 5-25 细菌脂多糖

图示伤寒沙门氏菌外膜的脂多糖。Kdo 是 3-脱氧-D-甘露糖-辛酮糖醛酸（3-deoxy-D-manno-octutosonic acid），Hep 是 L-甘油醛-D-甘露糖-庚糖（L-glycero-D-manno-heptose）；AbeOAc 是 β-脱氧岩藻糖（一种 3，6-双脱氧己糖），带有一个乙酰化羟基。在分子的 A 脂部分有六个脂肪酸残基。不同的细菌种类有着细微不同的脂多糖结构，但是它们都有共同的 A 脂部分（lipid A），一个已知被称为内毒素（endtoxin）的核心寡糖，和一个“O-特异”链，它是细菌血清型的主要决定因子。伤寒沙门氏菌和大肠杆菌这类格兰氏阴性细菌的外膜含有很多脂多糖分子，使得细胞表面实际被 O-特异寡糖链所覆盖

提 要

* 肽聚糖是一类糖缀合物，它们含有一个或多个大的多聚糖，叫做硫酸糖胺聚糖（类肝素硫酸酯、软骨素硫酸酯、硫酸皮肤素、硫酸角质素），它们共价结合于一个核心蛋白；靠结合于一种跨膜肽的质膜外表面，或共价结合于脂，肽聚糖提供一种细胞之间和细胞外基质黏附、识别、细胞间信息传递的位点。

* 糖蛋白含有共价连接于天冬酰胺或 Ser/Thr 残基的寡糖链，这类多糖一般都是分叉的，且小于糖胺聚糖。许多细胞表面或细胞外蛋白是糖蛋白，像大多数的分泌蛋白一样，共价附着寡糖影响蛋白的折叠和稳定性，提供投递新合成蛋白的关键信息和由其他蛋白识别的信息。

* 植物和动物中的糖脂，细菌中的脂多糖是共价附着的细胞外膜成分，寡糖链显露在细胞外表面。

第五节　碳水化合物信息分子和糖密码

糖生物学研究糖缀合物的结构和功能，它是生物化学和细胞生物学最活跃最激动人心的领域之一。现在越来越清楚，细胞使用寡糖编码着蛋白在细胞内投递、细胞和细胞相互作用、细胞分化和组织发育、细胞外信号等重要信息。我们讨论少数例子来说明糖缀合物的结构多样性和生物学活性的范围。

寡糖和多糖结构分析方法的改变，使人们了解到糖蛋白和糖脂中寡糖的复杂性和多样性，像图 5-24 中的寡糖链一般都存在于糖蛋白中，最复杂的寡糖含有 4 种类型的 14 个单糖残基，在糖苷键的连接方式上有（1→2），（1→3），（1→4），（1→6），（2→3）的不同，且有些是 α 构型，有些是 β 构型，在核酸或蛋白质中没有发现的分叉结构，在寡糖中很普遍。一个合理的推论是，如果用 20 个不同单糖残基建造寡糖，可以获得的不同序列的六糖可达 6.4×10^7（20^6）种，如果这些寡糖中的残基在不同位置被硫酸酯化，单糖的组合的信息量可达天文数字，这巨大的结构信息量可以超过核酸（四个碱基）或蛋白质（20 个普通氨基酸）所组合的信息量。

一、凝集素是能阅读糖密码和介导许多生物学过程的蛋白

凝集素（lectin）是存在于所有物种的一类蛋白，它们以高特异性和高亲和力与碳水化合物相结合（表 5-3）。凝集素在一系列关键细胞过程中起作用，这些过程包括细胞对细胞的相互识别、信号转导、细胞黏附以及新合成的蛋白质在细胞内的投递。植物凝集素在种子中特别丰富，它可能是昆虫或其他捕食者的拒食剂。在实验室中，植物凝集素用于分离纯化多糖和带有不同寡糖部分的糖蛋白，在这里只介绍动物中凝集素功能的几个例子。

有些血液循环中的多肽激素，其寡糖部分对它们的循环半寿期有重要影响。黄体生成素和促甲状腺素（产生自脑垂体的多肽激素），都有以二糖 GalNAc4S（β1→4）GlcAc 为末端的 N-连寡糖，能被肝细胞的凝集素受体所识别。（GalNAc4S 是在 C-4 羟基上的 N-乙酰半乳糖胺硫酸酯），受体和激素相互作用介导黄体生成素和促甲状腺激素在血液中的吸收和破坏。于是这些激素在细胞中的水平周期性地上升（由于脑垂体的波动分泌）和下降（由于肝细胞的连续破坏）。

表 5-3　一些凝集素和他们结合的寡糖配体

凝集素及来源	缩写	配体
植物		
伴刀豆凝集素 A(concanavalin A)	ConA	Manα1-OCH_3
griffonia simplicifolia lectin 4		
小麦胚凝集素(wheat germ agglutinin)	GS4	Lewis b(Le[b])四糖
		Neu5Ac(α2→3)Gal(β1→4)Glc
蓖麻毒蛋白(ricin)	WGA	GlcNAc(β1→4)GlcNAc
		Gal(β1→4)Glc
动物		
galectin-1		Gal(β1→4)Glc
甘露糖结合蛋白 A(mannose-binding proteinA)	MBP-A	高甘露糖十聚糖
病毒		
感冒病毒红细胞凝集素	HA	Neu5Ac(α2→6)Gal(β1→4)Glc
多瘤病毒蛋白 1	VP1	Neu5Ac(α2→3)Gal(β1→4)Glc
细菌		
肠毒素(euterotoxin)	LT	Gal
霍乱毒素(cholera toxin)	CT	GM1 五糖

乙酰神经氨酸（Neu5 Ac，一种唾液酸）位于许多质膜糖蛋白寡糖链的末端，它保护这些蛋白免受肝脏的吸收和降解。例如，血浆铜蓝蛋白（ceruloplasmin），一种含铜血清糖蛋白，有几个末端带有 Neu5Ac 的寡糖链。从血清糖蛋白除去唾液酸残基的机制目前尚不清楚。可能是由于入侵生物产生的唾液酸酶（也叫神经氨酸酶）的活性或是由于一种细胞外酶的稳定缓慢释放所致。肝细胞质膜有些凝集素分子（asialoglycoprotein 受体；其中的“asialo”意为“无唾液酸的”），它们特异地结合含有半乳糖残基的寡糖链，这些寡糖链不再受末端 Neu5Ac 残基保护。受体-血蓝蛋白相互作用触发血蓝蛋白的内吞和破坏。

一个类似的机制也用于从哺乳动物血液中除去“老”红血细胞，新合成红血细胞有几个末端有 Neu5 Ac 寡糖链的糖蛋白。当从实验动物抽取的血样在体外用唾液酸酶除去唾液酸残基后，把血液重新导入循环，处理过的红血细胞在几个小时内消失，而未处理的天然红血细胞带有完整的寡糖链可以连续循环很多天。

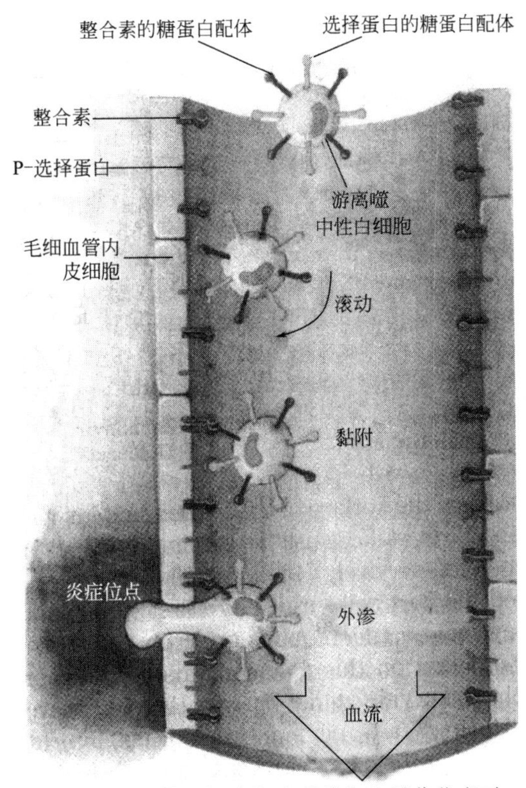

图 5-26　在淋巴细胞移动到感染和受伤位点时凝集素和配体相互作用的功能

一个嗜中性白细胞在毛细血管中的循环，会因与毛细血管内皮细胞中的选择蛋白分子的相互作用而减缓，还被在中性白细胞表面 P 选择蛋白的糖蛋白配基相互作用所减慢。当它和连续 P-选择蛋白分子相互作用时，嗜中性白细胞沿着毛细血管表面滚动。在靠近炎症位点，毛细血管的表面上的整合素和它在嗜中性白细胞表面配体相互作用加强，导致紧密的黏附，中性细胞停止滚动，在炎症位点送出的信号的影响下，开始外渗——通过毛细血管壁逃脱，它向着炎症位点移动

细胞表面凝集素和人类疾病有着重要的关系，这包括人类凝集素和感染因子的凝集素。选择蛋白（selectin）就是细胞质膜凝集素的一个家族，它们在一系列细胞过程介导细胞——细胞间的相互识别和黏附。这样的过程介导感染和炎症部位免疫细胞通过毛细管壁从血液到组织的运动（图 5-26）。在感染位点，毛细管表皮细胞表面的 P 选择蛋白和循环血液中的中性细胞的糖蛋白的特异寡糖相互作用。第二，噬中性质膜整合素分子和一个内皮细胞表面的黏附蛋白相互作用，于是中止了噬中性细胞的移动，并让它通过毛细管壁进入感染组织，开始免疫攻击。另两种选择蛋白参与这种淋巴细胞归巢（lymphocyte homing）的过程：在内皮细胞表面的 E-选择蛋白和在噬中性白细胞上的 L-选择蛋白，它们各自结合噬中性白细胞和内皮细胞对应的寡糖。

人类选择蛋白介导风湿性关节炎、哮喘、牛皮癣、多重硬化症和器官移植排斥的炎症反应，因此，开发抑制选择蛋白介导细胞粘附的药物有重要意义。许多恶性肿瘤表达一

种仅存在于胚细胞中的抗原（唾液酸 lewis X，sialyl Le^x），当它们进入血流时，加速肿瘤细胞的存活和转移。模仿唾液酸糖蛋白的唾液酸 Le^x 部分的糖衍生物；或者合成可改变寡糖生物合成的化合物，可以作为有效地作用于选择蛋白的特异药物用于治疗慢性炎症和肿瘤转移。

几种动物病毒，包括感冒病毒通过和展示在寄主细胞表面的寡糖相互作用，附着在细胞表面。感冒病毒的凝集素已知叫做红血细胞凝集素（hemagglutinin，HA）蛋白是病毒进入和感染所必需的。当病毒进入寄主细胞并完成复制，新合成的病毒颗粒靠出芽的方法与细胞分离，它用部分细胞质膜包裹自己，一种病毒唾液酸酶（神氨酸酶），从寄主细胞寡糖剪除末端唾液酸残基，把病毒从和细胞的相互作用状态中释放出来，并防止自身之间的凝集，促进再一次感染循环的开始。抗病毒药物 Oseltamivir（Tamiflu）和 Zanamivir（Relenza）用于临床治疗感冒，这些药物是糖的类似物（如图）。它们依靠和寄主细胞的寡糖竞争结合病毒唾液酸酶抑制病毒唾液酸酶，防止病毒从受感染的细胞中释放出来。

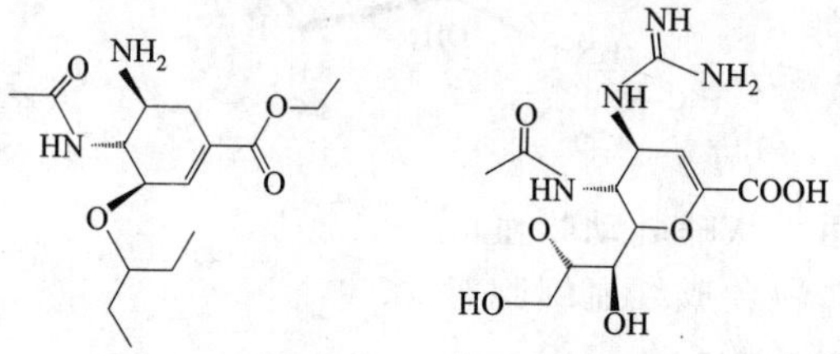

Oseltamivir (Tamiflu)　　Zanamivir (Relenza)

单纯疱疹病毒 HSV-1 和 HSV-2（分别是口腔和生殖器疱疹的致病因子）的表面凝集素特异性地结合于寄主细胞表面类肝素硫酸酯作为感染循环的第一步。感染要求类肝素精确的硫酸脂化位置。类肝素硫酸酯类似物模仿它和病毒的相互作用，正在被研究作为抗病毒药物，干扰病毒和细胞之间的相互作用。

一些微生物病原体有介导细菌对寄主细胞的黏附或输入毒素的凝集素。例如：Barry J. Marshall 和 J. Kobin Waren 20 世纪 80 年代证明幽门螺杆菌（*Helicobacter Pylori*）是大部分胃溃疡的病原体，这种病原体依靠细菌膜上的凝集素和胃表皮细胞膜糖蛋白的寡糖相互作用附着于胃的内表面，由幽门螺杆菌识别的结合位点是寡糖 Lewis b（Le^b），它也是 O 型血型决定簇的一部分，这个发现解释了为什么 O 型血的人得胃溃疡的几率比 A、B 型血的人大好几倍。化学合成 Le^b 寡糖类似物可能对治疗这一类型的胃溃疡是有效的。依靠竞争结合胃表皮细胞糖蛋白，可以防止细菌凝集素的结合，防止细菌的黏附，因而阻止感染。

一些在发展中国家广泛传播的最具破坏性的寄生虫病是由真核微生物引起的，它们显示不寻常的表面糖蛋白以保护它们的寄生过程。这些微生物包括锥虫（The trypanosomes），它引起非洲昏睡病和 Chagas 病；疟原虫（*Plasmodium falciparum*），疟疾寄生虫；阿米巴变形虫——阿米巴痢疾的病原虫，人们希望能合成一些新的药物以干扰这些病原体不寻常寡糖的合成，抑制病原虫的繁殖。

由细菌霍乱弧菌产生的霍乱毒素分子在进入负责水分吸收的小肠细胞之后，造成细胞信号传导紊乱，引起腹泻，这种毒素通过结合于小肠上皮细胞表面一个膜磷脂，神经节苷酯 GM1 的寡糖部分附着于靶细胞。同样，由博得特氏菌产生的百日咳毒素只有先结合寄主细胞携带一个末端有唾液酸残基的寡糖，才能进入细胞。了解这些毒素（凝集素）对寡糖结合位点的细节可能让我们能够开发遗传工程化了的毒素类似物用作疫苗。工程化毒素类似物缺少碳水化合物结合位点，可能是无害的。因为它们不能结合靶位点，因而不能进入细胞。但是，它们可以引起免疫反应，使细胞暴露于天然毒素时免受攻击。我们也可以想象出类似细胞表面寡糖的药物，结合于细菌凝集素或毒素防止毒素和细胞表面的结合。

凝集素也可能作用于细胞内。一个含 6-磷酸甘露糖的寡糖，标志着新合成的蛋白会从高尔基器被转送到溶酶体（见18章相关部分），这些糖蛋白的寡糖标记物亦称“信号补丁”，被一种酶所识别并磷酸化一个寡糖链末端的一个甘露糖残基。产生的6-磷酸甘露糖残基之后被阳离子依赖的甘露糖6-磷酸受体所识别，这个受体是一种膜连凝集素，它的甘露糖磷酸酯结合位点在高尔基复合物的内质网膜腔一边。当一个高尔基器含有这个受体的部分被出芽形成一个运输小泡时，依靠甘露糖磷酸酯和受体的相互作用，含有甘露糖磷酸的蛋白会被拉入形成的小泡，这个小泡然后会和溶酶体融合，并把它们投递在这个细胞器内。大概是所有的降解酶（水解酶类）是这样被投递到溶酶体的。一些6-磷酸甘露糖受体能够捕捉含有甘露糖6-磷酸酯残基的酶进入溶酶体，这个过程是矫正人溶酶体储存紊乱的“酶置换疗法”的基础。

其他凝集素在另一些蛋白质细胞内投递分类中起作用。任何在内质网膜腔中新合成的蛋白都附着有复杂寡糖，这些寡糖可被两种内质网凝集素结合，它们同时也是分子伴侣。钙联接蛋白（calnexin，一种膜结合蛋白）或钙网蛋白（calreticulin），这两种凝集素使新蛋白和能导致迅速二硫键互换的酶联系并尝试各种可能的肽链折叠，最后形成天然构象。此后在内质网膜上的酶修剪蛋白的寡糖部分，使之被另一种凝集素ERGIC53所识别，它把折叠蛋白（糖蛋白）拉进高尔基复合物进行进一步的修饰。如果一个蛋白还没有进行有效折叠，它所携带的寡糖会被修剪成另一种形式；这一次它会被一种称作EDEM的凝集素所识别，开始移动这个有缺陷的折叠蛋白进入细胞质，在那里它将被降解。因此，在内质网内的蛋白质糖基化被作为一种质量控制信号，使细胞能排除不正确折叠的蛋白。

二、凝集素和碳水化合物的相互作用

在所有上述介绍的凝集素的功能中，许多已知的凝集素和寡糖相互作用，主要是由于寡糖有独特的结构，因此凝集素对它们的识别是高度特异的。寡糖结构的高密度信息，提供了一种“糖密码”，它含有无限数量独特“单词”，足够每种蛋白各阅读一个。在糖结合位点，凝集素有着一套分子互补性，使它们只正确地和相应的糖相互作用，因此，使凝集素与糖能高特异性地相互结合。一种寡糖和每个凝集素的寡糖结合结构域（CBD）之间的亲和力有时是中等的（K_d值在μM～mM之间）。但这种结合的效率在许多情况下，因为凝集素结合的多价性而获得巨大的增加，因为单个凝集素分子含有多个CBD。在一系列通常存在于膜表面的寡糖中，每个寡糖结合一个凝集素的结合位点，加强了这种相互作用。当细胞表现多重受体时，相互作用的亲和力会相当高，使得细胞附着和流动成为高度协调的事件。

几个凝集素和糖复合物结构的X射线衍射分析提供了丰富的凝集素——糖相互作用的细节。在人体中有一个结合以唾液酸为末端寡糖的凝集素家族，它们有重要的生物学作用。所有的这些凝集素以类似于免疫球蛋白的β三明治结构域结合寡糖（见CD8蛋白模体），所以把这些蛋白称为“Siglecs”1-11（sialic acid-recognizing Ig-superfamily lectins），或者有时称sialoadhesin（唾液酸黏附蛋白家族）。一种Siglec和唾液酸的相互作用包括每个环取代物单独对一个Neu5Ac：在C-5上的乙酰基和蛋白既有氢键的相互作用，又有范德华作用，这个羰基还和蛋白形成氢键。Siglecs还调节免疫和神经系统的活性以及血细胞的发育。例如，Siglec-7靠结合含有两个分子唾液酸的神经节苷脂（GD3）抑制动物免疫系统中天然杀伤（NK）细胞的活性。如黑色素瘤和神经成纤维瘤等恶性肿瘤中GD3水平的提高可能是一种对免疫系统保护行为的躲避作用。

从甘露糖6-磷酸酯受体和凝集素复合物的结构了解到它和甘露糖6-磷酸酯的相互作用细节。它解释了结合特异性和二价金属离子在凝集素-糖相互作用中的功能。His^{105}靠氢键与磷酸基团中的一个氧原子结合，当带有甘露糖6-磷酸标签的蛋白到达溶酶体（它较高尔基器内部有较低的pH值），此时受体失去它对甘露糖6-磷酸酯的亲和力。His^{105}的质子化可能对这种结合改变负责。

除了这些非常特异性的相互作用之外，还有许多更一般的相互作用被许多糖与凝集素的结合所采用。例如，许多糖有极性强的一侧和极性弱的另一侧（图5-27）。极性强的一侧和凝集素首先氢键结合，而极性弱的一侧与非极性氨基酸残基进行疏水相互作用。所有这些相互作用

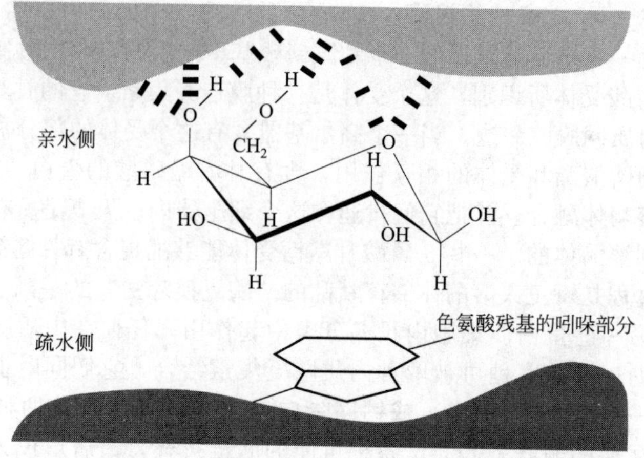

图 5-27　糖残基和凝集素的疏水相互作用

寡糖中的单糖单体，例如半乳糖极性强的一侧（椅子型环上面氧原子和几个羟基），它可以和凝集素形成氢键，而疏水的一侧能和凝集素非极性边链发生疏水相互作用，例如色氨酸的吲哚环

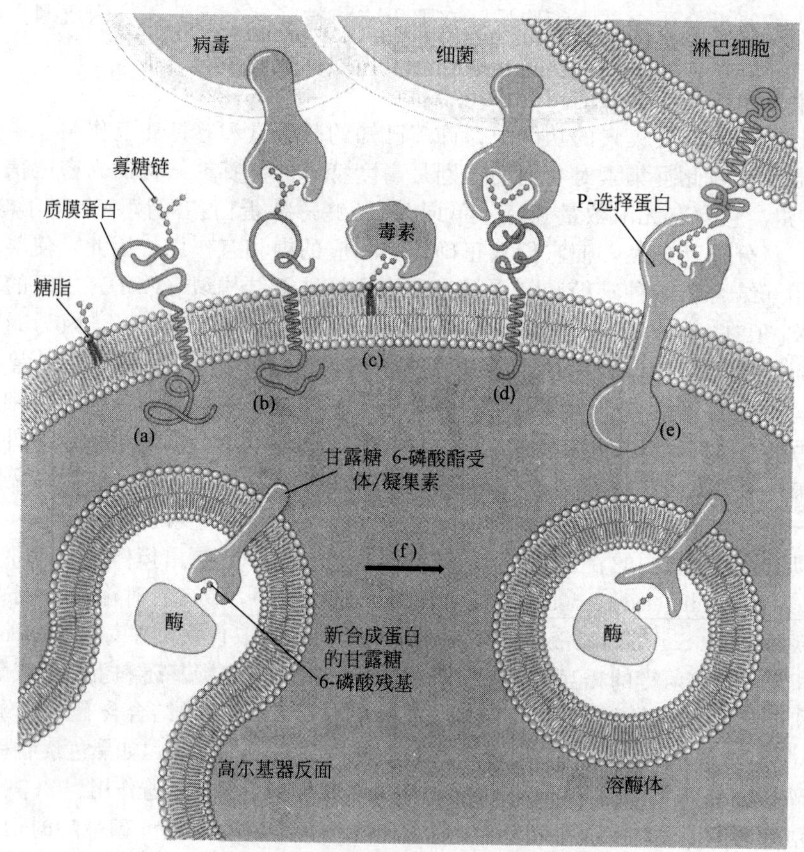

图 5-28　寡糖在细胞表面识别和黏附中的作用

(a) 寡糖有着独特的结构（表示为一串六角形），是一系列质膜外表面糖蛋白和糖脂的组成成分，它们能和细胞外基质中的凝集素相互作用。(b) 像感冒病毒这样的感染动物细胞的病毒，在感染细胞的第一步是结合于细胞表面的糖蛋白的。(c) 细菌毒素，如霍乱毒素和百日咳毒素，在进入细胞之前，结合于细胞表面糖酯。(d) 一些细菌如幽门螺杆菌黏附于细胞表面的糖蛋白而寄居或感染细胞。(e) 选择蛋白（凝集素）在一些质膜中介导细胞-细胞相互作用，例如嗜中性细胞和感染位点的毛细血管壁内皮细胞的相互作用。(f) 甘露糖-6 磷酸酯受体/高尔基器凝集素结合于溶酶体酶的寡糖，指导他们向高尔基器的转移

的总和产生凝集素对他们相应的糖类的高亲和力和高特异性的结合。这代表着一类细胞内和细胞之间许多信息传递过程的核心。图 5-28 概括了一些由糖密码介导的生物学相互作用。

提　　要

＊单糖能组装成无限数量的不同寡糖，它们有立体化学和糖苷键位置的差异性，取代基团、取代位置的差异性，以及分叉类型和数量的差异性。多糖比核酸和蛋白有大得多的信息密度。

＊凝集素是含有高特异性结合碳水化合物结构域的蛋白，一般存在于细胞外表面。在那里它们和其他细胞亲密接触。在脊椎动物中由凝集素阅读的寡糖标签支配着一些肽类激素，循环蛋白和血细胞降解的速度。

＊细胞内凝集素介导细胞内蛋白向特殊细胞器投递或进入分泌途径。

＊凝集素-糖复合物的 X 射线晶体学研究表明，两种分子之间具有紧密的互补性，它解释了凝集素和糖之间相互作用的高强度和特异性。

第六节　糖组学及研究方法

一、糖组学

糖组学（glycomics）是系统地研究和鉴定一种给定细胞或组织的所有碳水化合物成分的科学。包括那些和蛋白、脂类相结合的糖类。对于糖蛋白来说，这意味着研究哪一种蛋白被糖基化以及每种寡糖所附着的氨基酸序列。这是一个具有挑战性的课题。对这个课题的研究为人们提供了对正常蛋白糖基化图形以及由于发育或遗传疾病或癌变造成的异常糖基化。目前鉴定整个细胞糖成分的方法主要依赖于质谱分析技术的熟练应用（图 5-29）。

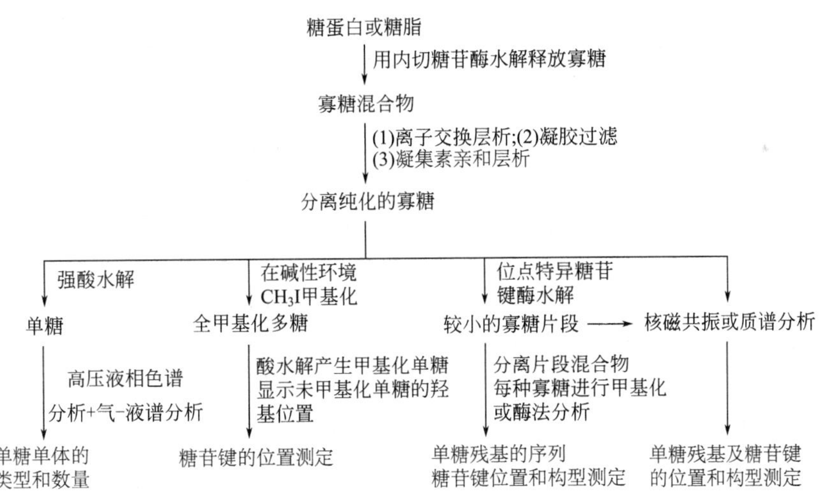

图 5-29　碳水化合物的分析方法

经过第一阶段纯化的多糖样品经常需要经过四个不同分析途径达到完全的鉴定

对一系列已知糖蛋白的研究，已了解到许多 *O*-连和 *N*-连寡糖的结构。我们将在第 18 章讨论特殊蛋白获得特殊寡糖的机制。

许多由真核细胞分泌的蛋白是糖蛋白，包括大部分血浆蛋白。例如，免疫球蛋白（抗体）和一些激素，如促卵泡激素（follice-stimulating hormone），促黄体激素和甲状腺激素是糖蛋白。许多乳蛋白，包括乳清蛋白，和一些由胰脏分泌的蛋白，如核糖核酸酶是糖基化了的。大部分溶酶体所含的蛋白也是糖基化的。

蛋白质糖基化的生物学功能正在逐渐被人们所了解，非常亲水的寡糖结合改变了它们所偶联的蛋白的极性和溶解度。在内质网上新合成的蛋白质被附着上寡糖链，并在高尔基器内精心的修剪，使得寡糖链成为投递标签和质量控制的标签，它指导错误折叠的蛋白质归于降解。当许多带负电荷的寡糖链被串联在一种蛋白的一个特定区域时，同电相斥使得蛋白的这一部分会形成伸长的棍状结构，寡糖的庞大和负电性也可以保护一些蛋白免受蛋白酶的攻击。除这些对蛋白结构整体性的物理作用，糖蛋白寡糖链还有更多的生物学功能，由于发现人类 18 种糖基化的遗传紊乱疾病，正常蛋白糖基化重要性，而今更被人们所了解。所有这些错误引起严重的生理上的和神经发育的严重缺陷，有些紊乱是致命的。

二、糖类的研究方法

寡糖结构在生物学识别中的重要性已成为开发寡糖结构和立体化学分析方法的驱动力。寡糖分析复杂性基于这样的事实：不像核酸和蛋白，寡糖链是分叉的，且有多样的连接方式。许多寡糖和多糖有高电荷密度，且在葡萄糖胺聚糖中易被硫酸酯化，这造成了更多的困难。

为了简单化，对线形多聚物如直链淀粉，糖苷键的位置是用经典的彻底甲基化法测定：即把完整的多糖用甲基碘在强碱性介质中处理，把所有游离羟基都变成酸稳定甲基酯形式，然后在酸中水解甲基多糖。这样水解产生的单糖衍生物的游离羟基肯定是在多糖中参与形成糖苷键位置的羟基。为了测定单糖残基的顺序，包括存在的分叉点，已知特异性的外糖苷键酶用来从非还原端一次一个残基地依次水解，这些已知糖苷键特异性的酶解常常可以确定糖苷键的位置和连接的立体化学方式。

为了分析糖蛋白和糖酯的寡糖部分，这种寡糖可以使用特异于 *O*-连或 *N*-连寡糖的糖苷酶切出寡糖或由酯酶切出酯的头部基团。另外 *O*-连寡糖多数还能使用肼处理糖蛋白释放多糖部分。

产生的糖混合物可以用一系列方法分离成单个成分（图 5-29)，包括在蛋白质研究中用于分离氨基酸的技术；靠溶剂的分级沉淀；离子交换和分子量排阻色谱技术。共价附着于不溶支持物的高纯凝集素常被用于糖类的亲和层析。

用强酸水解寡糖和多糖产生一个单糖的混合物，可以用色谱技术进行定性和定量分析，以了解多聚物的全部成分。

寡糖分析越来越依赖于质谱学和高分辨率核磁共振技术。基质帮助的激光解析和离子化质谱（MALDI-MS）和串联质谱技术，已经可用于分析像寡糖这样的极性化合物。MALDI-MS 是一种测定分子离子质量非常灵敏的方法（适用于寡糖链），串联质谱分析（MS/MS）测定分子离子和它们的片段的质量，单独核磁共振分析特别是对适当大小的寡糖，可以产生很多关于序列，糖苷键连接位置，异头碳构型的信息。例如，肝素结构片段的填充式模型的获得完全是由核磁共振谱完成的。自动化方法和商用仪器能用于例行的寡糖结构测定，但是连接一种以上糖苷键类型的分叉寡糖的测定仍然是种很难完成的工作（图 5-30)。

研发糖结构的另一个重要工具是糖的化学合成，已经证明这是一条了解糖胺聚糖和寡糖的生物学功能的强有力的途径。进行这种合成的化学方法是困难的，但糖化学家们现在几乎能合成任何一种糖胺聚糖的片段，带有正确的立体结构，链长和硫酸酯化图形，以及图 5-30 中的复杂寡糖。寡糖的固相合成是基于肽合成的相同原理，但是需要一套寡糖化学合成的独特工具：保护基团和激活基团，让糖苷键的合成发生在准确的羟基上。高纯度酶（糖基转移酶，glycosyltransferases）应该对制备纯合成化合物有帮助。像这样的合成途径代表着巨大意义的新领域，因为从天然资源中很难分离纯化到一定数量特定寡糖。许多特定寡糖多糖微阵列有点像 DNA 微阵列，可以用来探测有荧光标志的凝集素以检验它的结合特异性。

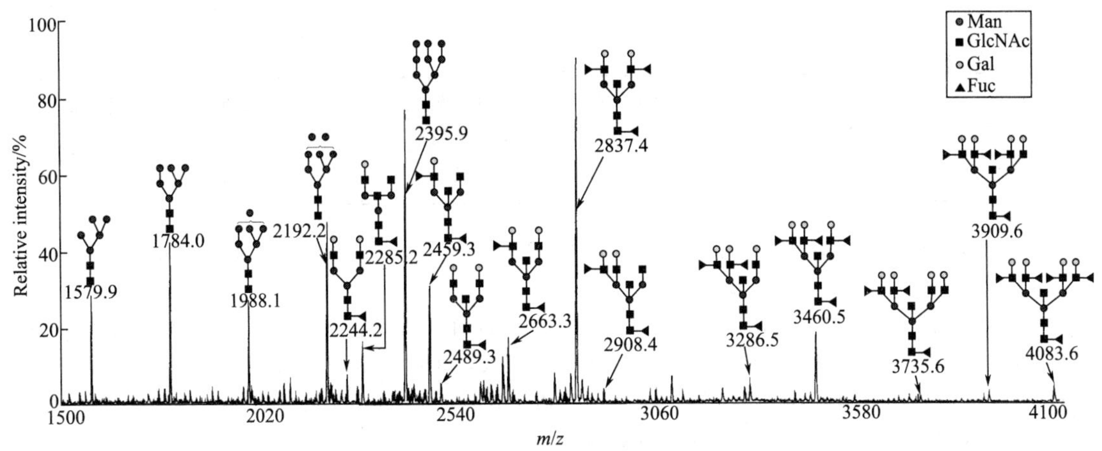

图 5-30 糖蛋白中的寡糖缀合物的纯化和质谱定性定量分析

一个抽提自肾组织的蛋白质混合物样品，使用内切糖苷酶处理释放糖蛋白的寡糖链。这些寡糖用基质协助激光解吸离子化质谱仪（MALDI-MS）进行分析。每种独特结构的寡糖依据它的质量产生一个峰。曲线下的面积反映这种寡糖的数量，在这个混合物中质量最大的寡糖（质量 2837.4u），由 13 个单糖残基组成。在这个样品中，小至 7 个残基多至 19 个单糖残基的寡糖都可用这个方法分析出来

提　要

* 糖组学研究一种细胞或组织中所有的含糖成分，并确定这类分子的结构和生物学功能。

* 建立完全的寡糖和多糖结构需要测定线性顺序排列；分叉点，每个单糖残基的构型和糖苷键联系的位置，这是一个比蛋白质和核酸测序更复杂的问题。

* 寡糖和多糖的结构经常要依靠一个联合的方法测定：特异性酶法分析以确定糖苷键的立体化学，并产生小片段以便进一步分析；甲基化以找出糖苷键的位置，以及逐步式的降解以测定顺序及异头碳的构型。

* 质谱和高分辨率核磁共振分析可用于糖的小样品分析，产生有关序列，异头碳和其他碳的构型和糖苷键的位置。

* 固相合成方法产生有特定结构寡糖在探讨凝集素和寡糖相互作用方面有巨大价值，而且可能有重要的临床应用前景。

思 考 题

1. 当羰基氧原子被还原成羟基时，形成单糖的衍生物糖醇，例如，D-甘油醛能被还原成甘油，此时这个糖醇就不再有 D 和 L 型的区别。为什么？

2. 利用图 5-3，指出（a）D-阿洛糖，（b）D-古洛糖和（c）D-核糖在 C-2，C-3 和 C-4 上的差向异构体。

3. 在 α-D 葡萄糖中的哪一个键断裂，才能使它的构型变成 β-D 葡萄糖？哪一个键断裂才能使 D-葡萄糖变成 D-甘露糖？哪一条键断裂可使葡萄糖的椅子型结构变成船型？

4. 解释为什么 D-2-脱氧半乳糖与 D-2-脱氧葡萄糖有一样的化学性质。

5. 描述下列各对糖结构上的共同性和差异。(a) 纤维素和糖原；(b) D-葡萄糖和 D-果糖；(c) 麦芽糖和蔗糖。

6. 画出 α-D-葡萄糖基（1→6）-D-甘露糖胺的结构式，指出使这个二糖具有还原糖性质的基团。

7. 半缩醛和糖苷之间有什么不同？

8. 许多糖能和苯肼（$C_6H_5NHNH_2$）反应形成叫做脎（osazone）的亮黄色结晶衍生物。这些糖脎衍生物结晶的熔点温度易于测定，这个方法在高压液相色谱和气液色谱技术发明之前可帮助鉴别单糖。下列是一些醛糖脎的熔点：

单糖	无水单糖的熔点	脎衍生物的熔点	单糖	无水单糖的熔点	脎衍生物的熔点
葡萄糖	146	205	半乳糖	165～168	201
甘露糖	132	205	塔罗糖(talose)	128～130	201

如以上表所述，一些已糖脎有相同熔点，但衍生它们的单糖是不同的。为什么葡萄糖和甘露糖、半乳糖和塔罗糖形成的脎衍生物有相同的熔点？

9. 一种给定单糖对映异构体的溶液，使一个极化光平面从右向左旋转，因此称之为左旋异构体（左旋糖）指定为（－），另一个对映异构体，使极化光从左向右旋转（顺时针）相同的范围称之为右旋异构体，指定为（＋），等 molar 浓度的（＋），（－）对映异构体溶液混合不造成极化光旋转。

一种立体异构体的光学活性，又被定量表现为旋光度（optical rotation），就是一种特定浓度的化合物在给定长度的光径中，使极化光旋转转的度数。一种光学活性化学物的比旋（specific rotation）定义为：

$$[\alpha]_{\lambda}^{t}=\frac{\text{被测得的光旋转度}(^{\circ})}{\text{光径长度}(\text{dm})\times\text{浓度}(\text{g/mL})}$$

这里温度（t）和光的波长 λ 必须是特定的（波长通常是钠光灯 589nm）

一个新鲜制备的 α-D-葡萄糖溶液比旋为＋112°，过了一段时间后，溶液的旋光度逐渐减少，达到平衡时的旋光值为 $[\alpha]_{D}^{25℃}=+52.5^{\circ}$，相反，一个新制备的 β-D-葡萄糖溶液比旋光值为＋19°，在过了一段时间后旋光度增加，达到平衡时的旋光值如它的 α 异头物。

(a) 画出 D-葡萄糖 α 和 β 异构体的 Haworth 透视式结构式，这两种异构体的区别在哪里？

(b) 为什么 α 型 D-葡萄糖新制备的溶液其比旋会逐渐减少？为什么 α-型和 β 型溶液在达到平衡时有相同的比旋值。

(c) 计算 D-葡萄糖的两种异构体形式达到平衡时在溶液中的百分比。

10. 蜂蜜中的果糖主要是以 β-D-吡喃糖的形式存在的。这是一种已知最甜的碳水化合物。比葡萄糖甜两倍。β-D-呋喃型果糖甜度就低得多。在高温时蜂蜜的甜度逐渐减少。而且，高果糖玉米糖浆（一种商业产品其中玉米糖浆中的许多葡萄糖被变成果糖）被用于冷饮的甜味剂，但不能用于热饮料。果糖的什么化学性质能解释这两种现象？

11. 一种二糖，可能是麦芽糖或蔗糖，和菲林溶液（Fehling's solution）反应后产生红色。这种糖是什么糖，为什么？

12. 从青霉菌分离的葡萄糖氧化酶催化 β-D-葡萄糖的氧化反应，形成 D-葡萄糖酸内酯。这个酶高度特异于葡萄糖的 β 型，而不影响 α-异构体。尽管有这种特异性，由葡萄糖氧化酶催化的这个反应还是普遍地被用于临床测定全血葡萄糖。尽管血液中葡萄糖是一个 α-和 β-D-葡萄糖的混合物。什么事实使这种测定反映了实际情况？除了能检出较小量的葡萄糖这个优越性外，还有什么其他好处使葡萄糖氧化酶取代 Fehlings 试剂？

13. 蔗糖（比旋度＋66.5°）水解产生 D-葡萄糖（比旋度＋52.5°）和 D-果糖（比旋度－92°）的等摩尔混合物。

(a) 设计一个方便的方法来测定由小肠黏膜制备的制剂催化的蔗糖水解的速度。

(b) 解释为什么在食品工业中把由蔗糖水解产生的 D-葡萄糖和 D-果糖的等摩拉浓度（equimolar）混合物叫做“转化糖”。

(c)“转化酶”(invertase，现在一般叫蔗糖酶）作用于 10%（0.1g/ml）的蔗糖溶液直至水解完成。当水解完成时，在 10cm 长的样品池中观察到的旋光度是多少？

14. 乳糖存在两种异头物（anomers，端基差向异构体）但是蔗糖没有端基差向异构体，为什么？

15. 龙胆二糖［D-Glc（β1→6）D-Glc］是存在于植物中的二糖，根据上述缩写画出它的结构式。说明它是否是还原糖？能否变旋？

16. *N*-乙酰-β-D-葡萄糖胺是一种还原糖吗？D-葡萄糖醛酸是不是？二糖 GlcN（α1←→1α）Glc 是一种还原糖吗？

17. 纤维素可能是一种大量的便宜的葡萄糖来源，但是人类不能消化它，为什么？如果提供一种方法使你能获得这种能力，你能接受它吗？

18. 棉花是粗糙的纤维状、完全不溶于水的物质，相反，从肌肉或肝脏中获得糖原却是易于在水中扩散，并形成略带浑浊的溶液，尽管与棉花有显著不同的物理性质，但是它们都是以（1→4）连接的D-葡萄糖多聚物，分子量也相当。什么结构上的区别使这两种多聚物有这些不同的物理性质？解释这些不同性质的生物学作用。

19. 比较相对分子质量同是 200000 的纤维素分子和直链淀粉分子的尺寸。

20. 竹子有着惊人的生长速度，在最适条件下，一天能长 30cm。假如竹子的茎完全由取向相同的纤维素纤维组成，计算生长中的纤维素链每秒需酶法加接多少个葡萄糖残基？以每个葡萄糖单体长 0.5nm 计算。

21. 禽类在飞行时肌肉几乎完全依赖以 ATP 的形式使用存在于葡萄糖-1-磷酸酯中的能量。而葡萄糖 1-磷酸来自由糖原磷酸化酶催化储存在肌肉中的糖原水解而成。因而 ATP 的产生受限制于糖原水解的速度。在禽鸟受惊吓飞行期间，糖原的裂解速度很高，相当于每克肌肉组织产生 120μmol/min 葡萄糖 1-磷酸。假设飞行肌肉通常含有其重量的 0.35%糖原，计算这种禽鸟能飞多远（假设糖原中一个葡萄糖残基的分子量为 162g/mol）。

22. 硫酸软骨素的一种重要功能是作为关节的滑润剂，它产生一种胶状介质抵抗摩擦和冲击，这种功能似乎和硫酸软骨素的一种独特性有关：它在溶液中的体积比脱水固体要大得多，为什么在溶液中它的体积那么大？

23. 肝素是一种高负电性的糖胺聚糖，临床上被用作抗凝血剂，它能够和几种血浆蛋白结合发挥抗凝作用，这些蛋白包括抗凝血酶Ⅲ（一种血凝抑制物）。肝素与抗凝血酶Ⅲ的 1∶1 结合，引起后者的构象改变，大大增加了它抑制血凝的能力。抗血凝酶Ⅲ中的哪些氨基酸残基，可能参与与肝素的作用？

24. 用 *N*-乙酰葡萄胺-4-硫酸酯和葡萄糖醛酸组成的三糖，可能有多少种？写出 10 种它们的结构缩写式。

25. 假定有四种蛋白它们都有相同的氨基酸序列，但分别含有 0、1、2、3 条寡糖链，每条寡糖链末端都有一个唾液酸残基。如果这四种蛋白的混合物用 SDS 聚丙烯酰胺凝胶电泳进行分析，请画出这种蛋白的电泳图形，指出每条带所含的蛋白种类。

26. 一些糖蛋白的寡糖部分可能作为一种细胞的识别位点。为了执行这种功能，寡糖部分必须有能力形成数量巨大的不同形式结构。下列两类化合物哪一类可产生的结构多样性大；五种不同氨基酸组成的寡肽还是五种不同单糖残基组成的寡糖？为什么？

27. 支链淀粉中的分叉数量[（α1→6）糖苷键的数目］能以下列叙述的方法测定。一个支链淀粉样品用甲基化试剂（甲基碘 CH_3I）处理彻底甲基化，把糖分子中游离羟基都变成羟甲基（—OH→—OCH_3）。然后甲基化处理的样品用酸水解所有的糖苷键，产生的 2,3-二-*O*-甲基葡萄糖可被测定。

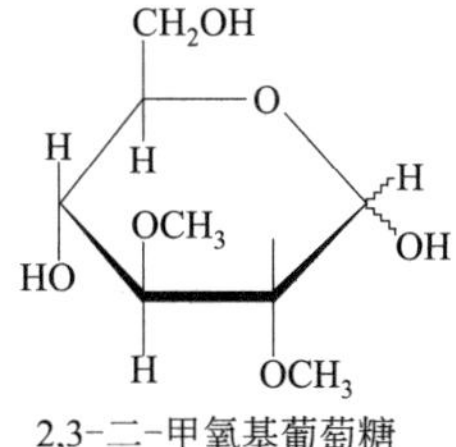

2,3-二-甲氧基葡萄糖

(a) 解释这种测定支链淀粉中（α1→6）分叉点方法的分子基础。在甲基化和水解过程中，非分叉点的葡萄糖残基怎么样了？

(b) 一个 258mg 的支链淀粉样品以上述的方法处理产生 12.4mg，2,3-二-O-甲基葡萄糖。确定这个支叉淀粉含有（$\alpha 1 \rightarrow 6$）分叉的葡萄糖残基的百分比（假定支链淀粉中葡萄糖残基的分子量是16.2g/mol）。

28. 一种未知结构多糖被纯化后进行彻底甲基化，并完全酸水解。分析水解产物发现有三种甲基化单糖：2,3,4-三-O-甲基-D-葡萄糖，2,4-二-O-甲基-D-葡萄糖和 2,3,4,6-四-O-甲基-D-葡萄糖，它们的比例为 20∶1∶1。这种多糖的结构如何？

第六章　维生素与辅酶

第一节　维生素的概念与分类

一、维生素的一般概念和重要性

维生素，是维持生命有机体正常的生命活动过程所必需的一类物质。就目前所发现的维生素来说，种类很多，结构各异，但均为小分子的有机化合物。就其功能来讲，维生素既不是构成组织的原料，也不是供能物质，但确是生物生长发育和进行新陈代谢不可缺少的一类物质，因为它是酶的辅酶的组成成分，尤其是B族维生素。

动物不能合成自身的维生素或合成的量很少，必须由食物中供给，否则代谢失调，生长停止，疾病随之发生。不同的维生素构成不同的辅酶，故缺乏维生素，可产生不同的疾病，这些统称为维生素缺乏病（avitaminosis）。

高等植物一般可以合成自身所需的各种维生素；有些微生物能合成自身所需要的维生素，如核黄菌能合成维生素 B_2；有些不能，须由外界供给某种维生素才能正常生长。人体内的肠道细菌可以合成一定量的维生素，供人体需要。

人们对维生素的认识来自于长期的医疗实践和科学实验。19世纪初，欧洲一些研究者认为，人体只需要蛋白质、糖类、脂类、矿物质、水五种营养素，但在航海和探险的传记中早已记载了许多坏血病的病例；这些病人并不能用当时已知的五种营养素来治疗。

1896年，被荷兰殖民主义者囚禁的爪哇人中普遍发生脚气病，荷兰医生艾克曼（Eijkman）发现此病的发生与食米的精、糙有关，可能是由于缺乏米糠中的某种成分引起的。他以鸡做实验，发现鸡长期食用精米后，会产生与人相同的脚气病，即多发性神经炎。

1910年，波兰学者冯克（Funk）从米糠中提取出一种胺类物质，可治疗脚气病，他把它命名为“活性胺”（vita-amino）。1926年，Jansenhe 和 Donath 从米糠中获得了硫胺素的结晶。

此后，在天然食物中陆续发现了许多为动物和微生物生长所必需的物质，并证明大多数并不是胺类物质，故把这类物质统称为维生素（vitamin），意即维持生命之要素。

二、维生素的命名和分类

1. 维生素的命名

① 习惯上采用拉丁字母A、B、C、D……来命名，中文命名则相应的采用甲、乙、丙、丁……；这些字母不表示发现该种维生素的历史次序（维生素A除外），也不说明相邻维生素之间存在什么关系。

② 根据生物学作用来命名；如维生素 B_1（VB_1），有防止神经炎的功能，所以也称为抗神经炎维生素（aneurin）。

③ 根据其化学结构来命名。如维生素 B_1，因分子中含有S和氨基（NH_2 基），又称为硫胺素。

④ 1956年，国际纯化学和应用化学命名委员会要求按化学性质来命名，然而固有的习惯，仍然采用。

2. 维生素的分类

目前已知的维生素有30多种。尽管它们都是有机化合物，但其化学结构复杂多样，有胺类、醇类、酚类、醛类等；故不能用一般有机化合物的分类方法来分类。目前多根据溶解性质将维生素分为两大类：

（1）脂溶性维生素（fat soluble vitamins） 如维生素 A、维生素 D、维生素 E 和维生素 K 等。

（2）水溶性维生素（water soluble vitamins） 包括维生素 C 和维生素 B 族。

第二节 重要的脂溶性维生素

一、维生素 A 及维生素 A 原

维生素 A，也称为视黄醇（retinol）。维生素 A 有两种，维生素 A_1（VA_1）和维生素 A_2（VA_2）。维生素 A_1 主要存在于咸水鱼的肝脏，维生素 A_2 主要存在于淡水鱼的肝脏，商品维生素 A 即维生素 A_1。

维生素 A 是含有 β-白芷酮环的不饱和一元醇。维生素 A_1 和维生素 A_2 的结构相似（图 6-1），维生素 A_2 的结构仅在环中比维生素 A_1 多一个双键。人体缺乏维生素 A，出现干眼病，故维生素 A 又称为抗干眼病维生素。又因分子中含有醇基，也称为干眼醇。维生素 A 最先从鱼肝油（fish liver oils）中分离出来。肝脏、鸡蛋。全奶（whole milk）及奶油中都富含维生素 A。

植物如胡萝卜、甜马铃薯以及其他的黄绿色蔬菜中含较多的类胡萝卜素（carotinoid），如 β-胡萝卜素（β-carotene）[图 6-1(a)]，它本身不具有维生素活性；但在脊椎动物的小肠，肝脏内，β-胡萝卜素在特定的酶催化下可转变为两分子的维生素 A_1，即视黄醇（retinol）[图 6-1(b)]。这种本来不具有维生素活性，但在体内可转变为维生素的物质，称为维生素元。β-胡萝卜素就是维生素 A 原（provitamin A）。视黄醇氧化转变为 11-顺-视黄醛（11-*cis*-

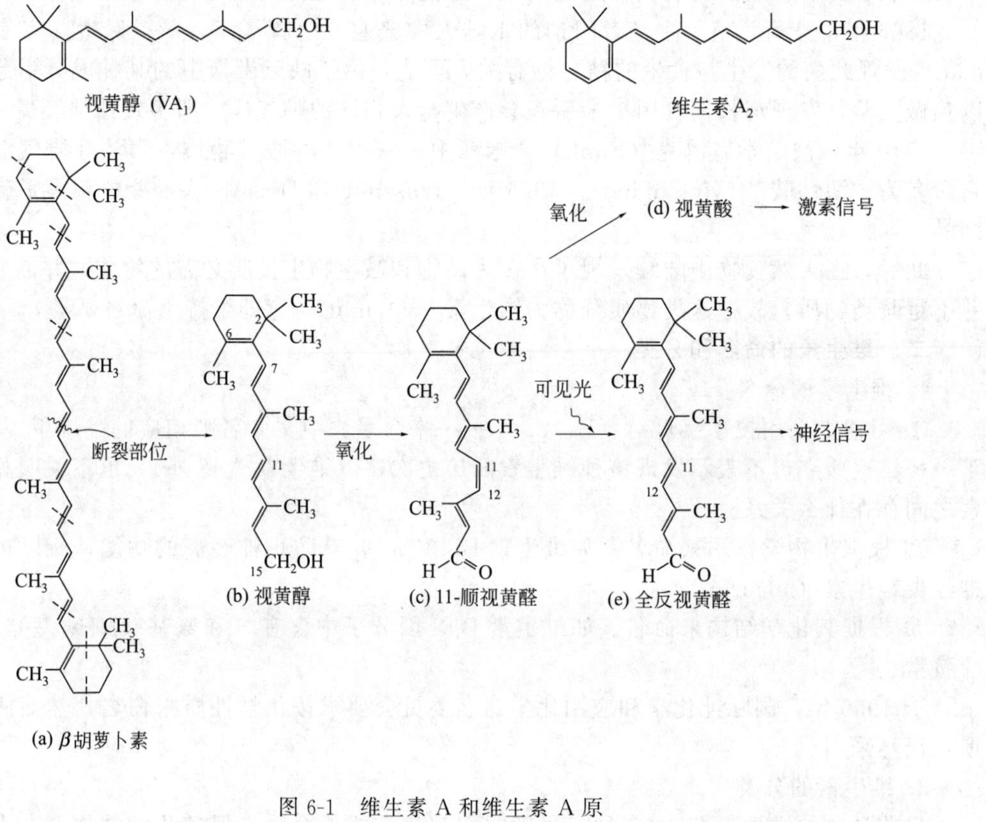

CH_2OH

视黄醇（VA_1）

CH_2OH

维生素 A_2

CH_3 CH_3 CH_3 CH_3 CH_3 CH_3 CH_3 CH_3 CH_3 CH_3

断裂部位

(a) β胡萝卜素

CH_3 CH_3 CH_3 CH_3 CH_3 2 6 7 3 11 15 CH_2OH

(b) 视黄醇

氧化

CH_3 CH_3 CH_3 CH_3 CH_3 11 12 H C O

(c) 11-顺视黄醛

氧化 (d) 视黄酸 —— 激素信号

可见光

CH_3 CH_3 CH_3 CH_3 CH_3 11 12 H C O

(e) 全反视黄醛

—— 神经信号

图 6-1 维生素 A 和维生素 A 原

retinal，retinene，一种视觉色素）［图 6-1(c)］；后者进一步氧化可转变为视黄酸（retinoic acid，RA）［图 6-1(d)］。视黄酸是溶角质外用药维甲酸（维生素 A 酸，tretinoin，Retin-A）的活性成分；用于重症痤疮（粉刺，acne）及皱纹皮肤（wrinkled skin）的治疗。在体内，视黄酸与细胞核中的受体蛋白结合，能诱导细胞增殖、分化，在上皮组织（epithelial tissue）包括皮肤的发育中调节基因的表达。由于视黄酸能在体内产生，进行代谢，并调节基因表达，人们主张将其视为一种激素。

维生素 A 为黄色油状液体，黏性较大。侧链上有双键，易被氧化破坏。维生素 A 与三氯化锑的氯仿溶液反应产生绿色的化合物，可用于定性和定量分析。

维生素 A 的量一般用国际单位（i. u.）表示；每一国际单位维生素 A 的量相当于 0.6μg 的纯 β-胡萝卜素或 0.344μg 维生素 A 醋酸酯。

维生素 A 是构成视觉细胞中感受弱光的物质视紫红质（rhodopsin，也称视紫质）的组成成分。视紫红质有视蛋白（opsin）和 11-顺视黄醛（retinene）组成，视蛋白分子中赖氨酸残基的 ε 氨基与 11-顺视黄醛的醛基之间脱去一分子水形成视紫红质。在暗处，视紫红质分子中的视黄醛以 11-顺视黄醛（11-*cis*- retinal）形式存在。当视紫红质遭遇可见光照射时，11-顺视黄醛经一系列光化学反应转变为全反视黄醛（all-*trans*-retinal）［图 6-1(e)］。导致视紫红质分子的形状发生改变。在脊椎动物视网膜的棒状细胞（视杆细胞）中发生的这种变化将向大脑传送一个电信号（神经信号），此信号是视觉转导的基础。在适宜条件下，全反视黄醛又可转变为 11-顺视黄醛，此反应由视黄醛异构酶（retinalisomerase）催化。反视黄醛也可转变为反视黄醇；反视黄醇在异构酶作用下可转变为 11-顺视黄醇，后者在 11-顺视黄醇脱氢酶作用下又可转变为 11-顺视黄醛；顺视黄醛与视蛋白结合构成了视紫红质，形成一个视循环［图 6-2(b)］。在上述转变过程中，部分的反视黄醛可被分解为无用的物质，所以要经常地补充维生素 A，以保证视循环的正常进行。动物缺乏维生素 A，影响暗适应能力，将出现“夜盲症”（night blindness）。暗适应，指从明亮处进入暗处后看清物体所需的时间。

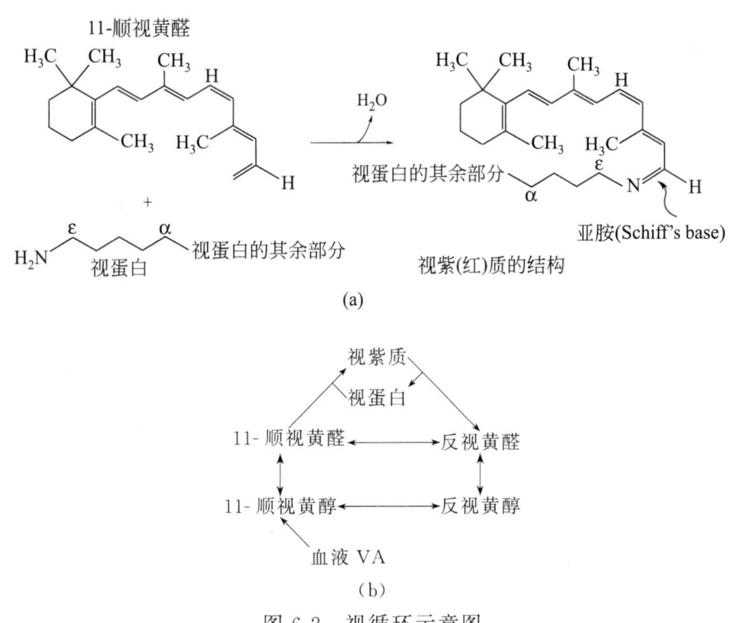

图 6-2 视循环示意图

维生素 A 也是维持上皮组织的结构和功能所必需的物质。动物缺乏维生素 A，出现皮肤及黏膜上皮细胞角化，眼角膜干燥和软化，皮肤角化粗糙，呼吸道易感染，消化道吸收障碍等疾病。

维生素 A 是脂溶性的，在体内与其结合蛋白形成复合物后进行运输和代谢，以增加其溶解度和稳定性；但维生素 A 摄入过多易引起中毒。

二、维生素 D 及维生素 D 原

维生素 D 又称抗佝偻病维生素，其化学本质为固醇类衍生物。维生素 D 有多种，其中

以维生素 D_2 和 D_3 较重要。维生素 D_2 又名钙化醇（calciferol），维生素 D_3 又名胆钙化醇（cholecalciferol），二者的区别仅在侧链 R 上（图 6-3）。

1927 年，Rosenheim 从植物中分离到一种抗佝偻病的物质，经分析知为麦角固醇（ergosterol）。麦角固醇经紫外线照射（irradiation）可转变为维生素 D_2，故麦角固醇是维生素 D_2 的维生素原；维生素 D_2 又可称为麦角钙化醇（ergocalciferol）。人和动物皮下含有 7-脱氢胆固醇，经紫外线照射可转变为维生素 D_3，故它是维生素 D_3的维生素原（图 6-3）。

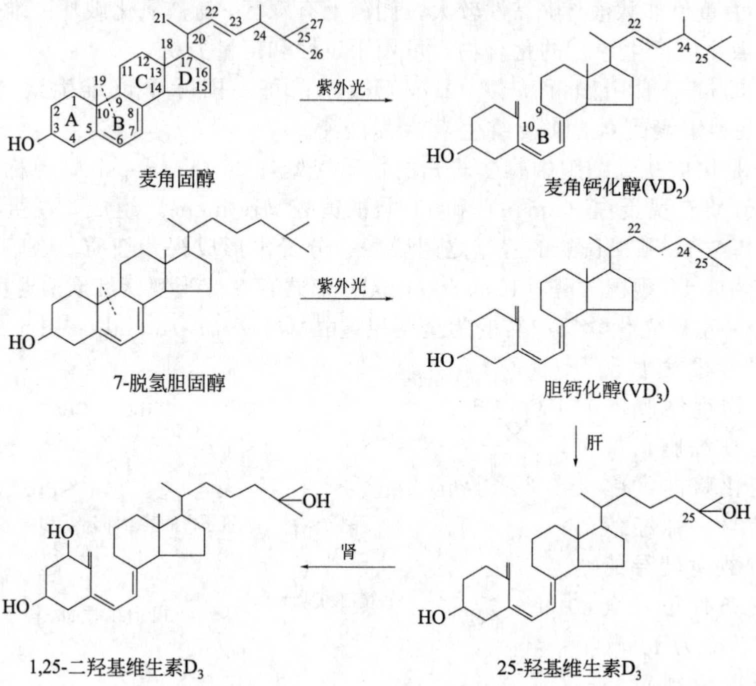

图 6-3　维生素 D 和维生素 D 原

维生素 D_2 和维生素 D_3 在体内的代谢和生理功能十分相似。鱼肝油、蛋黄和牛奶中都含有丰富的维生素 D；植物中不含维生素 D，但维生素 D 原在植物和动物体内都存在。

1953 年，Cruickshank 和 Kodicek 发现，给动物注射维生素 D_3 时，只有很小一部分表现出生物学活性；由此提出了维生素 D_2 和维生素 D_3 是否代表维生素 D 活性分子的问题。1966 年，Neville 等人将维生素 D_3 用 放射性同位素标记后，再给动物注射，可分离出活性更强的衍生物，人们这才认识到，给予维生素 D_3 后，在肝脏，它的第 25 位碳原子被羟化而转化为 25-羟-维生素 D_3，后者在肾脏进一步羟化转变为 1,25-二羟维生素 D_3 后才能在体内发挥其生物学作用（图 6-3）。1,25-二羟维生素 D_3［1,25-$(OH)_2D_3$］是维生素 D_3（VD_3）的活性形式，它调节肠道中钙的吸收以及肾脏、骨骼中钙的水平。此外，和甾醇类激素一样，1,25-二羟维生素 D_3 能与特定的核受体蛋白相互作用调节基因的表达。当肾脏疾病时，1,25$(OH)_2D_3$ 合成的量不足，直接影响肠道对钙离子（Ca^{2+}）的吸收；使血钙水平降低；低血钙（hypocalcaemia）的信号将刺激甲状旁腺激素（PTH，有升高血钙的作用）分泌的增加，导致继发性甲状旁腺机能亢进（secondary hyperparathyroidism）。因是由于肾脏疾病所致，而不是在甲状旁腺（parathyroid gland）。继发性甲状旁腺机能亢进的临床治疗一般给患者补充维生素 D_3 和钙离子。目前，新药西那卡塞（Cinacalcet）已用于该病的治疗。西那卡塞能与甲状旁腺细胞中的钙离子受体结合，抑制甲状旁腺激素的分泌。

维生素 D 为无色结晶体，酸性条件下易被破坏。维生素 D 的量用国际单位来表示，1iu

维生素 D 相当于 0.025μg 结晶的维生素 D_2。商品维生素 D 即 VD_2，它常作为饮食添加剂加入牛奶和奶油中。

摄入的维生素 D 在小肠与甘油二酯、脂肪酸等一起被吸收。维生素 D 结合蛋白参与维生素 D 的运输。不同种属的维生素 D 结合蛋白（DBP），均为一条肽链，为含唾液酸的糖蛋白，但种属特异性强。维生素 D 的主要功能是调节钙、磷代谢，维持血钙和血磷水平。从而维持牙齿和骨骼的正常生长和发育。儿童时期缺乏维生素 D，易发生佝偻病（ricket），其表现为：弓形腿、膝内翻和关节肿大等。过多服用维生素 D 将引起急性中毒。

三、维生素 K

1930 年，年轻的丹麦科学家 H. Dam 发现了一种物质与凝血酶原的合成有关，并把它命名为维生素 K（koagulation vitamine），即凝血维生素。因 H. Dam 和 Edward A. Doisy 还发现缺乏维生素 K，血凝速度变慢，导致死亡。

天然维生素 K 有两种，维生素 K_1 和维生素 K_2，它们都是 2-甲基-1,4-萘醌的衍生物，二者的差异仅在侧链 R 上（图 6-4）。

维生素 K_1 最初是从苜蓿叶中提取出来的，叶绿醌（phylloquinone）即维生素 K_1 是黄色油状物，现知许多绿色植物中含丰富的维生素 K_1。维生素 K_2 是从腐烂鱼中提取出来的淡黄色晶体，是细菌的代谢产物。人工合成的维生素 K 称为丰富的维生素 K_3，其化学本质为 2-甲基-1,4-萘醌。蛋黄、苜蓿、绿色蔬菜如菠菜、动物肝脏等含有丰富的维生素 K，人体肠道细菌也可以合成维生素 K，故一般不会缺乏。

维生素 K 的主要功能是促进凝血酶原（prothrombin）、凝血因子Ⅶ及Ⅸ等的合成。如凝血酶原刚合成出来时没有活性，它的 N 端 1～35 位，有大约 10 个谷氨酸必须进行羧基化转变为 γ 羧基谷氨酸后，才能表现活性。羧化反应由维生素 K 依赖性羧化酶，也称为 γ-谷氨酸羧化酶催化；一般认为维生素 K 起辅酶的作用。γ-羧基谷氨酸分子中的两个羧基像一有“两个齿的”配基或“双钩状物”（bidentate），能与钙离子结合。这些维生素 K 依赖性凝血因子都参与需要钙的反应，若它们分子中的谷氨酸不转变为 γ-羧基谷氨酸，则不能结合钙离子。因此，缺乏维生素 K，凝血酶原等合成受阻，导致凝血时间延长，故维生素 K 又称为凝血维生素。肝肠道疾病患者，脂类的消化吸收不良，或长期服用广谱抗生素抑制了肠道细菌的生长，易导致维生素 K 缺乏。

维生素 K 可以还原形式和环氧化物（epoxide）两种形式存在。环氧化物酶（epoxidase）可使还原形式的维生素 K 转变为它的环氧化物形式，后者在维生素 K 环氧化物还原酶（epoxide reductase）作用下又可转变为还原形式的维生素 K。谷氨酸的 γ-羧化反应需要还原形式的维生素 K 参加，新双羟香豆素（Warfarin，也称苄丙酮香豆素）是环氧化物还原酶的抑制剂，使环氧化物形式的维生素 K 不能转变为还原形式，羧化酶活性降低，而抑制了凝血酶原的合成；故新双羟香豆素在临床上用做抗凝血的药物。

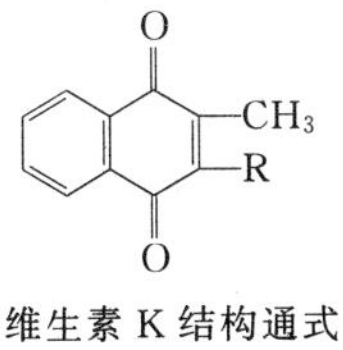

O

$—CH_3$

R

O

维生素 K 结构通式

$R = —CH_2—CH{=}\underset{\displaystyle CH_3}{\underset{|}{C}}—CH_2—\!\!\left(CH_2—CH_2—\underset{\displaystyle CH_3}{\underset{|}{CH}}—CH_2\right)_3 H$

（维生素 K_1）

$R = \left(CH_2—CH{=}\underset{\displaystyle CH_3}{\underset{|}{C}}—CH_2\right)_6 H$

（维生素 K_2）

R=H（维生素 K_3）

图 6-4　维生素 K 的结构

四、维生素 E

1922 年，维生素 E 首先由伊文思（H. M. evans）发现；因它可防止大鼠不育症，又称抗不育维生素；

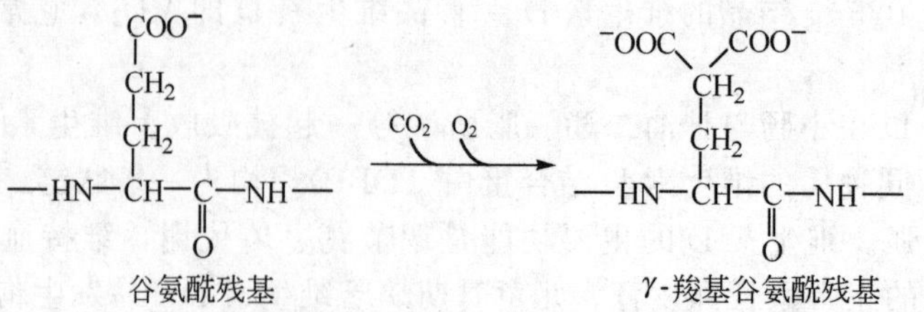

谷氨酰残基 → γ-羧基谷氨酰残基

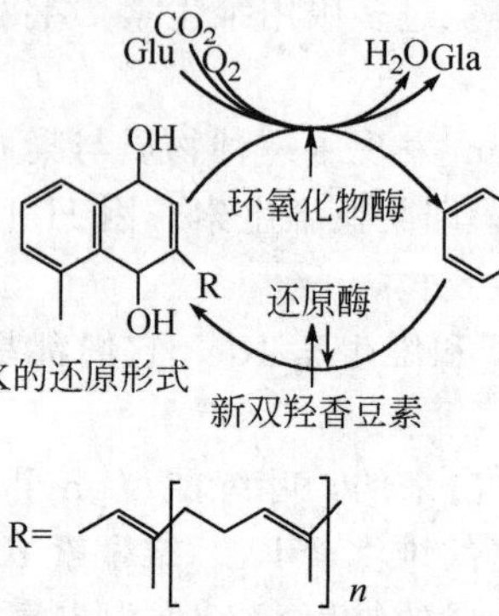

VK的还原形式 环氧化物酶 VK的环氧化物 还原酶 新双羟香豆素

它属于酚类化合物，与动物的生殖有关，故又称为生育酚（tocopherol）。

天然维生素E有多种，均为淡黄色油状物质；不溶于水，不易被酸、碱破坏，但易氧化；不同的维生素E，其结构上的差异仅在侧链 R_1、R_2 和 R_3 上（图6-5）。其生物活性以α-生育酚最强。

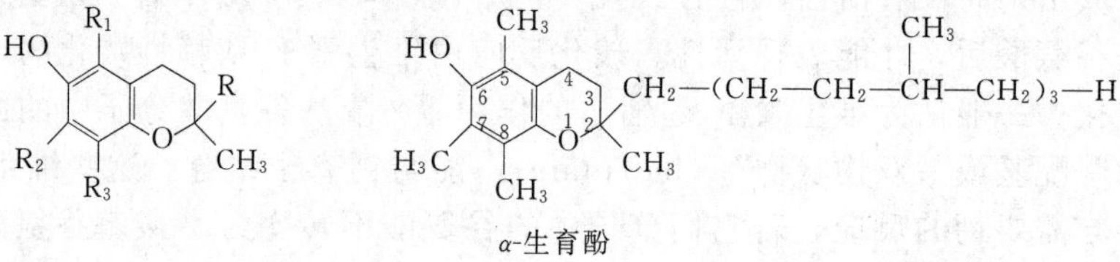

α-生育酚

图6-5 维生素E结构通式

维生素E在自然界广泛分布，蔬菜、谷类及动物性食品如鸡蛋中都含有较多的维生素E。种子的胚芽，尤其是麦胚油、玉米油和花生油中含量都很高。芝麻虽小，但胚芽多，含维生素E也多。营养学家认为，膳食中维生素E的最好来源是植物油（vegetable oil），以豆油中含量最高（94mg/100g豆油）。其次是玉米油（83mg/100g玉米油）。

维生素E在体内的转运、分布都依赖于α-生育酚结合蛋白（α-tocopherol binding protein，α-TBP）。它是由肝脏合成的，相对分子质量约为 3.1×10^4；维生素E与α-生育酚蛋白结合后，以溶解状态存在于各组织中。

维生素E的功能有两个：

① 与动物生殖机能有关。给实验动物喂饲维生素E缺乏的饮食，出现鳞状皮肤（scaly skin）、肌肉萎缩（muscular weakness）、消瘦（wasting）和不孕（sterility）等症状，但在人类尚未发现因缺乏维生素E而影响生殖机能的病例。临床上常用它来治疗习惯性流产、早产等。

② 抗氧化作用。维生素E极易氧化，可保护其他易氧化的物质不被氧化，所以它是有效的抗氧化剂。生物膜所含有的不饱和脂肪酸，易受体内代谢产物超氧离子及自由基等过氧化剂的氧化，形成过氧化脂质，使细胞膜变性，丧失吸收营养成分和排泄废物的能力，导致细胞畸变。谷胱甘肽过氧化物酶可使过氧化脂质转变为羟脂酸（hydroxy fatty acid）。但如果组织缺硒，将加速不饱和脂肪酸的氧化。因缺硒影响硒依赖性谷胱甘肽过氧化物酶的合

成，补充维生素 E 可缓解硒缺乏的影响。维生素 E 通过自身的氧化而保护生物膜中的不饱和脂肪酸不被氧化。

第三节　重要的水溶性维生素

一、维生素 C

1. 结构与性质

维生素 C 为具有 L-糖构型的不饱和多羟基化合物（图 6-6）。因分子中含有烯醇式羟基，易解离放出质子而显酸性。天然维生素 C 为 L-型，因可治疗和预防坏血病（scurvy），又称为抗坏血酸。

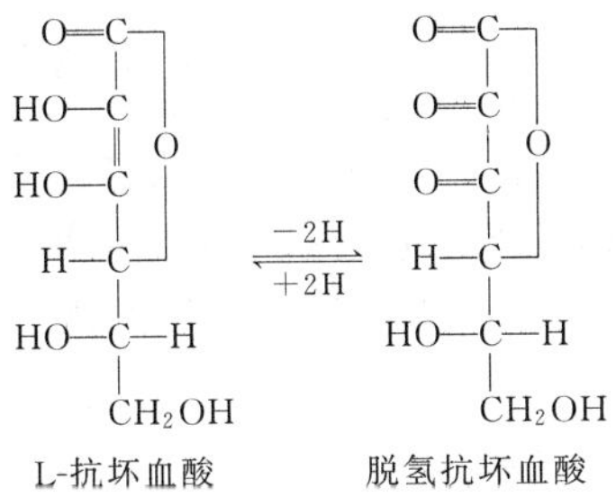

O═C—
HO—C
HO—C
H—C—
HO—C—H
CH_2OH
L-抗坏血酸

$\underset{+2H}{\overset{-2H}{\rightleftharpoons}}$

O═C—
O═C
O═C
H—C—
HO—C—H
CH_2OH
脱氢抗坏血酸

图 6-6　维生素 C 的结构

维生素 C 在自然界分布广泛。植物的绿色部分、黄瓜、西红柿等蔬菜及许多水果中都含有丰富的维生素 C；其中草莓、山楂和橘类含量最多。大多数动物可利用葡萄糖合成维生素 C，人类等灵长类（primates）和豚鼠（guinea pigs）因缺乏合成维生素 C 的 L-古洛糖酸内酯氧化酶，故不能合成自身所需要的维生素 C，必须从饮食中获得。

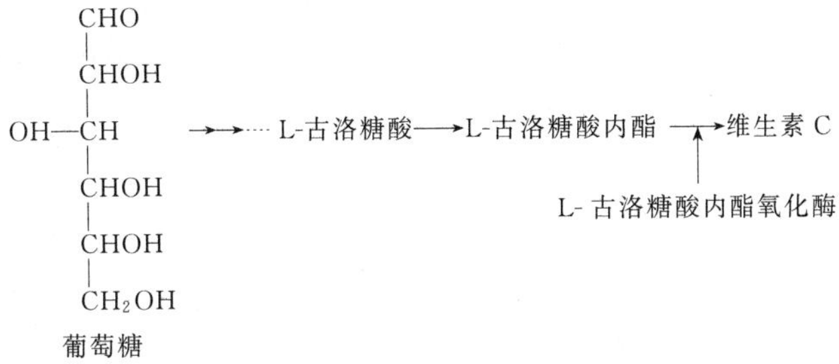

CHO
CHOH
OH—CH
CHOH
CHOH
CH_2OH
葡萄糖

→→…L-古洛糖酸→L-古洛糖酸内酯 → 维生素 C
（L- 古洛糖酸内酯氧化酶）

维生素 C 为无色晶体或粉末状，在酸性条件下比较稳定；被氧化后发黄色；维生素 C 可还原染料 2,6-二氯酚靛酚（dichlorophenolindo phenol，简称 2,6-D）；在碱性条件下，2,6-D 为蓝色；在酸性条件下，2,6-D 呈粉红色，还原后变为无色。维生素 C 也可与 2,4-二硝基苯肼反应产生有色的腙；这些都是维生素 C 定性和定量分析的基础。

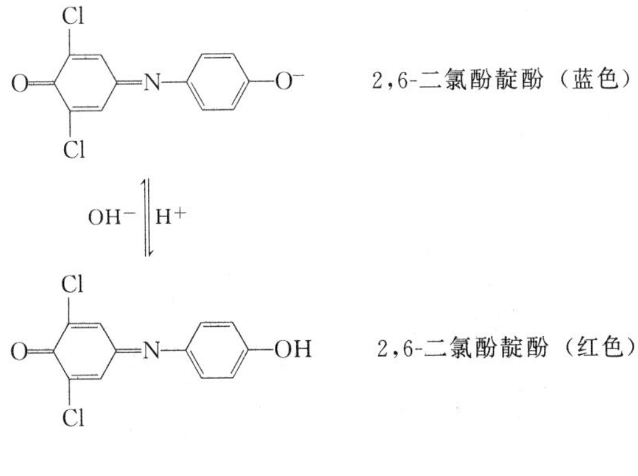

2,6-二氯酚靛酚（蓝色）

OH^- ⇌ H^+

2,6-二氯酚靛酚（红色）

2. 维生素C的功能

① 维生素C是重要的氢供体，可保护需巯基（—SH）的酶的活性。人类不可避免地会吸入一些重金属离子等毒物。重金属离子与酶的巯基结合使酶失去活性。维生素C可使氧化型谷胱甘肽（G-S-S-G）转变为还原型（GSH），后者可与重金属离子结合，而保护了需巯基的酶的活性。

② 维生素C可提高某些金属酶的活性，如脯氨酰羟化酶等，因而可促进胶原蛋白及黏多糖的合成，促进伤口愈合。胶原蛋白是结缔组织中重要的蛋白质，与其他蛋白质比较，其氨基酸组成的特点是含羟脯氨酸和羟赖氨酸较多；这是在多肽链合成后，由脯氨酰羟化酶和赖氨酰羟化酶催化相应位置上的脯氨酸和赖氨酸进行羟基化反应而产生的。缺乏维生素C，脯氨酸和赖氨酸不能进行羟化，合成的胶原蛋白异常，皮肤易损伤，血管变脆而导致坏血病即维生素C缺乏病的发生。

缺乏维生素C为什么导致坏血病？研究发现，在胶原分子中，脯氨酸的吡咯环一般情况下以C_γ内构象（C_γ-endo）和C_γ外构象（C_γ-exo）这两种折叠构象（puckered conformation）存在（图6-7）。处在"— Gly — X — Y —"序列X位上的脯氨酸是C_γ内构象，而Y位置上的羟脯氨酸是C_γ外构象。原胶原分子中特定脯氨酸的羟基化作用是由脯氨酰4-羟化酶（prolyl 4-hydroxylase，相对分子质量为240000）催化的；所有脊椎动物体内的脯氨酰-4-羟化酶均为$\alpha_2\beta_2$四聚体，每个α亚基上含有一非血红素铁离子（Fe^{2+}）。该酶及赖氨酰羟化酶都属于催化反应需要α酮戊二酸的羟化酶之一，活性部位含有铁离子（Fe^{2+}）。在它们催化的反应中，一分子α酮戊二酸和一分子氧（O_2）首先与酶结合，α-酮戊二酸氧化脱羧产生琥珀酸和二氧化碳［图6-8(a)］，氧原子用于胶原分子中特定部位上的脯氨酸和赖氨酸的羟化作用。但α酮戊二酸的氧化脱羧与脯氨酸或赖氨酸的羟化作用并不是偶联的。若缺乏维生素C，被氧化的铁离子不能被还原为Fe^{2+}，使酶丧失其催化活性。在维生素C存在下，它通过自身的氧化而保护了铁离子不被氧化，达到稳定酶活性之目的［图6-8(b)］。

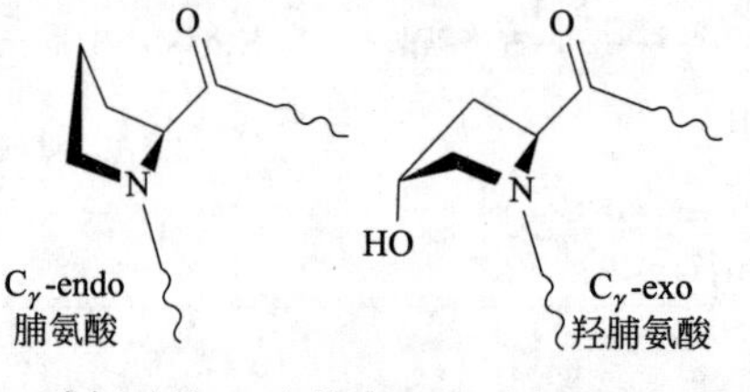

图6-7 脯氨酸的C_γ内构象和羟脯氨酸的C_γ外构象

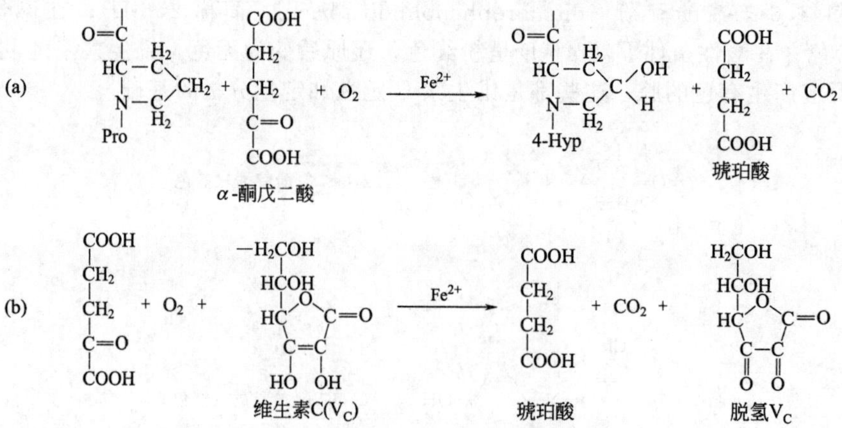

图6-8 脯氨酰4-羟化酶催化的反应

二、维生素 B_1 和焦磷酸硫胺素

维生素 B_1（VB_1）又称为抗脚气病维生素，抗神经炎因子。是由嘧啶环和噻唑环借亚甲基桥连接而成的化合物（图 6-9）。因分子中含有氨基，又称为 噻嘧胺；又因分子中含有 S，又称为硫胺素等。硫胺素是最早被发现的一种维生素。

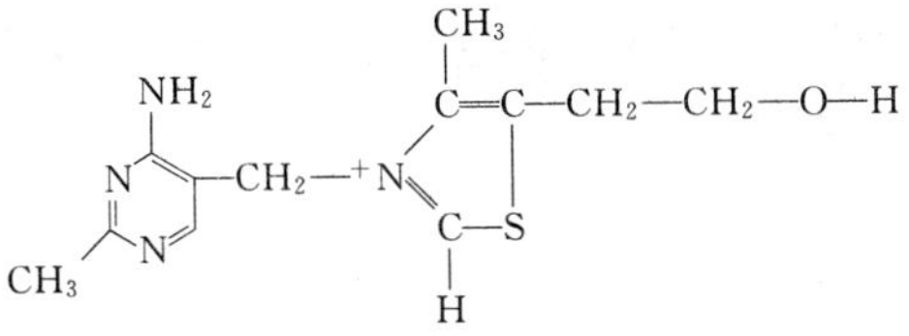

图 6-9 维生素 B_1 的结构

维生素 B_1 广泛分布于种子的外皮、胚芽中。米糠、酵母、瘦肉中含量也多。中药车前子、防风等也富含 VB_1。古代医学记载："久食白米，令人身软"即如此。千金翼方中载："用谷皮煮汤入粥内，常服之可免脚气"。

维生素 B_1 为白色粉末状，其盐酸盐为白色针状结晶。维生素 B_1 的熔点较高（250℃）；在酸性、中性条件下较稳定；在碱性条件下，维生素 B_1 与氰化高铁碱性溶液反应生成具深蓝色荧光的硫色素，可用于 VB_1 的定量测定。

在体内，维生素 B_1 常以硫胺素焦磷酸酯的形式存在，构成 α-酮酸氧化脱氢酶系的辅酶焦磷酸硫胺素（TPP，thiamine pyrophosphate）。其主要功能是参与 α-酮酸的氧化脱羧作用（图 6-10）；若维生素 B_1 缺乏，TPP 不能合成，糖类物质代谢的中间产物 α-酮酸不能氧化脱羧而堆积，这些酸性物质堆积的结果，可刺激神经末梢，易患神经炎，出现健忘、不安、易怒或忧郁等症状。故维生素 B_1 又称为抗神经炎维生素。如果酮酸不能正常氧化脱羧，糖代谢受阻，能量供应不上，进而影响神经和心肌的代谢和机能，出现心跳加快，下肢深重，手足麻木，并有类似蚂蚁在上面爬行的感觉，临床上称为"脚气病"。所以维生素 B_1 又称为抗脚气病（Beriberi）维生素。

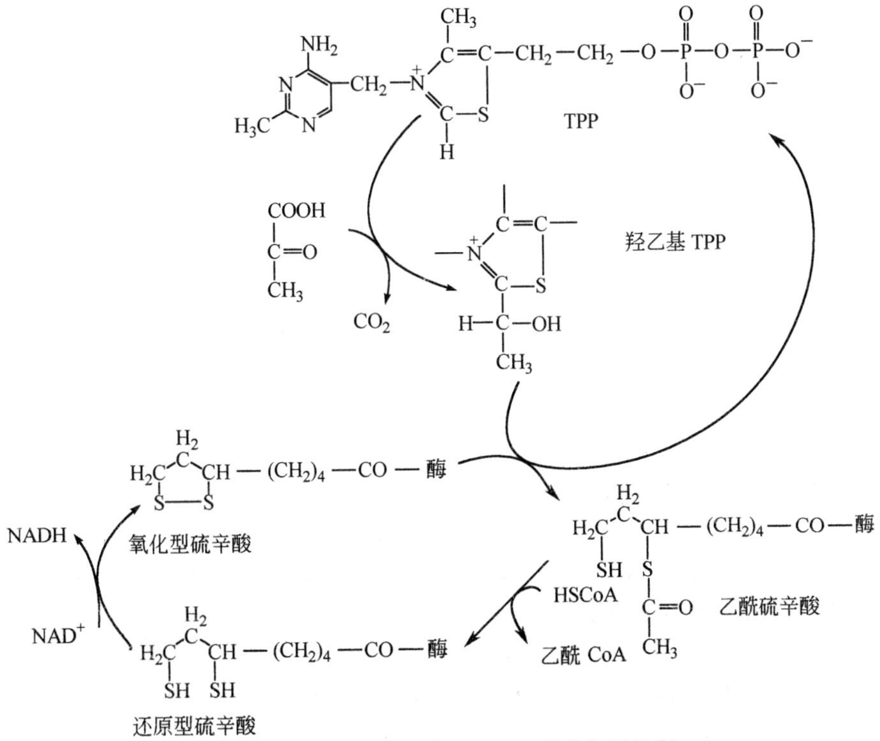

TPP

羟乙基 TPP

CO_2

NADH

NAD^+

氧化型硫辛酸

HSCoA

乙酰硫辛酸

乙酰 CoA

还原型硫辛酸

图 6-10 焦磷酸硫胺素（TPP）及其作用机制

三、维生素 B_2 和 FMN、FAD

1932 年，Warburg 等人从酵母中分离到了一种呈黄颜色的酶，并把它称为“黄酶”。进一步的研究证明该酶由酶蛋白和一种黄色素组成。1933 年，Kuhn 从乳清中得到了一种黄色结晶物，可促进大鼠生长，其水溶液具有黄绿色的荧光。1935 年，Kuhn 和 Karrer 分别合成了这种黄色素，证明这两种不同来源的黄色素是一种物质，因其水溶液呈黄绿色荧光，故命名为核黄素（riboflavin），即维生素 B_2。

维生素 B_2 为 6,7-二甲基异咯嗪（dimethylisoalloxazine）和核糖醇（ribitol）结合而成的化合物，故其化学名称为 6,7-二甲基-9-*d*-核糖醇异咯嗪（图 6-11）。维生素 B_2 为橘黄色针状结晶，熔点较高（280℃）。在酸性条件下稳定，碱性条件下和遇光易被破坏；在体内，维生素 B_2 和磷酸结合形成磷酸核黄素，又称为黄素单核苷酸（flavine mono nucleotide, FMN）。FMN 和一分子 AMP 缩合，形成黄素腺嘌呤二核苷酸，简称 FAD（flavine adenine dinucleotide）。FMN 和 FAD 为黄素蛋白（flavoproteins）的辅酶，参与氧化还原反应，与糖、脂和氨基酸的代谢密切相关。黄素蛋白家族中的成员，有的以 FMN 为辅基（FMN 与酶蛋白部分共价结合），如 NADH 脱氢酶和羟（基）乙酸氧化酶。有的以 FAD 为辅基，如乙酰辅酶 A 脱氢酶、二氢硫辛酸脱氢酶、琥珀酸脱氢酶和硫氧还蛋白还原酶等。

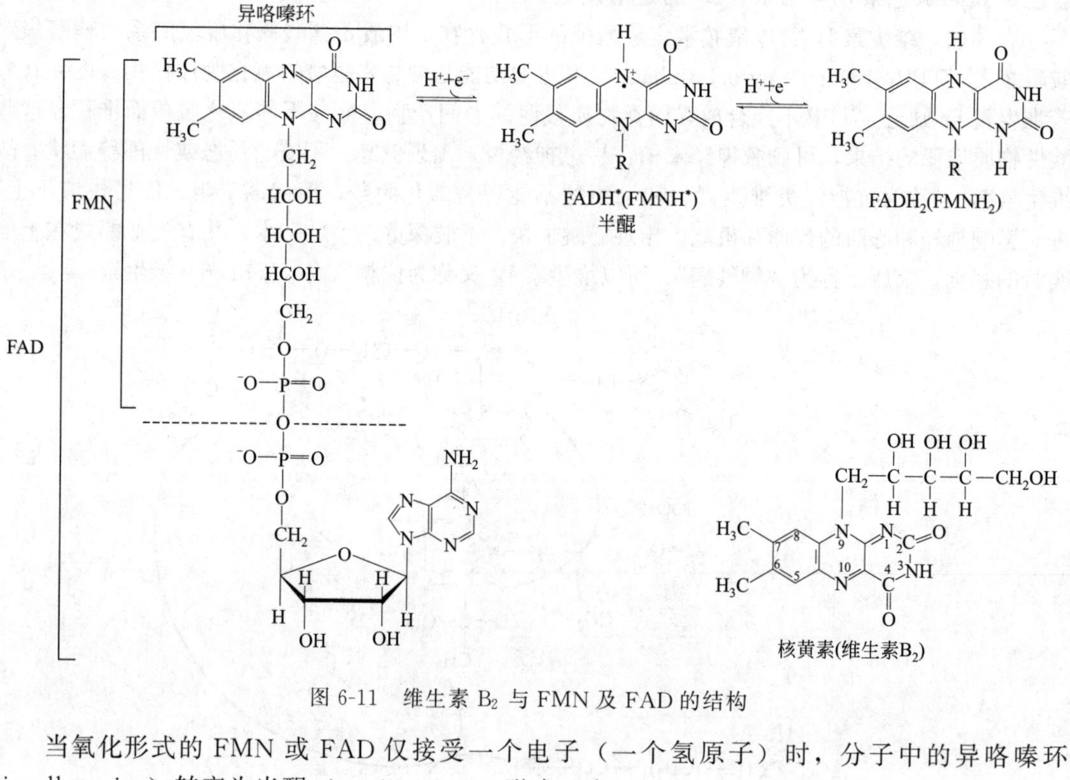

图 6-11 维生素 B_2 与 FMN 及 FAD 的结构

当氧化形式的 FMN 或 FAD 仅接受一个电子（一个氢原子）时，分子中的异咯嗪环（isoalloxazine）转变为半醌（semiquinone）形式，在 450nm 有最大吸收，缩写为 FMNH* 和 FADH （图 6-11）。当它们被完全还原时（接受 2 个电子），在 360nm 有最大吸收，缩写为 $FMNH_2$ 和 $FADH_2$；而氧化形式的黄素（flavin）在 370nm 和 440nm 有最大吸收。利用它们在光吸收上的差异可分析鉴定之。

隐花色素（cryptochrones，CRY）是一个黄素蛋白家族，广泛存在于真核生物门（eukaryotic phyla）中。它调节着蓝光对植物发育以及光对哺乳类 24 小时节律（mammalian circadian rhythms）的效应（作用）。蓝光受体隐花色素与光解酶（另一黄素蛋白家族）同源，光解酶在细菌和真核生物中都存在。光解酶利用吸收的光能对 DNA 的化学损伤（defects）进行修复。大白鼠饲养实验证明，缺乏维生素 B_2，大鼠生长停止（growth retardation），皮肤干燥等。人体缺乏维生素 B_2，出现口舌发炎（唇炎，舌炎），眼角膜炎等。

维生素 B_2 在自然界广泛分布，豆类，苜蓿，动物的肝脏中含量丰富。酵母，鸡蛋，鱼，绿色蔬菜中也多。植物和微生物能合成所需要的维生素 B_2，动物体内一般不能合成，成人每天需要量约为 1.2～2.1mg。

四、泛酸与辅酶 A

泛酸（pantothenic acid 遍多酸、维生素 B_3）由 α，γ-二羟基-β,β-二甲基丁酸和 β-丙氨酸脱水缩合而成。由于在自然界广泛分布，又是酸性物质而得名；商品泛酸为泛酸钙。酵母、蜂王浆、肝、肾、瘦肉和花生等组织中都含有较多的泛酸，人体肠道细菌可以合成，故一般不会缺乏。

泛酸为淡黄色油状物；在中性条件下稳定；无臭味，但味道发苦。在体内，泛酸和巯基乙胺、焦磷酸 3′-磷酸-AMP 缩合形成辅酶 A（图 6-12）。辅酶 A（coenzyme A）是酰基转移酶的辅酶，在糖类和脂类代谢中起转移酰基的作用。1931 年，Ringrose 发现用猪肝或猪肝提取物可预防类似癞皮病的皮炎；1939 年，Williams 首先得到泛酸，并通过实验证明了缺乏泛酸可引起皮炎（dermatitis）。辅酶 A 对厌食、疲劳等症状亦有明显的改善效果；临床上常用做各种疾病治疗的辅助药物，如白细胞减少症、各种肝炎、动脉硬化等。

五、烟酸、烟酰胺和 NAD、NADP

烟酸（nicotinic acid）也称为维生素 PP，是吡啶的衍生物。烟酸在体内主要以烟酰胺（nicotinamide）形式存在。烟酸也称为菸酸或尼克酸，烟酰胺也称为菸酰胺或尼克酰胺（图 6-13）。

烟酸为白色针状结晶体，性质稳定；不易被酸，碱及热破坏，易溶于水。肉类、花生、

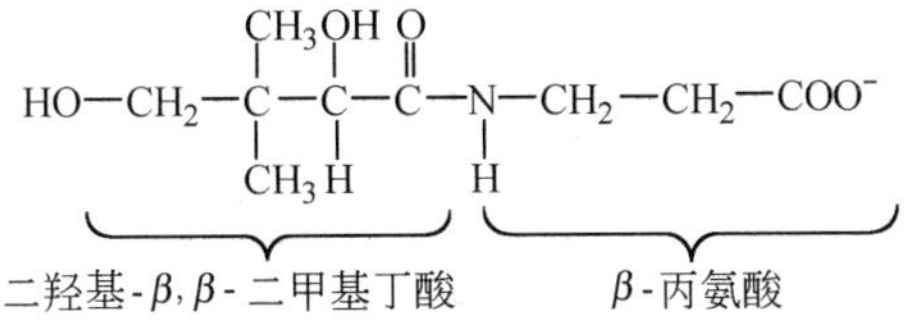

$HO-CH_2-C(CH_3)_2-CH(OH)-CO-NH-CH_2-CH_2-COO^-$

α,γ-二羟基-β,β-二甲基丁酸　　β-丙氨酸

泛酸的结构

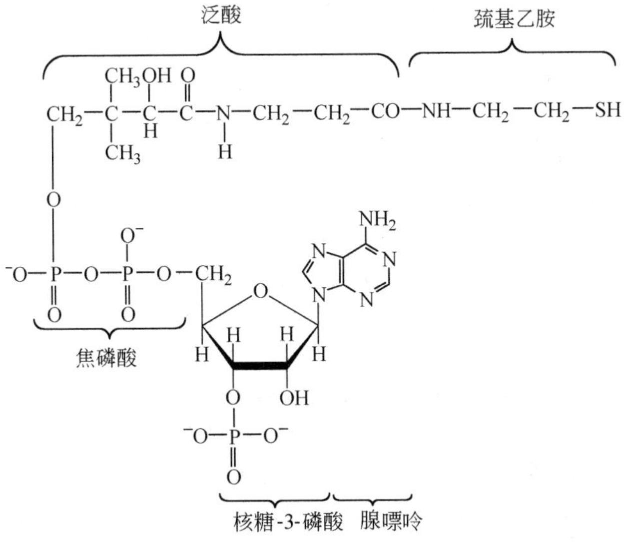

泛酸　　巯基乙胺

$CH_2-C(CH_3)_2-CH(OH)-CO-NH-CH_2-CH_2-CO-NH-CH_2-CH_2-SH$

$^-O-P(=O)(-O-)-O-P(=O)(O^-)-O-CH_2$（核糖，3′-O-$PO_3^{2-}$，腺嘌呤）

焦磷酸　　核糖-3-磷酸　腺嘌呤

辅酶 A(CoASH)

图 6-12　泛酸与辅酶 A 的结构

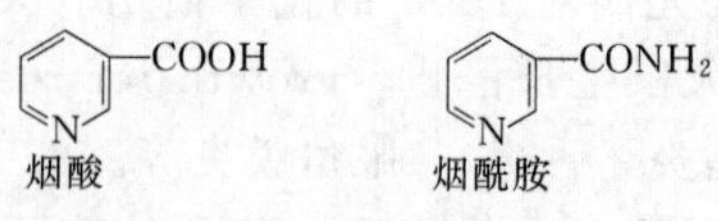

图 6-13　烟酸和烟酰胺的结构

酵母、米糠中含量丰富，游离的烟酸在小肠被吸收后可直接进行代谢。烟酰胺在体内主要构成脱氢酶的辅酶 NAD（烟酰胺腺嘌呤二核苷酸）和 NADP（烟酰胺腺嘌呤二核苷酸磷酸）（图 6-14）。参与氧化还原反应，是重要的递氢体。在生理 pH 条件下，其吡啶 N 原子为五价，能接受电子而转变为三价 N 原子，其对位 C 原子可加氢。NAD 从代谢物上接受两个电子，一个质子，使另一个质子留在溶液中。

$$NAD^+ + 2e^- + 2H^+ \longrightarrow NADH + H^+$$

$$NADP^+ + 2e^- + 2H^+ \longrightarrow NADPH + H^+$$

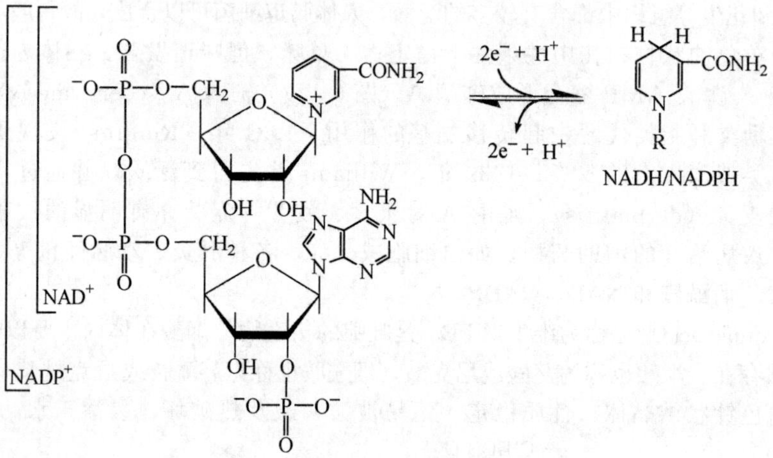

图 6-14　NAD 和 NADP 的结构

NAD^+ 和 $NADP^+$ 肩上的“＋”号不表示它们带有一个正电荷（事实上，它们均带负电荷）。“＋”号表示分子中的烟酰胺环是氧化形式的，环中的氮原子上带有一个正电荷。缩写 NADH 和 NADPH 中的“H”表示接受的氢化物离子（$:H^-$，相当于一个质子和 2 个电子）；如果不特指说明它们的氧化形式，一般使用 NAD 和 NADP。还原形式的 NADH 和 NADPH 在 340nm 有最大吸收。

在大多数组织中，NAD^+＋NADH 的总浓度约为 10^{-5} mol/L，而 $NADP^+$＋NADPH 的总浓度约为 10^{-6} mol/L；在许多细胞和组织中，NAD^+/NADH 的比值较高，这有利于从底物转移一个氢化物离子给 NAD^+，产生 NADH。相反，NADPH 水平高于 $NADP^+$，这有利于氢化物离子从 NADPH 转移到一个底物分子上；这说明两种辅酶的代谢作用不同。NAD^+ 一般作为分解代谢途径中的辅酶起作用，如线粒体基质中燃料分子丙酮酸、脂肪酸以及氨基酸脱氨基产生的 α 酮酸的氧化反应等。NADPH 一般作为合成代谢中的辅酶起作用。

动物可利用色氨酸合成烟酸，正常人体所需的烟酸绝大多数来自色氨酸。由于大多数蛋白质都含有色氨酸，一般食物中又富含烟酸，故正常人体一般不会缺乏。但以玉米和高粱为主食的地区，易缺乏，因玉米中含色氨酸极少。高粱中虽不缺乏色氨酸，但亮氨酸含量高；NAD 和 NADP 在体内的合成过程中需要喹啉酸核糖磷酸转移酶（图 6-15），亮氨酸可抑制喹啉酸核糖磷酸转移酶的活性，使色氨酸不能转变为烟酸。

烟酸和色氨酸都缺乏时易患癞皮病（糙皮病，pellagra，又称对称性皮炎），所以烟酸又称为抗癞皮病维生素。癞皮病的主要症状为：裸露的皮肤上产生黑红色的斑点，并有口炎、舌炎、胃肠功能失常，导致腹泻等。肠结核病患者不能吸收膳食中的烟酸，易得癞皮病。治疗结核病的药物雷米封（即异烟肼），与烟酰胺结构类似；服药后，使结核菌不能利用烟酰

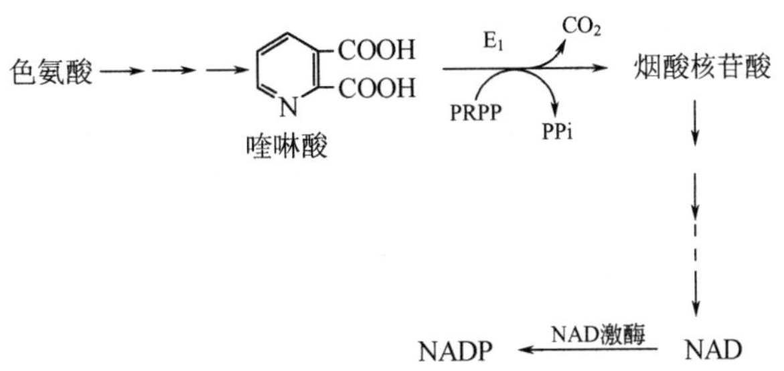

图 6-15 NAD 和 NADP 合成示意图

E_1—喹啉酸核糖磷酸转移酶；PRPP—5′-磷酸核糖-1′-焦磷酸

胺，起到抗代谢的作用。

烟酸可维持神经系统的正常功能，人缺乏烟酸或烟酰胺，易头晕、抑郁等。给人注射维生素 B_5，可治疗精神紊乱症，但注射 NAD 或 NADP 无效，说明烟酸在体内不仅构成辅酶，而且还有其他的生物学功能。

六、维生素 B_6 及其辅酶

维生素 B_6 又名吡哆素，是吡啶的衍生物；有吡哆醛（pyridoxal）、吡哆胺（pyridoxamine）和吡哆醇（pyridoxine）三种（图 6-16）。

维生素 B_6 在动，植物界广泛分布，酵母、米糠、蛋黄、肉类等都含有丰富的维生素 B_6。

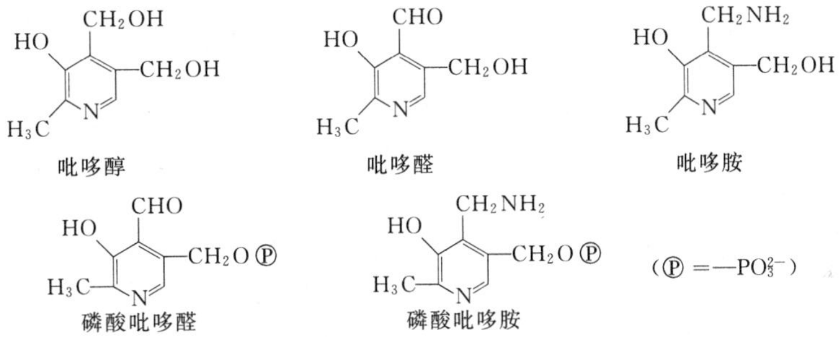

吡哆醇　吡哆醛　吡哆胺

磷酸吡哆醛　磷酸吡哆胺　（Ⓟ =—PO_3^{2-}）

图 6-16 维生素 B_6 及辅酶的结构

维生素 B_6 为无色晶体，对光、碱性条件敏感，遇高温易被破坏；在酸性条件下稳定。在体内，维生素 B_6 常以磷酸酯的形式存在，构成磷酸吡哆醛、磷酸吡哆胺和磷酸吡哆醇（图 6-16）；磷酸吡哆醛和磷酸吡哆胺是多种酶，如氨基酸转氨酶和氨基酸脱羧酶的辅酶，参与氨基酸的代谢。补充维生素 B_6，可提高谷氨酸脱羧酶的活力，产生较多的 γ-氨基丁酸，后者是重要的神经递质。缺乏维生素 B_6，易导致神经系统功能异常。

吡哆醛易与异烟肼结合生成异烟腙而使其失去活性。结核病患者长期服用异烟肼时，需同时补充 VB_6。乙醇在体内氧化为乙醛，乙醛可促使磷酸吡哆醛的分解，故酗酒者易导致吡哆醛的缺乏。人体肠道细菌可以合成维生素 B_6，故一般不易缺乏。

七、生物素

生物素（biotin），也称为维生素 B_7，由一个噻吩环和一分子尿素结合而成，侧链上有一戊酸（图 6-17）。

生物素为无色针状结晶体，微溶于水；熔点较高（200℃以上）；生物素在酸性条件下耐热，在碱性条件下，加热易被破坏。由于生物素在动、植物体内广泛存在，韭菜、酵母、蛋黄、肝、肾等都含有丰富的生物素，且肠道细菌可以合成，一般情况下不会缺乏。1916 年，贝特曼（Bateman）首先观察到蛋清的毒性。蛋清中含有抗生物素蛋白，能与生物素结合而

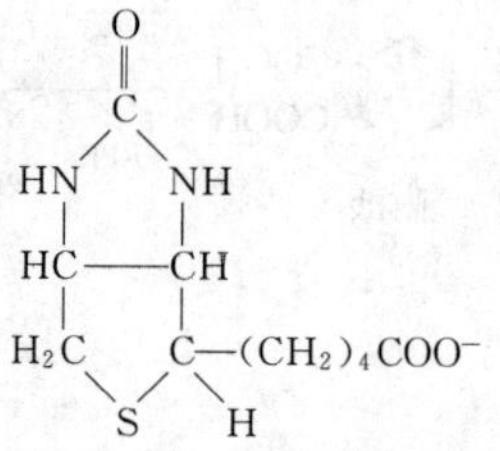

图 6-17 生物素的结构

使生物素成为不易被吸收的物质，若较长时间吃生蛋清，会导致生物素缺乏。动物缺乏生物素，变得消瘦，导致皮炎、脱毛、神经过敏等症状。

在体内，生物素构成羧化酶的辅酶，参与二氧化碳的固定反应。生物素作为辅酶，与羧化酶的结合是通过酶分子中的赖氨酸残基。

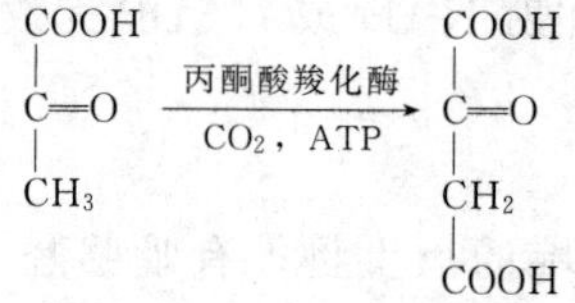

$$\begin{matrix}COOH\\|\\C{=}O\\|\\CH_3\end{matrix}\xrightarrow[CO_2,\ ATP]{\text{丙酮酸羧化酶}}\begin{matrix}COOH\\|\\C{=}O\\|\\CH_2\\|\\COOH\end{matrix}$$

八、叶酸和四氢叶酸

叶酸（folic acid）也称为蝶酰谷氨酸，由 2-氨基-4-羟基-6-甲基蝶呤、对氨基苯甲酸和谷氨酸三部分组成（图 6-18）。叶酸首先从动物肝脏中分离到，后来发现绿叶中含量也很多，因此命名为叶酸。

叶酸微溶于水，见光易失去生理活性；在中性、碱性溶液中对热稳定。叶酸在体内可转变为四氢叶酸（tetrahydrofolic acid，FH4 或 THF）（图 6-19），充当一碳单位（即含有一个碳原子的基团）转移酶系统中的辅酶。四氢叶酸分子中的第 5 位和第 10 位 N 原子可携带一碳单位，通常在 FH_4 前面标以 N^5 或 N^{10} 字样，表示其携带一碳单位的位置。

体内许多物质的代谢需要“一碳单位”的参加，如蛋氨酸的合成，嘌呤的合成及胸腺嘧啶核苷酸的合成等。四氢叶酸作为“一碳单位”的载体，参与“一碳单位”的转移反应。缺乏叶酸，将影响多种物质如核苷酸的代谢，进而影响血细胞的形成，会导致贫血（anemia）。叶酸在自然界分布较广，且人体肠道细菌可以合成叶酸，故一般不易缺乏。

九、维生素 B_{12} 及其辅酶

人们早已发现吃猪肝可预防和治疗恶性贫血，但直到 1948 年才从肝脏中分离到维生素

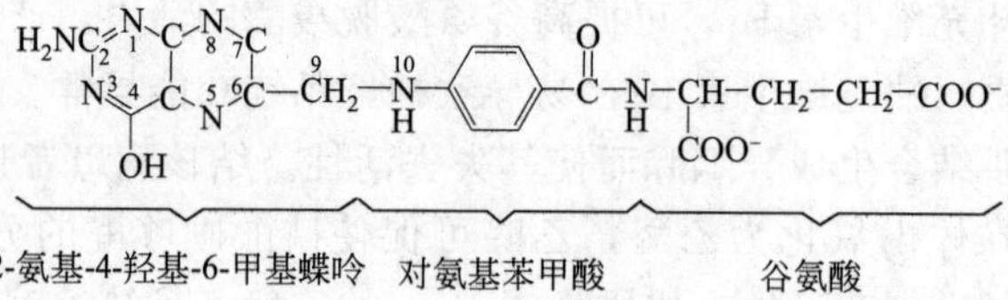

2-氨基-4-羟基-6-甲基蝶呤 对氨基苯甲酸 谷氨酸

图 6-18 叶酸的结构

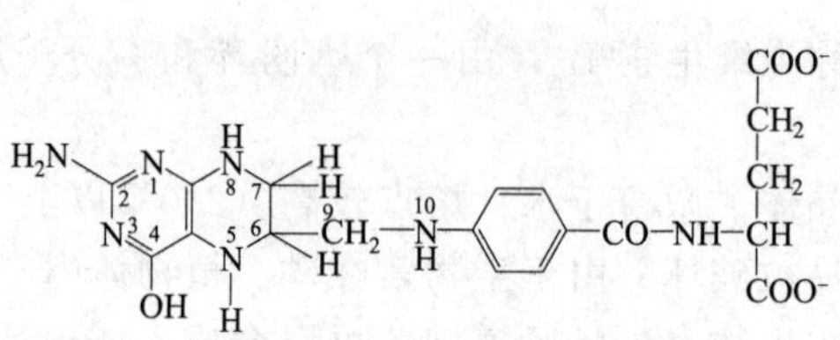

图 6-19 四氢叶酸的结构

B_{12}，并用 X 射线晶体衍射分析法确定了它的结构。维生素 B_{12} 结构复杂，分子中含有一个咕啉环系统（corrin ring system），它是维生素 B_{12} 分子中螯合了一个钴离子的环状结构部分。一般所指的 VB_{12} 是指分子中含有一个在纯化过程中俘获的氰基（—CN），且与钴相连的氰钴胺素（图 6-20），氰基占据三价钴离子第 6 个配位键的位置，而钴离子的第 5 个配位键的位置被二甲基苯并咪唑核糖核苷酸（dimethyl benzimidazole ribonucleotide）占据。后者 3′位上的磷酸基通过氨基异丙醇（amino isopropanol）共价连接到咕啉环的侧链上（图 6-21）。

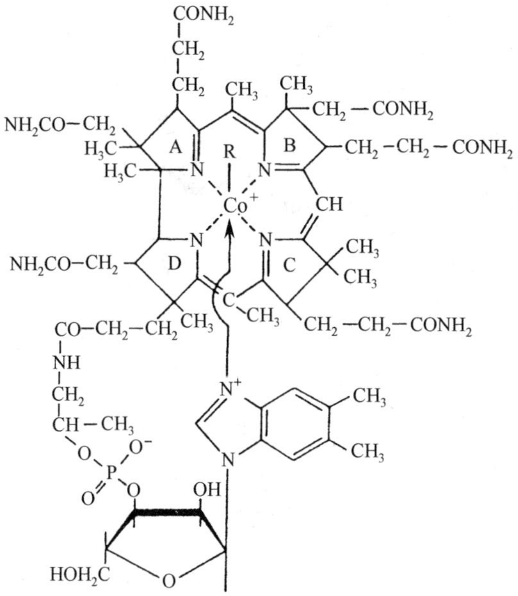

维生素 B_{12}

图 6-20 维生素 B_{12} 的结构（R＝—CN）

肝脏，牛奶，肉类等含维生素 B_{12} 较多；植物中不含维生素 B_{12}；有些微生物可以合成 VB_{12}，人体肠道细菌也可以合成一部分。

维生素 B_{12} 的吸收需要胃液中的内源因子的协助，内源因子是胃黏膜分泌的一种糖蛋白；维生素 B_{12} 与内源因子结合后才能通过肠壁被吸收；内源因子缺乏，将导致 B_{12} 吸收的障碍，产生恶性贫血（pernicious anemia）等症状。

维生素 B_{12} 是深红色的晶体，在水溶液中稳定，熔点较高（大于 320℃）；易被酸、碱、日光等破坏。VB_{12} 通常以辅酶的形式参加代谢。B_{12} 辅酶有：

① 5′-脱氧腺苷钴胺素　1956 年，Dorothy Crowfoot Hodgkin 用 X 射线晶体衍射分析法揭示了该 B_{12} 辅酶的三维结构。即氰钴胺素分子中的“—CN”基被 5′-脱氧腺苷取代即形成 5′-脱氧腺苷钴胺素（图 6-21）。5′-脱氧腺苷钴胺素是某些变位酶，如甲基丙二酸单酰辅酶 A 变位酶的辅酶，促进某些化合物的异构化作用。

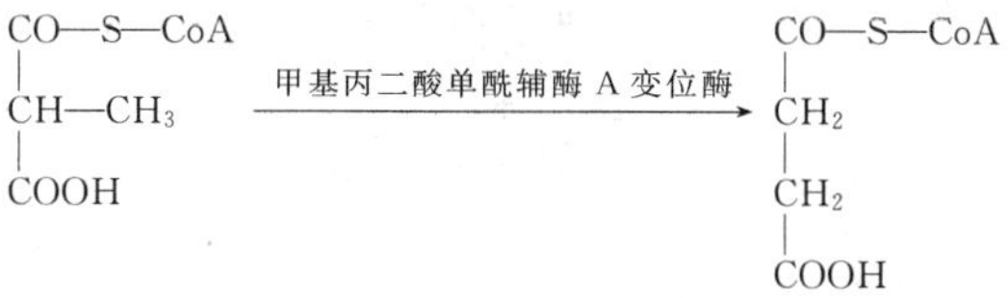

$$\begin{array}{l} CO-S-CoA \\ | \\ CH-CH_3 \\ | \\ COOH \end{array} \xrightarrow{\text{甲基丙二酸单酰辅酶 A 变位酶}} \begin{array}{l} CO-S-CoA \\ | \\ CH_2 \\ | \\ CH_2 \\ | \\ COOH \end{array}$$

② 甲基钴胺素（甲钴素），即氰基被甲基取代，是甲基转移酶的辅酶，促进甲基的转移作用。促核酸和蛋白质的合成，促红细胞的合成；故缺乏维生素 B_{12} 时，易导致贫血。

③ 羟钴胺素，即氰基被羟基取代。

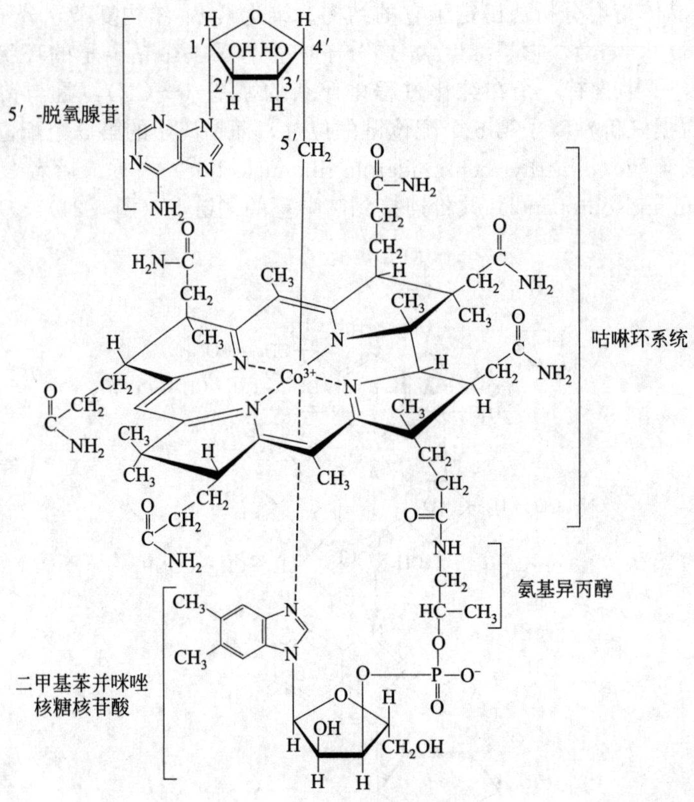

图 6-21　5′-脱氧腺苷钴胺素

十、硫辛酸

从结构来看为6,8-二硫辛酸。硫辛酸（lipoic acid）是 α-酮酸氧化脱羧酶系的辅酶之一；起递氢和转移酰基的作用。肝、酵母中含量多。

$$\underset{\displaystyle |\qquad\qquad\quad |}{CH-CH_2-CH}-(CH_2)_4-COOH$$
$$S\qquad\qquad\quad S$$

提　要

维生素是维持正常的生命过程所必需的一类小分子有机化合物。根据溶解性质的不同，可分为脂溶性维生素和水溶性维生素两大类。脂溶性维生素主要有维生素 A、维生素 D、维生素 E 和维生素 K 四种；水溶性维生素包括维生素 C 和维生素 B 族。维生素 B 族是辅酶或辅基的组成成分，它们以辅酶的形式参与机体内的化学反应；有些维生素还具有特殊的生物学功能。如 VD 是调节钙代谢的一些激素的前体。VA 参与脊椎动物眼睛内视觉色素（visual pigment）的合成，视觉色素是上皮细胞（epithelial cell）生长过程中基因表达的调节剂。VE 是一种抗氧化剂，可保护细胞膜脂的氧化损伤；VK 是一种凝血辅因子，参与凝血过程。本章重点讨论 B 族维生素与它们构成的辅酶的基本结构、功能。

思 考 题

1. 一种维生素往往有多个名称，为什么？
2. 维生素 B_1 缺乏将影响糖代谢，为什么？
3. 为什么说生蛋清有毒性？
4. 为什么缺乏维生素 B_6 将影响蛋白质的分解代谢？
5. 举例说明何谓维生素原？

第七章　生　物　膜

生物体的基本结构和功能单位是细胞。细胞膜（cytoplasmic membrane）也称为质膜（plasma membrane）使细胞与它们的环境分隔开来。真核（eukaryotic）细胞还含有内膜系统，如核膜、线粒体（mitochondria）膜、叶绿体（chloroplasts）的类囊体膜、内质网膜及溶酶体（lysosomes）膜等。一般将所有细胞或细胞器与其环境分隔开的膜统称为生物膜（biological membrane）。生物膜在物质跨膜运输、信息的识别与传递、能量转换等方面具有独特的作用；本章重点讨论生物膜的组成、结构特征及其在物质特别是无机离子或极性小分子物质跨膜运输中的作用。

第一节　生物膜的组成与结构特征

一、生物膜结构的一般特征

尽管生物膜的种类繁多，但都具有以下特性。

① 膜具有薄片样（sheetlike）的结构，多数膜的厚度在5～8nm。当用电镜观察其用四氧化锇染色的横截面时，细胞膜呈现出三层（trilaminar）结构。

② 大多数膜是电极性的（electrically polarized），内膜显负电性（一般为－60mV）。

③ 膜具有选择透过性，即选择性的让某些分子进入或排出细胞的特性。

④ 生物膜的不对称性（asymmetry）。生物膜内侧和外侧面上的脂质和蛋白质组成完全不同。如人红细胞膜内侧面主要含磷脂酰丝氨酸和磷脂酰乙醇胺，而外侧面主要含卵磷脂和鞘磷脂。线粒体膜含大约80％的蛋白质，而神经髓鞘膜中含蛋白质较少。

⑤ 膜是一个流动性的结构，膜蛋白和膜脂在脂质双层内是可“运动”的。蛋白质和脂类分子在膜表面快速扩散，除非它们由于特殊的作用力而锚泊（anchored）。膜被看做是蛋白质和脂质定向排列的二维溶液。

对生物膜结构研究中曾提出过多种模型，如“蛋白质-脂质-蛋白质”三明治模型、单位膜模型等。根据电子显微镜的观察，对膜化学组成成分的分析及某些蛋白质、脂类分子对膜通透性（permeability）和运动的研究，美国科学家Jonathan Singer和Garth Nicolson于1972年提出的“流体镶嵌模型”（fluid mosaics model，图7-1）不仅得到了许多实验结果的广泛支持，而且已成为后继诸多模型的基础。该模型强调了生物膜的流动性和组成成分在膜内侧和外侧面分布的不对称性。脂质双分子层是生物膜的基本骨架结构。膜蛋白通过多种非共价的相互作用和膜脂结合，并以不同的方式镶嵌于脂质双分子层内。

二、生物膜的组成

不同生物膜在组成成分上有一定差异，但都含有不同数量的蛋白质和脂质，有些膜中还含有糖成分。生物膜组成上的差异与其功能密切相关。

1. 膜脂质及其结构特征

膜脂的分子量相对较小。在水溶液中，这些脂类可自发地形成封闭的生物分子片（closed biomolecular sheet）；膜脂质主要有磷脂（phospholipids）、糖脂（glycolipids）和固醇类（sterols）三种，不同生物膜中其脂质组成及含量有较大的差异。如神经髓鞘膜主要由脂类组成（约占80％），而细菌细胞膜、线粒体和叶绿体膜中含较多的蛋白质。肝细胞的线粒体内膜中富含心磷脂而不含胆固醇，而肝细胞（hepatocytes）质膜中富含胆固醇而几乎检测不到心磷脂（cardiolipin）的存在。

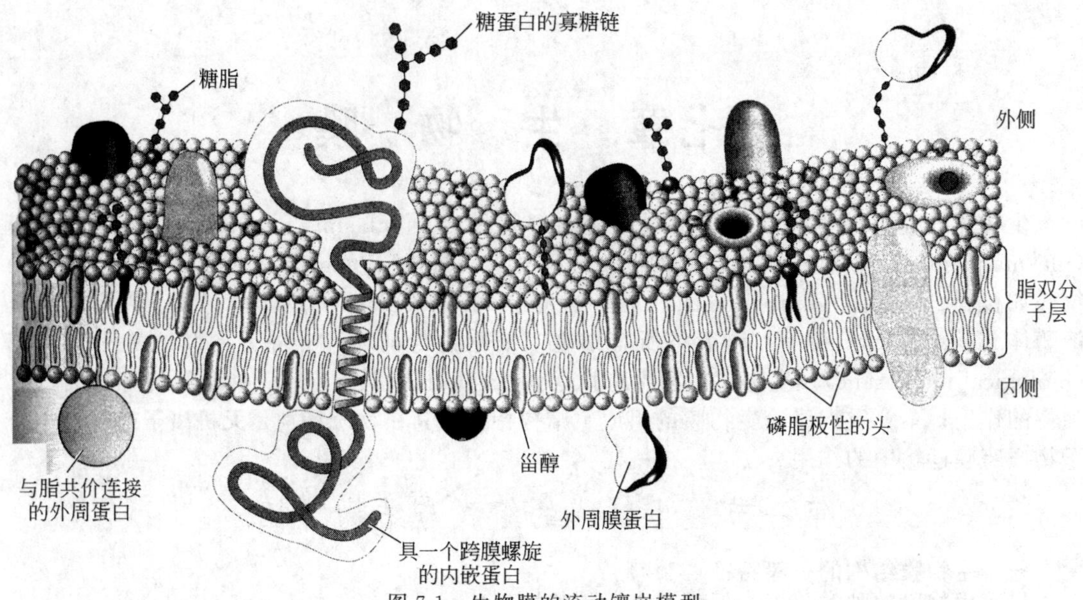

图 7-1　生物膜的流动镶嵌模型

（1）膜磷脂（phospholipids）　膜磷脂分为两大类，甘油磷脂（glycerophospholipids）和（神经）鞘磷脂（sphingomyelins，SM）。甘油磷脂也称为磷酸甘油酯（phosphoglycerides，PG）；甘油磷脂都含有甘油骨架。甘油是前手性分子（prochiral compound），它不含不对称碳原子。当磷酸连接到它的末端碳原子（C_1 或 C_3）上时，使它转变为一个手性分子（chiral compound）；在甘油磷脂分子中的磷酸甘油可称为 L-甘油-3-磷酸，D-甘油-1-磷酸或 Sn-甘油-3-磷酸。L-甘油-3-磷酸的 C_1 和 C_2 位各自连接一分子脂肪酸所形成的化合物称为磷脂酸（phosphatidic acid），它是最简单的甘油磷脂，其他甘油磷脂都是磷脂酸的衍生物。L-甘油-3-磷酸、甘油磷脂的结构通式如下图所示。

$$\begin{array}{l} {}^{1}CH_2OH \\ H-{}^{2}C-OH \\ {}^{3}CH_2-O-P(=O)(O^-)-O^- \end{array}$$

L-甘油-3-磷酸

$$\begin{array}{ll} {}^{1}CH_2-O-C(=O)-R_1 & \text{饱和脂肪酸（棕榈酸）} \\ {}^{2}CH-O-C(=O)-R_2 & \text{不饱和脂肪酸（如油酸）} \\ {}^{3}CH_2-O-P(=O)(O)-O-X & \text{极性头} \end{array}$$

甘油磷脂结构通式(若X为H，即磷脂酸)

甘油磷脂分子中所含的脂肪酸种类很多。不同机体，同一机体的不同组织、不同细胞所含的脂肪酸都不相同。一般来说，在甘油的 C_1 位成酯的是 C_{16} 或 C_{18} 的饱和脂肪酸，而 C_2 位成酯的一般是 C_{18}～C_{20} 的不饱和脂肪酸。磷脂酸分子中的磷酸基与丝氨酸、乙醇胺、胆碱或肌醇缩合分别形成磷脂酰丝氨酸（phosphatidylserine，PS）、磷脂酰乙醇胺（phosphatidylethanolamine，PE）、磷脂酰胆碱（phosphatidyl choline，PC）即卵磷脂和磷脂酰肌醇（phosphatidyl inositol，PI）；磷脂酰肌醇的肌醇环上再连接磷酸基团可形成磷脂酰肌醇-4-磷酸（PIP）和磷脂酰肌醇-4,5-二磷酸（PIP_2）。X 若为磷脂酰甘油则形成二磷脂酰甘油即心磷脂。

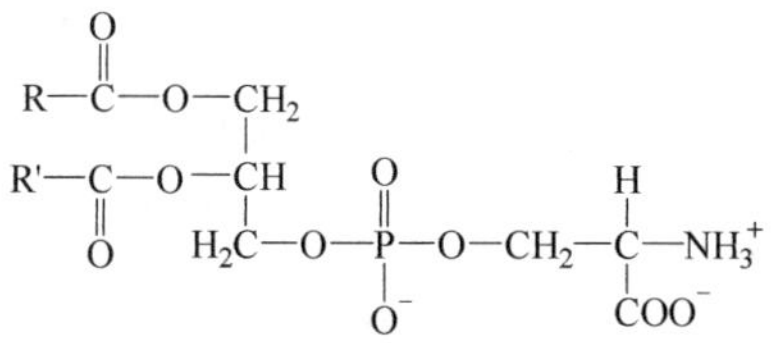

磷脂酰丝氨酸

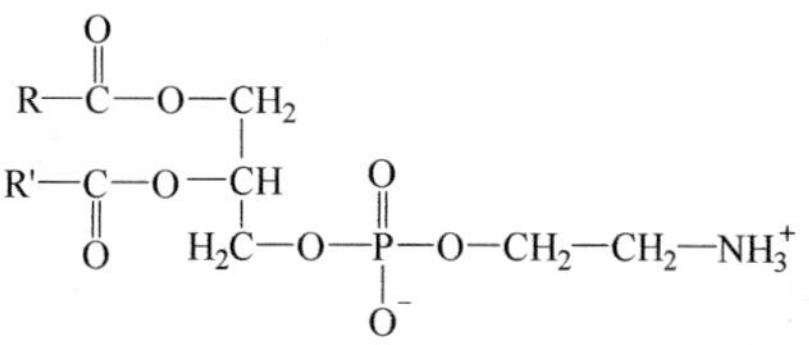

磷脂酰乙醇胺

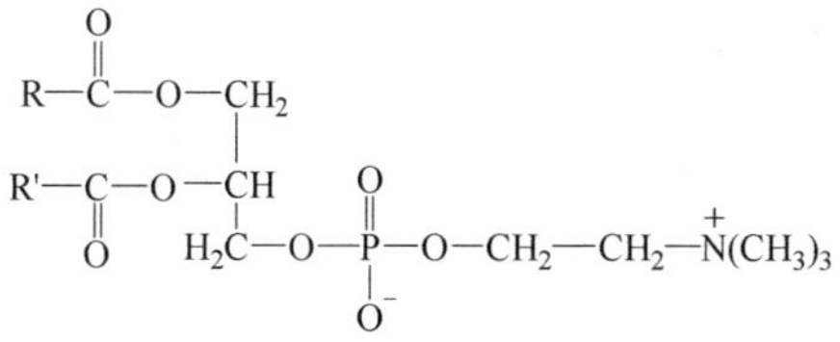

磷脂酰胆碱

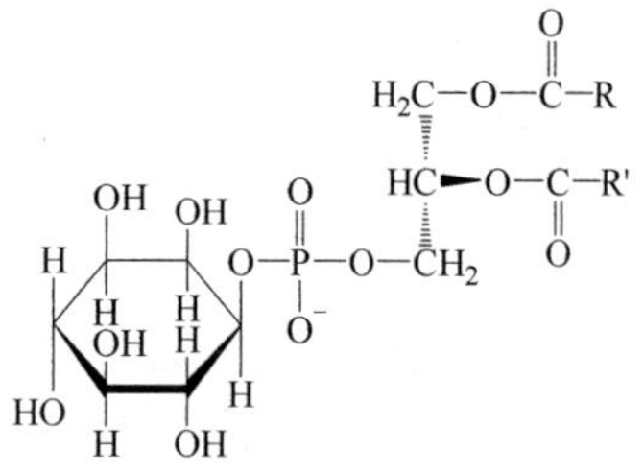

磷脂酰肌醇

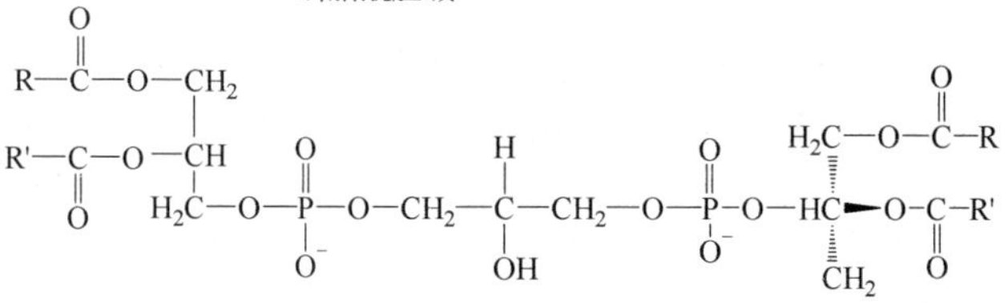

二磷脂酰甘油(心磷脂)

在某些动物组织和一些单细胞（unicellular）生物体内含较多的醚脂类（ether lipids）；其分子中的一个脂酰基是以醚键（ether bond）而不是酯键与甘油相连。醚键连接的脂肪酸链可以是饱和的如血小板激活因子（platelet activating factor，PAF），也可能是在 C_1 和 C_2 之间有一双键的不饱和链如缩醛磷脂（plasmalogens）。脊椎动物心脏富含醚脂类，特别是缩醛磷脂。嗜盐细菌（喜盐细菌，halophilic bacteria）、有纤毛的原生动物（ciliated protists）及一些无脊椎动物的膜中也含有较多的醚脂类。多数醚脂类在这些细胞膜中的功能还不太清楚，或许它们可抵抗磷脂酶的水解作用。血小板激活因子的功能已经清楚，它是一种潜在的分子信号；PAF 分子中甘油的 C_2 位上是乙酰基，乙酰基的存在使它在信号转导过程中充当一种可溶性的信使（messenger）；它从嗜碱的白细胞（basophils leukocytes）中释放出来后，刺激血小板聚集，从血小板释放出 5-羟色胺（serotonin），5-羟色胺是一种血管收缩剂（vasoconstrictor）。它也影响肝脏、平滑肌、心脏、子宫和肺组织的功能，在炎症（inflammation）和过敏性反应（allergic response）中起重要作用。

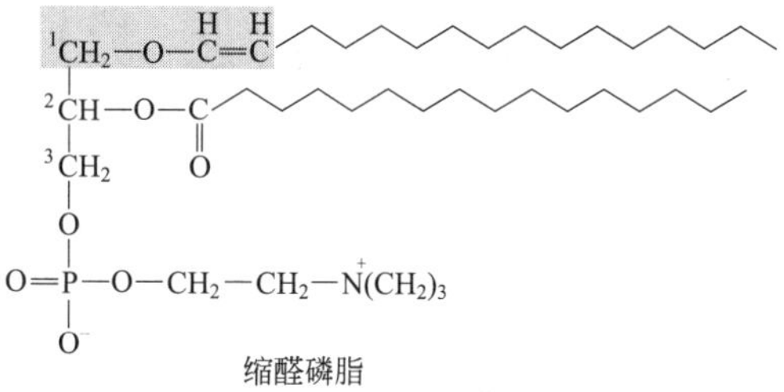

缩醛磷脂

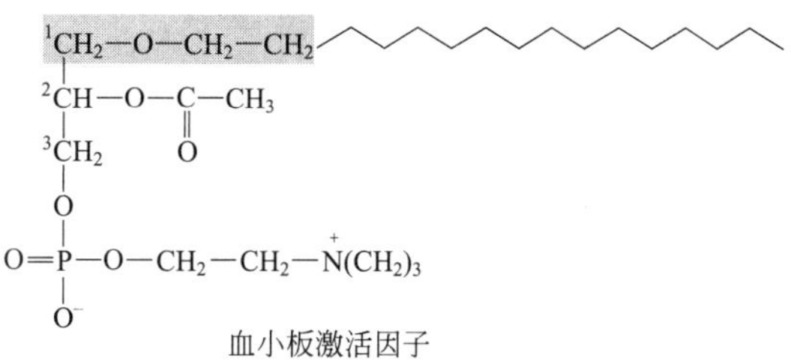

血小板激活因子

此外，大多数生活在极端条件下（高温如沸水，高离子强度，低 pH 等）的古细菌（archaebacteria），它们的膜脂含有长达 32 个碳原子且具有分支的烃链。这些烃链以醚键与甘油的末端相连；在高温，低 pH 等极端条件下，醚键比那些存在于真细菌（eubacteria）和真核生物（eukaryotes）膜脂中的酯键要稳定的多。这种脂的每一末端有一极性的头，极性的头是由甘油与磷酸基或糖残基相连形成的。它们的一般名称为：甘油二烷基甘油四醚（glycerol dialkyl glycerol tetraethers，GDGTs）。图 7-2 中给出的结构，其一端的甘油部分与一个二糖分子［α-吡喃葡糖基-(1→2)-β-呋喃半乳糖］[α-glucopyranosyl-（1→2)-β-galactofuranose］连接，另一端的甘油部分与一分子磷酸甘油连接。古细菌膜脂中的甘油部分，中间的碳原子（即 C_2）是 R 构型，而其他动物，植物界（如真细菌和真核生物）膜脂中的甘油是 S 构型。

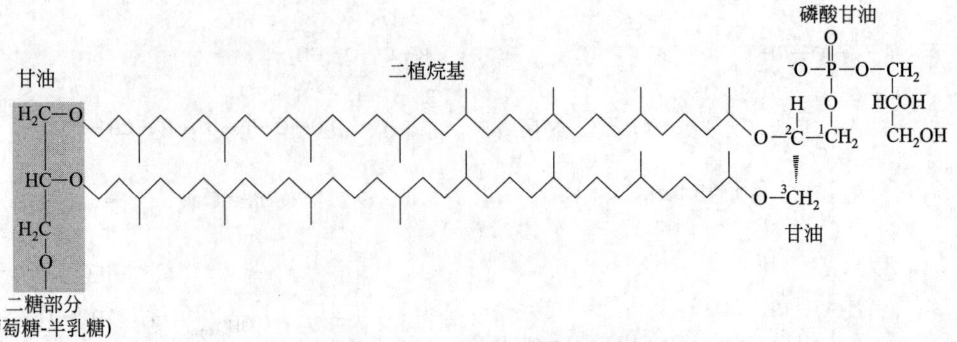

磷酸甘油

甘油

二植烷基

甘油

二糖部分
(葡萄糖-半乳糖)

图 7-2　古细菌膜脂的一般结构

（神经）鞘磷脂是鞘氨醇（sphingosine）的衍生物。鞘氨醇是一长链（18C）不饱和氨基醇，C_4～C_5 之间有一反式双键，也称为 4-神经鞘氨醇（4-sphingenine）。当一分子脂肪酸以酰胺键（amide linkage）连接到鞘氨醇 C_2 位的氨基上时，产生的化合物称为神经酰胺（ceramide）；它在结构上类似于二酰基甘油，神经酰胺是所有鞘脂类的母体结构（图 7-3）。鞘脂分子中的脂肪酸一般是饱和脂肪酸或是含有 16 个、18 个、22 个或 24 个碳原子的单不饱和脂肪酸。神经酰胺 C_1 位上连接一磷酸胆碱或磷酸乙醇胺形成的化合物即为鞘磷脂。若以球棍模型表示鞘磷脂和磷脂酰胆碱的结构（如下图所示），二者的结构、分子形状十分相似。

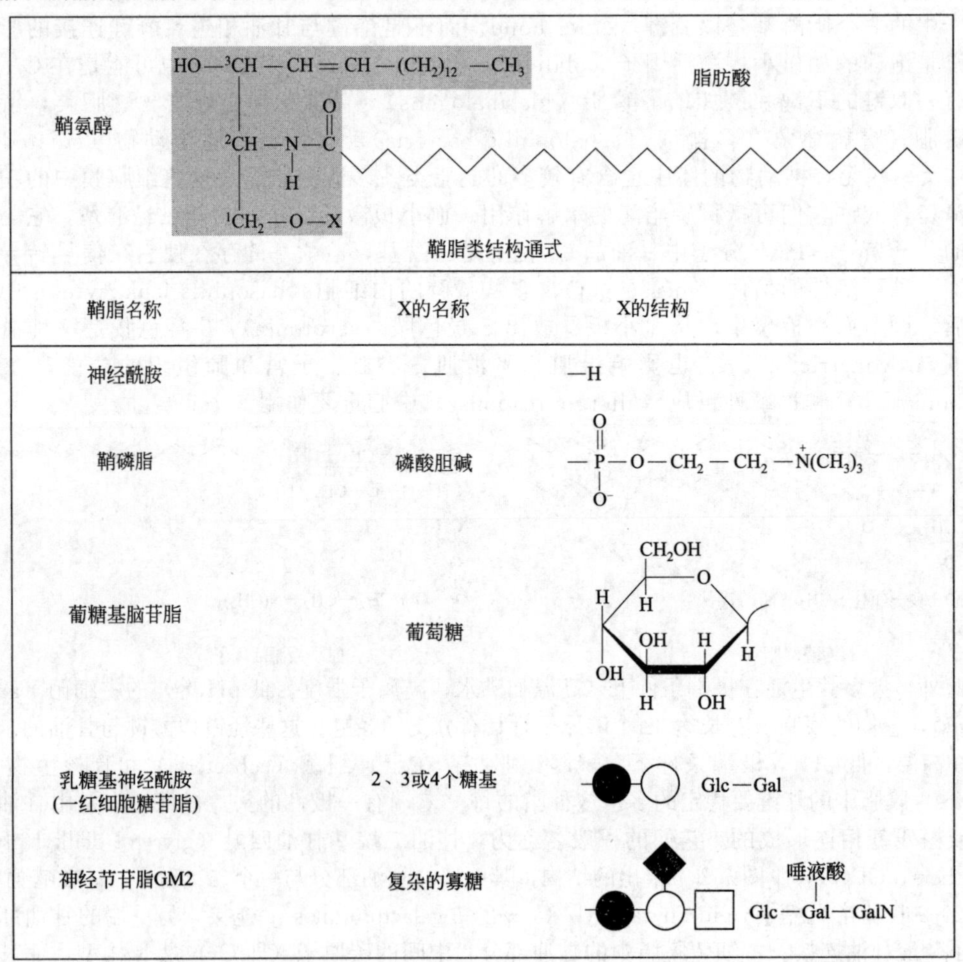

图 7-3　鞘脂类的结构

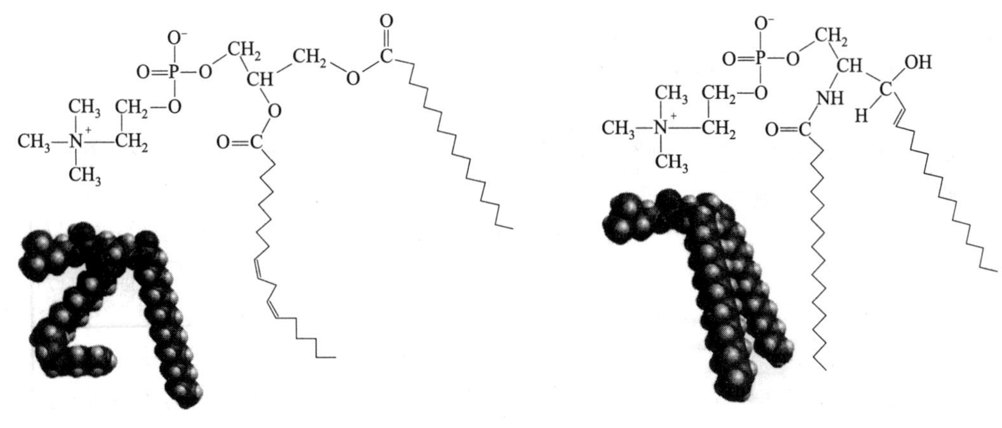

磷脂酰胆碱　　　　鞘磷脂

鞘磷脂主要存在于动物的细胞膜中，是髓磷脂（myelin，髓鞘质）的主要成分；原核细胞和植物中没有鞘磷脂。

磷脂是生物膜的主要组成成分。它含有极性的磷酸基团和非极性的疏水基团即脂肪酸部分；因此称这类分子为双亲性分子（amphipathic molecules）。膜磷脂的极性头部排列在外与水溶性环境相邻，而它的非极性“尾巴”互相聚集排列在内部以避免与水接触。磷脂分子的非极性区尾尾相连形成了脂质双层结构。由脂质分子组成的脂双分子层（lipid bilayers）构成了生物膜的基本骨架（见图 7-1），脂双分子层是极性分子的通透性屏障。

磷脂在膜脂质双层两侧的分布是不对称的。有些磷脂主要存在于脂质双层的外侧，有些主要存在于内侧（表 7-1）；但尚未发现只存在于膜脂质双层一侧而不存在于另一侧的磷脂。

表 7-1　磷脂在红细胞膜中的分布

膜磷脂种类	占总膜脂的量/%	在膜脂质双层两侧的分布
磷脂酰乙醇胺	30	78%存在于脂质双层的内侧
磷脂酰胆碱	27	70%存在于脂质双层的外侧
鞘磷脂	23	90%存在于脂质双层的外侧
磷脂酰丝氨酸	15	95%存在于脂质双层的内侧
磷脂酰肌醇	5	78%存在于脂质双层的内侧

（2）糖脂　糖脂（glycolipids）即含糖的脂质。糖脂种类很多，不同糖脂分子中，不仅脂肪酸碳氢链的长短不一，饱和程度不同，而且所含糖的种类也相差较大；有单糖、多糖等。

糖脂分为两类，鞘糖脂（sphingoglycolipids）和甘油糖脂（glyceroglycolipids）。鞘糖脂也称为糖（神经）鞘脂（glycosphingolipids），主要存在于细胞膜外侧面，是神经酰胺的单、寡或多糖苷。糖基直接与神经酰胺的 C_1 位羟基相连接，也称为糖基神经酰胺（glycosyl ceramide）。脑苷脂类（cerebrosides）是神经酰胺的单糖苷（图 7-3）；含有半乳糖基的脑苷脂主要存在于神经组织的细胞膜内，含有葡萄糖基的脑苷脂主要存在于非神经组织的细胞膜内。神经酰胺寡糖苷（也称为寡糖神经酰胺或神经酰胺寡糖）分子中一般含 2～10 个糖基，如红细胞糖苷脂（globosides）和神经节苷脂（gangliosides）。红细胞糖苷脂一般含两个或多个糖基，这些糖基一般为D-葡萄糖（Glc），D-半乳糖（Gal）或 *N*-乙酰-D-半乳糖胺（*N*-acetyl-D-galactosamine，GalNAc 或 GalN）。脑苷脂和红细胞糖苷脂有时也称为神经糖脂，在 pH7.0 不带电荷。

神经节苷脂是较复杂的糖（神经）鞘脂类；含有寡糖基作为它们的极性头。在神经节苷脂的末端连接着一个或多个 *N*-乙酰神经氨酸（*N*-acetylneuraminic acid，Neu5Ac，也称唾液酸，sialic acid）（图 5-9）和寡糖基；因唾液酸的存在使神经节苷脂在 pH7.0 带负电荷。这是它们与红细胞糖苷脂的区别。神经节苷脂分子中有的含一个唾液酸残基，以 GM 表示；有的含两个唾液酸残基，以 GD 表示；有的含三个唾液酸残基，以 GT 表示；以此类推，GQ，表示含四个唾液酸残基。神经节苷脂广泛存在于真核细胞的各类组织中，但以哺乳类动物中枢神经系统中含量最为丰富，以脑灰质水平最高。神经节苷脂主要存在于细胞膜的外表面上；它本身就是一类膜上的受体。已知霍乱毒素（choleragen）、干扰素（interferon）、破伤风毒素、促甲状腺素、5-羟色胺等的受体就是不同的神经节苷脂。在这里它们可识别胞外分子或邻近细胞表面的分子。细胞膜上神经节苷脂的种类和数量在胚胎（embryonic）发育阶段变化很大，肿瘤的形成诱导一新的神经节苷脂补体（complement）的合成，已发现很低浓度特定的神经节苷脂可诱导培养的神经瘤细胞的分化。

多糖神经酰胺分子中一般含 10 个以上的糖基，也称为神经酰胺多糖。鞘脂类的结构通式以及脑苷脂、红细胞糖苷脂和神经节苷脂的结构见图 7-3。

当一百多年前，内科医生化学家 Johann Thudichnm 发现鞘脂类时，它们的生物学功能像埃及的狮身人面相一样令人费解，因此，他把它命名为 Sphinx。在人类细胞膜中，至少有 60 种不同的鞘脂类已被鉴定。它们多位于神经细胞膜内，许多鞘脂类已肯定是细胞表面的识别位点（recognition sites）。但到目前为止，仅少数鞘脂的功能已研究清楚；某些鞘脂类的糖部分可确定人类的血型，因而决定人类个体能否安全地接受输入某种血液。血型（blood group）是对血液分类的方法，一般指红细胞膜上特异性抗原的类型，依据是红细胞表面是否存在某些可遗传的抗原物质。镶嵌于红细胞膜上的鞘糖脂的寡糖组

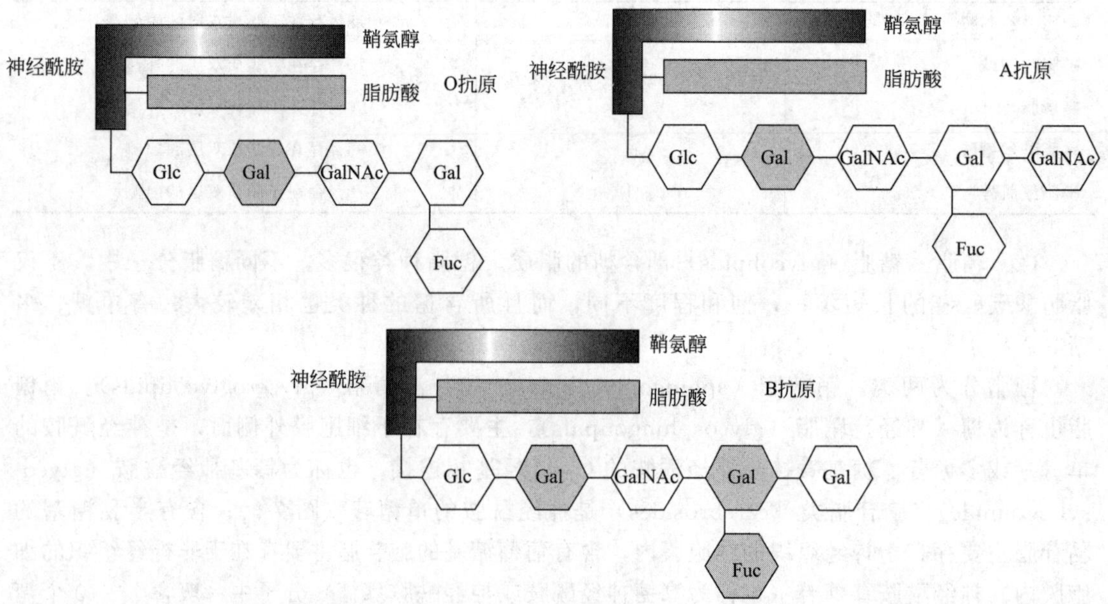

成决定人的血型。如ABO血型是根据红细胞膜上是否存在O抗原、A抗原和B抗原而把血液分为三型；A与B的抗原特异性，只是在糖链上有一个末端糖残基不同，便显示出不同的特异性。O抗原在糖链的终末端是一个岩藻糖（fucose，fuc），A抗原在糖链的终末端是一个*N*-乙酰半乳糖胺（GalNAc），而B抗原在糖链的终末端是一个D-半乳糖（Gal），如上图所示。

甘油糖脂中以甘油代替鞘氨醇。植物及细菌细胞膜中含较多的甘油糖脂；如叶绿体（chloroplasts）膜中含有半乳糖脂（galactolipids）和脑硫脂（sulfolipids）。一分子半乳糖以糖苷键连接于二脂酰甘油的C_3上所形成的半乳糖脂称为一半乳糖基二脂酰甘油酯（monogalactosyldiacylglycerol，MGDG）；若MGDG分子中半乳糖基的C_6位再连接一分子半乳糖基则形成二半乳糖基二脂酰甘油酯（digalactosyldiacylglycerol，DGDG）；MGDG和DGDG分子中的脂酰基一般为亚油酸基（18∶2）。半乳糖脂主要存在于叶绿体类囊体（thylakoid）膜（内膜）中。维管植物（vascular plant）膜脂的70%～80%是半乳糖脂。它们可能是生物圈（biosphere）内最丰富的膜脂。

植物细胞膜中也含有脑硫脂。其分子中硫酸化的葡萄糖通过糖苷键与二脂酰甘油的C_3相连。脑硫脂和磷脂一样带负电荷。MGDG、DGDG和脑硫脂的基本结构如下图所示。

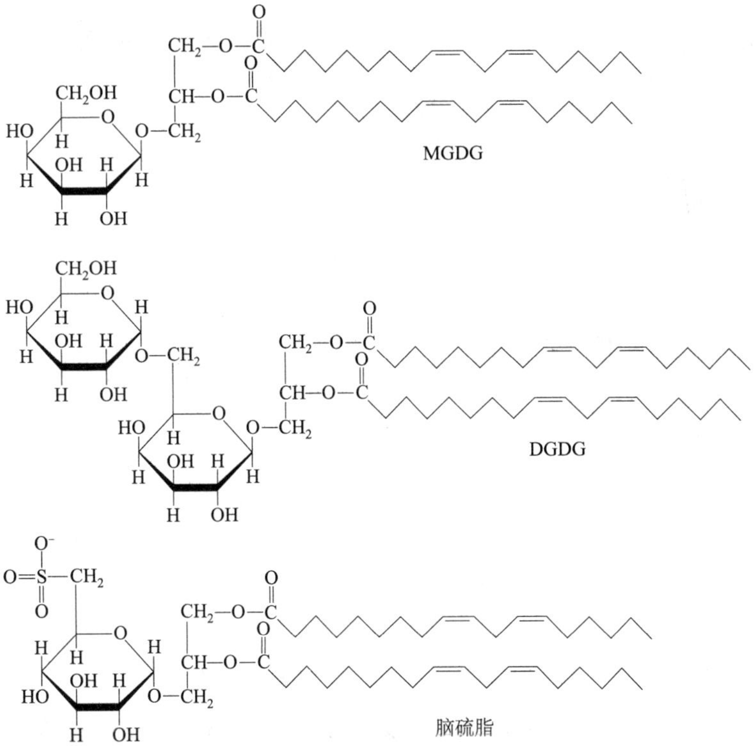

MGDG、DGDG和脑硫脂的基本结构

大多数细胞中的极性脂类和其他细胞分子一样要不断地进行代谢更新，合成的速度等于降解的速度。溶酶体中含有专一性水解脂类分子中不同酯键的酶。鞘脂可被一组溶酶体酶水解。这些酶逐一除去其分子中的糖残基，最终产生神经酰胺。这些酶中任何一个的遗传缺失都将使鞘脂的不完全降解产物在组织中的累积，导致严重疾病的发生。膜脂如鞘脂类由于缺乏某种酶而导致部分降解产物异常堆积所致的人类遗传性代谢疾病如图7-4所示。

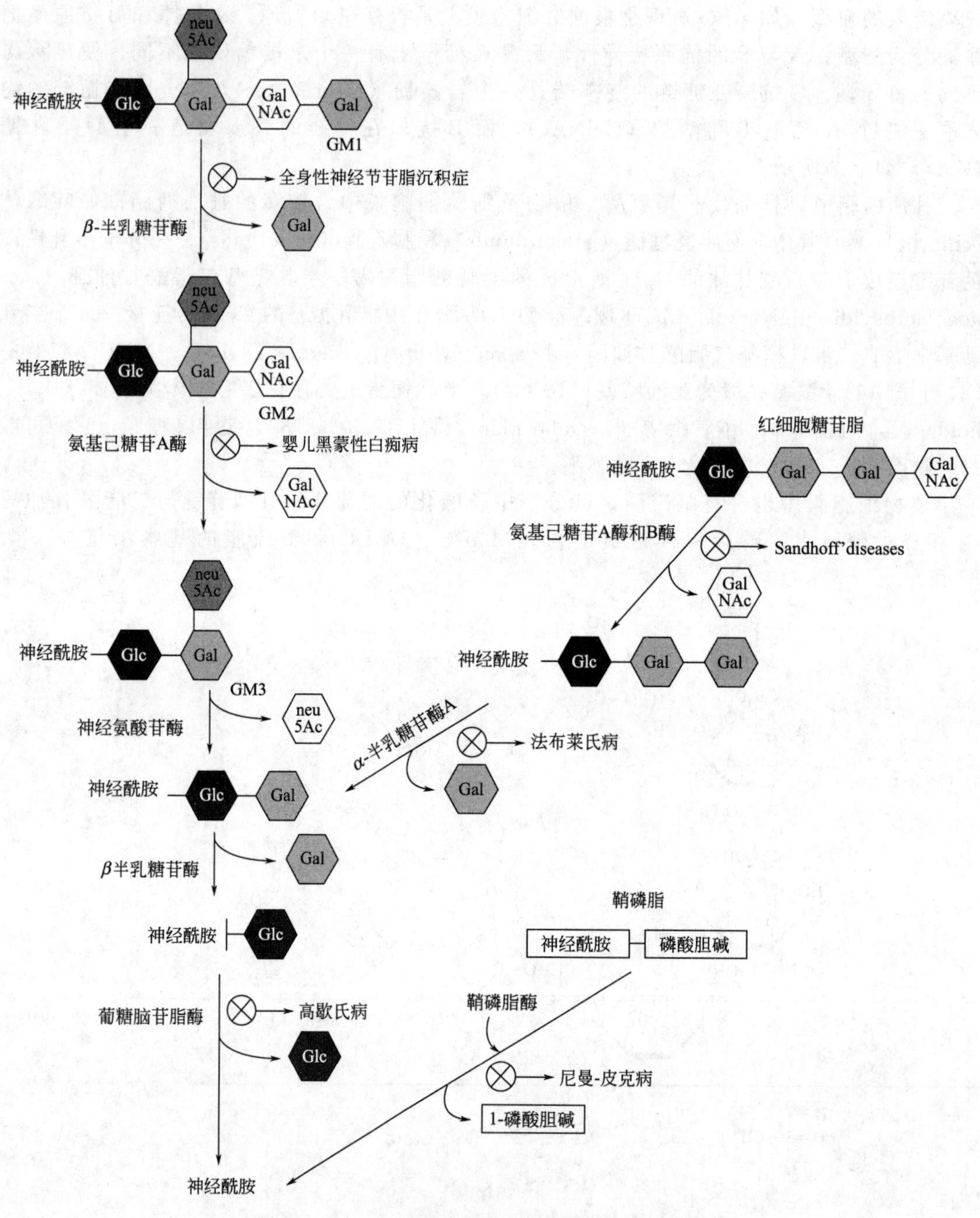

图 7-4 GM1、红细胞糖苷脂和鞘磷脂的降解途径

为避免这些遗传性疾病的发生，对准备授孕的父母应进行必要的医学检查（如是否有异常酶的存在等）。DNA 检测可以判断他们的后代患病的可能性。一旦怀孕，应抽取部分胎盘（placenta）（绒毛膜绒毛，chorionic villus，CV）或胎儿周围的液体以获得胎儿的细胞样品进行检测。

［附］：因膜脂储积所致人的遗传性代谢缺陷病

1. 全身性神经节苷脂沉积症（generalized gangliosidosis）

人的一种基因型遗传性代谢缺陷，伴以精神发育迟缓；这是由于缺乏β-半乳糖苷酶（β-galactosidase），导致神经节苷脂（GM1）堆积及肝肿大。

2. 家族性黑蒙性白痴（泰伊-萨克斯病，婴儿黑蒙性白痴病，Tay-Sachs diseases，TSD）

人的一种遗传性代谢缺陷病，由于缺乏氨基己糖苷酶A（hexosaminidase A），不能将神经节苷脂（GM2）加工成为GM3，使脑和脾脏中储积神经节苷脂（GM2）；这种疾病的主要症状是进行性的发育阻滞和脑退化，视觉缺失（失明，blindness），瘫痪（paralysis），3～4岁即死亡。

3. Sandhoff's diseases

1968年由德国化学家Konrad Sandhoff等首先描述在幼儿和青年发病而命名。与Tay-Sachs diseases的病症有些相同，都与中央神经系统有关。在幼儿，婴儿丢失运动技巧如爬、坐等的能力；轻度肝脾肿大；疾病加重时，丧失视觉和听力，智力缺陷，出现麻痹等，一般2岁即死亡。该病可能出现于童年、青春期或成年。

由于缺乏β氨基己糖苷酶A（HexA）和B酶（HexB）所致。该病也属于GM2神经节苷脂沉积症变异O型（gangliosidosis variant O），是一组常染色体隐性遗传性疾病。

4. 高歇病（Gaucher's diseases）

人的一种基因型遗传性代谢缺陷，因缺乏葡萄糖脑苷脂酶（glucocerebrosidase），使组织中聚集脑苷脂以及肝、脾肿大（splenomegaly）。骨髓内有高歇细胞，骨畸形等。患儿腹部隆凸，同时有贫血、出血及血小板减少等。亦称家族性脾性贫血，角苷脂储积病，脑苷脂储积病；葡糖脑苷脂酶缺乏病。

5. 法布莱氏病（Fabry's diseases）

人的一种基因型遗传性代谢缺陷病，由于缺乏酰基鞘氨醇己三糖α-半乳糖苷酶（α-galactosidase），同时并发有肾衰竭。

6. 尼曼-皮克病（Niemann-Pick diseases）

一种遗传性代谢缺陷病。是由于鞘磷脂酶（sphingomyelinase）罕见的遗传性缺失所致。鞘磷脂酶的缺乏，使鞘磷脂不能转变为神经酰胺，堆积于脑、脾和肝脏内。婴儿出现此病，导致精神（智力）迟钝（阻滞）（智力发育迟缓）及早死。

（3）固醇类　真核细胞的细胞膜中一般富含胆固醇，而真核细胞的细胞器膜中通常不含胆固醇成分。动物质膜中主要的固醇为胆固醇，植物中也发现结构上类似的豆固醇（stigmasterol）和β-谷固醇（sitosterol）。

2. 膜蛋白

蛋白质镶嵌在脂质双层之中，膜蛋白的存在赋予生物膜特殊的功能。膜蛋白充当特殊的泵（pumps）、通道（channels）、受体、能量转换器（energy transducers）和酶。脂双层结构为膜蛋白功能的实现提供了环境条件。

根据膜蛋白在膜内的定位以及使膜蛋白与膜分离的条件不同，可把膜蛋白分为内嵌蛋白（integral protein，intrinsic protein）、外周蛋白（peripheral protein，extrinsic protein）和两亲性蛋白（amphitropic proteins）三种（见图7-5）。

（1）内嵌蛋白　内嵌蛋白一般不溶于水，依靠与膜脂类间疏水的相互作用等与脂双层紧密结合。要使内嵌蛋白与膜分离开，必须使用那些可破坏疏水的相互作用的试剂，如有机溶剂、变性剂、去污剂（detergents）等。大多数内嵌蛋白含有一个或多个富含疏水性氨基酸残基的跨膜区段，因为这些肽段的周围是脂类分子，又缺乏水和它们之间形成氢键，这些肽段趋向于折叠成α螺旋或β折叠结构。如红细胞膜血型糖蛋白（glycophorin），由131个氨基酸残基组成；靠近N-末端的结构域，位于膜的外表面上（图7-6），可被胰蛋白酶断裂。

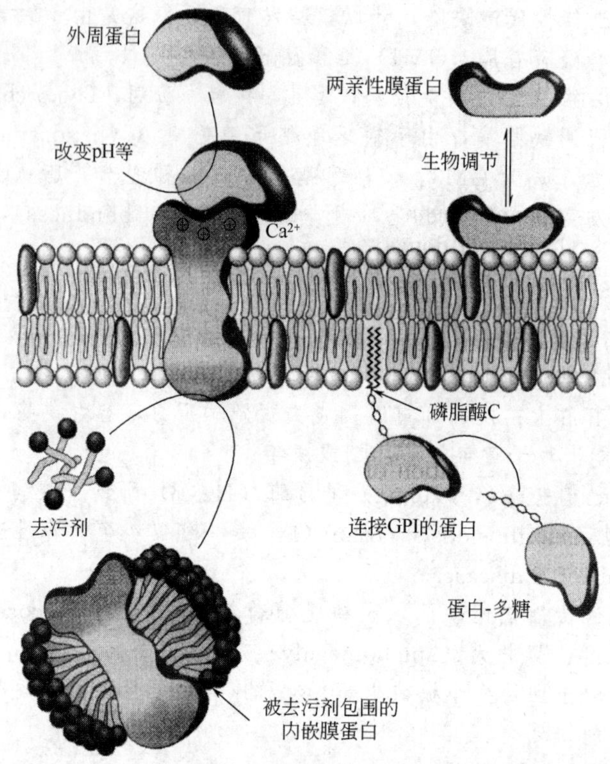

图 7-5　外周蛋白、内嵌蛋白和两亲性蛋白

分子中的所有糖残基（以黑色六边形表示）都位于该结构域中；靠近 C-末端的结构域伸进膜的内侧。无论是 N 端的还是 C 端的结构域都含有许多极性的或带电荷的氨基酸残基，因此是十分亲水的。但靠近肽链中部约 19 个氨基酸残基组成的片段（Leu_{75}—Tyr_{93}）主要含疏水的氨基酸残基，形成一跨膜的 α-螺旋片段；而肽链中 Leu_{64}—Thr_{74} 之间的片段含有一些疏水的氨基酸残基，陷入（贯入）脂质双层的外表面。

X 射线衍射晶体分析法（X-ray crystallogryphy）研究揭示出，细菌视紫红质（Bacteriorhodopsin，BR）的一条肽链折叠成 7 段 α-螺旋，螺旋和螺旋之间通过位于膜内侧或外侧的非螺旋环（圈）相连接（图 7-7）。每段螺旋都横跨膜脂质双层，含大约 20 个疏水的氨基酸残基；这些非极性氨基酸残基和膜脂的脂酰基之间疏水的相互作用把它紧紧地固定于膜内。

膜孔蛋白（porins），是大肠杆菌（*E. coli*）细胞外膜中的一种内嵌蛋白。由 22 个反平行的 β-折叠肽段依靠链间的氢键等排布成一个跨膜的 β 桶状（β-barrel）通道（图 7-8），允许一定的极性化合物通过革兰阴性菌（gram-negative bacteria）如 *E. coli* 的外膜。如与载体高铁色素（ferrichrome）结合的铁离子可经此通道从环境进入细胞内。β 桶结构的外表面上有许多疏水的氨基酸残基，这些残基与脂或脂多糖（lipopolysaccharide）之间疏水的相互作用是孔蛋白稳定定位的主要作用力。

（2）外周蛋白　膜外周蛋白位于脂双层的表面。一般通过离子键与磷脂的极性头部或与膜内嵌蛋白亲水结构域之间的氢键等与膜疏松结合。故改变 pH 或离子强度、加入螯合剂（chelating agent）除去钙离子或加入尿素、碳酸盐等可使大多数外周蛋白与膜分离。膜联蛋白（annexins）是一种重要的膜外周蛋白。钙离子（Ca^{2+}）与膜联蛋白分子上带负电荷的基团以及磷脂带负电荷的头同时结合并相互作用是膜联蛋白-膜相互作用所必需的。结晶学（crystallographic）研究揭示出膜联蛋白 V 与膜磷脂极性头结合的模型如图 7-9 所示；从

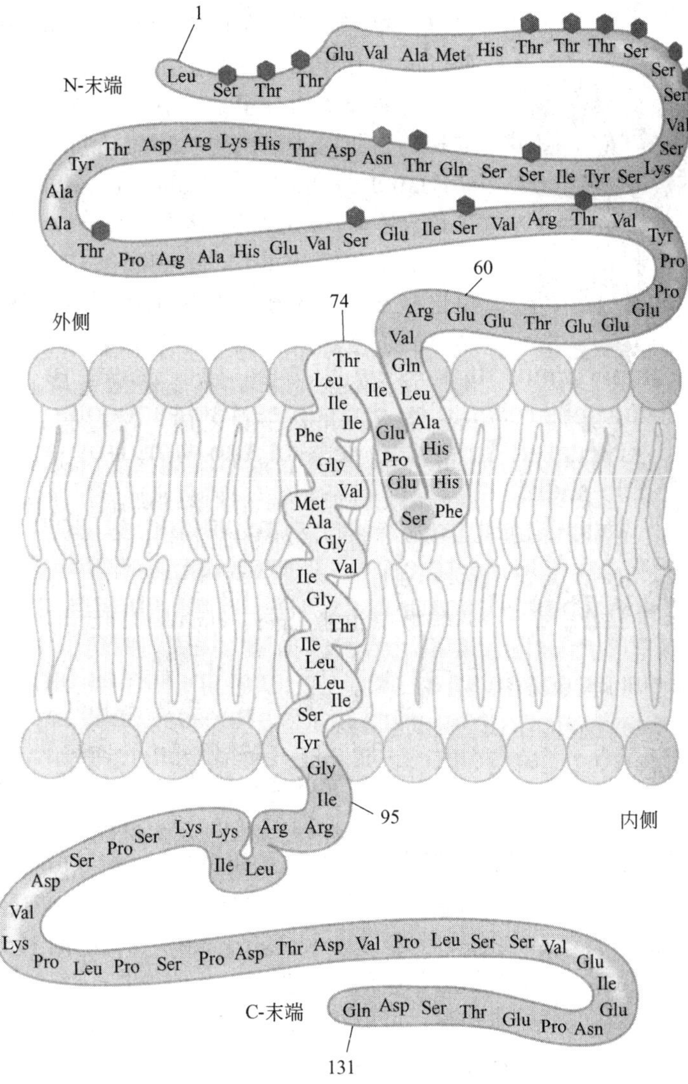

图 7-6 红细胞膜血型糖蛋白的结构

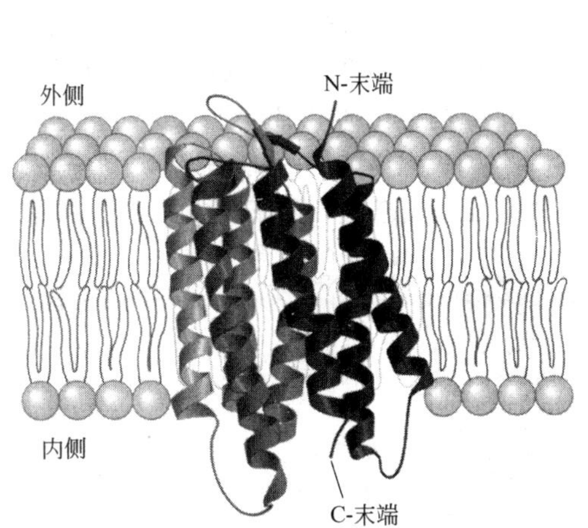

图 7-7 细菌视紫红质的跨膜结构

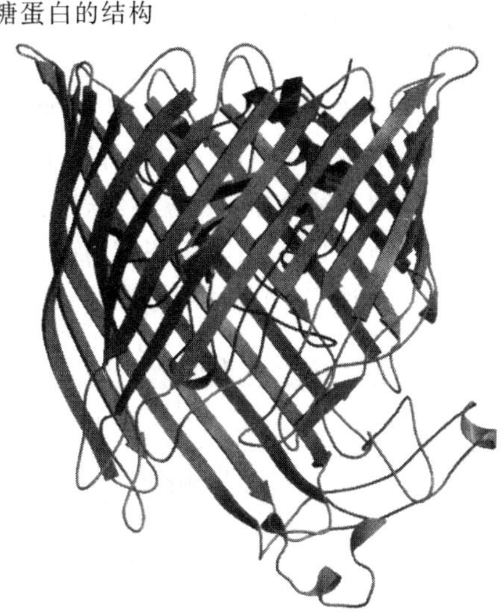
图 7-8 孔蛋白跨膜的 β 桶状结构

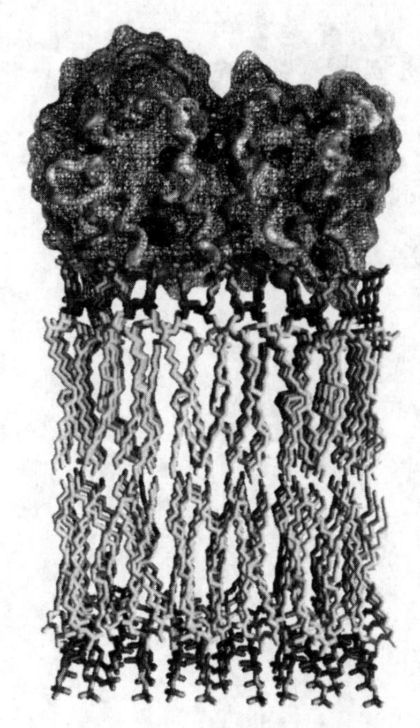

图 7-9　膜联蛋白与膜磷脂结合模式

中可以看到，膜联蛋白 V 骨架穿过膜表面上的透明筛孔，静电的相互作用使膜联蛋白固定于膜上。

有些膜蛋白分子中含有一个或多个共价连接的脂类，如长链脂肪酸，磷脂酰肌醇的糖基化衍生物（GPIs，glycosylated derivatives of phosphatidylinositol）、异戊间二烯化合物（isoprenoids）或甾醇类。与膜蛋白连接的这些脂类提供了疏水的锚（anchor），可伸进脂分子双层内，使这些蛋白固定于膜的表面上。这些脂连接的蛋白与膜结合的程度在某些情况下较内在（嵌）蛋白要弱些。用碱性碳酸盐处理膜，不能使糖基磷脂酰肌醇（glycosyl phosphatidylinositol，GPI）连接蛋白（GPI-linked protein）与膜分离，故 GPI 连接蛋白应为内嵌膜蛋白，需用磷脂酶 C（能识别含肌醇的磷脂）处理才能与膜分离。它一般位于质膜的外侧面（外小叶），而与棕榈酰基、法尼基（farnesyl）、（肉）豆蔻酰基（myristoyl，14 碳烷酸）、牻牛儿酰牻牛儿基（geranylgeranyl，香叶酰香叶酰基）等连接的蛋白一般位于质膜的内侧面（内小叶）[图 7-14(a)]。

（3）两亲性蛋白（amphotropic proteins）　两亲性蛋白在细胞浆（胞液）和生物膜中都存在（图 7-5）。一般来说，这类蛋白与膜的可逆结合是被调节的；如磷酸化或因配基的结合导致其构象改变，使其与膜的结合部位暴露出来。

不同生物膜中膜蛋白的种类及含量不同。髓鞘（myelin sheath）膜充当一种绝缘体（insulator）环绕着一定的神经纤维，仅含大约 18%的蛋白质。而多数细胞膜中含大约 50%的蛋白质；参与能量转换的膜如线粒体和叶绿体的内膜中蛋白质含量高达 75%。大肠杆菌细胞膜中含数百种蛋白质，其中包括转运蛋白（transporter）以及参与能量代谢、脂类合成、蛋白质投递（export）和细胞分化等过程的酶蛋白。

由于去污剂十二烷基硫酸钠（SDS）可破坏蛋白质与蛋白质，或蛋白质与脂质之间的相互作用，所以把膜溶于 1%的 SDS 溶液中即可破坏膜的结构。使用 SDS-PAGE 电泳法可方便地检测出不同细胞膜中的蛋白质组成。

3. 膜糖

生物膜中所含的糖较少，真核生物的质膜中一般含 2%～10%的糖类。膜中的糖多为氨基糖，如氨基葡萄糖、氨基半乳糖等，还有乙酰氨基糖类，如乙酰氨基葡萄糖、乙酰氨基半乳糖等。此外，还有岩藻糖和唾液酸（乙酰神经氨酸）等。它们一般与膜脂类结合形成糖脂，或与膜蛋白结合形成糖蛋白。高等生物膜中的糖脂多为鞘氨醇的衍生物；膜糖蛋白中的糖残基一般与天冬酰胺侧链上的酰胺氮原子相连，或与丝氨酸或苏氨酸侧链上的羟基氧原子相连，如下图（a）和（b）所示。

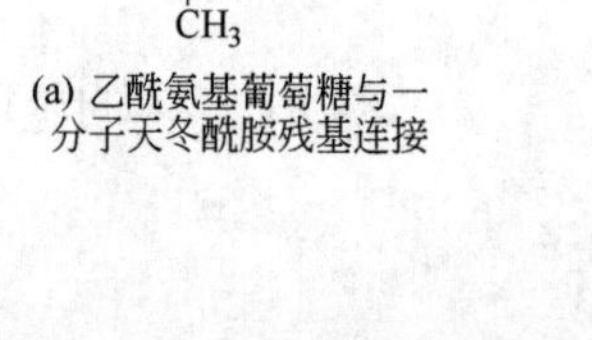

(a) 乙酰氨基葡萄糖与一分子天冬酰胺残基连接

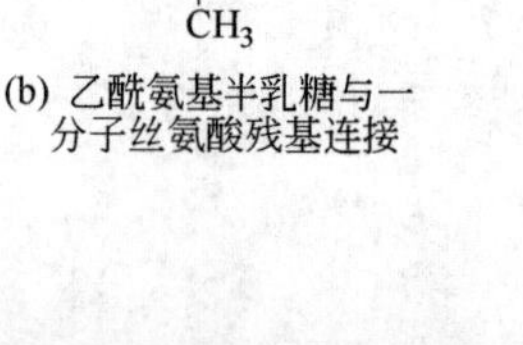

(b) 乙酰氨基半乳糖与一分子丝氨酸残基连接

不同生物膜所含糖的量有较大的差异。如红细胞膜血型糖蛋白（glycophorin），含糖量约为其质量的60%。与质膜不同，内膜系统（如线粒体和叶绿体）中的含糖量很少。

使用专一性标记技术已确定了生物膜中这些糖成分的位置。植物血凝素（也称外源凝集素）是一种植物蛋白，对糖残基的亲和力极高，因此可用作探针（probe）。如伴刀豆球蛋白A（concanavalin A）可与糖分子中的非还原性末端上的α-甘露糖酰基（α-mannosyl）结合，而麦胚凝集素（wheat germ agglutinin）能与末端的N-乙酰氨基葡糖残基结合。利用这种专一性结合技术已确定膜糖脂和糖蛋白中的糖残基一般位于哺乳类动物质膜的胞外一侧（图7-6）。因为糖残基是亲水的，它不可能插入膜脂质双层内。因此，脂质双层是糖蛋白从膜的一侧旋转到另一侧的屏障；糖残基的这种定位分布，对保持生物膜的不对称性（asymmetric character）及细胞间的通讯联络、相互识别具重要的意义。

第二节　生物膜的流动性

一、膜脂和膜蛋白的运动

尽管膜脂质双层自身是稳定的，但一些磷脂和甾醇类分子在膜平面上的运动有较大的自由度。脂双层的结构和柔性（flexibility）取决于膜脂的种类及环境温度的变化。在生理温度以下时，脂分子的所有运动形式被抑制（constrained）或只有极少数的脂分子运动但速度很慢；脂双分子层呈现半固态的凝胶态（semi-solid gel state）或类结晶态（ paracrystalline state）；在生理温度以上时，脂肪酸的碳氢链因C—C键（碳—碳键）旋转而处于不断地运动状态，脂分子具有扭曲（gauche）构象［图7-10(a)］，脂双层由类结晶态转变为相对紊乱的流动状态（relatively disordered fluid state），脂双层就象不停流动着的脂的海洋。在生理温度范围内（对哺乳动物，其生理温度在大约20～40℃），脂分子以有序的流动态存在，脂双层中脂酰基的热运动较慢，但在脂双层平面内可进行侧向移动（lateral movement），此种运动方式称为侧向扩散（ lateral diffusion）［图7-10(b)］。

各种膜蛋白在膜中的位置相对固定，可以移动但不是随机漂移。许多膜蛋白像是漂浮在脂质双分子层的海洋内。像膜脂一样，这些蛋白质在脂质双分子层平面内可自由地进行侧向扩散，且不断地运动着。但这种运动受膜蛋白和内部细胞骨架结构相互作用以及和脂或脂筏（lipid rafts）的相互作用所限制。脂筏是质膜上富含胆固醇、鞘磷脂、鞘糖脂以及脂质修饰蛋白的区域。

使用光脱色荧光恢复技术（fluorescence recovery after photobleaching，FRAP）已观测到膜脂和膜蛋白的侧向扩散运动。如图7-11所示，在质膜外侧的脂类与荧光探针反应而被标记，然后用激光束照射细胞表面的某一区域，使该区域的荧光猝灭变暗形成一漂白斑。经过一定时间后，因标记的脂类分子扩散进入照射区域，使该区域的亮度逐渐增加。根据荧光恢复的时间（速度）可推算膜脂的扩散速率。

磷脂是生物膜脂质的主要成分，因此，在一定的温度下，膜的流动性主要取决于磷脂的组成。饱和脂肪酸存在时，由于脂肪酸碳氢链伸直变硬利于它们之间的相互作用而紧密有序地排列［图7-12(a)］，使膜的刚性和厚度增大，呈现出流动性很低的类似晶态的凝胶态。当不饱和脂肪酸如油酸（oleate）存在时，油酸的碳氢链“尾巴”弯曲出现扭曲构象［图7-12(b)］；加大了它对相邻的磷脂分子的侧向压力，使这些磷脂分子也协调弯曲，导致膜中相关区域的柔性即流动性增加，厚度减少。脂质如磷脂分子从一种状态到另一种状态的转变称为“相变”，使磷脂分子由类结晶态转变为流动态的温度称为相变温度（transition temperature），用T_m表示；相变温度取决于脂肪酸链的长度及其不饱和程度。脂肪酸链愈短，其不饱和程度愈高，则相变温度愈低。

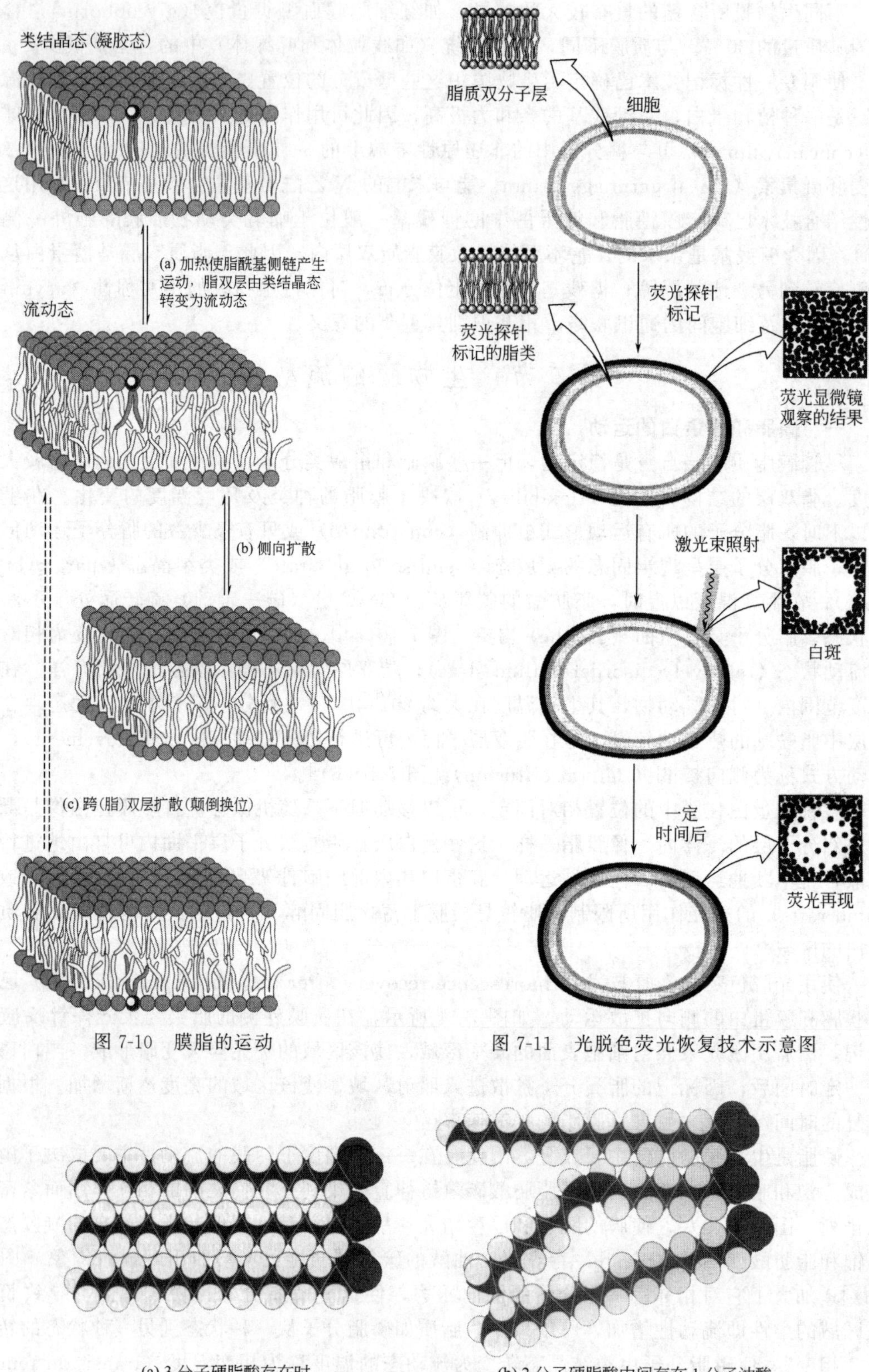

图 7-10　膜脂的运动

图 7-11　光脱色荧光恢复技术示意图

(a) 3 分子硬脂酸存在时
(b) 2 分子硬脂酸中间存在 1 分子油酸

图 7-12　脂肪酸的饱和程度对脂双层流动性的影响

在真核细胞中，胆固醇的量对膜的流动性起重要的调节作用。胆固醇是一种重要的甾醇类物质，为双亲性分子；因分子中除了刚性的环戊烷多氢菲核结构外，一端有羟基，一端有柔性的碳氢链“尾巴”。胆固醇的长轴垂直地插入膜平面内，它的羟基与磷脂头部羰基氧原子以氢键结合，而它的碳氢链“尾巴”伸进脂双层的非极性区。胆固醇通过固定在这些磷脂分子中间，使膜脂质中脂肪酰链的运动受到干扰，降低膜的流动性。

原核细胞膜的流动性随脂肪酸链双键数目和长度的变化而变化。如大肠杆菌细胞膜中，当环境温度从 42℃降低到 27℃时，饱和脂肪酸与不饱和脂肪酸的比值从 1.6 降低到 1.0。在不同的生长环境中，细胞通过控制它们的膜脂组成以维持膜的流动性。如环境温度较低时，细菌合成较多的不饱和脂肪酸而不是饱和脂肪酸。当然，膜中精确的脂肪酸组成不仅决定于细菌生长环境的温度，而且也取决于细菌生长的阶段和培养基（介质）的组成。不同温度下大肠杆菌细胞中脂肪酸合成的情况如表 7-2 所示。

表 7-2　不同培养温度下 *E. coli* 细胞中脂肪酸组成情况

脂肪酸	占总脂肪酸的含量/%			
	10℃	20℃	30℃	40℃
肉豆蔻酸 Myristic acid(14∶0)	4	4	4	8
软脂酸(棕榈酸) Palmitic acid(16∶0)	18	25	29	48
棕榈油酸 Palmitoleic acid(16∶1)	26	24	23	9
油酸 Oleic acid(18∶1)	38	34	30	12
羟基肉豆蔻酸 (hydroxymyristic acid)	13	10	10	8
饱和脂肪酸:不饱和脂肪酸①	2.9	2.0	1.6	0.38

① 饱和脂肪酸与不饱和脂肪酸的比值不包括羟基肉豆蔻酸。

二、膜脂跨脂双层的运动需要催化剂

在生理温度下，尽管膜脂可在脂分子双层平面内进行侧向移动，但要从脂双分子层的一侧翻转到另一侧是一个十分缓慢的过程。脂分子从脂双分子层的一侧翻转到另一侧的运动方式称为跨双层扩散（transbilayer diffusion）或颠倒换位扩散（flip-flop diffusion，向内-向外扩散）[图 7-10(c)]。

颠倒换位过程中，脂的极性头或带电荷的基团需离开液体环境而移动到脂双层的疏水区内，此过程是一个具有正的自由能变化的过程。若无催化剂的存在，此过程进行得非常慢。但这种类型的运动是必需的，如在内质网胞浆面合成甘油磷脂，而神经鞘脂在内质网腔内被合成和修饰。为了从它们合成部位到达它们各自应停留作用的部位，这些脂类必须进行颠倒换位扩散。

几个蛋白质家族，包括向内翻转酶（flippases，内翻酶）、外翻酶（floppases）和双向转运酶（scramblases，爬行酶）[图 7-13(c)] 都能促进膜脂的跨脂分子双层的运动。向内翻转酶催化磷脂酰乙醇胺（PE）和磷脂酰丝氨酸（PS）从原生质膜的细胞外侧到胞浆侧的扩散；在内质网，它将新合成的磷脂从胞浆一侧扩散到内质网腔一侧。该酶属于 P 型 ATPase，催化每分子磷脂的移位约消耗一分子 ATP。外翻酶催化膜中的磷脂从胞浆侧（膜内侧）扩散到膜的胞外一侧（膜外侧）。该酶的作用也需要 ATP，它是 ABC 转运蛋白家族的成员，它们都主动转运疏水性物质横跨细胞质膜。双向转运酶催化磷脂沿其浓度梯度的跨

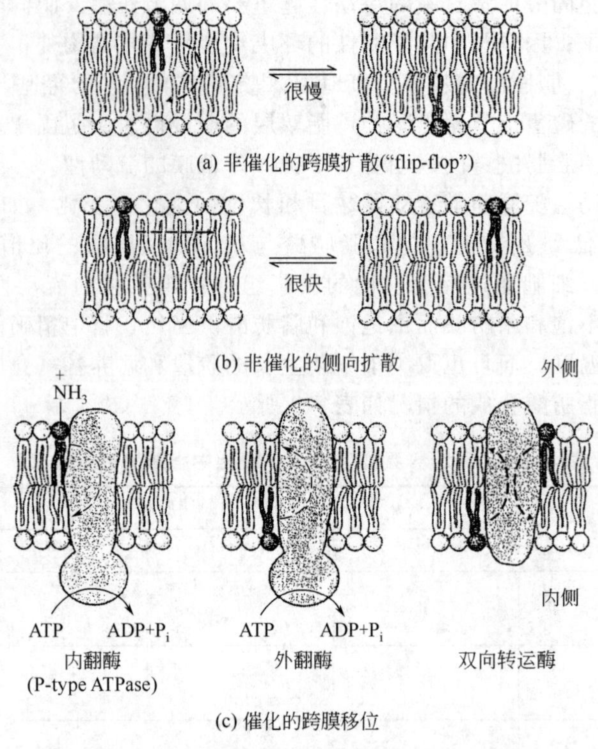

图 7-13　磷脂分子在膜脂双分子层内的运动

脂分子双层的扩散，其催化活性不依赖 ATP，但随着胞浆内 Ca^{2+} 浓度的增加，其催化活性明显增加。

由上可知，细胞质膜的内侧面和外侧面，磷脂类的分布是不对称的；这种不对称分布的变化主要由脂质内翻酶、外翻酶和双向转运酶等来调控。

三、脂筏

脂筏是在质膜的外侧面（外小叶内），鞘脂类（sphingolipids）和胆固醇稳定结合形成的微结构域（microdomains），与膜的其他区域相比要稍厚些，且用非离子型去污剂难以使其溶解；因膜中的鞘磷脂具有较长的饱和脂肪酸链，分子间相互作用力强。这里也富含特殊类型的膜蛋白，GPI 连接的膜蛋白一般位于脂筏的外侧面；与一个或几个长链脂酰基共价连接的蛋白通常在筏的内侧面，与异戊烯基（prenyl）连接的蛋白趋向于被排斥在脂筏之外［图 7-14(a)］。

Caveolin 是一种内嵌膜蛋白。有两个球形的结构域组成，两个结构域之间通过一发卡状的疏水结构域相连接；该蛋白位于质膜脂分子双层的细胞质侧［图 7-14(a)］和图 7-15)，其羧基端的结构域上连接着三分子棕榈酰基（palmitoyl）；使得该蛋白与膜紧密结合。Caveolin 也与膜中的胆固醇分子结合。当几个 Caveolin 二聚体汇集到一个小区域时，使膜脂双分子层向内弯曲，在细胞表面形成穴样内陷（Caveolae，小腔 Caves）(图 7-15)。Caveolae 是常见的向内弯曲的筏。使用原子力显微镜已观察到这些筏的存在。这些筏突出在脂分子双层平面上，像漂浮在脂双层海洋上的筏子；尖峰代表与 GPI 连接的蛋白［图 7-14(b)］。因此，脂筏被认为是质膜上富含胆固醇、鞘磷脂、鞘糖脂以及脂质修饰蛋白的区域；GPI 偶联蛋白几乎只存在于脂筏内。

生物膜的弯曲、融合（fusion）是细胞中许多生理活动过程必须的。如参与跨膜的物质转运和信号传递（signaling）等等。

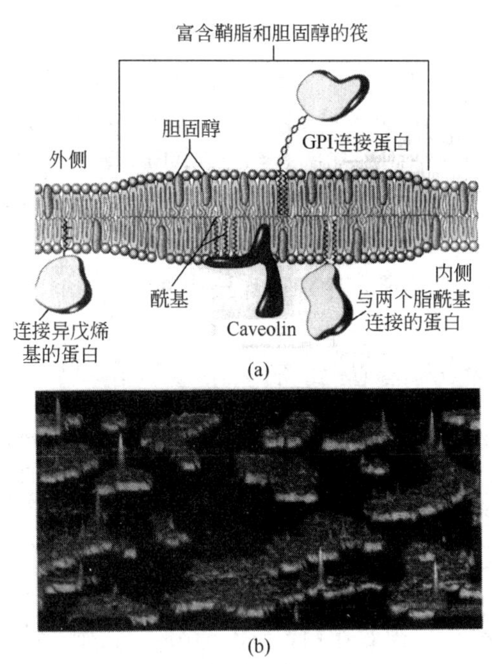

图 7-14 膜中的微结构域（脂筏）

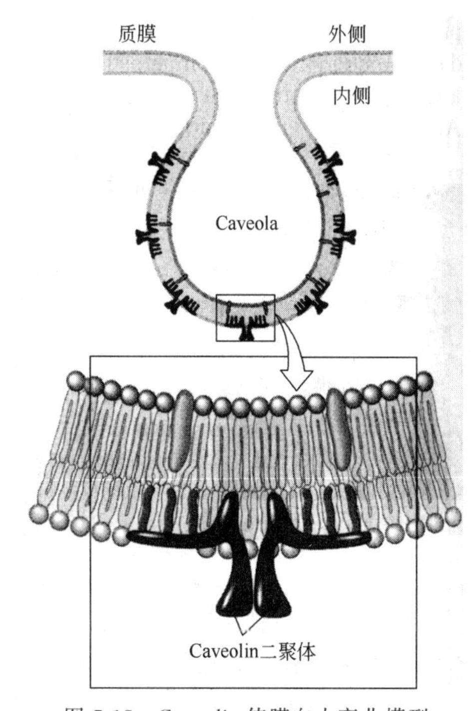

图 7-15 Caveolin 使膜向内弯曲模型

[附]：原子力显微镜呈现膜蛋白的形象

如图 7-16 所示，原子力显微镜（atomic force microscopy，AFM）主要有激光器、弹性微悬臂单元（包括探针和微悬臂两部分）、激光检测器和负载样品的扫描系统平台四部分组成。微悬臂（cantilever）材质为氮化硅，对微弱力敏感，是 AFM 中的力敏感器，其在垂直方向的弹性系数极低；微悬臂的一端固定，探针连接于另一端。当探针锋利的针尖在一个凸凹不平的表面如一个膜表面扫描时，针尖原子和样品表面原子间产生静电的和范德华相互作用力使探针（悬臂）在垂直于样品表面的方向上（在 Z 方向）起伏运动。当激光束经悬臂反射到达激光检测器可检测到 1 埃（1Å，0.1nm）那么小的起伏运动；这是当探针在样品表面扫描时，由于样品表面原子结构起伏不平，悬臂也将在垂直于样品表面的方向上随探针的起伏运动而起伏；于是，激光束的反射也就起伏。激光检测器将其接收的信号经计算机处理即可获得样品表面凸凹信息的原子结构图像。在一种 AFM 中，通过一个反馈循环，控制负载样品的扫描平台上下运动，使得探针与样品间的相互作用力保持恒定，这样在 X 和 Y 方向上（在膜平面上）连续扫描，不同表面方位的探针作用力将给出关于膜表面形态及一些其他表面特征的信息，经激光检测器接收并放大即可获得一个膜表面的三维轮廓图像（contour map）。其垂直方向的分

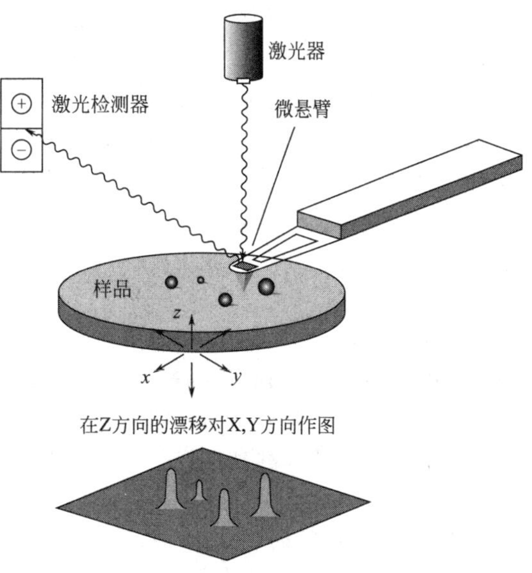

图 7-16 原子力显微镜工作原理

辨率可接近达到原子级水平（0.1nm），侧向分辨率可达到0.5～1.0nm。膜筏就是利用原子力显微镜技术成像的。

随着AFM技术的发展与完善，AFM可用于单个（单一）膜蛋白分子的成像及在膜上的定位。如使用该技术已获得嗜盐古细菌盐杆菌（*Halobacterium Salinarum*）紫膜（purple membranes）上视紫红质高分辨率的图像，它是一个高度有序的结构。AFM除用于细胞中分子和细胞膜表面结构高分辨率的成像外，还可用于对细胞及细胞器的成像；细胞生成过程中胞内结构变化的观察以及观察复杂的生化过程，如对转录过程进行实时观察等。同时，AFM可作为一种力传感器用于研究分子间的相互作用，如受体与配体的结合，抗体与抗原的结合等等。

第三节　小分子物质的跨膜转运

活细胞能主动地从环境中摄取所需要的营养物质，并通过氧化作用获得能量，同时排出代谢废物；在真核细胞中还存在着各种内膜系统，可使代谢中间物或产物跨膜运输。这是因为膜中存在着特殊的转运蛋白系统，如跨膜通道（transmembrane channels）、载体蛋白（carrier protein）或分子泵（pumps），可识别细胞所需要的糖、氨基酸、无机离子等并使它们穿越膜脂质双分子层，有时甚至是逆浓度梯度或电化学梯度的跨膜运输。而生物大分子的跨膜转运一般通过胞吐作用（exocytosis）和胞吞作用（内吞作用，endocytosis）；胞吐作用指细胞内物质先被脂质双层的囊泡囊入形成分泌泡，然后分泌泡与细胞质膜接触、融合并向外释放被囊入物质的过程。细胞从胞外摄入大分子或颗粒状物质时，它们逐渐被细胞质膜的一小部分包围，接着，质膜内陷并脱落，形成含有摄入物质的细胞内囊泡的过程称为胞吞作用。胞吞作用包括吞噬作用（phagocytosis）、胞饮作用（pinocytosis）及受体介导的胞吞作用。生物有机体和细胞的各种生理过程几乎都直接或间接地依赖于物质的跨膜转运。如细胞行为和细胞分化、神经脉冲的放大、感觉的接受和传递等。本章重点讨论极性小分子物质或离子的跨膜转运。

一、跨膜转运的类型

1. 主动转运和被动转运

根据物质转运过程是否需要能量，跨膜转运可分为被动转运（passive transport）和主动转运（active transport）；

（1）被动转运　被动转运也称为被动扩散（passive diffusion）。当两个区室（compartment）内含有浓度不同的两种可溶性物质或离子时，通过简单扩散，溶质可从高浓度一侧扩散到低浓度一侧，直到两区室内溶质的浓度达到平衡为止。这种顺浓度梯度方向跨膜转运的过程称为被动转运。被动转运的主要特点是：物质的转运速率既依赖于膜两侧转运物质的浓度差，又与被转运物质的分子大小，极性性质及所带的电荷有关。极性小的分子比极性大的容易通过脂质双层。

（2）主动转运　主动转运指物质逆电化学电位梯度的转运过程。这一过程的进行需要供给能量。能量来自于ATP水解释放的自由能、光能或氧化反应所释放的能量等；如一些离子在细胞内外的含量明显不同；细胞之所以能维持恒定的离子浓度梯度差，是由于细胞膜具有逆浓度梯度主动转运的功能。主动转运包括一级主动转运（primary active transport）和二级主动转运（secondary active transport）两种类型（图7-17）；在一级主动转运过程中直接消耗能量，如ATP转变为ADP和Pi释放的自由能等；在二级主动转运中，一种物质（如S）跨膜转运所需的能量来自于另一种物质（如X）经主动转运后所产生的电化学势能（梯度）。

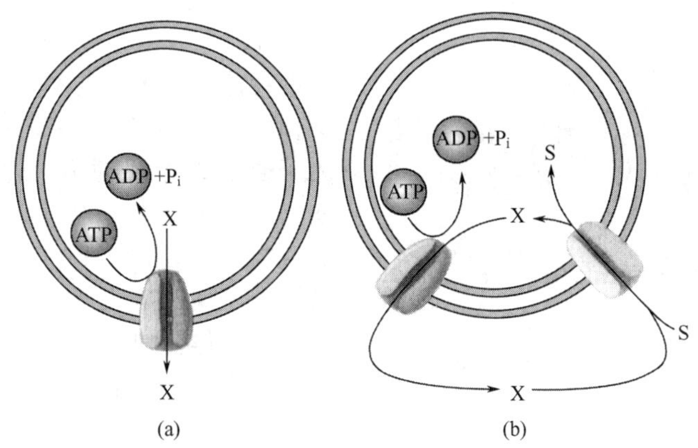

图 7-17 (a) 一级主动转运；(b) 二级主动转运

主动转运过程中自由能（ΔG）的变化可以下式表示：

$$\Delta G = 2.3RT\lg(c_2/c_1)$$

这里 c_1 和 c_2 表示不带电荷的被转运物质从浓度为 c_1 的一侧运输到 c_2 的一侧，R 为气体常数（gas constant，8.315J/mol·K），T 为绝对温度（absolute temperature），根据热力学第二定律，如果 $c_2 > c_1$ 则 ΔG 为正值，这说明转运过程不能自发进行，因而必须由外界提供能量，这一过程才能发生。

如果运输物质带有电荷，则物质跨膜转运时需要逆两个梯度，一是浓度梯度，二是电位梯度。这二者的总和又称为电化学梯度（electrochemical gradient）或电化学电势（electrochemical potential），我们将物质逆浓度或电化学梯度的转运过程称为主动转运。在后一种转运过程中的自由能变化（ΔG）为：

$$\Delta G = 2.3RT\lg(c_2/c_1) + ZF\Delta V$$

式中 Z——运送物质所带的静电荷；

F——法拉第（Faraday）常数；

ΔV——跨膜电位差（transmembrane electrical potential）。

显然，带电物质的逆电化学梯度的运输比不带电荷者要消耗更多的能量。

2. 转运蛋白介导的跨膜转运

根据是否需要转运蛋白介导，跨膜转运可分为简单扩散（simple diffusion）［或被动扩散（passive diffusion）］及通过转运蛋白介导的转运两种类型。简单扩散或被动扩散属于被动转运，均不消耗能量，但被转运的物质一般是疏水性的，如氧、氮及甲烷（methane）等一些生物学上重要的分子，它们可沿其电化学电位梯度方向通过简单扩散穿过膜；水分子是一个例外，可通过简单扩散通过一些生物膜。在肾脏组织中，水分子必须快速跨膜运输；膜中由特定的内嵌蛋白如水孔蛋白（aquaporins）形成的通道可使极性小分子或离子通过。由特定的蛋白质帮助一些物质进行跨膜转运的作用称为促进扩散（facilitated diffusion），简单扩散和促进扩散都不需消耗能量，但简单扩散不需要转运蛋白（transporters）的帮助，而促进扩散需要转运蛋白或透过酶（渗透酶，permeases）介导。

跨膜转运的对象多数是亲水性分子和离子，其中绝大多数需转运蛋白介导。所有已知的膜转运蛋白都是跨膜蛋白，其多肽链通常多次连续跨越膜脂质双层。

一般认为，膜转运蛋白主要是通道蛋白（channel proteins）和载体蛋白或“泵”。通道蛋白分子中的疏水基团与脂质双层接触，亲水基团都向内形成跨脂质双层的亲水性孔道

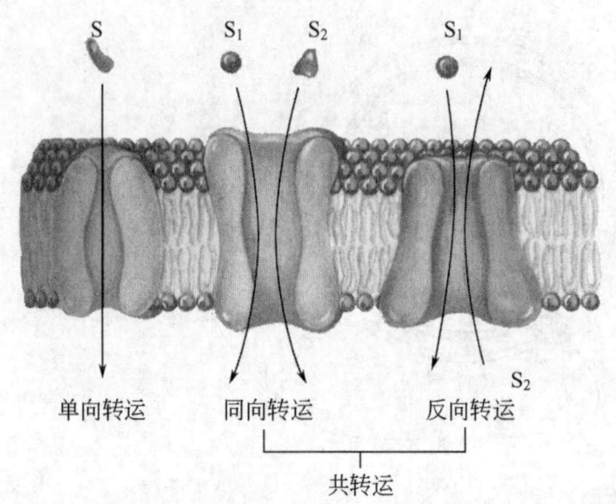

图 7-18　单向转运、同向转运、反向转运模型

(pore)，允许特异的离子如 Na^+、K^+、Ca^{2+} 和 Cl^- 顺其电化学梯度迅速穿过膜，不需消耗能量，也不与被转运的物质结合，故又称之为"离子通道"；神经细胞利用多种离子通道如 Na^+ 通道、K^+ 通道等接受和传递信息。本章不讨论通道蛋白介导的跨膜转运。"泵"利用 ATP 或光能等，驱动离子或极性分子逆其电化学梯度方向跨膜转运。一般认为载体蛋白介导的跨膜转运机理是：在转运过程中，它们和被转运物质结合，通常先将转运对象结合位点暴露于膜的一侧，然后再暴露于另一侧，通过一系列构象变化而实现跨膜转运；有些载体蛋白（被动转运蛋白）介导的跨膜转运是顺电化学梯度的，不需消耗能量；有些则是利用 Na^+ 或 H^+ 顺其电化学梯度移动时所释放的能量作为驱动力，逆电化学梯度转运其他极性分子或离子，这些称为主动转运蛋白。

有些载体蛋白只是把物质从膜的一侧简单地转运到另一侧，这些载体蛋白称为单向转运蛋白（uniporter），这一过程称为单向转运（uniport）；有些载体蛋白对一种物质的运输依赖于同时或先后运输的另一种物质，这些转运蛋白称为偶联转运蛋白（coupled transporter）或共转运蛋白（cotransporter）。它们之中有些是同向转运蛋白（symporter），有些是反向转运蛋白（antiporter）。一个物质转运的同时带着另一个物质转运的过程称为协同转运或共转运（cotransport）。如果一种物质的转运与另一种物质的转运相关而且方向相同，称为同向转运（symport），方向相反则称为反向转运（antiport）。单向转运、同向转运、反向转运模型如图 7-18 所示。

二、载体蛋白介导的被动转运

1. 葡萄糖转运蛋白（葡萄糖通透酶）

葡萄糖是重要的能量物质。在动物细胞中，它的跨膜转运机制依细胞类型不同而异。如葡萄糖进入人的小肠上皮细胞是通过主动转运，而进出人红细胞或肝细胞则是通过被动转运。

若以红细胞摄入葡萄糖的速度对细胞外葡萄糖的浓度 $[G]_{out}$ 作图，可得到如下的曲线(图 7-19)；从中可以看出，葡萄糖进入细胞的速度随细胞外葡萄糖浓度的增加而加快；但这种增加有一定的限度；当增加到一定浓度时运输体系即处于"饱和"状态，即使再增加葡萄糖浓度，其速度也不再增加，犹如酶分子可被底物分子饱和一样。故葡萄糖进入红细胞的跨膜运输过程类似于酶催化的反应。这里"底物"是指红细胞外的葡萄糖 $\{[G]_{out}\}$，或以 $[S]_{out}$ 表示，"产物"是红细胞内的葡萄糖 $\{[G]_{in}\}$，或以 $[S]_{in}$ 表示；酶是葡萄糖转运蛋白（glucose transporter，GlUT）。若以 T 表示该转运蛋白，整个转运过程可表示为：

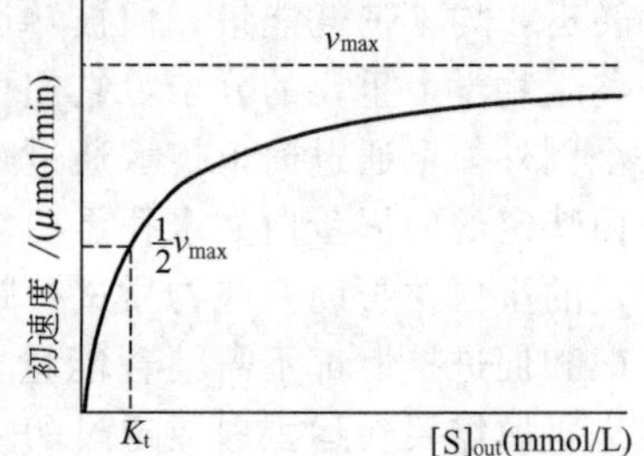

图 7-19　葡萄糖进入红细胞的速度与胞外葡萄糖浓度 $[S]_{out}$ 之间的关系

$$S_{out}+T \underset{k_{-1}}{\overset{k_1}{\rightleftharpoons}} S_{out}\cdot T \underset{k_{-2}}{\overset{k_2}{\rightleftharpoons}} S_{in}\cdot T \underset{k_{-3}}{\overset{k_3}{\rightleftharpoons}} S_{in}+T$$

其中 k_1、k_{-1}、k_2、k_{-2}、k_3 和 k_{-3} 分别代表每步正

反应和逆反应的速度常数。像酶催化的反应一样，这一过程的速度方程可以下式表示之。

$$v_0=\frac{v_{\max}[\mathrm{S}]_{\mathrm{out}}}{K_{\mathrm{t}}+[\mathrm{S}]_{\mathrm{out}}}$$

式中　　　v_0——红细胞摄取葡萄糖的速度；

$K_t[K\text{transport}]$——常数，与米氏常数（Michaelis-Menten constant）相似。

葡萄糖进出人红细胞或肝细胞是由细胞膜上的葡萄糖转运蛋白介导的。红细胞葡萄糖转运蛋白称为 $GluT_1$，以区别其他组织中的葡萄糖转运蛋白。$GluT_1$ 是一种内嵌膜蛋白，相对分子质量为 45000，分子中有 12 个疏水的片段，每一片段都形成一个跨膜的螺旋［图 7-20(a)］。这些螺旋肩并肩地靠在一起形成一个跨膜通道，通道内是亲水的氨基酸残基，当葡萄糖分子经过通道时，这些亲水残基与葡萄糖氢键结合以帮助葡萄糖进入细胞。这种转运蛋白可以在 $GluT_1$ 和 $GluT_2$ 两种构象之间转变。如图 7-20(b) 所示；$GluT_1$ 构象的葡萄糖结合位点朝向细胞外侧，$GluT_2$ 构象的葡萄糖结合位点朝向细胞膜的内侧。当胞外的葡萄糖分子结合到转运蛋白 $GluT_1$ 构象的葡萄糖结合位点后［见图中①］，$GluT_1$ 构象转变为 $GluT_2$ 构象［见图中②］，已结合的葡萄糖分子移动到新形成的面向胞内侧的葡萄糖结合位点；这样，底物葡萄糖通过膜，并被释放到细胞内［见图中③］；由于葡萄糖的释放，面向胞内的葡萄糖结合位点失活，$GluT_2$ 构象转变为 $GluT_1$ 构象，恢复面向胞外的葡萄糖结合位点的活性［见图中④］。

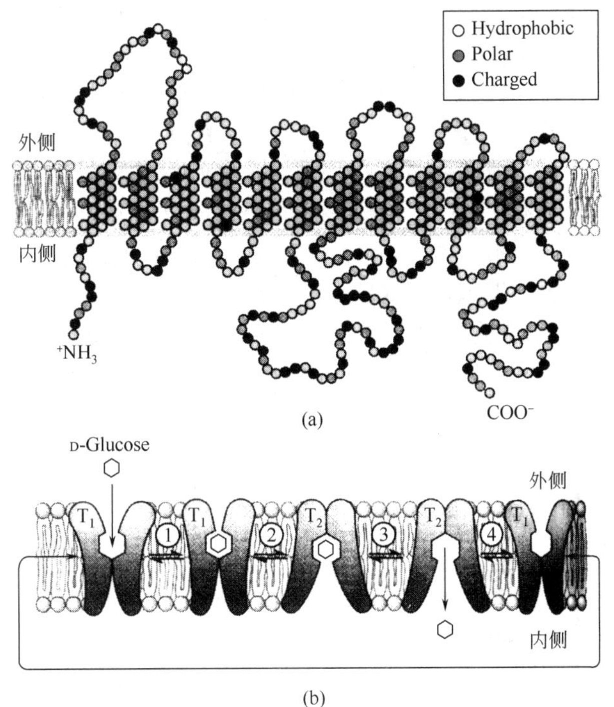

图 7-20　(a) 红细胞葡萄糖转运蛋白的结构；
(b) 葡萄糖进入红细胞的模型

由于在上述转变过程中没有化学键的断裂和新化学键的生成，也没有底物（即葡萄糖）的消耗和产物的生成，因此整个过程完全是可逆的过程。当细胞内外葡萄糖的浓度相等时 $\{[\mathrm{S_{in}}]=[\mathrm{S_{out}}]\}$，葡萄糖进出细胞的速度相等。

许多生物膜中都存在特异的葡萄糖转运蛋白，或称为葡萄糖通透酶（glucose permease)，目前已发现 12 种由人的基因组编码的葡萄糖转运蛋白，它们各有自己特定的动力学性质，组织分布情况及功能，这里不予详述。这种转运蛋白在转运葡萄糖时，不仅具有“饱和性”，而且具有专一性。它结合并转运 D-葡萄糖的 K_t 为 1.5mmol/L，而结合并转运 L-葡萄糖的 K_t 为 3.0mol/L，K_t 值大，说明葡萄糖转运蛋白对 L-葡萄糖的亲和力低，而对 D-葡萄糖的亲和力高；因此，它易结合并转运 D-葡萄糖。这是由于转运蛋白分子上的葡萄糖结合位点的结构具有高度的选择性，与酶蛋白活性部位对底物的选择性类似。这种转运蛋白与被转运物质的作用类似于酶与其专一性底物的作用，两者的区别在于：这种转运蛋白的作用是使某种类型的分子或离子穿过膜，而不是催化其进行化学反应；所以无共价键的断裂和生成，故称之为转运蛋白或通透酶。

葡萄糖进入细胞后即被磷酸化为葡萄糖-6-磷酸，细胞内游离葡萄糖的浓度并没有增加；由于葡萄糖-6-磷酸不易出细胞，它进入糖的代谢途径，使跨膜葡萄糖浓度梯度得以维持。

当血糖水平低时，肝糖原降解，肝细胞（hepatocytes）膜中的葡萄糖转运蛋白把葡萄糖转运出肝细胞使血糖水平升高。肌肉和脂肪组织中也有相应的葡萄糖转运蛋白，它们都属于被动转运载体蛋白。

2. HCO_3^--Cl^- 交换蛋白

Cl^--HCO_3^- 交换蛋白（chloride-bicarbonate exchanger）是红细胞中存在的另一种促进扩散体系。肌肉、肝脏等组织代谢产生的二氧化碳（CO_2）向肺部转运时必须有该交换蛋白的存在；组织代谢产生的 CO_2 经血液进入红细胞后，在碳酸酐酶作用下转变为 HCO_3^-（图 7-21）；红细胞膜中的 Cl^--HCO_3^- 交换蛋白可将 HCO_3^- 离子排出红细胞，使之进入血浆；而使 Cl^- 离子进入红细胞。因此 Cl^--HCO_3^- 交换蛋白是 Cl^- 和 HCO_3^- 跨膜反向转运中的转运蛋白。HCO_3^- 要运送到肺部也需进入血液。因为 HCO_3^- 在血液中的溶解度比 CO_2 高。这种迂回（roundabout）途径增加了血液把 CO_2 从组织携带到肺部的能力。在肺毛细血管中，由于血浆中 CO_2 浓度低，氧浓度高，有利于红细胞中的碳酸酐酶将 HCO_3^- 分解为 CO_2，产生的 CO_2 扩散出红细胞，再经呼吸作用排出体外。红细胞内 HCO_3^- 浓度降低，有利于血浆中的 HCO_3^- 进入红细胞，同时将 Cl^- 排出红细胞。

Cl^--HCO_3^- 交换蛋白也称为阴离子交换蛋白［anion exchanger（AE）protein］，它使红

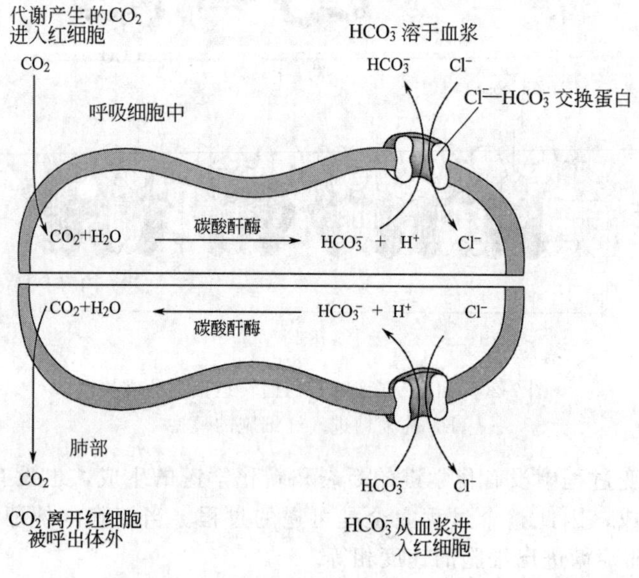

图 7-21　红细胞膜上的 Cl^--HCO_3^- 交换蛋白

细胞膜对 HCO_3^- 的通透性增加，此共转运系统允许 HCO_3^- 离子进出红细胞而无须跨膜电势的存在。HCO_3^- 被排出红细胞的同时，Cl^- 进入红细胞，可避免因 HCO_3^- 在红细胞内的积蓄产生的碱毒性，Cl^- 代替 HCO_3^- 有利于胞质 pH 的维持。当胞质 pH 增大时，HCO_3^- 外流和 Cl^- 内流速度增加。与葡萄糖转运蛋白相似，Cl^--HCO_3^- 交换蛋白也是一个内嵌蛋白，具有 12 个跨膜的 α 螺旋结构。它协同调节着 Cl^- 离子和 HCO_3^- 离子一对一的跨膜转运，但两者转运的方向相反。Cl^- 和 HCO_3^- 的偶联转运增加了血液携带二氧化碳进入肺的能力，Cl^- 和 HCO_3^- 一对一的跨膜转运是强制性的（obligatory），在 Cl^- 不存在时，HCO_3^- 不被转运。由此可见，Cl^--HCO_3^- 交换蛋白介导的 Cl^- 和 HCO_3^- 的协同转运在维持胞质 pH 接近中性以及红细胞的正常功能方面起重要的作用。

人的基因组中有为 AE1、AE2 和 AE3 编码的基因；AE1 存在于红细胞中，AE2 是肝脏中重要的转运蛋白，AE3 存在于脑、心脏和视网膜的质膜内。在植物和微生物中也发现了类似的阴离子交换蛋白。

三、转运 ATP 酶

转运 ATP 酶（也称 ATP 驱动泵）是以 ATP 水解产生的磷酸基团转移势能为能源的主动转运载体蛋白家族。迄今已知的转运 ATP 酶（transport ATPase）主要有：P 型-ATP 酶、V 型-ATP 酶、F 型-ATP 酶和 ABC 转运蛋白；它们的基本功能是通过水解 ATP 提供的能量实现离子、质子及一些小分子物质的跨膜转运。

1. P 型 ATP 酶

P 型 ATP 酶阳离子转运蛋白家族是 ATP 驱动的阳离子转运蛋白（ATP-driven cation transporters），在转运离子过程中能被 ATP 可逆磷酸化。磷酸化迫使蛋白质分子构象改变是阳离子跨膜转运的核心。P 型 ATP 酶的名称来源于磷酸化的英文名（phosphorylation）的字头。人的基因组至少编码 70 种 P 型 ATP 酶，这些 ATP 酶的氨基酸排列顺序和拓扑学（topology）十分相似，特别是靠近磷酸化位点天冬氨酸残基附近的氨基酸顺序。P 型 ATP 酶都是膜内嵌蛋白，一条肽链，具有 8～10 个跨膜的区域。所有这些阳离子转运蛋白对磷酸盐类似物钒酸盐（vanadate）的抑制作用十分敏感。P 型 ATP 酶分布广泛，在哺乳类动物胃腔内周缘细胞中的 P 型 ATP 酶，负责 H^+ 和 K^+ 的跨膜运输，其功能使胃内含物酸化（acidifying）。在高等植物中的 P 型 ATP 酶负责把 H^+ 泵出细胞以产生跨质膜的 pH 梯度和电位差；在红色面包霉菌（bread mold Neurospora）中也有类似的 P 型 ATP 酶，其功能是把质子泵出细胞产生内负的跨膜电位，以便通过二级主动转运从环境中摄取营养物质和离子。细菌中的 P 型 ATP 酶能把有毒的重金属离子如 Cd^{2+} 和 Cu^{2+} 泵出细胞。

$$\underset{\text{磷酸盐}}{O{=}P(O^-)_2(OH)} \qquad \underset{\text{钒酸盐}}{O{=}V(O^-)_2(OH)}$$

在动物组织中，Na^+K^+ 泵（Na^+K^+ ATP 酶），Ca^{2+}-泵（Ca^{2+} ATP 酶）是典型的 P 型 ATP 酶。Na^+K^+ 泵催化 Na^+K^+ 的主动协同转运。动物细胞内、外都存在着离子浓度梯度差。细胞内是低 Na^+ 高 K^+｛$[Na^+]=12mmol/L$，$[K^+]=140mmol/L$｝，而外环境中则是高 Na^+ 低 K^+｛$[Na^+]=145mmol/L$，$[K^+]=4mmol/L$｝。这种离子浓度梯度差的建立和维持是由质膜中的一级主动转运系统运转的结果。

Na^+K^+ ATP 酶（Na^+K^+ ATPase）是 1957 年由丹麦科学家 Jens Skou 发现的。它能水解 ATP，但须 Na^+ 和 K^+ 离子同时存在，此外还需 Mg^{2+}；因 Mg^{2+} 对所有已知的 ATP 酶来说都是必需的，因此他把该酶命名为 Na^+K^+ ATP 酶，其催化的反应如下：

$$ATP+H_2O \xrightarrow{Na^+,\ K^+,\ Mg^{2+}} ADP+Pi+H^+$$

由于 Jens Skou 对 Na^+，K^+ ATP 酶研究的杰出贡献，他荣获 1997 年诺贝尔化学奖。

对纯化的 Na^+K^+ ATP 酶的研究已确定，它是一个膜内嵌蛋白，由 α 亚基（相对分子质量约为 110000）和 β 亚基（相对分子质量约为 50000）组成。两种亚基都横跨质膜，在膜上它们相互结合成 $\alpha_2\beta_2$ 四聚体［图 7-22(a)］。

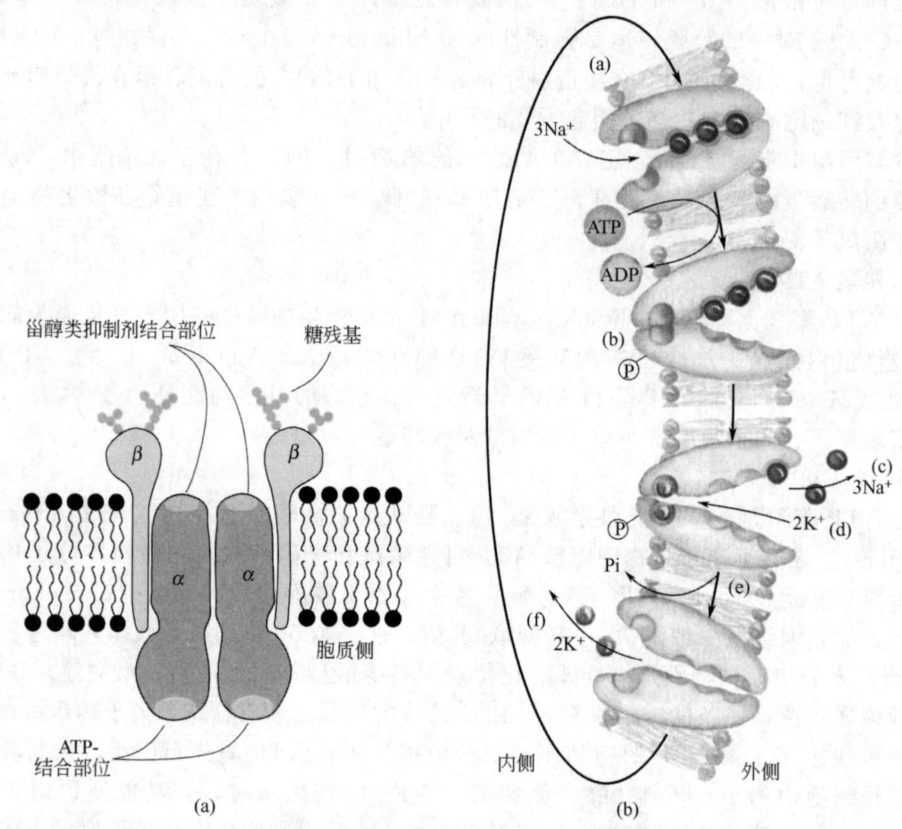

图 7-22 (a)：Na^+K^+ ATP 酶的结构；(b) Na^+K^+ ATP 酶作用机理

ATP 的水解怎样与 Na^+，K^+ 的主动转运相偶联呢？精确的机制有待于酶蛋白三维结构分析的结果，目前的观点如图 7-22(b) 所示。假定酶的脱磷酸化形式为 $Enz_{Ⅰ}$，它对 Na^+ 的亲和力高而对 K^+ 的亲和力低；酶的磷酸化形式为 $P\text{-}Enz_{Ⅱ}$，它对 Na^+ 的亲和力低而对 K^+ 的亲和力高；由酶催化的 ATP 转变为 ADP 和 Pi 的反应是分两步进行的。在 Na^+ 和 Mg^{2+} 存在下，Na^+K^+ ATP 酶可被 ATP 磷酸化，磷酸化部位是在 ATP 酶的天冬氨酸残基上，形成 $P\text{-}Enz_{Ⅱ}$ 中间体；在 K^+ 存在时，$P\text{-}Enz_{Ⅱ}$ 中间体被水解。

$$Enz_{Ⅰ}+ATP \xrightarrow{Na^+,\ Mg^{2+}} P\text{-}Enz_{Ⅱ}^- + ADP$$

$$P\text{-}Enz_{Ⅱ}^- \xrightarrow[H_2O]{K^+} Enz_{Ⅰ}+Pi$$

故净反应是：$ATP+H_2O \longrightarrow ADP+Pi$

在上述依赖于 Na^+ 的磷酸化和依赖于 K^+ 的脱磷酸化过程中，Na^+K^+ ATP 酶可在至少两种构象之间相互转变。因此，在 Na^+，K^+ 分别向膜外和膜内转运过程中，ATP 酶经历了磷酸化和脱磷酸化过程，而酶本身的构象变化调节着 Na^+ 和 K^+ 的主动运输。每水解 1 个

ATP 分子，定量向膜外主动运输 3 个 Na^+，而同时向膜内转运 2 个 K^+，从而维持膜内外的离子梯度差。

ATPase 的磷酸化和脱磷酸化为什么能导致 Na^+ 和 K^+ 的跨膜转运？Na^+K^+ATP 酶转运 Na^+ 和 K^+ 作用机制的循环过程如［图 7-22(b)］所示：

(a) 酶构象Ⅰ（$Enz_Ⅰ$）的离子结合空穴面向细胞膜的内侧，而构象Ⅱ（$Enz_Ⅱ$）中这个空穴面向胞外，首先，三个 Na^+ 离子结合于 $Enz_Ⅰ$ 构象 α 亚基上靠近膜内侧的离子结合孔穴中，ATP 结合位点也在此处；(b) 转运蛋白（$Enz_Ⅰ$）的磷酸化使其构象转变为 $Enz_Ⅱ$，使其对 Na^+ 的亲和力降低；(c) 3 个 Na^+ 离子被释放到细胞外；(d) 胞外的 2 个 K^+ 离子结合到构象 $Enz_Ⅱ$ α 亚基上靠近膜外侧的离子结合位点；(e) K^+ 离子的结合诱导构象 $Enz_Ⅱ$ 脱磷酸化；又转变为 $Enz_Ⅰ$ 构象，离子结合位点随之翻转朝向膜内；(f) 构象 $Enz_Ⅰ$ 对 K^+ 的亲和力低，2 个 K^+ 被释放到胞内，完成了一个循环过程。

一些植物来源的类固醇衍生物如强心类固醇药物洋地黄毒苷配基（digitoxigenin，地高辛）和乌本苷（ouabain）是 Na^+K^+ATP 酶的强抑制剂。洋地黄（毛地黄，digitalis）是从植物洋地黄（foxglove plant）的叶子中分离出来的一种能增强心肌收缩的物质。很早就用于治疗充血性心力衰竭（congestive heart failure）；其作用机制是：通过抑制 Na^+ 的外流（efflux），使心肌细胞内的 Na^+ 浓度增加，激活心肌 Na^+-Ca^{2+} 反向转运蛋白，使 Ca^{2+} 内流（influx）增加，心肌收缩增强。因胞内 Ca^{2+} 外排主要借助于 Na^+ 浓度梯度，Na^+ 浓度梯度减弱导致胞内 Ca^{2+} 浓度增加，心肌收缩增强。

细胞内、外也存在着明显的 Ca^{2+} 浓度梯度差。细胞质的 Ca^{2+} 浓度很低，而细胞外的浓度却很高。细胞怎样来保持这样大的离子梯度差呢？研究表明，主要是通过存在于质膜和细胞内膜系统中的 Ca^{2+} 运输体系的作用而实现的。如肌质网（sarcoplasmic reticulum）是肌细胞含有的一种特化的内质网膜系统。在肌细胞中，它形成一种由许多精细的通道构成的网状结构，是细胞内重要的 Ca^{2+} 库之一。当肌细胞受到外界刺激（如电刺激产生神经冲动使膜去极化）时，Ca^{2+} 由肌质网释放进入细胞质中，引起肌肉收缩。当肌肉松弛时，Ca^{2+} 重新摄入肌质网。可见肌肉的收缩和松弛过程，是 Ca^{2+} 从肌质网释放和再摄入的主动运输过程。这一过程又受到分布于膜上的 Ca^{2+} 泵即肌质网和内质网钙泵（sarcoplasmic and endoplasmic reticulum calcium pumps，SERCA）的调节。SERCA 泵是与 Ca^{2+} 的单向跨膜转运有关的单向转运蛋白。它催化以下反应：

$$2Ca^{2+}_{(外)} + ATP_{(外)} \longrightarrow 2Ca^{2+}_{内} + ADP_{(外)} + Pi_{(外)}$$

这里，"外"指肌质网膜外侧，"内"指肌质网膜内侧。SERCA 泵在运输 Ca^{2+} 的过程中，与 Na^+-K^+-ATP 酶类似，是消耗 ATP 的磷酸化和去磷酸化循环过程驱动的。

SERCA 泵由一条肽链组成，相对分子质量为 110000；有 10 个跨膜螺旋形成的跨膜结构域（M），含有 Ca^{2+} 结合部位（图 7-23）；Ca^{2+} 结合部位靠近膜脂双层的中部（中间位置）。这里有两个螺旋被破坏而形成的非螺旋区，其中一个螺旋的 Asp 残基的羧基与另一个螺旋的 Glu 残基可与两个钙离子分别结合。SERCA 泵还有三个结构域位于细胞质（图 7-23），通过长的环（loop）与跨膜螺旋相连接。N 结构域（核苷酸结合结构域）是 ATP 和 Mg^{2+} 的结合部位；P 结构域（磷酸化结构域）含有磷酸化位点即 Asp 残基；激动结构域（actuator domain，A 结构域）通过调节钙结合部位面向胞质侧或面向腔侧（lumen）而改变钙结合部位对钙离子的亲和力。

SERCA 泵催化钙离子转运的循环过程如图 7-24 所示：

① 转运蛋白 E_1 构象的钙离子结合部位面向细胞质侧，而构象 E_2 中的这个部位面向腔侧。首先，两个 Ca^{2+} 结合于 E_1 构象的钙离子结合孔穴中，ATP 也随之结合；N 结构域向

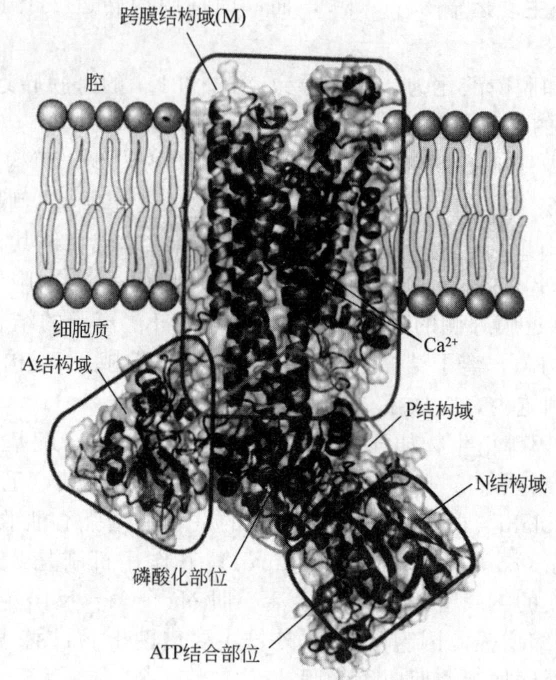

图 7-23　基质网 Ca^{2+} 泵（SERCA）的结构

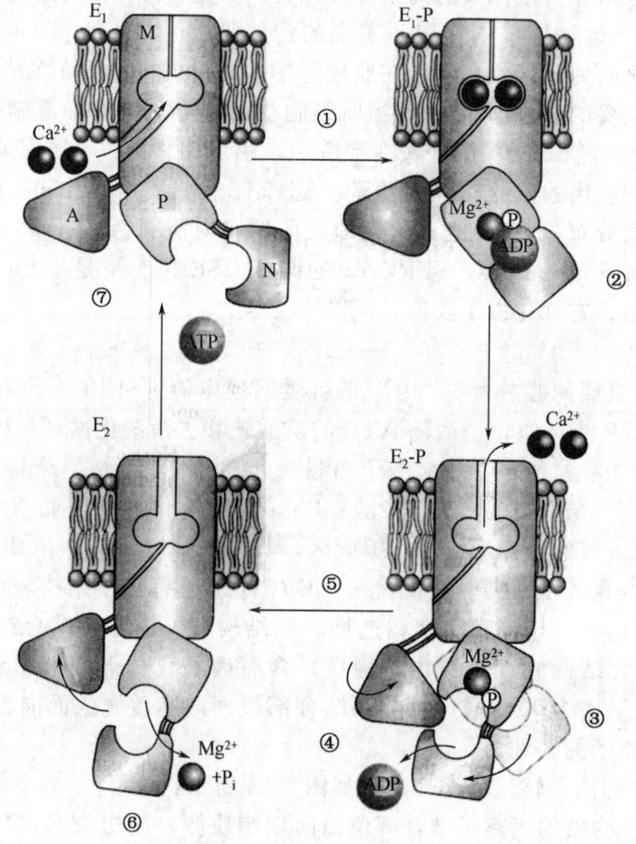

图 7-24　SERCA 泵作用机理

P 结构域靠近；②E_1 的 Asp^{351} 残基磷酸化其构象转变为 E_2-P，E_2-P 对 Ca^{2+} 的亲和力降低；③2 个 Ca^{2+} 被释放到腔内；④A 结构域移动导致 ADP 释放出来；⑤P 结构域成为脱磷酸化形式；⑥A 结构域返回原位；⑦P 结构域和 M 结构域重新组装成 E_1 构象。

综上所述，在催化循环中，伴随着 P 结构域中 Asp 残基的磷酸化和脱磷酸化，E 的构象发生较大的变化。ATP 水解释放的能量驱动钙离子逆电化学梯度的跨膜转运。

2. F 型 ATP 酶是可逆的 ATP 驱动的质子泵

F 型 ATP 酶（F type ATPase）主动转运蛋白催化由 ATP 水解驱动的质子逆浓度梯度的跨膜转运。“F”型指这些酶的能量偶联因子（energy-coupling factors）身份。F 型 ATP 酶由一个外周蛋白（F_1）和一个 F_o 内嵌蛋白复合物（F_o）组成。F_1 为外周蛋白，下标的“1”指它是从线粒体中分离出的第一个因子；F_1 由 3 个 α 亚基、3 个 β 亚基、一个 γ 亚基、一个 δ 和一个 ε 亚基组成。F_1 利用 ATP 作为能源驱动质子逆浓度梯度的移动。细菌如 *E. coli* 质膜上的 F_oF_1 ATPase 复合物负责向外泵出质子，古菌（archaea，古生菌）有一同源的质子泵，A_oA_1 ATPase。F_o 是一个内嵌膜蛋白复合物，含有 12 个拷贝的 c 亚基［图 7-25(a)］；另外还有一个 a 亚基，2 个 b 亚基。下标的“o”表示该复合物能被寡霉素（oligomycin）抑制之意，F_o 部分是跨膜的质子通道。F_1 的 γ 亚基通过 ε 亚基与 F_o 连接。

F 型 ATP 酶催化由 ATP 水解驱动的质子可逆的跨膜转运［图 7-25(b)］，是 ATP 驱动的质子泵；由于由 F 型 ATP 酶催化的反应是可逆的，因此产生的质子梯度能提供能量驱动 ATP 合成的可逆反应［图 7-25(b)］。当它起这种作用时，F 型 ATP 酶更准确地说应该称为 ATP 合酶（ATP synthases）。这种 ATP 合酶在细菌和古菌中是线粒体氧化磷酸化过程和叶绿体中进行的光合磷酸化催化 ATP 产生的关键酶。这种驱动 ATP 合成所需的质子梯度是以底物氧化和太阳光为动力。其他类型质子泵产生的，详见后述章节。

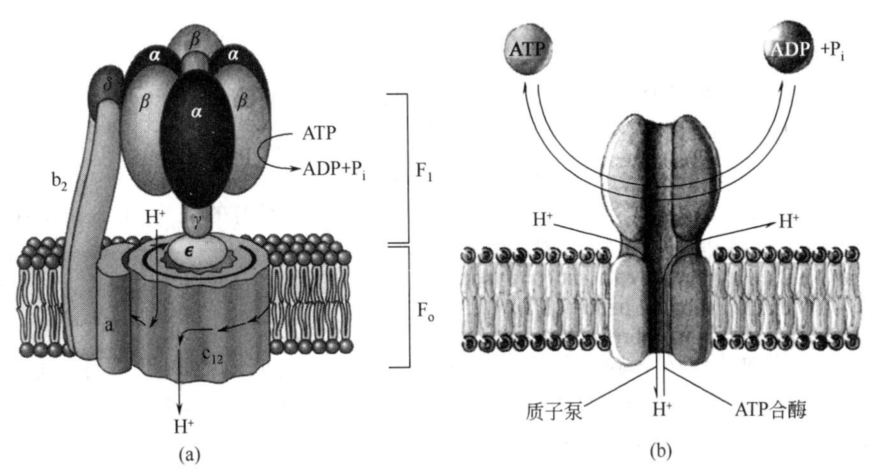

图 7-25 (a) F_oF_1 ATPase/ATP 合成酶
(b) F 型 ATPase 的可逆性

3. ABC 转运蛋白

多种 ABC 转运蛋白构成一个大的依赖于 ATP 的转运蛋白家族。它能把氨基酸、肽、蛋白质、金属离子、各种脂类、胆汁盐以及许多疏水的化合物包括药物等逆浓度梯度泵出细胞。人类的一种 ABC 转运蛋白，多药转运蛋白（multi-drug transporter，MDRI）就能使一些肿瘤对许多有效的抗肿瘤药物如阿霉素（adriamycin）、链霉菌素（doxorubicin）和长春花碱（vinblastine）产生明显的抗性。该转运蛋白对疏水性底物有着较宽的底物特异性；它通过把这些药物泵出细胞，防止它们在肿瘤细胞内累积而阻断它们的治疗效果。MDRI 是一

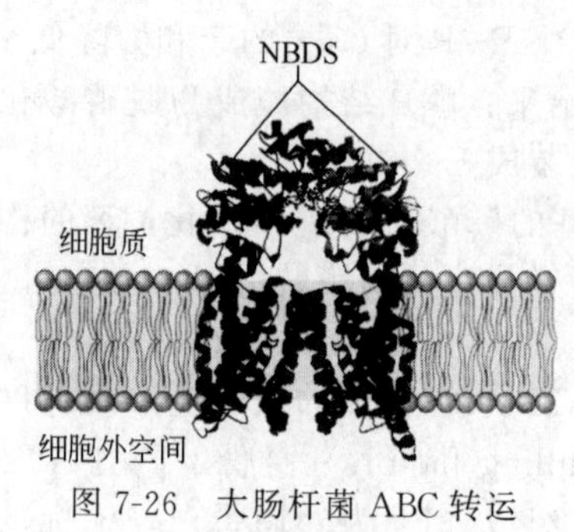

图 7-26 大肠杆菌 ABC 转运蛋白的结构

个内嵌膜蛋白，相对分子质量为 170000；有 12 个跨膜片段和两个 ATP 结合结构域（盒，“cassettes”）。因此，该蛋白家族的名称应为：ATP 结合盒转运蛋白（ATP-binding cassette transporters，ABC 转运蛋白）。由 ABC 转运蛋白介导的跨膜转运是癌细胞多药耐药性的基础。

所有 ABC 转运蛋白都有两个核苷酸结合结构域（nucleotide-binding domains，NBDs）和两个跨膜结构域（图 7-26）。有些 ABC 转运蛋白的所有结构域都在一条长肽链上，有些 ABC 转运蛋白有两个亚基，每个亚基上有一个 NBD 结构域和一个具有 6 个或 10 个跨膜螺旋的结构域；许多 ABC 转运蛋白在质膜上，有些在内质网（endoplasmic reticulum），有些在线粒体或溶酶体（lysosomes）膜上。大多数 ABC 转运蛋白充当泵，但超家族中的某些成员充当离子通道；这些通道的开与关依赖于核苷酸的水解作用。所有 ABC 转运蛋白的核苷酸结合结构域在其序列甚至于三维结构上都相似。它们是进化上保守的分子发动机（motor），能与各种的泵及通道偶联。但与一个泵偶联时，ATP 驱动的发动机使物质逆浓度梯度转运。当其与一种离子通道偶联时，使用 ATP 作为能源，使通道打开和关闭。

有些 ABC 转运蛋白对单一底物有很高的特异性，有些特异性很差。人的基因组含有至少 48 个为 ABC 转运蛋白编码的基因。在这类基因中的突变，导致人类几种严重的遗传病；如器官组织囊性纤维化（cystic fibrosis），高密度脂蛋白缺乏症（tangier desease），视网膜退化，贫血和肝衰竭。这些转运蛋白多数位于脂双层内负责运输氨基酸、甾醇类及其衍生物。ABC 转运蛋白也存在于较简单动物、植物及微生物内。酵母有 31 个为 ABC 转运蛋白编码的基因，果蝇（*Drosophila*）有 56 个，大肠杆菌有 80 个。

4. V 型 ATP 酶

V 型 ATP 酶是一类质子转运 ATP 酶，其结构与 F 型 ATP 酶十分相似。主要存在于真核细胞液泡（vacuoles）系统膜中。V 指“液泡”英文名称的（vacuolar）字头。真菌和高等植物液泡内的 pH 一般在 3～6，远比周围胞质（pH 为 7.5）中的 pH 低。这是由于质子泵，V 型 ATP 酶利用胞质 ATP 作为能源，将质子泵入细胞内的区室（compartments）中的结果。V 型 ATP 酶也酸化动物细胞中的溶酶体（lysosomes）、核内体（endosome，胞吞小体）、高尔基体复合物（the Golgi complex）以及分泌泡（secretory vesicles）。V 型 ATP 酶不遭受磷酸化和脱磷酸化，也不被钒酸盐抑制；所有的 V 型 ATP 酶都有类似的复杂结构，有一个内嵌结构域（V_0，跨膜结构域）和一个外周结构域（V_1）两部分组成。V_0 充当一个质子通道，V_1 结构域上有 ATP 结合位点并具有 ATP 酶的活性。

四、离子梯度驱动的二级主动转运

由光能、营养物质的氧化作用或 ATP 的水解驱动的 Na^+ 和 H^+ 一级转运中形成的离子梯度可为其他物质的共转运提供驱动力 。许多细胞内含有这种转运系统（表 7-3），与这些离子的顺电化学梯度偶联，使另一些离子、糖或氨基酸逆浓度梯度运输。

表 7-3 由 Na^+ 或 H^+ 梯度驱动的协同转运系统

器官或组织	转运的物质	协同转运的物质	转运类型
E. coli	乳糖、脯氨酸、二羧酸	H^+	同向转运
脊椎动物小肠或肾	葡萄糖、氨基酸	Na^+	同向转运
脊椎动物的不同细胞	Ca^{2+}	Na^+	反向转运
高等植物	K^+	H^+	反向转运
真菌（红色面包霉菌）	K^+	H^+	反向转运

E. coli 细胞中的乳糖转运蛋白（lactose transporter），也称为乳糖透过酶（lactose permease）是研究的较清楚的一个质子驱动的共转运蛋白。乳糖转运蛋白是由 417 个氨基酸残基组成的单肽链蛋白质。*E. coli* 细胞内正常的物质代谢产生跨膜的质子梯度和电荷梯度，驱使质子向细胞外泵出。这是一级主动转运的过程。脂质双层是不允许质子自由通过的，但乳糖转运蛋白为这些质子重新进入细胞提供了一个通路；它以跨质膜的 H^+ 梯度为能源驱动乳糖分子经同向转运与质子一起进入 *E. coli* 细胞（图 7-27）。这样，乳糖的需能（endergonic）转运与质子的放能（exergonic）流动相偶联，整个过程的自由能变化为负值。

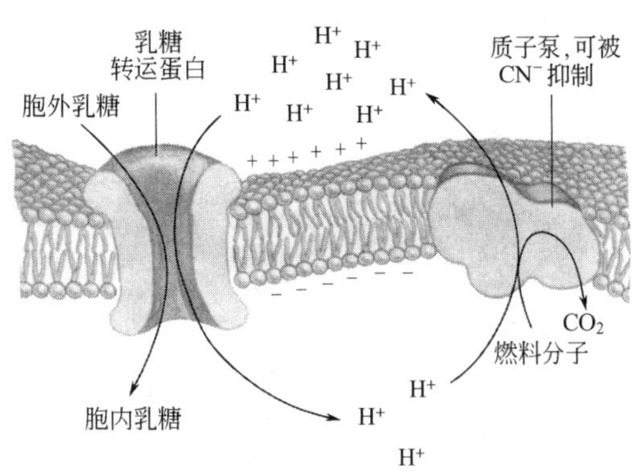

图 7-27　*E. coli* 细胞摄取乳糖的模型

乳糖转运蛋白是转运蛋白中一个大的促进转运蛋白超家族（major facilitator superfamily，MFS）的成员之一，这个促进转运蛋白超家族有 28 个家族；在这个超家族中的所有蛋白质几乎都含有 12 个跨膜的螺旋。所有蛋白质氨基酸序列的同源性很小，但相似的二级结构和拓扑学使它们具有相似的三级结构［图 7-28(a)］；12 个跨膜螺旋之间的连接环（loop）伸进细胞质或周质空间（壁膜间隙，periplasmic space）；N 端的 6 个螺旋和 C 端的 6 个螺旋各自形成一个很相似的结构域，产生一个具有 2 次折叠对称性（twofold symmetry）的结构。结晶学研究表明，N 端结构域和 C 端结构域之间有一空洞（腔），它暴露于膜的细胞质侧；底物结合部位就在此处并靠近膜的中间的位置。乳糖跨膜进入细胞的机制涉及两个结构域之间的摆动运动（rocking motion），这种“摆动着的香蕉”模型与前述的 GLUT1 十分相似。当底物乳糖与转运蛋白结合时，转运蛋白的底物结合部位暴露于周质空间一侧［图 7-28(b)］，乳糖被结合到两个结构域之间的洞内；由于底物的结合，转运蛋白的构象改变，底物结合部位转向细胞质一侧，在这里乳糖被释放出来。转运蛋白两种构象的相互转变受可质子化侧链变化的影响；因侧链上可质子化的 Glu^{325} 和 Asp^{302} 两个残基的变化影响跨膜的质子梯度。转运蛋白分子中 Glu^{325} 和 Asp^{302} 两个残基中的任何一个残基发生突变，虽然转运蛋白仍能催化乳糖的促进扩散（被动转运）过程，但质子的流动与乳糖的转运过程不能偶联。

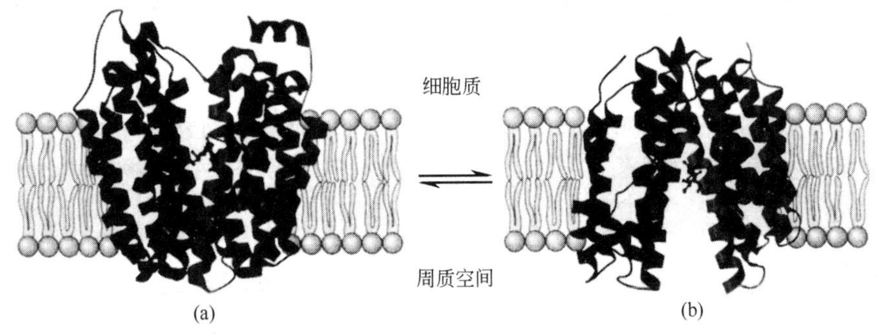

图 7-28　大肠杆菌乳糖转运蛋白的结构

在细菌和酵母的质膜中，很多糖与氨基酸的主动运输是由质子梯度推动的。在大肠杆菌细胞中，每运输一个乳糖分子进入细胞，伴随着一个 H^+ 的协同转运。在许多动物细胞的细胞器膜中也存在这种协同转运。

小肠上皮细胞参与摄取葡萄糖、氨基酸等营养物质。葡萄糖及某些氨基酸可通过质膜上

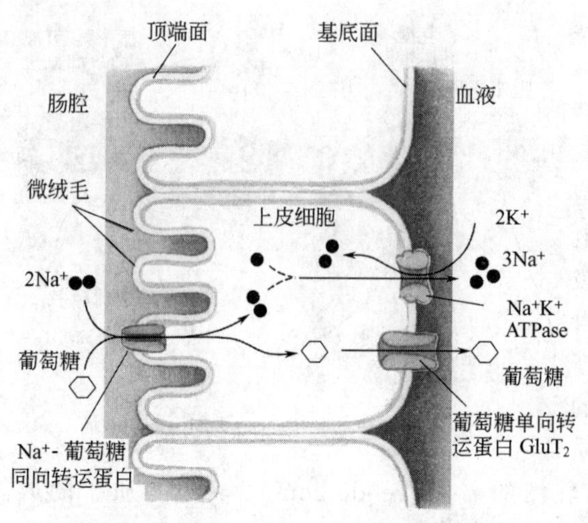

图 7-29　小肠上皮细胞主动摄取葡萄糖的模型

的 Na^+K^+ ATP 酶建立的 Na^+ 梯度与 Na^+ 一起运入小肠上皮细胞（epithelial cell）（图 7-29）。小肠上皮细胞的顶端面（apical surface）被微绒毛（microvilli）覆盖，使顶端面的吸收面积增加，极大地提高了营养物质经主动转运进入上皮细胞的能力。上皮细胞顶端面质膜上有 Na^+-葡萄糖同向转运蛋白（NA^+-glucose symporters），利用 Na^+ 浓度梯度从肠腔（lumen）中吸收葡萄糖。

$$2Na^+_{out}+葡萄糖_{out}\longrightarrow 2\ Na^+_{in}+葡萄糖_{in}$$

Na^+ 和葡萄糖进入上皮细胞所需的能源来自两个方面：① 胞外 Na^+ 浓度高于内侧化学电位（the chemical potential）；② 内负的跨膜电势（位）。当葡萄糖从肠腔进入上皮细胞顶端面后，上皮细胞基底面（basal surface）上的葡萄糖单向转运蛋白（$GluT_2$）帮助葡萄糖经被动转运进入血液。与此同时，进入上皮细胞的 Na^+ 经 Na^+-K^+-ATP 酶作用将其排出细胞，将 K^+ 运入细胞，以维持 Na^+ 浓度梯度，使葡萄糖不断进入细胞。由此可以看出，小肠黏膜上皮细胞从肠腔吸收葡萄糖，是逆电化学浓度梯度的主动转运和伴随 Na^+ 一起被转运入细胞的同向转运。因膜外 Na^+ 浓度高，Na^+ 电化学梯度流向膜内，利用 Na^+ 梯度提供的能量，通过专一性的载体蛋白，葡萄糖伴随 Na^+ 一起运输入细胞。所以，葡萄糖的转运不是直接利用 ATP，而是间接使用 Na^+-K^+-ATP 酶产生的离子梯度所提供的能量进行协同运输的。

由于离子梯度在主动转运和能量守恒中的重要性，任何使跨膜的离子梯度崩溃（collapse）的物质对细胞都是有毒的（poisons）。抗生素如缬氨霉素（Valinomycin）是一个环状小肽，其分子中带负电荷的基团可与 K^+ 结合形成缬氨霉素-K^+ 复合物，使分子周围的疏水性增强。因此，缬氨霉素可充当一个梭子（shuttle）携带 K^+ 沿其浓度梯度穿过质膜。以这种方式跨膜转运离子的化合物（如缬氨霉素等）被称为离子载体（ionophores）或离子运载体（ionbearers）。抗生素莫能菌素（Monensin）是携带 Na^+ 的离子载体。这些抗生素通过破坏二级主动转运和能量守恒反应杀死微生物。

提　　要

细胞膜（质膜）和各种细胞器膜统称为生物膜。它划定细胞边界，并组织一系列复杂反应；在接受信号和能量转换中起重要作用。“流动镶嵌模型”描述了生物膜的结构。生物膜的种类繁多，但都具有以下特性：①膜具有纸片样的结构，多数膜的厚度在 5～8nm。②膜中含有许多的脂类和蛋白质，此外还含有糖。膜脂主要有磷脂、糖脂和胆固醇三种，不同生物膜中其脂质组成及含量有较大的差异。蛋白质镶嵌在脂质双分子层之中，膜蛋白充当特殊的泵、通道、受体、能量转换器（energy transducers）和酶。根据膜蛋白在膜内的定位等，可把膜蛋白分为内嵌蛋白、外周蛋白和两亲性膜蛋白三种。内嵌蛋白一般不溶于水，依靠与膜脂间疏水的相互作用等与脂双层紧密结合。外周蛋白位于脂双层的表面。一般通过离子键、氢键或共价键与膜脂结合而锚泊在膜表面。不同生物膜中膜蛋白的种类及含量不同。③生物膜的两侧是不对称的。④生物膜是一个流动性的结构，在生理温度下，膜内脂类分子和蛋白质可进行侧向扩散运动；在低温时呈类晶体（凝胶）状态。膜被看做是蛋白质和脂质定向排列的二维溶液。

物质的跨膜转运是生物膜的主要功能之一。许多重要的生命过程都直接或间接地与物质的跨膜转运密切相关。根据物质转运过程中自由能的变化情况，跨膜转运可分为被动转运和主动转运两种类型。被动转运是顺电化学梯度方向的转运过程，不消耗能量；主动转运相反，是逆电化学梯度的转运，需要消耗能量；能源主要来自于：① ATP 水解产生的磷酸基团转移势能；② 离子浓度梯度，在动物细胞质膜中主要是 Na^{+} 浓度梯度，在细菌和酵母的质膜，动物细胞的细胞器膜中主要是质子（H^{+}）梯度。抗生素如缬氨霉素分子中带负电荷的基团可与 K^{+} 结合形成缬氨霉素-K^{+} 复合物，使分子周围的疏水性增强，可携带 K^{+} 沿其浓度梯度方向穿过质膜。这些抗生素通过破坏二级主动转运和能量守恒反应而杀死微生物。

极性小分子或离子的跨膜转运一般是通过膜转运蛋白的作用实现的。所有已知的膜转运蛋白都是跨膜蛋白。一般认为，膜转运蛋白主要是通道蛋白和载体蛋白或“泵”。载体蛋白和被转运物质结合，通过一系列构象变化而实现跨膜转运；载体蛋白介导的跨膜转运有的属于被动转运，有的属于主动转运。

转运 ATP 酶是以 ATP 水解产生的磷酸基团转移势能为能源的主动转运载体蛋白家族。迄今已知的转运 ATP 酶至少有 P 型、V 型、F 型和 ABC 转运蛋白家族四种。P 型 ATP 酶是 ATP 驱动的阳离子转运蛋白，在动物组织中，Na^{+}-K^{+}-ATP 酶，Ca^{2+}-ATP 酶是典型的 P 型 ATP 酶；V 型 ATP 酶主要存在于真核细胞液泡系统膜中；F 型 ATP 酶在细菌、线粒体和叶绿体的能量守恒中起重要的作用。ABC 转运蛋白家族是一组跨膜蛋白，依赖 ATP 能把多种物质逆浓度梯度转运。

思　考　题

1. 何谓生物膜？其基本结构特征是什么？
2. 试比较膜外周蛋白和内嵌蛋白。
3. 哪些因素可影响膜的流动性？
4. 试述物质的主动转运和被动转运、一级主动转运和二级主动转运的基本特点。
5. 试述 Na^{+}-K^{+}-ATP 酶结构特征及作用机制。
6. 举例说明离子浓度梯度在实现物质跨膜转运中的作用。
7. 简述转运 ATP 酶及其主要类型。

第八章　激素与生物信号转导

第一节　激素的概念与分类

一、激素的一般概念

激素（hormones）一词最初衍生于希腊文，意思是“兴奋”、“激发”。1905 年英国生理学家 E. Starling 根据促胰泌素刺激胰腺的作用，首先用希腊文 Hormonein 一词（意为刺激）来描述这种物质。现在激素的概念已有了很大的发展。激素的作用并不一定是促进和刺激，有时是抑制性的。不少激素如肠抑制激素、生长抑素等都有明显的抑制作用。

尽管在 20 世纪 20～30 年代，一些激素相继被发现，但人们对激素的真正认识是在 50 年代以后。因为一门学科的发展，很大程度上依赖于新技术、新方法的出现。近代物理、化学分析技术的飞速发展，促进了电泳、色谱、超离心等生物化学分析技术的发展，使激素的研究有了重大的突破。

早期发现的激素都是由内分泌腺分泌的，内分泌腺是内分泌细胞比较集中的地方，如垂体、甲状腺、肾上腺、胰腺和性腺等。内分泌激素由内分泌腺体细胞分泌后，随血流到达其靶细胞，经过受体介导对靶细胞发挥作用。随着对激素的深入研究和新激素的不断发现，现已知道，激素不仅由内分泌腺分泌，许多组织器官，如胃肠道、心脏、肺、脑等都可分泌相应的激素，通过弥散作用于邻近细胞，这些统称为组织激素或局部激素。有些激素是由神经分泌细胞（如丘脑下部的一些神经细胞兼有内分泌细胞的功能）所释放的，所以称为神经激素。前列腺素作为一种特殊的局部激素，在组织损伤及某些化学信息的刺激下分泌增加。前列腺素不仅作用于邻近的细胞，而且分泌它的细胞本身也受到刺激，此即自分泌作用(图 8-1)。

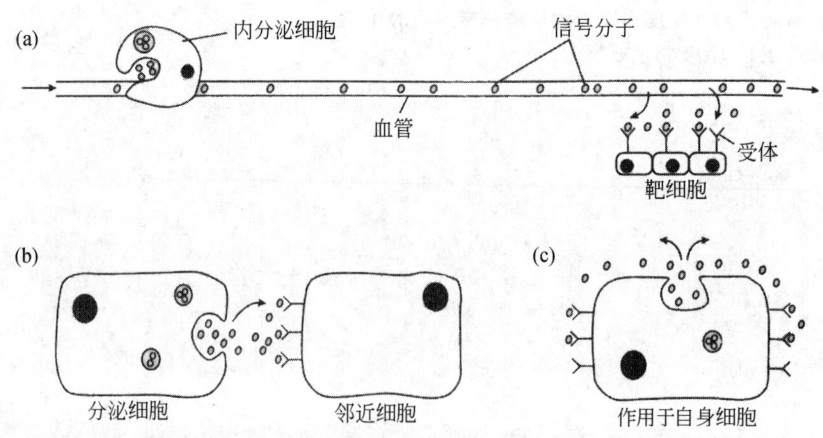

图 8-1　内分泌（a）、旁分泌（b）和自分泌（c）作用

总的来说，激素是指由特定的组织或腺体产生、直接分泌到体液中，通过体液运送到特定的作用部位或通过局部扩散的方式，引起特定的生物学效应（如调节控制各种物质的代谢或生理活动）的一群微量有机化合物。植物激素是指一些对植物生长发育及代谢有控制作用的有机化合物。

二、激素的分类

按不同的分类标准，激素可分为不同的类别。根据化学本质激素可分为三大类。

1. 含氮激素

这类激素种类最多，下丘脑、垂体前叶和胃肠道等分泌的激素均为这类激素。其中包括：

① 氨基酸及其衍生物。如甲状腺素，肾上腺素等。

② 多肽或蛋白质。如催产素为九肽，促性腺激素释放激素为十肽，生长激素、胰岛素、催乳素均为蛋白质。

2. 类固醇激素

这类激素的分子结构都以环戊烷多氢菲为母核。如肾上腺皮质分泌的糖皮质激素、盐皮质激素和性腺分泌的性激素等。

3. 脂肪酸衍生类激素

这类激素主要是指由花生四烯酸衍生而来的二十烷酸类激素，包括前列腺素、血栓素和白三烯等。这类激素发挥局部效应。故称之为“local hormones”。

三、激素作用的特点

尽管激素的种类繁多，各种激素的结构、性质和生理功能差异很大，但都具有以下共同的特点：①体内激素的分泌是断续的或呈周期性的，激素的分泌是随机体内外环境的变化而增减，并受反馈调节控制；②具有高组织特异性和反应特异性，一种激素往往只对它自己的靶细胞或靶组织有作用，因为在靶细胞膜上或胞内存在着专门识别这种激素的特异性受体分子；③生物体内激素的含量极微，但效率却很高，起到高效调节剂的作用。如胰高血糖素的浓度在 10^{-10} mol/L 时即可刺激糖原分解。

第二节　重要的动物激素

动物激素是指由动物的腺体细胞、非腺体组织细胞所分泌的一切激素。由腺体细胞分泌的称腺体激素，由非腺体组织细胞分泌的称组织激素。动物激素包括无脊椎动物激素和脊椎动物激素。本节主要讨论人和其他脊椎动物激素的分泌、结构及功能。

一、下丘脑激素

下丘脑分泌几种激素释放因子及释放抑制因子以调节垂体的功能。已知有 10 种，见表 8-1。它们可促进垂体分泌某种激素或抑制垂体的活动。例如生长激素（GH）、催乳激素（LTH）和促黑激素（MSH）等的分泌都各受两个下丘脑激素的控制，一个促其分泌，另一个抑制其分泌。下丘脑激素还可以通过脑垂体间接控制其他外周内分泌腺的分泌。例如，甲状腺、肾上腺皮质、性腺等都直接受脑垂体激素的控制，间接受下丘脑激素的控制。

表 8-1　下丘脑激素

名　　称	缩　　写①	功　　能
促肾上腺皮质激素释放激素	CRF(CRH)	促进肾上腺皮质激素的分泌
生长激素释放因子	GHRF(GHRH)	促进生长激素的分泌
生长激素释放抑制因子	GHIF(GHIH)	抑制生长激素的分泌
促黄体激素释放因子	LRF(LRH)	促进黄体激素的分泌
促卵泡激素释放因子	FSHRF	促进卵泡激素的分泌
促黑激素释放因子	MRF(MRH)	促进促黑素细胞激素分泌
促黑激素释放抑制因子	MRIF(MRIH)	抑制促黑素细胞激素分泌
催乳激素释放因子	PRF(PRH)	促进催乳激素分泌
催乳激素释放抑制因子	PRIF(PRIH)	抑制催乳激素分泌
促甲状腺激素释放因子	TRF(TRH)	促进甲状腺素分泌

① 因子又称激素，英文代号的 F 或 H 在此系同义词。

下丘脑激素多为小肽。如促甲状腺激素释放因子（TRH）是一个简单的三肽，见图 8-2。它能溶于水，结构稳定，虽是小肽类，但具有强的抗肽酶水解的能力。

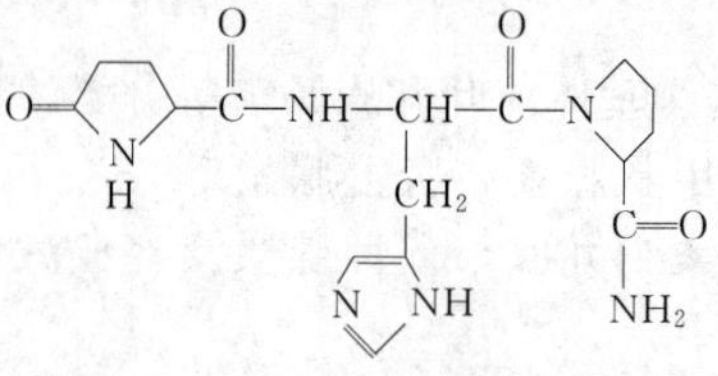

焦谷氨酸　　组氨酸　　脯氨酰胺

图 8-2　促甲状腺激素释放因子的结构

TRH 的主要功能为促进垂体前叶释放促甲状腺激素（TSH）。TRH 的临床应用：注射 TRH 后，观察血液中促甲状腺激素（TSH）水平的变化，以鉴别下丘脑、垂体的病变部位。若下丘脑功能低下而垂体无病变，注射 TRH 后，血液中 TSH 水平升高；若垂体有病变，即使注射 TRH ，血液中 TSH 也不会升高。

又如，生长激素释放抑制因子（GHIF 或 GHIH，生长抑素）为 14 肽，其基本结构为：

N 端　丙 - 甘 -半胱- 赖 - 天冬 - 苯丙 - 苯丙 - 色 - 赖 - 苏 - 苯丙 - 苏 - 丝 -半胱　C 端

S——S

生长抑素不仅存在于下丘脑，也存在于胃、十二指肠、胰脏兰氏岛、视网膜等。研究发现生长抑素是一个多功能抑制因子，不仅可以抑制垂体分泌生长激素，还可以抑制胰高血糖素、胃肠道激素的分泌。并促进胰岛素的分泌，还具有镇静作用。

生长抑素的半寿期（损失掉一半的时间）很短，研究工作者希望生产出长效，并有选择性抑制作用的类似物。若生产的生长抑素类似物仅抑制生长激素的分泌，而对胰腺激素的分泌影响不大，则可用于治疗肢端肥大症（由于生长激素分泌过多）。若生产的类似物能较强地抑制胰高血糖素、生长激素的分泌，而不抑制胰岛素的分泌，那么这种激素类似物就可以作为理想的治疗糖尿病的药物。如果能专一性的抑制胃泌素或胃酸的分泌，而不影响其他激素的分泌，则可用来作为治疗胃溃疡的药物。

二、垂体激素

垂体位于丘脑下部，它受多种下丘脑神经元分泌的刺激性和抑制性激素的调节与控制，同时它又调节着全身内分泌腺。垂体分为前叶、中叶和后叶三部分，前叶最大，细胞种类多，分泌激素多，功能也最重要。垂体分泌的激素都是促激素，其作用是促使外周腺体分泌相应的激素。

1. 垂体前叶激素

（1）生长激素（GH）　由垂体前叶嗜酸性细胞分泌，人的生长激素是由 191 个氨基酸组成的蛋白质，分子量约为 21700。分子中有两对二硫键，其 N 端氨基酸有生物活性，C 端氨基酸有保护其在循环中不被破坏的作用。GH 有种属特异性。

生长激素是一种多功能激素，它能刺激骨及软骨的生长；促进胶原蛋白及黏多糖的合成；促进肾上腺皮质分泌糖皮质激素，使血糖升高，引起糖尿；它对糖、脂、蛋白质代谢均有影响，最终影响人体的生长。生长发育期的儿童，如生长激素分泌不足，易患侏儒症，但智力不受影响。若生长激素分泌过多，人过度长大，成为畸形巨人（又高又胖），称为巨人症。成年人若生长激素分泌过多，末端骨头增生，会导致肢端肥大症。

（2）促甲状腺激素（TSH）　人类 TSH 的化学本质为糖蛋白，由 α 和 β 两个亚基组成。不同动物 TSH 结构不同，其他哺乳动物 TSH 对人体也有作用，但反复使用可产生抗体而减效或失效。

TSH 的主要功能是促进甲状腺的发育，刺激甲状腺分泌甲状腺素，从而影响全身代谢。TSH 的分泌受下丘脑促甲状腺激素释放激素（TRH）的促进和甲状腺素的反馈抑制，二者相互拮抗，共同调节 TSH 的分泌。

（3）促性腺激素（GnH） 包括促黄体生成激素（LH）和促卵泡成熟激素（FSH）。LH 又可称为促间质细胞激素（ICSH）。LH、FSH 均为糖蛋白。均由 α 和 β 两个亚基组成。研究发现，LH、FSH、TSH 的 α 亚基的氨基酸排列顺序非常相似，具有交叉免疫反应。它们的 β 亚基差异较大，α 亚基和 β 亚基结合方有活性。

FSH 的生理功能是促使卵巢或精巢发育，促进卵泡生长或精子的生成和释放。LH 对于女性可促进黄体生成；协同 FSH 促进成熟卵分泌雌激素而诱发排卵。LH 对于男性的主要作用是促进睾丸间质细胞增生；促进睾酮的合成和分泌；促进精子生成。

（4）催乳激素（LTH 或 PRL） PRL 化学本质为蛋白质。分子中有三对二硫键，含有 199 个氨基酸，有种属特异性。

PRL 的作用主要是对乳腺的生长、发育和泌乳有促进作用，另外，还对卵巢类固醇激素的合成，黄体的形成和溶解有一定作用。由于催乳激素和生长激素分子中有相同的肽段，所以催乳激素有普遍的促生长活性，而生长激素有弱的催乳激素活性。此外 PRL 在应激反应中，对心血管有一定作用，如 PRL 可引起动物心率失常，临床上心肌梗死患者血清 PRL 明显升高。

（5）促肾上腺皮质激素（ACTH） 由垂体的促皮质细胞合成和分泌，所有哺乳类动物的 ACTH 都相似，是由 39 个氨基酸组成的直链多肽。其生物活性主要在 1～24 位，不同种属的 ACTH 的差异仅在 25～33 片段中的少数几个氨基酸。34～39 位氨基酸都相同。从一种动物得到的 ACTH 在另一种动物体内仍保持活性，至今，所有已分离到的 ACTH 对人体都有作用。

ACTH 的主要功能是促进肾上腺皮质增生及刺激肾上腺皮质激素合成与释放。ACTH 的分泌受到下丘脑分泌的促肾上腺皮质激素释放激素（CRH）的调节。

2. 垂体中叶激素

（1）促黑激素（MSH） 是垂体中叶分泌的主要激素，也称为促黑素细胞激素。一般认为有两种，α-MSH 和 β-MSH，均为直链多肽，α-MSH 为 13 肽，各种哺乳动物均相同。β-MSH 则有种属差异，人的 β-MSH 为 22 肽，牛和羊的 β-MSH 为 18 肽。两种促黑激素一级结构尽管有差别，但分子中 4～10 位氨基酸相同（—Met-Glu-His-Phe-Arg-Trp-Gly—），是它们表现活性所必需的。

MSH 与黑色素的形成有关。人患阿狄森病时，MSH 和 ACTH 的分泌都过多，结果使皮肤中色素沉着。MSH 的分泌受下丘脑分泌的促黑激素释放因子（MRF）及促黑激素释放抑制因子（MRIF）的控制。

（2）内啡肽 是一族具有吗啡功能的小肽，有 α、β、γ 三种。β-内啡肽可使人及动物全身麻醉，体温降低达数小时之久。

3. 垂体后叶激素

垂体后叶激素指催产素（oxytocin，OT）和加压素（ vasopressin，VP）两种。在下丘脑的神经分泌细胞（视丘核和视旁核）中合成，经轴突运输到垂体后叶贮存或分泌出来。它们都是 9 肽，只有 3 位、8 位的氨基酸不同，可见这两位的氨基酸是它们各自表现功能所必需的。由于二者的结构相似，故催产素有微弱的加压素活性，加压素也有微弱的催产素活性。

催产素的结构：

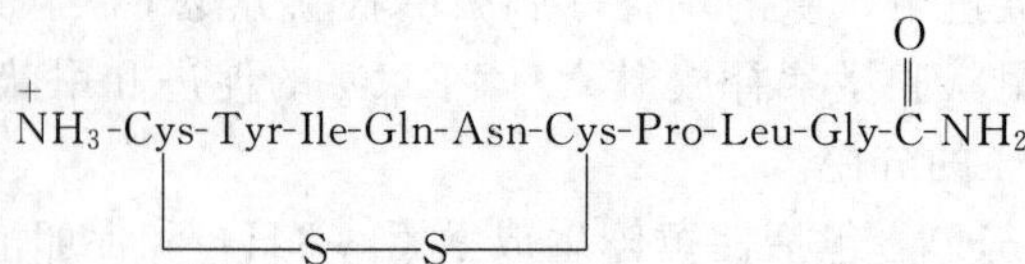

加压素的结构：8 位若是 Arg，称为精氨酸加压素；若换以 Lys 或 Phe，分别称为赖氨酸加压素和苯丙氨酸加压素。

$\overset{+}{N}H_3$-Cys-Tyr-Phe-Gln-Asn-Cys-Pro-Lys(Arg. 或 Phe.)-Gly-$\overset{O}{\overset{\|}{C}}$-$NH_2$

（Cys 与 Cys 之间以 S—S 相连）

催产素可刺激子宫收缩，有种属特异性。加压素，又称为后叶加压素，无种属特异性，可促使小动脉收缩，使血压升高。加压素也有抗利尿作用，所以又称为抗利尿激素，参与水、盐代谢的调节。临床上用于治疗“尿崩症”（由于水盐代谢紊乱，导致多饮、多尿尿相对密度低等症状）。在非哺乳类脊椎动物，如两栖类、爬行类等的垂体中的加压素叫血管紧张素。

三、甲状腺激素

甲状腺是人体最大的内分泌腺体，位于甲状软骨的两侧，如马蹄形。甲状腺可分泌三种激素，它们是甲状腺素（Thyroxine），又名 3,5,3′,5′-四碘甲腺原氨酸，简称 T_4，3,5,3′-三碘甲腺原氨酸，简称 T_3 及降钙素（CT）。

1. 甲状腺素（T_4）和三碘甲腺原氨酸（T_3）

（1）T_3、T_4 的合成过程　甲状腺具有逆浓度梯度从细胞外液摄取碘的功能，主动转运进入甲状腺的碘可被有机化，即与甲状腺球蛋白结合。甲状腺球蛋白（TG）是甲状腺激素合成的基本原料和场所，又是甲状腺激素贮存的形式。TG 是存在于甲状腺滤泡胶质中最主要的蛋白质，且是一种碘化糖蛋白，TG 是甲状腺分泌的正常产物。每分子含有大约 120 个酪氨酸残基。初生的 TG 在甲状腺过氧化物酶作用下被碘化，生成 3-碘酪氨酸或 3,5-二碘酪氨酸，一分子的 3-碘酪氨酸和 3,5-二碘酪氨酸偶合生成 T_3，二分子的 3,5-二碘酪氨酸偶合形成 T_4。合成后的甲状腺激素仍贮存在 TG 分子上。参见图 8-3。

（2）T_3、T_4 的生理功能　甲状腺激素的作用十分广泛，主要是增加基础代谢率和促进生长、发育和分化。而这些是通过影响全身细胞活动及中间代谢实现的。若幼年动物甲状腺机能减退，生长发育受阻，而且有可能导致永久性中枢神经系统发育不全，发展成为呆小症、智力低下、身材矮小。反之，甲状腺机能亢进，机体的耗氧量和产热量增加，基础代谢率显著增高。

2. 降钙素（CT，TCT）

降钙素是甲状腺间质中的 C 细胞分泌的激素，其化学本质为蛋白质。不同种属的降钙素基本结构相同，无种属特异性。降钙素的主要功能是降血钙，可用于治疗因甲状旁腺激素分泌过多而引起的成人高血钙症。

3. 甲状旁腺激素（PTH）

甲状旁腺激素是由甲状旁腺分泌的。甲状旁腺又称为上皮小体，人类有上下两对甲状旁腺，呈红色或黄棕色。人、牛、猪的甲状旁腺激素的结构已经阐明，均为含 84 个氨基酸的单链多肽。不同种属 PTH 的氨基酸组成差异较大。在循环血中，PTH 有三种存在形式：①完整激素，含 84 个氨基酸；②N-端的 1～34 肽段，称为 nPTH，具全部 PTH 活性，但

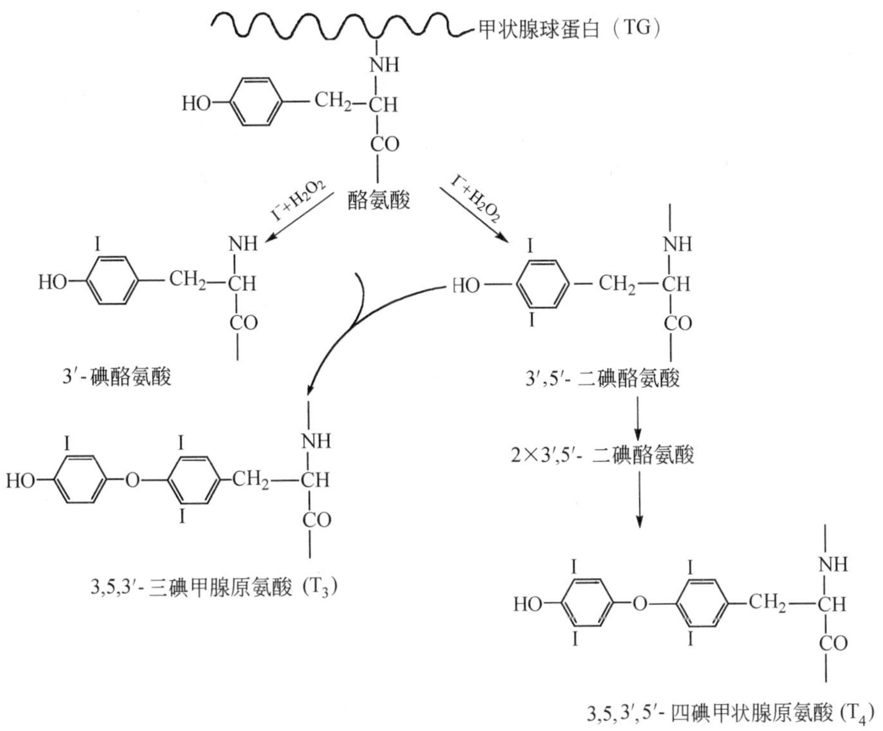

图 8-3　甲状腺素合成示意图

半寿期短；③C-端 56～84 肽段，称为 cPTH，半寿期长，但无生物学活性。

PTH 的功能是升血钙。PTH 和 CT 是一对作用相反的激素，都作用于骨基质及肾脏，共同调节钙磷代谢，使血中钙磷浓度相对稳定。

四、胰腺激素

胰腺的内分泌腺体是兰氏岛，简称胰岛，是分散在胰腺腺泡（外分泌腺）之间的不规则的细胞群，犹如海岛一样，因此得名。兰氏岛中有许多的分泌细胞，它们可分泌不同的激素，共同调节体内糖类物质的代谢，并组成严密的反馈系统，使血糖水平维持在正常值范围内。胰腺激素主要有胰岛素和胰高血糖素。

1. 胰岛素

胰岛素（Insulin）是胰岛 β-细胞分泌的激素，其化学本质为蛋白质。人胰岛素由 A、B 两条多肽链组成，A 链含 21 个氨基酸，B 链含 30 个氨基酸，两条肽链由 2 对二硫键连接。

胰岛素最显著的生理功能是降低血糖，这是胰岛素在体内各组织中作用于糖代谢诸环节以及脂肪和蛋白质代谢的综合结果。胰岛素的缺乏可轻可重，所导致的代谢紊乱也呈现由轻到重的变化过程。胰岛素轻度缺乏时，机体不能很好地利用糖类物质，表现为耐糖量降低；胰岛素严重缺乏时，血糖极度升高，蛋白质、脂肪分解代谢增强，可出现糖尿病酮酸中毒及各种慢性并发症，如高血压、动脉硬化、肾病变等。

2. 胰高血糖素

胰高血糖素是胰岛 α-细胞分泌的一种多肽激素，含 29 个氨基酸。它是拮抗低血糖的一种主要激素。其主要功能是促进肝糖原分解，使血糖升高。

五、肾上腺激素

人的肾上腺左右各一，位于肾的上方。由肾上腺髓质和皮质两部分组成，髓质在中部（内部），皮质在髓质外面，呈黄色。

1. 肾上腺髓质分泌的激素

肾上腺髓质是由嗜铬细胞组成的。髓质主要分泌两种激素，即肾上腺素（adrenaline）和去甲（正）肾上腺素（noradrenaline，NA）；酪氨酸是髓质激素的前体。酪氨酸在酪氨酸羟化酶作用下首先羟化为多巴，后者脱羧转变为多巴胺，多巴胺再羟化生成去甲肾上腺素，去甲肾上腺素进行甲基化反应即可转变为肾上腺素。髓质激素的主要功能是动员机体应付紧急情况，见图 8-4。

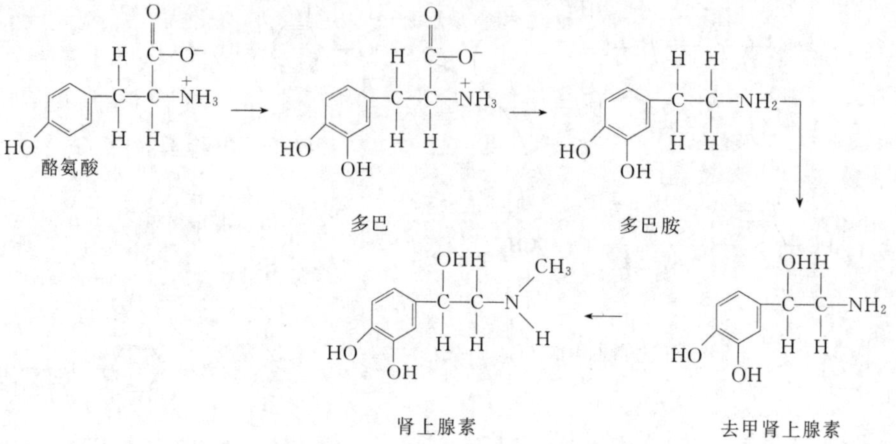

酪氨酸 → 多巴 → 多巴胺 → 去甲肾上腺素 → 肾上腺素

图 8-4　肾上腺素和去甲肾上腺素的合成

肾上腺素可增加心跳频率，是强心剂，并可促进肝糖原分解使血糖升高。去甲肾上腺素，对血管作用大，促血管收缩，使血压升高。

2. 肾上腺皮质分泌的激素

肾上腺皮质来源于中胚层，由外向内可分为三带：球状带、束状带与网状带，可分泌多种类固醇激素。球状带分泌盐皮质激素，如醛固醇和脱氧皮质酮；束状带主要分泌糖皮质激素，如皮质醇与皮质酮等；网状带主要分泌性激素类，如脱氢表雄酮及少量的雌二醇等。肾上腺皮质激素由环戊烷多氢菲核构成，其前体是胆固醇，贮存于脂质内，由血浆即可获得。

(1) 糖皮质激素　如皮质醇（皮甾醇）、皮质酮（皮甾酮）、11-脱氢皮质醇（可的松）和 11-脱氢皮质酮。糖皮质激素对糖、蛋白质、脂肪、矿物质、水盐代谢及维持器官功能等方面都有重要作用。比如对糖代谢的作用，可激活肝细胞中的糖原合酶，促进肝糖原的合成；同时促进糖异生作用。另外，还可以拮抗胰岛素的作用，使外周对葡萄糖的利用减少。

大部分糖皮质激素具有协同其他激素发挥作用的效应，特别对交感-肾上腺系统功能的发挥是必需的。即激素本身并不对靶器官直接产生生理效应，然而它的存在却是其他激素产生生理效应的必要条件。如皮质醇对血管平滑肌并无直接的收缩作用，但当它缺乏或不足时，去甲肾上腺素的收缩血管效应就难以发挥。在应急情况下如果没有糖皮质激素，全身血管失去紧张度而塌陷，导致急性死亡。

(2) 盐皮质激素　如醛甾酮、11-脱氧皮质酮。盐皮质激素的主要功能是促进体内保钠排钾，调节水盐代谢。另外，醛甾酮和钠增加可影响去甲肾上腺素代谢与交感神经作用加强，可导致高血压。

六、性激素

性激素主要由性腺分泌，肾上腺皮质网状带也合成少量。性腺激素主要有雄激素（androgen）、雌激素（estrogen）和孕激素（progestogen）三种。

雄激素为 19 碳类固醇激素，3 位有酮基，4,5 位之间双键为活性必需部分。男性肾上腺分泌的雄激素主要为雄酮类，如脱氢表雄酮、雄烯二酮等，睾酮为雄烯二酮在性腺的衍生物。睾酮是活性最高，体内最重要的雄激素；其次为雄烯二酮和脱氢表雄酮等。雄激素的生理作用主要是促进蛋白质合成，使肌肉发达，精神体力充沛，促进身体生长发育和第二性征的发生。

雌激素为 18 碳类固醇激素，由肾上腺和卵巢分泌。体内雌激素有雌二醇（estradiol，E_2）、雌酮（estrone，E_1）和雌三醇（estriol，E_3）三种。以雌二醇的活性最高。孕激素是一类含有 21 碳的类固醇激素。主要有孕酮、孕二醇。雌激素的重要生理作用为促进女性副性器官与第二性征的发育与发生；孕激素促进受精卵着床与继续妊娠。两种激素对蛋白质、糖和脂代谢均有重要作用。雌激素还可拮抗甲状旁腺激素（PTH），减少骨质吸收，绝经期妇女雌激素分泌降低，拮抗作用减弱，因此 PTH 作用增强，影响钙、磷、镁等矿物质代谢而发生骨质吸收与骨质疏松。雄激素和雌激素都是由胆固醇衍生而来，二类激素可以相互转变，在体内达成某种平衡。在雄性中，平衡偏向于雄激素；在雌性中，平衡偏向于雌激素。重要的皮质激素和性激素见图 8-5。

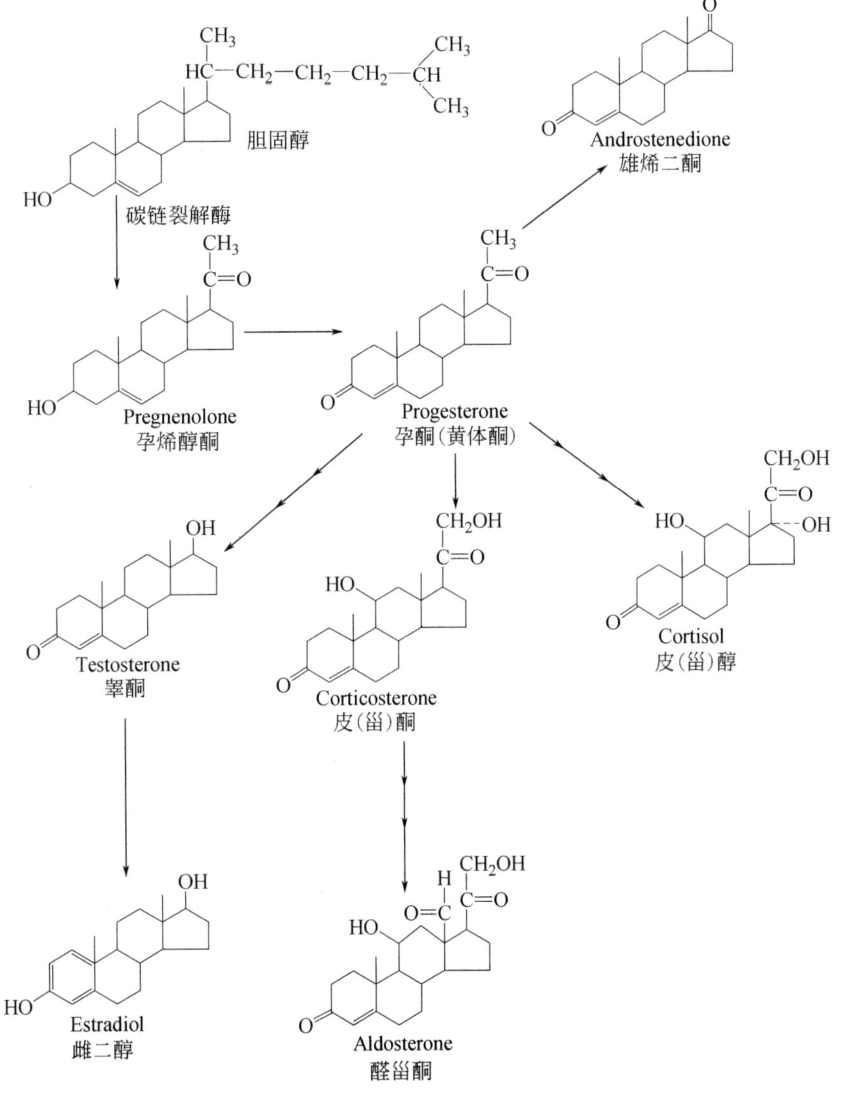

图 8-5 重要的皮质激素和性激素

七、脂肪酸衍生类激素（二十烷酸类激素，eicosanoids）

这是由二十碳四不饱和脂肪酸——花生四烯酸（arachidonic acid）经过环化、氧化等修饰作用衍生而来的一族能发挥局部效应的激素。属于旁分泌激素，故也被称为局部激素。这类激素包括：前列腺素（prostaglandin，PG），血栓素（凝血噁烷，thromboxanes，TX）和白三烯（leukotrienes）等，如图 8-6 所示。

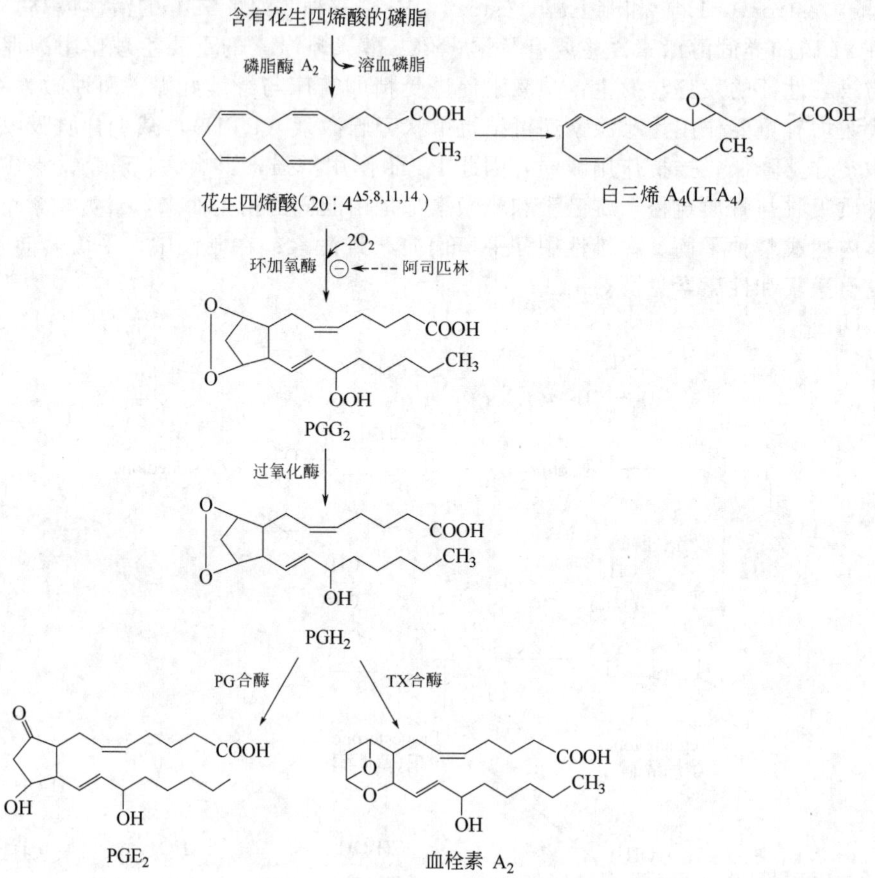

含有花生四烯酸的磷脂
磷脂酶 A_2 溶血磷脂
COOH
CH_3
花生四烯酸（$20:4^{\Delta 5,8,11,14}$）
COOH
CH_3
白三烯 A_4(LTA_4)
$2O_2$
环加氧酶 ⊖ 阿司匹林
O COOH O CH_3 OOH
PGG_2
过氧化酶
O COOH O CH_3 OH
PGH_2
PG合酶
TX合酶
O COOH HO OH
PGE_2
O O COOH CH_3 OH
血栓素 A_2

图 8-6　二十烷酸类激素的合成

各种刺激因素如组织细胞损伤、药物、激素（如肾上腺素和缓激肽）、组胺、凝血酶等都可激活磷脂酶 A_2，从膜磷脂释放花生四烯酸，触发二十烷酸类激素的合成。研究发现，这类激素的效应极强，但半寿期很短，仅 30s 到数分钟。它们几乎参与了所有细胞代谢活动，并参与了炎症、发热、伤痛和病痛以及免疫、过敏、凝血和心血管疾病等主要病理过程。为这些疾病的防治提供了理论依据。如目前临床广泛使用的阿司匹林（aspirin）和其他非甾类激素抗炎药的作用机制就是抑制了环加氧酶活性（图 8-7），从而抑制了前列腺素的合成。阿司匹林不仅通过抑制介导炎症的前列腺素的合成来发挥它强有力的消炎、去热和止痛的作用，同时由于抑制了血栓素的合成，起到抗凝血的作用。因此，低剂量阿司匹林可防治心血管病和中风。

1. 前列腺素（PG）

1930 年，瑞典科学家 Ulf von Euler 从人精液中发现了一种能使平滑肌收缩的物质，认为这种物质系前列腺分泌，因此首先将其命名为前列腺素。现已证明，除红细胞外，几乎所有的细胞都能产生前列腺素。1950 年，Sune Bergstrom 等测定了 PG 的结构，并先后提纯了 13 种 PG。1982 年，由于 Sune Bergstrom 和 Bengt Samuelsson 的卓越贡献而获得诺贝尔生理医学奖。

前列腺素的基本结构是 20 碳羟基脂肪酸，称为前列腺酸。此酸由一个五碳环和两条具有不饱和键的碳氢链组成。依五元环构型的不同，前列腺素可分为：PGA，PGB，PGC，PGD，PGE，PGF，PGH 等（图 8-8）。根据五元环外侧连上双键数目的不同，右下角标以 1，2，3，……等分别表示含一个、两个、三个双键等。不同种类 PG 的功能相互拮抗或协同。前列腺素通过调节细胞内第二信使分子 cAMP 的合成，广泛影响各种细胞和组织的功能。前列腺素具有致炎、致热和致痛的作用，可控制离子转运，调节睡眠循环和消化功能，促进平滑肌收缩等。

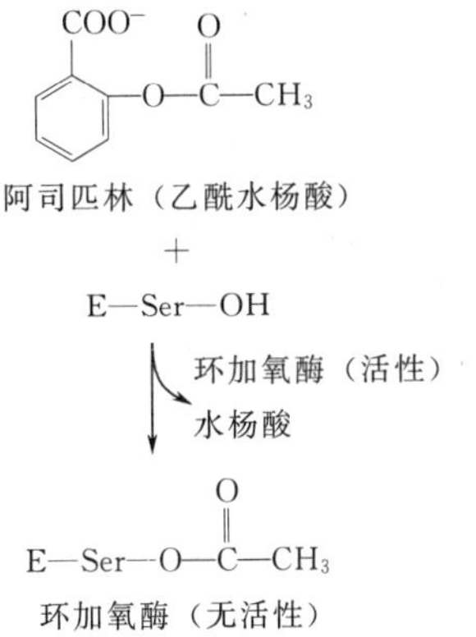

阿司匹林（乙酰水杨酸）
+
E—Ser—OH
环加氧酶（活性）
水杨酸
$E—Ser—O—C(=O)—CH_3$
环加氧酶（无活性）

图 8-7　阿司匹林抑制 PG 和 TX 合成机制

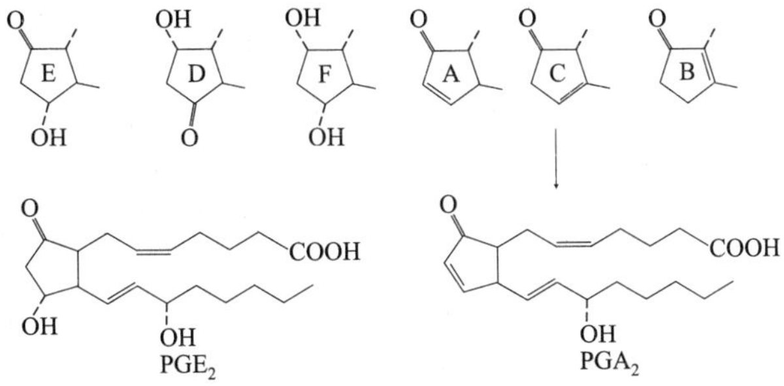

PGE_2
PGA_2

图 8-8　前列腺素的基本结构

2. 血栓素　结构中含有六元环，主要由血小板合成。血栓素能引起血管收缩和血小板凝聚形成血栓。阿司匹林和其他非甾类抗炎药通过抑制环加氧酶，减少血栓形成。

3. 白三烯　最早从白细胞中发现并由此得名。分子中没有环状结构。白三烯能引起平滑肌收缩，过量合成能引起哮喘，是炎症和过敏反应的重要介质。

第三节　激素分泌的调控

大多数激素对代谢过程有促进作用，也有少数激素具有抑制作用。在正常机体内，种类繁多作用复杂的各种激素都有条不紊地发挥各自的功能，这种秩序依靠调控体系实现。

一、下丘脑承上启下的调节

对任何生命有机体来说，正常的生理过程，如生殖、生长、体温的维持、睡眠以及应急反应等均取决于内环境的稳定和对外环境变化的适应。如受到寒冷的侵袭，浑身哆嗦；受到惊吓时，脸色苍白；激动时，面红耳赤等。这些生理反应和行为的调整都是下丘脑、神经内分泌系统积极活动的结果。中枢神经系统接受来自体内外的各种信号，迅速进行分析综合，及时发放信号至下丘脑，并通过下丘脑的活动，产生相应的释放激素或释放抑制激素，刺激或抑制垂体激素的分泌。中枢神经系统与下丘脑之间的环节是信号源与协调要素，它将神经传导性信息转变为内分泌“语言”传递给垂体，而垂体分泌的促激素又对下级内分泌腺如甲状腺、肾上腺皮质、性腺具有刺激作用，促使不同的腺体分泌各自的激素，这些激素又作用于它们的靶细胞，产生一系列的生理效应，这是一种调节，即上级内分泌腺对下级内分泌腺的调节。

青春发育期是人生可塑性最大的黄金时期，也是身体发育的转折关头和定型阶段。整个青春发育的任务，就是在下丘脑-垂体-性腺系统的各种激素的统一控制作用下完成的。故下丘脑-垂体-甲状腺（或肾上腺，性腺）是生物体内调节控制的三大轴心。

二、反馈调节

反馈是电子工程学上的一个概念，即把输出信号送回输入端，以增强或减弱输入信号的效应称为反馈作用，凡使输入信号增强者称为正反馈；凡使输入信号减弱者称为负反馈。这样的定义也完全适用于生理控制系统。

激素对它的靶细胞或靶组织的代谢或功能有调节作用，而靶细胞代谢活动的结果又反过来对内分泌腺的代谢或功能起调节作用，这是自下而上的反馈作用，由于这种作用往往是抑制性的，故称为负反馈作用。例如，胰岛素引起血糖降低，低血糖又反过来抑制胰岛分泌胰岛素；又如甲状旁腺激素引起血钙升高，高血钙又抑制甲状旁腺激素的分泌。负反馈作用是机体对激素的产生进行调节的基本方式之一，通过这种方式维持激素浓度的相对恒定。由此可知，下丘脑-垂体-外周腺体之间的轴，上通下达，相互制约，组成一个闭路式反馈控制系统。一些药物如避孕药的研制，就是根据反馈的机理。

反馈作用有以下几种类型：

① 长反馈（长负反馈）：外周激素对下丘脑或垂体的调节作用（反馈抑制作用）；

② 短反馈：反馈作用只达上一级内分泌细胞，如促激素对下丘脑的调节作用；

③ 超短反馈：反馈作用仅限于本身，如下丘脑分泌的激素对下丘脑的调节。

三、多元调控

有的激素通过激素间的相互制约、依赖而受到调控，一是协同作用，即对某一代谢过程起相同调节作用的激素，它们的作用是协同的；二是拮抗作用，即两种激素对某一代谢的调节作用方向不一致，这种作用称为拮抗作用。如胰岛素和胰高血糖素，二者相互制约，使体内血糖维持在恒定的水平上。

第四节　生物信号转导

细胞能随时接收外界信号并能作出准确反应是生命存在的重要基础，所有细胞都具有特异的、高度灵敏的信号转导机制。细菌不断地通过起受体作用的膜蛋白接收并输入外界信号，如环境的pH、渗透压、光、氧和营养物质等。这些信号能刺激细菌产生适当反应，如向着有食物的方向移动或远离有毒物质。对多细胞生物体来说，可以通过不同功能的改变来应对环境的变化。植物细胞能对生长激素和日光强度的变化做出反应。动物细胞能对体液中的离子强度和葡萄糖浓度的变化做出相应功能的调整。所有这些不同的信号，都是通过细胞特定的受体感知并转变成细胞反应。这一胞外信息转变成细胞反应的过程被称作“信号转导”，信号转导是活细胞共有的重要特征。研究发现，虽然存在数千种不同的生物信号，但在进化过程中，信号转导的机制却是高度保守的。此外，物理信号如：温度、光、电、渗透压、触摸等也能通过相应的信号转导途径引起生理变化。

一、受体

受体（receptor）是负责识别胞外信号如：激素、递质（由神经末梢释放的一些小分子活性物质，如：乙酰胆碱、多巴胺、γ-氨基丁酸等）或其他化学物质（如药物、毒物等）并能与其特异性结合和相互作用，最终引起细胞生物学效应的生物大分子。因此有人把受体称作“鉴别器”。多数受体的化学本质是蛋白质，位于细胞膜上，也有的受体位于细胞质内或细胞核内。凡能与受体特异性结合并触发生物学效应的化学物质如激素、递质、药物等统称为配基（配体，ligand）。

1. 受体的特征

（1）特异性（specificity） 受体与配体的识别和结合具有严格的特异性，这是由于特定的配体和受体之间精确的分子互补作用所引起的［图 8-9(a)］，而其他信号分子缺乏这一性质，所以不能结合。受体与配体是通过次级键相互结合的，类似酶与底物，抗原与抗体之间的相互作用。多细胞生物的受体还具有组织和细胞特异性，如下丘脑产生的促甲状腺激素释放激素只作用于垂体前叶，而不作用于肝细胞，因肝细胞没有相应的受体。同样，肾上腺素只调节肝细胞的糖代谢而不是脂肪细胞，尽管脂肪细胞也有肾上腺素受体，但是缺乏糖代谢酶系。

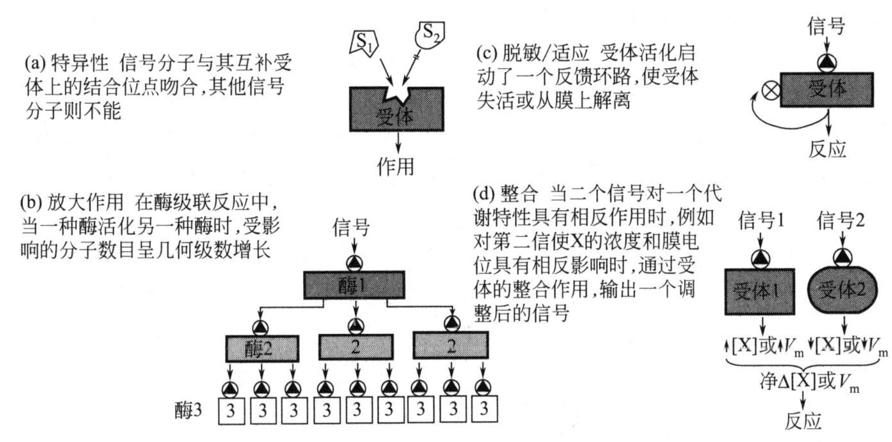

图 8-9 受体与信号转导系统的特征

（2）亲和性（affinity） 三种因素决定了信号转导的高度灵敏性：受体与配体的高亲和性、二者之间相互作用的协同性和信号传递过程中酶的级联放大作用。受体与配体的亲和性常用解离常数 K_d 表示，一般为 10^{-10} M 或更小。即受体可以鉴别出皮摩尔浓度（pmol/L）的信号分子。受体与配体的亲和力可以通过 Scatchard 分析进行定量，并可分析出受体样品中配体结合位点的数目。

（3）协同性（cooperativity） 在受体与配体的相互作用中，配体浓度的微小变化可使受体活性产生较大的变化。这种协同性类似于氧与血红蛋白的结合。受体起着接收信号和放大信号的作用，因为与受体连接的酶在顺序激活后续酶的过程中具有级联放大作用（enzyme cascades）［图 8-9(b)］。

（4）饱和性（saturabilety） 受体以有限的数量存在于靶细胞的质膜表面或细胞内。受体的饱和性是指受体与配体的结合是有限的，当靶细胞上配体结合的位点全部被占据后，再增加配体浓度，结合量不再增加。此时，靶细胞受体上的结合位点已被配体饱和。

（5）脱敏或适应性（desensitization/adaptation） 当外界信号持续存在时，受体会产生脱敏作用或适应性。这是由于过度激活的受体触发了自身反馈回路［图 8-9(c)］，从而关闭受体作用或从细胞表面通过胞吞作用将受体移去。当刺激信号降低至某一水平后，受体系统可被再次致敏。所谓适应性犹如当你从强光下走入较暗的房间或从暗室中出来时眼睛的感觉。

（6）受体及信号转导系统具有整合作用（integration） 当受体接收多种信号时，能够整合这些信息，使得不同信号途径在多个水平上相互转化，相互影响，相互作用，最终产生适应细胞或机体需要的反应，维持细胞和机体的平衡。如图 8-9(d)，当两个信号分子对第二信使 X 的浓度或膜电位 V_m 产生相反影响时，细胞做出的最终反应则来自于两个受体的整合结果。

2. 受体的分类

根据受体的细胞定位，受体被分为二大类：质膜受体和胞内受体。大多数蛋白质和多肽类激素的受体存在于细胞膜上。一些亲脂的小分子激素如固醇类激素等的受体存在于细胞质内或细胞核内，当它们（如雌激素，孕酮，甲状腺素，视黄酸和维生素 D 等）透过质膜的脂双层进入靶细胞后，与存在于胞内或核内的受体结合，激素-受体复合物通过与 DNA 结合，改变特定基因的转录和翻译，从而调节基因的表达。

根据受体的结构特点、性质等，质膜受体又分为四类：G-蛋白偶联受体、受体酶、门控离子通道和黏附受体。现简要介绍如下。

(1) G-蛋白偶联受体（G protein-coupled receptors，GPCRs） 这种受体存在于质膜上，其基本特征是具有七次跨膜螺旋结构。受体的胞外部分（N-端）识别和结合配体，胞内部分与 GTP-结合蛋白（GTP-binding protein or G protein，G-蛋白）偶联。当配体与受体结合时，激活细胞内的 G-蛋白，G-蛋白进一步调节效应酶的活性，产生胞内第二信号分子，如 β-肾上腺素受体（图 8-10，图 8-11）。

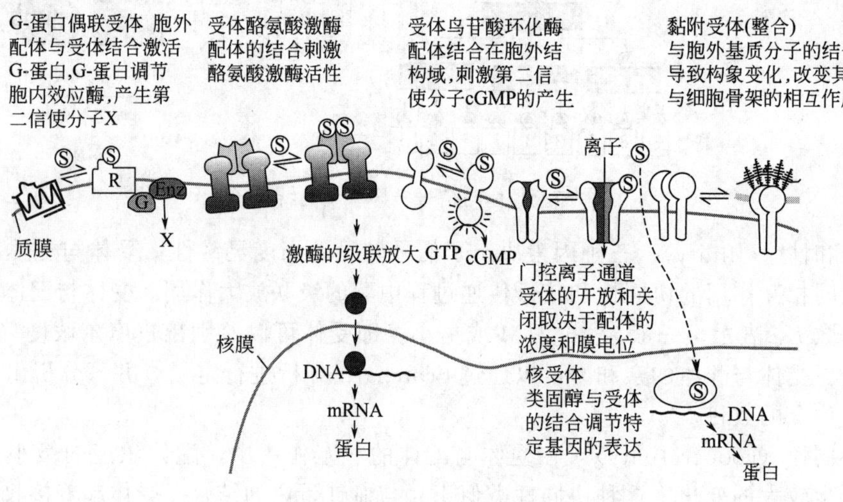

图 8-10 受体的五种类型

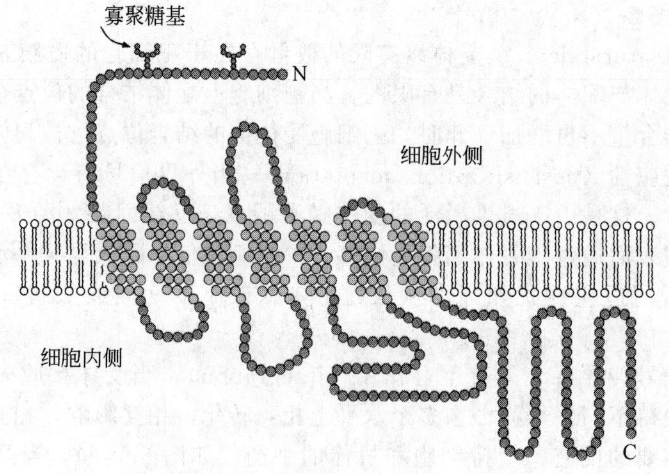

图 8-11 β-肾上腺素受体的结构

（2）受体酶　这种受体为单跨膜结构并具有酶的活性。受体的胞外部分（N-端）与配体结合，胞内部分具有酶活性。根据酶活性的不同，受体酶有三种：①受体酪氨酸激酶（receptor tyrosine kinases，RTKs）。这种膜受体具有酪氨酸激酶的活性，当胞外配体激活受体时，受体首先发生双聚化并触发自磷酸化作用，进而催化质膜上或胞内特定底物蛋白的磷酸化。自磷酸化和磷酸化作用均发生在酪氨酸残基上。如：胰岛素受体和表皮生长因子受体。②受体丝氨酸/苏氨酸激酶（receptor serine/threonine kinase）。这种膜受体的胞内部分具有丝氨酸/苏氨酸激酶活性，激活后可磷酸化底物的丝氨酸或苏氨酸。转化生长因子 β 受体（TGF-β receptor）属此类受体。③受体鸟苷酸环化酶（receptor guanylyl cyclases）。这种受体也存在于质膜表面，受体的胞内部分具有鸟苷酸环化酶活性。当胞外信号与受体结合后，激活胞内酶活性，催化 GTP 生成第二信使 cGMP。cGMP 进一步激活 cGMP-依赖性蛋白激酶（cGMP-dependent protein kinase，PKG），通过磷酸化作用调节相应底物蛋白的活性，如心钠素受体。

（3）门控离子通道（gated ion channels）　这是最简单的一种信号传导器。质膜门控离子通道的“开”或“关”是细胞对相应离子配体的结合或跨膜电位变化的反应。如：乙酰胆碱受体离子通道。

（4）黏附受体（adhesion receptors）　这类受体通过与胞外基质中的大分子化合物（如纤连蛋白和胶原等）相互作用，为细胞的迁移或与基质的黏附构建细胞骨架系统，整合素（integrins）为此类受体。

二、信号转导机制

（一）质膜受体激素的信息传递

大多数激素的受体为质膜受体。当激素作为第一信号分子到达靶细胞后，首先与质膜上的受体相互识别、相互作用，并产生第二信使分子将信号传入胞内，引起一系列生理变化。现已确定的第二信号分子有 cAMP、cGMP、Ca^{2+}、1,4,5-三磷酸肌醇（IP_3）、甘油二酯（DAG）和气体信号分子 NO。此外，近年来发现神经酰胺、花生四烯酸、磷脂酸等也有信使分子的作用。下面分别介绍各第二信号分子介导的信号转导机制以及生长因子受体酪氨酸激酶的信号转导机制。

1. 以 cAMP 为第二信使的信号转导机制

（1）cAMP 的发现及第二信使学说的提出　cAMP 是最早发现的第二信使分子，第二信使学说的提出和研究也是由 cAMP 的发现开始的。20 世纪 50 年代初 Earl Sutherland 和他的同事在研究肾上腺素、胰高血糖素引起糖原降解的分子机制时，将肝切片与激素一起温育，发现这两种激素均能使肝细胞内磷酸化酶的活性升高，促进糖原降解为葡萄糖-1-磷酸（G-1-P）。他们用肝匀浆做同样的实验得到相同的结果。这一结果说明激素效应并不要求完整的活细胞。当他们用离心的方法将肝匀浆分成上清和沉淀两部分后，发现沉淀部分（含质膜）加入激素后有应答反应，而在上清液中（含磷酸化酶）加入激素后却没有应答反应，即磷酸化酶活性并不升高。如果将沉淀部分回加至上清液中后产生应答反应，说明激素并不直接作用于磷酸化酶，激素的效应必须有质膜存在。通过深入研究，终于发现激素首先与质膜受体作用并产生一种热稳定的小分子物质，信号是通过这一小分子物质传递并引起生理效应的。经结构鉴定最后确定这一小分子物质就是 cAMP。激素的作用是在 cAMP 的介导下产生的，因此，将 cAMP 称为第二信使。Sutherland 也由此提出了第二信使学说这一划时代的概念，并于 1971 年获得诺贝尔医学和生理学奖。

（2）信号转导通路

1）激素与受体的结合　以 cAMP 为第二信使的激素有几十种，如肾上腺素、胰高血糖素、促肾上腺皮质激素，促甲状腺素、促肾上腺皮质激素释放激素、组胺 H_2、多巴胺、促卵泡激素、甲状旁腺素、5-羟色胺，促黄体激素等。当激素到达靶细胞后首先与质膜上的特异性受体相互识别并结合，从而使受体构象发生改变并在膜上位移，与 G 蛋白结合，触发信息传递过程。G 蛋白是信息传递途径中的第二个蛋白，与 G 蛋白偶联的受体都有一个七次跨膜的疏水螺旋结构，配体（激素等）就结合在这一疏水口袋中。如 β-肾上腺素受体（图 8-9），受体的 *N*-端位于胞外并有二个 *N*-糖苷键连接的寡聚糖基。*C*-端位于胞内，与 G 蛋白相互作用，肾上腺素就结合在跨膜的疏水口袋中。肾上腺素与受体结合后是如何导致腺苷酸环化酶激活和 cAMP 产生的？Rodbell 对 G 蛋白的发现解开了这个谜。

2）G 蛋白介导的腺苷酸环化酶的激活和抑制

① G 蛋白的发现　1975 年，Martin Rodbell 首先发现激素在发挥作用时，GTP 的加入对腺苷酸环化酶（adenylate cyclase，AC）的活化是至关重要的条件。进一步研究证明，GTP 的作用是通过一种与 GTP 特异结合的蛋白介导的，后来将这种蛋白叫做 G 蛋白（GTP-binding protein，G-protein）。G 蛋白的发现对全面认识激素作用的多样性，深入了解激素作用的分子机制有着十分重要的意义。同时，由于 G 蛋白的发现阐明了霍乱毒素和百日咳毒素的致病机理，为临床有效治疗霍乱、哮喘和某些癌症提供了重要理论依据。为此，G 蛋白的发现者 Martin Rodbell 和Alfred Gilman 荣获了 1994 年诺贝尔医学和生理学奖。

② G 蛋白的种类、结构和功能　G 蛋白是与 GTP 结合的异三聚体蛋白，是存在于质膜胞浆一侧的一族信息传递蛋白。现已分离出多种 G 蛋白，它们分别介导不同信号的传递，引起不同的生理效应。与 cAMP 系统有关的 G 蛋白有 G_s 和 G_i 两种。G_s（stimulatory G protein）为激动性 G 蛋白，它激活 AC，刺激 cAMP 的产生；G_i（inhibitory G protein）为抑制性 G 蛋白，其作用是抑制 AC，从而抑制 cAMP 的产生。此外 G 蛋白家族中的成员还有 G_t、G_q 等。G_t（transducin 传导素）蛋白，介导视网膜视杆细胞的光信号传导；G_q蛋白通过激活磷脂酶 C（phospholipase C，PLC），介导肌醇磷脂信号系统的信息传递。

G 蛋白家族成员都具有相似的结构，都是由 α、β、γ 三个亚基组成的，所以被称为异三聚体 G 蛋白。G 蛋白的 α 亚基上有 GTP、GDP 和受体结合位点，同时 α 亚基还具有 GTPase 活性。不同 G 蛋白的 α 亚基不同，如 G_s 蛋白 α 亚基的相对分子质量为45000，G_i 蛋白 α 亚基的相对分子质量为 41000。α 亚基的多样性决定了激素作用的多样性和专一性。G 蛋白的 β 和 γ 亚基有较大的保守性，一级结构比较稳定；β 亚基为一疏水亚基，相对分子质量为 35000。γ 亚基为一亲水亚基，相对分子质量为 7000。β 亚基和 γ 亚基常以复合物形式存在，且二者不易分离开来。

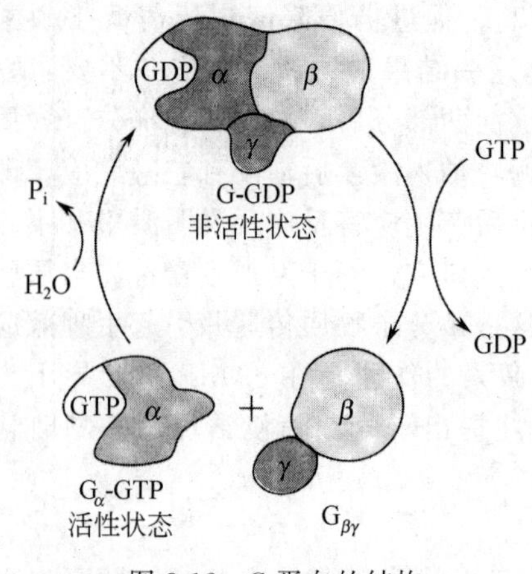

图 8-12　G 蛋白的结构

G 蛋白有两种形式，即有活性的 GTP 结合形式和无活性的GDP 结合形式。如图 8-12，当G 蛋白的 α 亚基与 GDP 结合时呈无活性状态，此时 α、β、γ 三个亚基结合在一起。当 α 亚基与 GTP 结合时呈活性状态，此时 α 亚基与β、γ 亚基分离。完成信息传递任务后，α 亚基发挥 GTPase 作用，将 GTP 水解为 GDP，重新与β、γ 亚基结合为无活性形式。G 蛋白的 β、γ-亚基通过与 α-亚基的结合，有效地控制了 G-蛋白的定位，稳定 α-亚基处于非活性状态，减少 GDP 的解离。除此之外，β、γ-亚基还具有其他功能，可直接与相应的下游效应蛋白作用，调节其活性。能与 β、γ-亚基相互作用的蛋白有磷脂酶 C、钾离子通道、Ca^{2+} 通道、β-肾上腺素受体激酶、PI3 激酶等。

③ 腺苷酸环化酶的激活和抑制模式　G 蛋白介于受体和腺苷酸环化酶之间，传递着激活和抑制 AC 的信息。AC 是相对分子质量为 120000 的膜蛋白，具多个跨膜结构。AC 通过与 G 蛋白的结合被激活或抑制。激活的 AC 催化 ATP 的环化水解作用，使 ATP 形成 cAMP。

如图 8-13，当兴奋性信号产生，受体（R_s）被激活后，激素-受体复合物移向 G_s 蛋白，并与 G_s 蛋白的 α 亚基结合。同时，α 亚基释放出 GDP，与 GTP 结合，发生 GDP-GTP 交换并与 βγ 亚基分离。活化的 $G_s\alpha$-GTP 移向 AC，与 AC 结合并将其激活。被激活的 AC 迅速催化 ATP 水解为 cAMP，使 cAMP 浓度升高，产生相应生理变化。然后，α 亚基显示 GTPase 活性，使 GTP 水解为 GDP，重新恢复 $G_s\alpha\beta\gamma$-GDP 无活性状态。当 cAMP 行使完其第二信使功能后，迅速被磷酸二酯酶（phosphodiesterase，PDE）水解为 5′-AMP 而将信号灭活（图 8-14）。cAMP 是非常稳定的分子，不参与任何代谢途径和生物分子的合成，只是在信号转导中起着传递和放大信号的作用。

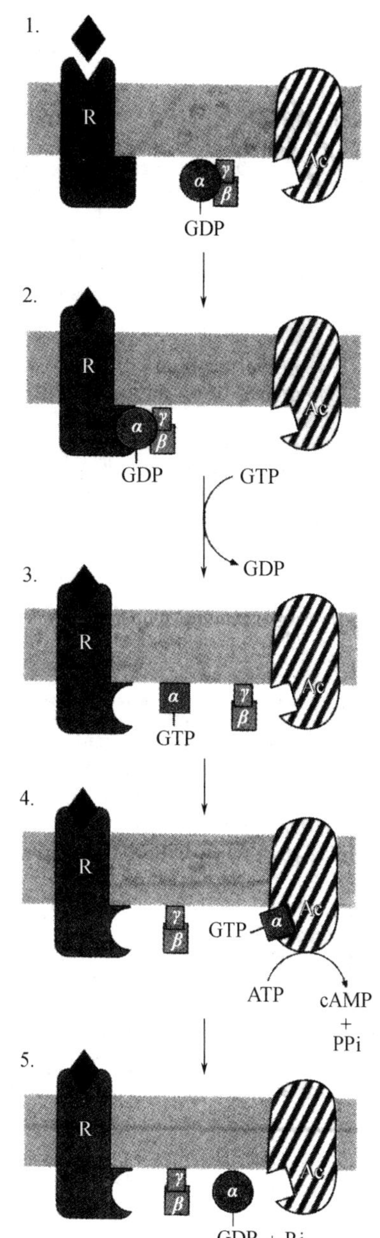

图 8-13　G 蛋白的调节机制

当抑制信号产生后，相应的受体（R_i）被激活，活化的激素-受体复合物与 G_i 蛋白的 α 亚基结合，同时 α 亚基发生 GDP-GTP 交换并与 βγ 亚基分离。$G_i\alpha$-GTP 与 AC 结合并抑制其活性，从而抑制 cAMP 的合成。作用完毕，$G_i\alpha$ 亚基水解 GTP 为 GDP 并与 βγ 亚基结合，恢复其 $G_i\alpha\beta\gamma$-GDP 无活性形式。

3）霍乱毒素与百日咳毒素的致病机制　霍乱毒素和百日咳毒素都是通过对 G 蛋白的共价修饰，干扰 G 蛋白的正常调节功能，最终导致疾病症状。霍乱毒素可使 G_s 蛋白的 α 亚基的 201 位精氨酸发生 ADP-核糖基化修饰（如图 8-15）。ADP-核糖基的供体是 NAD^+，修饰的结果使 α 亚基丧失 GTPase 活性。这样，$G_s\alpha$-GTP 就不能恢复至 $G_s\alpha$-GDP 无活性状态，而是锁在活性状态，对 AC 持续激活，使 cAMP 水平不正常升高，最终导致肠黏膜细胞的水盐代谢紊乱，并出现腹泻呕吐等症状。百日咳毒素也以同样的方式，使 G_i 蛋白 α 亚基 C-端的一个半胱氨酸发生 ADP-核糖基化修饰，使其失去 GTP-GDP 交换能力而不能被激活，从而丧失对 AC 的抑制能力，使 AC 持续处于活性状态，cAMP 不正常升高，最终导致哮喘等症状。

4）cAMP 系统介导的生理效应　cAMP 产生后，与蛋白激酶 A（protein kinase A，PKA）特异性结合。PKA 是由两个相同的调节亚基（R 亚基）和两个相同的催化亚基（C 亚基）组成的。每个 R 亚基上有两个 cAMP 结合位点（如图 8-16）。当 cAMP 与 R 亚基结合后，C 亚基与 R 亚基解离并表现出激酶活性，催化靶蛋白的磷酸化，产生相应生理效应。PKA 为一种 Ser/Thr 蛋白激酶。

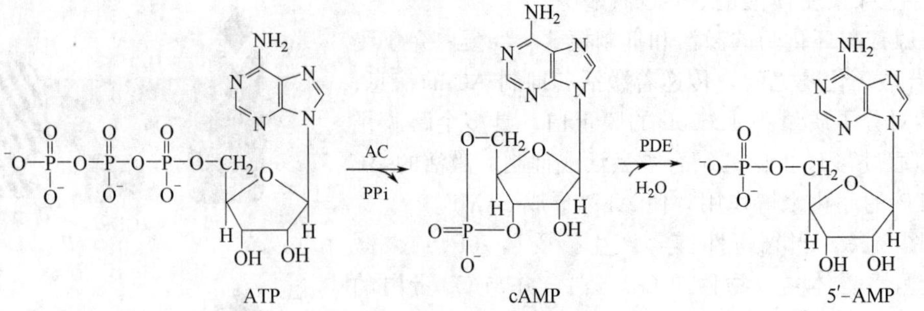

图 8-14　cAMP 的合成与分解

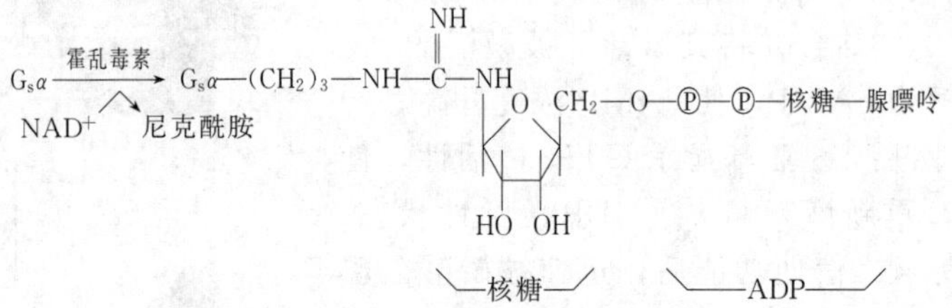

图 8-15　G_s 蛋白 α 亚基精氨酸的 ADP-核糖基化修饰

PKA 广泛分布在哺乳动物细胞中，在不同类型细胞中 PKA 的底物各不相同。cAMP 通过激活 PKA 对各种细胞代谢过程进行调节。如肾上腺素和胰高血糖素促进糖原分解就是通过 cAMP 系统介导的（如图 8-17），cAMP 激活 PKA，PKA 通过对磷酸化酶 b 激酶的磷酸化作用使其激活，后者又通过对磷酸化酶 b 的磷酸化作用使其从无活性的磷酸化酶 b 转变为有活性的磷酸化酶 a，从而催化糖原分解为 1-P-葡萄糖。同时，PKA 使糖原合酶磷酸化而失活，抑制糖原的合成，实现了糖原合成与分解的协同调节。cAMP-PKA 信号系统不仅调节糖原的分解与合成、糖的酵解和异生作用，还参与体内多种生理功能的调节：包括甘油三酯的分解代谢；PKA 的 C 亚基可进入细胞核内，磷酸化 cAMP 反应元件结合蛋白，调节相关基因的表达；通过磷酸化作用调节膜受体的活性；调节相关激素的合成与分泌；与其他信号分子如 cGMP，Ca^{2+} 等相互作用，协同调节心脏与神经系统功能等。

在激素调节过程中，从激素受体→G-蛋白→AC→cAMP→PKA→PKA 靶酶→生理效应，不仅是一个激素信息的传递过程，而且还构成了一个生物效应的放大系统。信号在传递过程中被逐级放大，像瀑布一样。因此，这一过程也被称为级联放大作用（cascade）。

（3）信号转导的终止　信号的终止有以下几种机制：①激素浓度降低。当血液中肾上腺素浓度降至低于它和受体结合的解离常数 K_d 时，受体不与激素结合而恢复原有构象，不再激活 G-蛋白。②G-蛋白 α-亚基的内源性 GTPase 活性将结合的 GTP 水解为 GDP，使 G-蛋白恢复至无活性状态。③第二信号分子 cAMP 被磷酸二酯酶水解为 5′-AMP，终止信号转

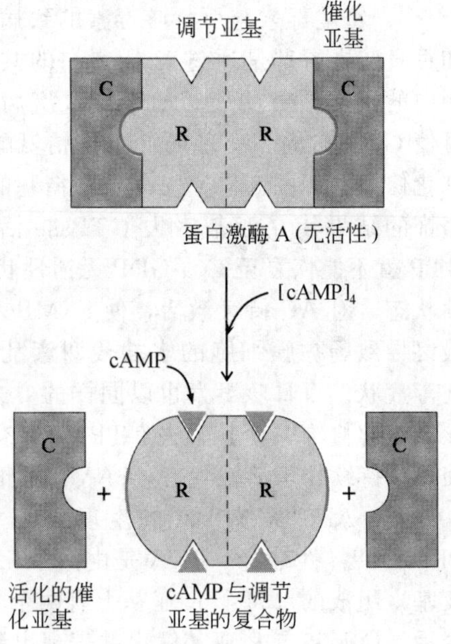

图 8-16　蛋白激酶 A 激活示意图

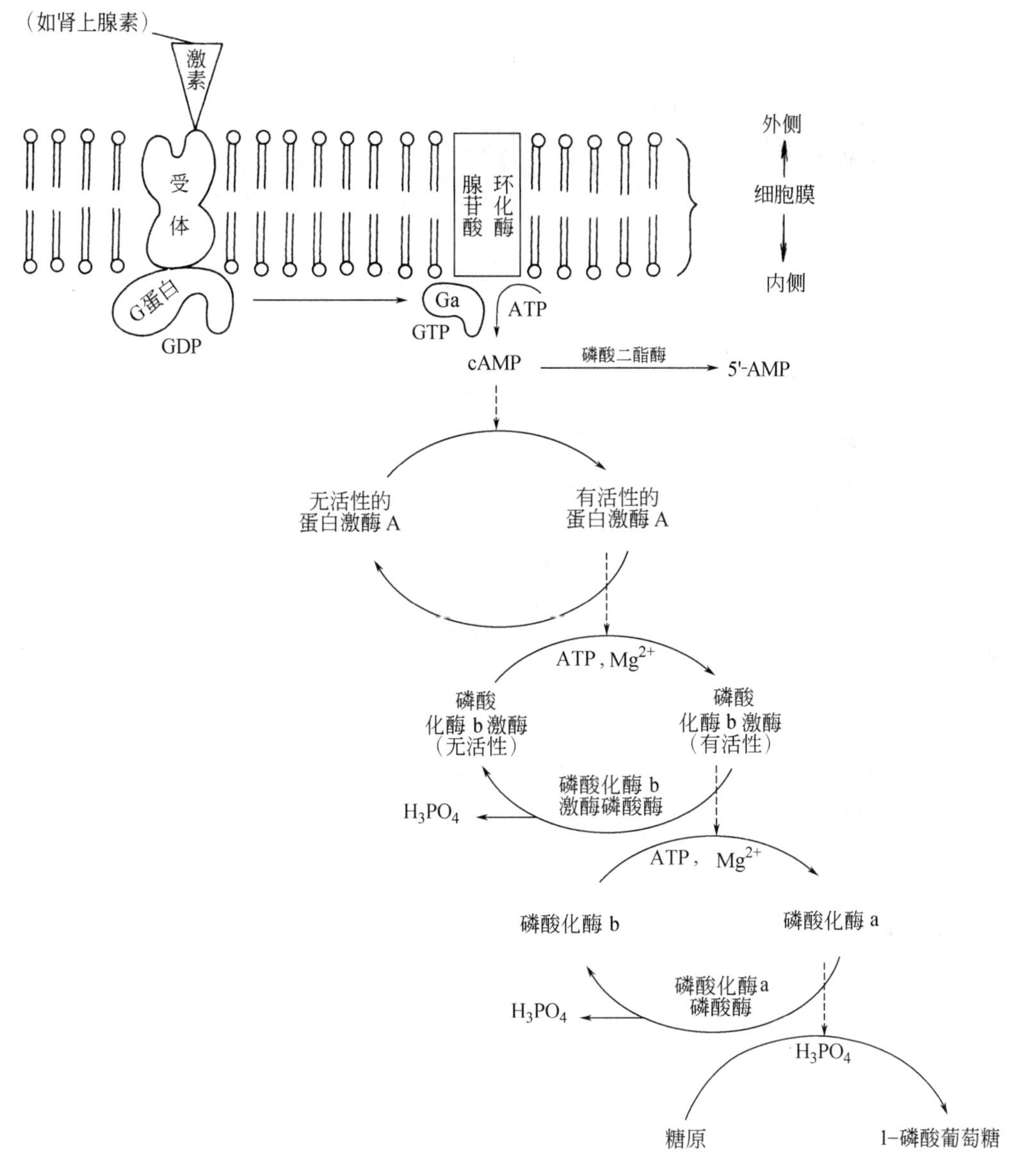

图 8-17　肾上腺素对肌细胞中磷酸化酶活性的调节作用

导。④受体脱敏和抑制。与以上机制不同，当刺激信号持续存在时，受体出现脱敏现象。脱敏是指尽管胞外信号刺激持久稳定，但信号不再传递至细胞内。如 β-肾上腺素受体的脱敏（图 8-18）是通过 β-肾上腺素受体激酶（β-adrenergic receptor kinase，β-ARK）磷酸化介导的，磷酸化位点是受体胞内结构域靠近 C-端的几个丝氨酸残基。被磷酸化的受体 C-端与抑制蛋白 βarr（β-arrestin，βarr）结合并通过胞吞作用进入胞内。在胞内，受体与抑制蛋白解离并脱掉磷酸再次返回胞膜。β-肾上腺素受体激酶是 G-蛋白偶联受体激酶（G protein-coupled receptor kinase，GRKs）家族成员，这类激酶磷酸化 G-蛋白偶联受体的胞浆结构域靠近 C-端的丝氨酸，从而导致受体的脱敏。

2. 以 cGMP 和一氧化氮（NO）为第二信使的信号转导机制

继 cAMP 发现后，Goldberg 于 1963 年发现了 3′,5′-环化鸟苷酸（cGMP）。与 cAMP 一样，cGMP 也在胞内起第二信使作用，而且 cGMP 与 cAMP 的产生与灭活方式以及介导激

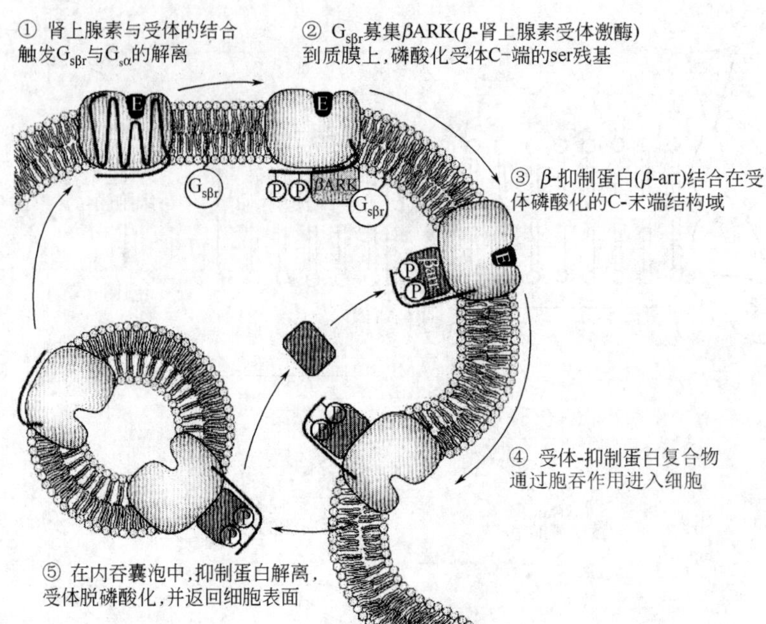
① 肾上腺素与受体的结合
触发$G_{s\beta r}$与$G_{s\alpha}$的解离
② $G_{s\beta r}$募集βARK(β-肾上腺素受体激酶)
到质膜上，磷酸化受体C-端的ser残基
③ β-抑制蛋白(β-arr)结合在受
体磷酸化的C-末端结构域
④ 受体-抑制蛋白复合物
通过胞吞作用进入细胞
⑤ 在内吞囊泡中，抑制蛋白解离，
受体脱磷酸化，并返回细胞表面

图 8-18　β-肾上腺素受体的脱敏作用

素生理效应等方式都很相似。所不同的是 cGMP 与 cAMP 在生理上有拮抗效应。细胞中 cAMP 水平升高时往往伴有 cGMP 水平的降低。如在平滑肌中，cAMP 浓度增高促进平滑肌的收缩，而 cGMP 则促进平滑肌松弛。所以有人将 cGMP 和 cAMP 与中医理论中的“阴”“阳”二方面联系起来。

（1）cGMP 的产生与 GC　在鸟苷酸环化酶（guanylate cyclase GC）催化下，GTP 环化水解为 cGMP，cGMP 可被 cGMP 磷酸二酯酶水解为 5′-GMP 而灭活。

研究发现，GC 与 AC 不同，GC 有两种存在形式，即膜结合型酶和胞浆可溶型酶，二者特性明显不同。膜结合型 GC 皆有受体和环化酶的功能，属受体酶类，即前面提到的受体鸟苷酸环化酶。其结构为单跨膜的单链糖蛋白。胞外部分（N 端）有受体功能，可识别和结合配体。胞内部分（C 端）具 GC 活性，催化 GTP→cGMP。CGMP 在不同组织传递不同信息，例如，当细菌内毒素（一种小肽）与小肠上皮细胞膜上的 GC 结合后，能引起小肠细胞内 cGMP 水平增高，使 Cl^-（氯离子）分泌增加和水的重吸收降低，导致腹泻。心钠素（心房肽，atrial natriuretic factor，ANF）与血管平滑肌细胞膜上 GC 结合后，使胞内 cGMP 水平升高，引起血管舒张，增加血流，降低血压。

胞内可溶型 GC 是由 α（82kD）、β（70kD）二个亚基组成的异二聚体，含有血红素辅基结构，酶分子的血红素可与 NO 直接作用而被激活，使胞内 cGMP 升高。在心脏，cGMP 通过激活质膜上的 Ca^{2+}-泵（Ca^{2+}-ATPase）降低胞内 Ca^{2+} 浓度，导致心肌收缩减弱和血管平滑肌舒张（图 8-19）。

（2）cGMP 对光信号转导的调节　cGMP 广泛存在于生物体内，参与生物体内多种功能的调节。cGMP 可通过调节视杆细胞（存在于视网膜上的光感受细胞）的 Na^+-Ca^{2+} 通道介导视网膜光信号的传导。接受光刺激后，视杆细胞上的光受体视紫红质（具七跨膜螺旋结构的光受体蛋白）被激活，并与 G_t 蛋白（传导素）结合，释放出 $G_t\alpha$ 亚基，$G_t\alpha$ 亚基进一步激活 cGMP 磷酸二酯酶，使 cGMP 水解，胞内 cGMP 浓度下降，导致质膜的 Na^+-Ca^{2+} 通道关闭，细胞膜超极化，减少神经递质释放而产生视觉反应如图 8-21。此外，cGMP 可以激

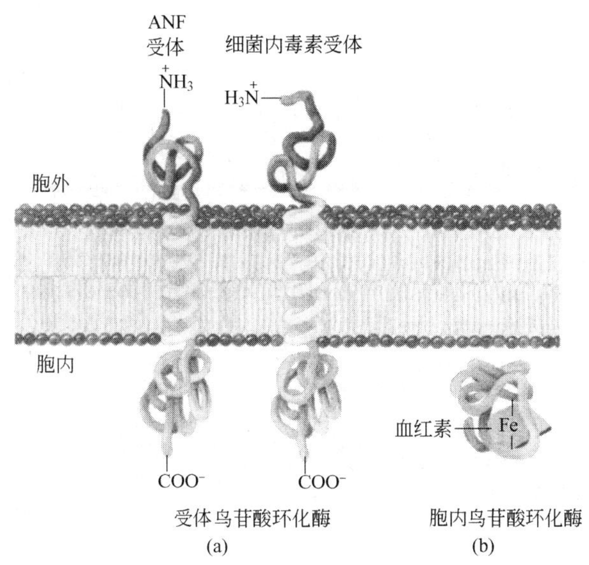

图 8-19　两种类型鸟苷酸环化酶

活 cGMP-依赖性蛋白激酶（PKG）。PKG 与 PKA 类似，也是一种 Ser/Thr 蛋白激酶，PKG 被激活后可通过对底物蛋白的磷酸化而产生生理效应，如使平滑肌舒张，抑制血小板黏附、聚集和分泌等。

（3）一氧化氮（NO）——1 种新的细胞信使　NO 是一种人们熟知的小分子无机化合物，长期以来人们并不知道 NO 存在于生物体内并具有重要意义，然而实际上 NO 应用于临床医学已达一个多世纪。19 世纪末，人们就已开始用硝酸甘油治疗由于心肌缺血性收缩引起的心绞痛。现在知道，硝酸甘油能使血管扩张，心肌收缩减弱，从而缓解心绞痛，主要是由于其进入体内后可缓慢释放出活性代谢产物 NO，NO 通过激活胞内可溶型 GC 使 cGMP 水平升高的原因。NO 作为一种血管舒张因子的发现，不仅在医学界开辟了一个全新的研究领域，而且导致一系列新药的开发和应用。为此 Rolert F. Furchgott，Louis J. Ignarro 和 Ferid Murad 获得 1998 年诺贝尔生理学或医学生理学奖。

NO 是精氨酸在一氧化氮合酶（NO synthase NOS）的催化下产生的（图 8-20）。NO 作为一种气体信号分子通过扩散的方式进入邻近的血管平滑肌细胞，胞内可溶型 GC 为 NO 的受体或靶酶，NO 与 GC 分子中血红素铁结合后，使 GC 激活，激活的 GC 使细胞内的 cGMP 浓度增加，从而产生一系列生理效应。NO 不仅作用于心血管系统，而且在免疫系统和神经系统中也有重要作用。NO 既有第一信使，也有第二信使分子的特征，既可作为血管舒张剂、免疫调节剂和信息分子传递信息，又能对细胞产生毒性作用。所以对 NO 的研究引起人们的普遍关注。

3. 以 IP_3、DAG 和 Ca^{2+} 为第二信使的信号转导机制

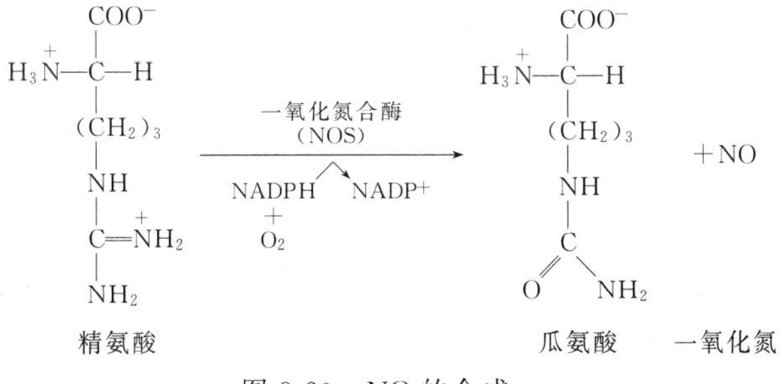

$$H_3\overset{+}{N}-\underset{\underset{\underset{\underset{\underset{NH_2}{|}}{C=\overset{+}{N}H_2}}{\underset{|}{NH}}}{\underset{|}{(CH_2)_3}}}{\overset{\overset{COO^-}{|}}{C}}-H \xrightarrow[NADPH + O_2 \;\; NADP^+]{\text{一氧化氮合酶 (NOS)}} H_3\overset{+}{N}-\underset{\underset{\underset{\underset{O \quad NH_2}{C}}{\underset{|}{NH}}}{\underset{|}{(CH_2)_3}}}{\overset{\overset{COO^-}{|}}{C}}-H + NO$$

精氨酸　　瓜氨酸　　一氧化氮

图 8-20　NO 的合成

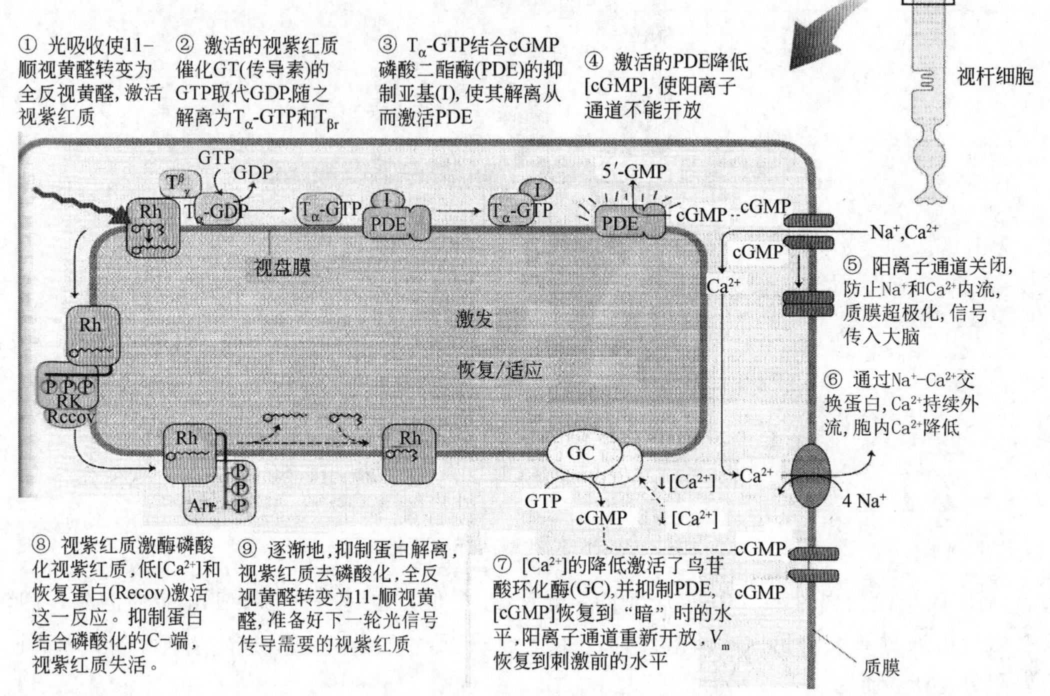
① 光吸收使11-顺视黄醛转变为全反视黄醛,激活视紫红质
② 激活的视紫红质催化GT(传导素)的GTP取代GDP,随之解离为Tα-GTP和Tβr
③ Tα-GTP结合cGMP磷酸二酯酶(PDE)的抑制亚基(I),使其解离从而激活PDE
④ 激活的PDE降低[cGMP],使阳离子通道不能开放
视杆细胞
GTP
GDP
5′-GMP
Rh
Tα-GDP
Tα-GTP
PDE
cGMP
Na⁺,Ca²⁺
视盘膜
Ca²⁺
⑤ 阳离子通道关闭,防止Na⁺和Ca²⁺内流,质膜超极化,信号传入大脑
激发
恢复/适应
RK
Rccov
⑥ 通过Na⁺-Ca²⁺交换蛋白,Ca²⁺持续外流,胞内Ca²⁺降低
GC
4 Na⁺
Arr
⑧ 视紫红质激酶磷酸化视紫红质,低[Ca²⁺]和恢复蛋白(Recov)激活这一反应。抑制蛋白结合磷酸化的C-端,视紫红质失活。
⑨ 逐渐地,抑制蛋白解离,视紫红质去磷酸化,全反视黄醛转变为11-顺视黄醛,准备好下一轮光信号传导需要的视紫红质
⑦ [Ca²⁺]的降低激活了鸟苷酸环化酶(GC),并抑制PDE,[cGMP]恢复到“暗”时的水平,阳离子通道重新开放,Vm恢复到刺激前的水平
质膜

图 8-21 光信号转导

一些质膜受体激素（或神经递质）的生理效应是在 IP_3 和 DAG 的介导下产生的。这类激素和递质有乙酰胆碱，加压素、血管紧张素Ⅱ、组胺、促甲状腺素释放激素、胃泌素释放肽、谷氨酸、促性腺素释放激素、血管生成素等。它们的受体存在于质膜并与 G_q 蛋白偶联。当 G_q 被激活后，引发磷脂酶 C（phospholipase C，PLC）活化，活化的 PLC 催化肌醇磷脂（phosphoinositide，PI）PIP_2 水解，产生 IP_3、DAG 双信使分子，从而引起细胞各种生理效应。这是一条非核苷酸类第二信使通路，也被称为肌醇磷脂信号通路。

（1）IP_3、DAG 的产生　如图 8-22 所示，磷脂酰肌醇（PI）是存在于质膜上的一种磷脂。由甘油、硬脂酸（R_1）、花生四烯酸（R_2）和肌醇（环化己醇）构成。甘油分子中的 C_1 与 R_1 结合，C_2 与 R_2 结合，形成甘油二酯（DAG）。C_3 的羟基通过磷酸酯键与肌醇分子结合形成 PI。PI 的肌醇环上的羟基在激酶的作用下可被磷酸化，形成多磷酸的磷脂酰肌醇，如磷脂酰肌醇-4,5-二磷酸（PIP_2）。PLC 是一种有多种形式的同工酶，至今发现有 PLC-α，β、γ 和 δ、ε 等，其中 PLC-β 能被 G_q-蛋白激活而实现细胞对外界信号的应答。当加压素、血管紧张素等激动剂通过受体，G 蛋白激活 PLC-β 后，PLC-β 专一水解 PIP_2 分子上 C_3 位的磷酯键，形成 IP_3（1,4,5-三磷酸肌醇）和 DAG 两个信使分子。

（2）IP_3 和 DAG 的信号传递途径

1）IP_3/Ca^{2+} 信号途径　IP_3 是胞内钙动员的信号。细胞内某些细胞器如内质网、肌浆网和线粒体内贮存有高浓度的 Ca^{2+}，所以被称为胞内钙库。IP_3 通过与内质网（或肌浆网）膜上的受体结合，开启膜上的 Ca^{2+} 通道，引起内质网中钙的释放，使胞内钙浓度迅速升高，从而引发一系列生理效应（图 8-23）。现已清楚，内质网膜上 IP_3 受体本身就是钙通道蛋白。

2）DAG/PKC 信号途径　DAG 的作用是激活蛋白激酶 C（protein kinase C PKC）。PKC 是一种依赖于 Ca^{2+} 和磷脂 PS 的蛋白激酶，通过对靶蛋白 Ser/Thr 的磷酸化使其激活或抑制，从而产生相应生理效应。DAG 通过提高 PKC 与 Ca^{2+} 的亲和力，使其在 Ca^{2+} 的生

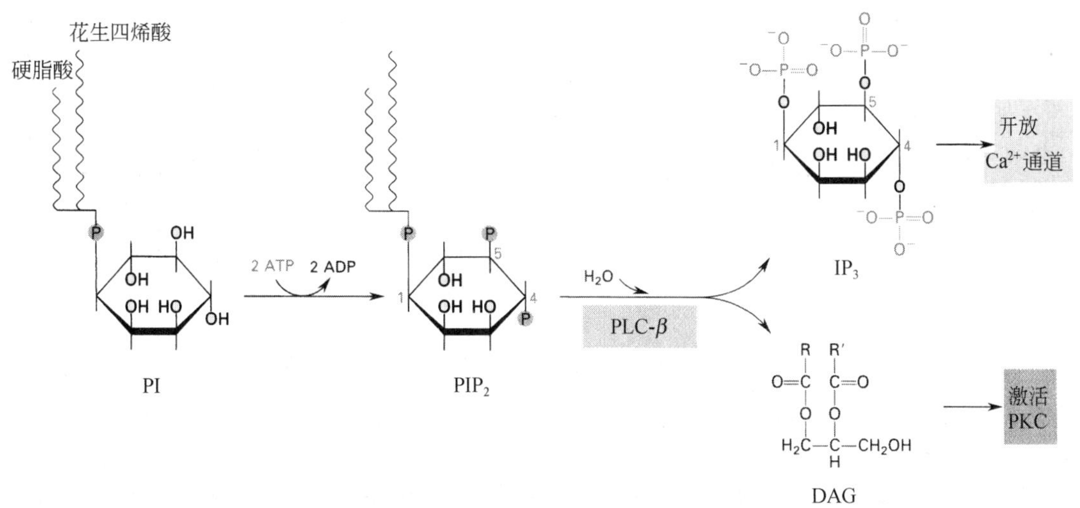

图 8-22　IP_3、DAG 双信号分子的产生

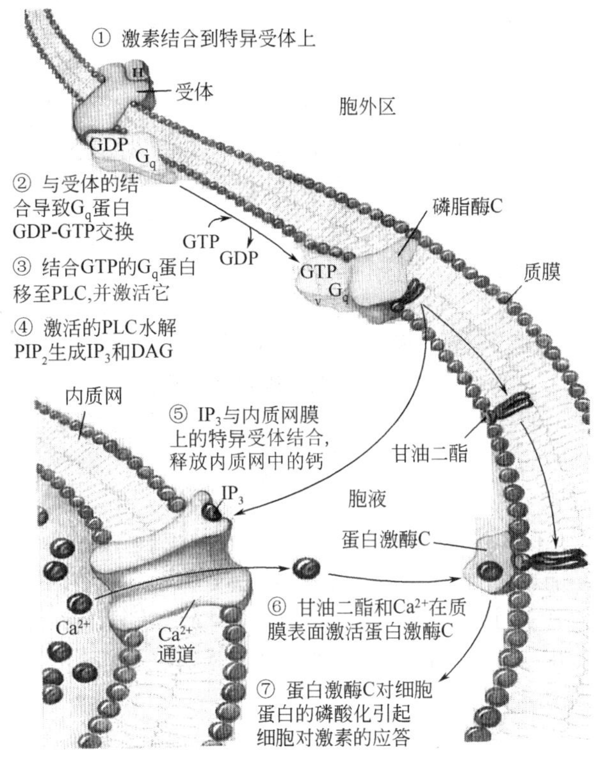

图 8-23　肌醇磷脂的信号转导

理浓度（10^{-7}mol/L 左右）条件下就可被激活。PKC 由一个大基因家族编码，现已分离鉴定出十几种 PKC 亚型。PKC 都是单肽链蛋白质，相对分子质量在 70000～90000 之间。DAG/PKC 系统参与的生理调节过程极为广泛，如细胞的分泌作用，肌肉收缩，蛋白质合成，DNA 合成以及细胞的生长和分化等。

此外，蛋白激酶 C 是肿瘤促进剂佛波酯的靶酶。佛波酯是一类化学合成的小分子物质（图 8-24），与 DAG 结构相似，所以能模拟 DAG 的作用激活 PKC。然而，佛波酯又不是天

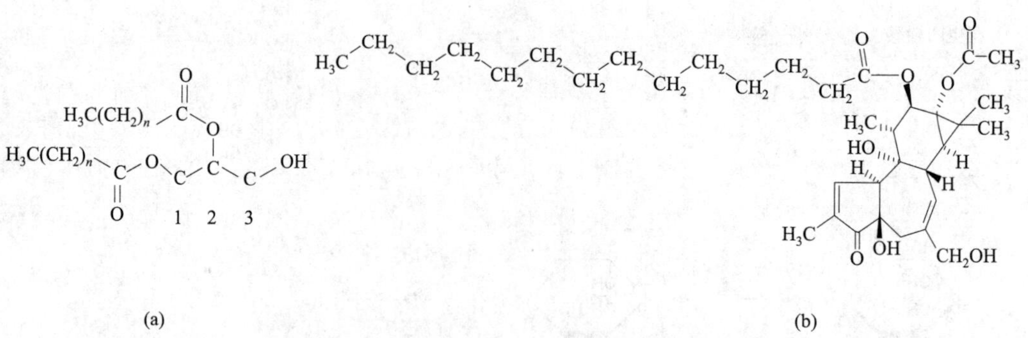

(a) (b)

图 8-24 (a) 甘油二酯；(b) 佛波酯（豆蔻酰醋酸佛波酯，myristoylphorbol acetate）

然物质，不能像 DAG 一样通过代谢过程被除去，而是持续激活 PKC，干扰了细胞正常生长和分裂的调控，促进肿瘤的形成。

(3) Ca^{2+}/CaM 调节系统　钙作为胞内重要信使分子的提出是在 20 世纪 70 年代。长期以来，大量的研究发现许多细胞功能都与 Ca^{2+} 密切相关：如肌肉收缩、神经递质释放、纤毛运动、微管集合、多种离子的通透性以及细胞的分裂、DNA 合成等。但确认 Ca^{2+} 是细胞内重要的信使物质是与其多功能受体蛋白钙调素（Calmodulin CaM）的发现紧密联系在一起的。

1) 胞内钙浓度的调节　胞内 Ca^{2+} 浓度的变化是 Ca^{2+} 信号调节的基础。通常情况下，胞外游离 Ca^{2+} 浓度约为 0.1～10mmol/L，而胞内 Ca^{2+} 极少。细胞在静息状态时，胞内游离 Ca^{2+} 浓度仅为 0.1μmol/L 左右。胞内钙库内质网（肌浆网）、线粒体中的 Ca^{2+} 含量很高，它们之所以起 Ca^{2+} 库作用是由于对细胞 Ca^{2+} 有很大的缓冲能力，对胞浆 Ca^{2+} 浓度的调节起重要作用。

当外界信号产生后，刺激胞内 Ca^{2+} 浓度升高，继而引发一系列生理、生化反应。因此胞内游离 Ca^{2+} 浓度的变化起到传递胞外信号的作用。胞内 Ca^{2+} 主要来源于以下途径：a. 胞外 Ca^{2+} 内流，质膜上存在多种类型钙通道，刺激信号使 Ca^{2+} 通道开放，胞外 Ca^{2+} 流入胞内；b. IP_3 打开肌浆网膜上 Ca^{2+} 通道，使肌浆网中的 Ca^{2+} 释放至胞浆。当 Ca^{2+} 的调节功能行使完毕，这些增加的 Ca^{2+} 又重新被质膜和内质网膜上的钙泵排到胞外或进入胞内钙库。

2) Ca^{2+}/CaM 的调节　研究发现，胞内存在多种 Ca^{2+} 结合蛋白。胞内 Ca^{2+} 浓度升高后，通过与不同钙结合蛋白结合，触发相应生理效应。在众多的 Ca^{2+} 结合蛋白中，钙调素的功能最为重要。作为主要的 Ca^{2+} 受体蛋白，CaM 广泛分布于真核生物中，而且没有组织特异性和种属特异性。CaM 的结构在进化上显示了高度保守性，说明它对生命有重要意义。

① CaM 的结构特征　CaM 是一种由 148 个氨基酸组成，相对分子质量为 17000 的单链水溶性球蛋白。CaM 分子中含有约 30% 的酸性氨基酸（Glu 和 Asp），等电点 pI=4.3。另外 CaM 分子中，不含 Cys、Trp 和羟脯氨酸，因而分子耐热稳定。如图 8-25，CaM 有 4 个 Ca^{2+} 结合位点，每个 Ca^{2+} 结合位点由 9 个氨基酸组成，在空间上形成一种 EF 手形结构，这种结构为钙结合蛋白家族中 Ca^{2+} 结合位点的共同结构特征［图 8-25(b)］。CaM 的 4 个 Ca^{2+} 结合位点的空间排列相同，各有 2 个 α 螺旋组成。这 2 个 α 螺旋的排列很像伸开的食指和拇指，E 螺旋相当于食指，F 螺旋相当于拇指，Ca^{2+} 结合在二螺旋连接处的凹陷中。X 光衍射研究结果显示，CaM 的三维结构呈哑铃形，每个哑铃球上有 2 个 Ca^{2+} 结合位点［图 8-25(a)，图中圆点代表 Ca^{2+}］，形成一个 Ca^{2+} 结合结构域。2 个结构域之间由一个柔性的螺旋连接。

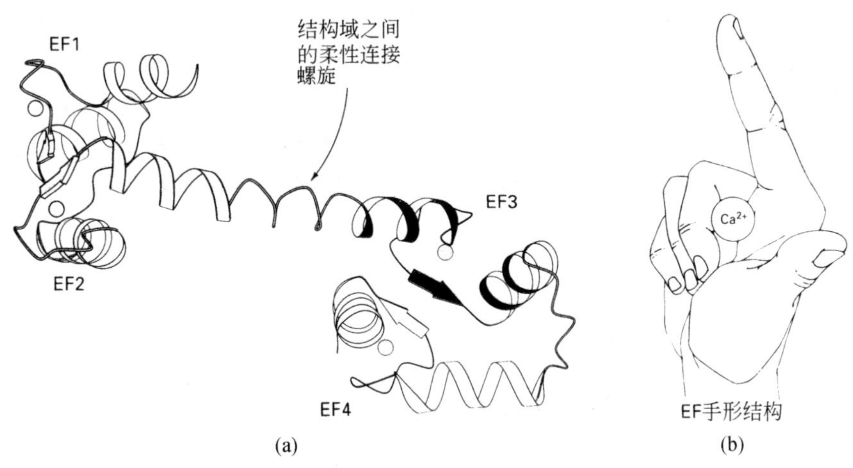

图 8-25　钙调素的结构

② 钙调素的作用方式　CaM 有两种作用方式。一种是直接与靶酶结合，从而诱导靶酶的活性构象，起到调节靶酶的作用；第二种是激活依赖于 Ca^{2+}、CaM 的蛋白激酶，通过磷酸化靶酶，调节其活性。不论哪种方式，CaM 必须首先与 Ca^{2+} 结合，形成活化态的 Ca^{2+} · CaM 复合物，然后再与靶酶结合并将其激活。如下所示：

Ⅰ.

$$Ca^{2+} + CaM \rightleftharpoons Ca^{2+} \cdot CaM^*$$

$$Ca^{2+} \cdot CaM^* + E \rightleftharpoons Ca^{2+} \cdot CaM^* \cdot E^*$$

式中，“*”代表活性状态，E 为靶酶。

磷酸二酯酶、腺苷酸环化酶、Ca^{2+}-ATP 酶等是通过这样的方式被 CaM 激活的。

Ⅱ.

$$Ca^{2+} + CaM \rightleftharpoons Ca^{2+} \cdot CaM^*$$

$$Ca^{2+}/\text{CaM-依赖性蛋白激酶} \xrightleftharpoons{Ca^{2+} \cdot CaM^*} Ca^{2+}/\text{CaM-依赖性蛋白激酶}$$

（无活性）　　　　（活性）

激活的 CaM-依赖性蛋白激酶磷酸化其他靶酶。磷酸化酶，糖原合酶等是以这种方式被调节的。

③ Ca^{2+}/CaM 的生理调节作用　研究表明，Ca^{2+}/CaM 信号系统调节的酶已达 30 多种。Ca^{2+} 通过与 CaM 的结合参与生物体内众多生理过程的调节。如肌肉的收缩、神经递质的合成与分泌、激素的分泌、细胞运动、细胞的增殖与分化、血小板聚集与释放等。

4. 受体酪氨酸激酶的信号转导机制

除鸟苷酸环化酶和转化生长因子-β（transforming growth factor-β，TGF-β）受体外，催化性受体中多数具有酪氨酸激酶活性，如表皮生长因子（epidermal growth factor EGF）、神经生长因子（nerve growth factor NGF）、血小板衍生生长因子（platelet-derived growth factor PDGF）以及集落刺激因子（colony stimulating factor CSF）等细胞因子（cytokine）的受体。这类受体酶的共同结构特征是具有单跨膜螺旋结构，胞外部分具有识别和结合配体的位点，胞内部分具有激酶活性。下面以胰岛素受体为例，介绍受体酪氨酸激酶的信号转导（图 8-26～图 8-30）。

受体酪氨酸激酶的信号转导途径由多种信号蛋白组成，包括接头蛋白（adapter protein）、支架蛋白（scaffold protein）及多种激酶。它们通过蛋白与蛋白的相互作用和激酶的逐级磷酸化作用构成一条信息传递链，最终将信号传递至核内调节基因表达，进而影响细胞的生长、增殖和分化。

激素（细胞因子）与受体的结合，导致受体的构象变化并形成双聚体（胰岛素受体除

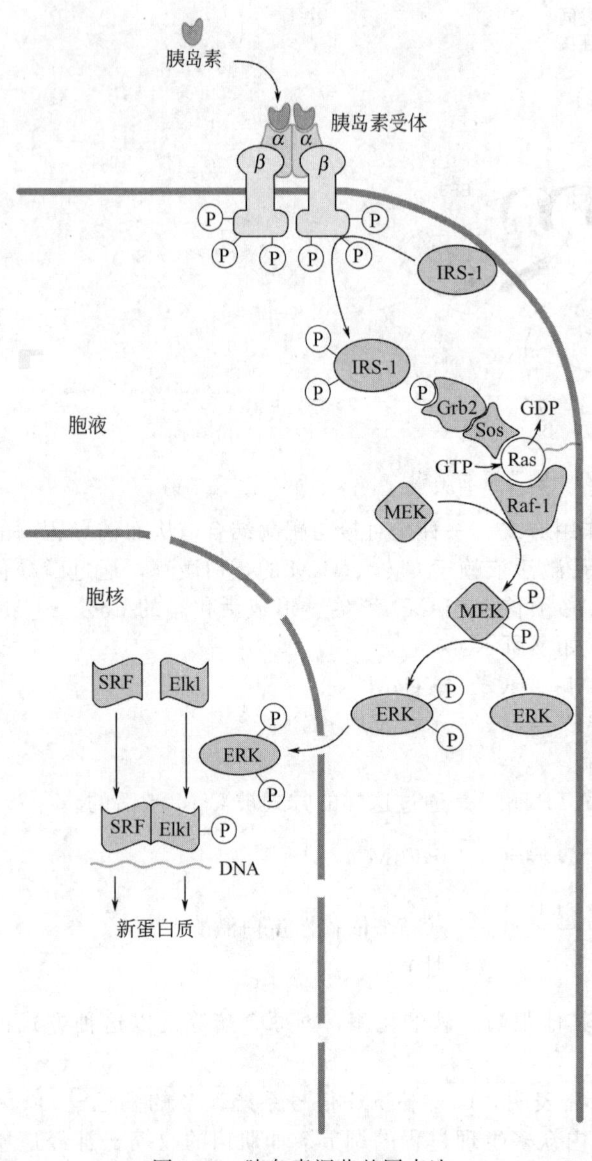

图 8-26　胰岛素调节基因表达

外)，同时激活胞内激酶结构域的活性，引发受体的自磷酸化，磷酸化位点为酪氨酸残基。受体胞内域的自磷酸化激活受体酪氨酸激酶活性，进一步磷酸化其靶酶的酪氨酸残基，触发胞内的信号传递过程。胰岛素受体由四条肽链组成，二条 α-链在胞外负责识别和结合胰岛素，二条 β-链的 C-端各有三个酪氨酸自磷酸化位点。激活的胰岛素受体磷酸化其底物（胰岛素受体底物，IRS-1）的酪氨酸残基。然后，磷酸化的 IRS-I 通过与接头蛋白（中继蛋白）Grb2 的结合，进一步激活 Ras 蛋白。Ras 是一种小 G-蛋白，为 21kD 单链肽。小 G-蛋白与前面所学的异三聚体 G-蛋白属同一超家族，可被 GTP 激活，自身具有内源性 GTPase 活性，当结合的 GTP 水解为 GDP 时，恢复到无活性状态。所以 G-蛋白也被称为调节性 GTP 酶。在受体酪氨酸激酶信号转导系统中，Ras 作为分子开关受到另外 2 种蛋白 Sos 和 GAP 的严格控制。Sos 是一种 GTP 交换因子（guanosine nucleotide-exchange factor，GEF)，促进 Ras 的 GTP-GDP 交换，从而促进 Ras 的激活。GAP（GTPase activation protein，GAP）是一种 GTP 酶激活蛋白，可激活 Ras 的 GTPase 活性，使 Ras 结合的 GTP 快速水解为 GDP，恢复至无活性状态，对 Ras 蛋白起负调节作用（注：图 8-26 中未显示 GAP 蛋白)。GEF 和 GAP 两种蛋白相互协同，严格调节控制 Ras 的活性。如果一旦 GAP 失活或突变，Ras 将持续处于活性状态，导致受体酪氨酸激酶途径持续激活，细胞无限制的生长和增殖，最终形成肿瘤。

Ras 蛋白直接控制下游的丝裂原活化蛋白激酶 MAPK（mitogen activated protein kinase，MAPK）的级联放大调节系统。MAPK 家族由三个层次的激酶组成，即 MAPK，MAPKK（mitogen activated protein kinase kinase，MAPKK，丝裂原活化蛋白激酶的激酶）和 MAPKKK（mitogen activated protein kinase kinase kinase，MAPKKK，丝裂原活化蛋白激酶的激酶的激酶)。此三类激酶通过连续的逐级磷酸化作用激活，构成 MAPK 级联放大体系。Raf-1 是 Ras 的效应蛋白，通过与 Ras 结合被激活。Raf-1 是 MAPK 家族第一个被激活的蛋白激酶（MAPKKK)，具有酪氨酸激酶活性，进一步通过磷酸化作用激活下游 MEK（MAPKK）蛋白。MEK 是第二个被激活的蛋白激酶，是双特异性激酶，即皆有酪氨酸激酶和丝氨酸/苏氨酸激酶活性。激活的 MEK 通过磷酸化下游 ERK（MAPK）蛋白的 Tyr，Ser 或

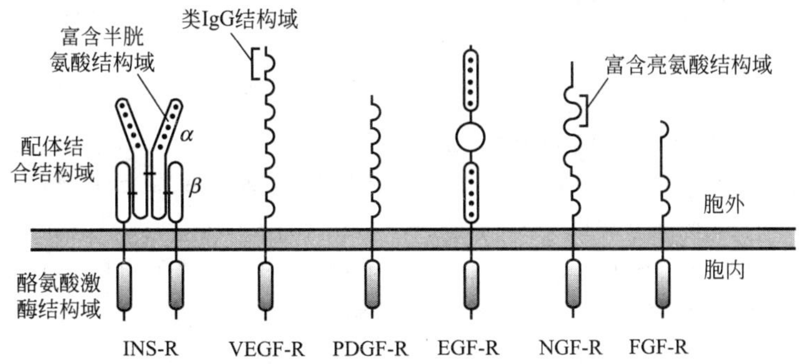

图 8-27 受体酪氨酸激酶的结构

胰岛素受体（insulin receptor INS-R）；血管内皮生长因子受体（vaseular endothelial cell growth factor receptor，VEGF-R）；成纤维细胞生长因子受体（Fibroblast growth factor receptor，FGF-R）

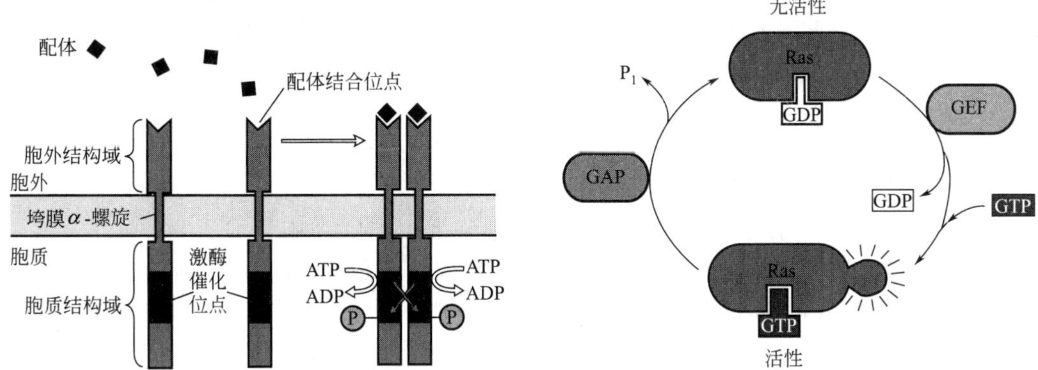

图 8-28 酪氨酸受体激酶的双聚化

图 8-29 小 G-蛋白 Ras 的活性调节

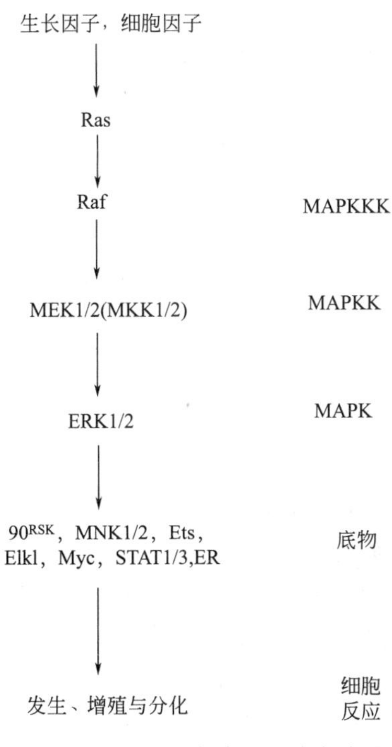

图 8-30 MAPK 家族级联放大酶系

Thr 残基并将其激活。激活的胞外信号调节蛋白 ERK（extracellular signal regulatool protein kinase）进入细胞核，磷酸化转录因子 ELK1，磷酸化的 ELK1 和血清反应因子（SER）一起与 DNA 分子的反应元件结合，激活相关基因的转录，从而调节基因表达和细胞的生长、增殖与分化。

在受体酪氨酸激酶信号转导途径中，蛋白与蛋白之间是通过结构域相互识别和作用的，用这种方式将相关的信号蛋白募集在一起，提高信号传递的效率及精准性。在这些结构域中，SH2 和 SH3 结构域最为常见。SH2 是 *Sac homology* 2 的缩写，同源于 Sac 酪氨酸激酶（Sac 是最早从禽类肉瘤反转录病毒基因中发现的酪氨酸激酶）的 SH2 结构域，能特异性识别和结合磷酸化的酪氨酸残基。在受体酪氨酸激酶信号转导通路中，多个信号蛋白是通过这种方式相互识别与结合的，如 IRS-1 与 Grb2 的结合。SH3 是 *Sac homology* 3 的缩写，同源于 Sac 酪氨酸蛋白激酶的 SH3 结构域，能特异性识别和结合富含 Pro 的结构域，如：Grb2 通过 SH3 结构域与 Sos 的多脯氨酸结构域结合，并将其募集至受体复合物中。

Ras 小 G-蛋白有 5 个亚家族：Ras，Rho，Rab，Ran 和 Arf。Ras 蛋白与偶联的 MAPK 级联放大调节酶系是胰岛素和生长因子激活的受体酪氨酸激酶信号转导的共同途径。在哺乳动物中至少有 6 条 MAPK 信号通路，其中三个主要的 MAPK 通路是：① Ras→Raf-1→MEK 1/2→ERK 1/2→底物；② Ras/Rho→MEKK1→MEK4→JNK→底物；③ Rho/Rac→MEKK3→MEK3→P38→底物。不同细胞因子通过激活相关 MAPK 家族成员调节相关基因的表达。

除受体酪氨酸激酶信号转导机制外，一些细胞因子如红细胞生成素（erythropoietin，EPO）的受体缺乏内源激酶活性，而是在受体胞内域结合着一种酪氨酸激酶。当配体与受体结合后，激酶被激活。如图 8-31，EPO 是哺乳动物肾脏产生的由 165 个氨基酸组成的蛋白，当其与质膜受体结合后，受体双聚化并激活胞内可溶性酪氨酸激酶 JAK，激活的 JAK 磷酸化 EPO 受体胞内域的几个酪氨酸残基。转录因子 STAT（signal transducers and activators of transcription，STAT）是 JAK 的底物，通过 SH2 结构域识别受体的磷酸酪氨酸残基并与其结合，被募集在受体-JAK 复合物中。与此同时，STAT 被 JAK 磷酸化激活。STAT 家族由 7 种结构和功能相关的蛋白组成，分子含 750～850 个氨基酸，结构保守。被 JAK 磷酸化激活的两个 STAT 蛋白通过 SH2 结构域与磷酸酪氨酸相互结合形成二聚体，进入核内，与 DNA 反应元件结合，激活 EPO 相关基因的表达。

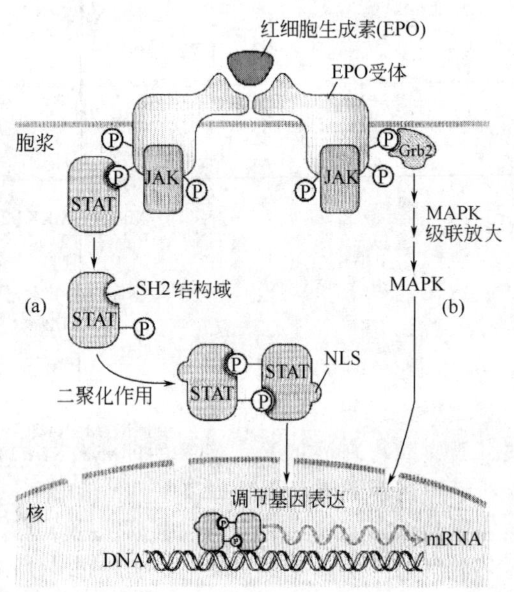

图 8-31 促红细胞生成素的 JAK-STAT 信号通路

本节以肾上腺素、胰岛素和红细胞生成素以及几种第二信使分子为例分别介绍几种质膜受体激素的信号转导途径。每条途径单独看似简单，但实际上在细胞中所有途径都不是独立存在的。不同信号途径之间相互协同，相互交叉（cross talking），形成一个非常复杂的信号转导网络系统，精细、准确地调节着细胞对各种信息的应答反应。

（二）胞内受体激素的信号转导机制

有些激素的受体存在于细胞质或细胞核内，这类激素通常具有脂溶性，可通过扩散的方式进入细胞，与胞内受体结合调节基因表达。类固醇激素、甲状腺素、维生素 D 等

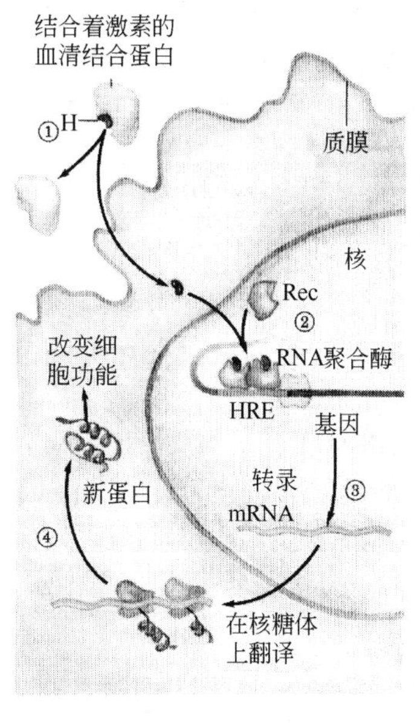
结合着激素的
血清结合蛋白
①H
质膜
核
Rec
②
改变细
胞功能
RNA聚合酶
HRE
基因
转录
mRNA
③
新蛋白
④
在核糖体
上翻译
① 血清结合蛋白携带的激素到达靶组织后，扩散进入细胞与核内特异性受体结合
② 激素结合改变了受体蛋白(Rec)的构象，与其他激素受体复合物形成同源或异源二聚体，并与DNA上和某些特殊基因邻近的调节区域结合，这些调节区域被称为激素应答元件(HRE)
③ 受体与其他辅助蛋白一起调节邻近基因的转录，提高或降低mRNA生成的速率
④ 激素调节基因表达产物水平的变化引起细胞对激素的应答

图 8-32　类固醇激素、甲状腺素、维生素 D 等激素的信号转导机制

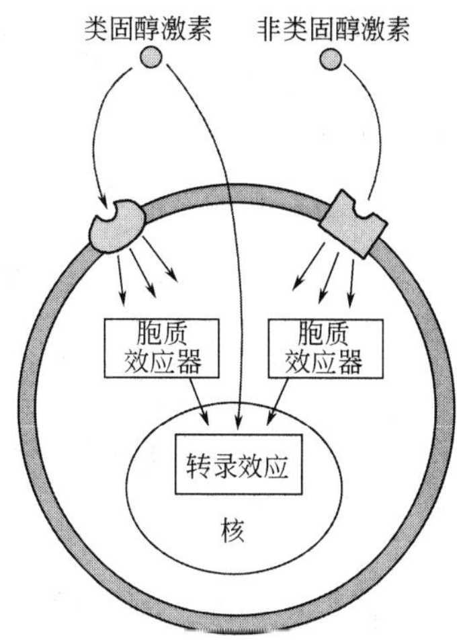
类固醇激素
非类固醇激素
胞质
效应器
胞质
效应器
转录效应
核

图 8-33　类固醇激素和非类固醇激素的作用模式

激素属这类调节机制。

类固醇激素如孕酮、雌激素、皮质醇等由于它们的疏水性，不能溶于血液，在载体蛋白的携带下运送至靶组织。然后，通过扩散方式进入靶细胞，与核内的特异性受体蛋白结合（图 8-32）。这类受体自身为转录激活蛋白，通常，没有结合配体时，受体（apo-receptors）抑制靶基因的转录。当激素与受体结合后，诱导受体蛋白发生构象变化，与 DNA 上高度特异的调节部位-激素反应元件（hormone response elements，HREs）结合，和其他转录因子一起调节（激活或抑制）特定基因的表达。从 DNA 的转录到蛋白质的合成一般需要几个小时或几天的时间。各种类固醇激素的受体蛋白有高度保守的 DNA 结合结构域，一般由 2 个锌指结构组成。激素-受体以二聚体的形式与 HRE 结合，各种类固醇激素-受体结合的 HRE 结构相似，但序列不同，激素-受体调节的基因严格依赖于 HRE 的序列和位置。

近年来研究发现，有的类固醇激素发挥效应仅在几秒或几分钟之内。如此快速已不能用蛋白质合成来解释。如雌激素引起血管扩张是由于 cAMP 降低所致；睾酮能快速刺激葡萄糖、Ca^{2+} 和氨基酸进入鼠肾细胞的转运等。很多这样的例子对经典的类固醇激素调节模式提出挑战。一个完全不同的调节机制——类固醇激素也能通过质膜受体发挥效应，已经被提出（图 8-33）。

第五节　昆虫激素

昆虫激素是调节控制昆虫的生理活动，如蜕皮、变态、生殖腺发育等生理过程的激素。它的种类很多，研究较多的是有关昆虫的生长发育和变态的激素。如脑激素（brain hormones，BH）、蜕皮激素（molting hormone，MH）、保幼激素（JH）。昆虫从卵到成虫的几个阶段都是受蜕皮激素和保幼激素二者的协调作用而控制的。它们又都受脑激素的控制。

(1) 脑激素 (BH) BH是昆虫前脑中的神经分泌细胞分泌的，化学本质为多肽。它的作用是促进昆虫的前胸腺分泌蜕皮激素，调节蜕皮激素及保幼激素的作用。

(2) 保幼激素 (JH) JH由昆虫咽侧体所分泌，它抑制幼虫变成虫的速度，防止出现成虫的性状。利用这一性质，蚕丝生产业在蚕的五龄时喷施适量的保幼激素可推迟结茧时期，使蚕多吃桑叶、多吐丝，增加蚕丝产量。

(3) 蜕皮激素 (MH) MH是受脑激素激动的前胸腺所分泌，为类固醇化合物。当保幼激素消失时，它可使幼虫的内部器官分化、变态及蜕皮。成虫中不再有蜕皮激素存在。

第六节 植物激素

植物激素是指一些对植物生长发育（发芽、开花、结实和落叶）及代谢有控制作用的有机化合物。自1934年首次由植物中分离出化学纯的植物激素以来，现在不仅已从植物中提取出许多植物激素，而且还用化学合成方法制备了许多具有调节生长能力的化合物。

目前国际上公认的高等植物激素有以下五大类。

(1) 植物生长素 如吲哚乙酸（IAA，IA），可促使不定根生成，花、芽、果实发育，新器官生长和组织分化，使细胞伸长。扦插植物时用它处理可提高存活率。

(2) 赤霉素 (gibberellin) 可促进高等植物的发芽，生长，开花和结实等。

(3) 细胞分裂素 (cytokinin) 又称细胞激动素。泛指与激动素有同样生理活性的一类嘌呤衍生物，可促进细胞分裂和分化。

(4) 脱落酸 (abscisic acid，ABA) 又称离层酸，是植物生长抑制剂。可促进植物离层细胞成熟，引起器官脱落，与赤霉素有拮抗作用。在衰老和休眠的器官中，只有脱落酸存在。

(5) 乙烯 它的作用是降低植物生长速度，促果实早熟。

提 要

激素是由腺体或特殊的组织合成并分泌至体液中，通过体液运送到靶组织和靶细胞调节特定生物学功能的一群微量有机化合物。按化学结构，激素主要分为三大类：含氮类激素、类固醇激素和脂肪酸衍生类激素。本章介绍了几种重要激素的结构与功能，包括下丘脑激素、垂体激素、甲状腺激素、胰腺激素、肾上腺素、性激素和前列腺素等。

已确定的第二信号分子有cAMP、cGMP、IP3、DAG、Ca^{2+}、NO。此外，磷脂酸、神经酰胺和花生四烯酸也有信号分子的作用。根据细胞定位，激素受体分为两大类即质膜受体和胞内受体。质膜受体包括G-蛋白偶联受体、受体酶、离子通道和黏附受体。本章以第二信号分子为线索，以肾上腺素和胰岛素为例重点介绍了G-蛋白偶联受体和受体酪氨酸激酶的信号转导机制。

异三聚体G-蛋白和小G-蛋白属同一超家族，可被GTP激活，自身具有内源性GTPase活性，当结合的GTP水解为GDP时，恢复到无活性状态。所以G-蛋白也被称为调节性GTP酶。在受体酪氨酸激酶信号转导系统中，小G-蛋白Ras作为分子开关严格控制生长因子、胰岛素对细胞生长、增殖和分化的调节。Ras蛋白的下游是丝裂原活化蛋白激酶MAPK的级联放大酶系。MAPK家族由连续磷酸化激活的蛋白激酶组成，即MAPK，MAPKK和MAPKKK。

信号转导的基本原理是蛋白与蛋白的相互作用和蛋白激酶的磷酸化和脱磷酸化作用。蛋白与蛋白之间是通过多种结构域相互识别和相互作用的，用这种方式将相关的信号蛋白募集在一起，提高信号传递的效率及精准性。在这些结构域中，SH2 和 SH3 结构域最为常见。除受体酪氨酸激酶信号转导机制外，一些细胞因子如红细胞生成素（erythropoietin，EPO）的受体缺乏内源激酶活性，而是在受体胞内域结合着一种酪氨酸激酶。当配体与受体结合后，激酶被激活，进一步通过磷酸化转录因子 STAT（signal transducers and activators of transcription，STAT）调节基因表达。

类固醇激素如孕酮、雌激素、皮质醇等由于它们的疏水性，不能溶于体液，在载体蛋白的携带下运送至靶组织。然后，通过扩散方式进入靶细胞，与核内的特异性受体蛋白结合。这类受体自身为转录激活蛋白，与 DNA 上高度特异的调节部位——激素反应元件（hormone response elements，HREs）结合，调节（激活或抑制）特定基因的表达。

思考题

一、名词解释

1. 激素；2. 受体；3. G-蛋白；4. 反馈作用；5. G-蛋白偶联受体；6. 受体酶；7. 受体脱敏

二、问答题

1. 什么是激素、腺体激素和神经激素？
2. 试述下丘脑激素的特征及作用。
3. 第二信号分子有几种？分别写出它们的结构。
4. 什么是 G-蛋白？简述异三聚体 G-蛋白的结构特点和作用机制。
5. 什么是小 G-蛋白？简述 Ras 蛋白的结构特点和调节机制。
6. 什么是蛋白-蛋白相互作用？试述它们之间相互识别和作用的机制。
7. 受体酶有几种？简述受体酪氨酸激酶的信号转导机制。
8. 试述 Ca^{2+}-CaM 调节机制。
9. 什么是 GC？GC 与 AC 的结构和功能有何不同？
10. 简述甲状腺素、性激素的作用机理。
11. 简述 G-蛋白偶联受体的结构与激活机制。

第九章　新陈代谢引论

第一节　新陈代谢的一般概念

新陈代谢（简称代谢）是活细胞中进行的所有化学反应的总称，是生命最基本的特征，是物质运动的一种形式。

一、代谢途径的多酶体系

细胞中的化学反应都是在酶的催化下进行的，而且酶催化的反应是连续的，即前一种酶的作用产物往往是后一种酶的作用底物，构成一个多酶反应体系。在这一体系中，连续转化的酶促产物统称为中间代谢物。这一由多种酶连续催化的反应体系被称之为代谢途径（图9-1）。所有代谢途径中的各个反应步骤统称为中间代谢。新陈代谢是指在细胞中许多多酶系统高度协调、共同执行以下功能的过程：①通过捕获太阳能或者降解从环境中摄取的富含能量的营养物质获得化学能；②转变这些营养分子成为具有细胞自身特征的生物分子，包括大分子合成的前体；③将小分子前体聚合成生物大分子如蛋白质、核酸、多糖等；④合成和降解细胞内执行特殊功能的分子，如激素、色素、膜脂和胞内信息分子等。

新陈代谢包括两个最基本的并且是相反的过程——分解代谢和合成代谢（图 9-2）。分解代谢是氧化降解那些从环境中获得的或细胞自身贮存的营养分子，如碳水化合物、脂肪和蛋白质等，同时伴随着能量的释放。释放的能量常以腺苷三磷酸（adenosine triphosphate，ATP）形式被捕获。部分化学能可以 NADH 和 NADPH 的形式保存。NADH 可进一步通过电子传递链氧化产生 ATP，NADPH 则成为驱动还原性生物合成反应的原动力（即还原力）。合成代谢是由简单的小分子前体组装成复杂的生物大分子（如蛋白质、核酸、多糖等）的过程。大分子的合成涉及新的共价键的形成，因此是吸能反应。由分解代谢产生的 ATP 为这一反应提供能量。

NADPH 是合成代谢中还原反应的极好的高能电子供体。由此可见，新陈代谢同时又包含了

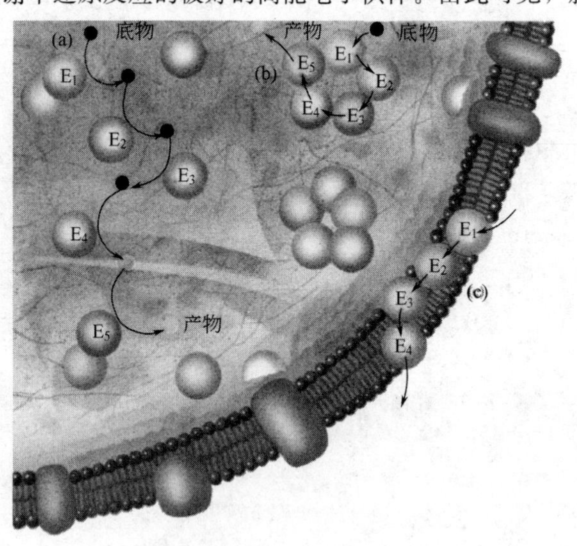

图 9-1（a）　代谢途径中的多酶体系

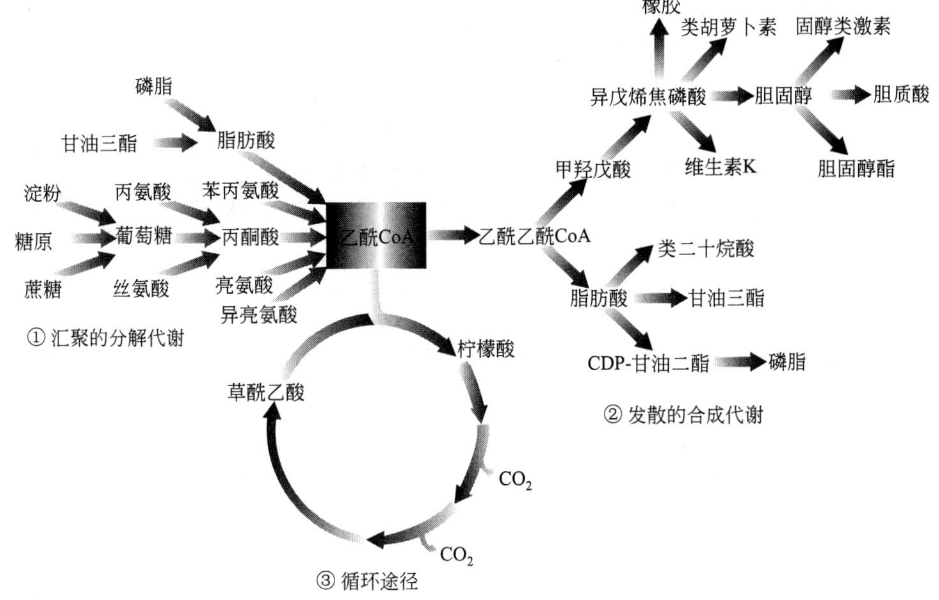

图 9-1（b） 代谢途径示意图

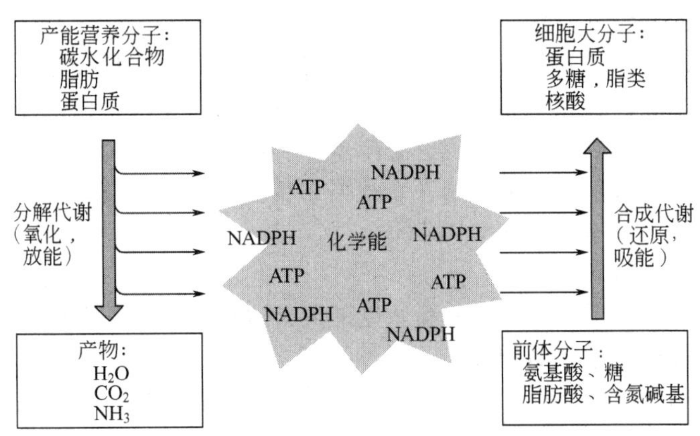

图 9-2 分解代谢和合成代谢之间的能量关系

物质代谢和能量代谢，这是两个不可分割的过程。因物质的变化伴随着能量的变化，反之，能量的变化也必定会伴有物质的变化。两个过程永远偶联在一起。分解代谢产生的能量除供合成代谢需要外，很大一部分用于机体作功，如肌肉的收缩，物质的转运（包括物质的逆浓度梯度跨膜运输）等。生物机体对能量的消耗是惊人的，据计算，成人一日内需消耗 40kg ATP。

物质的代谢过程常以途径来表示。有的代谢途径是线性的；有的代谢途径是分枝的，即从单一的前体产生多个有用的终末产物，或是将几种起始物转变成一种单产物；还有的途径是环状的，即途径的起始物经过一系列反应后重新生成［图 9-1(a)，(b)］。

二、细胞代谢中的主要化学反应

代谢过程中的化学反应可归纳为以下四类。

(1) 氧化还原反应 一般由脱氢酶或氧化酶催化，如：

$$\underset{\text{乳酸}}{CH_3-\overset{\overset{\large OH}{|}}{C}H-COOH} \underset{2H^+ +2e^-}{\overset{2H^+ +2e}{\rightleftharpoons}} \underset{\text{丙酮酸}}{CH_3-\overset{\overset{\large O}{\|}}{C}-COOH}$$

乳酸脱氢酶

(2) 碳-碳键的形成或断裂　主要发生在分解代谢和合成代谢中，如 C—C 的形成涉及亲核的负碳离子向亲电子的正羰基碳原子进攻。

$$-\overset{|}{\underset{|}{C}}{}^{-} \quad + \quad {}^{+}\overset{|}{\underset{|}{C}}=O \xrightarrow{H} -\overset{|}{\underset{|}{C}}-\overset{|}{\underset{|}{C}}-OH$$

亲核的负碳离子　亲电的羰基碳原子　形成C—C键

(3) 分子重排、异构化和消除反应　如 H_2O 的消除反应可以形成 C ═C（碳-碳双键）

$$R-\overset{H}{\underset{H}{C}}-\overset{H}{\underset{OH}{C}}-R' \underset{H_2O}{\overset{H_2O}{\rightleftharpoons}} \begin{matrix}R & & H\\ & C=C & \\ H & & R'\end{matrix}$$

(4) 基团转移反应　主要包括酰基、糖基、磷酸基团等的转移，如酰基的转移是从一个亲核体到另一个亲核体的转移。

$$R-\overset{O}{\overset{\|}{C}}-X + Y^{:-} \longrightarrow \left[R-\overset{O^-}{\underset{Y}{C}}-X\right] \longrightarrow R-\overset{O}{\overset{\|}{C}}-Y + X^{:-}$$

中间产物

第二节　新陈代谢的调控及研究方法

一、新陈代谢的调控

生物体内的代谢反应极其复杂，各种代谢途径像网络一样纵横交错，而且为了适应细胞内外环境的变化，随时都要调整相应途径的方向和流量。在这极其错综复杂的条件下，各种代谢反应相互协同，彼此制约，进行得有条不紊，构成一个完整统一的新陈代谢体系。这是由于生物体在长期演化过程中，形成了一套严格、精密的调节机制，可以概括为三个不同水平的调节：分子水平、细胞水平和整体水平。

1. 分子水平——酶水平的调节

酶水平的调节包括酶活性的调节和酶浓度的调节（可用性底物对代谢的调节也属分子水平调节，见第十章柠檬酸循环的调节）。

(1) 酶活性的调节　酶活性的调节方式有多种，但比较普遍的调节机制是可逆的别构调节和共价调节。共价调节中，磷酸化和脱磷酸化调节最为常见。在代谢途径中，催化第一步反应或分枝点反应的酶一般都是限速酶（或调节酶），该酶的活性决定着整个途径的速度和流量。途径产物过量时会反馈抑制该酶活性，这种抑制为别构抑制。此外，该酶还会受到其他效应分子的别构调节。酶活性的调节快速、灵敏。

(2) 酶浓度的调节　酶浓度的调节涉及基因表达的调节，尽管需要时间较长（几小时或几天），但是从根本上调节酶的数量。此外，酶的数量还会受到一些特殊降解机制的调节。

(3) 酶水平其他方面的调节

① 酶的组织形式　代谢途径是一个多酶催化体系。研究发现，越来越多的途径中，酶系统是以物理的方式联合在一起，形成一种功能复合物，也称为多酶复合物。它的优点在于稳定，同时，酶按顺序联合在一起，提高了反应效率。

② 相反途径酶的协同调控　这是代谢调控的一个重要内容。在同一细胞中，一种物质的合成和分解一般不能同时进行，否则会造成能量的浪费和途径紊乱。两条相反途径，协调控制的一个重要方面是限速酶的协同调节。在多种因素（包括底物、产物和效应分子等）的影响下，一条途径的限速酶（或调节酶）被激活，相反途径的限速酶（或调节酶）活性一定会受到抑制，如图 9-3 所示。结果是一条途径开放，另一条相反途径必然会关闭。

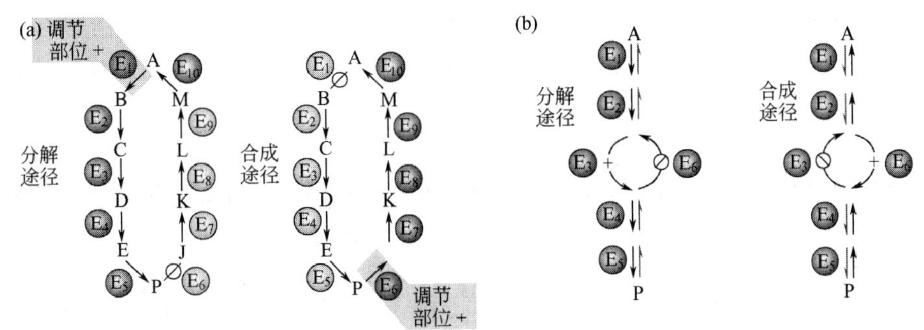

图 9-3　分解代谢途径和合成代谢途径的协同调节

2. 细胞水平的调节

细胞水平的调节主要是指细胞内膜系统将细胞分隔成不同区域，如线粒体、内质网、细胞核等。除了限速酶（调节酶）对两条相反途径的协同调节外，细胞的区域化作用也是一个重要方面。一种物质的分解代谢途径和合成代谢途径有时会用同一种酶或几种酶。有时一种物质既是分解代谢的中间代谢物，又是合成代谢的中间代谢物。细胞水平的区域化作用将相反途径分割在细胞的不同区域，既防止了两条途径对相同酶和代谢物的竞争，避免了两条途径的相互干扰；同时，也保证了同一种酶、代谢物和效应剂在不同区域维持在不同水平上，以适应不同代谢反应的需要。

3. 整体水平的调节

新陈代谢整体水平的调节主要是指激素及神经介质对生物体的整体调节作用。这部分内容在激素和细胞信号转导一章中已做了介绍。

二、新陈代谢的研究方法

新陈代谢的研究根据不同的目的可分为体内研究（in vivo）和体外研究（in vitro）。体内研究是对生物的整体、器官、组织或活细胞进行研究。可通过整体给药、活器官的分离或活组织切片等方法获得各种代谢信息。体外研究常采用的方法是从细胞匀浆液中分离提纯某物质并在试管中进行研究。无论体内研究还是体外研究，同位素示踪法和酶抑制剂的使用是两种常用的且重要的研究手段。

1. 同位素示踪法

同位素是指在元素周期表中处于同一位置，化学性质相同，但质量不同的元素。即同位素的质子数相同，中子数不同。同位素分稳定同位素和不稳定同位素，当不稳定同位素从激发态回到基态时会放出可测量的粒子或射线。同时，用同位素标记的代谢物的化学性质和生理功能都不会发生改变，因此用放射性同位素（即不稳定同位素）标记和追踪代谢物的去向及变化是非常特异和有效的方法。很多代谢途径的发现和调节机制的阐明都可归功于同位素示踪法，如胆固醇的合成途径及分子中各碳原子的来源都是用同位素示踪法阐明的。

放射性同位素可用人工方法制得，它们都有一定的半衰期。常用的同位素及其半衰期参见下表。

常用的放射性同位素及其半衰期表

同位素名称	符号	放射线类型	半衰期
氢 3(氚)	^{3}H	β-	12.26 年
碳 14	^{14}C	β-	5730 年
磷 32	^{32}P	β-	14.3 天
碘 131	^{131}I	β-	8 天
硫 35	^{35}S	β-	87 天

2. 酶抑制剂和抗代谢物（拮抗物）的应用

酶抑制剂和抗代谢物（代谢物的结构类似物，也常被称为拮抗物）常用于代谢途径的确定和调节机制的研究中。酶抑制剂可使代谢途径受到阻断，造成某一中间代谢物的积累。通过测定该中间代谢物的量或末端产物量的变化，可获得有关途径和调节位点等方面有价值的信息。一些代谢途径中各代谢物反应顺序和调节位点就是用这种方法确定的（图 9-4）。

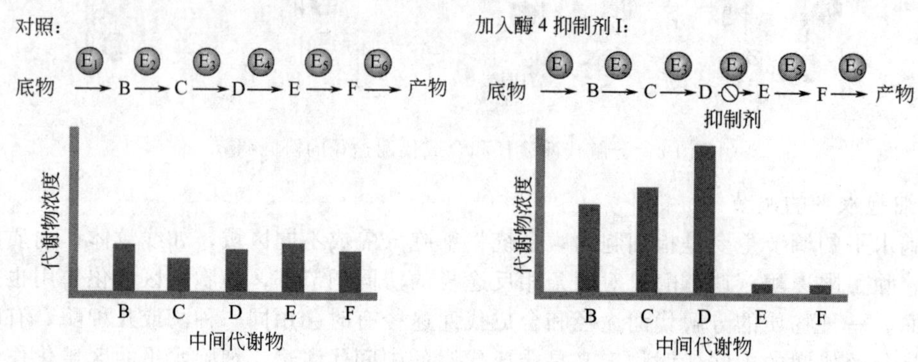

图 9-4 抑制剂可用来确定代谢途径的反应顺序

此外，基因突变、遗传缺失和核磁共振等技术也用于代谢途径的研究。

提　要

新陈代谢是活细胞中所有化学反应的总称，是生物最基本的特征。细胞内一系列由酶催化的反应组成代谢途径。在代谢途径中，前一反应的产物是后一反应的底物。新陈代谢包括两个基本并相反的过程即：分解代谢与合成代谢。前者由简单的小分子组装成复杂的生物大分子，这是一个需能过程。后者是降解从环境中获取的或是细胞自身储存的营养分子，同时释放能量。

细胞代谢中的主要化学反应有氧化还原反应；碳-碳键的形成和断裂；分子重排、异构化和消除反应；基团转移反应。

活细胞中所有代谢途径和途径中的每一步反应都受到严格的调控，使细胞活动保持高度的协调和统一。代谢调控发生在三个水平上：分子水平、细胞水平和整体水平。分子水平主要指催化各步反应的酶活性与浓度的调控；细胞水平主要指细胞的区域化作用及不同区域间的物质转运调节。整体水平的调节主要指激素、神经递质和环境因素等的调节。

新陈代谢的研究方法有多种，常用的方法主要有：采用同位素示踪法研究代谢途径及途径的调节。此外，酶抑制剂和抗代谢物（代谢物的结构类似物）的使用也是研究代谢及其调控的重要方法。

思 考 题

1. 什么是新陈代谢？新陈代谢包括几个方面的内容？新陈代谢的功能是什么？
2. 生物体有几种代谢反应类型？各是什么？
3. 合成代谢和分解代谢能同时进行吗？它们是如何协同调控的？
4. 新陈代谢有哪几种调节机制？
5. 叙述新陈代谢的研究方法。

第十章　糖　代　谢

在动物、植物和微生物代谢中，葡萄糖占有中心位置。它可以形成高分子聚合物，以淀粉和糖原的形式贮存在细胞内。当细胞能量消耗增加时，它又可以从这些贮能分子中被迅速释放并分解产生 ATP，为有氧和无氧细胞提供能量。葡萄糖不仅是极好的代谢燃料，也能为各种生物大分子的合成提供前体。葡萄糖分解的中间代谢物可转变为氨基酸合成蛋白质；可转变为核苷酸合成核酸；乙酰辅酶 A 可直接合成脂肪酸和胆固醇等。葡萄糖代谢包含了几百种甚至几千种物质的转化反应。在高等植物和动物体内，葡萄糖主要有三种不同的去向：①可以多糖（淀粉，糖原）或蔗糖的形式贮存；②可经酵解途径转变为三碳化合物（丙酮酸），提供 ATP 和代谢中间物；③经磷酸戊糖途径产生 5-磷酸核糖用于核酸的合成，同时产生 NADPH 为还原性生物合成提供还原力。

本章主要学习葡萄糖的分解代谢（包括酵解、磷酸戊糖途径和柠檬酸循环）及糖的异生作用；学习糖原的合成与分解代谢。内容包括代谢途径及功能、意义。此外，途径的调节也是重要内容，特别是相反途径的协同调控。这将有助于深入理解生物体复杂代谢反应的协调性和统一性。

第一节　糖　酵　解

一、糖酵解的基本概念

糖酵解（glycolysis）一词来源于希腊语 *glykys*（意思是“甜”）和 *lysis*（意思是裂解）。糖酵解是指 1 分子葡萄糖转变为 2 分子丙酮酸的一系列酶促反应过程。它是第一条被阐明的代谢途径，也是了解得最为清楚的一条代谢途径。途径中的酶都已被纯化并进行了三维结构的研究。糖酵解几乎是所有生物细胞中葡萄糖分解代谢的共同途径。它既是一条在有氧和无氧条件下都能发生的途径，又是一条具有双重功能的途径。即途径中的代谢物既是葡萄糖分解过程的中间代谢物，也是葡萄糖合成过程的中间代谢物。同时酵解途径的某些中间步骤也是某些氨基酸和甘油等物质合成和分解的必经之路。糖酵解途径被认为是一条最古老的途径，起源于地球大气层中原核生物的缺氧代谢。在生物进化过程中，虽然产生了有氧呼吸如生物氧化，但这种古老原始的方式仍然被保留了下来。使其成为有氧细胞和无氧细胞、真核生物和原核生物共同拥有的途径，具有重要生物学意义。

1897 年，Hans Buchner 和 Edward Buchner 兄弟俩人发现破碎的酵母细胞提取液能使葡萄糖变为酒精和二氧化碳，从此开始了研究没有活细胞参加的酒精发酵过程。1905 年，Arthur Harden 和 William Young 发现无机磷酸是发酵过程不可缺少的因子，不久他们就分离出了果糖-1,6-二磷酸。他们还发现了对发酵活性不可缺少的热稳定小分子物质 NAD。当时把热不稳定的、不可透析的物质称作“酵酶”（zymase）。后来，德国生物化学家 Gustar Embden 和 Otto Meyerhof 发现鸽胸肌肉组织提取液也能发生与酵母提取液十分相似的代谢过程，并于 1930 年阐明了肌肉中的酵解途径。因此，酵解途径也被称为 Embden-Meyerhof Pathway（简称 EMP）。

二、糖酵解途径

食物中的淀粉等含糖物质在消化道多种酶的作用下，水解为葡萄糖、果糖和半乳糖等单糖后被小肠上皮细胞吸收。进入细胞的葡萄糖在不同生理状态下，选择不同的去向。当细胞需要供应能量时，葡萄糖就会进入酵解途径，产生 ATP。糖酵解途径共包括 10 步反应，分为两个阶段。第一阶段由葡萄糖生成磷酸二羟丙酮和甘油醛-3-磷酸；第二阶段是甘油醛-3-

磷酸经一系列变化后最终转变为丙酮酸。糖酵解是在胞液中进行的。

1. 葡萄糖生成葡萄糖-6-磷酸

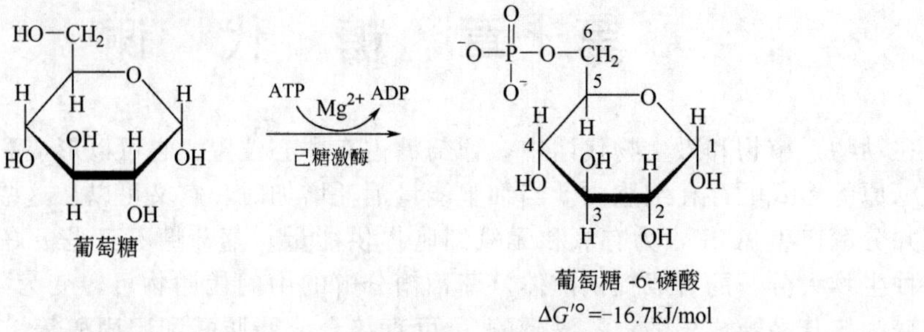

葡萄糖 $\xrightarrow[\text{己糖激酶}]{ATP\ \ Mg^{2+}\ \ ADP}$ 葡萄糖-6-磷酸 (1)

$\Delta G'^{\circ}=-16.7kJ/mol$

这步反应是在己糖激酶催化下进行的。在肝细胞称作葡萄糖激酶，二者为同工酶。这是酵解的第1步反应，又是耗能反应，消耗1分子ATP。该反应是途径的第一个调节部位。在肌肉细胞中，己糖激酶受产物葡萄糖-6-磷酸的别构抑制；在肝细胞中，葡萄糖激酶不为葡萄糖-6-磷酸所抑制，而受血糖水平的调节。

2. 葡萄糖-6-磷酸生成果糖-6-磷酸

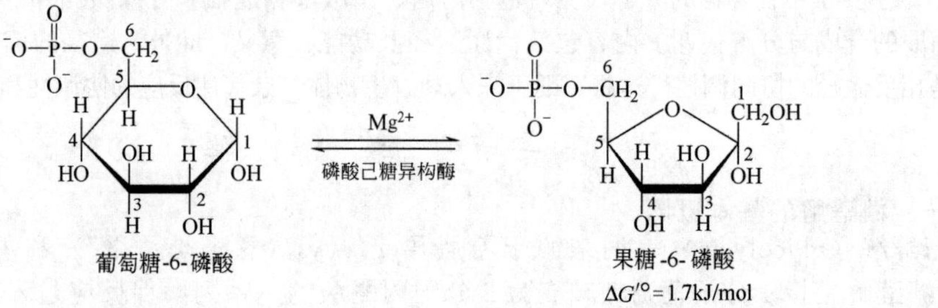

葡萄糖-6-磷酸 $\underset{\text{磷酸己糖异构酶}}{\overset{Mg^{2+}}{\rightleftharpoons}}$ 果糖-6-磷酸 (2)

$\Delta G'^{\circ}=1.7kJ/mol$

这是一步由磷酸己糖异构酶催化的可逆反应。由葡萄糖-6-磷酸同分异构化转变为果糖-6-磷酸。

3. 果糖-6-磷酸的磷酸化作用

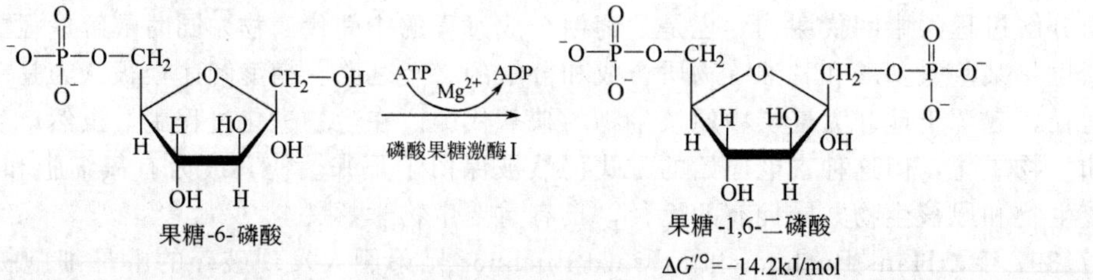

果糖-6-磷酸 $\xrightarrow[\text{磷酸果糖激酶I}]{ATP\ \ Mg^{2+}\ \ ADP}$ 果糖-1,6-二磷酸 (3)

$\Delta G'^{\circ}=-14.2kJ/mol$

在磷酸果糖激酶Ⅰ的催化下，果糖-6-磷酸转变为果糖-1,6-二磷酸。这是途径的限速步骤，也是途径的第二个调节部位。磷酸果糖激酶Ⅰ（phosphofructokinase-Ⅰ，PFK-Ⅰ）是限速酶。ATP既是磷酸果糖激酶的底物，也是酶的别构抑制剂，通过与酶的结合降低其对底物果糖-6-磷酸的亲和力。ADP、AMP和果糖-2,6-二磷酸能解除ATP对酶的抑制作用，柠檬酸能增强ATP的抑制效应。

4. 甘油醛-3-磷酸和磷酸二羟丙酮的生成

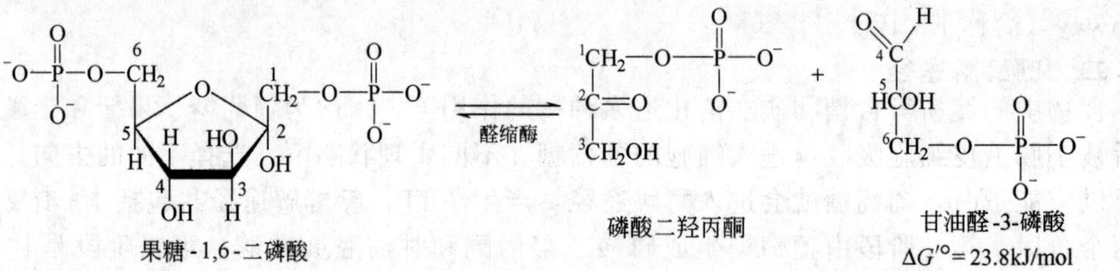

果糖-1,6-二磷酸 $\underset{\text{醛缩酶}}{\rightleftharpoons}$ 磷酸二羟丙酮 + 甘油醛-3-磷酸 (4)

$\Delta G'^{\circ}=23.8kJ/mol$

在醛缩酶（aldolase）的催化下，果糖-1,6-二磷酸裂解生成2分子磷酸丙糖：甘油醛-3-磷酸和磷酸二羟丙酮（DHAP）。这是一步热力学上不利的反应，但可被后面热力学上的有利反应所驱动，使反应正向进行。

5. 磷酸丙糖的互变异构

$$\underset{\text{磷酸二羟丙酮}}{CH_2OH-CO-CH_2-O-PO_3^{2-}} \xrightleftharpoons{\text{磷酸丙糖异构酶}} \underset{\text{甘油醛-3-磷酸}}{OHC-CHOH-CH_2-O-PO_3^{2-}} \qquad (5)$$

$\Delta G'^{\ominus}=7.5\text{kJ/mol}$

在磷酸丙糖异构酶的作用下，磷酸二羟丙酮和甘油醛-3-磷酸可以相互转变。由于甘油醛-3-磷酸可继续进行后面的反应，并不断被后续反应移走，所以反应有利于向右进行。

以上1～5步反应为糖酵解途径的第一阶段，1分子葡萄糖转变为2分子甘油醛-3-磷酸，共消耗2分子ATP。

6. 甘油醛-3-磷酸转变为1,3-二磷酸甘油酸

$$\underset{\text{甘油醛-3-磷酸}}{OHC-CHOH-CH_2OPO_3^{2-}} + \underset{\text{无机磷酸}}{HO-PO_3^{2-}} \xrightleftharpoons[\text{甘油醛-3-磷酸脱氢酶}]{NAD^+ \quad NADH+H^+} \underset{\text{1,3-二磷酸甘油酸}}{{}^{2-}O_3P-O-CO-CHOH-CH_2OPO_3^{2-}} \qquad (6)$$

$\Delta G'^{\ominus}=6.3\text{kJ/mol}$

在甘油醛-3-磷酸脱氢酶的作用下，甘油醛-3-磷酸氧化脱氢生成1,3-二磷酸甘油酸。这是酵解途径的第1次氧化脱氢反应，脱掉的氢以NADH形式保存，同时无机磷酸参加反应，形成高能的酸酐键。

7. 3-磷酸甘油酸和ATP的生成

$$\underset{\text{1,3-二磷酸甘油酸}}{{}^{2-}O_3P-O-CO-CHOH-CH_2OPO_3^{2-}} + \underset{\text{ADP}}{\text{Ⓟ-Ⓟ-O-核糖—腺嘌呤}} \xrightleftharpoons[\text{磷酸甘油酸激酶}]{Mg^{2+}} \underset{\text{3-磷酸甘油酸}}{{}^{-}OOC-CHOH-CH_2OPO_3^{2-}} + \underset{\text{ATP}}{{}^{-}O-PO_2^{-}\text{-Ⓟ-Ⓟ-O-核糖—腺嘌呤}} \qquad (7)$$

$\Delta G'^{\ominus}=-18.5\text{kJ/mol}$

在磷酸甘油酸激酶的催化下，1,3-二磷酸甘油酸将磷酸基团从羧基转移到ADP，生成ATP和3-磷酸甘油酸。这是途径中第1次生成ATP的反应。这种ATP的生成是由于底物氧化释放的能量驱动ADP磷酸化的结果。因此，将这种磷酸化作用称为“底物水平磷酸化”。底物水平磷酸化是指：ATP的生成直接与底物（即某一中间代谢物）上磷酸基团转移相偶联的ADP磷酸化作用。底物水平磷酸化与氧化磷酸化作用不同。

8. 3-磷酸甘油酸转变为2-磷酸甘油酸

$$\text{3-磷酸甘油酸} \underset{\text{磷酸甘油酸变位酶}}{\overset{Mg^{2+}}{\rightleftharpoons}} \text{2-磷酸甘油酸} \qquad (8)$$

$\Delta G'^{\circ}=4.4\text{kJ/mol}$

在磷酸甘油酸变位酶的催化下，3-磷酸甘油酸转变成2-磷酸甘油酸。这也是一步热力学上不利的反应，但由于后续反应是高度放能的，因此反应仍能正向进行。

9. 磷酸烯醇式丙酮酸的生成

$$\text{2-磷酸甘油酸} \underset{\text{烯醇化酶}}{\overset{H_2O}{\rightleftharpoons}} \text{磷酸烯醇式丙酮酸} \qquad (9)$$

$\Delta G'^{\circ}=7.5\text{kJ/mol}$

在烯醇化酶的催化下，2-磷酸甘油酸脱水生成的磷酸烯醇式丙酮酸。脱水引起分子内能量的重新分布，大大增强了磷酸基团的转移势能，从而水解时可释放出很高的自由能。

10. 丙酮酸的生成

$$\text{磷酸烯醇式丙酮酸} + \text{ADP} \underset{\text{丙酮酸激酶}}{\overset{Mg^{2+},K^{+}}{\rightleftharpoons}} \text{丙酮酸} + \text{ATP} \qquad (10)$$

$\Delta G'^{\circ}=-31.4\text{kJ/mol}$

这是酵解途径的最后一步反应。在丙酮酸激酶的催化下，磷酸烯醇式丙酮酸转变成丙酮酸，并伴随着ATP的生成。这是酵解途径中的第二次底物水平磷酸化，也是一步高度放能反应。同时，这一步反应是酵解途径的第三个重要调节部位。丙酮酸激酶作为同工酶至少以三种形式存在。高浓度的ATP，乙酰CoA，长链脂肪酸可别构抑制所有形式的同工酶。此外，肝细胞中的丙酮酸激酶（L型）受磷酸化调节：低血糖引起胰高血糖素的释放，通过cAMP第二信使系统激活蛋白激酶A（PKA），活化的蛋白激酶A使丙酮酸激酶-L磷酸化失活，从而阻断酵解，促进糖的异生，使血糖升高。

三、糖酵解总观

1. 糖酵解的总反应式及ATP的生成

$$\text{葡萄糖}+2ADP+2P_i+2NAD^+ \longrightarrow 2\,\text{丙酮酸}+2ATP+2NADH+2H^+ +2H_2O$$

从总反应式可知，1分子葡萄糖经酵解途径裂解生成2分子丙酮酸，净生成2分子ATP。途径的第一阶段［反应（1）～反应（5）］为需能过程，共消耗2分子ATP。途径的第二阶段［反应（6）～反应（10）］为放能过程，共生成4分子ATP。扣除消耗的ATP后净得2分子ATP（图10-1）。

2. 途径的调节

酵解途径中共有三个调节部位，已分别在前面叙述。其中磷酸果糖激酶催化的反应是整

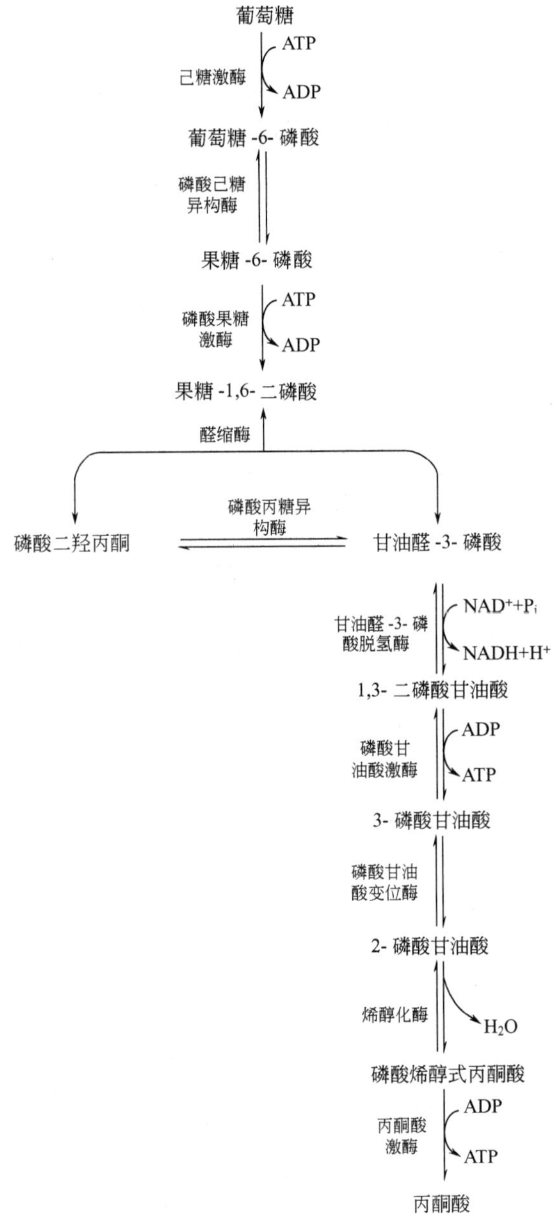

图 10-1　糖酵解途径

个途径的限速反应。磷酸果糖激酶活性受激素的调控，将在后面详述。

3．其他单糖进入酵解途径

其他单糖如果糖、半乳糖、甘露糖等都可通过转变成糖酵解途径的中间物而进入酵解途径。酵解是糖的共同代谢途径。

四、丙酮酸的命运

丙酮酸是酵解途径的终产物。在不同的细胞或不同生理条件下，丙酮酸有不同的去向：①在有氧条件下，丙酮酸被氧化生成乙酰 CoA，进入柠檬酸循环；②在无氧条件下，如在肌肉细胞中，丙酮酸被还原为乳酸，使 NAD^+ 获得再生，从而保障酵解途径的顺利进行。这一过程称为乳酸发酵。在酵母细胞中，丙酮酸转变为乙醇，该过程称为乙醇发酵（图 10-2）。

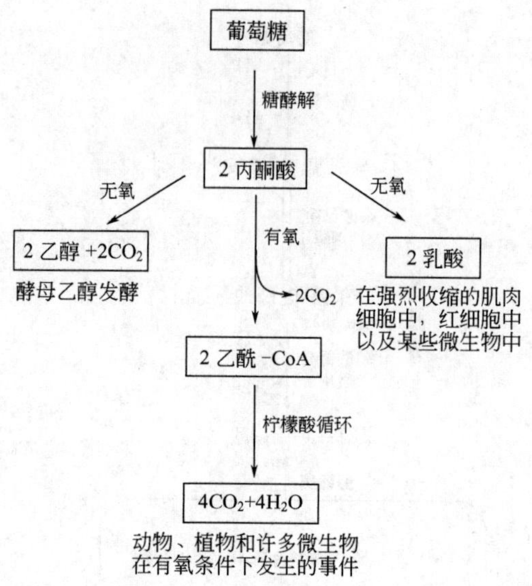

图 10-2 丙酮酸的代谢去向

1. 乳酸发酵（lactic acid fermentation）

动物肌肉细胞中，在乳酸脱氢酶的催化下，丙酮酸作为氢受体，被途径中产生的 NADH 还原为乳酸。再生的 NAD^+ 循环使用。

$$\underset{\text{丙酮酸}}{CH_3-CO-COO^-} \xrightleftharpoons[]{NADH+H^+ \quad NAD^+} \underset{\text{乳酸}}{CH_3-CH(OH)-COO^-}$$

$$\Delta G'^{\circ} = -25.1\text{kJ/mol}$$

2. 乙醇发酵（ethanol fermentation）

在酵母细胞中，首先在丙酮酸脱羧酶的作用下，丙酮酸脱羧生成乙醛。然后，再在乙醇脱氢酶的作用下，乙醛转变为乙醇。

$$\underset{\text{丙酮酸}}{CH_3-CO-COO^-} \xrightarrow[\text{丙酮酸脱羧酶}]{1 \quad CO_2} \underset{\text{乙醛}}{CH_3-CHO} \xrightarrow[\text{乙醇脱氢酶}]{NADH+H^+ \quad 2 \quad NAD^+} \underset{\text{乙醇}}{CH_3-CH_2-OH}$$

（1）发酵　是指在无氧条件下，即不消耗氧的情况下，细胞转变 NADH 为 NAD^+，同时产生 ATP 过程。发酵是生物界普遍存在的一种获能方式。一些生物包括厌氧微生物和生活在缺氧环境下的深海鱼类等，都是以发酵的方式获取能量。此外，一些大型动物如大象、犀牛、鲸等都有强劲发达的肌肉，乳酸发酵为他们保持肌肉活力提供能量。人的红细胞虽然处于有氧环境，但由于没有线粒体，它能在有氧条件下将葡萄糖转变为乳酸而获得能量。

发酵理论已广泛用于酿造工业、食品工业、医药工业等，有着重要的经济意义。

（2）巴斯德效应（Pasteur effect）　在酵母培养液中，无氧条件下葡萄糖的消耗量要比有氧条件下增加很多（约大 10 倍）。这一现象首先由法国微生物学家 Louis Pasteur 发现，故称为巴斯德效应。

第二节　葡萄糖的异生作用

葡萄糖是自然界重要的能量物质，在生物新陈代谢中占有中心位置。哺乳动物如人体的脑和神经系统、红细胞及肾上腺髓质等组织都是以葡萄糖作为唯一的或主要的代谢燃料。人体脑组织每天需要 120g 葡萄糖，占总糖原贮存量的 1/2 以上。在饥饿状态下，糖原耗竭，这时机体必须从非糖物质合成新的葡萄糖，以补充糖供应的不足，保证脑和红细胞等组织的正常功能。这种由非糖物质合成葡萄糖的过程称为葡萄糖的异生作用（gluconeogenesis），简称糖异生作用。

一、葡萄糖异生作用的前体

动物细胞中，葡萄糖异生的前体主要有：①三碳化合物包括丙酮酸、乳酸、甘油等；②能转变为糖的氨基酸；③柠檬酸循环的中间代谢物等。动物的肝脏是糖异生作用的主要场所。此外，肾上腺皮质有较低程度的糖异生作用。剧烈运动后的肌肉组织中，大量积累的乳酸能够通过血液运输到达肝脏，在肝脏进行糖异生作用。肝中生成的葡萄糖再次通过血液运回至肌肉，为其收缩提供能量。这一循环过程称为 Cori 循环（图 10-3）。

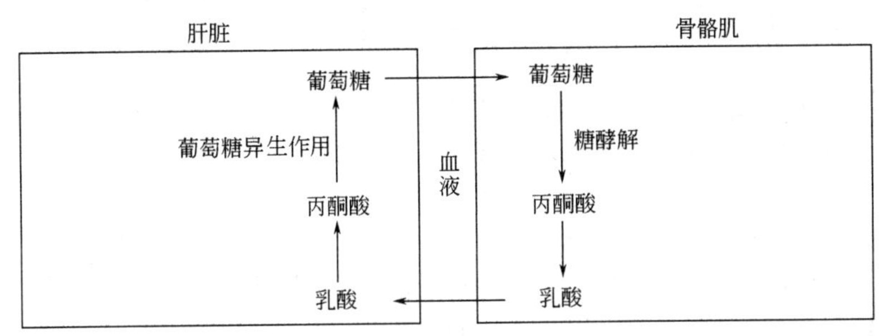

图 10-3　Cori 循环

二、葡萄糖异生作用途径

1. 途径

糖异生作用基本上是糖酵解过程的逆反应，只有三步为不可逆反应。

（1）丙酮酸转变为磷酸烯醇式丙酮酸　由于酵解途径最后一步磷酸烯醇式丙酮酸生成丙酮酸的反应伴有 ATP 的产生，是放能的不可逆反应，所以当丙酮酸逆向生成磷酸烯醇式丙酮酸时必须绕过能障。

$$\text{丙酮酸}+ATP+GTP \longrightarrow \text{磷酸烯醇式丙酮酸}+ADP+GDP+P_i$$

这一反应需要消耗 2 个高能磷酸键，并分两步进行：

① 丙酮酸在丙酮酸羧化酶的催化下，羧化为草酰乙酸。消耗 1 分子 ATP，生物素为羧化酶的辅酶；

$$\text{丙酮酸}+HCO_3^-+ATP \longrightarrow \text{草酰乙酸}+ADP+P_i$$

② 草酰乙酸在磷酸烯醇式丙酮酸羧激酶的作用下，再次消耗 1 个高能磷酸键（来自 GTP），脱羧生成磷酸烯醇式丙酮酸。

$$\text{草酰乙酸}+GTP \longrightarrow \text{磷酸烯醇式丙酮酸}+GDP+CO_2$$

然后，磷酸烯醇式丙酮酸沿酵解途径逆向反应，生成果糖-1,6-二磷酸。

从丙酮酸生成磷酸烯醇式丙酮酸的反应是糖异生途径的第一个调节部位。催化该反应的丙酮酸羧化酶是调节酶，乙酰 CoA 可激活其活性。由于丙酮酸羧化酶是线粒体酶，而酵解和糖异生的其他反应都是在胞液中进行的，所以丙酮酸首先需跨越线粒体膜进入线粒体。羧化生成的草酰乙酸在苹果酸脱氢酶的作用下形成苹果酸。然后离开线粒体，再次在胞液中转变为草酰乙酸（图 10-4）并进一步生成磷酸烯醇式丙酮酸沿酵解逆反应进入糖异生途径。

（2）果糖-1,6-二磷酸$\longrightarrow$果糖-6-磷酸

这是糖异生途径中的第二个不可逆反应，也是途径的限速反应。催化该反应的酶是果糖-1,6-二磷酸酶，AMP 和果糖-2,6-二磷酸能别构抑制该酶活性。

从果糖-6-磷酸转变为葡萄糖-6-磷酸是一步可逆反应。由磷酸己糖异构酶催化。

（3）葡萄糖-6-磷酸⟶葡萄糖

这是葡萄糖异生途径的最后一步反应，也是途径的第三个不可逆反应。催化反应的酶是葡萄糖-6-磷酸酶，该酶主要存在于肝细胞中，其活性受底物水平的控制。

2. 糖异生作用小结

（1）由于三步不可逆反应的存在，糖异生作用和糖酵解是两个相反的不可逆过程。

（2）糖异生作用的关键调节酶丙酮酸羧化酶是线粒体酶，因此，糖异生作用是在细胞两个不同区域内完成的，受细胞区域化作用的调节。

（3）糖异生作用的能量消耗。总反应式为：

$$2\text{丙酮酸}+4ATP+2GTP+2NADH+2H^{+}+4H_2O\longrightarrow \text{葡萄糖}+4ADP+2GDP+2NAD^{+}+6P_i$$

$$\Delta G'^{\circ}\approx -37.7\text{kJ/mol}$$

从反应式可知道，由2分子丙酮酸异生为1分子葡萄糖需消耗6个高能磷酸键和2个NADH，因此，是一个高度耗能的过程。但为了保证糖异生作用的不可逆性，付出如此高昂的代价还是必要的。

（4）糖异生作用的意义

① 补充糖供应的不足，维持血糖水平的恒定，保障脑、红细胞等组织的正常功能。

② 消除骨骼肌中乳酸的积累，并使其得到充分的利用，防止酸中毒。

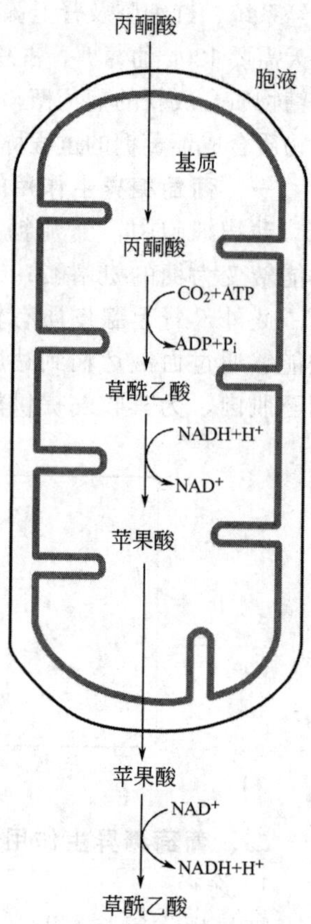

图 10-4　线粒体中丙酮酸的羧化作用

三、糖异生作用与糖酵解的协同调控

糖异生作用与糖酵解是两条相反的途径，为了避免能量的浪费和途径之间的相互干扰，总是一条途径开放而另一条途径关闭，不能同时进行。两条途径的协同调控是通过三个不可逆部位酶的协同调节实现的。这三个部位的调节酶（或限速酶）的调节已分别在前面学习过。AMP等效应剂对相反途径酶的调节作用正好相反。这里主要介绍果糖-2,6-二磷酸对途径限速酶的协同调控（图10-5，图10-6）。

1. 果糖-2,6-二磷酸的生成

磷酸果糖激酶-2（PFK-2）催化果糖-6-磷酸（F6P）生成果糖-2,6-二磷酸（F2,6P_2）。果糖-2,6-二磷酸不参加代谢反应，而是作为一个强有力的别构调节剂，介导激素对糖酵解和糖异生作用的调节，最终维持血糖水平的稳定。

2. 调节机制（图10-6）

早在1980年，Henri-Gery Hers等人发现，糖类物质充足时，2,6-二磷酸果糖水平升高。进一步的研究发现，磷酸果糖激酶有两种同工酶，分别称为磷酸果糖激酶-1（PFK-1）和磷酸果糖激酶-2（PFK-2）。磷酸果糖激酶-1催化果糖-6-磷酸（F6P）生成果糖-1,6-二磷酸（F1.6P_2），是控制酵解速度最主要的限速酶。磷酸果糖激酶-2催化果糖-6-磷酸生成果糖-2,6-二磷酸（F2.6P_2），从而促进糖酵解，抑制糖异生作用。果糖二磷酸酶-1（FBPase-1）水解果糖-1,6-二磷酸为果糖-6-磷酸。果糖二磷酸酶-2（FBPase-2）水解果糖-2,6-二磷酸为果糖-6-磷酸。

磷酸果糖激酶-2和果糖二磷酸酶-2受共价修饰的调节。它们是相对分子质量为49000

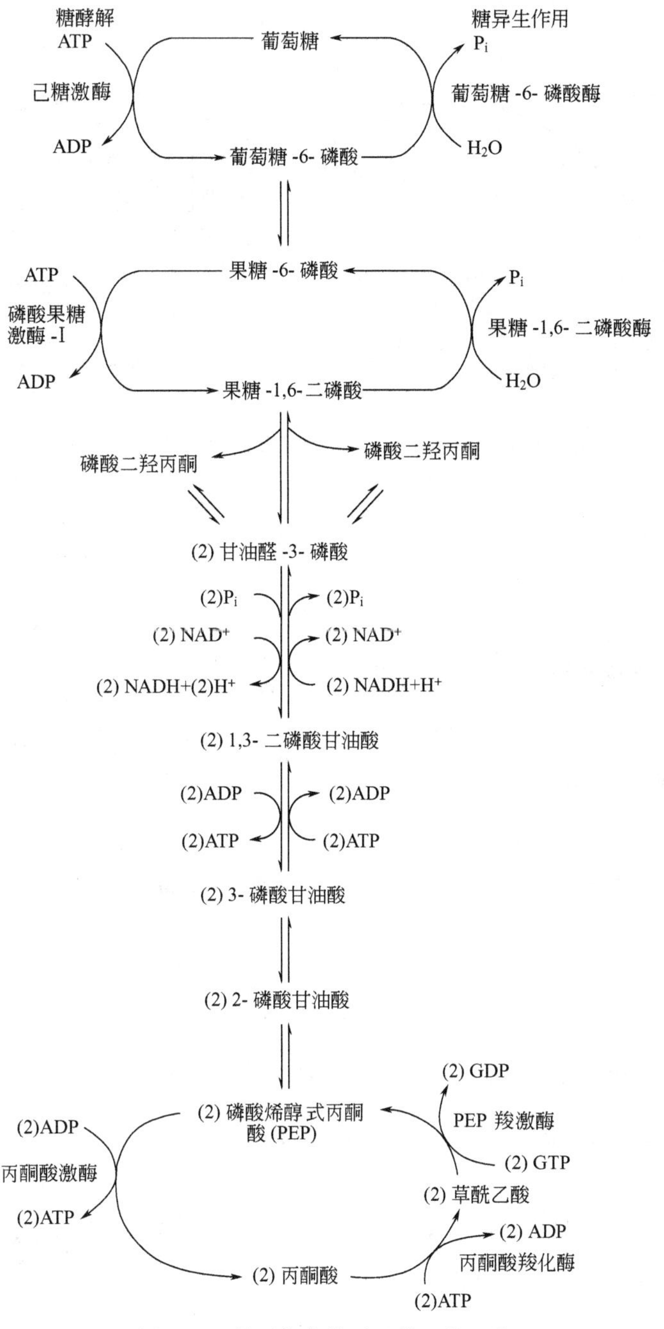

图 10-5　糖酵解与糖异生作用的比较

蛋白质的磷酸化和脱磷酸化形式，是同一种蛋白的两种不同形式，表现出两种不同活性，故称之为双功能蛋白。其磷酸化和脱磷酸化形式的转变受激素调节。当血糖水平低时，刺激胰高血糖素的分泌，触发 cAMP 级联放大效应，导致该蛋白分子中丝氨酸残基的磷酸化。从而激活其果糖二磷酸酶-2 的活性，使果糖-2,6-二磷酸水平下降，磷酸果糖激酶-1 的活性受到抑制，酵解速度下降，促进糖异生作用，使血糖升高。当血糖水平高时，胰岛素刺激蛋白的脱磷酸作用，表现出磷酸果糖激酶-2 活性，增加果糖-2,6-二磷酸浓度，促进酵解，抑制糖异生，使血糖水平下降。

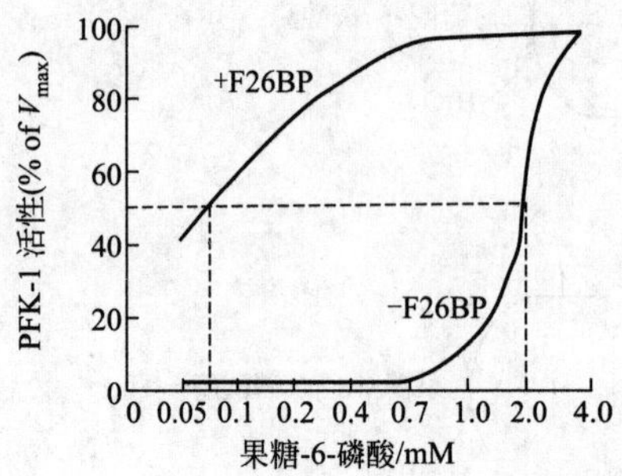

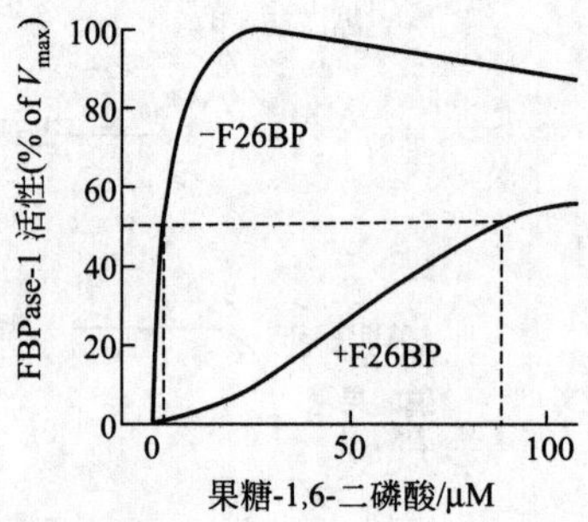

(a) 果糖-2,6-二磷酸对磷酸果糖激酶-1和果糖二磷酸酶-1活性的影响

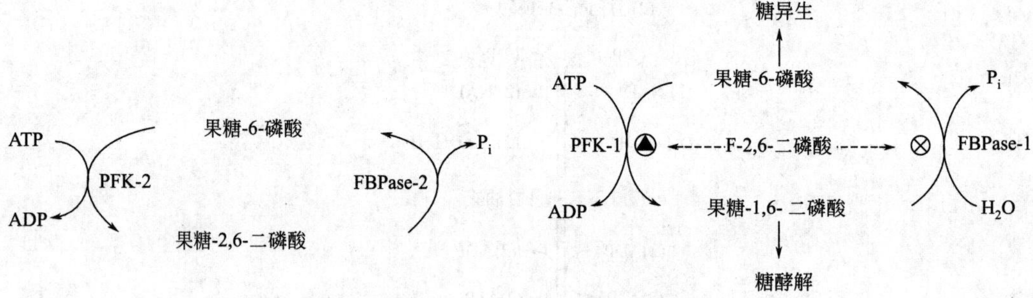

(b) 果糖-2,6-二磷酸的生成及其对磷酸果糖激酶-1和果糖二磷酸酶-1的调节

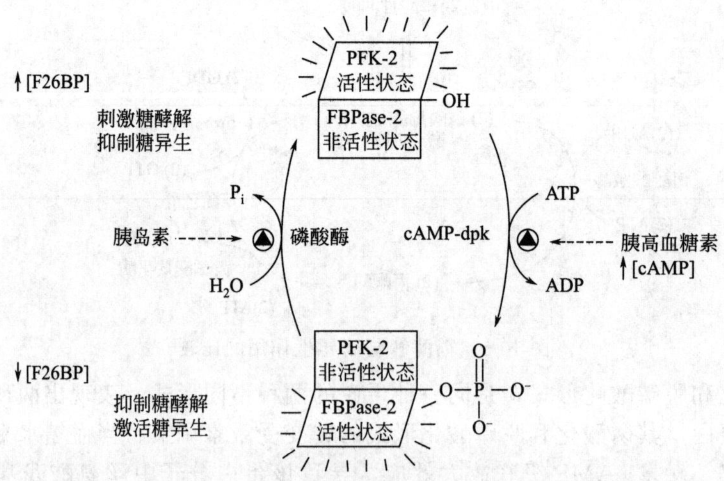

(c) 果糖-2,6-二磷酸对糖酵解和糖异生的协同调节机制

图 10-6　果糖-2,6-二磷酸的调节机制

第三节 柠檬酸循环

一、丙酮酸的氧化

1. 丙酮酸氧化生成乙酰 CoA

在有氧条件下，糖酵解产生的丙酮酸氧化生成乙酰 CoA，乙酰 CoA 进入柠檬酸循环，彻底氧化为 CO_2 和 H_2O，同时产生 ATP 和还原辅酶 NADH、$FADH_2$。所以，丙酮酸的氧化连接了糖酵解和柠檬酸循环。丙酮酸脱氢酶复合物催化这一反应。这是一步放能反应，同时伴随着脱羧基作用。

$$\underset{\text{丙酮酸}}{CH_3-CO-COO^-} + CoA{-}SH + NAD^+ \xrightarrow{\text{丙酮酸脱氢酶}} \underset{\text{乙酰CoA}}{CH_3-CO-S{-}CoA} + CO_2 + NADH + H^+$$

$\Delta G'^{\circ} = -33.4\text{kJ/mol}$

2. 丙酮酸脱氢酶复合物

丙酮酸脱氢酶复合物是由三种酶组成的多酶复合物：丙酮酸脱氢酶（E_1）、二氢硫辛酰转乙酰基酶（E_2）和二氢硫辛酰脱氢酶（E_3）。每一种酶在该复合物中均有多个拷贝。同时，反应需五种辅酶参加，它们分别是：焦磷酸硫胺素（TPP）、硫辛酸（lipoic acid）、辅酶 A（CoASH）、烟酰胺腺嘌呤二核苷酸（NAD）和黄素腺嘌呤二核苷酸（FAD）。丙酮酸脱氢酶复合物是线粒体酶，催化丙酮酸的脱氢脱羧反应机制见图 10-7。

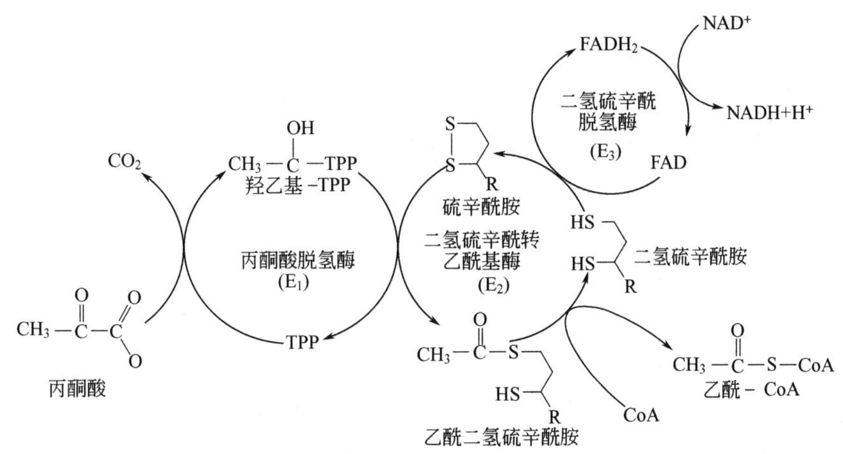

图 10-7 丙酮酸脱氢酶复合物的催化反应机制

3. 丙酮酸脱氢酶的调节

丙酮酸的氧化脱羧反应是决定丙酮酸命运的关键步骤，所以催化该反应的丙酮酸脱氢酶复合物受到严格精细的调节。

（1）别构调节 ATP，NADH，乙酰-CoA 和脂肪酸能强烈抑制酶活性。相反，AMP，CoASH 和 NAD^+ 能别构激活酶的活性。因此，当细胞能量供应充足时，酶活性关闭。反之，能量消耗增加时，酶活性开放。

（2）共价调节 丙酮酸脱氢酶复合物受磷酸化和脱磷酸化调节，由复合物内特殊的蛋白激酶和磷酸酶催化。酶的脱磷酸化形式为活性状态，而磷酸化形式为非活性状态。ATP 能别构激活该蛋白激酶。

二、柠檬酸循环途径

柠檬酸循环（citric acid cycle）是乙酰基二碳单位进一步氧化生成 CO_2 和还原型辅酶的代谢途径。反应的顺序是从草酰乙酸和乙酰 CoA 缩合生成柠檬酸开始，经多步反应后，又重新生成草酰乙酸，构成一个循环反应途径。因此，称其为柠檬酸循环。由于柠檬酸中含三个羧基，故又称为三羧酸循环（tricarboxylic acid cycle，TCA）。为了纪念德国科学家 Hans krebs 在阐明柠檬酸循环中做出的卓越贡献，这一环状途径也叫做 krebs 循环。柠檬酸循环途径的发现是生物化学领域的一项重大成就，在生物化学发展史上占有重要位置。H. Krebs 于 1953 年获得诺贝尔奖。

柠檬酸循环是在线粒体中进行的，所有参加反应的酶都是线粒体酶。酵解生成的丙酮酸首先进入线粒体，氧化形成乙酰 CoA，以它作为起始物，进入柠檬酸循环。

1. 柠檬酸循环的反应历程

（1）乙酰 CoA 和草酰乙酸缩合生成柠檬酸　在柠檬酸合酶的催化下乙酰 CoA 与草酰乙酸缩合生成柠檬酸，这是途径的第一步反应，也是限速反应。反应释放大量的自由能有利于驱动途径的循环。柠檬酸合酶是由 2 个相同亚基组成的二聚体，受产物柠檬酸的反馈抑制。ATP、NADH 和琥珀酰 CoA 是该酶的别构抑制剂；ADP 是酶的别构激活剂。此外，底物乙酰 CoA 和草酰乙酸的浓度对柠檬酸的合成速度有重要影响。

乙酰CoA + 草酰乙酸 →（H_2O，CoA—SH）柠檬酸

$\Delta G'^{\circ} = -32.2\ kJ/mol$

（2）柠檬酸转变为异柠檬酸　在顺乌头酸酶的催化下柠檬酸经过中间化合物顺乌头酸转变为异柠檬酸。这是一步可逆的同分异构化反应。

柠檬酸 ⇌（H_2O）[顺乌头酸] ⇌（H_2O）异柠檬酸

（3）异柠檬酸氧化脱羧生成了 α-酮戊二酸　在异柠檬酸脱氢酶的催化下异柠檬酸氧化脱氢脱羧转变为 α-酮戊二酸。这是途径的第二个限速反应，也是途径中第一次脱羧并伴随有 NAD^+ 还原为 NADH。异柠檬酸脱氢酶受 ATP 的别构抑制调节，ADP 和 Ca^{2+} 能别构激活该酶。草酰琥珀酸为中间化合物。

异柠檬酸 →（NAD^+，H^++NADH）[草酰琥珀酸] →（CO_2）α-酮戊二酸

$\Delta G'^{\circ} = -20.9\ kJ/mol$

(4) α-酮戊二酸的氧化脱羧　在α-酮戊二酸脱氢酶复合物的作用下α-酮戊二酸氧化脱氢脱羧生成琥珀酰 CoA。这是途径的第三个限速步骤，第二次脱氢生成 NADH 并伴随有脱羧基作用。至此，途径共释放出 2 分子 CO_2。尽管同位素标记研究结果表明这 2 分子 CO_2 并非直接来自乙酰 CoA，而是来自草酰乙酸（主要是由于顺乌头酸酶的立体异构特异性引起的），但途径中的总碳保持不变，每次循环后没有净碳的得失，即相当于乙酰 CoA 进入途径后被分解为 2 分子 CO_2，而草酰乙酸被循环使用。另外，催化该反应的α-酮戊二酸脱氢酶复合物与前面所学的丙酮酸脱氢酶复合物的结构、功能及催化机制极为相似，因为两个反应的本质是相同的。作为途径的第三个限速酶，α-酮戊二酸脱氢酶复合物受产物琥珀酰 CoA 和 NADH 的反馈抑制，Ca^{2+} 能激活其活性。

α-酮戊二酸 + CoA—SH + NAD^+ →（α-酮戊二酸脱氢酶复合酶）琥珀酰-CoA + CO_2 + H^+ + NADH

$\Delta G'^{\circ} = -33.5 kJ/mol$

(5) 琥珀酰 CoA 转变为琥珀酸　在琥珀酰 CoA 合成酶（succinyl-CoA synthetase）的催化下，琥珀酰 CoA 生成琥珀酸，同时产生 GTP。这是柠檬酸循环中的唯一直接产生高能磷酸化合物的反应，是底物水平磷酸化的又一个例子。

琥珀酰-CoA + GDP + P_i ⇌（琥珀酰-CoA 合成酶）琥珀酸 + GTP + CoA—SH

$\Delta G'^{\circ} = -2.1 kJ/mol$

(6) 琥珀酸氧化生成延胡索酸　在琥珀酸脱氢酶的催化下琥珀酸脱氢氧化生成延胡索酸。琥珀酸脱氢酶以 FAD 为辅基紧密结合在线粒体内膜上。脱掉的氢进入电子传递链产生 1.5 个 ATP。琥珀酸结构类似物丙二酸能强烈抑制琥珀酸脱氢酶活性，从而阻断柠檬酸循环。

琥珀酸 + E—FAD ⇌ 延胡索酸 + E—$FADH_2$

(7) 延胡索酸水化生成苹果酸　在延胡索酸水化酶的作用下延胡索酸转变为苹果酸。延胡索酸水化酶具高度的立体异构特异性，只催化反式双键的水化作用。

延胡索酸 + H_2O ⇌ L-苹果酸

(8) 草酰乙酸的生成　这是柠檬酸循环的最后一步反应。苹果酸脱氢酶催化苹果酸氧化生成草酰乙酸，并伴有还原辅酶 NADH 产生。该反应虽为热力学上不利反应，但由于柠檬酸合酶催化的反应使草酰乙酸不断被移去，反应仍能向草酰乙酸生成的方向进行。

$$\text{L-苹果酸} + NAD^+ \xrightleftharpoons{\text{苹果酸脱氢酶}} \text{草酰乙酸} + NADH + H^+$$

$\Delta G'^{\circ} = -29.7\text{kJ/mol}$

2. 柠檬酸循环总结（图 10-8）

(1) 柠檬酸循环的总反应式：

$$\text{乙酰 CoA} + 3NAD^+ + FAD + GDP + 2H_2O + P_i \longrightarrow 2CO_2 + 3NADH + 3H^+ + GTP + FADH_2 + CoASH$$

总反应结果表明柠檬酸循环是二碳单位的分解途径，并伴随有还原辅酶和 ATP 的生成，是一条氧化供能途径。

(2) 能量计算　在有氧条件下，1 分子葡萄糖经酵解和柠檬酸循环以及氧化磷酸化，总共可产生 30 分子或 32 分子 ATP，其中 20 分子 ATP 来自柠檬酸循环和氧化磷酸化（见表 10-1）。

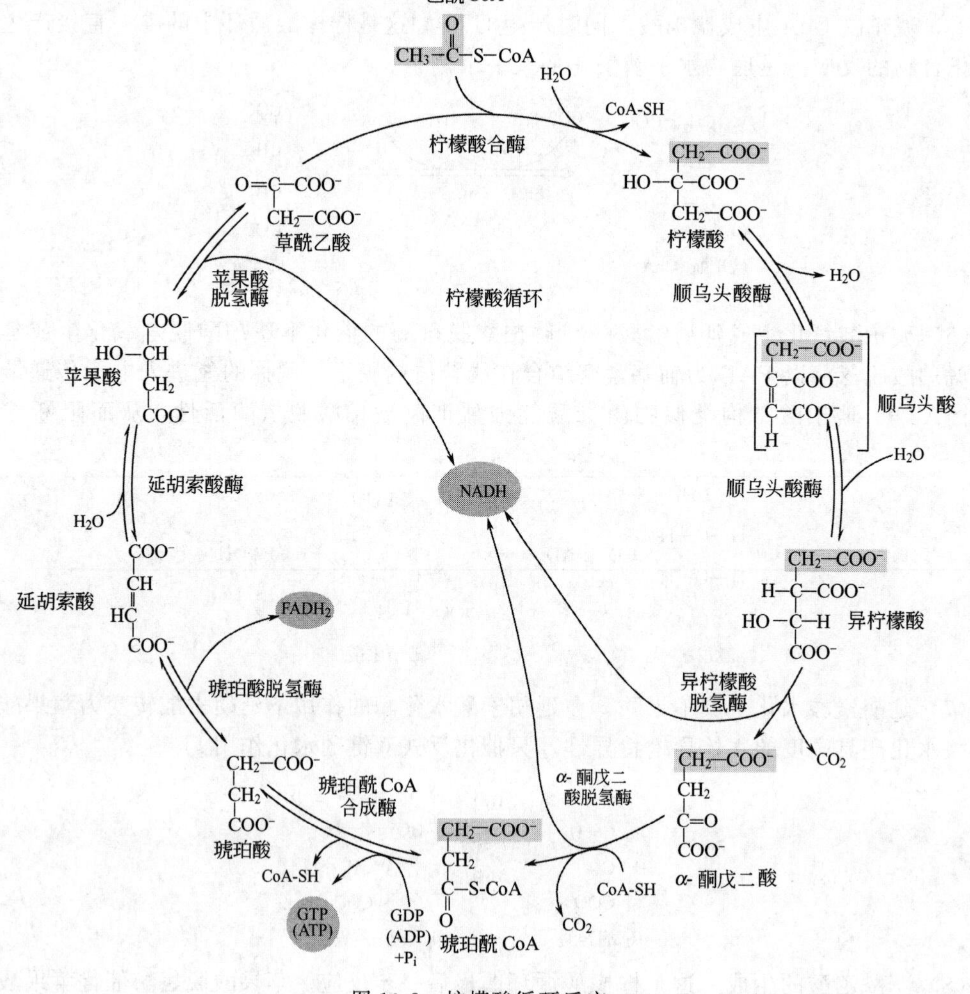

图 10-8　柠檬酸循环反应

表 10-1　葡萄糖有氧氧化时 ATP 的生成

反应过程	生成 ATP 数
葡萄糖⟶葡萄糖-6-磷酸	−1
果糖-6-磷酸⟶果糖-1,6-二磷酸	−1
甘油醛-3-磷酸⟶1,3-二磷酸甘油酸	2×2.5 或 2×1.5($NADH_2$ 若通过磷酸甘油穿梭入线粒体)
1,3-二磷酸甘油酸⟶3-磷酸甘油酸	2×1
磷酸烯醇式丙酮酸⟶烯醇式丙酮酸	2×1
丙酮酸⟶乙酰 CoA	2×2.5
异柠檬酸⟶α-酮戊二酸	2×2.5
α-酮戊二酸⟶琥珀酰 CoA	2×2.5
琥珀酰 CoA ⟶琥珀酸	2×1
琥珀酸⟶延胡索酸	2×1.5
苹果酸⟶草酰乙酸	2×2.5
总计	32 或 30

葡萄糖完全氧化产生的能量约 2840kJ/mol，生成 32molATP，利用能量为：30.5kJ/mol × 32＝976kJ/mol，能量利用率约为 34％ 。这是根据标准自由能的变化，理论上计算出的结果。但实际上在细胞内，ATP、ADP 和 P_i 的浓度一般低于标准状态 1 摩尔浓度，同时，细胞中的 pH 也常会偏离标准 pH7.0，加之温度，Mg^{2+} 浓度等的影响，ATP 的实际水解自由能不同于标准自由能变化（−30.542kJ/mol）。如人红细胞中，ATP 的实际自由能变化为−52kJ/mol。这样，葡萄糖完全氧化生成 ATP 的能量有效利用率达 60％以上。其余能量以热的形式散失和维持体温。

（3）柠檬酸循环的调节　柠檬酸循环无论在细胞的物质代谢还是能量代谢中都占有核心位置，所以受到严格精细的调节，主要体现在以下两个水平调节。

① 底物的可用性调节：丙酮酸氧化生成的乙酰 CoA 是柠檬酸循环的起始物。同时，乙酰 CoA 还可以来自其他途径（如脂肪酸氧化）或由氨基酸及其他代谢物转变而来。乙酰 CoA 的水平对丙酮酸氧化和柠檬酸循环都有重要调节作用。草酰乙酸作为途径的另一个底物，其浓度变化对途径的速度也有重要影响。

② 乙酰 CoA 进入柠檬酸循环的调节：乙酰 CoA 进入柠檬酸循环的调节，关键取决于途径中的三个限速酶：柠檬酸合酶、异柠檬酸脱氢酶和 α-酮戊二酸脱氢酶。三个酶的调节已分别在上述途径中学习。它们共同的调节特征是受［ATP］/［ADP］浓度比和［NADH］/［NAD^+］浓度比的控制。当细胞能量水平高时，［ATP］/［ADP］和［NADH］/［NAD^+］的比值升高，三个限速酶活性均受到抑制，途径反应速度减慢；当细胞能量水平低时，以上两种比值下降，对酶的抑制作用解除，途径的反应速度增加（图 10-9）。

（4）柠檬酸循环的双重功能及意义　柠檬酸循环不仅是氧化产能的重要途径，而且也为生物大分子（如蛋白质、核酸等）的合成提供前体。所以，在有氧组织中，柠檬酸循环是一条两用代谢途径（amphibolic pathway），服务于分解和合成代谢两个过程。如脂肪酸、氨基酸和一些碳水化合物等需进入柠檬酸循环彻底氧化分解；同时，途径又不断为许多生物合成输出原材料，琥珀酰 CoA 可转变为血红素参加血红蛋白的合成；草酰乙酸和 α-酮戊二酸可直接转变为天冬氨酸和谷氨酸参加蛋白质的合成；柠檬酸跨线粒体膜进入胞液，裂解生成乙酰 CoA 合成脂肪酸等（图 10-10）。

3. 柠檬酸循环中间物的回补

当柠檬循环中间物用于其他物质合成时，其中间物浓度就会降低，导致途径的整体水平降低，影响循环正常运行，使能量产生和中间物的供应都受阻。然而，生物体通过中间物的回补反应（anaplerotic reaction），对中间物进行补充，特别是对草酰乙酸的补充，保障了柠檬酸循环的畅通和中间物水平的相对恒定。回补反应主要有以下几种。

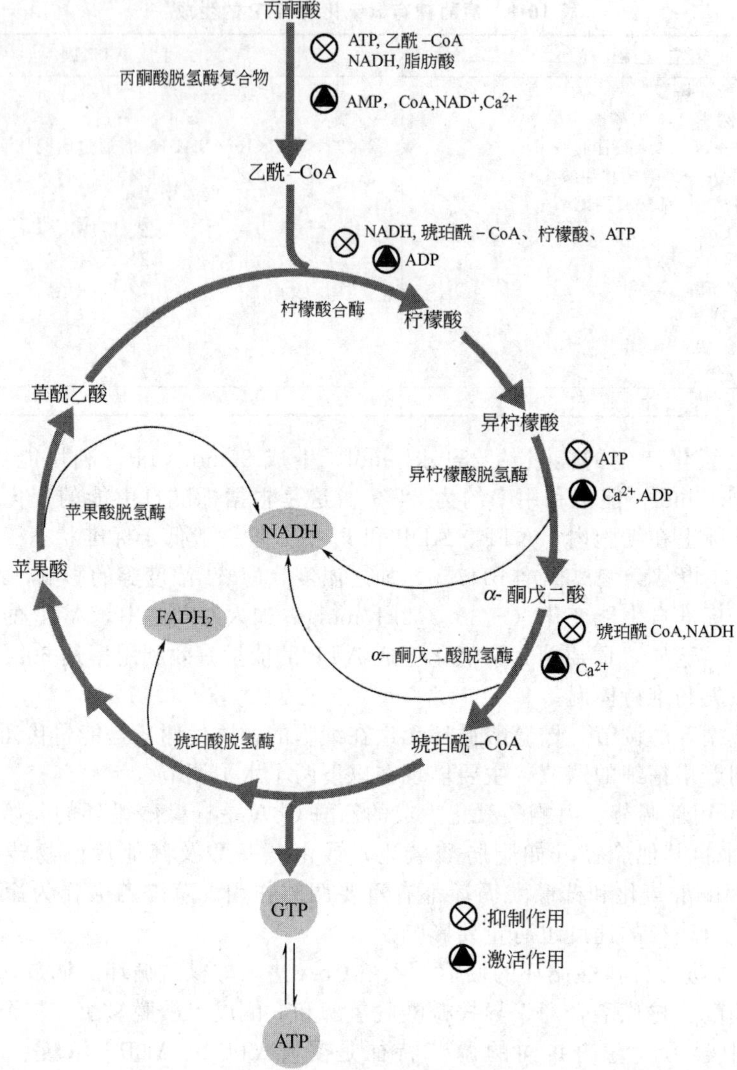

图 10-9 丙酮酸脱氢酶复合物和柠檬酸循环的调节

（1）丙酮酸羧化生成草酰乙酸（肝、肾等组织） 该反应是在丙酮酸羧化酶的催化下进行的。丙酮酸羧化酶是重要调节酶，受乙酰 CoA 别构激活。它的活性直接控制着草酰乙酸的浓度，并最终影响柠檬酸循环途径的速度。

$$\begin{array}{l} COO^- \\ | \\ C{=}O \\ | \\ CH_3 \end{array} + ATP + CO_2 + H_2O \rightleftharpoons \begin{array}{l} COO^- \\ | \\ C{=}O \\ | \\ CH_2 \\ | \\ COO^- \end{array} + P_i + ADP$$

（2）磷酸烯醇式丙酮酸羧化生成草酰乙酸（心脏、骨骼肌） 这是草酰乙酸回补的又一个重要途径。磷酸烯醇式丙酮酸羧激酶催化该反应。

$$\begin{array}{l} COO^- \\ | \\ C{-}OPO_3^{2-} \\ \| \\ CH_2 \end{array} + CO_2 + GDP \xrightleftharpoons{Mn^{2+}} \begin{array}{l} COO^- \\ | \\ C{=}O \\ | \\ CH_2 \\ | \\ COO^- \end{array} + GTP$$

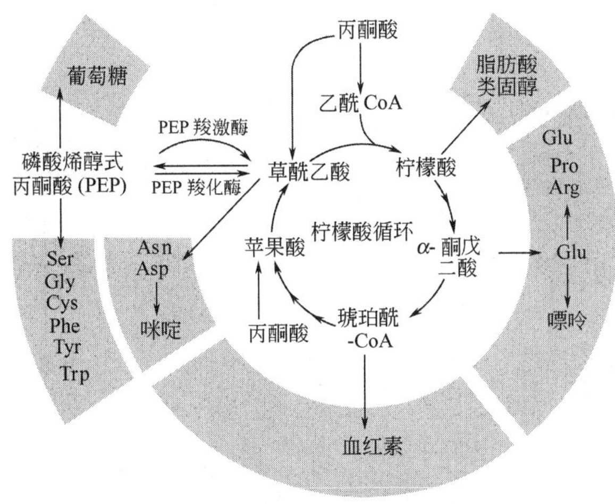

图 10-10　柠檬酸循环在合成代谢中的作用

(3) 丙酮酸羧化生成苹果酸　在苹果酸酶的催化下，丙酮酸羧化生成苹果酸。该反应广泛存在干真核生物和原核生物。

$$\begin{array}{c} COO^- \\ | \\ C{=}O \\ | \\ CH_3 \end{array} + CO_2 + NADPH + H \rightleftharpoons \begin{array}{c} COO^- \\ | \\ HO{-}C{-}H \\ | \\ CH_2 \\ | \\ COO^- \end{array} + NADP^+$$

(4) 一些氨基酸如 Glu、Asp 和 Ala 等通过脱氨、转氨等反应生成相应的 α-酮戊二酸、草酰乙酰和丙酮酸，可回补到柠檬酸循环途径中来。

(5) 在高等植物、酵母和细菌中，磷酸烯醇式丙酮酸羧化酶催化磷酸烯醇式丙酮酸羧化生成草酰乙酸。

三、乙醛酸循环

1. 乙醛酸循环（glyoxylate cycle）的基本概念

乙醛酸循环存在于植物，某些无脊椎动物和以乙酸作为唯一碳源和能源的微生物中。在这些生物中，乙醛酸循环转变乙酸成为柠檬酸循环中间物琥珀酸，从而进一步转变为草酰乙酸而进入糖异生途径。

$$2\,乙酰\ CoA + NAD^+ + 2H_2O \longrightarrow 琥珀酸 + 2CoASH + NADH + H^+$$

所以，乙醛酸循环是一条四碳单位的合成途径。由于途径中循环出现乙醛酸，故称为乙醛酸循环。在植物中，乙醛酸循环途径中的酶被分隔在由膜包围着的乙醛酸循环体（glyoxysome）中。

2. 乙醛酸循环途径

乙醛酸循环途径（图 10-11）共有五步反应，其中三步与柠檬酸循环途径相同，即苹果酸脱氢酶、柠檬酸合酶和顺乌头酸酶催化的反应。当生成异柠檬酸后没有转变成 α-酮戊二酸，而是在异柠檬酸裂解酶的催化下裂解为琥珀酸和乙醛酸。琥珀酸进入糖异生途径，乙醛酸与另一分子乙酰 CoA 缩合为苹果酸后，在苹果酸脱氢酶作用下生成草酰乙酸。再进行下一轮循环。这样，循环一次，2 分子乙酰 CoA 进入途径，以 1 分子琥珀酸的形式释放出来，途径本身没有净碳得失。

3. 乙醛酸循环的意义

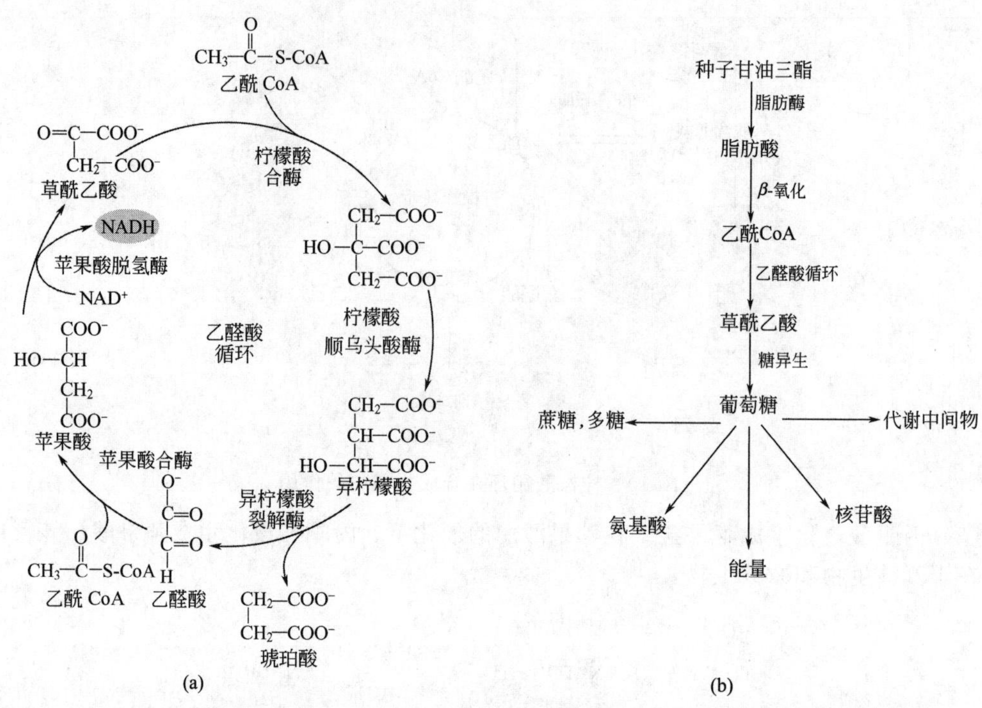

图 10-11 (a) 乙醛酸循环；(b) 植物种子通过乙醛酸循环将脂肪酸转变成葡萄糖

乙醛酸循环的五种酶中，尽管有三种酶与柠檬酸循环相同，但两条途径有本质的差别。柠檬酸循环为二碳单位的分解途径，而乙醛酸循环为四碳单位的合成途径。在微生物中，通过乙醛酸循环将乙酸转变成琥珀酸，进入糖异生途径生成葡萄糖，为它们的生长提供碳源和能源。在植物中，特别是油料种子萌发过程中，在其具备光合作用能力之前，种子中的脂肪酸分解产生大量的乙酰 CoA，乙醛酸循环转变它们为四碳化合物和葡萄糖，然后运送到根和茎中，供生长需要。乙醛酸循环体中同时含有降解脂肪酸所需的全部酶类。从乙酰 CoA 合成葡萄糖的全部过程是在乙醛酸循环体、线粒体及胞液中进行的，是由乙醛酸循环、柠檬酸循环和糖异生三条途径协同调节、共同合作完成的。脊椎动物没有乙醛酸循环特有的酶：异柠檬酸裂解酶和苹果酸合酶，因此，它们不能将脂肪转变为葡萄糖。

第四节 磷酸戊糖途径

磷酸戊糖途径是以葡萄糖-6-磷酸作为起始物，经过一系列转变生成甘油醛-3-磷酸和果糖-6-磷酸的途径。在转变过程中生成的中间物核糖-5-磷酸和还原辅酶Ⅱ NADPH 是核酸和脂肪酸等生物分子合成的原材料。磷酸戊糖途径是在胞液中进行的，该途径广泛存在于动物、植物和微生物中，特别是在植物和动物的红细胞、肝脏及脂肪组织中非常活跃。

一、磷酸戊糖途径的反应过程

图 10-12 展示了磷酸戊糖途径反应的全过程，分为二个阶段：氧化阶段和非氧化阶段。在 6-磷酸葡萄糖脱氢酶和 6-磷酸葡萄糖酸脱氢酶的作用下，6-磷酸葡萄糖脱羧氧化为核酮糖-5-磷酸；同时伴随着生成 2 分子 NADPH，这一过程为氧化阶段。核酮糖-5-磷酸在异构酶及差向酶作用下，转变成核糖-5-磷酸和木酮糖-5-磷酸。然后，5 碳糖在转酮醇酶和转醛醇酶的催化下，进行转酮转醛反应，先后生成景天庚酮糖-7-磷酸、赤藓糖-4-磷酸、甘油醛-3-磷酸和果糖-6-磷酸，这一过程为非氧化阶段。转酮醇酶 (transketolase) 催化二碳

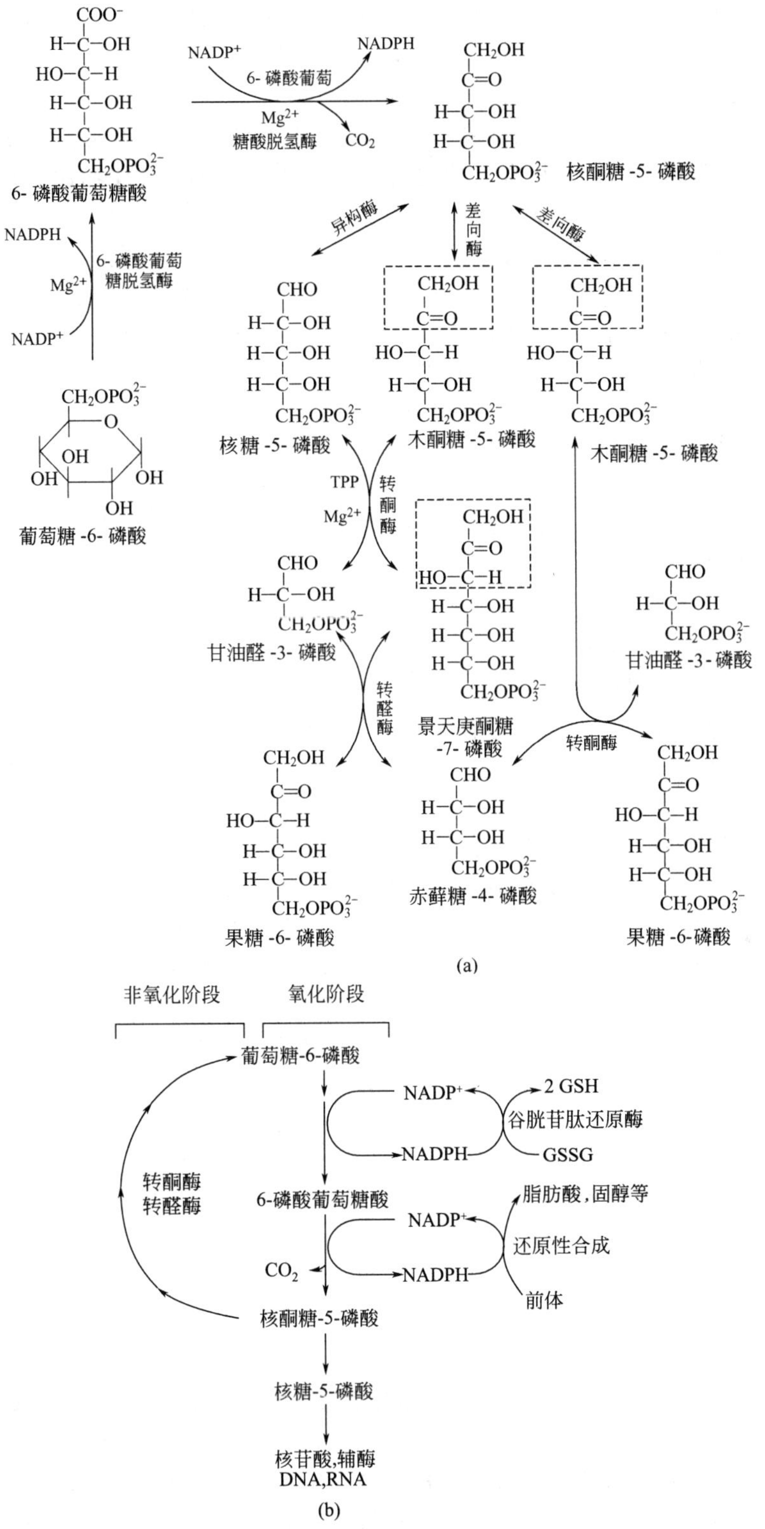

图 10-12（a） 磷酸戊糖代谢途径；
（b）磷酸戊糖途径的两个不同阶段

单位的转移，受体是醛糖，供体是酮糖，为可逆反应。转醛醇酶（transaldolase）催化三碳单位的转移，同样受体是醛糖，供体是酮糖，反应可逆。

二、磷酸戊糖途径的调节

6-磷酸葡萄糖脱氢酶是途径的限速酶，该酶最重要的调节因素是 $NADP^+$ 的水平，因 $NADP^+$ 是该酶的别构激活剂。所以，葡萄糖-6-磷酸能否进入磷酸戊糖途径取决于 $NADP^+$ 与 NADPH 的相对浓度，即 $NADP^+$/NADPH 比值。

在体内磷酸戊糖、糖酵解和糖异生三条途径是紧密联系在一起的，3-磷酸甘油醛是它们联系的交汇点。所以，磷酸戊糖途径通过 4、5、6 和 7 碳糖的相互转变而生成的甘油醛-3-磷酸和果糖-6-磷酸，在不同的生理状态下有不同的去路。关键取决于细胞对磷酸戊糖、NADPH 和 ATP 的需求。可能的调节模式如下：①当细胞还原性生物合成旺盛时（如脂肪酸和胆固醇的合成），需大量的 NADPH，这时，甘油醛-3-磷酸和果糖-6-磷酸流向糖异生途径，重新生成葡萄糖-6-磷酸继续进入磷酸戊糖途径，生成更多的 NADPH；②当细胞既需要 NADPH，又需要核糖-5-磷酸时，途径中转酮醇酶和转醛醇酶活性降低，葡萄糖-6-磷酸进入途径后主要生成 NADPH 和 5-磷酸核糖；③当细胞既需要 NADPH 也需要 ATP，而对核糖-5-磷酸的需求降低时，甘油醛-3-磷酸和果糖-6-磷酸则流向糖酵解途径，生成大量的 NADPH 和 ATP，满足细胞的需求。

三、磷酸戊糖途径的生理意义

磷酸戊糖途径的生理意义和重要性主要体现在以下两个方面。

1. 磷酸戊糖途径是细胞产生还原辅酶 NADPH 的主要途径

细胞内存在很多还原性生物合成途径，如脂肪酸、胆固醇等生物分子的合成，NADPH 负责为这类合成作用提供还原力，即以氢负离子的形式提供电子。此外，NADPH 对于保护细胞，防止过氧化氢和超氧自由基对细胞的氧化损伤极为重要。因此，磷酸戊糖途径在肝脏、脂肪组织、乳腺和红细胞中很活跃，这些组织中脂肪酸和胆固醇合成旺盛。在红细胞中，NADPH 主要用于维持谷胱苷肽的还原状态，防止红细胞膜的氧化损伤及出现溶血，从而保障红细胞的正常功能。一些遗传缺陷 6-磷酸葡萄糖脱氢酶的患者由于 NADPH 缺乏，还原型谷胱甘肽（GSH）水平低下，红细胞膜易破坏产生溶血而引起贫血症。肌肉细胞中缺乏磷酸戊糖途径的酶类，因此，葡萄糖-6-磷酸主要进入糖酵解途径产生 ATP，为肌肉收缩提供能量。

2. 磷酸戊糖途径为 DNA、RNA 和多种辅酶的合成提供核糖-5-磷酸

5-磷酸核糖是 DNA、RNA、ATP、CoASH、NAD、NADP 和 FAD 等重要生物分子合成的前体，主要来自磷酸戊糖途径。此外，该途径也为细胞内其他含糖物质的合成提供 3，4，5，6 和 7 碳糖等结构成分。

第五节　糖原的代谢

糖原是具有分支结构的葡萄糖多聚物，是葡萄糖在动物体内的贮存形式（植物为淀粉）（图 10-13）。当机体细胞中能量充足时，由葡萄糖合成糖原贮存在肝脏或肌肉中。当能量供应不足时，贮存的糖原快速降解为葡萄糖，从而提供 ATP。糖原的分解与合成对于维持血糖稳定，保证以葡萄糖作为主要燃料的脑和红细胞等的正常功能具有重要意义。糖原以颗粒形式存在于肝细胞和肌细胞内，分别占肌肉和肝脏质量的1%～2%和 10%左右。糖原颗粒除含糖原外，同时也含有催化糖原合成和降解的酶以及相关的调节蛋白。

一、糖原的降解

1. 糖原主链的断裂

糖原是葡萄糖以 α-1,4-糖苷键连接形成的线性聚合物，在分支点上以 α-1,6-糖苷键连接，形成分支。糖原降解是从非还原端开始，逐个将葡萄糖切下，生成 1-磷酸葡萄糖。催化糖原降解的酶是糖原磷酸化酶（图 10-14），该酶是糖原降解的限速酶，受别构调节和共价调节。AMP 是其别构激活剂，ATP、葡萄糖-6-磷酸是其别构抑制剂。同时，磷酸化酶受磷酸化和脱磷酸化共价调节，其磷酸化状态为活性状态，去磷酸化为非活性状态。

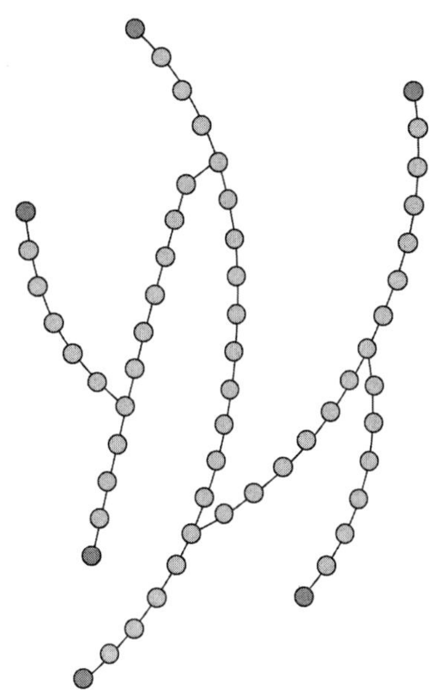

图 10-13　糖原结构示意图

2. 糖原的去分支作用

糖原的去分支作用是在去分支酶的催化下进行的。当磷酸化酶降解糖原至离分支点 4 个葡萄糖残基远时停止作用，这时，去分支酶将支链末端 3 个残基转移至主链上，并进一步水解 1,6-糖苷键，释放分支点的葡萄糖。然后磷酸化酶继续水解 1,4-糖苷键连接的糖原链（图 10-15）。

3. 葡萄糖-1-磷酸转变为葡萄糖-6-磷酸

磷酸葡萄糖变位酶催化葡萄糖-1-磷酸转变为葡萄糖-6-磷酸：

$$\text{G-1-P} \rightleftharpoons \text{G-6-P}$$

在肝细胞中，葡萄糖-6-磷酸在葡萄糖-6-磷酸酶的作用下，水解释放 P_i，生成的葡萄糖进入血液，维持血糖水平的恒定。在肌肉细胞中，葡萄糖-6-磷酸进入糖酵解途径供能而不能生成葡萄糖，是因为肌肉细胞缺乏葡萄糖-6-磷酸酶。

二、糖原的合成

糖原的合成并非直接起始于葡萄糖或葡萄糖-1-磷酸，而是以 UDP-葡萄糖作为糖基的供体。

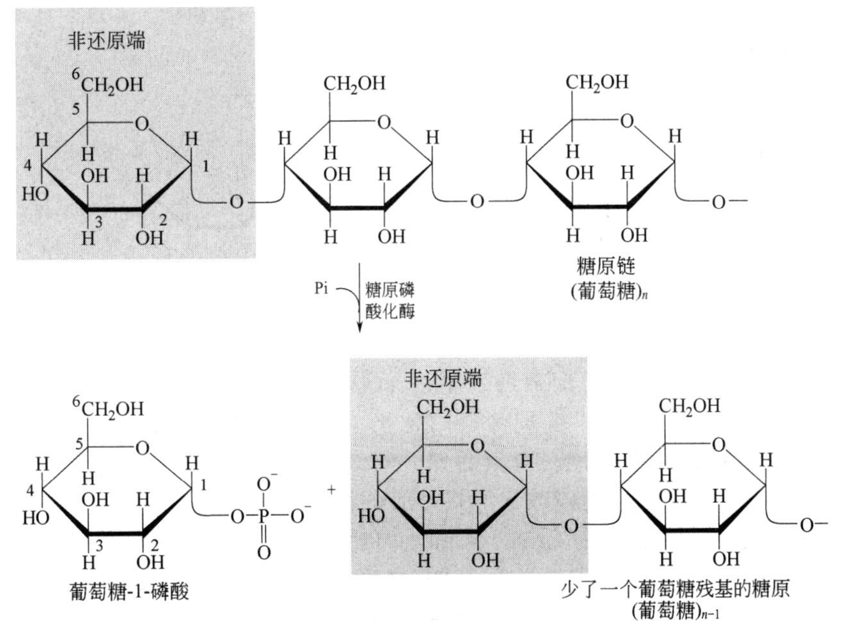

图 10-14　糖原的降解

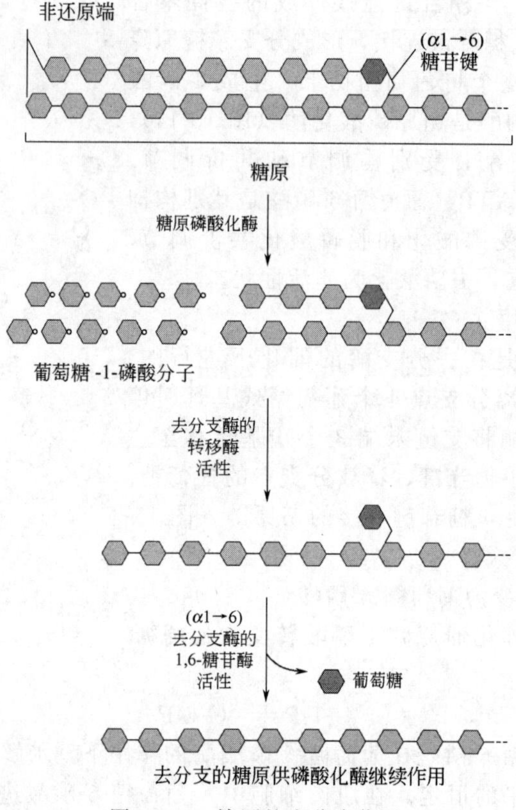

图 10-15　糖原的去分支作用

1. UDP-葡萄糖的生成

首先，在磷酸葡萄糖变位酶的催化下，葡萄糖-6-磷酸转变为葡萄糖-1-磷酸，然后再经UDP-葡萄糖焦磷酸化酶的作用，葡萄糖-1-磷酸转变为 UDP-葡萄糖。UDP-葡萄糖是葡萄糖的活化形式，作为糖基的供体可直接参加糖原的合成。

$$\text{葡萄糖-1-磷酸} + \text{UTP} \rightleftharpoons \text{UDP-葡萄糖} + PP_i$$

2. 糖原的合成

在糖原合酶的催化下，新的葡萄糖残基以 1,4-糖苷键连接在较小糖原分子的非还原末端（图 10-16），使糖原从非还原端进行链的延长。糖原合酶是糖原合成途径中的限速酶，受别构调节，葡萄糖-6-磷酸是其别构激活剂。同时，该酶受磷酸化和脱磷酸化共价调节，其磷酸化形式为非活性状态，脱磷酸化形式为活性状态。

新糖原的合成需要糖原蛋白（glycogenin）的参加，第 1 个葡萄糖在酪氨酸葡萄糖基转移酶的作用下结合在糖原蛋白 Tyr_{194} 残基的—OH 上，然后逐步延长至 7 个残基以上，形成糖原引物后，糖原合酶再从此处开始糖原链的延长。

3. 糖原的分支作用

在糖原分支酶的催化下，将糖原非还原末端 6 或 7 个葡萄糖残基转移至前数第 4 个或者

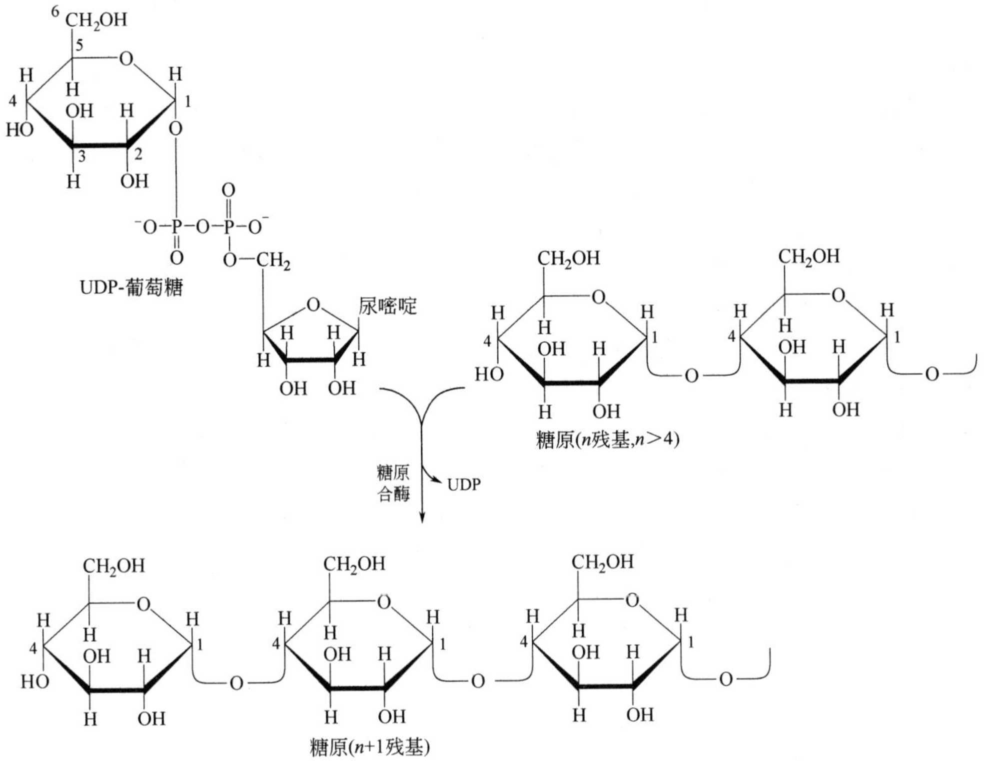

图 10-16　糖原的合成

4 个以上的葡萄糖残基的 C-6 羟基上，形成 1,6-糖苷键，创建一个新的分支点（图 10-17）。然后糖原合酶继续从非还原端延长糖链至少离前面分支点 11 个糖残基远后，再进行下一个分支反应。这样每个分支点之间至少间隔 4 个糖基的距离。

糖原的分支作用不仅增加了糖原的溶解性，而且由于分支的增多，使非还原末端增多，从而促进了糖原分解和合成的速度。

三、糖原合成与降解的协同调控

糖原合成与降解是两条相反的途径，二者的协同调控对维持血糖水平的稳定有重要意义。糖原磷酸化酶和糖原合酶分别为两条途径的限速酶，它们的协同调控主要体现在以下两个方面。

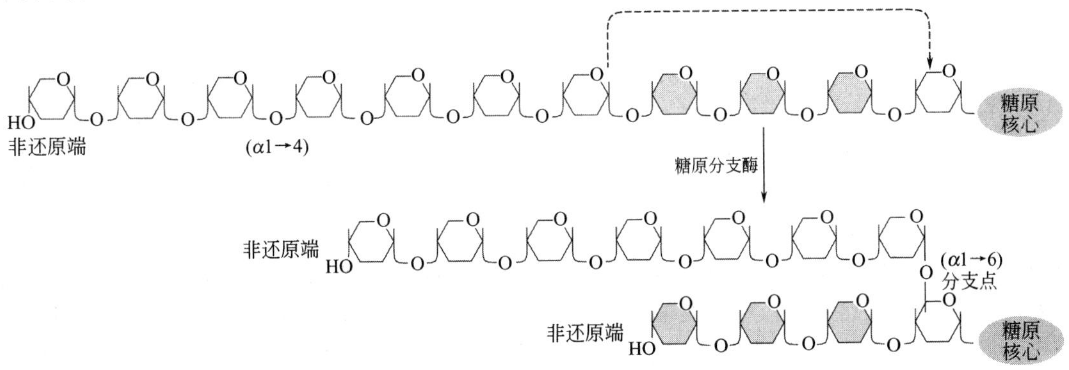

图 10-17　糖原的分支作用

1. 糖原磷酸化酶和糖原合酶的别构调节

葡萄糖和葡萄糖-6-磷酸是两种酶的别构调节剂，在激活糖原合酶的同时抑制糖原磷酸化酶，从而对两条途径进行相反调节（图 10-18）。

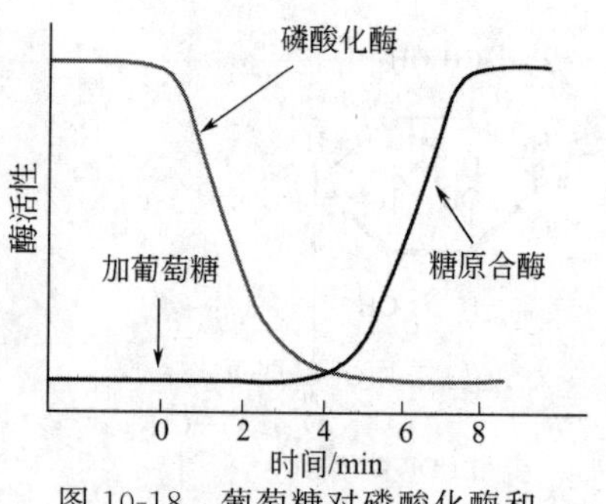

图 10-18　葡萄糖对磷酸化酶和糖原合酶的协同调节

2. 磷酸化/脱磷酸化对两种酶的协同调控

(1) 磷酸化调节　胰高血糖素和肾上腺素激活 cAMP 第二信号系统，蛋白激酶 A（PKA）可同时磷酸化糖原合酶和磷酸化酶 b 激酶。激活的磷酸化酶 b 激酶进一步通过磷酸化作用使无活性的磷酸化酶 b 转变为有活性的磷酸化酶 a，而使有活性的糖原合酶 a 转变为无活性的糖原合酶 b（见第八章），最终导致糖原分解，阻断糖原合成（图 10-19）。

除此之外，糖原合酶可被多种蛋白激酶（至少 11 种蛋白激酶）磷酸化，有 9 个 Ser 残基磷酸化位点，每个位点的磷酸化都会影响酶的活性。所以糖原合酶的磷酸化调节非常复杂。在众多蛋白激酶中，除 PKA 外，糖原合酶激酶 3（glycogen synthase kinase 3，GSK 3）的作用尤为重要，胰岛素通过抑制 GSK 3 对糖原合酶的磷酸化来促进糖原的合成，从而降低血糖水平（图 10-20，图 10-21）。

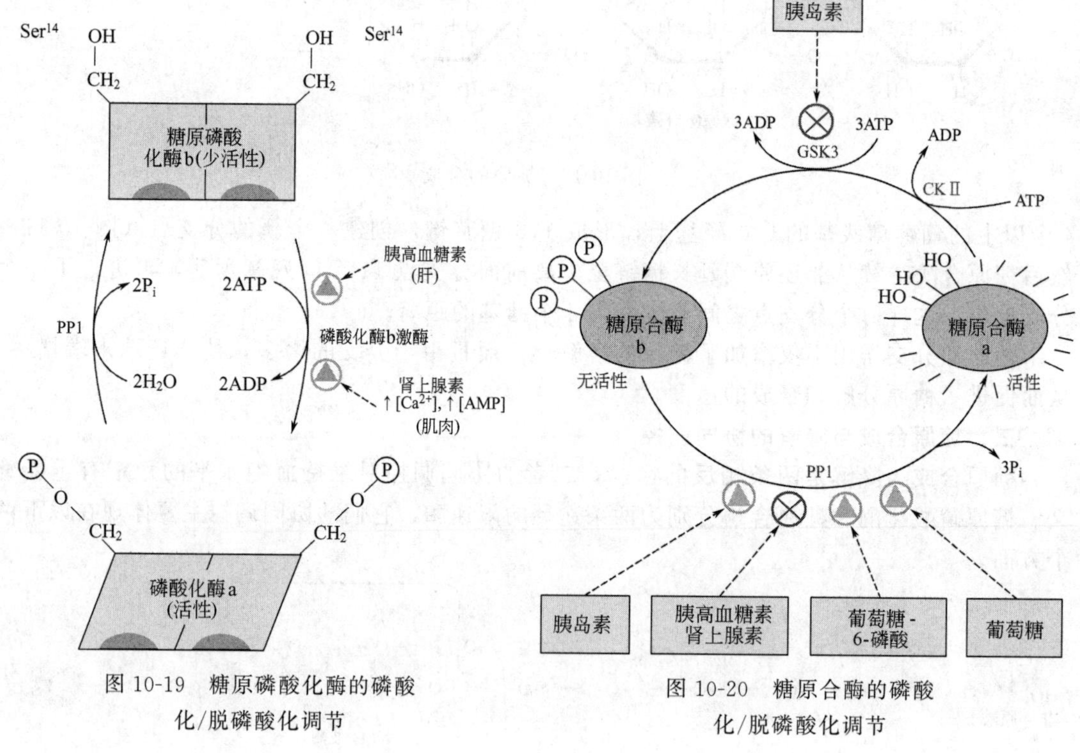

图 10-19　糖原磷酸化酶的磷酸化/脱磷酸化调节

图 10-20　糖原合酶的磷酸化/脱磷酸化调节

(2) 脱磷酸化调节　磷酸蛋白磷酸酶 1（phosphoprotein phosphatase 1，PP 1）对糖原合成与分解进行协同调控。PP 1 可同时催化三种酶，即糖原合酶、糖原磷酸化酶和磷酸化酶 b 激酶的脱磷酸化作用。结果是糖原合酶被激活，而糖原磷酸化酶和磷酸化酶 b 激酶活性被抑制，导致糖原合成途径开放，糖原分解途径关闭。胰岛素降低血糖的另一机制就是通过激活 PP 1，对上述三种酶进行脱磷酸化调节（图 10-19，图 10-20）。

四、激素对血糖水平的调节

在正常生理状态下，血糖浓度为 80～120mg/100ml（4.4～6.7mmol/L）。维持血糖水平的稳定主要通过激素的调节。参与血糖水平调节的激素主要有：胰岛素、胰高血糖素、肾上腺素和糖皮质激素。激素对血糖水平的调节实际上涉及激素对糖代谢的总体调控。

血糖浓度是由其来源和去路两方面的动态平衡决定的（图 10-22）。血糖主要来源于食物中淀粉消化后产生的葡萄糖。在不进食的情况下，血糖主要来源于肝糖原的分解和糖异生作用。血糖的去路主要有三个方面：①在组织器官中氧化分解以供应能量；②以糖原的形式贮存在肝脏和肌肉中；③转变为其他物质，如氨基酸、脂肪等。

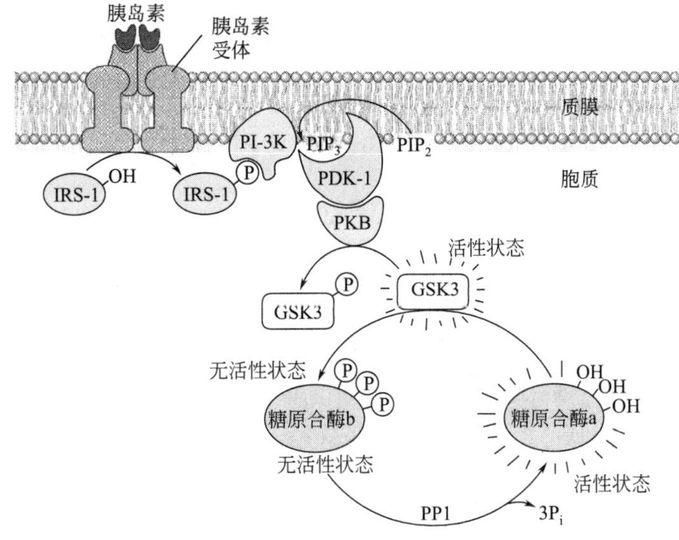

图 10-21 胰岛素对糖原合成的调节

低血糖时，胰腺分泌胰高血糖素，通过 cAMP 第二信使级联放大系统的调节，抑制肝糖原的合成，促进肝糖原的分解。同时抑制糖酵解，促进糖异生作用，使血糖升高（图 10-23，图 10-24）。

高血糖时，胰岛素通过抑制糖原合酶激酶 3（GSK 3）的活性，抑制了糖原合酶的磷酸化而使其激活。同时，胰岛素通过对 PP 1 的激活，使糖原磷酸化酶去磷酸化而失活，糖原合酶去磷酸化而激活。最终促进糖原合成，抑制糖原分解，使血糖浓度降低。除此之外，胰岛素可诱导己糖激酶、PFK-1 和丙酮酸激酶的合成，从而促进葡萄糖的分解，降低血糖。胰岛素还可通过抑制糖异生途径中酶的活性来控制血糖浓度；通过刺激葡萄糖转运体（glucose transporter，GLUT4）的移动和释放，促进葡萄糖进入肌肉和脂肪细胞的转运，增加葡萄糖的利用（图 10-25）。

在应激状态下，肾上腺素大量分泌，肾上腺素促进肝糖原降解和糖的异生作用，抑制肝细胞中的糖酵解，使血糖升高；同时，促进肌糖原的降解和肌细胞中的糖酵解作用，为肌肉收缩提供能量。

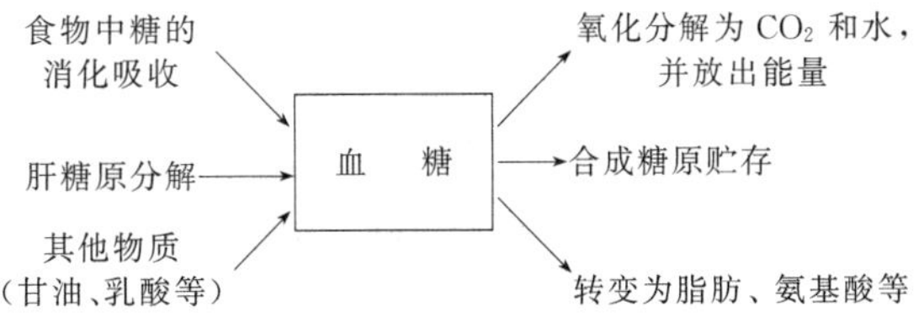

图 10-22 血糖的来源和去路

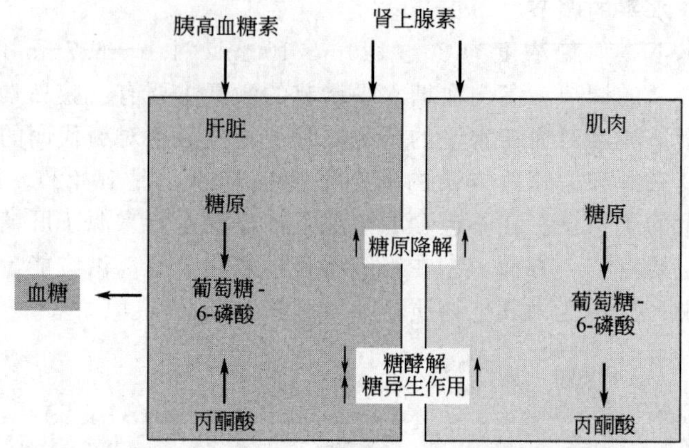

图 10-23 胰高血糖素和肾上腺素的调节机制

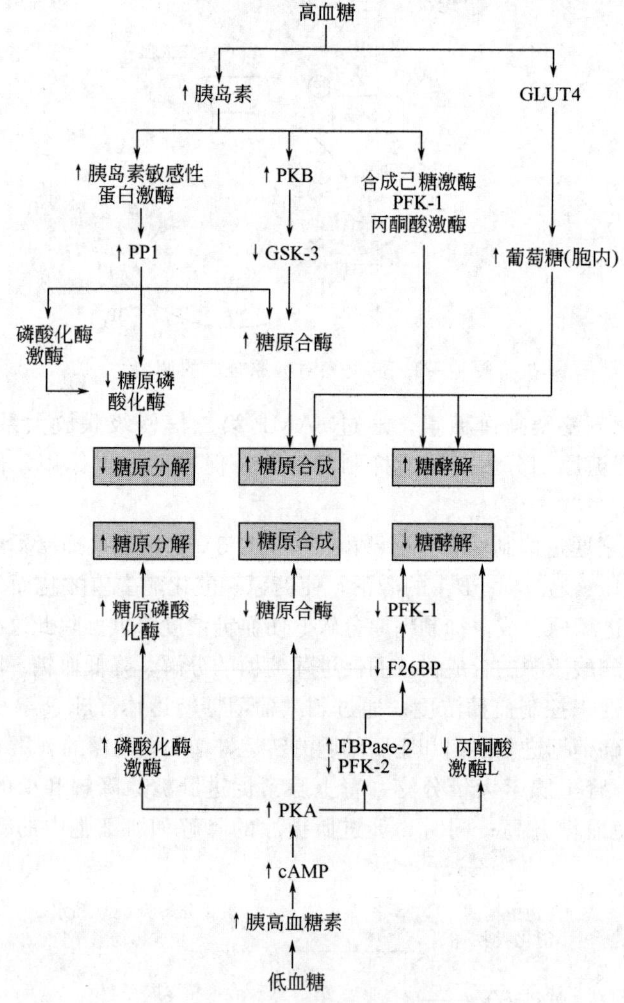

图 10-24 肝细胞中糖代谢的调节

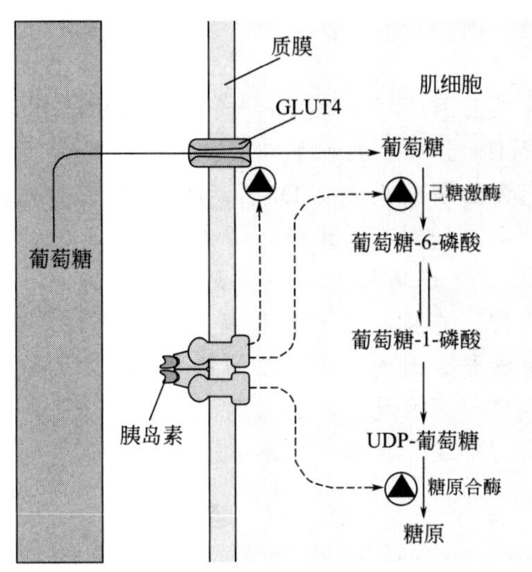

图 10-25　胰岛素对葡萄糖转运体 GLUT4 的调节

提　要

糖是重要的营养物质，彻底氧化释放大量的能量供机体需要，而且糖代谢的中间体可转变成其他生物大分子，如蛋白质、核酸和脂肪酸合成的前体，所以糖代谢是生物新陈代谢中的枢纽。

糖的彻底氧化分为三个阶段：第一阶段为糖酵解。通过糖酵解，1 分子葡萄糖裂解生成 2 分子丙酮酸；第二阶段，丙酮酸氧化生成乙酰 CoA 后进入柠檬酸循环，在这一阶段，葡萄糖被彻底氧化分解，生成 ATP 和还原辅酶 NADH，葡萄糖分解产生的能量主要以 NADH 的形式保存；第三个阶段为氧化磷酸化，NADH 进入电子传递链彻底氧化生成 H_2O，在这一阶段，保存在 NADH 中的能量释放并生成 ATP，用于需能反应。

糖异生作用是非糖物质（如甘油、乳酸等）生成葡萄糖的过程，以补充糖供应的不足。尽管在糖异生和糖酵解途径中，大部分为可逆反应，但三个限速步骤严格控制着相反途径的速度和方向。两条途径的协同调控对维持血糖的稳定有重要作用。

在无氧条件下，糖酵解生成的丙酮酸被还原为乳酸，称之为乳酸发酵。在厌氧生长的微生物中，酵解生成的丙酮酸脱羧转变成乙醛后，进一步还原为乙醇，该过程为乙醇发酵。在糖酵解过程中有两次底物水平磷酸化，即 ATP 的生成与底物分子上磷酸基团的转移相偶联。

柠檬酸循环具有双重功能。多种物质的彻底氧化分解需要进入柠檬酸循环，如脂肪酸β-氧化生成的乙酰 CoA、多种氨基酸等。同时柠檬酸循环的中间代谢物可转变为其他生物分子合成的前体。所以柠檬酸循环是糖、脂和氨基酸合成代谢与分解代谢的中心环节。由于柠檬酸循环途径的中间代谢物不断被移走，进入其他代谢途径，所以为了维持柠檬酸循环的稳定，有几种回补反应用于补充循环途径中的中间代谢物，其中最主要的是由丙酮酸生成草酰乙酸。草酰乙酸是柠檬酸循环的起始物，所以它的浓度影响途径的速度。同时，柠檬酸循环的速度受细胞能量水平的调节，当细胞中[ATP]/[ADP] 和 [NADH]/[NAD^+]比值高时，途径速度降低；当它们的比值降低时，途径速度增加。

乙醛酸循环途径主要存在于植物和微生物中，这是一条四碳单位的合成途径。对以乙酸为唯一碳源和能源的微生物来说，通过该途径转变二碳为四碳，并进一步异生为葡萄糖。油料种子在萌发时，通过该途径将脂肪酸分解产生的乙酰 CoA 合成琥珀酸，进而异生为葡萄糖，供生长需要。

磷酸戊糖途径有着特殊的生理意义。途径生成的 NADPH 用于脂肪酸、胆固醇等还原性生物合成。同时，NADPH 对于维持红细胞中谷胱甘肽的还原性，保证红细胞的正常功能有重要作用。途径的中间代谢物磷酸戊糖是 DNA、RNA 和多种辅酶合成的原料。

糖原的合成与糖原的分解是一对相反途径。两条途径的限速酶分别是糖原合酶和糖原磷酸化酶。这两种酶分别受葡萄糖-6-磷酸的别构激活和别构抑制，体现别构调节的协同性，同时两种酶受激素的协同调控。在低血糖时，胰高血糖素通过第二信使 cAMP 级联放大系统对其进行磷酸化调节，使糖原合酶处于磷酸化的钝化状态，而糖原磷酸化酶被活化，从而促进糖原分解，抑制糖原合成。高血糖时，胰岛素通过激活 PP 1 对两种酶进行脱磷酸化调节，结果促进了糖原的合成，抑制了糖原的分解。

思 考 题

1. 什么是糖酵解？糖酵解与发酵的概念有何不同？
2. 什么是底物水平磷酸化？底物水平磷酸化与氧化磷酸化有什么不同？
3. 葡萄糖彻底氧化需经历哪几个阶段？共生成多少分子 ATP？
4. 什么是糖异生作用？它有何生理意义？
5. 糖酵解和糖异生两条相反途径是如何协同调控的？
6. 磷酸戊糖途径有何生理意义？如何调节？
7. 什么是乙醛酸循环？有何意义？
8. 柠檬酸循环中有几个限速步骤？分别由什么酶催化？
9. 糖原合成和糖原分解是如何协同调控的？
10. 胰高血糖素和胰岛素如何调节血糖水平的恒定？

第十一章 生物氧化

生物体的生存和生长除需要各种有机物质和无机物质如钙、镁、磷等外，还必须获得大量的能量，以满足生物体内各种复杂的化学反应的需要。能量的来源主要依靠生物体对糖类、脂类等营养物质的氧化作用和光合细胞吸收的太阳能。一切代谢物在细胞内进行的氧化作用称为生物氧化。由于生物氧化是在组织细胞中进行的，又称组织呼吸或细胞呼吸。

生物氧化和物质在体外的氧化本质上是相同的，但二者进行的方式却大不相同。生物氧化是在细胞内进行的，反应条件温和（在体温及近于中性 pH 条件下进行）。生物氧化所包括的化学反应几乎都是在酶催化下完成的，能量逐步放出，且放出的能量一般是以化学能的方式贮存在高能磷酸化合物中。这样所产生的能量利用率高，不会像物质在体外氧化那样，能量以光和热的形式瞬间放出。

生物体从环境中获取化学能，一方面用于自身物质的合成，同时需将其转化为其他形式的能量（如机械功、渗透压、电化学梯度等）以维持生命活动。在长期进化过程中生物已经形成一种高效的能量转换机制，这种机制严格服从热力学定律。

第一节 生物能学的基本概念

生物能学是研究发生在活细胞内能量转换的定量关系以及这一化学过程的性质和功能。生物能学是深入理解新陈代谢规律的基本知识。生物能学完全建立在热力学的基础上。

一、生物体能量的转换遵循热力学定律

为了更好理解热力学第一和第二定律在生物系统中的应用，首先需定义系统和它们周围的环境。反应系统是指经历特定物理化学过程的物质的集合，可以是一个生物体、一个细胞或两个反应中的化合物。反应系统和它们周围的环境构成了体系。在实验室中，一个化学或物理过程可以是封闭系统（closed system），即与环境只有能量的交换而无物质的交换。也可以是隔离系统（isolated system），即与环境既无能量的交换也无物质的交换。然而生物系统是一个开放的系统（open system），能随时与环境进行能量和物质的交换，而且这种交换永远不能达到平衡。从物理和化学系统产生和发展的热力学定律完全适合于开放的生物系统。

1. 能量的守恒与转化

热力学第一定律称为能量守恒定律。它描述了宇宙间能量守恒的原理：在任何物理和化学变化中，宇宙的总能量保持不变，尽管能量的形式可能发生变化。活细胞是一个极完美的能量转换器，能将从太阳光和营养物获得的能量转换成各种形式的能量。

热力学第一定律的数学表达式为；

$$\Delta U=Q-W$$

式中 ΔU——系统内能的变化；

Q——系统变化时吸收的热量；

W——系统做的功。

内能（U）包括系统中一切形式的能量，这些能量储藏于系统内部，故称内能。如分子的化学键能和分子间的作用力等。内能是一个状态函数，只决定于始态与终态，与变化过程无关。因此，如果系统的状态确定了，它的内能值也就确定了。例如：动物体内的葡萄糖氧

化与葡萄糖在体外氧化，其内能的改变量（ΔU）是相同的。

$$\text{葡萄糖} \xrightarrow{\text{燃烧}} CO_2 + H_2O \tag{11-1}$$

$$\text{葡萄糖} \xrightarrow[\text{①}]{\text{氧化}} \text{丙酮酸} \xrightarrow[\text{②}]{} \text{乙酰辅酶 A} \xrightarrow[\text{③}]{} CO_2 + H_2O \tag{11-2}$$

按照热力学第一定律的原则，式（11-1）反应与式（11-2）反应虽然经过的途径不同，前者为体外的氧化，后者为体内的代谢途径，但内能的变化是相同的。即：

$$\Delta U_{\text{总}} = \Delta U_{①} + \Delta U_{②} + \Delta U_{③}$$

由于大多数的化学变化是在恒压下（0.1MPa）进行的，包括体内的化学变化及代谢过程；如果在化学反应中只作膨胀功、不做机械功和其他功，则第一定律可写成：

$$\Delta U = Q_p - p\Delta V$$

$$U_2 - U_1 = Q_p - p(V_2 - V_1)$$

$$Q_p = U_2 - U_1 + p(V_2 - V_1)$$

$$Q_p = U_2 - U_1 + pV_2 - pV_1$$

令 $Q_p = \Delta H$

$$\Delta H = \Delta U + p\Delta V$$

式中　ΔV——体积的变化；

　　p——压力；

　　H——状态函数焓。

在恒压过程中，系统的焓变 ΔH 等于系统所吸收的热量 Q_p，此热量一部分转化为系统内能的增加，另一部分转化为膨胀功。在化学变化中特别是生物化学反应中体积变化很小，因此，可以近似的将 ΔH 看成 ΔU。这样，就将实际上难以测量到的内能变化转化成比较好测量的热量变化。例如，将葡萄糖放入弹式量热器中可测得葡萄糖的燃烧热为：

$$\text{葡萄糖} \xrightarrow{\text{燃烧}} CO_2 + H_2O \quad 2872\text{kJ/mol}$$

葡萄糖在体内代谢中也可彻底氧化成 CO_2 和 H_2O，虽经过的途径不同，但放出的热量与体外氧化放出的热量是相同的。

$$\text{葡萄糖} \rightarrow \text{EMP} \rightarrow \text{TCA 途径} \rightarrow \text{呼吸链} \rightarrow CO_2 + H_2O \qquad 2872\text{kJ/mol}$$

不论是体外剧烈氧化还是体内的分阶段氧化，都符合热力学能量转化定律。

2. 熵与自由能

热力学第二定律的数学表达式为：$dS \geqslant \frac{dQ}{T}$

式中　T——系统的绝对温度；

　　S——热力学第二定律所导出的另一个状态函数“熵”。

“熵”是反映系统中质点运动混乱程度的物理量。自然界孤立系统中的一切变化都是自发的向混乱度增加的方向进行的，即向熵增大的方向进行，$\Delta S > 0$。当系统达到平衡时 $\Delta S = 0$，所以熵是判断一个变化能否自发进行的热力学函数。

热力学第二定律的核心是：宇宙总是趋向于越来越无序。然而生物体是高度有序的整体，这似乎违反了第二定律。实际上生物体并没有避开或偏离热力学第二定律，因为生物体是开放系统，能与环境进行物质与能量的交换。为了维持自身的有序性，不断将生命活动中产生的正熵释放至环境中，使环境的熵值增加，而自身保持低熵。如葡萄糖的氧化分解：

$$C_6H_{12}O_6 \longrightarrow 6CO_2 + 6H_2O$$

在这一过程中，1 分子葡萄糖加 6 分子氧共 7 分子，经氧化反应后形成 6 分子 CO_2 和 6 分子 H_2O 共 12 分子，同时葡萄糖由固体分子变成气体和液体，由大分子转变成小分子，无疑是熵增的过程。然而机体将 CO_2 和 H_2O 排至环境中而自身维护了内在的有序性。此外，生物体为维持内部的高度有序，不断地以营养物和太阳能的形式从环境中吸取自由能，等量的自由能又以热和熵的形式返回环境。如核酸、蛋白质等生物大分子的合成、蛋白质的折叠、酶与底物的结合等都是需能反应，细胞通过与其他放能反应偶联获取自由能，巧妙地从环境中吸取负熵，而环境和系统的总熵变仍然大于零。

由于化学反应的熵不易测定，利用熵判断一个生化反应能否自发进行有困难，因此，根据热力学第一和第二定律的两个基本公式，推导出一个重要公式：

$$\Delta G = \Delta H - T\Delta S$$

式中 ΔG——表示在恒温恒压条件下系统自由能的变化；

ΔH——系统焓变，焓（H）是反应系统中的热容，它反映了反应物与产物中化学键的种类和数量；

ΔS——系统的熵变，反映系统的混乱度。

对于一个放热反应，产物的热容小于反应物的热容，ΔH 为负值。放热反应系统的混乱度增加，ΔS 为正值。根据 $\Delta G = \Delta H - T\Delta S$，恒温恒压条件下系统自由能的变化取决于 ΔH 和 ΔS，因此 ΔG 是负值。实际上，在一个自发反应系统中 ΔG 总是负值，ΔG 成为自发反应的判断依据，即根据 ΔG 的大小可判断化学反应的方向。

当 $\Delta G<0$ 时，反应可以自发进行；

当 $\Delta G=0$ 时，系统处于平衡状态；

当 $\Delta G>0$ 时，反应不能自发进行，

ΔG 和 ΔH 的单位为 J/mol 或 cal/mol(1cal 等于 4.18J)，ΔS 的单位是 J/(mol·K)。

二、标准自由能变化与平衡常数

常温、常压条件下，化学反应的平衡常数可以用下式表示：

$$a\text{A} + b\text{B} \longrightarrow c\text{C} + d\text{D} \qquad K_{eq} = \frac{[\text{C}]^c\ [\text{D}]^d}{[\text{A}]^a\ [\text{B}]^b}$$

A、B 为反应物，C、D 为产物，K_{eq} 为平衡常数，a、b、c、d 分别为 A、B、C、D 的分子数。反应的自由能变化为：

$$\Delta G = \Delta G^\circ + RT\ln\frac{[\text{C}]^c\ [\text{D}]^d}{[\text{A}]^a\ [\text{B}]^b} \quad 或 \quad \Delta G = \Delta G^\circ + RT\ln K_{eq}$$

式中 R——气体常数，8.315J/mol·K；

T——绝对温度 298K；

ΔG°——标准自由能变化。

当反应达到平衡时，$\Delta G=0$，$\Delta G^\circ = -RT\ln K_{eq}$ 或 $\Delta G^\circ = -2.303RT\lg K_{eq}$

在生化反应中，25℃ pH=7.0，标准自由能变化用 $\Delta G'^\circ$ 表示（国际化学家与生物化学家协会推荐 $\Delta G'^\circ$ 而不是 $\Delta G^{\circ\prime}$），平衡常数用 K'_{eq} 表示，所以标准自由能变化为：

$$\Delta G'^\circ = -2.303RT\lg K'_{eq}$$

平衡常数的测定或计算可以用于确定途径的限速步骤。所以计算自由能的变化不仅用于判断一个反应能否自发进行及其方向，而且可用于计算平衡常数。反之，根据反应的平衡常数也可计算出标准自由能变化。

三、偶联化学反应标准自由能变化的可加和性及意义

在相互偶联的几个化学反应中，总的标准自由能变化等于各步反应自由能变化的总和。也就是说，偶联化学反应的各步标准自由能变化是可以相加的。如下列反应：

$$\text{A} \rightleftharpoons \text{B} + \text{C} \qquad \Delta G_1'^\circ = 20.9\text{kJ/mol} \tag{11-3}$$

$$B \rightleftharpoons D \qquad \Delta G_2'^{\circ} = -33.472\text{kJ/mol} \tag{11-4}$$

$$A \rightleftharpoons C + D \qquad \Delta G_3'^{\circ} = -12.572\text{kJ/mol} \tag{11-5}$$

在标准状态下（25℃，0.1MPa，pH＝7 的生物化学标准状态），A 不可能自发地转变为 B 和 C，因为该反应的 $\Delta G'^{\circ}$大于零。B 转变成 D 可自发地进行，该反应是热力学上的优势反应。如果将反应式（11-3）和反应式（11-4）相偶联，即有上面的加和反应式（11-5），由不可能自发进行的式（11-3）反应转化为式（11-5），式中 A 可以自发转变为其中的一种产物 C。这时反应（11-5）自由能的变化值为：

$$\begin{aligned}\Delta G_3'^{\circ} &= \Delta G_1'^{\circ} + \Delta G_2'^{\circ} \\ &= 20.9\text{kJ/mol} + (-33.472\text{kJ/mol}) \\ &= -12.572\text{kJ/mol}\end{aligned}$$

这说明热力学上的一个不利反应可以被一个热力学上有利的反应所推动，使原来不能自发进行的反应变为可自发进行的反应。这些反应就是由共同的中间产物 B 偶联起来的。

代谢途径是由多步反应偶联在一起的，各步反应的自由能变化不同。途径中常常有个别反应的自由能变化大于零，但这些热力学上不利的反应可以被途径中那些热力学上的优势反应所驱动，使整个途径朝一个方向流动。

四、关于生物化学中能量变化的一些规定

在探讨生物化学能量学时，必须注意以下一些规定：

(1) 任何情况下，在一个稀释的水溶液系统中，当有水作为反应物或产物时，水的活度规定为 1.0；

(2) 生物化学中通常所说的标准状态被定义为 0.1MPa，25℃，pH 为 7.0 时，而不是以物理化学中 pH 为 0.0（即氢离子浓度为 1.0mol/L）作标准。因此标准状况下的自由能改变值以符号 $\Delta G'^{\circ}$表示；

(3) $\Delta G'^{\circ}$用于生物化学能量学，假设每个反应物和产物能够解离的标准状态是它的未解离形式和解离形式的混合状态，两种状态的存在正是 pH7.0 的环境；当 pH 不是 7.0 时，不可用 $\Delta G'^{\circ}$值，因为一种组分或一种以上的组分的解离程度都可能改变 pH，而 pH 的变化即可导致反应对 H^+ 和 OH^- 在结合上的差异，或释放数量上的差异；

(4) 根据生化国际委员会建议，自由能的变化值使用焦耳或千焦耳每摩尔表示。

五、氧化还原电势与自由能变化的关系

在氧化-还原反应中，如果反应物的组成原子或离子失去电子，则该物质称为还原剂；如果反应物的组成原子或离子得到电子，则该反应物称为氧化剂。氧化还原反应包括一个矛盾的两个方面：一种物质作为还原剂失去电子，本身被氧化；另一种物质作为氧化剂得到电子本身被还原。换言之，氧化还原反应是同时进行的，一种物质被氧化，必有另一种物质被还原。氧化还原反应是电子从还原剂转移到氧化剂的过程。氧化还原反应还可以更广义地理解为：某种物质的电子占有程度降低即是氧化，升高即是还原。

最简单的氧化还原反应是金属锌在铜离子溶液中的氧化还原反应。

$$Zn + Cu^{2+} \longrightarrow Zn^{2+} + Cu$$

如果这一反应在同一体系中进行（例如在烧杯中），则反应的结果是化学能转变为热能，使温度升高，而看不出有任何电子的转移。如将上述氧化反应和还原反应通过一个装置将它们分开组成一个化学原电池（图 11-1）。在容器 A 和 B 中分别放入硫酸锌和硫酸铜溶液，在盛有硫酸锌的容器中放入锌片，在盛有硫酸铜的溶液中放入铜片，两个容器用盐桥连接起来，盐桥内装有饱和氯化钾溶液和琼脂做成的凝胶。如果用导线将两片金属连接起来，中间串联一检流计，则检流计的指针会立即向一方偏转。这说明有电流通过，同时锌片开始溶

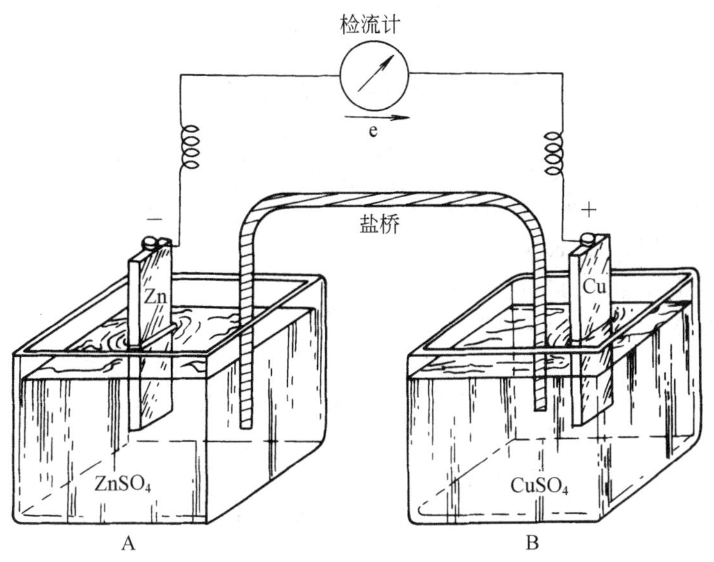

图 11-1　化学电池示意图

解，而铜片上有铜沉积上去。这是因为锌失掉了两个电子形成锌离子：

$$Zn = Zn^{2+} + 2e^-$$

Zn^{2+} 离子进入溶液中，而电子留有锌片上。锌片上因有过多的电子而成为负极。电子从负极经过导线流向铜片，在铜片附近，铜离子获得电子后变成金属铜：

$$Cu^{2+} + 2e^- = Cu$$

金属铜沉积在铜片上，故铜为正极。

通过盐桥，阴离子 SO_4^{2-} 和 Cl^- 向锌盐溶液移动；阳离子 Zn^{2+} 和 K^+ 向铜盐溶液移动，使锌盐溶液和铜盐溶液保持电中性。这种使化学能变为电能的装置称为化学电池，又叫原电池。由锌极和铜极组成的原电池称为铜锌原电池。这里锌原子失去电子，本身被氧化。由于电子由锌极流向铜极，Cu^{2+} 获得电子，本身被还原。这种过程现在被视为电化学过程。

根据热力学定律，在恒温恒压条件下，系统如果不做膨胀功，也没有热量的变化，这时的化学原电池可称其为理想电池。这时系统自由能的变化等于系统在可逆过程中所作的最大有用功。

$$-\Delta G_{T \cdot p} = W'_{最大} \tag{11-6}$$

在一个理想电池中最大有用功为电功。

$$W_{电动} = Q \times \Delta E \tag{11-7}$$

式中　Q——电量；

ΔE——电势差。

又根据：

$$Q = n \times F \tag{11-8}$$

式中　n——反应中的得失电子数；

F——法拉第常数。

将式(11-8) 代入式(11-7) 并代入式(11-6)，得出电势差与自由能的关系式，在生物化学标准状态下，可写成：

$$-\Delta G'^{\circ} = nF\Delta E'^{\circ} \tag{11-9}$$

$$\Delta G = \Delta G'^{\circ} + RT\ln K'_{平衡}$$

当反应达到平衡时，则 $\Delta G = 0$，上式可写成：

$$\Delta G'^{\circ}=-RT\ln K'_{平衡} \tag{11-10}$$

将式（11-10）代入式（11-9），得：

$$nF\Delta E'^{\circ}=RT\ln K'_{平衡}$$

$$\Delta E'^{\circ}=\frac{2.303RT}{nF}\lg K'_{平衡}$$

式中 R——气态常数，$R=8.314$J/mol·K；

T——绝对温度，298K（25℃）；

F——法拉第常数，96500J/V·mol；

$\Delta E'^{\circ}$——标准氧化还原电势差。

$$\Delta E'^{\circ}=\frac{2.303\times8.314\times298}{n\times96\ 500}\lg K'_{平衡}$$

对于任何一个半反应，可以写成：

$$\Delta E'^{\circ}=\frac{0.059}{n}\lg\frac{[氧化态]}{[还原态]} \tag{11-11}$$

生物体内的氧化还原反应，其基本原理和化学电池一样。也可以将生物体内的氧化剂与还原剂看成化学电池。一些生物物质的氧化还原电位已测出，见表 11-1。

表 11-1 若干物质的氧化还原半反应电位

反应系	氧化还原电位(pH=7.0,30℃)	反应系	氧化还原电位(pH=7.0,30℃)
$\frac{1}{2}O_2+2H^++2e^-$ ══ H_2O	+0.816	FMN$+2H^++2e^-$ ══ $FMNH_2$	−0.3
		FAD$+2H^++2e^-$ ══ $FADH_2$	−0.18
$Fe^{3+}+e^-$ ══ Fe^{2+}	+0.771	草酰乙酸$+2H^++2e^-$ ══ 苹果酸	−0.102
细胞色素 $a_3Fe^{3+}+e^-$ ══ 细胞色素 a_3Fe^{2+}	0.39	丙酮酸$+2H^++2e^-$ ══ 乳酸	−0.190
细胞色素 $aFe^{3+}+e^-$ ══ 细胞色素 aFe^{2+}	+0.29	$NAD^++2H^++2e^-$ ══ $NADH+H^+$	−0.320
细胞色素 $cFe^{3+}+e^-$ ══ 细胞色素 cFe^{2+}	+0.25	$NADP^++2H^++2e^-$ ══ $NADPH+H^+$	−0.324
细胞色素 $c_1Fe^{3+}+e^-$ ══ 细胞色素 c_1Fe^{2+}	+0.22	H^++e^- ══ $\frac{1}{2}H_2$	−0.420
辅酶 Q$+2H^++2e^-$ ══ 辅酶 QH_2	+0.10		
细胞色素 $bFe^{3+}+e^-$ ══ 细胞色素 bFe^{2+}	+0.07	乙酸$+2H^++2e^-$ ══ 乙醛	−0.60
延胡索酸$+2H^++2e^-$ ══ 琥珀酸	+0.031		

举例：计算乙醛还原生成乙醇反应的标准自由能变化 $\Delta G'^{\circ}$ 和实际自由能变化 ΔG，

$$乙醛+NADH+H^+\longrightarrow 乙醇+NAD^+$$

它们的半反应和 E'° 为：

（1）乙醛 $+2H^++2e^-\longrightarrow$ 乙醇

$$E'^{\circ}=-0.197V$$

（2）$NAD^++2H^++2e^-\longrightarrow NADH+H^+$

$$E'^{\circ}=-0.320V$$

规定：$\Delta E'^{\circ}$ 为电子受体的 E'° 减去电子供体的 E'°，因乙醛从 NADH 接受电子（$n=2$），所以该氧化还原反应的标准自由能变化为：

$\Delta E'^{\circ}=-0.197V-(-0.320V)=0.123V$

$\Delta G'^{\circ}=-nF\Delta E'^{\circ}=-2(96.5kJ/V\cdot mol)(0.123V)=-23.7kJ/mol$

这是当乙醛、乙醇、NAD^+、NADH 均为 1mol/L，25℃，pH7 时氧化还原反应中的标准自由能变化。如果乙醛和 NADH 为 1mol/L，而乙醇和 NAD^+ 为 0.1mol/L 时，计算反应的实际自由能变化，首先需根据表达式，$E=E^{\circ}+\frac{RT}{nF}\ln\frac{[电子受体]}{[电子供体]}$，确定乙醛和 NADH 的 E：

$$E_{乙醛}=E'^{\circ}+\frac{RT}{nF}\ln\frac{[乙醛]}{[乙醇]}=-0.197V+\frac{0.026}{2}\ln\frac{1.0}{0.1}=-0.167V$$

$$E_{NADH}=E'^{\circ}+\frac{RT}{nF}\ln\frac{[NAD^{+}]}{[NADH]}=-0.320V+\frac{0.026}{2}\ln\frac{0.1}{1.0}=-0.350V$$

$$\Delta E=-0.167V-(-0.350V)=0.183V$$

因此该氧化还原反应在特定浓度下的实际自由能变化为：

$$\Delta G=-nF\Delta E=-2(96.5kJ/mol)(0.183V)=-35.3kJ/mol$$

六、高能生物分子

生物体以光能和化学能的形式从太阳光和营养物中获取能量，驱动各种需能的生命过程，如肌肉的收缩，物质的跨膜转动，渗透压的维持等。生物体在能量的吸收和能量的利用之间存在着一种精细的能量转换机制，以保证能量的有效利用。以下介绍重要的能量转换物质及其转换机制。

1. 高能磷酸化合物

生物体内有许多磷酸化合物，当其磷酰基水解时，释放出大量的自由能。这类物质称为高能磷酸化合物，其在生物换能过程中占重要地位。这些分子中的酸酐键能释放出大量的自由能，因此被称为“高能键”。“高能键”用符号“～”表示，一般将水解时能释放出 25kJ 以上自由能的键视为“高能键”，含有“高能键”的化合物称为高能化合物。高能化合物中，虽然含磷酸基团的占了大多数，但并非所有含磷酸基团的化合物都是高能磷酸化合物。如葡萄糖-6-磷酸，甘油磷酸等。而乙酰辅酶 A 虽不含磷酸基团，但其水解时能释放出大于 30kJ 的自由能，故属高能化合物之列。表 11-2 列出了一些磷酸化合物水解时的标准自由能变化（$\Delta G'^{\circ}$）。

表 11-2　水解某些磷酸化合物的标准自由能 $\Delta G'^{\circ}$

化　合　物	$\Delta G'^{\circ}$/(kJ/mol)	化　合　物	$\Delta G'^{\circ}$/(kJ/mol)
磷酸烯醇式丙酮酸	−61.9	磷酸精氨酸	−33.5
氨甲酰磷酸	−51.4	ATP-ADP+P_i	−30.5
1,3-二磷酸甘油酸	−49.3	果糖-6-磷酸	−15.9
磷酸肌酸	−43.1	葡萄糖-6-磷酸	−13.8
乙酰磷酸	−42.3	3-磷酸甘油	−9.2

2. ATP 在生物能量转换中的特殊作用

三磷酸腺苷（ATP）是典型的高能磷酸化合物。在能量转换中扮演了极其重要的角色。当需能时，ATP 可以立即水解（ATP $\longrightarrow$ ADP＋P_i），为各种吸能反应直接提供自由能。同时，ATP 又可从放能反应（如食物的分解和光合作用的光反应等）中获得再生（ADP＋P_i $\longrightarrow$ ATP）。在活细胞的能量循环过程中起携带能量的作用，形成 ATP 循环，成为细胞能量流通的货币（图 11-2）。

（1）ATP 的结构特征

ATP 之所以能将细胞的放能反应和吸能反应偶联在一起，关键取决于它的结构和性质。如图 11-3，ATP 分子中含有 2 个高能的不稳定的酸酐键。由于共振的原因，酸酐键容易断裂并释放大量的自由能。另外，在 ATP 分子内有 4 个相距很近的负电荷，它们之间相互排斥，使 ATP 的磷酸基团易于水解。当末端磷酸基团水解后，分子内的 4 个负电荷减少为 3 个（$ATP^{4-}\rightarrow ATP^{3-}$），这样，相同电荷的斥力被缓和而分子趋于相对稳定。同时由于共振

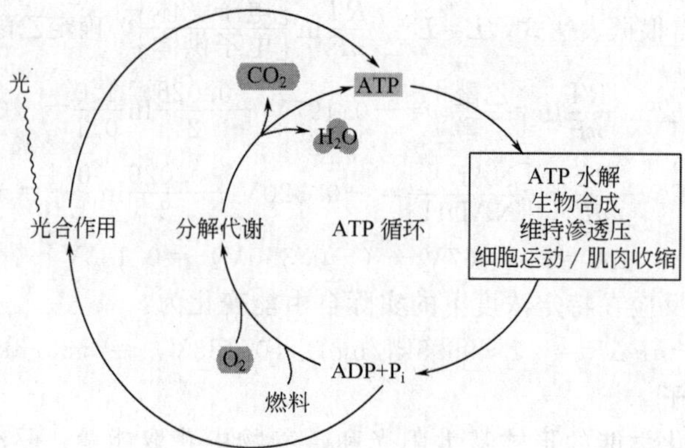

图 11-2 细胞中的 ATP 循环

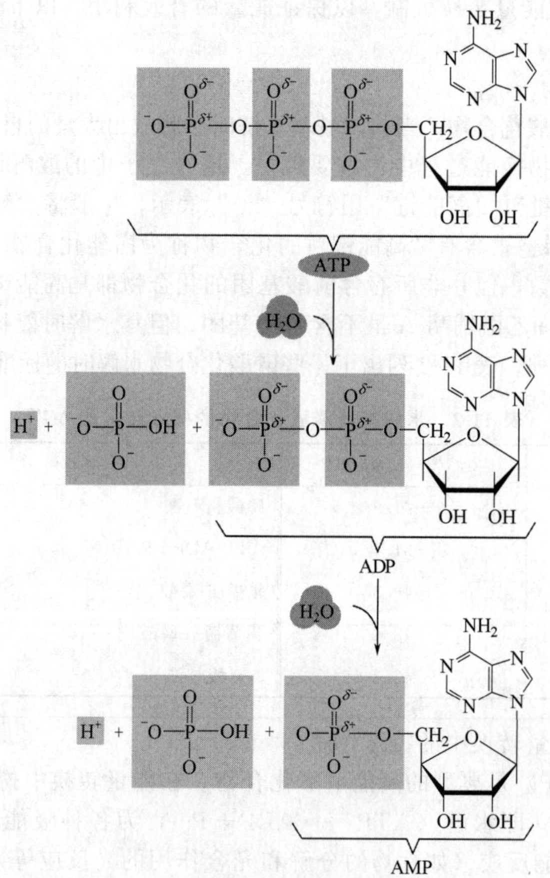

图 11-3 ATP 分子的结构特征

杂化的原因，ATP 的水解产物 HPO_4^{2-} 具有低能性和稳定性，使得 ATP 水解的逆反应不可能发生，ATP 的特殊结构决定了它在生物能量转换中的地位。

这里需要说明的是：细胞内含有 Mg^{2+}，它与 ATP 或 ADP 结合形成的复合物如下。

$^-$O—P—O—P—O—P—O—核糖—腺嘌呤（Mg^{2+}）

Mg^{2+}–ATP^{2-} 结构式

$^-$O—P—O—P—O—核糖—腺嘌呤（Mg^{2+}）

Mg^{2+}–ADP^- 结构式

所以在酶促反应中，当 ATP 作为磷酸基供体时，真正的底物是 $MgATP^{2-}$，它水解时释放的自由能要比 ATP 水解时释放的自由能大。此外，由于细胞内的 pH 等因素，对 ATP 水解自由能的释放都会有影响。

（2）ATP 是能量转运的“共同中间体”

ATP 并不是通过简单的水解作用将吸能反应和放能反应偶联起来。而是通过磷酸基团的转移实现其对能量的转移图 11-4(a)。ATP 具有居中的磷酸基团转移势能，它能将磷酸基团从高能化合物转移至低能化合物，提升它们的活化能水平。如葡萄糖接受 ATP 转移的磷酸基团形成葡萄糖-6-磷酸，伴随着磷酸基团转移的同时，有效地完成了能量的转移，使葡萄糖-6-磷酸能顺利进行各种代谢反应，如图 11-4(b)。在高能磷酸化合物的磷酸基团转移过程中，ATP 处于中间位置，起到中间传递体的作用。因此，ATP 被称为“活细胞中能量流通的货币。”

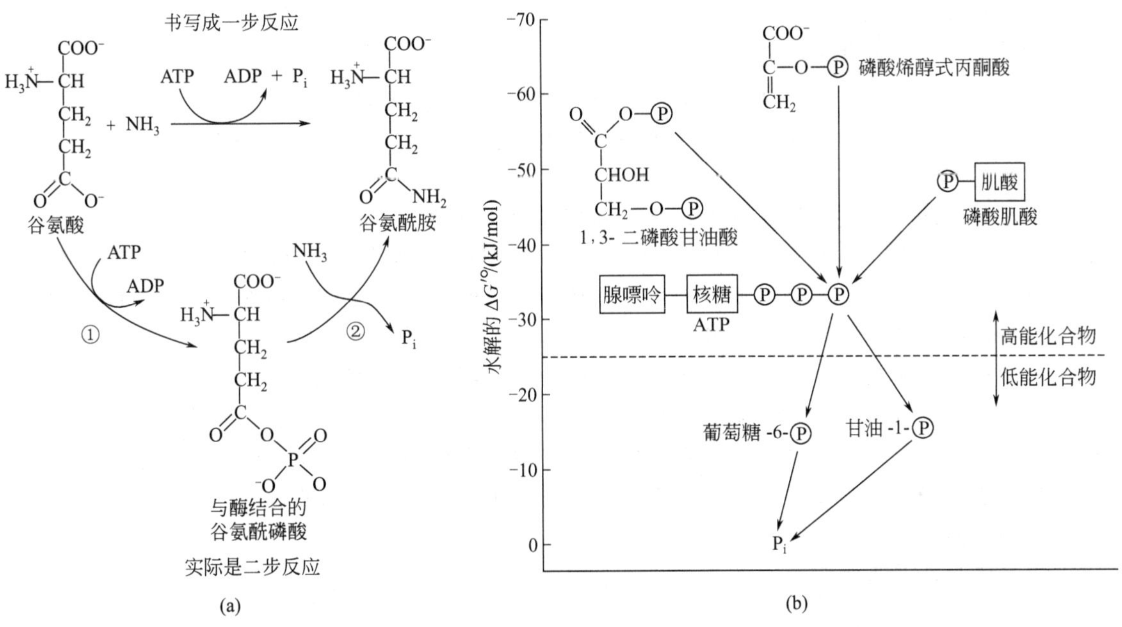

图 11-4 (a) ATP 的水解分二步进行；(b) ATP 在磷酸基团转移中的“共同中间体”作用

另有两点需要说明：(1) 生物化学中所用的“高能键”的含义不同于物理化学。物理化学“键能”的含义是指化学键断裂时所需提供的能量；而生物化学中“高能键”是指该键水解时能释放出大量的自由能。实际上，生物化学家长期沿用了一个错误的概念。所有化学键的断裂都需要输入能量，磷酸化合物水解释放的自由能并非来自特定键的断裂，而是由于产物的自由能小于反应物的自由能。但是，为了方便，当指 ATP 或其他有很大负标准水解自由能的磷酸化合物时仍使用“高能磷酸化合物”这个概念。(2) 其他核苷三磷酸（如 GTP、CTP 和 UTP）也有类似 ATP 的作用，可在代谢反应中提供能量。

第二节　电子传递与氧化磷酸化

一、生物体电子传递的方式与电子载体

线粒体中的一系列氧化还原反应均是在脱氢酶作用下的质子和电子的传递过程。

1. 电子传递的几种方式

（1）电子的直接传递

如 Fe^{2+}/Fe^{3+} 氧化还原对能直接传递电子给 Cu^{+}/Cu^{2+} 氧化还原对：

$$Fe^{2+}+Cu^{2+} \rightleftharpoons Fe^{3+}+Cu^{+}$$

(2) 以氢原子的形式传递电子

因氢原子含有1个电子（e）和1个质子（H^{+}），可用下列方式表示：

$$AH_2 \rightleftharpoons A+2e+2H^{+}$$

AH_2 是氢/电子的供体

如 $AH_2+B \rightleftharpoons A+BH_2$　两个氧化还原对分别是 A/AH_2 和 B/BH_2

(3) 以氢负离子（$:H^{-}$）的形式传递电子

NADPH 和 NADH 以这种方式传递电子：

$$NADH+H^{+} \rightleftharpoons NAD^{+}+2e+2H^{+}$$

$$NADPH+H^{+} \rightleftharpoons NADP^{+}+2e+2H^{+}$$

(4) 直接与氧结合

如碳氢化合物氧化为醇的反应：

$$R-CH_3+\frac{1}{2}O_2 \longrightarrow R-CH_2-OH$$

式中，碳氢化合物为电子供体，氧原子是电子受体，氧被共价结合在产物中。

2. 电子载体

活细胞中的氧化还原反应有上百种，即酶催化几百种不同底物的电子转移。然而，通用的电子载体仅有几种：NAD^{+}、$NADP^{+}$、FAD 和 FMN。它们都是水溶性辅酶。它们在代谢的许多电子传递反应中，反复经历氧化和还原。已经知道，NAD^{+} 在 200 多种酶催化的氧化还原反应中担负电子载体的任务。在反应过程中，它们没有净的消耗和生成，而是在氧化和还原两种状态中反复循环使用。除以上四种电子载体外，脂溶性醌类物质如泛醌（辅酶Q）在膜的疏水环境中可以作为电子载体和质子供体。铁硫蛋白和细胞色素类在许多氧化还原反应中作为电子载体，这是由于它们含有的非血红素铁和血红素铁（有的细胞色素含有铜原子）能进行可逆的氧化和还原。它们中间有的是水溶性蛋白，有的是内在膜蛋白，也有的是膜外周蛋白。

二、呼吸链及其组成

呼吸链又称为电子传递链。是由存在于线粒体内膜上的一系列能接受氢或电子的中间传递体所组成。代谢物（糖类、脂类和蛋白质等物质）在分解代谢过程中产生的还原型辅酶在线粒体内膜经一系列传递体的传递作用，最终将氢传递给被激活的氧分子而生成水。由于参与这一系列催化作用的酶和辅酶一个接一个的构成了链状反应，因此常将这种形式的氧化过程称为呼吸链（图 11-5）。

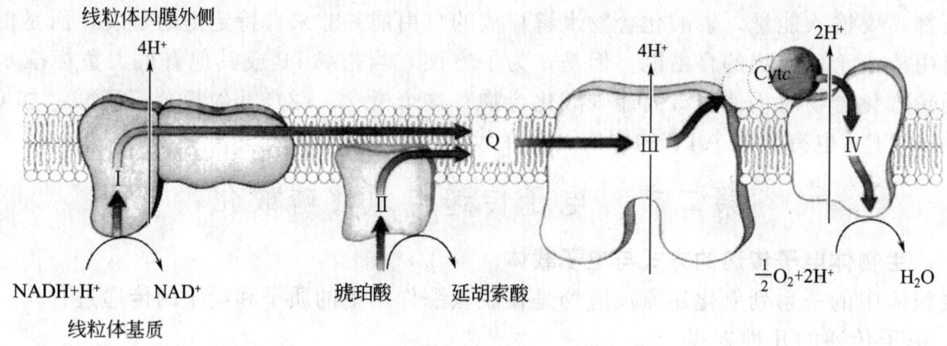

图 11-5　电子和质子在呼吸链的流动（呼吸链概况）

呼吸链主要由存在于线粒体内膜上的几个大的蛋白质复合物构成（图 11-5），它们是 NADH 脱氢酶复合物（也称为 NADH-CoQ 还原酶或复合物Ⅰ），琥珀酸脱氢酶（复合物Ⅱ）细胞色素 bc_1 复合物（也称 CoQ-Cyt. c 还原酶或复合物Ⅲ）和细胞色素氧化酶（也称为复合物Ⅳ）。电子从 NADH 到氧是通过这四个复合物的联合作用。

1. 呼吸链中的主要成员及其作用

（1）NADH-CoQ 还原酶　NADH-CoQ 还原酶是一种与铁硫蛋白结合成复合物的黄素蛋白（图 11-6），属于不需氧黄素酶（黄酶），其辅酶是 FMN（黄色），850kD，由 42 条肽链构成。它结合 NADH，并将其氧化为 NAD^+；脱下的 2H 被该酶的辅基 FMN 接受。FMN 接受 2H，转变为 $FMNH_2$。$FMNH_2$ 中的电子通过铁硫蛋白被传递到呼吸链的下一个成员辅酶 Q，同时有 4 个质子从基质排至内膜外侧（间隙），因此复合物Ⅰ是一个由电子传递能量驱动的质子泵。总过程表示为：

$NADH+5H_N^+ +Q \longrightarrow NAD^+ +QH_2+4H_p^+$（式中下标 N 表示线粒体基质内，P 表示线粒体内膜外侧）。

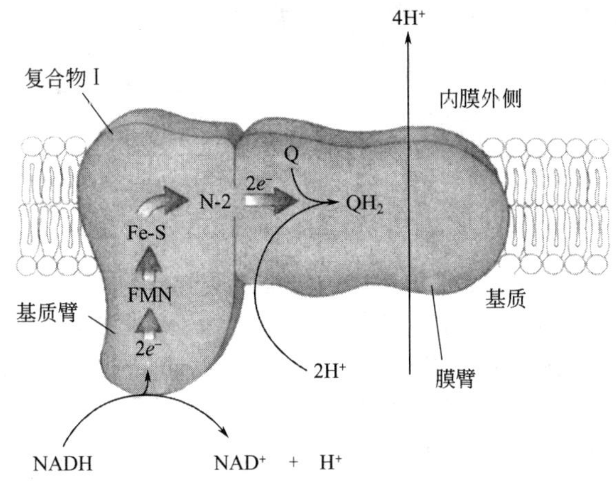

图 11-6　NADH-CoQ 还原酶（复合物Ⅰ，N-2：一种铁硫蛋白）

铁硫蛋白是存在于线粒体内膜上的一种与电子传递有关的非血红素铁蛋白。最早从厌氧菌中发现，后来在高等植物中也发现了类似的蛋白质。它们存在于叶绿体中，参与光合作用中的电子传递。

铁硫蛋白分子中含非卟啉铁和对酸不稳定的硫，其作用是借铁的变价互变进行电子传递。

$$Fe^{3+}+e^- \longrightarrow Fe^{2+}$$

因其活性部分含有两个活泼的硫和两个铁原子，故也称铁硫中心。已知的铁硫蛋白有多种，可概括为三类：最简单的是单个铁四面与蛋白质中的半胱氨酸的硫络合；第二类是 Fe_2S_2，含有两个铁原子与两个无机硫原子及四个半胱氨酸；第三类为 Fe_4S_4，含有四个铁原子与四个无机硫及四个半胱氨酸（图 11-7）。

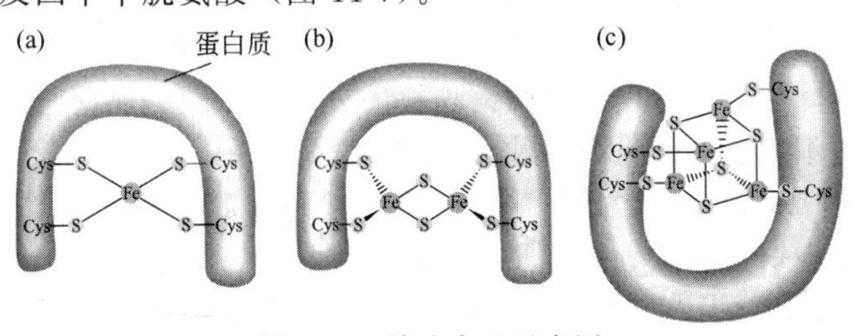

图 11-7　铁硫中心示意图

铁硫蛋白在生物界广泛存在。在线粒体内膜上常与黄素酶或细胞色素结合成复合物而存在。在从 NADH 到氧的呼吸链中，至少有 8 个不同的铁硫中心，有的在 NADH 脱氢酶中，有的与细胞色素 b 及 c_1 有关。

(2) 琥珀酸脱氢酶（复合物Ⅱ） 复合物Ⅱ含有以 FAD 为辅基的黄素蛋白（黄酶）及铁硫中心。该复合物是存在于线粒体内膜上的内在蛋白，由 4 条肽链组成，140kD。琥珀酸脱氢酶催化琥珀酸脱氢，其辅基 FAD 接受两个氢转变为 $FADH_2$。后者在重新氧化时，$FADH_2$ 中的两个电子经 FeS 中心传递给 CoQ（图 11-8）。

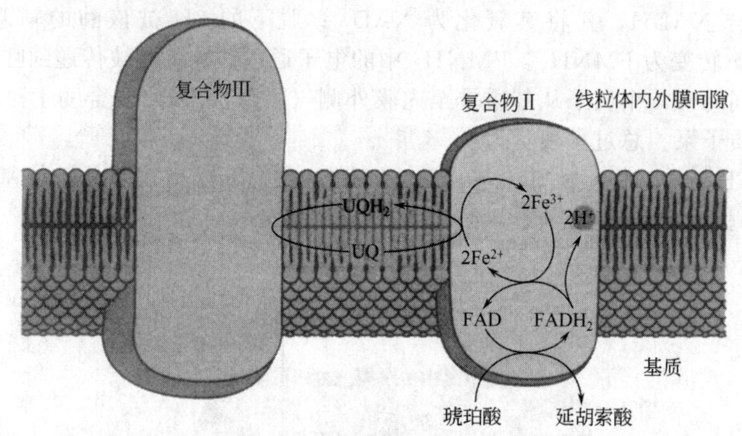

图 11-8 琥珀酸脱氢酶（复合物Ⅱ）

辅酶 Q（CoQ）在生物界广泛存在，是脂溶性醌类化合物，故称泛醌。由于它的非极性性质，可以在线粒体内膜的疏水相中快速扩散。也有的 CoQ 结合于内膜上。

不同的 CoQ 主要是侧链类异戊二烯的数目不同，常用 CoQ_n 表示它的一般结构，n 代表侧链上类异戊二烯的数目。动物和高等植物一般为 CoQ_{10}，微生物为 $CoQ_{6\sim9}$。CoQ 的醌型结构可接受两个氢，经半醌式（CoQH·）中间体而被还原（图 11-9）。它既可以携带电子和质子，又是呼吸链中唯一一个不与蛋白质紧密结合的传递体，因此，在呼吸链中作为一种特殊灵活的载体起重要作用。

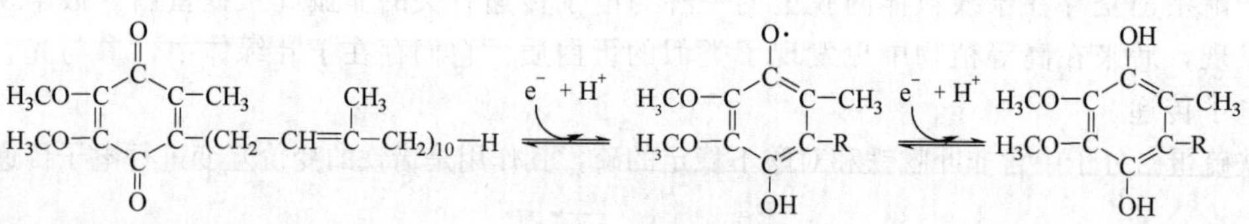

$$\text{CoQ: } (H_3CO)_2C_6O_2(CH_3)-(CH_2-CH{=}C(CH_3)-CH_2)_{10}-H \xrightleftharpoons{e^- + H^+} \text{半醌中间体 }(Q^{\cdot}) \xrightleftharpoons{e^- + H^+} CoQH_2$$

图 11-9 CoQ 接受氢转变为 $CoQH_2$

(3) 细胞色素 bc_1 复合物（复合物Ⅲ） 1925 年，Keilin 发现昆虫的飞翔肌中含有一种色素物质，参与营养物质氧化过程中的氧化还原反应，因它有颜色，故命名为细胞色素。现已知道，细胞色素（cytochromes）是一类含有铁卟啉辅基的电子传递蛋白。各种细胞色素的辅基结构略有不同，它们与蛋白质多肽链连接的方式也不同。根据所含辅基还原状态时的吸收光谱的差异而将细胞色素分为若干种类。迄今发现的有 30 多种，但在细胞内参与生物氧化的细胞色素有 a，b，c 三大类。在呼吸链中，它们负责将电子从 CoQ 传递到氧，其作用机制是通过铁卟啉中铁原子的氧化还原而往复传递电子，为单电子传递体。

细胞色素 bc_1 复合物含有细胞色素 b(Cyt. b)，细胞色素 c_1(Cyt. c_1）和 FeS 蛋白。由 11

条肽链组成，250kD。当 $CoQH_2$ 提供它的两个电子给呼吸链的下一个成员细胞色素 *b* 时，2 个质子（H^+）被释放到内膜外侧。细胞色素 *b* 接受 1 个电子，并将其转交给 CoQ 形成 $\cdot Q^-$ 形式。另一个电子经铁硫蛋白交给细胞色素 C_1 后再传递给细胞色素 *c*。同时第二分子被还原的 $CoQH_2$ 以同样的方式将 1 个电子传递给细胞色素 *c*，另一个电子传递给 $\cdot Q^-$，并将 2 个质子排至内膜外侧。$\cdot Q^-$ 接受电子后又与基质中的 2 个质子结合成 QH_2，如此形成 Q 循环（如图 11-10）。其结果是：

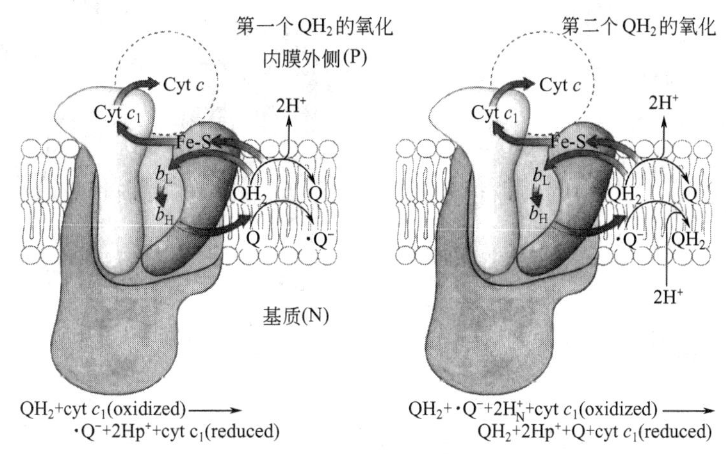

图 11-10　复合物Ⅲ的 Q 循环

$$QH_2 + 2Cyt.\,c_1(\text{氧化型}) + 2H^+(\text{基质内}) \longrightarrow Q + 2Cytc_1(\text{还原型}) + 4H^+(\text{排至内膜外侧})$$

细胞色素 *c*（Cyt. *c*）是一个水溶性蛋白，位于线粒体内膜外侧的表面上。为一单肽链蛋白，分子量为 12.4kD（图 11-11）可与细胞色素 bc_1 复合物结合，接受一个电子，并经自身的铁原子价数的变化将接受的电子传递给呼吸链的下一个成员细胞色素 *c* 氧化酶。

（4）细胞色素 *c* 氧化酶（复合物Ⅳ）　含有细胞色素 *a* 和细胞色素 a_3；是一个跨膜蛋白，由 13 条肽链组成，分子量为 204kD。

细胞色素 *a* 和细胞色素 a_3 分子中除含有铁外，还含有 2 个铜原子（图 11-12）；在电子传递过程中，分子中的铜可发生一价和二价的互变，使电子最终传给氧，使氧激活，与质子结合生成水。同时将 2 个 H^+ 从基质排至内膜外侧。

2 个电子从 NADH 经呼吸链传递至氧总反应式可表示为：

$$NADH + H^+ + \frac{1}{2}O_2 \longrightarrow NAD^+ + H_2O$$

标准自由能变化为：

$$\Delta G'^{\circ} = -220kJ/mol(NADH)$$

这是一个高度放能的过程。

2. 呼吸链中电子传递体排列顺序的确定

（1）测定呼吸链各组分的氧化还原电势　呼吸链中氢的传递和电子的传递是有着严格的顺序和方向的。这些顺序和方向是由各种电子传递体标准氧化还原电位来决定的。此外，还可以通过实验的方法确定：用去污剂如毛地黄皂苷处理线粒体，除去其外膜，再用渗透压法使内膜破裂，将内膜碎片溶解后通过离子交换法可获得各多酶复合物，再通过电位测定，确定其顺序。以上顺序就是根据在体外将电子传递体重新组成呼吸链等实验而得到的结论。

从式（11-11）中可以分析出，$\Delta E'^{\circ}$ 值越大，说明越易构成氧化剂处于呼吸链的末端，$\Delta E'^{\circ}$ 值越小，则越易构成还原剂而处于呼吸链的始端。在常温常压下，电子总是从低氧化

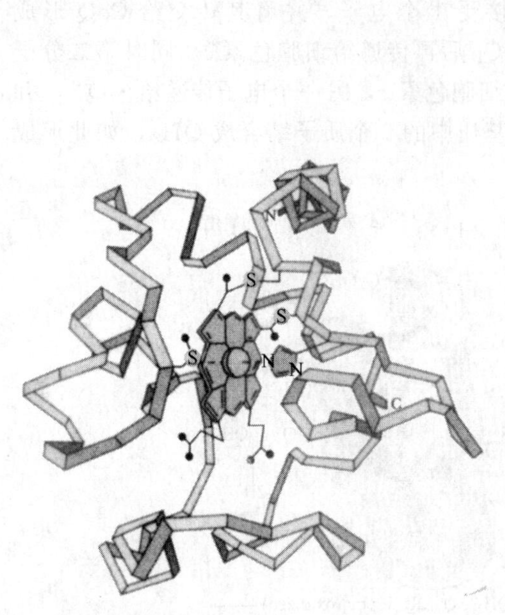

图 11-11 细胞色素 c 结构

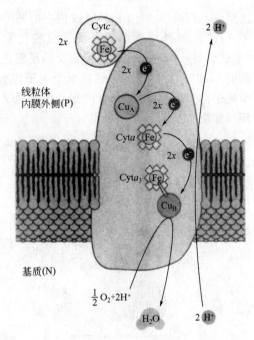

图 11-12 细胞色素 c 氧化酶复合物（复合物Ⅳ）

还原电位向高氧化还原电位方向移动。呼吸链本身就是一个氧化还原体系，其组成和顺序排列也遵循电化学的原理。呼吸链上的各组分的位置与其失电子趋势的强弱有关，即供电子的倾向越大，越易成为还原剂而处于呼吸链的前列。因此呼吸链中各组分的排列顺序是依 $\Delta E'^{\ominus}$ 的大小来排列的。呼吸链中各组分的氧化还原电位值见表 11-3。

表 11-3 呼吸链中各组分的标准氧化还原电势

氧化还原半反应	$E'^{\ominus}$(V)
$2H^- + 2e^- \longrightarrow H_2$	−0.414
$NAD^+ + H^+ + 2e^- \longrightarrow NADH$	−0.320
$NADP^+ + H^+ + 2e^- \longrightarrow NADPH$	−0.324
NADH 脱氢酶(FMN)$+2H^+ + 2e^- \longrightarrow$NADH 脱氢酶($FMNH_2$)	−0.30
泛醌$+2H^+ + 2e^- \longrightarrow$泛醇	0.045
细胞色素 $b(Fe^{3+}) + e^- \longrightarrow$细胞色素 $b(Fe^{2+})$	0.077
细胞色素 $c_1(Fe^{3+}) + e^- \longrightarrow$细胞色素 $c_1(Fe^{2+})$	0.22
细胞色素 $c(Fe^{3+}) + e^- \longrightarrow$细胞色素 $c(Fe^{2+})$	0.254
细胞色素 $a(Fe^{3+}) + e^- \longrightarrow$细胞色素 $a(Fe^{2+})$	0.29
细胞色素 $a_3(Fe^{3+}) + e^- \longrightarrow$细胞色素 $a_3(Fe^{2+})$	0.35
$O_2 + 2H^+ + 2e^- \longrightarrow H_2O$	0.8166

(2) 电子传递抑制剂的应用　凡能够切断呼吸链中某一部位电子流的物质和化学药品，统称为呼吸链电子传递的抑制剂。这些抑制剂可强烈抑制呼吸链中的一些酶类，以至使呼吸链中断。所以这些物质对人类乃至需氧生物具有极强的毒性。但人们利用其作用的专一性来特异切断呼吸链中某一部位的电子传递，以研究呼吸链的组成及它们的排列顺序。在抑制剂上游的电子传递体以还原态形式积累，在抑制剂下游的电子传递体则以氧化态形式积累。因此，抑制剂存在时测定电子传递链中各组分的氧化还原电位，即可判断它们的顺序。重要的电子传递抑制剂如下。

① 鱼藤酮和安密妥　鱼藤酮为农药鱼藤精的一种主要成分，它与安密妥都可抑制从 NADH 到 CoQ 的电子传递（图 11-13）。

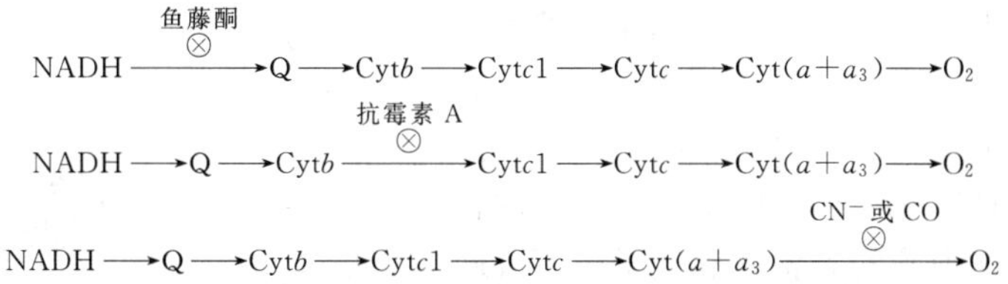

鱼藤酮
NADH → Q → Cytb → Cytc1 → Cytc → Cyt(a+a3) → O2
抗霉素 A
NADH → Q → Cytb → Cytc1 → Cytc → Cyt(a+a3) → O2
CN⁻ 或 CO
NADH → Q → Cytb → Cytc1 → Cytc → Cyt(a+a3) → O2

图 11-13　电子传递抑制剂用于测定电子载体的顺序

② 抗霉素 A　能抑制细胞色素 b 到 c_1 之间的电子传递（见图 11-13）。维生素 C 可缓解这种抑制作用，因为维生素 C 可直接还原细胞色素 c，电子流可以从维生素 C 传递到 O_2 从而可消除抗霉素 A 的抑制作用。

③ 氰化物，叠氮化合物和一氧化碳　三者都能抑制从细胞色素（$a+a_3$）到分子氧之间的电子传递。氰化物和叠氮化合物都可与传递体分子中的 Fe^{2+} 起作用，一氧化碳可抑制 Fe^{2+} 的形成，一氧化碳中毒的机理即如此。

三、氧化磷酸化作用

氧化磷酸化作用是指与生物氧化（电子传递）相伴而生的磷酸化作用，即将电子传递过程中产生的自由能用于 ATP 的合成。需氧细胞生命活动的主要能量来源于氧化磷酸化作用。氧化磷酸化是生物体内 ATP 合成的主要途径。电子传递和氧化磷酸化都发生在线粒体内膜上，同时，两种作用紧密偶联在一起。一种作用停止，必然会导致另一种作用的终止。

1. 氧化磷酸化作用机制

电子传递过程中产生的能量是如何驱动 ATP 合成的？一直是能量代谢研究的热点。为此先后有多种学说提出，如化学偶联学说，结构偶联学说和化学渗透学说。目前广泛认可的是化学渗透学说（chemiosmotic model）。因为它得到越来越多实验结果的支持和验证。化学渗透学说是英国生物化学家 Peter Mitchell 于 1961 年提出的，1978 年他获得诺贝尔化学奖。

化学渗透学说指出：呼吸链上的电子在传递过程中产生的能量驱动 H^+ 从线粒体基质跨过内膜进入到膜间隙，从而形成跨线粒体内膜的 H^+ 电化学梯度（图 11-14，图 11-15）。这种电化学梯

4H⁺
4H⁺
2H⁺
Cyt c
线粒体内
外膜间隙
Ⅰ
Ⅱ
Ⅲ
Ⅳ
Q
H2O
½O2+2H⁺
延胡索酸
琥珀酸
NADH+H⁺ NAD⁺
基质
ADP+Pi
ATP
F0
F1
H⁺
内侧呈碱性 pH 产生化学能
质子迁移力驱动 ATP 合成
内侧呈负电性，产生电极电势

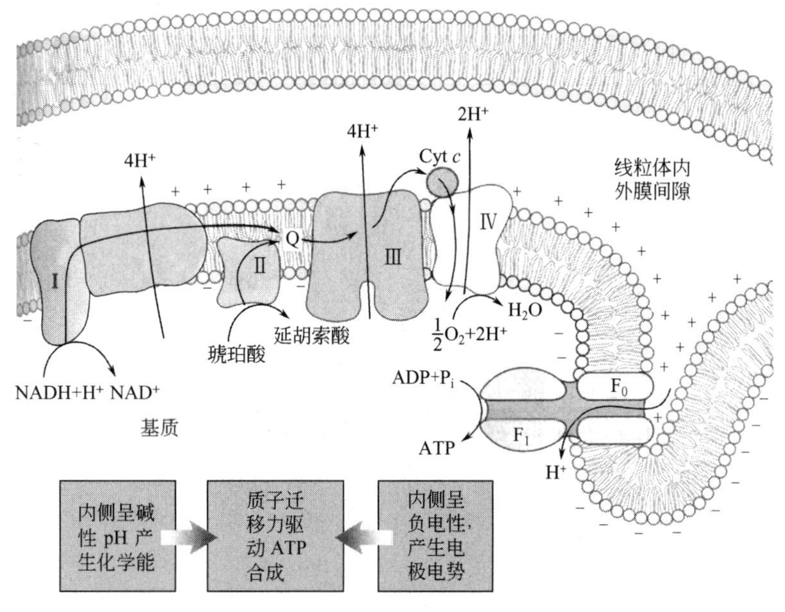

图 11-14　化学渗透学模型

度转变为质子驱动力（proton -motive force），驱使 H^+ 返回线粒体基质。但由于线粒体内膜对 H^+ 的不通透性，H^+ 只能通过内膜上专一的质子通道（F_0）返回。这样，驱使 H^+ 返回基质的质子驱动力为 ATP 的合成提供了能量。线粒体内膜的完整性和质子的不可通透性是氧化和磷酸化偶联的基础。

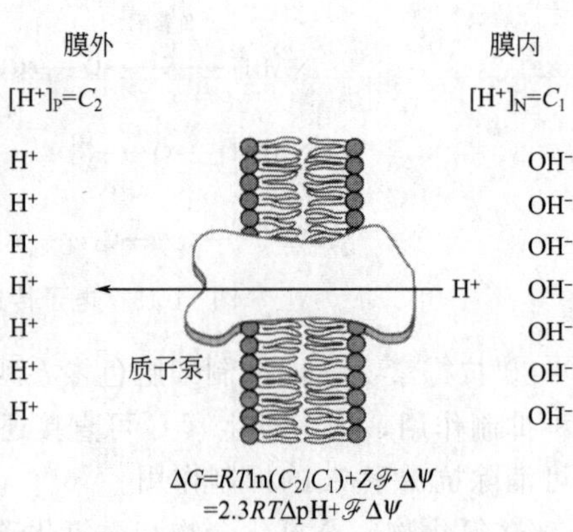

图 11-15　电化学梯度的形成

2. ATP 合酶

呼吸链中复合物Ⅰ、复合物Ⅲ和复合物Ⅳ都有质子泵的功能，借助电子传递产生的自由能将 H^+ 从基质泵入膜间隙。然而 H^+ 在质子驱动力的作用下返回基质时却只能通过唯一的质子通道 ATP 合酶的 F_0 部位，返回的质子流驱动了 ATP 的合成。

（1）ATP 合酶的结构　ATP 合酶主要由两个单元组成，即 F_1 和 F_0。F_1 单元由 9 个亚基组成：$\alpha_3\beta_3\gamma\delta\varepsilon$，负责催化 ATP 的合成。$F_0$ 单元由三种疏水亚基组成：$a_1b_2c_{9\text{-}12}$（表 11-4），形成穿膜的质子通道。F_1 单元与嵌入膜内的 F_0 单元连接，形成面向基质的球状体（图 11-16）。β-亚基为催化亚基，具有酶活性。ε 和 γ 亚基连接着 α、β 和 c 亚基。c 亚基是一种由反平行跨膜螺旋形成的发夹结构，10 个 c 亚基环形组合在一起形成质子通道。b 亚基的跨膜区域与 a 亚基相连，另一端的亲水区域通过 δ 亚基与（$\alpha\beta$）$_3$ 复合物连接，起到稳定的支架作用。

表 11-4　大肠杆菌 ATP 合酶的亚基组成

复合物	亚基名称	分子量/kD	亚基数
F_1	α	55	3
	β	52	3
	γ	30	1
	δ	15	1
	ε	5.6	1
F_0	a	30	1
	b	17	2
	c	8	9～12

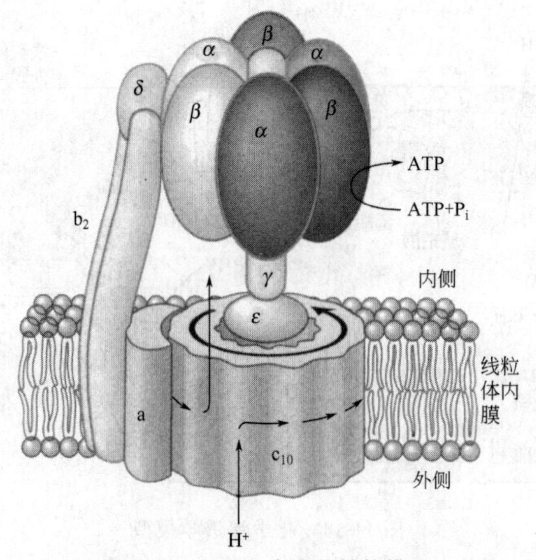

图 11-16　ATP 合酶的结构模型

(2) ATP 合成机制——结合变化机制　关于 ATP 的合成机制，Paul Boyer 提出结合变化机制，并于 1997 年获得诺贝尔化学奖。

当质子通过 F_0 单元返回基质时，触发了 c 亚基的旋转，c 亚基带动 γ、ε 以至 $(\alpha\beta)_3$ 复合物一起旋转，使 α 和 β 亚基发生构象变化，从而导致 ATP 的合成。ATP 合酶的 F_1 单元有三种构象：紧张态（T 态）、松散态（L 态）和开放态（O 态）。三种构象相互转变（图 11-17）。T 态为活性状态，且与配基的亲和力高；L 态和 O 态都是非活性状态，与配基的亲和力低。①ADP 和 P_i 结合在 L 位；②质子流驱动构象变化，L 位转变为 T 位，同时原 T 位转变为 O 位，原 O 位转变为 L 位；③进入 T 位的 ADP 和 P_i 合成 ATP，并随着进一步构象的改变被释放出去。ADP 和 P_i 再依次进入 L 位合成 ATP。

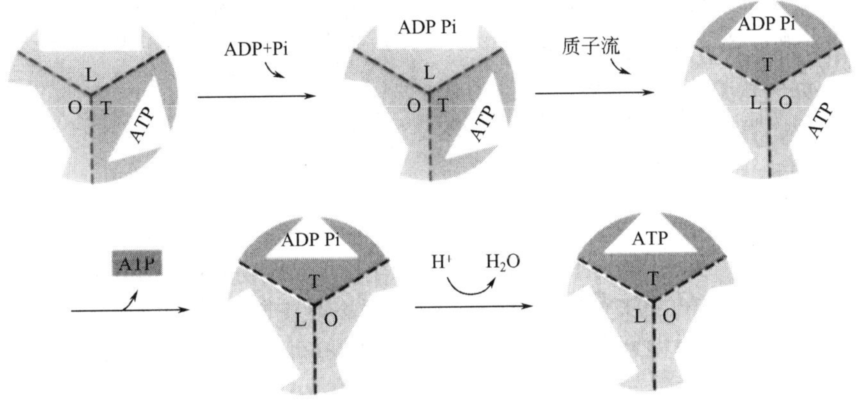

图 11-17　ATP 合酶的结合变化模型

合成的 ATP 在线粒体内膜上 ATP-ADP 转位酶的作用下离开线粒体，同时 ADP 进入线粒体再次参加 ATP 的合成。

3. 氧化磷酸化作用的控制（呼吸控制）

即 ATP/ADP 对氧化磷酸化作用的调控，当机体消耗 ATP 时，胞液中的 ADP 转运到线粒体基质中，同时将 ATP 运到线粒体外。当 ADP 和 H_3PO_4 进入线粒体增多时，氧化磷酸化速度加快，使 NADH 迅速减少而 NAD^+ 增多，间接促进 TCA 循环，产生更多的 NADH，结果又使氧化磷酸化速度加快。反之，如果 ATP 水平高而 ADP 不足时，则氧化磷酸化速度减慢，NADH 堆积，导致 TCA 循环速度减慢，ATP 合成减少。这种调节作用可使人体适应生理需要，合理地使用能量。ADP 浓度对氧化磷酸化速率的调控现象称为呼吸控制（图 11-18）。

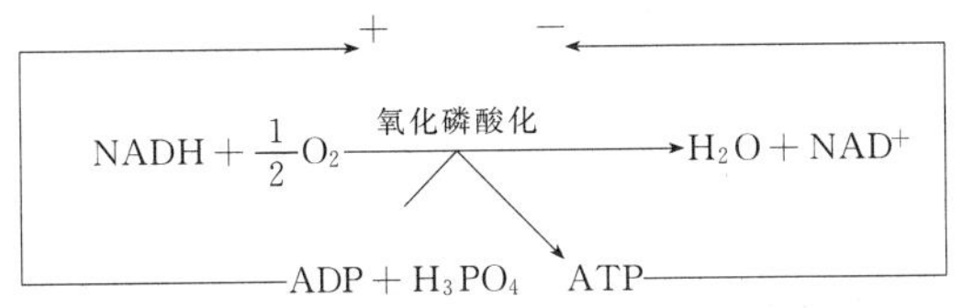

图 11-18　ATP/ADP 对氧化磷酸化的调节

4. P/O 比

P/O 比是指每消耗 1 摩尔的原子氧使无机磷渗入到 ATP 中的摩尔数。或者指每对电子经呼吸链传递给氧原子所生成的 ATP 摩尔数。

从呼吸链中电子传递的过程可以看出，每对电子通过 NADH-Q 还原酶有 4 个质子从基质泵出；每对电子通过细胞色素 bc_1 复合物也有 4 个质子从基质泵出；而每对电子通过细胞色素氧化酶有 2 个质子泵出。这样当一对电子从 NADH-CoQ 还原酶传递到氧，共有 10 个 H^+ 从基质排至线粒体内膜外侧。已知每合成 1mol ATP 需 3 个质子通过 ATP 合酶，同时，产生的 ATP 从线粒体基质进入胞质还需要消耗 1 个质子，故每形成 1 个 ATP 共需消耗 4 个质子。这样，一对电子从 NADH 到氧将产生 2.5 个 ATP[(4+2+4)/4]，P/O 比为 2.5，而一对电子从 $FADH_2$ 到氧将产生 1.5 个 ATP[(2+4)/4]，P/O 比为 1.5。

5. 氧化磷酸化的解偶联和抑制

(1) 氧化磷酸化的解偶联作用　在正常情况下，电子传递与磷酸化作用是紧密偶联在一起的。但在某些条件下或某些试剂能将氧化和磷酸化作用分离，如 2,4-二硝基苯酚［图 11-19 (a)］就是典型的解偶联剂。它能使电子传递和 ATP 形成两个过程分离。结果是：电子传递失去控制，氧消耗增加，但 ATP 合成停止。此时电子传递产生的能量都以热的形式散失，不能用于 ATP 的合成。这是由于在 pH7 的环境下，2,4-二硝基苯酚（DNP）以解离形式存在，这种形式不能透过膜。而在酸性环境中，DNP 接受质子成为非解离形式而容易透过内膜，同时将一个 H^+ 带入基质，这样就破坏了内膜二侧的质子梯度，使 ATP 不能正常合成。

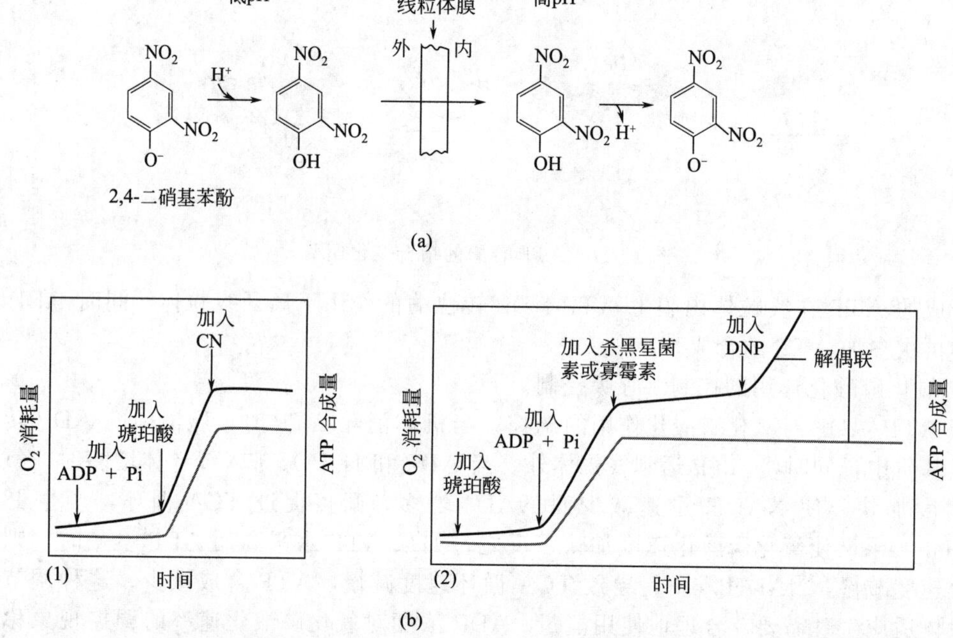

图 11-19　(a) 2,4-二硝基苯酚的作用机制；(b) 线粒体中电子传递与 ATP 形成相偶联

(1) 有氧条件下，在完整线粒体中加入 ADP，Pi 和琥珀酸时，氧的消耗迅速增加，同时伴有 ATP 合成。当在反应系统中加入电子传递抑制剂氰化物时，电子传递和 ATP 的合成同时停止。(2) 与 (1) 相同，当加入琥珀酸酸，ADP 和 Pi 时，氧消耗迅速增加，同时 ATP 合成。但是，当加入氧化磷酸化抑制剂寡霉素时，ATP 合成与电子传递同时停止；当加入解偶联剂 DNP 时，氧消耗又快速增加，但不再合成 ATP，说明电子传递和 ATP 合成两个过程紧密偶联

氧化磷酸化的解偶联作用在生理上有着重要意义。它是冬眠动物和新生儿获取热量、维持体温的一种方式。因为在新生儿的颈背部和冬眠动物体内含有褐色脂肪组织，这种褐色脂肪组织中含有大量的线粒体，同时在线粒体内膜上存在一种解偶联蛋白，质子可通过解偶联蛋白返回基质，破坏了质子梯度，使电子传递产生的能量不能完全用于 ATP 的合成，而是以热的形式散发以维持体温（图 11-20）。

(2) 氧化磷酸化抑制剂

氧化磷酸化抑制剂是直接抑制 ATP 合成的化学物质。如寡霉素，它能与 ATP 合酶中

F_0上的一个亚基结合而干扰了质子返回基质，使ATP不能合成。由于ATP合成停止，电子传递也被阻断。所以寡霉素的作用位点虽在ATP合酶，但同时又抑制了电子传递和氧的消耗。极好地证明了氧化与磷酸化的偶联［图11-19(b)］。

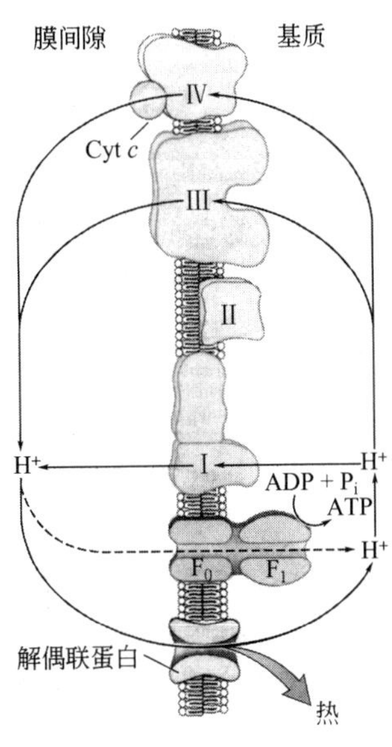

图11-20　解偶联蛋白的产热机制

四、线粒体外NADH的跨膜转运

NAD^+和NADH都不能自由通过线粒体内膜。因此，线粒体外产生的NADH必须通过特殊的跨膜传递机制才能进入线粒体氧化。

1. 磷酸甘油穿梭系统

已知胞液和线粒体内都存在α-磷酸甘油脱氢酶，但它们的辅酶不同。胞液中的α-磷酸甘油脱氢酶以NAD^+为辅酶，可催化磷酸二羟丙酮加氢还原为α-磷酸甘油，能自由进入线粒体。进入线粒体内的α-磷酸甘油在线粒体α-磷酸甘油脱氢酶催化下脱氢又转变为磷酸二羟丙酮，脱下的氢被该酶的辅基FAD接受，FAD接受2H转变为$FADH_2$。这样胞液中的NADH便间接地转变为线粒体内的$FADH_2$，$FADH_2$可进入呼吸链彻底氧化（图11-21）。

2. 苹果酸-天冬氨酸穿梭系统

如图11-22，在苹果酸脱氢酶的作用下，胞质中的草酰乙酸被还原为苹果酸。当苹果酸进入线粒体后，在线粒体苹果酸脱氢酶的作用下又转变为草酰乙酸，同时伴有NADH的生成。这样，等于将胞质中的NADH带入线粒体进入电子传递链氧化。由于草酰乙酸不能通过线粒体膜，为维持胞质中草酰乙酸的水平，在线粒体谷草转氨酶的作用下，草酰乙酸转变成天冬氨酸，天冬氨酸可通过线粒体膜回到胞质。然后又在胞质转氨酶的作用下天冬氨酸再次转变为草酰乙酸。至此，NADH通过苹果酸-天冬氨酸穿梭系统从胞质进入线粒体氧化供能。

在哺乳动物中，磷酸甘油穿梭系统主要存在于肌肉和脑组织中。苹果酸-天冬氨酸穿梭

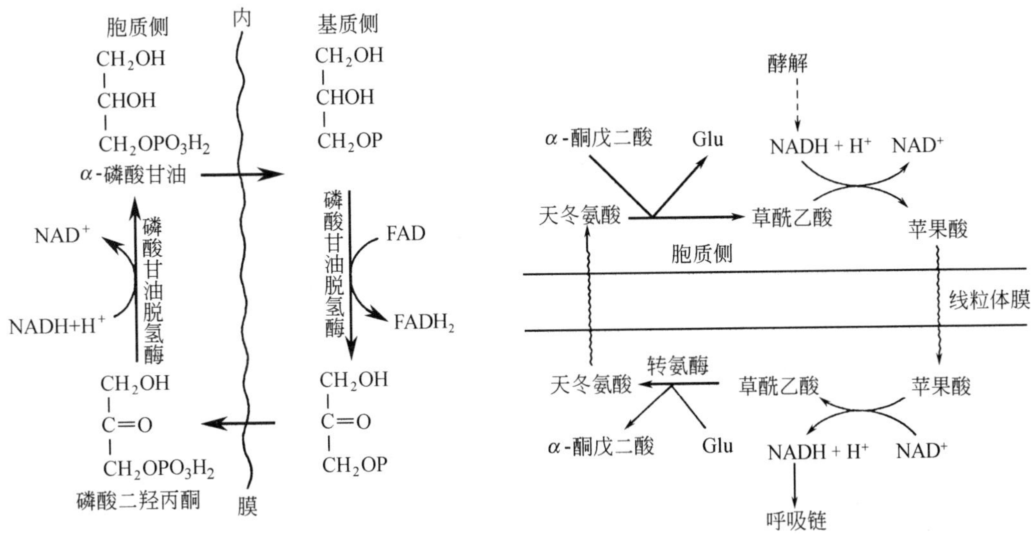

图11-21　磷酸甘油穿梭系统

图11-22　苹果酸-天冬氨酸穿梭系统

系统在心脏、肝脏和肾脏中很活跃。

提　要

为维持生命活动，生物体通过对营养物质的氧化或通过光合作用从太阳光中获取能量。营养物质在生物体内的氧化分解作用称为生物氧化。生物氧化和物质在体外的氧化虽然本质相同，但体内氧化反应条件温和，在酶的催化下能量逐步释放并可以高能磷酸化合物的方式储存。

生物体内能量的吸收、转换和利用完全符合热力学第一和第二定律，因为生物体是一个开放系统，能不断地与环境进行物质和能量的交换，以维持自身的高度有序。一般规定生物化学的标准状态为25℃，pH7.0，标准自由能变化用$\Delta G'^{\circ}$表示，平衡常数用K'_{eq}表示，标准还原电位用E'°表示。

由于ATP的特殊结构和性质，在生物能量转换过程中起能量的携带和传递作用，被称为活细胞中能量流通的货币。细胞内氧化还原反应中的通用电子载体有NAD^+，$NADP^+$，FAD，FMN，辅酶Q，细胞色素和铁硫蛋白。

呼吸链由四个多酶复合物组成：NADH-CoQ还原酶，琥珀酸脱氢酶，细胞色素bc1复合物和细胞色素氧化酶。它们按氧化还原电位的高低依次排列，电子从高还原态载体NADH流向高氧化态的分子氧。氧化和磷酸化作用紧密偶联，即电子传递产生的能量用于ATP的合成。电子传递过程中产生的能量将质子从线粒体基质排至胞质，导致线粒体膜内外形成质子浓度梯度。当质子通过ATPase返回线粒体基质时，产生的能量驱动ATP的合成。一对电子从NADH传递至氧，将10个质子排至胞质，合成1个ATP需消耗4个质子，P/O比为2.5，即生成2.5molATP。一对电子从$FADH_2$传递至氧，将8个质子排至胞质，P/O比为1.5，即生成1.5mol ATP。

电子传递抑制剂和氧化磷酸化抑制剂虽作用机制不同，但结果一样，都导致电子传递和ATP合成阻断。解偶联剂可将电子传递和磷酸化作用分离，使电子传递失去控制，产生的能量以热的形式释放。

酵解过程中产生的NADH需进入线粒体氧化，但NADH不能自由通过线粒体膜，需要通过特殊的传递方式。细胞有两种传递机制：磷酸甘油穿梭系统和苹果酸-天冬氨酸穿梭系统，保障了胞质产生的NADH能顺利进入线粒体氧化。

思 考 题

1. 什么是生物氧化？物质在体内的氧化与体外氧化有何不同？
2. 生物系统与物理化学系统有何不同？熵的含义在生物系统中如何体现？
3. 试述ATP的结构特征并说明ATP在生物能量转换中的作用。
4. 生物体内氧化还原反应的通用电子载体有哪些？
5. 试述电子传递链的组成及排列顺序，各电子传递体的排列顺序是如何确定的？
6. 氧化和磷酸化作用是如何偶联在一起的？如何证明？
7. 简述ATPase的结构和工作原理。
8. 试述电子传递抑制剂，氧化磷酸化抑制剂和解耦联剂的作用机制和它们之间的相同点与不同点。
9. 酵解产生的NADH是如何进入线粒体氧化的？
10. 氧化磷酸化是如何控制的？什么是P/O比？一对电子从NADH和$FADH_2$传递至氧的P/O比分别是多少？

第十二章　光合作用

光合作用（photosynthesis）是指植物、藻类以及原核生物（统称光合生物）直接利用光能合成有机化合物的整个过程。通过光合作用，光合生物将光能转化为化学能，并以化学键的形式将能量储存在有机物中。因此，每个光合生物就是一个非常有效和灵巧的有机物制造工厂和能量转换站。

光合作用不仅直接为光合生物提供了其生命活动所需的物质和能量，而且也间接地为其他生物提供了食物来源，因为其他生物都必须直接或间接地从光合生物那里获取有机化合物。

太阳能是光合生物进行光合作用的主要能源。地球上光合生物利用太阳能合成有机化合物的能力十分巨大。据估计，全球每年通过光合作用可固定约 1.55×10^{11} 吨碳，贮藏约 1.5×10^{18} 千卡的能量（每固定 1 克分子碳就会贮藏 114 千卡能量），这个数字是地球上目前每年消耗的矿物燃料（石油、煤和天然气）的 100 倍。

光合作用是光合生物细胞内一个非常重要的代谢过程，其总反应式可表示为：

$$CO_2+2H_2A\xrightarrow[\text{光合生物}]{\text{光}}(CH_2O)+2A+H_2O$$

式中 H_2A 代表任何被氧化的化合物，A 代表其氧化后的产物，(CH_2O) 代表形成的碳水化合物。

对于放氧的光合生物，被氧化的化合物是水，放出的是氧气。因此，这类光合生物的光合作用除了合成有机化合物外，还合成了需氧生物赖以生存的氧气。高等植物、藻类和蓝细菌都是放氧的光合生物，它们的光合作用反应式就可以表示为：

$$CO_2+H_2O\xrightarrow{\text{光}}(CH_2O)+O_2\uparrow$$

不放氧的光合生物主要有绿硫细菌、紫硫细菌和紫非硫细菌。前二者中被氧化的化合物是 H_2S，后者中被氧化的化合物为琥珀酸、乳酸等有机化合物。

光合作用的代谢过程相当复杂，可以明显地分为两个阶段。第一阶段涉及了光能的吸收、传递和转化过程，因此把这一系列的过程称为光反应（light reaction），这一阶段产生的是 O_2、ATP 和 NADPH。第二阶段是由碳连接的反应（carbon-linked reaction），是利用光反应中形成的 ATP 和 NADPH 固定 CO_2、合成碳水化合物。过去，人们通常将这一阶段称为暗反应（dark reaction）。但实际上这个概念并不确切，因为这些反应可以在光下进行。特别是近些年来的研究表明，参与这一阶段生化反应的一些酶需要由光来激活。

真核光合生物（植物和藻类）的光合作用是在叶绿体（chloroplast）中进行的。叶绿体是植物细胞的一个重要的细胞器，含有大量的光合色素（photosynthetic pigment），是植物进行光合作用的基本单位。离体的完整叶绿体可以完成光合作用的全过程。原核光合生物即光合细菌没有细胞器，细菌的光合色素存在于载色体（chromatophore）上。

第一节　光合作用的光反应

一、叶绿体与光合膜

叶绿体在光学显微镜下就可以看到。高等植物的叶绿体通常为扁椭球形，直径 3～10μm，厚 2～3μm。藻类细胞中叶绿体可以是带状、板状、球状或星状。在电子显微镜下可以观察到叶绿体的精细结构（图 12-1）。

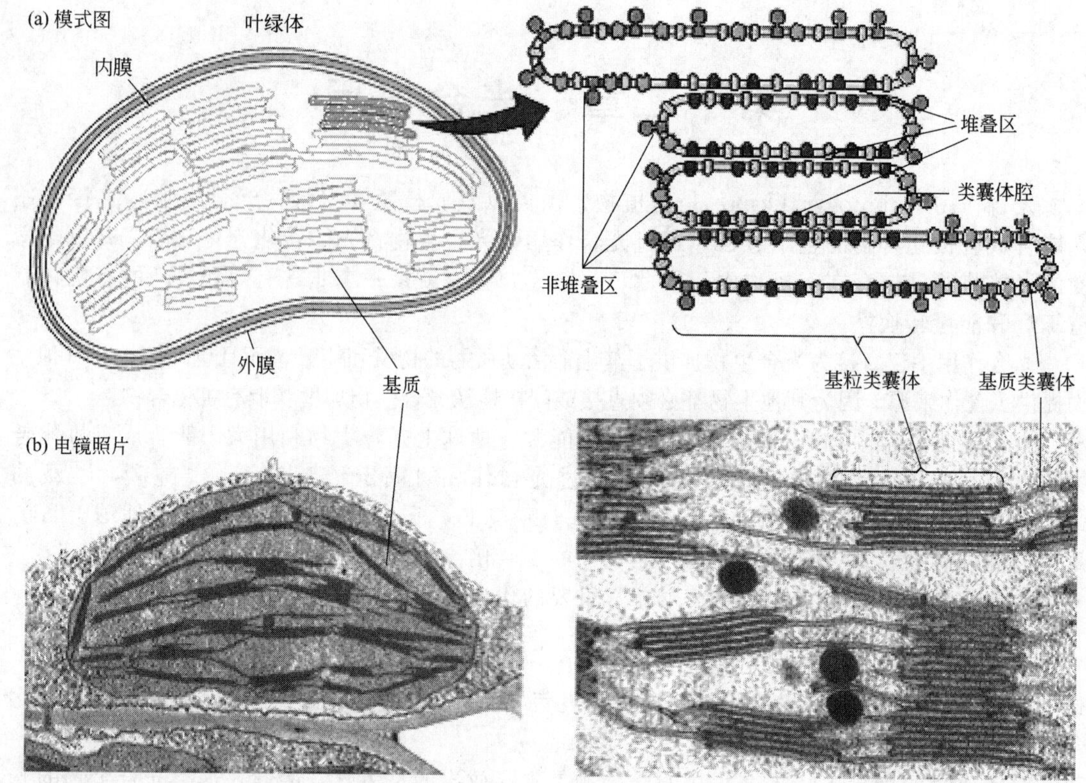

图 12-1 叶绿体的结构

叶绿体的外被膜为双层单位膜（外膜和内膜）。膜内含有无定形的凝胶状的基质（stroma）和一个复杂的内膜系统。基质中含有可以将 CO_2 转变为碳水化合物的各种水溶性酶、DNA、RNA、核糖体、蛋白质、淀粉粒等。内膜系统的基本单位被称为类囊体（thylakoid），囊的内部空间为类囊体腔（lumen），腔中充满水及溶解的盐类等。光反应是在类囊体上进行的，因此类囊体膜也被称为光合膜（photosynthetic membrane）。在叶绿体内的一些区域，类囊体堆积在一起，形成基粒（granum，复数 grana），因此将构成基粒的类囊体称为基粒类囊体（granal thylakoid），而将基质中伸展着的没有构成基粒的类囊体称为基质类囊体（stromal thylakoid）。类囊体与类囊体接触的地方称为堆叠区（appressed region），其他部位则称为非堆叠区（nonapressed region）。类囊体间相互连结，当基质类囊体深入到基粒时，就构成了基粒的一部分。基粒类囊体的非堆叠区和基质类囊体都直接与基质相接触，它们的结构和组成与基粒类囊体的堆叠区有所不同，因此在光合反应中的作用也不同。

二、光合色素

把参与光合作用的色素称为光合色素。光合色素可分为三大类：绿色的叶绿素（chlorophyll，简称 chl）、橙黄色的类胡萝卜素（carotenoid）和藻胆素（phycobilin）。高等植物中的叶绿素主要是叶绿素 a（chl a）和叶绿素 b（chl b）（见图 12-2）。叶绿素 c、d 等则主要存在于藻类中。类胡萝卜素主要是β-胡萝卜素（β-carotene）和叶黄素（lutein）（见图 12-2）。藻胆素主要存在于红藻［为藻红素（phycoerythrobilin）］和蓝细菌中［为藻青素（phycocyanobilin）］。

叶绿素的分子式为 $C_{55}H_{72}O_5N_4Mg$，含有一个极性的镁卟啉（Mg-porphyrin）头部和一个非极性的植醇（phytol）尾部。一个卟啉环含有 4 个吡咯环（tetrapyrrole ring），分别命名为Ⅰ、Ⅱ、Ⅲ和Ⅳ；环Ⅰ和环Ⅱ上各有一个一碳单位和二碳单位的侧链，而环Ⅲ和环Ⅳ

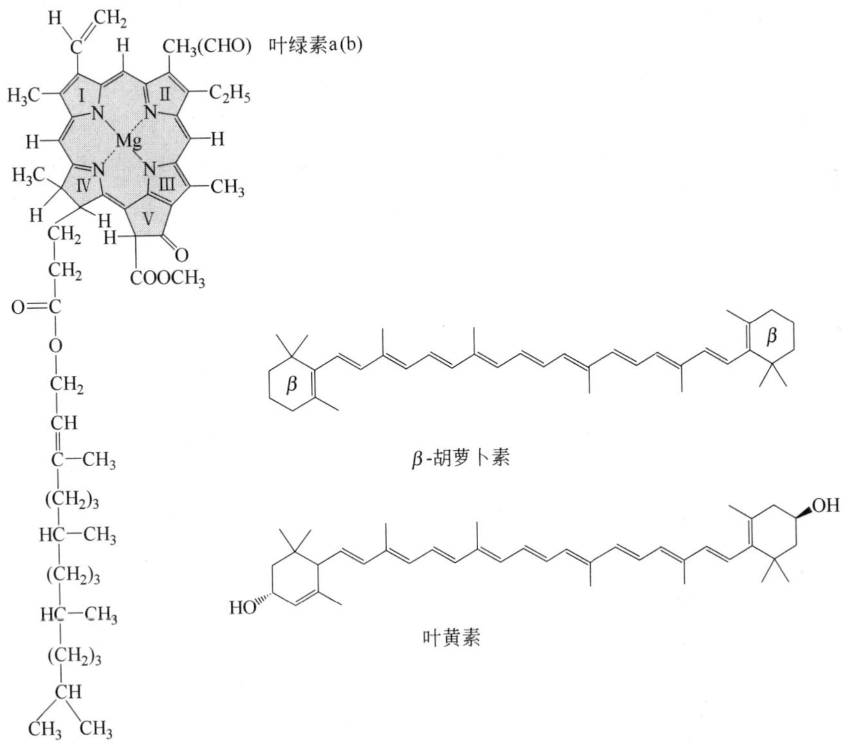

叶绿素a(b)

β-胡萝卜素

叶黄素

图 12-2　叶绿素 a、叶绿素 b、β-胡萝卜素和叶黄素的分子结构

上各有一个一碳单位和三碳单位的侧链；环Ⅲ上的三碳单位环化形成一个额外的五元环；两个三碳单位都形成了酯，环Ⅲ上形成的是甲酯，环Ⅳ上形成的是植醇酯，植醇为 20 碳的一元一烯醇；卟啉环的四个 N 原子与 Mg 形成配位键；卟啉环内有共轭双键。当环Ⅱ上的 CH_3—基团成为 CHO—基团时 chl a 就成为 chl b。

β-胡萝卜素和叶黄素都为 40 碳的非极性化合物，化学式分别为 $C_{40}H_{56}$ 和 $C_{40}H_{56}O_2$，结构非常相似，都含有两个六碳环和共轭双键；叶黄素的—OH 是在六碳环上。

光合色素一般以非共价键的形式与蛋白质结合在一起，构成色素蛋白复合体。一条肽链上可以结合若干个色素分子。

三、光合色素对光能的吸收和传递

光具有波和颗粒的双重性质。作为一种波，它具有波长（wavelength，以希腊字母 λ 表示）和频率（frequency，以 ν 表示）。光的传播速度用 c 表示，它在真空中为定值 3.0×10^8 $m\cdot s^{-1}$。光的速度、波长和频率之间的关系为：

$$c=\lambda\nu$$

公式说明波长与频率间呈反比关系，波长越长频率越小。

光的粒子称为光子（photon），每个光子都具有一定的能量。这种具有一定能量的光子称为光量子（quantum，复数 quanta）。一个光子的能量 E 与频率成正比与波长成反比：

$$E=h\nu=hc/\lambda$$

这里 h 是普朗克常数（Planck's constant 等于 $6.626\times10^{-34}J\cdot s$）。公式说明，并不是所有颜色的光都具有同样的能量。

植物光合作用利用的是可见光。不同波长的可见光有不同的颜色。色素对不同的光波有不同程度的吸收。如将物质对不同波长光的吸收值对应于波长作图，就得到了此物质的吸收光谱

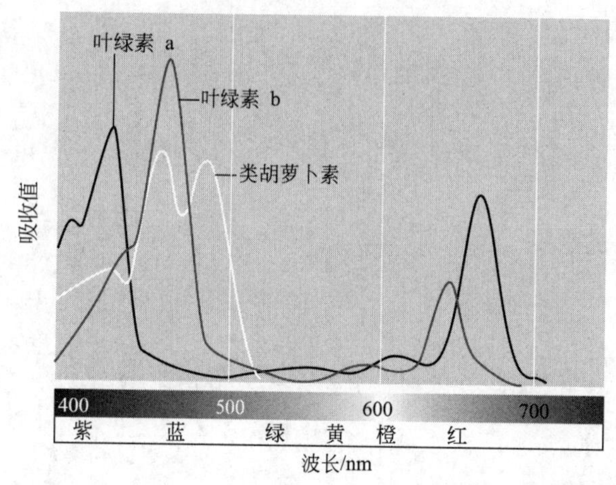

图 12-3　叶绿素 a、叶绿素 b 和类胡萝卜素的吸收光谱

(absorption spectrum)。图 12-3 为光合色素分子的吸收光谱。叶绿素分子强烈吸收蓝光和红光，基本不吸收绿光，所以绿光被反射出，这就是叶绿素呈绿色的原因。叶黄素和 β-胡萝卜素强烈吸收蓝光，不吸收绿、黄、橙、红等较长波长的光，这些光综合在一起显现出黄色或橙色。藻红素则可吸收蓝、绿和黄光，所以呈红色。藻青素吸收橙黄光，显青蓝色。应该注意的是，色素所处的环境会影响其吸收光谱。各种色素的溶液随溶剂不同其吸收光谱会略有不同。色素与蛋白质结合后吸收光谱也会改变。

物质之所以能吸收不同的光波，这是由分子的结构决定的。任何物质的分子外周都有电子。电子可以处于不同的能级状态，能级最低的状态称为基态（ground state），当电子吸收一定的能量后就会从基态跃迁到较高的能级而处于激发态（excited state）。激发态电子不稳定，可以失去能量返回到基态。分子的每个能级都有多个能量接近的亚能级状态（sub-state），这是由分子的震动和转动造成的。亚能级的存在使得吸收峰成为宽带而不是锐带。

根据 Stark Einstein 定律，每个分子一次只能吸收 1 个光子，激发一个电子，使其从基态跃迁到高能级的激发态。电子增加的能量来自吸收的光子。因此，激发态与基态之间的能量差与所吸收的光子的能量相等。按照分子轨道理论，被激发的电子只能跃迁到某些特定的轨道，因此一定的分子只能吸收一定能量（波长）的光子。激发态与基态的能级相差越大，则吸收的光的波长越短。

在光合作用的光反应过程中，大部分叶绿素分子吸收一个光子后由基态到达单线激发态（图 12-4），图中虚线表示亚能级状态。吸收红光后到达第一激发态（第一单线态），吸收蓝光后到达第二激发态（第二单线态）。单线激发态只能存在 10^{-9}s 左右，趋向于失去能量回到基态。电子从第二激发态可以以热的形式放出一部分能量跃迁到第一激发态。电子从第一激发态回到基态的形式则有多种。①以热的形式放出能量，使叶片温度升高。②以光辐射的形式放出激发能，所放出的光称为荧光（fluorescence）。由于吸收的光能有一部分消耗在分子内部振动上，所以辐射出的光比吸收的红光能量低，波长约长 10nm，为暗红色。当用溶剂提取叶绿素时，在弱光下观察较浓的提取液，很容易看到暗红色荧光的存在，这是因为叶绿素吸收的光能没有用于光合作用，大部分是以荧光的形式放出。③以诱导共振（inductive resonance）的方式传递。这时，前一个分子回到基态，而后一个分子变为激发态，这种诱导共振传递可以继续传递到下一个分子。传递能否进行与分子的性质、分子间的距离（应小

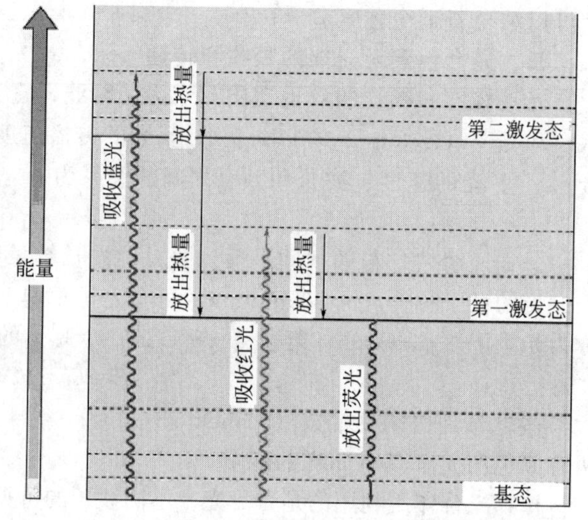

图 12-4　叶绿素分子所处的不同能量水平

于 10nm）以及分子的相互位置有关。共振传递的速度很快，能量传递效率很高。④通过电荷分离（charge separation），引起光化学反应（photochemical reaction）。对于叶绿体中一些特殊的叶绿素分子（反应中心色素，reaction center pigment），处于激发态的电子可以传递给电子受体，而使叶绿素分子发生电荷分离。以上四种能量传递的方式可以表示如下：

$chl^* \longrightarrow chl + 热$	无辐射
$chl^* \longrightarrow chl + h\nu$	荧光发射
$chl_1^* + chl_2 \longrightarrow chl_1 + chl_2^*$	诱导共振
$chl^* + A \longrightarrow chl^+ + A^-$（反应中心色素）	电荷分离

处于激发态的电子将按照反应的快慢，优先选择以上途径。荧光的释放需 10^{-9} 秒（1 ns），而光化学反应只需 10^{-12} 秒（1 ps），因此通常情况下肉眼很难观察到叶片中放出的荧光，但是用荧光检测仪可以检测到。

类胡萝卜素吸收光能后也能将激发能传递给叶绿素，但传递效率要低一些。

四、光合单位

1934 年，Emerson 和 Arnold 根据用小球藻所做的闪光实验结果，提出了光合单位（photosynthetic unit）的概念，其核心内容是多个叶绿素分子协同作用，共同完成光合作用。现在知道，类囊体中的光合色素实际上都是与蛋白质以非共价键形式结合的，构成了色素蛋白复合体。因此，一个光合单位乃是一个大的色素蛋白复合体，是由反应中心复合体（reaction center complex）和天线复合体（antenna complex）两部分组成。前者含有反应中心色素，后者含有天线色素（antenna pigment）。

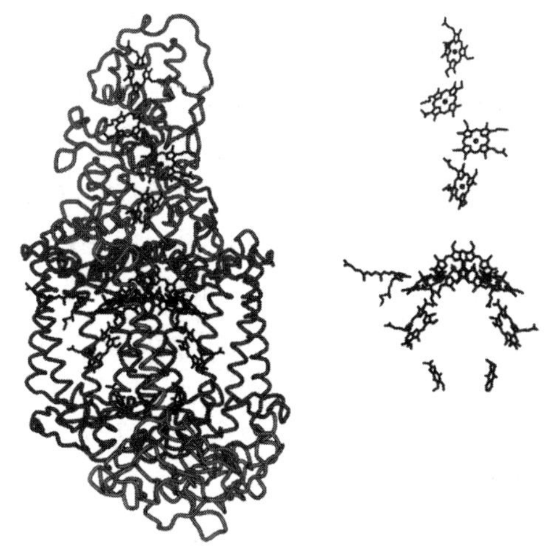

图 12-5　紫细菌绿色红假单胞菌反应中心的结构

20 世纪 80 年代，Michel，Deisenhofer 和 Huber 用 X-射线晶体分析法（X-ray crystallography）得到了紫细菌绿色红假单胞菌（*Rhodopseudomonas viridis*）反应中心的结构（见图 12-5），他们也因此获得了 1988 年诺贝尔奖。到目前为止，已从多种光合生物中分离到了反应中心复合体。

反应中心色素都是 chl a 分子。这些特殊的 chl a 分子能够发生如下所示光化学反应，从而导致了电荷分离：

$$DPA \xrightarrow{h\nu} DP^*A \longrightarrow DP^+A^- \longrightarrow D^+PA^-$$

D、P、A 分别代表原初电子供体（primary electron donor）、反应中心色素和原初电子受体（primary electron acceptor）。

反应中心复合体也含有反应中心色素以外的光合色素，都为 chl a，它们和天线复合体中的光合色素一样，只能参与光能的吸收和传递，将光能以诱导共振方式传递到反应中心色素。全部 chl b 和大部分的 chl a 都是天线色素。一个吸收波长较短光的天线色素分子吸收光能被激发后，将向吸收较长波长光的天线色素分子传递能量，使后者进入激发态，并沿此方向继续传递能量，最后到达反应中心。天线色素中还有类胡萝卜素分子，它们主要吸收 400～500nm 波长的光，并将能量以诱导共振的方式传递给叶绿素分子。因此类胡萝卜素也被称为辅助色素（accessory pigment）。

光能的吸收和传递是光的物理过程，而光能转变为电能的过程则是光的化学过程。这两个过程合起来被称为光合作用的原初反应（primary reaction）。

五、双光系统与电子传递链

非放氧光合细菌只含有一个反应中心复合体，而蓝细菌、藻类和植物光合作用的光反应则是通过两个不同光合单位的协调和接力下完成的。20 世纪 40 年代到 60 年代初的三方面重要实验证据为两个光系统的存在和光反应电子传递“Z”链的建立奠定了基础。这就是红降现象（red drop）、增益效应（enhancement effect）和细胞色素（cytochrome）参与光反应的电子传递。红降现象是指当用波长大于 680nm 的光照射植物时，光合效率急剧下降的现象；增益效益是指用波长 680nm 的红光和波长大于 680nm 的远红光同时照射植物时的光合效率大于分别用两种光照射的光合效率之和。细胞色素被证明参与电子传递，是因为当用长光波照射时，细胞色素的氧化态增多，而短光波的照射又能使其氧化态减少。

这两个不同的光合单位分别被称为光系统Ⅰ和光系统Ⅱ，即 PSⅠ和 PSⅡ（photosystemⅠ&Ⅱ）。已经从多种植物中分离出 PSⅠ和 PSⅡ。植物 PSⅠ和 PSⅡ的反应中心色素分别吸收 700nm 和 680nm 波长的光，因此分别称两种反应中心色素为 P700 和 P680。它们都是 chl a，并且都以双分子形式存在。

1. PSⅡ及其电子传递

PSⅡ主要存在于基粒类囊体的堆叠区，以二聚体的形式存在。PSⅡ含有大约 13～15 种蛋白质亚基，96～114 个叶绿素分子，18～27 个 β-胡萝卜素分子和大约 14 个叶黄素分子。

如图 12-6(a) 所示，由两个大约为 32kD 多肽组成的 D_1-D_2 蛋白质含有原初电子供体 Z（一个酪氨酸残基 Tyr-161）、反应中心色素 P680、原初电子受体脱镁叶绿素 Pheo（Pheophytin）、质体醌（Plastoquinone）Q_A、质体醌 Q_B 和铁原子。在高等植物中现已能提纯到仅含 D_1-D_2 多肽并具有光化学电荷分离活性的最基本结构组分。与 D_1-D_2 紧密结合的是细胞色素（cyt）b_{559}，它含有 α(9 kD) 和 β(4 kD) 两条肽链。之外是两条大的多肽 CP47（47 kD）和 CP43（43 kD），是叶绿素蛋白复合体（chlorophyll protein，CP），每条多肽含有 15 个叶绿素分子，2～3 个 β-胡萝卜素分子。由 33 kD、23 kD、17 kD 三种外周多肽以及与放氧有关的 4 个 Mn、若干个氯离子和钙离子组成的水氧化放氧系统，称为放氧复合体（oxygen evolving complex，OEC），位于类囊体腔一侧，其中 33 kD 蛋白是锰稳定蛋白（manga-

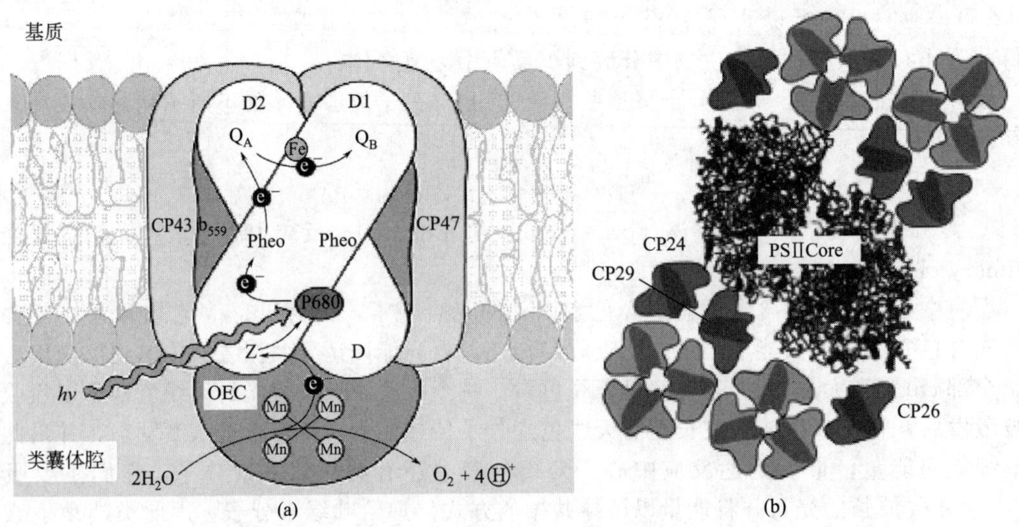

图 12-6　光系统Ⅱ核心复合体中电子传递（a）和光系统Ⅱ复合体的结构示意图（b）

Pheo 为脱镁叶绿素；OEC 为放氧复合体；Q_A、Q_B 为质体醌；Z 为原初电子供体

nese stablizing protein）。有研究表明，氧的释放与 D_1-D_2 蛋白质和 CP47、CP43 也有关系。一般将这 9 条蛋白质构成的复合体称为 PSⅡ 核心复合体（core complex）或反应中心。

PSⅡ 核心复合体的周围是 CP29、CP26、CP24（也称为 LHC-Ⅱa、LHC-Ⅱc、LHC-Ⅱd）以及 Lhcb3（LHC-Ⅱb 的一种）等叶绿素蛋白复合体，它们一起构成了 PSⅡ 的近侧天线（proximal antenna）（图 12-6B）。LHC 是捕光复合体（light harvesting complex）的缩写。最外面是由 LHCⅡ 组成的外周天线（peripheral antenna）。在高等植物中，LHCⅡ 的天然生理状态主要是以三聚体的形式存在，含有 Lhcb1 和 Lhcb2 两种蛋白质，它们也属于 LHC-Ⅱb 蛋白。豌豆的 LHCⅡ 单体含有 7 个 chl a、5 个 chl b、2 个 β-胡萝卜素和 2 个叶黄素。

当天线色素或称捕光色素将光能吸收并进一步传递至 P680 后，反应中心发生电荷分离，电子从 P680 分子中传递至原初电子受体 Pheo，然后经 Q_A 和 Fe 传递至 Q_B，完成了 PSⅡ 中的电子传递。P680 中留下的电子空穴则从原初电子供体 Z 中获得一个电子，回到原来状态。Z 则通过 OEC 最终从 H_2O 中获得电子，同时导致了 O_2 的释放。

O_2 从 H_2O 中释放出来是光合作用中最主要的反应之一。氧化 H_2O 所需要的能量来自 PSⅡ 对光能的吸收，所以也称为水的光解。30 年代末，英国的 Hill 和 Scarisbrick 发现，离体的叶绿体和叶绿体碎片悬浮在含有可被还原的物质（电子受体）如 Fe^{3+} 盐的溶液中，光照时在不发生固定 CO_2 的情况下会释放氧，因此这个反应被称为希尔反应（Hill reaction）。

$$4\,Fe^{3+} + 2H_2O \xrightarrow{\text{光}} 4Fe^{2+} + 4H^+ + O_2\uparrow$$

希尔反应反映了水的光解反应化学历程。从反应式可以看出，每释放 1mol O_2，需要从 2mol H_2O 中移去 4mol 电子，同时形成 4mol H^+。这一反应在 PSⅡ 中进行，由 PSⅡ 吸收的光能推动。因为 PSⅡ 一次只能获取一个光子，传递一个电子，所以上述光解反应需要 4 个光子的参与才能完成。

水的光解是在放氧复合体 OEC 也称为水裂解体（water-splitting complex，WSC）中进行的。OEC 含有 4 个 Mn 构成的 Mn 簇，他们在水的光解中有化合价的变化，参与了水光解中的电子传递。

对于氧的释放机制，目前人们所接受的是 S-状态模型。20 世纪 60 年代，法国的 Joliot 发现，如果先将叶绿体预先保持在暗中进行暗适应，然后给予一系列的闪光照射，第一次闪光后并没有氧的释放，第二次能释放少量氧，第三次氧的释放量才达到高峰，然后每 4 次出现一次高峰（如图 12-7 所示）。

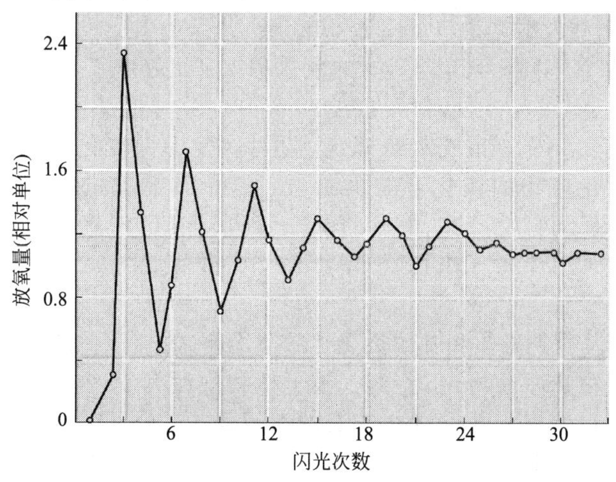

图 12-7　叶绿体闪光放氧实验

根据这一事实 Kok 等于 1970 年提出了水氧化机制的模型，称为水氧化钟（water oxidizing clock）模型即 S-状态模型：OEC 在每次闪光后可以失去一个电子并积聚 1 个正电荷，直至积聚 4 个正电荷，然后一次氧化 2 个 H_2O，并从中获取 4 个电子，回到原始状态（S_0）。按照氧化程度从低到高的顺序，将不同状态 OEC 分别称为 S_0，S_1，S_2，S_3，S_4。即 S_0 不带电荷，S_1 带 1 个正电荷，依次到带 4 个正电荷。每次闪光将状态 S 向前推进一步，直至 S_4（见图 12-8）。这个模型还认为，S_0 和 S_1 是稳定状态，S_2 和 S_3 在暗中退回到 S_1，S_4 不稳定。这样在叶绿体暗适应过程中，有 3/4 的 OEC 处于 S_1，1/4 处于 S_0，所以最大的放氧量在第三次闪光后出现。

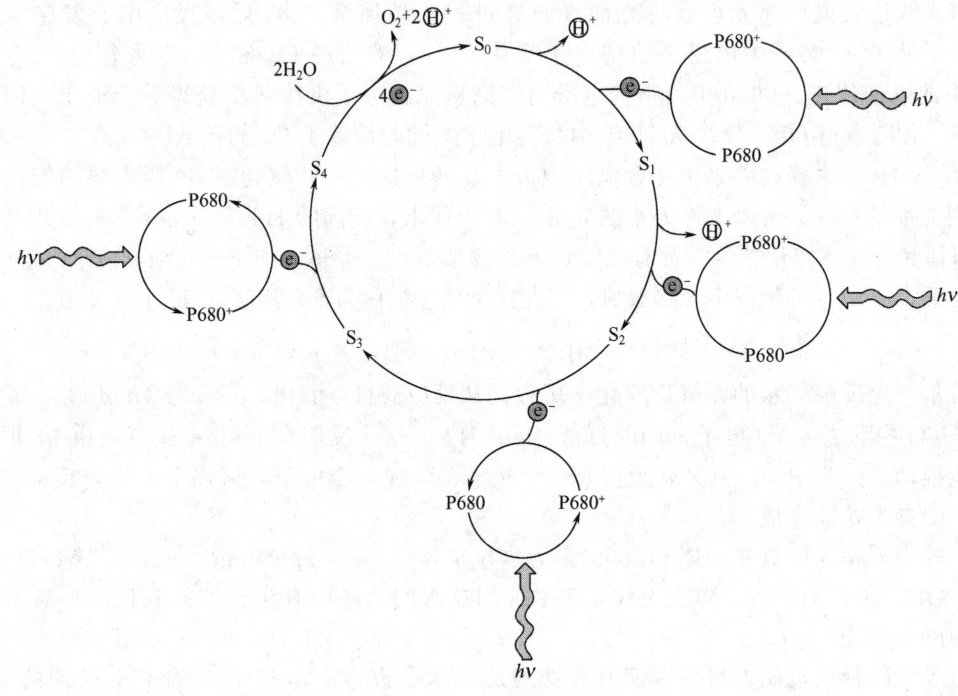

图 12-8 水氧化钟模型

OEC 的状态与 Mn 簇的氧化状态有关。目前，利用电子顺磁共振（electron paramagnetic resonance，EPR）和 X-射线近缘吸收光谱（X-ray absorption near-edge spectroscopy）和高分辨 Mn KL X-射线发射光谱（high-resolution Mn KL X-ray emission spectroscopy）等技术对 OEC 的结构和其不同 S 状态下 Mn 的氧化态有了较好的了解。各种 S 状态下 4 个 Mn 的氧化状态分别为：S_0（Ⅱ，Ⅲ，$Ⅳ_2$ 或 $Ⅲ_3$，Ⅳ），S_1（$Ⅲ_2$，$Ⅳ_2$），S_2（Ⅲ，$Ⅳ_3$），S_3（Ⅲ，$Ⅳ_3$），S_4 状态下 Mn 的氧化态尚未确定。看来并不是每变化一个 S 状态就会有 Mn 的化合价的变化，其他化合物的氧化可能也参与了这个 S 状态的变化过程。此外，Cl^- 和 Ca^{2+} 对 O_2 的释放也是不可缺少的。最近的研究表明，OEC 催化放氧的反应中心能够形成 Mn_4O_XCa 簇，其中的两个氧原子来自于 CP43 的 Glu 残基（图 12-9）。

2. PSⅠ及其电子传递

PSⅠ主要存在于基质类囊体和基粒类囊体的非堆叠区。高等植物中，PSⅠ由 17～18 种亚基组成，分别命名为 PSⅠ-A～PSⅠ-N（被子植物中没有 PSⅠ-M 亚基）和 Lhca1～Lhca4，含有大约 192 个叶绿素分子，24 个左右的类胡萝卜素分子。

PSⅠ的核心蛋白复合体由 PSⅠ-A～PSⅠ-N 的 13～14 个亚基组成。分子量为 83 kD 和 82 kD 的两个大亚基 PSⅠ-A 和 PSⅠ-B 是反应中心色素 P700、原初电子受体 A_0（是一个

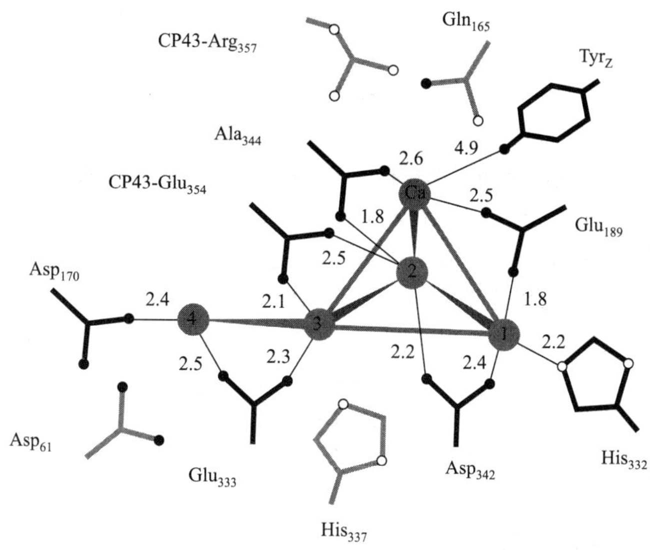

图 12-9　放氧复合体反应中心形成的 Mn_4O_XCa 簇

圆内的数字代表 4 个 Mn，• 表示氧，氨基酸名后面的数字表示氨基酸残基在肽链中的位置，其他数字表示原子之间的距离（Å）

chl a 分子）、A_1（叶绿醌，phylloquinone）和 Fx（铁硫簇）所在部位，亚基 PSⅠ-C 是铁硫中心 F_A 和 F_B 的所在部位。目前已经知道，核心蛋白共含有 96 个叶绿素分子，其中的 6 个在反应中心，其余的 90 个中，79 个也是与 A-B 蛋白结合，并且形成了 3 组，较内的一组为 43 个，较外的两组各 18 个。PSⅠ的核心蛋白复合体以外也有捕光复合体（LHCⅠ），LHCⅠ与核心复合体的结合非常紧密［图 12-10(b)］，有时人们把它看做是核心复合体的一部分，或当作一个复合体看待。它由 4 条分子质量为 22、23、25、22 kD（Lhca1～Lhca4）的多肽组成。每一条多肽链有 7 个 chl a，5 个 chl b 和 3 个类胡萝卜素分子。

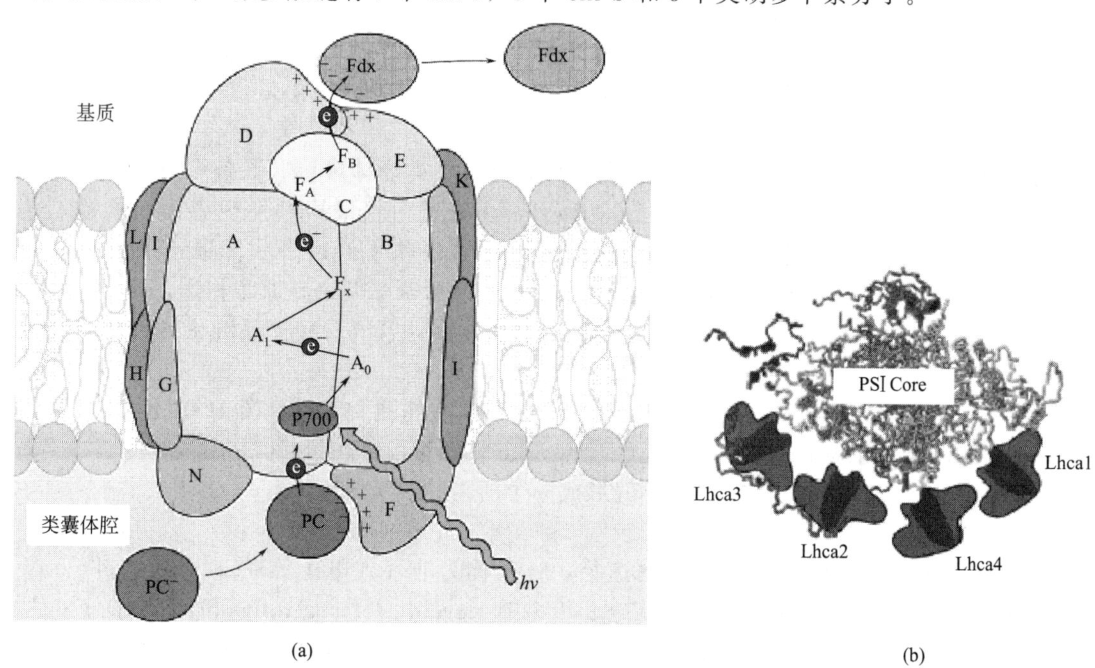

图 12-10　光系统Ⅰ核心复合体中电子传递（a）和光系统Ⅰ复合体的结构示意图（b）

PSⅠ中的电子传递如图 12-10(a) 所示。原初电子供体为质体蓝素（plastocyanine, PC），它是一个可以在类囊体膜上移动的蛋白质。PC 将电子传递给反应中心色素 P700。电子的原初受体 A_0 为一个叶绿素分子，然后电子经叶绿醌 A_1、铁硫簇（F_X、F_A、F_B）传递给铁氧还蛋白 Fdx。

近些年的研究表明，PSⅡ中的三聚体外周天线 LHCⅡ实际上也是 PSⅠ的外周天线。它们可以在两个光系统之间移动，根据光强和光质的变化调节两个光系统之间的协调，保证光合作用的有效进行。这种调控机制与其磷酸化有关（图 12-11）。当去磷酸化后，外周天线与 PSⅡ结合，将吸收的光能传递给 PSⅡ；在类囊体膜上称为 Stt7 的蛋白激酶的作用下，外周天线蛋白被磷酸化，增加了负电性，离开了基粒类囊体的堆叠区，而被 PSⅠ中特殊的带正电荷的蛋白质吸引并与 PSⅠ结合，将光能传递给 PSⅠ。当 PSⅠ吸收的光能多于 PSⅡ时，磷酸酶将磷酸根从外周天线蛋白上解离，蛋白返回 PSⅡ。这种光能分配机制也可防止 PSⅡ被过度激发而造成其迅速失活，产生光抑制作用（photoinhibition）。

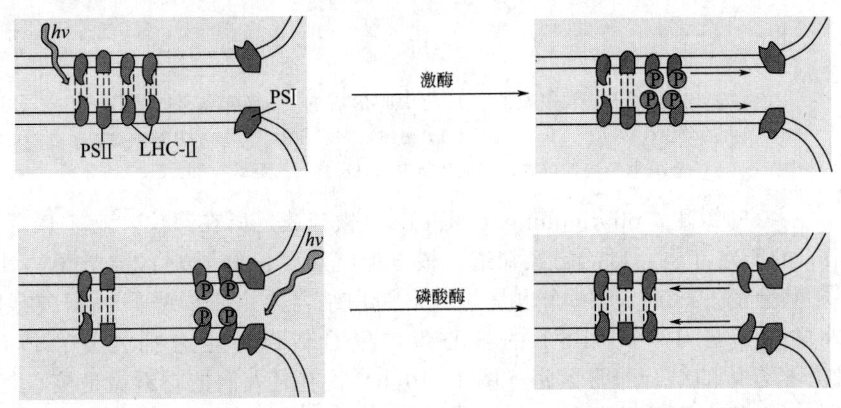

图 12-11　光系统Ⅰ和光系统Ⅱ中光能分配的调节机制

3. 细胞色素 *b*6-*f* 复合体及电子传递

除了两个光系统外，类囊体膜上还分布着另外两种蛋白复合体，它们也可以从类囊体上分离出来。这两个复合体分别为细胞色素 *b*6-*f* 复合体（cyt *b*6-*f* complex）和 ATP 合酶（ATP synthase）。

细胞色素 *b*6-*f* 复合体由 6 条多肽组成，均匀分布在类囊体膜上，六条多肽分别为细胞色素 *b*6（Cyt *b*6），细胞色素 *f*（Cyt *f*），Rieske 铁硫蛋白（根据其发现者命名，简写为 FeS_R），结合醌的第四亚基和另外两个功能尚未知的 4kD 和 3.4kD 多肽。前三种都含有铁，细胞色素是血红素铁，铁硫蛋白是非血红素铁，两个铁原子与两个硫原子相连，并且与两个半胱氨酸上的硫原子相连。细胞色素 *b*6-*f* 复合体是连接光系统Ⅱ和光系统Ⅰ之间电子传递的中间复合体。

细胞色素 *b*6-*f* 复合体中传递的电子来自于还原型质体醌 PQH_2（图 12-12）。在该复合体中，电子的传递有两条途径。一条是经过 Rieske 铁硫蛋白传递给 Cyt *f*，然后传递给 PC；另一条则是通过 Cyt *b*6 传回 PQ，这样就形成一个所谓的 PQ 循环。

4. 环式与非环式电子传递链

类囊体上电子的传递有两条重要的途径，一条称为非环式电子传递链（noncyclic electron transport chain），另一条称为环式电子传递链（cyclic electron transport chain）。

非环式电子传递链的电子来自于 H_2O，经过 PSⅡ、最后传递到 $NADP^+$［图 12-13(a)］，形成光反应的重要产物 NADPH。如果按照各电子传递组分的氧化还原电位排列，就

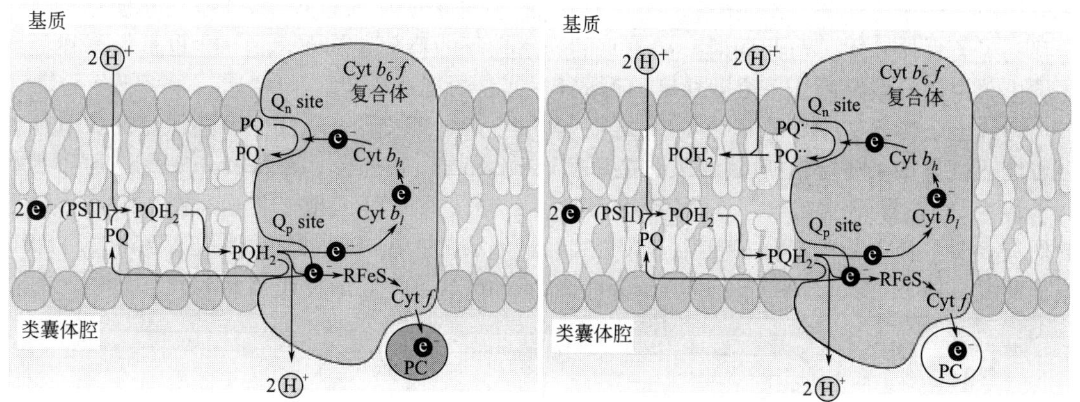

图 12-12　细胞色素复合体 $b6$-f 中的电子传递

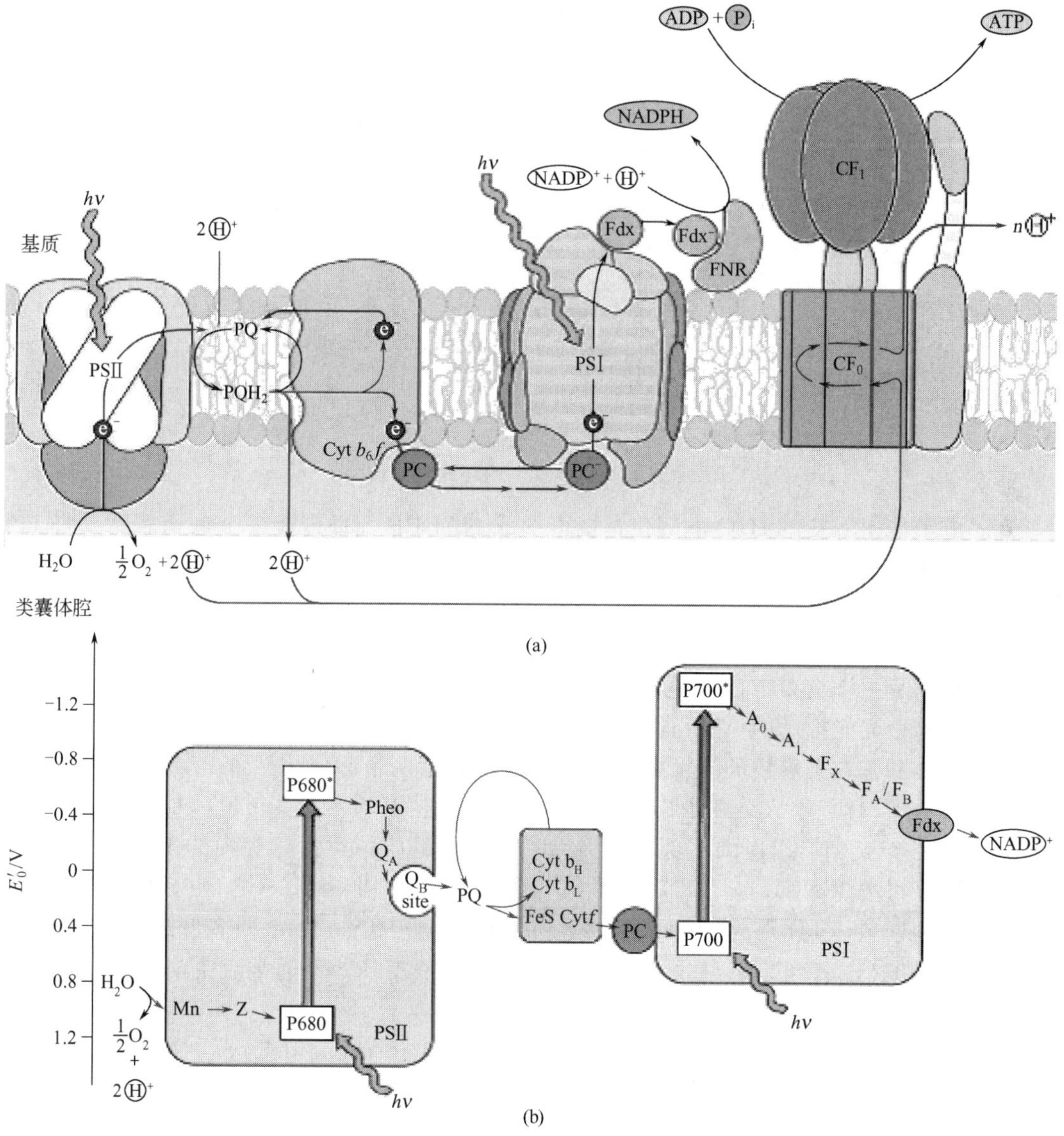

(a)

(b)

图 12-13　类囊体膜上的非环式电子传递

构成了一个电子传递的“Z”链［图 12-13(b)］。在电子的传递过程中，PQ 将基质中的 H^+ 转移到了类囊体腔中，与此同时，随着水的光解和氧的释放，解离出的 H^+ 也被保留在类囊体腔中，由此导致跨膜 H^+ 浓度梯度的形成和 ATP 的形成。

环式电子传递链中，电子由 P700 传递至 Fdx 后，不交给 $NADP^+$，还原型的铁氧还蛋白可能通过与铁氧还蛋白-质体醌氧化还原酶（Fdx-plastoquinone oxidoreductase）的作用将电子传给 PQ，再经过 Cyt*b*-*f*、PC 传递而回到 P700，形成环式电子传递（图 12-14）。最近的研究表明，当电子由 Fdx 传递至 $NADP^+$ 后，形成的 NADPH 也可以将电子经过 NADPH 脱氢酶复合体 NDH（NADPH dehydrogenase complex）将电子传递至 PQ。

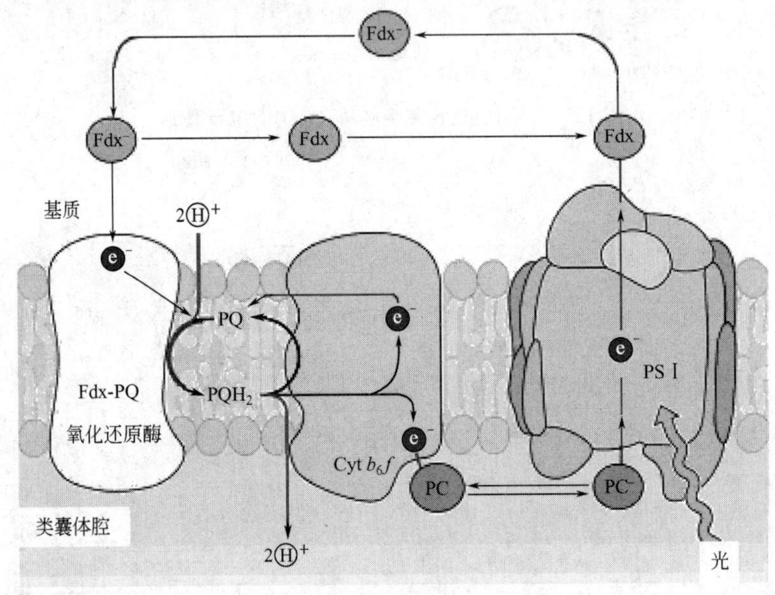

图 12-14　类囊体膜上的环式电子传递

环式电子传递不发生 H_2O 的氧化，也不形成 NADPH，每传递一个电子需要吸收 1 个光量子。环式电子传递生成的 PQH_2，也可以进入 PQ 循环，因此参与了跨类囊体膜 H^+ 浓度梯度的形成和 ATP 的形成。

六、光合磷酸化

光反应的另一个重要方面就是通过光合磷酸化（photophosphorylation）形成 ATP。光合磷酸化是指由光能推动的 ATP 的合成过程，是在 ATP 合酶中进行的。ATP 合酶主要位于基质类囊体和基粒类囊体的非堆叠区。ATP 合酶包括两个部分［见图 12-13(a)］：一个由内部蛋白构成的“柄”，从类囊体腔侧穿过类囊体膜到达基质，称为 CF_o（能够被 oligomycin 抑制）；一个与 CF_o 相连的头部，称为 CF_1，伸入基质。类囊体腔中的 H^+ 可经由 CF_o 形成的孔道穿过类囊体膜，并从 CF_1 排出。ATP 由 CF_1 催化合成。CF_1 由 5 种共 9 条多肽（$\alpha_3\beta_3\gamma\delta\varepsilon$）构成，大小分别为 60、56、39、19 和 14 kD。CF_o 由 4 种多肽组成（Ⅰ，Ⅱ，$Ⅲ_{12}$，Ⅳ）。ATP 合酶也具有 H^+-ATP 酶的功能，水解 ATP，但通常活性较低。α 亚基和 β 亚基含有 ATP 和 ADP 的结合和催化位点。

按照 Michell 于 1961 年提出的化学渗透假说（chemiosmotic theory），光合磷酸化是由 H^+ 的跨类囊体膜的电化学势差或质子动力 pmf（proton motive force）推动完成的。

电化学势（electrochemical potential）是指带有电项的化学势（chemical potential）。而体系中某组分 B 的化学势定义为在恒温恒压下，体系中 1 摩尔的 B 组分的自由能（偏摩尔

自由能)。一体系中 B 物质的化学势由下式决定:

$$\mu_B = \mu_B{}^* + RT\ln\alpha_B + Z_B FE + V_{B,m}P + m_B gh(浓度势+电势+压力势+重力势)$$

其中，$\mu_B{}^*$ 为参比状态的化学势，α_B 为 B 物质的活度，Z_B 为 B 物质所带的电荷，E 为 B 物质所处体系的电势，$V_{B,m}$ 为 B 物质的偏摩尔体积，P 为压力，m_B 为 B 物质的质量，h 为体系所处的高度，R 为气体常数，T 为绝对温度，F 为法拉第常数，g 为重力加速度。

在光反应的进行过程中，类囊体腔中 H^+ 浓度高于基质中的浓度，这样在膜的两侧就产生了 H^+ 的（电）化学势差：

$$\begin{aligned}\Delta\mu_H &= RT\ln[H^+_{内}] - RT\ln[H^+_{外}] + F[E_{内} - E_{外}] \\ &= 2.303RT(\lg[H^+_{内}] - \lg[H^+_{外}]) + F[E_{内} - E_{外}] \\ &= 2.303RT\Delta pH + F\Delta E\end{aligned}$$

$\Delta\mu_H/F$ 定义为 pmf。因此，在 25℃时，

$$pmf = 2.303\times 8.314\times 298/96480\ \Delta pH + \Delta E = 59\Delta pH + \Delta E(单位为\ mV)$$

由此可见，pmf 由两个因素决定，即膜内外的 pH 差和电势差。据测定，类囊体膜两侧电势差很小。原因是类囊体膜对 Cl^- 和 Mg^{2+} 有很高的通透性，在 H^+ 进入类囊体腔的同时，有 Cl^- 的同向和 Mg^{2+} 的逆向跨膜转移，结果保持了膜的电中性。因此，ΔpH 是决定光合磷酸化动力的主要因素。

那么这种由膜两侧的 ΔpH 所代表的能量是如何被用来合成 ATP 的呢？由于膜内 H^+ 浓度高于膜外，有向外扩散的趋势。但类囊体对 H^+ 的通透性很差，H^+ 只能通过 ATP 合酶的 CF_o 形成的通道越过膜。当 H^+ 经过 CF_1 进入基质时，其电化学势降低，此过程释放的能量便由 CF_1 用来合成 ATP。至于 CF_1 如何利用 H^+ 越膜释放的能量来合成 ATP，目前尚不清楚。

光合磷酸化与电子传递相偶联，因此 ATP 合酶又被称为偶联因子（coupling factor）。与非环式电子传递相偶联的磷酸化作用称为非环式光合磷酸化（noncyclic photophosphorylation），与环式电子传递相偶联的磷酸化称为环式光合磷酸化（cyclic photophosphorylation）。

通过光反应，植物将吸收的部分光能储存在了 NADPH 和 ATP 中，转化成为化学能。这两种物质可在暗反应中同化 CO_2，所以 NADPH 和 ATP 又被称为同化力（assimilatory power）。

植物将光能转化为化学能的效率一般只有 20%～33%。如果 PSⅠ吸收的光能相对增加，则能量的转化率会提高。

第二节　光合作用中碳水化合物的生物合成

光反应中形成的 NADPH 和 ATP，通常将被用于在叶绿体基质中同化 CO_2 和合成碳水化合物。

一、卡尔文循环

1946～1953 年，美国加州大学放射化学实验室的 Calvin 和 Benson 等以单细胞绿藻为材料，利用放射性同位素标记技术和纸色谱（paper chromatography）技术，经过不懈的努力，证明植物叶绿体中存在同化 CO_2 合成碳水化合物的一个循环途径。由于固定的第一个产物为 3 碳化合物，所以称该循环为 C_3 光合碳还原循环（C_3 photosynthetic carbon reduction cycle，简称 PCR 循环），或 C_3 途径，后人也将其称为卡尔文循环（Calvin cycle）。

卡尔文循环如图 12-15 所示。整个循环由 13 个反应组成，由 11 个酶催化，有 4 个基本特点：

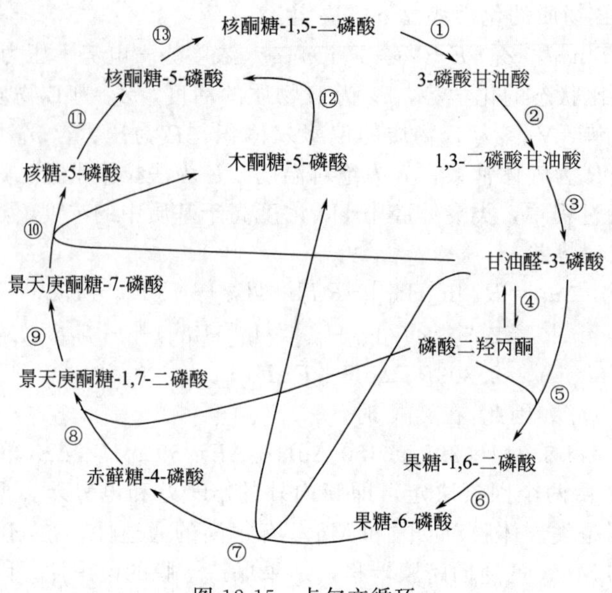

图 12-15 卡尔文循环

① 循环分为固定、还原和再生三个阶段；

② 由核酮糖-1,5-二磷酸（ribulose-1,5-bisphosphate，RuBP）羧化酶/加氧酶（RuBP carboxylase/oxygenase，Rubisco）催化核酮糖-1,5-二磷酸羧化产生 3-磷酸甘油酸（3-PGA）；

③ 每个循环中需消耗 3 个 ATP 和 2 个 NADPH；

④ 是一个自催化过程，每 3 个循环将从 CO_2 分子产生一个磷酸丙糖分子，它可以被用于淀粉或蔗糖的合成，也可以重新进入卡尔文循环，形成更多的核酮糖-1,5-二磷酸。

1. 羧化阶段

羧化阶段只有一步反应。核酮糖-1,5-二磷酸在 Rubisco 的催化下与 CO_2 结合，产物很快水解为两分子 3-磷酸甘油酸。Rubisco 所催化的羧化反应，催化机理独特，不同于一般的羧化反应，要经过烯醇化产生 2,3-烯醇、羧基化、水合作用和碳碳键断裂，最终产生两分子的 3-磷酸甘油酸。

$$\mathrm{^{2-}O_3PO{-}CH_2{-}C({=}O){-}CH(OH){-}CH(OH){-}CH_2{-}OPO_3^{2-}} \longrightarrow \mathrm{^{2-}O_3PO{-}CH_2{-}C(OH){=}C(OH){-}CH(OH){-}CH_2{-}OPO_3^{2-}} \xrightarrow[\mathrm{H^+}]{\mathrm{CO_2}} \mathrm{^{2-}O_3PO{-}CH_2{-}C(OH)(CO_2^-){-}C({=}O){-}CH(OH){-}CH_2{-}OPO_3^{2-}} \xrightarrow{\mathrm{H_2O}} \mathrm{^{2-}O_3PO{-}CH_2{-}C(OH)(CO_2^-){-}C(OH)_2{-}CH(OH){-}CH_2{-}OPO_3^{2-}} \xrightarrow[\mathrm{H^+}]{} 2\ \mathrm{^{2-}O_3PO{-}CH_2{-}CH(OH){-}CO_2^-}$$

2. 还原阶段

还原阶段由两步反应组成。由磷酸甘油酸激酶催化 3-磷酸甘油酸磷酸化，形成 1,3-二磷酸甘油酸。1,3-二磷酸甘油酸不积累，在 NADP：甘油醛-3-磷酸脱氢酶催化下被迅速还原为甘油醛 3-磷酸（3-PGald）。

在还原阶段，两个可逆反应需要高的 ATP/ADP 和 NADPH/NADP 比值推动完成。光反应中生成的 NADPH 和部分 ATP 被利用掉，CO_2 被还原为甘油醛-3-磷酸。光合作用的贮能作用完成。

3. 再生阶段

再生阶段涉及的反应较多（图中 4～13 步）。首先由磷酸丙糖异构酶催化甘油醛-3-磷酸转变为磷酸二羟丙酮，然后在醛缩酶的催化下，甘油醛-3-磷酸与磷酸二羟丙酮结合为果糖-1,6-二磷酸。果糖 1,6-二磷酸在果糖-1,6-二磷酸酶催化下将 C-1 上的磷酸基团水解下来，生成果糖-6-磷酸。在转酮醇基酶的作用下，果糖-6-磷酸上端的 2 个碳转移到甘油醛-3-磷酸上，形成木酮糖-5-磷酸并释放出赤藓糖-4-磷酸。然后，由醛缩酶催化，赤藓糖-4-磷酸与磷酸二羟丙酮结合形成景天庚酮糖-1,7-二磷酸。在景天庚酮糖-1,7-二磷酸酶的催化下，景天庚酮糖-1,7-二磷酸水解磷酸后转化为景天庚酮糖-7-磷酸。在转酮醇基酶作用下景天庚酮糖-7-磷酸上端的 2 个碳转移到甘油醛-3-磷酸上，形成木酮糖-5-磷酸，余下的 5 碳部分则形成核糖-5-磷酸。核糖-5-磷酸和木酮糖-5-磷酸分别由核糖-5-磷酸异构酶和核酮糖-5-磷酸差向酶（表异构酶）催化，转变为核酮糖-5-磷酸。最后，由核酮糖-5-磷酸激酶催化核酮糖-5-磷酸转变为核酮糖-1,5-二磷酸，完成了卡尔文循环。

卡尔文循环的总反应式为：

$$3CO_2+5H_2O+9ATP^{4-}+6NADPH \longrightarrow 3\text{-}PGald+9ADP^{3-}+8HOPO_3^{2-}+6NADP+3H^+$$

二、卡尔文循环的调节

1. Rubisco 的调节

Rubisco 是植物体内最丰富的酶，占叶片总蛋白的 1/4，可溶性蛋白的 1/2，叶绿体基质中浓度可达 4mmol/L。它是地球上量最大的蛋白质，可达人均 10kg。Rubisco 的催化效率非常低，比活性只有 $1\mu mol \cdot min^{-1} \cdot mg^{-1}$蛋白，因此需要大量的 Rubisco 支持高光合效率。1947 年首次从菠菜中分离到 Rubisco。Rubisco 分子质量为 550～560 kDa。藻类和高等植物的 Rubisco 由 8 个大亚基（约 56 kDa，475 个氨基酸）和 8 个小亚基（约 14 kDa，123 个氨基酸）构成，活性部位位于大亚基上。大亚基由叶绿体基因编码，小亚基由核基因编码，小亚基可能起调节作用。细菌的 Rubisco 只含有 2 个大亚基。

Rubisco 是双功能酶，除了催化将 CO_2 加到 RuBP 上，形成 2 分子 3-磷酸甘油酸外，它可以催化一个 O_2 分子加到 RuBP 上，形成 1 分子 3-磷酸甘油酸和 1 分子 2-磷酸乙醇酸（Glycollate-2-P）。因此，O_2 和 CO_2 互为竞争性抑制剂。$K_m(O_2)$ 大约为 $550\mu mol/L$，大体上等于当溶液与空气平衡后溶液中 O_2 的浓度。$K_m(CO_2)$ 值在空气中比在氮气下高，与羧化位点 CO_2 浓度相近，在 $20\mu mol/L$ 左右（$8\sim26\mu mol/L$）。

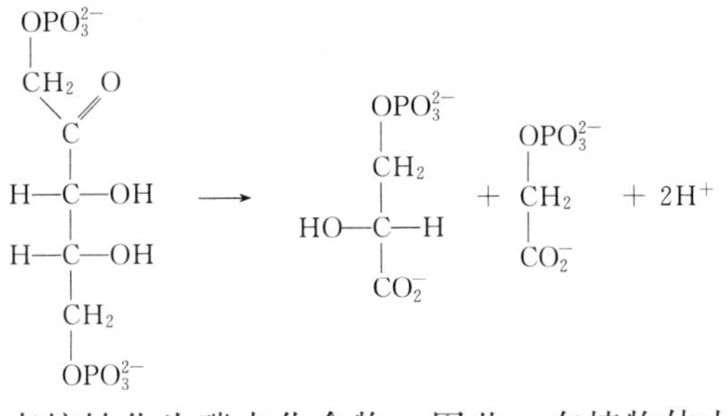

$$\begin{array}{c} OPO_3^{2-} \\ | \\ CH_2 \quad O \\ \diagdown \;\; /\!\!/ \\ C \\ | \\ H-C-OH \\ | \\ H-C-OH \\ | \\ CH_2 \\ | \\ OPO_3^{2-} \end{array} \longrightarrow \begin{array}{c} OPO_3^{2-} \\ | \\ CH_2 \\ | \\ HO-C-H \\ | \\ CO_2^- \end{array} + \begin{array}{c} OPO_3^{2-} \\ | \\ CH_2 \\ | \\ CO_2^- \end{array} + 2H^+$$

2-磷酸乙醇酸不能被直接转化为碳水化合物。因此，在植物体内同时存在一条乙醇酸的补救利用途径即乙醇酸途径（glycollate pathway），在叶绿体、线粒体和过氧化体（peroxisome）3 个细胞器的相互协作下，将 2-磷酸乙醇酸中 3/4 的碳回收，生成 3-磷酸甘油酸。另外 1/4 的碳以 CO_2 的形式放出。由于这一途径由光推动，吸收了氧而放出二氧化碳，所以也称为光呼吸作用（photorespiration）。与真正的线粒体呼吸作用不同，光呼吸作用不是一个生产能量而是消耗能量的过程，使 CO_2 的同化效率降低。由于它的部分产物可以进入卡尔文循环，从而本身构成了一种循环，所以称为 C-2 光呼吸碳氧化循环（C-2 photorespiration carbon oxidation cycle），简称为 PCO 循环。

光呼吸途径还涉及氮素的代谢，包括丝氨酸、甘氨酸、谷氨酸和谷氨酰胺等氨基酸的代谢，成为植物地上部分丝氨酸和甘氨酸的主要来源。另外，当 2 分子甘氨酸在线粒体中转化为 1 分子丝氨酸时，1 分子的 NH_3 也被释放出来（图 12-16）。NH_3 的释放一方面导致氮素的流失，另一方面 NH_3 在植物细胞中的积累对植物有毒害作用，因此光呼吸释放出的 NH_3 需要被同化成氨基酸谷氨酰胺，重新进入氮的合成代谢途径。

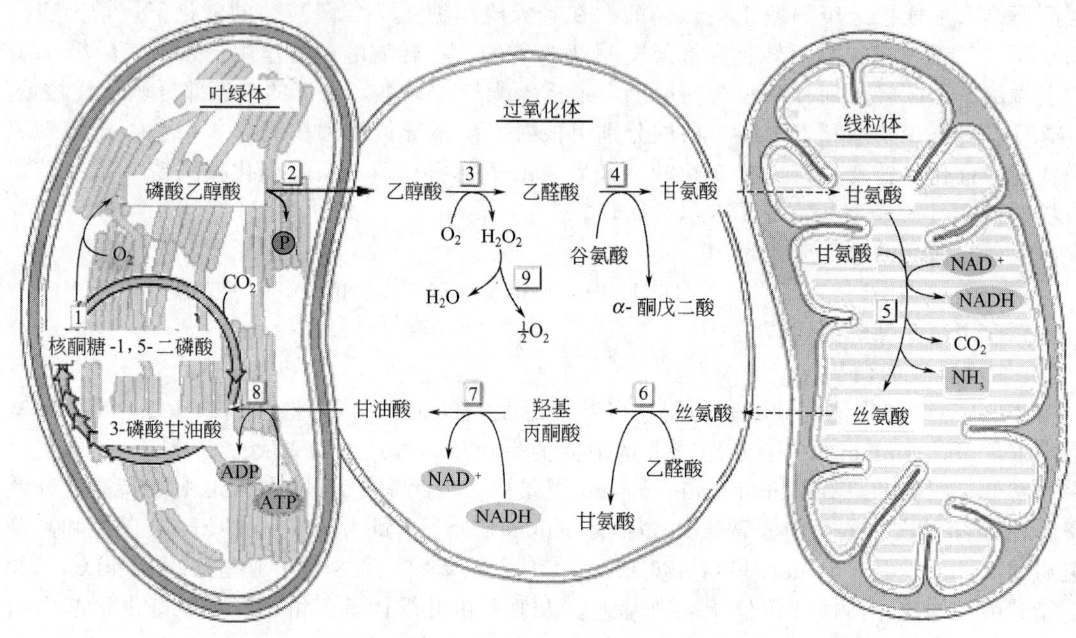

图 12-16　光呼吸途径

最近的研究表明，羟基丙酮酸的还原也可以在细胞质中进行；在拟南芥中，乙醇酸除了在过氧化体中被乙醇酸氧化酶催化外，还可以被位于线粒体中的乙醇酸脱氢酶脱氢氧化为乙醛酸。

Rubisco 的加氧作用可能是不可避免的，因为不管从哪种材料分离出的 Rubisco，包括高等植物、绿藻或细菌，都具有双重活性，只不过相对活性有差异，羧化作用与加氧作用的比例在细菌和藻类中较低，而在高等植物中较高。

Rubisco 的酶活性依赖于 CO_2 的存在，因为酶分子上有一个 CO_2 的激活位点，它不同于催化位点。Rubisco 活性部位的一个赖氨酸（201 位）的 ε-NH_2 基在 pH 值较高时不带电荷，可以与 CO_2 形成带负电荷的氨基甲酸（carbamate），后者再与 Mg^{2+} 结合，成为酶-CO_2-Mg^{2+} 活性复合体，酶被激活。在这里，参与活化的 CO_2 分子与被固定的 CO_2 分子是不同的。Rubisco 活化中，氨甲酰化作用（carbamylation）由 Rubisco 活化酶（rubisco activase）催化，此酶在光下起作用，要求 RuBP 和 ATP 以表现活性。Rubisco 活化酶的确切作用可能是从 Rubisco 的活性位点移走 RuBP，使得 Rubisco 处于能够易于形成氨甲酰化状态。

$$\begin{array}{c}\text{Rubisco}\\|\\\text{Lys}\\|\\NH_3^+\end{array}\underset{H^+}{\overset{H^+}{\rightleftharpoons}}\begin{array}{c}\text{Rubisco-RuBP}\\|\\\text{Lys}\\|\\NH_2\end{array}\underset{CO_2\quad H^+}{\overset{CO_2\quad H^+}{\rightleftharpoons}}\begin{array}{c}\text{Rubisco}\\|\\\text{Lys}\\|\\NH\\|\\CO_2^-\end{array}\underset{Mg^{2+}}{\overset{Mg^{2+}}{\rightleftharpoons}}\begin{array}{c}\text{Rubisco}\\|\\\text{Lys}\\|\\NH\\|\\Mg^{2+}CO_2^-\end{array}$$

在一些植物的叶片（如豆科植物、烟草、土豆）中存在一种 Rubisco 的抑制物 2-羧基阿拉伯糖醇-1-磷酸（2-caboxy-arabinitol-1-phosphate，CAIP），其结构与 RuBP 的羧化中间产物相似。在夜间，CAIP 与 Rubisco 紧密结合，从而抑制 Rubisco 催化羧化反应。Rubisco 活化酶可以使 CAIP 与酶脱离，从而使 Rubisco 活性升高。光照能促进光合磷酸化中 ATP 的形成，从而激活活化酶。

2. 光对卡尔文循环中一些酶活性的调节

叶绿体基质的环境条件在光下和黑暗下很不一样，如 pH 值、Mg^{2+} 浓度和硫氧还蛋白（thioredoxin，Tdx）的氧化状态：

环境条件	暗	光
pH	7.3	8.0
$Mg^{2+}/mmol \cdot L^{-1}$	1～3	3～6
还原态硫氧还蛋白	8～30	62～77

当照光时，基质中的 H^+ 被泵入类囊体腔，所以基质的 pH 值升高，叶绿体类囊体膜对于 Mg^{2+} 是自由通透的，所以伴随 H^+ 的进入，Mg^{2+} 流入基质以抵消电荷，基质中 $[Mg^{2+}]$ 增加；由于电子传递产生了铁氧还蛋白，可通过铁氧还蛋白硫氧还蛋白还原酶（Fdx Tdx reductase，FTR）还原 Tdx，后者再还原一些卡尔文循环上的酶。FTR 是一个 Fe-S 蛋白，含有两个不相同的亚基和一个可还原的二硫桥键。

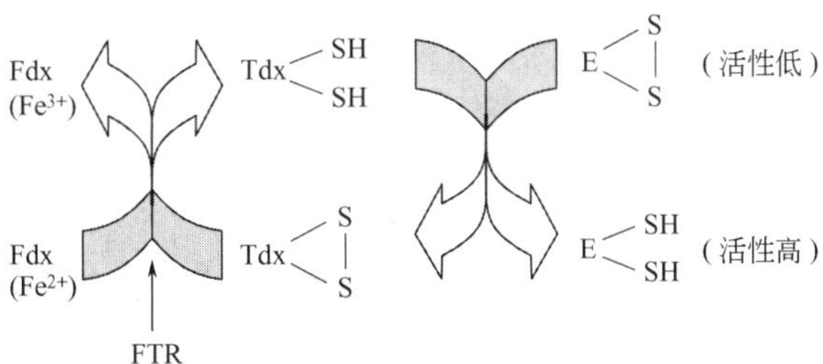

这些被还原的酶包括果糖-1,6-二磷酸酶，景天庚酮糖-1,7-二磷酸酶，核酮糖-5-磷酸激酶，Rubisco，NADP：甘油醛-3-磷酸脱氢酶以及叶绿体中一些其他代谢的酶，如依赖 NADP 的苹果酸脱氢酶（NADP dependent malate dehydrogenase）和苯丙氨酸氨解酶（phenylalanine aminolyase）。这些酶被还原后活性大增。

环境条件	暗	光	活性增加倍数
果糖-1,6-二磷酸酶	2.5	37	15
核酮糖-5-磷酸激酶	29	1160	40
景天庚酮糖-1,7-二磷酸酶	2.8	29	12

3. 磷酸/丙糖磷酸转运对卡尔文循环的调节

叶绿体中合成的碳水化合物主要通过丙糖磷酸（triose phosphate，TP）的形式被运输进细胞质中。叶绿体内膜上的磷酸盐转运器（转运蛋白 transloctor）将丙糖磷酸（甘油醛 3-磷酸、磷酸二羟丙酮）运出叶绿体的同时，将细胞液中等量的无机磷运入叶绿体。丙糖磷酸在细胞液中被用于蔗糖的合成，同时释放无机磷。如果蔗糖的运输或利用减慢，则导致细胞质中蔗糖的积累和合成速度降低，无机磷的释放随之减少。这样，一方面会引起丙糖磷酸的外运受阻，有可能对卡尔文循环造成产物抑制，另一方面由于叶绿体内无机磷的降低，使

ATP 合成受阻，这又会抑制 Rubisco 活化酶的活性。

另外，核酮糖-1,5-二磷酸作为 CO_2 的受体，在循环中要求有一定的浓度，所以开始被固定的 CO_2 并不以丙糖磷酸的形式利用，而是用来增加核酮糖-1,5-二磷酸的量，即自催化(autocatalysis)，这样使得以后固定 CO_2 的速率增大。

三、植物细胞中 CO_2 的浓缩机制

由于光呼吸途径的存在，所以提高 Rubisco 周围 CO_2/O_2 的比值对于 CO_2 的固定是有利的。研究发现，一些植物中存在除了卡尔文循环以外的固定 CO_2 的代谢途径，它们分别是 C_4 途径和景天酸代谢途经。这些途径起到了在 Rubisco 周围浓缩 CO_2 的作用。另外，藻类中也存在特殊的 CO_2 浓缩机制。

1. C_4 途径

当卡尔文循环被确定以后，曾以为光合碳代谢途径已经搞清楚了。但 1965 年以后发现，在甘蔗、玉米等植物中，被固定的 CO_2 最初有 80%出现在苹果酸或天冬氨酸这两种四碳二羧酸中。进一步研究表明，在这类植物中存在一条特别的光合碳同化途径，即 C_4 二羧酸途径（C_4 dicarboxylic acid pathway），简称 C_4 途径。或称为 C_4 光合碳同化循环（photosynthetic carbon assimilation cycle，PCA 循环），也以其发现者中澳大利亚的植物生化学家 Hatch 和 Slack 的名字命名为 Hatch-Slack 途径。与只存在 C_3 途径的 C_3 植物相对应，将存在 C_4 途径的植物称为 C_4 植物。

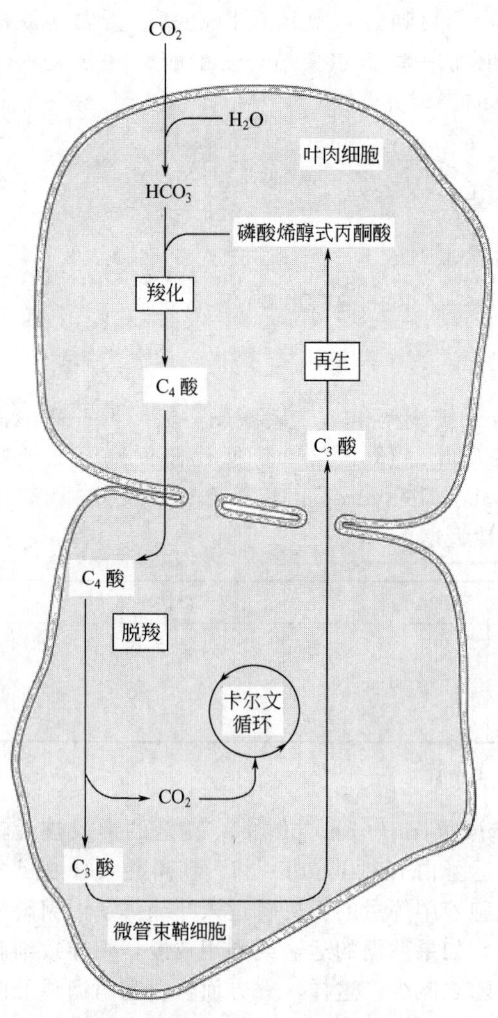

图 12-17　C_4 循环中 CO_2 的固定

C_4 途径具有 CO_2 泵的作用，能将 Rubisco 周围的 CO_2 浓度提高。C_4 植物叶片中有两类光合细胞：叶肉细胞（mesophyll cell）和维管束鞘细胞（bundle sheath cell）。与 C_3 植物相比，C_4 植物的维管束鞘细胞排列紧密，细胞壁加厚，体积较大，其最大特点是含有许多叶绿体，叶绿体中有基质片层而缺乏基粒。鞘细胞中还含有较多的线粒体等其他细胞器。在鞘细胞与相邻的叶肉细胞间有丰富的胞间连丝。而在 C_3 植物的维管束鞘细胞中则不含叶绿体。C_4 途径的碳同化过程基本可以分为四个阶段：①在叶肉细胞中，通过磷酸烯醇式丙酮酸羧化酶（phosphoenol pyruvate carboxylase，PEPC）的催化，固定 CO_2，形成草酰乙酸，草酰乙酸然后转化为苹果酸或天冬氨酸；②C_4 二羧酸苹果酸或天冬氨酸由叶肉细胞通过胞间连丝转运到鞘细胞内；③在鞘细胞内 C_4 二羧酸释放 CO_2，此 CO_2 进入 C_3 循环被还原为碳水化合物；④脱羧形成的 C_3 酸（丙酮酸或丙氨酸）被转运回叶肉细胞，并再生出 CO_2 的受体磷酸烯醇式丙酮酸（见图 12-17）。

根据被转运到鞘细胞中的 C_4 二羧酸和催

化脱羧反应的酶的不同，又可以将 C_4 植物分为三种类型：①具有高活性的依赖 NADP 的苹果酸酶（NADP malic enzyme）的苹果酸型（NADP-ME）；②具有高活性的依赖 NAD 的苹果酸酶（NAD malic enzyme）的天冬氨酸型（NAD-ME）；③具有高活性的磷酸烯醇式丙酮酸羧激酶（PEP carboxykinase）的天冬氨酸型（PEP-CK）。

2. 景天酸代谢途径

在景天科（Crasssulaceae）、仙人掌科（Cactaceae）、大戟科（Euphorbiaceae）、百合科（Liliaceae）、凤梨科（Bromeliaceae）、兰科（Orchidaceae）等的一些植物中存在另一种浓缩 CO_2 的代谢途径，因其首先在景天科植物中发现，所以称为景天酸代谢途径（Crassulacean acid metabolism，CAM）。景天酸代谢途经类似于 C_4 途径，不同的是将 CO_2 的固定和释放从时间上分隔开，在夜间磷酸烯醇式丙酮酸羧化酶大量固定 CO_2 形成苹果酸这样的有机酸，积累在液泡中。苹果酸在白天从液泡中运出，脱羧，释放 CO_2 形成 CO_2 库，然后由 Rubisco 真正固定 CO_2（图 12-18）。这种机制使得 CAM 植物能够在夜间当气孔打开时，从空气中积累 CO_2，而在白天则当气孔关闭后仍能通过卡尔文循环固定 CO_2，与此同时水分的损失则降低到最低程度。对于大多数景天酸代谢植物来说，CAM 途径使得植物能在水的供应不稳定而周期性变化的条件下生存。典型的植物是生长在半干旱地区的肉质茎，如仙人掌。

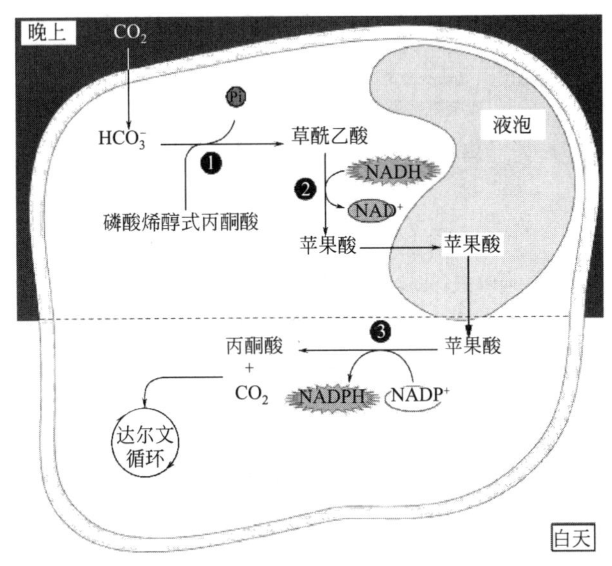

图 12-18　CAM 植物中 CO_2 的固定

目前发现有两种类型的 CAM 植物：①存在苹果酸脱羧反应和经过由依赖 NAD（P）的苹果酸酶催化的反应；②存在由磷酸烯醇式丙酮酸羧激酶催化的反应。

3. 衣藻中 CO_2 的浓缩

衣藻是低等植物藻类的模型植物，是单细胞水生植物。研究发现，衣藻中也存在一种浓缩 CO_2 的特殊方式。衣藻的细胞膜上存在一种可以主动转运碳酸盐和 CO_2 进入细胞质的泵（bicarbonate transport pump，pmp），细胞质中有碳酸脱水酶（carbonic anhydrase），能催化碳酸盐脱水放出 CO_2，这样 Rubisco 周围 CO_2 的浓度就会升高，从而增加了 Rubisco 固定 CO_2 的效率（见图 12-19）。

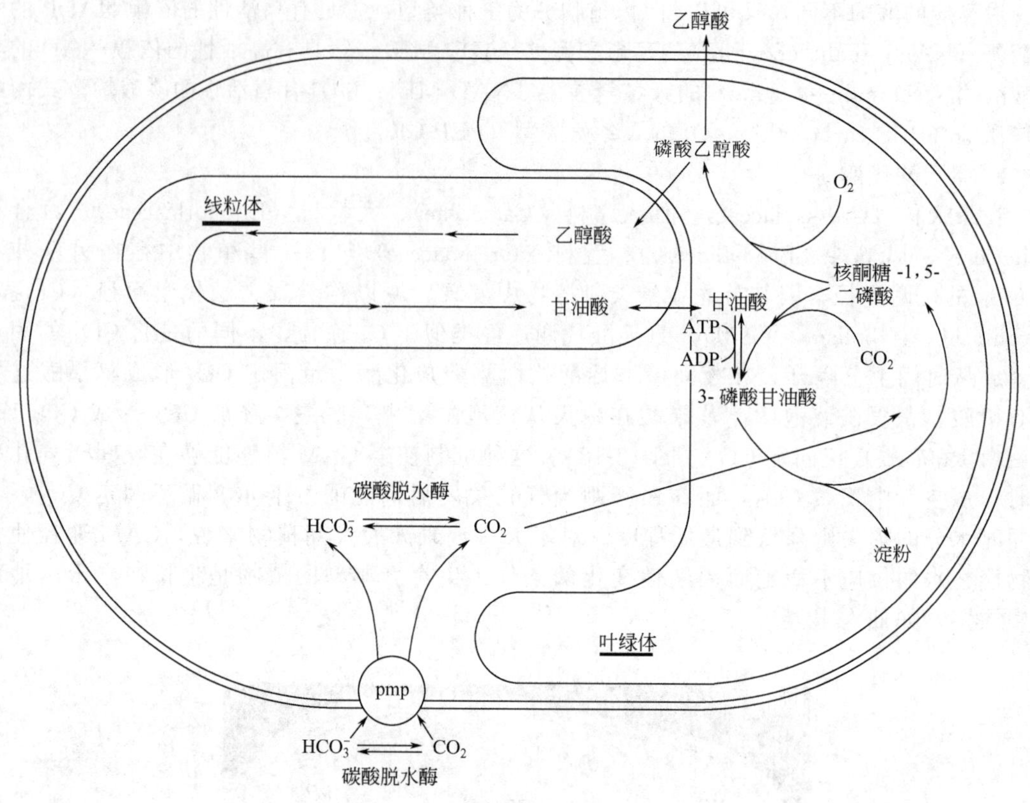

图 12-19　衣藻中 CO_2 的浓缩机制

提　　要

光合作用是指植物、藻类以及原核生物直接利用光能合成有机化合物的整个过程。光合作用可以分为两个阶段，即光反应和由碳连接的反应（过去也称为暗反应，因为反应不直接需要光）。

植物光合作用的光反应是在叶绿体的类囊体膜上进行的。类囊体膜上分布着许多光合色素，叶绿素 a、b，β-胡萝卜素和叶黄素，这些光合色素一般以非共价键的形式与蛋白质结合在一起，构成色素蛋白复合体。大部分叶绿素 a 和所有的叶绿素 b 都是天线色素，能吸收光能，并将光能通过诱导共振的方式传给反应中心色素，β-胡萝卜素和叶黄素也起天线色素的作用，称为辅助色素。反应中心色素是特殊的叶绿素 a 分子，不仅能吸收光能，而且还能将光能转化为化学能。光反应是以光合单位进行的。一个光合单位包括反应中心复合体和天线复合体两部分，每一部分又是由数个蛋白质亚基组成的。类囊体膜上分布着 PSⅡ和 PSⅠ两个光系统，它们的反应中心色素分别为 P680 和 P700，都以双分子形式存在。PSⅡ和 PSⅠ与细胞色素蛋白复合体、质体醌、质体蓝素、铁氧还蛋白几个组分协同作用，在光能的推动下将电子从 H_2O 中通过一个 Z 型的非环式电子传递链传给 $NADP^+$，生成 NADPH。水失去电子和 H^+、生成 O_2 的光解过程称为希尔反应，是在 PSⅡ的放氧复合体 OEC 中通过一个氧化钟的机制进行的，OEC 按照氧化程度从低到高顺序，经历 S_0，S_1，S_2，S_3 和 S_4 5 种不同的状态，与其所含 Mn 簇的氧化状态有关。电子也可以通过 PSⅠ-铁氧还蛋白-质体醌-细胞色素复合体-质体蓝素-PSⅠ的循环方式传递，形成环式电子传递链。电子传递的同时，在类囊体腔的一侧积累了 H^+。根据化学渗透假说，膜两侧 H^+ 的浓度差（即 ΔpH 值）成为推动ATP合成的动力，而因类囊体膜对Cl^-、Mg^{2+}的通透性使得电位差的贡献很小。ATP的合成是在类囊体膜上的ATP合酶中进行的，此过程称为光合磷酸化。合酶包括两部分CF_o和CF_1，类似于线粒体中的ATP合酶，因此合成ATP的机制可能也类似。

碳连接的反应是在叶绿体的基质中进行的。类囊体的基质中含有催化CO_2固定、固定产物还原和CO_2受体再生的各种酶。叶绿体中固定CO_2的反应是由Rubisco催化的，受体是核酮糖-1,5-二磷酸，第一个产物是3-磷酸甘油酸，所以称固定CO_2的循环为C_3光合碳还原循环或C_3途径，也称卡尔文循环。整个循环由13个反应组成，由11个酶催化。每个循环中需消耗由光反应中形成的3个ATP和2个NADPH。卡尔文循环的调节对于光合作用中CO_2的固定非常重要。Rubisco是双功能酶，除了羧化功能外还具有加氧活性，导致光呼吸途径的存在和CO_2/O_2浓度比对CO_2固定的影响；另外，Rubisco的酶活性要由CO_2激活；在一些植物中还发现Rubisco抑制剂的存在，影响Rubisco的活性。光对CO_2的固定影响很大，通过改变基质中pH值、Mg^{2+}浓度和硫氧还蛋白的氧化状态影响许多参与CO_2固定的酶的活性。叶绿体内膜上的磷酸盐转运器将丙糖磷酸运出叶绿体的同时，将细胞液中等量的无机磷运入叶绿体，叶绿体中两种物质浓度的变化也是调节卡尔文循环的重要因素。

有些植物进化出了不同的CO_2浓缩机制，从而能够增加Rubisco周围CO_2的浓度，提高固定CO_2的效率。C_4途径植物通过叶肉细胞中的磷酸烯醇式丙酮酸羧化酶固定CO_2，形成C_4二羧酸，然后将C_4二羧酸运进维管束鞘细胞，再释放出CO_2，起到一个CO_2泵的作用；CAM植物则是在夜间固定CO_2，形成苹果酸，白天再释放出CO_2，由Rubisco将CO_2固定，合成糖；衣藻通过细胞膜上的转运蛋白对HCO_3^-/CO_2主动吸收，然后在细胞质中通过脱水再释放出CO_2，提高细胞质中CO_2的浓度。

思 考 题

1. 叶绿素的分子结构有什么特点？
2. 什么是反应中心色素？什么是光合单位？
3. 电子在光系统Ⅱ中是如何传递的？在光系统Ⅰ中又是如何传递的？
4. 为什么说光系统Ⅰ不符合传统的光合单位的定义？
5. 放氧复合体是通过什么样的机制实现水的光解的？
6. 光合作用中的“Z”链指的是什么？
7. 什么是PQ循环？什么是环式电子传递途径？
8. 各种光合蛋白复合体在类囊体膜上是如何分布的？
9. 光合磷酸化是由什么推动的？
10. ATP合酶的结构有什么特点？
11. 卡尔文循环由那些反应组成，都由哪些酶催化？
12. Rubisco固定CO_2的能力主要受哪些方面的调节？
13. 为什么说光合作用的暗反应实际上也是需光的？
14. 植物的光呼吸途径是怎么回事？
15. C_4植物和CAM植物分别是通过什么机制使Rubisco周围CO_2浓度提高的？

第十三章 脂 代 谢

第一节 概 述

一、脂类的一般概念

脂类亦称脂质，是生物体内一大类重要的有机化合物。脂类包括的范围很广，如脂肪、脂肪酸、磷脂、鞘脂、胆固醇等。这些物质的化学成分和化学结构有很大差别，但它们都具有不溶于水而易溶于乙醚、氯仿等脂溶性溶剂的共同特性。

根据化学结构和组成的不同，脂类可分为简单脂质、复合脂质和异戊二烯类脂质。简单脂质是指脂肪酸与各种不同的醇类形成的酯，如甘油三酯（脂肪）、甘油二酯、甘油单酯和蜡等。复合脂质是指除醇类、脂肪酸外，还含有其他物质，如磷脂，除甘油、脂肪酸外还含有磷酸和含氮类物质。鞘脂是由脂肪酸、鞘氨醇和磷酸或糖类残基等组成的复合脂质。异戊二烯类脂质主要是指萜类和类固醇及其衍生物。

脂类具有重要的生物学功能。脂肪是由甘油和三个脂肪酸组成，其主要功能是储存能量和防止热量散失。生物体氧化 1g 糖或蛋白质产生约 17kJ 的能量，而氧化 1g 脂肪可释放 39kJ 能量，是糖或蛋白质的 2.3 倍。脂肪以高度无水状态存在，是生物能量的主要储存形式。

脂肪酸是生物体的重要代谢燃料，同时也是许多结构脂质的基本构件。自然界的脂肪酸多数是由 14～20 个碳原子组成，而且都是偶数。脂肪酸又分为饱和脂肪酸和不饱和脂肪酸。最常见的饱和脂肪酸是 16 烷酸（软脂酸或棕榈酸）和 18 烷酸（硬脂酸）。不饱和脂肪酸主要是棕榈油酸（16：1 Δ^{9}，含 16 个碳原子，双键在第 9 位），油酸（18：1 Δ^{9}，含 18 个碳原子，双键在第 9 位），亚油酸（18：2 $\Delta^{9,12}$，双键在第 9 位和第 12 位）和亚麻酸（18：3 $\Delta^{9,12,15}$，双键在第 9 位、12 位和 15 位）。哺乳动物体内只能合成饱和脂肪酸和单不饱和脂肪酸，不能合成亚油酸和亚麻酸，但这两种多不饱和脂肪酸是维持动物正常生长所必需的，所以也称必需脂肪酸。哺乳动物体内的必需脂肪酸是从植物中获得的。植物中含有丰富的亚油酸和亚麻酸。

表 13-1 主要脂质及生物功能

脂质类别	生物功能	脂质类别	生物功能
脂肪酸及衍生物：		类萜与异戊烯脂：	
脂肪酸	生物体的代谢燃料和其他脂质的基本构件	烯萜类	是植物香精油、信息素、固醇前体
前列腺素	细胞内调节剂	维生素 A	与视觉功能有关
甘油三酯	能量储存、防止热量散失、保护性脂肪垫	维生素 E	抗氧化剂、抗不育、稳定膜结构
甘油二酯、甘油单酯	生成脂肪酸供能，有利于脂类的乳化	维生素 K	抗出血
		泛醌	电子传递链组分
蜡：真蜡、固醇蜡	主要存在于皮肤、羽毛、植物叶片、果实表层等	类固醇：	
磷脂：		胆固醇	生物膜、脂蛋白、胆汁酸和类固醇激素前体
甘油磷脂	构成生物膜，参与代谢调节	胆汁酸	脂肪消化
鞘磷脂	构成生物膜，神经组织含量丰富	固醇激素	代谢调节
糖脂：		植物固醇	植物细胞组分
甘油糖脂	细胞膜，动物脑组织		
鞘糖脂	主要存在于神经组织，胞膜，参与免疫识别	脂多糖	细菌胞壁

磷脂和鞘脂是构成生物膜的重要成分。近年来发现磷脂酰肌醇的一系列中间代谢物具信息传递作用，构成了一条非核苷酸类信号通路。另外，许多脂类衍生物如类固醇激素、维生素 D、胆酸盐等也都具有重要的生理作用。因此研究和了解脂类代谢对于促进人类的健康和工农业生产实践有重要意义。一些严重威胁人类健康的疾病如冠心病、脂肪肝、肥胖症等都与脂类代谢紊乱有关。主要脂质及功能见表 13-1。

二、脂肪的消化和吸收

人和动物从食物中摄入脂肪后，主要在小肠进行消化和吸收。在小肠，脂肪首先被胆汁酸乳化成微粒并均匀分散，有利于胰脏分泌的脂肪酶对其的水解，生成脂肪酸和甘油。

$$
\begin{array}{l}CH_2-O-\overset{O}{\overset{\|}{C}}-R_1\\ |\\ CH-O-\overset{O}{\overset{\|}{C}}-R_2\\ |\\ CH_2-O-\overset{O}{\overset{\|}{C}}-R_3\end{array} + 2H_2O \longrightarrow R_2-\overset{O}{\overset{\|}{C}}-O-\begin{array}{l}CH_2OH\\ |\\ CH\\ |\\ CH_2OH\end{array} + R_1COOH + R_3COOH
$$

游离脂肪酸和甘油被吸收后，通过门静脉进入肝脏进一步代谢。一小部分未被完全水解的甘油单酯与长链脂肪酸一起在小肠黏膜细胞再合成甘油三酯，继而形成乳糜微粒经淋巴系统进入血液循环。

第二节　脂肪的分解代谢

一、体内甘油三酯的分解

在哺乳动物体内，甘油三酯虽广泛存在于各个组织器官和体液中，但主要集中存在于脂肪组织中。当机体需要能量的时候脂肪开始动员，在脂肪酶的作用下，逐步将甘油三酯水解成甘油和脂肪酸，供给全身各组织摄取利用或氧化供能。组织中催化甘油三酯水解的酶有三种，即脂肪酶、甘油二酯脂肪酶和甘油单酯脂肪酶。

$$
\underset{\text{甘油三酯}}{R_2-\overset{O}{\overset{\|}{C}}-O-\begin{array}{l}CH_2-O-\overset{O}{\overset{\|}{C}}-R_1\\ |\\ CH\\ |\\ CH_2-O-\overset{O}{\overset{\|}{C}}-R_3\end{array}} \xrightarrow[\text{R}_3\text{COOH 脂肪酸}]{H_2O,\text{脂肪酶}} \underset{\text{甘油二酯}}{R_2-\overset{O}{\overset{\|}{C}}-O-\begin{array}{l}CH_2-O-\overset{O}{\overset{\|}{C}}-R_1\\ |\\ CH\\ |\\ CH_2OH\end{array}}
$$

$$
\xrightarrow[\text{R}_1\text{COOH 脂肪酸}]{H_2O,\text{甘油二酯脂肪酶}} \underset{\text{甘油单酯}}{R_2-\overset{O}{\overset{\|}{C}}-O-\begin{array}{l}CH_2OH\\ |\\ CH\\ |\\ CH_2OH\end{array}} \xrightarrow[\text{R}_2\text{COOH 脂肪酸}]{H_2O\text{甘油单酯脂肪酶}} \underset{\text{甘油}}{\begin{array}{l}CH_2OH\\ |\\ CHOH\\ |\\ CH_2OH\end{array}}
$$

甘油三酯首先被脂肪酶催化水解为甘油二酯和脂肪酸 R_3 或 R_1，再继续被甘油二酯脂肪酶和甘油单酯脂肪酶水解为脂肪酸和甘油。脂肪水解的第一步反应为限速反应，催化这步反应的脂肪酶受激素调节，所以也被称为激素敏感性脂肪酶（图 13-1）。在某些生理或病理条件下，如兴奋、饥饿、糖尿病等，一些促脂解激素如肾上腺素、胰高血糖素等的分泌增加。这些激素通过与靶细胞膜受体的结合激活腺苷酸环化酶，使胞内 cAMP 浓度升高，cAMP 又进一步激活蛋白激酶 A（依赖于 cAMP 的蛋白激酶）使脂肪酶磷酸化并被激活，从而促进脂肪水解。相反，胰岛素具有抗脂解作用。

二、甘油的代谢

由于脂肪细胞缺少甘油激酶，所以脂解作用产生的甘油不能被脂肪细胞利用，必须通过血液运至肝脏进行代谢。在肝细胞，甘油首先在甘油激酶的催化下形成 3-磷酸甘油，再进一

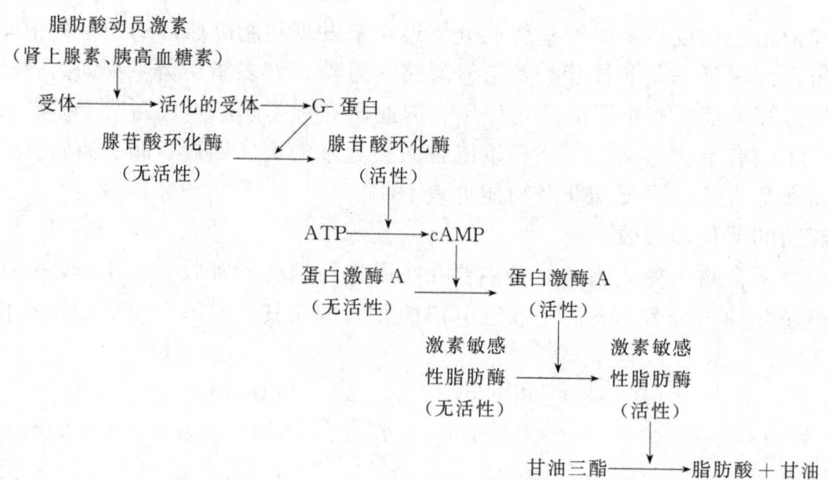

图 13-1　激素对脂代谢的调节

步在磷酸甘油脱氢酶的作用下生成磷酸二羟丙酮。磷酸二羟丙酮可转变为 3-磷酸甘油醛进入酵解或糖异生途径。因此在肝细胞中甘油有两种前途：一种是进入酵解途径转变成丙酮酸然后再进入三羧酸循环彻底氧化供能；另一种是沿酵解的逆反应异生为葡萄糖。

$$\underset{\text{甘油}}{HO-CH(CH_2OH)_2} \xrightarrow[\text{甘油激酶}]{ATP\ \ \ ADP} \underset{\text{3-磷酸甘油}}{HO-CH(CH_2OH)-CH_2-O-PO_3^{2-}} \xrightarrow[\text{磷酸甘油脱氢酶}]{NAD^+\ \ \ NADH+H^+} \underset{\text{磷酸二羟丙酮}}{CH_2OH-C(=O)-CH_2-O-PO_3^{2-}}$$

三、脂肪酸的分解代谢

脂肪酸的彻底氧化分三个阶段（图 13-2）：① 在线立体基质内，脂肪酸经 β-氧化生成乙酰辅酶 A ② 乙酰辅酶 A 进入三羧酸循环氧化生成 NADH 和 $FADH_2$ ③ NADH 和 $FADH_2$ 进入电子传递链彻底氧化供能。第二和第三阶段已在前面学习，下面学习脂肪酸的 β-氧化途径及其调节。

1. 脂肪酸的转运

（1）组织间的转运　脂解产物脂肪酸需运送到需要能量的组织或细胞中进行氧化分解，这一任务主要由血清白蛋白来完成。游离脂肪酸穿越脂肪细胞膜和毛细血管内皮细胞与血清白蛋白结合，通过血液循环，到达体内其他组织中，以扩散的方式将脂肪酸由血浆移入组织，进入细胞氧化。

（2）进入线粒体的转运　脂肪酸的氧化分解场所是肝细胞及其他组织细胞的线粒体基质内。由于长链脂肪酸不能穿越线粒体内膜，需在肉碱携带下，通过特殊的传递机制被运送到线粒体内进行氧化。但转运前首先需要进行活化。

① 脂肪酸的活化　被吸收进入细胞的脂肪酸首先在脂酰辅酶 A 合成酶（硫激酶）的催化下，由 ATP 提供能量，活化形成脂酰辅酶 A（脂酰 CoA）。

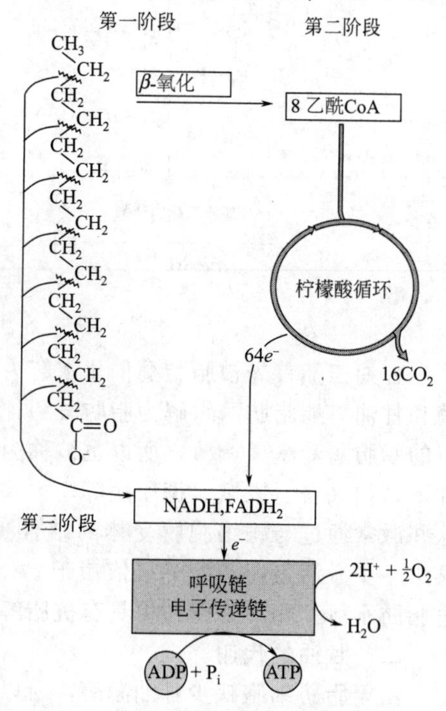

图 13-2　脂肪酸彻底氧化的三个阶段

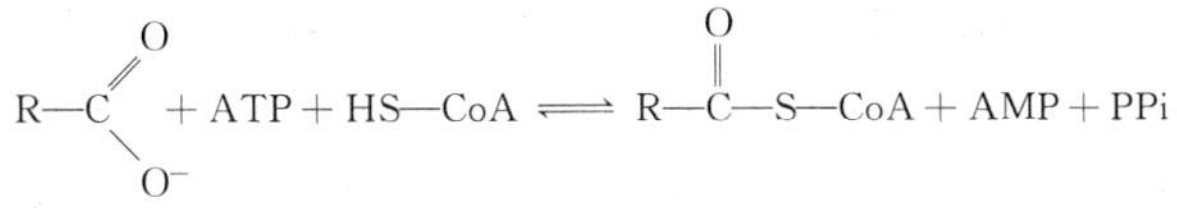

$$R-C(=O)O^- + ATP + HS-CoA \rightleftharpoons R-C(=O)-S-CoA + AMP + PPi$$

脂肪酸　　　　　　　　　　　　脂酰 CoA

② 转运机制　活化的脂酰 CoA 首先在位于线粒体膜外侧的肉碱酰基转移酶Ⅰ的作用下与肉碱（一种由赖氨酸衍生的兼性化合物）结合生成脂酰肉碱，然后在移位酶的作用下穿越线粒体内膜进入线粒体。在线粒体内，脂酰肉碱在肉碱酰基转移酶Ⅱ的作用下，再次形成脂酰 CoA，释放出的肉碱返回至胞液一侧进行下一轮转运（图 13-3）。

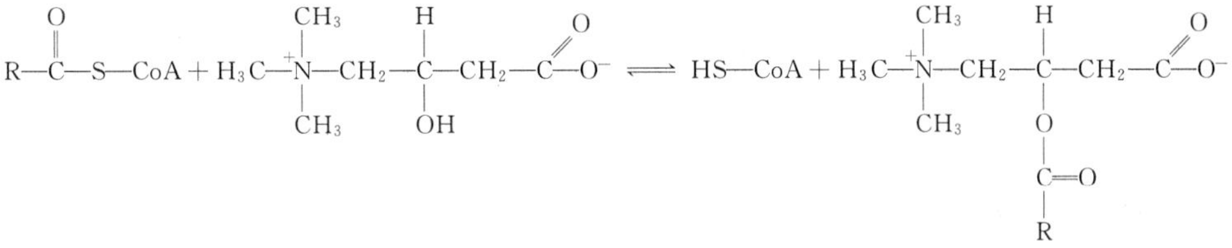

$$R-C(=O)-S-CoA + H_3C-N^+(CH_3)_2-CH_2-CH(OH)-CH_2-C(=O)O^- \rightleftharpoons HS-CoA + H_3C-N^+(CH_3)_2-CH_2-CH(O-C(=O)-R)-CH_2-C(=O)O^-$$

脂酰 CoA　　　　　　肉碱　　　　　　　　脂酰肉碱

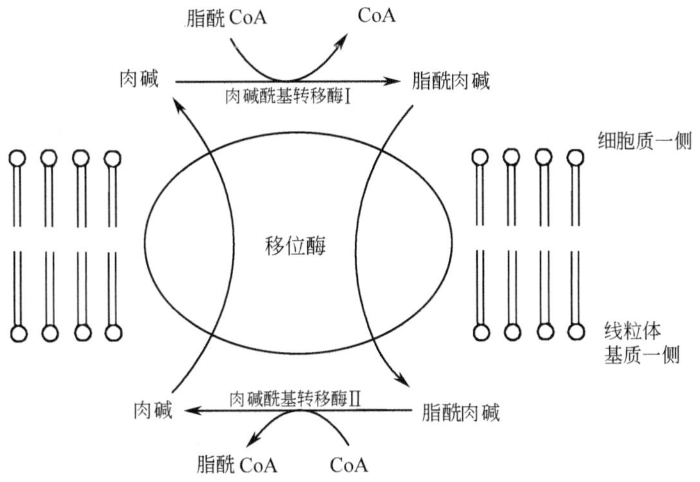

图 13-3　脂酰 CoA 进入线粒体基质机制

脂酰 CoA 从线粒体外到线粒体内的转运过程是脂肪酸分解代谢的限速步骤，因为肉碱酰基转移酶Ⅰ的活性直接调节控制脂肪酸的转运速度，进而影响脂肪酸的氧化速度，是决定脂肪酸走向脂质合成或走向氧化降解的关键。

2. 饱和脂肪酸的 β-氧化

进入线粒体的脂酰 CoA 在酶的作用下，从脂肪酸的 β-碳原子开始，依次两个两个碳原子进行水解，这一过程称为 β-氧化。如软脂酸的氧化：

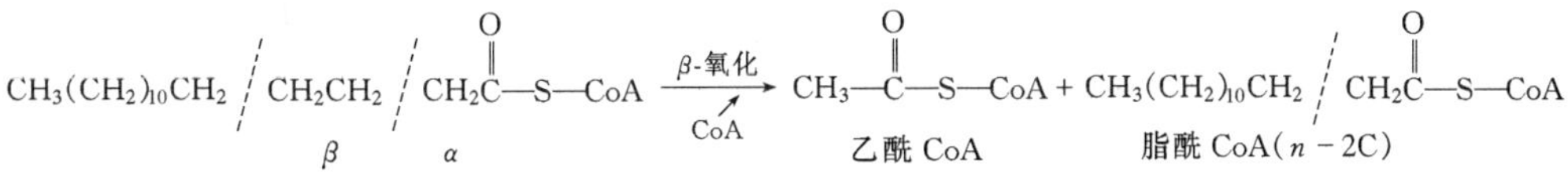

$$\underset{\text{脂酰 CoA(16C)}}{CH_3(CH_2)_{10}CH_2 / \underset{\beta}{CH_2CH_2} / \underset{\alpha}{CH_2C(=O)}-S-CoA} \xrightarrow[CoA]{\beta\text{-氧化}} \underset{\text{乙酰 CoA}}{CH_3-C(=O)-S-CoA} + \underset{\text{脂酰 CoA}(n-2C)}{CH_3(CH_2)_{10}CH_2 / CH_2C(=O)-S-CoA}$$

(1) β-氧化的发现　一些苯基化合物在体内不能直接被氧化分解，如苯甲酸、苯乙酸等，但可通过与甘氨酸化合成无毒衍生物马尿酸或苯乙尿酸排出体外。

1904 年，Franz Knoop 将不同长度脂肪酸的甲基 ω-碳原子与苯基相连接，然后将这些带有苯基的脂肪酸喂给狗吃。在检查尿中的产物时，发现不论脂肪酸链长短，用苯基标记的奇数碳脂肪酸饲喂的动物尿中都能找到苯甲酸衍生物马尿酸，而用苯基标记的偶数碳脂肪酸饲喂的动物尿中都能检测到苯乙酸衍生物苯乙尿酸。根据这一结果提出了脂肪酸β-氧化学说。他认为偶数碳脂肪酸不论长短，每次水解 2 个碳原子，最终都要形成苯乙酸，与甘氨酸化合成苯乙尿酸；而奇数碳脂肪酸同样每次水解 2 个碳原子，最终都要形成苯甲酸，与甘氨酸化合成马尿酸排出体外。经过一百多年的实践证明β-氧化学说是正确的。

$$\text{C}_6\text{H}_5\text{—CH}_2\text{CH}_2\text{CH}_2\text{COOH} \xrightarrow{\text{CH}_3\text{COOH}} \text{C}_6\text{H}_5\text{—CH}_2\text{COOH} \xrightarrow{\text{Gly}} \text{C}_6\text{H}_5\text{—CH}_2\text{—}\overset{\text{O}}{\overset{\|}{\text{C}}}\text{—NHCH}_2\text{COOH}$$

苯基偶数碳脂肪酸　　苯乙酸　　苯乙尿酸

$$\text{C}_6\text{H}_5\text{—CH}_2\text{CH}_2\text{COOH} \xrightarrow{\text{CH}_3\text{COOH}} \text{C}_6\text{H}_5\text{—COOH} \xrightarrow{\text{Gly}} \text{C}_6\text{H}_5\text{—}\overset{\text{O}}{\overset{\|}{\text{C}}}\text{—NHCH}_2\text{COOH}$$

苯基奇数碳脂肪酸　　苯甲酸　　马尿酸

(2) β-氧化的步骤

① 脂酰 CoA 的氧化脱氢作用　脂酰 CoA 在脂酰 CoA 脱氢酶的作用下，在 C-2 和 C-3（即α、β位）之间脱氢，生成Δ^2-反烯脂酰 CoA，脱氢酶的辅基是 FAD。

$$\text{R—CH}_2\text{—CH}_2\text{—CH}_2\text{—}\overset{\text{O}}{\overset{\|}{\text{C}}}\text{—S—CoA} \xrightarrow{\text{FAD}\ \ \text{FADH}_2} \text{R—CH}_2\text{—}\underset{\text{H}}{\underset{|}{\text{C}}}\text{=}\overset{\text{H}}{\overset{|}{\text{C}}}\text{—}\overset{\text{O}}{\overset{\|}{\text{C}}}\text{—S—CoA}$$

脂酰CoA　　Δ^2-反式烯脂酰CoA

② Δ^2-反烯脂酰 CoA 的水化　Δ^2-反烯脂酰 CoA 在烯脂酰 CoA 水化酶的作用下水化，生成 L-β-羟脂酰 CoA。

$$\text{R—CH}_2\text{—}\underset{\text{H}}{\underset{|}{\text{C}}}\text{=}\overset{\text{H}}{\overset{|}{\text{C}}}\text{—}\overset{\text{O}}{\overset{\|}{\text{C}}}\text{—S—CoA} + \text{H}_2\text{O} \rightleftharpoons \text{R—CH}_2\text{—}\underset{\text{H}}{\underset{|}{\overset{\text{OH}}{\overset{|}{\text{C}}}}}\text{—}\underset{\text{H}}{\underset{|}{\overset{\text{H}}{\overset{|}{\text{C}}}}}\text{—}\overset{\text{O}}{\overset{\|}{\text{C}}}\text{—S—CoA}$$

Δ^2-反烯脂酰 CoA　　L-β-羟脂酰 CoA

烯脂酰 CoA 水化酶具立体异构专一性，专一催化Δ^2-不饱和脂酰 CoA 的水化。催化反式双键生成 L-β-羟脂酰 CoA，催化顺式双键生成 D-β-羟脂酰 CoA。

③ L-β-羟脂酰 CoA 的氧化脱氢　L-β-羟脂酰 CoA 在 L-β-羟脂酰 CoA 脱氢酶的作用下，C-3 位脱氢生成 L-β-酮脂酰 CoA。

$$\text{R—CH}_2\text{—}\underset{\text{H}}{\underset{|}{\overset{\text{OH}}{\overset{|}{\text{C}}}}}\text{—}\underset{\text{H}}{\underset{|}{\overset{\text{H}}{\overset{|}{\text{C}}}}}\text{—}\overset{\text{O}}{\overset{\|}{\text{C}}}\text{—S—CoA} \underset{\text{NAD+}\ \ \text{NADH+H}^+}{\overset{\text{NAD+}\ \ \text{NADH+H}^+}{\rightleftharpoons}} \text{R—CH}_2\text{—}\overset{\text{O}}{\overset{\|}{\text{C}}}\text{—CH}_2\text{—}\overset{\text{O}}{\overset{\|}{\text{C}}}\text{—S—CoA}$$

L-β-羟脂酰 CoA　　L-β-酮脂酰CoA

L-β-羟脂酰 CoA 脱氢酶具高度立体异构专一性，只催化 L-型羟脂酰 CoA 的脱氢反应，其辅酶为 NAD^+。

④ β-酮脂酰 CoA 的硫解　β-酮脂酰 CoA 在硫解酶的作用下，裂解为乙酰 CoA 和比原来少了 2 个碳原子的脂酰 CoA。

$$\text{R—CH}_2\text{—}\overset{\text{O}}{\overset{\|}{\text{C}}}\text{—CH}_2\text{—}\overset{\text{O}}{\overset{\|}{\text{C}}}\text{—S—CoA} + \text{CoASH} \rightleftharpoons \text{R—CH}_2\text{—}\overset{\text{O}}{\overset{\|}{\text{C}}}\text{—S—CoA} + \text{CH}_3\text{—}\overset{\text{O}}{\overset{\|}{\text{C}}}\text{—S—CoA}$$

β-酮脂酰 CoA（nC）　　脂酰 CoA［($n-2$)C］　　乙酰 CoA

由于此步是高度放能反应（$\Delta G'^{\circ}=-28.03\text{kJ/mol}$），使整个反应趋于裂解方向。少了 2 个碳原子的脂酰 CoA 继续重复以上四步反应，如此循环往复直至全部氧化成乙酰 CoA（图 13-4）。

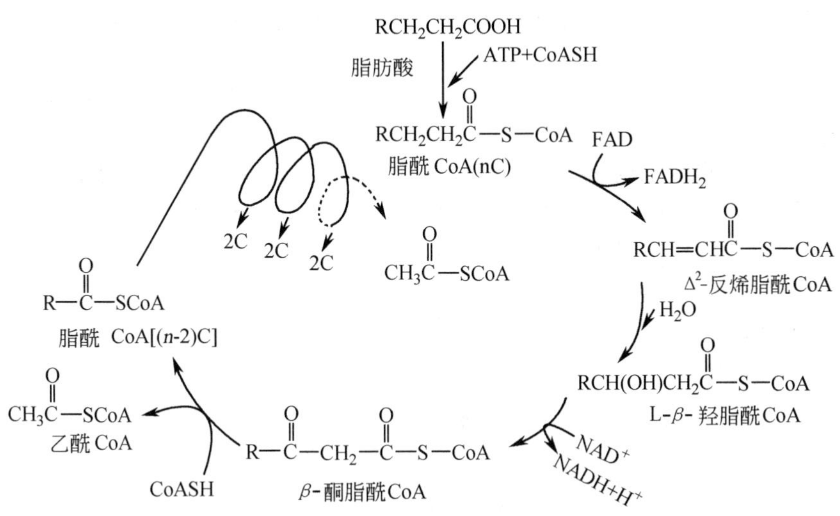

图 13-4 脂肪酸的 β-氧化

（3）β-氧化过程中能量的变化　先看总反应平衡式（以 16C 软脂酸为例）：

$$软脂酰\ CoA+7HS\text{-}CoA+7FAD+7NAD^+ +7H_2O \rightarrow 8\ 乙酰\ CoA+7FADH_2+7NADH+7H^+$$

1mol 软脂酸彻底氧化需经 7 次循环，产生 8 个乙酰 CoA，每摩尔乙酰 CoA 进入三羧酸循环产生 10mol ATP，这样共产生 80mol ATP。7mol $FADH_2$ 进入电子传递链产生 10.5mol ATP（7×1.5），7mol NADH 进入电子传递链共产生 17.5mol ATP（7×2.5）。脂肪酸的活化需消耗 2 个高能磷酸键，这样彻底氧化 1mol 软脂酸净得 106mol ATP。由此可见脂肪酸是生物体能量的主要来源。

（4）奇数碳脂肪酸的氧化　奇数碳脂肪酸经 β-氧化后除乙酰 CoA 外，最终还要产生 1mol 丙酰 CoA，丙酰 CoA 可以通过羧化等步骤生成琥珀酰 CoA，进入三羧酸循环。也可以通过脱羧等反应生成乙酰 CoA。

$$CH_3-CH_2-\overset{O}{\overset{\|}{C}}-SCoA \xrightarrow{HCO_3^-\quad ATP \quad ADP+P_i} {}^-OOC-\underset{CH_3}{\underset{|}{\overset{H}{\overset{|}{C}}}}-\overset{O}{\overset{\|}{C}}-SCoA \longrightarrow {}^-OOC-CH_2-CH_2-\overset{O}{\overset{\|}{C}}-SCoA$$

丙酰CoA　　　甲基丙二酸单酰CoA　　　琥珀酰CoA

（5）过氧化物酶体的 β-氧化　植物细胞的过氧化物酶体和乙醛酸循环体也可进行脂肪酸的 β-氧化，但并不是为氧化供能，而是转变乙酰辅酶 A 为琥珀酸，进一步异生为葡萄糖。动物细胞的过氧化物酶体对氧化长链脂肪酸（26：0）和有甲基侧链的脂肪酸如植烷酸等有重要作用。由于过氧化物酶体不含 TCA 的酶类，产生的乙酰辅酶 A 不能进入 TCA 进一步氧化，所以，长链脂肪酸一般被氧化为短链脂肪酸（少于 8 碳）后再转运至线粒体继续进行 β-氧化。

（6）脂肪酸 β-氧化的调节

① 负责脂酰辅酶 A 从胞浆转运至线粒体的肉碱酰基转移酶是调节脂肪酸氧化速度的限速酶。该酶活性高，进入线粒体的脂酰辅酶 A 多，β-氧化的速度增加。反之，进入线粒体的脂酰辅酶 A 少，则 β-氧化的速度减慢。

② $NADH/NAD^+$ 的比值高时，抑制 β-羟脂酰 CoA 脱氢酶的活性，阻断脂肪酸的氧化。

③ 高浓度的乙酰辅酶 A 抑制硫解酶活性，阻断 β-氧化。②和③都属反馈抑制。

3. 不饱和脂肪酸的氧化

不饱和脂肪酸氧化途径与饱和脂肪酸基本相同，但由于自然界不饱和脂肪酸为顺式双键，且多在第 9 位，而烯脂酰 CoA 水化酶和羟脂酰 CoA 脱氢酶又具高度立体异构特异性，所以不饱和脂肪酸的氧化除 β-氧化的全部酶外，还需异构酶和还原酶的参加。分别以棕榈油酸（16：1 Δ^9）和亚油酸（18：2 $\Delta^{9,12}$）为例：

（1）单不饱和脂肪酸的氧化　棕榈油酸（十六碳-Δ^9-顺单烯脂酸）经 3 次 β-氧化后，9 位顺式双键转变为 3 位顺式双键，由于 3 位双键不是水化酶的正常底物，必须在异构酶的作用下再次被转变为 2 位反式双键后才能继续进行 β-氧化。

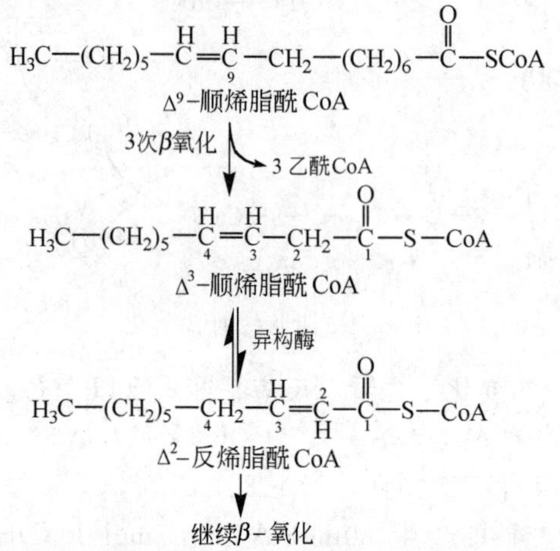

$$H_3C-(CH_2)_5-\overset{H}{C}=\underset{9}{\overset{H}{C}}-CH_2-(CH_2)_6-\overset{O}{\overset{\|}{C}}-SCoA$$

Δ^9-顺烯脂酰 CoA

↓ 3次β氧化（→ 3 乙酰CoA）

$$H_3C-(CH_2)_5-\underset{4}{\overset{H}{C}}=\underset{3}{\overset{H}{C}}-\underset{2}{CH_2}-\underset{1}{\overset{O}{\overset{\|}{C}}}-S-CoA$$

Δ^3-顺烯脂酰 CoA

⇅ 异构酶

$$H_3C-(CH_2)_5-\underset{4}{CH_2}-\underset{3}{\overset{H}{C}}=\underset{H}{\overset{2}{C}}-\underset{1}{\overset{O}{\overset{\|}{C}}}-S-CoA$$

Δ^2-反烯脂酰 CoA

↓

继续β-氧化

（2）多不饱和脂肪酸的氧化　亚油酸（十八碳-Δ^9-顺，Δ^{12}-顺-二烯酸）经过三次 β-氧化后形成十二碳-Δ^3-顺，Δ^6-顺二烯脂酰 CoA，在异构酶的催化下 3 位顺式转变为 2 位反式双键后继续进行 β-氧化，当释放出一分子乙酰 CoA 后，6 位双键转变为 4 位顺式双键，在烯脂酰 CoA 脱氢酶的作用下形成 2,4-二烯脂酰 CoA，然后又在 2,4-二烯脂酰 CoA 还原酶的作用下转变为 3 位顺式双键，再次被异构酶催化生成 Δ^2-反烯脂酰 CoA 后继续进行 β-氧化。所以，单不饱和脂肪酸要比正常 β-氧化多一种酶即异构酶，而多不饱和脂肪酸则要多两种酶，即异构酶和还原酶。

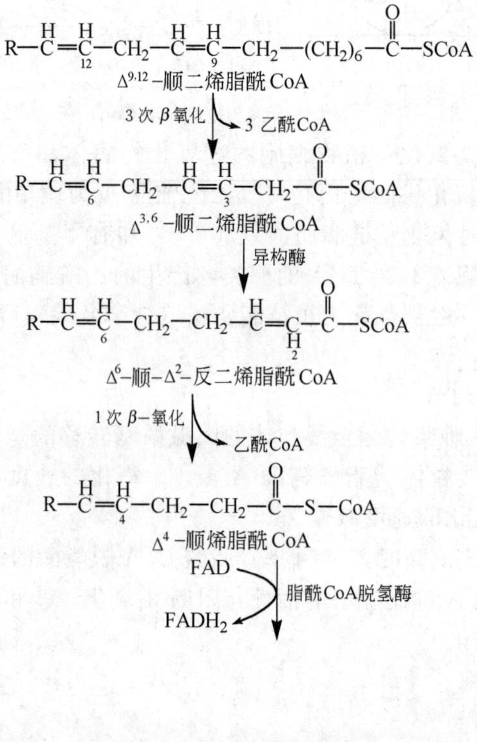

$$R-\overset{H}{C}=\underset{12}{\overset{H}{C}}-CH_2-\overset{H}{C}=\underset{9}{\overset{H}{C}}-CH_2-(CH_2)_6-\overset{O}{\overset{\|}{C}}-SCoA$$

$\Delta^{9,12}$-顺二烯脂酰 CoA

↓ 3 次 β氧化（→ 3 乙酰CoA）

$$R-\overset{H}{C}=\underset{6}{\overset{H}{C}}-CH_2-\overset{H}{C}=\underset{3}{\overset{H}{C}}-CH_2-\overset{O}{\overset{\|}{C}}-SCoA$$

$\Delta^{3,6}$-顺二烯脂酰 CoA

↓ 异构酶

$$R-\overset{H}{C}=\underset{6}{\overset{H}{C}}-CH_2-CH_2-\overset{H}{C}=\underset{\underset{2}{H}}{C}-\overset{O}{\overset{\|}{C}}-SCoA$$

Δ^6-顺-Δ^2-反二烯脂酰 CoA

↓ 1 次 β-氧化（→ 乙酰CoA）

$$R-\overset{H}{C}=\underset{4}{\overset{H}{C}}-CH_2-CH_2-\overset{O}{\overset{\|}{C}}-S-CoA$$

Δ^4-顺烯脂酰 CoA

↓ 脂酰CoA脱氢酶（FAD → $FADH_2$）

$$R-\overset{H}{C}=\underset{4}{\overset{H}{C}}-\overset{H}{C}=\underset{H}{\overset{2}{C}}-\overset{O}{\overset{\|}{C}}-S-CoA$$

$\Delta^{2,4}$-二烯脂酰CoA

NADPH+H^+ → $NADP^+$（2,4-二烯脂酰CoA还原酶）

$$R-CH_2-\overset{H}{C}=\underset{3}{\overset{H}{C}}-CH_2-\overset{O}{\overset{\|}{C}}-S-CoA$$

Δ^{3}-顺烯脂酰CoA

↓ 异构酶

$$R-CH_2-CH_2-\overset{H}{C}=\underset{H}{\overset{2}{C}}-\overset{O}{\overset{\|}{C}}-SCoA$$

Δ^{2}-反烯脂酰CoA

↓

继续β-氧化

4. 脂肪酸氧化的其他方式

除了β-氧化途径外，脂肪酸还有其他几种氧化方式。

(1) 脂肪酸的ω-氧化　脂肪酸的ω碳原子首先被氧化，形成二羧酸，然后两侧可同时进行β-氧化，提高氧化效率。

$$CH_3(CH_2)_nCOOH \xrightarrow{\omega\text{-氧化}} HOOC(CH_2)_nCOOH \longrightarrow \beta\text{-氧化}$$

ω-氧化酶系分布在肝和肾细胞的内质网，底物多为10～12碳脂肪酸。尽管在哺乳动物中ω-氧化不很重要，但当β-氧化途径或肉碱酰基转运系统的酶突变缺失时，ω-氧化就会很重要。

(2) 脂肪酸的α-氧化　α-氧化位于动物细胞的过氧化物酶体，在支链脂肪酸的氧化中有重要作用。当烷基侧链位于奇数碳原子上时，阻断了β-氧化。此时，通过α-氧化作用将α-碳原子除去后，β-氧化才能正常进行。如每日饮食中含有大量的植烷酸（phytanic acid），植烷酸是由叶绿素降解产物植醇（叶绿醇，phytol）转变来的，是含4个甲基侧链的十六碳烷酸。甲基位于C-3，阻断β-氧化。所以，首先需通过α-氧化作用使α-碳原子羟化并脱去羧基，生成降植烷酸（pristanic acid），然后进行正常β-氧化。Refsum氏病患者体内缺乏α-氧化途径，导致植烷酸不能被降解而在体内积累，使血液中含有高浓度植烷酸。最终可能引起失明、失聪和振颤等其他神经性异常症状。

$$R-CH_2-\underset{}{\overset{CH_3}{\overset{|}{CH}}}-CH_2-COOH \longrightarrow R-CH_2-\overset{CH_3}{\overset{|}{CH}}-COOH + CO_2$$

植烷酸　　　　　　　　降植烷酸

四、酮体的代谢

1. 酮体的产生

酮体是丙酮、乙酰乙酸、β-羟丁酸三种物质的总称。在正常生理状态下，血液中酮体的含量很低，这是因为脂肪酸的氧化和糖的降解处于适当平衡，脂肪酸氧化产生的乙酰CoA进入三羧酸循环后被彻底氧化分解。乙酰CoA能否全部进入三羧酸循环，还要取决于草酰乙酸的供应能力。在长期饥饿或病理状态下，如糖尿病等，由于糖供应不足或利用率降低，机体需动员大量的脂肪酸供能，同时生成大量的乙酰CoA。此时草酰乙酸进入糖异生途径，又得不到及时的回补而浓度降低，因此不能与乙酰CoA缩合成柠檬酸。在这种情况下，大量积累的乙酰CoA衍生为乙酰乙酸、β-羟丁酸和丙酮，见图13-5。

由于催化酮体生成的主要酶存在于肝细胞线粒体内膜上，所以肝脏为酮体生成的主要场所。糖尿病人血中、尿中的酮体含量往往会高于正常人，严重时会出现酮血症和酮尿症，导致酸中毒。

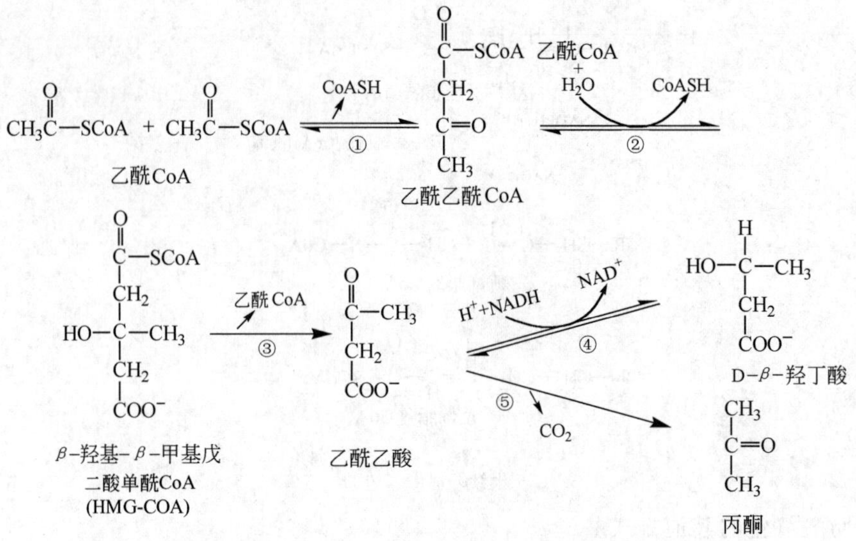

$$CH_3\overset{O}{\overset{\|}{C}}—SCoA + CH_3\overset{O}{\overset{\|}{C}}—SCoA \xrightleftharpoons[①]{CoASH} \text{乙酰乙酰CoA} \xrightleftharpoons[②]{\text{乙酰CoA} + H_2O \quad CoASH}$$

乙酰CoA

乙酰乙酰CoA（$O=C(—SCoA)—CH_2—C(=O)—CH_3$）

$$\text{HMG-CoA} \xrightarrow[③]{\text{乙酰CoA}} \text{乙酰乙酸} \xrightleftharpoons[④]{H^+ + NADH \quad NAD^+} \text{D-}\beta\text{-羟丁酸}$$

$$\text{乙酰乙酸} \xrightarrow[⑤]{CO_2} \text{丙酮}$$

β-羟基-β-甲基戊二酸单酰CoA（HMG-COA）：$O=C(—SCoA)—CH_2—C(OH)(CH_3)—CH_2—COO^-$

乙酰乙酸：$CH_3—C(=O)—CH_2—COO^-$

D-β-羟丁酸：$HO—CH(CH_3)—CH_2—COO^-$

丙酮：$CH_3—C(=O)—CH_3$

图 13-5　酮体的生成途径

①硫解酶；②羟甲基戊二酸单酰辅酶 A（HMG-CoA）合酶；③羟甲基戊二酸单酰辅酶 A（HMG-CoA）裂解酶；④D-β-羟丁酸脱氢酶；⑤乙酰乙酸自动脱羧生成丙酮

2. 酮体的利用

肝内产生的酮体通过血液循环被运送至肝外组织利用。心肌、肾上腺皮质和脑组织等在糖供应不足时，都可以酮体为主要燃料。特别是脑细胞，在正常情况下，主要以葡萄糖为燃料，但是在长期饥饿或糖尿病状态下，脑中约 75%的燃料来自酮体。酮体可通过图 13-6 所示的途径被利用：

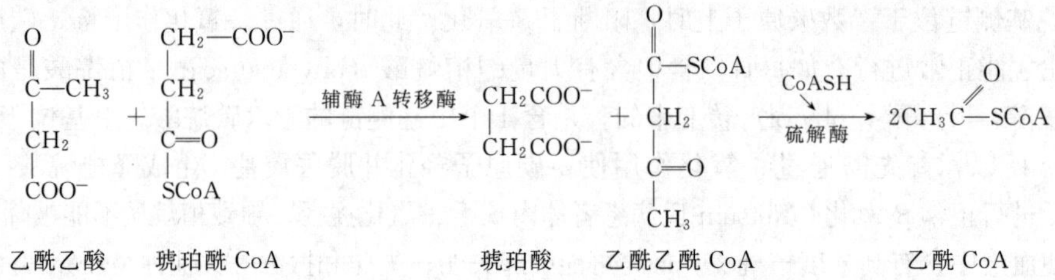

$$\underset{\text{乙酰乙酸}}{CH_3COCH_2COO^-} + \underset{\text{琥珀酰 CoA}}{^-OOC—CH_2—CH_2—CO—SCoA} \xrightarrow{\text{辅酶 A 转移酶}} \underset{\text{琥珀酸}}{^-OOCCH_2CH_2COO^-} + \underset{\text{乙酰乙酰 CoA}}{CH_3COCH_2CO—SCoA} \xrightarrow[\text{硫解酶}]{CoASH} \underset{\text{乙酰 CoA}}{2CH_3\overset{O}{\overset{\|}{C}}—SCoA}$$

图 13-6　酮体的利用

乙酰乙酸转变成 2mol 乙酰 CoA 进入 TCA 氧化供能

第三节　脂肪的合成代谢

一、脂肪酸的生物合成

1. 饱和脂肪酸的合成

高等动物脂肪酸合成最活跃的组织是脂肪组织、肝脏和乳腺。脂肪酸合成的起始原料乙酰 CoA 主要来自糖酵解产物丙酮酸。脂肪酸合成部位在胞液，并需载体蛋白参加。脂肪酸的合成途径与分解途径完全不同。

（1）乙酰辅酶 A 的转运　脂肪酸的合成是在胞液中进行的，而合成脂肪酸所需的原料乙酰 CoA 主要集中在线粒体内，它们不能任意穿过线粒体内膜，扩散到胞液中去，必须通过特殊的转运机制进入胞液，见图 13-7。

线粒体中的乙酰 CoA 与草酰乙酸在柠檬酸合酶的作用下缩合形成柠檬酸，柠檬酸可穿过线粒体内膜进入胞液，然后在柠檬酸裂解酶的作用下释放出乙酰 CoA 进入脂肪酸合成途

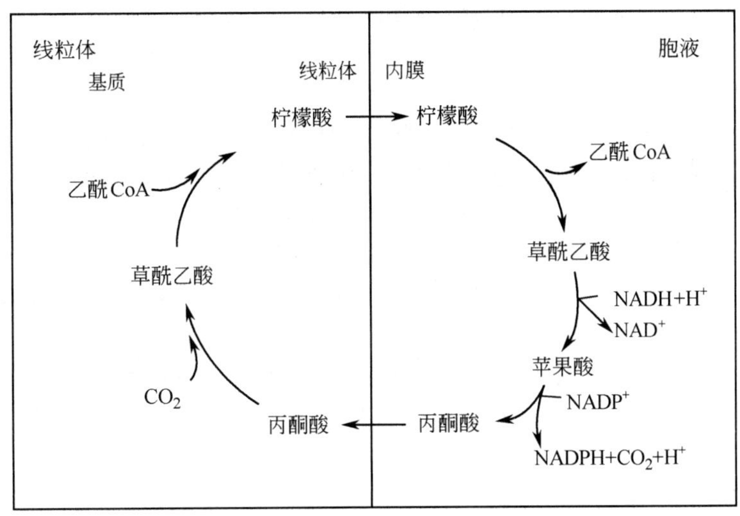

图 13-7 乙酰 CoA 从线粒体进入胞液的转运机制

径。草酰乙酸在苹果酸脱氢酶的作用下还原为苹果酸。苹果酸酶又进一步催化苹果酸氧化、脱羧生成丙酮酸。丙酮酸可穿越线粒体内膜返回到线粒体，在丙酮酸羧化酶的作用下再次形成草酰乙酸进行下一次转运。这样循环一次从线粒体基质向胞液转移 1mol 乙酰 CoA，同时生成 1mol NADPH 供脂肪酸合成需要。

（2）丙二酸单酰 CoA 的合成 脂肪酸合成是二碳单位的延长过程，逐加的二碳单位并不是直接来源于乙酰 CoA，而是乙酰 CoA 的羧化产物丙二酸单酰 CoA。

$$\underset{\text{乙酰 CoA}}{CH_3-\overset{O}{\overset{\|}{C}}-SCoA} + ATP + HCO_3^- \longrightarrow \underset{\text{丙二酸单酰 CoA}}{{}^{-}O-\overset{O}{\overset{\|}{C}}-CH_2-\overset{O}{\overset{\|}{C}}-S-CoA} + ADP + Pi + H^+$$

此步为脂肪酸合成的限速步骤。催化这一反应的酶是乙酰 CoA 羧化酶（ACC），其辅酶为生物素。乙酰 CoA 羧化酶严格控制着脂肪酸合成的速度，当酶活性升高时产生大量丙二酸单酰 CoA，为脂肪酸合成提供充足的原料，使脂肪酸合成走向旺盛。同时丙二酸单酰 CoA 可抑制肉碱酰基转移酶Ⅰ的活性，阻断脂肪酸进入线粒体的转运，使脂肪酸的氧化分解停止（图 13-8）。

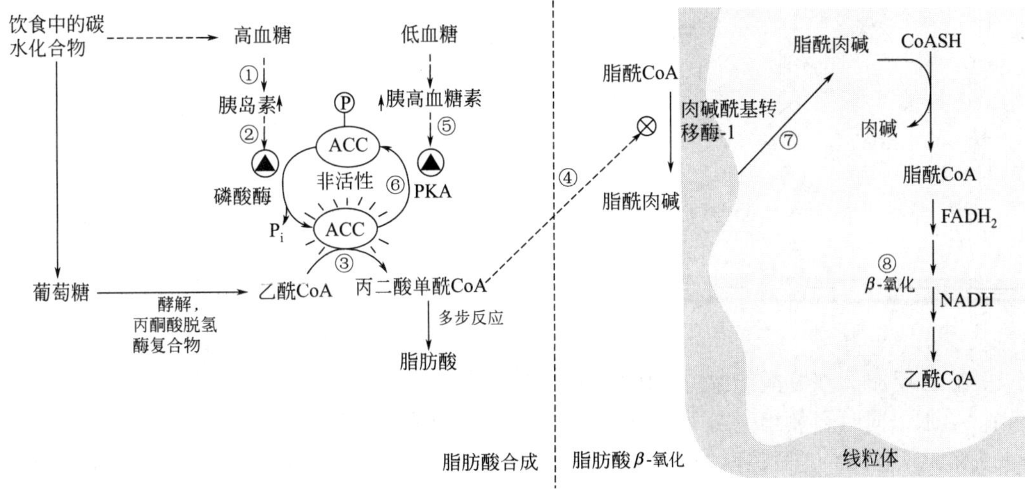

图 13-8 脂肪酸合成与脂肪酸分解的协同调节

乙酰 CoA 羧化酶受别构调节和共价修饰调节。柠檬酸可使酶从无活性的单体转变为有活性的多聚体，脂肪酸合成的终产物软脂酰 CoA 通过抑制多聚体的形成而抑制其活性。植物和原核生物如 *E. coli* 的乙酰 CoA 羧化酶不被柠檬酸激活。

乙酰 CoA 羧化酶受磷酸化和脱磷酸化调节：①胰高血糖素和肾上腺素可使乙酰 CoA 羧化酶保持在无活性的磷酸化状态，从而抑制脂肪酸的合成，相反胰岛素可激活该酶；②乙酰 CoA 羧化酶受 AMP 和 ATP 水平的调节。当体内能荷水平低时，AMP 浓度升高并激活 AMP-活化的蛋白激酶（注：AMP-活化的蛋白激酶不同于 cAMP-活化的蛋白激酶，前者与能量代谢有关，受能荷水平的调节。后者与信号转导有关），使羧化酶磷酸化而失活，从而抑制脂肪酸的合成，减少能量的消耗。

(3) 乙酰 ACP 和丙二酸单酰-ACP 的合成　在脂肪酸合成过程中，不同长度的脂肪酸中间产物是在脂酰基载体蛋白（acyl carrier protein，ACP）的携带下进行逐步延长的。ACP 结构如图 13-9。

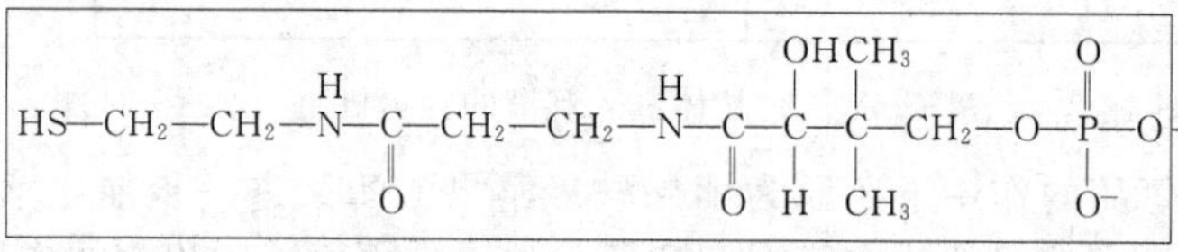

$$\mathrm{HS{-}CH_2{-}CH_2{-}\overset{H}{N}{-}\underset{\|}{\overset{}{C}}(=O){-}CH_2{-}CH_2{-}\overset{H}{N}{-}C(=O){-}C(OH)(H){-}C(CH_3)_2{-}CH_2{-}O{-}P(=O)(O^-){-}O{-}CH_2{-}Ser{-}ACP}$$

图 13-9　磷酸泛酰巯基乙胺是酰基载体蛋白 ACP 的活性基团

首先在丙二酸单酰/乙酰-CoA-ACP 转移酶（malonyl/acetyl-CoA-ACP transferase，MAT）催化下，乙酰 CoA 与 ACP 活性基团的—SH 共价连接形成乙酰 ACP，然后乙酰基被转移至 β-酮脂酰 ACP 合酶（β-ketoacyl-ACP synthase，KS）的 Cys-SH 上。第二，在相同酶催化下，丙二酸单酰 CoA 与 ACP 活性基团的—SH 共价连接形成丙二酸单酰 ACP。

$$\text{乙酰 CoA}+\text{ACP-SH}\longrightarrow\text{乙酰-ACP}+\text{CoASH}\longrightarrow \mathrm{H_3C{-}C(=O){-}S{-}KS}$$

$$\text{丙二酸单酰 CoA}+\text{ACP-SH}\longrightarrow\text{丙二酸单酰-ACP}+\text{CoASH}$$

(4) 合成步骤　如图 13-10，在脂肪酸合成过程中每延长 2 个碳原子，需经缩合、还原、脱水、还原四步反应。

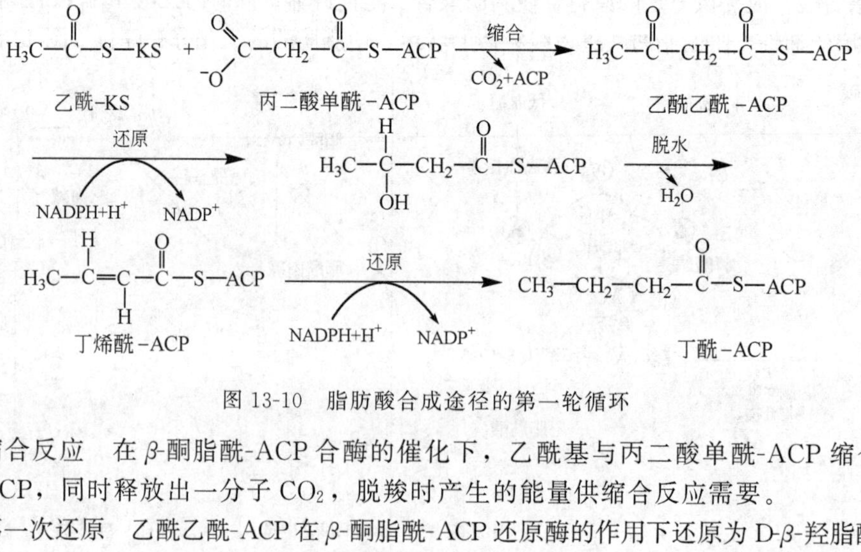

$$\underset{\text{乙酰-KS}}{\mathrm{H_3C{-}C(=O){-}S{-}KS}} + \underset{\text{丙二酸单酰-ACP}}{\mathrm{{}^-O{-}C(=O){-}CH_2{-}C(=O){-}S{-}ACP}} \xrightarrow[\mathrm{CO_2+ACP}]{\text{缩合}} \underset{\text{乙酰乙酰-ACP}}{\mathrm{H_3C{-}C(=O){-}CH_2{-}C(=O){-}S{-}ACP}}$$

$$\xrightarrow[\mathrm{NADPH+H^+}\ \to\ \mathrm{NADP^+}]{\text{还原}} \mathrm{H_3C{-}CH(OH){-}CH_2{-}C(=O){-}S{-}ACP} \xrightarrow[\mathrm{H_2O}]{\text{脱水}}$$

$$\underset{\text{丁烯酰-ACP}}{\mathrm{H_3C{-}CH{=}CH{-}C(=O){-}S{-}ACP}} \xrightarrow[\mathrm{NADPH+H^+}\ \to\ \mathrm{NADP^+}]{\text{还原}} \underset{\text{丁酰-ACP}}{\mathrm{CH_3{-}CH_2{-}CH_2{-}C(=O){-}S{-}ACP}}$$

图 13-10　脂肪酸合成途径的第一轮循环

① 缩合反应　在 β-酮脂酰-ACP 合酶的催化下，乙酰基与丙二酸单酰-ACP 缩合生成乙酰乙酰-ACP，同时释放出一分子 CO_2，脱羧时产生的能量供缩合反应需要。

② 第一次还原　乙酰乙酰-ACP 在 β-酮脂酰-ACP 还原酶的作用下还原为 D-β-羟脂酰-ACP。

③ 脱水反应　β-羟脂酰-ACP 在羟脂酰-ACP 脱水酶的作用下形成烯脂酰-ACP。

④ 第二次还原　在烯脂酰-ACP还原酶的作用下，烯脂酰-ACP被还原为丁酰-ACP。丁酰-ACP的合成完成了脂肪酸合成的第一次循环，第二次循环是丁酰-ACP与丙二酸单酰-ACP进行缩合，依此类推，每次延长2个碳原子。每合成1mol软脂酰-ACP需循环7次，最后形成的软脂酰-ACP在硫酯酶的作用下，水解释放出游离脂肪酸。在真核生物和原核生物中（如*E. Coli*），虽然脂肪酸合酶的结构形式不同，但脂肪酸合成的四步反应在所有生物体中都是相同的。

奇数碳脂肪酸以相同的步骤进行合成，但起始物为两个丙二酸单酰-ACP。合成1mol软脂酸（16C）的总反应式如下。

$$8\text{乙酰 CoA} + 14NADPH + 7ATP + 14H^+ \longrightarrow \text{软脂酸} + 8CoASH + 14NADP^+ + 7ADP + 7P_i + 6H_2O$$

（5）脂肪酸的延长　在真核生物中，β-酮脂酰-ACP缩合酶对链长有专一性，它接受14碳酰基的活力最强，所以在大多数情况下仅限于合成软脂酸。另外软脂酰CoA对脂肪酸的合成也有反馈抑制作用。这样16碳以上的饱和脂肪酸和不饱和脂肪酸是通过进一步的延长反应合成的。脂肪酸延长酶系位于线粒体和内质网膜的胞液一侧。内质网膜的延长途径与胞液中脂肪酸合成途径相同，只是酰基载体为辅酶A而不是ACP。顺序延长的二碳单位来自丙二酸单酰CoA。

（6）脂肪酸合酶的结构特点　哺乳动物脂肪酸合酶由两个相同的大的多功能肽链（亚基）组成，每个亚基的分子量为240000，二聚体的分子量为480000。两个亚基的功能是相互独立的，因为任意一个亚基的全部活性位点突变而失去活性时，影响的只是脂肪酸合成量减少。晶体分析结果显示在脂肪酸合酶多肽链上有七个位点，其中六个活性位点线性分布在六个不同结构域，它们分别是丙二酸单酰/乙酰-CoA-ACP转移酶（MAT）、β-酮脂酰-ACP合酶（KS）、β-酮脂酰-ACP还原酶（KR）、β-羟脂酰-ACP脱水酶（DH）、烯脂酰-ACP还原酶（ER）、硫酯酶（TE），第七个位点是ACP结构域。脂肪酸合酶以多功能肽链的结构形式存在，不仅脂肪酸合成效率增加，而且软脂酸（16C）是唯一产物，没有任何中间体形成。在植物和细菌中脂肪酸合酶的各个组分是分开存在的，每一步反应由一种独立且自由存在的酶催化，因此可形成各种中间产物，包括长度不同的饱和脂肪酸、不饱和脂肪酸、分枝脂肪酸和羟基脂肪酸等。这些中间产物有时进入其他代谢途径，如硫辛酸的合成等。

如图13-11(b)所示，每一轮二碳延长的四步反应（缩合、还原、脱水、还原）都是在ACP位进行的。完成一次循环后，延长了两个碳的脂肪酸中间体被从ACP结构域转移至缩合酶（KS）的Cys-SH上。新的丙二酸单酰CoA连接到ACP位，已合成的脂肪酸中间体被再次转移并与ACP上的丙二酸单酰基连接进行四步合成反应。如此循环，直至合成16C后在硫酯酶作用下水解释放出软脂酸。

2. 不饱和脂肪酸的合成

真核生物不饱和脂肪酸的合成是在去饱和酶系的作用下，在已合成的饱和脂肪酸中引入双键的过程。去饱和作用也是在内质网膜上进行的氧化反应，需要NADH（或NADPH）和分子氧的参加如图13-12所示。

软脂酸和硬脂酸是动物组织中两种最常见的饱和脂肪酸；是棕榈油酸和油酸合成的前体。它是在去饱和酶的催化下从C-9和C-10间引入顺式双键形成的。去饱和酶含有非血红素铁原子，与细胞色素b5还原酶和细胞色素b5一起结合在内质网膜。在脂肪酸去饱和反应中，两对电子分别来自NADH和饱和脂酸的脱氢反应。O_2是电子受体，最终生成2分子H_2O。

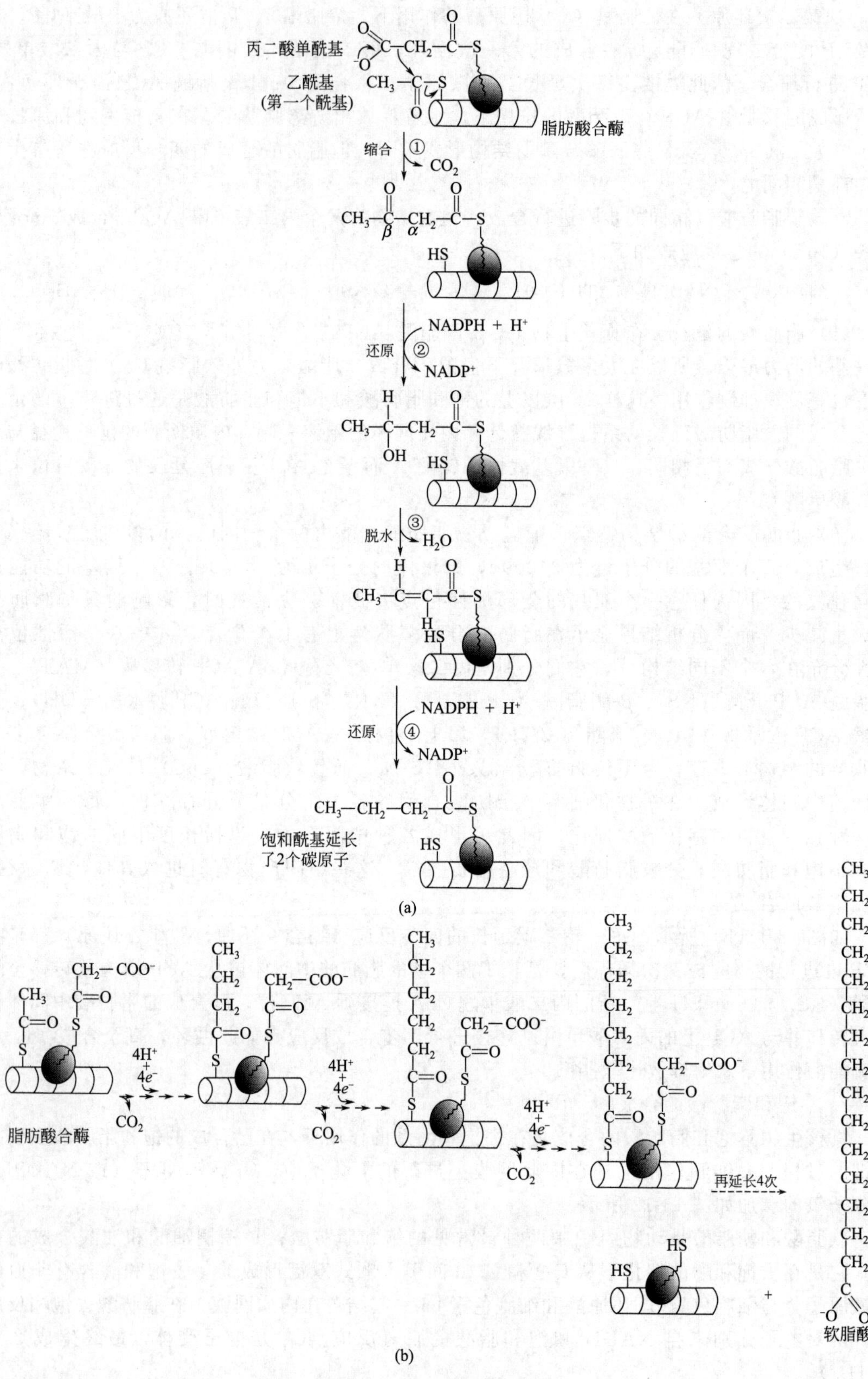
丙二酸单酰基
乙酰基
(第一个酰基)
脂肪酸合酶
缩合 ①
CO_2
β
α
HS
还原 ②
NADPH + H⁺
NADP⁺
OH
脱水 ③
H_2O
还原 ④
NADPH + H⁺
NADP⁺
饱和酰基延长
了2个碳原子
(a)
4H⁺
+
4e⁻
CO_2
脂肪酸合酶
再延长4次
软脂酸
(b)

图 13-11 脂肪酸合成

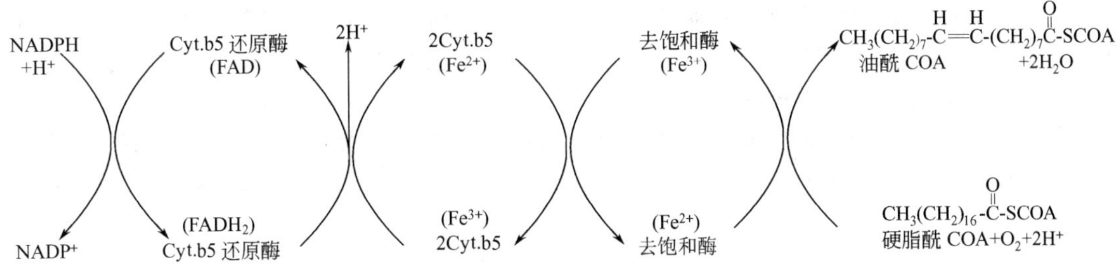

图 13-12　真核生物中饱和脂肪酸的去饱和反应

哺乳动物的多不饱和脂肪酸主要由以下四类不饱和脂肪酸衍生而来：

棕榈油酸	(ω-7)	16∶1 Δ^9	十六碳单烯脂酸，双键位于第 9 位
油酸	(ω-9)	18∶1 Δ^9	十八碳单烯脂酸，双键位于第 9 位
亚油酸	(ω-6)	18∶2 $\Delta^{9,12}$	十八碳二烯酸，双键位于 9，12 位
亚麻酸	(ω-3)	18∶3 $\Delta^{9,12,15}$	十八碳三烯酸，双键位于 9，12，15 位

其中亚油酸和亚麻酸是人体必需脂肪酸，因为人和其他哺乳动物缺乏在脂肪酸第 9 位碳原子以上位置引入双键的酶系，所以自身不能合成亚油酸和亚麻酸，必须从植物中获得。亚油酸和亚麻酸广泛存在于植物油（花生、芝麻和棉籽油等）中。多不饱和脂肪酸都是由以上 4 种不饱和脂肪酸通过延长和去饱和作用结合进行合成的。

不饱和双键的引入具有以下特点：

① 哺乳动物只能在 Δ^9 位和 Δ^9 位与羧基之间引入双键，而不能在 Δ^9 位与 ω-甲基之间任何位置引入双键。

② 多烯脂酸分子中的两个双键之间通常间隔一个亚甲基：即—CH═CH—CH₂—CH═CH—

棕榈油酸和油酸都是在 Δ^9 位引入顺式双键，从亚油酸（来自食物）合成花生四烯酸如图 13-13 所示：

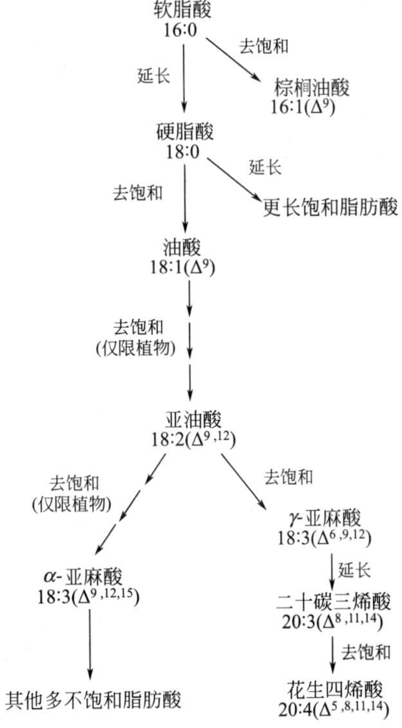

图 13-13　多不饱和脂肪酸的合成

花生四烯酸是重要的不饱和脂肪酸，是前列腺素、血栓素和白三烯等二十烷酸类合成的前体。不饱和脂肪酸对于促进生长、降低血脂、增加细胞膜的流动性等有重要作用。

二、甘油三酯（脂肪）的合成

肝脏和脂肪组织是合成甘油三酯最活跃的组织。甘油三酯是由磷酸甘油和脂酰 CoA 合成的，合成途径如图 13-14 所示。

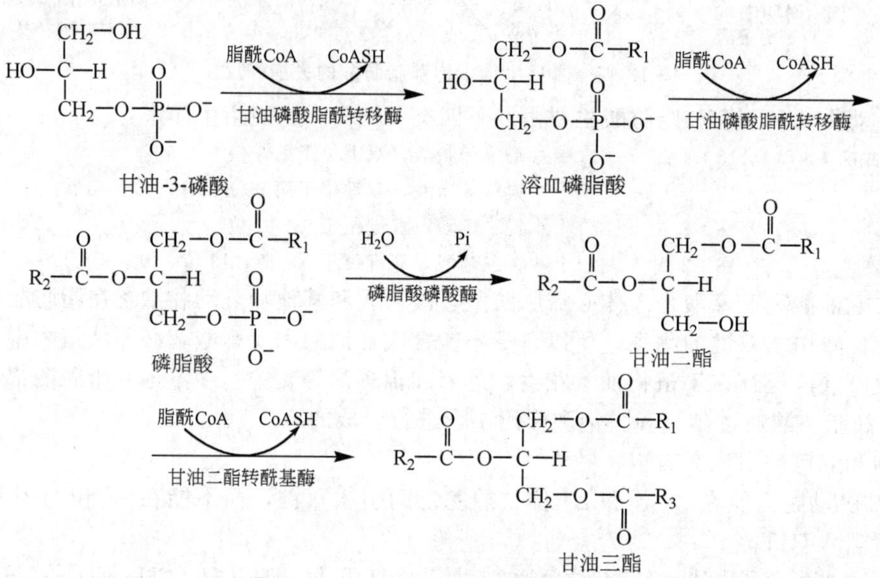

$$CH_2OH-CHOH-CH_2-O-PO_3^{2-}\ (\text{甘油-3-磷酸}) \xrightarrow[\text{甘油磷酸脂酰转移酶}]{\text{脂酰CoA}\ \to\ \text{CoASH}} R_1CO-O-CH_2-CHOH-CH_2-O-PO_3^{2-}\ (\text{溶血磷脂酸}) \xrightarrow[\text{甘油磷酸脂酰转移酶}]{\text{脂酰CoA}\ \to\ \text{CoASH}}$$

$$R_1CO-O-CH_2-CH(O-COR_2)-CH_2-O-PO_3^{2-}\ (\text{磷脂酸}) \xrightarrow[\text{磷脂酸磷酸酶}]{H_2O\ \to\ Pi} R_1CO-O-CH_2-CH(O-COR_2)-CH_2OH\ (\text{甘油二酯})$$

$$\xrightarrow[\text{甘油二酯转酰基酶}]{\text{脂酰CoA}\ \to\ \text{CoASH}} R_1CO-O-CH_2-CH(O-COR_2)-CH_2-O-COR_3\ (\text{甘油三酯})$$

图 13-14　甘油三酯合成途径

催化甘油三酯合成的酶是甘油磷酸脂酰转移酶、磷脂酸磷酸酶、甘油二酯转酰基酶。

第四节　磷脂和鞘脂的代谢

磷脂广泛存在于生物体内，是一类非常重要的脂质。虽然磷脂种类繁多，但他们具有共同的结构特征，即都是具有亲水性和疏水性的兼性分子，都含有甘油、磷酸、脂肪酸和一个含氮化合物。磷脂是生物膜的主要成分，近年来发现磷脂酰肌醇及其衍生物参与细胞信号传导，特别是肌醇三磷酸（IP_3）和甘油二酯（DAG）作为胞内信使分子具有重要生理调节作用。

一、磷脂的代谢

1. 磷脂的分解代谢

（1）一些重要磷脂的结构　如表 13-2 所示。通常脂肪酸 R_1 为饱和脂肪酸，R_2 为不饱和脂肪酸，X 为取代基。

表 13-2　一些重要磷脂的结构

磷脂的基本结构	X 的名称	X 的结构	磷脂的名称
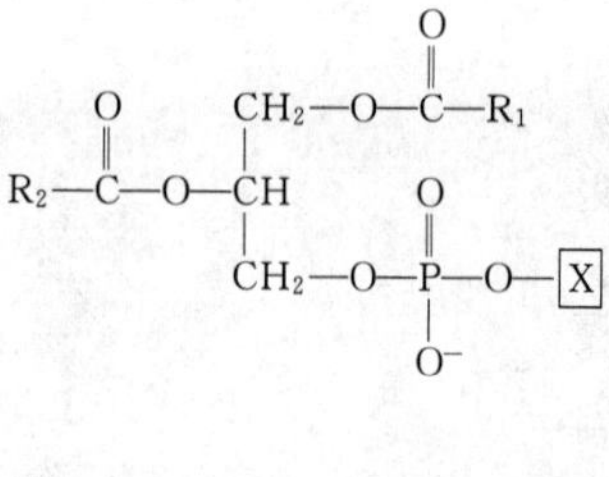 $R_1CO-O-CH_2-CH(O-COR_2)-CH_2-O-PO_2^{-}-O-\boxed{X}$	胆碱	$-CH_2CH_2\overset{+}{N}(CH_3)_3$	磷脂酰胆碱（卵磷脂）
	乙醇胺	$-CH_2CH_2\overset{+}{N}H_3$	磷脂酰乙醇胺
	丝氨酸	$-CH_2CH(^{+}NH_3)COO^-$	磷脂酰丝氨酸
	甘油	$-CH_2CH(OH)CH_2OH$	磷脂酰甘油
	肌醇	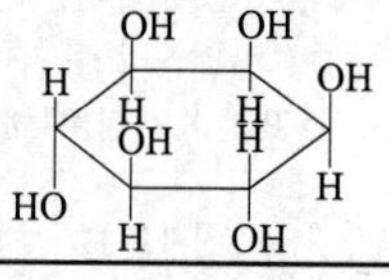 肌醇环（$C_6H_6(OH)_5$—）	磷脂酰肌醇

（2）磷脂的分解　磷脂在磷脂酶的作用下进行分解，主要磷脂酶有 A_1、A_2、C 和 D。磷脂酶的特异性，如图 13-15 所示。

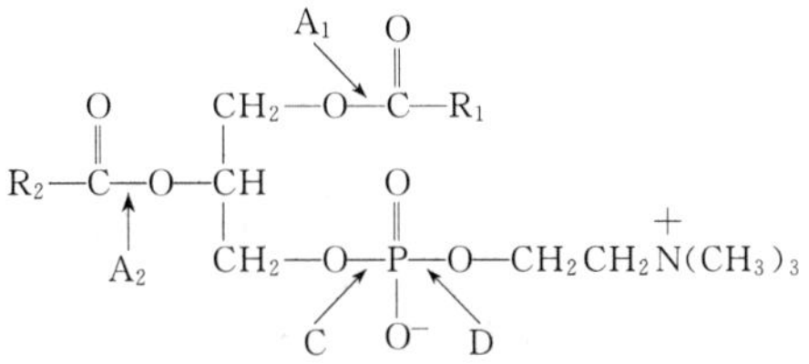

图 13-15　磷脂酶的特异性

以磷脂酰胆碱（卵磷脂）为例具体介绍如下。

磷脂酶 A_1　专一水解 C-1 位的脂肪酸，产物为溶血卵磷脂和脂肪酸 R_1。

磷脂酶 A_2　专一水解 C-2 位的脂肪酸，产物为溶血卵磷脂和脂肪酸 R_2。

磷脂酶 C　专一水解 C-3 位上的磷酯键，产物为甘油二酯和磷酰胆碱。

磷脂酶 D　专一水解磷酸与胆碱之间的磷酯键，产物为磷脂酸和胆碱。

磷脂的水解产物脂肪酸可以进入 β-氧化或被再利用合成脂肪；甘油可进入酵解或糖异生途径；磷酸可进入糖代谢或钙、磷代谢；含氮化合物分别进入自己的代谢途径或合成新的磷脂。磷脂的水解是在溶酶体中进行的。

2. 磷脂的合成代谢

在真核细胞，磷脂的合成发生在光面内质网膜表面和线粒体内膜。不同磷脂的合成途径虽有所不同，但都是以胞嘧啶核苷酸为载体。简单归纳为以下几点：

（1）原核生物以 CDP-甘油二酯为活性中间体合成磷脂，如磷脂酰丝氨酸和磷脂酰肌醇。首先，以磷脂酸为前体与 CTP 反应生成 CDP-甘油二酯，然后以 CDP 甘油二酯为活性中间体与丝氨酸作用生成磷脂酰丝氨酸，与肌醇作用生成磷脂酰肌醇，见图 13-16。真核生物除磷脂酰丝氨酸外，其他磷脂可以同样方式合成。

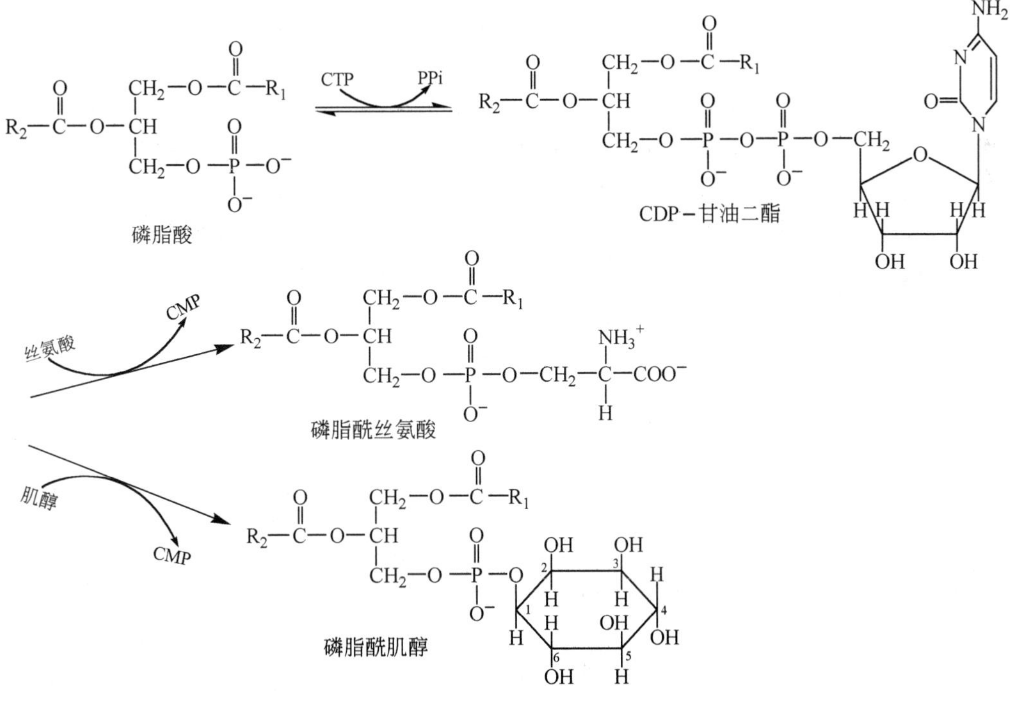

图 13-16　磷脂酰丝氨酸和磷脂酰肌醇的合成

（2）在哺乳动物肝细胞，以甘油二酯为前体分别与 CDP-乙醇胺和 CDP-胆碱作用生成磷脂酰乙醇胺和磷脂酰胆碱。在这一反应中（见图 13-17），活性中间体是 CDP-胆碱和 CDP-乙

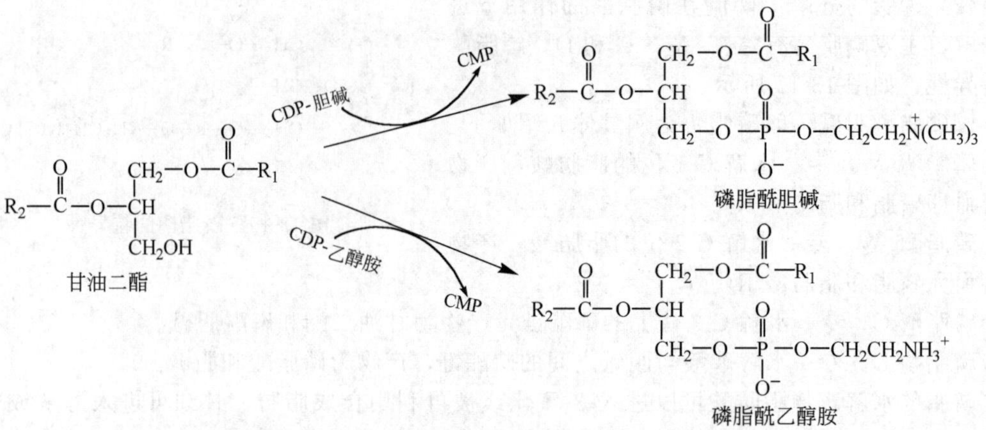

图 13-17　磷脂酰胆碱和磷脂酰乙醇胺的合成

醇胺。它们分别由磷酰胆碱和磷酰乙醇胺与 CTP 反应生成。

（3）不同磷脂可相互转变，如哺乳动物细胞的磷脂酰丝氨酸不能以 CDP-甘油二酯为前体合成，而是通过丝氨酸与乙醇胺的交换，从磷脂酰乙醇胺转变而来。磷脂酰胆碱也可通过磷脂酰乙醇胺的三次甲基化形成，甲基供体是 S-腺苷甲硫氨酸。见图 13-18。

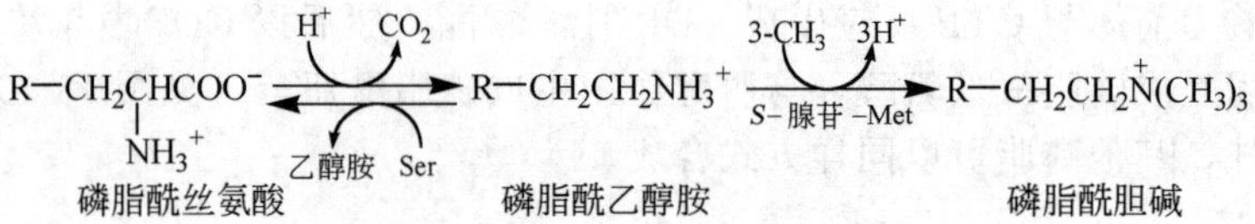

图 13-18　不同磷脂的相互转变

二、鞘脂的代谢

鞘脂类是生物膜的重要成分，是第二大类膜脂，在神经组织和脑组织中含量很高。现已知鞘脂类在免疫、血型、细胞识别等方面具有重要功能。鞘脂类包括有鞘糖脂和鞘磷脂，与磷脂相似，也是具有亲水性和疏水性的兼性分子。鞘脂类以鞘氨醇为基本骨架，鞘氨醇 C-2 位的氨基与软脂酰 CoA 作用生成神经酰胺。神经酰胺是鞘脂类的共同前体，其 C-1 位的羟基与磷酰胆碱结合时形成鞘磷脂；与糖类基团（如葡萄糖、半乳糖或寡聚糖等）结合时则形成鞘糖脂。

1. 鞘氨醇的合成　见图 13-19。

2. 鞘糖脂和鞘磷脂的合成　见图 13-20。

鞘糖脂的种类很多，有中性鞘糖脂和酸性鞘糖脂。当 C-1 位结合 1mol 葡萄糖或半乳糖

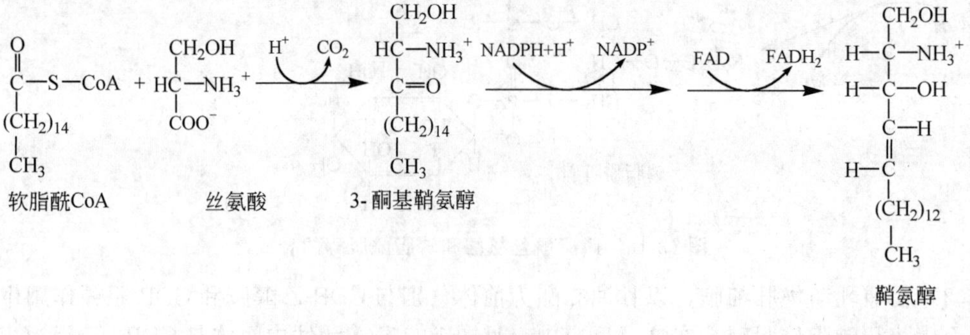

图 13-19　鞘氨醇的合成

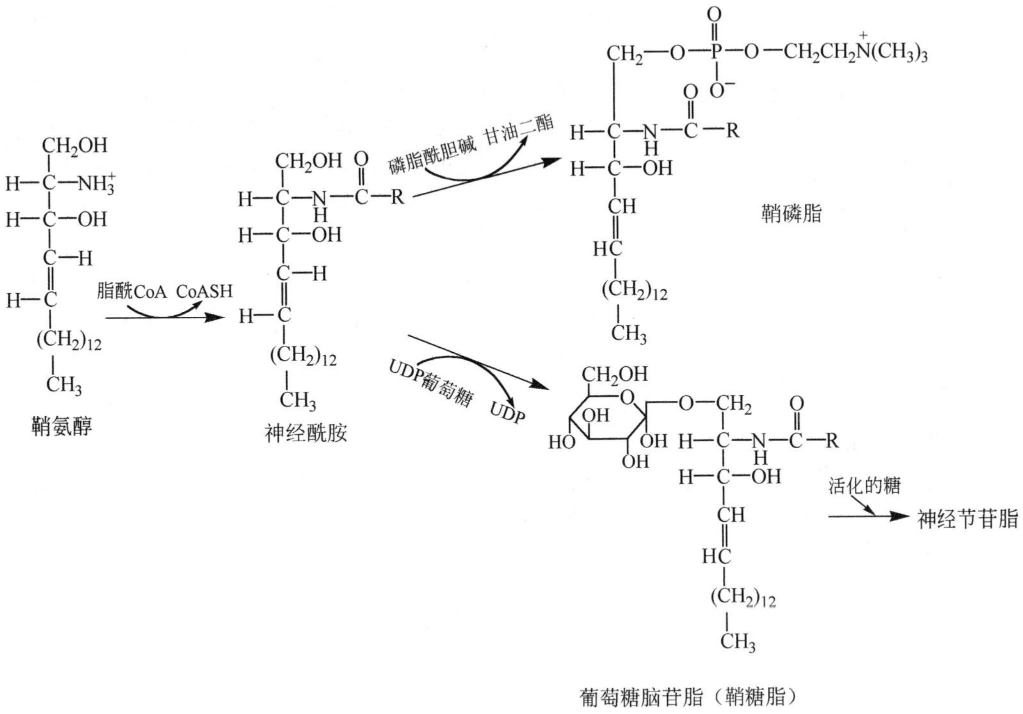

鞘氨醇 —脂酰CoA, CoASH→ 神经酰胺 —磷脂酰胆碱, 甘油二酯→ 鞘磷脂

神经酰胺 —UDP葡萄糖, UDP→ 葡萄糖脑苷脂（鞘糖脂） —活化的糖→ 神经节苷脂

图 13-20 鞘糖脂和鞘磷脂的合成

时称为脑苷脂，是一种中性鞘糖脂；当 C-1 位结合含有唾液酸（*N*-乙酰神经氨糖酸，NAN）的寡聚糖时，形成神经节苷脂。神经节苷脂是最复杂的鞘脂类，也是一类含有唾液酸的鞘糖脂的总称，属酸性鞘糖脂。神经节苷脂富含于神经系统中，特别是脑中含量最高。现已知道神经节苷脂 GM_1 是霍乱毒素受体，其结构见图 13-21。

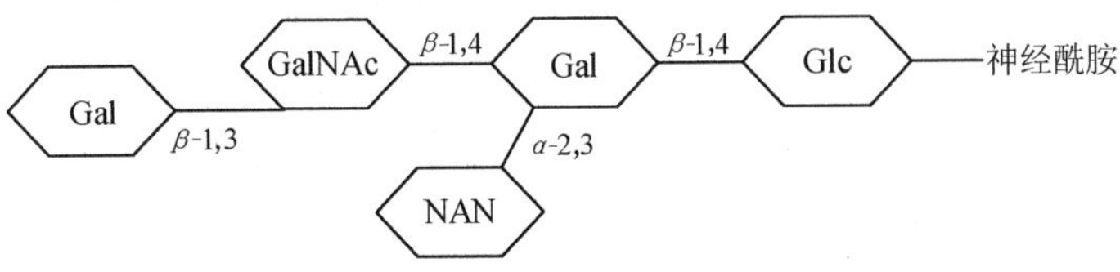

图 13-21 神经节苷脂 GM_1 的结构

Gal—半乳糖；Glc—葡萄糖；GalNAc—*N*-乙酰半乳糖胺；NAN—*N*-乙酰神经氨糖酸（唾液酸）

鞘脂和磷脂一样，不断更新。正常情况下，它们的合成与降解处于动态平衡。鞘糖脂是通过顺序除去糖基进行降解，各种糖基水解酶的特异性很强，任何一种水解酶的缺乏都会影响鞘糖脂的正常降解，导致神经功能障碍。一种家族遗传缺陷病泰萨氏幼年黑朦白痴症（Tay-Sachs disease），就是因为 *β*-*N*-乙酰氨基己糖酶的缺陷，阻断了神经节苷脂的降解途径而堆积在细胞溶酶体中，使溶酶体膨胀，最终导致神经细胞功能障碍。病人通常 1 岁左右发病，表现为痴呆、失明，3 岁左右死亡。

第五节 胆固醇的代谢

胆固醇是脊椎动物细胞膜的重要成分，也是脂蛋白的组成成分。胆固醇的衍生物胆酸盐在脂类消化中起重要作用，维生素 D 和类固醇激素对动物的生长、发育、成熟等都具有重要生理作用。体内胆固醇来源于两个方面：一是自身合成；一是从外界摄入。膳食中摄入的

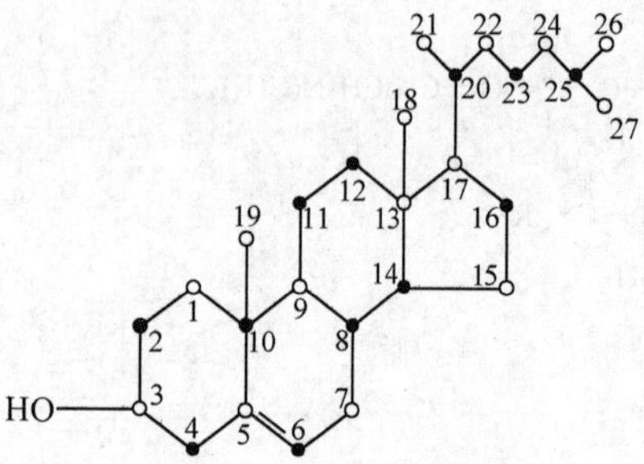

胆固醇被小肠吸收后，通过血液循环进入肝脏代谢。当外源胆固醇摄入量增高时，可抑制肝内胆固醇的合成，所以在正常情况下体内胆固醇量维持动态平衡。各种因素引起胆固醇代谢紊乱都可使血液中胆固醇水平增高，从而引起动脉粥样硬化，因此高胆固醇血症患者应注意控制膳食中胆固醇的摄入量。

图 13-22　胆固醇的结构
○表示来自乙酸的甲基碳；
●表示来自乙酸的羧基碳

胆固醇含有 27 个碳原子（见图 13-22），是高度修饰的生物小分子。采用放射性同位素标记的方法研究结果证明，胆固醇生物合成的前体是乙酸分子。其中 15 个碳原子来自乙酸的甲基，12 个碳原子来自乙酸的羧基。

一、胆固醇的生物合成

肝脏是人体自身合成胆固醇的主要场所。另外，小肠、皮肤、肾上腺皮质、性腺和动脉血管壁也能合成少量胆固醇。正常成人在低胆固醇饮食后每天可合成 800mg 左右胆固醇。胆固醇的合成可概括为四个阶段：

乙酰 CoA（2C）→二羟甲基戊酸（6C）→异戊烯醇焦磷酸酯（5C）→鲨烯（30C）→胆固醇（27C）

本节只学习主要步骤。

1. 二羟甲基戊酸（MVA）的生成

首先由乙酰 CoA 和乙酰乙酰 CoA 在 β-羟甲基戊二酰 CoA 合酶（HMGCoA 合酶）的催化下合成 β-羟基-β-甲基戊二酰 CoA（HMGCoA）。在线粒体中，β-羟基-β-甲基-戊二酰 CoA 被裂解为乙酰 CoA 和乙酰乙酸，进入酮体代谢。在胞液中，β-羟基-β-甲基戊二酰 CoA 在 β-羟甲基戊二酰 CoA 还原酶（HMGCoA 还原酶）的作用下生成二羟甲基戊酸，见图 13-23。这步反应是胆固醇合成的关键步骤，HMGCoA 还原酶是胆固醇合成途径中的限速酶。

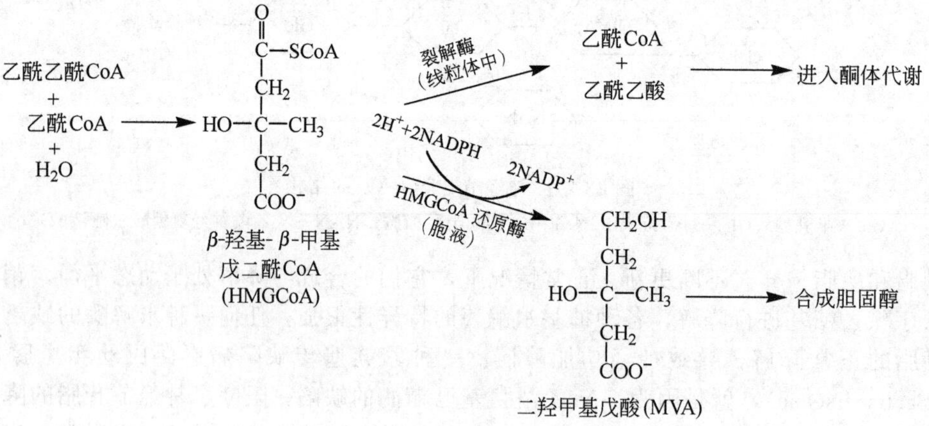

图 13-23　HMGCoA 的合成和命运

研究发现还原酶特异性抑制剂可有效控制胆固醇的合成，使其既能满足机体正常生理功能的需要，又避免过量时造成的危害。

2. 异戊烯醇焦磷酸酯（IPP）的生成

二羟甲基戊酸经二次磷酸化和脱羧反应生成 IPP，IPP 可互变异构为二甲基丙烯焦磷酸酯（DPP），见图 13-24。

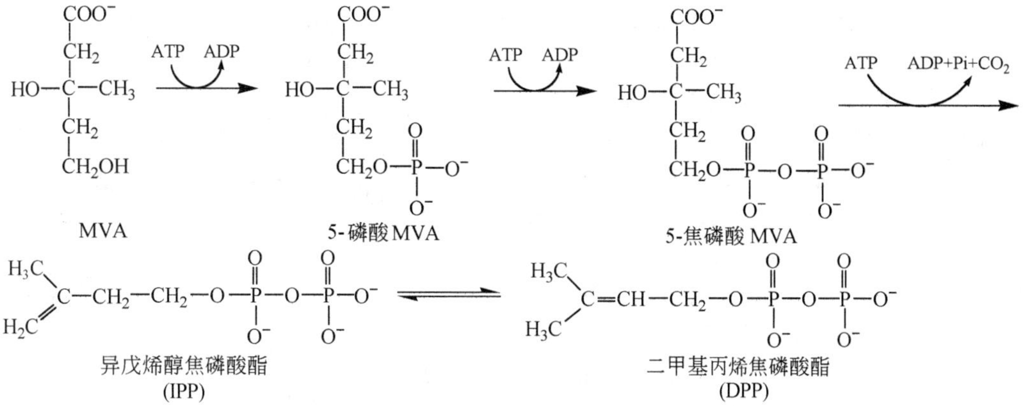

ATP ADP ATP ADP ATP ADP+Pi+CO_2

MVA 5-磷酸 MVA 5-焦磷酸 MVA

异戊烯醇焦磷酸酯 (IPP) 二甲基丙烯焦磷酸酯 (DPP)

图 13-24 IPP 和 DPP 的生成

3. 胆固醇的合成

一分子二甲基丙烯焦磷酸酯（DPP）与二分子异戊烯醇焦磷酸酯（IPP）首尾缩合形成焦磷酸法呢酯，二分子焦磷酸法呢酯进一步尾尾缩合形成鲨烯。再经环化、双键还原、去甲基等一系列反应生成胆固醇。如图 13-25。

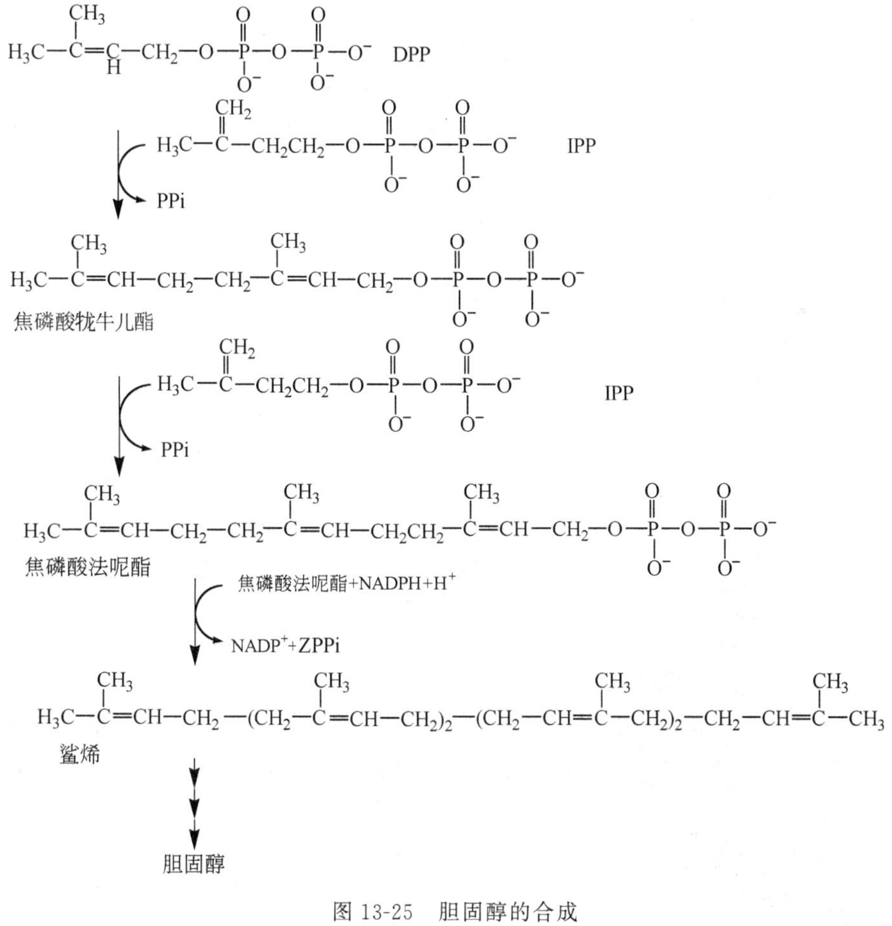

DPP

IPP

PPi

焦磷酸牻牛儿酯

IPP

PPi

焦磷酸法呢酯

焦磷酸法呢酯+NADPH+H^+

$NADP^+$+ZPPi

鲨烯

胆固醇

图 13-25 胆固醇的合成

4. 胆固醇合成的调节

胆固醇合成的关键酶是 HMG-CoA 还原酶，该酶受到以下几个方面的调节（图 13-26）：

(1) 当细胞内胆固醇含量增加时，可反馈抑制 HMG-CoA 还原酶的活性，抑制其 mRNA 的合成，促进酶的降解，使肝细胞中胆固醇的合成停止。

(2) 细胞内高水平的二羟甲基戊酸可反馈抑制 HMG-CoA 还原酶的活性。

(3) HMG-CoA 还原酶受激素调节。胰高血糖素能激活酶的磷酸化作用，使其成为无活性状态，抑制胆固醇的合成。胰岛素能激活酶的脱磷酸化作用，进而激活酶的活性，促进胆固醇的合成。

(4) 细胞内高水平胆固醇能激活 ACAT (acyl-CoA-cholesterol acyl transferase，酰基辅酶 A-胆固醇酰基转移酶)，促进胆固醇酯的形成。胆固醇酯在低密度脂蛋白 (LDL) 携带下，经组织间转运，到达并进入需要胆固醇的细胞。

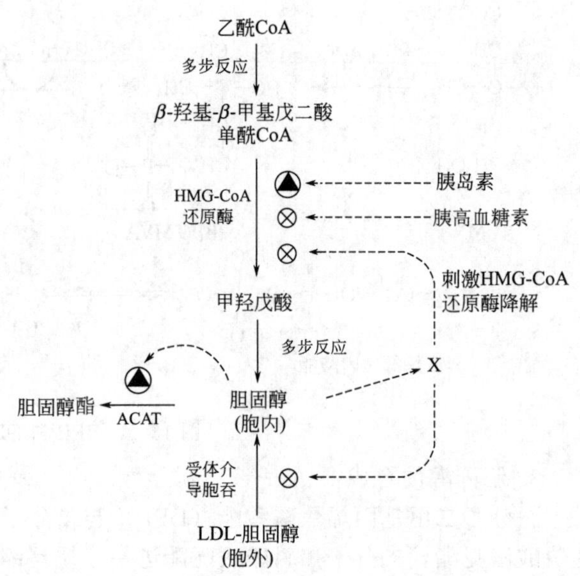

图 13-26　胆固醇合成的调节

(5) 胆固醇合成是一个耗能过程，所以受 ATP/AMP 比值的调节。当 ATP/AMP 比值低时，高浓度的 AMP 激活 AMP-依赖性蛋白激酶 (AMP-依赖性蛋白激酶不同于 cAMP-依赖性激酶，前者与能量代谢有关，后者与信号转导有关)，使 HMG-CoA 还原酶磷酸化而失活，胆固醇合成停止。

(6) 胞内高水平胆固醇能抑制 LDL 受体的基因转录，从而降低 LDL 受体含量，减少细胞对胆固醇的摄取。

二、胆固醇、胆固醇酯及其他脂类进入细胞的转运

来自食物中的脂肪在小肠脂肪酶作用下生成甘油单酯、甘油二酯、游离脂肪酸和甘油。这些产物被小肠黏膜上皮细胞吸收后重新合成甘油三酯，并与来自食物的胆固醇和载脂蛋白 (apolipoproteins，“apo” 表示尚未结合脂的蛋白) 一起包装成乳糜微粒经淋巴系统和血液进入肌肉和脂肪组织。在这些组织的毛细血管中，载脂蛋白 apoC-Ⅱ激活脂蛋白脂酶 (lipoprotein lipase)，水解甘油三酯为脂肪酸和甘油，进入肌肉和脂肪细胞氧化供能或储存。

载脂蛋白是分布在血液中的脂类结合蛋白，负责在组织间转运甘油三酯、磷脂、胆固醇和胆固醇酯。根据分子的大小、结合脂类组分的差别、与特定抗体的反应性以及在脂蛋白中的分布特征等，人类血浆脂蛋白中至少存在 10 种类型载脂蛋白。当载脂蛋白与脂类结合后形成脂蛋白 (lipoproteins)。脂蛋白呈球形颗粒状，疏水的脂类在颗粒的中心，亲水的蛋白侧链和脂类中亲水的头分布在颗粒的表面 (图 13-27)。由于颗粒核心中脂类的种类及含量不同以及蛋白种类和含量的不同，导致脂蛋白的密度不同。根据密度，脂蛋白分为乳糜微粒 (chylomicron)、极低密度脂蛋白 (VLDL)、低密度脂蛋白 (LDL)、高密度脂蛋白 (HDL)(表 13-3)。

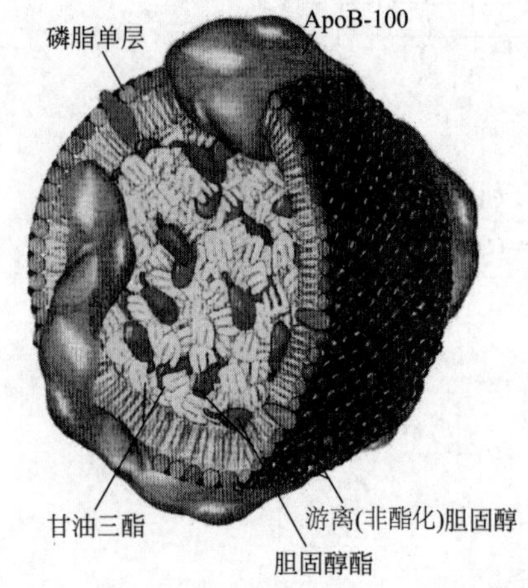

图 13-27　低密度脂蛋白的结构

表 13-3 脂蛋白的分类及特性

脂蛋白种类	密度/(g/mL)	各组分含量(质量分数)/%				
		蛋白质	磷脂	游离胆固醇	胆固醇酯	甘油三酯
乳糜微粒	<1.006	2	9	1	3	85
VLDL	0.95～1.006	10	18	7	12	50
LDL	1.006～1.063	23	20	8	37	10
HDL	1.063～1.210	55	24	2	15	4

来源：改自 Kritchevsky. D. (1986) Atherosclerosis and nutrition，Nutr. Int. 2，290-297.

(1) 乳糜微粒 (chylomicron，脂蛋白密度<1.006g/mL)，电子显微镜下观察直径为50～200nm 。乳糜微粒是运输外源甘油三酯的主要形式。甘油三酯含量高，密度低，在小肠上皮细胞的内质网中合成，通过淋巴系统进入血液。乳糜微粒的载脂蛋白包括 apoB-48，apoE 和 apoC-Ⅱ。apoC-Ⅱ能激活脂肪、心脏、骨骼肌和泌乳组织毛细血管中的脂蛋白脂酶，释放脂肪酸进入这些组织消耗或储存。

(2) 极低密度脂蛋白 (very-low-density lipoprotein，VLDL)：脂蛋白密度为 0.95～1.006 (g/mL)，电子显微镜下观察直径为 28～70 nm 。当食物中的脂肪酸超出身体的需要时，过量的脂肪酸在肝脏中转变成甘油三酯，连同肝脏自身由葡萄糖合成的甘油三酯和胆固醇、胆固醇酯以及 apoB-100、apoC-Ⅰ、apoC-Ⅱ和 apoC-Ⅲ一起包装成极低密度脂蛋白，通过血液转运至肌肉和脂肪组织。经 apoC-Ⅱ激活的脂蛋白脂酶水解三酰基甘油，释放的脂肪酸进入这些组织消耗或储存。除去甘油三酯的 VLDL 可转变成低密度脂蛋白 (LDL)。

(3) 低密度脂蛋白 (low-density lipoprotein，LDL)：脂蛋白密度为 1.006～1.063 (g/mL)，电子显微镜下观察直径为 20～25nm。含丰富的胆固醇和胆固醇酯，主要载脂蛋白为 apoB-100 。低密度脂蛋白携带胆固醇和胆固醇酯到肝外组织，经质膜 apoB-100 受体的识别和胞吞作用进入需要胆固醇的组织细胞。

(4) 高密度脂蛋白 (high-density lipoprotein，HDL)：脂蛋白密度为 1.063～1.210 (g/mL)，电子显微镜下观察直径为 8～11nm 。含有丰富的蛋白质和少量胆固醇，不含胆固醇酯。含 apoA-1、apoC-Ⅰ、apoC-Ⅱ和一些其他载脂蛋白。同时含有卵磷脂-胆固醇酰基转移酶 (lecithin-cholesterol acyl transferase，LCAT)，该酶催化卵磷脂和胆固醇形成胆固醇酯。高密度脂蛋白可携带胆固醇到达肝脏，在肝细胞表面受体的介导下，经胞吞作用进入细胞，一些胆固醇被卸载并转变成胆酸盐，也有一些胆固醇经 HDL 转运至其他组织。

在肝脏，酰基 CoA-胆固醇酰基转移酶 (acyl-CoA-cholesterol acyl transferas，ACAT) 催化脂肪酸从辅酶 A 转移至胆固醇的 3′-羟基上，形成胆固醇酯。胆固醇和胆固醇酯主要以低密度脂蛋白 (LDL) 的形式转运。在需要胆固醇的细胞表面有 LDL 受体，识别 LDL 的 apoB-100。在受体介导下，LDL 与受体一起通过胞吞作用进入细胞，形成内体 (endosome)。然后，受体被释放并返回细胞表面，重复摄取 LDL。内体与溶酶体融合，胆固醇酯被溶酶体中相应的酶降解为胆固醇和脂肪酸进入细胞质；apoB-100 被降解为氨基酸进入胞质 (图 13-28)。此外，高密度脂蛋白 (HDL) 也可以在肝细胞或肾上腺皮质细胞受体的识别和介导下，不经过胞吞作用，直接选择性地将 HDL 中的胆固醇酯和其他脂类转运进入细胞。卸载后的高密度脂蛋白可再次循环摄取储存在肝外组织的胆固醇并将其转运至肝细胞，如此形成胆固醇的逆转运 (reverse cholesterol transport)。

当自身胆固醇合成或从食物中摄入的胆固醇过多时，会沉积在血管壁，导致动脉粥样硬化和血管阻塞。在遗传性家族高胆固醇血症患者的血液中，胆固醇的含量非常高，甚至在童年时代就产生严重的动脉粥样硬化。这些患者由于 LDL 受体的缺陷，不能从血液中清除胆固醇，同时外源胆固醇不能进入细胞调节胞内胆固醇的合成，引起严重的高胆固醇血症。近年来

Akria Endo，Alfred Albets 和 P. Roy Vagelos 从真菌中分离和合成了一类能抑制 HMG-CoA 还原酶的化合物，统称为抑制素（statins）。由于它们是二羟甲基戊酸（HMG）的结构类似物(图 13-29)，能有效抑制 HMG-CoA 还原酶活性，从而抑制胆固醇的合成（可使高胆固醇血症患者的血清胆固醇降低 30%）。目前已广泛应用于临床治疗并取得良好效果。

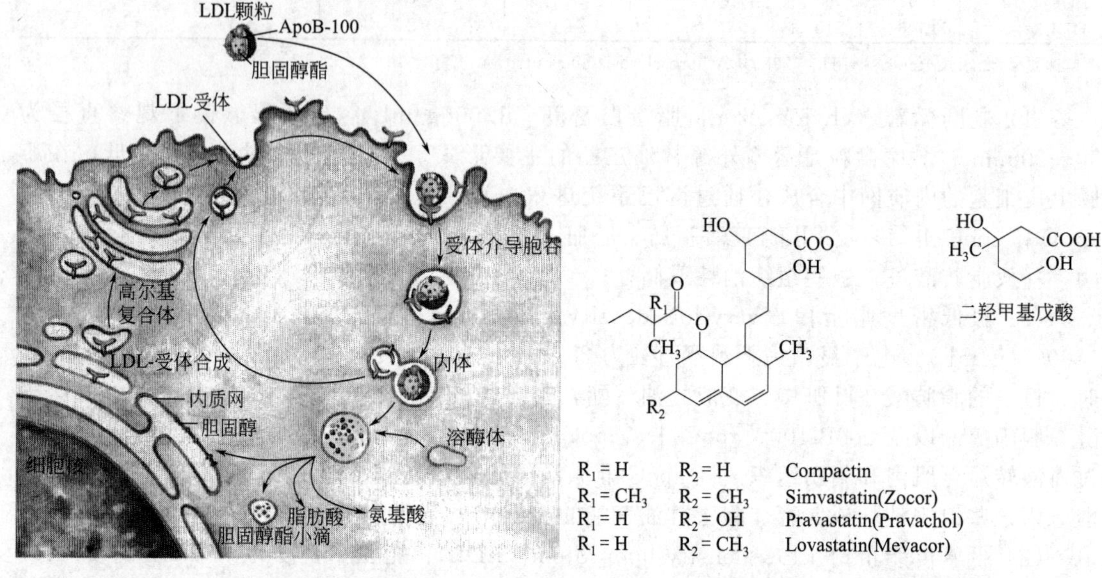

图 13-28　胆固醇酯通过 LDL 受体介导的胞吞作用进入细胞

图 13-29　HMG-CoA 还原酶抑制剂与二羟甲基戊酸的结构比较

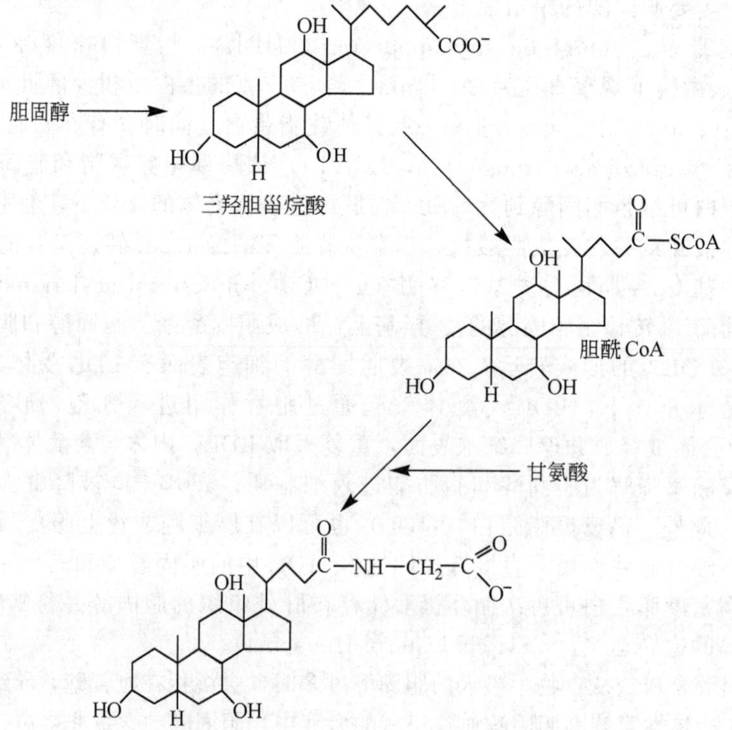

胆固醇 → 三羟胆甾烷酸 → 胆酰 CoA → 甘氨胆酸盐（甘氨酸）

图 13-30　从胆固醇合成甘氨胆酸盐（主要胆酸盐）

三、胆固醇的去路

胞内胆固醇除用于合成生物膜外，还可以转变成胆汁酸促进脂类的消化。转变为皮质激素、性激素和维生素 D 等供机体生长发育需要。

1. 胆固醇合成胆汁酸

胆固醇在肝脏转变成胆汁酸和胆酸盐后，通过肝总管进入胆囊中储存和浓缩，然后经胆总管释放至小肠，促进脂肪的消化和脂溶性维生素的吸收。

人体中的胆汁酸主要有胆酸、脱氧胆酸、鹅胆酸等以及它们与牛磺酸或甘氨酸结合形成的牛磺胆酸盐和甘氨胆酸盐。胆酸盐分子中的极性基团位于类固醇环的一侧，非极性基团位于环的另一侧，这样，分子既有极性面，又有非极性面，成为很好的乳化剂。在小肠中胆酸盐将食入的脂肪乳化成微粒，均匀分散于水中。一方面有利于脂肪酶的水解，另一方面促进小肠对它们的吸收。甘氨胆酸盐是主要胆酸盐，它的简单合成途径如图 13-30。与其他生物分子不同，胆固醇不能被降解成小分子直接排出体外，所以胆汁酸和胆酸盐成为胆固醇重要的降解产物和排泄方式。

2. 胆固醇衍生为甾类激素

胆固醇是五种主要甾类激素的前体：孕激素，糖皮质激素，盐皮质激素，雄激素和雌激素。性激素对动物和人类的生长、发育和成熟有重要作用。糖皮质激素可促进糖异生作用和糖原的合成，促进脂肪和蛋白质的降解。盐皮质激素具有保钠排钾的作用。胆固醇转变为甾

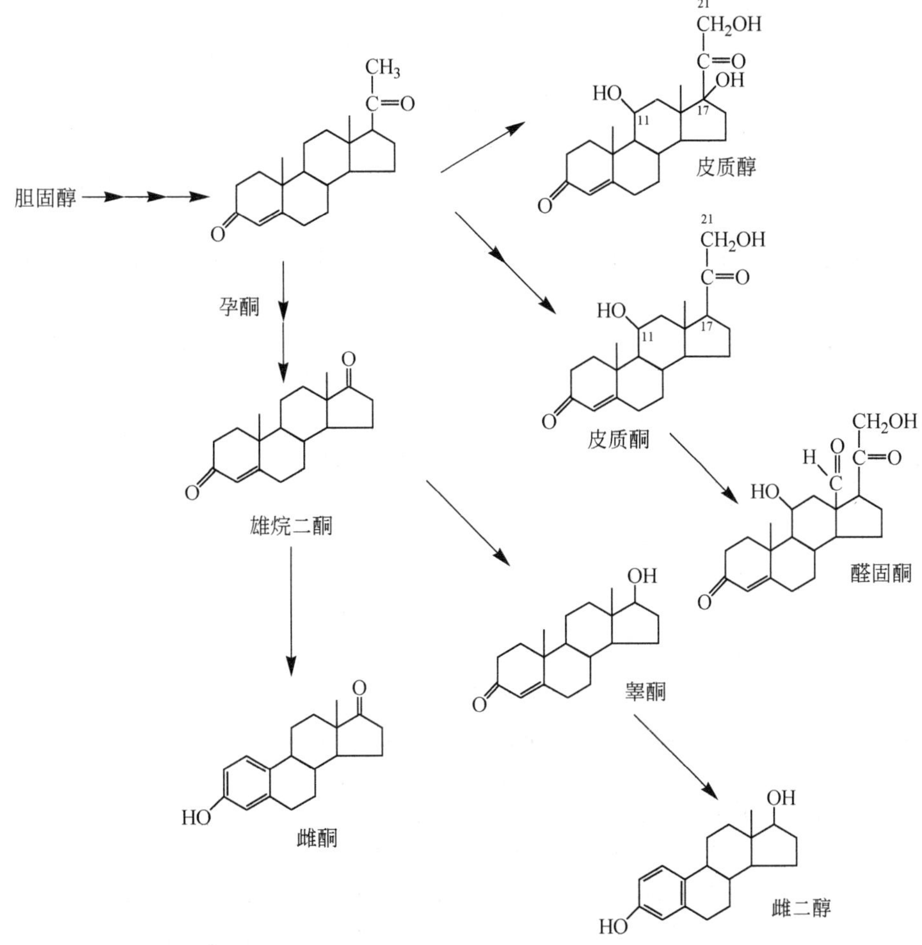

图 13-31　从胆固醇合成甾类激素

类激素的简单途径如图 13-31 所示。

3. 胆固醇衍生为维生素 D

维生素 D 对控制钙、磷代谢有重要作用。儿童缺乏维生素 D 会导致佝偻病。7-脱氢胆固醇在紫外线的照射下，B 环的 C-9 和 C-10 之间开环形成前维生素 D_3，再进一步转变为 VD_3。

由于细胞内缺乏降解胆固醇母核的酶类，所以胞内胆固醇的外流也是维持胆固醇代谢动态平衡的重要途径。成人每天形成的胆固醇自肠道排出约 600mg 左右，胆固醇的外流是一个非常复杂的过程，在这一过程中任何障碍都可引起胆固醇在血管壁的沉积，导致动脉粥样硬化。此外低密度脂蛋白受体（LDL 受体）在控制胆固醇代谢中起重要作用，因为胆固醇的 3′-OH 与脂肪酸结合形成胆固醇酯，胆固醇酯可以贮存在肝细胞，或者以低密度脂蛋白的形式通过血液循环运送到肝外组织被利用，质膜上 LDL 受体的数目控制着胆固醇的摄入。当胞内胆固醇含量增高时，LDL 受体的合成停止，阻断细胞对胆固醇的摄取。

提　要

脂肪是重要的储能物质。外源脂肪进入体内在小肠中消化吸收。生物体自身脂肪动员时，在脂肪酶的作用下水解释放出脂肪酸和甘油，甘油可在肝脏中异生为葡萄糖，脂肪酸被彻底氧化供能。脂肪酸的 β-氧化是在线粒体中进行的，所以胞浆中的长链脂肪酸首先需活化为脂酰 CoA，然后在肉碱携带下进入线粒体氧化。脂肪酸的 β-氧化包括脱氢、水化、脱氢和硫解四步反应，循环一次，水解掉两个碳原子。1mol 软脂酸彻底氧化需要重复循环 7 次，产生 8mol 乙酰 CoA，全部进入柠檬酸循环共产生 80mol ATP。每次循环产生 1mol $FADH_2$ 和 1mol NADH，共产生 7mol $FADH_2$ 和 7mol NADH，全部进入电子传递链生成 28mol ATP（10.5ATP＋17.5ATP）；这样 1mol 软脂酸彻底氧化一共产生 108mol ATP，因活化时消耗 2mol ATP，故净得 106mol ATP。

脂肪水解的第一步反应为限速反应，催化这一反应的酶为激素敏感性脂肪酶，受激素的调节控制，胰高血糖素和肾上腺素可使其激活，胰岛素可抑制其活性。脂肪酸氧化的限速酶为肉碱酰基转移酶Ⅰ，此酶虽未直接参与 β-氧化过程，但它的活性决定了脂肪酸转运的速度，直接影响脂肪酸的氧化速度。丙二酸单酰 CoA 可抑制肉碱酰基转移酶Ⅰ的活性，所以当脂肪酸合成旺盛时，脂肪酸的氧化就会停止。

不饱和脂肪酸的氧化与饱和脂肪酸基本相同，只是比饱和脂肪酸多了一个异构酶和一个还原酶，这主要是与水化酶立体异构特异性有关。

在长期饥饿状态下和糖尿病人中，由于草酰乙酸浓度较低，脂肪酸分解代谢产生的乙酰 CoA 不能完全进入柠檬酸循环而形成较多的乙酰乙酸、β-羟丁酸和丙酮，此三种物质统称为酮体，酮体在肝中产生，可被肝外组织利用。哺乳动物的脂肪酸不能转变为葡萄糖，因为乙酰 CoA 不能进入糖异生途径。

脂肪酸的合成是在胞液中进行的。脂肪酸合成的前体乙酰 CoA 通过柠檬酸穿梭系统从线粒体转运至胞液。脂肪酸合成包括缩合、还原、脱水和第二次还原四步反应。循环一次延长两个碳原子，但逐加的两个碳原子并不是直接来源于乙酰 CoA，而是乙酰 CoA 的羧化产物丙二酸单酰 CoA。这样乙酰 CoA 羧化时所消耗的能量可用于缩合反应。脂肪酸的合成需酰基载体蛋白 ACP，不同长度的脂肪酸中间体在 ACP 的携带下逐步延长，直至形成 16 碳软脂酰 ACP 后被硫酯酶水解释放出软脂酸。脂肪酸合成过程中二次还原反应的辅酶 NADPH 来自磷酸戊糖途径和柠檬酸穿梭系统。乙酰 CoA 羧化酶为脂肪酸合成的关键酶，胰高血糖素和肾上腺素抑制其活性，胰岛素可激活其活性。柠檬酸可别构激活羧化酶。软脂酸可反馈抑制羧化酶活性。同时羧化酶可被AMP活化的蛋白激酶磷酸化，使其从活性状态转变为非活性状态。脂肪酸的延长和去饱和作用是在内质网膜上进行的。哺乳动物只能在C-9位引入双键，而不能在末端甲基与C-10位之间引入双键。所以哺乳动物只能合成棕榈油酸和油酸，不能合成亚油酸和亚麻酸，这两种多不饱和脂肪酸为必需脂肪酸，主要从植物中获得。

磷脂是生物膜的重要成分，磷脂的合成需CTP参加，磷脂间可相互转变。磷脂酰肌醇参与信号传导。

胆固醇主要在肝中合成，合成的前体是乙酰CoA，合成途径的关键酶是羟甲基戊二酸单酰CoA还原酶（HMGCoA还原酶），此酶受磷酸化和脱磷酸调节。AMP活化的蛋白激酶可使其磷酸化而失活，所以当ATP水平低时，胆固醇合成停止。胆固醇可转变为胆酸盐促进脂肪的消化，胆固醇可衍生为维生素D和甾类激素，参与钙、磷代谢和多种生理功能的调节。

思 考 题

1. 脂解产物甘油是如何转变为丙酮酸的？
2. 写出脂肪酸氧化和脂肪酸合成反应的步骤。
3. 脂肪酸氧化和脂肪酸的合成是如何协同调控的？
4. 比较脂肪酸氧化和脂肪酸合成途径中有哪些相同点和不同点？
5. 为什么哺乳动物脂肪酸不能转变为葡萄糖？
6. 酮体是怎么产生的？酮体可以利用吗？
7. 磷脂酶 A_1、A_2、C和D的作用产物是什么？
8. 胆固醇合成的关键酶是什么？如何调控？
9. 哺乳动物能合成亚油酸和亚麻酸吗？为什么？
10. 1mol软脂酸彻底氧化产生多少摩尔ATP？
11. 分别写出脂肪酸合成和脂肪酸分解的反应平衡式。
12. 哺乳动物和植物及细菌的脂肪酸合酶结构有何不同？
13. 什么是载脂蛋白？载脂蛋白与脂蛋白有何不同？
14. 简述脂蛋白的种类，组成及功能。

第十四章　氨基酸的代谢

第一节　蛋白质的降解

蛋白质是一切生命活动的物质基础，是人体内含量最高的有机组成成分，约占细胞干重的 70%以上。蛋白质无处不在，除作为机体结构成分外，几乎所有的酶都是蛋白质，有些蛋白质还具有激素调节功能和免疫防御功能等，总之细胞的一切生命活动都离不开蛋白质。人体蛋白质完全靠自身合成，合成蛋白质的原料——氨基酸主要来源于两条途径：①食物中蛋白质分解产生；②自身组织蛋白质分解产生。

组织蛋白质有自己的存活时间，短到几分钟，长则几周甚至数月。蛋白质的寿命通常用半寿期来表示，即蛋白质降解掉一半所需的时间。在正常生理状态下，组织蛋白质的合成与降解处于动态平衡。食物中蛋白质的降解及氨基酸的氧化是生物体获得能量的重要途径。食肉动物 90%的能量来自氨基酸的氧化。食物蛋白降解产生的氨基酸除供给机体合成新蛋白质需要外，其余全部氧化分解，基本上没有氨基酸的贮存。

一、外源蛋白的消化与吸收

食物中蛋白质进入体内后，首先在消化道中被水解为氨基酸，通过血液运输供给细胞合成蛋白质或转变为其他含氮化合物如卟啉、含氮激素、嘌呤、嘧啶等，也有部分氨基酸经脱氨基后进一步氧化供能，脱掉的氨则以尿素的形式排出体外，如图 14-1 所示。

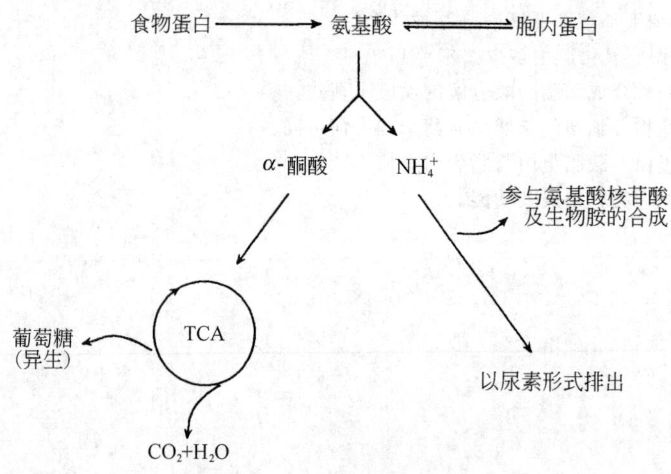

图 14-1　氨基酸代谢概况

食物蛋白在消化道中被降解为氨基酸的过程是一系列复杂的蛋白酶解过程。当食物蛋白进入胃后，在胃酸环境下变性并被胃蛋白酶水解为小分子多肽。然后进入小肠，被胰脏和小肠分泌的胰蛋白酶、糜蛋白酶、羧肽酶、氨肽酶等降解为氨基酸，并吸收入血。

二、组织蛋白质的胞内降解

组织蛋白质的胞内降解途径有多种，但了解比较清楚的有溶酶体组织蛋白酶降解途径和依赖于 ATP 的泛素降解途径。

1. 溶酶体组织蛋白酶降解途径

溶酶体（lysosome）是一种由单层膜包围的、内含多种酸性水解酶类的细胞器。目前已发现 60 多种溶酶体的酶类，如：蛋白酶、核酸酶、糖苷酶、脂肪酶、磷脂酶、磷酸酶和硫酸酶等，均为酸性水解酶，酶的最适 pH 为 5.0 左右。这些酶可清除无用的蛋白质、核酸等生物大分子及衰老、损伤和死亡的细胞。长半寿期蛋白质多在这里降解。

2. 依赖于 ATP 的泛素降解途径

泛素是由 76 个氨基酸组成的、高度保守的小分子蛋白，广泛存在于真核生物。作为无用蛋白质降解的标签，首先，在 ATP 存在下，泛素与需降解蛋白共价连接。连接的方式是泛素分子 C-端甘氨酸的羧基与目标蛋白中赖氨酸的 ε-氨基形成异肽键（isopeptide bond），而且是由多个泛素分子依次共价连接成泛素多肽链。泛素分子间的连接也是靠 Lys 48 与下一个泛素分子 C-末端羧基形成的异肽键。在靶蛋白的泛素化过程中，共有 3 个酶（E1，E2 和 E3）参与，分别负责靶蛋白的特异性识别和连接。靶蛋白一旦被泛素化，就会被蛋白酶体（proteasomes）识别并降解。在这一过程中，泛素分子本身不被降解，而是被释放并重复参加反应。

蛋白酶体是 26S（M_r 2.5×10^6）的多亚基蛋白酶复合物，其结构高度保守，由两个完全相同的亚单位组成，而每个亚单位至少又由 32 个不同的亚基组成，不同亚基分别具有识别、结合和降解泛素化蛋白的功能。短半寿期蛋白质几乎都是由这条泛素依赖性蛋白酶降解途径进行降解的。

第二节　氨基酸的分解代谢

一、氨基酸分解的基本反应

1. 氨基酸的脱氨基作用

氨基酸分解代谢的第一步就是脱氨基作用，氨基酸脱氨基后生成相应的 α-酮酸。脱氨基作用主要是在肝脏中进行，而且基本上都是以氧化脱氨的方式进行。在氨基酸代谢中起重要作用的脱氨酶是 L-谷氨酸脱氢酶。L-谷氨酸脱氢酶广泛存在于动植物和微生物体内，而且是脱氨活力最高的酶，催化 L-谷氨酸氧化脱氨生成 α-酮戊二酸，其辅酶为 NAD^+ 或 $NADP^+$。谷氨酸脱氢酶是由六个相同亚基组成的，它的活性受别构调节，GTP 和 ATP 是它的别构抑制剂，GDP 和 ADP 是它的别构激活剂，所以当能量水平低时，氨基酸的氧化分解增加。

$$^{-}OOC\text{-}CH_2\text{-}CH_2\text{-}\underset{\displaystyle NH_3}{\underset{|}{CH}}\text{-}COO^- \underset{NAD^+\text{ 或 }NADP^+ \quad NADH+H^+\text{ 或 }NADPH+H^+}{\overset{\text{L-谷氨酸脱氢酶}}{\rightleftharpoons}} {}^{-}OOC\text{-}CH_2\text{-}CH_2\text{-}\underset{\displaystyle O}{\underset{\|}{C}}\text{-}COO^- + NH_3$$

L-谷氨酸　　　　　　　　　　α-酮戊二酸

谷氨酸脱氢酶催化可逆反应，在发酵工业中，味精（谷氨酸钠）的生产就是利用微生物体内的谷氨酸脱氢酶将 α-酮戊二酸转变为谷氨酸。

谷氨酰胺和天冬酰胺可在谷氨酰胺酶和天冬酰胺酶的作用下，脱掉酰胺基生成相应的氨基酸，此两种酶广泛存在于动植物细胞中并且具有高度专一性。

$$\begin{array}{c} CONH_2 \\ | \\ (CH_2)_2 \\ | \\ CHNH_3^+ \\ | \\ COO^- \end{array} + H_2O \xrightarrow{\text{谷氨酰胺酶}} \begin{array}{c} COO^- \\ | \\ (CH_2)_2 \\ | \\ CHNH_3^+ \\ | \\ COO^- \end{array} + NH_3$$

谷氨酰胺　　　　谷氨酸

$$\begin{array}{c}COONH_2\\|\\CH_2\\|\\CHNH_3^+\\|\\COO^-\end{array} + H_2O \xrightarrow{\text{天冬酰胺酶}} \begin{array}{c}COO^-\\|\\CH_2\\|\\CHNH_3^+\\|\\COO^-\end{array} + NH_3$$

天冬酰胺　　　　天冬氨酸

另外，体内还有少数氧化专一氨基酸的酶，如丝氨酸脱水酶和苏氨酸脱水酶。此两种酶分别催化丝氨酸和苏氨酸的直接脱氨基作用，生成相应的丙酮酸和 α-酮丁酸。

$$\begin{array}{c}COO^-\\|\\CHNH_3^+\\|\\CH_2OH\end{array} \xrightarrow{H_2O} \begin{array}{c}COO^-\\|\\C-NH_3^+\\\|\\CH_2\end{array} \xrightarrow{H_2O} \begin{array}{c}COO^-\\|\\C=O\\|\\CH_3\end{array} + NH_3$$

丝氨酸　　　　氨基丙烯酸　　　　丙酮酸

2. 氨基酸的转氨基作用

氨基酸的转氨基作用是指在转氨酶（aminotransferase）的催化下，α-氨基酸和 α-酮酸之间氨基的转移作用，结果使原来的氨基酸转变为相应的酮酸，而原来的 α-酮酸则在接受氨基后转变为相应的 α-氨基酸。转氨基作用主要在肝脏中进行。

$$\begin{array}{c}COO^-\\|\\CHNH_3^+\\|\\R_1\end{array} + \begin{array}{c}COO^-\\|\\C=O\\|\\R_2\end{array} \xrightleftharpoons{\text{转氨酶}} \begin{array}{c}COO^-\\|\\C=O\\|\\R_1\end{array} + \begin{array}{c}COO^-\\|\\CHNH_3^+\\|\\R_2\end{array}$$

α-氨基酸$_1$　　α-酮酸$_2$　　α-酮酸$_1$　　α-氨基酸$_2$

体内转氨酶的种类很多，专一性很强，除甘氨酸、赖氨酸、苏氨酸、脯氨酸等少数氨基酸外，都有专一催化转氨作用的酶。其中最为重要的是天冬氨酸氨基转移酶（也称谷草转氨酶，glutamate-oxaloacetate transaminase，GOT）和丙氨酸氨基转移酶（也称谷丙转氨酶，glutamate-pyruvate transaminase，GPT），它们分别催化下列反应：

$$\begin{array}{c}COO^-\\|\\(CH_2)_2\\|\\CHNH_3^+\\|\\COO^-\end{array} + \begin{array}{c}COO^-\\|\\C=O\\|\\CH_3\end{array} \xrightleftharpoons{\text{谷丙转氨酶}} \begin{array}{c}COO^-\\|\\(CH_2)_2\\|\\C=O\\|\\COO^-\end{array} + \begin{array}{c}COO^-\\|\\CHNH_3^+\\|\\CH_3\end{array}$$

谷氨酸　　丙酮酸　　α-酮戊二酸　　丙氨酸

$$\begin{array}{c}COO^-\\|\\CH_2\\|\\CHNH_3^+\\|\\COO^-\end{array} + \begin{array}{c}COO^-\\|\\(CH_2)_2\\|\\C=O\\|\\COO^-\end{array} \xrightleftharpoons{\text{谷草转氨酶}} \begin{array}{c}COO^-\\|\\CH_2\\|\\C=O\\|\\COO^-\end{array} + \begin{array}{c}COO^-\\|\\(CH_2)_2\\|\\CHNH_3^+\\|\\COO^-\end{array}$$

天冬氨酸　　α-酮戊二酸　　草酰乙酸　　谷氨酸

谷草转氨酶在心肌含量最高，谷丙转氨酶在肝细胞中含量最高。当心肌和肝细胞受损时，细胞膜通透性增加，使胞内 GOT 和 GPT 外漏进入血液，临床上根据它们在血清中含量的变化来诊断心肌或肝细胞损伤程度。

转氨酶催化反应的平衡常数约为 1.0 左右，说明催化的反应可以向左右两个方向进行。转氨酶的辅酶都是磷酸吡哆醛，其反应机制如下所示：氨基酸和磷酸吡哆醛形成醛亚胺，经双键移位、水解，放出相应的酮酸和磷酸吡哆胺；磷酸吡哆胺和另一分子酮酸反应再次形成醛亚胺，经双键移位、水解，放出磷酸吡哆醛，并形成了相应的氨基酸。

磷酸吡哆醛 (X—CH=O)

磷酸吡哆胺 ($X—CH_2—NH_2$)

(Ⓟ=$—PO_3^{2-}$)

$$R—CH(NH_2)—COOH + X—CH=O \xrightarrow{-H_2O} R—CH(—N=CH—X)—COOH \xrightarrow{双键移位} R—C(=N—CH_2—X)—COOH \xrightarrow{+H_2O} R—CO—COOH + X—CH_2—NH_2$$

Schiff 碱

$$X—CH_2—NH_2 + R_1—CO—COOH \xrightarrow{-H_2O} R_1—C(=N—CH_2—X)—COOH \xrightarrow{双键移位} R_1—CH(—N=CH—X)—COOH \xrightarrow{-H_2O} R_1—CH(NH_2)—COOH + X—CH=O$$

转氨酶催化的反应是最早确定为乒乓机制的双底物反应。很多转氨酶需要以 α-酮戊二酸为氨基受体，而对另一底物氨基的供体并无严格的专一性，这主要是由于 α-酮戊二酸接受氨基后生成谷氨酸，可借助高活性的谷氨酸脱氢酶将氨基脱掉，进入 NH_3 排泄途径。同时谷氨酸也是氨基酸合成的主要的氨基供体。

3. 氨基酸的联合脱氨基作用

联合脱氨基作用（transdeamination）是将转氨基作用和脱氨基作用偶联在一起的脱氨方式。

自然界 L-氨基酸氧化酶活力都很低，显然不能满足机体脱氨的需要，而转氨基作用虽普遍存在，但又不能最终将氨基脱去。所以各种氨基酸首先在转氨酶的作用下，将氨基转移给 α-酮戊二酸形成谷氨酸后，再由谷氨酸脱氢酶将氨基脱掉。这是体内脱氨基的主要方式（图 14-2）。在骨骼肌和脑中，嘌呤核苷酸循环是又一种重要的联合脱氨方式。如图 14-3，通过转氨作用形成的天冬氨酸经这种方式脱去氨基形成延胡索酸，延胡索酸可回补柠檬酸循环途径。由于骨骼肌中缺少一般柠檬酸循环回补反应的酶类，所以嘌呤核苷酸循环在骨骼肌的能量代谢中也有重要作用。

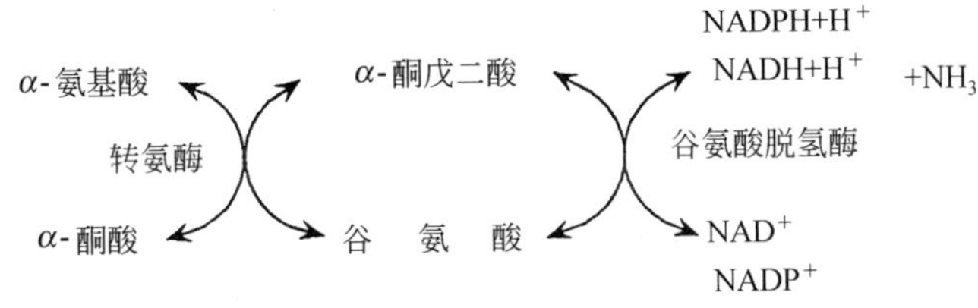

图 14-2 联合脱氨基作用

4. 氨基酸的脱羧基作用

氨基酸在脱羧酶的作用下，脱去羧基生成一级胺和 CO_2。

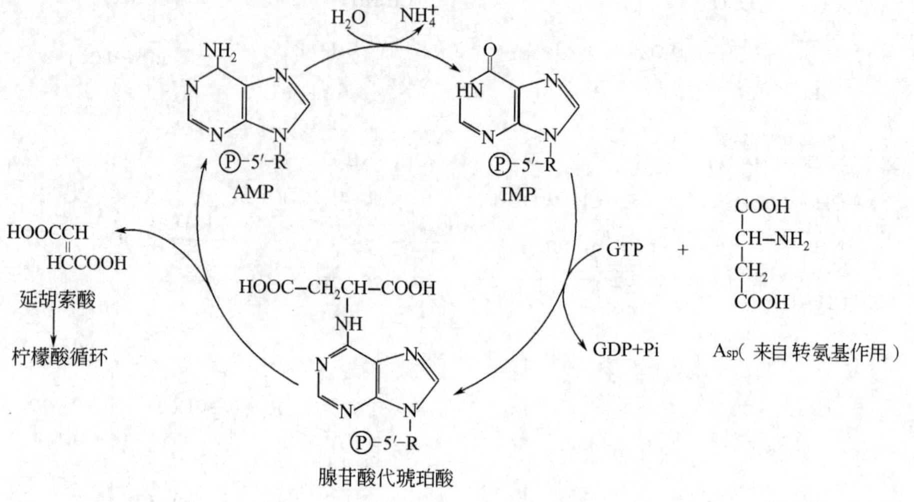

H_2O　NH_4^+

AMP　IMP

GTP + Asp(来自转氨基作用)　$GDP+Pi$

HOOCCH=HCCOOH

延胡索酸 → 柠檬酸循环

HOOC—CH₂CH—COOH(NH)

腺苷酸代琥珀酸

图 14-3　嘌呤核苷酸循环

$$\underset{\text{氨基酸}}{R-\underset{NH_3^+}{\underset{|}{CH}}-COO^-} \xrightarrow{\text{脱羧酶}} \underset{\text{胺}}{R-CH_2-NH_2} + CO_2$$

脱羧酶的辅酶也是磷酸吡哆醛。在这一反应中，氨基酸的氨基与吡哆醛的醛基结合形成中间产物醛亚胺，后者经脱羧、水解产生一级胺，并释放出磷酸吡哆醛。

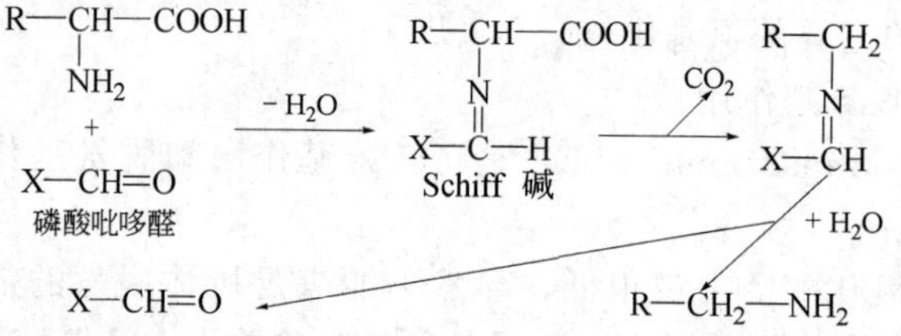

$$R-CH(NH_2)-COOH + \underset{\text{磷酸吡哆醛}}{X-CH=O} \xrightarrow{-H_2O} \underset{\text{Schiff 碱}}{R-CH(COOH)-N=CH(X)-H} \xrightarrow{-CO_2} R-CH_2-N=CH-X \xrightarrow{+H_2O} X-CH=O + R-CH_2-NH_2$$

脱羧酶的专一性很高，如组氨酸脱羧酶只能催化组氨酸的脱羧反应，生成组胺；谷氨酸脱羧酶只催化谷氨酸脱羧生成 γ-氨基丁酸；组胺和 γ-氨基丁酸都是体内重要的生物活性物质。氨基酸的脱羧反应普遍存在于动植物和微生物中。

二、氨的排泄

氨对人体是有毒的。正常人血清中氨的浓度很低，血液中的含氨总量仅数毫克。氨对大脑功能影响最明显，当血氨浓度增高时即可引起大脑功能障碍，甚至昏迷或死亡，所以氨不能在体内积累。氨基酸脱掉的氨除一小部分被用于合成含氮化合物外，大部分氨需经特殊的转运方式运到肝脏，在肝脏合成尿素后随尿排出体外。

1. 氨的转运

肝外组织产生的氨向肝内转运主要有两种方式：一种是以谷氨酰胺的形式转运；另一种是以丙氨酸的形式转运。

(1) 以谷氨酰胺形式的转运　在谷氨酰胺合成酶的作用下，氨与谷氨酸合成谷氨酰胺。谷氨酰胺是中性无毒物质，由血液运至肝脏后又在谷氨酰胺酶的作用下分解为谷氨酸和氨，氨进入尿素合成途径。

$$\begin{array}{c} COO^- \\ | \\ (CH_2)_2 \\ | \\ CHNH_3^+ \\ | \\ COO^- \end{array} + NH_3 + ATP \xrightarrow{\text{谷氨酰胺合成酶}} \begin{array}{c} CONH_2 \\ | \\ (CH_2)_2 \\ | \\ CHNH_3^+ \\ | \\ COO^- \end{array} + ADP + Pi + H^+$$

谷氨酸　　　　　　　　谷氨酰胺

这一反应需要消耗 ATP。谷氨酰胺合成酶存在于所有组织中，在氮代谢的控制中起重要作用。谷氨酰胺除负责氨的转运外，还为其他生物合成反应提供氨基，如嘌呤和嘧啶的合成。

(2) 以丙氨酸的形式转运　虽然谷氨酰胺是氨的主要运输方式，但在肌肉中可利用丙氨酸将氨转运至肝脏。肌肉中由酵解产生的丙酮酸在转氨酶的作用下，接受其他氨基酸的氨基形成丙氨酸。丙氨酸是中性无毒物质，通过血液到达肝脏，在谷丙转氨酶的作用下，将氨基移交 α-酮戊二酸生成丙酮酸和谷氨酸。谷氨酸在谷氨酸脱氢酶的作用下脱去氨基，氨进入尿素合成途径。丙酮酸在肝细胞中异生为葡萄糖，再运回至肌肉氧化供能。这样转运一分子丙氨酸相当于将一分子氨和一分子丙酮酸从肌肉带至肝脏，既清除了肌肉中的氨，又避免了丙酮酸或乳酸在肌肉中的堆积。所以在肌肉和肝脏之间形成的葡萄糖-丙氨酸循环（图 14-4），收到一举两得的功效，有重要的生理意义。

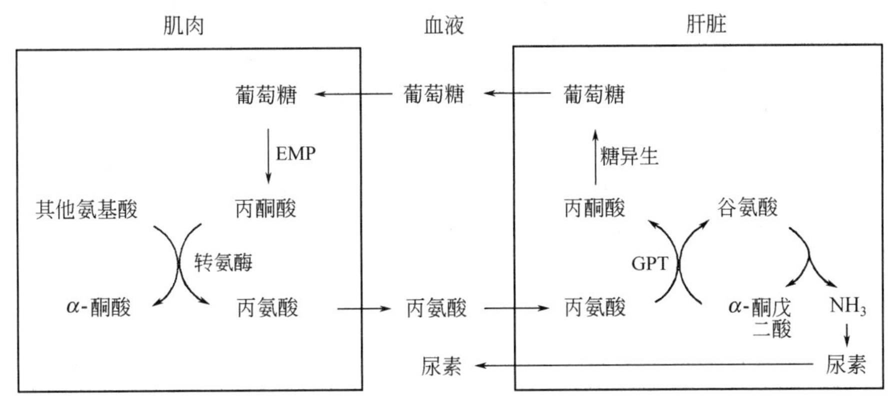

图 14-4　葡萄糖-丙氨酸循环

2. 尿素的合成——尿素循环

不同动物氨的排泄方式不同，鸟类是以尿酸的形式排出，一些鱼类和两栖类可直接将氨排出体外。人类及其他哺乳动物，氨是以尿素的形式排泄。

尿素是在肝脏合成的，尿素合成途径是 Hans Krebs 在 1932 年发现的第一条环状代谢途径，也称尿素循环。尿素合成步骤如下。

(1) 氨甲酰磷酸的合成　氨甲酰磷酸是在线粒体中合成的。催化此步反应的酶是氨甲酰

$$CO_2 + NH_3 + 2ATP + H_2O \longrightarrow H_2N-\overset{\overset{\large O}{\|}}{C}-O-\underset{\underset{\large O^-}{|}}{\overset{\overset{\large O}{\|}}{P}}-O^- + 2ADP + Pi + 3H^+$$

氨甲酰磷酸

磷酸合成酶Ⅰ，存在于线粒体中。氨甲酰磷酸合成酶Ⅰ是一个调节酶，*N*-乙酰谷氨酸是它的正调节剂。由于反应消耗了两个高能磷酸键，所以是不可逆反应。

(2) 瓜氨酸的合成　由于酸酐键的存在，氨甲酰磷酸具有很高的转移势能，在鸟氨酸转氨甲酰酶的作用下，氨甲酰基被转移至鸟氨酸形成瓜氨酸。

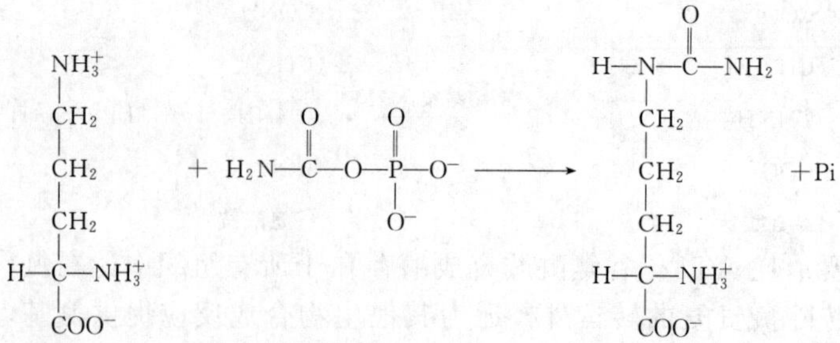

鸟氨酸 + 氨甲酰磷酸 ⟶ 瓜氨酸 + Pi

鸟氨酸　　氨甲酰磷酸　　瓜氨酸

(3) 精氨琥珀酸的合成　瓜氨酸合成后离开线粒体进入胞液，在精氨琥珀酸合成酶的作用下与天冬氨酸结合形成精氨琥珀酸。

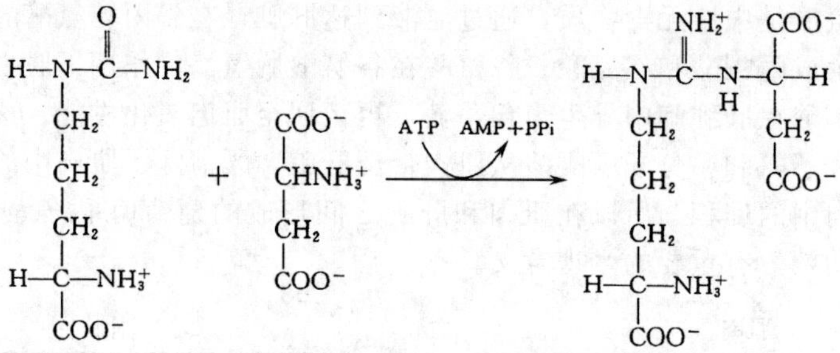

瓜氨酸 + 天冬氨酸 ⟶(ATP → AMP+PPi) 精氨琥珀酸

瓜氨酸　　天冬氨酸　　精氨琥珀酸

(4) 精氨琥珀酸的裂解　精氨琥珀酸在精氨琥珀酸酶的作用下，裂解为精氨酸和延胡索酸，延胡索酸可进入柠檬酸循环进一步代谢。

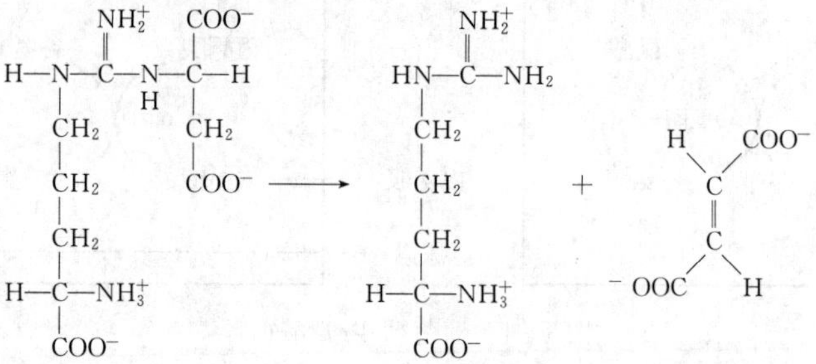

精氨琥珀酸 ⟶ 精氨酸 + 延胡索酸

精氨琥珀酸　　精氨酸　　延胡索酸

(5) 尿素的形成　在精氨酸酶的作用下，精氨酸水解为尿素和鸟氨酸，尿素进入血液通过肾脏随尿排出体外，鸟氨酸进入下一次循环，所以尿素循环也称鸟氨酸循环。尿素循环的全过程见图 14-5 所示。

3. 尿素循环小结

尿素循环的总反应式如下：

NH_3^+ + CO_2 + 3ATP + 天冬氨酸 + 2H_2O ⟶ 尿素 + 延胡索酸 + 2ADP + AMP + 4Pi

① 从上式可知合成尿素是一个耗能过程，合成 1mol 尿素需消耗 4 个高能磷酸键。

② 合成 1mol 尿素可从体内清除掉 2molNH_3^+ 和 1molCO_2。

③ 尿素合成途径的前两步，即氨甲酰磷酸和瓜氨酸的合成是在线粒体中完成的，这样有利于将 NH_3^+ 严格控制在线粒体中，防止其扩散进入血液引起氨中毒。

④ 尿素循环中形成的延胡索酸使尿素循环和三羧酸循环密切联系在一起。精氨琥珀酸裂解生成的延胡索酸可转变为苹果酸，苹果酸进一步氧化生成草酰乙酸，草酰乙酸既可进入三羧酸循环，也可经转氨作用再次形成天冬氨酸进入尿素循环。这样尿素循环和柠檬酸循环

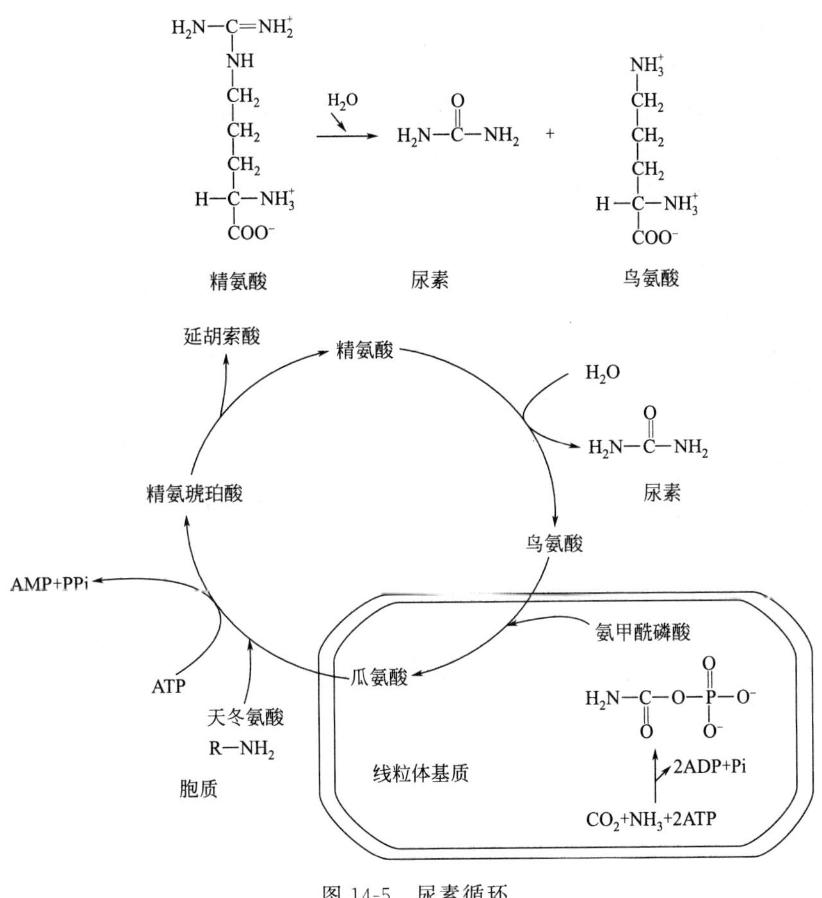

图 14-5　尿素循环

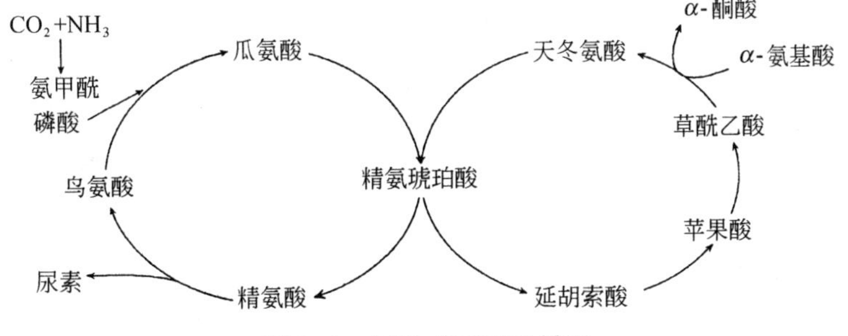

图 14-6　尿素-柠檬酸双循环

密切联系在一起，所以人们称为："Krebs bicycle"，又称尿素-柠檬酸双循环（图 14-6）。

⑤ 尿素循环的调节

a. 在高蛋白质膳食后或严重饥饿情况下，尿素循环中的五个酶合成速度增加，而低蛋白或高碳水化合物膳食后，尿素循环酶水平降低。

b. *N*-乙酰谷氨酸可别构激活氨甲酰磷酸合成酶Ⅰ。氨甲酰磷酸合成酶Ⅰ是尿素合成途径中第 1 个关键酶。*N*-乙酰谷氨酸是在 *N*-乙酰谷氨酸合酶催化下由乙酰辅酶 A 和谷氨酸合成的。精氨酸可激活 *N*-乙酰谷氨酸合酶。因此，精氨酸也是尿素循环途径的激活剂（图 14-7）。

尿素循环是氨排泄的主要途径。各种因素（包括酶的遗传缺陷等）导致尿素循环途径障碍时，都可使血液中氨浓度升高，引起高氨血症，出现昏迷现象。目前，氨中毒机制虽然还不清楚，但以下几点可能是重要原因：①当氨不能正常排泄而浓度升高时，氨与 α-酮戊二酸和谷氨酸在谷氨酸脱氢酶和谷氨酰胺合成酶的作用下分别形成谷氨酸和谷氨酰胺，前一反应需 NADH 参加，后一反应需 ATP 参加，这样当它们大量合成时，严重干扰了脑中的能量代谢。②α-酮戊二酸和谷氨酸水平的降低影响 TCA 循环和 γ-氨基丁酸（由谷氨酸形成，一种重要的神经介质）的合成，导致脑细胞的损伤。临床上常根据不同的发病原因采取不同的措施如：限制高蛋白膳食的摄入；补充适量的精氨酸或与必需氨基酸相应的 α-酮酸等。

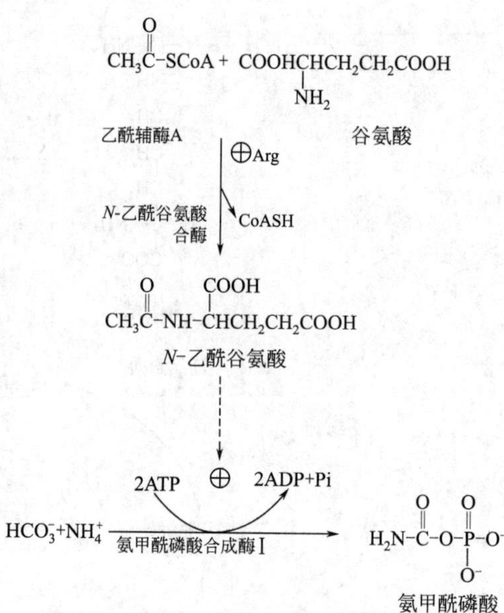

图 14-7　N-乙酰谷氨酸的合成及对氨甲酰磷酸合成酶Ⅰ的激活

三、氨基酸碳架的氧化

各种氨基酸脱氨后生成的 α-酮酸可通过各自特有的代谢途径最终转变成丙酮酸、乙酰 CoA、乙酰乙酰 CoA、α-酮戊二酸、琥珀酰 CoA、延胡索酸和草酰乙酸，分别进入糖代谢或脂代谢途径，充分实现了氨基酸代谢、糖代谢和脂代谢的密切联系（图 14-8）。

1. 生糖氨基酸和生酮氨基酸

根据氨基酸降解产物的不同，可分为生糖氨基酸和生酮氨基酸。凡能在分解过程中转变

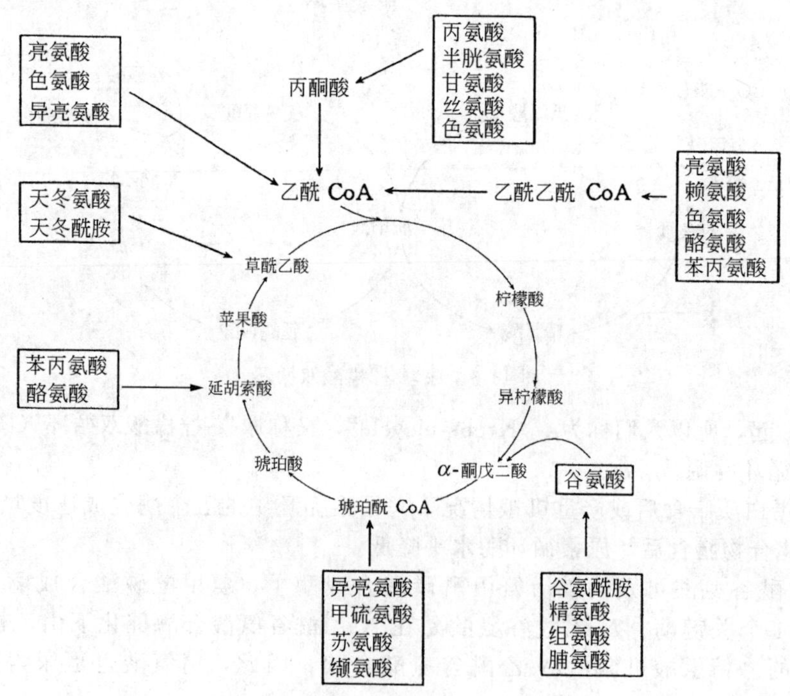

图 14-8　氨基酸碳架进入三羧酸循环

为乙酰 CoA 和乙酰乙酰 CoA 的氨基酸称为生酮氨基酸，因为此两种物质在肝脏可转变为酮体，如亮氨酸和赖氨酸；凡能在分解过程中转变为丙酮酸、α-酮戊二酸、琥珀酰 CoA、延胡索酸和草酰乙酸的氨基酸称为生糖氨基酸，因为这些 TCA 中间物和丙酮酸都可转变为葡萄糖，生糖氨基酸有：天冬氨酸、天冬酰胺、甘氨酸、丝氨酸、丙氨酸、苏氨酸、半胱氨酸、谷氨酸、组氨酸、脯氨酸和精氨酸；也有一些氨基酸如异亮氨酸、苯丙氨酸、色氨酸和酪氨酸既可转变为酮体，也可转变为葡萄糖，称为生酮生糖氨基酸。实际上生酮氨基酸和生糖氨基酸的界限并不是非常严格的。

2. 个别氨基酸的分解途径

① 生成乙酰 CoA 的氨基酸（图 14-9）

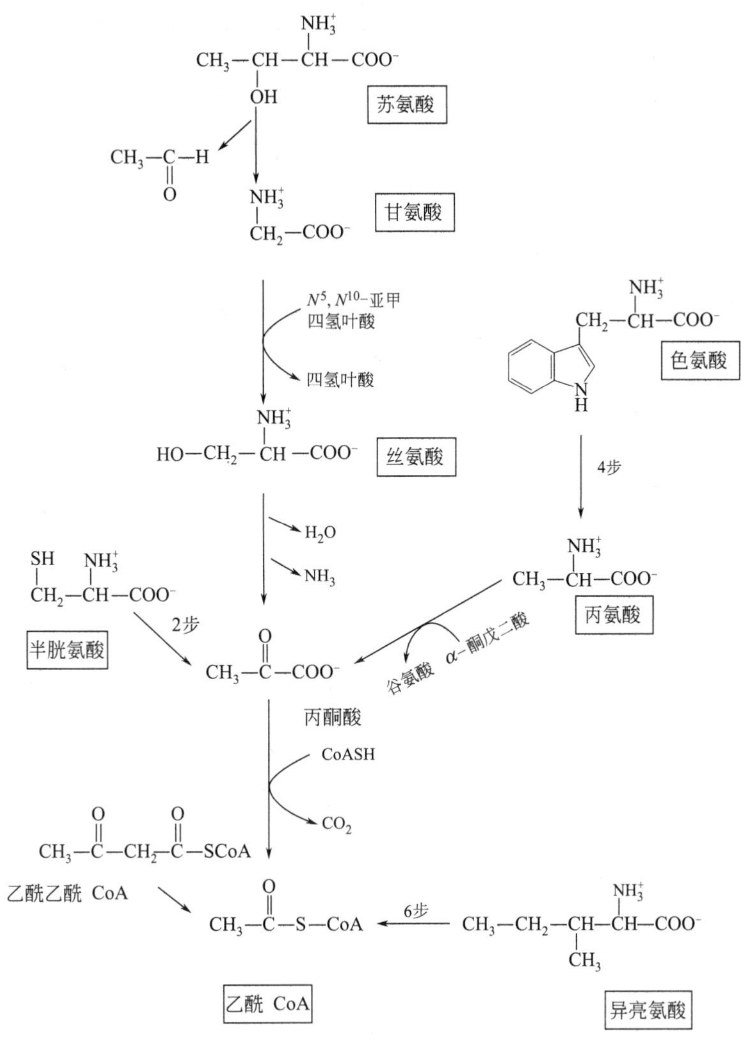

图 14-9 生成乙酰 CoA 的氨基酸

② 生成乙酰乙酰 CoA 的氨基酸（图 14-10）

③ 生成 α-酮戊二酸的氨基酸（图 14-11）

④ 生成琥珀酰 CoA 的氨基酸（图 14-12）

⑤ 生成草酰乙酸的氨基酸（图 14-13）

3. 氨基酸衍生的其他重要物质

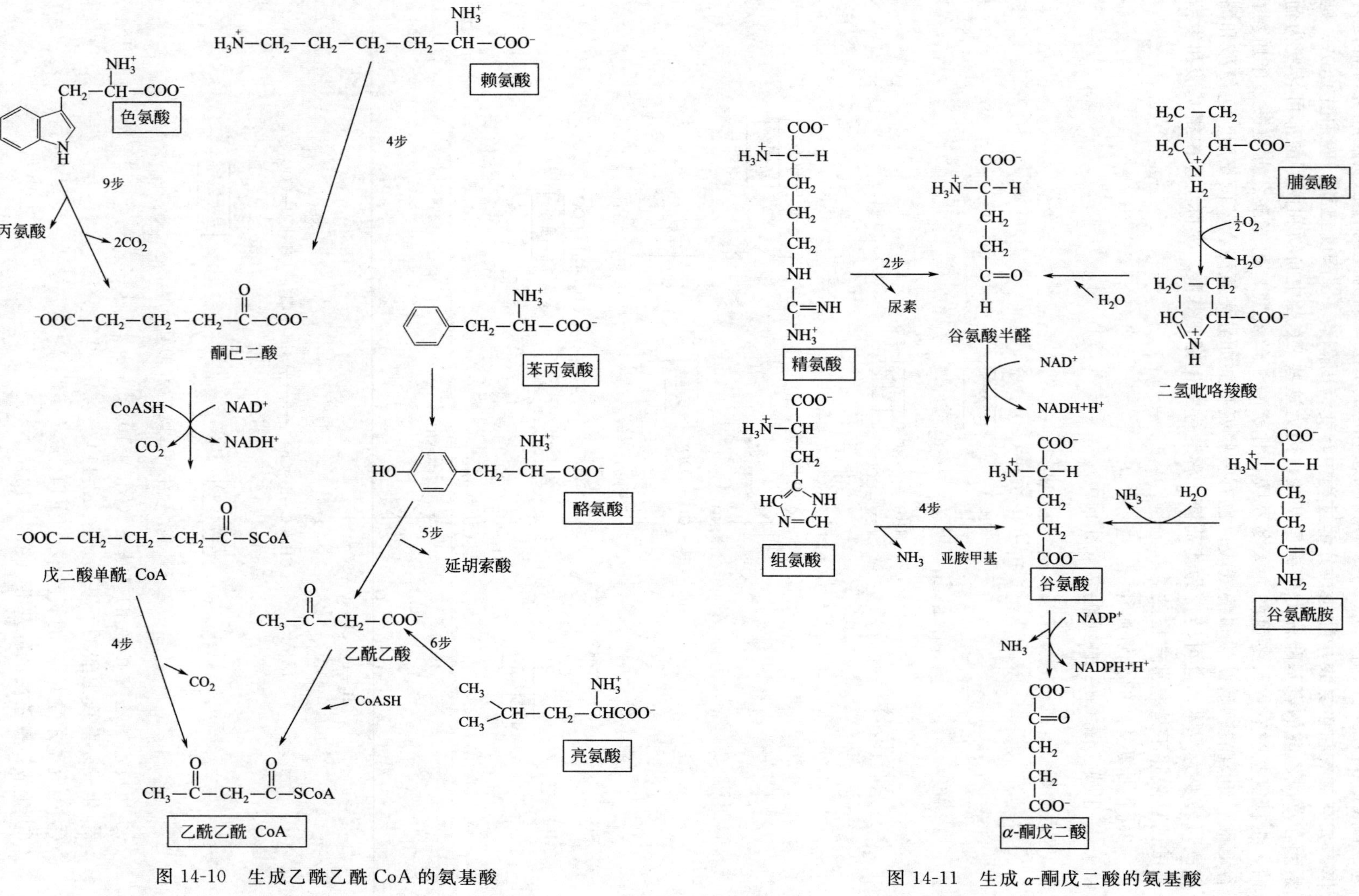

图 14-10　生成乙酰乙酰 CoA 的氨基酸

图 14-11　生成 α-酮戊二酸的氨基酸

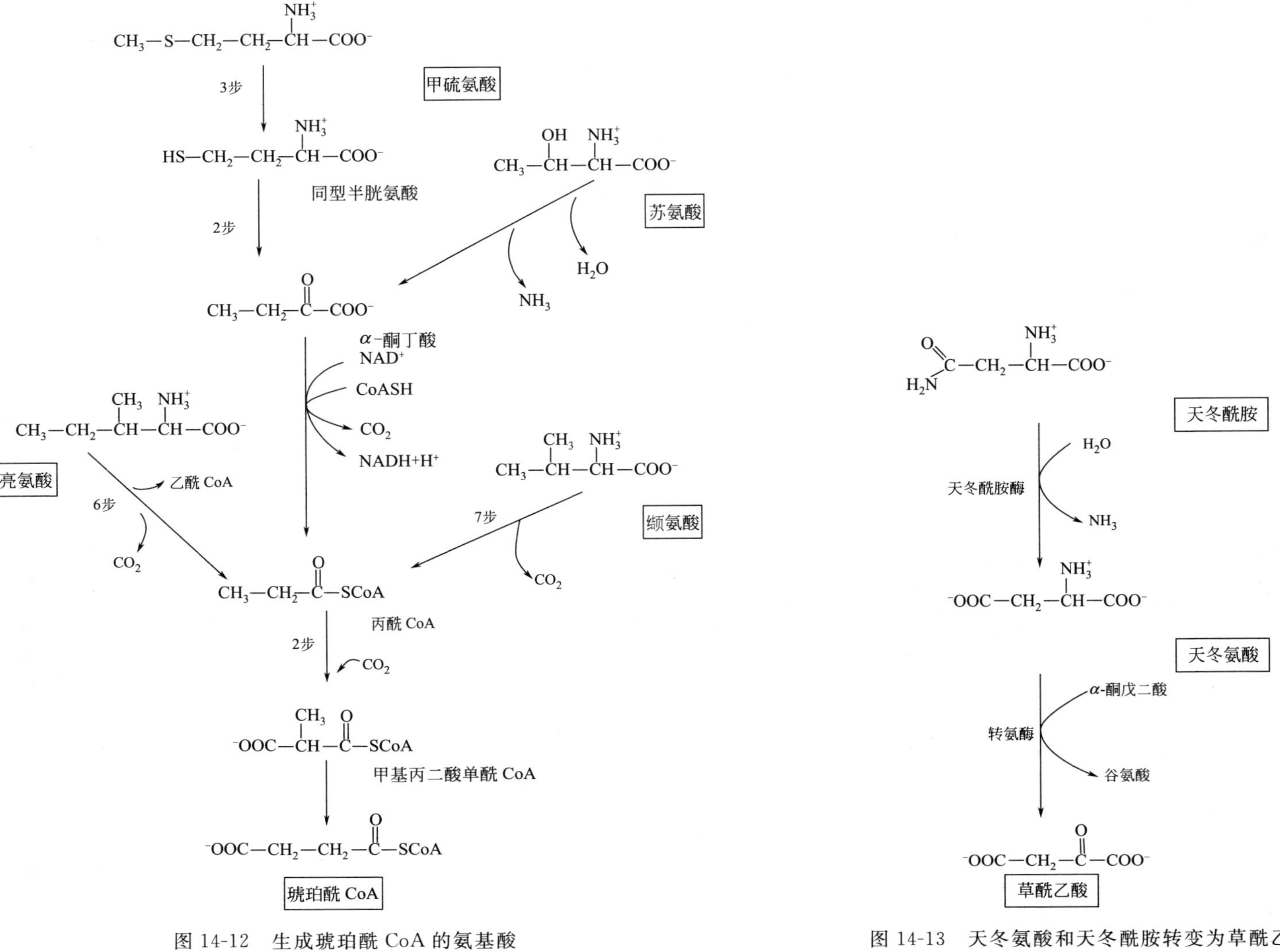

图 14-12 生成琥珀酰 CoA 的氨基酸

图 14-13 天冬氨酸和天冬酰胺转变为草酰乙酸

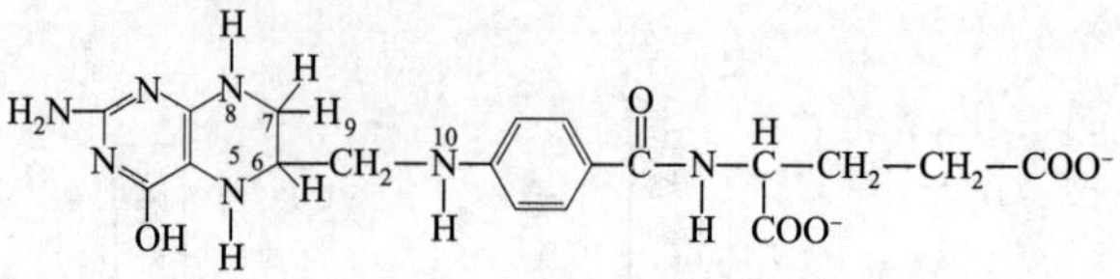

图 14-14 四氢叶酸的分子结构

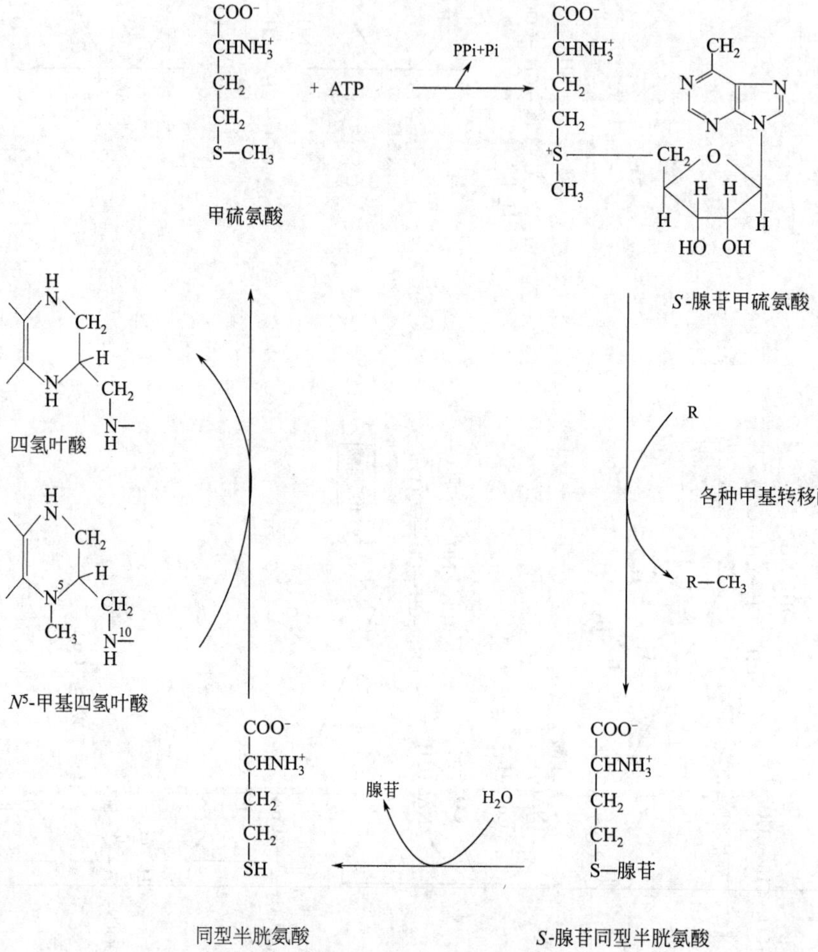

甲硫氨酸

S-腺苷甲硫氨酸

四氢叶酸

各种甲基转移酶

N^5-甲基四氢叶酸

腺苷

同型半胱氨酸

S-腺苷同型半胱氨酸

图 14-15 甲基供体 S-腺苷甲硫氨酸的合成

① 一碳单位 一碳单位是指仅含有一个碳原子的基团如甲基（$—CH_3$）、亚甲基（$—CH_2—$）、羟甲基（$—CH_2OH$）、甲酰基（—CHO）、亚氨甲基（—CH═NH）等。一碳单位主要来源于甘氨酸、丝氨酸、组氨酸的分解代谢。一碳单位需要在载体四氢叶酸（FH_4）（图 14-14）的携带下，参与各种生物分子的合成和生物活性物质的修饰。如参与嘌呤和嘧啶的合成，生物分子甲基化修饰等。

一碳单位结合在 FH_4 的第 5 位 N 和第 10 位 N 上。在多数情况下，由于 FH_4 的 N^5-甲基转移势能不够高，不能直接转移到甲基受体分子上，而是先转移给同型半胱氨酸（高半胱氨酸）形成甲硫氨酸，再经 ATP 进一步活化，形成 S-腺苷甲硫氨酸后才将甲基最终转移至甲基受体分子上（图 14-15）。但甲硫氨酸的甲基、嘌呤分子中的一些碳原子及胸腺嘧啶分子中的甲基等都是直接来自于 N^5-甲基 FH_4、N^{10}-甲酰基 FH_4 和 N^5,N^{10}-亚甲基 FH_4。

② 由氨基酸衍生的生物活性物质　一些氨基酸本身具有生物活性如 Glu、Asp 在神经活动中起重要作用，是脑和脊髓中广泛存在的具有兴奋作用的神经介质，Gly 是抑制性神经介质。

有些氨基酸可脱羧衍生为生物活性物质，如组氨酸脱羧生成组胺，而组胺具有扩张血管的作用，在神经组织中是感觉神经递质，与外周神经的感觉传导有关。

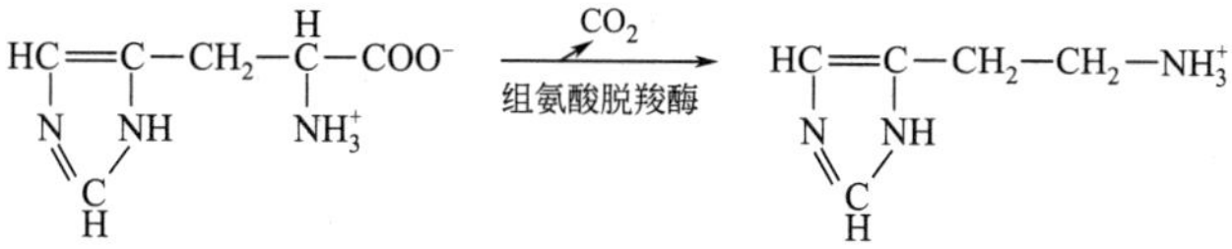

组氨酸　　组氨酸脱羧酶（$-CO_2$）　　组胺

色氨酸经羟化脱羧后生成 5′-羟色胺，5′-羟色胺是脊椎动物的一种神经递质，也是一种高效血管收缩剂。在植物中，色氨酸是植物生长素（auxin）合成的前体。

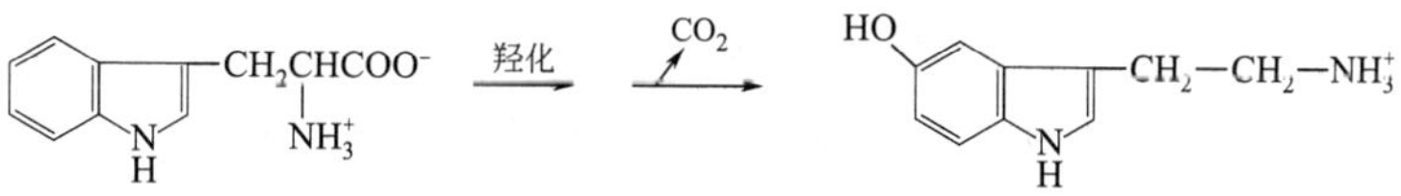

色氨酸　　羟化　　（$-CO_2$）　　5-羟色胺

谷氨酸脱羧后生成 γ-氨基丁酸（GABA），γ-氨基丁酸是脑组织中具有抑制作用的神经递质。癫痫病的发作与 GABA 水平低下有关。

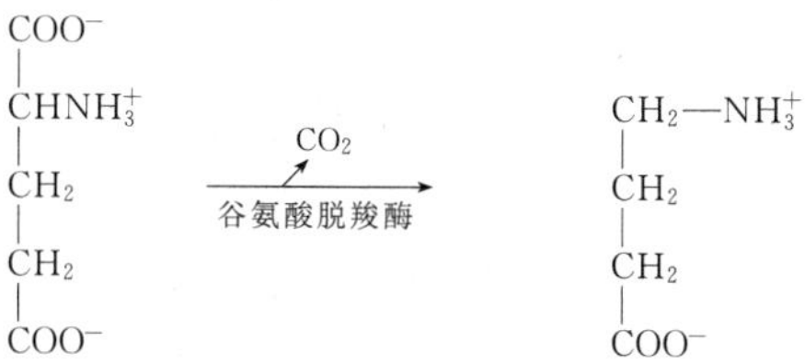

谷氨酸　　谷氨酸脱羧酶（$-CO_2$）　　γ-氨基丁酸(GABA)

酪氨酸可转变为儿茶酚胺类物质（包括肾上腺素、去甲肾上腺素、多巴和多巴胺）。儿茶酚胺为一类重要神经介质，对神经活动、行为、睡眠等起重要作用。帕金森综合征的多巴胺水平低下，而一些心理障碍疾病如精神分裂症则多巴胺水平过高。

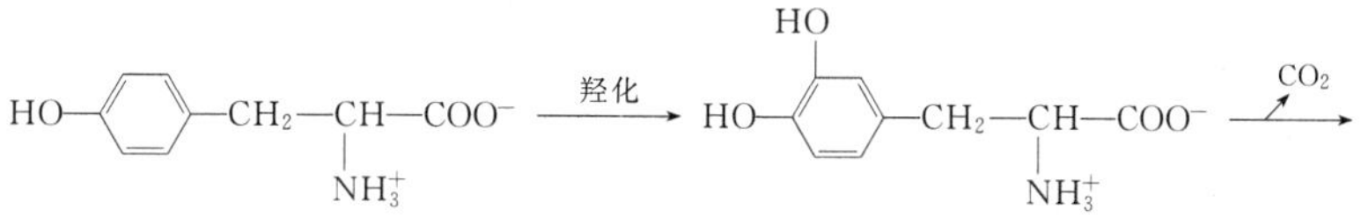

酪氨酸　　羟化　　多巴　　（$-CO_2$）

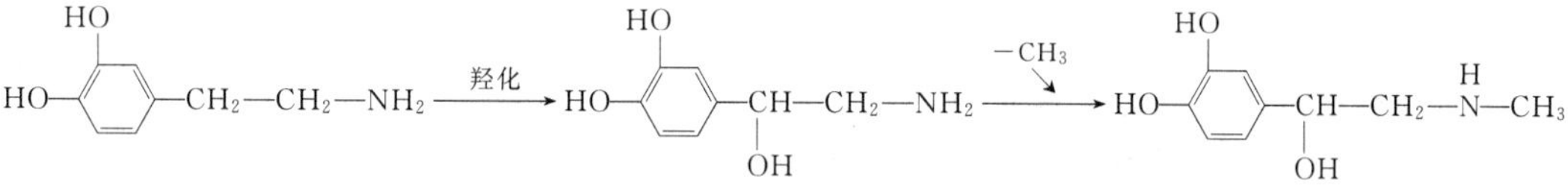

多巴胺　　羟化　　去甲肾上腺素　　（$-CH_3$）　　肾上腺素

精氨酸在一氧化氮合酶的作用下生成瓜氨酸和一氧化氮，一氧化氮是重要的生物信使分子，可促进血管平滑肌的松弛，在神经系统中也有重要功能。

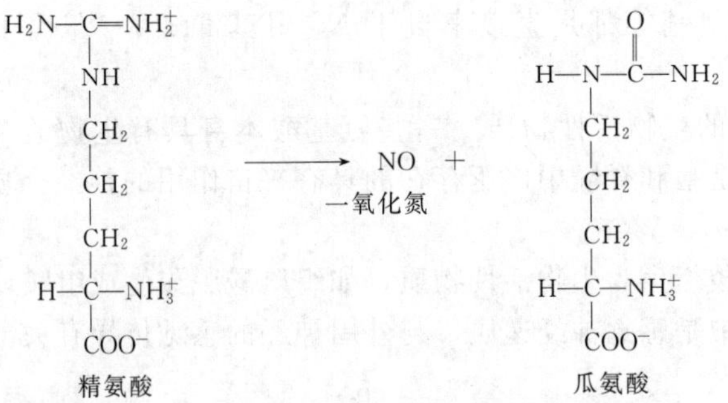

$$\underset{\text{精氨酸}}{H_2N{-}C({=}NH_2^+){-}NH{-}CH_2{-}CH_2{-}CH_2{-}CH(NH_3^+){-}COO^-} \longrightarrow \underset{\text{一氧化氮}}{NO} + \underset{\text{瓜氨酸}}{H_2N{-}C({=}O){-}NH{-}CH_2{-}CH_2{-}CH_2{-}CH(NH_3^+){-}COO^-}$$

由鸟氨酸和甲硫氨酸脱羧生成的多胺类物质：精胺和亚精胺参与 DNA 的组装。此外，氨基酸还可以衍生为肌酸磷酸、谷胱甘肽、卟啉等重要生物分子。

第三节　氨基酸的生物合成

一、氨基酸的生物合成途径

不同生物合成氨基酸的能力不同，植物和大部分细菌能合成全部 20 种氨基酸，而人和其他哺乳类动物只能合成部分氨基酸，所以氨基酸分为必需氨基酸和非必需氨基酸。凡人体自身可以合成的氨基酸称为非必需氨基酸，如丙氨酸、天冬氨酸、天冬酰胺、谷氨酸、谷氨酰胺、精氨酸、甘氨酸、脯氨酸、丝氨酸、半胱氨酸和酪氨酸。有些氨基酸人体不能自己合成，必须从食物中摄取，这类氨基酸称为必需氨基酸，如赖氨酸、组氨酸、甲硫氨酸、色氨酸、苏氨酸、亮氨酸、异亮氨酸、缬氨酸和苯丙氨酸。精氨酸对于幼小动物来说也是必需的。

氨基酸生物合成的研究主要是以微生物作为材料。这不仅是因为取材方便，最大的优越性是可以应用遗传突变技术获得各种突变株，为氨基酸合成途径和调节机理的研究提供有利条件。

不同氨基酸的生物合成途径各不相同，但它们都有一个共同的特征，就是所有氨基酸都不是以 CO_2 和 NH_3 为起始材料从头合成，而是起始于三羧酸循环、糖酵解途径和磷酸戊糖途径的中间代谢物，所以根据起始物的不同可归纳为五类：

① α-酮戊二酸衍生类型：指某些氨基酸是由三羧酸循环中间产物 α-酮戊二酸衍生而来，这类氨基酸有：谷氨酸、谷氨酰胺、脯氨酸和精氨酸。

② 草酰乙酸衍生类型：是指某些氨基酸由草酰乙酸衍生而来，这类氨基酸有天冬氨酸、天冬酰胺、甲硫氨酸、苏氨酸和赖氨酸。

③ 丙酮酸衍生类型：属于这种类型的氨基酸有丙氨酸、缬氨酸、亮氨酸和异亮氨酸。

④ 3-磷酸甘油酸衍生类型：属于这种类型的氨基酸有丝氨酸、甘氨酸、半胱氨酸。

⑤ 磷酸烯醇式丙酮酸和 4-磷酸赤藓糖衍生类型：三种芳香族氨基酸即酪氨酸、苯丙氨酸和色氨酸属于此种类型，它们的合成起始于磷酸戊糖途径中间物 4-磷酸赤藓糖和酵解途径的中间物磷酸烯醇式丙酮酸。

只有组氨酸特殊，它的合成与其他途径没有联系，是以 5-磷酸核糖-1-焦磷酸（PRPP）为前体合成的。PRPP 是核苷酸生物合成的前体。

二、几种氨基酸合成的简单途径

1. 谷氨酸、谷氨酰胺和脯氨酸的合成途径（图 14-16）

2. 丝氨酸、半胱氨酸、甘氨酸的合成途径（图 14-17）

三、氨基酸生物合成途径中的反馈调节

氨基酸的生物合成受到严格的调节控制。主要有两种调节方式，一种是从基因水平上调

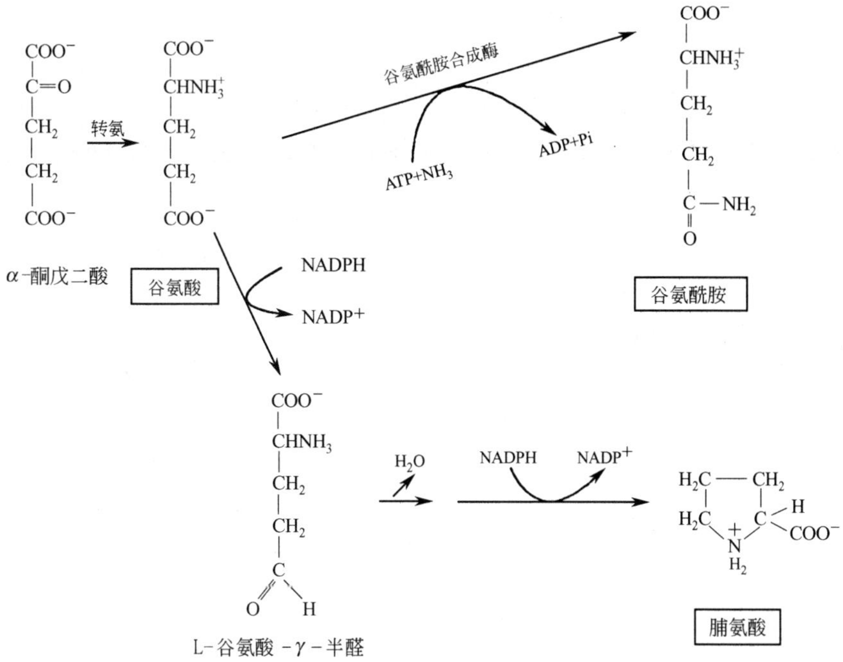

图 14-16 谷氨酸、谷氨酰胺和脯氨酸的合成途径

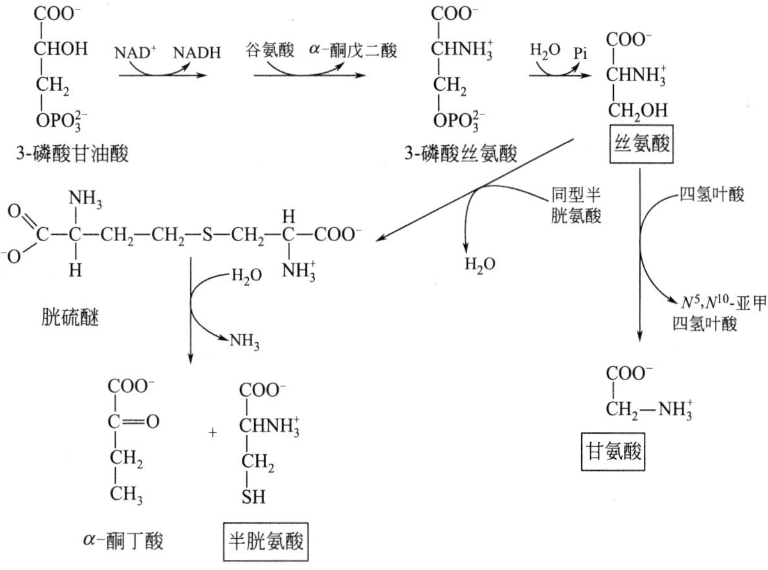

图 14-17 由 3-磷酸甘油酸合成丝氨酸、甘氨酸和半胱氨酸

节酶的生成量，需要时间较长，常被称为慢反应。另一种是酶活性的调节，即产物对氨基酸合成途径中的限速酶进行别构调节，这种调节快速灵敏，是最有效的调节方式，也称反馈调节。下面是几种主要的反馈调节模式。

1. 单向途径终末产物的反馈抑制（图 14-18）

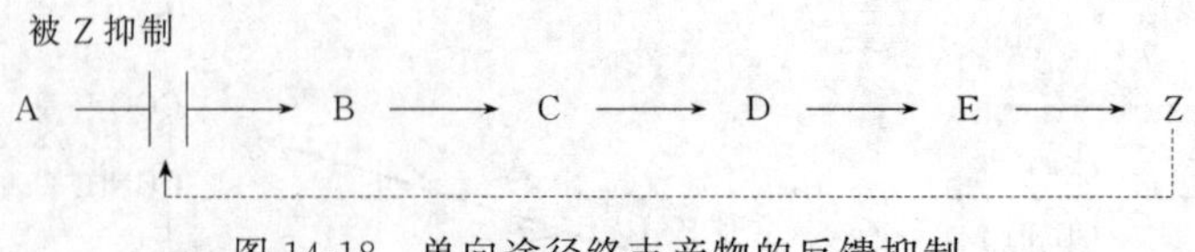

图 14-18　单向途径终末产物的反馈抑制

当产物 Z 过量时，抑制途径第一步的限速酶活性使合成停止。由苏氨酸合成异亮氨酸属这种类型。如图 14-19。

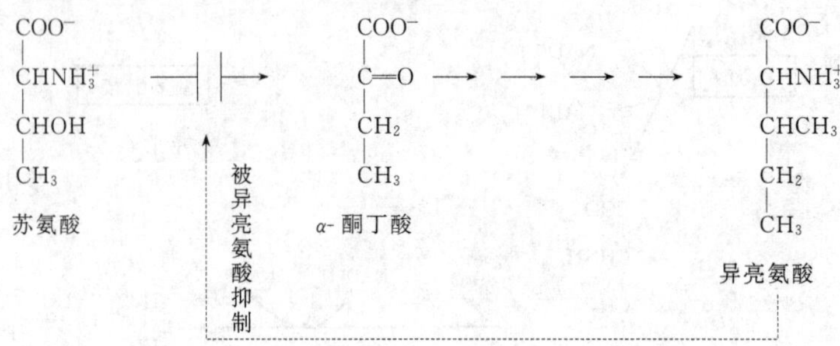

图 14-19　苏氨酸合成异亮氨酸时的反馈抑制

2. 顺序反馈抑制（图 14-20）

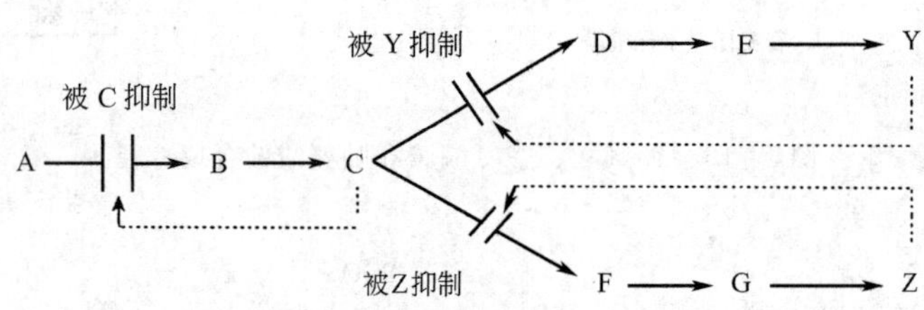

图 14-20　顺序反馈抑制

在分枝途径中，当产物 Y 过量时，抑制 C→D 的反应，当 Z 过量时，抑制 C→F 的反应，这样 C 就会积累，高水平的 C 抑制 A→B 的反应，枯草杆菌中芳香族氨基酸的生物合成属这种调节。

3. 酶的多重性抑制

这种调节方式一般出现在分枝途径，而且限速部位一般由两个以上的同工酶来催化。不同的酶对不同的产物敏感，当一种产物过量时，只选择性地抑制对其敏感的酶而不影响另一酶的活性，从而只抑制自身的合成，而不影响其他产物的形成。大肠杆菌中芳香氨基酸的合成属这种反馈调节，如图 14-21 所示。

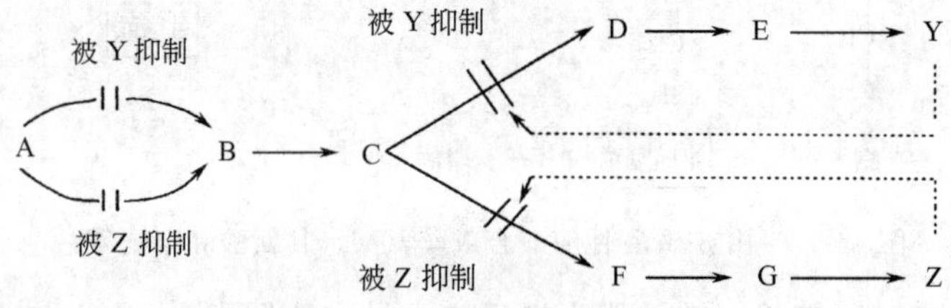

图 14-21　酶的多重性抑制

4. 协同反馈调节（图 14-22）

当 Y 过量时，抑制 C→D 的转变，当 Z 过量时，抑制 C→F 的转变，只有当 Y 和 Z 同时过量时，才共同抑制途径的第一步反应，使合成停止。

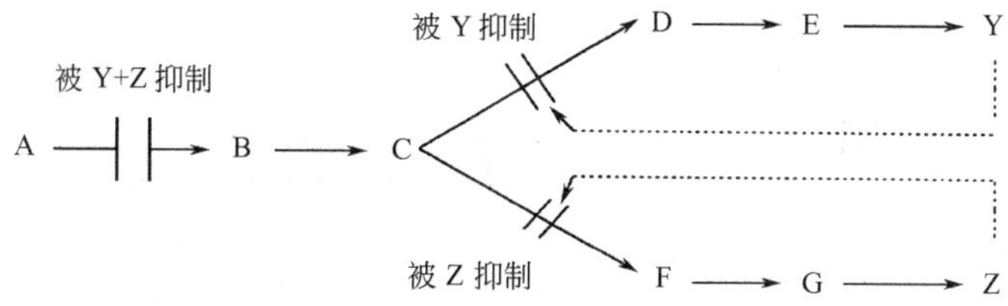

图 14-22　协同反馈调节

氨基酸生物合成的调节精细复杂，但也不是所有氨基酸的合成都受反馈调节，如 Ala、Asp 和 Glu 就是通过与其相对应的酮酸的相互转变来维持平衡。

提　要

体内过量的氨基酸可用作代谢燃料。哺乳动物氨基酸降解的主要部位是肝脏。氨基酸降解的第一步是脱去氨基，丝氨酸和苏氨酸在丝氨酸脱水酶和苏氨酸脱水酶的作用下可直接脱去氨基。许多氨基酸首先在转氨酶的作用下将 α-氨基转移到 α-酮戊二酸形成谷氨酸后，再在谷氨酸脱氢酶的作用下将氨基脱掉。这一过程被称为联合脱氨基作用。谷草转氨酶和谷丙转氨酶是两种重要的转氨酶，磷酸吡哆醛为转氨酶的辅酶，转氨酶催化可逆反应。

氨对人体是有毒的，除参加氨基酸、核苷酸和其他含氮化合物的合成外，主要在肝脏通过尿素循环途径合成尿素排出体外。排出 1mol 尿素等于从体内清除掉 2mol 的氨和 1mol 的二氧化碳。合成 1mol 尿素需消耗 4 个高能磷酸键。延胡索酸将尿素循环和柠檬酸循环联系在一起。

氨基酸的碳架最终都要转变为丙酮酸、乙酰 CoA、乙酰乙酸和柠檬酸循环的中间体。多数氨基酸为生糖氨基酸，亮氨酸和赖氨酸为生酮氨基酸。有些氨基酸脱羧后可生成重要的生物活性物质如组胺、5-羟色胺和肾上腺素等。

人体只能合成 11 种氨基酸，这些氨基酸被称为非必需氨基酸，另外 9 种氨基酸为必需氨基酸，只能从食物中获得。非必需氨基酸的合成比较简单，主要是从柠檬酸循环的中间体或丙酮酸等转变而来。必需氨基酸的合成途径比较复杂，而且大部分途径受产物的反馈抑制调节。

四氢叶酸负责一碳单位的携带和转移，在氨基酸代谢和核苷酸代谢中起重要作用。*S*-腺苷甲硫氨酸是甲硫氨酸的活化形式，在大多数甲基化反应中，是甲基的直接供体。

此外，氨基酸还是谷胱甘肽、一氧化氮、卟啉等和多种生物活性分子合成的前体。

思 考 题

1. 什么是联合脱氨基作用？
2. 为什么转氨基作用常以 α-酮戊二酸为氨基受体？
3. 多种物质甲基化时，甲基的直接供体是什么？
4. 氨基酸分解后产生的氨是如何排出体外的？
5. 合成 1mol 尿素消耗多少高能磷酸键？
6. 氨基酸的碳架是如何进行氧化的？
7. 什么是必需氨基酸和非必需氨基酸？
8. 人体合成非必需氨基酸时，是以 CO_2 和 NH_3 为前体从头进行合成的吗？
9. 在氨基酸生物合成途径中有哪几种类型反馈抑制调节？

第十五章　核苷酸代谢

核苷酸不仅是核酸的基本组成成分，而且是一类极为重要的物质，几乎参与体内所有的生化反应。如参与辅酶 NAD、NADP、FAD、FMN 和 CoA 等的合成；某些核苷酸衍生物是许多物质生物合成的中间供体，如尿苷二磷酸葡萄糖（UDPG）是糖原合成中糖基的供体；S-腺苷甲硫氨酸（SAM）是体内多数甲基化反应所需甲基的供体；ATP 是能量代谢中通用的高能化合物；3′5′-环式腺苷酸（cAMP）和 cGMP 是细胞的第二信使物质，参与代谢的调节；一些核苷酸类似物是重要的药物，在治疗癌症、病毒感染、自身免疫的疾病以及遗传性疾病（如“痛风症”）方面都有其独特的作用。基于核苷酸的重要性，核苷酸的代谢研究受到人们的普遍重视。但生物并不一定需要从外界摄取核酸及核酸类物质。因为核酸与核苷酸和其他代谢物一样，在体内处于不断地合成与分解的矛盾斗争之中。

第一节　核酸和核苷酸的分解代谢

生物体内的核酸，多以核蛋白形式存在。核蛋白在酸性条件下将分解为核酸和蛋白质。核酸受核酸酶的作用将水解为其组成成分核苷酸。核苷酸被吸收后，可经不同的途径代谢；核苷酸在核苷酸核苷酶的作用下可被水解为核糖-5′-磷酸和碱基，如大肠杆菌中存在的腺苷酸核苷酶可使腺嘌呤核苷酸水解为腺嘌呤和核糖-5′-磷酸；同时，核苷酸酶也可使核苷酸水解为核苷和磷酸。核苷酸酶的种类很多，分别催化不同核苷酸的降解。

$$\text{腺嘌呤核苷酸}\xrightarrow{\text{腺苷酸核苷酶}}\text{腺嘌呤}+\text{核糖-5}'\text{-磷酸}$$

生物界广泛存在着水解核苷的酶，可使核苷水解为碱基和核糖；核糖可进入磷酸戊糖途径进一步代谢。因此，核酸和核苷酸的分解代谢，实为碱基的分解代谢。

一、嘌呤碱的分解代谢

不同种类的生物分解嘌呤的能力不同，因此嘌呤分解代谢的产物亦各不相同。如图 15-1所示：在 5′-核苷酸酶的作用下，腺嘌呤核苷酸被水解失去磷酸基团转变为腺嘌呤核苷（腺苷），而鸟嘌呤核苷酸转变为鸟嘌呤核苷（鸟苷）；腺嘌呤核苷进而被腺苷脱氨酶催化转变为肌苷（inosine，次黄嘌呤核苷）。在核苷酶（nucleosidase）作用下，鸟嘌呤核苷和次黄嘌呤核苷失去分子中的核糖部分分别转变为鸟嘌呤和次黄嘌呤；次黄嘌呤在黄嘌呤氧化酶作用下转变为黄嘌呤；在肝、肾等组织中存在的鸟嘌呤脱氨酶可催化鸟嘌呤脱去氨基转变为黄嘌呤，后者进一步氧化而转变为尿酸。

因灵长类、鸟类和某些其他的排尿酸动物体内缺乏尿酸酶（尿酸氧化酶，urate oxidase），不能将尿酸进一步氧化。故尿酸是灵长类（primates）、鸟类、爬行动物（reptiles）和昆虫等体内嘌呤代谢的最终产物。一个健康的成年人每天排出约 0.6 克尿酸；人类及灵长类以外的哺乳类动物及许多其他的脊椎动物体内存在尿酸氧化酶，可将尿酸氧化为尿囊素（allantoin），故尿囊素是其体内嘌呤代谢的最终产物。某些硬骨鱼类（bony fishes）体内存在尿囊素酶（allantoinase），可将尿囊素进一步氧化为尿囊酸（allantoate）；多数软骨鱼类（cartilaginous fishes）、两栖类（amphibians）体内存在尿囊酸酶（allantoicase），可将尿囊酸氧化为尿素（urea）和乙醛酸（glyoxylate）；而氨是甲壳类、海洋无脊椎动物（marine invertebrates）等体内嘌呤代谢的最终产物，因这些动物体内存在脲酶，可将尿素分解为氨和二氧化碳。

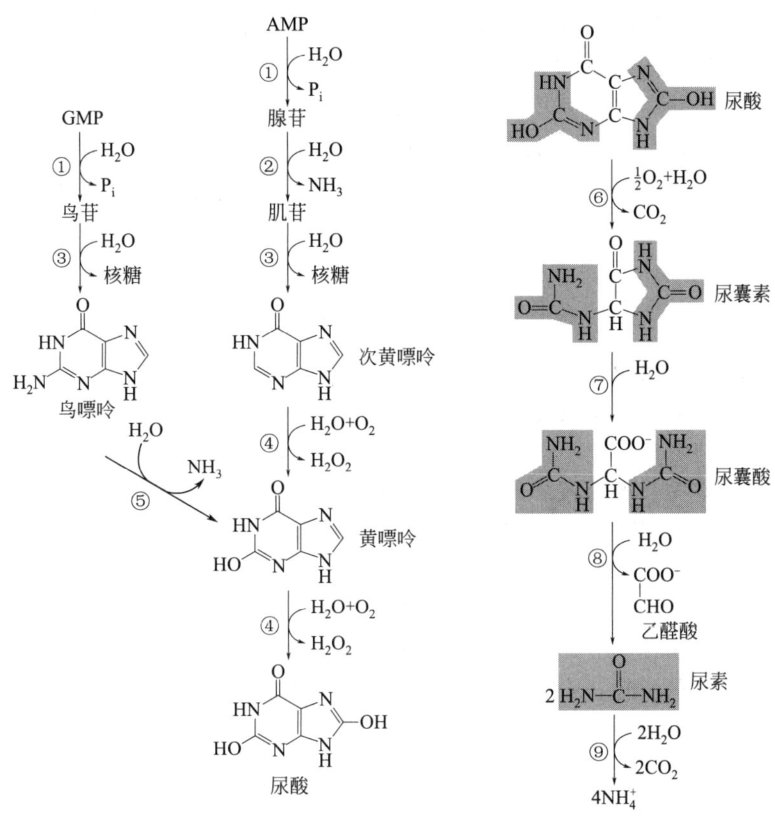

图 15-1 嘌呤核苷酸的分解代谢

①5′-核苷酸酶；②腺苷酸脱氨酶；③核苷酶；④黄嘌呤氧化酶；⑤鸟嘌呤脱氨酶；⑥尿酸氧化酶；⑦尿囊素酶；⑧尿囊酸酶；⑨脲酶

植物、微生物体内嘌呤代谢的途径与动物相似。尿囊素酶、尿囊酸酶、脲酶在植物体内广泛存在；所以嘌呤代谢的中间产物在大多数植物中广泛存在。微生物一般能将嘌呤类物质分解为氨，二氧化碳及有机酸类，如甲酸、乙酸、乳酸等。

尿酸是人体内嘌呤类化合物分解代谢的最终产物。正常情况下，体内嘌呤合成和分解代谢的速度呈动态平衡，血中尿酸的水平为每 100ml 血液中含 2～6mg；随尿排除的尿酸量是恒定的。

“痛风”（gout）一词来源于拉丁语“gutta”，意指该病是由于一种毒物一点一滴地进入关节造成的。“痛风症”与嘌呤代谢发生障碍有关，其基本的生化特征为高尿酸血症（hyperuricemia）。当 100ml 血液中尿酸水平超过 8mg 时，由于尿酸的溶解度很低，尿酸以钠盐或钾盐的形式沉积于软组织、软骨及关节等处，形成尿酸结石及关节炎（尿酸盐结晶沉积于关节腔内引起的关节炎为痛风性关节炎）；尿酸盐也可沉积于肾脏成为肾结石。引起血尿酸水平升高的原因很多，常见于某些疾病时，体内嘌呤类物质大量分解。导致血液中的尿酸水平升高；如白血病、恶性肿瘤、红细胞增多症等。肾脏本身的疾患或高血压性心、肾疾病而引起肾功能减退，均使尿酸排出受阻，也可导致血尿酸水平升高。6-磷酸葡萄糖酶缺乏的病人，糖异生作用受阻，导致低血糖；引起酮体和乳酸生成增多，这些酸性物质抑制肾小管分泌尿酸盐；导致高尿酸血症和痛风症。长期摄入富含核酸的食物，如甜面包、肝、酵母、沙丁鱼等均可使血尿酸水平升高。

治疗“痛风症”的药物别嘌呤醇（allopurinol）是次黄嘌呤的类似物，可与次黄嘌呤竞争与黄嘌呤氧化酶的结合；别嘌呤醇氧化的产物是别黄嘌呤（oxypurinol，alloxanthine），后者的结构又与黄嘌呤相似，可牢固地与黄嘌呤氧化酶的活性中心结合，从而抑制该酶的活性，使次黄嘌呤转变为尿酸的量减少，使尿酸结石不能形成，以达到治疗之目的；次黄嘌呤、黄嘌呤、别嘌呤醇和别黄嘌呤的结构如图 15-2 所示。

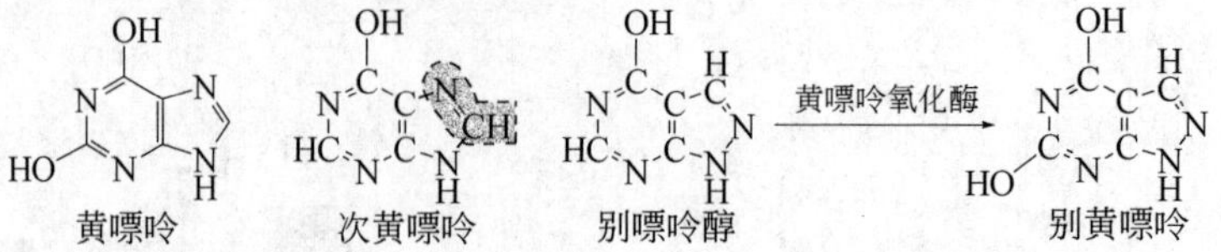

黄嘌呤　次黄嘌呤　别嘌呤醇　黄嘌呤氧化酶　别黄嘌呤

图 15-2　别嘌呤醇、别黄嘌呤、次黄嘌呤和黄嘌呤的结构

二、嘧啶碱的分解代谢

嘧啶碱的分解代谢过程比较复杂，包括脱氨基作用、氧化、还原、水解和脱羧基作用等（图 15-3）。

在哺乳类动物体内，嘧啶碱的分解主要是在肝脏中进行的。胞嘧啶在胞嘧啶脱氨酶的作用下脱去氨基转变为尿嘧啶；尿嘧啶还原为二氢尿嘧啶后，在二氢尿嘧啶酶的作用下转变为 *β*-脲基丙酸；后者在脲基丙酸酶的催化下脱羧、脱氨转变为 *β*-丙氨酸；胸腺嘧啶经还原、水解等反应转变为 *β*-氨基异丁酸；*β*-氨基异丁酸可与 *α*-酮戊二酸反应生成甲基丙二酸单酰半醛（methylmalonylsemialdehyde），后者进一步降解为琥珀酰 CoA（succinyl-CoA）进入三羧酸循环进一步代谢。*β*-丙氨酸亦可参与泛酸及辅酶 A 的合成，也可脱去氨基转变为相应的酮酸入三羧酸循环进一步代谢。

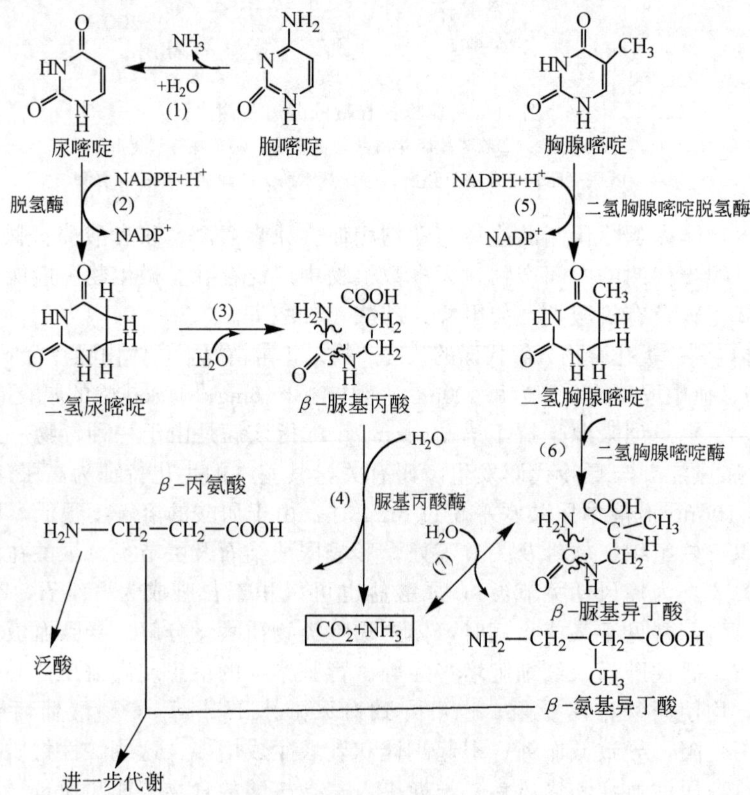

图 15-3　嘧啶碱的分解代谢

（1）胞嘧啶脱氨酶；（2）二氢尿嘧啶脱氢酶；（3）二氢尿嘧啶酶；（4）脲基丙酸酶；（5）二氢胸腺嘧啶脱氢酶；（6）二氢胸腺嘧啶酶；（7）脲基异丁酸酶

第二节 核苷酸的合成代谢

体内的核苷酸，可以氨基酸和某些小分子物质如 CO_2 和 NH_3 为原料，经一系列酶促反应从头合成（全程合成，de novo synthesis），也可利用细胞中自由存在的碱基和核苷合成核苷酸，一般称为补救合成途径（salvage pathways）或重新利用途径。从头合成途径是体内核苷酸合成的主要途径，但在不同的组织中，两条途径的重要性不同。

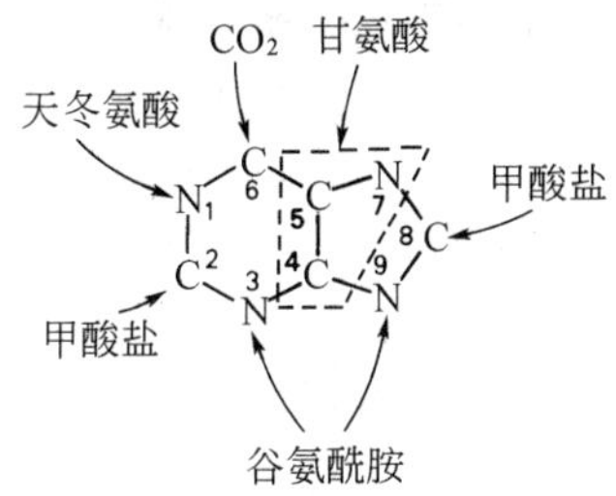

图 15-4 嘌呤环中各原子的来源

一、嘌呤核苷酸的生物合成

1. 嘌呤碱的合成

除某些细菌外，几乎所有的生物体都能合成嘌呤碱。John Buchanan 使用同位素示踪实验证明：嘌呤环中的第一位氮（N-1）来自天冬氨酸的 α-氨基氮，第二位碳原子（C-2）和第八位碳原子（C-8）来自一碳单位甲酸盐，第六位碳原子（C-6）来自二氧化碳；第 3 位氮（N-3）和第 9 位氮（N-9）来自谷氨酰胺的酰氨基；C-4、C-5 和 N-7 来自甘氨酸（图 15-4）。

2. 嘌呤核苷酸的合成

（1）补救合成途径利用体内自由存在的嘌呤碱或嘌呤核苷合成嘌呤核苷酸　如腺嘌呤磷酸核糖转移酶可催化 5′-磷酸核糖-1′-焦磷酸（PRPP）分子中的磷酸核糖部分转移到腺嘌呤上形成腺嘌呤核苷酸。而次黄嘌呤、鸟嘌呤在相应的磷酸核糖转移酶催化下，可转变为次黄嘌呤核苷酸和鸟嘌呤核苷酸［图 15-5(b)］。

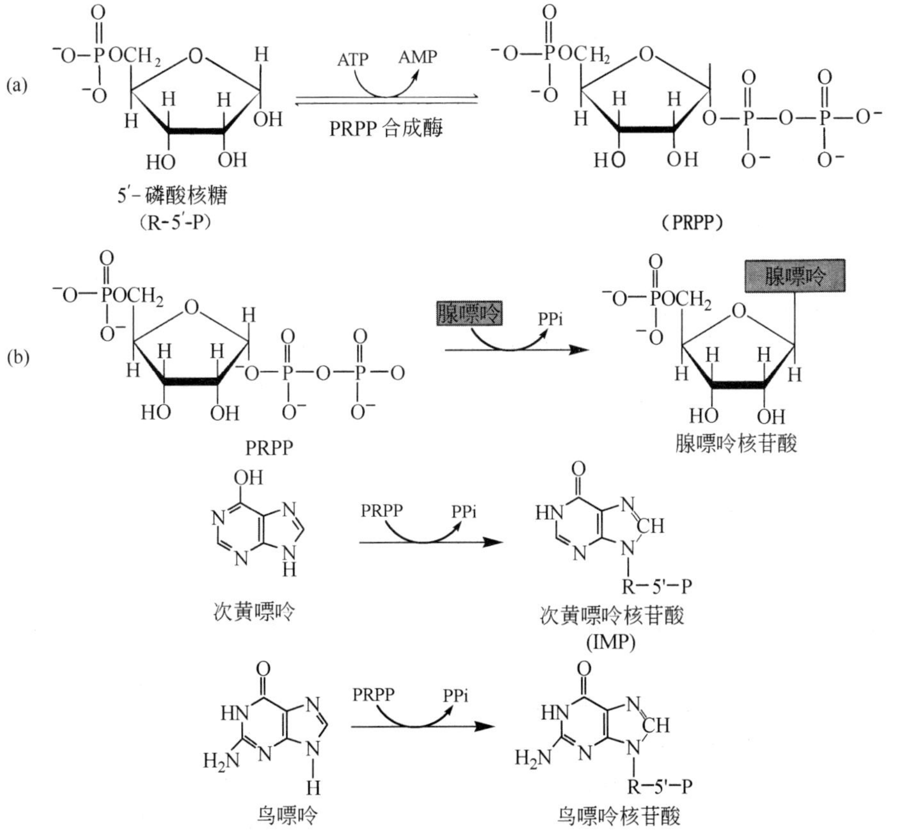

(a) 5′-磷酸核糖 (R-5′-P) —ATP, AMP; PRPP 合成酶→ (PRPP)

(b) PRPP —腺嘌呤, PPi→ 腺嘌呤核苷酸

次黄嘌呤 —PRPP, PPi→ 次黄嘌呤核苷酸 (IMP)

鸟嘌呤 —PRPP, PPi→ 鸟嘌呤核苷酸

图 15-5 嘌呤核苷酸的补救合成途径

嘌呤磷酸核糖转移酶在人类嘌呤核苷酸的合成代谢中起重要作用，大脑中次黄嘌呤核苷酸和鸟嘌呤核苷酸的合成可能主要依赖于这种补救途径。自毁容貌症（self mutilation symptom）又称为 Lesch-Nyhan 综合征，患者脑中缺乏次黄嘌呤-鸟嘌呤磷酸核糖转移酶（Hypoxanthine-guanine phosphoribosyltransferase），使嘌呤核苷酸补救合成途径受阻，导致中枢神经系统功能失常，而自我毁伤。

（2）从头合成途径　嘌呤核苷酸的从头合成途径可分为三个阶段。

① 5′-氨基咪唑核苷酸的形成　以 5′-磷酸核糖为原料，在磷酸核糖焦磷酸激酶（亦称为 PRPP 合成酶）的作用下，从 ATP 转移一个焦磷酸到 5′-磷酸核糖的第一位碳原子上。而产生 5′-磷酸核糖-1′-焦磷酸［5-phosphoribosyl-1-pyrophosphate（PRPP）］［图 15-5(a)］。PRPP 在酰胺磷酸核糖转移酶（amido - phosphoribosyl transferase）即谷氨酰胺-PRPP 酰胺转移酶（Glutamine - PRPP amidotransferase）作用下，从谷氨酰胺接受一个酰胺基而转变为核糖胺-5′-磷酸（5-phospho-β-D-ribosylamine）［图 15-6(a)］；后者极不稳定，在 pH7.5，半衰期仅为 30s。核糖胺-5′-磷酸产生后与甘氨酸缩合形成甘氨酰胺核苷酸（Glycinamide ribonucleotide，GAR），反应由 GAR 合成酶催化，同时消耗一分子 ATP；随后，GAR 分子中甘氨酸的氨基被甲酰化，催化这一反应的酶是甘氨酰胺核苷酸转甲酰基酶（GAR transformylase），甲酰基的供体是 N^{10}-甲酰四氢叶酸；产生的甲酰甘氨酰胺核苷酸（FGAR）分子中的酰胺基接受谷氨酰胺侧链提供的氨基而转变为脒基，产生甲酰甘氨脒核苷酸（formylglycinamidine ribonucleotide，FGAM），此反应由甲酰甘氨酰胺核苷酸酰胺转移酶（FGAR amidotransferase）催化，反应所需的能量来自 ATP；FGAM 经脱水环化而产生 5-氨基咪唑核苷酸（5-aminoinoimidazole ribonucleotide，AIR），此反应由 FGAM 环化酶（也称为 AIR 合成酶）催化。

② 从 5-氨基咪唑核苷酸形成次黄嘌呤核苷酸（IMP）　首先，5-氨基咪唑核苷酸羧化形成 N^5-羧化氨基咪唑核苷酸（N^5 - carboxyaminoimidazole ribonucleotide，N^5-CAIR），此步反应由 N^5-CAIR 合成酶催化。这步反应不需要生物素，但需要碳酸氢盐。N^5-CAIR 在 N^5-CAIR 变位酶作用下将环外氨基上的羧基（—COO^-）转移到咪唑环的 4 位生成 4′ - 羧基-5′-氨基咪唑核苷酸（carboxyaminoimidazole ribonucleotide，CAIR）。这两步反应仅发生在细菌和真菌中。在较高等的真核生物，5-氨基咪唑核苷酸的羧化反应是由氨基咪唑核苷酸羧化酶催化的，产物为 4′ - 羧基-5′-氨基咪唑核苷酸。接着，生成的 CAIR 与天冬氨酸缩合，形成 *N*-琥珀酰-5′-氨基咪唑-4′-羧酰胺核苷酸（*N*-succinyl-5-aminoimidazole-4-carboxamide ribonucleotide，SAICAR），反应由 SAICAR 合成酶催化；产生的 SAICAR 在 SAICAR 裂解酶作用下失去延胡索酸形成了 5′-氨基咪唑-4′-羧酰胺核苷酸（5-aminoimidazole-4-carboxamide ribonucleotide，AICAR）；在氨基咪唑羧酰胺核苷酸转甲酰基酶（AICAR transformylase）催化下，AICAR 接受 N^{10}-甲酰四氢叶酸提供的甲酰基，使咪唑环第五位的氨基甲酰化，再经脱水环化即生成次黄嘌呤核苷酸（inosinate，IMP）［图 15-6(b)］。

在真核细胞，从酵母到果蝇再到鸡，催化 IMP 合成途径中的酶有些是以多功能的蛋白复合物形式出现的。如催化①、③、⑤步反应的酶构成一个多功能蛋白复合物进行催化；而⑩和⑪步反应则有另一个多功能蛋白复合物催化；在人类，一个多功能酶同时具有 AIR 羧化酶和 SAICAR 合成酶的活性。

③ 腺苷酸和鸟苷酸的生成　在腺苷酸代琥珀酸合成酶作用下，次黄嘌呤核苷酸和天冬氨酸反应生成腺苷酸代琥珀酸，后者在腺苷酸代琥珀酸裂解酶作用下分解为腺苷酸和延胡索酸。次黄嘌呤核苷酸在脱氢酶作用下可转变为黄嘌呤核苷酸（XMP），后者在 XMP-谷氨酰胺酰胺转移酶（XMP-glutamine amidotransferase）作用下，和谷氨酰胺或氨反应形成鸟嘌呤核苷酸（图 15-7）。

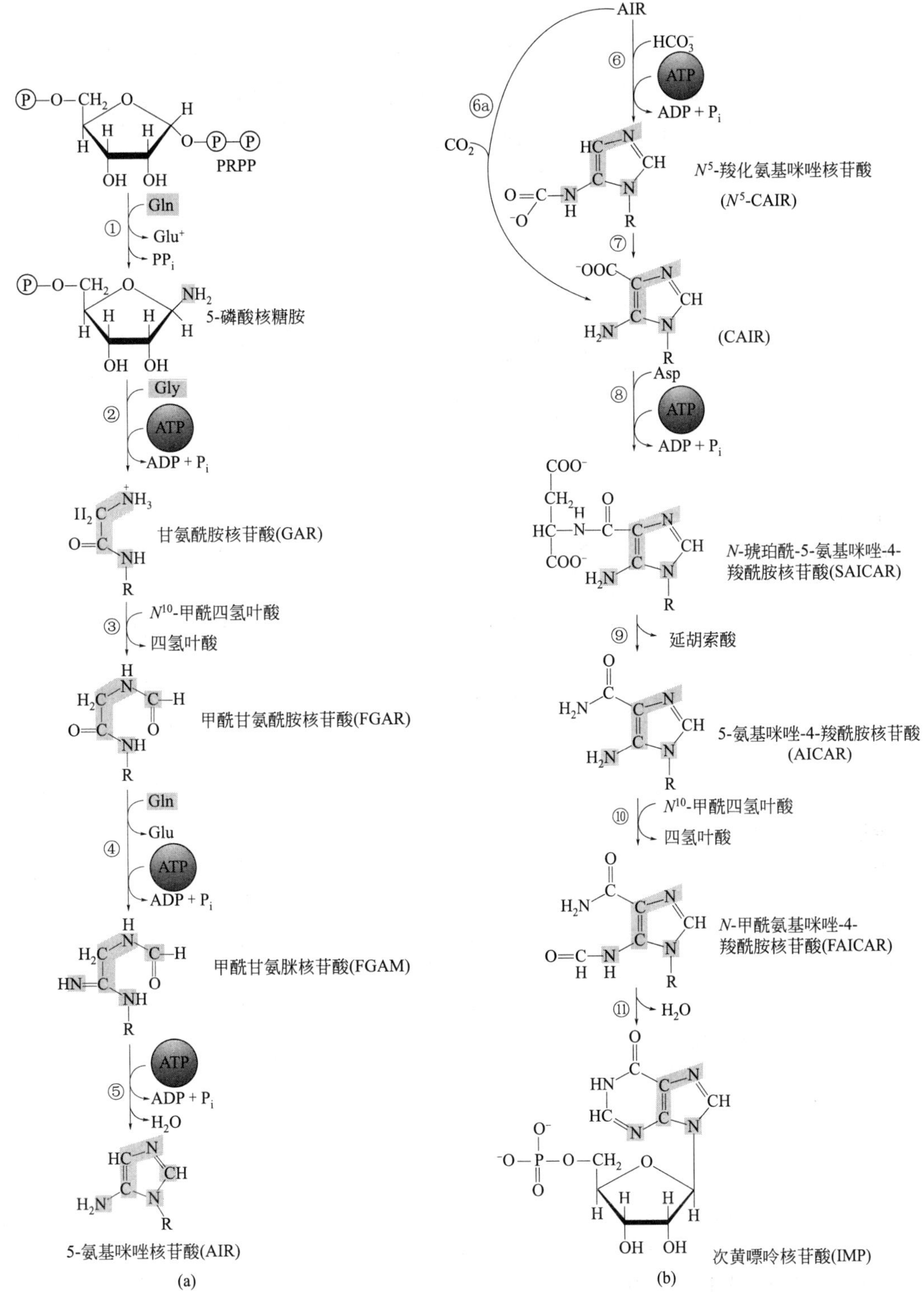

图 15-6 (a) 5′-氨基咪唑核苷酸（AIR）的合成（b）从 AIR 形成 IMP 的途径

①谷氨酰胺-PRPP 酰胺转移酶；②GAR 合成酶；③GAR 转甲酰基酶；④FGAR 酰胺转移酶；⑤FGAM 环化酶；AIR 合成酶；⑥N^5-CAIR 合成酶；6a AIR 羧化酶；⑦N^5-CAIR 变位酶；⑧SAICAR 合成酶；⑨SAICAR 裂解酶；⑩AICAR 转甲酰基酶；⑪IMP 合成酶

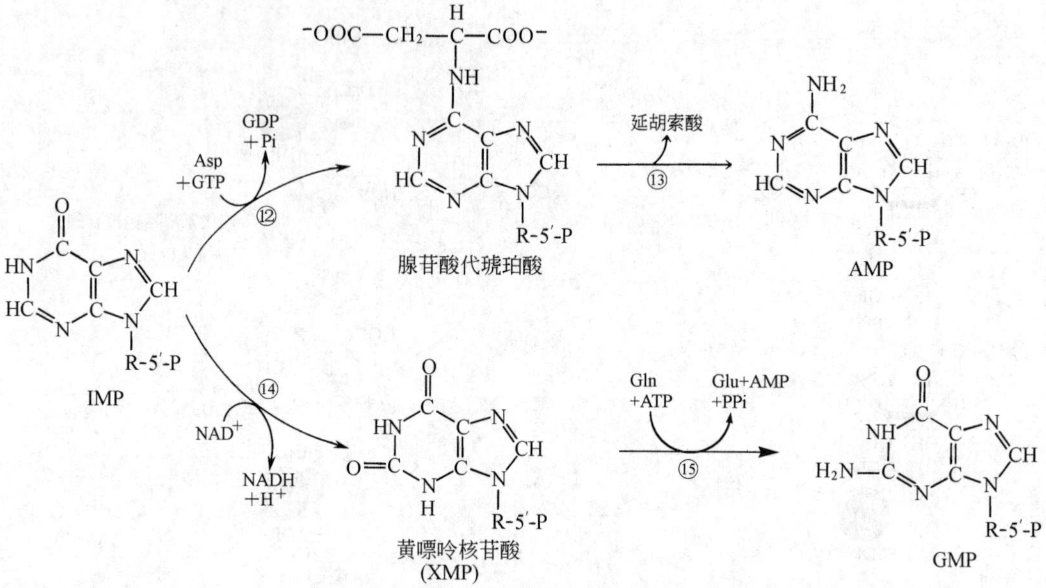

图 15-7 由 IMP 转变为 AMP 和 GMP

⑫—腺苷酸代琥珀酸合成酶；⑬—腺苷酸代琥珀酸裂解酶；⑭—脱氢酶；⑮—XMP-Gln 酰胺转移酶

3. 嘌呤核苷酸合成代谢的调节

嘌呤核苷酸生物合成的速度受合成途径的产物 IMP、AMP 和 GMP 反馈抑制的调节如图 15-8 所示。

（1）磷酸核糖焦磷酸激酶催化 5′-磷酸核糖-1′-焦磷酸的合成　这是嘌呤核苷酸生物合成途径中的一个关键酶。当细胞中 ADP 和 GDP 水平高时，抑制它的活性，使 PRPP 合成的速度下降。

（2）由酰胺磷酸核糖转移酶催化的反应　也是嘌呤核苷酸合成过程中的关键反应。其活性受该途径中的最终产物腺苷酸和鸟苷酸及 IMP 的反馈抑制。且腺苷酸和鸟苷酸的作用是协同的。无论是 AMP 或 GMP 的过量积累都会使由 PRPP 开始的这步合成反应被抑制。

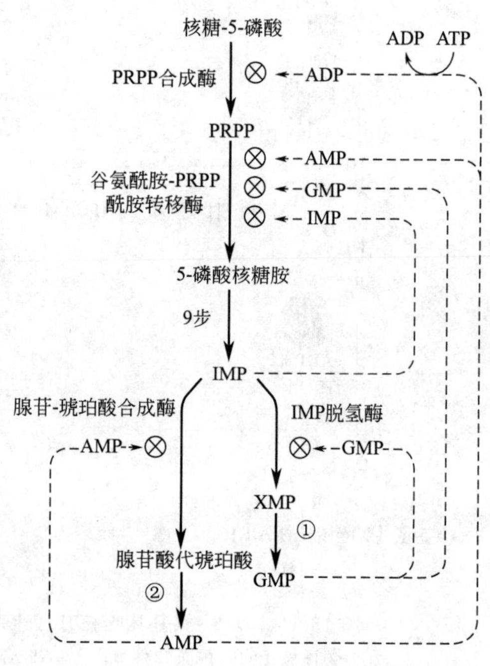

图 15-8　*E. coli* 细胞中嘌呤核苷酸生物合成的调节

①XMP-谷氨酰胺酰胺转移酶；②腺苷酸代琥珀酸裂解酶

（3）次黄嘌呤核苷酸是 AMP 和 GMP 生物合成途径中共同的前体物质。细胞内 AMP 过量时反馈抑制腺苷酸代琥珀酸合成酶的活性，使腺苷酸代琥珀酸的合成受阻，但不影响 GMP 的生物合成。相反，当细胞内 GMP 过量时将抑制 IMP 脱氢酶的活性，使黄嘌呤核苷酸（xanthylate，XMP）合成受阻，但不影响 AMP 的合成。

（4）GTP 是由 IMP 形成腺苷酸代琥珀酸，进而形成 AMP 过程中的底物之一　过量的 GTP 可促进 AMP 的合成；而 ATP 是由黄嘌呤核苷酸转变为 GMP 反应的底物之一，当 ATP 水平高时，可加速 GMP 的生成。这种交互底物（reciprocal substrate）的存在，有助于维持

AMP 和 GMP 合成的相互平衡。

嘌呤核苷酸合成途径除了受到途径中的产物反馈调节外，还受到一些嘌呤类似物、氨基酸类似物和叶酸类似物的影响。如 6-巯基嘌呤等，与次黄嘌呤的结构相似，可抑制从次黄嘌呤核苷酸向腺苷酸和鸟苷酸的转变；同时，6-巯基嘌呤也是次黄嘌呤和鸟嘌呤磷酸核糖转移酶的竞争性抑制剂，使 PRPP 分子中的磷酸核糖不能转移给次黄嘌呤和鸟嘌呤，影响了次黄嘌呤核苷酸和鸟苷酸的合成，当然也就抑制了核酸的合成；故 6-巯基嘌呤可用作抗癌药物，其结构如下：

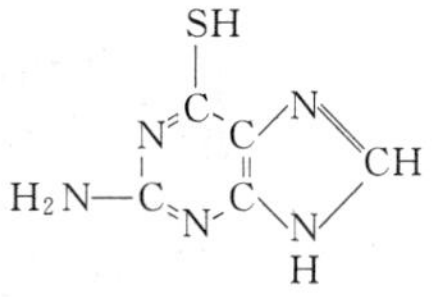

6-巯基鸟嘌呤（6-TG） 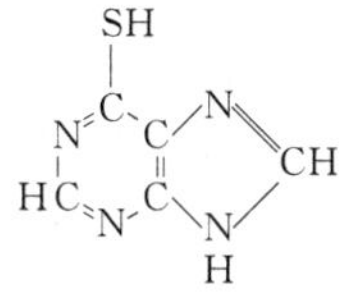　　6-巯基嘌呤（6-MP）

二、嘧啶核苷酸的生物合成

1. 嘧啶碱的合成

根据同位素标记实验的结果，证明嘧啶环中的第二位碳原子（C-2）来自 CO_2，第三位氮原子（N-3）来自氨，而其他部分均来自天冬氨酸。

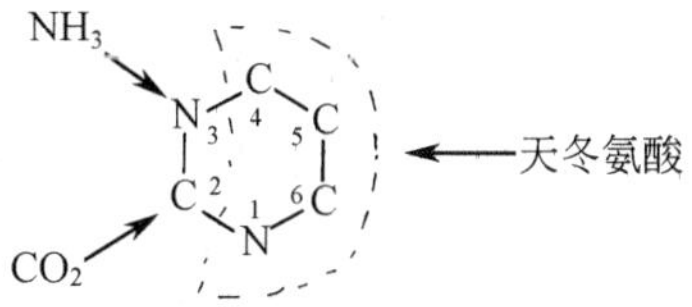

2. 嘧啶核苷酸的合成

（1）利用体内自由存在的嘧啶碱和 PRPP 合成嘧啶核苷酸　由嘧啶磷酸核糖转移酶催化。

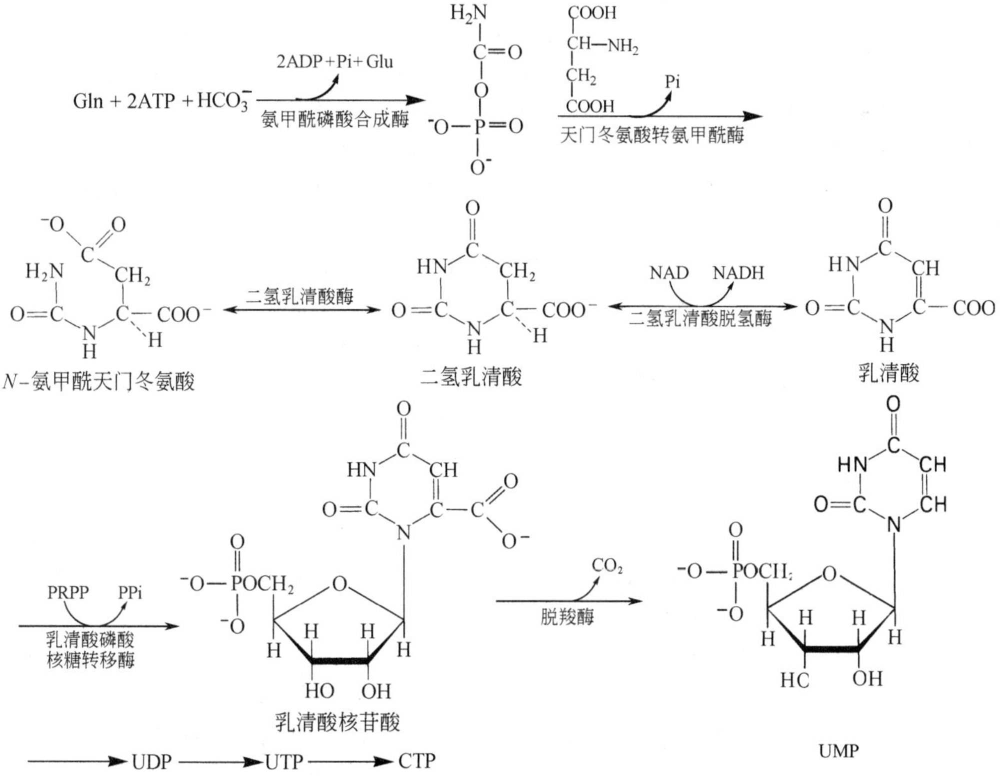

图 15-9　嘧啶核苷酸的合成代谢

(2) 从头合成途径　首先，由氨甲酰磷酸合成酶Ⅱ（carbamoyl phosphate synthetase Ⅱ）催化谷氨酰胺和二氧化碳缩合形成氨甲酰磷酸（图 15-9），该酶存在于胞液中。细菌氨甲酰磷酸合成酶分子中有三个活性部位，在酶的中间位置形成一大约 100 Å 长的通道(channeling)(图 15-10)，在氨甲酰磷酸形成过程中，谷氨酰胺的酰胺 N 以 NH_4^+ 形式首先与酶的小亚基结合进入通道，经活性部位①移动到第 2 个活性部位，在这里由 ATP 帮助它与碳酸氢盐结合。形成的氨基甲酸（carbamate）沿通道到达第三个活性部位，在这里被磷酸化最终形成氨甲酰磷酸。

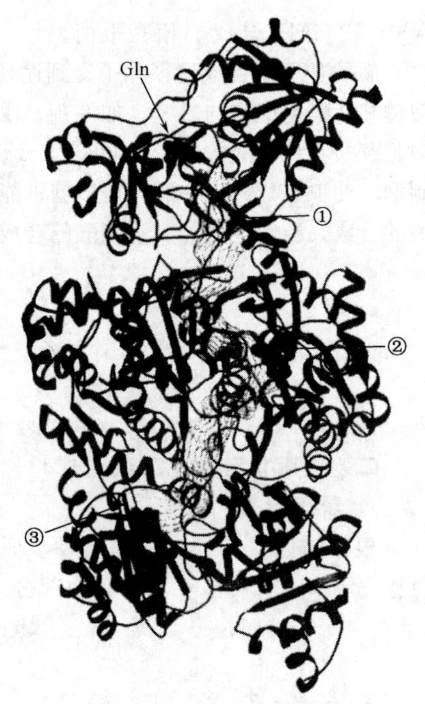

图 15-10　细菌氨甲酰磷酸合成酶分子中的通道

氨甲酰磷酸和天冬氨酸缩合形成 *N*-氨甲酰天冬氨酸(*N*-carbamoylaspartate) 的反应是嘧啶核苷酸生物合成途径中的关键反应，由天冬氨酸转氨甲酰基酶（ATCase）催化；它是一个调节酶。在二氢乳清酸酶（dihydroorotase）作用下，氨甲酰天冬氨酸失去一分子水环化形成 L-二氢乳清酸（L-dihydroorotate)；后者脱氢转变为乳清酸(orotate)。在乳清酸磷酸核糖转移酶作用下，乳清酸从 PRPP 接受磷酸核糖基而转变为乳清酸核苷酸（orotidylate，OMP)；乳清酸核苷酸脱去羧基形成尿嘧啶核苷酸(UMP)。尿嘧啶核苷酸在尿嘧啶核苷酸激酶作用下，可转变为尿嘧啶核苷三磷酸（UTP)。在胞嘧啶核苷酸合成酶（cytidylate synthetase）作用下，UTP 接受谷氨酰胺的侧链氨基转变为 CTP；虽然在许多物种内，胞嘧啶核苷酸合成酶可以直接利用 NH_4^+，但一般来说 N 的供体是谷氨酰胺。

在 *E. coli* 中，合成尿嘧啶核苷酸所需的六个酶似乎是各自独立存在的。相反，在真核细胞中，其中的五个酶构成两个复合物；氨甲酰磷酸合成酶Ⅱ、天冬氨酸转氨甲酰基酶和二氢乳清酸酶构成了一个多功能的酶，根据它们的英文名称的字首缩写，一般称为 CAD。它含有三条相同的肽链，每条肽链的相对分子质量为 230000。每条肽链上有一个活性部位，分别负责对上述三个酶促反应的催化。乳清酸-磷酸核糖转移酶和乳清酸核苷酸脱羧酶以另一复合物形式存在；多功能酶也调节着脊椎动物体内嘌呤核苷酸的合成。

嘧啶核苷酸的生物合成也受反馈抑制调节。在哺乳类动物细胞中，产物 UMP 可反馈抑制氨甲酰磷酸合成酶；CTP 能与天冬氨酸转氨甲酰酶的别构部位结合，使酶的构象发生改变，从而降低酶的催化活性；控制着体内嘧啶核苷酸合成的速度，以适应机体的需要。

乳清酸尿症是一种遗传性疾病，这是由于患者体内缺乏乳清酸磷酸核糖转移酶和乳清酸核苷酸脱羧酶，使乳清酸不能进一步代谢而造成乳清酸在体内堆积所致。

(3) 胸腺嘧啶核苷酸的合成　DNA 分子中含胸腺嘧啶核苷酸（TMP)，TMP 是 DNA 合成的原料。在胸腺嘧啶核苷酸合成酶的作用下，脱氧尿苷酸第五位碳原子（C-5）甲基化转变为胸腺嘧啶核苷酸；反应所需的甲基供体是 N^5,N^{10}-亚甲基四氢叶酸。为保持细胞中四氢叶酸的水平，二氢叶酸还原酶可使二氢叶酸还原为四氢叶酸（图 15-11)。在丝氨酸羟甲基转移酶（serine hydroxymethyl transferase）作用下，四氢叶酸与丝氨酸反应，使 N^5,N^{10}-亚甲基四氢叶酸（N^5,N^{10}-methylene-tetrahydrofolate）重新生成用于反应的不断进行。若体内缺乏叶酸；直接影响胸腺嘧啶核苷酸的合成；导致尿嘧啶核苷酸水平升高，使其掺入 DNA 的量增加。尽管在 DNA 的损伤修复过程中可以识别出一些不正常掺入的尿嘧啶核苷酸并把它修复掉，但 DNA 分子中高水平尿嘧啶核苷酸的存在将引起链的断裂，极大地影响核 DNA 的功能和调节作用，最终

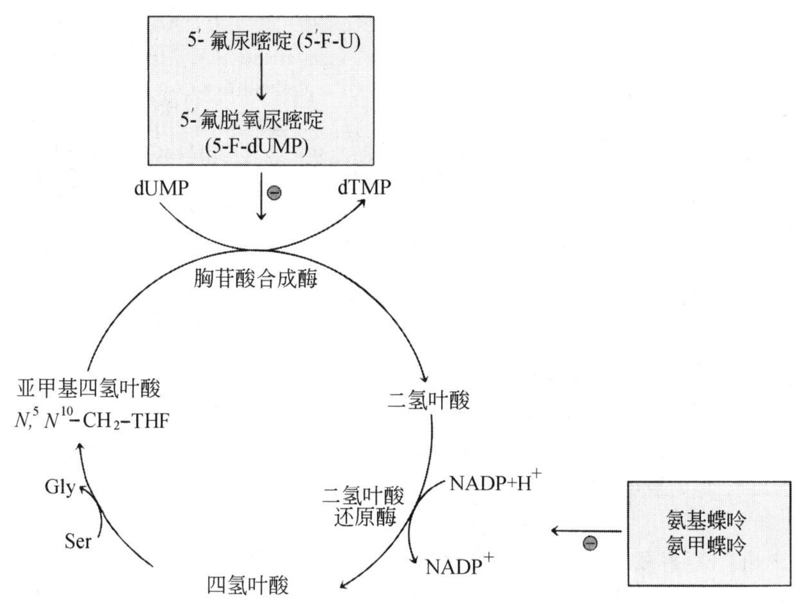

图 15-11　5′-氟尿嘧啶和氨基蝶呤等对胸苷酸合成的影响

导致心肌和脑组织受损，并诱发突变导致癌症。这就是为什么叶酸缺乏易引发心脏病、癌症和某些类型的脑机能障碍的原因。

根据酶的抑制作用原理，在癌症的化学治疗中，往往选用一些抗代谢物抑制胸苷酸合成酶或二氢叶酸还原酶的活性，使胸苷酸不能合成。如氨基蝶呤（亦称氨基叶酸，aminopterin）和氨甲蝶呤（methotrexate，amethopterin）是叶酸类似物［图 15-12(a)］，都是二氢叶酸还原酶的竞争性抑制剂，使叶酸不能转变为二氢叶酸和四氢叶酸；因此，影响了嘌呤核苷酸和嘧啶核苷酸合成所需要的一碳单位的转移，使核苷酸合成的速度降低甚至终止，进而影响核酸的合成。叶酸类似物也是重要的抗癌药物。氨基蝶呤及其钠盐、氨甲蝶呤是治疗白血病（leukemia）的药物，也用作杀鼠剂；氨甲蝶呤也是治疗绒毛膜癌（choriocarcinoma）的重要药物。三甲氧苄氨嘧啶（trimethoprim）［图 15-12(b)］可与细菌二氢叶酸还原酶的催化部位结合，阻止复制中的细胞合成胸苷酸和其他核苷酸，是潜在的抗菌剂和抗原生动物剂（antiprotozoal）。磺胺甲异噁唑（sulfamethoxazole）专一性抑制细菌的叶酸合成，与三甲氧苄氨嘧啶结合使用，常用于治疗细菌感染性疾病。

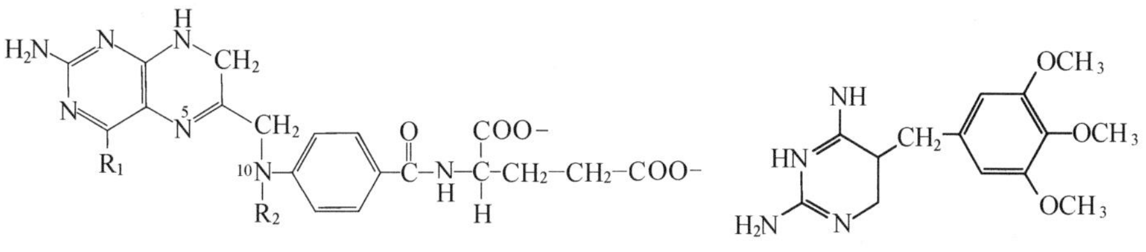

(a)　叶酸：R_1=OH，R_2=H
氨基蝶呤：R_1= NH_2，R_2=H
氨甲蝶呤：R_1= NH_2，R_2=CH_3

(b)　三甲氧苄氨嘧啶

图 15-12　(a) 氨基蝶呤和氨甲蝶呤的结构；(b) 三甲氧苄氨嘧啶的结构

5′-氟尿嘧啶和 5′-氟脱氧尿苷也是重要的抗癌药物；在体内，它们可转变为 5′-氟脱氧尿嘧啶核苷酸（F-dUMP），后者是脱氧胸腺嘧啶核苷酸的类似物，是胸腺嘧啶核苷酸合成酶的自杀性抑制剂（suicide inhibitor）。5′-氟脱氧尿嘧啶核苷酸的第六位碳原子与酶的硫氢基结合；接着，N^5,N^{10}-亚甲基四氢叶酸与 5′-氟脱氧尿嘧啶核苷酸第五位碳原子结合，形成

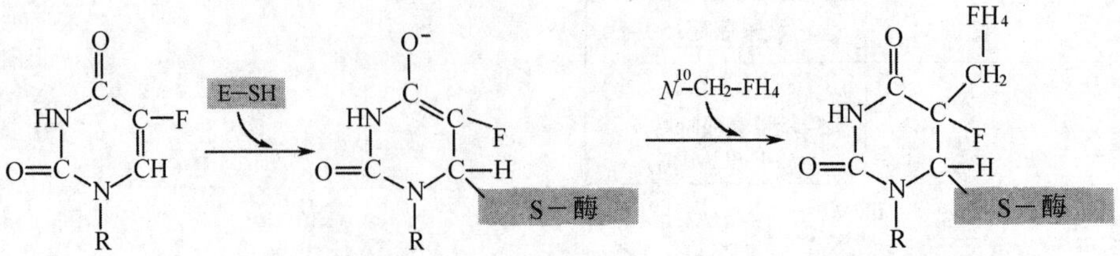

图 15-13 胸苷酸合成酶、5′-氟尿嘧啶和亚甲基四氢叶酸三元复合物

一个共价结合的三元复合物（图 15-13），使酶不能把氟除去，干扰了尿嘧啶的甲基化，因而不能合成胸腺嘧啶核苷酸；使快速分化的细胞由于缺乏胸苷酸不能合成 DNA 而死亡。

三、核苷一磷酸转变为核苷三磷酸

细胞内 DNA 和 RNA 合成的原料为核苷三磷酸。在相应的核苷酸激酶作用下，核苷酸可转变为相应的核苷二磷酸和核苷三磷酸，如腺苷酸激酶（adenylate kinase）可催化腺嘌呤核苷酸（AMP）转变为腺苷二磷酸（ADP）：

$$\text{AMP}+\text{ATP}=\!=\!=2\text{ADP}$$

产物 ADP 可经酵解酶系或氧化磷酸化途径转变为 ATP。

此外，细胞内有多种碱基特异性的核苷一磷酸激酶，可催化相应的核苷一磷酸的磷酸化。

$$\text{NMP}+\text{ATP}=\!=\!=\text{NDP}+\text{ADP}$$

在核苷二磷酸激酶作用下，核苷二磷酸可接受来自 ATP 或其他核苷三磷酸的磷酸基而转变为核苷三磷酸，且该酶无碱基专一性。

$$\text{NDP}_{\text{A}}+\text{NTP}_{\text{D}}=\!=\!=\text{NTP}_{\text{A}}+\text{NDP}_{\text{D}}$$

式中下标的 A，代表磷酸基的受体（acceptor），“D”代表磷酸基的供体（donor）。

四、脱氧核糖核苷酸的生物合成

生物体内脱氧核苷酸的合成一般通过还原反应，这种还原反应多发生在核苷二磷酸的水平上；在核糖核苷酸还原酶，也称核苷二磷酸还原酶的作用下，核糖核苷二磷酸（NDP）可转变为相应的脱氧核糖核苷二磷酸（dNDP）（图 15-14）。

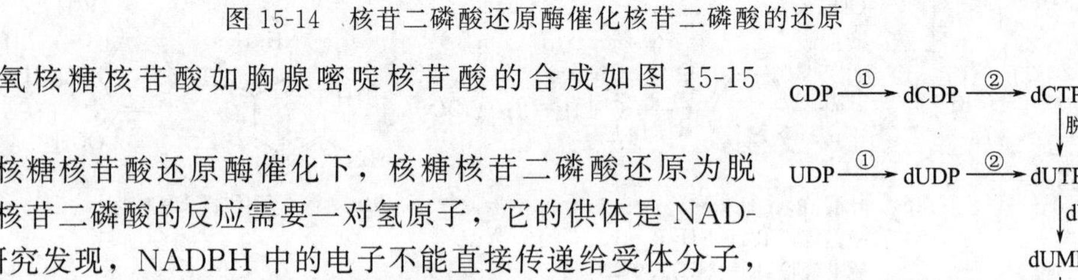

图 15-14 核苷二磷酸还原酶催化核苷二磷酸的还原

脱氧核糖核苷酸如胸腺嘧啶核苷酸的合成如图 15-15 所示：

在核糖核苷酸还原酶催化下，核糖核苷二磷酸还原为脱氧核糖核苷二磷酸的反应需要一对氢原子，它的供体是 NADPH；研究发现，NADPH 中的电子不能直接传递给受体分子，需经一些电子运载体系的帮助，核苷酸还原酶才能从 NADPH 获得电子。一种电子运载体系以硫氧还蛋白（thioredoxin, T）为载体；硫氧还蛋白的分子质量为 12000，肽链上有两个相互靠近的半胱氨酸残基；从细菌到人，所有的硫氧还蛋白分子中都有┄┄Trp—Cys—Gly—Pro—Cys┄┄顺序。在核苷酸还原酶催化的反应中，核糖核苷酸被还原为脱氧核糖核苷

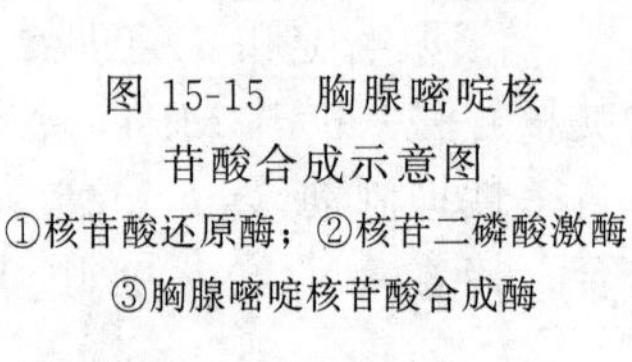

图 15-15 胸腺嘧啶核苷酸合成示意图

①核苷酸还原酶；②核苷二磷酸激酶；③胸腺嘧啶核苷酸合成酶

酸的同时，硫氧还蛋白分子上的两个硫氢基被氧化为二硫键（—S—S—）。

硫氧还蛋白还原酶（thioredoxin reductase，TR），是一个含 FAD 的黄素蛋白，可使硫氧还蛋白分子上的—S—S—还原为—SH，同时使 NADPH 氧化成为 $NADP^+$。硫氧还蛋白在核苷酸还原过程中起电子供体的作用［图 15-16(b)］。

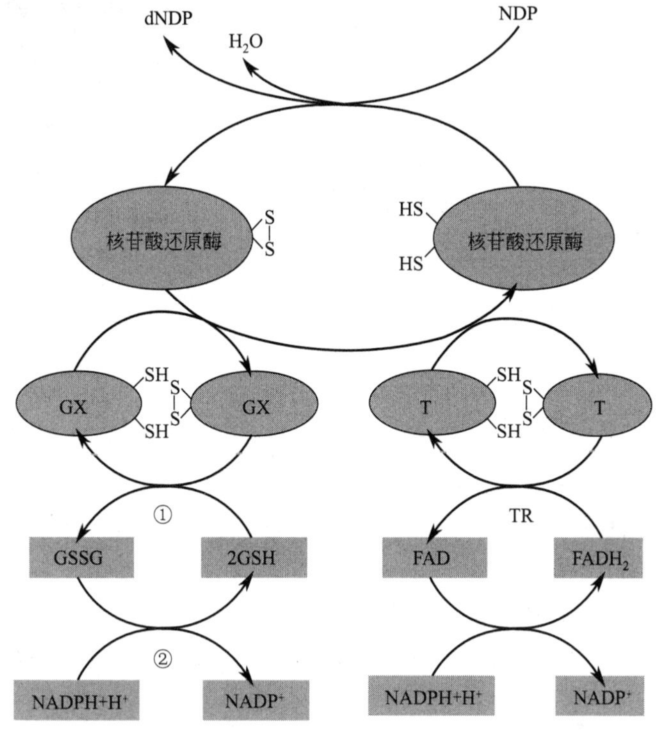

图 15-16　核苷酸还原酶催化核苷酸转变为脱氧核苷酸

①谷氧还蛋白还原酶；②谷胱甘肽还原酶

另一种电子运载体系是谷氧还蛋白（glutaredoxin，GX）。因研究发现，*E. coli* 突变株中缺乏硫氧还蛋白，但仍有脱氧核苷酸的合成，说明硫氧还蛋白不是唯一的电子运载体系。谷氧还蛋白从还原型谷胱甘肽接受电子，使谷胱甘肽（glutathione）转变为氧化型；在谷胱甘肽还原酶作用下，氧化型谷胱甘肽被 NADPH 还原又转变为还原型［图 15-16(a)］。从中可以看出，谷氧还蛋白并不直接从 NADPH 接受电子，而是从还原型谷胱甘肽接受电子，并把接受的电子转移到核苷酸还原酶。

核苷酸还原酶催化核苷酸还原的反应机制是比较复杂的。Peter Richard 对 *E. coli* 和多数真核生物核苷酸还原酶的详细研究证明，核苷酸还原酶有 R_1 和 R_2 两种亚基组成，R_1 亚基上含有两类调节部位，底物专一性部位和一级调节部位［图 15-17(a)］。两个活性部位在 R_1 亚基和 R_2 亚基之间的界面上。在每一活性部位，R_1 亚基提供两个酶催化活性所需的硫氢基（thiols，—SH），— XH 在 R_2 亚基上。R_2 亚基还提供一个稳定的酪氨酰自由基（tyrosyl radical），其功能是产生活性部位的自由基—X·［图 15-17(c)］；R_2 亚基还有一个双核铁离子（Fe^{3+}）辅因子，它协助酪氨酰自由基的产生并使其稳定。

核苷酸还原酶的活性受产物核苷三磷酸水平的调节。核苷酸还原酶 R_1 亚基上含有两种调节部位，底物专一性部位和一级调节部位［图 15-17(a)］。酶的催化活性受到一级调

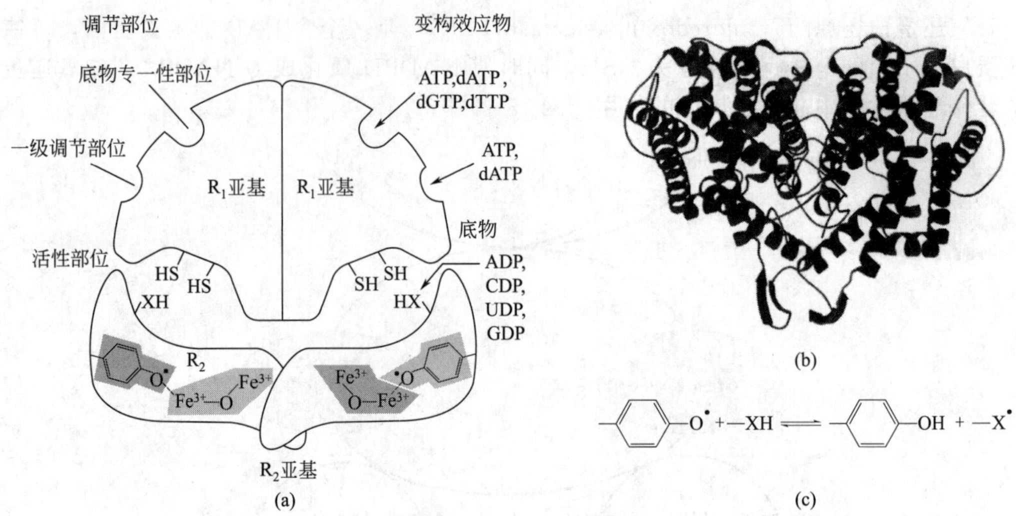

图 15-17 (a) 核苷酸还原酶的结构

(b) *E. coli* 核苷酸还原酶 R_2 亚基的构象

(c) 酪氨酰自由基的功能

节部位上结合的物质性质的影响，酶的底物专一性部位受结合于该部位上的效应物分子性质的影响（图 15-18）。ATP 与一级调节部位的结合使酶的催化活性增加，而 dATP 与一级调节部位的结合使酶活性降低。效应物分子 ATP 、dATP、dTTP 和 dGTP 是结合于底物专一性部位。它们的结合将改变底物的专一性。当 ATP 或 dATP 结合时，有利于 UDP 和 CDP 的还原；当 dTTP 或 dGTP 结合时，分别促进 GDP 或 ADP 的还原，使 DNA 合成所需的四种原料分子的水平保持平衡。ATP 也是核苷酸生物合成及还原的激活剂。少量 dATP 的存在促进嘧啶核苷酸的还原，嘧啶核苷三磷酸（dNTP）供应充足是由于 dTTP 水平高，这有利于 GDP 的还原。反过来，dGTP 水平高，有利于 ADP 的还原，dATP 水平高使酶活性下降。这是由于不同效应物的结合，诱导酶的构象改变进而影响底物结合专一性的改变。

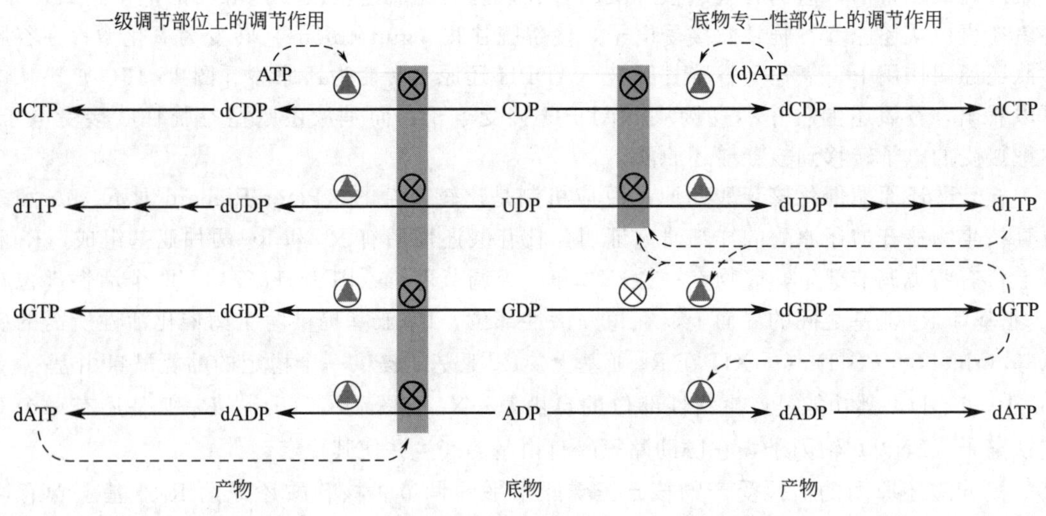

图 15-18 脱氧核苷三磷酸对核苷酸还原酶活性的调节

提　要

核苷酸是一类在代谢上非常重要的物质。核苷酸不仅是核酸的基本组成成分，而且参与多种辅酶的合成；核苷酸和其他代谢物一样，在体内处于不断地合成与分解的矛盾斗争之中。

核苷酸酶的种类很多，分别催化不同核苷酸降解为相应的核苷和磷酸。生物界广泛存在着核苷水解酶，可使核苷分解为碱基和核糖；嘌呤碱经脱氨、氧化生成尿酸；各种生物对尿酸的代谢能力不同。人类和排尿酸的动物体内缺乏尿酸酶，不能将尿酸进一步氧化。植物，微生物体内嘌呤代谢的途径与动物相似。尿囊素酶，尿囊酸酶，脲酶在植物体内广泛存在；微生物一般能将嘌呤类物质分解为氨，二氧化碳及甲酸，乙酸等。

嘧啶碱的分解代谢过程比较复杂。胞嘧啶脱去氨基转变为尿嘧啶，尿嘧啶还原为二氢尿嘧啶后，经水解、脱羧、脱氨转变为β-丙氨酸；胸腺嘧啶经还原、水解等反应转变为β-氨基异丁酸；它与α-酮戊二酸反应生成甲基丙二酸单酰半醛，后者进一步降解为琥珀酰CoA。β-丙氨酸亦可参与泛酸及CoA的合成。

各种生物都能利用一些简单的前体物质合成嘌呤核苷酸和嘧啶核苷酸。嘌呤核苷酸合成的起始物为5′-磷酸核糖，经一系列酶促反应首先生成次黄嘌呤核苷酸，然后再转变为腺嘌呤核苷酸和鸟嘌呤核苷酸。嘧啶核苷酸合成的原料是二氧化碳、氨或谷氨酰胺。经一系列酶促反应首先合成UMP，再转变为UDP、UTP、CTP；在胸腺嘧啶核苷酸合成酶的作用下，脱氧尿苷酸转变为胸腺嘧啶核苷酸。

细胞内有多种碱基特异性的核苷一磷酸激酶，可催化核苷一磷酸转变为相应的核苷二磷酸；核苷二磷酸激酶催化核苷二磷酸（NDP）转变为核苷三磷酸（NTP）的反应。磷酸基的供体一般为ATP。生物体内脱氧核苷酸的合成一般通过还原反应。在核苷二磷酸还原酶的作用下，核糖核苷二磷酸（NDP）可转变为相应的脱氧核糖核苷二磷酸（dNDP），后者进一步转变为dNTP；硫氧还蛋白和谷氧还蛋白在核苷酸还原过程中起电子载体的作用。

生物体也可利用游离的碱基和核苷合成核苷酸。

思　考　题

1. 不同种类的生物分解嘌呤的能力不同，为什么？
2. 别嘌呤醇为什么可用于治疗“痛风症”？
3. 嘌呤和嘧啶核苷酸从头合成途径均需要哪些物质？
4. 机体如何调控体内嘌呤核苷酸合成的速度？
5. 为什么6′-巯基嘌呤、氨甲蝶呤和氨基蝶呤可抑制核苷酸的生物合成？
6. “乳清酸尿症”与何种物质的代谢有关？其发病的主要原因是什么？
7. 脱氧核苷酸是如何合成的？

第十六章　DNA 的复制、修复和重组

本书的最后一部分用于探讨生物的遗传连续性和进化所提出的生物化学问题。主要讨论的内容有：遗传物质有哪些特性？遗传信息如何精确地传递？它们如何被翻译（转译）成蛋白质中的氨基酸顺序？

双链互补的 DNA 双螺旋结构本身提示着 DNA 只要两条链分开各复制一条互补链就可以复制成两个子代双螺旋，并把遗传信息传给子代。随着信使 RNA（messenger RNA，mRNA）和 tRNA（transfer RNA）的发现，遗传密码的破译，使 DNA 的信息如何被转化成功能性蛋白质的过程变得清楚了。在 20 世纪 50 年代末，Francis Crick 提出了一个遗传信息传递的“中心法则”（central-dogma），这个假设认为生命系统中遗传信息的传递是以 DNA 为中心的。即遗传信息传递有三个一般过程：第一步是复制（replication），亲本 DNA 拷贝（copying）自己，形成有着与亲本 DNA 相同核苷酸顺序的子代 DNA 分子；第二步是转录（transcription），各部分编码在 DNA 中的信息被精确地拷贝成 RNA；第三步是翻译（translation）。在一个叫做“核糖体”（ribosome）的 RNA 和蛋白质复合体上把编码在 mRNA 上的遗传信息翻译成有特殊氨基酸顺序的蛋白质。这个“中心法则”的示意图如下：

DNA ⟶ mRNA ⟶ 蛋白质

复制　转录　翻译

Crick 提出的这个“中心法则”确实代表着细胞中遗传信息传递的主要情况。随着生命科学研究近几十年的飞跃发展，人们了解到一些病毒能以 RNA 为遗传信息的载体使遗传信息传递给子代；真核生物染色体端粒 DNA 的复制以 RNA 为模板的事实证明：中心法则不能代表生命过程中遗传信息传递的全部情况。但是这个学说的提出对生物化学与分子生物学的研究有重要的指导作用。它预测了许多生物化学过程，推动了生物化学与分子生物学的迅速发展。

第一节　DNA 的代谢

一、DNA 代谢包括 DNA 复制、修复和重组

作为遗传信息的载体，DNA 在生物大分子中占有中心的位置。DNA 中的核苷酸顺序信息编码着细胞 RNA 和蛋白质的一级结构信息，并通过酶影响所有细胞成分的合成，决定各种生物的大小、形状和功能。

DNA 的结构是遗传信息稳定储存的绝妙装置。但是，“稳定储存”一词只是对 DNA 在细胞中作用的静态的不完全的描述。关于 DNA 功能的正确叙述应该包括遗传信息如何从一代细胞传给下一代细胞，因此用 DNA 代谢一词来概括这个过程更为合适。这个过程包括 DNA 的复制以及可能影响遗传信息构成的 DNA 修复和重组。本章将用于介绍这些过程。

在遗传信息的传递过程中，没有任何其他事情比保持高度精确性更重要了。从化学的观点看，DNA 复制过程中一个核苷酸和下一个核苷酸的连接反应是很简单的事情。但是在细胞内所有信息大分子的合成都有一套复杂的机制，以保证遗传信息被完整地传递。如果让

DNA 合成过程中的错误保留下来，可能会产生致命的后果；而且这些错误会永久性地保留下来。催化 DNA 合成的酶必须拷贝含有千百万碱基对的 DNA 分子，这些酶高效率、高保真性地完成 DNA 复制。此外，它们还必须作用在高度紧密地与其他蛋白结合的 DNA 底物上，因此，催化磷酸二酯键形成的酶只是由大量的蛋白质分子和酶分子参加的 DNA 复制系统的一部分。

当讨论 DNA 修复机制（DNA repair）时，保持遗传信息完整的重要性得到进一步的强调，上述章节中已提到，DNA 对许多类型的损伤反应是敏感的，虽然这些损伤是缓慢的，但是这些损伤非常重要，因为生物体对 DNA 顺序改变只有很低的耐受性。DNA 是细胞中唯一存在着修复系统的大分子，这个修复系统是复杂的、多种多样的，它们能对不同类型的 DNA 错误和损伤作出反应。

在细胞内，遗传信息（DNA）被重新排列和组合的过程统称遗传重组（genetic recombination），既然遗传信息的完整性是头等重要的，为什么还要重排（rearrangement）？遗传重组的理由之一，好像是通过等位基因的重新组合以维持遗传的多样性。即使没有这种原因，重组过程也不是对要求遗传信息高保真的一种逆动。在大部分重组过程中遗传信息被保留，细胞内重组过程既不丢失也不获得 DNA。

二、大肠杆菌遗传图

本章还要特别注重介绍催化 DNA 代谢过程的各种酶类，包括参与 DNA 复制、重组、修复的酶。这对于了解这些过程很重要。而且这些酶每天都被广泛运用于现代生物化学技术。由于许多关于 DNA 代谢的原始重要发现都是使用大肠杆菌作材料获得的。因此，介绍 DNA 代谢的基本规律，主要使用人类了解得比较清楚的大肠杆菌的有关酶类。大肠杆菌中与 DNA 代谢有关的酶（蛋白）类，它们的基因在其遗传图中的位置如图 16-1。所谓遗传图，是通过遗传学方法测定的一物种各基因沿着染色体相对顺序和位置的排列图，其距离为相对距离，用图单位表示。大肠杆菌的遗传图，是以大肠杆菌接合过程各基因被转移到 F^- 细胞的时间顺序来定位的。大肠杆菌整个染色体被转移的时间为 100min。从图 16-1 可以看到，已经知道了的与 DNA 代谢相关的基因已达 30 多个。其中包括：Ⅰ型、Ⅱ型、Ⅲ型 DNA 多聚酶基因，DNA 连接酶基因和 DNA 拓扑异构酶基因。

本图显示与 DNA 代谢相关基因的相对位置。这些已知的众多基因说明了这些过程的复杂性。整个图分为 100min，每分钟约 40000 碱基对，三个斜体小写字母组成的基因名称基本反映这些基因的功能，如：*mut*，诱变相关基因；*dna*，DNA 复制相关基因；*pol*，DNA 多聚酶基因；*rpo*，RNA 多聚酶基因；*uvr*，紫外光抗性基因；*rec*，重组相关基因；*ter*，复制终止点；*ori*，DNA 复制起始点；*dam*，DNA 腺苷甲基化基因；*lig*，DNA 连接酶基因；*cou*，香豆霉素抗性基因；*nal*，萘啶酮酸抗性基因。

通常，细菌的基因是以三个斜体小写字母来命名的。这些字母反映基因已知的功能。例如，*dna*、*uvr* 和 *rec* 基因各自影响 DNA 复制、对紫外射线损伤的抗性以及重组作用。如果几个基因影响同一种功能，则按照基因的发现先后次序在基因名的三个字母后加 A、B、C 等以示区别。在遗传学研究中，每个基因的蛋白质产物常常被分离并加以鉴别，许多基因是在详细了解它们的蛋白质产物的功能之前就被发现和命名的。有时一个基因的产物可能是以前分离纯化的已知蛋白，例如，*dna*E 基因，已证明是为 DNA 聚合酶Ⅲ的亚基编码，这个基因后来被重新命名为 *pol*C，以更好地反映它的功能。有时候人们还给蛋白质以基因的名字重新命名，因为用简单的酶名称不容易说明它的活性。当用基因的名字给蛋白命名时，不再用斜体字且第一个字母需大写，如 *dna*A 和 *rec*A 基因的产物称为 DnaA 蛋白和 RecA 蛋白。同样的命名方法也用于真核生物。但有些形式可能有变化。

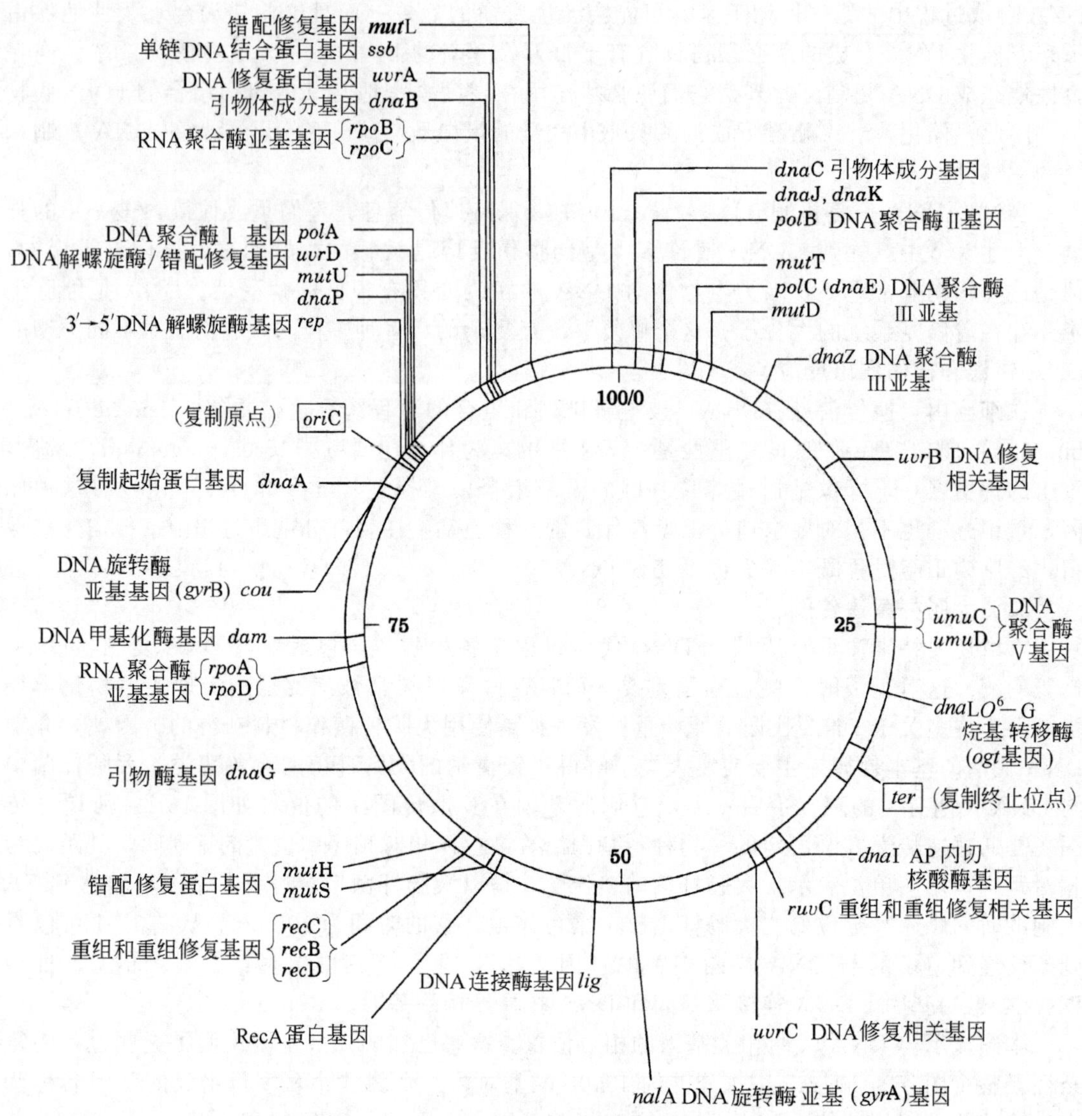

图 16-1 大肠杆菌染色体遗传图（Genetic map）

第二节 DNA 复制的一般规律

一、关于模板的概念

人们在了解 DNA 的双螺旋结构之前，不知道细胞如何产生许多结构和性质相同的大分子。早期的科学家开始产生“模板”（template）的概念，人们揣测模板分子的表面一定可以让许多小分子按照一定顺序排列，然后连接这些小分子产生有特定结构和功能的大分子。

DNA 的复制过程提供了第一个使用分子模板指导大分子合成的例子。20 世纪 40 年代，已证实了 DNA 是遗传物质，但是直到 James Watson 和 Francis Crick 确定 DNA 结构之前，人们尚不清楚 DNA 是怎样作为模板进行复制和信息传递的。Watson-Crick DNA 双螺旋结构表明，DNA 的两条链是严格地按照碱基配对互补的。因此，如果以一条链为模板，就可以合成另一条有既定顺序的互补链。

现已证明，DNA 复制过程和酶促反应在所有生物体中是基本相同的，本节先介绍在大肠杆菌细胞中DNA复制的一般过程，最后讨论真核生物DNA的复制。

二、DNA复制是半保留的

DNA复制是半保留的，如果把双螺旋DNA的每一条DNA链作为模板复制一条新链，就可产生两个新的双螺旋DNA分子，这两个子代DNA分子都含一条新链、一条旧链，所以DNA复制是半保留复制（semiconservative replication）。

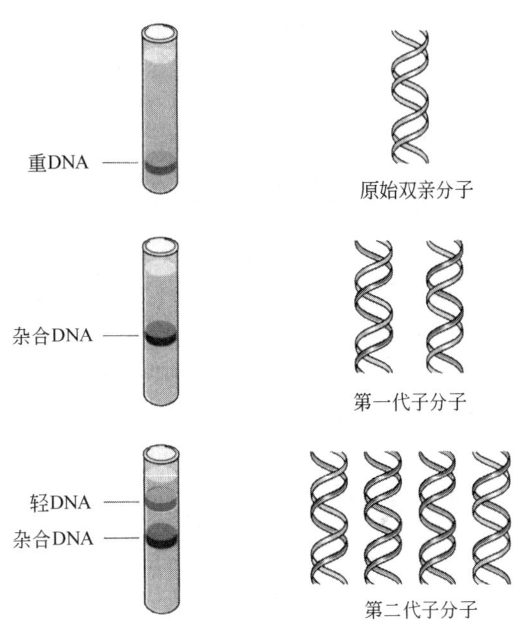

图 16-2　Meselson-Stahl 实验证明 DNA 复制是半保留的

半保留复制的设想是Watson和Crick在发表了那篇著名的双螺旋结构的文章后不久提出的。这个理论是由Mathew Meselson和Franklin Stahl在1957年证实的，他们设计了一个非常出色的实验。他们把大肠杆菌在含有^{15}N的单一氮源（NH_4Cl）中培养了很多代，于是，在细胞中重同位素^{15}N取代了轻同位素^{14}N。从这种细胞中提取的DNA的密度比含有普通同位素（^{14}N）的DNA密度大1%，虽然这种差别不算大，但是这个密度上的差异足以使这两种DNA样品在使用氯化铯（重金属盐）溶液作为介质的氯化铯密度梯度的平衡超离心中分离成独立的区带（centrifugation to equilibrium in a cesium chlorid density gradient），见图16-2。

把生长在重同位素^{15}N介质中的大肠杆菌细胞转移到仅含^{14}N的培养介质中，使所有细胞增殖一代，从这些第一代细胞制备的DNA仍然在CsCl梯度中形成单一的带，但它的密度表明，这些DNA分子是含有一条^{15}N链和一条^{14}N链的杂合双链。如果让细胞在“轻”介质中增殖两代，所提取的DNA可被CsCl密度梯度平衡超离心分离成两条带，其中一条带是“重”、“轻”杂合双链DNA，另一区带DNA则完全是由“轻”链（^{14}N）组成。这个实验结果证实了DNA复制是半保留的，而不是“全保留”的。所谓“全保留复制”是另一种关于DNA复制模型的假设。这种假设认为复制产生由新合成的DNA链组成双螺旋分子，而亲本双链得以保留。Meselson-Stahl实验所提供的事实否定了这种假设，因为复制如果是全保留的，则大肠杆菌繁殖一代后，它们的DNA在CsCl密度梯度平衡超离心中一定会分离成含^{15}N“重”链带和完全含^{14}N的“轻”链带。而实验证明，只存在一条杂合DNA带，在DNA被复制两代后只有全“轻”链和杂合链，而没有完全由^{15}N组成的全“重”链。实验事实只符合半保留制复制机制，而与全保留复制的假设相抵触。

三、DNA复制的起始点和方向

细胞中双螺旋染色体DNA是从随机位点开始复制，还是有固定的起始点？是完全解开双链进行复制，还是边解开边复制？如果复制有固定的起始点，一旦复制开始后，是以一个方向进行还是朝两个相反方向同时进行？关于这些问题的研究最早是由John Cairns等作出的。他把大肠杆菌细胞放在含有^3H-胸腺嘧啶的培养介质中培养，使细胞的DNA带上放射性标记，细胞DNA被极小心地分离，并把它们展开在照相底片乳胶上。几周后，具有放射性的胸腺嘧啶核苷酸残基的“曝光”，使DNA分子的痕迹留在感光胶片上。这些分子痕迹第一次确定无疑地证明了大肠杆菌染色体DNA是一个巨大的环形分子，长1.7mm

(图 16-3)。残留在从细胞分离出来的 DNA 分子上的放射性证明，复制过程中的 *E. coli* DNA 多出额外的一个放射性环，使分子呈现希腊字母 θ 型结构。实验结果使 Cairns 得出结论：DNA 复制是边解开双链边复制，复制中的 DNA 在复制点呈分叉状。这种分叉点称为复制叉（replication forks)。新合成的带有放射性的子代链互补于亲本链。如果把在普通介质中生长的细胞转移到含 ^{3}H-胸腺核苷的介质中作短时间培养，并分离细胞 DNA，这种 DNA 所作的放射自显影表明 *E. coli* DNA 分子有两个复制叉向相反方向移动。说明 DNA 复制是从 DNA 上的一个定点开始双向进行的，DNA 的复制起始点称原点（origin)。能启动 DNA 复制开始的基因组上这段 DNA 顺序称复制子（replicon)。大肠杆菌染色体 DNA 只有一个复制原点，在遗传图上称为 *ori*C。由于大肠杆菌染色体为环形，当两个移动的复制叉在环形染色体 DNA 另一边的某点相遇，此时染色体 DNA 的复制便告完成。这个染色体复制完成的区域称为复制终止区（terminator)。

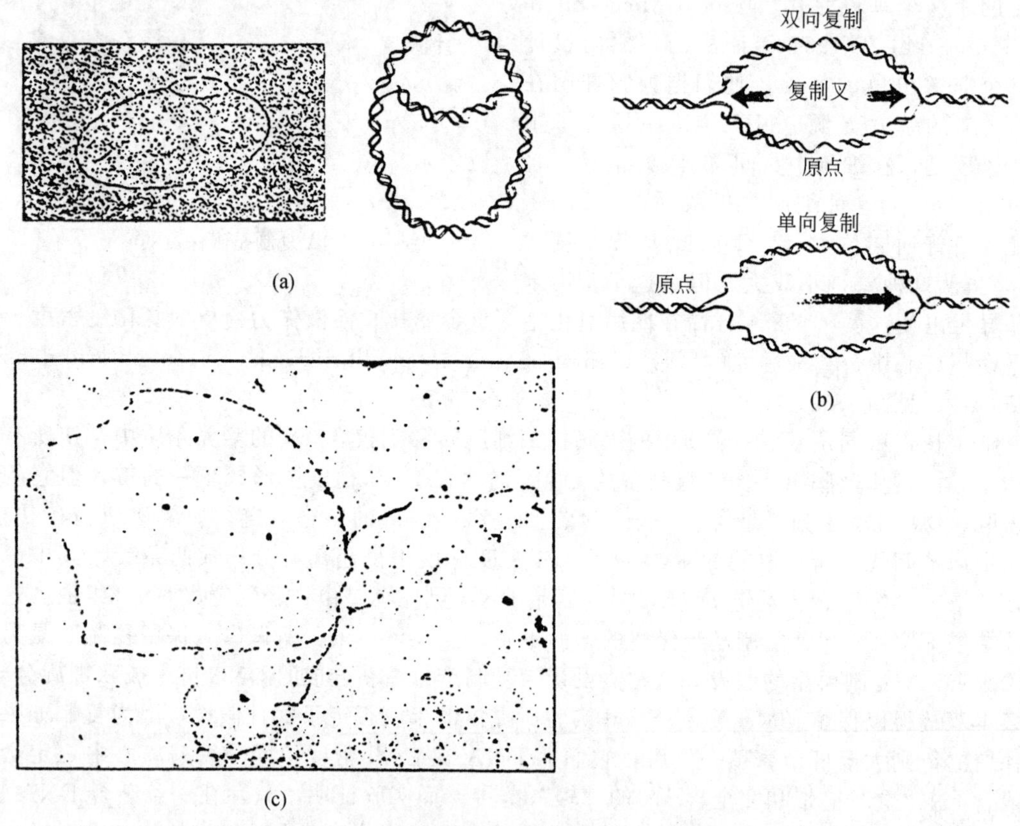

图 16-3　环形染色体的复制产生 θ 型结构

(a) 用 ^{3}H（氚）标记 DNA 表明，两条链同时被复制、左边的电镜图显示一个复制中的质粒分子；
(b) 补加 ^{3}H 短时间标记复制中的 DNA 证明 *E. coli*、枯草杆菌进行双向复制；
(c) 用 ^{3}H-胸腺嘧啶对培养物进行两代标记的一个复制中的大肠杆菌染色体 DNA 放射自显影图

四、DNA 的复制是半不连续的

一条 DNA 新链合成的方向总是从 DNA 链的 5′末端向 3′末端进行。但是，作为模板的双链 DNA 是反平行的（见第四章)，两条模板链的方向相反。如果 DNA 链的合成方向必须是 5′→3′，则模板链被阅读时是从 3′→5′。但是当复制叉向前移动时，两 DNA 亲本链方向相反，其中一条链的方向是 3′→5′方向，而另一条链则是 5′→3′方向，作为模板链它们的方向相反。两条模板上的 DNA 合成如何进行？这个问题是由日本学者冈崎（Okazaki）和他的同事解决的。冈崎发现在复制叉上一条新链是以片段的方式合成的，现在人们称这种片段为“冈崎片段”（Okazaki fragments）。他们的研究工作最终证明，在 DNA 复制叉上一条新链是连续合成的，另一条新链的合成则是不连续的。连续合成的新链称为前导链（leading strand），它按 5′→3′方向合成。与复制叉的前进方向一致。不连续合成的链称为滞后链（lagging strand），它也必须以 5′→3′方向合成。故合成方向与复制叉移动方向相反。亲本 DNA 双链被解开一段，它才能复制一段。这些滞后链上合成的 DNA 片断长度在真核细胞和原核细胞中是不一样的，从几百个核苷酸残基至几千个核苷酸残基不等（图 16-4）。

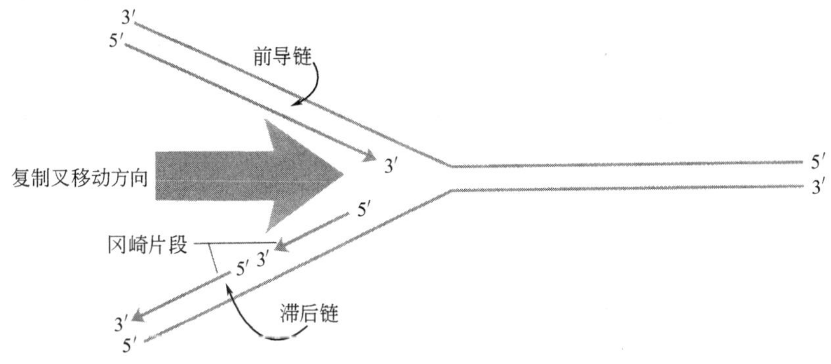

图 16-4　DNA 复制叉上的半不连续（semidiscontinuous）复制

第三节　DNA 聚合酶

一、DNA 是由 DNA 聚合酶催化合成的

DNA 之所以从 5′末端向 3′末端方向合成，是由合成 DNA 的聚合酶的催化机制决定的。1955 年 Arthur Kornberg 和他的同事开始寻找合成 DNA 的酶，他们从大肠杆菌细胞中分离得到一种单肽链的 DNA 聚合酶，现在称为Ⅰ型 DNA 聚合酶（DNA polymerase Ⅰ）（M_r 103000）。当时，他们以为这种 DNA 聚合酶就是负责细胞染色体复制的酶。但是后来在大肠杆菌细胞中发现了其他两种 DNA 聚合酶。

他们对Ⅰ型 DNA 聚合酶合成 DNA 的过程进行了详细研究。现已证明它进行 DNA 酶促合成的机制对所有 DNA 聚合酶都是适用的。DNA 聚合反应的基本反应是生长链的末端核苷酸的 3′-OH 对下一个参加聚合反应的脱氧核苷三磷酸 α-磷原子发动的亲核进攻（nucleophilic attack），并释放出焦磷酸。反应方程式是：

$$\underset{\text{DNA}}{(\text{dNMP})_n} + \text{dNTP} \longrightarrow \underset{\text{延长了的 DNA}}{(\text{dNMP})_{n+1}} + \text{PPi}$$

式中，dNMP 和 dNTP 代表任意一个核苷酸残基和核苷三磷酸。

对Ⅰ型 DNA 聚合酶的研究确定了酶催化 DNA 生物合成的两个基本规律。第一，所有 DNA 聚合酶催化 DNA 合成都需要模板（如图 16-5），按 Watson 和 Crick 预见的那样，DNA 的多聚化反应是按碱基配对的原则由模板 DNA 链指导下合成的。这个发现是很重要的，它提供了 DNA 半保留复制的化学基础；而且也提供了使用模板指导生物合成反应的第一个实例。第二，这个聚合反应需要引物，所谓引物（primer）是互补于模板链的一个寡聚核苷酸片段。它带有一个游离的 3′-OH，以便与后来的核苷酸残基建立磷酸二酯键。引物的 3′末端称引物末端。换句话说 DNA 聚合酶只能把一个核苷酸加接到现存的一条链的末端，而不能独立重新合成一条新链。已有的实验事实证明，所有 DNA 聚合酶都需要引物，DNA 聚合酶的这种特性曾使人迷惑不解。在后续章节中将要述及合成 RNA 的 RNA 聚合酶有重

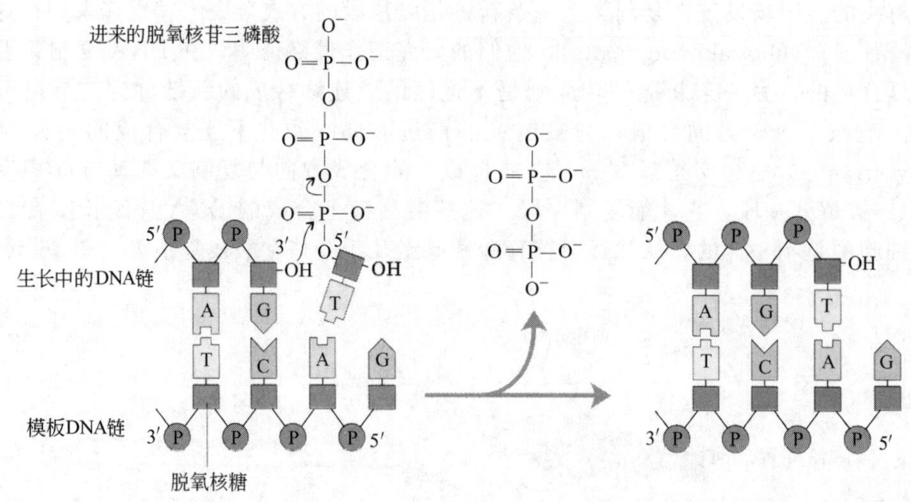

图 16-5　DNA 链的延长反应

新开始合成一条新链的能力。因此，DNA 合成的引物常常是一小段 RNA（寡聚核糖核苷酸 oligonucleotides）。

当一个核苷酸被加接到生长中的 DNA 链之后，DNA 聚合酶要么离开模板，要么沿着模板链继续移动，并加接另一个核苷酸。多聚酶和模板的解离与重新结合会限制催化反应的速度，如果多聚酶加接下一个核苷酸之前，不从模板上解离就可大大增加催化效率，这种不离开模板连续加接一定数量核苷酸的过程称为催化反应的连续性（processivity）。不同的 DNA 多聚酶在连续性上有很大差异。有些多聚酶一次只能加接几个核苷酸，而有些则能加接成千上万个核苷酸，尔后才从模板上解离。

二、DNA 聚合酶催化 DNA 合成的精确性

DNA 复制必须具有高度的精确性，在大肠杆菌细胞中的 DNA 复制其错误率约为 $1/10^9 \sim 1/10^{10}$，即加接 $10^9 \sim 10^{10}$ 个核苷酸才出现一次错误。由于大肠杆菌染色体约有 4.7×10^6 个碱基对，这就意味着这种细菌的染色体 DNA 复制 1000～10000 次才出现一次错误。在 DNA 聚合反应期间，正确和错误核苷酸的区分依靠互补碱基正确配对建立的氢键。不正确的碱基不能与模板链上的碱基形成正确的氢键，因而，在磷酸二酯键建立之前被排除。但是 DNA 多聚化反应本身的精确性是达不到上述 DNA 复制精度的。在体外的（*in vitro*）研究表明，DNA 聚合酶每加接 $10^4 \sim 10^5$ 核苷酸就会在 DNA 链上插入一个错误的核苷酸，有时候这种错误的原因是碱基在一个极短的时间内变成一个不常有的同分异构体（内酰胺-内酰亚胺互变异构，见第四章），因而造成不正确的碱基配对。这样造成的错误在体内（*in vivo*）可被一些酶系统矫正，使 DNA 复制可信性进一步提高。

一种矫正错误的机制来自 DNA 聚合酶本身。实际上细胞 DNA 聚合酶有一个独立的 3′→5′外切核酸酶（3′→5′ exonucleases）活性。这个核酸水解酶用于被加接上去的核苷酸的验证，外切核酸酶用于切去刚被加接上去的错配的核苷酸。如果被加接上去的核苷酸是错误的，已经移到下一个核苷酸残基位置上的多聚酶对下一个核苷酸的加接就会受到抑制，多聚酶中的 3′→5′外切酶被激活以除去错配的核苷酸。其后再开始 DNA 多聚化反应。DNA 聚合酶的这种活性称为“校对”（proofreading）。这个反应不是简单地多聚化反应的逆反应，因为焦磷酸不参加这个反应。DNA 多聚酶的校对活性和多聚化活性是两个独立的可以分开测定的反应。实验证明，DNA 多聚酶的校对活性可以提高 DNA 复制精度 100～1000 倍。

在校对期间，正确和不正确碱基的区别如复制时一样，依赖碱基配对作用。使用互补的非共价相互作用的分辨以提高保真度的策略是信息分子合成普遍使用的。这种非共价相互作用对碱基的甄别连续被使用 2 次，既用于正确的合成又用于校对。

总的说来，DNA 多聚酶在 DNA 复制中，补加 $10^6 \sim 10^8$ 个碱基出一次错误，但是已测定的大肠杆菌细胞 DNA 复制的实际精确度比这个值要高。其他的精确度是由另一个独立的酶系统来完成的，这就是 DNA 复制以后的 DNA 错配修复系统（mismatch repair）。这将在本章的后续部分介绍。

三、大肠杆菌的三种 DNA 聚合酶

在大肠杆菌细胞抽提物中Ⅰ型 DNA 多聚酶的活性占全部 DNA 聚合酶活性的 90%以上。但是在 1955 年发现这个酶以后不久，许多证据都表明，Ⅰ型 DNA 多聚酶并不适合于大肠杆菌染色体 DNA 的复制。首先，人们观察到大肠杆菌染色体 DNA 复制叉的移动速度是Ⅰ型 DNA 聚合酶速度的 20 倍以上。它合成 DNA 的速度是每分钟加接 600 核苷酸，这比细胞染色体 DNA 的复制速度慢得多。第二，Ⅰ型 DNA 多聚酶的复制连续性相当低。在它加接不到 50 个核苷酸时就和模板解离。第三，遗传学研究证明，有许多基因，因而也就是许多蛋白参加复制过程。Ⅰ型 DNA 多聚酶显然不是单独完成这项工作的。最后，也是最重要的，是 1969 年 John Cairns 分离得到一株Ⅰ型 DNA 聚合酶基因缺陷株，它没有Ⅰ型 DNA 聚合酶活性，且对 DNA 损伤试剂有超乎寻常的敏感性，但这株菌居然存活着。

寻找其他 DNA 多聚酶的研究，导致人们在 20 世纪 70 年代初发现了Ⅱ型 DNA 聚合酶和Ⅲ型 DNA 聚合酶，Ⅱ型 DNA 聚合酶表现出高度专一于 DNA 修复功能。Ⅲ型 DNA 聚合酶（DNA polymerase Ⅲ）是大肠杆菌主要的复制酶（replicase），三种聚合酶性质的比较列于表 16-1。1999 年人们发现另外两种大肠杆菌 DNA 聚合酶，即 DNA 聚合酶Ⅳ和Ⅴ，这两种酶参与不寻常的 DNA 修复过程。

表 16-1　大肠杆菌 DNA 聚合酶的比较

项　目	Ⅰ	Ⅱ	Ⅲ	项　目	Ⅰ	Ⅱ	Ⅲ
结构基因	*pol* A	*pol* B(*dna* A)	*pol* C(*dna* E)	5′→3′外切酶活性	有	无	无
亚基数	1	≥4	≥10	多聚化速度(核苷酸/秒)	16～20	40	250～1000
M_r	103000	88000	830000	连续性(解离前补加核苷酸数)	3～200	1500	≥500000
3′→5′外切酶活性	有	有	有				

Ⅰ型 DNA 聚合酶不是主要的细胞 DNA 复制酶，它在细胞 DNA 复制、重组和修复中起到修缮工的作用。这个功能是由Ⅰ型多聚酶的 5′→3′外切酶活性赋予的。这种活性与执行校对功能的 3′→5′外切酶活性不同，并且位于独特的结构域。把这个酶用温和的蛋白酶处理，可把 5′→3′核酸酶活性除去。当这个外切酶活性被除去后，剩下的片段（M_r 68000）仍保留着 DNA 多聚酶活性和校对活性，它被称为大片段或 Klenow 片段。完整Ⅰ型 DNA 聚合酶的 5′→3′外切酶活性能够切除与模板链配对的 DNA 或 RNA 片段，并用一条新合成 DNA 链取代它。这个过程称为切口移位作用（nick translation）。实验室中人们用这种酶促反应把偶联着标记物的核苷酸掺入 DNA 探针。大部分其他 DNA 聚合酶缺少 5′→3′外切酶活性。

Ⅲ型 DNA 聚合酶比Ⅰ型 DNA 聚合酶要复杂得多，它是含有起码 10 种亚基的多亚基酶（如表 16-2）。从表中可知Ⅲ型 DNA 聚合酶的多聚化活性和校对活性各自位于独立的亚基 α 和 ε 上。θ 亚基与 α 和 ε 相连以形成一个核心聚合酶，这个核心酶能进行 DNA 聚合反应，但只有有限的连续性。依靠 τ 亚基的二聚体，可以把两个核心酶连在一起，形成一种复合物。这种复合物再和由五种蛋白 $\tau_2\gamma\delta\delta'\chi\psi$ 形成的多亚基单钳安装复合物（single clamp-loading complex）组装形成 13 个蛋白亚基（9 种蛋白）的Ⅲ* 型 DNA 聚合酶。

表 16-2　大肠杆菌 DNA 聚合酶Ⅲ型的亚基

亚基	全酶中的亚基数	M_r	基　因	亚基的功能
α	2	132000	*pol* C(*dna* E)	多聚化活性 } 核心聚合酶
ε	2	27000	*dna* Q(*mut* D)	3′→5′外切酶活性(校正) } 核心聚合酶
θ	2	10000	*hol* E	} 核心聚合酶
τ	2	71000	*dna* X	稳定模板结合；核心酶二聚化
γ	1	52000	*dna* X*	"钳"安装复合物(clamp-loading complex)
δ	1	35000	*hol* A	
δ'	1	33000	*hol* B	
χ	1	15000	*hol* C	
ψ	1	12000	*hol* D	
β	4	37000	*dna* N	增加复制连续性的 DNA"钳"

Ⅲ* 型 DNA 聚合酶要像人们所期望的那样完成全染色体复制，其连续性还是太低。复制连续性的足够增加是由补加四个 β 亚基形成全酶后获得的。β 亚基成对相连形成面包圈形结构，环绕着 DNA 像把钳子（图 16-6），每个二聚体和一个核心酶组件（Ⅲ* 型聚合酶）相结合，当复制进行时沿着 DNA 滑动。这种 β 滑动钳防止Ⅲ型 DNA 聚合酶从 DNA 模板上解离，使复制连续性增加到超过 500000 核苷酸（表 16-1）。

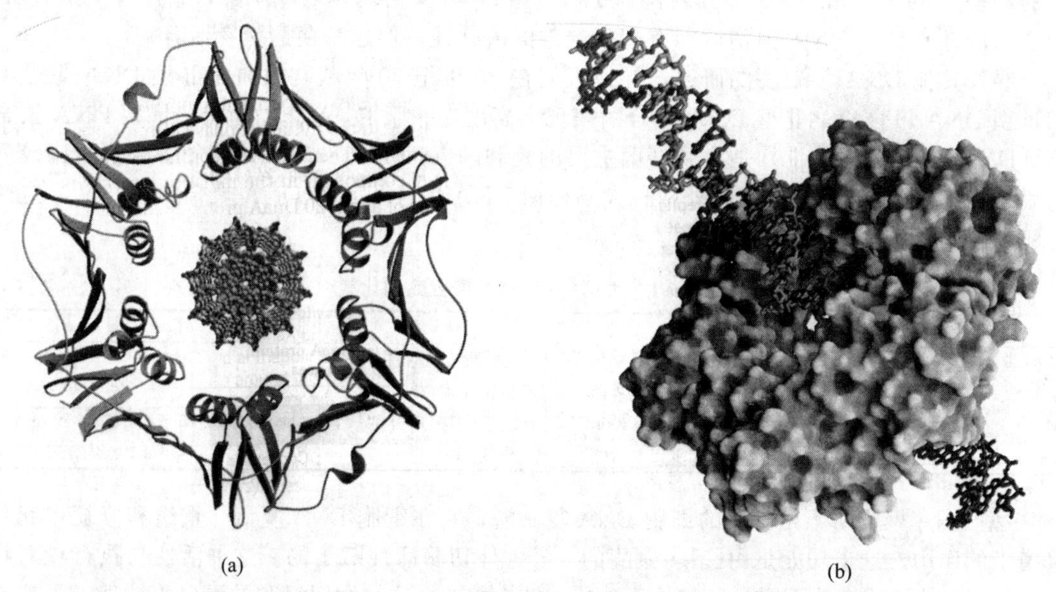

图 16-6　大肠杆菌 DNA 聚合酶Ⅲ的两个 β 亚基形成一个环形钳子围绕着 DNA

(a) 末端俯视图；(b) 侧视图

四、DNA 复制需要许多酶和蛋白质因子

现已知道，大肠杆菌细胞的 DNA 复制不仅需要一个 DNA 聚合酶，而且需要 20 个或更多的酶和蛋白执行不同的任务。这整个复合物现在被人们称为"DNA 复制酶系统"或"复制体"（replisome）。这种复制酶系统的复杂性，反映了这种复制过程必须适应 DNA 特殊结构以及精确性的要求。下面将介绍克服这些问题的一些主要的酶类。

为了接近 DNA 的模板链，双链 DNA 必须解开，这种过程一般是由解螺旋酶（helicase）来完成的。这类酶利用 ATP 的化学能沿着 DNA 链移动并解开 DNA 链。由于链的解开使 DNA 螺旋结构产生拓扑学张力，这种张力被 DNA 拓扑异构酶的作用所解除。分开的 DNA 单链被单链 DNA 结合蛋白（single strand DNA binding protein，SSB）所稳定。在

DNA 聚合酶开始合成之前必须预先存在引物。这些引物通常是由引物酶（primase）预先合成的短的 RNA 片段。最后 RNA 引物必须除去，并用 DNA 替换。在大肠杆菌细胞中，这个过程是由Ⅰ型 DNA 多聚酶来完成的，它除去 RNA 引物并合成 DNA 以填充缺口。完成这种填充后，DNA 主链上仍留有磷酸二酯键裂口，这种裂口称为 nicks，它最后由 DNA 连接酶（DNA ligase）连接封口。所有这些过程必须有很好的协同和调节。大肠杆菌中这些酶和其他酶的相互协调已有详细研究。

第四节　细胞 DNA 复制的阶段性

大肠杆菌染色体 DNA 分子的合成可以分成三个阶段：起始、延长和终止。这些阶段的区别在于不同阶段所需各种酶的不同和所发生的化学反应不同。后两章中将要介绍另外两种主要的生物大分子——RNA 和蛋白质的生物合成，它们同样可以被分成具特征性的三个阶段。下述所介绍的过程是使用纯化的 *E. coli* 蛋白在体外实验中得到的信息。

一、DNA 复制的起始

大肠杆菌的复制原点叫做 *ori*C。是由 245 个碱基对组成的。这个碱基顺序在大多数的细菌中是高度保守的。这些保守顺序的一般排列方式如图 16-7。关键顺序是两组短的重复：3 个 13bp 的重复顺序和 4 个 9bp 的重复顺序。

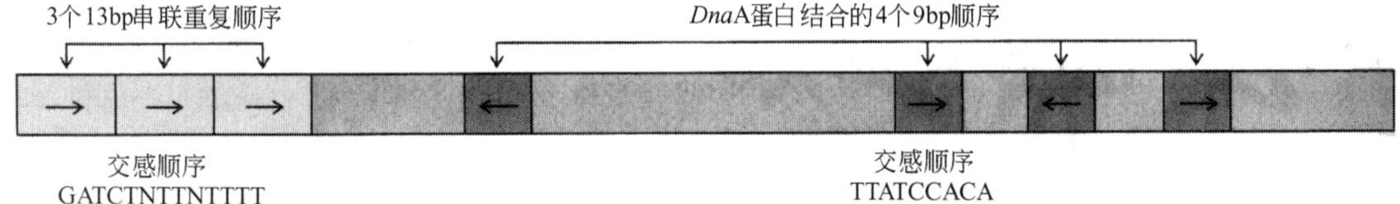

图 16-7　大肠杆菌复制原点 *ori*C 中的特殊顺序排列

所谓“**交感顺序**”（consensus sequence）一词用于介绍同功能顺序，其所列各位置上的核苷酸残基代表着被比较的所有同类顺序中最常出现的核苷酸。每个个别顺序在某一位置上的核苷酸有所不同

起码有 9 个不同的蛋白和酶参与复制的起始阶段，见表 16-3。它们打开原点的 DNA 双链，并建立预引物复合物（prepriming complex），这种起始复合物为其后的反应打下了基础。起始复合物的关键成分是 DnaA 蛋白（图 16-8）。大约 20 个 DnaA 蛋白的复合物结合于原点的 9bp 重复顺序。在一个需要 ATP 的反应中由细菌类组蛋白 HU 的参与下，DnaA 蛋白识别并成功地变性原点的 13bp 重复顺序，这些顺序是富含 A-T 对的。然后 DnaB 蛋白在 DnaC 蛋白的参与下和这个区域的 DNA 结合，DnaB 蛋白是一种能双向解开 DNA 链的解螺旋酶。它创造两个潜在的复制叉。如果在体外反应中把单链 DNA 结合蛋白（SSB）和 DNA 旋转酶（DNA topoisomerase Ⅱ）加入反应体系，从复制原点出发成千上万碱基对被 DanB 蛋白（解螺旋酶）解开，多个 SSB 蛋白同时结合于解开的 DNA 单链部分，稳定单链 DNA，

表 16-3　大肠杆菌在原点起始复制所需的蛋白

蛋　　白	M_r	亚基数	功　　能
DnaA 蛋白	52000	1	识别原点顺序在特异位点打开 DNA 双链
DnaB 蛋白(解螺旋酶)	300000	6(同亚基)	DNA 解螺旋
DnaC 蛋白	29000	1	辅助 DnaB 与原点结合
HU	19000	2	类组蛋白，DNA 结合蛋白，刺激复制起始
引物酶(DnaG 蛋白)	60000	1	合成 RNA 引物
单链 DNA 结合蛋白(SSB)	75600	4(同亚基)	结合单链 DNA
RNA 聚合酶	454000	5	促进 DnaA 蛋白激活
DNA 旋转酶(Topo Ⅱ)	400000	4	释放由于 DNA 解螺旋产生的扭力
Dam 甲基化酶	32000	1	甲基化原点的(5′)GATC 顺序

并防止 DNA 复性。DNA Topo Ⅱ释放由 DnaB 解螺旋造成的拓扑学张力，当一些与复制有关的蛋白质被加入反应体系时，DnaB 蛋白质介导的 DNA 解螺旋引发 DNA 复制的开始。

DNA 复制起始阶段，必须被精确调节，因为每个细胞周期只发生一次。复制起始是复制调节的唯一机会，但调节机制并不十分清楚。遗传学和生物化学研究使人们对这种调节机制有所了解。复制起始的时序受到 DNA 甲基化和细菌细胞质膜相互作用的影响。大肠杆菌的 *ori*C DNA 是由 Dam 甲基化酶甲基化的，而被这个酶甲基化的位置是回文顺序（5′）GATC 的腺嘌呤 N^6，大肠杆菌的 *ori*C 区域密布 GATC 顺序，在 245bp 长的 DNA 链中含有 11 个而在整个大肠杆菌染色体中每 256bp 只可能出现一个。在复制之后，DNA 是半甲基化的，此时 *ori*C 位点的母链是甲基化的，但是新合成链没有甲基化。这种半甲基化的原点顺序由一个未知的机制和细胞质膜相互作用而被保护起来。过了一定时间之后，*ori*C 从质膜中被释放出来。它在再一次结合 DnaA 蛋白和 DNA 复制起始之前必须被 Dam 甲基化酶甲基化。复制起始的调节可能还包括由 DnaA 结合的 ATP 的水解过程，这个过程使 DnaA 周期性也变成活性（结合 ATP）和无活性（结合 ADP）形式。

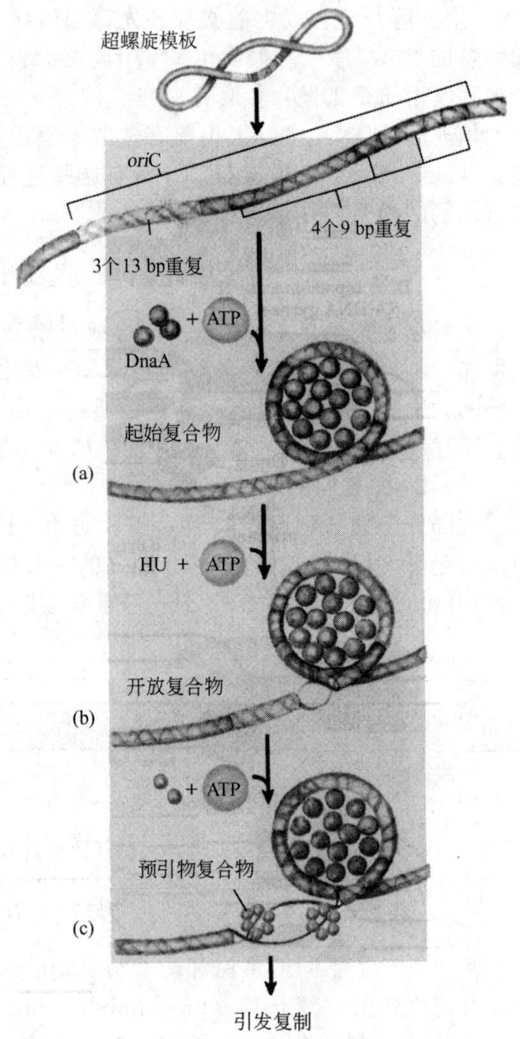

图 16-8　在大肠杆菌复制原点复制起始的模式图

(a) 约 20 个各带 1 分子 ATP 的 DnaA 蛋白结合于 9bp 重复顺序，使 DNA 围绕着复合物卷成一圈；(b) 三个富含 A＝T 的 13bp 重复顺序接着被变性；(c) 在 DnaC 蛋白的帮助下，DNA 解螺旋酶（DnaB）进一步促使 DNA 解螺旋，以备引物和 DNA 的合成

二、DNA 复制的延长阶段

DNA 复制链的延长由两种独特但是相关的操作组成。它们是前导链的合成和滞后链的合成。有几种酶对于这两条链的合成都是必需的。DNA 解螺旋酶解开 DNA 母链，DNA 拓扑酶解除由解螺旋酶造成的拓扑张力，SSB 蛋白稳定解开的 DNA 单链。DNA 在两条链上的合成有着巨大的区别，下面先介绍更直接的前导链的合成。

前导链的合成开始于由引物酶所进行的在原点的一条短 RNA 链（10～60nt）的合成，然后由Ⅲ型 DNA 多聚酶在这个引物上加接脱氧核糖核苷酸。一旦合成开始，前导链的合成便连续地进行，紧跟着复制叉移动。

滞后链的合成是以短的冈崎片段的形式完成的。先由引物酶合成一个 RNA 引物，接着像前导链一样，DNA 聚合酶Ⅲ结合于引物并加接脱氧核糖核苷酸残基（图 16-9）。从这一点看，每个冈崎片段的合成好像是直接的，但是实际上十分复杂。复杂性在于前导链与后随链合成的协调。两条链都是由一个不对称的 DNA 聚合酶Ⅲ二聚体合成产生的，这是由滞后链模板 DNA 的环化把两个多聚化反应点并排在一起完成的（图 16-10）。

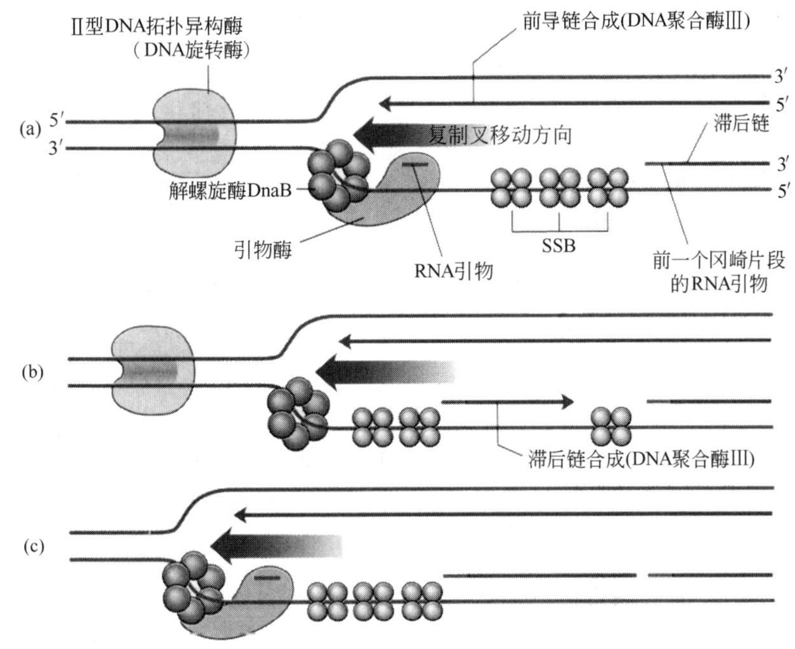

图 16-9　冈崎片段的合成

（a）在一个间隔区间，一个新冈崎片段的引物被合成；（b）每个引物由 DNA 聚合酶延伸；（c）DNA 合成直至碰到前一个引物处停止，一个新引物在复制叉上产生

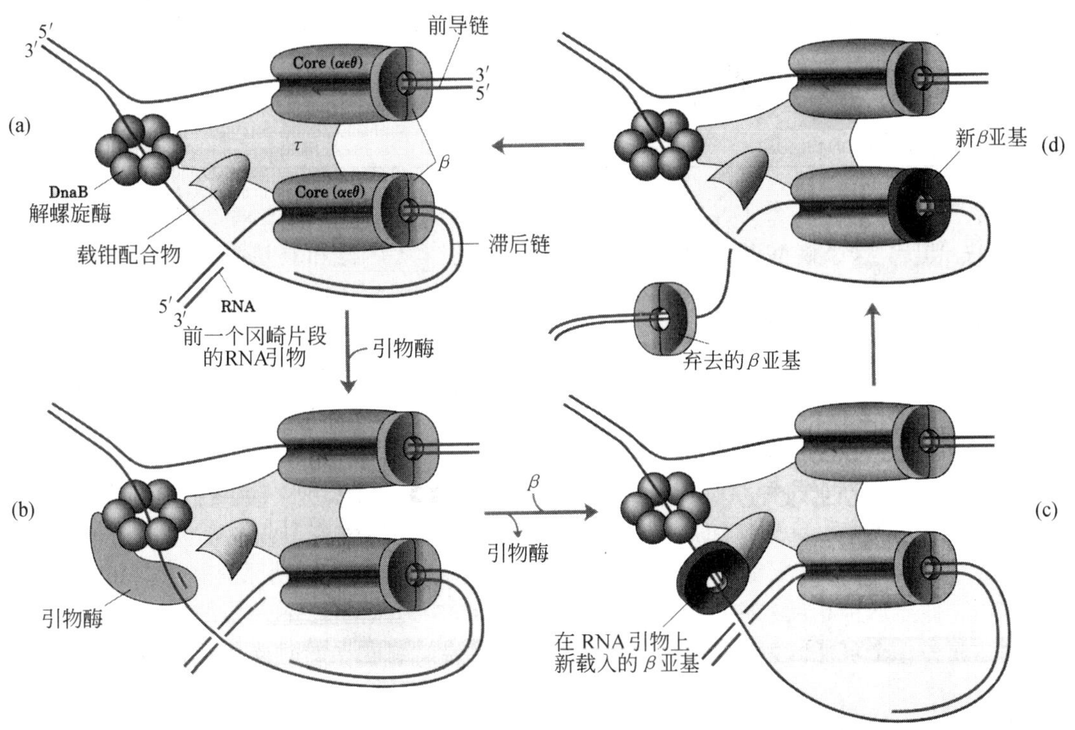

图 16-10　前导链和滞后链的 DNA 合成

复制叉上的两个复制事件由一个 DNA 聚合酶Ⅲ的二聚体协调进行。这个二聚体和 DnaB 解螺旋酶形成一个整合复合物。图中表示复制正在进行。滞后链模板被环化，使 DNA 合成能在两条链上同时进行，并由两套 DNA 聚合酶Ⅲ核心亚基催化。一个冈崎片段正在被合成；（a）当 DNA 被解螺旋酶 DnaB 解螺旋，前导链被连续合成；（b）引物酶结合于 DnaB，合成一个新引物后解离；（c）DNA 聚合酶Ⅲ-钳安装复合物催化一个新 β 滑动钳在一个新 RNA 引物上安装，同时冈崎片段被合成；（d）DNA 聚合酶Ⅲ释放完成了的冈崎片段和 β 滑动钳，进入另一个冈崎片段的合成

滞后链中冈崎片段的合成需要一些精细的酶学操作。DnaB 解螺旋酶和 DnaG 引物酶在复制复合物中组成一个功能性实体——引物体（primosome）。DNA 聚合酶Ⅲ利用它的一套核心酶连续合成前导链，以另一套核心亚基合成环化了滞后链上的一个个冈崎片段。

DNA 在复制叉上被解螺旋酶解螺旋［图 16-10(a)］，DNA 引物酶与解螺旋酶结合并合成一个 RNA 引物［图 16-10(b)］。接着新的 β 滑动钳被 DNA 聚合酶Ⅲ的钳安装复合物安装在引物上［图 16-10(c)］。当一个冈崎片段的合成完毕，复制暂停，DNA 多聚酶的核心亚基从 β 滑动钳上解离，并重新和另一个滑动钳结合［图 16-10(d)］，导致一个新片段合成的开始。许多证据表明，这个复制复合物及内部成分不是自己移动的，它们和细胞质膜相结合，DNA 穿过这个固定的复合物。

在上述过程中，DNA 合成的速度是每条链每秒加接 1000 个核苷酸。一旦一个冈崎片段的合成完成，它的 RNA 引物被 DNA 聚合酶Ⅰ的 $5'\rightarrow3'$ 外切酶除去并用 DNA 替换。留下的一个切口（nick）由 DNA 连接酶（DNA ligase）连接。在复制叉上工作的各种蛋白列于表 16-4。

表 16-4　大肠杆菌复制叉上的蛋白

蛋　　白	M_r	亚基数	功　　能
SSB	75600	4	结合单链 DNA
DnaB 蛋白(解螺旋酶)	300000	6	DNA 解螺旋,引物体成分
引物酶(DnaG 蛋白)	60000	1	RNA 引物合成,引物体成分
DNA 聚合酶Ⅲ	900000	18～20	新链延长
DNA 聚合酶Ⅰ	103000	1	除去引物,填充缺口
DNA 连接酶	74000	1	连接
DNA 旋转酶(DNA 拓扑异构酶Ⅱ)	400000	4	超螺旋

DNA 连接酶催化一条 DNA 链末端的 $3'$—OH 与 $5'$末端磷酸之间的磷酸二酯键的形成（图 16-11）。这个磷酸基团必须被腺苷酸化激活。从病毒和真核生物分离的 DNA 连接酶使用 ATP；从细菌分离的 DNA 连接酶一般是使用 NAD^+ 作为辅因子以提供 AMP 激活基团。DNA 连接酶是另一种 DNA 代谢相关的酶，它已经成为重组 DNA 实验的重要试剂。

三、复制终止过程

实际上，环形大肠杆菌染色体上的两个复制叉相遇在排列有多重拷贝 *Ter* 顺序的一个终止区域（图 16-12），这种 *ter* 顺序长 20bp，它们在染色体上排列以创造一种“陷阱”，使复制叉进去后出不来。*ter* 顺序的功能是作为一种称为 Tus（终点利用物质）蛋白的结合位点。这种 Tus-*ter* 复合物仅能从一个方向逮住复制叉。每个复制周期只有一个 Tus-*ter* 复合物起作用。假定两个相反方向的复制叉总能相遇，*ter* 顺序似乎是不必要的，但是当一个复制叉到达而另一个可能因为 DNA 损伤或遇到其他障碍受到耽误的时候，它们可以防止过分复制。

当任意一个复制叉碰到一个功能性 Tus-*ter* 复合物时，它停止前进，而另一个复制叉碰到第一个被阻止的复制叉时也停止前进，在这些大复合物中间的几百个碱基对以一种未知的机制被复制，形成两个环形染色体的拓扑学联系（这种结构被称为连环体，catenanes），分开这种连环需要 DNA 拓扑异构酶Ⅳ。当细胞分裂时分开的染色体被分离进子代细胞。其他环形染色体的复制终止过程，包括许多真核生物病毒的复制终止

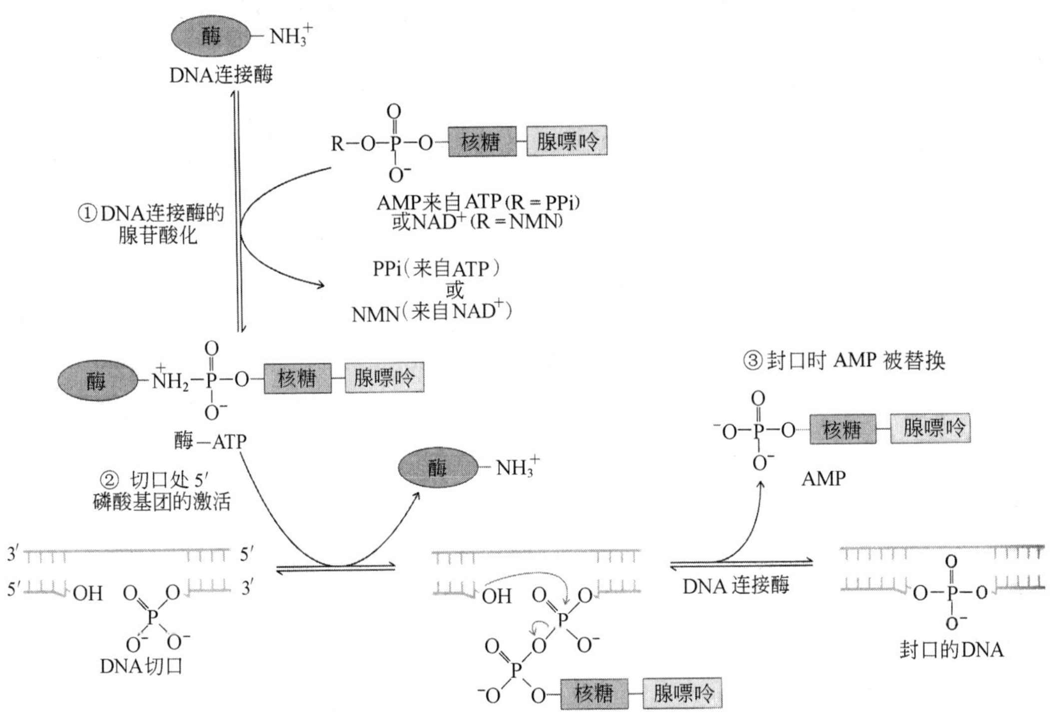

图 16-11 DNA 连接酶酶促反应机制

在每一步反应中，一个磷酸二酯键的形成消耗另一个磷酸二酯键。①和②步导致切口磷酸基团的激活。一个 AMP 基团首先被转移到酶的赖氨酸残基，然后再转移到切口的磷酸基团。③3′—OH 进攻这个磷酸基团以替换 AMP，于是产生磷酸二酯键。在大肠杆菌连接酶反应中，AMP 衍生自 NAD$^+$，病毒和真核连接酶使用 ATP 而不是 NAD$^+$，且它们在①步骤中是释放焦磷酸而不是烟酰胺单核苷酸（NMN）

过程都是类似的。

四、真核细胞 DNA 的复制

真核细胞中的 DNA 分子比细菌细胞的 DNA 要大得多，它们被组织成复杂的核蛋白结构（染色质，见第四章）。DNA 复制的主要过程是相同的；但是二者之间有一些非常有趣的不同，这些不同在于 DNA 复制过程的调节及与细胞周期的关系上。

在真核细胞中，DNA 复制原点称为自体复制顺序（autonomously replicating sequence，ARS）或复制子。酵母的这种顺序已被研究和证实。它的 ARS 元件约有 150bp，含有几个 ARS 功能必需的保守顺序。在单倍体酵母细胞 17 条染色体中约有 400 个 ARS 因子。所有真核细胞复制起始需要一个多亚基蛋白质 ORC（原点识别复合物），它结合于复制子内的几个顺序。ORC 和一些控制真核细胞周期的蛋白质互相作用并受它们的调节。

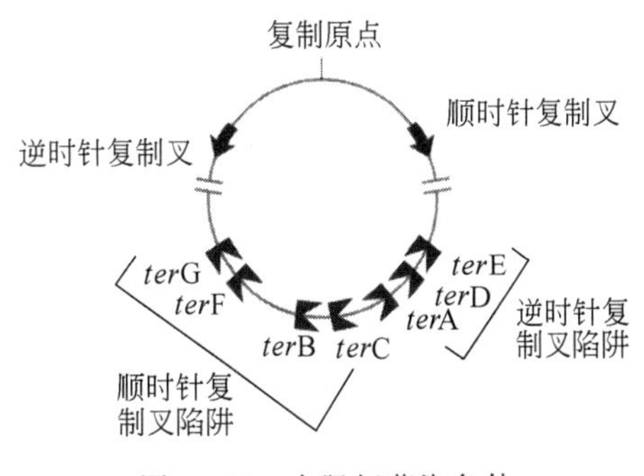

图 16-12 大肠杆菌染色体复制的终止过程

真核生物中复制叉的移动速度仅是细菌细胞的 1/20（约 50nt/s），如果按照这个速度，由单个复制起点进行一条人染色体 DNA 的复制约需 500h 以上。但是人染色体 DNA 的复制是由相距 30000～300000bp 长的多个复制原点双向进行的。真核染色体 DNA 总是比细菌染色体 DNA 大得多，因此在每条真核染色体 DNA 上存在多重复制原点大概是普遍的情况。

与细菌细胞的情况相似，在真核细胞中有几种类型的 DNA 多聚酶。有些 DNA 聚合酶和细胞中线粒体 DNA 的复制有关。参加核染色体 DNA 复制的聚合酶叫 DNA 聚合酶 α。另一种相关酶叫 DNA 聚合酶 δ。DNA 聚合酶 α 与所有真核聚合酶一样是典型的多亚基酶。有一亚基有引物酶活性。最大的亚基具有聚合酶活性（M_r 180000）。但是这个酶没有 $3'\rightarrow5'$ 外切酶活性用于校对，使得它不适合于高精确性 DNA 复制。此酶估计参与滞后链的引物合成。这些引物其后被多亚基的 DNA 聚合酶 δ 延长。DNA 聚合酶 δ 的活性与一种称为增殖细胞核抗原（PCNA，M_r 29000）的刺激相联系。这种蛋白在增殖细胞的核中大量存在。从酵母细胞得到的 PCNA 可以刺激牛胸腺的 DNA 聚合酶 δ，而从牛胸腺制备的 PCNA 可激活酵母细胞的聚合酶 δ 的活性。这种现象表明真核细胞分裂过程中，这种关键蛋白在结构和功能上的保守性。PCNA 表现出有点类似于大肠杆菌 DNA 聚合酶Ⅲ的 β 亚基的功能，它能形成一环形钳子，大大增加 DNA 聚合酶 δ 的连续性。

另一个真核 DNA 聚合酶 ε 可能替代聚合酶 δ 在诸如 DNA 修复这样的过程中起作用，参与除去冈崎片段中的 RNA 引物。

另外两种被称作 RFA 和 RFC 的蛋白复合物参加真核 DNA 的复制，这两种蛋白普遍存在于真核生物细胞中。RFA 是真核生物的单链 DNA 结合蛋白，有等同于 *E. coli* 中 SSB 蛋白的功能，RFC 可以促进复制复合物的组装。

第五节　DNA 修复

一个细胞一般只有一套或两套基因组 DNA。蛋白质或 RNA 受损伤时可以用储存于 DNA 上的信息重新合成它们，而 DNA 分子本身是不可替换的，所以保持储存于 DNA 中的信息的完整性是绝对必要的。细胞中确实存在着一套精细的 DNA 修复系统。如第四章所述，DNA 会受到一系列过程的损伤。有些过程是天然的，有些则是环境因素造成的。此外，DNA 复制过程也可能留下错配碱基。DNA 损伤的原因是多样的、复杂的。毫无疑问，细胞中有一系列酶参加 DNA 修复过程，它们对 DNA 修复起重要作用，以下首先叙述 DNA 顺序被改变造成的影响，然后再介绍各种修复系统。

一、突变导致肿瘤发生

要说明 DNA 修复的重要性，最好的例子莫过于未修复的 DNA 损伤对生物体造成的影响。最严重的后果是造成 DNA 碱基顺序的改变，这些改变通过复制传递给子代细胞成为永久性的。这类 DNA 核苷酸顺序的永久性改变称为突变。用一个碱基对替换另一个碱基对的改变称为点突变。增加或缺失一个碱基对或多个碱基对的突变称为插入作用（insertion）或缺失作用（deletion）。如果突变影响非必需的 DNA 或突变对一个基因功能的影响是可忽略的，这类突变称为沉默突变（silent mutation）。能给细胞提供优越性的突变是很罕见的，然而这种突变的频率也足以造成生物在自然选择和进化过程中产生的多样性。大部分突变对细胞是有害的。有些突变能克服第一次突变造成的影响，这类突变称为回复突变（back mutation）。

在动物细胞中突变的积累和癌的发生有着紧密的相关性。因此，Bruce Ames 发明了一种简单的检验诱变剂的方法，如图 16-13 所示。

把具有灭活组氨酸合成途径上一个酶的突变沙门氏菌细胞铺展在无组氨酸的生长介质（琼脂培养基）上，其大部分细胞不能生长。(a) 有极少数沙门氏菌的菌落确实出现在无组氨酸的平皿上，那是由天然回复突变造成的突变体；(b)，(c)，(d) 三个平皿介质的表面各放入一张吸满浓度递减的诱变剂溶液的圆盘滤纸，这种诱变剂大大增加了回

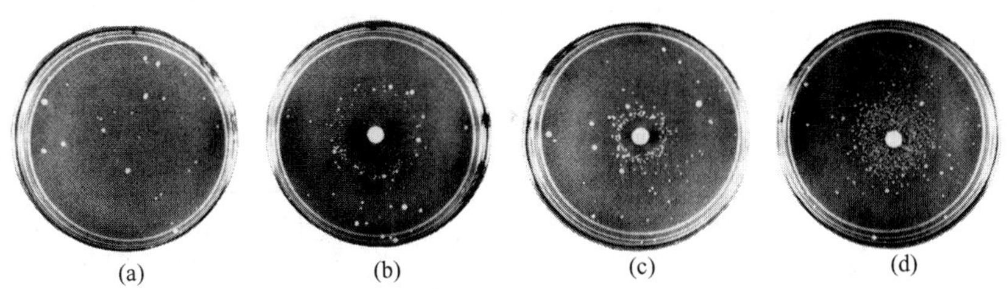

图 16-13 基于诱变作用的致癌物检测

复突变的几率，因而也增加了存活菌落的数量。在滤纸周围的干净区域，由于诱变剂太浓而使细胞致死。由于诱变剂向外扩散，它被稀释成亚致死量而促进回复突变。被检测物质的致癌能力可以根据它们增加突变比率的基础上进行比较。由于许多化合物进入细胞后才转变成致癌物，这些化合物有时先和肝抽提物一起保温。发现有些化合物在经过这种处理后，才变成致癌物。

Ames 试验（Ames test）测定一种给定化合物的致癌潜能。它是建立在一些细菌菌株容易检出它的回复突变的基础上的。人们每天碰到的化合物很少能被划归诱变剂类。但是，在许多动物消化道中发现的致癌物，90%以上在 Ames 检测中都能被检定为诱变剂。由于致癌物和诱变剂之间强烈的相关性，Ames 试验已经成为一种迅速、便宜的筛选潜在致癌物的方法。

为 DNA 修复酶编码的基因缺陷也可以造成这种灾难性的结果。一种罕见的疾病如着色性干皮病就是对嘧啶二聚体或对较大的 DNA 损伤进行修复的酶缺陷的结果。许多这种疾病是由紫外光诱导的。有这种疾病的病人如果暴露在太阳光下就会引发多种皮肤癌。

一个普通的哺乳动物基因组在 24h 之内可以积累成千上万个 DNA 损伤，但是由于 DNA 修复的结果，一千个这种损伤只有不到一个可以成为突变。DNA 是种相对稳定的分子，但是如果没有修复系统，这种不常有的损伤的累积就可能对生命造成威胁。

细胞 DNA 修复系统的多样性，反映了 DNA 修复对细胞存活的重要性和 DNA 损伤的多种方式。对一些普通的损伤类型细胞，甚至有固定的几个修饰系统来修复它们（如嘧啶二聚体的修复）。一个值得注意的事实是许多 DNA 修复过程具有极低的能量效率，这是生物代谢途径中一个重要的例外。上述章节中曾提到，生物代谢途径中每个 ATP 都仔细计算并得到最佳的利用。这个事实表明，当遗传信息的完整性受到威胁时，修复过程中化学能投入多少的问题就显得微不足道。

DNA 修复之所以成为可能，是因为 DNA 由两条互补的双链组成的，当一条链损伤时，损伤部分可被除去，并在互补链的指导下精确地修复。

下边将介绍 DNA 修复系统的基本类型。

二、错配修复

细胞内 DNA 在复制后的错配修复（mismatch repair）可以提高复制精确性 $10^2 \sim 10^3$ 倍。错配的修复几乎总是依赖模板链提供的信息。于是，这种修复系统就必须有一种区分模板链和新合成链的机制。细胞使用模板链的甲基化作用作为标签，以使它们和新合成链区分。大肠杆菌的错配修复系统含有起码 12 个以上的蛋白质成分（见表 16-5），这些蛋白质既参加两链的区分，也参加 DNA 修复过程。

表 16-5 大肠杆菌中 DNA 修复系统的类型

酶和蛋白质因子	损伤的类型	酶和蛋白质因子	损伤的类型
错配修复		AP 内切核酸酶	
Dam 甲基化酶	错配修复	DNA 聚合酶Ⅰ	
MutH，MutL，MutS 蛋白		DNA 连接酶	
DNA 解螺旋Ⅱ		核苷酸切割修复	
SSB		ABC 切除核酸酶	引起 DNA 大的结构改变的损伤（如嘧啶二聚物）
DNA 聚合酶Ⅲ			
外切酶Ⅰ		DNA 聚合酶Ⅰ	
外切酶Ⅶ		DNA 连接酶	
RecJ 核酸酶		直接修复	
DNA 连接酶		DNA 光解酶	嘧啶二聚物
碱基切割修复		O^6-甲基鸟嘌呤-DNA 甲基转移酶	O^6-甲基鸟嘌呤
DNA 糖基化酶	异常碱基（如尿嘧啶、次黄嘌呤、黄嘌呤），烷基化碱基，嘧啶二聚物等		

链的区分是根据一种称为 Dam 的甲基化酶的作用。这种甲基化酶甲基化所有含 GATC 顺序中腺嘌呤 N^6 的位置。DNA 复制后的一段短时间内（约几秒或几分钟），新合成链尚处于未甲基化状态（图 16-14），这就造成模板链和新合成链之间的区别。于是靠近 GATC 顺序附近的错配，可以根据已甲基化的模板链加以修复，如果两条链都已被甲基化，这种修复过程几乎不发生。如果两条链都未甲基化，则修复作用可发生在双链中的任意一条。这一系统有时被称为甲基指导的错配修复，它能矫正离半甲基化的 GATC 顺序远至 1000bp 的错配碱基。

由相当远距离的 GATC 顺序指导的错配矫正机制已说明在图 16-15 中。MutL 蛋白和 MutS 蛋白形成一个复合物，并结合于所有错配位点（C-C 错配除外）。MutH 蛋白再结合于 MutL 及 MutL-MutS 复合物遇到的 GATC 顺序。在错配碱基两边的 DNA 穿过 MutL-MutS 复合物产生一个 DNA 环，错配碱基两边的 DNA 链沿着复合物的移动是等速的。MutH 蛋白有一个位点特异的内切酶活性，但它一直处于无活性状态，直到复合物碰上半甲基化的 GATC 顺序，在这个位点 MutH 蛋白催化切断 GATC 顺序 G 碱基 5′一边的未甲基化链，给该修复的链做上记号。修复的后续步骤依赖于错配点对切割点的相对位置。

当错配在切点的 5′端一边时，未甲基化链被解缠绕并以 3′→5′的方向从切点到错配点降解。这个片段被新合成 DNA 链所替换。这个过程需要 DNA 解螺旋酶Ⅱ、SSB，外切酶Ⅰ或 X（两种酶的降解方向都是 3′→5′），DNA 多聚酶Ⅲ和 DNA 连接酶，见图 16-16。错配碱基在切点 3′端一边的修复途径是类似的。除了以外切核酸酶Ⅶ（降解单链 DNA 以 5′→3′或 3′→5′方向）或者 RecJ 蛋白（一种以 5′→3′方向降解单链 DNA 的外切酶）替代外切核酸酶Ⅰ（exonuclease Ⅰ）。

错配修复是能量消耗特别大的过程，错配碱基可能在离 GATC 顺序 1000bp 或 1000bp 以外的地方，这么长的链水解再合成新链替换它是个巨大的能量投入，用许多激活的脱氧核苷三磷酸前体去修复单个碱基错配 DNA，这再一次表明细胞基因组完整性的重要性。

所有的真核生物细胞有着结构和功能类似于 MutS 和 MutL 的蛋白。人体中为这类蛋白编码的基因的改变会产生一些最普遍的遗传性易患癌症综合征，这就进一步证明了 DNA 修复系统对机体的价值。

三、碱基切割修复（base-excision repair）

许多种细胞都有一类酶，称为 DNA 糖基化酶（DNA glycosylase），它特别能识别诸如胞嘧啶或腺嘌呤脱氨基造成的损伤，并除去受影响的碱基。这就使 DNA 一些位点产生无嘌

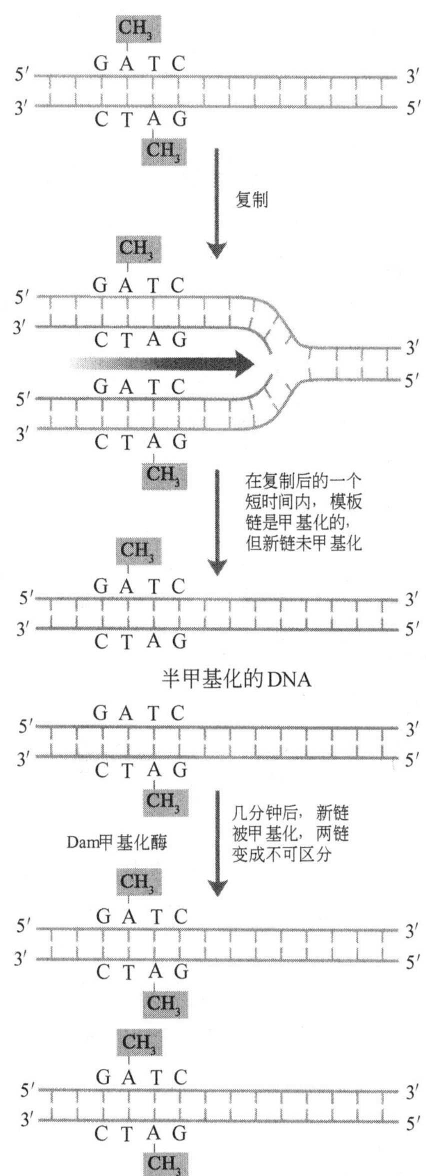

图 16-14　DNA 的甲基化能够作为区分模板链和新合成链的标志

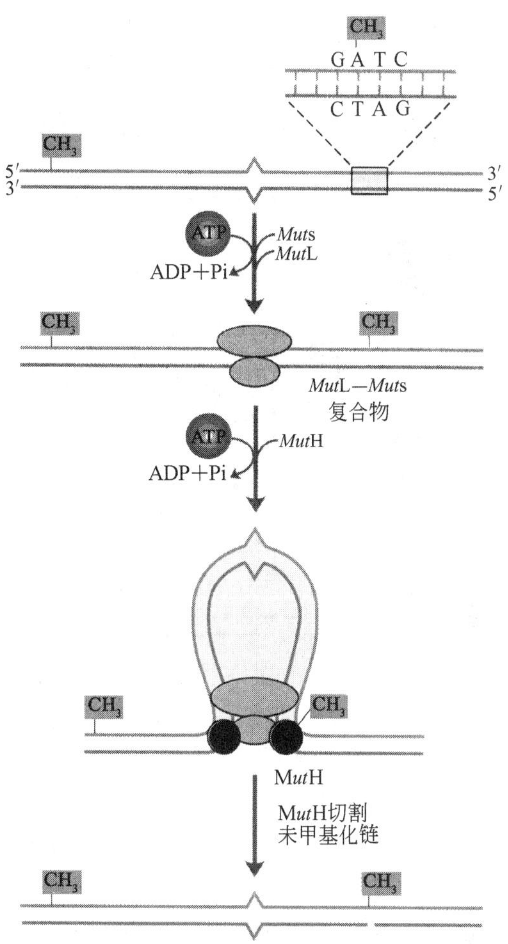

图 16-15　甲基指导的错配修复早期阶段的模型

参加错配修复的大肠杆菌的蛋白质已被纯化（见表 15-5）。对（5′）GATC 和错配的识别是 MutH 和 MutS 蛋白的专门功能。这种 MutS 蛋白和 MutL 蛋白在错配处形成复合物，然后错配点两边的 DNA 链沿着两个方向同时穿过复合物，直至碰上 MutH 蛋白结合的半甲基化 GATC 顺序。此时 MutH 在 G 的 5′位置切开未甲基化链，一个由Ⅱ型解螺旋酶和几个外切核酸酶组成的复合物从切点到错配点降解未甲基化的 DNA 链

呤或无嘧啶位点，这些位点被称为无碱基位点（AP site 或 abasic site）。每种糖基化酶只特异于一种损伤。

在大多数细胞中发现的尿嘧啶糖基化酶，它能除去由胞嘧啶天然脱氨产生的尿嘧啶，这种糖基化酶非常专一，它不能从 RNA 中脱去尿嘧啶残基，也不能从 DNA 中脱去胸腺嘧啶残基，由胞嘧啶脱氨产生的这个问题意味着 DNA 为什么要用胸腺嘧啶代替尿嘧啶这个长期迷惑人们的疑问有了答案。

其他一些 DNA 糖基化酶识别和除去次黄嘌呤（由腺嘌呤脱氨产生），以及烷基化碱基如 3-甲基腺嘌呤和 7-甲基鸟嘌呤。糖基化酶还识别其他损伤，如嘧啶二聚物。记住，DNA 中的 AP 位点的生成还由于 DNA 中的糖苷键天然缓慢地水解。

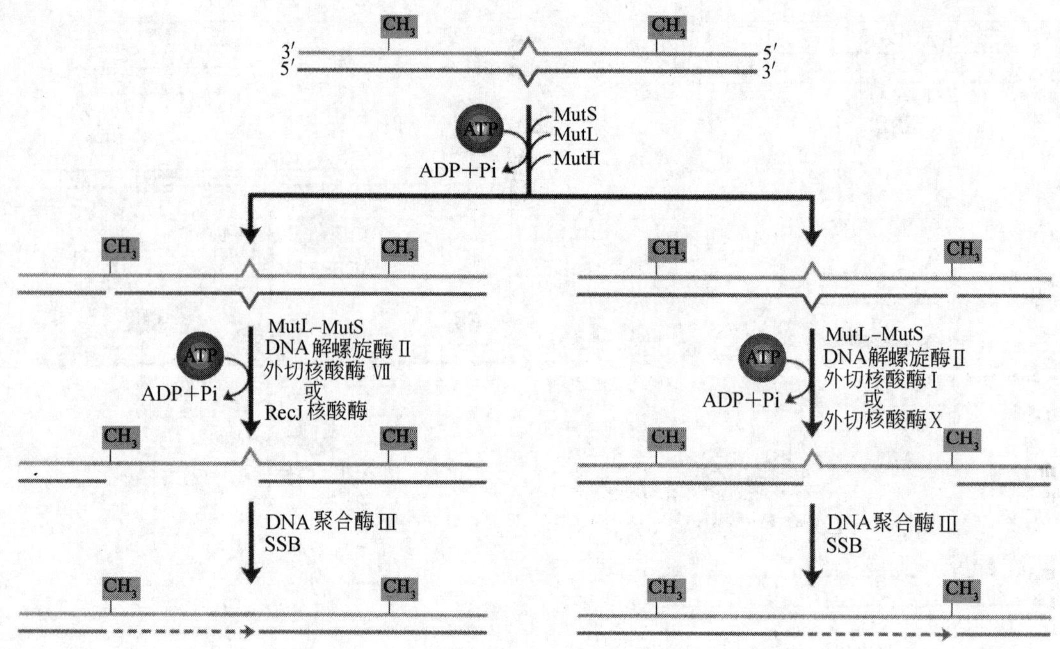

图 16-16 甲基指导的错配修复的完成

DNA 解螺旋酶Ⅱ、SSB、四个不同外切核酸酶中的一个联合作用是除去从 Mut H 切点到超过错配点的未甲基化 DNA 链。所用的外切核酸酶视切点与错配点的相对位置产生的缺口由 DNA 聚合酶Ⅲ填充，由 DNA 连接酶封住切口（nick）

一旦 AP 位点形成，必须由另一组酶来修复它们。这种修复不是简单地插入一个新碱基重新形成糖苷键；留下的脱氧核糖 5-磷酸要被除去并用新核苷酸代替。这个过程由一类称为 AP 核酸内切酶（AP endonuclease）的酶开始的。它切割含有 AP 位点的 DNA 链，切点离 AP 位点的距离因不同的 AP 酶而异。含有 AP 位点的 DNA 片段被除去后，在 DNA 多聚酶Ⅰ的作用下合成新的核酸链，所剩下的切口（nick）由 DNA 连接酶融封（图 16-17）。

四、核苷酸切割修复

引起 DNA 双螺旋结构变形的大的 DNA 损伤一般需要由“核苷酸切割修复”（nucleatide-excision repair）系统来修复。大肠杆菌这种修复系统中起关键作用的酶类——ABC 核酸酶由三个亚基组成，它们分别由基因 *uvr*A，*uvr*B，*uvr*C 编码，这种酶识别许多类型的 DNA 损伤，包括环丁烷型嘧啶二聚物，6-4 光促产物和几个其他类的碱基的加成产物。“ABC 核酸切割酶”（excinuclease）在某种意义上是一种独特核酸酶，它们把含有损伤的 DNA 单链整段地切出，因此，这种活性区别于所有其他标准的内切核酸酶（图 16-18）。

五、直接修复

有几种修复系统是不用切去碱基和核苷酸的。人们研究得最清楚的直接修复（direct repair）是环丁烷式嘧啶二聚体的光复活修复。这是一个由 DNA 光解酶催化的反应。紫外光诱导产生的嘧啶二聚体，由光解酶（photolyase）利用光能催化二聚化的逆向反应，使二聚体分解成单体，修复这种损伤。光解酶一般含有两个辅因子用作光吸收因子或发色团。一个发色团总是 $FADH_2$，在大肠杆菌和酵母中的另一个发色团是四氢叶酸。

另一个例子是对 O^6-甲基鸟嘌呤的修复，它们是在烷基化试剂存在的情况下形成的，相

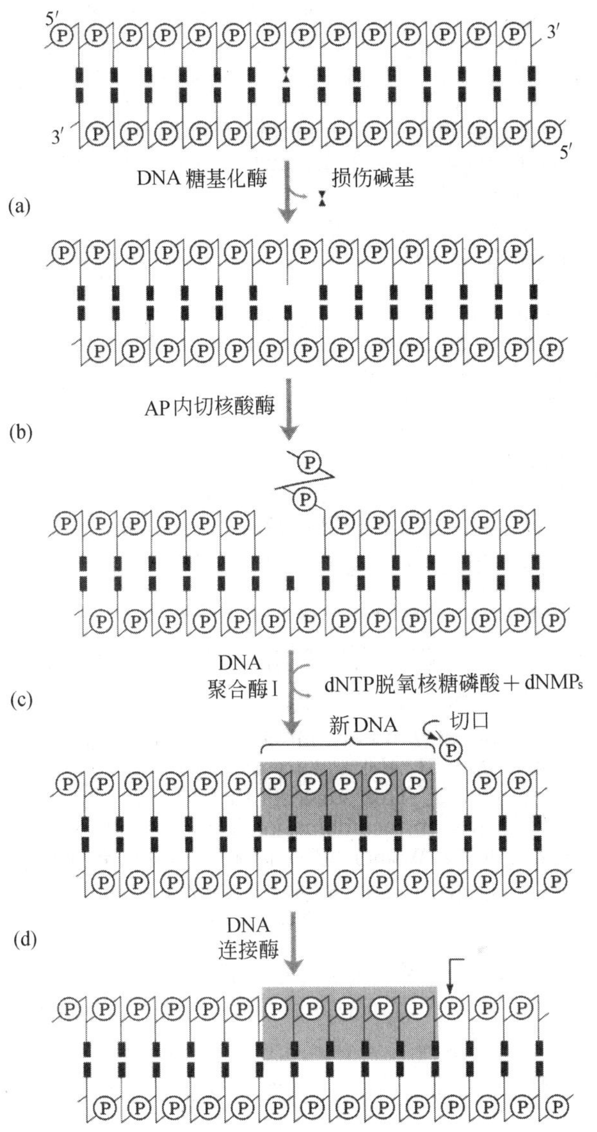

图 16-17　DNA 的碱基切割修复途径

（a）DNA 糖基化酶除去受损伤碱基；

（b）AP 内切核酸酶除去无碱基位点；

（c）DNA 聚合酶Ⅰ填充缺口；

（d）DNA 连接酶封口

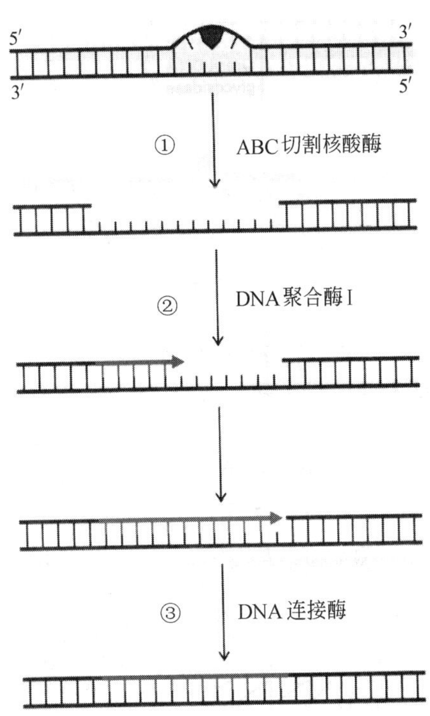

图 16-18　DNA 的核苷酸切割修复机制

①一种专门的核酸切割酶切去损伤位置的寡聚核苷酸片段；②DNA 聚合酶Ⅰ填充缺口；③DNA 连接酶封口

当普遍且有高度诱变性。在复制期间，O^6-甲基鸟嘌呤倾向与胸腺嘧啶，而不是与胞嘧啶配对，因而使一个子代双链中的 G≡C 对变成 A═T 对而发生突变。

O^6-甲基鸟嘌呤的直接修复是由 O^6-甲基鸟嘌呤 DNA 甲基转移酶促进的，它把 O^6-甲基鸟嘌呤上的甲基转移到这个酶的半胱氨酸残基上。这个甲基转移酶在严格的意义上说不是一种酶，因为单一甲基转移事件即可灭活这种酶。消耗一个完整的蛋白质分子，去矫正一个碱基的损伤。这又一次活生生地说明了维持 DNA 分子完整性的核心重要性。

六、重组修复与差错倾向修复

上述已经讨论过的修复途径一般能行得通，这是因为损伤总发生在双链 DNA 的一条链，另一条未损伤链可以提供正确的遗传信息用于恢复损伤链。但是有一些类型的损伤，例如双链断裂，双链交联，或一条单链损伤，其互补链本身也有错误或不存在。双链断裂或单链 DNA 损伤常常发生在复制叉遇到未修复的 DNA 损伤（图 16-19）。这样的损伤和 DNA 交联也可以由电离辐射和氧化反应造成。

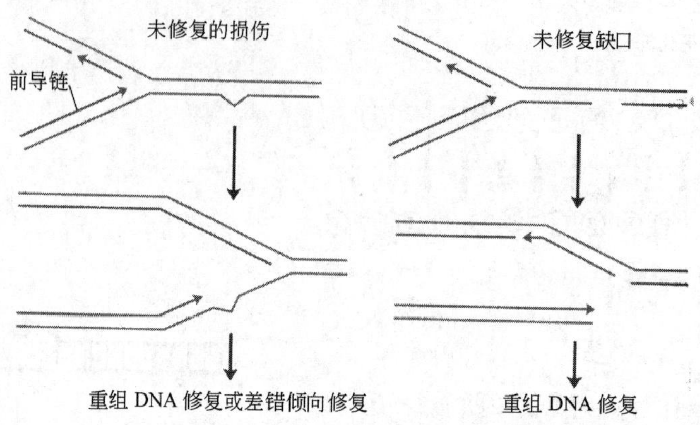

图 16-19　DNA 损伤对 DNA 复制的影响

未修复的 DNA 复制造成无配对损伤 DNA 单链或双链断裂产物，可以由两条不同途径修复

在一个停顿的细菌复制叉（replication fork），有两条途径可用于修复。在用于修复的模板链不存在的情况下，修复所需的精确信息来自一条独立的同源染色体。所以这个过程包括遗传重组。这个途径叫做重组 DNA 修复（recombinational DNA repair），这种修复将在本章后述部分详细讨论。当 DNA 损伤发生在不寻常的高水平（例如，细胞被暴露在强紫外光下），此时一个称为“差错倾向修复”（error-prone repair）的途径可以被采用。当进入这种途径时，DNA 修复变得很不精确，产生高突变率。差错倾向修复是细胞对 DNA 广泛受损采取的应急反应的一部分，这种反应叫做“SOS 反应”（SOS response）。

有些 SOS 蛋白，例如 UvrA 和 UvrB 已作过介绍（表 16-6），它们正常存在于细胞中，但是在 SOS 反应中被诱导至高水平。另一些 SOS 蛋白参加差错倾向修复新途径。UmuD 蛋白被切割成较短的 UmuD′形式，它和 UmuC 蛋白形成复合物，创造出一种专门的 DNA 聚合酶Ⅴ（DNA polymerase Ⅴ）。这种聚合酶能使复制通过许多种损伤位点而不像其他复制

表 16-6　大肠杆菌 SOS 反应诱导的部分基因

基因名	所编码的蛋白及在 DNA 修复中的功能	基因名	所编码的蛋白及在 DNA 修复中的功能
已知功能的基因		*din* B	编码 DNA 聚合酶Ⅳ
pol B(*din* A)	编码 DNA 聚合酶Ⅱ亚基，在重组修复中重新开始复制所需	参与 DNA 代谢的基因	在 DNA 修复中功能未知
		SSB	编码 SSB 蛋白
uvr A	编码 ABC 核酸切割酶 UvrA 和 UvrB 亚基	*uvr* D	编码 DNA 解螺旋酶Ⅱ
		him A	编码寄主整合因子亚基，参与位点特异重组，复制、转座基因表达调节
uvr B			
uvr C	编码 DNA 聚合酶Ⅴ		
uvr D		*rec* N	重组修复所需
sul A	编码抑制细胞分裂蛋白，以便进行 DNA 修复	未知功能的基因	
		din D	
rec A	编码 Rec A 蛋白，这是一种差错倾向修复和重组修复都需要的蛋白	*din* F	

酶一样中断复制。在有损伤的情况下正确的碱基配对常常是不可能的，所以这种通过损伤的复制是有差错倾向的。在本章通篇强调基因组完整的重要性，因此这样一种能增加突变几率的修复系统存在似乎是不明智的。但是这是一种不得不采取的策略。产生突变杀死许多细胞，但是这是细胞为了克服不可逾越的障碍进行复制所付出的生物学代价，它允许有一小部分突变细胞存活下来。

除了DNA聚合酶Ⅴ，通过损伤复制还需要RecA蛋白，SSB蛋白，和一些衍生自DNA聚合Ⅲ的亚基。另外有一种DNA聚合酶Ⅳ也在SOS反应期间诱导，它是*din* B基因的产物，这个酶也是有高度差错倾向的。有一些由SOS诱导的基因尚不清楚。

由于RecA蛋白在细菌细胞中有几种独特的功能，它在DNA重组中的功能和对SOS反应的调节作用已有较详细介绍。

第六节　体内DNA重组过程

在DNA分子内部和分子之间的遗传信息重组涉及一系列过程，它们都放在遗传重组这一节来介绍。对DNA重组过程的了解，使科学家开拓出改变各个物种基因组的新方法。

遗传重组事件可以分成至少三个类型。其一是同源遗传重组（homologous genetic recombination，也称普通遗传重组）。这种重组需要两个分子之间或同一分了的不同部分同源（几乎相同的）顺序之间的遗传互换。另一类称为位点特异重组（site-specific recombination）。在这类过程中遗传重组仅需要特定的DNA顺序，无需同源部分。第三类称为DNA转座（DNA transposition），它们的特别之处是某些DNA顺序含有能够使自身的DNA片段从染色体的一个位点转移到另一个位点的功能，这些“跳跃基因”（hopping genes）是由Barbara McClintock在玉米中首先观察到的。除了上述这些研究得很多的遗传重组类型之外，还有一些不寻常的遗传重组事件，人们尚不了解它们的机制和目的。

遗传重组系统的功能和重组机制一样多种多样。遗传多样性的保持；特殊的DNA修复机制；一些基因表达的调节和在发育过程中程序性的遗传重排（genetic rearrangement），这些已被认识的遗传重组事件具有代表性。为了说明这些功能，首先要了解重组反应本身。

一、同源遗传重组有着多重的功能

同源遗传重组是紧密地和细胞分裂相联系的。在减数分裂过程中，同源重组以高频率发生，在这个过程中含有配对成套染色体（双倍体）的胚系细胞分裂成为具一套染色体的配子细胞，即真核生物中的精子和卵子（生殖细胞）。概括地说，减数分裂开始自胚系细胞的DNA复制，使DNA分子在细胞中有四个拷贝，这种细胞然后进行两次减数分裂，降低DNA含量，达到四个子代细胞都是单倍体的水平。

在细胞第一次分裂前期（prophage Ⅰ），四个拷贝的DNA仍由着丝粒相连，此时的染色体可以称为“姐妹染色单体”。因此，四个同源染色体被排列为两对染色单体，遗传信息的互换发生在紧密联系的同源染色体之间。减数分裂的这个阶段称为同源信息重组阶段。这个过程发生DNA分子的切断和重接。这种交换也叫做染色体交叉互换。这在细胞学中可以观察到。两个姐妹染色单体之间相连的交叉互换点称为交叉点（chiasma，chiasmata）。这就有效地把四个同源染色单体联系在一起，这种联系也是其后减数分裂过程中把染色体正确地分离给子细胞所必需的。两个同源染色体的任何一点上发生重组和交叉互换的可能性大约相等。因此，在一条染色体中某区域一定距离的两点之间的重组频率和这两点间的距离成正比。这个事实几十年来一直被遗传学家用来记述基因之间的相对位置，并做遗传图。所以同源重组是遗传学中许多经典应用的分子基础。

在细菌细胞中显然不进行减数分裂，但同源重组可以发生在细菌接合过程中。这种交配使非常接近的细菌细胞之间转移染色体DNA；或者这种重组可以发生在同一细胞内的DNA

复制过程中或复制之后的同源染色体之间。

这种重组过程已证实的功能有三种：①它提供了群体的遗传多样性；②它给真核细胞染色单体之间提供一种临时的物理联系，这种联系是第一次减数分裂中把染色体正确分配到两个子细胞所必需的；③它为几种类型的DNA损伤修复提供了机会。

Robin Holiday为了解同源重组做出了重要贡献。他在1964年提出了一个同源遗传重组模型，如图16-20。这个模型有四个关键要点：①染色体中的同源DNA顺序被对应地排列在一起；②每条双链DNA中的一条链被切断，并和另一双链对应的切断链互换连接成Holliday中间体（Holliday intermediate）；③在这个区域，不同DNA分子的链进行配对，这种实体称为杂螺旋DNA，互换链以“分叉移动”（branch migration）的方式延伸；④Holliday中间体的两条交叉链被切断，切点被修复以形成重组产物。同源重组过程可因物种的不同在细节上有变化，但大部分过程一般具有相同的形式。细菌细胞和噬菌体DNA Holliday中间体已被证实［图16-20(b)］。请注意有两种切割和分解Holliday中间体的方法，但这个过程是保守的，即重组中间体分解的产物含有像重组底物一样以相同线性顺序排列的相同的基因。图中垂直切割方法的侧接杂螺旋区域的DNA是完全重组的；水平切割方式其侧接（flanking）DNA是部分重组的［图16-20(a)］。真核生物或原核生物都可以观察到这两种结果。

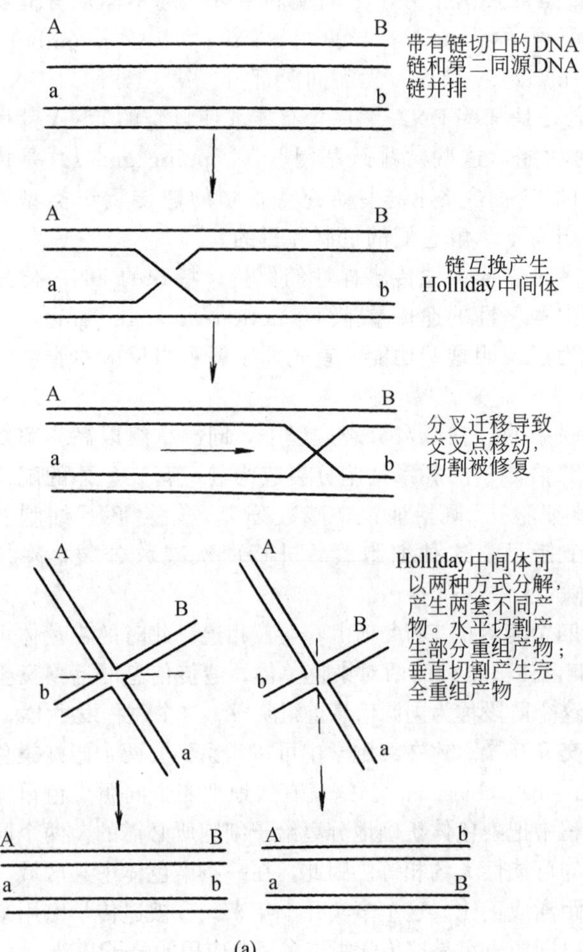

(a)

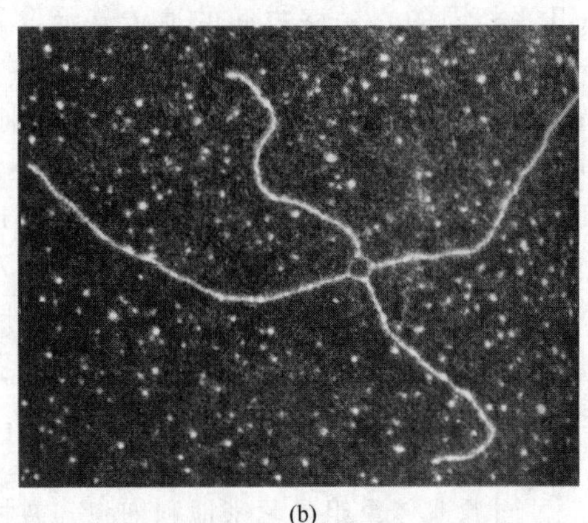
(b)

在(a)中，两条同源DNA顺序并排；单链切割后，链互换连接成Holliday中间体；互换点移动(分叉移动)扩大互换范围。Holliday中间体的分解依图中水平切割和垂直切割产生四种不同产物，水平切割产生部分重组产物，垂直切割产生完全交换产物；图中A，a，B，b为等位基因

图16-20　Holliday模型及质粒DNA同源重组中间体

(a) 同源重组的Holliday模型；(b) 电子显微镜图显示的质粒DNA的Holliday中间体

图 16-20 中所示的同源重组过程是一种很精巧的过程，可获得精细的分子结果。为了了解这个过程对遗传多样性的影响，有一点应该知道，即“同源”并不意味着完全一样。两个被重组的染色体可能含有同样的基因排列，但是每个染色体可能在一些基因中的碱基顺序有微小的不同。例如在人体中，一条染色体可以含有正常的珠蛋白基因，另一条染色体的珠蛋白基因可能带有镰刀型细胞突变，这种不同是在百万个碱基中只有一个或两个碱基对的差别，虽然同源重组不改变基因的线性排列顺序，但是它能决定一条染色体上哪些不同基因段落（或等位基因）连接在一起。

二、重组需要特殊的酶

启动同源重组的各个步骤需要一些特殊的酶，从真核生物和原核生物中已分离出一些这类酶，而被研究最多的还是大肠杆菌的酶类。几个重要的重组酶是由 *rec*A、*rec*B、*rec*C 和 *rec*D 基因编码的；还有一个是由 *ruv*C 基因编码的。*rec*B、*rec*C 和 *rec*D 基因编码是 RecBCD 酶。它能够解开 DNA 螺旋，并偶尔地切开它的一条链引起重组，RecA 蛋白促进重组过程的中心步骤：使两个 DNA 分子配对，形成 Halliday 中间体，并推动交叉移动，从细菌和酵母中已分离到一种新的核酸酶，这种核酸酶（水解酶）也被称为分解酶，在 *E. coli* 细胞中它是由 *ruv*C 基因编码的。

RecBCD 酶和线性 DNA 的一端结合，并使用 ATP 的能量沿着螺旋移动，先解开 DNA，然后使 DNA 重新缠绕螺旋。重新螺旋比解螺旋慢，因此，单链区域形成一个“泡”，并逐渐扩大。当特殊核酸内切酶碰到称为 chi 位点的特殊顺序（5′）GCTGGTGG（3′）时，泡中的单链部分被切开。这种特殊顺序在大肠杆菌基因组中约有 1000 个。这种顺序能增加它相邻顺序的重组频率，造成重组“热点”。能增加重组频率的这类顺序已经证实，且已知它也存在于其他几个物种中。

RecA 蛋白是一种和 DNA 代谢有关的特殊蛋白。它的活性形式能与 DNA 结合并协同组装成有序的螺旋丝状体，这种丝状体可以含有成千上万个 RecA 蛋白（图 16-21），它们通常存在于由 RecBCD 酶造成的单链 DNA 部分；也存在于双链 DNA 的单链缺口区域，这首先是由 RecA 蛋白单体结合于缺口的单链 DNA，然后丝状体迅速和邻近的双螺旋 DNA 相包裹。

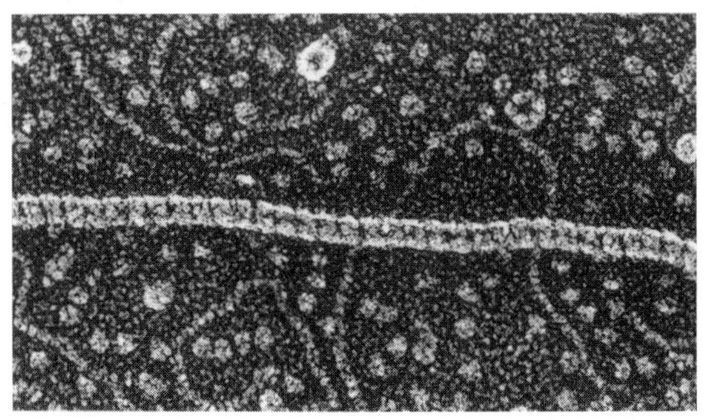

图 16-21　RecA 蛋白与单链 DNA 形成的丝状核蛋白电子显微镜照片

在体外研究中证实，RecA 丝状体促进重组过程的 DNA 链互换作用，线状体中的 DNA 和第二个双链 DNA 并排，它替换同源链，与另一条链互补并形成杂螺旋 DNA。互换以 3～6bp/s 的速度进行，这个过程是以丝状体中单链 DNA 的 5′→3′单向进行，这个反应可以是三条链参加，也可以是四条链参加。后者形成 Holliday 中间体结构。

一个更详细的说明如图 16-22。此图显示 RecA 蛋白介导的三链互换机制。首先 DNA 并排形成一种不寻常三链互缠结构。这种结构的细节尚不清楚；第二，由于 DNA 是螺旋结构，链互换要求并排的 DNA 进行有序的旋转，于是造成纺锤体旋转作用，使分叉点沿着螺旋移动。这个反应是由 RecA 蛋白促使 ATP 水解驱动的。

Holliday 中间体形成后，要完成重组过程还需要 DNA 拓扑异构酶、分解酶、DNA 聚合酶Ⅰ或Ⅲ、DNA 连接酶和其他核酸酶。*E. coli* 的 RuvC 蛋白（M_r 20000）分解 Halliday 中间体［图 16-20(a)］。细胞中这些酶如何进行这个反应，如何协调这些反应的细节，目前尚不清楚。

三、同源重组是 DNA 修复的重要途径

当受损伤的 DNA 链的配偶链没有修复所需的 DNA 顺序信息时，重组作用提供一条 DNA 段落以进行精确修复。为了说明重组在 DNA 修复过程中的作用，首先需了解在正常 DNA 复制过程中未被复制的损伤了的 DNA 单链的命运。这些损伤可以在复制后修复，在大肠杆菌细胞中这个过程需要 RecA 蛋白的参与。

一种假定的复制后 DNA 修复过程如图 16-23 所示。无配对的 DNA 链上的损伤此时不能被

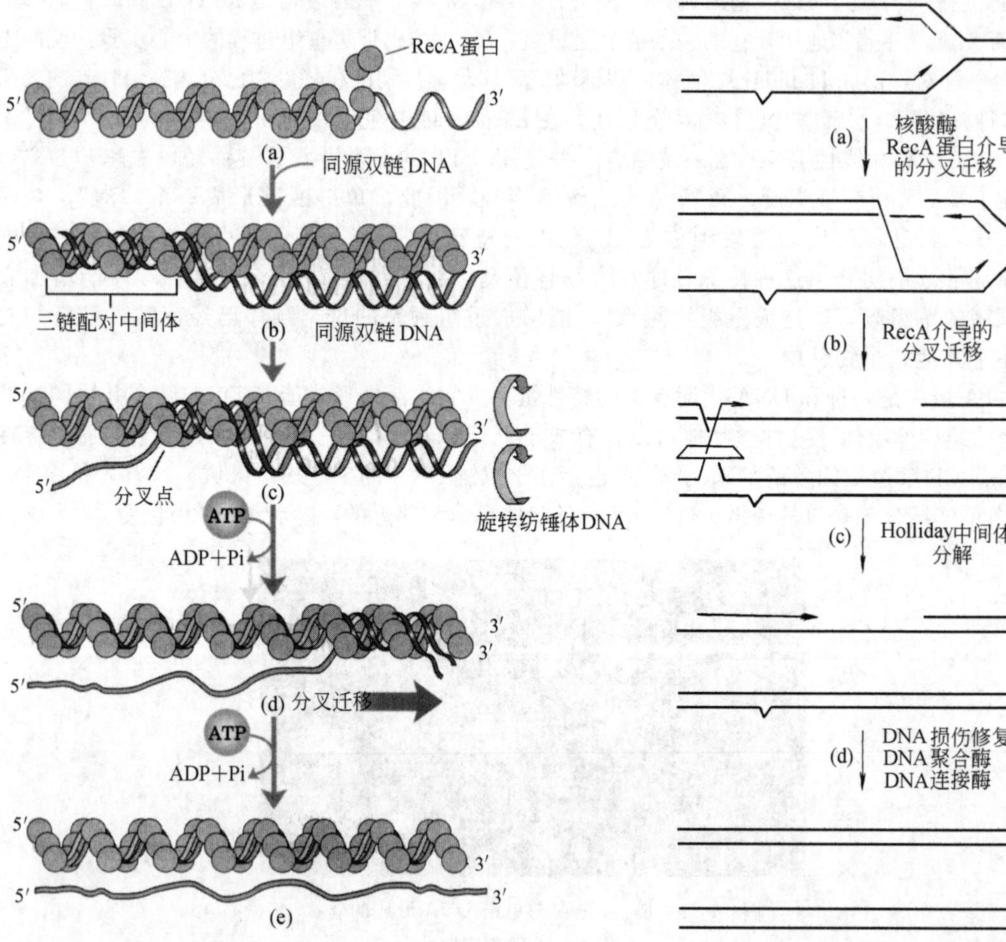

图 16-22　RecA 介导的 DNA 链互换模型

本图示三链反应：(a) RecA 和单链 DNA 形成丝状体；(b) 同源双链和丝状体相缠绕，形成三链配对中间体；(c) DNA 旋转引起纺锤体效应，从左到右移动三链区，入侵链和一条互补链配对，双链中的另一条原始链被替换；(d，e) 旋转继续被替换链最后被分离。此过程中，RecA蛋白水解 ATP 作为能量来源

图 16-23　复制后修复中 RecA 蛋白的作用

(a) 由于双链 DNA 中的一条链有损伤而未被复制；(b) 在核酸酶切割之后，RecA 蛋白从同源 DNA 链转移一条互补链；(c) RecA 介导的复制叉迁移，形成 Holliday 中间体，然后被切割分解；(d) DNA 损伤靠转移的互补链修复。DNA 聚合酶和连接酶参与修复过程

切去，因为它可能使DNA的两条链都留下缺口，因而可能导致细胞死亡。为了防止染色体断裂以便修复，DNA损伤的区域必须获得互补链。重组作用可以使用复制叉上的另一同源DNA链。由RecA蛋白引起链互换反应，从同源DNA转移一条未受损伤的互补链，使包含损伤的顺序区域形成杂螺旋DNA。RecA蛋白介导DNA链交换的一个重要性质是在ATP水解产生的能量的帮助下有效地通过大部分损伤位点，一旦损伤部分组成双链，损伤就可以利用正确链加以修复，这类损伤修复的过程很明显是每个细胞同源重组作用的主要功能。

第七节　位点特异遗传重组

现在介绍另一种不同的遗传重组——仅限于特殊顺序的重组。这类位点特异重组（site-specific recombination）在各种细胞中都存在。它们的功能有很大的不同，这些功能包括一些基因表达的调节；许多物种在发育期间引发的程序性重排，以及一些病毒和质粒复制周期中的DNA重排。位点特异重组依赖于重组酶（rccombinase）和由重组酶识别的一种短的（20～200bp不等）独特的DNA顺序。一些这类特殊重组还需要一个以上的辅助蛋白以调节

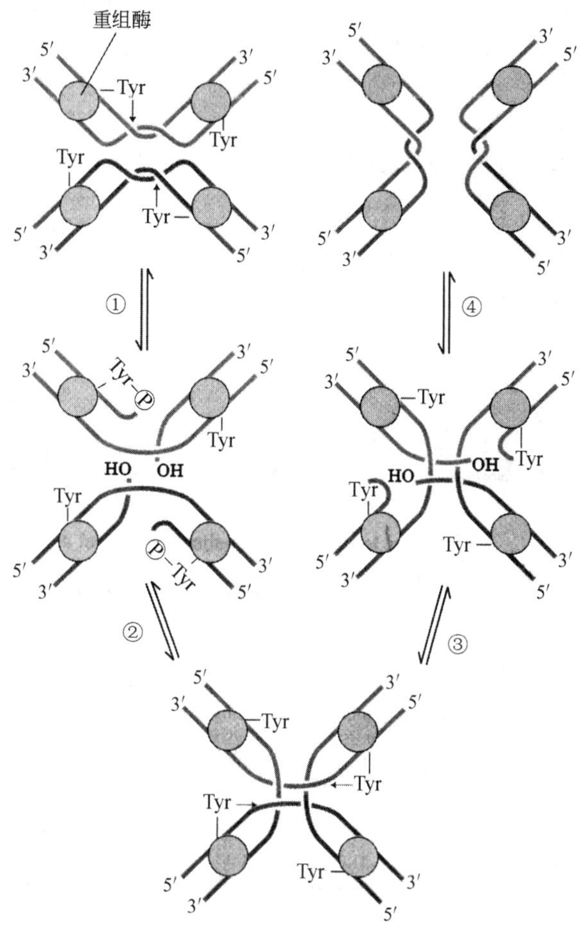

图16-24　由重组酶催化的位点特异重组反应

这是一类普通重组酶——整合酶的催化机制：①参与重组每条双链DNA的一条链被切割在顺序内的特殊位点，酶的一个活性酪氨酸残基的羟基作为亲核基团，使DNA和酶建立磷酸酪氨酸共价联系；②切割链和新结合链连接形成Holliday中间体；③完成类似于前两步骤的过程；④重组位点的连接顺序被重新组合

重组发生的时间及结果。

在体外进行的几个位点特异重组系统的研究，已经阐述了一些一般的原理。许多系统的基本反应途径说明见图 16-24。在这些过程中，重组酶识别并分别结合于重组位点两端的 DNA 顺序上。这些顺序可能在同一个 DNA 分子内部，也可以在不同 DNA 分子中。每个重组位点的一条 DNA 链被切割，重组酶通过磷酸酪氨酸（有时是磷酸丝氨酸）酯键共价连接于 DNA 的切开位置。这种蛋白——DNA 的临时连接——保留了 DNA 被切割失去的磷酸二酯键，因此，在其后的步骤中不需 ATP 这样的高能辅因子。当切割的 DNA 和新的 DNA 伴侣重新形成磷酸二酯键时消耗 DNA 蛋白质的联系键的键能。最初的切割和连接形成一个 Holliday 中间体。为了完成重组过程，这些反应也必须发生在重组位点的另一边，见图 16-24 的③④步骤。在一些系统中，重组位点 DNA 的两条链可能同时被切开，并和新的 DNA 伴侣连接而无需形成 Holliday 中间体。在各种重组中 DNA 交换是互相的，并且十分准确，因此重组位点在这些反应后重新产生。简而言之，重组酶可以看成是一种位点特异核酸内切酶和连接酶。

由这些重组酶识别的重组位点的顺序是部分不对称的（非回文结构）。在重组酶促进反应时两个重组位点以相同取向排列。重组酶促进的反应的结果因这些重组位点的位置和取向的不同而不同，见图 16-25。如果两个重组位点处在同一个 DNA 分子，反应将导致位点之间 DNA 顺序的颠倒或缺失，视这两个位点是相反或相同取向而定；如果这些重组位点处在不同 DNA 分子，重组在分子间发生，且这两个 DNA 有一个是环形或都是环形 DNA 分子时，重组发生插入反应。这些反应之中，有些重组酶系统是高度特异的，它们只对某种 DNA 取向有活性。

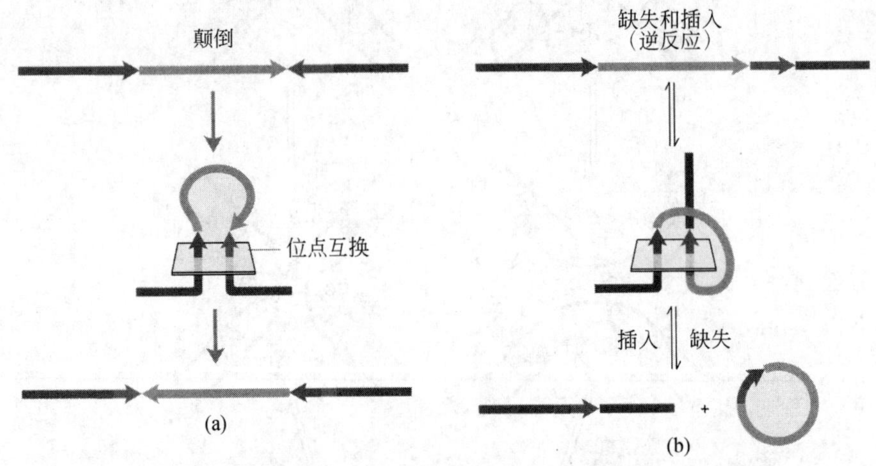

图 16-25　位点特异重组的结果受重组位点位置和取向的影响

（a）重组位点在同一 DNA 分子内部有相反取向的，产生被重组顺序的颠倒作用；

（b）重组位点若有相同取向在一个分子内产生缺失作用，在不同分子间产生插入

在体外研究和证实的第一个位点特异重组系统是由噬菌体 λ（lambda）编码的。当 λDNA 进入大肠杆菌细胞时，一种复杂的调控系统使得 DNA 采取两种命运中的一种：或者它进行复制以产生更多的子代噬菌体，在这种情况下，它最后破坏寄主细胞，释放子代噬菌体；或者它整合进寄主染色体，随着寄主染色体复制而一代代传下去。整合是由 λDNA 编码的 λ 重组酶完成的。它分别与噬菌体 DNA 和寄主 DNA 的附着位点 *att*P 和 *att*B 作用，见图 16-26。在反应过程中涉及几种辅助蛋白，这些蛋白有些是寄主编码的，有些则是噬菌体 DNA 编码的。根据重组前后的化学键性质，位点特异重组应具有化学对称性，即整合和切出反应的平衡常数应该是 1.0。λ 整合时，一个主要辅助蛋白的功能是用于改变整合和逆反应（切出）的平衡常数。当噬菌体 λDNA 要从染色体切出的时候（由于细胞所处环境改

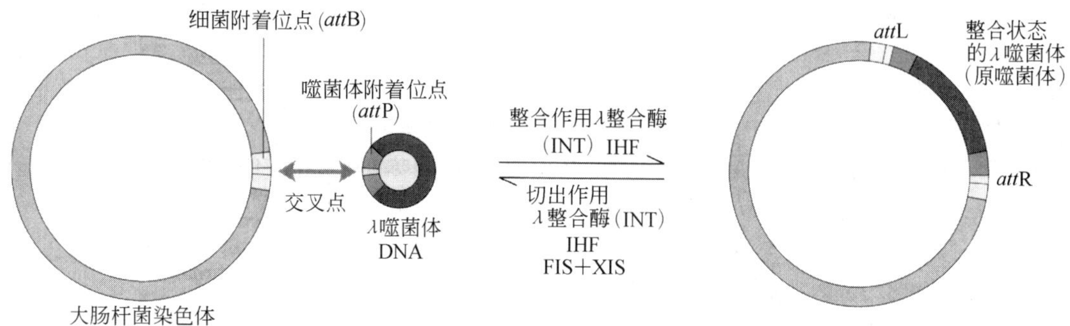

图 16-26　λDNA 在细菌染色体 DNA 上的整合和切出

噬菌体 λ 的附着位点 *att*P 和细菌附着位点 *att*B 有 15 碱基对是完全同源的，整合反应产生噬菌体 DNA 连接的两个新的附着位点 *att*L 和 *att*R。重组酶是 λ 编码的整合酶或称 INT 蛋白。整合和切出使用不同的附着位点和辅助蛋白。整合需要 INT 蛋白和寄主整合因子（IHF）。切出过程除了需整合酶 INT，寄主整合因子，还需要 FIS 蛋白（噬菌体编码）和 XIS 蛋白（细菌编码）

变），位点特异的切出反应实际上使用另一套辅导蛋白。

使用位点特异重组来调节基因表达的情况将在第十九章讨论。

一、可转座遗传因子可从一个座位转移到另一座位

现在来讨论使可转座因子或转座子（transposons）移动的重组过程。实际上转座子是存在于所有类型细胞中的 DNA 顺序。它能从染色体的一个地方（供体位点）移动或“跳跃”到另一个染色体或同一染色体的另一个地方（靶子位点）。转座作用（transposition）通常不需要 DNA 顺序的同源性，靶位点的选择多多少少带有点随机性。由于转座子插入一个必需基因的序列中时会杀死细胞，这种事件是严格控制的，并不经常发生。转座子大概是最简单的分子寄生物，采取被动的方式在寄主细胞的染色体中被复制。它们所携带的基因常常对寄主是有利的，因此与寄主以共生形式存在。

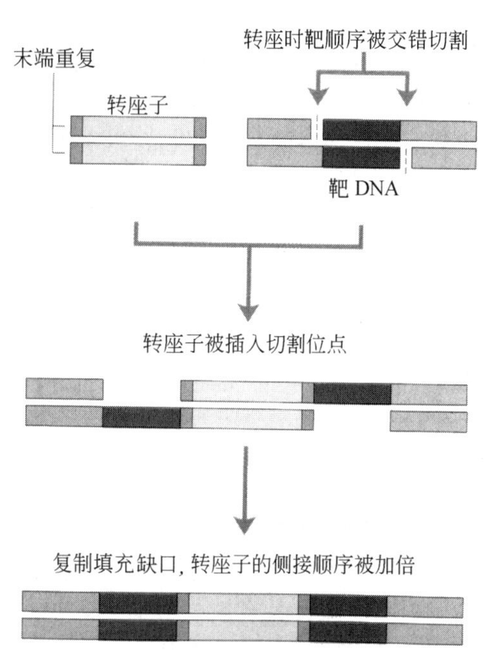

图 16-27　转座发生的示意图

转座作用导致靶位点的 DNA 顺序被复制，被复制的靶顺序通常只有几个 bp 长

细菌中有两类转座子：一类称插入因子（insertion sequence），它是最简单的转座子，仅含有为它们本身转座所需的 DNA 顺序和引起转座所需的转座酶（transposases）基因；另一类称复合转座子（complex transposons），它们含有一个或多个其他基因，这些额外的基因常常提供抗生素抗性，抗生素抗性在致病菌群体中的传播部分是由转座介导的，它使一些抗菌素失效。

细菌转座子在结构上有许多变化，但大部分在转座因子的两端有一短的重复顺序，这些重复顺序是转座酶结合的位点。当转座发生时，两端的短顺序（5～10bp）被复制以形成插入转座子两端的重复顺序，见图 16-27。这些短的末端重复反映了转座子插入新位点时的切割机制。

细菌细胞中的转座有两种一般途径。第一类是直接转座或简单转座。这种转座从转座子的两端切出转座子，并转座到新位点，在原位上留下双链切口。靶位点 DNA 双链被交错切开，转座子被接入切口，这个过程发生 DNA 复制以填补靶顺序，造成末端重复。第二类转座称为复制型转座。这个过程中转座子顺序被全部复制一遍。这样，一个拷贝的转座被留在原始供体位点；另一拷贝转座到新位点。这个过程产生受体和供体 DNA 顺序的“共整合”中间体(cointegrate)。此时供体区域和靶子顺序共价连接。在这种中间体中存在两拷贝完整的转座子，以相同取向排列在染色体 DNA 中。在一些详细研究的转座子中，这种转座中间体是以位点特异重组的方式被分开的，以形成最终产物，一些专门的重组酶促进所需的“缺失”反应。

在真核生物中也存在着转座子，它们的结构类似于细菌转座子，而且有些真核转座子使用类似的转座机制。但是，某些真核转座子的转座过程十分不同，它们以 RNA 为转座中间体。这类转座子将在下一章介绍。

二、免疫球蛋白基因的重组

一些 DNA 重排（rearrangement）是真核生物发育过程的一部分。进行程序性重组的一个重要例子是免疫球蛋白基因的产生。它们是由分布在基因组内不同区域的基因片段组装成的。由 B 淋巴细胞产生的免疫球蛋白（immunoglobulin，或称抗体）是脊椎动物免疫系统中的坚强卫士，它能和入侵机体的感染因子及所有外来物结合，人和其他哺乳动物能够产生几百万个有特异性结合作用的抗体。但是人的基因组仅含约 4 万个基因，重组可以使一种机体从相对小的 DNA 编码能力产生极其多样的抗体。

脊椎动物都能产生多种类型的免疫球蛋白。为了说明抗体多样性是如何产生的，这里，集中讨论人的免疫球蛋白 G（IgG）。免疫球蛋白由两条重链和两条轻链组成。每条链有一个可变区，这些可变区（variable regions）因不同免疫球蛋白而有很大的不同。另一区域为不变区，它在一类免疫球蛋白中实际是不变的。有两个不同家族的轻链，kappa 和 lambda。它们不变区的顺序有些不同。这三种肽链（重链、kappa 和 lambda 轻链）其可变区的多样性是由同样的机制产生的。这些肽链的基因被分成片段，具有不同顺序的片段串联排列在基因组中，各种顺序片段被连接以产生完整的抗体基因。

关于人体免疫球蛋白 IgG kappa 轻链编码区的组织以及 kappa 链如何经修饰成熟的过程示于图 16-28(b)。在未分化的细胞中，这条多肽链的编码区域被分成三个片段：V（variable 可变）区为可变区的头 95 个氨基酸残基编码；J 区（jaining 连接区）为可变区剩下的另 12 个氨基酸残基编码；C 区为不变区的肽段编码。细胞染色体上有 300 个不同的 V 区，4 个不同的 J 区和 1 个 C 区。当骨髓细胞的一种干细胞分化形成成熟 B 淋巴细胞时，一个 V 片段和一个 J 片段靠位点特异重组被组合在一起。这是一个有效的 DNA 缺失事件，使间隔(intervening) DNA 顺序丢失。于是产生 $300\times4=1200$ 可能的组合。这种重组过程不完全像上述提到的位点特异重组。另一些变化存在于 V-J 连接的顺序中，它使 V-J 区的组合多样性增加起码 2.5 倍。因此，就有了 $2.5\times1200=3000$ 种不同的 V-J 组合产生。这些组合最后连接到 C 区，那是在基因转录后的 RNA 剪接反应中完成的。RNA 剪接的过程将在后续章节中介绍。IgG 球蛋白重链和 lambda 轻链基因的形成类似于 kappa 链基因。重链有更多的编码 DNA 片段并可有多于 5000 种不同的组合。任何轻链可以和任何重链组合以产生免疫球蛋白，因此，存在着起码 3000×5000 即 1.5×10^7 种可能的 IgG。更多的多样性是由于 V 顺序的高突变性产生的。这类突变以未知的机制发生在 B 淋巴细胞分化期间，每种 B 淋巴细胞仅产生一种抗体，但是由不同淋巴细胞产生的抗体种类显然是巨大的。催化这些基因重排的酶还未被纯化，但是能进行精确识别并连接 V-J 区的酶已被证实。

这里介绍的重组过程表明，重组过程并不破坏在复制和修复过程中千方百计维持的遗传

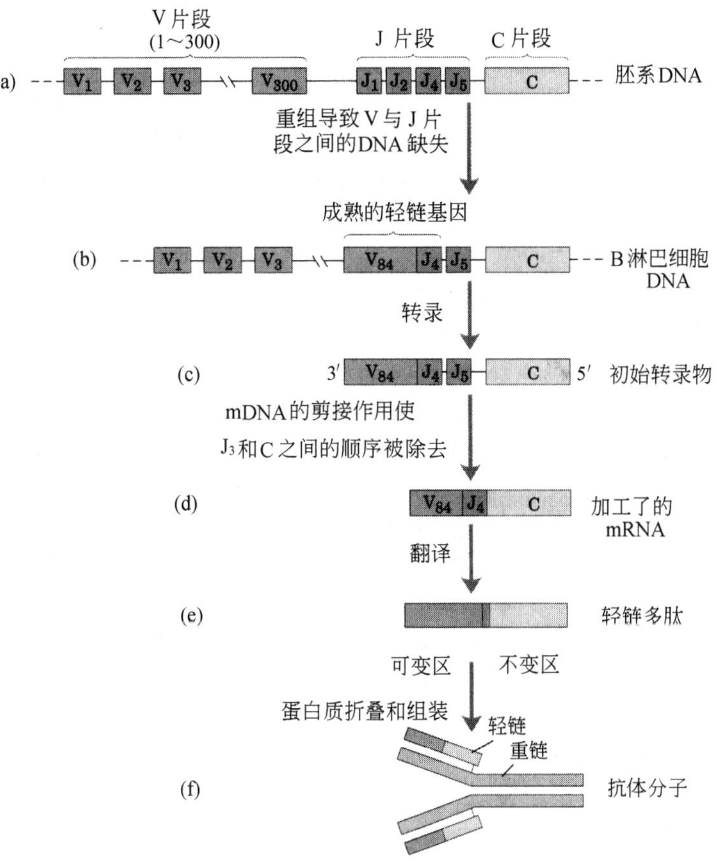

图 16-28　人免疫球蛋白 IgG kappa 轻链的 V 区和 J 区基因片段重组作用产生抗体的多样性

物质的完整性。在那些特异化了的细胞中，可以看到专门化细胞中重组过程的高度协调性（胚系细胞的 DNA 不受影响）。这些过程使得机体能够有效地利用它的遗传信息资源。

提　　要

DNA 的核苷酸顺序和结构的完整性对细胞是头等重要的。这反映在参加 DNA 复制、修复和重组过程中酶的复杂性和重复性上。

DNA 复制发生在细胞周期的特定时间内，并具有高度的精确性。复制是半保留的，以每条链作为模板复制出一条子代链。DNA 复制从一个称为“原点”的顺序开始。通常从原点开始双向进行。DNA 由 DNA 聚合酶以 5′→3′方向合成在复制叉上，与复制叉运动方向一致的链称前导链，它的合成是连续的，而滞后链的合成是不连续的。DNA 复制的高度精确性是由三个反应步骤来保证的：(1) 由 DNA 聚合酶进行碱基的选择；(2) 大多数 DNA 聚合酶的一部分结构域具有 3′→5′外切酶活性，它用于被合成碱基的校对；(3) 一个特殊的修复系统用于改正复制过程留下的错配碱基。

大部分细胞有几种 DNA 聚合酶。在大肠杆菌细胞中 DNA 聚合酶Ⅲ是主要的复制酶；DNA 聚合酶Ⅰ在 DNA 复制、修复和重组过程担任特殊的任务。在大肠杆菌染色体的复制中有很多酶和蛋白质因子参加。它们组织成“复制复合物”。复制开始于 DnaA 蛋白和原点相结合，双链 DNA 被分开，接着 DnaB 和 DnaC 蛋白进入并建立起两个复制叉。复制的调节只在起始阶段。DNA 复制的延长阶段两条链各有不同要求。DNA 复制需要双链被分开，因而造成拓扑结构张力。DNA拓扑异构酶可以松弛这种张力。单链DNA结合蛋白用于稳定分开的两条链。在滞后链的合成中，引物体蛋白复合物随着复制叉移动并调节引物酶合成RNA引物。由DNA聚合酶Ⅲ进行的前导链和滞后链的合成是偶联的。DNA聚合酶Ⅰ担任除去RNA引物的任务，并合成DNA替换。DNA连接酶融封留下的切口（nicks）。

真核细胞的DNA复制情况与上述类似，但是真核染色体有着多个复制原点。已经分离和证实了几种真核DNA聚合酶。

每种细胞有多重的甚至是繁琐的DNA修复系统。大肠杆菌细胞的错配修复是由复制后暂时未甲基化的（5′）GATC顺序指导的。其他几个系统负责修复由环境造成的损伤。这些损伤可能由自然环境中的电离辐射和烷基化作用造成，也可能由核苷酸的天然反应产生。有一些系统识别并切除仅在碱基上发生的损伤或错误（如尿嘧啶碱基），在DNA上留下一个AP位点（无嘌呤或无嘧啶位点），这就需切除并替换含有AP的位点。其他切割修复系统能识别和除去嘧啶二聚物或被改变了的核苷酸残基。一些类型的DNA损伤还以损伤的逆反应来直接修复。把嘧啶二聚物在光解酶的作用下恢复成嘧啶单体，又如O^6-甲基鸟嘌呤的甲基可由特殊的甲基转移酶除去。差错倾向修复是一种很专一的、能诱发突变的复制过程，当DNA受到严重损伤，并对复制的需要超过避免差错的需要时，才发生这种过程。

生物体的DNA顺序可以在重组反应中被重排，在任何两段DNA之间若具有同源性，可以发生同源遗传重组。这种重组发生在减数分裂期间，是一个产生遗传多样性的过程。同源重组也是一些类型的DNA修复过程所需要的。在同源重组过程中产生一种“Holliday中间体”，此时同源DNA之间发生链交叉互换。RecA蛋白引起Holliday中间体的形成，并促进分叉移动延伸杂螺旋DNA。

位点特异重组仅发生于特殊靶顺序，并且也能形成Holliday中间体。在这个过程中重组酶在特殊位点切开DNA，并把DNA和新的靶顺序相连接。这种类型的重组实际上发生在所有细胞中。它具有DNA整合、基因表达的调节等功能。在脊椎动物中一个与位点特异重组相关的程序性重组反应用于连接各免疫球蛋白基因片段，以在B淋巴细胞分化期间形成免疫球蛋白抗体基因。一些被称为转座子的小的DNA片断能够从染色体的一个位点移向同一染色体或另一染色体的另一位点。已经证明，这些可转座因子存在于所有类型的细胞中。

思考题

1. Meselson-Stahl实验证明大肠杆菌染色体DNA的复制是半保留的。有一种“分散”式复制模型假定亲本链被切成随机大小的片段，然后和新合成的子代链连接产生子代双链，在Meselson-Stahl实验中，每条链可能含有重链和轻链的随机片段。解释Meselson-Stahl实验如何排除这种复制模型的可能性。

2. 在含有$^{15}NH_4Cl$的介质中生长的大肠杆菌被转移到含$^{14}NH_4Cl$的介质培养三代（细胞群体增加8倍），此时杂合DNA（^{15}N-^{14}N）和轻DNA（^{14}N-^{14}N）的分子比例是多少？

3. 大肠杆菌染色体含有4639221个碱基对，(a) 在*E. coli*染色体复制期间，有多少个DNA螺旋必须解开？(b) 根据本章资料，在37℃时，如果有两个复制叉从原点出发，需要多少时间才能完成大肠杆菌染色体DNA复制？假定复制以每秒1000bp速度进行，而大肠杆菌细胞20min能分裂1次，怎样才能实现这一点？(c) 在复制期间有多少个冈崎片段形成？如何保证冈崎片段按正常次序组装？

4. 已知噬菌体$\Phi\times174$一条链的碱基成分是：A. 24.1%；G. 24.7%；C. 18.5%；T. 32.7%。如果提供$\Phi\times174$（一种环形DNA分子）互补链的等摩尔混合物作为模板，预计由DNA聚合酶可催化合成全部DNA的碱基组成。回答这个问题要有什么前提？

5. Kornberg和他的同事用dATP、dTTP、dGTP和dCTP混合物与可溶性大肠杆菌抽提物一起保温，且所有这些脱氧核苷三磷酸都是在α-磷酸基团用^{32}P标记的。在保温一段时间之后，保温混合物都用三氯醋酸处理，它沉淀DNA，但不沉淀核苷酸前体。收集沉淀，测定存在于沉淀中的放射性来确定前体掺入的水平。(a) 如果四种核苷酸前体中的任意一种被省去，沉淀中是否会有放射性？为什么？(b) 如果只有

dTTP 是被^{32}P标记的，能否在沉淀中测出放射性？（c）如果^{32}P被标记在β或γ磷酸基团，能否在沉淀中发现放射性？

6. 列表比较在大肠杆菌 DNA 复制中各种前体、酶和其他蛋白质因子在前导链和滞后链合成中的功能。

7. 一些大肠杆菌突变体含有 DNA 连接酶基因突变，当这些突变体用含^{3}H-胸腺嘧啶的培养基培养，产生的 DNA 用碱性蔗糖梯度作沉降分析，发现出现两个区带，一个出现在高分子量部分，一个在低分子量部分，解释这种现象。

8. 在前导链合成期间，什么因素能提高复制的精确度？你估计滞后链合成有相同的精确度吗？说明原因。

9. 在复制时，DNA 解螺旋影响超螺旋密度。假定每个复制叉运动速度相同，且体系中存在着除了拓扑异构酶以外的所有 DNA 延长所需的成分。在 DNA 拓扑异构酶不存在的时候，复制叉前面的 DNA 过分超螺旋，而复制叉后面的 DNA 螺旋不足。复制叉前面的 DNA 超螺旋密度如果超过+0.14，复制叉将停止前进。假定一个 6000bp 的质粒在体外以双向复制，而反应体系中没有拓扑异构酶，质粒原先的$\sigma=-0.06$，问在复制叉停止前进以前每个复制叉有多少碱基对被解螺旋并复制？

10. 在缺少组氨酸的营养介质中，一薄层琼脂含有10^9个沙门氏杆菌细胞（组氨酸异养型），经过 37℃两天的培养，产生 13 个自养型菌落。问这些菌落是怎样产生的？这个实验在有 0.4μg α-氨基蒽存在的情况下被重复 1 次，两天的培养使自养型突变菌落超过 10000，这表明α-氨基蒽有什么性质？你如何评价它的致癌性？

11. 脊椎动物和植物细胞经常甲基化以形成 5-甲基胞嘧啶。在这些细胞中有专门的修复系统以修复 G-T 错配恢复 G≡C 配对，这种修复系统对细胞有什么好处？

12. 已知起码有 7 个不同的基因突变可造成人着色性干皮病（XP）。这些突变总是包括参与 DNA 核苷酸切割修复的基因。不同类型的 XP 标记为 A-G（XP-A，XP-B，等等），另几个其他变种记为 XP-V。以正常个体的细胞和来自一些带 XP-G 的病人细胞培养物用紫外光照射。然后抽提细胞 DNA 并变性，产生的单链 DNA 使用分析超离心进行鉴定。（a）从正常的成纤维细胞经照射后制备的 DNA，其平均分子量显著降低，而来自 XP-G 的成纤维细胞没有这种降低，为什么？（b）如果你认为是核苷酸切割修复起作用，从 XP-G 病人来的细胞可能在哪一步骤有缺陷？

13. 同源遗传重组与位点特异重组在 Holliday 中间体的形成上有何不同？

第十七章　RNA 代谢

一个基因信息的表达，首先总是从 DNA 模板上转录产生 RNA。RNA 链与 DNA 链很相似，只是核糖 2′位置有羟基，且以尿嘧啶代替胸腺嘧啶。然而，不像 DNA 那样，大部分 RNA 分子是单链的。这些 RNA 往返折叠使 RNA 具有比 DNA 更具结构上的多样性，使 RNA 拥有各种不同的细胞功能。

RNA 是唯一已知的兼具储存遗传信息和催化两种功能的大分子，这不禁让人们猜测，RNA 也许是这个行星生命发展（进化）过程中的一种主要的化学中间体。具催化功能 RNA 的发现已经改变了“酶”的定义。许多 RNA 与蛋白质结合，组成复杂的具广泛生物学功能的生物化学机器。

除了某些病毒 RNA 基因组外，所有 RNA 分子都是以 DNA 为模板合成的。在转录过程中，酶系统将 DNA 片段的遗传信息转变成与双链 DNA 中的一条链有互补碱基顺序的 RNA 链，产生了三种主要的 RNA：信使 RNA（mRNA），含有一条或多条多肽中的氨基酸顺序的信息；转运 RNA（tRNA），可以阅读编码在 mRNA 中的信息，并在蛋白质合成中转运合适的氨基酸到生长中的多肽链上；核糖体 RNA（rRNA）分子与蛋白质结合，形成复杂的蛋白质合成机器——核糖体。此外，许多行使调控和催化功能的特殊 RNA 也由 DNA 转录产生。

复制与转录有显著不同，复制过程中整条染色体被复制，以产生与亲代 DNA 相同的子代 DNA 分子。而转录是有选择性的，在某个时期，只有某个特别的基因或一组基因被转录。在下一章将介绍转录的调节。在某个特定时期只有细胞需要的遗传信息被转录。特殊的调控序列显示被转录 DNA 片段的开始与终止，也表明了哪一条链是模板链。

本章将首先介绍以 DNA 为模板的 RNA 的合成，这种过程在许多方面与 DNA 的合成很相似。然后介绍合成后的加工与 RNA 分子的周转（分解代谢）。在这个过程中将遇到许多专门功能的 RNA，包括有催化功能的 RNA。有意思的是，RNA 酶（核酶）的底物通常是其他 RNA 分子。本章还将叙述以 RNA 为模板，DNA 为产物的逆转录过程。于是，信息途径被扩展，完成一个循环。模板指导的核酸合成受一些统一规律的支配——无论模板或产物是 DNA 或 RNA，都同样适用。这种作为信息载体的 DNA 与 RNA 的相互转换，最终导致一个关于生物信息起源的讨论。

第一节　依赖 DNA 的 RNA 合成

讨论 RNA 的合成，将它与在第十五章中介绍的 DNA 的复制相比较。就化学机制、极性（合成方向）、模板使用等方面，转录与复制非常相似。与复制一样，转录也分成起始、延长、终止三个阶段。然而，有几点不同：转录不需引物；它一般只涉及一个短的 DNA 的片段；双链 DNA 中只有一条链被作为模板。下面先介绍负责转录的酶。

一、RNA 是由 RNA 聚合酶合成的

DNA 聚合酶以及它对 DNA 模板依赖性的发现鼓舞了人们对互补于 DNA 模板的 RNA 合成酶的寻找。1959 年，这种能从核糖核苷 5′-三磷酸形成 RNA 多聚物的酶被四个独立的研究组从细菌抽提物中分离出来。这种依赖 DNA 的 RNA 多聚酶（DNA dependent RNA polymerase），除了需要一个 DNA 模板外，还需要四种核糖核苷 5′-三磷酸（ATP，GTP，

UTP，CTP）和 Mg^{2+}。纯化了的这种酶含有 Zn^{2+}。RNA 合成的化学机制与 DNA 合成有许多相同的地方。RNA 聚合酶加接核糖核苷酸单体到 RNA 的 3′-羟基末端以延长 RNA 链。这样，RNA 链以 5′→3′方向生长。3′-羟基作为亲核基团进攻后续的核糖核苷三磷酸的 α-磷酸，释放焦磷酸。整个反应为：

$$\underset{\text{RNA}}{(\text{NMP})_n} + \text{NTP} \longrightarrow \underset{\text{生长了的 RNA}}{(\text{NMP})_{n+1}} + \text{PPi}$$

激活 RNA 聚合酶的活性需要 DNA，它以双链 DNA 时活性最强。双链 DNA 中只有一条链被用作模板，像 DNA 复制那样，以 3′→5′方向指导 RNA 链的合成（反平行于新生的 RNA 链）。在新 RNA 链合成中每一个核糖核苷酸的掺入都被 Watson-Crick 碱基配对作用所支配。在 DNA 模板 A 残基对面的 RNA 链中插入 U 残基；T 残基的对面的 RNA 链中插入 A 残基。同样 DNA 模板链的 C 残基和 G 残基的对面，G 残基与 C 残基各自被插入到新生的 RNA 链中。

与 DNA 聚合酶不同，RNA 聚合酶不需要引物以起始 RNA 的合成。然而，RNA 合成的起始仅仅发生在称为启动子的特别序列。RNA 合成通常以 GTP 或 ATP 残基开始，在整个转录中这个 5′-三磷酸末端被保留。在转录中新生 RNA 链与 DNA 模板，通过碱基配对形成临时的一段短的杂交 RNA-DNA 双螺旋，共有 8 个碱基对长，这对于 DNA 链的正确阅读是必需的。这种杂交双螺旋中的 RNA 在它形成后不久被“剥离”（peels off）模板，然后 DNA 模板链与互补链重新形成双螺旋（见图 17-1）。

为了使 RNA 聚合酶能合成互补于双链 DNA 中一条链的 RNA 链，DNA 双螺旋必须在一段短距离范围内解螺旋，形成一个转录“泡”（bubble）。*E. coli* RNA 多聚酶在转录中通常保持大约 17bp 的 DNA 解螺旋，在它前面的 DNA 解螺旋，在它后面的重新形成双螺旋。转录延伸过程中，RNA 聚合酶以每秒合成 50～90 个核苷酸的速度前进。由于 DNA 是双螺旋的，这个过程需要 DNA 分子做大的旋转。在大多数 DNA 中这种旋转被 DNA 结合蛋白和其他结构障碍所限制，RNA 聚合酶的移动使得在它前面的 DNA 产生正超螺旋，在转录点后的 DNA 产生负超螺旋。这种转录驱使的 DNA 超螺旋在体外、体内都已观察到。在细胞中，由转录产生的拓扑学问题由拓扑异构酶解决。

二、模板链与非模板链

两条互补 DNA 链的碱基顺序是不同的，在转录中有不同的功能。多种名称被用于区分这两条链。用作 RNA 合成模板的链被称作模板链（template strand）、负链或反义链（antisense strand）；互补于模板链的 DNA 链叫做非模板链（nontemplate strand）、正链或有意义链，它与从基因中转录的 RNA 链的碱基顺序是相同的，只是以 T 代替 U。非模板链有时也叫做编码链（coding strand），虽然它在转录或蛋白质合成中没有直接的功能。习惯上，转录需要的调控序列以编码链表示。

对一个特定基因来说，编码链可以是给定染色体 DNA 双链中的任意一条链，见图 17-2。

E. coli 只有一种 DNA 指导的 RNA 聚合酶。它合成各种类型的 RNA。它是一个巨大而复杂的酶，含有五个核心亚基（$\alpha_2\beta\beta'\omega$；$M_r$ 390000）和一个名叫 σ（Sigma）或 σ^{70}（M_r 70000）的第六个亚基。σ 暂时性地结合到核心酶上指导酶识别 DNA 上的特异起始位点。这六个亚基组成 RNA 聚合酶全酶（holoenzyme）。无论来自于 *E. coli* 还是其他有机体的 RNA 多聚酶，都缺乏在许多 DNA 聚合酶中发现的具校正功能的 3′→5′外切核酸酶活性。所以转录过程中每加入 10^4～10^5 个核糖核苷酸中就有一个错误碱基。由于一个基因能产生许多拷贝的 RNA，并且所有的 RNA 最终都被降解和替换。因此偶然有一个错误的 RNA 分子，不像永久储存在 DNA 中的信息错误那样能对细胞产生严重后果。

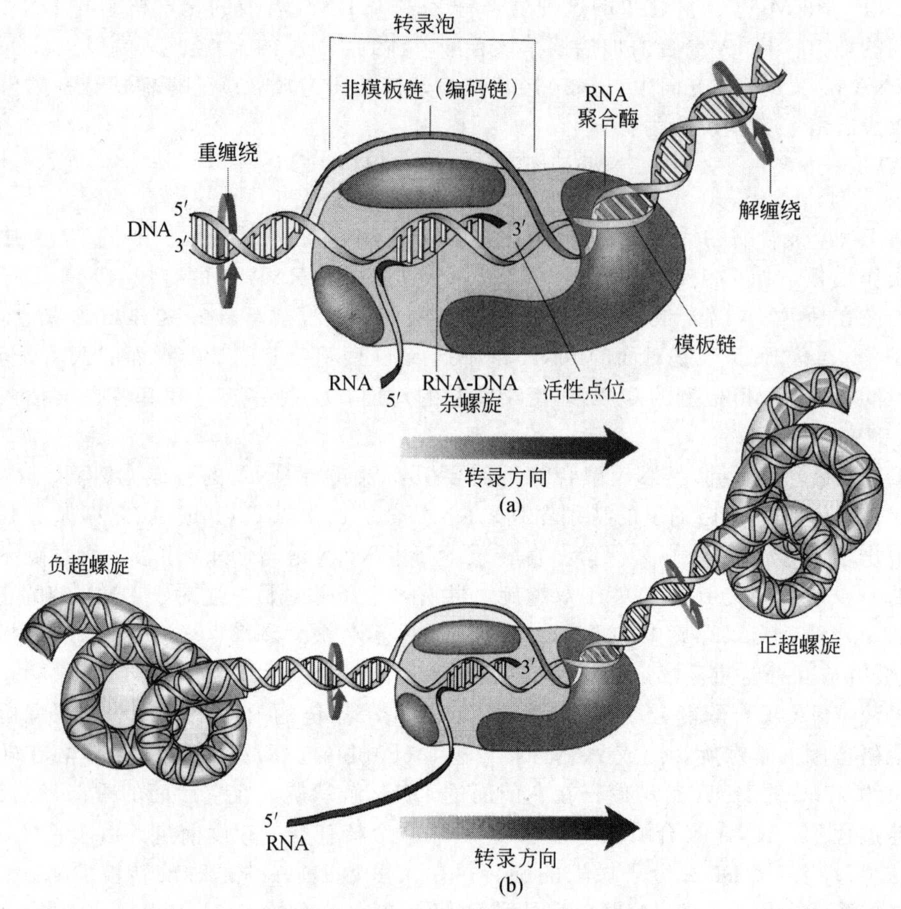

图 17-1 大肠杆菌细胞中 RNA 聚合酶催化的转录过程

(a) 双螺旋 DNA 约有 17 碱基对被临时解开，形成的“转录泡”从左向右移动，转录泡前面的 DNA 被解螺旋，后面重新形成螺旋；当 DNA 恢复双螺旋时，RNA 从杂螺旋中被替换出来，RNA 聚合酶紧密地和转录泡前的 DNA 以及分开的 DNA 链接触，并在转录泡后边离开 DNA 链；足迹法证明 RNA 聚合酶在转录延伸期间涉及 35bp 的 DNA 链；(b) 转录造成的 DNA 超螺旋变化，在转录泡前形成正超螺旋，其后形成负超螺旋

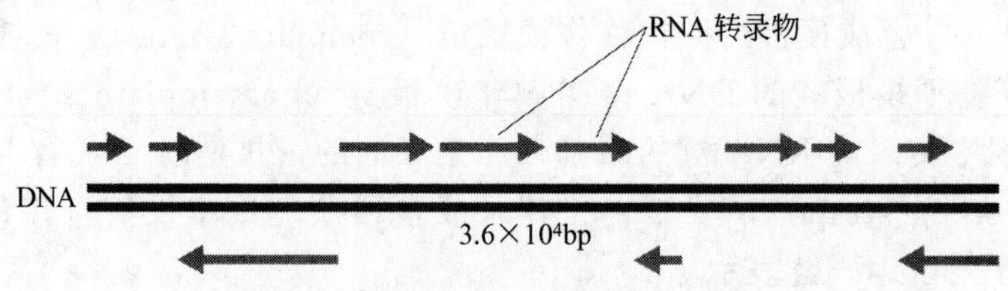

图 17-2 腺病毒基因组编码的遗传信息

全长 36000bp，其两条 DNA 链都可用来编码蛋白质。大部分蛋白质都用上方的一条链编码（转录方向从左到右）；有些蛋白用下面的链编码，转录方向相反。实际的转录过程要比上述复杂。许多上方链的 mRNA 是以一个长转录单位（transcript unit）被转录的（25000nt），然后被剪切成独立的一个个 mRNA。腺病毒导致一些脊椎动物的上呼吸道感染

第二节 足迹法与启动子

如果 RNA 合成能在 DNA 分子的任意位点上开始，那将是一种极大的浪费。事实上，RNA 多聚酶结合到一类被称为启动子（promoter）的特异 DNA 序列上，指导附近 DNA 片

段（gene）的转录。RNA 聚合酶必须结合的靠近基因的 DNA 序列有很多变化。大量的研究工作曾经集中在鉴定这些对于启动子功能有关键作用的序列。在大肠杆菌中，RNA 聚合酶用于起始转录的结合区约有 100bp，从转录起始点（start point）上游 70bp 延伸到起始点下游 30bp。为了叙述方便，这里需介绍关于转录事件的一些名词。如图 17-3 所示，一个转录事件从起始点到终止点的 DNA 区间称为一个转录单位，转录起始点左边的 DNA 顺序称起始点上游顺序（upstream）；起始点右边的顺序称为起始点下游顺序（downstream）。而转录起始点则是第一个核糖核苷酸掺入 RNA 的位点，因此相应的 DNA 位点的碱基对记为 +1，从这一点开始下游的碱基数记为正数，上游的碱基对数记为负数。因此，在原核生物中，启动子区域的位置从 −70 延长到 +30。分析比较细菌最普遍的启动子的顺序（由含 σ^{70} 的 RNA 聚合酶全酶识别的顺序）了解到，各种启动子位于以 −10 和 −35 碱基对为中心的两个短顺序具有明显的相似性（表 17-1）。于是这两个上游序列通常被叫做 −10 区和 −35 区。所有的细菌启动子序列并不完全相同，但在 −10 或 −35 区的每个位置，某些核苷酸比其他核苷酸出现的频率高得多。最常见的核苷酸组成所谓的“交感顺序”（consensus sequence）。大肠杆菌和其他相关细菌的绝大多数启动子中，−10 区的交感顺序是（5′）TATAAT（3′）（也叫做 pribnow 盒），在 −35 区的交感顺序是（5′）TTGACA（3′）。

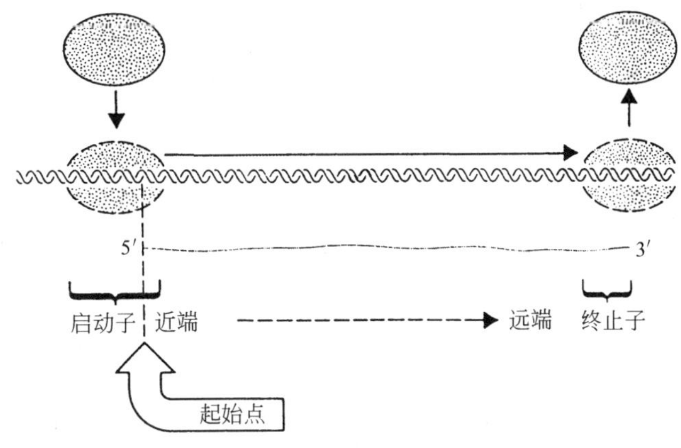

图 17-3　转录单位的组成

表 17-1　五个大肠杆菌普通启动子顺序的比较

大肠杆菌启动子	−35 区	间隔核苷酸数	−10 区	间隔	RNA 合成起始点	大肠杆菌启动子	−35 区	间隔核苷酸数	−10 区	间隔	RNA 合成起始点
trp	TTGACA	N_{17}	TTAACT	N_7	A	recA	TTGATA	N_{16}	TATAAT	N_7	A
$tRNA^{Tyr}$	TTTACA	N_{16}	TATGAT	N_7	A	araB，A，D	CTGACG	N_{17}	CACTGT	N_7	A
lac	TTTACA	N_{17}	TATGTT	N_0	A						

许多独立的证据表明，这些序列在功能上具有重要性。能影响一个给定启动子功能的突变常与 −35 区或 −10 区碱基序列中的碱基对有关。交感顺序的天然变化也影响 RNA 聚合酶结合的效率与转录起始。一些碱基对的不同导致转录起始效率以几个数量级降低。大肠杆菌可以通过这种方式调节不同基因的表达。此外，RNA 聚合酶与这些序列的特异性结合也已在体外用“足迹法”证实。

足迹法（footprinting）是一种使用 DNA 序列分析原理建立的一种技术。它用于证实由某一特殊蛋白结合的 DNA 顺序。具体做法是分离被认为可能被 DNA 结合蛋白识别的 DNA 片段，并在其一条链的一端加以放射性标记。化学法或酶法处理这种标记 DNA 片段，使它们留下随机切点（平均每个分子一个切口）。使用高分辨率电泳技术分开打断了的 DNA 片段（因打断位置不一而具有不同长度），可以得到一个有梯状区带的电泳图。把另一份标记DNA片段先和DNA结合蛋白一起保温（结合），然后重复上述的化学法或酶法处理，并与未和蛋白结合但作了上述处理的DNA样品并列电泳。被结合蛋白保护的样品就会在放射性梯状电泳区带图上留下一段空白，即所谓“足迹”。它是由于蛋白质的结合使DNA顺序得到保护的缘故，这就可确定由这种结合蛋白识别的顺序。如果电泳图含有序列分析泳道，这些顺序则可以被直接读出。用这种方法人们了解到由RNA聚合酶结合的启动子顺序。RNA聚合酶跨越50～60bp，由酶结合保护的顺序集中在－10区域和－35区域，见图17-4。

RNA聚合酶结合到启动子上至少要有两个不同的步骤。首先，全酶结合DNA并移动到－35区形成所谓“闭合复合物”（closed complex），DNA在－10区开始17个碱基对的解螺旋，将模板链暴露于起始位点。RNA酶更紧密地结合于这个解螺旋区，形成“开放复合物”（open complex，名字表明了DNA的状态）。然后RNA合成开始，DNA超螺旋（负超

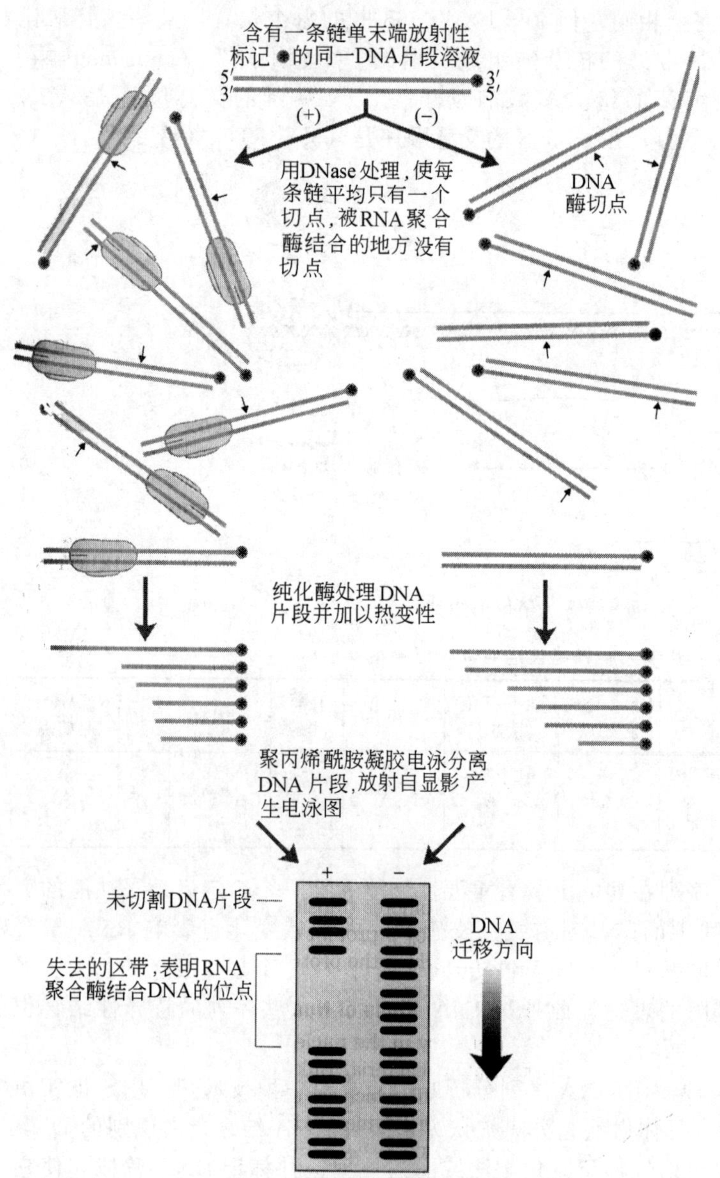
含有一条链单末端放射性
标记 ● 的同一DNA片段溶液
5′
3′
3′
5′
(+)
(−)
用DNase处理，使每
条链平均只有一个
切点，被RNA聚合
酶结合的地方没有
切点
DNA
酶切点
纯化酶处理DNA
片段并加以热变性
聚丙烯酰胺凝胶电泳分离
DNA片段，放射自显影产
生电泳图
+
−
未切割DNA片段
失去的区带，表明RNA
聚合酶结合DNA的位点
DNA
迁移方向

DNA片段用放射性同位素标记一端；用RNA聚合酶保护（结合）的DNA样品与不用此酶保护的DNA样品分别用DNase处理，控制条件使每个DNA链只受一次切割；分离标记DNA片段并使之变性。用聚丙烯酰胺凝胶电泳分开DNA片段，在X射线胶片上可以看到放射标记区带。上面第一行为未切割DNA片段。失去的区带说明RNA聚合酶结合于DNA的地方。箭头示DNA迁移方向

图17-4　足迹法探测蛋白质与DNA结合顺序的示意图

螺旋）使 RNA 聚合酶更容易结合到启动子上。这也许就是细胞 DNA 通常以负超螺旋状态存在的原因。

σ 亚基的作用只是确保 RNA 聚合酶对启动子的特异识别。一旦几个磷酸二酯键形成，σ 亚基就从核心酶上解离下来，核心酶继续完成 RNA 分子的合成。

一些大肠杆菌的启动子迥异于上面提到的标准启动子。RNA 聚合酶对这些启动子的识别依靠不同的 σ 因子，热休克基因（heat shock genes）就是一个很好的例子。当细胞处于不利生活条件时（比如温度突然升高），热休克基因会被诱导以高水平表达。一种特殊的 σ 亚基替换正常 σ 亚基，使 RNA 聚合酶能结合到这些基因的启动子上。这种特殊的 σ 亚基的相对分子质量是 32000，因此被称作 σ^{32}。不同 σ 因子的使用，允许细胞协同地表达与细胞生理状态改变有关的基因。

第三节　RNA 合成的终止

由 RNA 聚合酶催化的 RNA 合成有很高的连续性。这是必需的，因为如果 RNA 聚合酶释放一个未成熟的 RNA 转录物，它就不能继续合成而必须重新开始，造成无效产物的产生。有些 DNA 顺序能导致 RNA 合成的停顿，有些这类顺序能使转录终止。

RNA 聚合酶遇到触发它从 DNA 模板上解离的序列，RNA 合成才停止。真核生物中的转录终止过程仍不清楚。在大肠杆菌染色体 DNA 中至少有两种这样的终止信号或终止子（terminator）：一种依赖于被称为 ρ(rho) 的蛋白质因子；另一种则不依赖 ρ 因子。

不依赖 ρ 因子的终止子有两个特性：一是具有转录成自身互补序列的区域，它能在 RNA 链末端之前 15～20 核苷酸为中心处形成一个发卡结构。第二个特征是由模板链上的一串多腺苷酸转录而成的 RNA 3′-末端的寡聚尿苷酸序列。发卡的形成打断了转录复合物中 RNA-DNA 杂交部分，其余的杂交双链（寡聚 U-寡聚 dA）的碱基结合很不稳定，整个复合物很快解离，导致转录终止。

依赖 ρ 因子的终止子在模板中缺少重复腺苷酸序列，但有一段短的序列可以被转录形成发卡结构。RNA 聚合酶（RNA polymerase）在这个序列停顿，如果 ρ 蛋白存在，RNA 就解离下来。ρ 蛋白有依赖 ATP 的 RNA-DNA 解螺旋酶活力，它解离在转录过程中形成的 RNA-DNA 杂交链。在转录终止过程中 ρ 蛋白水解 ATP，但是这个蛋白的详细作用机制仍是未知的（图17-5）。

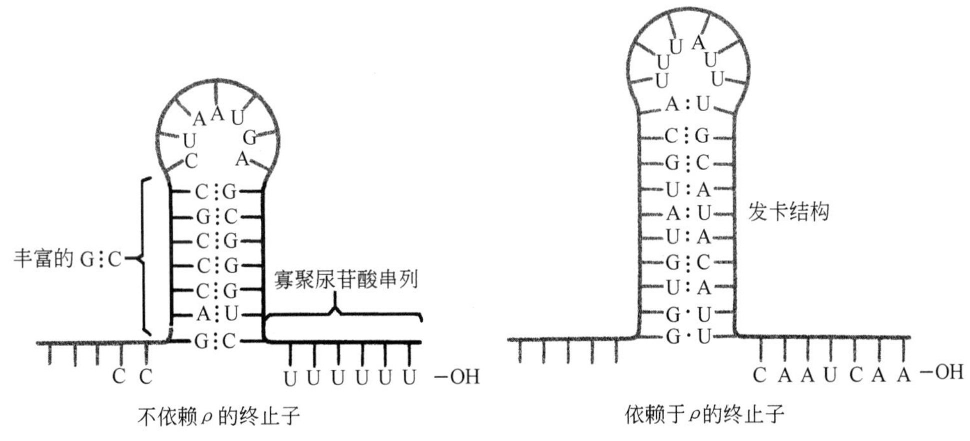

图 17-5　终止子转录产物的结构

第四节　真核生物细胞核 RNA 聚合酶

在真核细胞中转录机制要比细菌复杂得多。真核细胞核中有三种不同的 RNA 聚合酶，它们分别称为 RNA 聚合酶Ⅰ，Ⅱ，Ⅲ。它们是独特的蛋白复合物，但有一些共同的亚基。每种聚合酶有特殊的功能且结合于特异的启动子顺序。

RNA 聚合酶Ⅰ（Pol Ⅰ）仅负责合成一种类型的 RNA，即一种被称为核糖体 RNA 前体的 RNA 转录物，它包含着 18S、5.8S 和 28S rRNA 的前体。Pol Ⅰ启动子序列在物种之间有很大变化。

RNA 聚合酶Ⅱ（Pol Ⅱ）的基本功能是合成 mRNA 及一些特殊 RNA。这种酶必需识别在序列上有很大不同的成千上万种启动子。许多 Pol Ⅱ的启动子有一些共同的顺序，如靠近－30bp 的 TATA box（TATA 盒，含交感顺序 TATAAA）和靠近起始点＋1 的 Inr 顺序（起始子 initiator）等（图 17-6）。

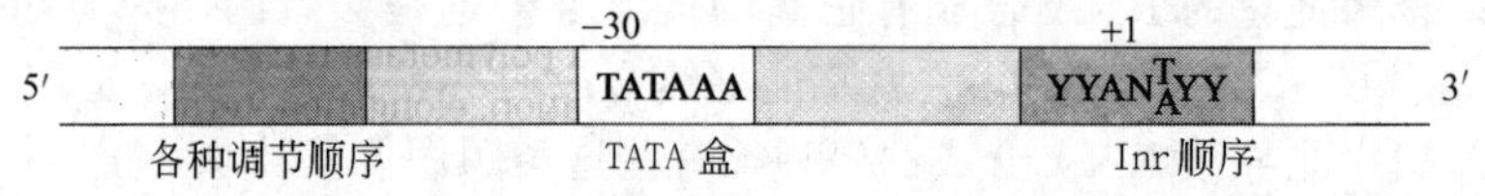

图 17-6　真核 RNA 聚合酶Ⅱ识别的启动子的一般顺序

RNA 聚合酶Ⅲ（Pol Ⅲ）合成 tRNA、5S rRNA 和其他一些特殊的小分子 RNA。RNA 聚合酶Ⅲ识别的启动子已被详细研究。有意思的是，有一些调节 Pol Ⅲ起始转录的顺序位于基因的内部，但大部分在 RNA 转录起始点的上游。

一、RNA 聚合酶Ⅱ需要许多其他蛋白质因子

RNA 聚合酶 Ⅱ 是真核基因表达的关键，人们已对它作过广泛研究。虽然真核 RNA 聚合酶 Ⅱ 最大的亚基与细菌 RNA 聚合酶有相当高程度的同源性，但是它还是比细菌的 RNA 聚合酶要复杂得多。这个巨大的聚合酶有 12 个亚基。为了形成转录复合物，RNA 聚合酶 Ⅱ 需要一系列被称为转录因子（transcription factors）的蛋白质因子。这个聚合酶所需的基本转录因子是高度保守的（表 17-2）。RNA 聚合酶 Ⅱ 的转录过程可以分为转录复合物的组装、转录的起始、延长、终止四个阶段，每个阶段都需要特殊蛋白质因子参与（图 17-7），介绍在下述的一步步转录复合物的组装过程激活转录。在细胞内许多蛋白质因子可能以预先组装的复合物存在，以简化在启动子上的组装，表 17-2 和图 17-7 可以帮助了解这个过程。

表 17-2　真核生物 RNA 聚合酶Ⅱ转录过程所需的蛋白质因子

转录因子	亚基数	亚基 M_r	功　　能
起始阶段			
RNA 聚合酶Ⅱ	12	10000～22000	催化 RNA 合成
TBP(TATA 盒结合蛋白)	1	38000	专门识别 TATA 盒
TFⅡA	3	12000，19000，35000	稳定 TFⅡB 和 TBP 对启动子的结合
TFⅡB	1	35000	结合于 TBP；组装 PolⅡ-TFⅡF 复合物
TFⅡD	12	15000～25000	和正调节、负调节蛋白相互作用
TFⅡE	2	34000，57000	组装 TFⅡH；ATP 酶和解旋酶活性
TFⅡF	2	30000，74000	紧密结合于 PolⅡ，结合 TFⅡB，防止 RNA 聚合酶结合于非特异 DNA 顺序
TFⅡH	12	35000～89000	启动子 DNA 解螺旋，磷酸化 RNA 聚合酶，组装核苷酸切割修复复合物
延长阶段			
ELL	1	80000	
P-TEFb	2	43000，124000	
SⅡ(TFⅡS)	1	38000	
延长蛋白(SⅢ)	3	15000，18000，110000	

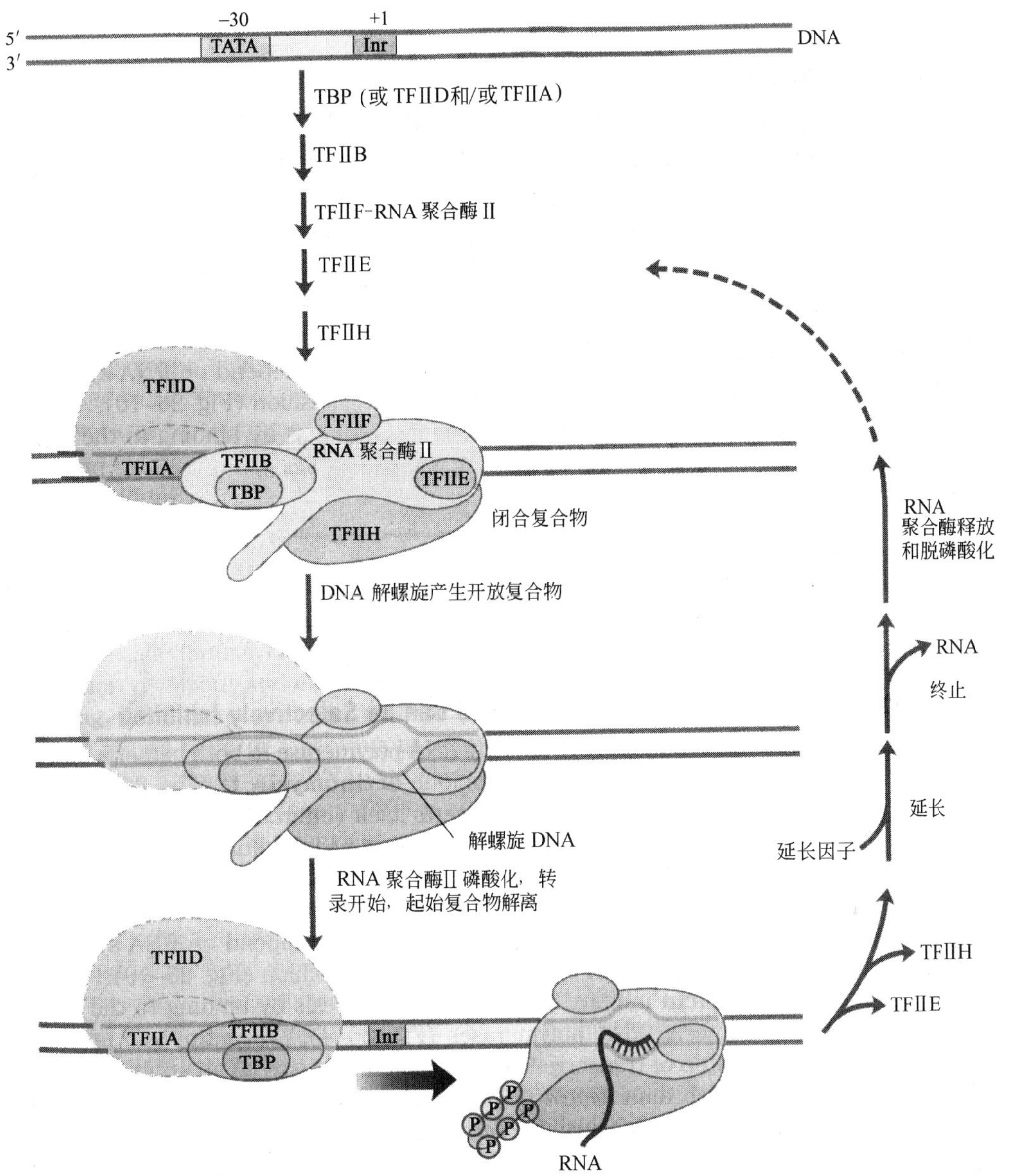

图 17-7　真核生物 RNA 聚合酶Ⅱ在启动子上的转录

由 TBP（常带有 TFⅡA），TFⅡB 加上 RNA 聚合酶Ⅱ、TFⅡE，TFⅡF 和 TFⅡH，依次组装形成“闭合复合物”。TBP 常常结合成较大复合物 TFⅡD 的一部分。TFⅡH 和 TFⅡE 的解螺旋酶活性在 Inr 区使 DNA 解螺旋创造“开放复合物”，RNA 聚合酶Ⅱ的一个最大亚基被 TFⅡH 所磷酸化，聚合酶离开启动子区开始转录

二、RNA 聚合酶和转录因子在启动子上的组装

当 TATA 结合蛋白（TBP）结合于 TATA 盒时“闭合复合物”开始形成。接着 TFⅡB 也和 TBP 结合，并在 TBP 的另一边和 DNA 结合。另一蛋白质 TFⅡA 虽然不总是必需的，但它能稳定 TFⅡB-TBP 复合物对 DNA 的结合。然后，TFⅡB-TBP 复合物被另一个由 TFⅡF 和 RNA 聚合酶组成的复合物结合。TFⅡF 帮助 RNA 聚合酶Ⅱ瞄准它的启动子，促进和 TFⅡB 结合，减低聚合酶对非特异 DNA 位点的结合力。最后 TFⅡE 与 TFⅡH 和复合物的结合构成了闭合复合物。TFⅡH 有 DNA 解螺旋活性，它促进 DNA 解螺旋以产

生开放复合物。计算除 TFⅡA 以外的各种必须蛋白质亚基，最低有活性复合物的组装需要 30 个以上的多肽参与。

三、RNA 合成的起始

转录因子 TFⅡH 在起始阶段有另一种功能，它的一个亚基有对 RNA 聚合酶Ⅱ羧基末端的几个地方进行磷酸化的激酶作用（图 17-7）。这就引起整个复合物的构象改变，造成转录开始。羧基末端结构域的磷酸化对其后的 RNA 链延长阶段可能也是重要的，并且它还影响转录复合物与参与转录、转录物剪接修饰的其他几个酶的相互作用。

在 RNA 最初 60～70 个核苷酸残基的合成期间，首先是 TFⅡE、然后是 TFⅡH 被释放，RNA 聚合酶Ⅱ进入转录过程的延长阶段。

四、RNA 合成的延长、终止和释放

在 RNA 合成的延长阶段，TFⅡF 一直和 RNA 聚合酶Ⅱ相结合。在这个阶段，聚合酶的活性会因几个延长因子的结合而大大增加（表 17-2），一旦 RNA 转录物合成完毕，转录过程结束（结束机制未知），RNA 聚合酶脱磷酸化，并重新进入循环，准备进入另一次转录起始。

五、RNA 聚合酶Ⅱ活性的调节

RNA 聚合Ⅱ在启动子上转录过程的调节是十分细致复杂的。它包括一大批其他蛋白和预起始复合物的相互作用。有些调节蛋白和转录因子相互作用，有些和 RNA 聚合酶Ⅱ本身相互作用。这些调节过程将在第十九章介绍。

六、DNA 指导的 RNA 聚合酶能被选择性地抑制

细菌与真核生物中由 RNA 聚合酶催化的 RNA 链的延长能被抗生素放线菌素 D（actinomycin D）特异性地抑制结构，见图 17-8。这个分子的平面部分插入有连续的 G≡C 碱基对的 DNA 双螺旋中，使 DNA 变形。这种双螺旋局部的改变，阻止聚合酶沿着模板移动。实际上，放线菌素 D 卡住 DNA“拉链”。由于放线菌素可以抑制细胞中和细胞抽提物中的 RNA 延伸，它在研究依赖 DNA 的 RNA 合成的细胞过程方面很有用。吖啶以同样的方式抑制 RNA 的合成。

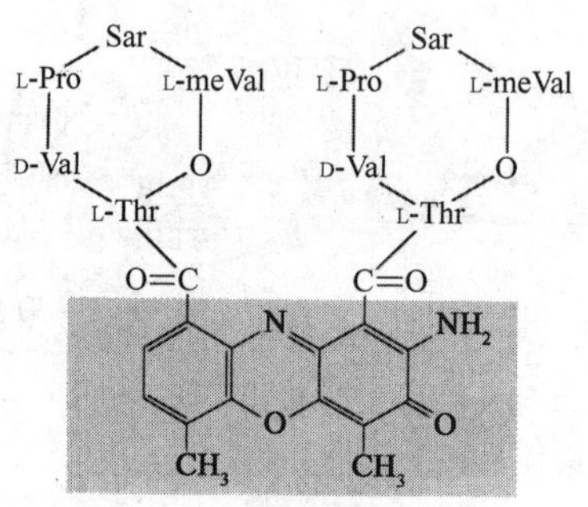

放线菌素 D

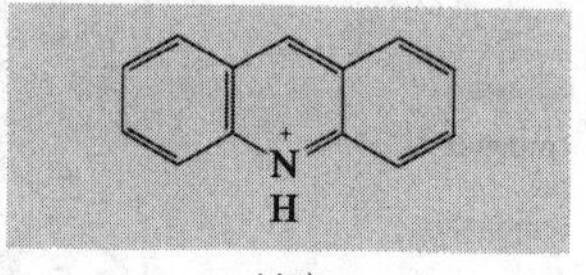

吖啶

图 17-8　放线菌素 D 和吖啶的结构

这两者都是转录抑制物。这两种化合物的杂环部分能够嵌入 DNA 双链的两个连续 G≡C 碱基对之中。Sar 表示 *N*-甲基甘氨酸，放线菌素的两个环肽结构能够结合于双链 DNA 的小沟之中

利福平（rifampicin）是一种抑制 RNA 合成的抗生素，它能特异性地与细菌 RNA 聚合酶的 β 亚基结合，阻止转录起始。在动物细胞中另一种特殊的 RNA 合成抑制物是 α-鹅膏蕈碱（α-amanitin），它是毒蘑菇（鬼笔鹅膏）的有毒成分，它阻断 RNA 聚合酶Ⅱ催化 mRNA 的合成。在高浓度时可抑制 Pol Ⅲ，但它不影响细菌 RNA 合成。这种毒蘑菇已建立了一种非常有效的防御机制：这种物质能抑制可能会吃掉它的有机体的 mRNA 的形成，但对于蘑菇自身的转录机制没有伤害。

第五节　新生 RNA 的剪接和修饰

许多细菌 RNA 分子和几乎所有真核生物的 RNA 分子在它们被合成之后都要在某种程度上进行加工（processing）。在 RNA 代谢中，许多有趣的分子事件出现在合成后的反应中。有关研究已揭示，加工过程大部分是由 RNA 组成的酶而不是蛋白质酶所催化。催化 RNA（或称“核酶”，ribozyme）的发现带来了关于 RNA 功能和生命起源问题的一次思想革命。

新合成的 RNA 分子叫做初始转录物（primary transcript）。也许初始转录物最广泛的加工发生在真核生物细胞的 mRNA 以及细菌和真核生物的 tRNA 中。真核生物 mRNA 初始转录物一般包含整个基因的序列，它们为多肽编码的顺序通常是不连续的。在绝大多数情况下，编码序列被不编码的内含子（intron）顺序打断，编码片段叫做外显子（exon)。内含子在一种称为剪接（splicing）的过程中从初始转录物上被除去，外显子则连接在一起形成一个连续的为多肽编码的顺序。真核生物的 mRNA 在两个末端还需进行修饰（modification)。5′-末端加接帽子结构，3′-末端加接包含 80～250 个腺嘌呤核苷酸的多聚腺苷酸［poly（A)］“尾巴”。大部分 tRNA 的初始转录物需要经过“切割”加工——从每个末端除去一些序列；有时候也需要剪接除去内含子。tRNA 的许多碱基还被修饰，成熟 tRNA 含有在许多其他核苷酸中未曾发现的稀有碱基，这个过程概括在图 17-9 中。

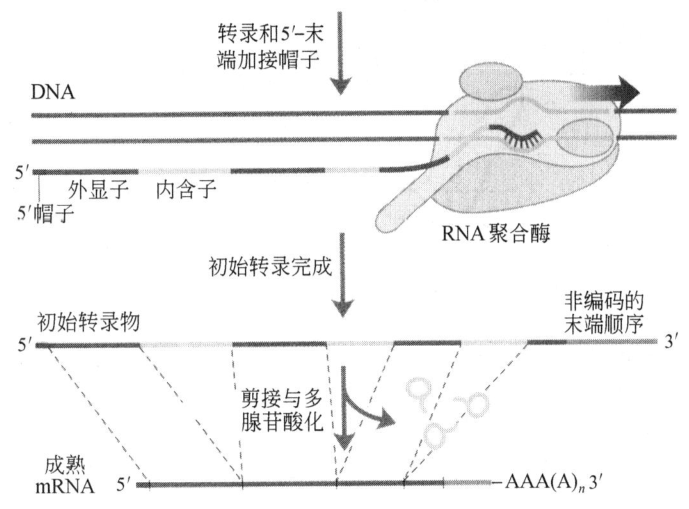

图 17-9　真核细胞 mRNA 的成熟过程中初始转录物的形成和加工

5′端的帽子是在转录完成之前加接的。内含子顺序的剪接可以发生在加接 Poly（A）的前后。所有这些过程都发生在细胞核内

最后的合成后修饰反应是 RNA 的完全降解，所有 RNA 都面临这种命运。RNA 的流通率决定其稳定状态的水平，并在使细胞消除不再需要的基因表达产物速度方面起关键作用。

一、除去内含子的剪接过程

在细菌中，一个多肽总是由一段与氨基酸顺序相对应的 DNA 序列编码的。这叫做 DNA 与其编码的多肽的“共线性”（colinear)。1977 年，人们发现编码真核生物多肽的基因经常被现在称作内含子的非编码序列打断。至少，那种认为“所有基因都是连续的”的看法被否定了。内含子存在于脊椎动物的大部分基因中，编码组蛋白的基因是少数例外之一。在啤酒酵母中，绝大多数基因缺乏内含子，而在其他种类的酵母中内含子广泛存在。在少数原核生物基因中也发现有内含子。

内含子从初始转录物上被剪切下来，外显子连接成一个成熟的功能性 RNA。内含子是通过 DNA 模板与它转录的 mRNA 的杂交实验发现的。如果将一个基因的 DNA 完全变性，然后与从它转录得到的 mRNA 混合在一起退火时，就会形成 DNA-RNA 杂交链。由于 DNA 序列本含有在 mRNA 中不存在的序列，这些序列就会在杂交双链外形成单链环，见图 17-10。这种方法及其他的实验方法表明，在许多基因中存在多个内含子。绝大多数真核生物的 mRNA 外显子不到 1000 核苷酸长，许多在 100～200 核苷酸范围内。因此每个外显子编码的多肽链约有 30～60 个氨基酸残基。内含子在大小尺寸上是多变的（50～20000 核苷

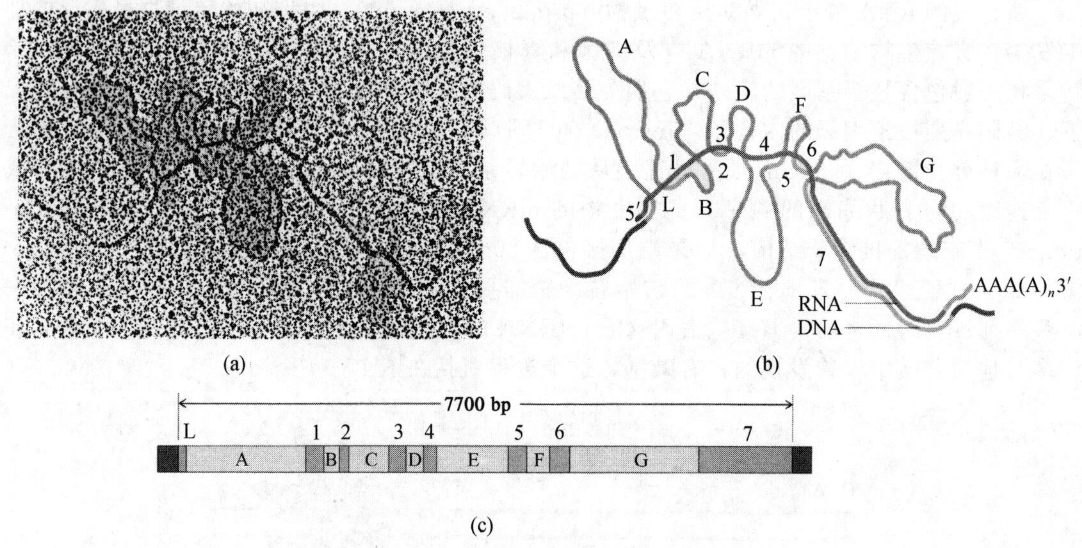

图 17-10　分子杂交研究鸡卵清白蛋白基因的结构

成熟的鸡卵清白蛋白 mRNA 与含有该蛋白基因的变性 DNA 杂交，并用电子显微镜观察。(a) 电镜照片显示一些 DNA 区域由于在 mRNA 中找不到互补顺序而形成单链环，这些环就是内含子顺序；(b) 模拟解析图；(c) 卵清白蛋白基因外显子与内含子的线性排列

酸)。高等真核生物的基因，包括人类，都是内含子顺序多于外显子顺序。内含子拥有 50000～2000000 核苷酸残基的基因是常见的。

内含子有四种类型。第一类和第二类有一些相同的特征，但在剪接机制细节上不同。第一类内含子出现在核、线粒体、叶绿体编码的 rRNA、mRNA 和 tRNA 的基因中。第二类内含子一般存在于真菌、藻类和植物线粒体与叶绿体 mRNA 的初始转录物中。在细菌中也有少数第一类和第二类内含子的例子。这两类内含子的剪接都不需要高能辅因子（比如 ATP)。两种剪接机制都包括两个转酯反应步骤。一个核糖的 2′-或 3′-羟基向磷原子发起亲核进攻，在每一步中随着旧键的破坏形成新的磷酸二酯键，以维持能量平衡。注意：这些反应与拓扑异构酶催化的 DNA 断裂和重接反应以及位点特异重组都非常相似。

第一类剪接反应需要一个鸟嘌呤核苷或核苷酸辅因子。这个辅因子并不被作为能源使用。剪接反应第一步中鸟苷的 3′-羟基被当作亲核基团。鸟苷 3′-羟基与内含子 5′末端形成一个正常的 3′，5′-磷酸二酯键（见图 17-11)。这一步中外显子的 3′-羟基被取代，然后作为亲核基团在内含子的 3′末端发生同样的反应，导致内含子的精确切除及外显子的连接。

第二类内含子的剪接模式是类似的，只是在第一步中的亲核基团不同。这个亲核基团是内含子里的一个腺苷酸残基的 2′-羟基，而不是外源的辅因子。这步反应中产生一种不寻常的分叉套索样中间体，见图 17-12。

为了鉴定催化第一类、第二类内含子剪接的酶，人们惊奇地发现，许多内含子是自我剪接的，而不需要蛋白质酶的参与。这最先是由 Cech 和他的同事们在 1981 年对原生动物四膜虫的 rRNA 内含子所进行的第一类剪接机制的研究中揭示的。他们在体外使用纯化的细菌 RNA 聚合酶转录四膜虫的 DNA，所产生的 RNA 能精确地自我剪接，即便不与任何来自四膜虫的酶发生接触。

发现 RNA 具有催化功能是人们了解生命的一个里程碑。

在真核细胞核 mRNA 初始转录物中发现的第三类也是最大的一类内含子。像第二类内

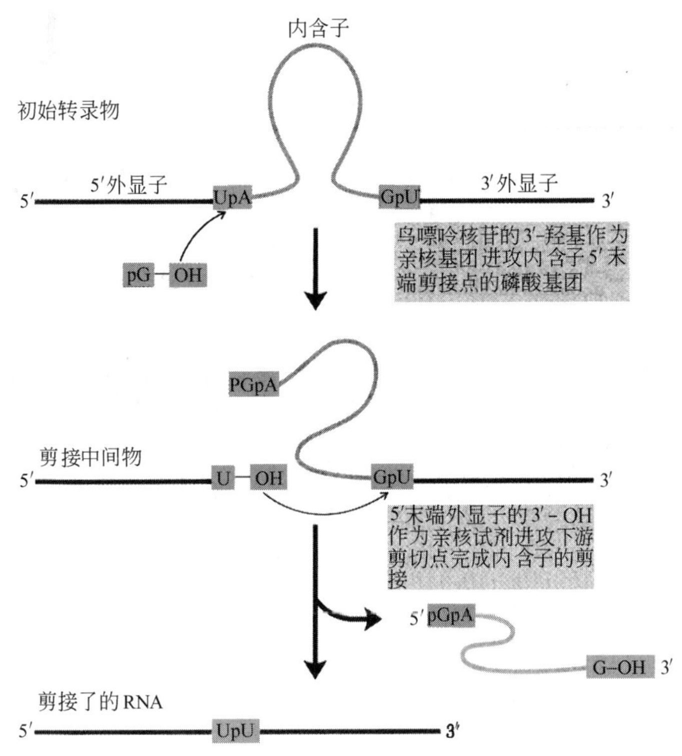

图 17-11 Ⅰ类内含子的剪接机制

第一步的亲核剂可以是鸟苷，GMP，GDP 或 GTP 剪切掉的内含子最后被降解

含子一样，第三类内含子通过同样的套索机制进行剪接。然而，他们不是自我剪接。剪接需要特殊的叫做剪接体（spliceosome）RNA-蛋白复合物的作用。这种复合物含有一类称为小核 RNA（small nuclear RNA，SnRNA）的真核 RNA。有五种 SnRNA：U_1，U_2，U_4，U_5，U_6 参加剪接反应。它们广泛存在于真核生物的核中，大小在 106（U_6）到 189（U_2）个核苷酸残基之间。它们与蛋白形成一种叫小核糖核蛋白（snurps）的颗粒。从酵母到人，小核糖核蛋白中的 RNA 与蛋白都是高度保守的。

由剪接体剪接的内含子在它的 5′末端都含有二核苷酸顺序 GU，在它的 3′末端含有二核苷酸顺序 AG。这两个顺序分别标明了内含子的剪切位点。U_1 SnRNA 具有与核 mRNA 内含子 5′端剪接点附近序列互补的一段顺序（图 17-13）。U_1 SnRNP（细胞核小核糖核蛋白）结合到初始转录物的这个区域上，U_2，U_4，U_5，U_6 SnRNPs 的加入导致剪接体的复合物的形成。这种剪接复合体含有 5 种 RNA 和约 50 种蛋白质分子，实际上是一个像核糖体那样的超分子组装物。剪接反应在剪接复合物中发生，剪接体的组装需要 ATP，但 RNA 的剪切和连接反应似乎不需要 ATP。

在一些 tRNA 中发现的第四类内含子与第一、二类不同，它的剪接需要 ATP 和一个内切核酸酶。在这个过程中内切核酸酶水解内含子两端的磷酸二酯键，两个外显子被连接起来，连接反应与 DNA 连接酶的连接机制相同。

内含子并不局限于真核生物，一些细菌及细菌病毒中也发现有内含子的基因，虽然不多见。例如 T_4 噬菌体含有几个第一类内含子基因。内含子似乎在古细菌（archeobacteria）中比在细菌中更普遍。

二、真核生物 mRNA 进行装饰性加工

在真核细胞中，成熟 mRNA 的两端具有特殊的结构。绝大多数有 5′帽子，即一个 7-甲

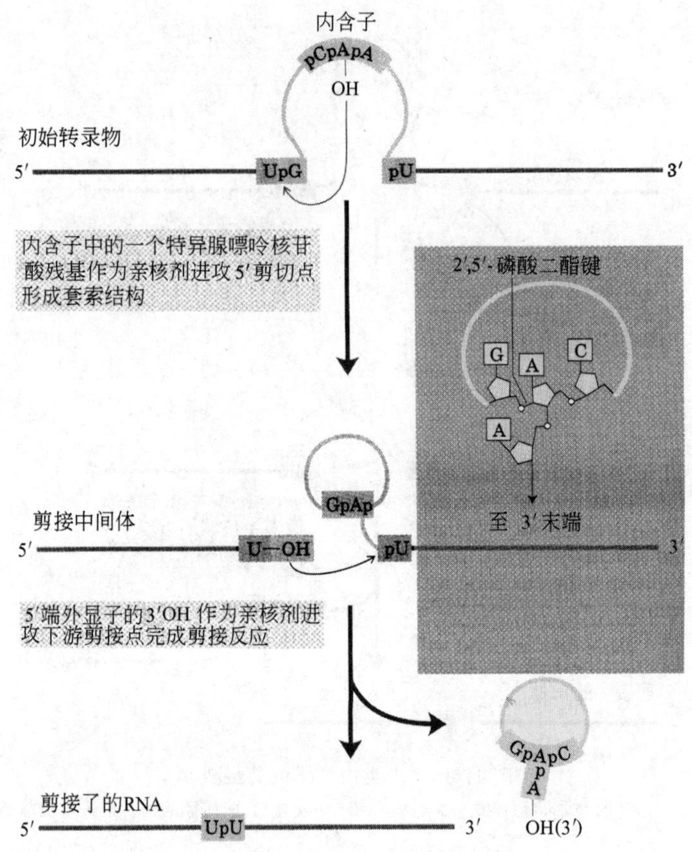

图 17-12 Ⅱ类内含子的剪接机制

剪接过程的化学机制类似于Ⅰ类内含子。但第一步所用亲核基团不同，且产生一个带有一个 2′,5′-磷酸二酯键的分叉套索样中间体

基鸟嘌呤残基与 mRNA 5′-末端通过一个不寻常的 5′,5′-三磷酸酯键连接（图 17-14）。绝大多数真核生物 mRNA 在 3′末端有一个 80～250 个腺苷酸残基的“尾巴”，叫 poly（A）尾巴 [poly（A）tail]。目前只知道 5′-帽子与 3′-poly（A）尾巴的部分功能。5′-帽子可以与蛋白结合形成与“帽子”结合的蛋白质复合物，以促进 mRNA 与核糖体的结合，启动翻译过程。poly（A）尾巴也被特异的蛋白结合。5′-帽子和 poly（A）尾巴以及相关蛋白可能有助于保护 mRNA 免于受核糖核酸酶的降解。

两种类型的末端结构都是分步加入的。转录物 5′末端的三磷酸与一分子 GTP 缩合成 5′帽子，随后鸟嘌呤在 *N*-7 甲基化，在靠近帽子的第一和第二个核苷酸的 2′-羟基也常常被加上甲基，甲基来源于 *S*-腺苷甲硫氨酸。poly（A）尾巴不是简单地加入到初始转录物 3′末端的转录终止位点。转录物延伸超过 poly（A）被加入的位点，然后由特殊的内切核糖核酸酶在 poly（A）加接点切割产生游离的 3′-末端羟基，腺苷酸残基由多聚腺苷酸聚合酶催化逐个加入。此催化反应为：

$$\text{RNA}+n\text{ATP}\longrightarrow\text{RNA}-(\text{AMP})_n+n\text{PPi}$$

其中 n 为 80～250。这个酶不需要模板，但需要已切割的 mRNA 作为引物。在 mRNA 中高度保守序列（5′）AAUAAA（3′）是 3′末端切割位点和 poly（A）加接位点的标志。这个序列位于切割位点上游的 10～30 个核苷酸残基处。

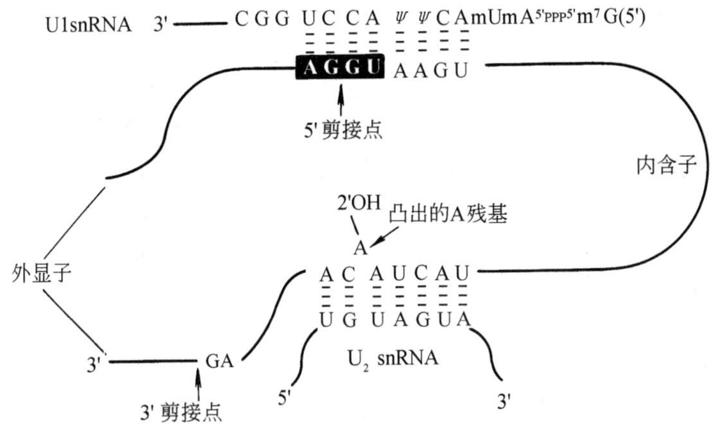

图 17-13　mRNA 初始转录物的剪接机制

许多真核 mRNA 前体内含子外显子交界的剪接点有些保守顺序。U_1 SnRNA 5′末端的一个序列互补于内含子 5′末端的剪接点，U_1 和初始转录物在这个区域的碱基配对帮助确定 5′剪切点，U_2 SnRNA 和分叉点碱基配对突出了分叉点，激活了腺苷酸残基，它的 2′—OH 通过 2′,5′-磷酸二酯键形成套索结构

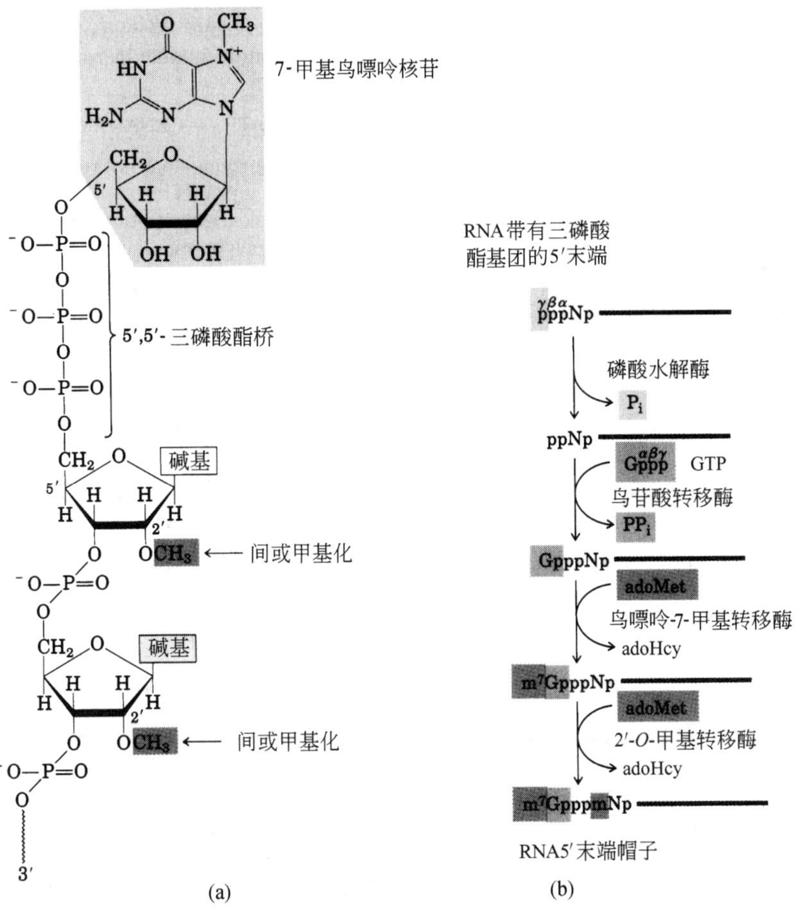

图 17-14　真核 mRNA 5′末端的帽子及加接步骤

三、不同 RNA 剪接方式导致一个基因多种产物

内含子的转录耗费了细胞的资源和能量，显而易见对有机体没有任何益处，但是如果它们不给予细胞实际益处的话，进化是不会选择断裂基因的，虽然在大多数情况下这些益处仍不清楚。一个明显的优点是通过拼接可以使一个基因产生多种基因产物。

mRNA 的初始转录物有两种。其中简单转录物（simple transcript）只产生一种成熟的 mRNA 和一种相应的多肽产物。复杂转录物（complex transcript）通过不同剪接产生两个或多个不同的 mRNA 和多肽。这种初始转录物有两个或多个可选择性剪接的分子信号，一个给定细胞类型选择哪一种剪接途径，决定于剪接因子以及促进某一途径的特殊 RNA 结合蛋白。

复杂转录物或者具有多个切割并加接多聚腺苷酸的位点，或者有不同的剪接图式，或者两者兼而有之。如果有两个切割和加接多聚腺苷酸位点，使用越靠近 5′末端的位点，就会除去越多的原始转录序列（外显子越短）。免疫球蛋白重链就是使用这种机制得到 C 末端不同的产物，这种加工叫做 poly（A）位点选择（图 17-15）。在果蝇中，使用拼接位点选择，在不同的发育阶段产生至少三种不同的形式的肌动蛋白重链。在大鼠中，两种机制都被采用，使它从一种普通的初始转录物产生甲状腺中的激素降钙素和脑中的另一不同激素（降钙素基因相关多肽）（图 17-16）。

四、核糖体 RNA 和 tRNA 的转录后加工

转录后修饰不只限于 mRNA。细菌、古细菌和真核生物细胞的核糖体 RNA 是由叫做“前核糖 RNA”（preribosomal RNA）或 pre-rRNA 的前体 RNA 加工而成的。tRNA 也是由类似的 RNA 前体衍生的。这些 RNA 还含有许多修饰性的核苷，如图 17-17 所示。

在细菌细胞中，16S，23S 和 5S rRNA（以及一些 tRNA，虽然大部分 tRNA 编码在其他地方）是由长约 6500 个核苷酸的单个 30S RNA 前体产生的，这个 30S RNA 前体的两端

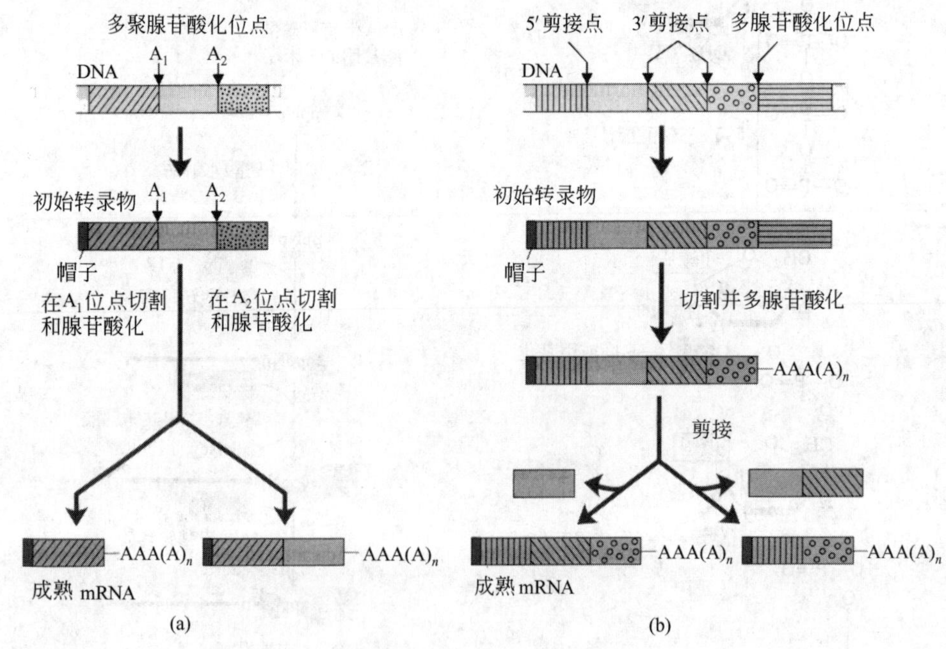

图 17-15 真核生物复杂转录物的两种不同剪接机制

（a）多种切割和多腺苷酸化位点。图中示 A_1，A_2 两个 poly（A）加接位点；

（b）两种不同的内含子剪切方式，图中示两个不同的 3′端剪切点

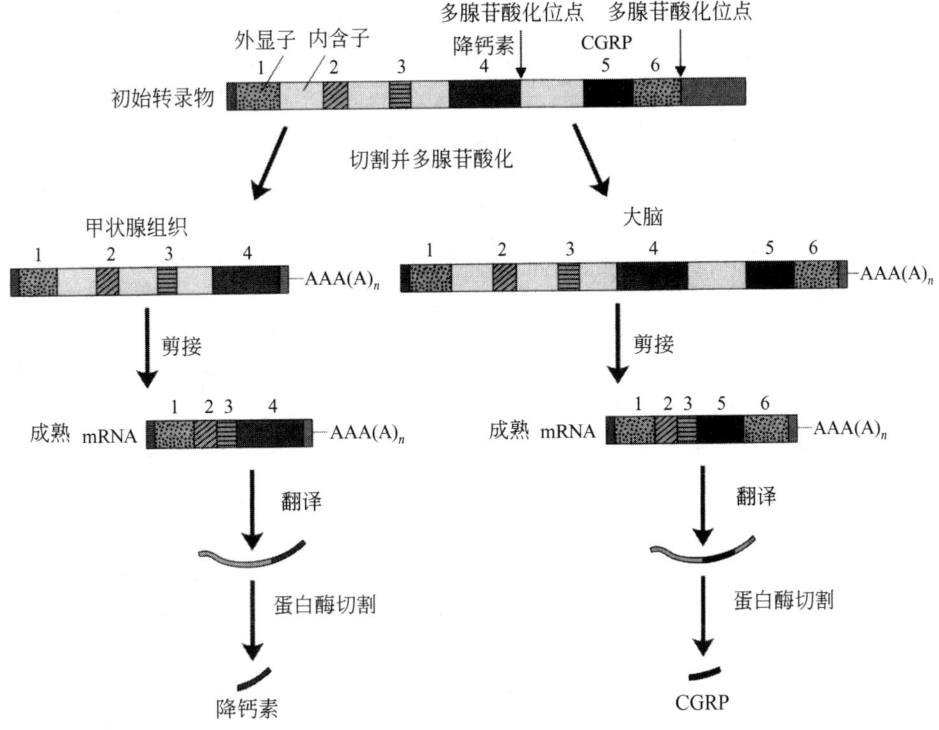

图 17-16 大鼠降钙素基因转录物的两种不同剪接方式

初始转录物有两个 poly（A）加接位点：在甲状腺中选择第一个；在脑中选择第二个。在脑中剪接去掉的一个降钙素（calcitonin）内含子在甲状腺中得以保留。最后在甲状腺中产生降钙素，在脑中产生另一种激素——降钙素基因相关多肽（CGRP）

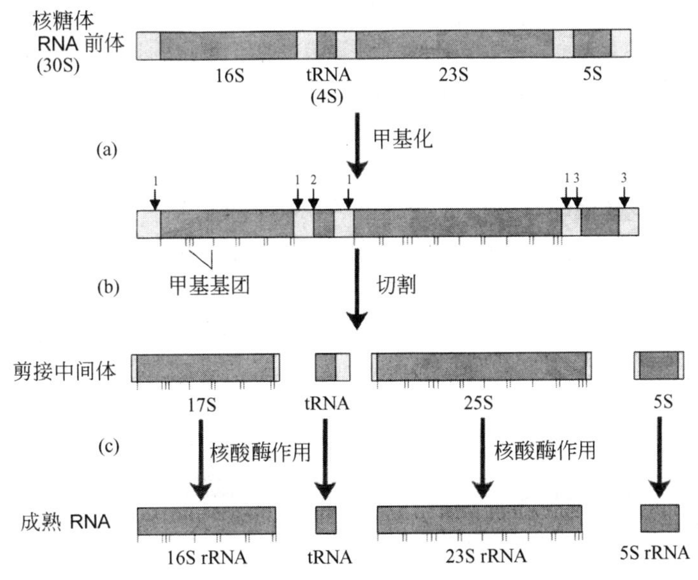

图 17-17 细菌中核糖体 RNA 前体的加工

(a) 在 30S rRNA 前体切割之前，一些特异碱基被甲基化；(b) 前体被切割产生 17S 和 25S 中间体；(c) 特殊的核酸酶作用产生 16S 和 23S rRNA 产物。在这个过程中 5S rRNA 从前体的 3′末端产生，前体中所含的 tRNA 也在这个过程中形成和各 rRNA 之间的片段在加工中被除去（图 17-17）。16S rRNA 和 23S rRNA 含有修饰性核苷。在大肠杆菌中 16S rRNA 含有 11 种修饰包括 1 个假尿嘧啶核苷和 10 个甲基化核苷。23S rRNA 有 10 个假尿嘧啶，1 个二氢嘧啶和 12 个甲基化核苷。在细菌细胞中，每种修饰都是由独特的酶催化的，而甲基化反应使用 *S*-腺苷酰甲硫氨酸作辅因子，假尿嘧啶的产生不需要辅因子。

在大肠杆菌基因组中编码着七个 rRNA 前体分子，所有这些基因都会有必需的相同的 rRNA 编码区。在 16S rRNA 和 23S rRNA 基因之间通常编码着一个或两个前体 tRNA 转录物，在一些前体的 5S rRNA 的 3′端也有编码 tRNA 的序列。

真核生物的情况更复杂一些，一个 45S 前体核糖体 RNA 转录物是由 RNA 聚合酶Ⅰ合成的，它在核仁中被加工成 18S，28S 和 5.5S rRNA 用于真核生物核糖体的组装。像在细菌细胞内一样，rRNA 前体的加工包括内切，外切核糖核酸酶的切割反应和核苷酸修饰反应。一些 rRNA 前体含有内含子必须剪除。全部过程开始在核仁内，当它们由 PolⅠ合成的时候，由 rRNA 组装成一个大的复合物。发生在核仁内的 rRNA 转录，rRNA 成熟过程以及核糖体组装过程是紧密偶联的事件。每个复合物包括切割 rRNA 前体的核糖核酸酶，修饰特殊碱基的酶和大量的小核仁 RNA（small nucleolar RNA，snoRNAs）。这种小核仁 RNA 指导核苷修饰反应和一些切割反应及核糖体蛋白的组装。在酵母细胞中，全部过程包括前体 rRNA，多于 170 个的非核糖体蛋白，每种核苷修饰的 snoRNA（全部约 70 个，因为有些核仁小 RNA 指导两种类型的修饰），和 78 种核糖体蛋白，人体细胞有更多的修饰核苷，约 200 个，因而需要多得多的 snoRNA。复合物的成分可能随着核糖体组装过程而改变。大部分真核的 5S rRNA 是由一种不同的聚合酶（pol Ⅲ）完全独立转录的。

真核 rRNA 最普通的核苷修饰依然是把尿嘧啶变成假尿嘧啶和腺苷酰甲硫氨酸依赖的甲基化（常常甲基化在 2′-OH 基团）。这些反应依靠 snoRNA 和蛋白质的复合物，或者叫做 snoRNP，每种复合物由 snoRNA 和四、五个蛋白组成，其中包括催化这类修饰的酶，有两大类 snoRNP 复合物，它们是由关键的保守序列元件定义的，其中 H/ACA box snoRNP 参与假尿嘧啶的产生；C/D box snoRNPs 参与 2′-OH 的甲基化。同一种酶在 snoRNA 的指导下可能参加许多位点由 snoRNA 指导的修饰（图 17-18）。

snoRNA 分子长 60～300 核苷酸。许多 snoRNA 编码在其他基因的内含子内，并和这些基因一起转录。每个 snoRNA 都有一段 10～21 核苷酸残基的序列精确地和 rRNA 中一些位点互补。snoRNA 中其余的保守序列折叠成 snoRNP 蛋白结合的结构。

大部分细胞有 40～50 种不同的 tRNA。真核生物细胞有多拷贝 tRNA 基因。酶将较长的 RNA 前体的 5′和 3′末端中多余的核苷酸除去后得到成熟的 tRNA。偶尔存在的内含子必须被切除。在某些情况下，可能一种或多种不同 tRNA 存在单一的初始转录物中，它们被酶切割分离。除去 tRNA 5′末端的内切核酸酶叫 RNase P。3′末端是由外切核酸酶 RNase D 在内的一种或多种核酸酶加工的。从细菌到人类的所有有机体中都发现 RNase P，它包含蛋白质和 RNA。其 RNA 成分对酶活性是必需的，甚至在缺乏蛋白质成分时它仍然能精确行使加工的功能。RNase P 是又一个有催化活性的 RNA 的例子。

tRNA 前体可能进行两种其他类型的转录后加工。一些原核生物 tRNA 基因具有 DNA 编码的 3′末端三核苷酸 CCA（3′）序列，这是蛋白质合成中氨基酸附着的位点。但在另一些细菌和所有真核生物 tRNA 前体的序列中缺少这种 tRNA 的特征标志。于是它们的这段序列是通过“tRNA 核苷酸转移酶”加接到 3′末端的。tRNA 核苷酸转移酶是一种特殊的酶，它有 3 个活性位点，分别与三个核糖核苷酸三磷酸前体结合，它一次同时催化三个磷酸二酯键的生成，产生 CCA（3′）顺序。这种特定序列寡核苷酸的合成反应是不依赖于任何

DNA 或 RNA 模板的，这模板就是酶对核苷三磷酸的结合位点。

最后的 tRNA 加工是一些碱基的修饰（图 17-19）包括甲基化、脱氨、还原。一些修饰性碱基存在于所有 tRNA 的特定位置。

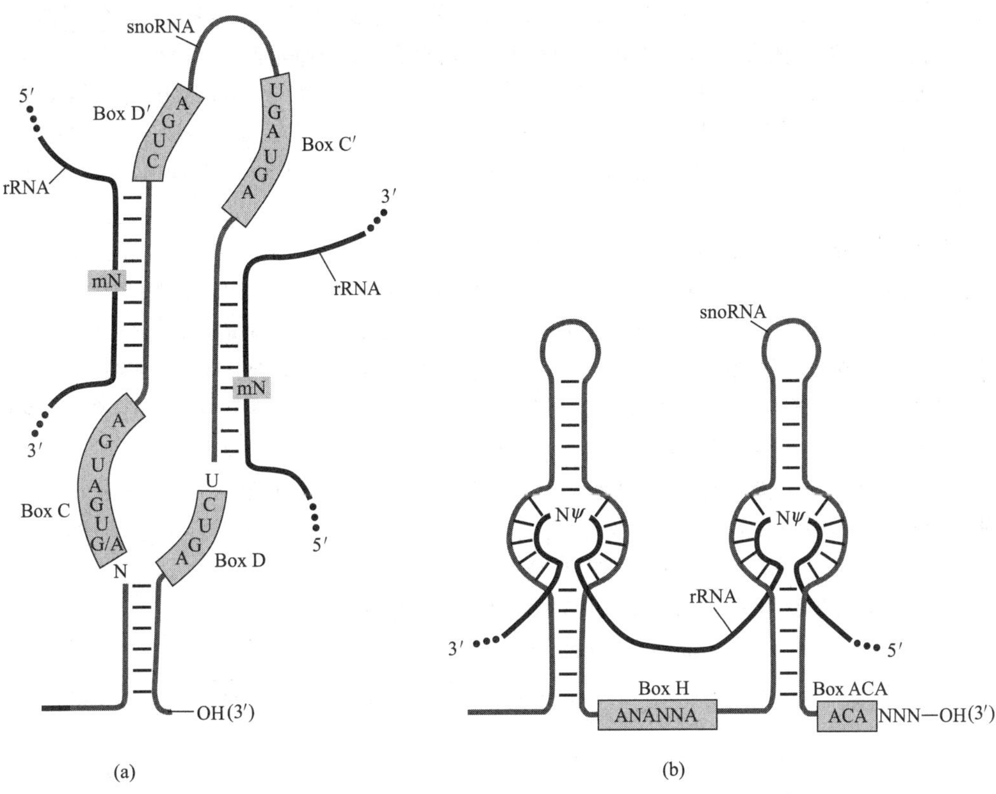

图 17-18　snoRNA 在指导 rRNA 修饰中的功能

(a) RNA 和 snoRNA 的 C/D box 配对指导甲基化反应。靶 rRNA 的甲基化位点（深黑色部分）和 snoRNP 中的 C/D box 配对。高度保守的 C 和 D（及 C′和 D′）序列是组成较大的 snoRNP 的蛋白质结合位点。

(b) RNA 和 snoRNA 中的 H/ACA 盒配对，指导假尿嘧啶的合成。rRNA 中的靶位点（深黑色片段）和 snoRNA 特定序列配对，保守的 H/ACA box 是蛋白质结合位点。

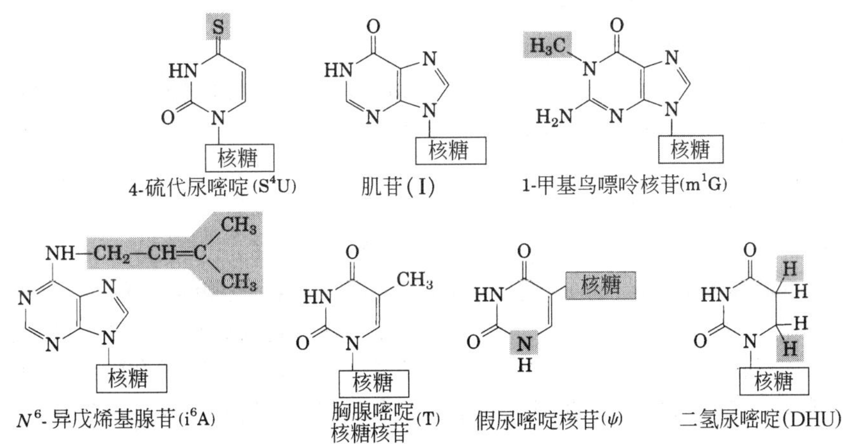

图 17-19　tRNA 中的一些修饰后的稀有碱基

它们都是转录后加工的产物，括号内是它们的标准缩写。注意假尿嘧啶核苷中核糖附着在 5 位碳原子上

五、细胞 RNA 以不同速度降解

基因表达在许多水平上被调控。支配基因表达的一个重要因素是细胞中 mRNA 的浓度。任何细胞内分子的浓度依赖于两个因素：合成的速度和降解的速度。当一种 mRNA 的合成与降解平衡时，它的浓度保持在一恒定的稳态水平，合成速度或降解速度的增加将导致 mRNA相应地积累与消耗。mRNA 的降解保证细胞不会继续合成已不再需要的蛋白。

真核细胞中 mRNA 降解的速度变化很大，因为 mRNA 来源于不同的基因。如基因产物只是短期内需要的，其半寿期可能为几分或几秒；相反，如果基因产物是细胞长期需要的，其 mRNA 可能稳定地存在于几代细胞中。脊椎动物 mRNA 的平均半寿期为 3h，每代细胞中 mRNA 的周转率大概是 10 次。细菌细胞 mRNA 的半寿期为 1.5min，这大概是因为细菌分裂的速度比真核细胞快得多的缘故。

RNA 被存在于细胞中的核糖核酸酶降解。大部分这类酶以 5′→3′方向降解 RNA，虽然 3′→5′方向的外切核糖核酸酶也存在。稳定的 mRNA 一般在 3′末端或其附近带有一些抑制这类酶的序列。在细菌细胞中，mRNA 的降解几乎在转录完成后就开始，核糖核酸酶紧跟在把 mRNA 翻译成蛋白质的核糖体之后。带有一个不依赖于 ρ 的终止子的 mRNA，它的发卡结构提供了抗核酸酶降解的稳定性。类似的结构也使一些初始转录物更稳定，导致多顺反子转录物降解速度的不同。在真核细胞中，3′末端的 poly（A）尾巴对许多 mRNA 的稳定性起重要作用。真核 mRNA 的主要降解途径是首先缩短它的 poly（A）尾巴，然后去掉 5′末端的帽子，再以 5′→3′方向降解这些 RNA。

六、多核苷酸磷酸化酶合成随机顺序的类 RNA 多聚物

1955 年，Marianne Grunberg-Manago 和 Severo Ochoa 发现一种细菌中的酶类——多核苷酸磷酸化酶（polynucleotide phosphorylase），它能在体外催化下列反应：

$$(\mathrm{NMP})_n + \mathrm{NDP} \longrightarrow (\mathrm{NMP})_{n+1} + \mathrm{P_i}$$

多核苷酸磷酸化酶是第一个被发现的核酸合成酶（随后不久 Arthur Kornberg 发现 DNA 聚合酶）。此酶催化的反应根本不同于其他多聚酶，因为它不需要模板指导，这种酶要求核糖核苷 5′-二磷酸作底物。

多核苷酸磷酸化酶在实验室中可用于合成许多不同序列及不同碱基频率的 RNA 多聚物。这种人工合成的 RNA 多聚物在破译各氨基酸对应的遗传密码中起到重要的作用。

第六节　核　　酶

RNA 分子转录后加工的研究导致现代生物化学的一个重要发现——RNA 酶（或核酶，ribozyme）的证实。自我剪接的第一类内含子和 RNase P 是已研究得最清楚的核酶。这些核酶的大部分活力依赖于两个反应：转酯作用和磷酸二酯键水解（切割）。核酶的底物经常是一个 RNA 分子。有时底物是核酶自身的一部分。当它们的底物是 RNA 时，这类 RNA 催化剂能利用碱基配对作用去结合底物。

这些核酶的分子量相差很大。一个Ⅰ类自身剪接内含子的分子长度可能超过 400 个核苷酸残基，而锤头状核酶是只有 41 个核苷酸残基的两条 RNA 链组成。像蛋白质酶一样，核酶的三维结构对它的功能至关重要。如果核酶被加热超过它的熔解温度就会失去活性。加入变性剂或加入能扰乱正常碱基配对模式的互补多聚核苷酸，核酶同样会失活。一些必须核苷酸残基的改变也能使核酶失活。图 17-20 显示四膜虫 26S rRNA 前体的一个自我剪接内含子的二级结构。

一、Ⅰ类内含子的酶学特性

除了大大提高反应速度外，Ⅰ类自我拼接内含子还具有酶的几个特征，包括它们的动力

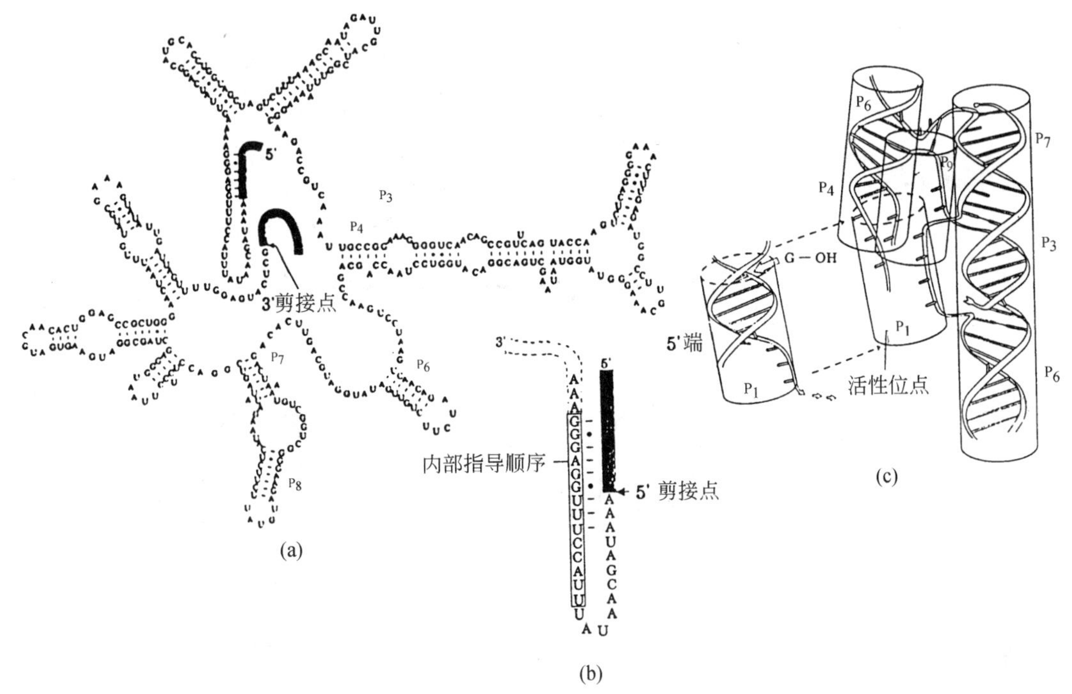

图 17-20　四膜虫自身剪切 rRNA 的二级结构及可能的三级结构

（a）碱基配对部分以 P_1，P_2……表示，含内导序列的 P_1 区是 5′剪切点的位置；（b）Ⅰ类内含子内导顺序放大图；（c）可能的三级结构，P_3，P_4，P_6，P_7 和 P_8 的正确折叠形成能适合 P_i 的活性位点

学行为和特异性。鸟嘌呤核苷辅因子与四膜虫Ⅰ类 rRNA 内含子的结合是可饱和的，并能被 3′-脱氧鸟嘌呤核苷竞争性抑制。由于内导序列（internal guide sequence）能与靠近 5′剪接点的外显子序列碱基配对，内含子的切除反应是十分精确的。这种碱基配对促进要被切割和重新连接的特异键的正确取位。

由于内含子本身在拼接反应中发生了化学改变，它似乎缺少酶的一个重要特征：多次催化反应的能力。酶特征的进一步检验显示在切除之后，来自四膜虫 rRNA 的 414 个核苷酸内含子事实上大体能担当一个真酶的角色。在切除的内含子中一系列分子内环化/水解反应导致从它的 5′末端丢失 19 个核苷酸后，剩余的含 395 个核苷酸线形 RNA，叫做 L-19 IVS（intervening sequence lacking 19 nucleotide），它能催化核苷酸转移反应，反应中一些寡核苷酸被加长，而另一些则被缩短。寡核苷酸，像人工合成的 $(C)_5$ 寡聚体是最好的底物，它可和 L-19 IVS 中特异的富含鸟嘌呤的序列进行碱基配对（图 17-21）。

酶活力来自与自我拼接机制相似的转酯反应的循环。但是在反应中 L-19 IVS 分子本身没有被改变，每小时每个核酶加工大约 100 个底物分子。这样，L-19 IVS 就是一种催化剂，对于 RNA 寡聚核苷酸底物它遵循米氏动力学方程。它特异于寡核糖核苷酸，能被 $(dC)_5$ 竞争性抑制。k_{cat}/K_m 是 10^3 m/s，比许多酶都低，但由核酶催化的 $(C)_5$ 水解反应比未催化的反应加快了 10^{10} 倍。这种 RNA 分子显然是一种十分有效的酶。

二、M1 RNA

第二种已作过详细研究的核酶是 RNase P。大肠杆菌 RNase P 有一叫做 M1 RNA（377 核苷酸）的 RNA 成分和一个蛋白质成分（相对分子质量 17500）。Sidney Altman，Norman Pace 和他们的同事发现在某些条件下 M1 RNA 能单独行使催化功能，在正确位置切割 tRNA前体。显然蛋白质只是用来稳定 RNA，或便于 RNA 在细胞中起作用。尽管在一些序

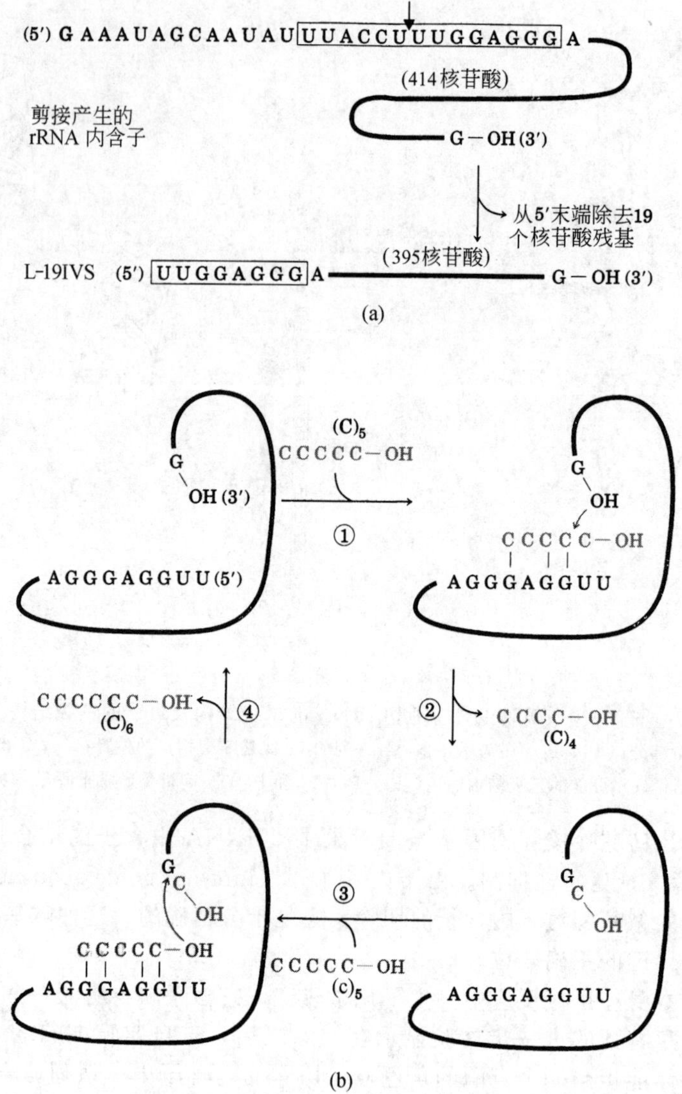

图 17-21 四膜虫 L-19 IVS 的体外催化活性

(a) L-19 IVS 是由被剪切掉的四膜虫内含子在 5′端自催化去掉 19 个核苷酸的残基片断后产生的。切点在内导顺序内如箭头所示。在去掉 5′末端 19 个核苷酸之后，内导顺序的一部分仍保留在 L-19 IVS 的 5′末端；(b) 由 L-19 IVS 催化的 RNA 寡核苷酸的延长过程（①～②步），一些寡核苷酸在转酯反应循环中靠消耗其他寡核苷酸得以延长。3′末端的鸟苷酸残基在这个循环中起到关键作用

列上有差异，来源于不同有机体如细菌和人类的 RNase P 能精确地加工其他物种的 tRNA 前体。

第七节 以 RNA 为模板的 DNA 和 RNA 合成

至今我们讨论的 DNA 和 RNA 合成中，模板链的角色总是留给 DNA。但是一些酶在核酸合成中使用 RNA 作为模板。许多具有 RNA 基因组的病毒含有这类酶。到目前为止这些病毒是绝大多数依赖 RNA 模板为特征的聚合酶的来源。

RNA 复制酶的存在需要对 Crick 提出生命信息传递的“中心法则”作一些修正（图 17-

22)。这个附加的信息途径是重要的，这不仅因为这种酶类在DNA重组技术中极其有用，而且因为对可能存在于生物前时代的自我复制分子特性的研究有着重要意义。

一、反转录酶从病毒RNA产生DNA

一些感染动物细胞的病毒含有存在于病毒颗粒中的反转录酶（reverse transcriptase或称逆转录酶），这是一种独特的RNA指导的DNA聚合酶。感染后，单链RNA病毒基因组（约10000核苷酸残基）和酶一起进入宿主细胞。反转录酶催化互补于病毒RNA的一条DNA链的合成（图17-23）。然后它降解病毒RNA-DNA杂交链中的RNA链，并合成DNA链代替RNA链。形成的双链DNA经常整合入真核宿主细胞的基因组。在一定条件下，整合的（潜伏的）病毒基因组可被激活和转录，它的基因产物——病毒蛋白和病毒RNA基因组本身一起被包装产生新的病毒。

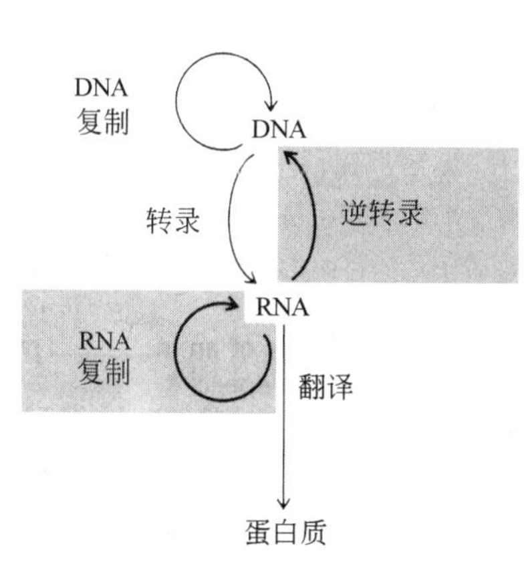

图17-22　遗传信息传递"中心法则"的修正

信息传递途径包括以RNA为模板的逆转录和RNA复制

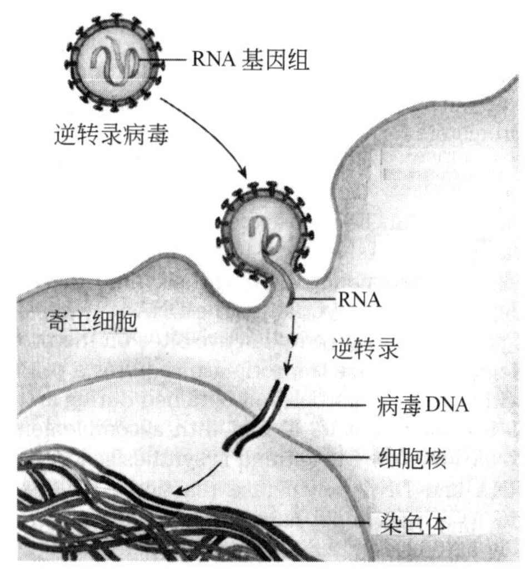

图17-23　逆病毒对哺乳动物细胞的感染及在寄主染色体上的整合

病毒DNA在染色体DNA上的整合机制类似于转座子在细菌染色体上的插入。病毒携带的反转录酶以细胞中的一个与病毒RNA末端互补的tRNA为引物把RNA病毒变成双链DNA病毒基因组

1962年，Howard Temin预言RNA病毒中反转录酶的存在。1970年Howard Temin和David Baltimore分别独立地检出了这种酶。他们的发现引起了广泛的关注，部分原因是它为遗传信息有时能逆向地从RNA流向DNA的理论提供了一个分子证据，含有反转录酶的RNA病毒也被称作逆病毒（retroviruse）。

典型的逆病毒（或反转录病毒）含有三种基因：*gag*，*pol*及*env*。含有*gag*基因（group associate antigen）和*pol*基因的转录物编码一个"多聚蛋白"（polyprotein），这个多聚蛋白可被切割成六个有独特功能的蛋白质。衍生自*gag*基因的蛋白质组装成病毒颗粒结构的内部核心。而催化这条长多肽切割的蛋白酶是由*pol*基因编码的。另外*pol*基因还编码着负责把病毒DNA插入寄主染色体的整合酶（integrase）和病毒颗粒携带的反转录酶。许多反转录酶有两个亚基：α和β。*pol*基因编码β亚基（M_r 90000），而α亚基（M_r65000）只是β亚基的酶切片断。*env*基因编码着几个病毒的被膜蛋白。在病毒线形RNA基因组的每一端是几百个核苷酸残基的长末端重复顺序（long terminal repeat sequence，LTR）。当病毒被反转录成双链DNA时，这些顺序促进病毒基因组在寄主染色体上的整合。LTR还含有病毒基因表达的启动子。

像所有DNA和RNA聚合酶一样，反转录酶也含有Zn^{2+}，当它以病毒本身的RNA作模板时，其酶活性最强。但在实验中反转录酶也被用于产生互补于各种RNA的DNA。反转录酶催化三种不同的反应：①RNA指导的DNA的合成；②RNA-DNA杂螺旋中RNA链的降解（RNase H活性）；③DNA指导的DNA合成。反转录酶要求一个引物作为DNA合成的起始，这个引物是病毒颗粒里的一个tRNA分子（在感染早期从细胞内获得的）。病毒RNA中一段互补序列与tRNA的3′末端进行碱基配对。正如所有DNA和RNA聚合酶反应那样，新合成DNA链的方向是5′→3′。反转录酶像RNA聚合酶一样没有3′→5′外切酶活性。一般每加接20000个核苷酸残基会出现一个错误的核苷酸，与碱基自身选择的保真度相同，所以反转录酶有相当高的出错率，这似乎是绝大多数这类病毒和其他RNA病毒复制RNA基因组的酶的一个特征。这就造成RNA病毒有很高的进化率，这可能是新型致病病毒频繁出现的一个原因。

反转录酶已经成为研究DNA-RNA关系及DNA克隆的主要试剂，它使实验室合成任何互补于RNA模板的DNA成为可能。不管它是mRNA，tRNA或rRNA。从这种方式制备的合成DNA称作互补DNA（complementary cDNA）。下文将介绍如何利用这种方法克隆细胞基因。

二、逆转录病毒引起癌症和艾滋病

在对癌症的分子机制研究进展中，逆病毒起着重要作用。绝大多数逆病毒不杀死它们的寄主细胞，它们整合到细胞DNA上并随之一起复制。然而，一些病毒有一额外的基因可使细胞癌变（生长异常）。这种病毒被归类为RNA肿瘤病毒。第一个被研究的这种类型的逆病毒是劳氏肉瘤病毒（图17-24），它因纪念Peyton Rous研究鸡肿瘤而得名。这种病毒和其他肿瘤病毒中导致肿瘤的基因叫做致癌基因（oncogene）。自从致癌基因最初被Harold Varmus和Michael Bishop发现以来，在逆病毒中已发现几十种不同的这类基因。

人类获得性免疫缺陷病毒（human immunodeficience virus，HIV），这种艾滋病（AIDS病）的致病因子也是一种逆病毒。1983年HIV被鉴定具有标准逆病毒的RNA基因组及其他几个不寻常的基因（图17-25）。不像许多其他逆病毒，艾滋病毒杀死受它感染的细胞

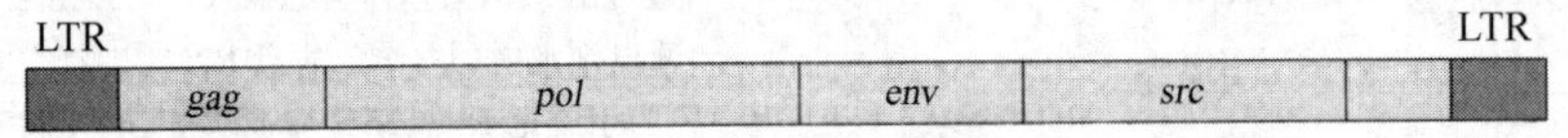

图17-24　劳氏肉瘤病毒（Rous sarcoma virus）基因组

*src*基因编码着一个酪氨酸蛋白激酶，这是一类能影响细胞分裂、细胞与细胞相互作用和细胞间通讯的酶类。这个基因也存在于鸡、甚至人的基因组中。当这个基因和劳氏肉瘤病毒相连，它被不寻常地高水平表达，导致细胞异常分裂和癌症发生

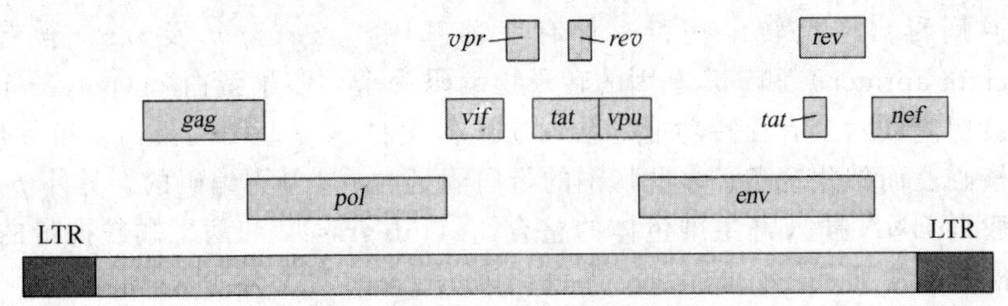

图17-25　HIV基因组

这个病毒引发艾滋病（AIDS）。除了一般的逆病毒基因，其基因组中还有几个有不同功能的小基因，有些基因是交盖的，不同的剪接机制导致一个小基因组（9.7×10^{3}核苷酸）产生许多不同蛋白

（主要是淋巴细胞）不是引起肿瘤，而是逐渐导致寄主免疫系统的抑制。这个病毒中的 *env* 基因和基因组的其他部分以极快速度突变，使有效的疫苗制造复杂化。HIV 中反转录酶在复制中比其他已知反转录酶的错误倾向大 10 倍以上。这是这个病毒突变率增加的主要原因。每次病毒基因组被复制时一般有一个或多个错误发生，因此没有任何两个病毒分子是完全相同的。大部分治疗 HIV 感染的个体所用的药物的靶子是反转录酶。

三、用 HIV 反转录酶抑制物治疗艾滋病

由模板指导的核酸合成的生物化学基础知识加上近代分子生物学技术，人们对人免疫缺陷病毒（HIV）的生活周期和结构的了解取得迅速进展。这只是在这种引起艾滋病的 RNA 病毒被分离出来后几年的事。这些进展导致一些能够延长艾滋病人生命的药物的开发。第一个有临床应用价值的这类药物是 AZT（图 17-26，3′-叠氮-2′,3′-双脱氧胸腺核苷）。它是由 Terome P. Horwitz 在 1964 年合成的，最初这个药物是作为抗癌药物研制的，但它对抗癌无效。到了 1985 年人们发现它能有效地治疗 AIDS。AZT 由免疫系统细胞 T 淋巴细胞吸收，这种细胞特别容易受 HIV 感染。它把 AZT 转变成 AZT 三磷酸酯（AZT 三磷酸酯不能直接作药物，因为它不能通过细胞质膜）。HIV 反转录酶对 AZT 有很高的亲和力，能把 AZT 加接在生长中的 RNA 链 3′末端。由于 AZT 没有 3′羟基，RNA 合成被中止，病毒 RNA 的合成迅速被阻止。

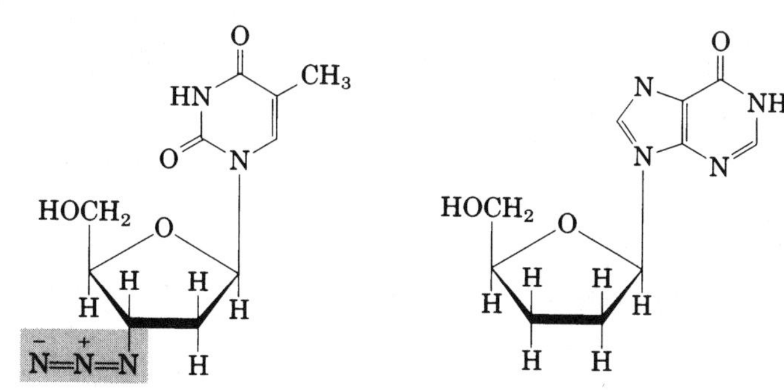

图 17-26　两种核苷类似物结构图

这个化合物对 T 淋巴细胞本身无毒，因为细胞 DNA 聚合酶对 AZT 三磷酸酯的亲和力比 dTTP 低。AZT 的有效浓度是 1～5μmol/L，这个浓度足以影响 HIV 反转录酶，但是对细胞 DNA 复制没有重要影响。很不幸，这个药物对红血细胞前体——骨髓细胞有毒，因此病人常常产生贫血病。已证明 AZT 能使早期感染 AIDS 病毒的人晚一年发病。可以延长已患病病人的存活时间。一些新的药物如双脱氧肌苷有类似的作用机制。

四、许多转座子，逆病毒和内含子可能有共同的进化始祖

有一些研究得很深入的真核 DNA 转座子，不管是来自酵母的或是来自果蝇的，它们在结构上和逆病毒非常相似（图 17-27），因此，把它们称之为“反转座子”（retrotransposon）。反转座子编码的一个酶和逆病毒的反转录酶同源，而且它们的编码区也侧接着长末端重复顺序（LTR），它们从细胞基因组的一个位置转座到另一个位置，依靠一种 RNA 中间体，接着使用逆转录酶制造这种 RNA 分子的双链

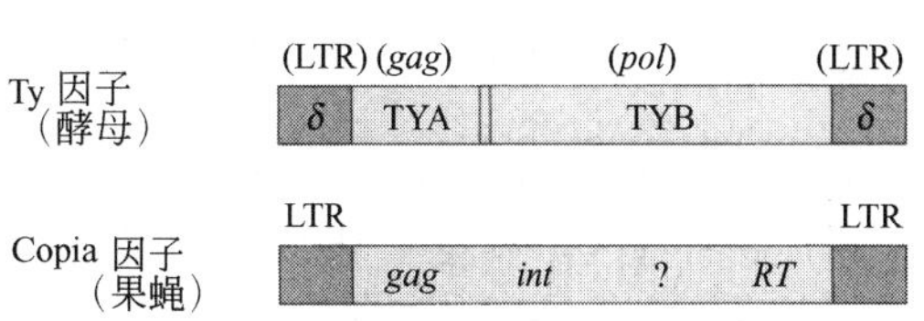

图 17-27　酵母转座子 Ty 因子和果蝇转座子 Copia 因子的结构

这两种真核转座子有类似于逆病毒的结构，但缺少 *env* 基因

DNA 拷贝，再把 DNA 整合到新的位点，大部分真核转座子使用这种机制转座。这和细菌转座子以 DNA 方式直接从一个染色体位置移到另一个位置的过程不同。

反转座子缺少一个 *env* 基因，因此，不能形成病毒颗粒。它们可以被看成是陷落于细胞中的缺陷病毒。比较逆病毒和真核细胞的反转座子，意味着反转录酶是一种多细胞生物进化之前就存在的古老的酶。

许多Ⅰ型和Ⅱ型内含子也是可移动遗传元件。除了它们的自剪接活性，它们自己编码的 DNA 内切酶，促进它们的转座，在同一物种的细胞间遗传物质互换期间，或 DNA 通过寄生物和其他手段被导入细胞时，这些内切酶促使这种内含子插入到不含这种内含子的另一拷贝同源基因中，这个过程被称为“归巢”（homing）。由于Ⅰ型内含子归巢是以 DNA 为基础的，Ⅱ型内含子归巢是通过 RNA 中间体发生的，Ⅱ型内含子的内切核酸酶和逆转录酶的活性相关。当这种内含子从原始转录物被剪接之后，有些蛋白能和内含子 RNA 自身形成复合物。由于这种归巢过程包括把 RNA 内含子插入 DNA 以及内含子的逆转录，这种内含子的移动被称为“反归巢”（retrohoming）。随着时间的迁移，群体中的每一拷贝特定基因都可能获得内含子。而内含子自己被插入到一个不相关基因中去的事件十分罕见。如果这种事件不杀死细胞，它可能导致一个内含子分布到新的位点和进化。可见内含子所使用的结构和机制支持了这样一种主张：起码有些内含子最初是一种分子寄生物，它们的进化历史可以追溯到逆病毒（反转录病毒）和转座子。

五、端粒酶是一种特殊的反转录酶

端粒是线性真核染色体末端的特殊结构，它们一般含有许多串联重复的短的寡核苷酸序列，通常一条链是 $TxGy$ 形式，而互补链则是 $CyAx$ 的形式，x，y 的数目为1～4。

端粒结构提出了一个特别的生物学问题。DNA 复制需要引物，但在线形 DNA 分子中，超过末端的部分没有模板与 RNA 引物配对以进一步复制。如果没有特殊的机制解决末端复制，在每代细胞的生长中染色体就会缩短一些。这个问题是由一种特殊的酶——端粒酶（telomerase）解决的。它补加端粒 DNA 到染色体末端。虽然这种酶的存在也许不是那么令人惊异，但它的作用机制是前所未有的。

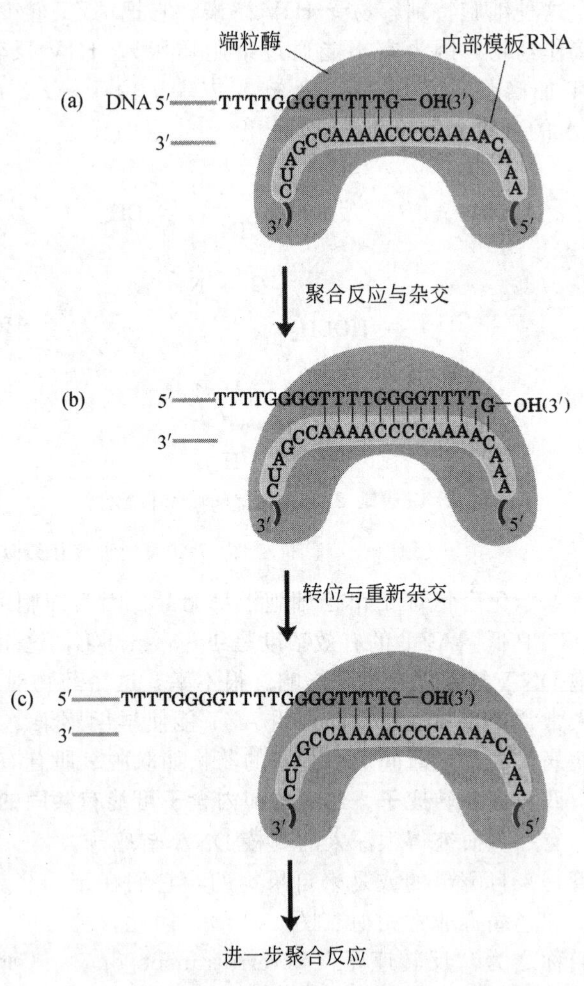

图 17-28　由端粒酶催化的端粒 DNA TG 链的合成

（a）端粒酶用内部模板与 TG 链引物的碱基配对作用和引物结合；（b）酶在引物上补加 T，G 核苷酸残基；（c）酶移动以使内部模板重新定位，以进行更多的 TG 重复单位的合成

端粒酶，像本章中所谈到的一些酶一样，含有 RNA 和蛋白质，其中 RNA 成分 150 个核苷酸长，并含有

1.5 个拷贝的端粒重复顺序 CyAx。这部分 RNA 作为合成端粒 TxGy 的模板。端粒酶是一种反转录酶，合成互补于分子内 RNA 模板的一个 DNA 片段。合成以5′→3′方向进行，完成一个重复顺序的合成之后，酶必须再次定位去重新开始端粒的延伸，这个像尺蠖爬行一样的过程概括在图 17-28。通过这种机制，端粒达到足够长度后终止合成反应。

原生动物（如四膜虫等）中端粒酶活性的丧失导致细胞在每次分裂后端粒的逐渐缩短，最终导致细胞的死亡。在人体中端粒长度与细胞死亡之间的这种相关性已被观察到。在胚系细胞中，端粒长度得以保持而在体细胞中则并非如此。培养的成纤维细胞的端粒长度与这种成纤维细胞来源个体的年龄有反线性关系。在人类体细胞中的端粒随着个体年龄增长逐渐缩短。一种推测是胚系细胞含有端粒酶活性而体细胞没有。端粒的逐渐缩短是否是衰老的关键？人的寿命是否由其出生时的端粒长度所决定？这个领域的进一步探索一定会产生吸引人的成果。

六、一些病毒 RNA 是由 RNA 指导的 RNA 聚合酶复制的

一些大肠杆菌噬菌体（包括 f2、MS2、R17、Qβ）具有 RNA 基因组。这些病毒的单链 RNA 染色体也有合成病毒蛋白的 mRNA 功能。它们在宿主细胞中被 RNA 指导的 RNA 聚合酶（RNA-dependent RNA polymerase 或叫做 RNA 复制酶）复制。RNA 复制酶（M_r 21000)有四个亚基。只有一个亚基（M_r 65 000）有用于复制的活性位点，它是病毒复制酶基因的产物，由病毒 RNA 编码。其他三个亚基是参加蛋白合成的普通宿主蛋白。即 *E. coli* 延长因子 Tu（M_r30000)和 Ts（M_r45000)。其一般功能是将氨基酰 tRNA 运送到核糖体；还有 S1 蛋白，通常为 30S 核糖体亚基的一部分。这些宿主蛋白也许有助于复制酶定位，并结合于病毒 RNA 的 3′-末端。

从 Qβ 感染的 *E. coli* 细胞分离得到的 RNA 复制酶催化互补于病毒 RNA 的 RNA 合成。此反应与 DNA 指导的 RNA 聚合酶催化的反应相似。新 RNA 链以 5′→3′方向延伸。其化学机制和所有需要模板的核酸合成反应相同。RNA 复制酶要求 RNA 作为模板，此酶缺少用于校正的内切核酸酶活性，错误频率与 RNA 聚合酶相似，不像 DNA 及 RNA 聚合酶，RNA 复制酶特异于它们自己病毒的 RNA，一般不复制宿主的 RNA。这解释了 RNA 病毒在含有许多其他类型 RNA 的宿主细胞中如何被选择性地复制。

七、SELEX 方法产生具有新功能的 RNA 聚合物

SELEX（systemic evolution of ligands by exponential enrichment，对数速度配体系统进化方法）用于产生 RNA 适配体（aptamer)，在这个过程能够筛选出紧密结合特殊靶分子的寡核苷酸，这个方法能自动化地鉴别出一个或几个具有所需结合特异性的寡核苷酸。根据类似原理和方法，这个过程也用来定向改变一种蛋白质对靶分子的结合特异性。

图 17-29（a）说明 SELEX 方法如何用来选择能够和 ATP 结合的适配体。在步骤①中许多随机聚合的 RNA 混合物被加入一个以 ATP 为配基的离子交换色谱柱，并用洗脱液进行洗脱，以进行 RNA 聚合物的非自然选择。当用 SELEX 方法对具有 25 个核苷酸残基的（$4^{25} \cong 10^{15}$）寡核苷酸随机聚合物的混合物进行筛选时，这个 RNA 混合物复杂性的限度大约是 10^{15}个不同的 RNA 顺序。②抛弃洗脱过程从离子交换柱流出的 RNA。③用适当浓度的盐溶液把结合在柱上的 RNA 寡核苷酸洗脱下来，并把它们收集起来。④通过逆转录酶扩增合成能结合 ATP 的第一次色谱柱选择出来的 RNA，产生互补 DNA 分子，然后又由 RNA 聚合酶从这些互补 DNA 上合成许多 RNA 分子。⑤产生的第二个 RNA 库再一次用于与上述相同的过程，这个过程可以重复十多次或更多。最后只剩下几个适配分子，这些人工进化选择的 RNA 寡核苷酸和 ATP 有特别大的亲和力。

能结合 ATP 的 RNA 适配分子，其准确的顺序特征如图 17-29(b) 所示，带有这种模式结构的 RNA 分子与 ATP 的结合有一个 $K_d < 50\mu mol/L$ 的解离常数。图 17-29(c) 是通过 SELEX 法选择的 36 聚寡核苷酸适配器分子的三维结构（和 AMP 形成复合物），其主链如图 17-29(b) 所示。

除了用于开发具有强大功能的 RNA，SELEX 法还有其他重要实际应用。如筛选短 RNA 作为药物用于治疗疾病。找出针对所有潜在治疗靶子的适配器 RNA 是不可能的。但是，SELEX 方法能从一个巨大的、高度复杂的 RNA 库中选择和扩增一个特殊核苷酸顺序，且此顺序用于治疗的效果卓越。例如，人们能够选择出一种 RNA 使它能紧密结合于一些肿瘤的细胞质膜受体蛋白，以阻断受体的活性，或者在适配体结合上毒素，使之导向肿瘤细胞并把它杀死。SELEX 方法现在也被用于筛选 DNA 适配体以检出炭疽孢子。许多其他应用也在开发中。

八、一个由未知功能 RNA 组成的 RNA 世界

本书多处提到目前估计的人类基因组和其他基因组中的基因的数目，这些估计是以目前科学家们对 DNA、RNA 和蛋白质的了解为基础的，这些对基因组基因数目的估计正确吗？

如我们在第四章所提到的，只有少于 2%的人类基因组 DNA 为蛋白质编码。即便把内含子也算在内，人们曾预料只有很少一部分基因组 DNA 被转录成 RNA，大部分 mRNA 为蛋白质编码，剩下的 DNA 曾经被看成是“废物 DNA”。随着我们对基因组全功能的了解，这个名称将会慢慢被放弃。

在努力廓清人类转录组（transcriptome）边界过程中，研究者发明了新的工具，以便高精度地确定哪些基因组序列被转录成 RNA。答案是令人吃惊的，我们的基因组中

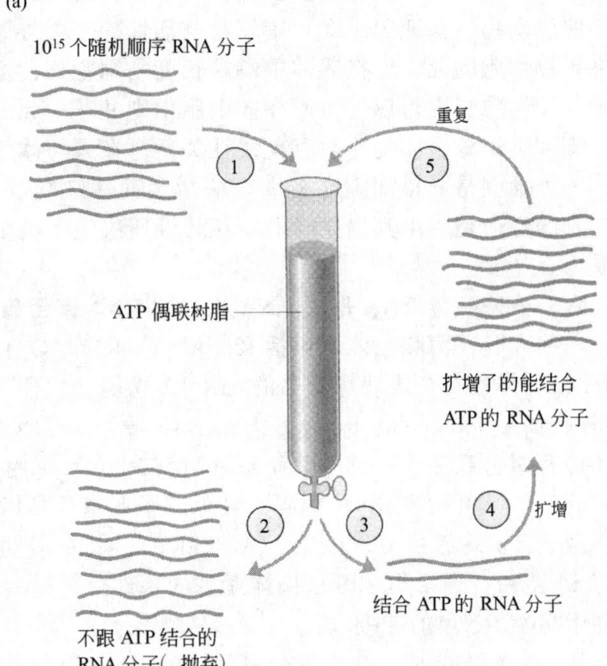

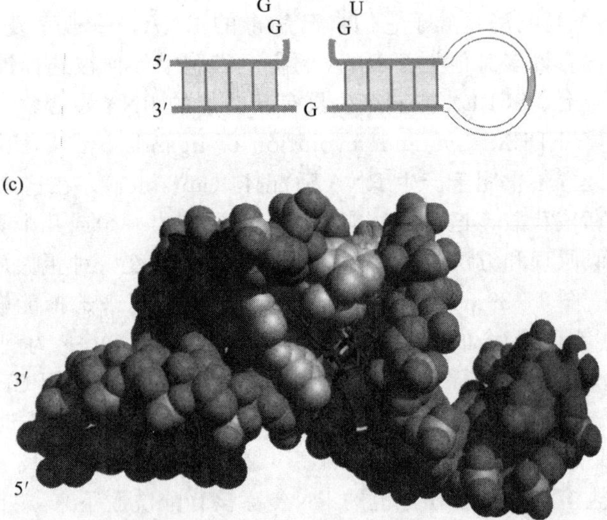

图 17-29　RNA 适配体的指数速度富集方法

(a) SELEX 方法；(b) 结合 ATP 的 RNA 适配体，环绕 ATP 的核苷酸残基是特异性结合必需的；(c) 结构 AMP 的适配体，白色示保守核苷酸序列，它们形成结合口袋，ATP 结合在其中

被转录 RNA 的部分比任何人估计的还要多得多。许多这些 RNA 不为蛋白质编码，很多这类 RNA 缺少人们的常见的结构，如没有 3′端的 poly（A）尾巴。那么，这些 RNA 有什么功能呢？

研究 RNA 功能的方法可以大致分成两大类：cDNA克隆（图 17-30）和微阵列分析（图 17-31）。为研究某一特定基因组转录的 cDNA 文库建立的方法介绍在第二十章。但是产生 cDNA 的经典方法常导致仅有部分特定转录物被克隆，因为逆转录酶会被阻止在 mRNA 的有二级结构的区域，或者在半路从 mRNA 模板上解离，常常只有整个 cDNA 文库 20%或更少的克隆具有全长的 cDNA。这使得人们很难使用这种文库来寻找转录起始点（transcription start sites，TSSs），以及使用它来研究一个基因为蛋白质编码的氨基末端的序列。用于克服这些缺点的方法之一图示在图 17-30。这种技术上的改进导致产生的 cDNA 文库中 95%的克隆是全长的，这就为细胞 RNA 研究提供了更丰富的信息资源。但是 cDNA 一般是由有 poly（A）尾巴的 RNA 转录物产生的。使用微陈列与不依赖于 poly（A）的 cDNA 制备技术联合可以探究更多的缺少普通末端结构的真核生物 RNA。

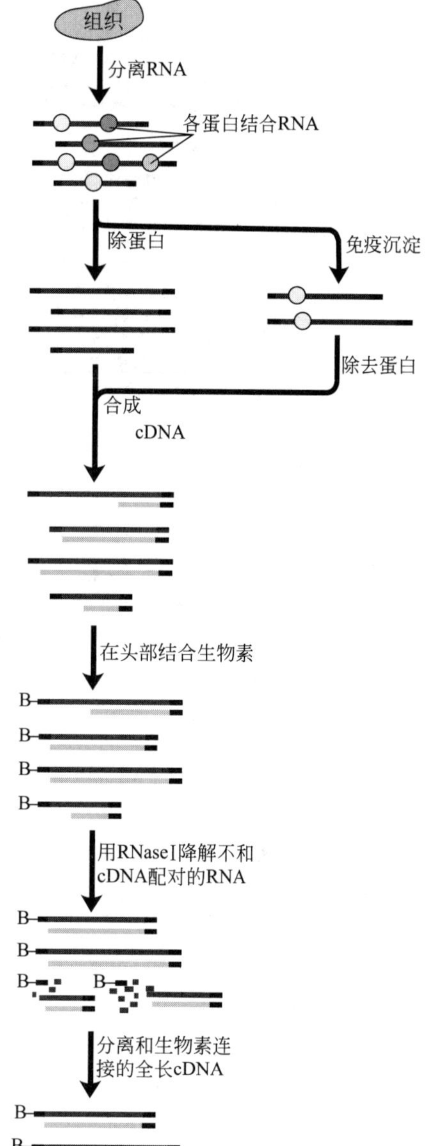

图 17-30　一种克隆全长 cDNA 的策略

一个 RNA 库从组织样品制备后，能和某种特殊蛋白结合的 mRNA 可以通过“免疫沉降法”沉淀这种蛋白而得到想要的目标 mRNA。借助 mRNA 5′帽子的独特情况，把生物素（biotin）共价结合于这种 mRNA 的 5′末端。使用 poly（dT）引物逆转录这些 mRNA，RNase Ⅰ降解掉未能形成 DNA-RNA 杂合双链的 RNA，于是破坏了不完全 cDNA-RNA 配对部分，全长的 cDNA-RNA 杂交链可以用链霉亲和素琼脂糖珠吸附收集（因它结合生物素）。最后把单链全长 cDNA 变成双链 DNA，并克隆

对真核生物 RNA 的全部情况的了解尚未完成，但有些结论已经很清楚。如果排除占哺乳动物基因组一半的重复序列（如转座子等，起码有 40%），那么大部分剩下的基因组可被转录成 RNA。似乎是缺少 poly（A）尾巴的 RNA 要比带这种尾巴的 RNA 多。许多这类 RNA 不被输送入细胞质，而被留在细胞核内。许多基因组片段的两条 DNA 链均被转录，一条转录产物互补于另一条转录物，它们的关系可以看成是反义的。许多反义 RNA 可能参与能与它互补的 RNA 功能的调节。许多 RNA 只在某一种组织或某几种组织内产生，许多新的 RNA 转录组尚未被确定。最重要的是许多从基因组片段转录的新 RNA 品种，在不同物种中都存在着“共线性”（“synteny”，此处指几个基因在不同基因组的特定 DNA 片段上有相同的串联排列顺序）。这种进化保守性强烈地意味着这些 RNA 有重要的生物学功能。

有一些 RNA 新品种如 snoRNA，snRNA 或 miRNA，这些 RNA 类型是近二十年发现的。许多新的 TSS 序列正在逐渐被发现，新的 RNA 种类逐渐被确定，同一初始转录物不同剪接产物的情况正在不断阐述。所有的这些新发现是对经典的基因定义的挑战。在小鼠和人类基因组中，即使人们很熟悉的编码

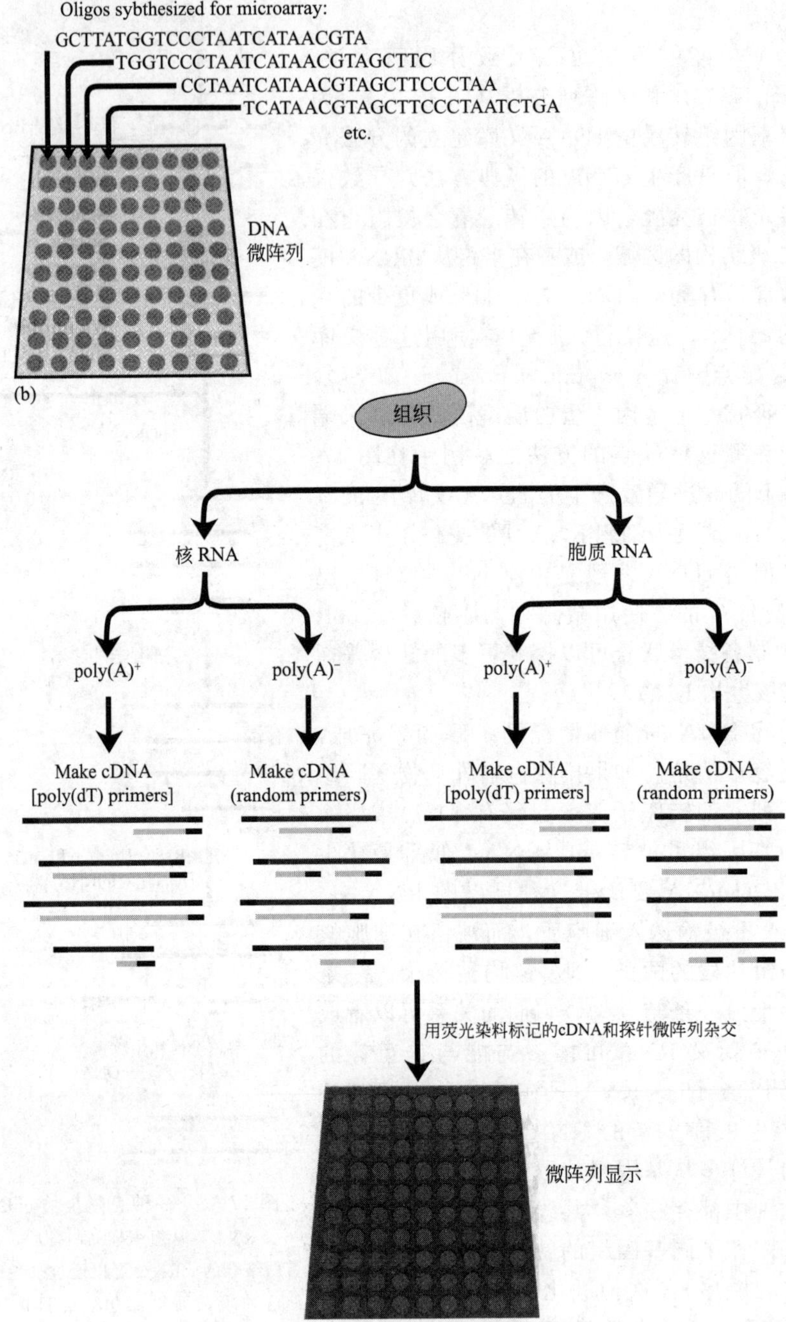

图 17-31 用微阵列检测物种细胞“转录组”

(a) 合成瓦片状 DNA 探针阵列，代表着全基因组的非重复序列部分，在瓦片状连续寡核苷酸探针阵列中每个相邻的点在 DNA 序列上交盖。于是转录组序列中的每个核苷酸残基（如图中“T”残基）出现多次。

(b) 一种组织样品被分离纯化成细胞核样品和胞质样品两部分，并各自分离纯化出 RNA 样品。使用结合有 poly (dT) 的分离柱，使含 poly（A）尾巴的 RNA 与无 poly（A）尾巴的 RNA 分离。带 poly（A）尾巴的 RNA 使用图 17-30 中的方法逆转录成 cDNA。使用随机化序列引物把细胞中缺少 poly（A）的 RNA 拷贝成 cDNA，产生的 DNA 片段不会精确地等于它的 RNA 模板长度，但是生成的 DNA 库包括了大多数存在于原始 RNA 样品中的序列。这些 cDNA 样品然后被标记，并使之与微阵列杂交。从微阵列上显示的信号可以确定被转录成 RNA 的基因组序列蛋白质的 mRNA 转录物也比当初人们想像的多得多，一批已知的蛋白质编码基因可能很快会增多，但是大部分新发现的 RNA 转录物的功能还是未知的。因此它们简单地被称作未知功能转录物（transcripts of unknown function，TUFs）。这个新 RNA 世界是一个最新研究前沿，它有希望帮助我们了解真核细胞的生活情况，并为我们对遥远的 RNA 世界在生命起源中的作用提供线索。

提　要

转录是由 DNA 指导的 RNA 聚合酶催化的，这种酶使用核糖核苷 5′-三磷酸，合成互补于双链 DNA 中一条链（模板链）的 RNA。转录起始时，RNA 聚合酶结合于 DNA 的启动子位点。细菌的 RNA 多聚酶需要一个特殊亚基（σ 因子）以识别启动子。在转录的最初几步中，RNA 聚合酶与启动子的结合是许多基因表达调控形式的主题。真核生物有三种不同的 RNA 聚合酶。转录在叫做终止子的特殊序列结束。从单一基因能转录出许多 RNA 拷贝。

核糖体 RNA 和转移 RNA 来自更长的前体 RNA。前体 RNA 经核酸酶剪切，一些碱基经酶修饰产生成熟 RNA。真核生物中，信使 RNA 也是由更长的前体 RNA 形成的。初始 RNA 转录物经常含有非编码区（内含子）。内含子在剪接中被除去。Ⅰ类内含子是在 rRNA 中发现的，它们的切除需要鸟嘌呤核苷辅因子。一些Ⅰ类和Ⅱ类内含子能自我剪接，不需要由蛋白质组成的酶。核 mRNA 前体有第三类内含子，它们在被称作 SnRNP 的 RNA-蛋白复合物的帮助下剪接。在一些 tRNA 中发现的第四类内含子是唯一已知的只由蛋白质酶拼接的一类。信使 RNA 也经修饰：在 5′-末端加上一个 7-甲基鸟嘌呤核苷酸残基，在 3′-末端进行部分切割并多聚腺苷酸化，形成一条长的 poly（A）尾巴。

自我剪接内含子与 RNase P 的 RNA 成分（这种酶切割 tRNA 前体的 5′-末端）形成一类新的称为核酶的生物催化剂。它们有真正酶的特征，是非常有效的催化剂。以 RNA 作为底物，它们催化两种反应：水解切割与转酯。这两种反应可由四膜虫 rRNA 上切出的Ⅰ型内含子 RNA 联合催化，产生一种类似 RNA 多聚化的反应。这些反应以及内含子本身的研究为生物进化的可能途径提供了新的观点。

从大肠杆菌细胞中发现的多核苷酸磷酸化酶能从核糖核苷 5′-二磷酸可逆地合成类 RNA 多聚物，在多聚物的 3′—OH 末端加入或除去核糖核苷酸。在体内它降解 RNA。

RNA 指导的 DNA 多聚酶，也称作反转录酶，产生于被称为逆转录病毒感染的动物细胞中。这些酶将病毒 RNA 转录成 DNA。这个过程在实验室中用来形成互补 DNA（cDNA）。许多真核生物的转座子与反转录病毒有关，它们的转座过程有 RNA 中间体参加。合成端粒的酶叫做端粒酶，是一种含有内部 RNA 模板的特殊的反转录酶。

RNA 指导的 RNA 聚合酶或复制酶，是在被某些 RNA 病毒感染的细菌细胞中发现的，它们特异的模板是病毒 RNA。

催化 RNA 及 RNA 与 DNA 相互转化途径的存在导致这样的假设：早期生命物质是完全或大部分是由 RNA 分子组成的，RNA 分子同时行使信息储存和复制催化功能。

思 考 题

1.(a) 大肠杆菌 RNA 聚合酶合成为乳糖代谢酶编码的 RNA 初始转录物需要多长时间?（乳糖操纵子长 5300bp，见第十五章）。(b) 由 RNA 聚合酶形成的转录泡在 DNA 上 10s 移动多远?

2. DNA 聚合酶有编辑和矫正错误的能力，而 RNA 没有这种能力，说出在复制或转录过程中产生一个碱基错误可能产生的后果。对这种显著不同的影响作出一个生物学解释。

3. 预计在真核生物 RNA 转录物中的 5′（AAUAAA）顺序突变可能造成的影响。

4. 噬菌体 Qβ RNA 基因组是"非模板链"（或称"正链"），它进入细胞时起到 mRNA 的功能，假定噬菌体 Qβ 的 RNA 复制酶只合成负链 RNA 并把它单独掺入病毒颗粒，当负链进入细胞时，它的命运如何，病毒颗粒中纳入什么酶可以使（—）链病毒成功感染寄主细胞？

5. 叙述 DNA 聚合酶，RNA 聚合酶、逆转录酶、RNA 复制酶所催化的反应的三个共同点。指出多核苷酸磷酸化酶与它们的相似点和不同点。

6. 要从一个 RNA 转录物中剪出内含子的最少转酯反应的次数是多少？为什么？

7. RNA 病毒有相对小的基因组，如单链逆转录病毒有 10000 个核苷酸残基，而 Qβ RNA 只有 4220 个核苷酸残基。叙述本章介绍的逆转录酶和 RNA 复制酶的性质。你能解释这些 RNA 病毒基因组很小的原因吗？

8. "死帽菇"（death cap mushroom）*Amanita phalloides*，含有几种危险物质，其中包括致人死命的 α-鹅膏蕈碱。毒素依靠和真核 RNA 聚合酶Ⅱ的特高亲和力结合阻断误食毒蘑菇者 RNA 合成的延长。它的致死浓度为 10^{-8} mol/L。食入毒蘑菇最初的反应是胃肠疼痛（由其他一些毒素引起），48h 以后这些症状消失，但病人此时通常因肝坏死死亡。请解释为什么 α-鹅膏蕈用这么长时间杀死误食者？

9. 利福平是一种重要的治疗结核病的抗生素。有些结核杆菌菌株有抗利福平抗性。这些菌株通过在 *rpo*B 基因（它编码 RNA 聚合酶 β 亚基因）的突变获得抗性。利福平不能结合于突变的 RNA 聚合酶，因而不能阻断转录的起始，DNA 序列分析表明，抗性突变发生在 *rpo*B 基因的 69bp 处，已知这个碱基的改变导致 β 亚基的氨基酸取代：一个组氨酸被天冬氨酸所取代。(a) 根据有关蛋白质化学的知识提出一种能检出抗性菌株中这种突变蛋白的技术。(b) 根据你的核酸化学知识，提出一种证实 *rpo*B 基因突变型的技术。

第十八章　蛋白质的生物合成与修饰

第一节　概　　述

蛋白质是绝大多数遗传信息途径的终产物。一个普通的细胞在任何时候都需要成千上万种不同的蛋白。这些蛋白必须在需要的时候合成，并运输（定位）到适当的细胞位置。当细胞不需要它们时又要把它们降解。人们对蛋白质生物合成途径的了解要比本章所述的蛋白质的定位、降解多得多。

蛋白质的合成机制是最复杂的生物合成机制。而且，对它的了解曾经是生物化学历史上最大的挑战之一。在真核细胞中，蛋白质的合成需要 70 种以上的核糖体蛋白的参与；20 种或更多的酶来激活氨基酸前体，12 种或更多的辅酶和其他专一性的蛋白质因子来进行肽链合成的起始、延伸和终止；大概另外有 100 多种酶参与各类蛋白的最后修饰；还需要 40 个以上转移 RNA 和核糖体 RNA。因此，几乎有 300 多种不同的生物大分子且必须协同工作以合成多肽。许多大分子被组织进复杂的具三维结构的核糖体。核糖体在 mRNA 上一步步地移位进行多肽链的合成过程。为正确评价蛋白质合成对每一细胞的中心作用，我们讨论一下那些参与这个过程的细胞内的组分。蛋白质的合成约占了一个细胞全部生物合成所需化学能的 90%。在大肠杆菌中，那些参与蛋白质合成的各种蛋白质和 RNA 分子与真核细胞中的相似。对真核和原核细胞来说，每个细胞中每个蛋白质和 RNA 分子都有成千上百个拷贝。总的说来，一个典型的细菌细胞中（约 $100nm^3$ 的体积）含有 20000 核糖体，100000 个相关蛋白质因子和酶，200000 个 tRNA，约占细胞干重的 35%以上。

尽管蛋白质的生物合成具有巨大的复杂性，但还是有相当高的速率。在一个大肠杆菌细胞中，合成一个完整的含 100 个氨基酸残基的多肽在 37℃ 约只需 5s。每个细胞中成千上百种蛋白质合成的调节是相当严格的，所以在给定的代谢环境下，只有所需数量的分子被合成。为保持细胞中蛋白质合适的比例（mix）和浓度，定位和降解过程必须与蛋白质的合成同步。现在的研究工作正在逐渐揭开细胞内蛋白质的定位和对不再需要的蛋白质进行降解的生化机制。

20 世纪 50 年代蛋白质生物合成研究的几个重要进展

50 年代 3 个主要的进展打下了现在蛋白质生物合成知识的基础。在 20 世纪 50 年代早期，Paul Zamecnik 和他的同事设计了一系列的实验来探索一个问题：细胞中蛋白质是在哪儿合成的？他们给小鼠注射放射性氨基酸，然后在不同的时间间隔内取出小鼠的肝，进行匀浆（homogenize）、离心，检测亚细胞成分（subcellular fraction）中放射性蛋白质的位置。在注射氨基酸后几小时或几天，发现所有的亚细胞成分都含有放射性。但是，在注射标记的氨基酸仅几分钟后取肝脏并分离成分，发现仅在含有小核糖核蛋白（ribonucleoprotein）微粒的组分中含有标记蛋白。这些微粒是早期通过电子显微镜在动物组织中发现的，因此它们被认为是进行蛋白质合成的位点。后来，这些进行蛋白质合成的微粒被命名为核糖体（图 18-1）。

第二个关键进展是由 Mahlon Hoagland 和 Zamecnik 共同取得的。他们发现当用 ATP 和肝细胞的胞质组分温育时，氨基酸变成“激活态”。这些氨基酸被共价结合在一种热稳定的可溶性 RNA 上，这种可溶性 RNA 后来被命名为转移 RNA（tRNA），氨基酸与转移

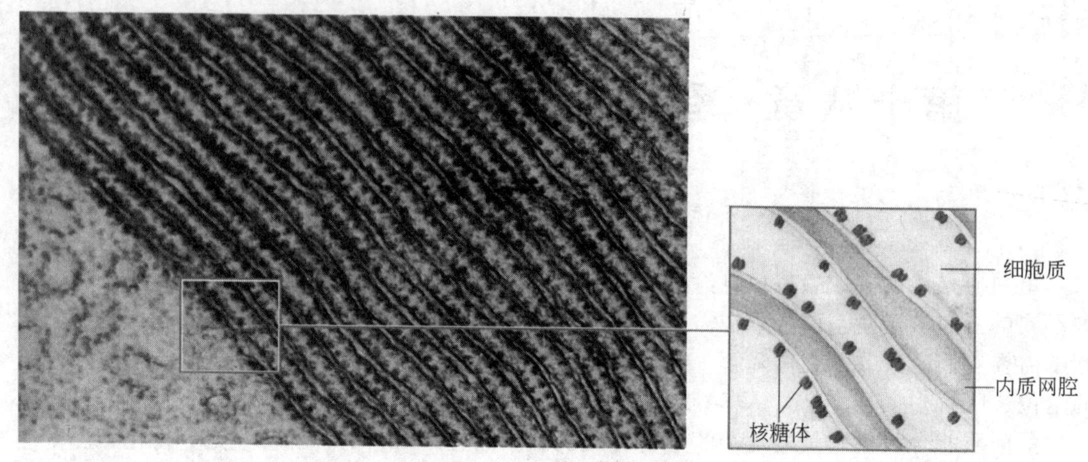

图 18-1　内质网膜和核糖体

胰脏细胞电子显微镜图和模式图显示核糖体附着于内质网膜的外表面

RNA 的共价化合物叫做氨酰 tRNA（aminoacyl-tRNA），催化这个过程的酶后来被称为氨酰 tRNA 合成酶。

核酸中 4 种字母的遗传信息语言是怎样翻译成 20 个字母的蛋白质语言？这个问题使 Crick 取得了第三个本领域的重要进展。Crick 推测，tRNA 一定是充当了适配器的作用，tRNA 分子的一部分结合特定的氨基酸，另一部分识别编码氨基酸顺序的 mRNA 上的短核酸序列。这个想法不久即被证实。tRNA 适配器（adaptor）翻译 mRNA 核酸序列成为多肽链的氨基酸序列。由 mRNA 指导的蛋白质合成过程常被简单地称为翻译（translation）。这些进展不久就导致了对蛋白质合成的主要阶段的认识，而且最终导致氨基酸遗传密码单词的阐明。这些密码子的性质将是下面讨论的焦点。

第二节　遗传密码的破译

一、三联体密码与阅读框

60 年代以前，人们已经清楚至少需要三个 DNA 的核苷酸残基来编码一个氨基酸。若以每两个核苷酸残基为一组，DNA 的四种核苷酸仅能产生 $4^2=16$ 种不同的组合，不足以编码 20 种氨基酸。但是，若以每三个一组，则四种碱基就可产生 $4^3=64$ 种不同的组合。早期的遗传学实验不仅证明氨基酸的密码子（codon）是核苷酸三联体，而且证明密码子是不交盖的，为连续的氨基酸残基编码的密码子之间也没有“逗号”（图 18-2）。因此，一个蛋白质的氨基酸序列是由连续的三联体密码 codon triplet 的线性顺序决定的。这个序列中的第一个密码子建立了一种阅读框（reading frame，或称读码框），在这个阅读框中每三个核苷酸残基就开始一个新的密码子。按照这种方案，对任何一个 DNA 序列就有三种可能的阅读框，每个阅读框都将产生一个不同的密码子序列（图 18-3）。尽管人们知道可能只有一种阅读框编码着给定蛋白所需的信息，但关键问题是：对于不同的氨基酸，

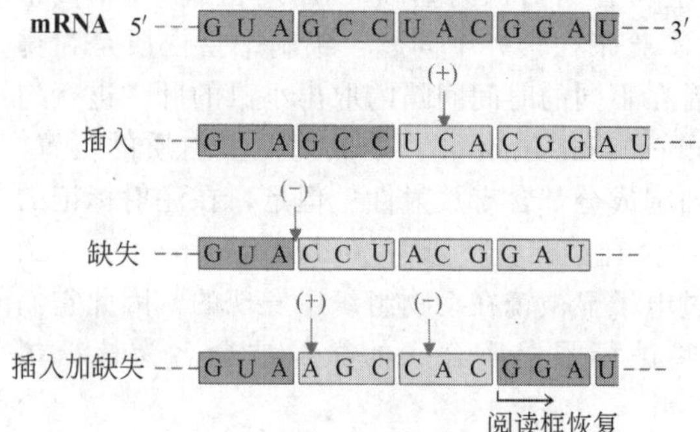

图 18-2　三联体密码是连续的不交盖的遗传学证据表明在基因的内部插入或缺失一个碱基会导致其后续密码的改变

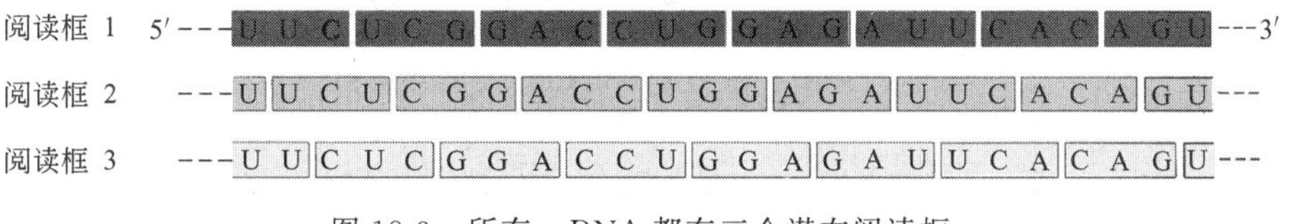

图 18-3 所有 mRNA 都有三个潜在阅读框

哪一个是它们特定的三联体密码子？怎样用实验来证明？

二、人工合成多核苷酸和无细胞体系蛋白质合成

1961 年，Marshall Nirenberg 和 Heinrich Matthaei 报告的一个发现取得了第一个突破。他们在 20 支不同的试管中使用 *E. coli* 抽提物、GTP 和 20 种氨基酸混合物与多聚尿嘧啶核苷酸[poly(U)]温育。在每个试管中各含有一种不同的放射性标记的氨基酸。Poly（U）可被看做是一种含许多连续的 UUU 三联体的人工合成 mRNA，它将 20 种不同氨基酸中的一种形成多肽链。这种氨基酸就是由三联体 UUU 编码的。实验结果表明，仅在一支试管中形成放射性多肽链，这个试管含有放射性的苯丙氨酸。Nirenberg 和 Matthaei 因此得出结论，三联体 UUU 是为苯丙氨酸编码的。以同样的方法了解到 poly（C）指导仅含脯氨酸的多肽链合成，poly（A）编码仅含赖氨酸的多肽链。显然 CCC 编码脯氨酸，而 AAA 编码赖氨酸。他们使用的这个方法叫做无细胞体系（cell-free system）的蛋白质合成。如今类似的方法被广泛用于体外合成 DNA、RNA 和蛋白质。

这些实验中所用的多核苷酸是用多核苷酸磷酸化酶合成的。这种酶催化由 ADP、UDP、CDP 和 GDP 参与的 RNA 聚合物的形成。这种酶不需要模板，而且合成的聚合物的碱基成分可直接反映介质中各核苷 5′-二磷酸前体的相对浓度。如果提供给多核苷酸磷酸化酶以 UDP，它仅合成 poly（U）。如果提供 5/6 的 ADP 和 1/6 的 CDP，它合成一种 5/6 的碱基是 A，1/6 的碱基是 C 的多聚物。这样一种随机聚合物可能有许多 AAA 序列三联体，少量的 AAC，ACA 和 CAA 三联体，相对稀少的 ACC，CCA 和 CAC 三联体和非常少的 CCC 三联体（表 18-1）。用这种人工合成 mRNA 在无细胞体系中指导蛋白质合成，可以测知不同氨基酸在被合成多肽中的相对掺入量。由多核苷酸磷酸化酶从不同组成的 ADP、GDP、UDP 和 CDP 起始合成的各种人工 mRNA，为所有氨基酸编码的三联体的碱基组成不久就鉴定出来了。但是，这个实验不能揭示每个编码三联体的碱基顺序。

表 18-1 以随机 RNA 聚合物（A，5/6；C，1/6）指导多肽合成时的氨基酸掺入作用

氨基酸	实际掺入频率	预计的三联体密码组成	估计的掺入频率	氨基酸	实际掺入频率	预计的三联体密码组成	估计的掺入频率
天冬酰胺	24	A_2C	20	赖氨酸	100	AAA	100
谷氨酰胺	24	A_2C	20	脯氨酸	7	AC_2 CCC	4.8
组氨酸	6	AC_2	4	苏氨酸	26	A_2C AC_2	24

三、三核苷酸诱导氨酰 tRNA 对核糖体的特异结合

1964 年，Nirenberg 和 Philip Leder 获得另一个突破，他们发现如果相应的合成多核苷酸信使存在时，游离的 *E. coli* 核糖体会和一个专一的氨酰-tRNA 结合。例如，用 poly（U）和苯丙酰-tRNA 温育的核糖体会结合这两种多核苷酸链。但是，如果核糖体是和 poly（U）及一些其他的氨酰-tRNA 温育的，因为它不会识别 poly（U）中的 UUU 三联体，这些氨酰-tRNA 将不和核糖体结合（表 18-2）。可以促进 $Phe\text{-}tRNA^{Phe}$ 与核糖体专一性结

表 18-2　三核苷酸诱导的氨酰 tRNA 对核糖体的结合

三核苷酸	^{14}C-标记氨酰 tRNA 对核糖体的结合①		
	Phe-tRNA^{Phe}	Lys-rRNA^{Lys}	Pro-tRNA^{Pro}
UUU	4.6	0	0
AAA	0	7.7	0
CCC	0	0	3.1

① 表中数字表示补加三核苷酸后相对于不加三核苷酸时核糖体结合^{14}C 的增加。

合的最短的多核苷酸是三核苷酸 UUU。利用已知序列的简单三核苷酸可以确定 64 种可能的三联体密码子中的 50 种。所结合的氨酰-tRNA 中有一些密码子不能结合氨酰-tRNA；有些三联体密码可与不止一个氨酰-tRNA 结合，这就需要用另一种方法来完全证实全部的遗传密码。

四、具有特定重复顺序多聚核糖核苷酸模板的合成

几乎在同时，H. Gobind Khorana 发明了另一种补充方法，他能用化学法与酶法相结合合成特定的、具有 2～4 个碱基重复的多聚核糖核苷酸，利用这种人工 mRNA 合成的多肽有一种或少量几种氨基酸重复序列。这种信息与 Nirenberg 及其同事所用的随机多聚物获得的信息结合时，可以进行明确的密码子确定（codon assignment）。例如，共聚物$(AC)_n$ 不管是什么样的阅读框架都含有两种 ACA 和 CAC 相间的密码子：

ACA　CAC　ACA　CAC　ACA

相应于这个聚合物合成的多肽含有等量的苏氨酸和组氨酸，由于如表 18-1 所描述的实验揭示了组氨酸的密码子是一个 A 和两个 C，故 CAC 必是组氨酸的密码子，ACA 必是苏氨酸的密码子。

同样，由三个重复的碱基组成的 RNA 应该产生三种不同类型的多肽。每种多肽来源于不同的阅读框且含有单一的氨基酸。由四个碱基重复形成的 RNA 可形成由四种氨基酸重复形成的单一类型的多肽（表 18-3）。这些实验可以决定出 64 种可能密码子的 61 种，其余三种被确定为终止密码子，因为当合成的 RNA 聚合物顺序中含有这些密码子时，它们会打断氨基酸编码的句子。

表 18-3　用三个碱基或四个碱基重复的合成多核苷酸指导多肽合成

多核苷酸	多肽产物	多核苷酸	多肽产物
三核苷酸重复		$(AUC)_n$	$(Ile)_n$，$(Ser)_n$，$(His)_n$
$(UUC)_n$	$(Phe)_n$，$(Ser)_n$，$(Leu)_n$	$(GAU)_n$	$(Asp)_n$，$(Met)_n$，(链终止子)
$(AAG)_n$	$(Lys)_n$，$(ARG)_n$，$(Glu)_n$	四核苷酸重复	
$(UUG)_n$	$(Leu)_n$，$(Cys)_n$，$(Val)_n$	$(UAUC)_n$	$(Tyr\text{-}Leu\text{-}Ser\text{-}Ile)_n$
$(CCA)_n$	$(Pro)_n$，$(His)_n$，$(Thr)_n$	$(UUAC)_n$	$(Leu\text{-}Leu\text{-}Thr\text{-}Tyr)_n$
$(GUA)_n$	$(Val)_n$，$(Ser)_n$，(链终止子)	$(GUAA)_n$	二肽或三肽
$(UAC)_n$	$(Tyr)_n$，$(Thr)_n$，$(Leu)_n$	$(AUAG)_n$	二肽或三肽

利用这些方法，所有氨基酸的三联体密码的碱基顺序在 1966 年全部确定。从那时以来，这些密码子已被多方面证实。氨基酸的全部密码子“字典”如图 18-4。遗传密码的全部破译被看成是 20 世纪最重要的科学发现之一。

密码子第一个字母(5′端)	密码子第二个字母 U	C	A	G
U	UUU Phe	UCU Ser	UAU Tyr	UGU Cys
	UUC Phe	UCC Ser	UAC Tyr	UGC Cys
	UUA Leu	UCA Ser	UAA Stop	UGA Stop
	UUG Leu	UCG Ser	UAG Stop	UGG Trp
C	CUU Leu	CCU Pro	CAU His	CGU Arg
	CUC Leu	CCC Pro	CAC His	CGC Arg
	CUA Leu	CCA Pro	CAA Gln	CGA Arg
	CUG Leu	CCG Pro	CAG Gln	CGG Arg
A	AUU Ile	ACU Thr	AAU Asn	AGU Ser
	AUC Ile	ACC Thr	AAC Asn	AGC Ser
	AUA Ile	ACA Thr	AAA Lys	AGA Arg
	AUG Met	ACG Thr	AAG Lys	AGG Arg
G	GUU Val	GCU Ala	GAU Asp	GGU Gly
	GUC Val	GCC Ala	GAC Asp	GGC Gly
	GUA Val	GCA Ala	GAA Glu	GGA Gly
	GUG Val	GCG Ala	GAG Glu	GGG Gly

图 18-4　遗传密码

图中粗体字母表示密码子的第三个字母。AUG 代表起始密码子和甲硫氨酸；UAA，UAG，UGA 为终止密码子

第三节　遗传密码的几个重要特性

一、遗传密码的几个重要特性

为一个蛋白编码的遗传信息的关键在于密码子和构成一个阅读框的密码子的排列。必须记住没有"标点"或"信号"来指示一个密码子的结束和下一个密码子的开始。因此，在阅读一个 mRNA 分子开始时阅读框就必须正确无误，然后从一个三联体到另一个三联体顺次移动。如果在阅读框的起始时错过一个或两个碱基，或者在 mRNA 上的核糖体偶然跳过了一个核苷酸，随后的所有密码子将会与原先预定的不同，从而导致"错义"蛋白。

有几个密码子有特殊的功能。起始密码子（initiation codon）AUG，是多肽链开始的信号。AUG 在真核生物细胞和原核生物细胞中不仅是起始密码子，而且当它处于多肽的中间位置时还编码 Met（甲硫氨酸）残基。在 64 种可能的核苷酸三联体中，有三个不编码任何的已知氨基酸（图 18-4），它们是终止密码子（termination codon）（也称为停止密码子或无义密码子）。一般说来，它们意味着多肽链合成的终止。这三个终止密码子被称为"无意义密码子"（nonsense codon）是由于发现在大肠杆菌中一些一个碱基的突变会导致一些多肽链合成的"早产"。这些无义突变人为地被命名为琥珀型（amber）、赭石型（ochre）和蛋白石型（opal）突变。这些早期的发现帮助人们对 UAA，UAG 和 UGA 这些终止密码子的鉴别和认识。

本章后面将要提到，蛋白质合成的起始是个依赖于起始密码子及 mRNA 上的其他信号的精细过程。回想起来，Nirenberg 和 Khorana 证实密码子功能的实验在没有起始密码子的情况下应该不能进行。非常幸运的是，当时所采取的实验条件造成了正常蛋白质合成起始条件的松弛。因此使他获得成功。勤奋加机会产生突破，这在生物化学研究史上是常常发生的。

在一个随机顺序的多核苷酸链（DNA 或 RNA 序列）中，每个阅读框中平均每 20 个密码

子就可能出现一个终止密码子（3/64）。如果一个阅读框有 50 个以上的连续密码子无终止密码子，那么称这段顺序为开放阅读框（open reading frame，ORF）。对一段未知功能的 DNA 或 RNA 序列来说，长的开放阅读框的存在预示它可能是为某个蛋白编码的基因。为一个相对分子质量是 60000 的蛋白质编码的不间断的基因需要一个含有 500 或更多密码子的开放阅读框。

也许遗传密码最令人惊讶的一面是它的简并性（degenerate），即一个给定的氨基酸有不止一个的密码子。只有 Met 和 Trp 有单一的密码子。简并性并不意味着不完善。因为没有一个密码子决定一个以上的氨基酸，所以遗传密码是明确的。遗传密码的简并性是不相同的，例如，Lys，Leu 和 Ser 有 6 个密码子，Gly 和 Ala 等 5 个氨基酸有 4 个，异亮氨酸有 3 个，Glu，Tyr 和 His 等 9 个氨基酸有 2 个密码子。

当一个氨基酸有多个密码子时，这些密码子之间的不同一般都在第三个碱基。例如，Ala 的密码子是 GCU，GCC，GCA，GCG。几乎所有的氨基酸的密码子可用 XY_G^A 或 XY_C^U 来表示。每个密码子的前两个字母因此起决定性的作用。

遗传密码几乎是通用的。但是有极少数的例外发生在线粒体 DNA、一些细菌和一些单细胞真核生物基因组中。氨基酸的密码子在至今已检验的所有物种中都是相同的。人类、大肠杆菌、烟草、两栖类和病毒都有共同的遗传密码。因此，所有生命形式可能都有共同的进化祖先，在整个生物进化过程它的遗传密码被保留了下来。

二、翻译移码和 RNA 编辑（RNA editing）

蛋白质的合成是按照连续的三联体密码子的模式来进行的，一旦阅读框建立，密码子将依次翻译，没有重叠和标点，直至遇到终止密码子。通常，该基因内另外两个阅读框不含有有用的遗传信息。但是，少量基因具有一定的结构，使 mRNA 的翻译过程中使核糖体在某点“打嗝”（hiccup），导致从这点开始的阅读框的改变。这好像是一种从一个单一的转录物产生两个或更多的相关蛋白的机制，或者是一种蛋白合成的调节机制。其中最好的例子是劳氏肉瘤病毒的 *gag* 和 *pol* 基因的 mRNA 的翻译（图 18-5）。这两个基因是重叠的，*pol* 的阅读框相对于 *gag* 来说左移一个碱基对（-1 阅读框），利用 *gag* 蛋白所用的相同的 mRNA，*pol* 基因的产物（逆转录酶）翻译成一种更大的 *gag-pol* 融合蛋白，这种融合蛋白后来被蛋白酶水解为成熟的逆转录酶，这种大的融合蛋白是由于翻译移码（translation frameshift）引起的，这种翻译移码发生于重叠区域，它允许核糖体跳过 *gag* 基因末端的 UAG 终止密码子（图 18-5）。这种翻译移码在翻译事件中的概率约为 5%，约相当于 *gag* 蛋白的 1/20。以便使 *gag-pol* 融合蛋白——最终的逆转录酶为病毒基因组的有效复制保持适当水平。*E. coli* DNA 聚合酶 τ 和 γ 亚基也是采用类似的机制从 *dna* X 基因转录翻译来的。

```
            --- Leu - Gly - Leu - Arg - Leu - Thr - Asn - Leu  Stop
gag阅读框  5'---CUA GGG CUC CGC UUG ACA AAU UUA UAG GGAGGGCCA---3'
pol阅读框   ---CUAGGGCUCCGCUUGACAAAUUU AUA GGG AGG GCC A---
                                      Ile - Gly - Arg - Ala   ---
```

图 18-5　劳氏肉瘤病毒的 *gag-pol* 基因交盖区

这种机制也存在于 *E. coli* 肽链释放因子（RF_2）的基因。这个释放因子是蛋白合成时在终止密码子 UAA 和 UGA 处终止合成所需的蛋白。RF_2 基因的第 26 个密码子是 UGA，UGA 一般是终止蛋白质合成的。相对于 UGA 密码子来说这个基因的其他羧基末端部分在阅读框的＋1 位（向右移一位）。当细胞中 RF_2 因子水平较低时，多肽的翻译在这个终止密码处不发生终止而是暂时停顿。停顿的时间可使核糖体进行框移阅读，于是 UGA 加 C，使 UGAC 被读成 GAC＝Asp（天冬氨酸），于是这个多肽的翻译在新的阅读框中进行直至完成 RF_2 蛋白的合成。在这个途径中，RF_2 是以反馈环来调节它自己的合成的。

一些 mRNA 是在翻译前经过编辑的。某些原生动物中，线粒体 DNA 编码的细胞色素氧化酶亚基Ⅱ的基因序列没有精确地对应于这个蛋白产物羧基末端所需要的顺序。编码蛋白的氨基末端的密码子和编码羧基末端的密码子不在同一个阅读框中。导致这种改变的是一个对初始转录物的转录后编辑过程。在这个编辑过程中，4 个尿嘧啶核苷酸残基被加入mRNA以创造三个新密码子，改变了阅读框，从而形成与原始基因序列不同的 mRNA。如图 18-6 所示，这里显示的只是基因的一小部分（受编辑影响的部分）。编辑过程的功能和机制都还不清楚。由这些线粒体编码的一类特殊的 RNA 分子已被找到，它们具有与最终的编辑过的 mRNA 互补的顺序。这些 RNA 分子可能充当编辑过程的模板，因此被看成是指导 RNA (guide RNA)［图 18-6(b)］。注意，碱基配对包括一些 G＝U 碱基对（圆点表示），这在 RNA 分子中是很普遍的。

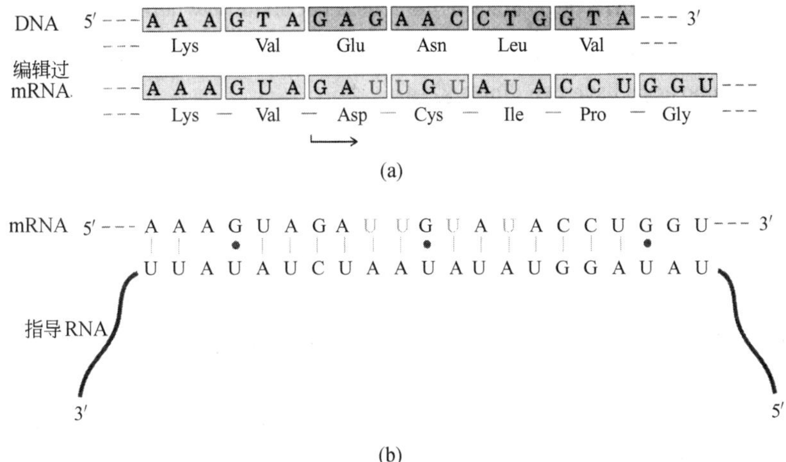

图 18-6　四膜虫线粒体细胞色素氧化酶亚基Ⅱ初始转录物的 RNA 编辑过程

(a) 四个尿嘧啶残基的插入产生修改的阅读框；(b) 线粒体中的一种特殊指导 RNA 与编辑产物互补，它可能是编辑时用的模板

另一种不同的 RNA 编辑形式发生于脊椎动物低密度脂蛋白（low density lipoprotein，LDL）的载脂蛋白的组分 B 中。载脂蛋白的一种形式，称作 apoB-100 (M_r513000)，是在肝脏中合成的。第二种形式，apoB-48（M_r250000）合成于小肠中。两者都是从 apoB-100 基因产生的 mRNA 模板合成的。但在小肠中有一种胞嘧啶脱氨酶 (cytosine deaminase)，它结合于 mRNA 的第 2153 个密码子上（CAA＝Gln），而且将 C 变为 U 在此位置导入终止密码子 UAA。小肠中形成的 apoB-48 是 apoB-100 一种简单缩短的形式（相当于氨基末端部分）（图 18-7）。这种反应允许以组织专一性的方式从一种基因中合成两种不同的蛋白。

三、tRNA 对密码子的识别

转移 RNA 通过三碱基顺序反密码子（anticodon）与 mRNA 上的密码子之间的碱基配

人肝脏 (apoB-100)	5′--- CAA	CUG	CAG	ACA	UAU	AUG	AUA	CAA	UUU	GAU	CAG	UAU ---3′
	Gln	Leu	Gln	Thr	Tyr	Met	Ile	Gln	Phe	Asp	Gln	Tyr
人小肠 (apoB-48)	---CAA	CUG	CAG	ACA	UAU	AUG	AUA	UAA	UUU	GAU	CAG	UAU---
	Gln	Leu	Gln	Thr	Tyr	Met	Ile	Stop				
残基数	2146		2148		2150		2152		2154		2156	

图 18-7　低密度载脂蛋白 apoB-100 基因转录物的 RNA 编辑

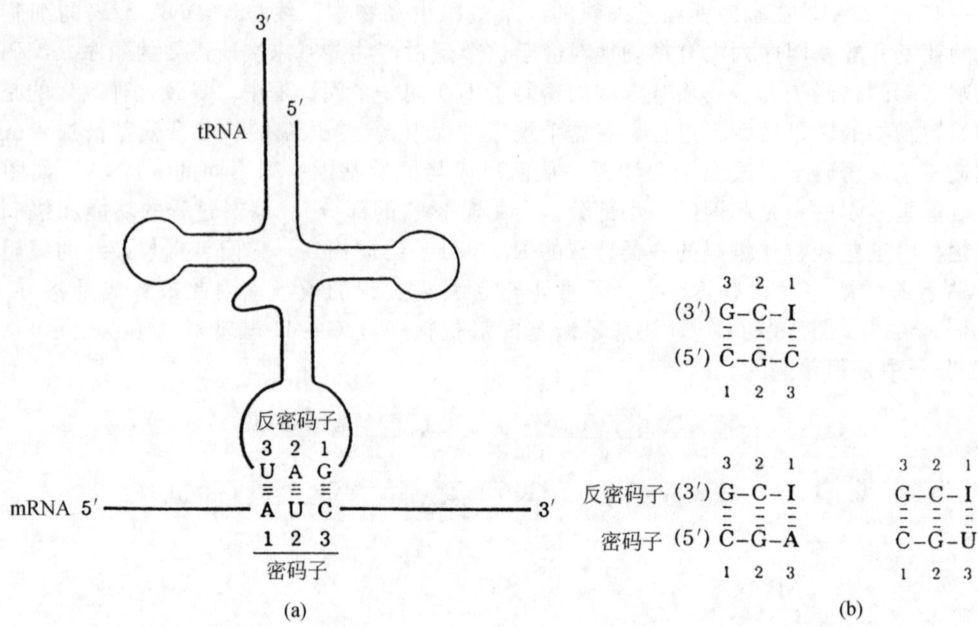

图 18-8 密码子与反密码子的碱基配对关系

(a) 密码子与反密码子是反平行的；(b) 反密码子含有肌苷酸残基时的碱基配对关系

对来识别密码子。两个 RNA 反平行配对，密码子的第一个碱基（以 5′→3′方向阅读）与反义密码子的第三个碱基配对［图 18-8(a)］。

人们希望一个给定的 tRNA 的反义密码子通过 Watson-Crick 碱基配对 base pair 仅识别一个密码子，以使每个氨基酸的密码子有一个对应的 tRNA。但是，细胞中每种氨基酸 tRNA 的实际数目与它的密码子数目是不一样的。一些 tRNA 的反密码子含有肌苷酸残基（记为 I)。肌苷酸含有非寻常碱基次黄嘌呤。分子模型表明肌苷酸可以和三种不同的核苷酸 U、C、A 形成氢键。但是，这些氢键与按 Watson-Crick 碱基配对 G≡C 和 A ═U 形成的氢键相比要弱得多。例如，在酵母中，$tRNA^{Arg}$有一个反义密码子（5′）ICG，它可以识别三种不同的密码子（5′）CGA，（5′）CGU 和（5′）CGC。密码的头两个碱基是相同的（CG)，和相应的反义密码子碱基形成强的 Watson-Crick 碱基配对［图 18-8(b)］。

Arg 密码子的第三个碱基（A、U 和 C）和反密码子的第一个位置的 I 残基形成相当弱的氢键。对这些配对和其他一些密码子-反密码子配对的研究使 Crick 得出结论：绝大多数的密码子的第三个碱基与它的反密码子上相应的碱基结合很松。这些密码子的第三个碱基具有摆动性。Crick 提出了一套被称作摆动学说的四种关系：

(1) mRNA 的密码子的前两个碱基总是和 tRNA 上反密码子上的相应的碱基形成强有力的 Watson-Crick 碱基配对，因而提供了主要的编码特异性（confer most of the coding specificity)。

(2) 反密码子的第一个碱基（从 5′→3′方向读，它是与密码子的第三个碱基配对的）决定给定 tRNA 所能阅读的密码子的数目。当反密码子的第一个碱基为 C（或 A）时，结合是专一性的，因此这种 tRNA 只能阅读一个密码子。但是，当第一个碱基为 U 或 G 时，结合的专一性就降低，它们可读两种不同的密码子。当第一位为 I 时，tRNA 就可读三种不同的密码子。这是一个 tRNA 可以识别密码子的最大数目。这些关系总结于表 18-4 中。

表 18-4 决定一个 tRNA 能识别几个密码子的摆动碱基[①]

1. 识别一个密码子	(3′) X—Y—C ≡ ≡ ≡ (5′) Y—X—G	(3′) X—Y—A ≡ ≡ ≡ (5′) Y—X—U
2. 识别两个密码子	(3′) X—Y—U ≡ ≡ ≡ (5′) Y—X—G/A	(3′) X—Y—G ≡ ≡ ≡ (5′) Y—X—C/U
3. 识别三个密码子	(3′) X—Y—I ≡ ≡ ≡ (5′) Y—X—A/U/C	

① 表中 XY 表示以 Watson-Crick 配对的碱基。

(3) 当一个氨基酸由几种不同的密码子编码时，前两个碱基不同的密码子需要不同的 tRNA。

(4) 最少需要 32 种 tRNA 来翻译所有 61 种密码子。

简而言之，密码子的前两个碱基决定密码子-反密码子的特异性。摆动（第三个）碱基对特异性有帮助但非决定性的，因为它仅与反密码子上的相应碱基松散配对。在蛋白质合成过程中，它可让 tRNA 从密码子上迅速解离。如果 mRNA 密码子上的所有三个碱基都与 tRNA 上反密码子的三个碱基结成强的 Watson-Crick 配对，tRNA 就会解离得太慢，因而严重影响蛋白质合成的速度，密码子-反密码子作用同时优化了精确度与速度，节省了 tRNA 的种类。

四、遗传密码的天然改变

在遗传密码中好像并没有变异的空间。由前面章节可知，甚至一个氨基酸的取代也可对蛋白质的结构产生严重的有害影响。假设在一个细菌细胞中特异于丙氨酸的密码子突然开始转而特异于精氨酸，在多数蛋白质中的多个位点以精氨酸取代丙氨酸肯定是致命的。但是密码的变异还是存在于一些有机体中，而且这种变异的稀有性和类型为所有生物共同的进化起源提供了强有力的证据。

密码改变的机制是很明显的：改变必须发生在一个或几个 tRNA 上，且变化的明显目标是反密码子。这将导致在一个本不应是这个氨基酸的密码位点却插入这个氨基酸。实际上，遗传密码是由 tRNA 上的反密码子定义的（它决定一个氨基酸该插入到一个正在生长的多肽链的什么地方）。氨酰-tRNA 合成酶决定遗传密码的特异性（氨酰-tRNA 合成酶决定哪一个氨基酸与给定的 tRNA 相结合）。

由于绝大多数突然的密码变化都会对细胞蛋白质发生灾难性的影响，可以预料密码改变仅能发生在只有相当少的蛋白受影响的情况下。因此，它只可能在只为小量蛋白质编码的小基因组中会发生。密码改变的生物后果也仅限于三个终止密码子，因为它们一般不存在于基因之中。将终止密码子变为一个编码氨基酸的密码子将只影响一小批基因产物的终止作用，而且，有时在这些基因中的影响也是很小的，因为一些基因的末端有多个终止密码子。

遗传密码的改变是罕见的。多数的已鉴定的密码变化发生于线粒体中。线粒体基因组仅编码 10～20 种蛋白。线粒体有它自己的 tRNA，密码的改变不影响比它大得多的细胞基因组。线粒体中的大多数变异和细胞基因组仅有的一些变异都涉及终止密码子。

在线粒体中，这种改变可看做是一种基因组精简（genomic streamlining）。脊椎动物的线粒体 DNA 含有的基因可以编码 13 种蛋白，2 种 rRNA 和 22 种 tRNA。一种不寻常的摆动机制使 22 种 tRNA 可以解读全部 64 种可能的三联体密码子，而不像正常的密码子那样需要的 32 种 tRNA。四个密码子家族（在这四个家族中密码子的前两个核苷酸就完全决定了氨基酸的种类）可被反密码子第一位（即摆动位置的核苷酸）是 U 的一个 tRNA 解读。在这种情况下，或者是用 U 与密码子的第三位的全部四种碱基配对，或者是“三取二”机制（密码子的第三位不配对）。其他 tRNA 或识别密码子第三个碱基 A 和 G，或识别 U 和 C，以使所有 tRNA 可识别 2 个或 4 个密码子。

在普通的密码子中，仅有 2 种氨基酸是由单一密码子定义的，即 Met 和 Trp。如果所有的线粒体 tRNA 识别两种密码子，那么 Met 和 Trp 的 tRNA 识别的另一个密码子有望在线粒体中找到。因此，一个最普遍的密码子变异是 UGA，它由特异于“终止”变成为“色氨酸”（Trp）编码。一个 $tRNA^{Trp}$ 可以识别并插入一个 Trp 残基于密码子 UGA 和正常 Trp 密码子 UGG 处。将 AUA 由 Ile 密码子变为 Met 密码子有相同的原因，正常的 Met 密码子是 AUG，一个单一的 tRNA 可用于识别两个密码子，这已被证明是第二个最普遍的线粒体密码子变异。线粒体中已知的密码子变异概括于表 18-5。

表 18-5　已知线粒体遗传密码子含义的改变

线粒体	密码子①					线粒体	密码子①				
	UGA	AUA	AGA AGG	CUN	CCG		UGA	AUA	AGA AGG	CUN	CCG
正常密码子含义	**终止**	**Ile**	**Arg**	**Leu**	**Arg**	啤酒酵母	Trp	Met	+	Thr	+
动物					+	丝状真菌	Trp	+	+	+	+
脊椎动物	Trp	Met	终止	+	+	锥形虫	Trp	+	+	+	+
果蝇	Trp	Met	Ser	+	+	高等植物	+	+	+	+	Trp

① N—任一核苷酸；+—与正常密码有相同含义。

观察更稀有细胞基因组密码子变异，发现唯一已知的变异存在于最简单的独立生活细胞——支原体细胞中，它们的 UGA 也被用来编码色氨酸。在真核生物中，已知的线粒体外密码变异仅发生在一些原生动物纤毛虫中。在这些物种中，终止密码子 UAA 和 UAG 都编码谷氨酰胺。

密码子的含义不必是绝对的——一个密码子不必总是编码同一种的氨基酸。这在大肠杆菌中就有两个例子，它们在应编码正常氨基酸的地方却插入其他氨基酸。第一个例子是 GUG（Val）偶尔被用作起始密码子，这种情况只有在一些基因中才会出现。在这些基因中，GUG 正好位于某特殊 mRNA 翻译起始的位置。

这种依照“因文生义”（contextual）信号来改变编码方式的情况在 *E. coli* 中有第二个例子。细胞中的一些蛋白（如细菌中的甲酸脱氢酶和哺乳动物中的谷胱甘肽氧化酶）的活性需要硒元素，它们一般都以硒代半胱氨酸（selenocysteine）的形式存在。修饰性氨基酸一般是在翻译后反应中产生的（本章后面叙述）。但是，在大肠杆菌中，硒代半胱氨基酸是在翻译过程中响应读码框中 UGA 密码子导入甲酸脱氢酶中的。一种数量水平比 Ser-tRNA 低的专门类型的丝氨酸tRNA识别 UGA 但不识别别的其他密码子。这种 tRNA 携带丝氨酸，但是丝氨酸后来在酶促作用下转变成硒代半胱氨酸。这种 tRNA 不识别其他 UGA 密码子，只识别 mRNA 中的“因文生义”信号。让 tRNA 只识别那些在某基因中编码硒代半胱氨酸的 UGA 密码子的过程仍然需要进一步证实。实际上，大肠杆菌中有 21 种标准氨基酸，UGA 既充当终止信号，有时又充当硒代半胱氨酸的密码子。

这些变化告诉我们密码子并不像以前认为的那样有绝对的通用性。但它也告诉我们密码的弹性是受到约束的。很明显，这些变异是普通密码的衍生物。现在还未发现完全不同的密码的例子。这些变化不能为新的生命形式提供证据，也不能削弱遗传密码的普遍性和进化的概念。密码变化的有限范围加强了这个行星上的所有生命都是以一个单一遗传密码系统（有很轻微的弹性）为基础发展起来的。

五、病毒 DNA 中不同阅读框的重叠基因

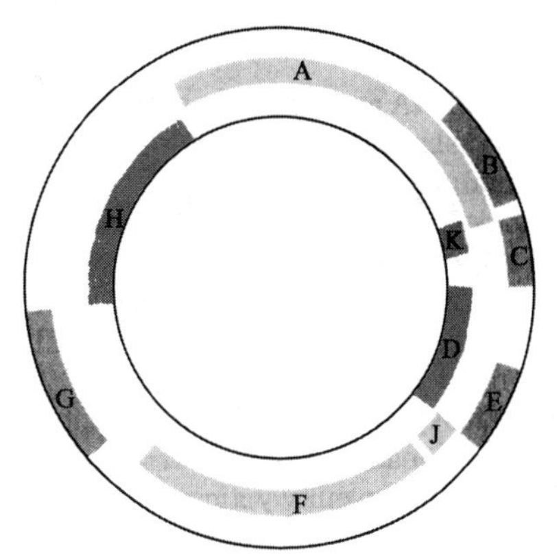

图 18-9　基因内基因

ϕX174 的环形 DNA 含有 10 个基因（A-K）。B 基因位于 A 基因内，但使用不同的读码框，同样 E 基因也在 D 基因内，也使用不同读码框

尽管通常只有一个阅读框用于编码一种蛋白质，但是也有一些挺有意思的例外。在几种病毒中，用两种不同的阅读框可使相同的 DNA 碱基顺序编码两种不同的蛋白质。这种“基因内基因”的发现是由于对细菌噬菌体 ϕX174 的研究。ϕX174 含有 5386 个核苷酸残基，这些残基对编码 10 种不同的蛋白来说是不够长的，除非基因重叠。这 10 种不同的蛋白质是 ϕX174 基因组的产物。将 ϕX174 基因组的全部核苷酸顺序与 ϕX174 基因编码的蛋白质的氨基酸顺序相比，可知有几个重叠基因顺序。图 18-9 表示基因 B 和 E 分别位于基因 A 和 D 内。还有几种情况即一个基因的起始密码子与另一个基因的终止密码子重叠。图 18-9 表明基因 D 和 E 有一个共同的 DNA 片段，但使用不同的阅读框。在基因 A 和 B 中也有相似的情况。重叠基因和非重叠基因加在一起就完全可以解释为什么 ϕX174 基因组那么小，却可以编码有那么多氨基酸残基的 10 种蛋白。

这些发现在别的病毒 DNA 中很快得到印证，包括 λ 噬菌体和致癌病毒 SV40，以及 RNA 病毒 Qβ、Q17 和噬菌体 G4，G4 是与 ϕX174 紧密相关的病毒。噬菌体 G4 至少有一个密码子由三种不同的基因所共有。有人认为重叠基因或基因内基因仅存在于病毒，因为病毒衣壳的大小是固定的，需要经济地利用有限的 DNA 来编码感染宿主细胞所需的蛋白和在宿主细胞内复制所需的蛋白。因为病毒繁殖比它们的宿主要快得多，这个现象可能代表着生物进化的最终目标。

遗传密码告诉人们蛋白质顺序信息是如何保存在核酸中，而且给人们提供了这些信息怎样翻译为蛋白质的一些线索。下面将讨论翻译过程的分子机制。

第四节　蛋白质的生物合成

生物大分子的合成一般可分为起始、延长和终止三个阶段。蛋白质合成多了两个特别重要的附加阶段。氨基酸前体在掺入多肽链前的激活和完全多肽链的转录后加工构成了蛋白质合成中两个重要的特别复杂的额外步骤，因此，需要单独讨论。*E. coli* 和别的细菌蛋白质合成五个阶段中所需的细胞内组分列于表 18-6 中。真核细胞中有与此非常相似的成分。综述这些阶段可提供一个有用的轮廓。

表 18-6　大肠杆菌中蛋白质合成五个主要阶段和所需成分

阶　段	成　　分
1. 氨基酸的激活	20 种氨基酸，20 种氨酰 tRNA 合成酶，32 种或更多的 tRNA，ATP，Mg^{2+}
2. 起始	mRNA，*N*-甲酰甲硫氨酸，mRNA 中的起始密码子（AUG），30S 核糖体亚基，50S 核糖体亚基，起始因子（IF-1，IF-2，IF-3），GTP，Mg^{2+}
3. 延长	功能性 70S 核糖体（起始复合物），氨酰 tRNA，延长因子（EF-Tu，EF-Ts，EF-G），GTP，Mg^{2+}
4. 终止和肽链释放	mRNA 中的终止密码，肽链释放因子（RF_1，RF_2，RF_3），ATP
5. 多肽链的折叠和翻译后修饰	各种特异性酶，辅因子，除去起始残基和信号顺序、附加性酶切修饰、末端残基的修饰、磷酸基团、甲基、羧基、糖基或辅基的附加等所有剪切修饰所需的其他成分

第一阶段 氨基酸的激活。氨基酸的激活发生在细胞质中。20 种氨基酸在消耗 ATP 能量的情况下被共价附着于特异的 tRNA。这些反应是由一组依赖于 Mg^{2+} 的氨酰tRNA合成酶（aminoacyl-tRNA synthetase）催化的。这些酶特异于一个 tRNA 和它相应的氨基酸。当一个氨基酸有两个或更多的 tRNA 时，一个氨酰-tRNA 合成酶氨酰化所有的这些 tRNA，氨酰 tRNA 被称为是“负载”的。

第二阶段 起始。为多肽编码的 mRNA 先结合到核糖体较小的亚基上，然后它们和起始氨酰-tRNA 及大亚基结合形成一个起始复合物。起始氨酰 tRNA 反密码子与 mRNA 上的密码子 AUG 的碱基配对标志着多肽链的开始，这个过程需要 GTP，是由一些称为起始因子（initiation factor）的细胞质蛋白质来启动的。

延长因子（elongation factor）**第三阶段** 延长。多肽链以氨基酸为单位共价连接得以延长。每个氨基酸由 tRNA 携带并正确定位于核糖体上，tRNA 的反密码子和 mRNA 上相应的密码子配对。延长过程需要被称作“延长因子”（elongation factor）的细胞质蛋白质因子。每个后续氨酰 tRNA 的结合和核糖体沿着 mRNA 的移动都需要 2mol 的 GTP 的水解来促进，即每加接一个氨基酸残基消耗 2mol 的 GTP。

第四阶段 终止和肽链释放。多肽链合成的终止是以 mRNA 上出现终止密码子来标志的。然后在释放因子（release factor）的帮助下，多肽链从核糖体上释放出来。

第五阶段 折叠和加工。为了获得有生物学活性形式的多肽，新生肽链必须折叠成正确的三维构象。在折叠的前后，新的多肽可能进行酶法加工，从氨基末端除去一个或多个氨基酸；或在一定的氨基酸残基上加上乙酰基、磷酸基团、甲基、羧基或者别的基团，或连接上寡糖或辅基。

在详细考察每个阶段之前，必须先介绍一下在蛋白质生物合成过程中的两个关键组分：核糖体和 tRNA。

一、核糖体是一个复杂的超分子结构

每个大肠杆菌细胞含有 15000 个或更多的核糖体。这些核糖体占细胞干重的 1/4。细菌核糖体约含 65% rRNA 和 35%蛋白。核糖体的直径约为 18nm，沉降系数为 70S。

细菌核糖体由两个大小不等的亚基组成（图 18-10）。大亚基的沉降系数为 50S，小亚基沉淀系数为 30S。50S 亚基含有一分子的 5S rRNA，一分子的 23S rRNA 和 34 种蛋白质。小亚基中含有一分子 16S rRNA 和 21 种蛋白质。这些蛋白以数字命名。50S 的亚基中的蛋白命名为 $L_1 \sim L_{34}$，30S 亚基中的蛋白标记为 S_1 至 S_{21}。大肠杆菌中的所有核糖体蛋白分别都已分离出来，而且许多已被测序。它们的差别很大，分子量从 6000～75000 不等。

许多有机体中 rRNA 的核苷酸顺序也已被测定。大肠杆菌中三种单链 rRNA 都有一个特定的由链内碱基配对形成的三维构象。图 18-11 是 16S 和 5S rRNA 在最大限度地碱基配对后形成的二级结构。

Masayasu Nomura 发明了一种方法，将核糖体裂解为单个的 RNA 和蛋白质组分，然后在体外重新组装。当 *E. coli* 中 30S 亚基分离得来的 21 种蛋白和 16S rRNA 在适当的实验条件下混合时，它们可以自发地重新形成几乎在结构和活性上与天然亚基相同的 30S 亚基。同样，50S 亚基也可由它的 34 种蛋白和 5S、23S RNA 进行自组装。人们相信细菌核糖体中的 55 种蛋白质中任何一个都在多肽的合成中发挥着一定的作用，不是作为酶就是作为整个过程中的结构成分。但是，人们仅知道少数核糖体蛋白的详细功能。

两个核糖体亚基都具有不规则形状。*E. coli* 核糖体 30S 和 50S 亚基的三维结构通过 X 射线衍射法、电子显微镜法和别的结构分析方法测定。两个奇怪形状的亚基互相嵌合并一起形成一个缝（cleft），当核糖体在翻译过程中沿着 mRNA 移动时，mRNA 就从这个缝中穿过，而且新形成的多肽链也从这个裂缝口出来。真核细胞的核糖体（不是叶绿体核糖体和线

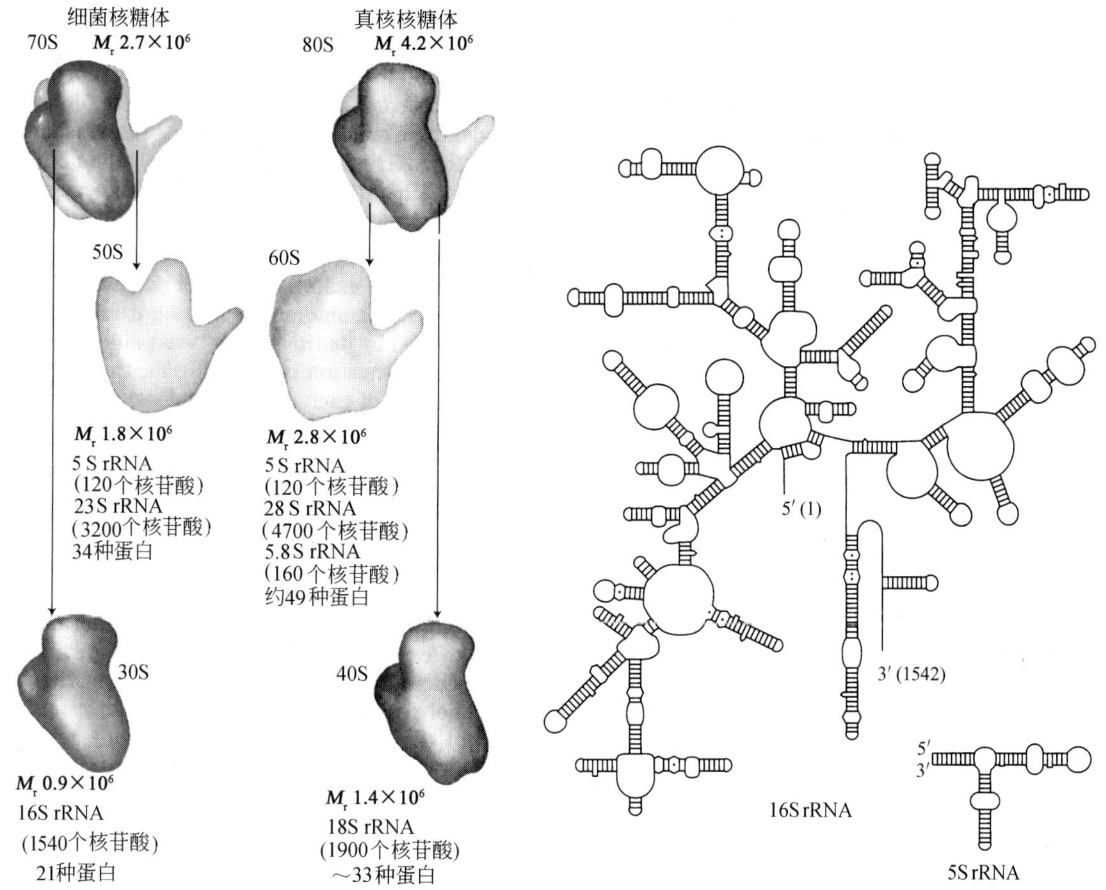

图 18-10　细菌和真核生物核糖体的结构成分

图 18-11　基于链内最大碱基配对原则建立的大肠杆菌 16S 和 5S rRNA 二级结构图

粒体核糖体）比细菌核糖体要大得多和复杂得多（图 18-10）。它们的直径约为 23nm，沉降系数为 80S。它们也有两个亚基。种与种之间的大小不同，但平均说来为 60S 和 40S。真核核糖体的 rRNA 和大部分蛋白质也已被分离出来。小亚基含有一个 18S rRNA，大亚基含有 5S、5.8S 和 28S rRNA。总的说，真核核糖体约含有 80 种以上的蛋白质（但是，线粒体和叶绿体的核糖体比细菌的核糖体要小得多且简单些）。

二、转移 RNA 具有特征性结构

为了理解 tRNA 怎么来充当把核酸“语言”翻译为蛋白“语言”的适配器（adaptor），必须先详细研究它们的结构。tRNA 相对较小，而且由折叠为准确三维结构的单链 RNA 组成。在细菌细胞和真核生物的胞质中，tRNA 约有 73～93 个核苷酸残基，相当于相对分子质量 24000 和 31000（线粒体含有明显不同的 tRNA，要比它们小得多）。正如本章前文所述，至少每种氨基酸有相应的一种 tRNA，对于某些氨基酸来说，它们有两个甚至更多的特异性 tRNA。至少需要有 32 种 tRNA 来识别所有的氨基酸密码子（一些tRNA可以识别多个密码子），但是，在一些细胞中 tRNA 的种类要比 32 种多得多。

许多 tRNA 已得到高度纯化。1965 年，在经过几年的工作后，Robert W. Holley 和它的同事测出了酵母中丙氨酸 tRNA 完全的核苷酸顺序。丙氨酸 tRNA 是第一个完全测序的核酸，含有 76 个核苷酸残基，其中有 10 个修饰碱基。

自从 Holley 研究丙氨酸 tRNA 后，许多不同物种的其他 tRNA 的碱基顺序也已测出来，而且揭示了许多共同的结构上的特点。所有 tRNA 都有 8 个或更多的不寻常的修饰碱基，它们之中许多是主要碱基甲基化而来的。绝大多数 tRNA 在 5′末端有鸟嘌呤残基，且所有的 tRNA 都在 3′末端有 CCA（3′）三联顺序。所有的 tRNA 如果以某种形式写下来，使这种形式有最大限度的链内碱基配对（A ═U， G≡C，G ═U)，可形成带有四个臂的三叶草结构；较长的 tRNA 有一个短的第五个臂，称为额外臂（extra arm 图 18-12）。tRNA 真实的三维构象看起来像扭曲的 L 型而不是三叶草型（图 18-13）。

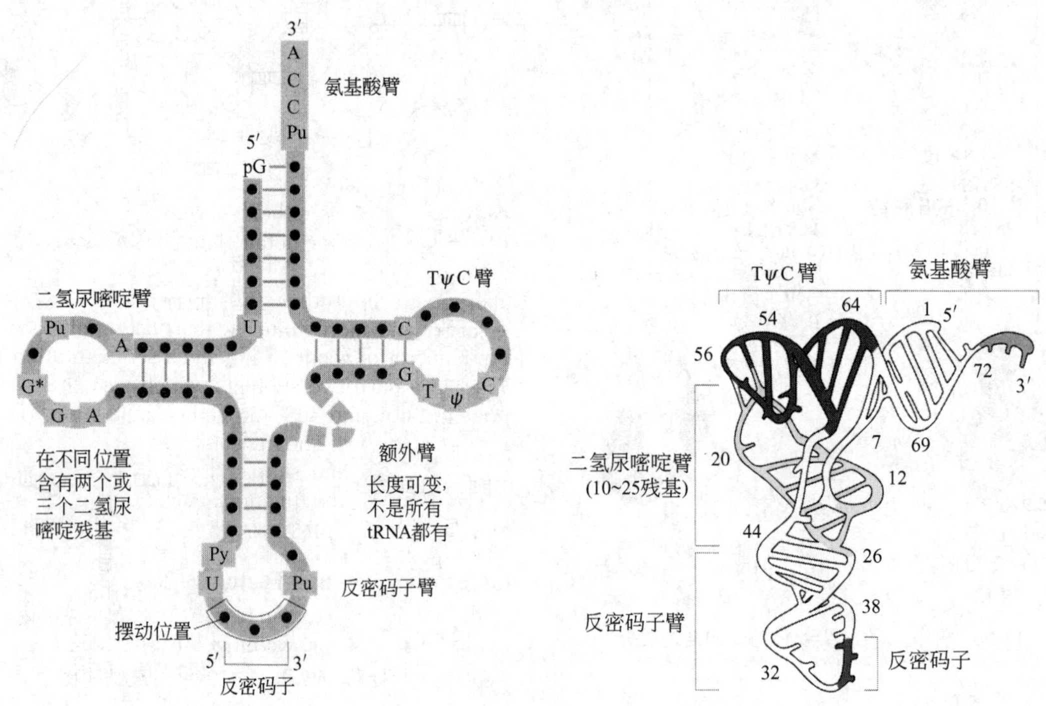

图 18-12　所有 tRNA 的一般结构。根据碱基最高配对原则建立的 tRNA 二级结构呈三叶草式。黑点表示主链上的普通核苷酸残基。上边是氨基酸臂，下面的是反密码子臂，右边突出的臂因含 TψC（胸腺嘧啶-假尿嘧啶-胞嘧啶）核苷酸残基组合而称为 TψC 臂。左边突出的茎环结构称 DHU 臂（二氢尿嘧啶臂）

图 18-13　由 X 射线衍射分析测定的酵母苯丙氨酸 tRNA 三维结构，状似倒 L 型

tRNA 的两个臂对其作为适配器功能来说是至关重要的：氨基酸臂（AA arm）携带有特定的氨基酸，这个氨基酸的羧基与 tRNA 的 3′末端的腺嘌呤残基的 2′或 3′-羟基发生酯化反应形成共价结合；反密码臂（anticodon arm）含有反密码子。其他主要的臂是二氢尿嘧啶臂，它含有稀有碱基二氢尿嘧啶。TψC 臂含有胸腺嘧啶核糖核苷（T），T 一般不出现在 RNA 中；假尿嘧啶核苷（ψ)，它在碱基和戊糖之间有一个不寻常的碳—碳键。DHU 臂和 TψC 臂的功能现在仍不清楚。

三、氨酰-tRNA 合成酶和它们催化的反应

在胞质中蛋白质合成的第一阶段，20 种不同的氨基酸在氨酰-tRNA 合成酶（aminoacyl-tRNA synthetase）的作用下酯化在相应的 tRNA 上。氨酰-tRNA 合成酶对一个氨基酸和相应的 tRNA 是特异的。在大多数有机体中，每种氨基酸一般有一个氨酰-tRNA 合成酶。如前所述，对于那些有 2 个或更多相应 tRNA 的氨基酸来说，同一个氨酰-tRNA 合成酶通常可氨酰化全部的相应 tRNA。

几乎所有 *E. coli* 中的氨酰-tRNA 合成酶都已分离出来，它们都已被测序（包括蛋白质本身和它们的基因），有一些已被结晶。根据它们一级和二级结构的不同和反应机制上的不同，这些合成酶被分成两大类（表 18-7）。由这些酶催化的全部反应是：

$$氨基酸+tRNA+ATP \xrightarrow{Mg^{2+}} 氨酰\text{-}tRNA+AMP+PP_i$$

表 18-7　两类氨酰-tRNA 合成酶

Ⅰ 类		Ⅱ 类		Ⅰ 类		Ⅱ 类	
Arg Cys Gln	Glu Ile Leu	Ala Asn Asp	Gly His Lys	Met Trp	Tyr Val	Phe Pro	Ser Thr

激活反应发生于酶的活性位点，分两步进行。第一步，在酶的催化下，ATP 和氨基酸在酶活性中心反应形成一种酶结合的中间体氨酰-AMP（图 18-14）。在这个反应过程中，氨基酸的羧基以酸酐键与 AMP 的 5′-磷酸基团相联系，替换了焦磷酸。

在第二步中，氨酰基团由酶结合氨酰-AMP 转移到相应的特异性 tRNA 上（如图 18-14 所示）。第二步的过程依赖于酶所属的类别（表 18-7）。两类酶在催化机制上有明显不同，原因现在尚不清楚。产生的氨基酸和 tRNA 之间的酯键有很高的负标准自由能（$\Delta G^{\ominus}=-29$kJ/mol）。活化反应中形成的焦磷酸在无机焦磷酸酶的作用下水解为磷酸。因此，两个高能磷酸键最后用于激活一个氨基酸分子使整个氨基酸活化反应成为不可逆的反应。氨酰-tRNA的一般结构见图 18-15。

四、一些氨酰-tRNA 合成酶具有校对（proofreading）**功能**

tRNA 的氨酰化完成了两件事情：为肽键的形成活化氨基酸和将一个氨基酸系在一个 tRNA 上，这个 tRNA 指定该氨基酸在生长的多肽链中的位置。正如下面要介绍的那样，核糖体是不检验系在 tRNA 上的氨基酸的身份的。因此，将正确的氨基酸与 tRNA 结合是整个蛋白质合成准确性的关键。

酶对两种不同底物的识别能力决定于酶与底物相互作用所产生的自由能。人们以 Ile-tRNA 合成酶为例详细研究了两个相似的氨基酸底物的区别机制。这个酶面临这样一个分子问题，即缬氨酸与异亮氨酸的不同仅差一个亚甲基。对这个酶来说，与异亮氨酸的结合能优先于缬氨酸约 200 倍。这在人们预料的一个亚甲基对结合能所能做的贡献之内。但是，由缬氨酸插入通常肽链中异亮氨酸位置的几率约是 1∶3000。造成精确度十多倍的增加是由于 Ile-tRNA 合成酶有独立的校对功能的缘故。别的一些氨酰-tRNA 合成酶也有这种功能。由 Ile-tRNA 合成酶酶促产生的氨酰-AMP 都在同一个酶的第二个活性位点被检验，不正确的即被水解。这种校正活性又反映了在讨论 DNA 聚合酶的校正能力时已经知道的一般原理。如果含有不同基团的两种底物与酶的结合能不足以让该酶区别出这两个底物，那么，这种可用的自由能必定要在后续的步骤中被应用两次以区别出这两个底物。迫使系统通过两次连续的“过滤”以增加准确度。对 Ile-tRNA 合成酶来说，第一次“过滤”是与氨基酸的结合和它对氨酰-AMP 的激活；第二次“过滤”是把不正确的氨酰-AMP 结合在第二个活性位点，并催化不正确的氨酰-AMP 的水解。正确的氨酰-AMP 中间体仍保持与酶的结合。当 $tRNA^{Ile}$结合到酶上后，Ile-AMP 的存在导致 tRNA 的氨酰化。如果酶分子中存在的是 Val-AMP，Val-AMP 就会水解成 Val 和 AMP，且 tRNA 也不被氨酰化，因为 Val 的 R 基团比异亮氨酸的要小一点，Val-AMP 适合 Ile-tRNA 合成酶上的水解位点（校正位点）而 Ile-AMP 不适合，因而不被水解。

除了能校正氨酰-AMP 中间体，大多数氨酰-tRNA 合成酶还能水解氨基酸与 tRNA 之间形成的酯键。这种水解被不正确负载的 tRNA 所加速。于是提供了第三次“过滤”。有少

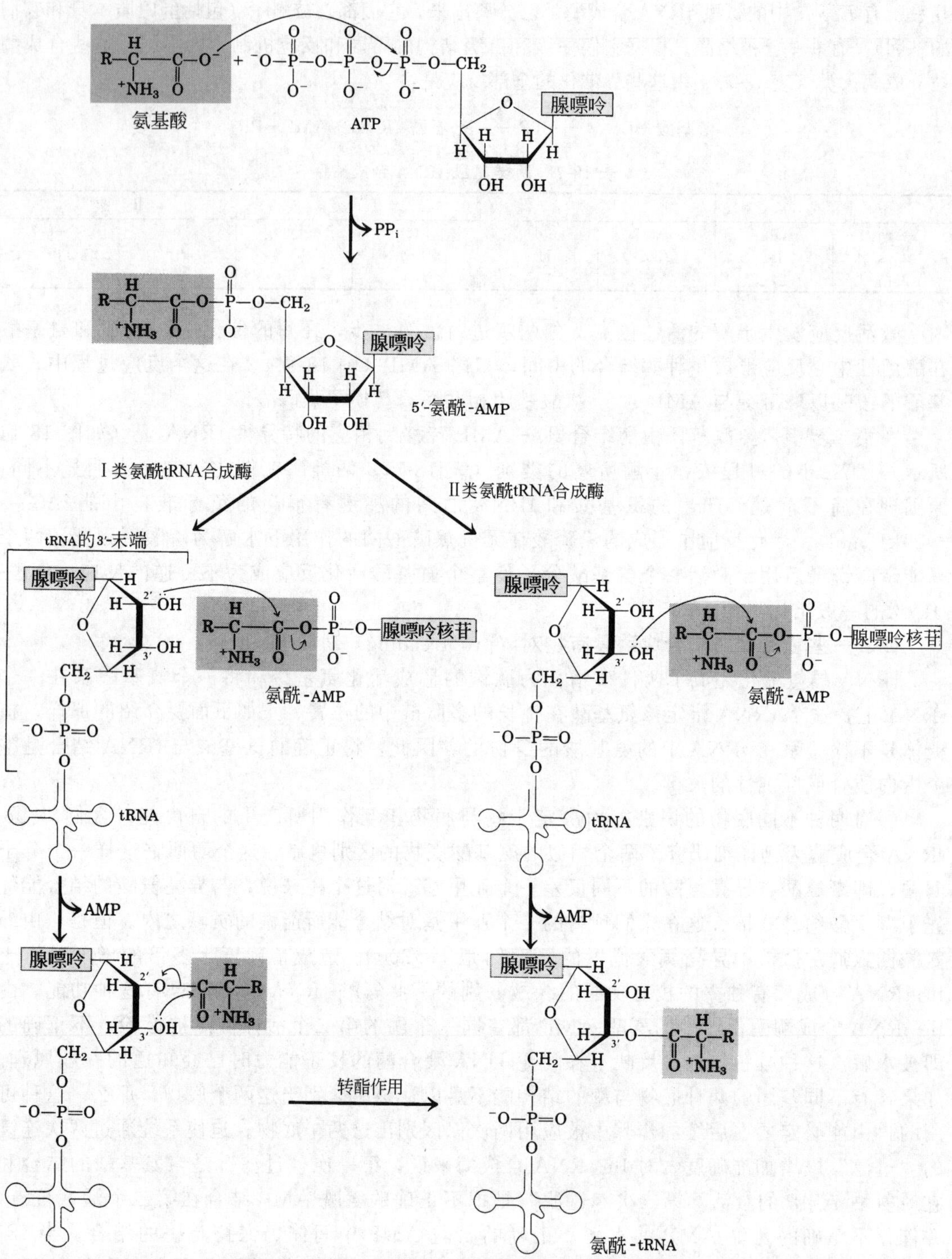

图 18-14　由氨酰-tRNA 合成酶催化的 tRNA 的氨酰化过程

数氨酰-tRNA 合成酶对没有紧密结构相关性的氨基酸就很少或没有校正作用，然而，这类酶的活性位点就足以区别正确氨基酸与非正确的氨基酸底物。

蛋白质合成的全部的错误率（约每 10^4 个氨基酸有一个错误）不如 DNA 复制的那样低。因为蛋白质内的错误可通过消除蛋白质而不传给下一代。这种准确度足以保证大多数蛋白质的无错误，因而合成一个蛋白质所需的大量能量也很少浪费。

五、氨酰-tRNA 合成酶对 tRNA 的识别

一个氨酰-tRNA 合成酶不仅要识别特异的氨基酸，而且要识别特定的 tRNA。对整个蛋白质生物合成的准确性来说，识别几十个不同的 tRNA 与对氨基酸的识别是同样重要的。氨酰-tRNA 合成酶与 tRNA 之间的相互作用已被称作“第二遗传密码”（second genetic code），这反映了它在保持蛋白质合成的精确度中的关键作用。这种“第二遗传密码”的“编码”规律明显的比“第一密码”复杂得多。

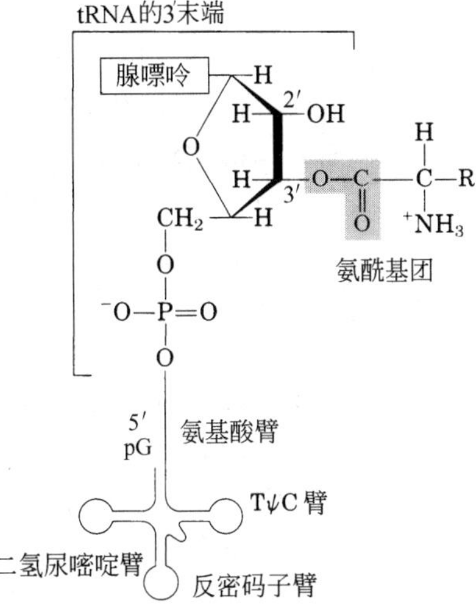

图 18-15　氨酰-tRNA 的一般结构

一些核苷酸残基在所有的 tRNA 中是保守的，因此不能靠它们来区别不同 tRNA。通过改变tRNA中的一些核苷酸而改变了酶的底物特异性的事实，证明了 tRNA 中与氨酰-tRNA 合成酶识别有关的核苷酸残基的位置。这种相互作用好像集中于氨基酸臂和反密码子臂，但是也位于这个分子的许多其他部分。tRNA 的分子构象对识别也是重要的。

一些氨酰-tRNA 合成酶识别 tRNA 反密码子本身。将一个 $tRNA^{Val}$ 的反密码子由 UAC 改为 CAU，会使这个 tRNA 成为 Met-tRNA 合成酶的极好的底物。同样，Val-tRNA 合成酶也会识别反密码子修改为 UAC 的 $tRNA^{Met}$。氨酰-tRNA 合成酶对其他 tRNA（约占 tRNA的一半，包括丙氨酸和丝氨酸）的识别受反密码子的影响很少或者根本不受影响。在一些情况下，10 个或更多的特异的核苷酸残基涉及氨酰-tRNA 合成酶对 tRNA 的识别。但是，从细菌到人类的一系列生物的丙氨酸 tRNA 合成酶对 tRNA 识别基本上决定于 $tRNA^{Ala}$ 氨基酸臂上的一个碱基对G═U［图 18-16(a)］。一个由小至七个碱基对构成的简单发夹小

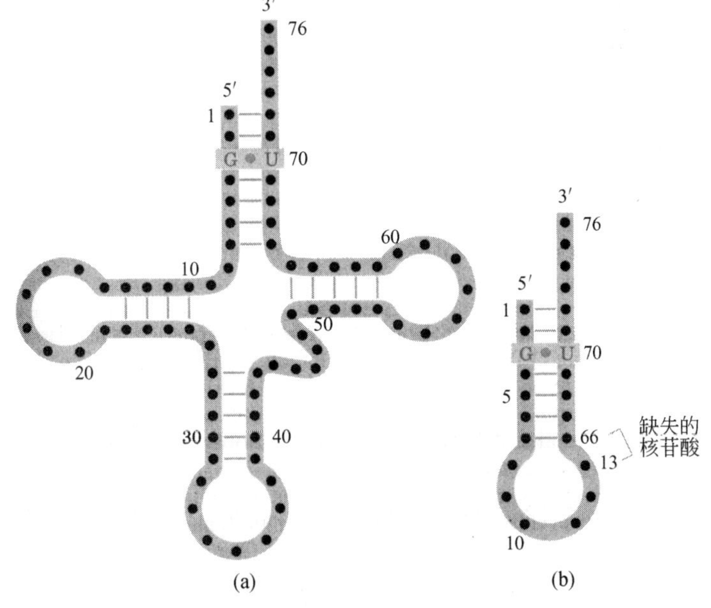

图 18-16　由 Ala-tRNA 合成酶识别的 $tRNA^{Ala}$ 的结构因子

(a) 单一 G═U 碱基对是特异性结合的氨酰化反应的一个结构因子；(b) 能被丙氨酸-tRNA 合成酶有效氨酰化的微丙氨酸 tRNA 分子

螺旋RNA分子被 Ala-tRNA 合成酶氨酰化的效率，与完整的含有关键的G═U配对的长RNA分子是一样的［图 18-16(b)］。

对指导这些识别作用的结构因子的研究仍是一个相当活跃的领域。和相关的 tRNA 和 ATP 复合形成的几种氨酰-tRNA 合成酶（包括 Gln 和 Asp）的晶体结构分析已取得重要的进展。上面介绍的相对简单的丙氨酸系统也许是一个时期的进化遗迹。当年这些 RNA 寡核苷酸的祖先 tRNA 被一个较原始的系统氨酰化以用于蛋白质合成。

六、多肽链的合成从氨基末端开始

多肽链的合成是从氨基末端开始，还是从羧基末端开始？1961 年 Howard Dintzis 利用同位素示踪法得出了答案。用放射性亮氨酸培养网织红细胞（未成熟的红细胞），网织红细胞活跃地合成血红蛋白。选择标记亮氨酸（Leu）是因为它在 α-和 β-链存在的频率都很高。在加上放射性标记的亮氨酸温育后，在不同的时间间隔内从网织红细胞中分离完整的 α-链，沿着 α-链的放射性分布一定集中在最后合成的一端。培养 60min 后分离的珠蛋白链中，几乎所有的亮氨酸残基都是放射性的。但是，在加入标记的亮氨酸仅几分钟后分离出的完整的球蛋白链的放射性集中于羧基末端。从这些现象中可以确定多肽链的合成是起始于氨基末端，然后逐步连续加接其他氨基酸残基延伸至羧基末端。这种方式已被其他无数的实验证明，而且适用于所有细胞的所有蛋白质。

七、一个特定氨基酸起始蛋白质的合成

尽管甲硫氨酸仅有一个密码子（AUG)，但是在所有有机体中它却有两种 tRNA。一个是用于蛋白质合成的起始密码子 AUG，另一个用于把甲硫氨酸加入多肽中间的 AUG 密码子位置。

在细胞中，专一于甲硫氨酸的两种不同 tRNA 分别标记为 $tRNA^{Met}$ 和 $tRNA^{fMet}$。在氨基末端的起始氨基酸残基是 *N*-甲酰甲硫氨酸（*N*-formylmethionine，fMet)，它是以 *N*-甲酰甲硫氨酸- $tRNA^{fMet}$ 进入核糖体的。fMet-$tRNA^{fMet}$ 是由两步连续的反应形成的。首先，甲硫氨酸在 Met-tRNA 合成酶的作用下连按到 $tRNA^{fMet}$ 上。

$$\text{Met} + \text{tRNA}^{\text{fMet}} + \text{ATP} \longrightarrow \text{Met-tRNA}^{\text{fMet}} + \text{AMP} + \text{PPi}$$

正如前面所述，在 *E. coli* 只有一种这样的酶，它既可氨酰化 $tRNA^{fMet}$，也可氨酰化 $tRNA^{Met}$。在甲酰转移酶（transformylase）的作用下，甲酰基由 N^{10}-甲酰四氢叶酸转移到 Met 残基的氨基上：

$$N^{10}\text{-甲酰基四氢叶酸} + \text{Met-tRNA}^{\text{fMet}} \longrightarrow \text{四氢叶酸} + \text{fMet-tRNA}^{\text{fMet}}$$

```
      H   COO⁻
      |   |
HC—N—C—H
‖         |
O         CH₂—CH₂—S—CH₃
```

甲酰甲硫氨酸的结构

这种转甲酰转移酶比 Met-tRNA 合成酶更具选择性，它不能甲酰化游离的甲硫氨酸或附着于 $tRNA^{Met}$ 上的 Met 残基，它只特异地结合在 $tRNA^{fMet}$ 分子上的 Met 残基。它大概能识别这种 tRNA 的一些独特的结构。另一种 Met-tRNA，即 Met-$tRNA^{Met}$，是用于在多肽链内部插入 Met。*N*-甲酰基不但阻止 fMet 进入多肽链的内部，而且会使 fMet- $tRNA^{fMet}$ 结合到不接受 Met-tRNA 或别的氨酰-tRNA 的核糖体的专一起始位点。

在真核细胞中，所有由胞质核糖体合成的多肽都是以甲硫氨酸残基开始（而不是甲酰甲硫氨酸）的，但是使用一个与内部 $tRNA^{Met}$ 明显不同的专一起始 tRNA。与此相反，由真核的线粒体和叶绿体的核糖体合成的多肽是以 *N*-甲酰蛋氨酸开始的。细菌与这些细胞器在蛋白合成机制上的相似性强有力地支持这样一种观点，即起源于细菌祖先的线粒体和叶绿体是在进化的早期以共生的方式掺入进真核细胞的。

现在尚留下了一个问题：对于甲硫氨酸来说只有一个密码子，即（5′）AUG。这个单一的密码子是如何区分开始的 *N*-甲酰甲硫氨酸（或真核细胞中的甲硫氨酸）和那些处于多肽链内部的 Met 残基呢？下述的讨论将给这个问题以明确的答案。

八、多肽合成起始的三个步骤

现在我们详细讨论蛋白质合成的第二阶段：起始。细菌中多肽的合成起始需要下述条件：①30S 核糖体亚基，它含有 16S rRNA；②为编码多肽的 mRNA；③起始 fMet-tRNA^{fMet}；④被称为起始因子（initiation factor）的三种蛋白（IF-1，IF-2，IF-3）；⑤ GTP；⑥ 50S 核糖体亚基；⑦Mg^{2+}。

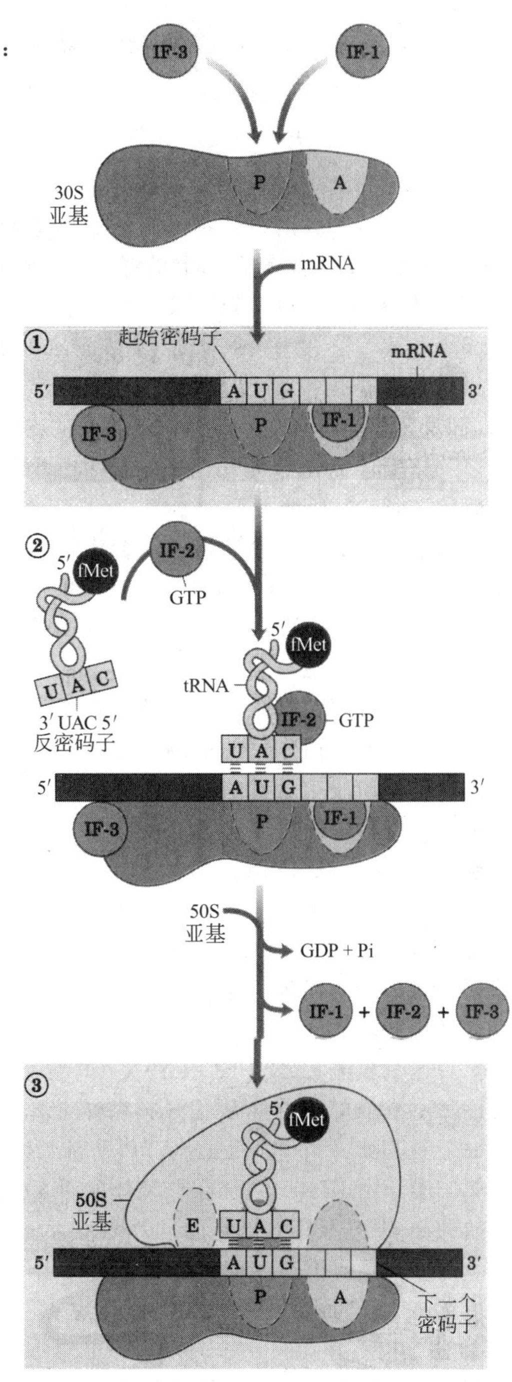

图 18-17　肽链合成的起始复合物的形成

IF-1，IF-2 和 IF-3 为起始因子。P 为肽基位，A 为氨酰基位

起始复合物的形成分三步（图 18-17）。

第一步，30S 核糖体亚基结合 IF-1 和 IF-3，IF-3 阻止 30S 和 50S 亚基过早的结合。然后 mRNA 和 30S 亚基结合，使起始密码子（AUG）在 30S 亚基上找到准确位置（precise location）。

起始的 AUG 是由 mRNA 上称为 SD 顺序（Shine-Dalgarno seguence）的起始信号引导到 30S 亚基上的正确位置的。这个起始信号顺序的中心在起始密码子的 5′端的 8～13 个碱基处。一般地，SD 顺序是由 4～9 个嘌呤碱基组成的。SD 序列是由 30S 亚基上的 16S rRNA 的近 3′端互补的富嘧啶序列以碱基配对（反平行）来识别的（图 18-18）。这种 mRNA-rRNA 相互作用固定 mRNA 以使 AUG 能正确地定位于翻译起始点。fMet-tRNA^{fMet}所结合的专一的 AUG 密码由于接近 SD 序列而与内部的 Met 密码子有区别。

核糖体有两个结合氨酰-tRNA 的位点，即氨酰基位点（A 位点）和肽基位点（P 位点）。30S 和 50S 亚基在这两个位点都各具特征性结构。起始的 AUG 定位于 P 位点，这个位点也是 fMet-tRNA^{fMet}可结合的唯一位点（图 18-17），fMet-tRNA^{fMet}是个例外：在随后的延长过程中，所有其他进入的氨酰-tRNA，包括 Met-tRNA^{Met}都结合于 A 位点，P 位点是在延长过程中去负载的 tRNA 离去的位点。

起始过程的第二步（图 18-17），由 30S 亚基和 IF-3、mRNA 构成的复合物与 IF-2 结合形成一个更大的复合物。这个 IF-2 结合一

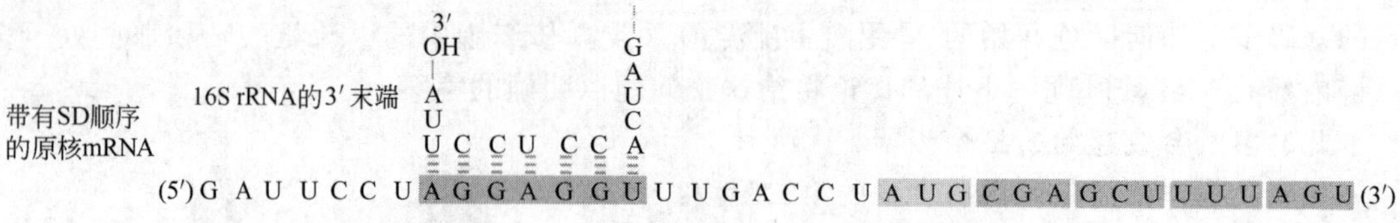

带有SD顺序的原核mRNA　16S rRNA的3′末端 3′OH-AUUCCUCCACUAG

(5′)G A U U C C U A G G A G G U U U G A C C U A U G C G A G C U U U U A G U (3′)

图 18-18　细菌 mRNA 5′末端的 SD 顺序（交感顺序）与核糖 16S rRNA 3′末端的富嘧啶序列配对结合，使起始密码 AUG 正确定位于核糖体 P 位

GTP 和起始的 fMet-tRNA^{fMet}。在这步中，tRNA的反密码子正确地与起始密码子配对。

第三步，这个大的复合物与 50S 核糖体亚基结合，同时，结合于 IF-2 的 GTP 分子水解为 GDP 和 Pi（它们从复合物上被释放）。所有的三个起始因子也从核糖体中离开。

完成了图 18-17 的三个步骤，产生了一个功能性 70S 核糖体，叫做起始复合物（initiation complex）。它含有 mRNA 和起始 fMet-tRNA^{fMet}。fMet-tRNA^{fMet}对完全 70S 核糖体 P 位的正确结合是由三个位点的识别和附着作为保证的：固定于 P 位的 mRNA 起始密码 AUG 和反密码子的相互作用；mRNA 的 Shine-Dalgarno 顺序与 16S rRNA 之间的相互作用；以及核糖体 P 位和 fMet-tRNA^{fMet}之间的结合作用。此时起始复合物已作好进入肽链延长步骤的准备。

原核生物和真核生物的蛋白质合成的一个主要不同是真核生物中至少存在 9 种真核起始因子。其中之一称为 Cap 结合蛋白（CBP），它结合于 mRNA 5′末端帽子，促进 mRNA 和 40S 核糖体亚基复合物的形成。然后 mRNA 被扫描至第一个 AUG 密码子，它标志着一个阅读框的开始。其他几种起始因子是在 mRNA 扫描反应时所需的，也是完整的 80S 起始复合物装配所需的。在这个 80S 起始复合物中，起始的 Met-tRNA^{Met} 和 mRNA 结合准备进入延长步骤。这些蛋白作用的机制仍然需要研究。

九、延长阶段中肽键的形成

蛋白质合成的第三个阶段是延长（elongation）。就是一个一个地把氨基酸加到肽链上（此处仍以细菌为例进行讨论）。延长过程需要下述条件：①前文所述的起始复合物；②由 mRNA 的下一个密码子决定的下一个氨酰-tRNA；③一系列称为延长因子（elongation factor）的可溶性胞质蛋白（EF-Tu、EF-Ts 和 EF-G）；④GTP。每个氨基酸的加接可分三步，且只要有待加入的残基，这个循环就一直重复。

在延长循环的第一步中，下一个氨酰-tRNA 首先和含有 1mol GTP 的 EF-Tu 复合物结合。然后这个氨酰-tRNA-EF-Tu·GTP 复合物结合到 70S 起始复合物的 A 位点。GTP 水解，EF-Tu·GDP 复合物从 70S 核糖体上释放，在 EF-Ts 的帮助下，EF-Tu 释放 GDP，结合另一个 GTP，一个 EF-Tu·GTP 重新产生（图 18-19）。

第二步，由 tRNA 结合在核糖体的 A 位点与 P 位点的氨基酸之间形成新的肽键。这是在起始的 *N*-甲酰甲硫氨酰基团从其 tRNA 上转移至位于 A 位点的第二个氨基酸的氨基基团时发生的。A 位点的氨基酸的 *α*-氨基作为亲核基团，取代 P 位点的 tRNA 而形成肽键。这个反应在 A 位点生成了一个二肽酰-tRNA，此时解除负载的 tRNA^{fMet}仍保持与 P 位点的结合（图 18-20）。

催化肽键形成的酶曾称作肽基转移酶（peptidyl transferase），其活性曾被广泛地认为是大亚基中的一种或多种蛋白的特性。1992 年，Harry Noller 和他的同事发现催化这个反应的是 23S rRNA 而不是蛋白，给核酶又增加了一个重要的生物学功能。这个令人惊奇的发现对理解这个星球上生命的进化有着重要的意义。

延长循环的第三步被称为移位或转位（translocation）。核糖体以一个密码子的单位距离朝着 mRNA 的 3′末端移动（图 18-21）。因为二肽酰-tRNA 仍与 mRNA 的第二个密码子相连，核糖体的移动将二肽酰-tRNA 由 A 位点移至 P 位点，脱酰基的 tRNA 从起始 P 位点经 E 点被释放回胞质中。现在，mRNA 上的第三个密码子在 A 位点，第二个密码子在 P 位点。这种沿着 mRNA 的核糖体转移需要 EF-G（也称转位酶），且所需能量是由另 1mol 的 GTP 水解提供的（图 18-21）。在这步中整个核糖体的三维构象发生改变，以使核糖体沿着 mRNA 移动。

这个带有二肽酰-tRNA 和 mRNA 的核糖体现在已可以进行另一个延长循环，以加接第三个氨基酸残基。这个过程与第二个氨基酸的加接过程完全相同。对于加入链中的每个氨基酸残基，两个 GTP 水解为 GDP 和 Pi。当核糖体沿着 mRNA 一个密码子一个密码子地朝 3′末端移动时，每一次把一个氨基酸残基加接到生长中的肽链上。

多肽链总是保持与所加入的最后一个氨基酸和 tRNA 相连。这种持续的对 tRNA 附着，是完成这个肽链合成全部过程的“化学胶水”。tRNA 和多肽的羧基末端之间的酯键活化羧基末端，引起进入的氨基酸的亲核进攻，形成新的酯键。同时，这个 tRNA 代表着生长的多肽和 mRNA 信息分子之间唯一的联系。当多肽和前一个 tRNA 之间的酯键在肽键形成过程中打断时，一个新的酯键已经形成了，因为每个新的氨基酸本身都附着在一个 tRNA 上。

在真核生物中，延长循环与此非常相似。三个真核延长因子称作 $eEF1_{\alpha}$、$eEF1_{\beta\gamma}$ 和 eEF2，它们具有与相应的细菌延长因子 EF-Tu，EF-Ts 和 EF-G 类似的功能。

十、核糖体的校正功能仅限于密码子与反密码子的相互作用

EF-Tu 的 GTP 酶（GTPase）活性对整个蛋白质生物合成的速率和准确度有着重要的作用。EF-Tu·GTP 复合物仅存在几毫秒，而 EF-Tu·GDP 在解离前也仅存在几毫秒时间。这两段时间间隔对密码子-反密码子相互作用的校正提供了一个机会。非正

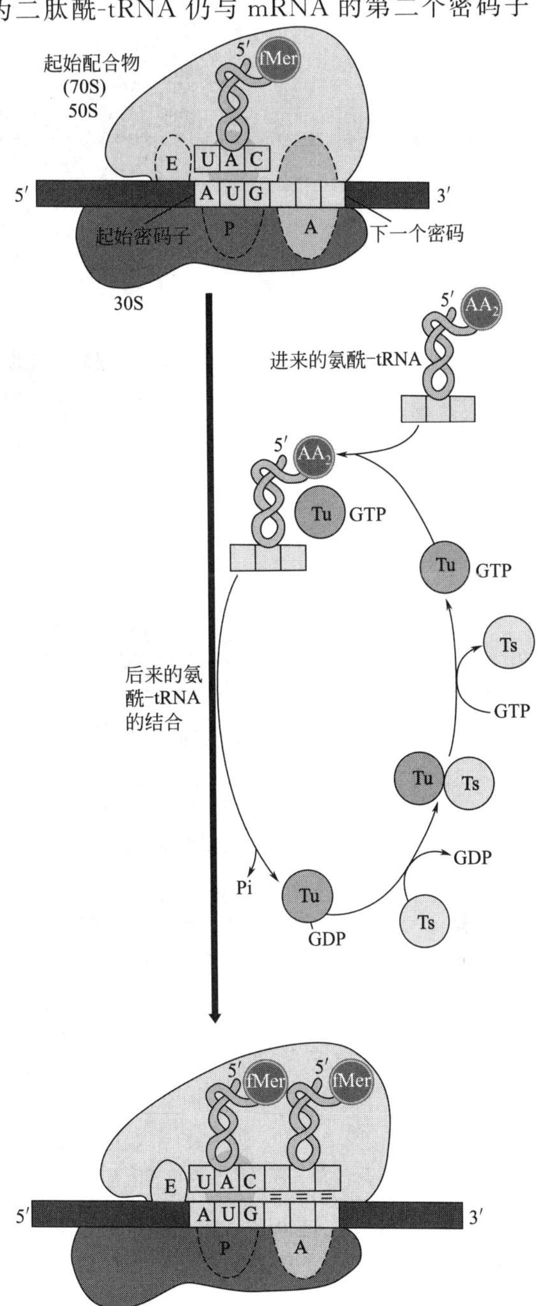

图 18-19　肽链延长的第一步，第二个氨酰-tRNA 的结合

第二个氨酰-tRNA 进入时与结合着 GTP 的延长因子 Tu 结合。第二个氨酰-tRNA 对 A 位的结合伴随 GTP 水解成 GDP，和一个 EF-Tu·GDP 复合物的释放。在延长因子 EF-Ts 的参与下，Tu 释放 GDP 并与另一个 GTP 结合。这种循环使 EF-Tu 可以结合另一个氨酰-tRNA

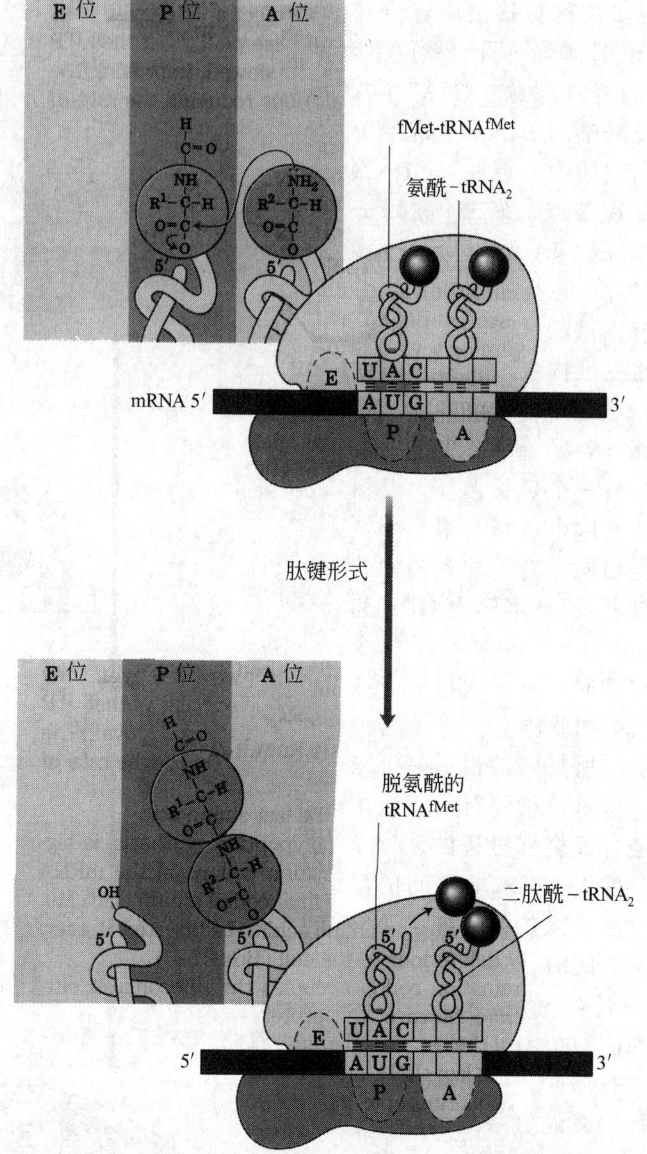

图 18-20 肽链延长的第二步，第一个肽键的形成

N-甲酰甲硫氨酰基被转移给在 A 位的第二个氨酰 tRNA 的氨基，形成二肽酰 tRNA

确的氨酰-tRNA 在这间隔之内解离。如果用 GTP 的类似物 GTP$_\gamma$S 代替 GTP，水解变慢，提高了合成的准确度却降低了蛋白质合成的速度。蛋白质合成的过程（包括已描述的密码子-反密码子配对的验证）通过进化已经得到优化，能使速度和精度两者的需要得以平衡。提高精度会降低速度，同样，速度的增加也会使准确度下降。

校正机制仅建立在密码子-反密码子正确配对的基础上。在核糖体上对附着于 tRNA 的氨基酸的身份根本不加检验。由 Fritz Lipman 和 Seymour Benzer 领导的研究小组已对此作出实验证明。他们分离出酶促合成的 Cys-tRNA^{Cys}，然后用化学的方法使其转变为 Ala-tRNA^{Cys}。这种杂合的氨酰-tRNA 携带的是 Ala，却含有 Cys 的反密码子。将这种 tRNA 在能进行蛋白质合成的无细胞体系中温育，发现在新合成的多肽中本应是 Cys 的地方却由 Ala 占据。这个重要的实验也证明了 Crick 的适配器学说（adaptor hypothesis）。核糖体上氨基酸

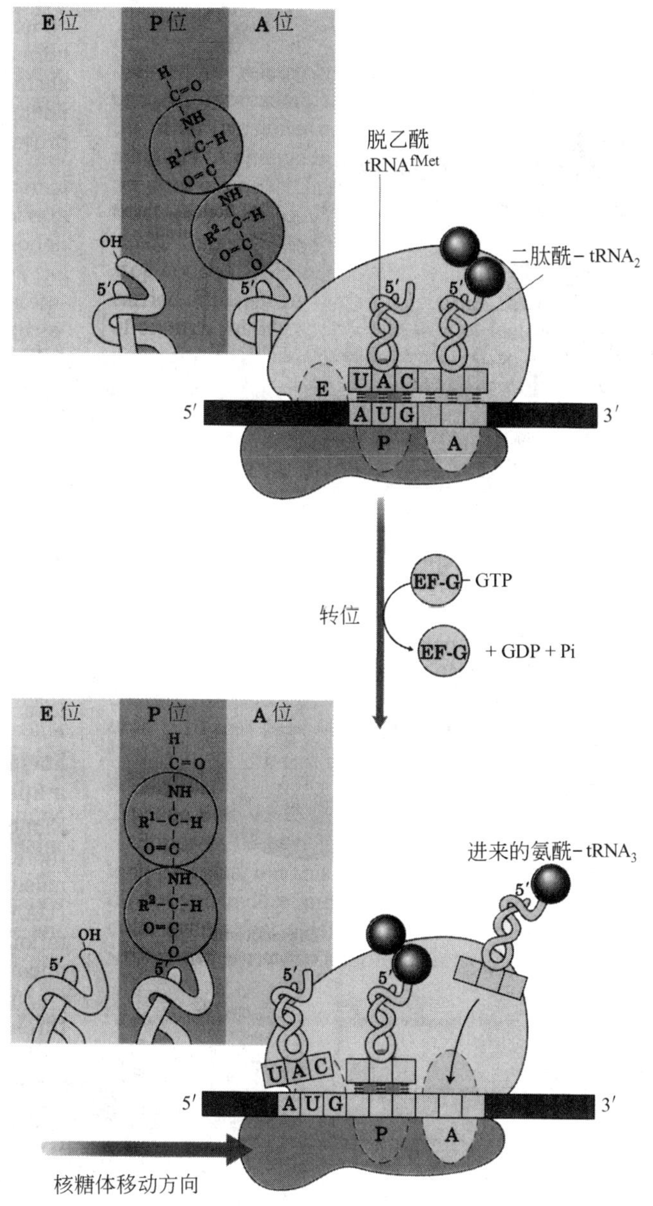

图 18-21　肽链延长的第三步，转位。核糖体使用由 EF-G 结合的 GTP 水解产生的能量向 mRNA 的 3′末端移动一个密码子，二肽酰 tRNA 到了 P 位，空出 A 迎接下一个氨酰 tRNA

本身从不被验证的事实更加强了氨酰-tRNA 合成酶在维持蛋白合成的准确度中的中心作用。

十一、多肽合成的终止

延长阶段一直继续到核糖体把最后一个氨基酸加入多肽，mRNA 编码的多肽也就完成了。多肽合成的第四个阶段——终止，是以 mRNA 上三个终止密码子（UAA，UAG，UGA）为信号的，它们位于最后一个氨基酸密码子之后。如果一种 tRNA 的反密码子突变造成一种氨基酸插入终止密码的位置，这种突变对细胞是有害的。

在细菌中，一旦终止密码子占据了核糖体的 A 位点，三个终止因子（或称肽链释放因子）RF_1、RF_2 和 RF_3 将会①水解末端肽酰-tRNA 键；②从 P 位点释放游离的多肽和解负载的最后一个 tRNA；③70S 核糖体解离为 30S 和 50S 亚基，准备开始一个新的多肽的合成（图 18-22）。

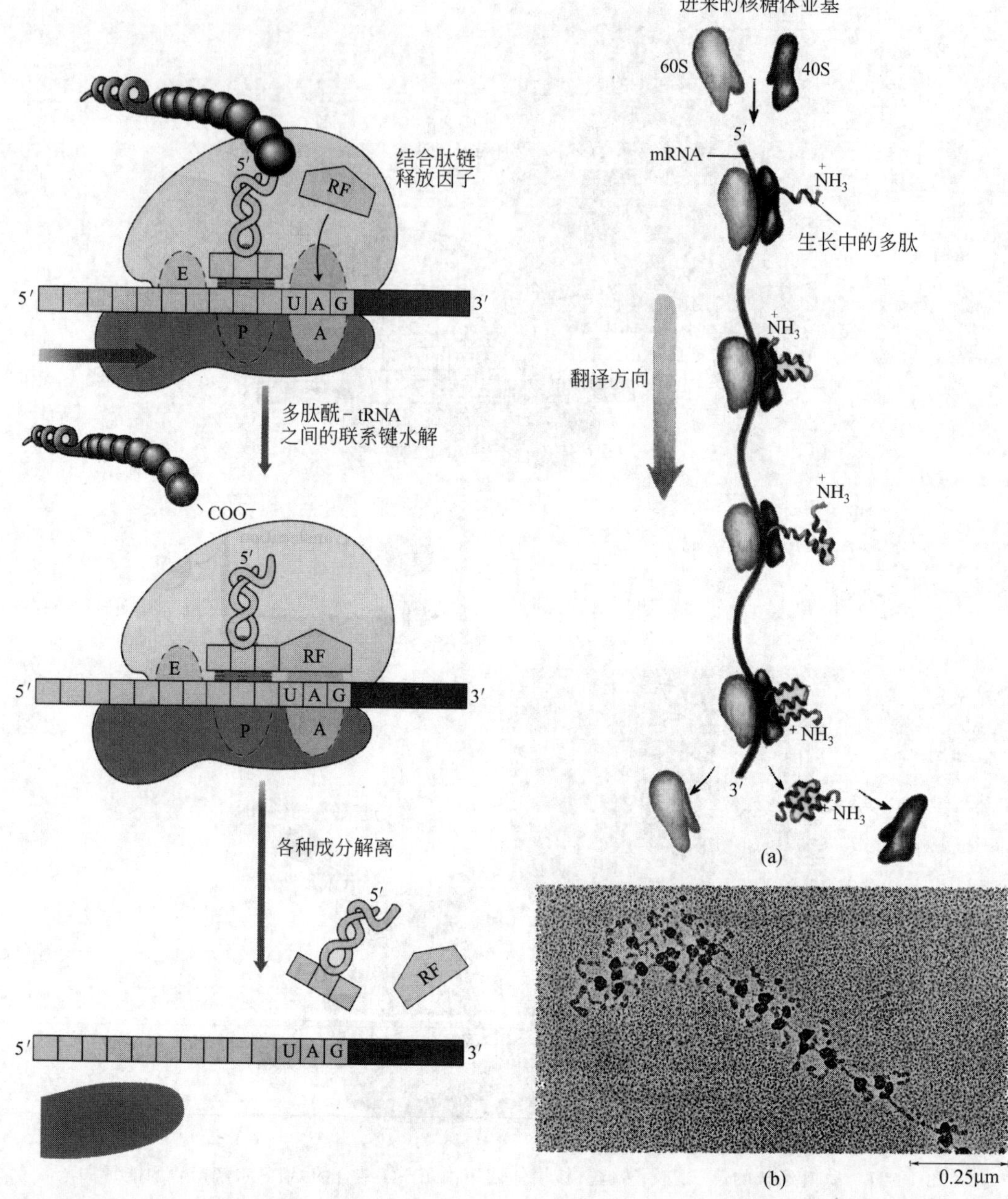

图 18-22　肽链合成的终止作用

当核糖体 A 位出现终止密码后，释放因子 RF_1 或 RF_2 与 A 位结合，导致新生肽链与 tRNA 之间的酯键水解，释放新生肽链。mRNA，tRNA 从核糖体上释放，核糖解离成游离的 30S 和 50S 亚基

图 18-23　多聚核糖体

(a) 图中示四个核糖体正在从 5′末端至 3′末端翻译一条真核 mRNA；(b) 蚕丝腺中的多核糖体电镜图

RF_1 识别终止密码子 UAG 和 UAA，RF_2 识别 UGA 和 UAA。RF_1 或者 RF_2 最后结合于各自识别的终止密码子；并诱导肽基转移酶转移新生成的多肽给 1 个水分子（而不是一个氨基酸）。RF_3 的特异性功能尚不知道。在真核生物中一个称为 eRF 的释放因子识别所有的三个终止密码子。

1. 无意义突变的抑制

当一个突变在基因内部导入一个终止密码子时，翻译在完成之前被阻止，产生的未成熟肽链常常是没有活性的。这种突变叫做无意义突变。要恢复这个基因的正常功能需要进行第二次突变。这第二次突变或者把终止密码变成为氨基酸编码的密码子，或者抑制终止密码子的影响。这后一类回复突变叫做无意义抑制子（nonsense suppressors)。这类突变一般发生在 tRNA 基因，以产生改变了的 tRNA 即抑制子 tRNA。这种改变了的 tRNA 能识别终止密码，并把氨基酸插入这个位置。大部分抑制子 tRNA 是小量 tRNA 种类反密码子的单个碱基取代产生的。

抑制子 tRNA 组成一类诱导的遗传密码变异，使得一般终止密码子被当作有意义密码子阅读，这情况像上一章中介绍的天然发生的密码子变异。无意义抑制不完全破坏细胞中的信息传递，因为一些 tRNA 在细胞中常有几个拷贝的基因。一些拷贝的基因表达微弱使这种特殊tRNA只占细胞库中的一小部分。抑制子突变通常发生在“小”tRNA 种类，而留下主要tRNA能正常阅读它的密码子。例如，在大肠杆菌细胞中有三个相同的 $tRNA^{Tyr}$ 基因，每个都产生具有（5′）GUA 反密码子的 tRNA。其中有一个能相对高水平表达，因而产生主要（major）$tRNA^{Tyr}$ 种类。其他两个基因作为副本只作少量转录。这两个副本基因中的一个反密码子发生改变，从（5′）GUA 变成（5′）CUA，因此产生的这种小量 tRNA 将在 UAG 终止密码位置插入酪氨酸。这种在 UAG 位点插入酪氨酸是低效率的，但是能从有无意义突变的基因产生足够长度的活性蛋白以使细胞存活。主要 $tRNA^{Tyr}$ 仍保持对正常密码的识别产生正常蛋白。tRNA 中的碱基改变导致抑制子 tRNA 的产生并不总是发生在反密码子。有意思的是，无意义密码子 UGA 的抑制通常发生在能识别 UGG 的 $tRNA^{Trp}$ 上，能使它阅读 UGA（即在此位置插入色氨酸）的改变不发生在反密码子上，而发生在这个 tRNA 第 24 位的由 G→A 的突变，这种改变好像移动了反密码子的位置，使它既能阅读 UGG 也能阅读 UGA。另一种发现在 tRNA 中的类似改变与最普遍存在的天然遗传密码变异相同即（UGA＝Trp)。

无意义突变的抑制作用（suppression）应该能导致许多过分长的肽链蛋白的产生。但是这种情况不经常发生，可能是许多原核生物基因 3′末端有串联的双重终止密码子的缘故。

2. 蛋白质合成的正确度要求是相当耗能的

每个氨酰-tRNA 的酶促合成用去两个高能磷酸键，另外一个 ATP 是在氨酰-tRNA 合成酶的脱酰基活性水解不正确的氨基酸时耗掉的。在延长的第一步耗去一分子 GTP 产生 GDP 和 Pi。在转移（转位）这一步中又水解一分子 GTP。因此，完整的多肽键的每一个肽键的形成至少需要 4 个高能键。

这表现了一个在合成方向上巨大的热力学“推动力”：至少需要 4×30.5＝122kJ/mol 的高能磷酸酯键的键能用于合成只有－21kJ/mol 水解自由能的肽键。因此在肽键形成中净自由能改变为－101kJ/mol。这样大的能量消耗好像有些浪费，但是重要的是应记住蛋白质是含信息的高分子（information containing polymer)。生物化学问题不仅是简单的肽键形成，而是在特定的氨基酸之间形成肽键。在这个过程中消耗的每个高能键都为了维持每个氨基酸按照 mRNA 上的编码进行正确的排列。这些能量使 mRNA 上的遗传信息翻译为蛋白质的氨基酸顺序的过程中实现完美的准确度成为可能。

3. 多聚核糖体

从活跃合成蛋白质的真核细胞或细菌细胞中可分离到由 10～100 个核糖体附着于 mRNA 组成的串列。这种 mRNA-核糖体串列称为多聚核糖体（polysome)，它可由核糖核酸酶切成许多单个的核糖体。而且在电子显微镜下可以看到连接相邻核糖体的纤维（图 18-23)。

这个连接物就是单链 mRNA，此时正在被许多核糖体同时翻译，这些核糖体相隔很近。一个 mRNA 由许多核糖体同时翻译可使 mRNA 得到高效地利用。

在细菌中，转录和翻译是紧紧偶联的。mRNA 以 5′→3′方向合成，且翻译也以同一方向进行。在转录完成之前，核糖体就从 mRNA 的 5′末端开始翻译。这种情形与真核细胞有点不同。在真核生物中，新合成的 mRNA 必须转移至核外才能开始翻译。

细菌的 mRNA 在被核酸酶降解之前仅有几分钟的寿命。因此，为维持蛋白合成的高速度，一个给定的蛋白或一系列蛋白的 mRNA 必须连续合成，而且要进行最高效率的翻译。mRNA 的短寿命使细胞不再需要的蛋白质合成迅速终止。

第五节　多肽链的折叠与加工

蛋白质合成的第五阶段（即最后一步）是初生的多肽链折叠（folding）和加工（processing），以使它们成为活性形式。在蛋白质合成过程中（或合成后）的某些个阶段，多肽链自发地形成的天然构象，使它具有最大限度的氢键、范德华力、离子键和疏水作用力。mRNA线性的（即一维的）遗传信息以这种方式转变成蛋白质的三维结构。一些新合成的蛋白获得它最终的活性构象必须进行一个或多个称为翻译后修饰（posttranslational modification）的过程。下面讨论原核生物和真核生物的翻译后修饰。

一、氨基末端和羧基末端的修饰

起初，所有的多肽都是以 *N*-甲酰甲硫氨酸（细菌中）或甲硫氨酸（真核生物中）开始的。但是，甲酰基、氨基末端的 Met 残基以及其他额外的氨基末端和羧基末端的一些残基可能被酶法除去，因此不存在于最后的功能性蛋白中。

在多至 50%的真核蛋白中，其翻译后氨基末端残基的氨基都要被乙酰化，羧基端残基有时也被修饰。

二、信号序列的切除

一些蛋白氨基末端的 15～30 个残基在引导蛋白到达细胞中最后目的地的过程中起重要作用。这种信号顺序（signal sequence）最后被专一的肽酶除去。

三、氨基酸残基的修饰

一些蛋白质中的某些丝氨酸、苏氨酸和酪氨酸残基的羟基用 ATP 进行酶法磷酸化［图 18-24(a)］。磷酸基团给这些多肽增加负电荷。这种修饰的功能重要性因蛋白质的不同而不同。例如，牛奶中的酪蛋白有许多磷酸丝氨酸基团，其功能是结合 Ca^{2+}。所供给的 Ca^{2+}、磷酸以及氨基酸是哺乳期幼儿所需的，酪蛋白提供了三种以上必要的营养。丝氨酸残基上羟基的磷酸化和去磷酸化是调节一些酶的活性所需的，如糖原磷酸化酶。一些蛋白中的特定的酪氨酸残基的磷酸化是正常细胞向癌细胞转化的重要步骤。

一些蛋白质的 Asp 和 Glu 残基也可能被加上额外的羧基。例如：凝血蛋白凝血酶原在它的氨基末端区域就有一些 γ-羧基-Glu 残基［图 18-24(b)］，是由需维生素 K 的酶导入的。这些基团结合 Ca^{2+}，是启动凝血机制所需的。

在一些蛋白质中，Lys 残基被甲基化［图 18-24(c)］。在一些肌肉蛋白和细胞色素 C 中有单甲基或二甲基化赖氨酸。大多数有机体的钙调蛋白的特定位置有三甲基赖氨酸残基。在其他一些蛋白质中，一些 Glu 的羧基被甲基化，去掉了它们的负电荷。

四、糖侧链的连接

在多肽链合成时或合成后，糖蛋白被共价连接上糖侧链。在一些糖蛋白中，糖侧链被酶促连接上 Asn 残基形成氮连寡糖。在其他一些糖蛋白中连接的是丝氨酸或苏氨酸残基以形成氧连寡糖。许多在细胞外起作用的蛋白以及包着黏膜起润滑作用的蛋白聚糖一样，均含有

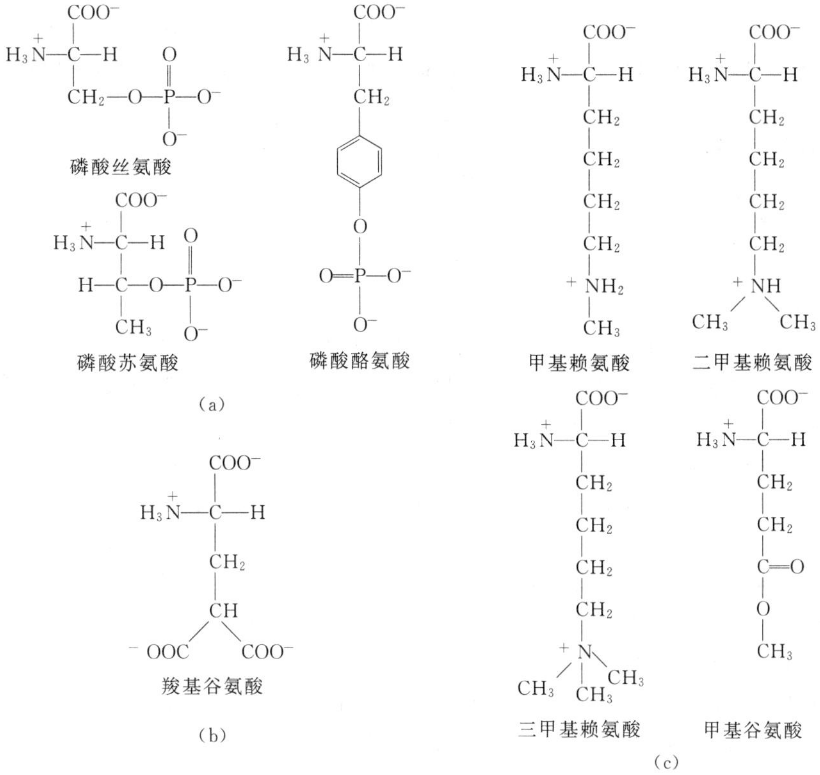

磷酸丝氨酸　磷酸酪氨酸　磷酸苏氨酸

(a)

羧基谷氨酸

(b)

甲基赖氨酸　二甲基赖氨酸　三甲基赖氨酸　甲基谷氨酸

(c)

图 18-24　一些被修饰的氨基酸残基

(a) 磷酸化的氨基酸；(b) 羧基化氨基酸；(c) 甲基化氨基酸

寡糖侧链。

五、异戊二烯基团的附加

许多真核蛋白被异戊二烯化：在蛋白的 Cys 残基和异戊二烯基团之间形成硫醚键。异戊二烯来源于胆固醇生物合成的焦磷酸化中间产物。如法呢基焦磷酸（farnesyl pyrophosphate）（图 18-25）。以这种方式修饰的蛋白包括 *ras* 肿瘤基因和原癌基因的产物，G 蛋白和存在于核基质中的核纤层蛋白。在一些情况下，异戊二烯基团可将蛋白锚定于膜中。当异戊二烯化过程被阻断后，*ras* 致癌基因（*ras* oncogene）就失去转化（致癌）活性。这激发了人们将这种翻译后修饰途径的抑制剂用于癌症化学疗法的兴趣。

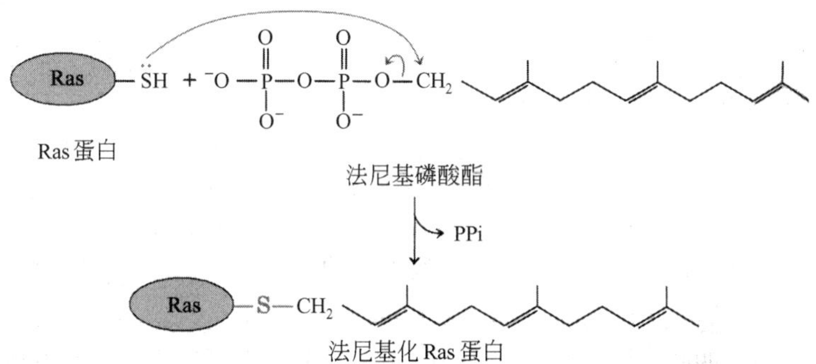

图 18-25　蛋白质中半胱氨酸残基的法尼基化。Ras 蛋白是 ras 癌基因的产物

六、辅基的附加

许多原核和真核蛋白质的活性需要共价结合辅基。这些辅基是在多肽离开核糖体后才与多肽结合的。这方面的两个例子是：乙酰 CoA 羧化酶中共价结合的生物素和细胞色素 C 中的血红素。

七、蛋白酶水解修饰

许多蛋白，例如胰岛素、病毒蛋白以及像胰蛋白酶和胰凝乳蛋白酶这样的蛋白酶最初是以较大的、无活性的前体蛋白形式合成的。然后，这些前体被蛋白酶修饰成最后的活性形式。

八、二硫键的形成

在经历了自发地折叠为天然构象后，输出真核细胞的蛋白经常通过链内或链之间的二硫键形成共价交联，以这种方式形成的交联有助于保护蛋白分子的天然构象，它不受细胞外环境影响而变性。胞外环境与胞内环境有很大的不同。

九、蛋白质合成受许多抗生素和毒素抑制

蛋白质的合成是细胞生理的中心功能，因此它是各种自然界中的抗生素和毒素的主要靶子。除了特别注明的以外，下述这些抗生素抑制细菌中的蛋白合成。细菌和真核生物在蛋白质合成机制的不同使大多数这类化合物对真核细胞无害。抗生素是主要的“生化武器”，它们由一些微生物合成且对其他微生物有特别大的毒害作用。抗生素在蛋白合成的研究中是非常有价值的工具。几乎蛋白合成的每一步都可以被这一种或那一种抗生素专一性的抑制。

了解最清楚的抑制性抗生素之一是嘌呤霉素（puromycin），它是由链霉菌（*Streptomyces alboniger*）产生的。嘌呤霉素有类似于氨酰-tRNA 3′末端的结构，它结合于核糖体的 A 位点，且参与了延长的所有步骤，包括肽键的形成，产生一个肽基嘌呤霉素。但是，嘌呤霉素不能结合到 P 位点，也不能进行转位。当它连接到肽的羧基末端后就很快从核糖体上脱落下来，过早终止多肽的合成。

四环素（tetracycline）通过阻断核糖体上的 A 位点，抑制氨酰-tRNA 的结合而抑制细菌中蛋白质的合成。氯霉素（chloramphenicol）通过阻断肽基转移来抑制细菌（及线粒体和叶绿体）中蛋白质的合成，但却不影响真核生物细胞胞质中的蛋白质合成。相反，环己酰亚胺（cycloheximide）抑制 80S 真核核糖体的肽基转移酶而不抑制 70S 的细菌（线粒体和叶绿体）核糖体上的同类酶。

链霉素（streptomycin）是一个碱性三糖，在相对低的浓度时引起细胞遗传密码的错读，而在高浓度时抑制蛋白质合成的起始。

几种别的蛋白合成抑制剂因为对人体和哺乳动物有害而闻名，白喉毒素（diphtheria），相对分子质量为 65000，它催化真核延长因子 eEF2 的白喉酰胺残基（一个修饰了的组氨酸残基）的 ADP 核糖基化而灭活它。蓖麻毒蛋白（ricin）是蓖麻产生的特毒的蛋白，它灭活真核核糖体的 60S 亚基。

第六节　蛋白质投递和降解

真核细胞是由许多结构、区室和细胞器组成的。它们都有特定功能，都需要一系列的蛋白和酶。几乎所有蛋白的合成都是开始于细胞质中的核糖体。那么，这些蛋白质是怎样到达最终的细胞目的地的呢？

那些要分泌到胞外的蛋白、整合入质膜或进入溶酶体的蛋白质，其转运途径的前几步是一样的，都开始于内质网。目的地为线粒体、叶绿体或细胞核的蛋白质有三种独特的转运过程。目的地为细胞质的蛋白质仍保留在细胞质中。把蛋白质分类并转运到它们正确的细胞位置的过程称为蛋白质投递（protein targeting）。

许多投递途径的最重要的因子是新合成多肽的氨基末端一段短氨基酸序列，称为信号顺序（signal sequence）。这个信号序列的功能是由 David Sabatin 和 Günter globel 于 1970 年发现的。信号顺序指导蛋白质到达胞内适当的位置。在转运过程中或蛋白质到达目的地后，这段信号序列被除去。为了肯定信号顺序的投递能力，可将蛋白 A 的信号序列融入蛋白 B，最后发现蛋白 B 到达了原是蛋白 A 应到的位置。

选择性地降解胞内不再需要的蛋白，也有赖于包含在每种蛋白质结构内的一系列分子信号。这些信号绝大多数还不了解。本章最后部分着重讨论蛋白质投递和降解（degradation）过程，重点是介绍对细胞代谢极重要的基本信号和分子调节。除了特别指出的外，仅讨论真核细胞的情况。

一、许多真核蛋白的翻译后修饰开始于内质网

大概研究的最清楚的投递系统开始于内质网（endoplasmic reticulum，ER）。大多数溶酶体蛋白、膜蛋白或分泌蛋白有一个氨基末端信号序列，这个信号序列使得它们转移进入了内质网腔（ER lumen）。几百种蛋白质信号顺序已被测定。

这些序列长度不等（13～16 个氨基酸残基）（图 18-26），但是它们都有：①10～15 个残基的疏水氨基酸序列；②在疏水序列的前端近氨基末端有一个或多个带正电荷氨基酸残基；③在羧基末端（近裂解位点）有一短的序列，这个序列有相当的极性，特别是更接近裂解位点的氨基酸残基带有短的侧链（如甘氨酸）。

切割点

		↓	
人感冒病毒 A	Met Lys Ala Lys Leu Leu Val Leu Leu Tyr Ala Phe Val Ala Gly	↓	Asp Gln-
人前胰岛素原	Met Ala Leu Trp Met Arg Leu Leu Pro Leu Leu Ala Leu Leu Ala Leu Trp Gly Pro Asp Pro Ala Ala Ala	↓	Phe Val-
牛生长激素	Met Met Ala Ala Gly Pro Arg Thr Ser Leu Leu Leu Ala Phe Ala Leu Leu Cys Leu Pro Trp Thr Gln Val Val Gly	↓	Ala Phe-
蜜阮	Met Lys Phe Leu Val Asn Val Ala Leu Val Phe Met Val Val Tyr Ile Ser Tyr Ile Try Ala	↓	Ala Pro-
果蝇胶蛋白	Met Lys Leu Leu Val Val Ala Val Ile Ala Cys Met Leu Ile Gly Phe Ala Asp Pro Ala Ser Gly		Cys Lys-

图 18-26　一些指导真核蛋白转位入内质网腔的氨基末端信号顺序

正如 George Palade 最初证明的那样，带有信号序列的蛋白质合成于附着在 ER 的核糖体上。信号序列就是将核糖体导向内质网膜上的工具。图 18-27 概括了在游离核糖体上蛋白质合成开始的全部过程。信号序列最早出现于合成过程中，因为它处于氨基末端。这段序列和核糖体本身迅速被一个大的信号识别微粒（signal recognition particle，SRP）结合。当多肽合成到约 70 个氨基酸长时，SRP 结合 ATP 阻止了肽链延长过程。这个 SRP 引导核糖体带着没有完全合成的多肽至内质网腔胞质一面的一个特异的 SRP 受体上。初生的肽链被递到内质网的一个多肽转位复合物（peptide translocation complex）上，SRP 从核糖体上解离下来，蛋白合成重新启动。在 ATP 的驱动下，转位复合物将正在生长的多肽转递进内质网腔。在内质网腔内，信号序列被信号肽酶切除，一旦完整的蛋白质被合成，核糖体就从内质网膜上解离下来。

在内质网腔内，新合成的蛋白质经过几种途径修饰。除了除去信号序列，多肽链还进行折叠和形成二硫键，许多蛋白质还被糖基化。

二、糖基化在蛋白质投递过程中起重要作用

糖基化蛋白（或糖蛋白）经常是通过 Asn（天冬酰胺）残基与寡糖相连的。这些氮连寡糖是非常多样的，但在它们形成的多种途径中都有一个共同的第一步。一个 14 个残基的核心寡糖（含有 2 个 *N*-乙酰葡萄糖胺、9 个甘露糖和 3 个葡萄糖残基）由一个长的多萜醇磷

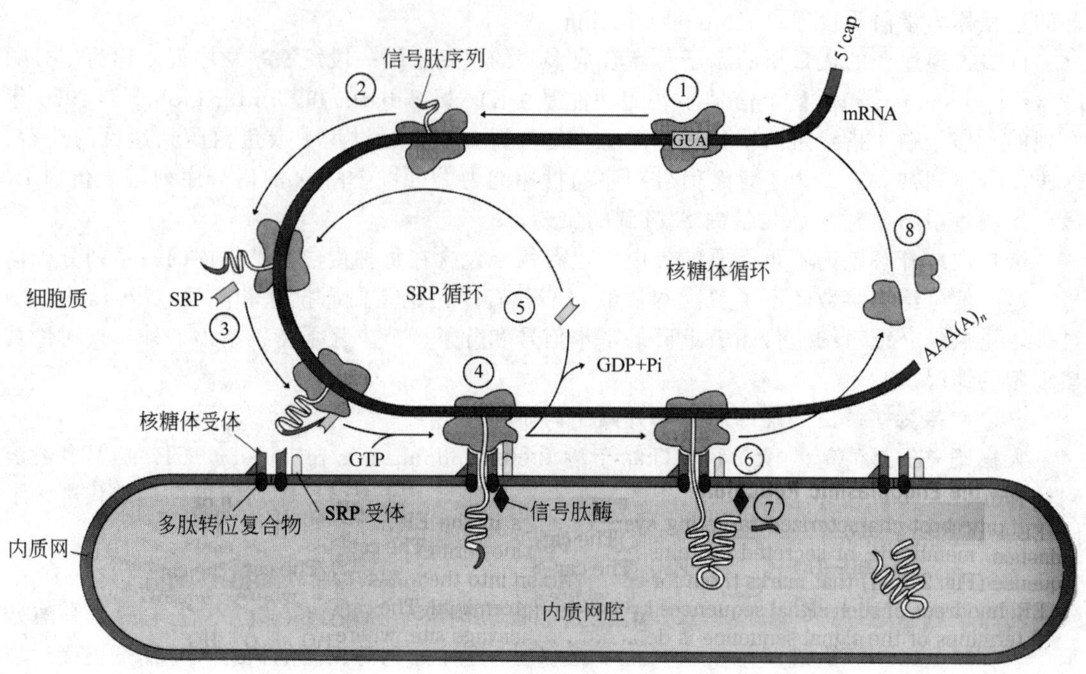

图 18-27　信号肽指导真核蛋白进入内质网腔

①组装蛋白质合成的起始复合物，开始蛋白质合成；②信号肽出现在新生肽的氨基末端；③信号识别颗粒（SRP）与核糖体结合阻止肽链延长；④核糖体——信号识别颗粒复合物，被 ER 上的受体结合；⑤信号识别颗粒解离并重新进入循环；⑥蛋白质合成重新开始，新合成的肽链被导入内质网腔；⑦信号肽被切除；⑧肽链合成完毕，核糖体解离重新进入循环

酸酯（dolichol phosphate）供体分子转移到蛋白质上的某个 Asn 残基。这个核心寡糖是由单糖逐次地加接到长的多萜醇磷酸酯（一种类异戊二烯衍生物）的磷酸基团上形成的，一旦这个核心寡糖形成，它就会在酶的作用下由多萜醇磷酸酯转移至蛋白质上（图 18-28）。转移酶位于内质网腔内表面，因此不能催化胞质蛋白的糖基化。当转移完成后，这个核心寡糖在不同的蛋白上受到不同的修剪。但是，所有的 *N*-连寡糖都保留来自原初的 14 个残基寡糖的五糖核心。几种抗生素干扰这个过程中的一步或多步。了解的最清楚的衣霉素（tunicamycin，图 18-29），它阻断第一步。

这种核心寡糖是经过一系列步骤合成的。头几步发生在内质网膜细胞质表面一侧。后几步在一个转位过程之后在内质网腔内进行。转位过程把未完成的寡糖链跨膜移入内质网膜腔。在腔内加接的甘露糖和葡萄糖残基前体本身是多萜醇磷酸酯的衍生物。当核心寡糖被转移到蛋白质之后，核心寡糖在内质网和高尔基器被进一步修饰。修饰依投递路径不同而不同，但最初的五糖残基在所有的 *N*-连寡糖蛋白中都被保留。

蛋白质通过运输小泡（transport vescles）由内质网移至高尔基复合体，在高尔基复合物中，加上了 *O*-连寡糖，且 *N*-连寡糖被进一步修饰。据部分了解的机制，蛋白质在此被重新分类并被送到最终的目的地（图 18-30）。在高尔基复合体内，那些区分分泌到细胞外的蛋白、膜蛋白或溶酶体蛋白的过程必定是根据它们的结构情况，而不是根据已被除去的信号序列。这种分类过程研究得最清楚的是最终要送到溶酶体的水解酶类。当它们从内质网到高尔基复合物时，催化寡糖链上某些甘露糖残基磷酸化的磷酸转移酶可识别这些水解酶的某些三维结构特征［有些尚待测定，有时把这些特征称为“信号补丁”（signal patch）］，把它的一些甘露糖残基磷酸化。蛋白质的 *N*-连寡糖上的一个或多个甘露糖-6-磷酸残基是引导这个

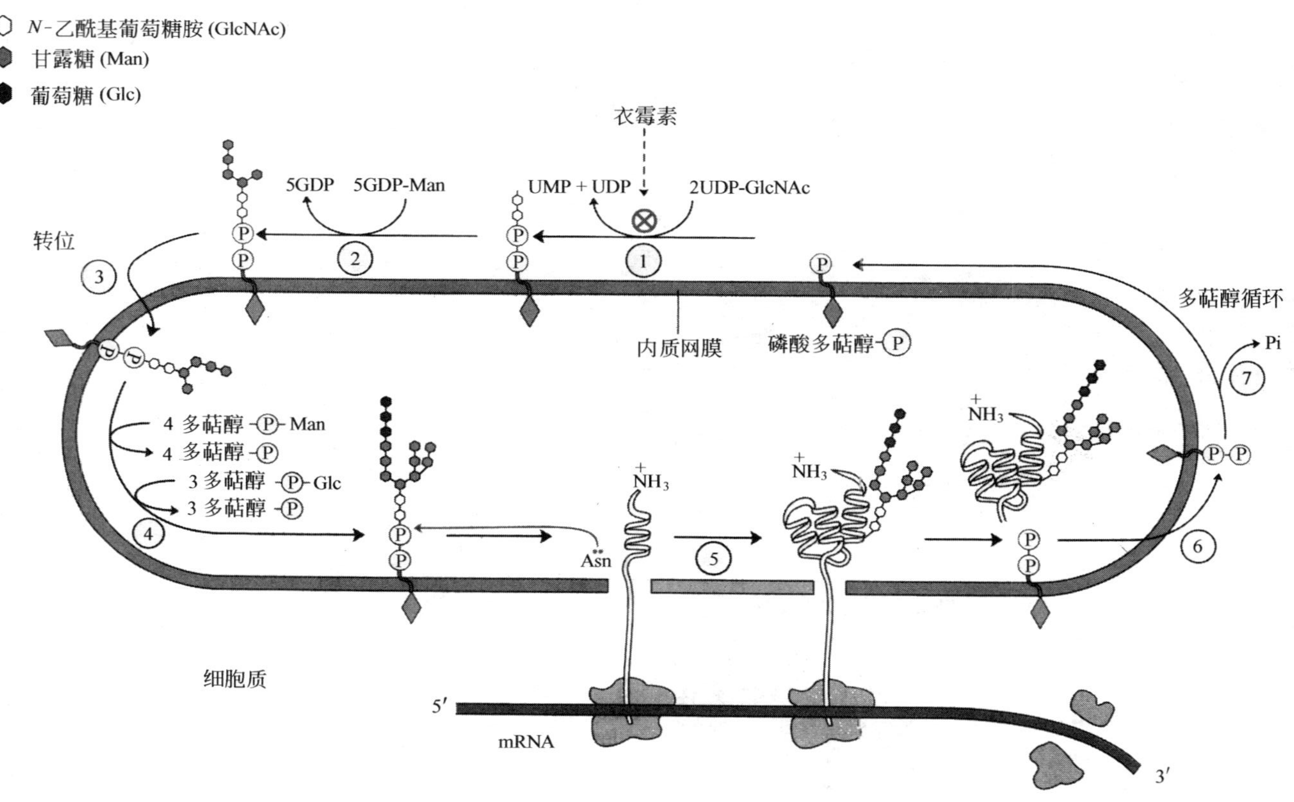

图 18-28　糖蛋白中核心寡糖侧链的合成

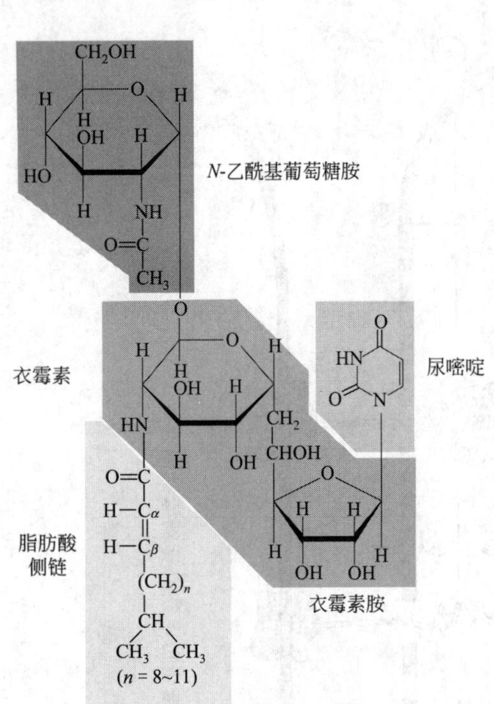

图 18-29 衣霉素的结构

这是一个由链霉菌产生的抗生素，它的结构类似于 UDP-*N*-葡萄糖胺，因而阻断糖蛋白的核心寡糖在多萜醇磷酸酯上合成的第一步（见图 18-28）

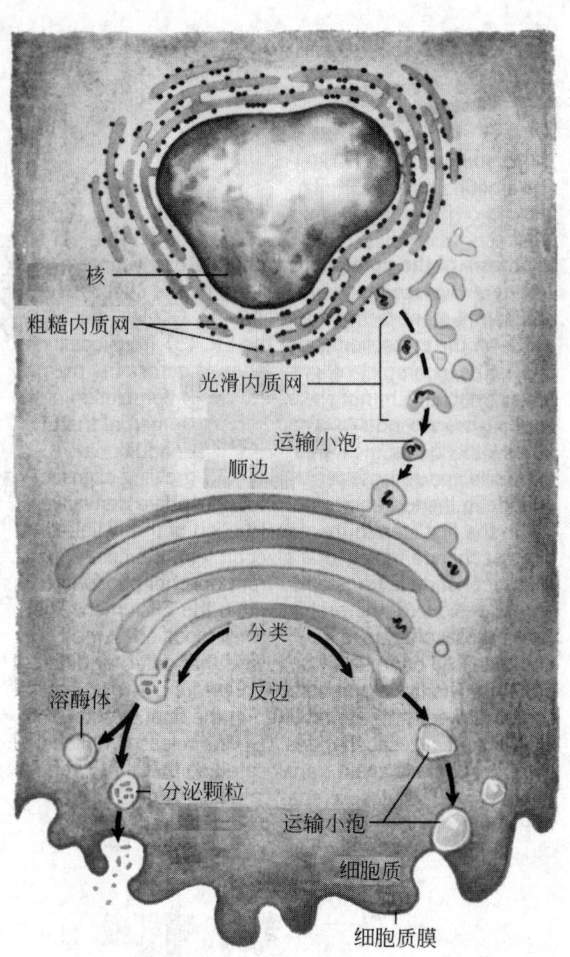

图 18-30 以溶酶体、质膜或分泌出胞外为最终目的地的蛋白质的投递过程

蛋白质从内质网靠运输小泡输送到高尔基器顺边，最后在高尔基的反边进行基本的分类

蛋白质进入溶酶体的结构信号。高尔基复合体膜上的受体识别这个甘露糖-6-磷酸信号，并与有如此标记的水解酶结合。含有这种受体-水解酶复合体的小泡从高尔基体的反面（trans side）出芽，并使它进入分类小泡（sorting vesicle）。这些小泡内的低 pH 值促进受体-水解酶的复合物解离。并由泡内的磷酸酯酶催化除去甘露糖上的磷酸基团，受体重新返回到高尔基复合物。含有水解酶的小泡从分类小泡出芽并被送进溶酶体。用衣霉素处理细胞，则本应到达溶酶体的水解酶却不能到达溶酶体而是被分泌出来。这就证明了 *N*-连寡糖在引导这些酶至溶酶体的过程中起重要作用。

三、线粒体和叶绿体蛋白的投递

虽然线粒体和叶绿体含有 DNA，但它们的大部分蛋白质是由核 DNA 编码的，且必须被投递到相应的细胞器。与输入内质网腔的蛋白不同，线粒体和叶绿体的投递能够从前体蛋白在核糖体上完全合成并释放后开始。

投递到线粒体和叶绿体的前体蛋白有氨基末端信号顺序。这种顺序被细胞质的伴侣蛋白（chaperone protein）结合。这些前体蛋白与靶细胞器外表面的受体结合，通过跨过内膜和外膜的蛋白质通道被投递入细胞器，这一通过通道的转位过程被 ATP 或 GTP 的水解所促进。在有些情况下是通过跨膜的电化学势来促进的。在这些细胞器内，这些前体蛋白的信号肽被除去，成熟蛋白被重新折叠。

四、通往细胞核的信号顺序

核和细胞质间的分子交流需要使大分子通过核孔。在核中合成的 RNA 被输送到细胞质，在胞质中合成的核糖体蛋白被输入核中，并在核仁中组装成 60S 和 40S 核糖体亚基，完整的核糖体然后被输回细胞质中。许多核中的蛋白质（如 RNA 和 DNA 聚合酶、组蛋白、拓扑异构酶、调节基因表达的蛋白等），在胞质中合成后，被输入细胞核。这种交流是由一套复杂的分子信号和运输蛋白系统调节的。这个系统正在逐渐地被阐明。

大部分多细胞真核生物中，在细胞分裂期间核膜崩解。一旦细胞分裂完成，核膜被重新建立，分散的核蛋白必须被重新输入。为了重新输入，使蛋白进入核的信号顺序（核定位顺序，nuclear localization sequence，NLS）是不被切除的。这些顺序不在 N 末端，NLS 可以存在于核蛋白一级结构顺序的任意一个地方。

对核的输入是由一批循环在胞质和核之间的蛋白介导的，其中包括输入蛋白 α，β 和一个叫做 Ran 的小 GTP 酶（GTPase）。输入蛋白 α 和 β 形成杂二聚体对输核蛋白起到一种可溶性受体的作用，它用 α 亚基在胞质中结合带有 NLS 顺序的蛋白。这种带 NLS 的蛋白和输入蛋白复合物锚泊在核孔，然后在 Ran GTP 酶帮助下，使用一个能量依赖的机制转位进入核内。两个输入蛋白亚基在转位输入期间分开，携带 NLS 的蛋白在核内与 α 亚基解离。然后输入蛋白 α 和 β 被输出细胞核以重复输入过程。

五、细菌蛋白质投递途径的信号序列

细菌能把一些蛋白质投递至膜内或膜外、膜之间的外周空间或细胞外部介质（分泌作用）。这种投递所用的位于蛋白质氨基末端的信号序列与真核蛋白引导至内质网腔所用的信号序列很相似。

对于那些穿过一层或多层膜才能到达它们的目的地的蛋白质必须维持一种独特的“转运感受态”（translocation-competent）构象，直至它们的转运完成。转运后才开始形成具有功能的构象。具有这种最后功能构象的蛋白纯化后不再能被转运。越来越多的证据表明细菌中有一套特异的蛋白质用来稳定蛋白质转运时的构象。这套特殊的蛋白质在新蛋白质一合成时就与它结合，防止新蛋白折叠成最终的三维结构。在大肠杆菌中，一个被称为触发因子（trigger factor）的蛋白似乎可帮助至少一种外膜蛋白穿过内膜。

六、细胞通过受体介导的胞饮作用（pinocytosis）**输入蛋白**

有些蛋白质是由环境介质中输入到细胞内的。这些蛋白包括低密度脂蛋白（LDL）、铁离子携带蛋白——转铁蛋白、多肽激素和最后要被降解的循环蛋白。这些蛋白与位于质膜外表面的受体结合。这些受体集中于称为内吞小窝（coated pits）的内隔膜中。内吞小窝用笼状蛋白（clathrin）组成的网格把它们包裹在胞质内侧（图 18-31）。笼状蛋白形成紧密的多面体结构，当越来越多的受体被靶蛋白结合后，笼状蛋白形成的网格也随着长大，直至内吞小泡从质膜上出芽进入细胞质中。

笼状蛋白很快被解套酶（uncoating enzyme）除去，小泡与核内体（endosome）融合。核内体膜中的 ATPase 活性降低了 pH，使受体易于与它们的靶蛋白解离。然后蛋白质和受体各走各的路，它们的命运因系统而异。转铁蛋白和它的受体实际上被重新循环利用。一些激素、生长因子和免疫复合体在引发一定反应后与它们的受体一起被降解。LDL 在把胆固醇投递到目的地与胆固醇解离后被降解，但是它的受体却被循环利用。

一些毒素和病毒可以利用受体介导的内吞（endocytosis）作用进入细胞。白喉毒素、霍

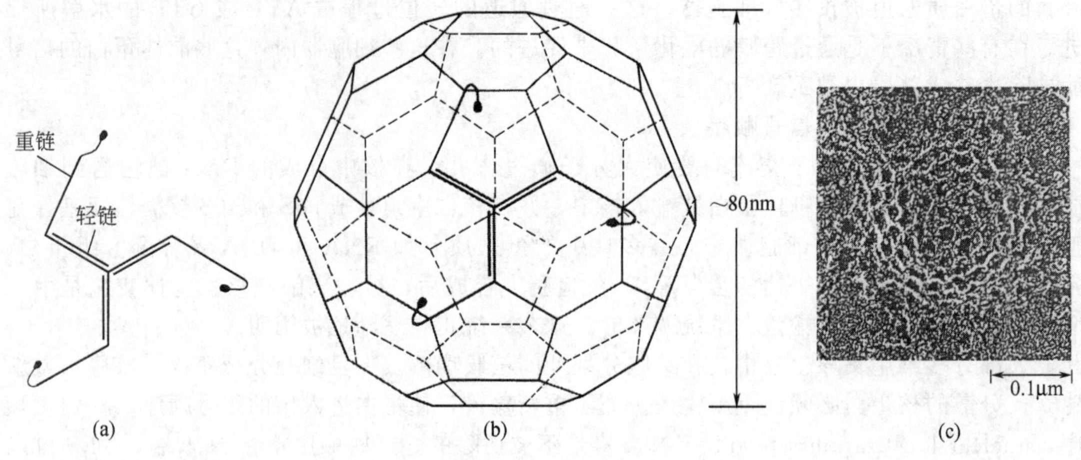

图 18-31 笼状蛋白

（a）三条轻链（M_r35000）和三条重链（M_r180000）组成笼状蛋白单元，一种称为 triskelion 的三足蛋白复合体结构。（b）triskelion 组装成多面体结构。（c）成纤维细胞质膜细胞质表面的内吞小窝的电子显微镜照片

乱毒素和流感病毒都是经此途径进入细胞的。导致艾滋病（AIDS）的病毒 HIV，也是结合在细胞表面的受体上靠内吞作用进入细胞的。在人体中，结合 HIV 的受体已知的如 CD4 是一种糖蛋白，最初是在免疫系统细胞助 T 细胞的表面发现的。CD4 一般参与免疫系统细胞之间的复杂的通讯，这种通讯是执行免疫反应所必需的。

七、所有细胞中蛋白质的降解是由专一的系统进行的

在所有的细胞中，为了防止异常的或不需要的蛋白质积累，加速氨基酸的循环，蛋白质总是不断地被降解。降解是一个选择性的过程。任何蛋白质的寿命都是由专门执行这项任务的蛋白水解酶系统进行的。这与翻译后加工过程中发生的蛋白酶水解事件不同。在真核生物中，不同蛋白的半寿期从半分钟到多个小时甚至几天不等。尽管一些稳定的蛋白（如血红蛋白）可以与细胞的寿命相等（约 110 天），但大多数蛋白在细胞中被代谢。被迅速降解的蛋白包括那些在合成中有不正确氨基酸插入的缺陷蛋白或者那些在发挥功能时受损伤的蛋白。代谢途径中在关键调节点起作用的许多酶也被迅速降解。

缺陷蛋白和那些短寿命的蛋白无论是真核或细菌中都是由选择性依赖于 ATP 的细胞质内系统降解的。脊椎动物中第二个系统是在溶酶体中进行的，它用于处理重新循环利用的膜蛋白、细胞外蛋白和长寿命的蛋白质。

在 *E. coli* 中，许多蛋白质是由一种依赖于 ATP 的称为 La 的蛋白酶降解的。这种 ATPase 只有在有缺陷蛋白或那些特定短寿命的蛋白存在时才被激活。裂解一个肽键需要水解 2mol 的 ATP。在肽键切割过程中 ATP 水解的精确分子功能尚不清楚。一旦一个蛋白被降解成小的无活性的多肽时，别的不依赖于 ATP 的蛋白酶就可完成其余的降解过程。

真核细胞中，ATP-依赖性途径是非常特别的。在这个系统中一个关键的组分是由 76 个氨基酸构成的蛋白——泛素（ubiquitin），之所以这样命名是因为整个真核界中都有它的存在。作为已知的最保守的蛋白质之一，即使在酵母和人类这样不同的有机体中，泛素也是基本相同的。泛素被共价连接于预定要被依赖 ATP 途径降解的蛋白上。这个途径包括三个独立的酶。一个或多个泛素分子是如何附着于那些要水解的目标蛋白，这种机制仍然不清楚。真核生物中这种 ATP-依赖的蛋白水解系统是一个被称“蛋白酶体”（proteasome）的大复合物（$M_r \geqslant 1 \times 10^6$）。这个系统中蛋白酶成分的作用方式和 ATP 的功能尚不清楚。

触发蛋白质泛素化作用的信号不完全清楚。但是一个简单例子已被找到。氨基末端的残基（如蛋氨酸去除后剩下的残基和氨基末端的任何修饰过程后剩下的残基）对许多蛋白质的半寿期有深刻的影响（表 18-8）。有证据证明这些氨基末端信号是在亿万年的进化中被保留下来的。这种信号在细菌的蛋白降解系统中的作用和在人类蛋白泛素化途径中的作用是相同的。蛋白质的降解对细胞在变化的环境中的生存与蛋白质的合成一样重要。这些重要的途径尚有许多问题尚待研究。

表 18-8 蛋白质半寿期与 N 末端氨基酸残基的关系

氨基酸残基	半寿期	氨基酸残基	半寿期
稳定型		Tyr，Glu	约 10min
Met，Gly，Ala，Thr，Val	>20h	Pro	约 7min
不稳定型		Leu，Phe，Asp，Lys	约 3min
Ile，Gln	约 30min	Arg	约 2min

提　要

带有特定氨基酸顺序的蛋白质是通过在称为核糖体的 RNA-蛋白质复合物上，根据编码在信使 RNA 上的遗传信息翻译合成的。mRNA 上编码每个氨基酸的信息单位叫密码子。翻译需要适配器分子 tRNA，它识别密码子并将氨基酸插入多肽中适当的位置。氨基酸的密码子是由特异的核苷酸三联体组成的。密码子的碱基序列是通过已知组成和顺序的人工合成 mRNA 测定出来的。遗传密码是简并的，几乎所有的氨基酸都有多个密码子。密码子的第三位碱基与第一位和第二位碱基相比有小得多的碱基配对特异性，这种情况被称为摆动性。尽管在线粒体和一些单细胞生物体遗传密码有些小的变异，但几乎在所有的物种中标准遗传密码是通用的。细菌中的起始氨基酸 *N*-甲酰甲硫氨酸是由 AUG 编码的，作为起始密码子的 AUG 的识别需要富含嘌呤的起始信号（SD 序列）。三联体 UAA、UAG、UGA 不编码氨基酸，而是肽链终止的信号。在一些病毒中，同一个核苷酸序列可由不同的阅读框翻译出两种不同的蛋白。

蛋白质合成发生在核糖体上。细菌有 70S 核糖体，它含有一个 50S 大亚基和一个 30S 小亚基。真核生物的核糖体要比细菌核糖体大得多，所含的蛋白质分子也多。蛋白质合成的第一阶段中，氨基酸是由特定的氨酰-tRNA 合成酶在细胞质中激活的。这些酶催化氨酰-tRNA的合成，同时将 ATP 降解为 AMP 和 PPi。蛋白质合成的准确性很大程度上依赖于这个反应的精确性。这些酶还能在独立的活性位点执行校对功能。转移 tRNA 有 73～93 个核苷酸残基，其中一些核苷酸有被修饰过的碱基。它们都有一个末端序列为 CCA（3′）氨基酸臂，氨基酸通过酯键与其结合。它还有一个反密码子臂、一个 TψC 臂和一个 DHU 臂。一些 tRNA 还有第五臂或称额外臂。tRNA 的反密码子负责在氨酰-tRNA 和 mRNA 上互补的密码子之间的特异性相互作用。核糖体上多肽的合成是从氨基末端开始的，然后逐渐加入新的残基至羧基末端。

在细菌中，所有蛋白质中的起始氨酰-tRNA 都是 *N*-甲酰甲硫氨酸-$tRNA^{fMet}$。蛋白质合成起始的第二步涉及一个复合物的形成，这个复合物是由 30S 核糖体亚基、mRNA、GTP、fMet-$tRNA^{fMet}$、三个起始因子和 50S 亚基组成的，GTP 被水解为 GDP 和 Pi。在随后的延长步骤中（第三阶段），GTP 和三个肽链延长因子是使后续的氨酰-tRNA 结合至核糖体上的氨酰位点所必需的。在第一个肽基转移反应中，fMet 残基被转移给后续氨酰-tRNA 的氨基上，沿着 mRNA 移动的核糖体将二肽酰 tRNA 由 A 位点转移至 P 位点。这个过程需要 GTP 的水解。在许多延长循环步骤之后，多肽的合成在释放因子的帮助下终止（第四阶段）。一个或许多核糖体附着于一个 mRNA 分子上形成多聚核糖体，这些核糖体都各自独立地阅读 mRNA，形成一条多肽链。产生一个肽键至少需要四个高能磷酸键。这些能量的投入是保证翻译的准确度所必需的。在蛋白质合成的第五阶段，多肽折叠成有活性的三维结构形式。许多蛋白还经历翻译后修饰反应进行加工。

在合成以后，许多蛋白质被定向投递到细胞内的特定位置。蛋白质的投递机制与新合成蛋白质氨基末端的信号序列有关。在真核生物中，有一类信号序列是由称为信号识别颗粒（SRP）的大的蛋白-RNA 复合物识别和结合的。当信号序列一出现于核糖体上，SRP 就与它结合，并将整个核糖体和不完整的多肽转移至内质网。当多肽合成重新开始时，带有信号序列的多肽被转入内质网腔，在那儿蛋白质可能被修饰并送入高尔基复合体。真核细胞中被投递到线粒体和叶绿体的蛋白质以及细菌的输出蛋白也使用氨基末端的信号顺序。其他已知的投递信号包括碳水化合物（甘露糖-6-磷酸引导蛋白质至溶酶体）和蛋白质的三维结构情况，它被称为信号“补丁”（signal patch）。有些蛋白质通过由受体介导的内吞作用进入细胞，毒素和病毒也是利用受体进入细胞的。

所有细胞中的蛋白质都是由专一的蛋白酶水解系统降解的。缺陷蛋白和那些被迅速周转的蛋白是由依赖于 ATP 的蛋白酶水解系统降解的。在真核生物中，要被这个系统裂解的蛋白首先与一个称为泛素的高度保守蛋白质相连接作为标签。泛素依赖的蛋白酶水解作用对许多细胞过程的调节是重要的。

思　考　题

1. 假定阅读框开始于下列每个核苷酸序列的头三个碱基，预计以它们为 mRNA 模板在蛋白质合成中所形成肽链的氨基酸顺序。

（a）GGUCAGUCGCUCCUCCUGAUU

（b）UUGGAUGCGCCAUAAUUUGCU

（c）CAUGAUGCCUGUUGCUAC

（d）AUGGACGAA

2. 定出所有能够为简单三肽片断 Leu-Met-Tyr 编码 mRNA 顺序。你的答案将给出什么启示？

3. 如果读码框固定，一条给定 mRNA 的碱基顺序仅为一条肽链的氨基酸顺序编码。从像细胞色素 C 这样的蛋白质的一个特定氨基酸顺序，你能预计出一条具特定碱基顺序的 mRNA 为它编码吗？说明原因。

4. 一个双螺旋 DNA 片断的模板链含有顺序：

（5′）GTTAACACCCCTGACTTCGCGCCGTCG

（a）写出从这条链转录产生的 mRNA 的碱基顺序；

（b）从（a）中的 mRNA 的 5′末端开始翻译产生的肽链的氨基酸顺序是什么？

（c）如果这条 DNA 的互补链被转录和翻译，产生的氨基酸顺序和（b）中的一样吗？解释你的答案的生物学重要性。

5. 甲硫氨酸是两个仅有一个密码子的氨基酸之一，这单一的密码子是如何在大肠杆菌中既为起始残基编码又能为多肽链内部的 Met 残基编码？

6. 遗传密码是用酶法或化学法合成的多核苷酸破译的，假定我们预先知道遗传密码，你怎样能合成一条多核苷酸链作为 mRNA 使它大部分编码 Phe 残基，一小部分编码 Leu 和 Ser 残基？这条多核苷酸链还能编码着极小量的什么氨基酸？

7. 根据高能磷酸键的消耗计算生物合成血红蛋白 β 链（146 个残基）的最低能量消耗，把计算结果与生物合成一个 146 葡萄糖残基（$\alpha 1 \rightarrow 4$）的线形糖原的直接能量消耗作比较。根据你的计算，合成蛋白质比起糖原多消耗多少能量？除了合成蛋白时直接的能量消耗，还有非直接的能量消耗，细胞必须合成蛋白质合成所需的各种酶。根据酶法机制比较真核细胞生物合成 $\alpha 1 \rightarrow 4$ 直链糖原和生物合成多肽链的非直接能量消耗的数量差别。

8. 甘氨酸的 4 个密码子是 GGU，GGC，GGA 和 GGG，请写出它们所有可能的反密码子。

(a) 根据你的答案决定甘氨酸密码子特异性的是密码子的哪几个位置?

(b) 这些密码子与反密码子的配对中哪个配对有摆动碱基?

(c) 哪些密码子-反密码子配对所有三个位置都是 Watson-Crick 配对?

9. 遗传密码最重要的肯定性证据来自突变蛋白氨基酸顺序单个残基取代。下列哪些氨基酸的取代来自于遗传密码的单个碱基改变?哪些取代需改变两个或三个碱基?为什么?

(a) Phe → Leu

(b) Lys → Ala

(c) Ala → Thr

(d) Phe → Lys

(e) Ile → Leu

(f) His → Glu

(g) Pro → Ser

10. 镰刀形细胞贫血症是由正常血红蛋白 A 的 β 珠蛋白链 6 位发生 Val 取代 Glu 残基造成的，你能估计 DNA 密码发生什么改变才造成缬氨酸残基取代谷氨酸残基?

11. 一些氨酰-tRNA 合成酶不识别它的对应 tRNA 的反密码子而识别 tRNA 的其他结构以表达特异性，丙氨酸-tRNA 明显属于这种类型。

(a) 丙氨酸-tRNA 合成酶是靠什么机制识别 $tRNA^{Ala}$?

(b) 描述 $tRNA^{Ala}$ 反密码子第三位由 C→G 突变的影响。

(c) 什么类型的其他突变会造成同样后果?

(d) 从未发现这种类型的突变在生物界天然发生，为什么?

12. DNA 聚合酶合成 DNA 时依靠 3′→5′外切酶切去错配核苷酸残基进行校对，但肽链合成时核糖体实际上无法识别附着于 tRNA 的氨基酸的身份。不正确氨基酸插入后再水解切除在实践上是不可能的，为什么?(提示，考虑生长中的肽链是如何与 mRNA 保持联系的。)

13. 一个为 300 氨基酸残基编码的真核基因发生突变，使它在氨基末端有 SRP 识别的信号顺序，在内部 150 氨基酸残基开始有一核定位顺序 (NLS)。这个蛋白最后可能存在于细胞的哪一个位置?

14. 细菌分泌蛋白 OmpA 的前体 ProOmpA 有分泌过程所需的氨基末端信号顺序。如果纯化的 ProOmpA 前体用 8mol/L 尿素变性后除去尿素(可把蛋白溶液迅速通过凝胶过滤色谱柱)。这种蛋白前体在体外实验中能在分离的细菌内膜中穿膜转位，如果这个蛋白在无尿素的情况下保温几个小时，转位就不可能了。但是，如果在另一种被称为“触发因子”的细菌蛋白存在下，这个蛋白的转位能力可以得到维持。叙述这种因子可能的功能。

15. 噬菌体 φX174 5386 碱基对的基因组中含有从 A 到 K10 个蛋白质基因，其大小如表中所示，要编码这些蛋白质需要多少 DNA?你如何能使 φX174 基因组的大小与它为蛋白质编码的能力相适应?

蛋　　白	氨基酸残基数	蛋　　白	氨基酸残基数
A	455	F	427
B	120	G	175
C	86	H	328
D	152	J	38
E	91	K	56

第十九章　基因表达的调节

典型的细菌基因组约有4000个左右的基因，而人的基因组估计约有30000～35000个基因。这些基因在某一特定时间内只有一部分被表达。有些基因的产物则大量存在于细胞中。例如，负责蛋白合成的肽链延长因子就是细菌细胞中丰富蛋白质的一种。另一些基因产物需要量就少得多，例如一个细胞可能仅含有几个分子的特殊酶用于修复DNA罕见的损伤。细胞对某种基因产物的需要可能随时间的改变而改变。某些代谢途径上所需的酶可能因食物的改变而增加或减少。在多细胞真核生物发育期间，某个影响细胞分化的酶可能只在极短的时间内存在于机体某一部分的少数细胞中。细胞的功能的专门化对某种基因产物的需要有极大的影响。例如血红细胞中存在着极高浓度的血红蛋白。

基因表达的调节（regulation of gene expression）是控制细胞代谢的关键，它们协调和保持发育过程中细胞结构和功能的不同。由于蛋白质合成的高能耗，如果细胞想使能量消耗最适化，基因表达的调节是必需的。

细胞中各种蛋白质浓度的调节是许多过程精细微妙的平衡。蛋白质数量变化可以在七个水平上调节：初始mRNA的合成；mRNA的转录后修饰；mRNA的降解；蛋白质的合成；蛋白质的翻译后修饰及蛋白质降解；蛋白质的投递和运输。一种蛋白质在细胞内的浓度是由上述这些环节的调节机制控制的。有一些调节机制在前面章节中已做介绍。如在转录后修饰中不同剪接或RNA的编辑能影响蛋白质的种类和数量。不同的顺序能影响RNA的降解速度。许多因子能影响mRNA转译成蛋白质的速度。蛋白质的转译后修饰和降解的调节已在第十八章作过介绍。

本章的重点是介绍转录起始的调节。当然也涉及一些翻译调节的情况。在上述的这些过程，转录起始水平的调节被研究得最多。有一个原因是肯定的：在所有这些生物合成的途径中，最有效的调节显然是这种过程的第一个反应的调节。这样，不必要的生物合成在消耗能量之前就可能被阻止。转录起始的调节也是协调功能相关或基因产物活性互相依赖的多基因调节的最重要的手段。例如，当DNA受到严重损伤时，细菌细胞需要协调地增加许多修复DNA的酶的水平。大概最精致的协调过程是指导多细胞真核生物发育的复杂调节系统。

在本章中，首先介绍蛋白质与DNA之间的相互作用，这是转录调节的关键。下面讨论调节特异基因表达的一些特殊蛋白。先讨论原核细胞基因调节，后讨论真核细胞的调节。在这个过程中还要介绍几个不同的细胞基因表达调节机制以及多重基因表达的协调。

第一节　基因表达调节的原理

细胞对不同蛋白的需要是不一样的，它们对相应的基因调节方式也不同。调节的方式往往反映了这些基因产物的功能。一些基因产物是细胞任何时候都需要的，因此这些基因的表达水平在所有细胞或组织中几乎是不变的。如参与柠檬酸循环这个中心代谢途径的催化酶，它们的基因调节就是属于这一类。这类基因称作持家基因（housekeeping gene，或称看家基因）。这类稳定的几乎不用调节的基因表达称为组成型表达或结构型表达（constitute expression）。某些基因产物的数量随着分子信号的变化而变化，这些基因属于被调节基因。基因产物随着某些分子的浓度增加而增加的过程称作诱导（induction）。例如许多为DNA

修复酶编码的基因在DNA高度损伤时才被诱导表达。被诱导才表达的基因称为可诱导基因(inducible genes)。反过来，如果基因产物因信号分子浓度的增加而减少，这类基因称作可阻遏基因，造成基因表达减少的现象称为阻遏作用（repression)。例如，当色氨酸供给丰富的情况下，细菌中有关色氨酸合成的酶基因表达就会受到阻遏。

RNA的转录是受蛋白质和DNA相互作用来介导和调节的。其中特别是组成RNA聚合酶的各种成分。本章进一步从调节的观点介绍RNA聚合酶，然后介绍调节RNA聚合酶活性的一些蛋白质，还要介绍通过DNA结合蛋白识别特异DNA顺序的分子基础。

一、RNA聚合酶结合启动子顺序

可被RNA聚合酶结合并诱发转录起始的DNA顺序称为启动子。启动子一般靠近DNA模板的RNA合成起始部位。转录起始的调节是靠RNA聚合酶和启动子的相互作用来实现的。

不同启动子的核苷酸顺序有着明显的不同，因而影响它们和RNA聚合酶结合的亲和力。结合亲和力的不同又直接影响着转录起始的频率。在大肠杆菌中有些基因每秒钟转录一次，而有些基因一个世代也不转录一次。这种明显的不同可简单地由启动子顺序的不同来解释。在调节蛋白不在时，启动子本身的差别可以使转录起始的频率相差1000倍或更多。前已述及，大肠杆菌的启动子有一些交感顺序，具有精确交感顺序的启动子有和RNA聚合酶最高的亲和力，因而具有最高的起始频率。一些把交感碱基对改变成非交感碱基对的突变降低启动子的功能。而把非交感顺序碱基对改变成交感顺序碱基对的突变增强启动子的功能。

虽然持家基因进行组成型表达，但这些基因所编码的蛋白在细胞中的数量有很大的不同。这些基因中RNA聚合酶和启动子相互作用是唯一影响转录起始的因子。启动子顺序的差别使细胞维持不同持家基因在不同的水平表达。

许多基因的启动子不具有持家基因的特性，它们进一步被某些分子信号所调节。这些基因除了有决定于启动子顺序的基线水平（basal level）的表达外，还受到一些调节蛋白的调节。这些蛋白影响RNA聚合酶和启动子的相互作用。因此，调节蛋白常常增强或者干扰RNA聚合酶与启动子之间的结合。

真核细胞启动子的顺序比原核启动子有更大的变化。有三种真核细胞RNA聚合酶，它们为了结合启动子通常需要一系列的转录因子。但是和原核基因表达一样，真核基线水平的转录仍然受启动子顺序和RNA聚合酶之间的亲和力，以及与它们相连的转录因子亲和力的影响。

二、转录起始接受DNA结合蛋白的调节

起码有三种不同类型的蛋白质调节RNA聚合酶转录起始。①特殊蛋白质因子（specific factor）改变RNA聚合酶对一个给定启动子的结合特异性。②阻遏子（repressor）结合于启动子，阻止RNA聚合酶对启动子的接近。③激活子蛋白（activator）结合于启动子附近，增强RNA聚合酶对启动子的结合。

在第十六章中已涉及原核生物的特异因子，虽然并没有这么称呼它们。大肠杆菌RNA聚合酶的σ亚基（M_r70000）即σ^{70}是一个这类特异因子的原型，它介导特异启动子的识别和结合。在一些情况下，例如当细菌遇到过热环境时，σ^{70}被另一个特异性因子σ^{32}所取代。当RNA聚合酶与σ^{32}结合时，它不再和标准的*E. coli*启动子结合，而变成专门与一套结构特殊的启动子结合，这些启动子控制一系列基因的表达使细胞作出热休克（heat shock）反应。改变RNA聚合酶使之转向不同的启动子是协调一套相关基因表达的一种机制，在本章中还会讨论其他一些类似的调控机制。

阻遏蛋白（repressor，或称阻遏子）结合于DNA的特异位点。在原核生物细胞中，阻遏蛋白结合的DNA顺序称为操纵基因（operator，这是一类顺式作用元件，可称操纵顺序。“操纵基因”是习惯用名，并不准确）。操纵基因的顺序通常靠近启动子顺序或与其相交盖，这样就可以使RNA聚合酶对启动子的结合或结合后沿着DNA的移动受到阻遏蛋白的抑制。因阻遏蛋白结合于DNA而阻断转录的调节方式称为负调节（negative regulation）。阻遏子对操纵基因的结合是受特殊的小分子调节的。这些小分子对阻遏蛋白的结合可以导致阻遏蛋白的构象改变。某些情况下，阻遏蛋白的构象改变使阻遏蛋白从操纵基因上解离下来［图19-1(a)］，于是，转录的起始就可以顺利进行。这类小分子物质称为诱导物。在另一些情况下信号分子和无活性阻遏蛋白的相互作用激活阻遏蛋白对操纵基因的结合因而使转录受到抑制［图19-1(b)］。

激活子（activator）蛋白与阻遏子蛋白的作用相反。由激活子介导的调节称正调节(positive regulation)。激活子结合于启动子附近位点用于增加RNA聚合酶的活性和对启动子的结合。激活子通常结合于较弱的或根本不被RNA聚合酶识别的启动子附近顺序。因此在激活子不存在时这些基因的转录几乎可以被忽略。一些真核基因激活子蛋白结合的DNA位点称作“增强子”（enhancer），它们甚至离启动子几千碱基对仍具有增加启动子转录的效率。激活子通常情况下受信号分子的调节，有时当信号小分子与之结合时使它与

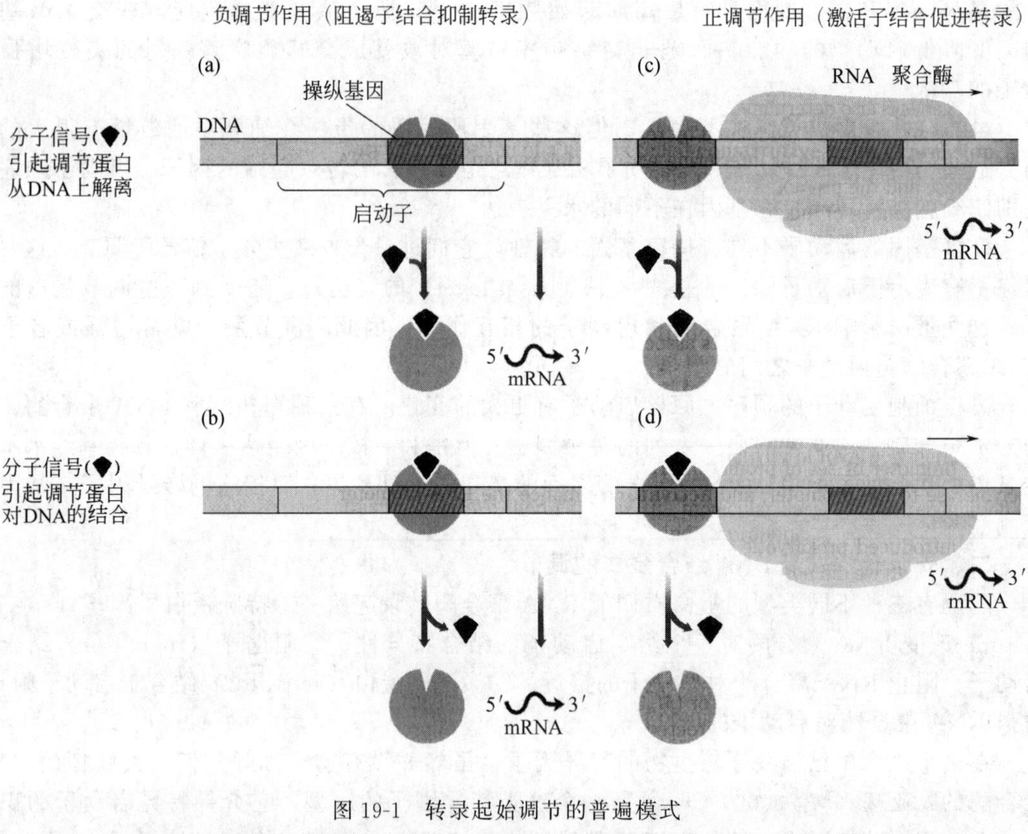

图19-1 转录起始调节的普遍模式

图中显示两种负调节类型和两种正调节类型：(a) 阻遏子在没有分子信号时结合于操纵基因，外部信号引起阻遏子的解离，造成转录开始；(b) 阻遏子在信号小分子存在时结合于操纵基因，当信号分子除去时，阻遏子解离，转录开始；(c) 正调节是由激活子蛋白介导的，当信号分子不在时，激活蛋白结合于上游顺序促进转录进行；当信号补加时，激活子解离转录受到抑制；(d) 激活子在信号分子存在的时候结合于上游顺序促进转录，信号分子不在时激活蛋白从DNA上解离，转录受到抑制

DNA 解离，则在它邻近的启动子的转录就受到抑制［图 19-1(c)］，另一种情况是当信号分子和激活子结合后，激活子才和 DNA 结合而促进转录。正调节在真核生物中特别普遍，也更复杂。

第二节　基因的调节单位——操纵子

一、许多原核基因是以操纵子为单位调节的

细菌有着简单的协调相关基因的调节机制，这些基因被串联排列在染色体上一起转录。大部分原核 mRNA 是多顺反子的（polycistronic）。这些基因的转录起始由单一个启动子位点调节。这种基因串列、启动子以及其他在基因表达调节中起作用的附属顺序组成操纵子（operon）。操纵子一般含有 2～6 个基因，它们一起被转录，构成一个转录单位。有些操纵子含有多达 20 个以上的基因（图 19-2）。

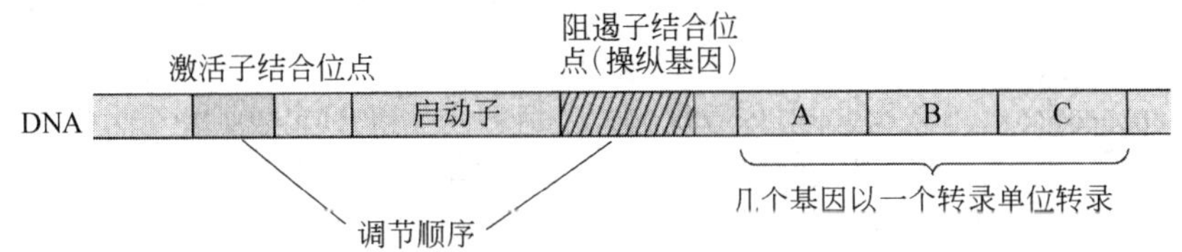

图 19-2　一个代表性原核生物操纵子模型

基因 A、B、C 被转录成同一个多顺反子 mRNA，和蛋白质结合的 DNA 顺序可以激活转录或阻遏转录

细菌基因表达调节基本原理来自于对大肠杆菌乳糖代谢调节的研究。乳糖是一种二糖，它可以作为单一的碳源培养大肠杆菌。1960 年 Francis Jacob 和 Jacques Monod 在“法国国家科学院学报”上发表一篇短文证明参加乳糖代谢的两个基因是由位于这两个基因附近的一个遗传元件协同调节的。这两个基因的产物一个是 β-半乳糖苷酶（β-galactosidase），它水解乳糖成葡萄糖和半乳糖；另一个是半乳糖苷透过酶，它把乳糖输入细胞（图 19-3）。操纵子和操纵基因（operater）的名字是在这篇文章中首次提出的。操纵子的模型从此逐渐发展，它使生化学家第一次开始从分子水平上考虑基因调节的问题。

二、乳糖操纵子的负调节作用

乳糖操纵子（Lac operon）［图 19-4(a)］含有 β-半乳糖苷酶基因（Z），半乳糖苷透过酶基因（Y）和巯基半乳糖苷转乙酰酶基因（A）。后者的生理学功能尚不清楚。这三个基因的前边都有核糖体结合位点以独立地指导这些基因的翻译。乳糖操纵子的调节概括在图 19-4(a)。

研究 Lac 操纵子突变体已了解到此操纵子调节系统的一些工作机制的细节。在没有乳糖的情况下，乳糖操纵子是被阻遏的。操纵基因顺序和基因 I 的突变会导致操纵子基因产物的组成型表达。当 I 基因缺陷时，在细胞中导入另一个有功能的 I 基因可以恢复阻遏现象。这个实验表明，I 基因编码着一个能引起基因表达阻遏的可扩散型分子。这种分子后来证明是一种蛋白，现在叫 Lac 阻遏子（Lac repressor），一个同亚基四聚体。被 Lac 阻遏子结合最紧的操纵基因（O_1）和转录起始点相邻接［图 19-4(a)］。I 基因是从它自己的启动子（P_I）转录的。Lac 操纵子有两个 Lac 阻遏子的第二结合位点，它们有时被看成是“假操纵基因”，因为它们对操纵子的功能不是绝对需要的。其中一个（O_2）中心位于＋410（在编码 β-半乳糖苷酶 Z 基因内部）；另一个（O_3）位于－90 处（I 基因内）。为了阻遏操纵子 Lac，阻遏子似乎得同时结合于主操纵基因和两个第二位点操纵基因中的

一个，使中间的 DNA 顺序形成环［图 19-4(b)、(c)］。两种结合方式都可以阻断转录起始。

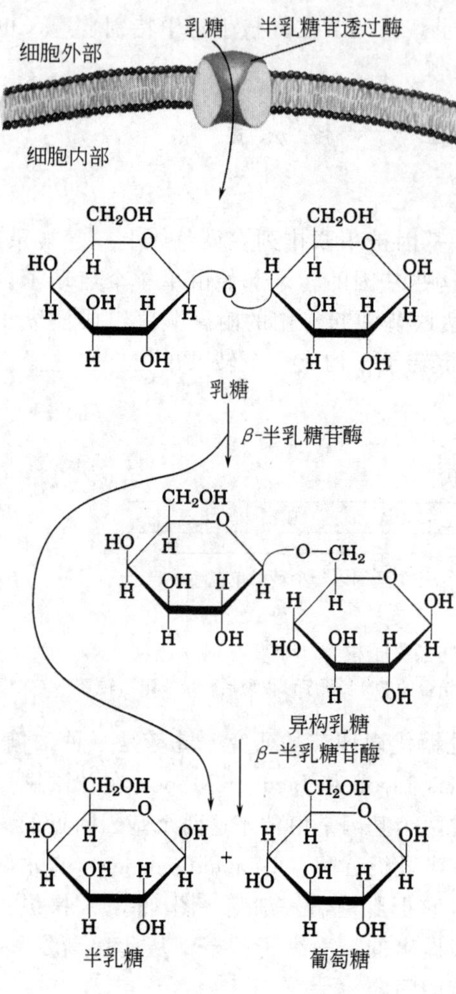

图 19-3　大肠杆菌中的乳糖代谢
乳糖的吸收和分解代谢需要半乳糖苷透过酶和 β-半乳糖苷酶

尽管这种阻遏复合物很精细，阻遏也不是绝对的。乳糖阻遏子的结合，造成转录起始频率降低至 1/1000。如果 O_2 和 O_3 位点用缺失或突变的方法排除，阻遏子单独对 O_1 的结合只使转录降低至 1/100。当操纵子处于阻遏状态时，每个细胞也有几个分子的 β-半乳糖苷酶和半乳糖苷透过酶，这可能是由于阻遏子偶尔地从它的结合位点解离，因而使它们得以进行微量的合成。这种基线水平的表达对操纵子调节是必需的。

当向细胞提供乳糖时，一个诱导物分子结合于阻遏蛋白的特异位点引起阻遏蛋白的构象改变，从而使它从操纵基因上解离，于是乳糖操纵子被诱导。在这个系统中诱导物不是乳糖本身，而是别构乳糖。当乳糖进入细胞时，在那仅有的几个拷贝的 β-半乳糖苷酶催化下乳糖变成异构乳糖，然后异构乳糖和阻遏蛋白结合。当阻遏蛋白从 DNA 结合位点解离后，Lac 操纵子得以表达，此时细胞中的 β-半乳糖苷酶浓度增加 1000 倍。

异丙基巯基半乳糖苷

有几个具有与异构乳糖相似的具有 β-半乳糖苷结构的化合物也是乳糖操纵子的诱导物，但不是 β-半乳糖苷酶的底物。另有一些是底物，但不是诱导物。一个特别有效的人工合成诱导物叫做异丙基-β-D-硫代半乳糖（IPTG）。但它不是 β-半乳糖苷酶的底物，因而不被代谢。人们在实验中经常用到它。这种不可代谢的诱导物使人们能够把乳糖作为碳源的生理功能和它对基因调节的功能分开来进行研究。

在细菌细胞中已发现许多操纵子，在低等真核生物中也发现几个多顺反子的操纵子结构。但是在高等真核生物中，几乎所有基因都是单独转录的。

各种操纵子的调节机制与图 19-4 的简单模型常常有着重要的不同。即便是乳糖操纵子也比上述已介绍的情况更复杂（在本章后面还要叙述）。在进一步讨论不同层次的基因调节机制之前，先来了解 DNA 结合蛋白［如阻遏子蛋白（repressors）和激活子蛋白（activators)］和它们所结合的 DNA 顺序之间严格的分子相互作用机制。

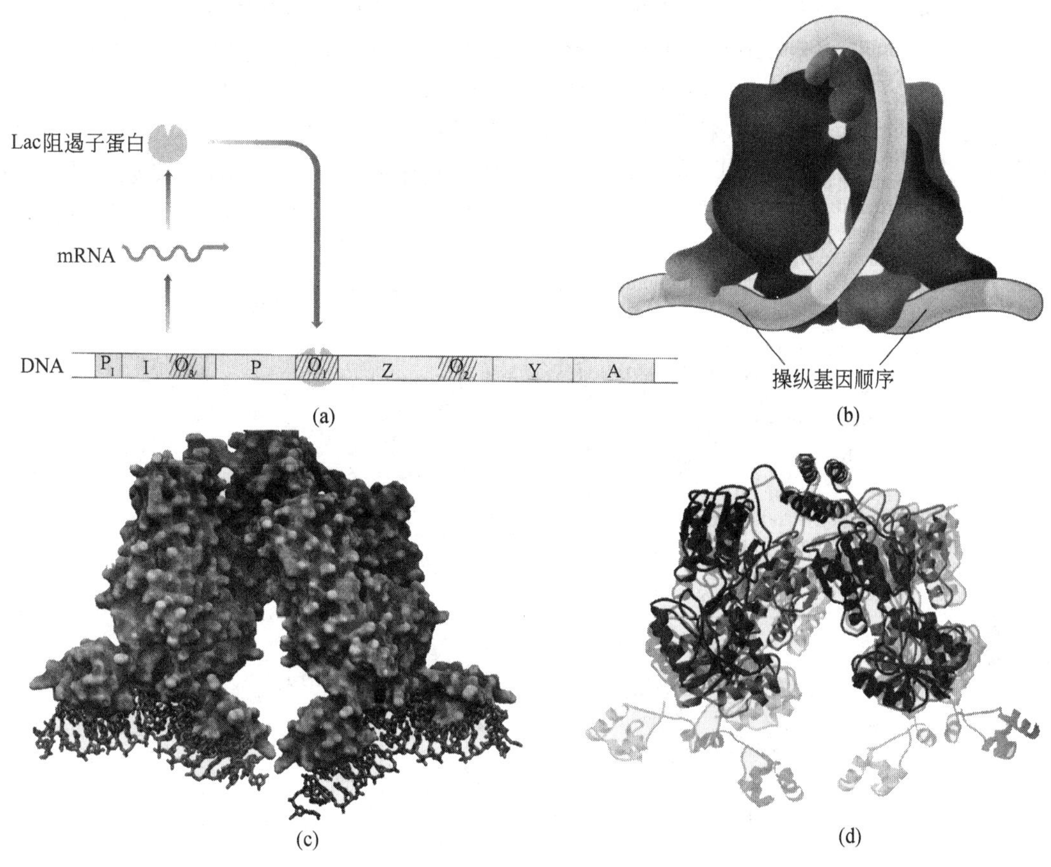

图 19-4　乳糖操纵子

(a) 乳糖操纵子的阻遏状态，Ⅰ基因编码 Lac 阻遏蛋白；Lac Z，Y，A 各自编码 β-半乳糖苷酶，半乳糖苷透过酶和转乙酰酶基因；P 是 Lac 基因的启动子，P_I 是Ⅰ基因的启动子；O_1 是 Lac 操纵子的主操纵基因；O_2 和 O_3 是被称作假操纵基因的第二操纵基因位点；(b) Lac 阻遏子结合于主操纵基因和一个假操纵基因，使 DNA 形成一个 DNA 环，它可能裹着阻遏蛋白；(c) Lac 阻遏子结合于 DNA，图中表明这个蛋白只是结合着两个短的不连续的 DNA 片断；(d) 由于结合诱导物 IPTG（异丙基巯基半乳糖苷）引起 Lac 阻遏子的构象改变，阻遏蛋白的四聚体的图像，透明的是不结合 IPTG 的，深色为结合 IPTG 的

第三节　调节蛋白与 DNA 的结合

一、调节蛋白有独立的 DNA 结合结构域

调节蛋白总是和特异的 DNA 顺序结合。它们和靶顺序的亲和力要高出其他顺序 10^4～10^6 倍。大部分调节蛋白有独立的 DNA 结合结构域（domains)，这些结构域中含有与 DNA 直接特异性结合的亚结构。这类亚结构中经常含有一个或一组较小的可辨认的有特征性的基团，因此把这些有特征性的亚结构叫做结构模序（structural motif)。所谓模序（亦称“模体”）是蛋白质中的超二级结构；是一些二级结构元素的固定组合，具有特定功能。

为了特异性地结合 DNA 顺序，调节蛋白必须识别 DNA 表面的结构。能够显示不同碱基对特征的大部分化学基团是暴露于 DNA 大沟中的四种碱基的氢键供体和受体（图 19-5)。大部分蛋白质和 DNA 的互相接触是以不同氢键来表示特异性的。一个显著的例外是靠近胸腺嘧啶 C-5 的非极性表面。它的突出的甲基基团使它与胞嘧啶很容易区分。蛋白质与 DNA 的互相接触也能发生在 DNA 的小沟中，但是这里的氢键键合的情况不容易区分碱基对。

以调节蛋白的本身来说，它们的边链能和 DNA 碱基形成氢键的氨基酸残基通常是 Asn，Gln，Glu，Lys 和 Arg。这里是否存在某氨基酸和特定碱基配对的"识别密码"？谷氨酰胺（Gln）和天冬酰胺可以和腺嘌呤的 N^6 和 N-7 之间形成两个氢键（如图 19-6），这是一个区别于其他碱基的特征。精氨酸残基能和鸟嘌呤的 N-7 和 O^6 之间形成两个氢键。考查许多 DNA 结合蛋白的结构表明蛋白质识别碱基的方法多种多样，没有简单的密码存在。谷氨酰胺-腺嘌呤相互作用在一些情况下可识别A ═T碱基对。在其他蛋白中也有通过范德华

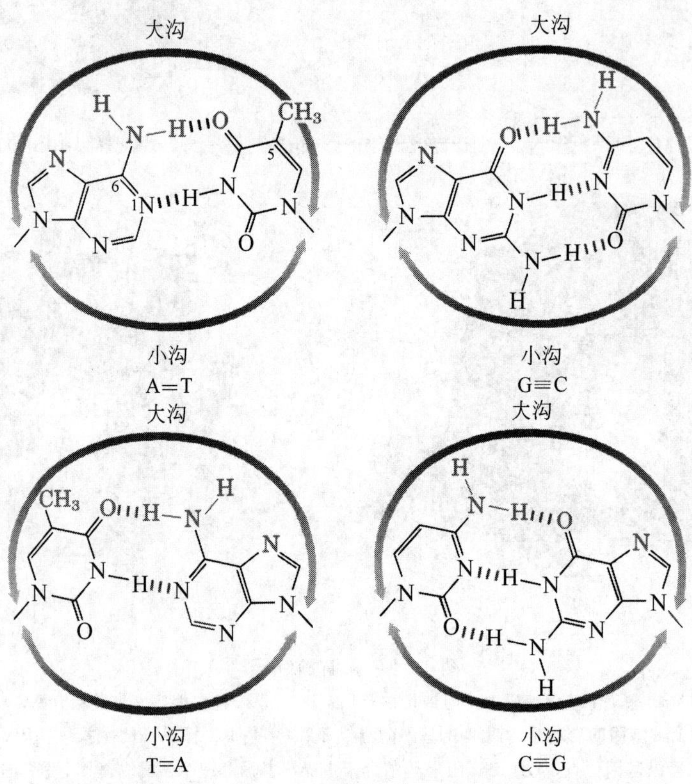

图 19-5　DNA 碱基对在大沟中的功能基团

这些基团能被蛋白质识别，以区分不同碱基对

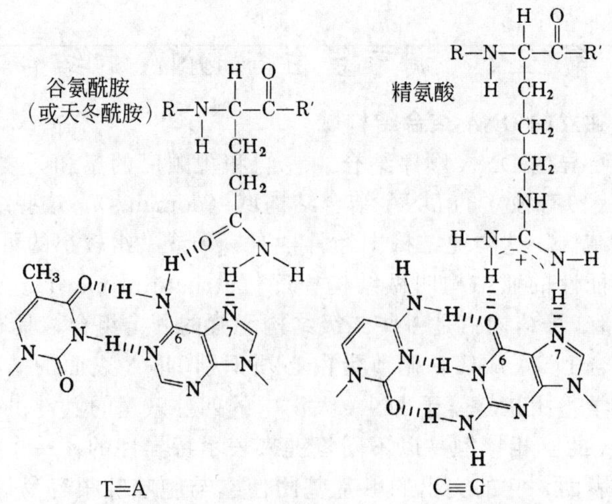

图 19-6　DNA 结合蛋白中两个特异氨基酸-碱基相互作用的例子

疏水口袋识别胸腺嘧啶的甲基基团以识别A═T对的。现在还不可能靠了解 DNA 结合蛋白的结构域来推断与它们结合的 DNA 顺序。

为了和 DNA 大沟中的碱基互相作用，蛋白质需要有一个相对小的能稳定突出蛋白质表面的结构。调节蛋白的 DNA 结合结构域一般都比较小（60～90 氨基酸残基）。在这种结构域内直接和 DNA 接触的结构模序甚至更小。小蛋白经常不够稳定，因为它们形成能包埋疏水基团结构的能力是有限的。DNA 结合模序或者提供一个很紧密稳定的结构，或者提供一种方式让某个蛋白质片段突出它的表面。

调节蛋白在 DNA 上的结合位点常常含有一个短的颠倒重复顺序（回文结构），这种顺序使得调节蛋白的多重亚基（通常是两个）能够协同地与它们结合。Lac 阻遏子以四聚体形式起作用，这是不常见的，它的两个二聚体亚基在 DNA 结合位点的另一端互相拴在一起[图 19-4(b)]，一个大肠杆菌细胞通常含有 20 个 Lac 阻遏子四聚体。被拴在一起的两个二聚体各自能结合一个有回文结构的操纵基因顺序。一个结合于 O_1，另一个结合于 O_2 或 O_3。O_1 操纵基因顺序的对称性正好对应于两个配对 Lac 阻遏子亚基的 2 倍对称轴。四聚 Lac 阻遏子在体内结合于它的操纵基因顺序的解离常数约是 10^{-10} mol/L（M），阻遏子结合操纵基因顺序的亲和力比其他顺序高出 10^6 倍，因此在大肠杆菌 4.7×10^6 bp 的染色体中结合这几个碱基对的顺序有很高的特异性。

文献中已介绍过几种 DNA 结合模序。但在这里只集中介绍在调节蛋白中起主要作用的两种：螺旋-转角-螺旋（helix-turn-helix，HTH）和锌指（zinc finger）。还要讨论在一些真核蛋白中的 DNA 结合结构域——同质异形结构域（homeodomain）。

二、螺旋-转角-螺旋

这是第一个详细研究的 DNA 结合结构模序。它是许多原核生物调节蛋白质中的蛋白质-DNA 相互作用的重要结构。类似的结构模序也存在于真核调节蛋白中。螺旋-转角-螺旋（helix-turn-helix，HTH）有两个 7～9 个氨基酸残基组成的 α 螺旋，中间由一个 β 转角分

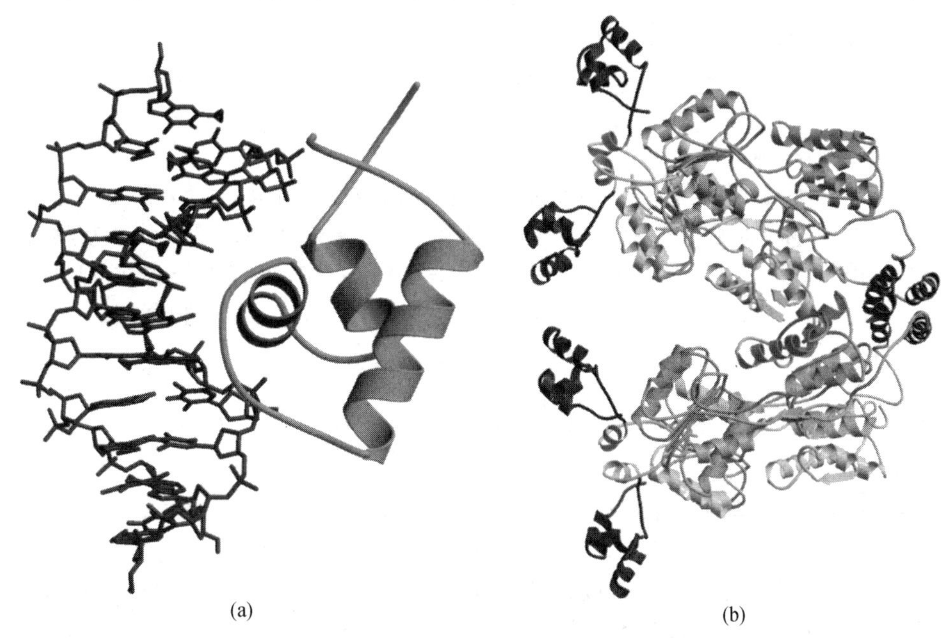

图 19-7　螺旋-转角-螺旋

(a) Lac 阻遏子的 DNA 结合结构域，螺旋-转角-螺旋模序位于 DNA 大沟之中；(b) 全部 Lac 阻遏子的结构，左侧四个伸出的肽段是 DNA 结合结构域，参与四聚化的 α 螺旋在左侧中央，蛋白质的其他部分有异构乳糖结构结合结构域，它们通过连接螺旋与 DNA 结合结构域相连

图 19-8　锌指

小鼠调节蛋白 Zif 268 有三个锌指与 DNA 结合，每个 Zn^{2+} 与两个组氨酸残基和两个半胱氨酸残基形成配位键结合

开。这种结构本身不是很稳定，但是它是较大的 DNA 结合结构域中起关键作用的部分。两个 α 螺旋中的一个用于识别（识别螺旋），因为它通常含有许多能和 DNA 相互作用的氨基酸。当蛋白和 DNA 相作用时，这个螺旋被置于大沟之中。这个 α 螺旋被堆积在这个蛋白结构的许多片段之上，因此它能从蛋白质表面突出。Lac阻遏子就有这种 DNA 结合模序（motif），见图 19-7。

三、锌指

锌指由约 30 个氨基酸残基组成。4 个半胱氨酸或 2 个半胱氨酸加上 2 个组氨酸与 1 个 Zn^{2+} 形成配位键结合，使这段肽链成指状，故称锌指。这种结构模序存在于许多真核生物的 DNA 结合蛋白中，一个这样的蛋白往往有几个锌指。但是在原核生物中几乎没有已知的锌指结构蛋白。非洲爪蟾（*Xenopus*）所含的一个 DNA 结合蛋白含有 37 个锌指。含有锌指的蛋白与 DNA 的结合方式可能互不相同。有些情况下锌指结构中的氨基酸残基参加对 DNA 顺序的识别；有些蛋白的锌指却只促进与 DNA 的非特异性结合，而顺序的识别是由蛋白质分子中的其他部分承担的。从小鼠分离的一个 DNA 结合蛋白（Zif 268），它的三个锌指与 DNA 的结合方式图示在图 19-8 中。应当记住，一些含锌蛋白的内部结构与锌指是有区别的。

锌指也有 RNA 结合模序的功能。例如，一些蛋白通过锌指结合真核 mRNA，起到翻译阻遏子的作用。

四、同质异形结构域

一些真核生物转录调节蛋白的一种 DNA 结合结构域已被证实。它常在真核生物发育期间起作用。这种被称为同质异形结构域的结构含 60 个氨基酸残基，是在调节动物身体体形的 homeo 基因中发现的。它们在进化上是高度保守的，且广泛存在于许多生物中（包括人）。这种结构域的 DNA 结合片段和螺旋-转角-螺旋模序相似。编码这种结构域的 DNA 顺序叫做同质异形盒（homeobox）。

第四节　蛋白质与蛋白质的相互作用

一、调节蛋白的蛋白质-蛋白质相互作用结构域

调节蛋白不仅含有与 DNA 结合的结构域，也含有蛋白质-蛋白质相互作用结构域，这些结构域参与和 RNA 聚合酶以及其他调节蛋白，或同一个蛋白的其他亚基的互相作用。许多起基因激活作用的转录因子常以二聚体的形式与 DNA 结合。这些蛋白的一些结构域用于二聚体的形成。和 DNA 结合结构模序一样，这些介导蛋白质间相互作用的结构模序（structural motif）也可分成几类。两个最重要的例子是“亮氨酸拉链”（leucine zipper）和“碱性螺旋-环-螺旋”（basic helix-loop-helix）。这类结构模序是给调节蛋白家族分类的基础。

来源	调节蛋白	氨基酸顺序 DNA-结合区域	6-氨基酸残基连接区	亮氨酸拉链
哺乳动物	C/EBP	DKNSNEYRVRRERNNIAVRKSRDKA	KQRNVE	TQQKVLELTSDNDRLRKRVEQLSRELDTLRG–
	Jun	SQERIKAERKRMRNRIAASKCRKRK	LERIAR	LEEKVKTLKAQNSELASTANMLTEQVAQLKQ–
	Fos	EERRRIRRIRRERNKMAAAKCRNRR	RELTDT	LQAETDQLEDKKSALQTEIANLLKEKEKLEF–
酵母	GCN4	PESSDPAALKRARNTEAARRSRARK	LQRMKQ	LEDKVEELLSKNYHLENEVARLKKLVGER

交感分子 ---------RR/KK--R/K-N-----R/K--R--RR/KK------L------L------L------L------L---

不变的天冬酰胺残基

(a)

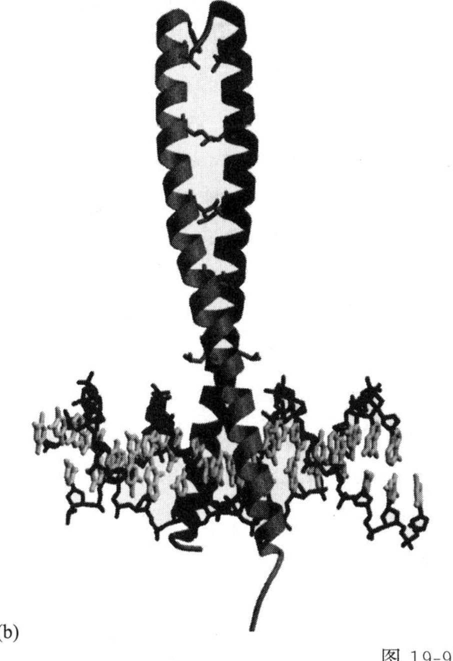

(b)

(a) 几个含亮氨酸拉链的蛋白氨基酸顺序比较。在拉链区每七个氨基酸残基出现一个亮氨酸，而在DNA结合区有几个赖氨酸(K)和精氨酸(R)；(b)酵母激活蛋白GCN4的亮氨酸拉链。图中只显示来两个蛋白亚基的两条α螺旋，它们靠亮氨酸残基形成拉链，并互相缠绕

图 19-9　亮氨酸拉链

二、亮氨酸拉链

亮氨酸拉链这种模序是一种一侧集中着许多疏水性氨基酸的双α螺旋。其疏水性表面是两个蛋白之间形成二聚体的接触点。一个重要的特点是两蛋白接触面的α螺旋常常排列着亮氨酸残基，且每七个氨基酸残基出现一次，这样就使亮氨酸残基在这种α螺旋的疏水表面排成一直线（图 19-9）。一种早期的蛋白-蛋白质相互作用模型想象两蛋白这种α螺旋之间的亮氨酸残基是交错对插的，因而称为“亮氨酸拉链”。现在已经知道亮氨酸所在的两个α螺旋相互缠绕。在带有亮氨酸拉链的调节蛋白中常发现有长串的带亮氨酸拉链的α螺旋。这些α螺旋的延伸部分富含赖氨酸或精氨酸这样的碱性氨基酸残基。亮氨酸拉链广泛存在于真核生物调节蛋白中，已发现几个原核蛋白也含亮氨酸拉链。

三、碱性螺旋-环-螺旋

碱性螺旋-环-螺旋是另一类常见的结构模序，它们存在于一些参与多细胞生物发育期间控制基因表达的真核生物调节蛋白之中。这些蛋白都有一个 50 个氨基酸残基的保守

区。它对该蛋白质与DNA结合和本身二聚化都很重要。这个区域能形成由一个可变长度肽环连系的两个短α螺旋。这个螺旋-环-螺旋（区别于与DNA结合的螺旋-转角-螺旋结构模序）和另一个蛋白的这种模序相结合形成二聚体。与DNA的结合则是由一串富含碱性氨基酸残基的肽链介导的。这个肽链直接与螺旋-环-螺旋相连。

除了用于结合DNA和本身二聚化（或多聚化）的结构域以外，许多调节蛋白还必须和RNA聚合酶和其他调节蛋白相结合。已发现其他三种类型蛋白质之间的相互作用。其中研究得较清楚的有：富谷氨酰胺结构模序，富脯氨酸结构模序和酸性结构域。从名字可以反映出这些结构域中氨基酸残基的组成特点。蛋白质-DNA相互作用是基因功能精细调节机制的基础。

第五节　原核生物基因表达的调节

像许多其他生物化学研究领域一样，细菌基因表达调节的研究比其他模型生物的同类研究进展得要快。这里介绍的细菌基因调节的例子都是从许多研究得很透彻的调节系统中挑出来的。有一部分是因为它们的历史重要性。但是主要是因为它们概括了在原核生物中一系列基因调节的机制。许多原核生物基因调节的原理对了解真核生物的基因表达有密切关系。

这里，仔细介绍乳糖操纵子、阿拉伯糖操纵子和色氨酸操纵子。每个系统都有一些调节蛋白，但是调节机制是很不一样的。对大肠杆菌的SOS反应作一个简单的讨论，以说明许多散布在整个基因组中的基因如何能被统一调节。最后介绍两个十分不同的调节系统：核糖体蛋白在翻译水平的调节过程和沙门氏杆菌通过遗传重组进行“变相”（phase variation）的调节过程。

一、Lac操纵子的正调节系统

操纵基因-阻遏子-诱导物之间的相互作用提供了一个基因表达调节的开关模型。但是多年的研究表明操纵子调节也不是那么简单。细菌面对着非常复杂的环境，一套基因如果仅由一种信号控制那就太简单了。另一个主要影响*Lac*基因表达的环境因子是是否存在葡萄糖。葡萄糖是细菌优先利用的能源，因为它是细胞糖代谢的中心。因此如果在葡萄糖很丰富的情况下表达代谢半乳糖、乳糖和阿拉伯糖所需的基因就是一种浪费。葡萄糖和乳糖同时存在的情况下Lac操纵子是怎样表达的呢？

存在于乳糖操纵子的另一种调节机制叫做“分解代谢阻遏”（catabolite repession）。当葡萄糖存在时，它阻止代谢乳糖、阿拉伯糖和其他糖的基因的表达，即使这些糖类也存在。这种葡萄糖效应是由3′,5′-环式AMP（cAMP）和一个叫做环式AMP受体蛋白（cAMP recepor protein，CRP）介导的。后者也叫分解代谢基因激活蛋白（catabolite gene activator proteins，CAP）。CAP是同亚基二聚体，亚基的相对分子质量22000。它与DNA的结合是蛋白质DNA结合结构域内的螺旋-转角-螺旋模序进行的。当没有葡萄糖时，CAP结合于Lac启动子附近的特殊位点，刺激RNA转录水平提高50倍，所以CAP是个对葡萄糖的浓度作出反应的正调控因子。而Lac阻遏子是对乳糖反应的负调控因子。两种调节是相协调的。当Lac阻遏子阻断转录时，CAP对整个系统几乎没有什么影响，而阻遏蛋白从操纵基因上解离对系统也没有什么影响，当CAP存在时才能加快转录速度。CAP对转录的刺激是必需的，因为野生型Lac启动子是个相当弱的启动子。只有在CAP蛋白结合于启动子附近时，RNA聚合酶与启动子的开放复合物才能形成。

葡萄糖对CAP的影响是通过cAMP介导的。CAP（或称CRP）有一个cAMP的结合位点，当细胞内cAMP的水平较高时，cAMP占据CAP的cAMP结合位点。此时CAP蛋白对 DNA 的结合最有力，因而，促进操纵子的转录。在葡萄糖存在时，cAMP 的浓度下降，妨碍了与 CAP 的结合；因此减少了 Lac 操纵子的表达。所以这个操纵子的强烈诱导既需要有乳糖存在以灭活阻遏子，又需要葡萄糖不存在或仅有低浓度，以增加 cAMP 浓度促进与 CAP 的结合（图 19-10，图 19-11）。

CAP 和 cAMP 参与许多操纵子的协同调节。这些操纵子主要编码着负责第二类糖（乳糖、阿拉伯糖等）代谢的酶。由共同调节蛋白调节的操纵子网络叫做调节网（regulon）。这种安排能够使细胞内几百个基因对环境改变作出协调的生理改变。这也是真核生物对散布的基因网络进行调节的基本原理。其他细菌调节网还有对温度改变作出反应的热休克基因调节系统和对 DNA 损伤诱导的 SOS 反应。

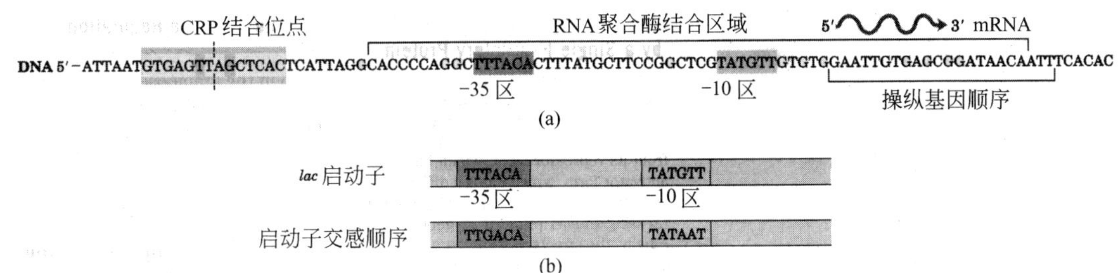

图 19-10　CAP（CRP）蛋白对 Lac 操纵子转录的激活作用

（a）CAP 蛋白结合于靠近启动子的位点，CAP 结合区 DNA 顺序具有 2 倍对称性；

（b）Lac 启动子顺序与普通启动子交感顺序的比较

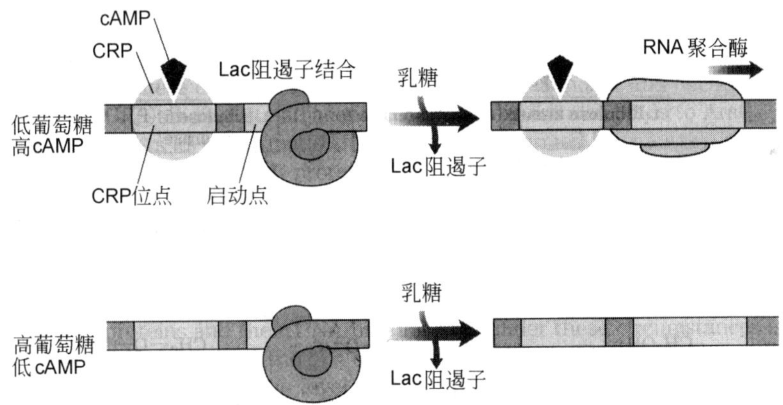

图 19-11　乳糖和葡萄糖对 Lac 操纵子表达的联合影响

当葡萄糖浓度很低［即 cAMP 浓度很高，使 CAP(CRP)与 cAMP 结合］

而乳糖浓度很高时，Lac 操纵子才转录

二、阿拉伯糖操纵子的正调节和负调节作用

大肠杆菌阿拉伯糖操纵子（ara operon）具有更复杂的调节模式（图 19-12）。首先，它使用同一种蛋白进行负调节和正调节，这个蛋白叫 AraC 蛋白。它和信号分子的结合能改变构象从阻遏子变成识别不同 DNA 顺序的激活子，因而有根本不同的效用。第二，AraC 蛋白靠阻遏它本身基因的转录调节它自身的合成。这种现象称为自调节（autoregulation）。第三，一些参与调节的 DNA 顺序可以在较远的距离起作用。就是说，这些调节顺序没有必要总是紧挨着启动子。远距离的 DNA 顺序可以通过 DNA 环化（DNA looping）而靠近启动子，这种环化是通过蛋白质和蛋白质的互相作用以及蛋白质和 DNA 的相互作用实现的。这

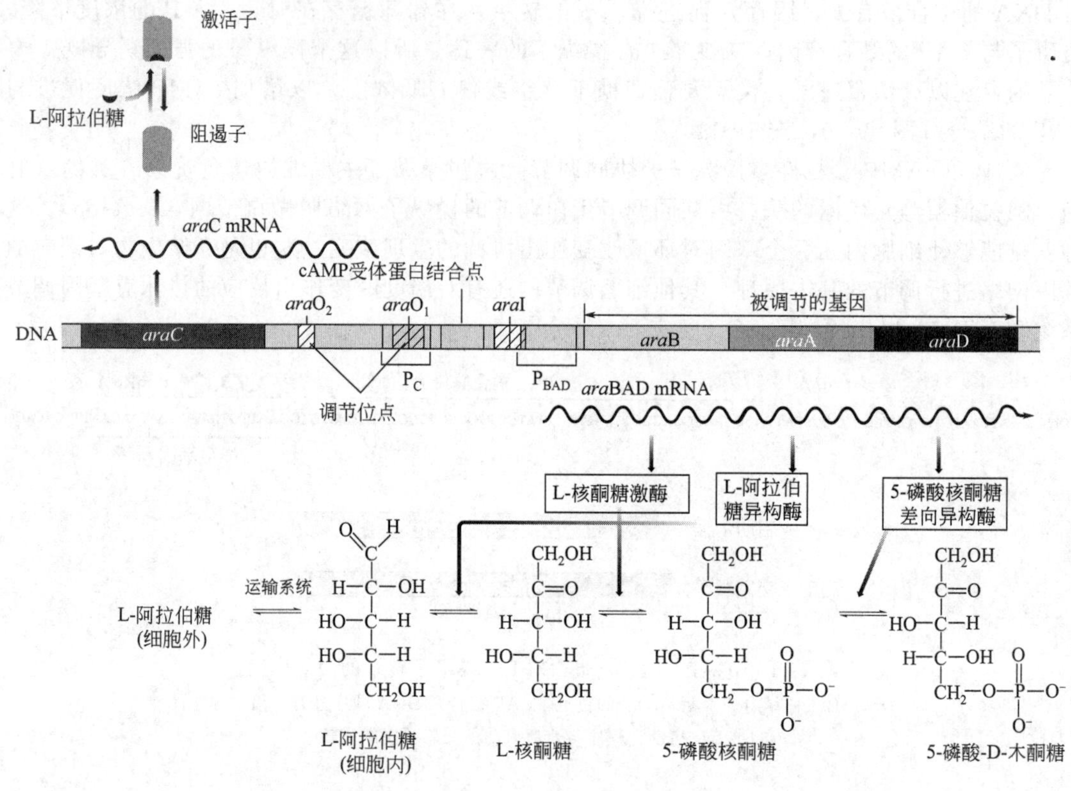

图 19-12　阿拉伯糖操纵子

阿拉伯糖分解代谢的基因是由 *ara* 操纵子基因编码的，它们所催化的反应在图底部。
整个途径的终产物 5-磷酸木酮糖是戊糖磷酸途径的中间体

最后一点使阿拉伯糖操纵子成了真核基因表达调节的重要范例。在真核生物中，远距离调节相当普遍。

大肠杆菌细胞能把阿拉伯糖变成 5-磷酸木酮糖这个戊糖磷酸途径的中间体，因而可作为碳源利用。阿拉伯糖操纵子含有 *ara*A、*ara*B 和 *ara*D 三个结构基因，分别为阿拉伯糖异构酶、核酮糖激酶和 5-磷酸核酮糖差向异构酶编码。这个阿拉伯糖操纵子还包括一个含有两个调节基因（*ara*O_1 和 *ara*O_2）的调节位点，另一个 AraC 的结合位点叫 *ara*I（I，诱导物）和一个紧邻于 *ara* I 的启动子（P_{BAD}）。*ara*C 基因就在这个操纵子的附近，并且使用自己的启动子（Pc 靠近 *ara*O_1）以相反于 *ara*A、B、D 基因的方向进行转录。一个 CAP 蛋白的结合位点紧挨 *ara* 操纵子的启动子，如 Lac 操纵子一样，*ara* 操纵子的转录也受到 CAP-cAMP 调节。

在这个系统中 AraC 蛋白的作用是复杂的（如图 19-13）。第一，它调节它自己的生物合成。当细胞中 AraC 蛋白浓度超过 40 拷贝时，它结合于 *ara*O_1 阻遏自己的 mRNA 的转录。第二，它对 *ara*BAD 既是负的调节子也是正的调节子（regulator），它既能结合于 *ara*O_2 又能结合于 *ara*I。它的调节作用可以归纳成四种情况：①葡萄糖很丰富且没有阿拉伯糖的情况下，结合于 *ara*O_2 和结合 *ara*I 的两个 AraC 蛋白之间互相结合，形成一个约 210 碱基对的一个环，在这种结构下从 *ara*BAD 启动子的转录被抑制，基因 *ara*B、A、D 不被转录［图 19-13（b）］。②当葡萄糖不存在时（或在低水平时）而阿拉伯糖存在时，CAP-cAMP 很丰富，它们结合于 *ara*I 附近，而阿拉伯糖结合于 AraC 蛋白改变了它的构象，此时 DNA 环被

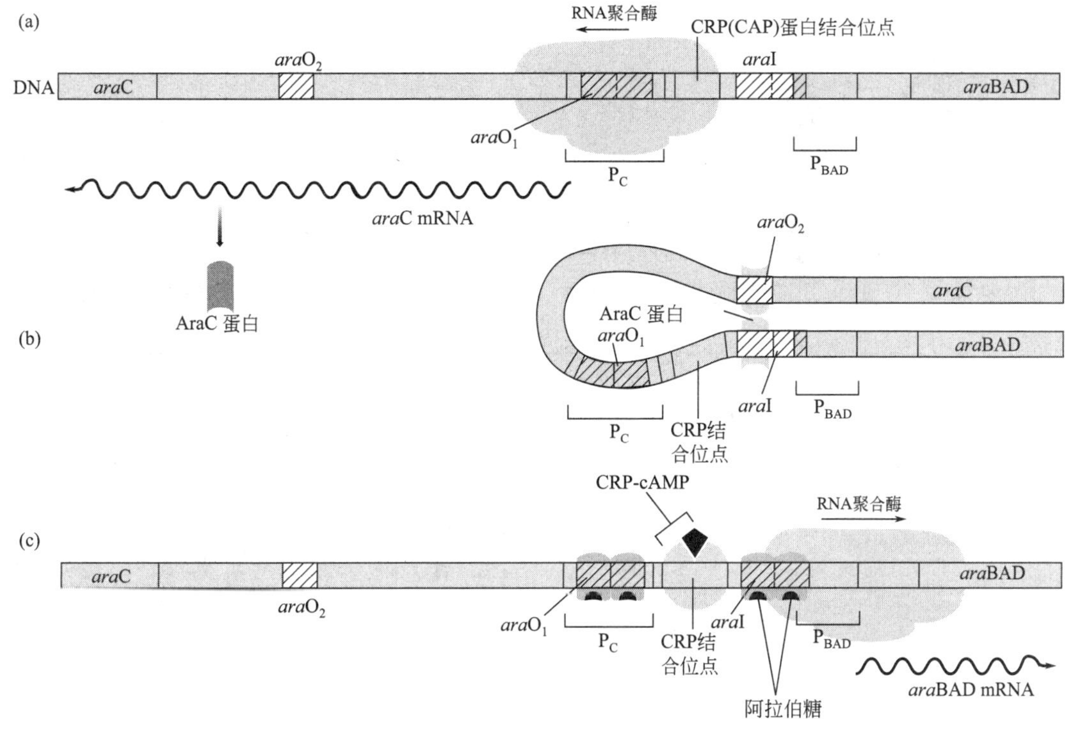

图 19-13　阿拉伯糖操纵子的调节

(a) 当阿拉伯糖被除去时，*ara*C 基因从它自己的启动子转录；(b) 当葡萄糖水平高，阿拉伯糖水平低时，AraC 蛋白结合于 *ara*O_2 和 *ara*I 的半位点，形成一个 DNA 环阻止 *ara*BAD 转录；(c) 当有阿拉伯糖存在而葡萄糖浓度低时，AraC 和阿拉伯糖结合并改变构象成为激活子；DNA 环被打开，AraC 和 *ara*I，*ara*O_1 每个半位点都结合，串联的蛋白相互作用，并和 CAP-cAMP 蛋白协调促进从 *ara*BAD 基因的转录

打开，结合于 *ara*I 位点的 AraC 蛋白成为激活子，和 CAP-cAMP 协同诱导 *ara*BAD 基因的转录［图 19-13（c）］。③阿拉伯糖和葡萄糖都很丰富时；④阿拉伯糖和葡萄糖都不存在时，这两种情况下的操纵子动作不很清楚，但是都处于阻遏状态。阿拉伯糖操纵子是个复杂的调节系统，它能对环境的改变作出迅速的可逆的反应。

三、色氨酸操纵子的转录弱化调节

为进行蛋白质的合成，细胞需要大量的氨基酸。大肠杆菌细胞含有合成所有氨基酸的酶。毫无疑问，合成同一个氨基酸的各种酶，它们的基因一般同处一个操纵子中。当细胞需要这些酶，也就是某些氨基酸的供应不足时，相应于这种氨基酸的操纵子被表达。当氨基酸满足供应时，这些用于生物合成氨基酸的酶就不再需要因而操纵子被抑制。

一个研究得很清楚的例子是大肠杆菌的色氨酸操纵子，它包括把分支酸变成色氨酸所需的五个酶的基因（图 19-14）。从色氨酸操纵子转录的 mRNA 仅有 3min 的半寿期，使细胞能够对氨基酸的需要作出迅速的反应。色氨酸阻遏蛋白（Trp repressor）是个同亚基二聚体，每个亚基含有 107 个氨基酸残基。当色氨酸丰富时，色氨酸和色氨酸阻遏子结合，引起阻遏子的构象改变，使阻遏子结合于操纵基因上。色氨酸操纵基因的顺序和启动子的顺序相交盖，因此阻遏子对操纵基因的结合阻止 RNA 聚合酶对启动子的结合，抑制转录。

和其他操纵子一样，这种由阻遏子执行的简单“开关”不是色氨酸操纵子的全部调节过程。这个操纵子能根据细胞内色氨酸的浓度改变生物合成色氨酸的速度，其快慢相差 700 倍。一旦阻遏被解除，转录开始，转录的速度由第二种调节系统——“转录衰减作用”

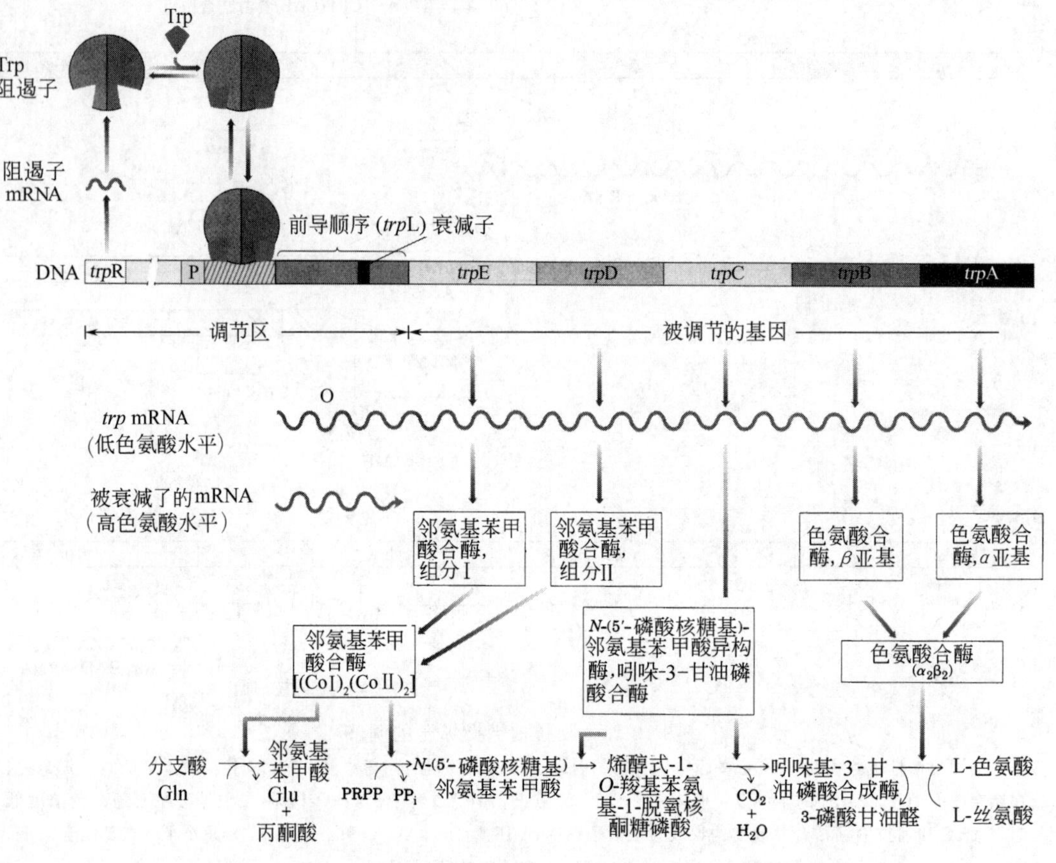

图 19-14　色氨酸操纵子

这个操纵子由两种机制调节：当细胞中色氨酸浓度高时，（1）阻遏子和操纵基因结合；（2）*trp* mRNA 还进行衰减调节。图下部为色氨酸合成过程图

（transcription attenuation，或称转录弱化作用）进行细调。

转录衰减作用是转录能正常开始，但是转录过程可因细胞内氨基酸浓度太高而使转录中止的一种调节机制。实现操纵子转录频率依细胞中色氨酸浓度增加而衰减。这个由 Charles Yanofsky 研究出来的调节机制的基础是原核细胞中的转录与翻译紧密偶联。色氨酸操纵子的弱化作用是由 162 个核苷酸残基的 RNA 前导顺序（leader sequence）进行的。这个前导顺序位于操纵子 mRNA 的 5′末端，在第一个结构基因的起始密码子的前面（图 19-15）。这个前导顺序可被分成四个段落，分别标为 1，2，3，4 号顺序。3 号与 4 号顺序之间能通过碱基配对形成茎环结构。在其茎部富含 G≡C 碱基对，而其 3′端有一个多尿嘧啶核苷酸串列，这种结构实际上是一个不依赖 ρ 因子的转录终止子。当这种结构形成时，转录可被中途终止。这种茎环结构能否形成取决于为 14 个氨基酸残基编码的前导顺序的翻译事件。这个短肽由于由前导顺序编码故称为前导肽。这段顺序是前导顺序四个调节顺序之一，称为 1 号顺序［如图 19-15(a)、(b)］。当转录事件发生之后，前导肽的翻译即开始，核糖体紧跟着 RNA 聚合酶前进。在这个短开放阅读框的 1 号顺序之后是 2 号顺序，其后是 3，4 号顺序。2 号顺序也能与 3 号顺序配对互补，如 2 号和 3 号顺序之间形成碱基配对，则 3 号与 4 号顺序之间的终止子结构就不能形成，因此转录就可继续而进入色氨酸生物合成酶结构基因区。2 号和 3 号顺序形成的茎环不终止转录。

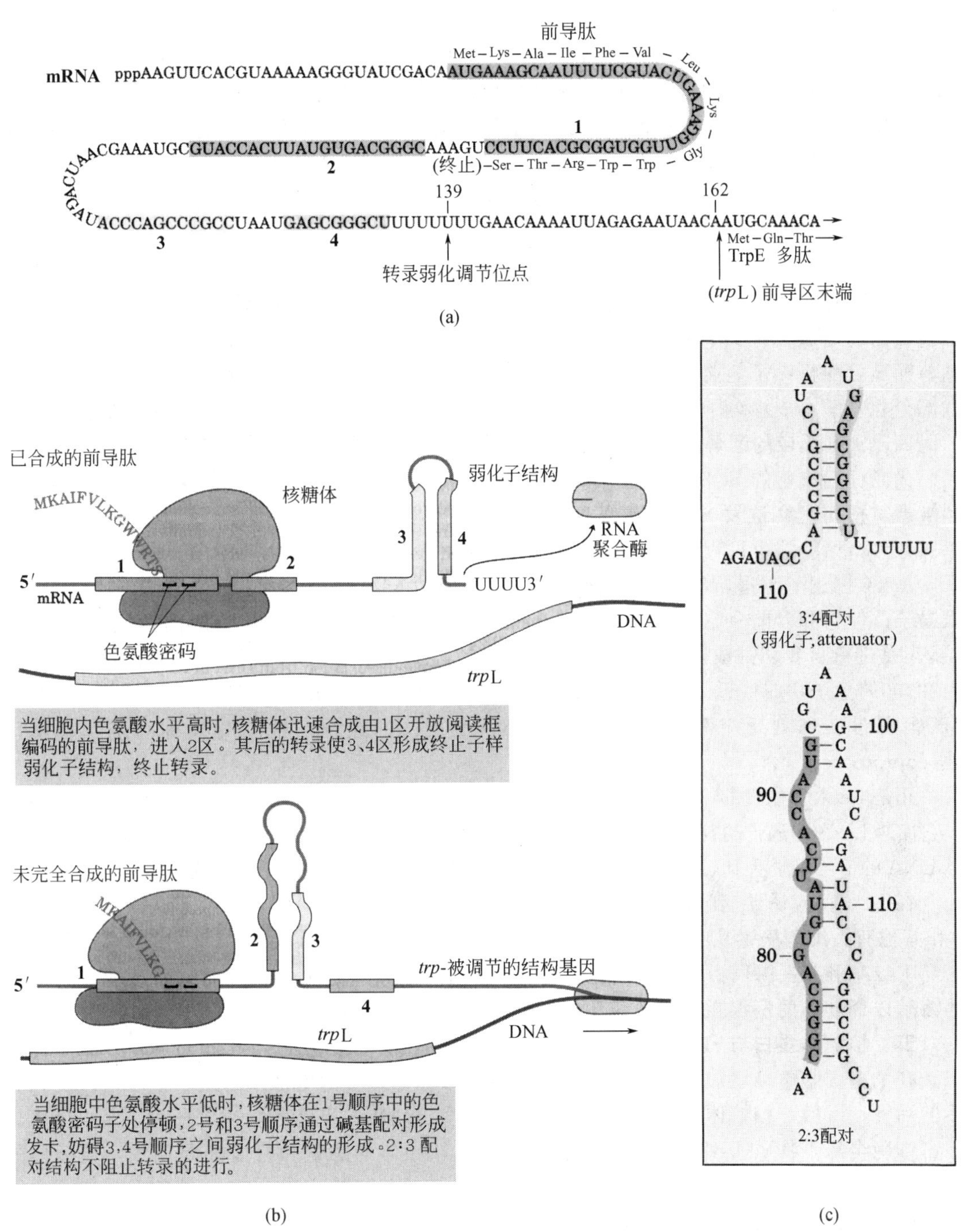

图 19-15　色氨酸操纵子的弱化机制

(a) 在色氨酸操纵子 5′末端转录起始点后有 162 核苷酸残基的前导顺序（*trp*L）；这个顺序可分成 1，2，3，4 四个部分，位于结构基因 *trp*E 前面，1 号顺序是开放阅读框，编码着一段前导肽，2 号和 3 号顺序是互补的，而 3 号顺序与 4 号顺序也是互补的，并形成一个转录终止子发卡结构；1 号顺序阅读框的翻译速度影响 2：3 及 3：4 之间的配对。这个开放阅读框的翻译只起调节作用；(b) 弱化调节作用；(c) *trp* mRNA 前导顺序的碱基配对情形前导顺序中的1号顺序是个能感觉色氨酸浓度的关键元件。它含有2个色氨酸密码子，可以看成是色氨酸传感器。它决定着3号顺序是与4号顺序还是和2号顺序配对。当色氨酸浓度高时，携带色氨酸的tRNA（Trp-tRNA）浓度也高，翻译就可紧跟着转录而通过多个色氨酸密码，在3号顺序合成之前进入2号顺序。在这种情况下2号顺序被核糖体所覆盖因而不能跟随后合成的3号顺序配对，终止子结构就可以在3，4号顺序之间形成，转录就可被阻止。当色氨酸浓度很稀时，由于缺少携带色氨酸的tRNA，核糖体被滞留在两个色氨酸密码子上，此时2号顺序能自由地和3号顺序配对，因此转录就可继续进行。以这种方法，转录可以随着色氨酸浓度进行弱化调节。

大肠杆菌能够自己合成所有的20种普通氨基酸。每种氨基酸合成操纵子都使用类似的弱化机制，仔细调节生物合成酶的产生以适合细胞的需要。苯丙氨酸操纵子中由15个氨基酸组成的前导肽含有7个苯丙氨酸残基。组氨酸操纵子的前导肽含有连续的7个组氨酸残基，而亮氨酸操纵子的前导肽含有4个连续的亮氨酸残基。除了色氨酸操纵子之外，事实上大部分氨基酸合成操纵子的弱化作用调节是非常灵敏的，甚至不需要其他调节机制。

四、SOS反应的诱导

大肠杆菌细胞的SOS反应是一个统一调节许多远距离基因的很好的例子。当细胞染色体被严重损伤时会诱发SOS反应。许多SOS基因的表达产物参加DNA修复并诱发突变(见第十六章)。这个过程的一个关键调节因子是一个称为LexA的阻遏子和RecA蛋白。

LexA阻遏子阻遏所有SOS基因的转录，如图19-16。SOS反应的诱导必须除去LexA阻遏子。但它和以前介绍过的阻遏子和小分子的结合而导致从DNA上解离的例子不一样。LexA是进行自我切割成两个片段而灭活的。切割发生在Ala-Gly肽键，并把相对分子质量为22700的分子切成接近等长的两个片段。当pH升高时，LexA进行自我切割反应。在生理pH范围自我切割反应需要RecA蛋白。RecA蛋白的这种活性有时被称为辅蛋白酶活性(coprotease)。

正是RecA蛋白使DNA损伤信号与SOS诱导相联系，当RecA蛋白和单链DNA相结合的时候它加速LexA阻遏子的自切割。严重的DNA损伤产生许多单链DNA缺口。这些缺口提供了单链DNA的信号以激活RecA蛋白，导致LexA阻遏蛋白的水解与SOS反应的诱导。

在SOS反应诱导期间，RecA蛋白也切割、灭活另一些阻遏子，导致潜伏状态的噬菌体λ和其他有关细菌病毒从溶源状态（潜伏状态）进入大量繁殖的溶菌状态。这些病毒阻遏蛋白与LexA阻遏蛋白很相似。它们也在Ala-Gly处被切开。这个过程导致病毒的复制、细胞的溶解以释放新的病毒颗粒，使噬菌体颗粒迸出拥挤的细胞。

五、核糖体蛋白与rRNA合成的协调

在细菌细胞中，增加蛋白质合成的要求要以核糖体数量的增加来解决，而不是改变核糖体的活性。一般，核糖体的数量增加细胞生长速度也加快。当细菌快速生长时，其核糖体能够占细胞全部干物质的45%。由于细胞用于合成核糖体的能量和物质如此巨大，核糖体的功能是如此重要，因此细胞必须协调核糖体蛋白和rRNA的合成。它的调节机制与已介绍的机制是不同的，它主要是在翻译水平上进行调节。

为核糖体蛋白（r-protein）编码的52个基因分布在至少20个操纵子中，每个操纵子含有1～11个基因。有些操纵子还含有引物酶、RNA聚合酶和蛋白质合成的延长因子的基因，说明细胞生长过程、DNA复制、转录和蛋白质合成是紧密偶联的。

核糖体蛋白的合成主要是通过翻译反馈机制调节的。每个含有核糖体蛋白基因的操纵子中所编码的核糖体蛋白同时也是翻译阻遏子（translation repressor）。它能和从这个操纵子转录的mRNA结合以阻止翻译（图19-17）。而起阻遏子作用的核糖体蛋白一般能和rRNA

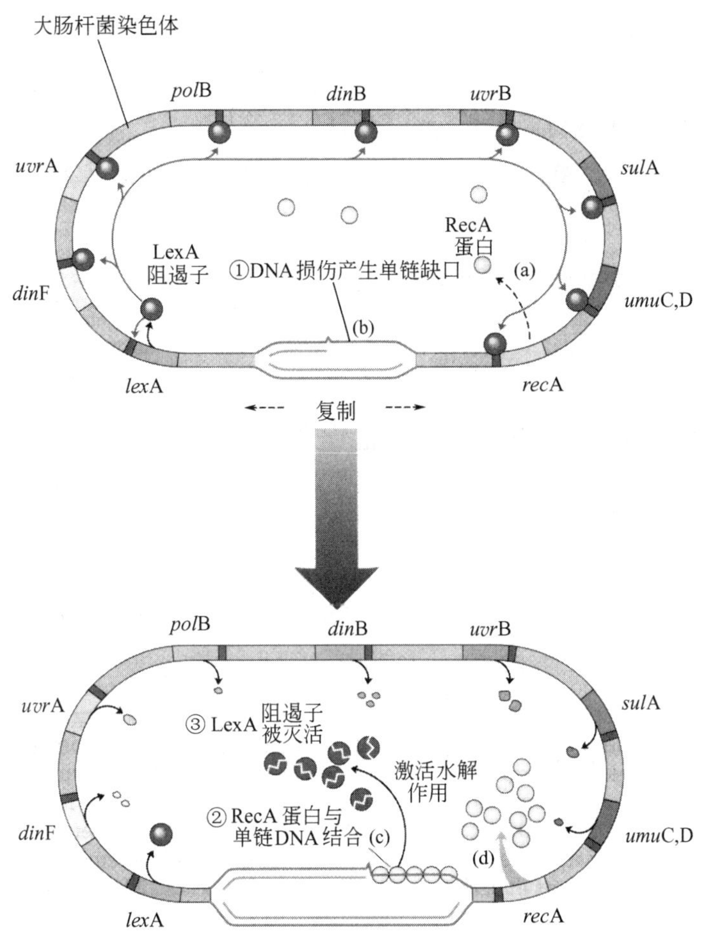

图 19-16 大肠杆菌中的 SOS 反应

LexA 是整个 SOS 系统的阻遏子，它在相关基因的启动子区都有操纵基因位点（结合位点）；(a) *rec*A 基因不被 LexA 完全阻遏，细胞中约有 1000 个 RecA 蛋白单体；(b) DNA 受到广泛损伤，产生单链缺口；(c) RecA 蛋白结合于单链 DNA 激活了它们的“辅蛋白酶活性”；(d) 激活了的 RecA 促进 LexA 蛋白的切割和灭活，当阻遏子被灭活，SOS 基因包括 *rec*A 基因被诱导，RecA 蛋白水平增加 50～100 倍。①～③示事件发生顺序

结合组装核糖体。作为翻译阻遏子的核糖体蛋白与 rRNA 相结合的亲和力大大超过它对 mRNA 的亲和力。如果核糖体蛋白大大超过细胞内存在的 rRNA 所能结合的数量，此时核糖体蛋白才和 mRNA 结合。采取这种方法，为核糖体蛋白编码的 mRNA 翻译产生的核糖体蛋白，如果超过组装核糖体的需要，它的翻译就会受到抑制。使之与细胞所含有 rRNA 保持平衡。被翻译阻遏子结合的 mRNA 上的位点靠近操纵子中这个基因翻译的起始点（通常是第一个基因）。在大多数操纵子中这种结合可能只影响第一个基因，因为细菌大多数是多顺反子 mRNA。其后的基因都有独立翻译信号，但是在这种操纵子中，每个基因的翻译依赖于所有其他基因的翻译。这种翻译偶联（机制未知）使得整个操纵子在单一 mRNA 位点受到翻译阻遏子结合后都受到抑制。

核糖体蛋白操纵子也受到转录起始水平的调节，因为转录随着细胞生长速度的增加而增加。转录调节以及转录与翻译调节之间的关系的细节仍不清楚。

由于核糖体蛋白的合成与可用的 rRNA 数量相协调，核糖体的生产最后还是受 rRNA

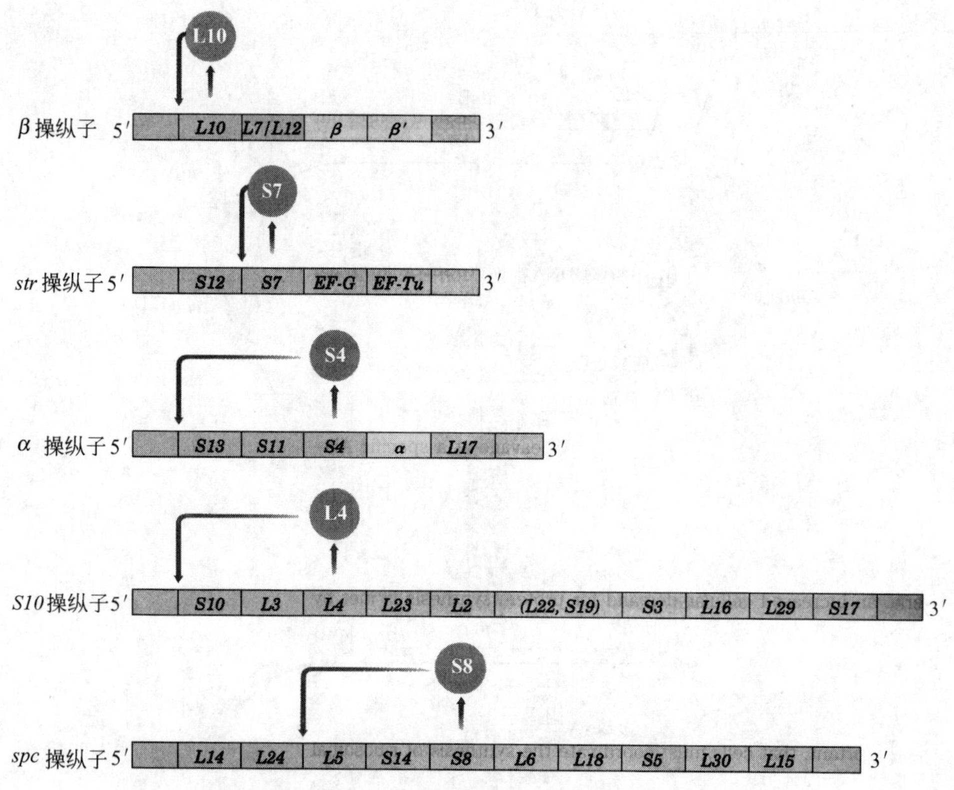

图 19-17　核糖体蛋白操纵子的一些 mRNA 转录物

r-蛋白在每个操纵子中是翻译阻遏子，图中表明各个翻译阻遏子蛋白结合位点，每个翻译阻遏子的结合阻止整个操纵子的翻译，核糖体大亚基蛋白记为 *L*1 至 *L*34，小亚基蛋白记为 *S*1 至 *S*21

合成的调节。在大肠杆菌中，从七个操纵子进行的 rRNA 合成是细胞生长速度和营养状态变化的反映，特别是氨基酸的供应。对氨基酸浓度的协同调节机制叫做“应急反应”（stringent response）（图 19-18）。当氨基酸浓度太低时，rRNA 的合成受到抑制，氨基酸饥饿导致无负载的 tRNA 结合于核糖体的 A 位点。这个反应激发了一系列事件，首先是一个称作“应急因子”（stringent factor）的酶和核糖体结合。应急因子催化一种特殊核苷酸——鸟苷四磷酸的合成（ppGpp）。在这个反应中 GDP 的 3′位补加一个焦磷酸基因。

$$\text{GDP}+\text{ATP}\longrightarrow\text{ppGpp}+\text{AMP}$$

ppGpp 水平因氨基酸饥饿的突然提高导致 rRNA 合成的急剧降低。这种变化的部分原因是因为 ppGpp 结合于 RNA 聚合酶造成的。

ppGpp 和 cAMP 等这些修饰了的核苷酸充当细胞第二信使的角色。在大肠杆菌细胞中，这两种核苷酸都是饥饿的信号，它们引起细胞代谢的巨大改变，增加或减少几百个基因的转录。这种细胞代谢和生长速度的协调是很复杂的，许多调节机制尚在研究中。

六、遗传重组对基因表达的调节

生活在哺乳动物肠道的沙门氏杆菌（*salmonella typhimurium*）是依靠表面的鞭毛运动的（图 19-19）。组装鞭毛的鞭毛蛋白是哺乳动物免疫系统的主要进攻靶子。为了躲避免疫系统，沙门氏杆菌能够在约每隔 1000 代之后变换它们的鞭毛蛋白（$M_r=53000$）。这个过程被称为“变相”（phase variation）。

这种变相是周期性地颠倒含有鞭毛蛋白基因启动子的 DNA 片段而实现的，这种颠倒是

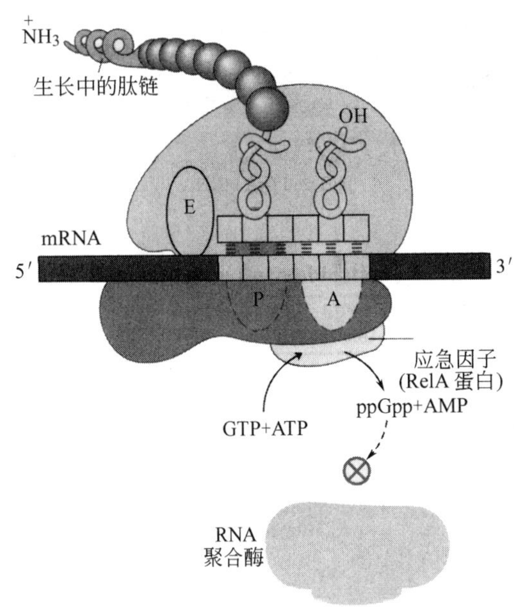

图 19-18　大肠杆菌对氨基酸饥饿的应急反应
空载 tRNA 结合于核糖体 A 位，一个被称为“应急因子”的蛋白质结合于核糖体，并催化合成 ppGpp，这个信号分子抑制 RNA 聚合酶，降低 RNA 的合成

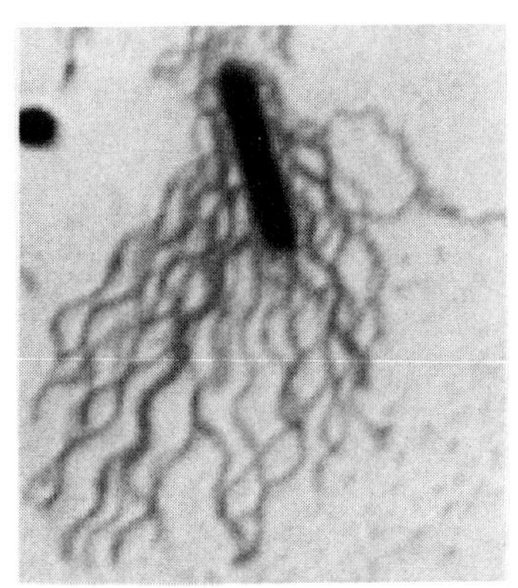

图 19-19　带鞭毛的沙门氏杆菌

一种位点特异重组反应，它是由称为 Hin 的重组酶帮助下完成的。这个酶作用于这种 DNA 片段两端 14bp 的特殊顺序（即 *hix* 顺序）（图 19-20）。当这个 DNA 有着第一种取向的时候，为 fljB 鞭毛蛋白和另一个阻遏子蛋白 FljA 编码的基因被表达。当这个 DNA 片段被颠倒时，*flj*B 和阻遏子基因不再被转录，而 *flj*C 基因被诱导。此时存在于 DNA 片段内的重组酶基因 *hin* 也随着被颠倒方向。但是它的表达不受影响，因此细胞总能够从一种状态转换成另一状态。这些过程还要求有 HU 蛋白和 FIS 蛋白的参与。

这种调节机制有个好处是它是绝对的。即使基线水平的基因表达也是不可能的。因为此时基因和它的启动子被物理地分隔开，这种绝对的开关是很严格的，因为即使一个拷贝的错误鞭毛蛋白也会使细胞受到寄主抗体的攻击。沙门氏杆菌的这种调节系统不是唯一的，已在许多种细菌和噬菌体中发现类似的调节系统。也已发现具有类似功能的重组酶存在于真核生物中。使用基因重排移动基因或启动子的调节机制在病原微生物中特别普遍。它能改变寄主范围或改变蛋白质表面结构以抵御寄主的免疫系统。

七、mRNA 的功能受小分子 RNA 的调节

正如我们在本章所叙述的那样，蛋白质对基因表达的调节的重要性，已有大量的文献根据。但是 RNA 在这个过程中也起关键作用，这一点现在人们有更清楚的认识，因为有许多调节性 RNA 已被发现。一旦 RNA 被合成，它的功能可被结合它的蛋白所控制，或被一种 RNA 控制。一种独立的 RNA 分子可以以“反式”的方式（in *trans*）和 mRNA 结合，影响它的活性。另一种方式是，作为 mRNA 的一部分，它本身可能调节 mRNA 自己的功能。当一个分子的一部分影响同一分子另一部分的功能时，这种情况就叫“顺式调节”（in *cis*）。

一个研究得很好的反式 RNA 调节的例子是 *rpo*S 基因（RNA 聚合酶 sigma 因子）mRNA 的调节。这个基因编码着 σ^S，七个大肠杆菌的 Sigma 因子之一。细胞在一定压力下使用这个特殊因子。如当营养缺乏，细胞进入静止状态时使用这个 σ，σ^S 是转录许多应急状态的

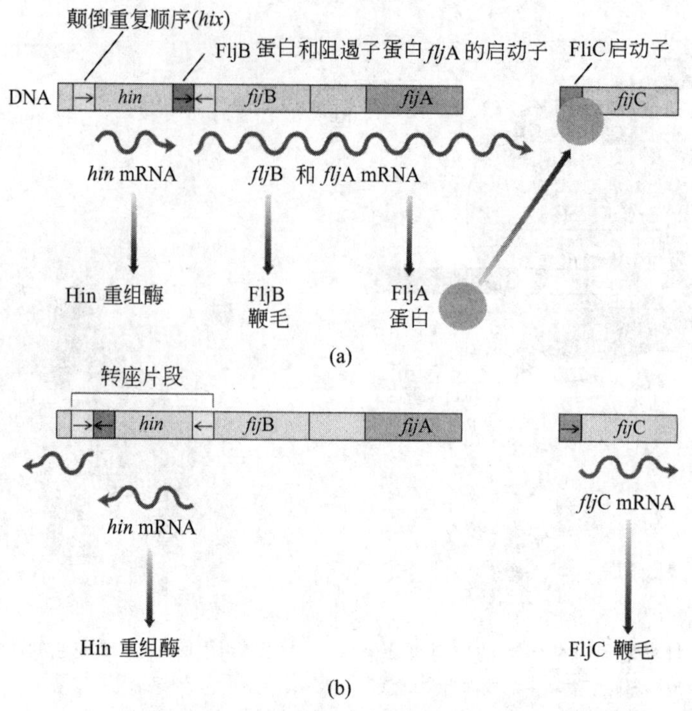

图 19-20 沙门氏菌鞭毛基因的重组调节

*flj*C 和 *flj*B 基因的产物是不同的鞭毛蛋白，*hin* 基因编码的重组酶可以造成含 *flj*B 启动子和 *hin* 基因的 DNA 片段的颠倒排列，重组位点（颠倒重复顺序）叫做 *hix*；(a) 第一种取向时 *flj*B 和阻遏子蛋白被表达，*flj*C 基因受抑制；(b) 颠倒取向时 *flj*C 基因表达，*flj*A 和 *flj*B 均不能被转录；以上过程叫做“变相”

基因表达所需要的。σ^S mRNA 以低水平存在，而且是不翻译的，因为一个大的发卡结构存在于编码区的上游抑制核糖体的结合（图 19-21）。在一些胁迫条件下，两个小的专门 RNA 中的一个或两个，DsrA（downstream region A）和 RpoA（Rpos regulator RNA A）被诱导生成。二者各自能和 σ^S mRNA 发卡的一条链配对，破坏发卡生成，导致 RpoS 的合成。另一种小 RNA，*Oxy*S（氧化胁迫基因 S）在氧化胁迫情况下被诱导，并抑制 *rpo*S RNA 的翻译，可能是依靠和后者的 mRNA 配对，并阻断核糖体的结合，*Oxy*S 的表达是作为不同类型胁迫系统反应的一部分，它的任务是防止不需要的 DNA 修复途径的表达。DcrA，RprA 和 OxyS 都是相当小的细菌 RNA 分子（小于 300 核苷酸残基），故称之为 sRNA。所有的这些因子起作用都需要一个叫做 Hfg 的蛋白和一个 RNA 伴侣促进 RNA-RNA 配对。已知的按这种方式调节的细菌基因在数量上是很少的，只有几十个。但是，这些例子为了解存在于真核生物中的更复杂的为数众多的 RNA 介导调节提供了很好的模型。

八、RNA 开关

mRNA 的顺式调节需要一类称作“RNA 开关”（riboswitch）的 RNA 结构。如第 17 章所述，适配器（aptamer）是在体外产生的 RNA 分子。它们能对特殊配体进行特异性结合。可以预料，这种能结合配体的 RNA 结构域也会以一类“RNA 开关”存在于体内，以不小的数量存在于细菌 mRNA 中，也可能存在于一些真核生物 mRNA 中。这些天然适配器确实存在于一些细菌 mRNA 5′末端的非翻译区。mRNA 中 RNA 开关和对应的配体的结合导致 mRNA 的构象改变，因此，RNA 的转录被一种“成熟前转录终止”结构的稳定化所抑制。或者 mRNA 上的核糖体结合位点被封闭而抑制翻译。在大多数情况下，RNA 开关作为一种反馈调节环，以这种方式调节的大多数基因参与结合于 RNA 开关的配体的合成或转运。于

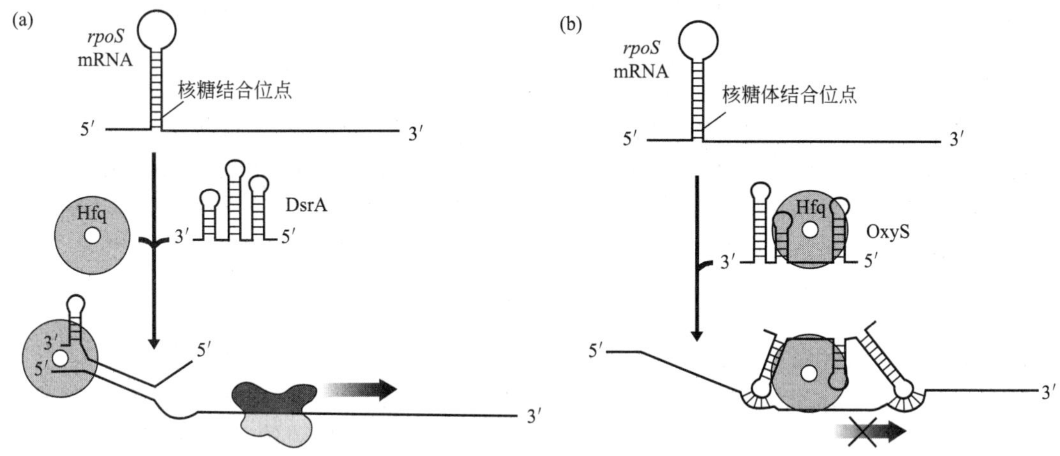

图 19-21 sRNA 对细菌 mRNA 功能的反式调节

几种小分子 RNA（small RNAs，sRNA）——DsrA，RprA 和 OxyS 参与 *rpoS* 基因的调节。所有这些小 RNA 的调节功能都需要一种叫 Hfq 的 RNA 伴侣蛋白，它促进 RNA-RNA 之间的配对。Hfq 蛋白有着螺线型结构，中心有个孔。(a) DsrA 小 RNA 依靠和能形成茎环结构的 mRNA 一条链配对释放出核糖体结合位点而促进 mRNA 的翻译。另一种小分子 RNA RprA 也以类似方式起作用。(b) 小分子 RNA OxyS 依靠和 mRNA 的核糖体结合位点结合阻断翻译

是，当配体达到高浓度时，填满这种配体的 RNA 开关抑制了这个基因的表达。

每个 RNA 开关仅结合一种配体。在体内已检出十几个特异地和焦磷酸硫胺素（TPP，维生素 B_1），钴胺素（维生素 B_{12}），黄素单核苷酸（FMN），赖氨酸，5-腺苷酰甲硫氨酸(ado Met)，嘌呤，*N*-乙酰葡萄糖胺-6-磷酸和甘氨酸结合的 RNA 开关。显然，更多的这类 RNA 开关尚待发现。对 TPP 反应的 RNA 开关好像最普遍，已发现它存在于许多细菌，真菌和一些植物中。细菌 TPP RNA 开关抑制几种翻译并诱导另一些 mRNA 的成熟前转录终止（图 19-22），真核 TPP RNA 开关存在于一些基因的内含子区，并调节这些基因的选择性剪接。但是还不清楚这类 RNA 开关如何做到这一点，研究表明约占 4%的枯草杆菌基因是由 RNA 开关调节的。

由于 RNA 开关越来越为人们所了解，研究人员正在寻找这种知识在医学上的应用途

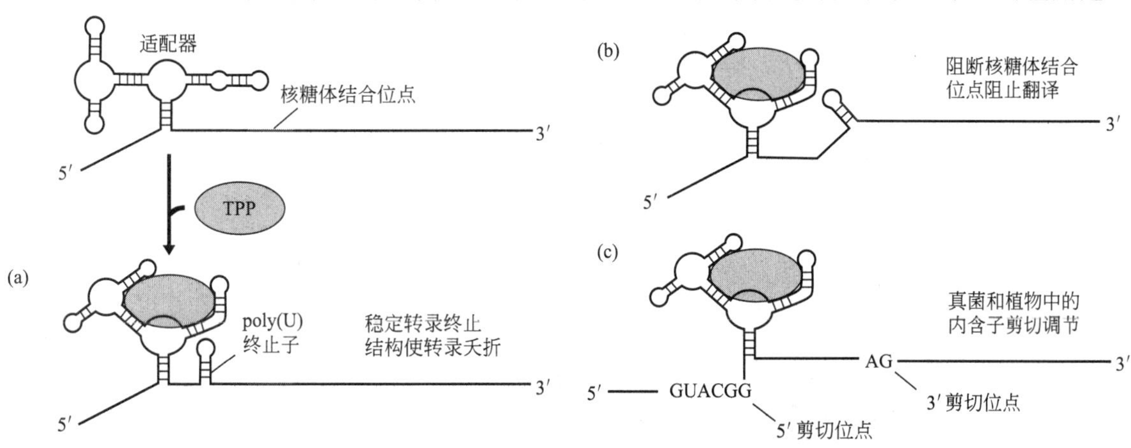

图 19-22 细胞 mRNA 形成顺式“RNA 开关”调节自身的功能

图中的 RNA 开关作用模型是根据广泛存在于自然界的结合焦磷酸硫胺素（TPP）的天然适配器，TPP 结合于这种适配器，导致构象改变，产生了图中 a，b，c 显示的几种结果

径。例如，大部分至今描述的 RNA 开关涉及对 adoMet 的反应只存在于细菌之中。因此，能够结合并激活 adoMet RNA 开关的药物将可能关闭合成和运输 adoMet 的基因，因而使需要这种辅因子的细菌细胞处于饥饿状态。人们正在寻找这种类型的药物作为新的抗菌素。

人类发现功能性 RNA 种类的步伐没有停止的迹象。它不断丰富了关于 RNA 在生命进化中起着特殊作用的设想。sRNA 和 RNA 开关与核酶和核糖体一样，是曾经繁荣的 RNA 世界的一些遗迹。“RNA 世界”虽然被亘古的时间所模糊，但它留下一系列丰富的生物学装置仍然在现存的生物圈中起作用。

第六节　λ 噬菌体的发育调节

一、噬菌体 λ 对大肠杆菌的感染

许多噬菌体如 T2、T4、T7 和 SPO1 是烈性噬菌体（virulent phage）。当它们复制后就把寄主细胞溶解（裂解，lysis），因而杀死寄主。λ（lambda）噬菌体是另一种类型的噬菌体——温和型噬菌体（temperate phage）。它感染细菌时不一定杀死寄主，而是表现得更灵活，可有两种繁殖途径。

第一种是溶菌模式，这种模式与其他烈性噬菌体相同。按这条途径，λ DNA 进入细胞后利用寄主 RNA 聚合酶转录产生噬菌体 mRNA，再翻译产生噬菌体蛋白，接着进行噬菌体 DNA 复制，这些 DNA 和多种噬菌体蛋白组装成子代噬菌体，感染的结果是寄主细胞被溶解，释放子代噬菌体。

在另一种模式——溶原（lysogenic mode）模式中，λ 噬菌体 DNA 进入细胞质，它的早期基因被转录和翻译，这个阶段与溶菌生长模式初期感染相同。此时产生的一种 27kD 噬菌体蛋白（CⅠ蛋白，即 λ 阻遏子）结合于两个 λ 操纵基因，关闭了除 *c Ⅰ* 基因外所有其他基因的表达。这就不难解释，为什么没有子代噬菌体产生。而且，当溶原状态建立时，噬菌体 DNA 整合进寄主基因组，细菌若带有这种整合噬菌体 DNA 叫做溶原菌，整合的噬菌体 DNA 称作“原噬菌体”（prophage）。溶原状态能不定期地延续，这种情况并不是这种噬菌体的缺点，因为噬菌体 DNA 处于溶原状态时，跟随着寄主染色体 DNA 复制，随着细胞增殖代代相传。在这种情况下噬菌体基因组繁殖没有必要制造噬菌体颗粒。在一定条件下，当溶原菌受到诱变剂和放射线损伤时，溶原状态可被破坏，噬菌体被诱导进入溶菌周期（图 19-23）。

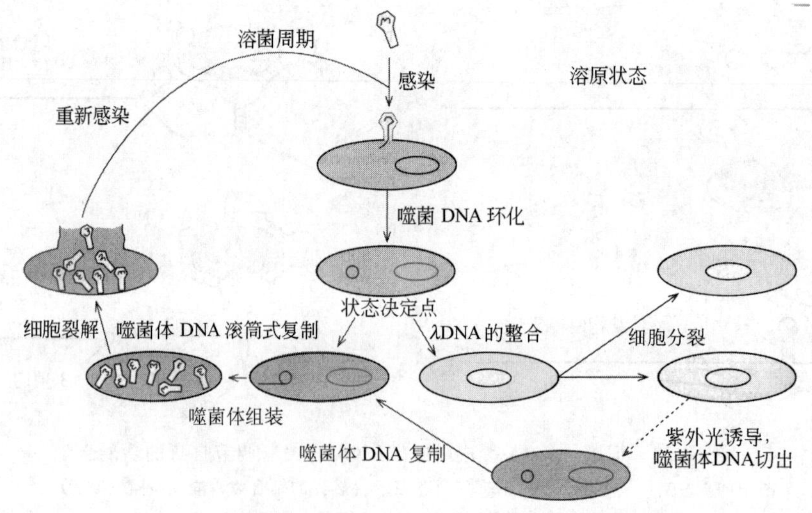

图 19-23　噬菌体 λ 的溶菌感染和溶原感染

二、噬菌体 λ 的溶菌繁殖

λ 噬菌体的溶菌繁殖周期类似于其他烈性噬菌体。它有三个转录阶段，即前早期（immediate early），晚早期（delayed early）和后期（late）转录。这三个阶段的基因是按转录次序连续排列在噬菌体基因组 DNA 上的。这种排列方式适用于对这些基因的调节。

图 19-24 是两种形式的 λ 的遗传图：（a）线形，如存在于噬菌体颗粒中的 DNA；（b）环形，如在感染大肠杆菌细胞后不久存在的方式。由线形基因组两端存在着 12 个碱基的互补的“黏性”末端，能使基因组 DNA 的环化。这个黏性末端称为 COS 位点。这种环化把所有后期基因连在一起。在未环化时它们处于线形基因组的两端。

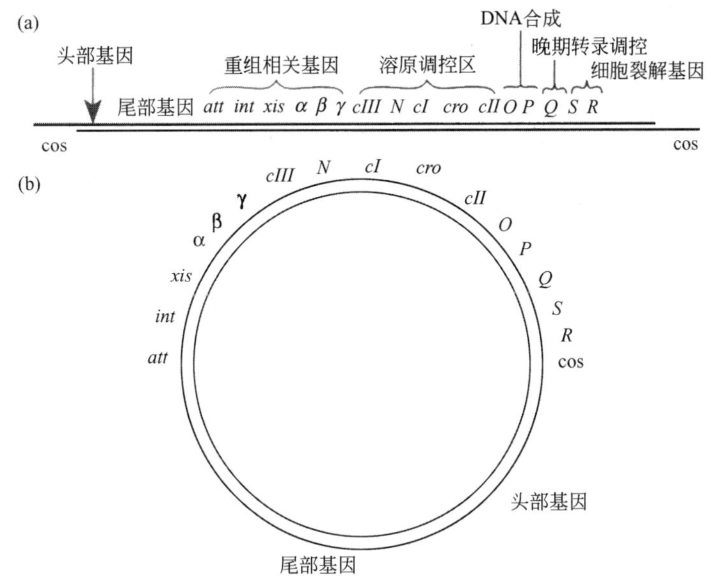

图 19-24　噬菌体 λ 的遗传图

（a）线形遗传图，线型 λDNA 存在于噬菌体颗粒中，黏性末端 cos 是图的末端，基因根据功能分组；（b）环形遗传图，它存在于溶菌生长的细胞中

通常，这种噬菌体的基因表达程序是由转录开关控制的，但 λ 使用的开关是以前未曾见过的，叫做“反终止作用”（antitermination）。图 19-25 描绘了这个过程。显然，寄主 RNA 聚合酶全酶首先转录前早期基因，包括两个基因，*cro* 基因和 *N* 蛋白基因。这两个基因直接连接在右左向启动子 P_R，P_L 的下游。在溶菌生长的这个阶段，没有阻遏子结合于支配着两个启动子的操纵基因（O_R 和 O_L），于是转录可以不受妨碍地进行。当 RNA 聚合酶到达这两个基因的末端时，它碰到了 ρ 依赖的终止子，因而在后早期基因前作一短暂停留。两个前早期基因的产物对 λ 基因的进一步程序性表达是至关重要的。*cro* 基因的产物是一个阻遏子，它能阻止 λ 阻遏子基因 *cI* 的转录，因而阻断 λ 阻遏子的合成。而 *N* 基因的产物 N 蛋白是一个反终止蛋白，它可以使 RNA 聚合酶忽略位于前早期末端的终止子顺序而把转录延续进后早期基因。于是后早期基因开始被转录。前早期基因和后早期基因使用相同的启动子。因此这种开关不涉及新的 σ 因子或新的 RNA 聚合酶去识别新的启动子产生新的转录物。它只是把在原来启动子开始的转录产物延长。

后早期基因对于溶菌生长周期的完成是很重要的。而且对于溶原状态的建立也是必需的。基因 *O* 和 *P* 编码的蛋白对噬菌体 DNA 的复制是必需的，*Q* 基因产物 Q 蛋白是另一个反终止子，它使后期基因的转录得以进行。

后期基因的转录都是右向的，但不是从 P_R 启动子起始。后期基因的启动子 P'_R 紧接着 Q 基因之后。转录在 P'_R 启动子之后 194bp 处终止，除非 Q 蛋白的干扰妨碍终止，N 基因的产物不能代替 Q，N 只用于 *cro* 和 N 基因之后的反终止作用。后期基因编码的蛋白组成噬菌体的头部和尾部以及溶解细胞的蛋白，使子代噬菌体能被释放出来。

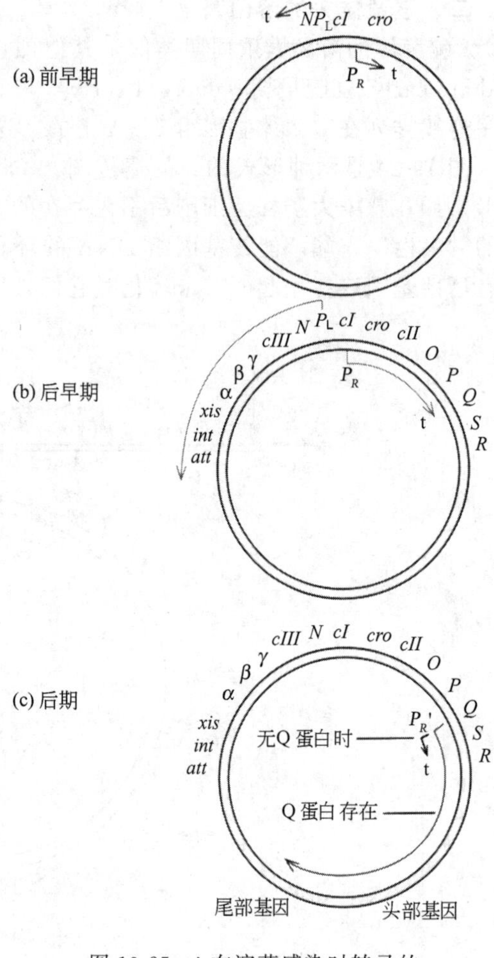

图 19-25 λ 在溶菌感染时转录的时序控制（temporal control）

三、反终止作用（antitermination）

N 和 Q 蛋白如何执行他们的反终止功能？他们实际上使用两种不同机制。先讨论 N 蛋白的反终止作用。图 19-26 显示这个过程的概况：图 19-26(a) 显示围绕着 N 基因的遗传位点。右边是左向启动子和它的操纵基因 O_L，这是左向转录起始的位点。N 基因的下游（左边）有一个转录终止子，当 N 基因的产物 N 蛋白不存在时，转录到这里即被终止。图 19-26(b) 显示当 N 蛋白不在时的情况。此时 RNA 聚合酶开始在 P_L 的左向转录，并转录 N 基因到达终止子后脱离 DNA 模板，释放出 N 基因的 mRNA，于是 N mRNA 翻译产生 N 蛋白。图 19-26(c) 显示其后发生的事件。N 蛋白结合于 Nut 位点（N utilization site），并和一个结合于 RNA 聚合酶的寄主蛋白的复合物相互作用。这种过程一定程度上改变了 RNA 聚合酶，使它受到控制而忽略了终止子，并继续转录过程进入后早期基因。相同的反转终止机制也用于从 P_R 开始的右向转录。因为紧挨着 *cro* 基因右边的一个 Nut 位点也让 RNA 聚合酶忽略终止子而进入 *cro* 右边的后早期基因的转录。

怎么知道寄主蛋白参与了反终止作用？遗传学研究证明四个寄主基因的突变会干扰反终止作用。这些基因编码的蛋白是 NusA，NusB，NusG 和核糖体 S10 蛋白。这有点奇怪，寄主怎么会帮助导致寄主细胞死亡的过程？其实这只是病毒为了它自身的繁殖而驾驭细胞过程的许多例子中的一个。这个例子中，S10 在细胞过程中所起的作用很清楚：蛋白质合成。各种 Nus 蛋白也有它的细胞功能。它们能让反终止作用发生在编码核糖体 RNA 以及一些 tRNA的七个 rrn 操纵子中。

在体外的研究中已证明，如果终止子离 Nut 位点很近，则 N 蛋白和 NusA 蛋白能引起反终止作用。图 19-27(a) 显示了参与这个短程反终止作用的蛋白质复合物。并说明 N 蛋白不是依靠自己去结合 RNA 聚合酶。它结合于 NusA，然而由 NusA 去结合 RNA 聚合酶。这个图中画出的 Nut 位点有两个部分，分别叫做 boxA 和 boxB。boxA 在 Nut 位点中是高度保守的，但是 boxB 在不同 Nut 位点之间有一定的变化。boxB 的转录产物含有一个颠倒重复顺序，推测它能形成如图中的茎环结构。

体内的反终止作用不像这个图所描绘的那么简单，因为它发生于 Nut 位点下游起码几

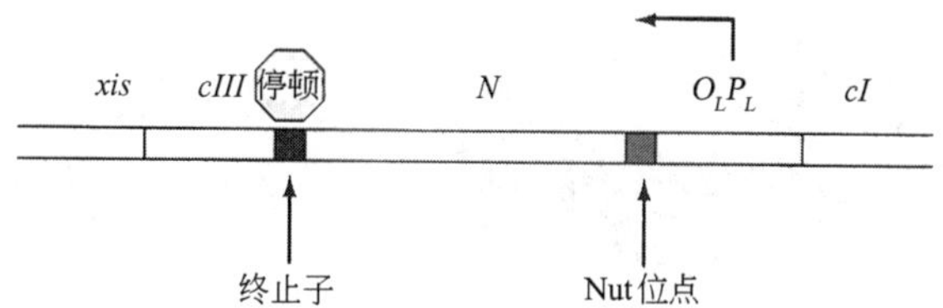

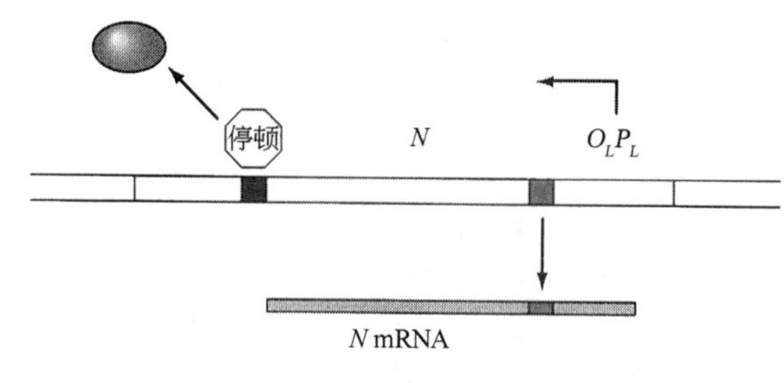

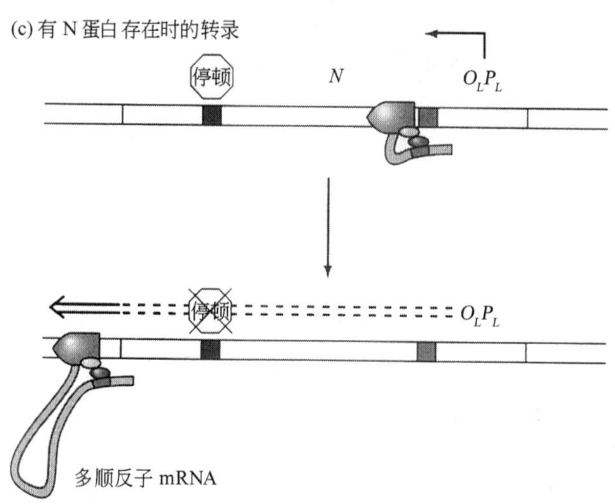

图 19-26　N 蛋白对左向转录的影响

百个碱基对的终止子上。这种反终止作用称为“连续性”。因为 RNA 聚合酶沿着 DNA 移动出很远的距离时，仍和反终止蛋白质因子处于结合状态。这种连续反终止子作用不仅仅只需要 N 蛋白和 NusA 蛋白。它还需要其他三种蛋白质因子：NusB，NusG 和 S10。这些蛋白大概有助于稳定反终止蛋白复合物，使它能够保持到达终止子位点。图 19-27(b) 描绘了含有所有 5 种蛋白质的这种稳定复合物。

这里介绍的反终止作用最出人意料的情况是反终止复合物和 Nut 位点的转录产物相互作用，而不是和 Nut 位点本身相互作用。这种过程的发生是有些证据的。实验证据之一是 N 蛋白的 Nut 位点识别区由许多精氨酸残基组成结合 RNA 的结构域。Asis Das 提供了一个更直接的证据，他使用凝胶电泳迁移率改变检测证明在 N 蛋白和 RNA 之间含有 boxB 片段，而且当 N 和 NusA 共同结合于反终止复合物时，它们部分保护 boxB 而不是 boxA 不受 RNA 酶的水解，只有五种蛋白都参与复合物形成时才能保护 boxA 不受 RNase 攻击。这些事实都是与图 19-27 的模型相一致的。

如何知道 RNA 能形成图中的环？这个问题不十分清楚，最初人们想像从 N 蛋白结合于

(a) 弱的非连续反终止复合物

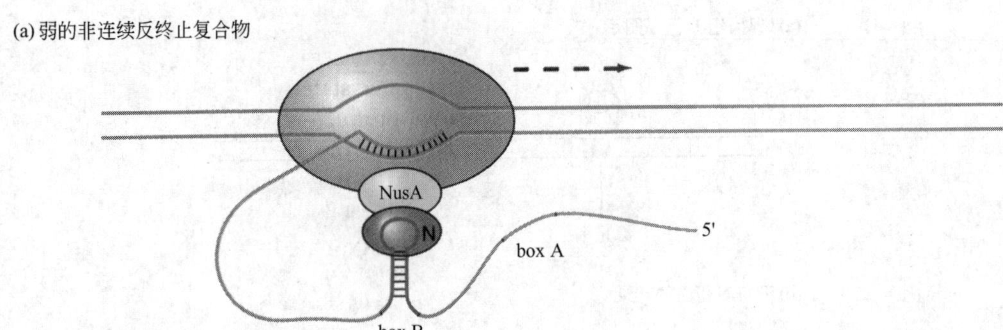

(b) 强反终止复合物

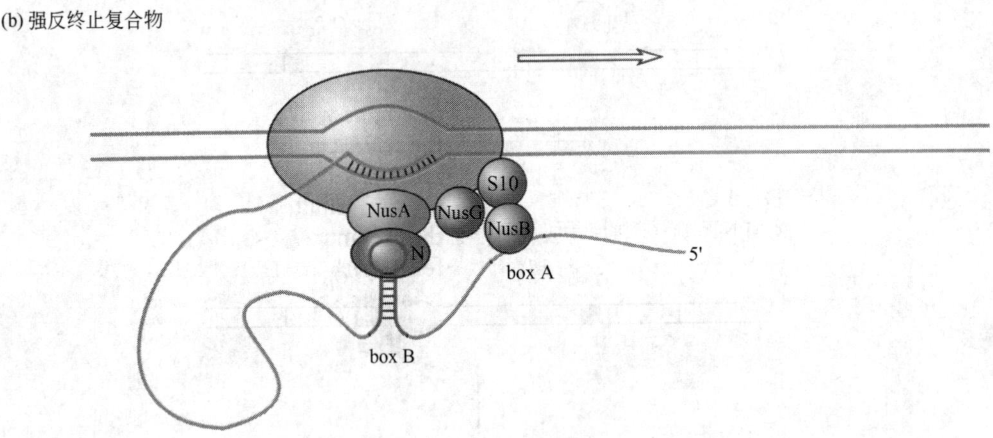

图 19-27　N 蛋白的反终止作用示意图

Nut 位点转录开始，直至 RNA 聚合酶到达终止子，以便给聚合酶一个信号，这样可使 N 蛋白与 RNA 和聚合酶都保持着联系，这就要求 RNA 要形成一个环（如图 19-27）。根据这个假设，Jack Greenblatt 和同事分离到一些 RNA 聚合酶 β 亚基基因的突变菌株，这些突变能干扰 N 介导反终止作用。这些突变株不能保护 Nut 位点的体外转录物。这些事实提示在转录期间 RNA 聚合酶、N 蛋白和 Nut 位点转录物之间的联系。这再一次让人想到 Nut 位点转录物和 RNA 聚合酶之间的 RNA 可能形成一个环。

N 蛋白如何妨碍终止？一个简单的假设是它限制了 RNA 聚合酶的停顿。停顿是转录过程一个天然步骤，是转录终止所必需的。在普通的转录延伸过程中，RNA 聚合酶通常要在几个地方停顿，在一个非 ρ 依赖的终止子位点，RNA 聚合酶停顿的时间足以使转录物被释放；在一个依赖于 ρ 的终止子位点，RNA 聚合酶停顿的时间足以让 *rho* 追上聚合酶并释放转录物。由于 N 蛋白能在依赖 ρ 因子或不依赖 ρ 因子的终止子位点起反终止作用，它可能是限制 RNA 聚合酶在这两个位点的停顿时间来起反终止作用。有一个证据证明 N，nus*A* 和 nut box*B* 位点确实限制 RNA 聚合酶在一个 *rho* 依赖的反终止子的停顿时间。

晚期转录的控制也使用反终止机制，但是和 N 蛋白的反终止作用有重要的不同。图 19-28 表明一个 Q 利用位点（Q utilization，*qut*）和晚期启动子（P_R'）相交盖。这个 *qut* 位点也和转录起始点下游 16～17bp 的 RNA 聚合酶停顿点相交盖。与 N 系统不同，Q 蛋白质直接结合于 *qut* 位点，而不是它的转录物。

在没有 Q 蛋白时，RNA 聚合酶完成这个信号位点的转录后在这个位点停顿几分钟，它最后离开这个停顿位点使转录延伸到终止子后，停止转录作用。如果 Q 蛋白存在，它识别

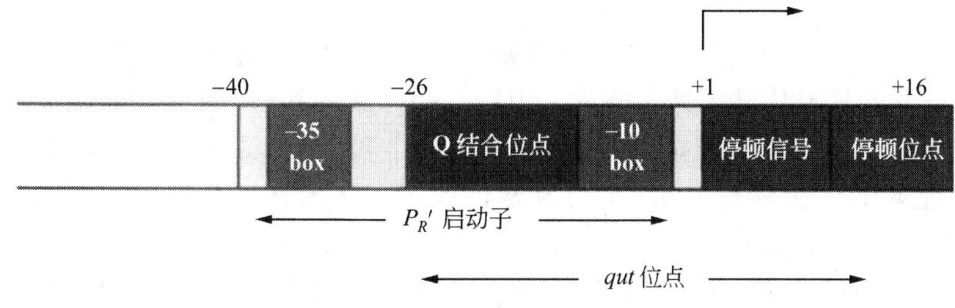

图 19-28 λ 基因组的 P_R' 区域图

停顿复合物并结合在 *qut* 位点。Q 然后结合于聚合酶，使得 RNA 聚合酶重新启动转录而忽略终止子，转录继续进入晚期基因。这种 Q 蛋白改造了 RNA 聚合酶抑制在 RNA 聚合酶后边的发卡结构的形成，因而抑制了它的终止活性。Q 蛋白靠自己的反终止作用用于 λ 噬菌体的晚期控制，而 NasA 使这个过程更有效。

四、λ 溶原的建立 (establishing lysogeny)

前面述及的后早期基因不仅是烈性生长周期所必需的，而且是建立溶原所需要的。后早期基因以两种途径帮助 λ 溶原的建立：(1) 有些后早期基因是溶原状态 λDNA 在寄主染色体上的整合所必需的。(2) *cⅡ* 和 *cⅡ* 基因的产物促进 *cⅠ* 基因的转录从而产生 λ 阻遏子蛋白。这是溶原建立和维持的中心成分。

两个启动子 P_{RM} 和 P_{RE} 控制着 *cⅠ* 基因（见图 19-29）。P_{RM} 中的 RM 表示“阻遏子维持”的意思。这个启动子用于溶原期间保证阻遏子蛋白的不断供应以维持溶原状态。但是这个启动子不能用于建立溶原，因为在感染的初期没有 CⅠ 蛋白存在以激活从这个启动子的转录（CⅠ 蛋白是自身基因的正调节因子），而是靠另一个启动子 P_{RE} 来启动 *cⅠ* 的转录。在 P_{RE} 中的 RE 表示阻遏子建立的意思。P_{RE} 位于 P_R 和 *cro* 基因的右边，它指导转录过程通过 *cro* 基因再通过 *cⅠ* 基因。这样，在 P_{RE} 开始的转录可以在没有 CⅠ 蛋白的情况下使 *cⅠ* 基因表达。

由于 *cro* 基因是从 P_R 开始进行右向转录的，因此从 P_{RE} 的左向转录产生的 RNA 产物是 *cro* 基因的反义链和 *cⅠ*基因的正义链。这个 RNA 的 *cⅠ*部分可被翻译产生 CⅠ 阻遏子蛋白。但是 *cro* 基因的反义 RNA (antisense RNA) 不能被翻译。这个反义 RNA 对溶原的建立也有贡

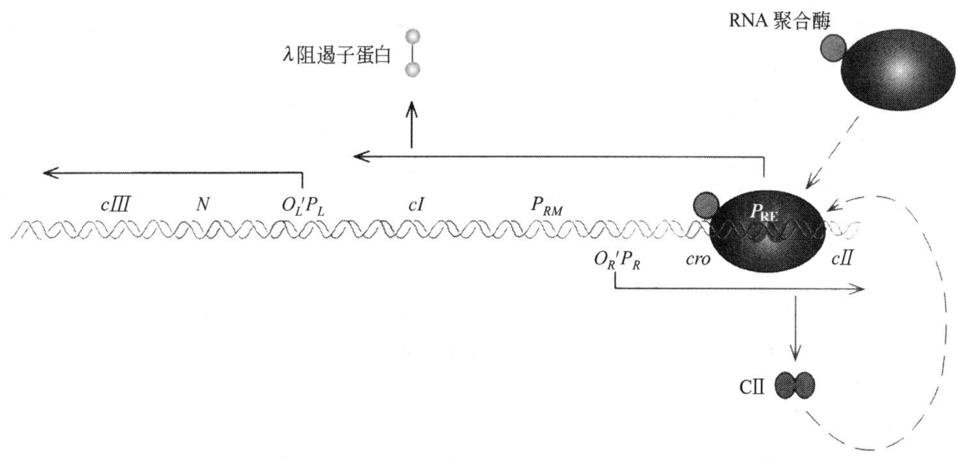

图 19-29 λ 噬菌体溶原状态的建立

从右向启动子 P_R 转录的后早期基因产物 *cⅡ* mRNA 产生 CⅡ 蛋白。CⅡ 蛋白帮助 RNA 聚合酶与 P_{RE} 结合，转录 *cⅠ* 基因产生 λ 阻遏子

献，因为这个*cro*的反义转录物和*cro* mRNA结合干扰它的翻译，由于CRO蛋白的功能是对抗溶原化的，故干扰*cro*的翻译可促进溶原化。同样，CⅡ蛋白刺激在*Q*基因内的一个左向启动子（*P anti-Q*）的转录。这个反向转录产生的*Q*基因的反义RNA阻断*Q*基因产物的产生。而Q蛋白是溶菌生长的晚期基因转录所必需的，阻断它的合成有利于λ溶原途径。

P_{RE}启动子有个特殊的要求，由于它的－10顺序和－35顺序与普通启动子没有明显的相似性，因此正常的大肠杆菌RNA聚合酶要识别P_{RE}还需要*c Ⅱ*基因的产物CⅡ蛋白的帮助，后者帮助RNA聚合酶对这个特殊启动子的结合。

Hiroyuki Shimatake和Martin Rosenberg在体外证明了*cⅡ*基因产物的活性。使用滤器结合实验表明，单独的CⅡ蛋白或RNA聚合酶都不能和含有P_{RE}的DNA片段结合。因而不能引起这个DNA片段附着于硝酸纤维素滤膜。而CⅡ蛋白加上RNA聚合酶就能把这个DNA片段结合于滤膜。因此证明CⅡ蛋白显然是能刺激RNA聚合酶对P_{RE}的结合。而且，这种结合是特异的，CⅡ只能促进RNA聚合酶对P_{RE}和另一个启动子P_I的结合。后者是*int*基因的启动子，它是λ噬菌体建立溶原所必需的，而它的表达也需要CⅡ蛋白。*int*基因参与λDNA在寄主基因组上的整合。

一些研究结果表明，CⅡ蛋白促进RNA聚合酶对P_{RE}的结合类似于CAP-cAMP。足迹法研究表明CⅡ蛋白结合在P_{RE}的－21至－44之间。在正常启动子DNA序列中这正好是RNA聚合酶的结合位点。进一步的研究表明CⅡ蛋白和RNA聚合酶分别在－21至－44之间的这一段DNA双螺旋结构相对的两个侧面。因此依靠两个蛋白的协同作用实现对这个特殊启动子的结合。

左向转录的晚早基因*c Ⅲ*的产物CⅢ蛋白也是建立溶原状态的相关因子。但CⅢ蛋白本身不直接参与转录调节，它的功能是延缓细胞蛋白酶对CⅡ蛋白的破坏，以促进在P_{RE}和P_I的转录，使溶原状态的建立成为可能。

五、溶原状态的维持和*cⅠ*基因的自我调节

一旦λ阻遏蛋白CⅠ蛋白出现，他们结合于λ的操纵基因O_R和O_L位点。CⅠ蛋白有双重功能，都有助于溶原状态的维持。首先它们开闭了进一步的早期转录，因此打断了溶菌生长周期。关闭*cro*基因特别重要。因为*cro*基因的产物CRO蛋白是反阻遏子。CⅠ蛋白的第二种功能是激活P_{RM}启动子刺激自身的合成。

图19-29说明CⅠ蛋白如何实现自身基因转录的激活。这个现象的关键是λ的左右向启动子的操纵基因O_R和O_L是各由三个元件组成。每个元件都可以结合阻遏子CⅠ。但是右向操纵顺序O_R更有意思，因为它控制*cⅠ*基因的左向转录，也控制着*cro*基因的右向转录。在O_R的三个结合位点称为O_R1，O_R2，O_R3。它们对λ阻遏子的亲和力十分不同：阻遏子对O_R1的结合力最大，其次是O_R2和O_R3的亲和力最小。而且阻遏子对O_R1和O_R2的结合是协同的。就是说当λ阻遏子结合于优先位点O_R1时，它能促进阻遏子对O_R2位点的结合。但是对O_R3的结合不具有协同性。

λ阻遏子是一个同亚基二聚体蛋白，每个亚基的结构状似哑铃型（如图19-30）。这个形状表明每个亚基有两个结构域，位于分子的两个末端，一个用于与DNA结合，另一个则用于两亚基之间的二聚化结合；并使阻遏子对DNA的协同性结合成为可能。一旦二聚化阻遏子结合于O_R1和O_R2位点，阻遏子占据的O_R2位点非常靠近RNA聚合酶在P_{RM}上的结合位点。这使得这两个蛋白实际上互相接触，这种接触不是妨碍，而是实现RNA聚合酶在P_{RM}启动子开始有效的转录所必需的。λ阻遏子以这种方式既起到右向转录的阻遏作用，又实现对自我基因的正调节作用（转录促进作用）。

随着λ阻遏子在O_R1和O_R2的结合，就不再会有从P_{RE}的转录，因为此时阻遏子阻断

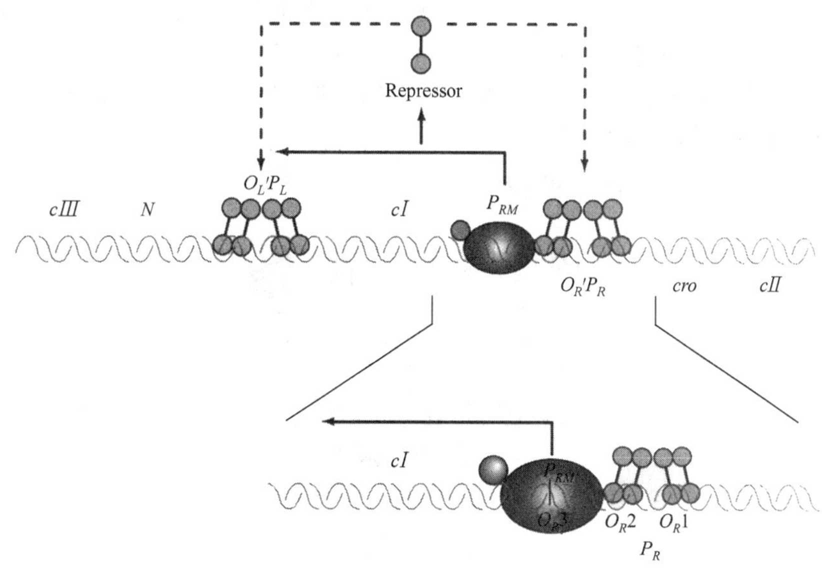

图 19-30 λ 噬菌体溶原状态的维持

了 $c\,II$ 和 $c\,III$ 的转录。而这两个基因的产物是启动 P_{RE} 转录所必需的。此时溶原状态已经建立。从 P_{RM} 转录产生的阻遏子蛋白可以维持溶原状态。P_{RM} 的转录使阻遏子蛋白获得小量供应，但是如果细胞内的阻遏子蛋白浓度过高，造成 CⅠ 蛋白结合到最弱的 O_R3 位点，而在这个位点的结合会暂停从 P_{RM} 的转录，这就可以造成 CⅠ 蛋白水平的下降，此时阻遏子首先从 O_R3 解离，cI 基因的转录重新开始。依靠这个机制 λ 阻遏子实现对自身基因表达的自调节，以维持 CI 蛋白在一定水平。λ 阻遏子的自调节和对 *cro* 基因转录的抑制都可以用实验证明。

六、λ 感染命运的决定：溶菌周期或溶原化

是什么决定一个 λ 感染的细菌细胞是进入溶菌（lysis）周期或是溶原化（lysogeny）？这两种途径的平衡是非常精细的。通常不能预料一个给定细胞要进入哪一种途径。支持这种说法的依据来自对感染 λ 的一组大肠杆菌细胞的研究。当几个噬菌体颗粒被撒在培养皿上的“细菌坪”上时，如果烈性感染（lytic infection，即溶菌感染）发生，子代噬菌体会感染邻近的细胞。几个小时后由于被感染细胞的溶解和死亡，会在细菌坪上产生一个环形的斑，这些斑称作噬菌斑（plaque）。如果感染造成细菌细胞 100％溶解，噬菌斑是清亮透明的，因为所有细胞都被溶解死亡。但是 λ 噬菌斑实际上不是很透明清亮的。相反，它们看上去有点浑浊。这表明存在着活的溶原化细胞。这说明即使在一个噬菌斑的局部环境中，一些细胞遭受溶菌感染，而其他细胞则被溶原化。

在这个噬菌斑中那些溶原化细胞为什么不受后来噬菌体的多重感染而导致细胞溶解呢？这个问题的答案是，如果一个新的噬菌体 DNA 分子进入已溶原化的细胞，存在于细胞中由第一个 λ 表达的许多 λ 阻遏子蛋白会与新噬菌体 DNA 结合从而防止它所有基因的表达。所以溶原菌对于超感染（superinfection）具有“免疫性”，所以把 λDNA 中处于 cI 基因周围的基因表达控制顺序称为“免疫区”（immunity region）。

上文提到在一个噬菌斑中有些细胞进入溶菌感染，有些细胞则被溶原化，这些细胞在遗传上是相同的。而这些 λ 噬菌体也是相同的，因此这种命运的选择不是遗传的原因，却更像是 cI 和 *cro* 两种基因产物之间的竞赛。这种竞赛发生在每个感染细胞之中，胜者决定细胞的感染途径：如果 cI 获胜，细胞将建立溶原；如果 *cro* 获胜，感染将是烈性的（细胞溶解）。上述观点的基础可描述如下：如果 cI 基因能够产生足够多的阻遏子，这个蛋白将结合于 O_R 和 O_L，防止早期基因的进一步转录，因而防止后期基因的表达。这后期基因能产生子代噬菌体和并造成细胞溶解。另一方面如果 Cro 蛋白足够多，这个蛋白能防止 cI 基因的转录，因而阻止溶原化（如图 19-31）。

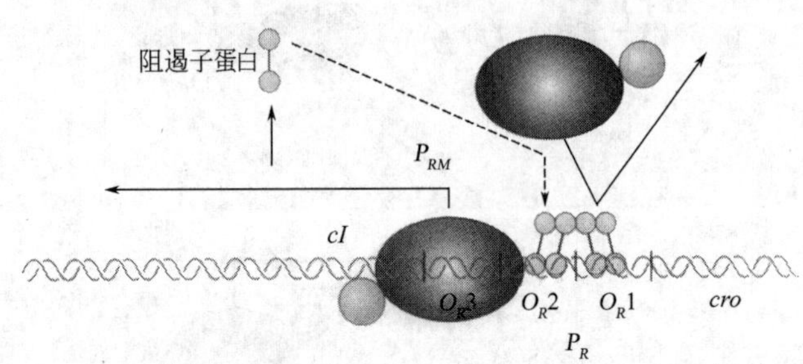

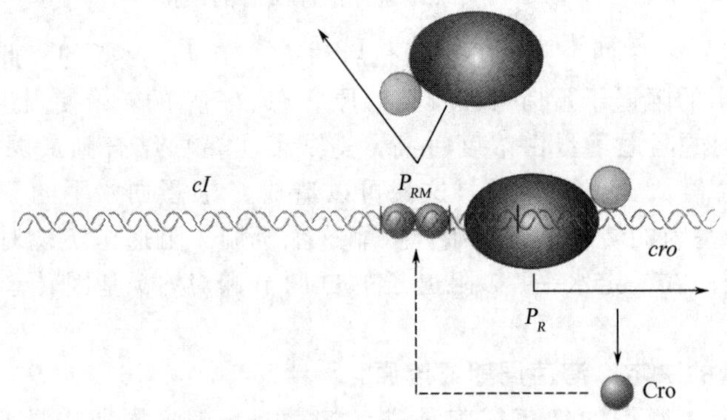

图 19-31　cI 基因和 *cro* 基因之间的竞争

Cro 反阻遏子蛋白阻断 cI 基因转录的能力在于它和 λ 操纵基因顺序亲和力的不同。像 λ 阻遏子蛋白一样，Cro 也和 O_R 和 O_L 结合。但是它和三个操纵基因位点的亲和力强弱的顺序正好和 CⅠ蛋白的亲和力 1＞2＞3 顺序相反，Cro 蛋白优先和 O_R3 结合。一旦它和 O_R3 结合便阻止了 cI 基因从 P_{RM} 的转录，因为 O_R3 和 P_{RM} 在顺序上是互相交盖的，换一句话说，Cro 蛋白实际上是 cI 基因的阻遏子。而且，当 Cro 蛋白填满了所有右向的操纵基因顺序时，它妨碍所有从 P_R 和 P_L 的基因转录，包括 cⅡ和 cⅢ。没有这些基因的产物，P_{RE} 就不起作用，因而 λ 阻遏子的合成被停止，这样溶菌生长得到保证。Cro 蛋白关闭早期转录也是溶菌生长所需要的。连续产生晚早期蛋白会使溶菌生长早产。

那么到底是什么因素决定 cI 或 *cro* 基因赢得胜利？实际上，最重要的因子好像是 cⅡ基因产物 CⅡ蛋白的浓度，细胞内 CⅡ的浓度越高越容易进入溶原化。这和我们已知的 CⅡ激活 P_{RE} 因而促进溶原进程的事实相一致。CⅡ还因此促进从 P_{RE} 的转录而产生 *cro* 的反义 RNA 干扰溶菌程序。

但是什么因素控制 CⅡ蛋白的浓度呢？已经知道 CⅢ蛋白能抗拒细胞的蛋白酶活性而保护CⅡ蛋白。破坏 CⅡ可保证 λ 感染进入烈性生长。这种高蛋白酶活性出现在细胞处于好的生长环境中，如富有营养的生长介质。相反，在饥饿环境中降低蛋白酶的水平。因此饥饿有利于溶原建立，而丰富介质促进溶菌生长（子代 λ 大量繁殖）。这种机制使 λ 的繁殖与环境相适应。

七、溶原的诱导

处于溶原状态的λ噬菌体（prophage，原噬菌体）能够用化学诱变剂或射线照射而被诱导进入溶菌生长周期。这是因为大肠杆菌会对环境造成的DNA损伤做出反应，诱导其产生一组称作“SOS反应”的许多活性基因产物。这些基因中有一个最重要的基因是recA基因，它的基因产物RecA蛋白参加DNA损伤的重组修复。但是环境损伤还诱导RecA蛋白中的另一种活性，使它成为辅蛋白酶（coprotease），它刺激λ阻遏子中的一种潜伏的蛋白酶活性。这种蛋白酶活性把λ阻遏子亚基切成两半，使之从操纵基因上解离。一旦这个过程发生，从P_R和P_L的转录即告开始，第一批被转录的基因中有*cro*，它的产物关闭任何λ阻遏子的进一步合成。溶原状态破坏，噬菌体的溶菌生长开始，这种机制使λ原噬菌逃离使DNA受损伤的环境。

第七节　真核基因表达的调节

转录起始是所有生物基因表达的关键调节点。虽然真核生物和细菌使用一些相同的调节机制，但两个系统的转录调节有着根本的不同。

我们把在调节序列不存在的情况下，启动子的活性和转录机器看成是转录基态。在细菌中RNA聚合酶一般都可以接近每个启动子，并在没有激活子或阻遏子的情况进行有效的转录，所以转录基态是不受限制的。但是，在真核细胞中，如果没有调节蛋白，那些强启动子一般都没有活性，因此，转录基态是受限制的。这种根本的不同产生区别真核生物和细菌基因表达的起码四种重要情况。

首先，接近真核启动子受到染色质结构的限制。转录激活和转录区域染色质的许多结构改变相关联。其次，虽然真核细胞也有正调节和负调节机制，但是在已研究过的所有系统中正调节作用占有支配的地位。因此，即便是基态的转录也受到限制，事实上，每个基因需要激活才能被转录；第三，比较细菌、真核细胞有着较大的、更复杂的多种调节蛋白。最后，真核细胞核中的转录与细胞质的翻译在空间上和时间上都是分开的。真核细胞调节装置的复杂性是空前的，如我们在下面讨论的，我们以一个最精细的装置，果蝇的发育级联调控来作为本章的结尾。

一、转录活性染色质在结构上区别于灭活染色质

染色体结构对真核基因表达调节的影响和细菌没有可比性，在真核细胞周期中，间期染色体初看起来是分散的，不定型的。仔细观察染色体存在几种不同形式的结构。大概有10%的染色质以比其他染色质更紧密的形式存在，这种形式称为异染色质（heterochromatin），它们是无转录活性的。异染色质一般与特殊的染色质结构相关联，如着丝粒。其他的不太凝集的染色质称作常染色质。

当DNA凝集成异染色质的时候，真核基因的转录受到强烈的抑制。不是所有的常染色质都有转录活性。转录活性染色质区不仅表现为更开放的染色质结构，而且存在特殊成分和特殊的修饰。转录活性染色质趋向于缺失组蛋白H1，这种组蛋白结合于两个核小体之间的连接DNA，并且富含组蛋白变种H3.3和H2AZ。

在具有转录活性的染色质和异染色质之间区别在于共价修饰的情况。核小体的核心组蛋白（H2A，H2B，H3，H4）有赖氨酸和赖氨酸残基的甲基化修饰，Ser和Thr的磷酸化修饰，乙酰化修饰，泛素化修饰或Sumo化。已了解的这些共价修饰的情形，导致一些研究者认为存在着一种“组蛋白密码”（histone code），这种由酶识别的修饰图形改变染色质的结构。和转录激活相联系的修饰主要是甲基化和乙酰化，它能由酶识别并使染色质更易于被转录机器所接近。一些修饰对染色质与一些蛋白相互作用是必需的，它们在转录中起作用。

真核生物 DNA 中的 CG 序列的胞嘧啶 5-甲基化是普遍存在的。但是在转录活性染色质中，它们趋向于低甲基化。而且，细胞中基因被表达的位点比不被表达的位置更经常是低甲基化的。所有的情况意味着准备转录的活性染色质，必须除去潜在的结构壁垒。

二、染色质的乙酰化和核小体置换

与转录相关的染色质结构改变称为染色质重构（chromatin remodeling）。这个机制的细节逐渐被人们所了解，包括一些参与这个过程的酶已被证实。这些酶包括促进核心组蛋白乙酰化和脱乙酰化的酶，以及使用 ATP 的化学能去改造 DNA 上核小体的酶。

每个核心组蛋白（H2A，H2B，H3，H4）都有两个独特结构域，一个中心结构域参与组蛋白与组蛋白相互作用及与 DNA 相结合；另一个富赖氨酸的氨基末端结构域总是靠近核小体颗粒的外部。这些赖氨酸残基被组蛋白乙酰转移酶（HATs）乙酰化。细胞质 B 型组蛋白乙酰转移酶在新合成组蛋白被输入细胞核之前乙酰化组蛋白。由另外两个蛋白质促进这些组蛋白组装入染色质：CAF1 帮助 H3 和 H4，NAP1 帮助 H2A 和 H2B。

当染色质要被激活时，核小体上的组蛋白进一步被核（A 型）HATs 乙酰化。对赖氨酸残基的多重乙酰化能减少整个核小体对 DNA 的亲和力，乙酰化可能也妨碍或促进核小体和参与转录和调节的其他蛋白的相互作用。当一个基因不需要再转录时，核小体的乙酰化被组蛋白脱乙酰化酶所降低，这是恢复染色质转录灭活状态的基因沉默过程的一部分。

染色质重构还需要移动和替换核小体的蛋白质复合物。在这个过程中水解 ATP。所有真核细胞中发现的酶复合物 SWI/SNF 起码含有 11 条多肽（总相对分子质量 M_r 2×10^6，表 19-1），它们一起创造超敏感位点并刺激转录因子的结合。不是每个基因的转录都需要 SWI/SNF。NURF（表 19-1）是另一个依赖 ATP 的酶复合物。它改造染色质的方式是 SWI/SNF 复合物的一种补充。这些酶复合物在使染色质准备被转录的过程中起重要作用。

表 19-1　催化染色质结构改变的一些酶复合物

酶复合物	寡聚体结构	来源	活性
GCN5-ADA2-ADA3	3 条多肽	酵母	GCN5 有 A 型 HAT 活性
SAGA/PCAF	>20 条多肽	真核生物	包括 GCN5-ADA2-ADA3
SWI/SNF	>11 条多肽，$M_r 2\times10^6$	真核生物	依赖 ATP 改造核小体
NURF	4 条多肽，M_r500000	果蝇	依赖 ATP 改造核小体
CAF1	>2 条多肽	人，果蝇	负责把 H3，H4 结合于 DNA
NAP1	1 条多肽，M_r125000	真核生物	负责把 H2A，H2B 结合于 DNA

三、许多真核启动子是正调节的

如前所述，真核 RNA 聚合酶对它们的启动子很少或没有亲和力，转录的起始总是依赖多个激活子蛋白的联合作用。真核生物基因大部分使用正调节机制的一个主要原因是染色质内储存的 DNA 使大部分启动子具有不可接触性。因此，在其他调节作用不在的时候基因总是沉默的。染色质结构造成许多启动子难以接触，因而阻遏子与 DNA 结合以阻止 RNA 聚合酶的对启动子的接近（起负调节作用）就显得多余了。另一些采取正调节的原因是真核基因组太大及正调节作用的高效率。在真核基因组大得多的情况下调节蛋白对特殊 DNA 顺序的结合特异性降低。特异顺序在大的基因组中随机存在于不同位点的概率增加。改进特异性的方法之一是使用多个调节蛋白。由几个不同蛋白的结合顺序框定正确的转录起点使其随机性可以忽略不计。如果使用几种负调节蛋白则不能改善其特异性，因为一个阻遏蛋白的结合就足以阻遏 RNA 聚合酶的转录。但是如果是几个正调节蛋白，它们必定各自有自己的

DNA 结合顺序，如果这些蛋白形成复合物，转录起始的特异性就可被改善。在多细胞有机体中一个基因所拥有的调节位点的平均数超过 5 个。使用正调节机制的另一个原因是在一个大的基因组中正调节更简单、更有效率。如果在人体的约 35000 个基因使用负调节机制，那么每个细胞必须合成足够浓度的 35000 种不同阻遏蛋白以进行特异性结合。在正调节中，大多数基因通常处于无活性状态（即 RNA 聚合酶不结合启动子）。细胞只要选择性地合成一组激活蛋白就可以激活一套细胞所需的基因的转录。

尽管有上述原因，从酵母到人的这些真核生物中还是有一些负调节的例子。

四、反激活蛋白和辅激活蛋白促进普通转录因子的组装

在开始探讨真核生物基因表达的调节之前，要进一步讨论一下负责真核 mRNA 合成的 RNA 聚合酶Ⅱ，虽然大部分 RNA 聚合酶Ⅱ的启动子含有 TATA boX 和 Inr（起始子）顺序，但是不同启动子在调节转录时所需的附加顺序，在数量和位置上有着巨大的差别。这些附加顺序在高等生物中叫做增强子（enhancers），在酵母中称作上游激活顺序（upstream activator sequences，UASs）。一般的增强子顺序可以在远离转录起始点的上游几百个甚至几千个碱基对处。甚至可能在其基因内部。在一些调节蛋白结合之后，这些增强子可以增加邻近基因的转录活性，不管它们的取向如何。酵母的 UAS 顺序以类似方法起作用，但它们一般须得在转录起始点上游几百个碱基对以内。一般的真核启动子可能有五六个这样的附加调节顺序，甚至更复杂的启动子也十分普遍。

RNA 聚合酶Ⅱ在一个启动子上的成功结合通常需要其他蛋白的帮助（图 19-32）。这些辅助蛋白有三种类型。第一类叫做“基本转录因子”（basal transcription factors），它们是每个 RNA 聚合酶Ⅱ启动子都需要的；第二类叫做“结合 DNA 的反激活蛋白”（DNA-binding transactivators），它们和增强子或 UASs 顺序结合以促进转录；第三类是一组称为“辅激活子”（coactivators）的蛋白，它们不和 DNA 结合，它们的作用不是直接的，但是负责 DNA 结合反激活子与由一般转录因子和 RNA 聚合酶Ⅱ组成的复合物之间的沟通。有一批阻遏蛋白能够干扰 DNA 结合反激活子与 RNA 聚合酶之间的沟通，导致转录的阻遏［图 19-32(b)］。

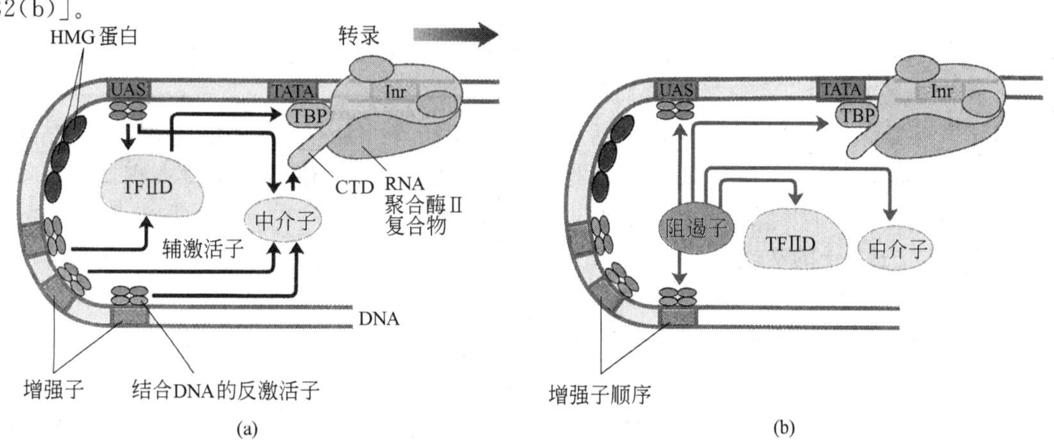

图 19-32　真核启动子和调节蛋白

RNA 聚合酶Ⅱ和它的相关普通转录因子在 TATA 盒及 Inr 位点形成预起始复合物。这是一个由 DNA 结合反激活蛋白通过 TFⅡD 和中介蛋白促进的过程；(a) 示一个带有典型顺序因子和蛋白复合物的真核复合启动子，RNA 聚合酶Ⅱ的羧基末端结构域（CTD）是中介蛋白或其他蛋白作用的关键位点；(b) 一些真核转录阻遏作用的模式，有些阻遏子直接结合 DNA，替换激活所需的蛋白复合物；其他阻遏子和转录激活复合物的不同部位作用以防止激活，可能的作用点如箭头所示

第八节　真核基因表达的调节蛋白

一、TATA 结合蛋白

TATA 结合蛋白 TATA（-box）binding protein（TBP）是在 RNA 聚合酶Ⅱ启动子的 TATA box 上组装预起始复合物（preinitiation complex）的第一个成分。这个复合物包括普通转录因子 TFⅡB，TFⅡE，TFⅡF，TFⅡH，RNA 聚合酶Ⅱ，大概还有 TFⅡA。虽然它们是转录所必需的，但是这个最低预起始复合物对于调节是相对不敏感的。如果启动子被隐藏在染色质内，这个起始复合物可能无法形成。导致转录的正调节过程是由下述的反激活子和辅激活子赋予的。

二、DNA 结合反激活蛋白（DNA-binding transactivator）

对反激活蛋白的需求因不同启动子而不同，有一些反激活蛋白促进几百个启动子的转录，而有些反激活蛋白只特异于几个启动子。许多反激活蛋白对结合信号分子很敏感，因而给细胞提供因环境改变而激活转录或去激活的能力。有些结合 DNA 的反激活蛋白结合于增强子，因而离启动子的 TATA box 顺序相当远。结合 DNA 反激活蛋白如何在远距离起作用？这个答案以前已介绍过，那就是中间的 DNA 形成环，使各种蛋白质复合物能直接互相作用。这种 DNA 环化可以被一些染色质上很丰富的非组蛋白蛋白所促进，这些蛋白非特异地与 DNA 结合。这些高淌度蛋白（high mobility group，HMG。在电泳中有高泳动速度）在染色质重构和转录激活中起重要的结构作用。

三、辅激活蛋白复合物

大部分转录需要附加蛋白质复合物的参与。有些与 RNA 聚合酶Ⅱ相结合的主要调节蛋白复合物已经作出遗传学和生物化学鉴定。这些辅激活复合物是结合 DNA 反激活蛋白与 RNA 聚合酶Ⅱ之间的中介物。

研究得最清楚的辅激活子是转录因子 TFⅡD。在大多数真核生物中，TFⅡD 是一个包括 TBP 和十多个 TBP 相连蛋白质因子（TBP-associated factors，TAFs）的复合物。一些 TAFs 和组蛋白类似，可能在转录激活过程中起替换核小体的作用。许多结合 DNA 的反激活子可能与一个或多个 TAFs 相结合而促进转录起始。

另一个在酵母中发现的主要的辅激活子，是由约 20 个多肽组成一个称为中介子（mediator）的蛋白质复合物。它紧紧地结合在酵母 RNA 聚合酶Ⅱ的羧基末端结构域（carboxyl-terminal domain，CTD），从酵母到人的一系列生物中已发现一些中介子的同源蛋白。尚不知道 TFⅡD 和中介子的功能是不是独特的，还是互补的，或是交盖的。和 TFⅡD 一样，一些结合 DNA 的反激活子已证明也和一个或更多的中介子复合物成分相结合。辅激活子复合物在启动子的 TATA 盒上或附近起作用。

四、转录激活过程

现在，把 RNA 聚合酶Ⅱ的转录激活事件的顺序整合到一起。首先，严格的染色质重构按步骤进行，一些结合 DNA 反激活蛋白对它的结合位点有极大的亲和力，即便这些结合位点在凝集的染色质内部。一个反激活子的结合可能促进其他蛋白的结合，因此，逐步地替换一些核小体蛋白质成分。

然后，结合 DNA 的反激活子可以直接和 HATs 或 SWI/SNF 这样的蛋白质复合物相互作用，促进周期染色质的重构。按这种方法一个结合了 DNA 的反激活子能够招来进一步改造染色质所需的其他成分，促进特异基因的转录，DNA 结合反激活子一般通过 TFⅡD 或中介子这样的复合物的作用，稳定 RNA 聚合酶Ⅱ和它相关的转录因子的结合，并大大促进预转录复合物的形成。这些调节系统的复杂性不是例外而是普遍的，它们使用多重 DNA 结合反激活子促进转录。

五、可逆转录激活

有些真核调节蛋白能结合于 RNA 聚合酶Ⅱ的启动子而起到阻遏子的作用，抑制活性预转录复合物的形成［图 19-32（b）］。虽然这种情况比较罕见。一般反激活蛋白能采取多种构象，使它们成为转录激活子或阻遏子，例如，一些甾体激素受体在核中能作为结合 DNA 的反激活子，当特殊激素信号存在的时候刺激一些基因的转录。当激素信号不存在的时候，这种受体蛋白质恢复它的构象变成阻遏子防止预起始复合物的形成。在某些情况下，这种阻遏过程包括和组蛋白脱乙酰化酶及其他一些蛋白的相互作用使周围的染色质恢复成转录灭活状态。

六、酵母半乳糖代谢基因既有正调节也有负调节

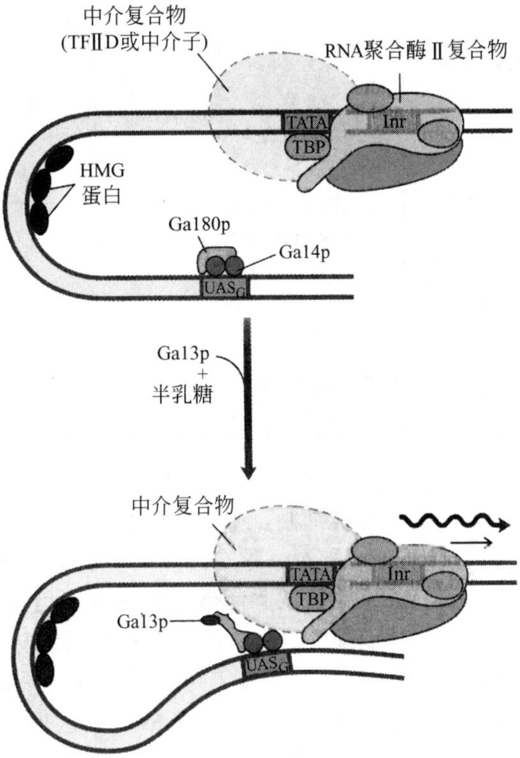

上面介绍的一些一般调节原理可以以一个研究得很清楚真核调节途径做例子（图 19-33）。在酵母中这些向细胞内输入并代谢半乳糖（*GAL*）的酶是由散布在几个染色体上基因编码的（见表 19-2）。

图 19-33　酵母中半乳糖分解代谢基因表达的调节
半乳糖被输入细胞后被变成 6-磷酸半乳糖，然后由一个 6 个酶参加的 6-磷酸半乳糖途径代谢，这些酶散布在三个染色体的不同位置。这些基因转录的调节是由蛋白质 Gal 4p，Gal 80p 和 Gal 3p 联合进行的。Gal 4pDNA 结合反激活蛋白起主要作用。Gal 4p/Gal 80p 复合物在基因激活中是灭活的。半乳糖和 Gal 3p 的结合以及它和 Gal 80p 的互相作用导致 Gal 80p 构象的改变，使得 Gal 4p 在转录激活中发挥作用

酵母没有操纵子结构，每个 *GAL* 基因都是单独转录的。但每个 *GAL* 基因有类似的启动子，并由共同的一套蛋白质协同调节。这些 *GAL* 基因的启动子都有 TATA box 和 Inr 顺序，以及由 DNA 结合转录激活蛋白Gal 4p蛋白（Gal 4p）识别的上游激活顺序（UAS$_G$）。半乳糖代谢基因的表达是由包括 Gal 4p 和另两种蛋白，Gal 80p 和 Gal 3p（图 19-33）之间的相互作用促进的。

Gal 80p 和 Gal 4p 形成一个复合物防止 Gal 4p 在 *GAL* 启动子上起激活作用，当向细胞提供半乳糖时，它结合 Gal 3p，然后 Gal 3p 和 Gal 80p 结合，释放了 Gal 4p，使 Gal 4p 去激活不同的 *GAL* 启动子。

其他蛋白复合物也有激活 *GAL* 基因转录的作用。它们可能包括用于组蛋白乙酰化的 SAGA 复合物，核小体重构的 SWI/SNF 复合物和中介子复合物。图 19-34 提供了一个真核细胞转录激活过程中调节蛋白质之间相互作用的概况。

表 19-2 酵母中参与半乳糖分解代谢的基因

基因分类	蛋白质功能	染色体位置	蛋白质大小（残基数）	不同碳源时的蛋白质表达量		
				葡萄糖	甘 油	半乳糖
被调节基因						
GAL1	半乳糖激酶	Ⅱ	528	−	−	+++
GAL2	半乳糖透过酶	Ⅻ	574	−	−	+++
PGM2	葡萄糖磷酸变位酶	XIII	569	+	+	++
GAL7	半乳糖-1-磷酸尿苷酸转移酶	Ⅱ	365	−	−	+++
GAL10	UDP-葡萄糖-4-差向异构酶	Ⅱ	699	−	−	+++
MEL1	α-半乳糖苷酶	Ⅱ	453	−	+	++
调节基因						
GAL3	诱导蛋白	Ⅳ	520	−	+	++
GAL4	转录激活蛋白	XVI	881	+/−	+	+
GAL80	转录抑制蛋白	XIII	435	+	+	++

像细菌一样葡萄糖是酵母优先利用的碳源。当葡萄糖存在时，不管半乳糖存在与否，大部分 *GAL* 基因都被抑制。上文介绍的 *GAL* 调节系统可以被一种由几个蛋白参与的复杂分解代谢阻遏系统所抑制，这在图 19-34 中没有显示。

七、结合 DNA 的反激活蛋白具有组件型结构

DNA 结合反激活蛋白一般有一独特的结构域用于结合 DNA，一个或更多的其他结构域用于转录激活或与其他蛋白相互作用。两个调节蛋白之间的相互作用常常是由含亮氨酸拉链或螺旋-环-螺旋模序的结构域介导的。在这里讨论三种 DNA 结合反激活子 Gal 4p，Sp1 和 CTF1（CCAAT-结合转录因子 1，CCAAT-binding transcription factor 1），用于激活的独特结构域（图 19-35）。

Gal 4p 在它的氨基末端用于结合 DNA 的结构有一个类锌指结构。这个结构含有 6 个半胱氨酸残基和两个 Zn^{2+} 形成配位键结合。这个蛋白是以同亚基二聚体的形式起作用，两亚基依靠互相缠绕的螺旋二聚化，结合于 UAS_G 顺序的一个 17bp 长的回文结构。Gal 4p 有一独立的含有许多酸性氨基酸残基的激活结构域。用取代 Gal 4p 酸性激活结构域（acidic activation domain）某些肽顺序的实验表明这个结构域的酸性性质对它的功能是至关重要的。虽然它的氨基酸顺序可以有许多变化。

Sp1（M_r80000）是一大批高等真核生物中的一种 DNA 结合结构域。它的 DNA 结合位点是 GC 盒（交感顺序为 GGGCGG）。这个顺序经常离 TATA 盒很近。Sp1 蛋白的 DNA 结合结构域靠近它的羧基末端且含有 3 个锌指。Sp1 中的两个其他结构域起激活转录的作用。它们的显著特点是 25％的氨基酸残基是谷氨酰胺。一系列其他激活蛋白也有这种“富谷氨酰胺结构域”(glutamine-rich domains)。

CTF1 组成一个 DNA 结合反激活子（antiactivator）家族，它们结合的 DNA 顺序叫 CCAAT（交感顺序为 $TGGN_6GCCAA$，N 为任意一个核苷酸）。CTF1 的 DNA 结合结构域含有许多碱性氨基酸残基，结合区是一个 α 螺旋。这个蛋白既不含螺旋-转角-螺旋（HTH）也不含锌指模序，它的 DNA 结合机制尚待研究。CTF1 有一个富脯氨酸激活结构域（proline-rich activation domain），其脯氨酸残基占 20％。

调节蛋白分开的激活结构域和 DNA 结合结构域的功能常常是完全独立的，这已经被“结构域交换”实验所证明。CTF1 的富脯氨酸结构域可以用遗传工程方法连接到 Sp1 的 DNA 结合结构域，以创造一个嫁接蛋白，它像通常的 Sp1 一样结合 DNA 上的 GC 盒激活

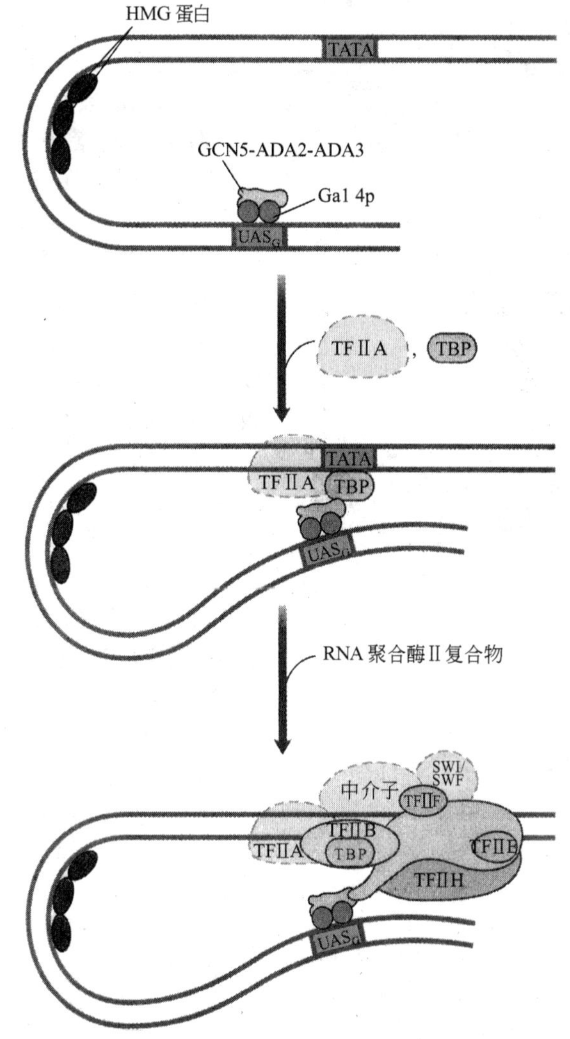

图 19-34　与真核生物相关的一组参加转录激活的蛋白质复合物

此图用 *GAL* 系统来说明转录激活过程的复杂性，但不是所有影响 *GAL* 基因转录的蛋白复合物都知道。这些蛋白质复合物影响许多基因的转录。复合物的组装是阶段式的，DNA 结合反激活子首先结合 DNA，然后另一些蛋白质复合物改造染色质，使转录开始

附近的启动子转录（图 19-35）。Gal 4p 的 DNA 结合结构域也曾被实验替换成原核 LexA 阻遏子的 DNA 结合结构域。这个嫁接的蛋白既不和 UAS_G 结合，也不激活 Gal 4 基因，除非把 UAS_G 顺序替换成 LexA 识别位点。

八、真核基因表达的细胞间和细胞内信号调节

甾体激素（steroid hormone）对基因表达的影响提供了另一类真核调节蛋白和分子信号直接作用进行调节的例子。不像其他类型的激素，甾体型激素不和质膜受体结合。相反，它们和细胞内受体结合。这些受体本身就是转录的反激活子。甾体激素（如雌激素、孕酮、皮质醇等）由于其疏水性而不易溶入血液。它们靠特殊载体蛋白携带，从它的释放点进入靶组织。在靶组织中，激素靠简单的扩散通过质膜，并和核中的特异受体蛋白结合（图 19-36）。激素受体复合物结合在被称为激素反应元件（hormone response elements，HREs）的特异 DNA 顺序起作

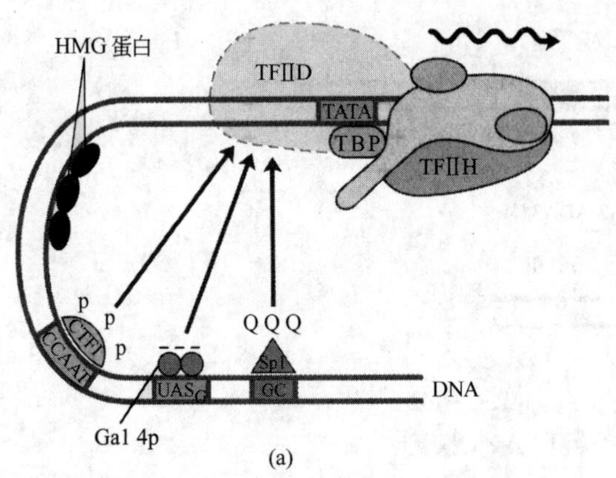

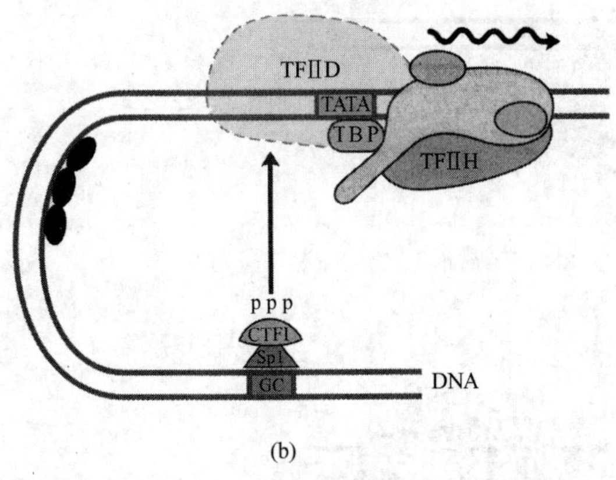

图 19-35 DNA 结合反激活子

(a) 像 CTF1，Gal 4p 和 Sp1 这样的典型 DNA 结合反激活子有一个结合 DNA 的结构域，其激活区的性质以符号表示，----表示酸性；QQQ 表示富含谷氨酰胺；PPP 表示富含脯氨酸。所有这些蛋白靠和中介性复合物 TFⅡD 或中介子的互相作用激活转录；(b) 一个含有 Sp1 的 DNA 结合结构域和 CTF1 的激活结构域的嫁接蛋白，如果在 GC 盒存在的时候能激活转录

用。激素的结合触发了受体蛋白构象的改变，使它能和其他转录因子互相作用。结合激素的受体复合物既可以增强也可以抑制相邻基因的表达。

各种被激素受体复合物结合的 DNA 顺序（HREs）在长度和排列上是类似的，但在顺序上是不同的。每种受体有一个 HRE 交感顺序以便很好地结合（表 19-3）。每个交感顺序由 2 个 6 核苷酸的顺序组成，或者相连，或者由 3 个核苷酸残基分开，以串联或回文结构（palindrome）排列。激素受体有高度保守的 DNA 结合结构域，含 2 个锌指（图 19-36）。激素受体以二聚体的形式结合 DNA，每个锌指结构域识别一个 6 核苷酸顺序。一个激素通过激素受体复合物改变一个特异基因表达的能力依赖于 HRE 顺序、它和基因的相对位置以及和基因相连的 HRE 顺序的数目。与 DNA 结合结构域不同，受体蛋白的配基结合结构域总在羧基末端，并且十分特异于特别受体。在配基结合区，皮质醇受体仅有 30%类似于雌激素受体。受体结合区的大小变化很大，在维生素 D 受体中仅有 25 个氨基酸残基，而在盐皮质激素受体中有 603 氨基酸残基。在这个区域突变改变一个氨基酸能够导致对特异激素反应性的丧失。有些人对皮质醇、睾丸酮、维生素 D 或甲状腺素没有反应，就是因为有这种类型的突变。

一些激素受体，包括人的孕酮受体，有一种不寻常的辅激活子——甾体受体 RNA 激活子（steroid receptor RNA activator，SRA），一个约 700 个核苷酸残基的 RNA 分子帮助激活转录。这种 SRA 是一种核糖核蛋白的一部分，但是它是转录辅激活所必需的 RNA 成分。这种基因调节系统中 SRA 与其他成分相互作用的细节尚待研究。

九、通过磷酸化核转录因子的调节

在前面章节提到，胰岛素对基因表达的影响是通过一系列最终导致细胞核中蛋白激酶的激活实现的。这些激酶磷酸化特异 DNA 结合蛋白，因而改变它们的反激活能力。这是介导

表 19-3 由甾体型激素结合的激素反应元件（HREs）

受体蛋白	所结合的交感顺序	受体蛋白	所结合的交感顺序
雄激素	GGA/TACAN$_2$TGTTCT	维生素 D	AGGTCAN$_3$AGGTCA
糖皮质激素	GGTACAN$_3$TGTTCT	甲状腺激素	AGGTCAN$_3$AGGTCA
视黄酸	AGGTCAN$_5$AGGTCA	RX	AGGTCANAGGTCANAGGTCANAGGTCA

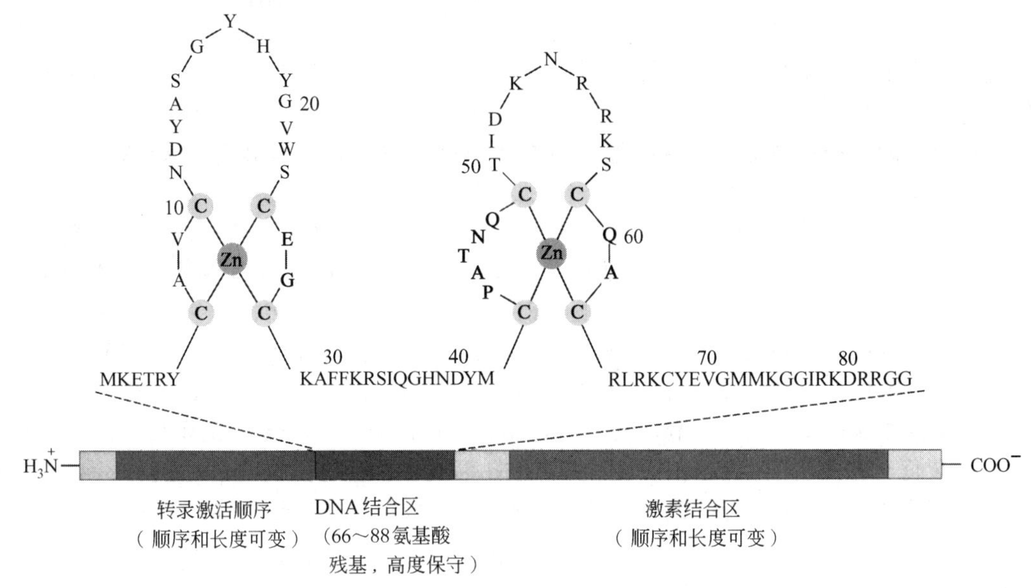

图 19-36 典型的甾体激素受体

这些受体蛋白有个激素结合点，还有一个 DNA 结合结构域，和一个对被调节的基因的激活区域。高度保守的 DNA 结合结构域有两个锌指。这里显示的顺序是雌激素受体的顺序，但粗线中的氨基酸残基对所有甾体激素受体都是共同的

非甾体型激素效应的普遍机制。例如，导致细胞 cAMP 提高的 β-肾上腺素能途径。由于 cAMP 是真核生物（也是原核生物）的第二信使，因而影响一批基因的转录，这些基因靠近一个被称为 cAMP 反应元件（cAMP response element，CRE）的特殊 DNA 顺序附近。当 cAMP 水平提高，蛋白激酶 A 的催化亚基释放，并进入核内，它磷酸化一种核蛋白——CRE 结合蛋白（CREB），当它被磷酸化，CREB 结合 CRE 附近基因，起转录激活子的作用，打开这些基因的表达。

第九节　真核生物 mRNA 的翻译阻遏

真核生物在翻译水平的调节比起细菌有更重要的作用。和细菌细胞中转录和翻译紧密偶联的情况不同，真核转录物产生后必须在核内加工修饰，然后被送入胞质进行翻译。这就造成蛋白质合成的耽搁。当一种蛋白质需要迅速增加，在胞质内翻译性阻遏（translational repression）的 mRNA 能被迅速激活用于翻译。翻译调节对那些很长的真核基因可以起到重要作用（有些基因以百万碱基对计）。这些基因进行转录和加工可能需要几个小时，一些基因对转录和翻译都进行调节，后者对细胞蛋白质水平起微调作用，在一些无核细胞中，例如网织红细胞（未成熟红细胞），转录控制完全不存在，所以储存 mRNA 的翻译控制就成为主要的了。翻译控制在胚胎发育期间还有重要的空间重要性，在胚胎中预置 mRNA 的翻译产生的蛋白质产物创造出一种局部梯度，造成头尾两极的形成。

真核生物起码有三种主要的翻译调节机制。

① 翻译起始因子被一些蛋白激酶磷酸化。磷酸化形式的起始因子常常活性降低，导致细胞中翻译的普遍阻遏。

② 一些蛋白直接结合于 mRNA 起到翻译阻遏子的作用，有些蛋白结合于 3′末端非翻译区（3′UTR）的特殊位置。在这个位置，这些蛋白与其他结合于 mRNA 或 40S 核糖体亚基的翻译起始因子相互作用，防止翻译起始。

③ 一种结合蛋白破坏真核生物 eIF4E 和 eIF4G 之间的互相作用。这种蛋白在哺乳动物中叫 4E-BPs。当细胞生长缓慢时，这些蛋白结合于通常 eIF4E 与 eIF4G 相互作用的位点以限制翻译。当细胞对生长因子或其他刺激作出反应重新开始生长时，这些结合蛋白被蛋白激酶依赖的磷酸化作用灭活。

多种多样的翻译调节提供一种弹性，使有些阻遏只发生在少数几种 mRNA，或者实现细胞翻译的总调节。

在网织红细胞中的翻译调节已被详细研究，在这种细胞中的调节机制都涉及真核生物翻译起始因子 2（eIF2）。这个起始因子结合起始 tRNA 并把它运送到核糖体。当 Met-tRNA 已结合到 P 位，eIF2B 结合于 eIF2，在被 eIF2 结合 GTP 水解作用的帮助下，进入重新循环。网织红细胞的成熟包括细胞核的破坏，仅剩下质膜包裹着血红蛋白，mRNA 在核丢失之前被投入细胞质以合成所需的血红蛋白，当网织红细胞缺少铁或血红素的时候，珠蛋白 mRNA的翻译受到阻遏。有一叫做 HCR（hemin-controlled repressor）的蛋白被激活，催化 eIF2 的磷酸化，在此磷酸化形式中 eIF2 和 eIF2B 形成一个稳定的复合物，隔离了 eIF2，使它不能参与翻译。网织红细胞以这种方式协调血红素的数量和珠蛋白合成。

第十节 发育过程中调节蛋白的级联控制

真核生物由受精卵（合子）发育成含有许多不同组织不同类型细胞的有机体，其基因组的表达也要协调机体形态学和蛋白质成分的变化。许多基因在发育过程中的某一时期才表达。在海胆卵母细胞中大概有 18500 种 mRNA，但在不同分化组织中只有约 6000 种 mRNA。存在于卵细胞中的这些 mRNA 造成级联（a cascade of events）控制过程，在空间和时间上调节许多基因的表达。

几种生物已被开发成研究发育的重要模型，包括线虫（nematodes）、果蝇、斑马鱼（zebra fish）小鼠和植物拟南芥（*Arabidposis*）。在果蝇发育过程中的分子事件研究已取得重要进展，这里集中讨论果蝇的发育以说明一些重要原理。

果蝇（*Drosophila melanogaster*）有着复杂的生命周期，可以由胚逐渐发育成完全变态的成虫。果蝇胚最重要的特征是它的极性（即此时它的头部、尾部、背部及腹部已经可以区分）和它的分节现象（即其胚体是由具有特征性图形的重复节段组成）。果蝇的成虫也是分节的，这些节段分别组成头部、胸部和腹部（图 19-37）。成虫胸部每个节段都带有不同附肢，这些特征都是遗传控制的。一系列控制果蝇体征的基因已被发现，它们剧烈地影响果蝇身体的组织。这些结果已经提供了发育是如何被调节的重要线索。

果蝇的卵形成时围绕着 15 个助细胞和一层卵泡细胞，卵细胞在受精之前，mRNA 和蛋白质在助细胞和卵泡细胞中生成并被转入卵细胞，这些 mRNA 和蛋白质在果蝇发育中起到重要作用。

用于调节果蝇体征及在后续阶段发育中起作用的主要基因类型如下。①母性基因（maternal genes）。在未受精卵中表达导致母性 mRNA 产生，并被保持直至受精，它们提供早期发育的大部分蛋白，由这些 mRNA 编码的蛋白在早期阶段指导胚空间组织的形成，建立它们的极性。②在受精之后，节化基因（segmentation genes）从细胞基因组转录，并指导身体形成正确数目的体节。起码有三个亚组的节化基因在以后阶段中起作用：体缝基因（gap genes）把发育中的胚分成 4 个区域，界定 7 个条纹。节段极化基因确定 14 个条纹它们成为正常胚的 14 节段。③其后，同质异形基因（homeotic genes）表达并影响各个体节的独特特征。

这三类基因中已有 40 多个基因被发现，新发现基因的数目还在增长。它们指导果蝇成

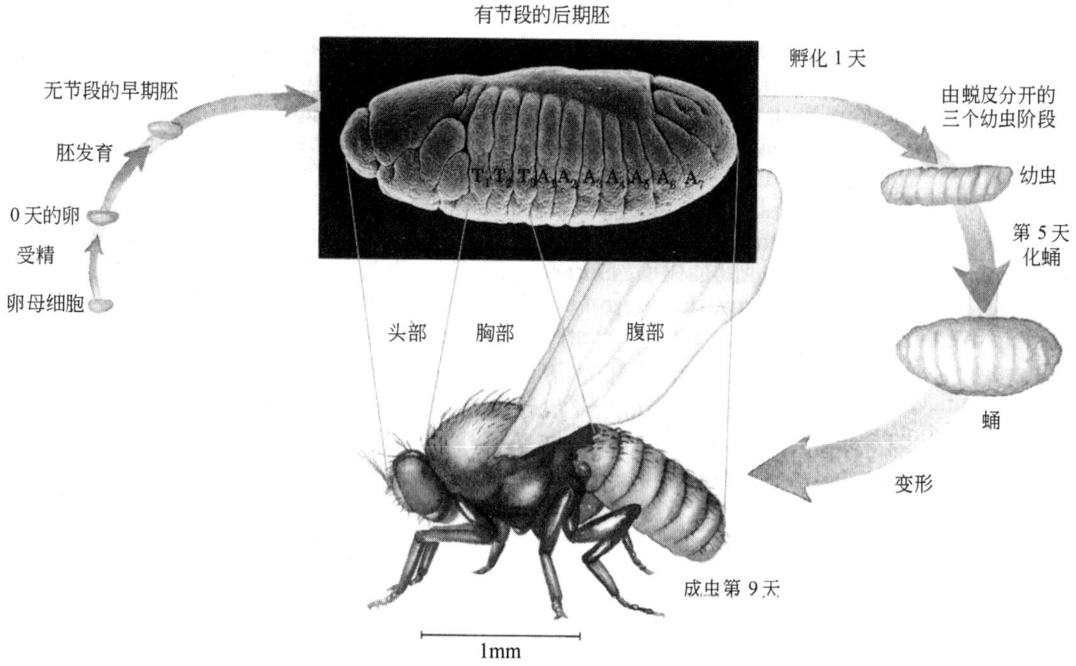

图 19-37　果蝇的生活周期

完全变形意味着果蝇成虫完全不同于它的未成熟阶段，这种转化需要在发育期间作广泛的改变。在胚发育的后期阶段，体节形成，每个体节有不同的结构，不同体节发育生成不同附肢和成虫的形状

虫的头部、胸部、腹部、正确体节以及体节上的附肢的发育。虽然胚胎发生需用一天才能完成，所有这些基因在前四个小时内激活。一些 mRNA 和蛋白质在这期间某一阶段只存在6～8min。这类基因中有许多显然是为影响发育级联渐进的基因表达的转录因子编码的。

一、母性基因

在果蝇卵中，母性基因的产物建立了两个轴：即前部-后部、胸部-腹部。所以在受精之前这些基因已经确定了卵中要发育成成虫的头部和腹部、上部和下部的辐射对称位置。一些母性基因 mRNA 的主要特点是它在细胞内的不对称分布。由于不对称分布，当第一次细胞分裂时，新细胞会有不同数目的这些 mRNA，因而造成新细胞的不同的发育途径。这母性基因的产物调节体形基因的表达，导致基因表达级联效应。这种基因表达的特殊特征和顺序在各细胞种类中是不同的，并协调每个成虫结构的发育。

一个已详细研究的例子是果蝇形态发生素 *bicoid*（*bcd*）基因的产物。由助细胞合成的这个基因的 mRNA 被保存在未受精卵的前极。在发育早期，这种 mRNA 被翻译，产生 Bicoid 蛋白在细胞内扩散到整个细胞，造成一个由头部到尾部的浓度梯度。这种 Bicoid 蛋白是许多节化基因表达的转录因子，存在于发育胚各个部分，Bicoid 蛋白的数量决定其后其他基因的表达，Bicoid 蛋白的浓度梯度的改变对产生的果蝇体态有重要影响，Bicoid 蛋白的缺乏会产生没有头部或胸部但有两个腹部的果蝇。另一个母性基因是 *nanos* 基因，从 *nanos* 基因转录的 mRNA，有着类似的作用，但是它的位置在卵的后极（posterior pole)。果蝇背部和腹部的轴心是由起码 12 个基因的联合作用建立的。

二、节化基因

体缝基因、成对支配基因和体节极性基因（segment polarity genes）是果蝇节化基因的三种亚类。它们在胚发育的不同阶段被激活。体缝基因的表达一般是由一个或更多的母性基因的产物调节的。例如 Biocoid 蛋白激活一个被称为 *hunchback*（背部）基因的表达，而至少有些体缝基因本身就是转录因子，它们影响其他节化基因和同质异形基因的表达。有一个特性研究得很好的节化基因是 *fushi tarazu*（*ftz*），它属于“成对—支配”（pair-rule）亚类。当这个基因丢失时，果蝇胚发育成 7 个加倍宽的节段而不是 14 个。从正常 *ftz* 基因衍生的 mRNA 和蛋白在七节段胚的后部积累，这些节段条纹和后来发育成的体节相关（图 19-38）。如果 *ftz* 基因丢失，此种节化也消失。诸如 *ftz*（和早期发育中表达的 *bcd* 基因）这样的体形调节基因的表达建立了一种体态的化学蓝图，指导身体结构的形成。

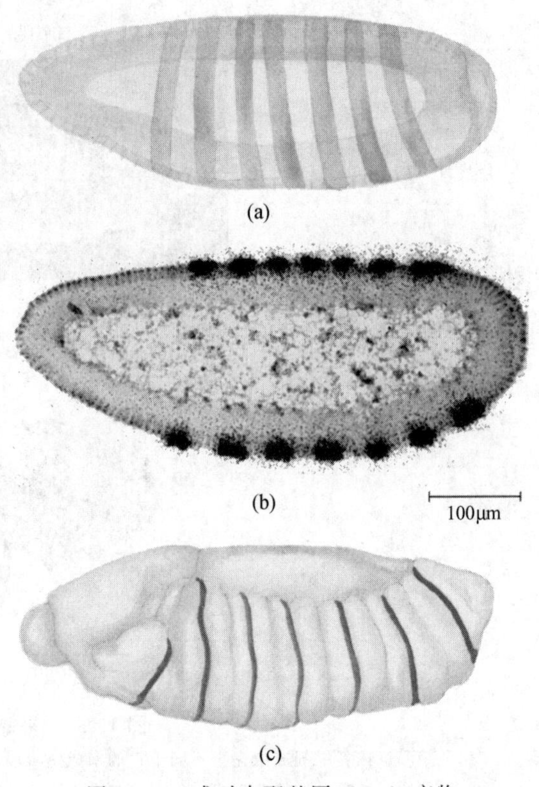

图 19-38　成对支配基因（*ftz*）产物在早期果蝇胚内的分布

(a) 在正常胚中，这个基因的产物能在围绕着胚的七条带中被检测到；(b) 这些“带”在胚纵切切片的放射自显影图中表现为深色斑点；(c) 后期胚体节前部边缘的分界

三、同质异形基因

突变和缺失造成同质异形基因丢失使得果蝇的附肢和身体结构处于不恰当的位置。*Ultrabithorax*（*Ubx*）基因就是一个重要的例子。当 *Ubx* 基因丢失时，腹部节段发育不正确，形成了有第三胸节特征的结构。其他一些同质异形基因的突变会导致额外的双翅生成或使两条腿长在果蝇头部原来触须的位置（图 19-39）。

同质异形基因在 DNA 上占很长的区域。例如 *Ubx* 基因有 77000bp 长，含有 50000bp 长的内含子，它的转录约需 1h。这个基因的缓慢表达可能是一种定时机制，用于以后各个阶段发育的时序性调节。

一些这类蛋白用于结合 DNA 的结构域已被证实，事实说明它们是调节蛋白。这个含有 60 个氨基酸残基的结构域称为同质异形结构域（homeodomain）因为最初是在同质异形基因中发现的。为这个结构编码的 DNA 叫同质异形盒（homeo box）。它是高度保守的，已经证明它广泛存在于许多物种中。

身体结构由某些分子所决定，这个发现是了解支配发育的分子事件的第一步。随着更多的基因及其蛋白产物的发现。发育控制的这个谜将逐步被揭开。

四、Epigenetics（表遗传学）

Epigenetics 一词由 Waddington 在 1940 年订立。1976 年香港中英出版社出版的“新英汉医学大辞典”对这个词的译文为“发育学：有关发育原因分析的科学”。这个词是个缀合词，由 genetics 前加前缀“epi-”而成。epi-意为“在……之上”或“在……之外”。而“genetics”显然是“遗传学”，因此 epigeneties 可释作“超级遗传学”，“泛遗传学”或“表遗传学”。现代的分子生物学教科书如《Genes Ⅶ》（2000 年版）把“epigenetic inheritance”说成“可以形成不同状态，有着不同表型的能力。这种继承的能力不改变任何 DNA 序列”。2008 年的《Lehninger principles of Biochemistry》把“epigenetic information”一词定义为在细胞分裂或从亲本到子代能代代相传，但不编码在 DNA 序列中的信息。Epigenetics 的现

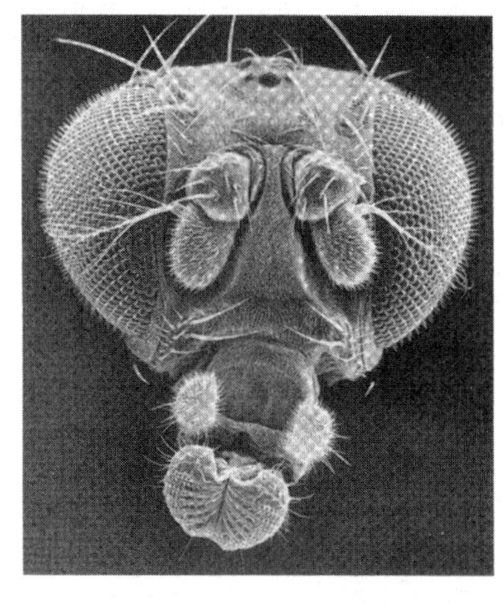

(a)

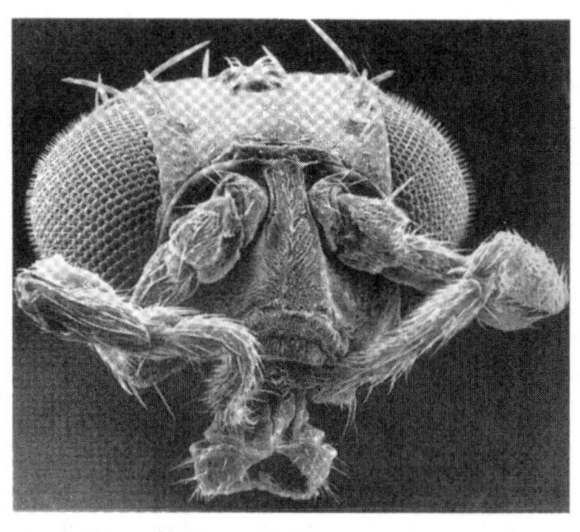

(b)

图 19-39　同质异形基因突变的影响

(a) 正常果蝇头部；(b) 同质异形突变导致触须被腿替换

代解释都强调，这类遗传信息与 DNA 序列无关。根据这些标准，很多生命过程可以列入 epigenetics 的研究范畴。例如高等生物从受精卵到成熟个体的发育过程。从受精卵到成熟个体的各种器官，组织的细胞中的基因组组成（DNA 序列）应该是相同（没改变的）。但是整个基因组中基因表达情形不一样，造成个体发育和器官分化。因此这个过程应看成表遗传事件。

是什么因素导致不同细胞基因表达差异并可被传代？被人们研究的较多的表遗传现象的原因之一是 DNA 在特定序列的甲基化。研究事实表明，某些基因调节位点的 DNA 甲基化可以钝化基因表达，因此，基因组甲基化图形不同造成基因表达的差异。DNA 甲基化可以看成是表遗传学标志（Epigenetic marker）。本书的其他章节已介绍甲基化的母本 DNA 链可以指导新复制的互补 DNA 子代链的甲基化，因此这种表遗传标志可以得以传代。

另一种人们了解较多的表遗传学标志是组成染色质的各种组蛋白的共价修饰。如组蛋白 H3 氨基末端一些位点的乙酰化促进基因表达，而甲基化则抑制基因表达，只是这类共价修饰图形如何在细胞传代中被保持的机制则至今仍不为人所知。

显然，说表遗传现象与 DNA 序列无关为时过早，因为像 DNA 甲基化酶，或 DNA 甲基转移酶这类与 DNA 甲基化相关的酶本身就是由 DNA 编码的，而且它们也是被调节的。

本书把 Epigenetics 一词译作“表遗传学”，而不赞成现在通用的“表观遗传学”，这“表观”二字与这个词的实际内容不相符。

第十一节　由 RNA 干扰介导的基因沉默

一、RNA 干扰

在高等真核细胞中，包括线虫、果蝇、植物和哺乳动物，已发现有一类引起基因沉默的小 RNA 分子。这类 RNA 常常和 mRNA 的 3′UTR（3′不翻译末端）相互作用导致 mRNA 降解或翻译抑制。两种情况都导致产生该 mRNA 的基因沉默。这种形式的基因调节在一些物种中控制发育的时序，它也被用于防护病毒 RNA 的入侵（这一点对植物特别重要，因为它们缺乏免疫系统）和控制转座子的活性。另外，小分子 RNA 可能在异染色质形成中起着重要的作用。

小 RNA 有些也被称为 micro-RNAs（miRNA），许多小 RNA 只是在发育时临时存在，这些小 RNA 有时也被称为小临时 RNA（stRNA，small temporal RNA），已被证实的 miRNA 已有几百种之多。它们先被转录成带有分子内互补的发卡样结构的约 70 个核苷酸的前体 RNA（图 19-40），然后 RNA 前体由一类内切核酸酶如 Drosha 或 Dicer 切割成短的 20～25 碱基对长的双链 RNA。被加工过的 miRNA 的一条链被转移给靶 mRNA（病毒或转座子 RNA），导致翻译的抑制或 RNA 的降解。有些 miRNA 只结合和影响一种 mRNA，因此仅调节一种基因的表达。有些 miRNA 能和多种 mRNA 结合，形成一种调节网（regulon）机制，协调多种基因的表达。

这种基因调节机制有着非常有趣并且非常有用的实际应用。如果研究者把一个序列上和任何 mRNA 相应的双链 RNA 分子导入一种生物，Dicer 内切酶会把这种双链 RNA 切成短的片段，叫作小干扰 RNA（siRNA），这种小干扰 RNA 就会结合于 mRNA 并且使它沉默，这个过程叫作 RNA 干扰（RNAi）。在植物中实际上任何一种基因都可以用这种方法有效地关闭。在线虫中，简单地导入这种双链 RNA 可造成基因的有效抑制和线虫的死亡，这种技术已经成为研究基因功能的重要工具。因为它能破坏基因的功能但不需要制造突变的物种，这个方法也可应用于人。实验室产生的 siRNA 已能用于阻断 HIV 和多瘤病毒对培养人细胞的感染。虽然这个研究还处于初步阶段，但从这一研究的迅速进展可预见它在医学领域的光明前途。

二、真核生物 RNA 介导的基因表达调节

真核生物中的特殊功能 RNA 包括上面介绍的 miRNA（micro-RNAs），参与 RNA 剪接的 snRNA（见 RNA 代谢一章）和 snoRNA（参与 rRNA 修饰）。所有这些 RNA 都不为蛋白质编码。加上 rRNA 和 tRNA 这些 RNA 被称为非编码 RNA（ncRNA，noncoding RNA）。哺乳动物基因组织好像拥有的非编码 RNA 比编码 RNA 还多。人们将会发现越来越多的非编码 RNA。

许多新发现的非编码 RNA 不是和 RNA 相互作用，而是和蛋白质结合，从而影响被结合的蛋白质的功能。作为甾体激素激活基因的辅激活子的 SRA 就是个很好的例子，它影响

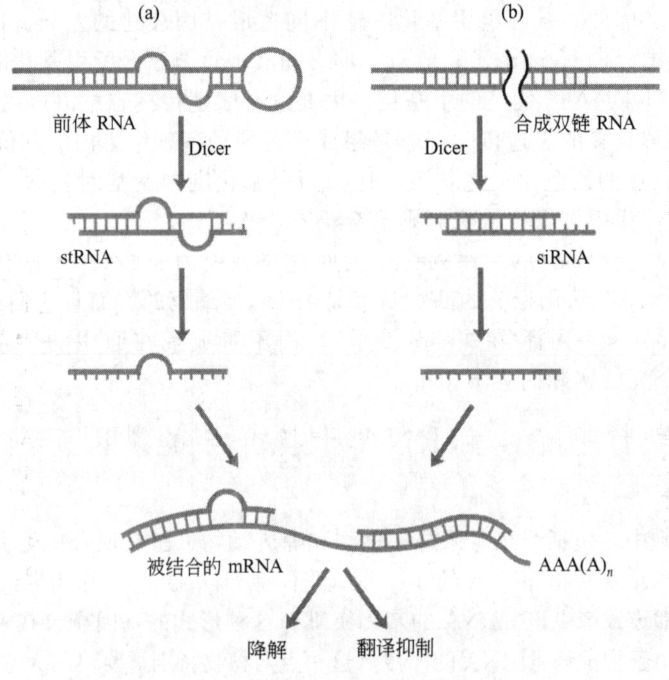

图 19-40　RNA 干扰造成基因沉默

（a）由“Dicer”内切酶切割折叠成双链的前体，产生小临时 RNA（stRNA），然后小临时 RNA 和 mRNA 结合，导致 mRNA 的降解或翻译抑制；（b）人工合成的双链 RNA 可被导入细胞，经过 Dicer 酶的修饰产生小干扰 RNA（siRNA），它也能和靶 mRNA 相结合，导致 mRNA 的降解或翻译抑制

转录的激活。人体细胞的热休克反应提供了另一个例子。热休克因子 1（HSF-1）是一种激活蛋白，在非热胁迫细胞中，这种蛋白以单体形式与伴侣蛋白 Hsp90 结合。在胁迫条件下，HSF-1 从与 Hsp90 的结合状态中释放出来，并形成三聚体。这种 HSF-1 三聚体和 DNA 结合，从而激活相关基因的转录，产生的产物是对付热休克（heat shock）所必需的。一种被称为 HSR1（热休克 RNA1；约 600 个核苷酸残基）刺激 HSF1 的三聚化及与 DNA 的结合。HSR1 单独不起作用，它必须和翻译延长因子 eEF1A 形成复合物才有功能。

一些 RNA 分子以不同方式影响转录。除了参与 RNA 剪接外，snRNA U1 能直接和转录因子 TFⅡH 结合。它与这个转录因子相结合的功能还不清楚，但是它可能调节 TFⅡH 或影响转录与剪接的偶联或者二者兼具。一种长 331 核苷酸残基 ncRNA 叫做 7SK，它在哺乳动物中特别丰富，它能和 PolⅡ的转录延长因子 p-TEFb 结合阻遏转录延长作用。另一种 ncRNA 长约 178nt，称为 B2，在热休克期它直接和 PolⅡ结合阻遏转录，B2 和 PolⅡ形成稳定复合物，在热休克期间阻止许多基因的转录。

ncRNA 在基因表达中的作用以及在其他细胞过程中的功能的知识正在迅速膨胀。同时，人们对于基因表达的生物化学过程的研究正在逐渐脱离蛋白质中心论。

提　要

基因表达是由许多影响基因产物合成速度和降解速度的过程来调节的。许多这类调节发生在转录起始阶段，这类调节是由调节蛋白介导的，这些蛋白在特异的启动子阻遏或激活转录。阻遏子的作用叫做负调节作用。促进基因转录的激活子的作用叫正调节作用。

调节蛋白是一些 DNA 结合蛋白，它们能识别特殊的 DNA 顺序。大部分这类蛋白有特殊的结合 DNA 的结构域。在这些蛋白的结构域内通常含有叫作螺旋-转角-螺旋和锌指的结构模序，用于和 DNA 结合。调节蛋白还含有蛋白质-蛋白质相互作用结构域，包括亮氨酸拉链和螺旋-环-螺旋结构模序。它们用于蛋白质二聚化，有几类结构域用于激活转录。

在原核生物中许多功能互相依赖的基因常被串列在一起形成一个操纵子。操纵子基因的转录一般可被结合在操纵基因（DNA 顺序）的特殊阻遏蛋白所阻断。阻遏子从操纵基因上解离是一类称为诱导物的小分子介导的，它们与阻遏子（蛋白）的结合导致蛋白质的构象改变。这些原理首先是在研究乳糖操纵子（Lac operon）中阐明的，当诱导物异构乳糖和阻遏蛋白结合时导致阻遏子从 Lac 操纵基因上解离。

大肠杆菌乳糖操纵子也具有由分解代谢基因激活蛋白（CAP）进行的正调节作用，当 cAMP 浓度高时（亦即葡萄糖浓度低时），CAP 结合于 DNA 的特异位点，刺激乳糖操纵子的转录，产生代谢乳糖的酶。葡萄糖的存在降低了 cAMP 的浓度，限制了乳糖操纵子的基因和其他基因的表达，从而抑制细菌对第二糖的利用。几个操纵子都是使用 CAP 和 cAMP 协同调节的。这类统一调节的操纵子群称为调节网（regulon）。

在原核生物中还存在其他调节机制。在阿拉伯糖（*ara*）操纵子中，AraC 蛋白既是激活子（activator）又是阻遏子（repressor）。有些阻遏子如在 ara 操纵子中，阻遏子（蛋白）调节它的自己的合成（自调节作用 autoregulation）。Ara 调节蛋白的 DNA 结合位点互相之间相距很远，靠 DNA 的环化机制才能互相作用。

合成氨基酸的操纵子有一个称为“衰减作用”的调节装置，依靠偶联转录和翻译过程，使转录终止子（即衰减子，attenuator）的形成反映细胞中氨基酸的浓度改变，以达到调节操纵子基因转录的目的。

在 SOS 反应中，多种不相关的基因可被一种阻遏蛋白所阻遏。当 DNA 损伤时触发 RecA 蛋白介导的阻遏子自水解，因而同时诱导所有这些基因的表达。有一些原核基因是由遗传重组调节的，这种重组改变被调节基因的启动子对基因的位置，这多种多样的调节机制使细胞能够对环境改变做出很灵敏的反应。

有些调节是在翻译阶段进行的。细菌核糖体蛋白的合成所采用的调节方式是由一种核糖体蛋白作为整个核糖体蛋白操纵子的翻译阻遏子。当核糖体蛋白的数量超过细胞中可结合的 rRNA 的数量时，阻遏蛋白结合于 mRNA 因而阻断翻译。

噬菌体 λ 能够以两种形式复制，在溶菌模式中所有的噬菌体基因被转录，噬菌体 DNA 被复制，导致子代噬菌体的产生。寄主细胞溶解，子代噬菌体释放。在溶原模式中，λ DNA 掺入寄主基因组，当溶原建立时，只有一个基因被表达，这个基因就是 λ 阻遏子基因。它的产物防止所有其他噬菌体基因的表达。在这种情况下，噬菌体 DNA（原噬菌体）由于成为寄主染色体 DNA 的一部分也随着寄主染色体 DNA 的复制，一代代地传下去。

噬菌体 λ 进入溶菌生长的前早期/后早期/后期的基因转录开关是由反终止作用控制的。两个前早期基因产物中的 Cro 蛋白是 λ 阻遏子蛋白 *cI* 基因的阻遏子，可使溶菌生长周期进行。另一个基因 *N* 编码反终止蛋白 N，能克服 *N* 和 *cro* 基因下游的终止子，使转录进入后早期基因，后早期基因之一的 *Q* 基因编码另一个反终止蛋白 Q，使得后期基因的转录开始于 P'_R，使转录不至于造成未成熟的终止。

五种蛋白（N，NusA，NusB，NusG 和 S10）在 λ 前早期终止子的反终止作用中共同协作。NusA 和 S10 结合于 RNA 聚合酶，而 N 和 NusB 各自结合于 nut 位点转录产物的 boxB 和 boxA 区域，N 和 NusB 结合于 NusA 和 S10，大概把转录物系于 RNA 聚合酶。这使 RNA 聚合酶发生改变并使它能通读终止子。后期基因区的反终止作用需要蛋白质 Q，而 RNA 聚合酶被迟滞在晚期启动子。

真核生物使用许多相同的调节模式，但正调节作用是最普遍的。真核基因转录伴随着染色质结构的巨大改变。RNA 聚合酶Ⅱ的启动子一般都有 TATA 盒和 Inr 顺序，以及多个由反激活蛋白结合的位点。这后一类位点有时离 TATA 盒有几百几千个碱基对远的地方。这些位点在酵母中被称为上游激活子顺序（UAS)，在高等真核生物中被称为增强子。调节转录活性需要大的蛋白质复合物。DNA 结合反激活子对 RNA 聚合酶Ⅱ的影响是通过辅激活子，像 TFⅡD 或中介子这样的蛋白复合物介导的。反激活子的组件型结构中有独特的激活区域和 DNA 结合结构域。其他蛋白质复合物，包括像 GCN5-ADA2-ADA3 这样的组蛋白转乙酰基酶，和 SWI/SNF，NURF 这样的依赖 ATP 的复合物，参与可逆地改造染色质的结构。

激素对基因表达的调节是通过两种路径实现的。甾体激素和甲状腺素是直接和细胞内受体结合。这些受体是调节蛋白，激素和调节蛋白的结合对靶基因或者起正调节作用或者起负调节作用。非甾体激素和细胞表面受体结合，触发能导致调节蛋白磷酸化的信号途径。磷酸化作用影响它们的调节活性。

多细胞生物的发育是最复杂的调节问题。在果蝇早期胚中细胞的命运决定于前后极、背部和腹部蛋白质梯度的建立。这种蛋白作为转录的反激活子或阻遏子调节结构发育所需的基因。一套调节基因有时序性的、空间渐进性的操纵作用，把卵细胞的特定区域转化为成虫中可预见的结构。

思 考 题

1. 大肠杆菌细胞被培养在以葡萄糖为唯一碳源的介质中，突然补加色氨酸后细胞被继续培养，把培养时间划分为每 30min 一段。请定量地介绍当生长条件改变时，细胞中色氨酸合成酶活性数量的变化。

(a) Trp mRNA 是稳定的（需几小时才能缓慢降解）；

(b) Trp mRNA 被迅速降解，但色氨酸合酶是稳定；

(c) Trp mRNA 和色氨酸合酶比通常更迅速地被降解。

2. 介绍下列 Lac 操纵子突变对基因表达的影响。

(a) 大部分 O_1 操纵基因缺失；

(b) *lac* Ⅰ基因突变造成阻遏子灭活；

(c) 启动子被消除去-10 周围顺序。

3. 普通原核阻遏子对特异 DNA 结合顺序和非特异 DNA 顺序的亲和力差 $10^4 \sim 10^6$ 倍，每细胞有 10 个阻遏子分子就是以保证高水平阻遏。推测带有同样特异性的阻遏子在人细胞中的情况：多少拷贝的阻遏子分子才能达到原核细胞的阻遏水平（提示，大肠杆菌的基因组含 4.7×10^6 bp，人的单倍体基因组有 2.9×10^9 bp）。

4. 一个特殊阻遏子-操纵基因复合物的解离常数约 10^{-3} M，大肠杆菌细胞（体积为 2×10^{-12} ml）含有 10 拷贝的阻遏子。计算细胞中阻遏子蛋白浓度。这个浓度和阻遏子-操纵基因复合物的解离常数相比较如何？这种比较结果有什么重要意义？

5. 大肠杆菌生长在含乳糖但不含葡萄糖的介质中，说明在下列改变中乳糖操纵子表达是增加、减少还是不变，如果能画图表示对说明问题可能是有益的。

(a) 补加高浓度葡萄糖；

(b) 一个突变妨碍 Lac 阻遏子从操纵基因上解离；

(c) 一个突变完全灭活 β-半乳糖苷酶；

(d) 一个突变阻止 CAP 结合于靠近启动子的位点；

(e) 一个突变完全灭活半乳糖苷透过酶。

6. trp mRNA 前导区域的下列操作对 Trp 操纵子的转录会有什么影响？

(a) 增加前导肽基和顺序 2 的距离；

(b) 增加顺序 2 和 3 之间的距离；

(c) 除去顺序 4；

(d) 把前导肽基因中的两个色氨酸密码变成组氨酸密码；

(e) 消除前导肽基因核糖体的结合位点；

(f) 改变顺序 3 中的几个核苷酸，使它能和顺序 4 碱基配对，但不和顺序 3 发生配对。

7. 如果 *lex*A 基因突变导致妨碍对 LexA 蛋白的自切割，SOS 反应将发生什么变化？

8. 在沙门氏的变相系统（phase variation）中如果 Hin 重组酶变成更加活泼，使每个细胞世代会发生几次重组，细胞会发生什么情况？

9. 从一种真核细胞粗抽提物发现一种新的 RNA 聚合酶活性，它仅从一个单一的高度特异的启动子起始转录，当这个 RNA 聚合酶被纯化以后活性降低。纯 RNA 聚合酶制剂完全失去酶活性。除非在反应混合物加入一些粗提物，解释这个实验结果。

10. 一个生化学家用 Lac 阻遏子 DNA 结合结构域替换酵母 Gal 4 蛋白的 DNA 结合结构域，并发现工程化了的蛋白不再能调节酵母 *GAL* 基因的转录，画出 Gal 4 蛋白和工程化蛋白功能结构域的图形。为什么工程化蛋白不再能调节 *GAL* 基因转录。我们对嫁接蛋白 DNA 结合位点应该做哪些改造才使它有能力激活 *GAL* 基因的转录？

11. 一个果蝇卵的 bcd^-/bcd^- 可以正常发育，但成虫将不能有可成活的后代，为什么？

第二十章 重组DNA技术与基因组学

第一节 DNA克隆技术的基础

DNA重组技术是1970年代初诞生的最重要的生物学技术，它使人类第一次能克隆基因，为改造物种提供了方法，为生物学研究提供了最强有力的手段。“克隆”（clone）一词的意义是制造一模一样的拷贝。这个名词曾经只限于说明从一大批细胞中挑选出一个细胞，再使这个细胞无性繁殖（通过细胞分裂，而不是性细胞结合的繁殖方式称为无性繁殖）成遗传上相同的群体，这样就可获得足够数量的单一类型的细胞。DNA克隆就是借助于无性繁殖的手段，从染色体DNA中分离出某一基因或某一DNA片段，把它插入到小分子的载体DNA上，借助载体DNA在细胞中的复制而使这个基因得到选择性的扩增。克隆一个DNA片段，需下列六个步骤：

① 选择合适的限制酶，使其在特定的位点切开DNA分子；

② 选择能够进行自我复制的小分子DNA（如质粒或病毒）作为载体DNA；

③ 制备所需要的某种DNA片段，或目的基因；

④ 用DNA连接酶连接载体DNA和目的基因或DNA片断，使它们形成重组DNA分子；

⑤ 使用合适的方法把重组DNA分子送入细胞，由细胞提供DNA复制的环境条件；

⑥ 选择一种能够检测重组DNA是否进入细胞的方法，即筛选含重组子的细胞克隆。

用于完成上述步骤及有关任务的方法统称为重组DNA技术（recombinant DNA technology），或通常称为遗传工程（genetic engineering）。1973年美国加利福尼亚大学的Herber Boyer教授和斯坦福大学的Stanley Cohen教授共同完成了将pSC101质粒与另一个具有相同的酶切位点的质粒经*Eco*RⅠ限制性内切酶切割，用DNA连接酶连接构成了第一个重组的DNA分子，此后，重组DNA技术在生命科学的许多领域中都产生了革命性的影响。使得生命科学日新月异，成为20世纪以来发展最快的学科之一。本章重点讨论重组DNA技术的一般操作原理。

第二节 重组DNA技术的基本操作原理

一、重要的工具酶

DNA重组技术首先依赖于能够用于切割、连接DNA、复制DNA和反转录RNA的酶的发现。如DNA聚合酶、反转录酶、限制性内切酶和DNA连接酶等。因此，重组DNA技术是以核酸酶学（nucleic acid enzymology）为基础的。其中有两类酶在制造和繁殖重组DNA分子中起关键的作用。它们是限制性核酸内切酶（restriction endonuclease）和DNA连接酶（DNA ligase）。

1. 限制性内切酶

限制性内切酶存在于许多种细菌中。Werner Arber发现，这些限制酶的功能是识别和降解外来的DNA，而细胞本身的DNA不被切割。这是因为存在限制性内切酶的细胞中还有另一种酶即甲基化酶，它能识别限制性内切酶所识别的核苷酸序列，并把其中的某些碱基进行甲基化修饰，因而避免了限制酶对自身DNA的破坏；外来的DNA分子，因为没有甲基化标记，作为异己而易被限制酶切割。

限制酶有三类，在DNA重组中使用的限制酶主要是Ⅱ型限制酶。由于它能识别DNA分子上特定的核苷酸序列并在特定的位点切割，这样选择合适的限制酶，切割染色体DNA，建立一个DNA文库以克隆感兴趣的DNA片段就成为可能。这类酶在本书第四章中已作介绍。

2. DNA连接酶

DNA连接酶催化DNA链中相邻的3′-OH末端和5′-磷酸基之间形成磷酸二酯键。在DNA的体外重组中，用于互补黏性末端之间或平末端DNA分子之间的连接。

二、DNA克隆的载体

要使外源DNA片段能在宿主细胞内复制，必须有特殊“载体”的帮助。通过它外源DNA可进入受体细胞，借助细胞的DNA复制系统得到扩增。这种载体（vector）应是宿主细胞本来就具有的或是宿主细胞完全可接受的DNA分子。它的分子量要尽量小，它不仅能在宿主细胞内独立地进行复制，而且也能复制它所连接的外源DNA片段。载体DNA经限制酶切割后，仍不失自我复制能力；载体DNA应具有能够观察的表型特征，在外源DNA插入后，这些特征可作为重组DNA的选择标记。在原核生物的DNA重组中常用的载体是质粒和噬菌体。酵母和动物病毒等常用作真核生物克隆的载体。

1. 质粒

质粒（plasmid）是细菌染色体外的遗传因子，本身为双链环状的DNA。细菌质粒的分子量相差较大，一般在5～400kb之间；质粒能自主地进行复制，这样它才能随着细菌细胞的分裂而稳定地遗传。在天然条件下，一些质粒可通过类似于细菌接合（bacterial conjugation）的方式从一宿主转移到另一宿主细胞。这类质粒的这种性质可被改造，以防止重组DNA分子被转移。在人为控制的条件下，如将受体细胞和DNA在0℃的氯化钙溶液中一起温育一定的时间，然后把细胞迅速放入37～43℃的水溶液中进行热休克处理，由于某种尚不清楚的原因，这样的细胞就变成了能吸收外来DNA的感受态（competent）细胞。细胞吸收外来DNA而获得可遗传性状的过程称为“转化”（transformation）。通过“转化”，质粒进入细胞后，使受体菌产生新的表现型。因为质粒上往往携带一些特殊的基因，如有些质粒上有产生大肠杆菌素的基因，使大肠杆菌可以分泌大肠杆菌素，以杀死外来的细菌。有些质粒上有“钝化”抗生素如四环素的基因，使大肠杆菌在含有四环素的培养基上仍能生长，此称为抗药性。

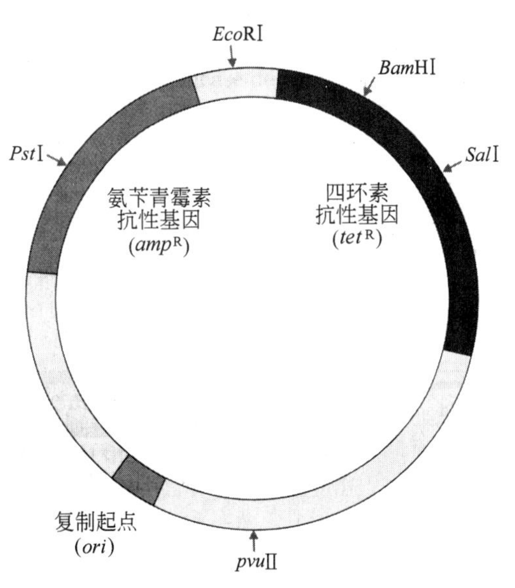

图 20-1　pBR322质粒的结构

通过对天然质粒的“改造”，人们创造了许多可作为克隆载体的质粒。克隆载体的许多重要特点可以用质粒pBR322 DNA来说明（图20-1）。①它有一个复制原点，使它能够繁衍并在每个大肠杆菌细胞内保持10～20个拷贝数。②含有两个抗生素抗性基因，即抗四环素（Tet^R）和抗氨苄青霉素（Amp^R）的基因。③含有单一的*Bam*HⅠ、*Hind*Ⅲ和*Sal*Ⅰ限制酶的识别位点，且都在四环素抗性基因内；此外还含有单一的*Pst*Ⅰ限制酶识别位点，在氨苄青霉素抗性基因内。当它被限制酶切割后，可插入外源的DNA。若用*Eco*RⅠ切割该质粒，不破坏它的两个抗生素抗性基因；若用*Hind*Ⅲ或*Sal*Ⅰ或*Bam*HⅠ三种限制酶中的任何一个切割pBR322质粒，将破坏它的抗四环素基因，造成"插入灭活"，提供重组DNA进入细胞的筛选标志。④它的分子量较小，易于进入细胞。

近年来还发现了一个能插入更长的DNA片段的质粒，称为细菌人工染色体质粒，简称BACs（bacterial artificial chromosomes）。它含有抗氯霉素的选择性标记（Cm^R），并具有一个稳定的复制原点（replication origin，*ori*），可独立地进行复制，以使其在每个细胞中保持1～2个拷贝；它可插入几百kb长的DNA片段。重组的DNA通过电穿孔法可进入宿主菌细胞。

2. 噬菌体

质粒作为载体尽管有许多优点，但所携带的外源DNA只限于10kb以内的小分子DNA片段。因细菌转化的效率随着质粒分子量的增加而下降。一些较大的DNA片段可用λ噬菌体（lambda phage）作为载体进行克隆。使用λ噬菌体作为克隆载体是基于它的三个重要特性：

（1）λ噬菌体颗粒中的DNA是线状双链DNA。该病毒基因组中约1/3的DNA是该噬菌体进行溶菌生长非必需的，因此可以用外来的DNA替换之。

（2）λ噬菌体可允许替换的DNA长达23kb。一旦λ噬菌体的DNA片段和大小合适的外源DNA片段相连接，所产生的重组DNA分子在加入含有完成噬菌体包装所需的所有蛋白质的细菌细胞抽提物时，它们能被组装成噬菌体颗粒。此过程叫做体外包装（*in vitro* packaging），这样获得的重组噬菌体就能把重组DNA分子送入细胞。

（3）λ噬菌体侵染大肠杆菌，可以在宿主细胞内增殖（multiply），并使细胞裂解（称为裂解途径，lytic pathway）放出约100个噬菌体颗粒；或通过溶源途径（lysogenic pathway）使它的DNA整合到宿主基因组上，以原噬菌体（prophage）的形式潜伏起来。在某种营养条件下或是受环境的胁迫，整合的λ噬菌体DNA可以切割游离出来，并进入裂解循环（图20-2）。

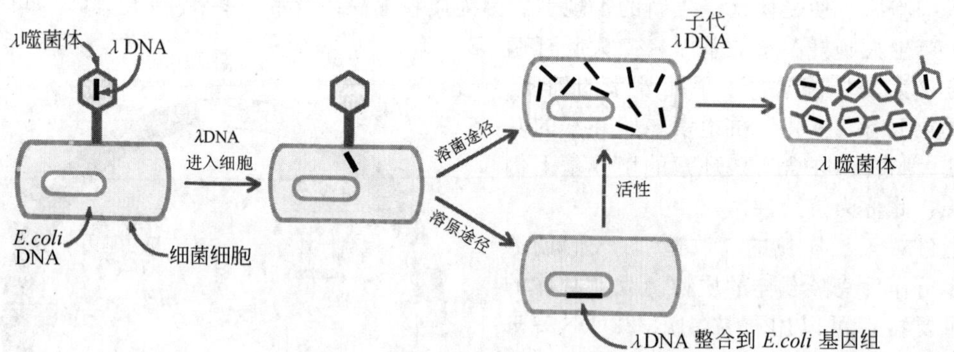

图20-2 λ噬菌体感染细菌的途径

被称为λgt-λβ的λ噬菌体的突变种，仅含有2个*Eco*RⅠ酶切位点，是一个十分有用的克隆载体（图20-3）。该突变种的DNA易被酶切为三个片段，用A、B、C表示。B片段称为填充DNA（filler DNA），可以被切除。A和C片段含有噬菌体生存所必需的基因，但二者的总长度只有30kb，约为野生型λ基因组总长度的72%；而噬菌体正常的包装需要40～53kb长的DNA片段。因此可在A和C片段之间插入至少为10kb的片段。一旦λ噬菌体的A、C片段和大小合适的外源DNA片段相连接，所产生的重组DNA分子在合适的条件下

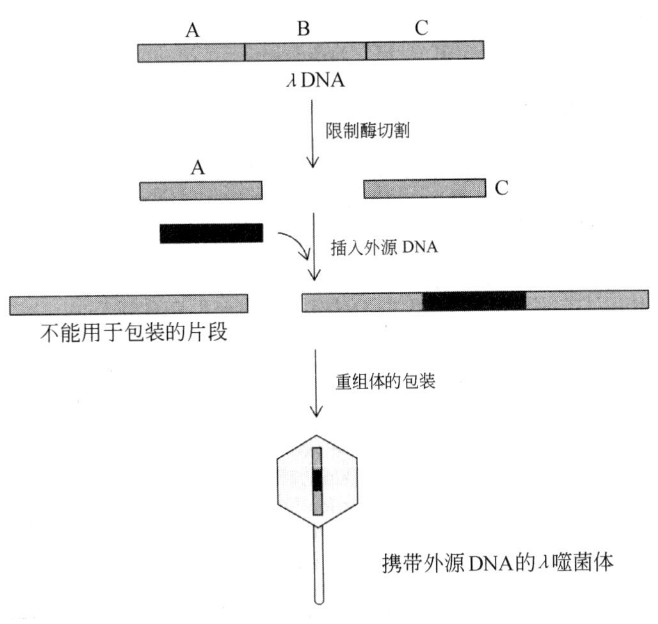

图 20-3 λ噬菌体突变型作为克隆载体

就能被组装成噬菌体颗粒，这样产生的噬菌体颗粒中都含有外源 DNA 片段。这种改造的噬菌体依靠对细菌的感染能力，因而比质粒更容易把重组 DNA 分子导入细胞。现在已有许多被改造过的λ噬菌体用于做分子克隆的载体。

3. 动物病毒

质粒、噬菌体等都是很好的载体，但只能在原核生物中使用。一些真核生物病毒能在寄主染色体上整合，可用做真核细胞 DNA 克隆的载体。

有一些病毒特别是反转录病毒（retroviruses）和腺病毒（adenoviruses）已经被改造成能把外源 DNA 导入哺乳动物细胞的“病毒载体”（viral vectors）。图 20-4 是反转录病毒基因组作为克隆载体的示意图。反转录病毒基因组是一个单链的 RNA。当病毒进入细胞时，它的 RNA 基因组由反转录酶作用变成 DNA 形式，然后这个 DNA 在病毒整合酶（viral integrase）的帮助下整合入寄主基因组。病毒的长末端重复顺序（long terminal repeat，LTR）是反转录病毒 DNA 整合到寄主染色体所必需的。而 Ψ 顺序是把病毒 RNA 包装入病毒颗粒所必需的。

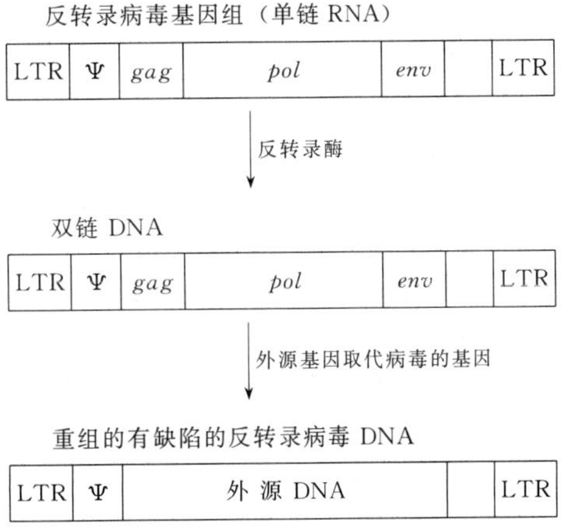

图 20-4 反转录病毒基因组结构示意图

反转录病毒基因组的 *gag*（编码衣壳内部结构蛋白的基因）、*pol*（编码反转录酶和整合酶的基因）和 *env* 基因（编码外壳蛋白的基因）可以被外来 DNA 所置换。这种重组 DNA 缺少反转录病毒复制和组装病毒颗粒所需的基因。为了把重组的遗传信息装入病毒颗粒，这种 DNA 需被导入由辅助病毒（helper virus）感染的组织培养细胞。这种辅助病毒有着能产生病毒颗粒的基因，但缺少包装所需的识别顺序 Ψ，因此这种辅助病毒的 RNA 不能被包装入病毒颗粒。在这种细胞内，重组 DNA 被转录，它产生的 RNA 能被包装。这样产生的病毒颗粒仅含重组病毒

RNA，因此能作为一种载体把这种 RNA 导入细胞，由辅助病毒产生的反转录酶和整合酶也被包装入病毒颗粒并被导入靶细胞。一旦工程化了的病毒基因组进入细胞，这些酶制造病毒 RNA 基因组的 DNA 拷贝，并把它整合入寄主染色体。处于整合状态的重组 DNA 有效地成为染色体永久的一部分。这种整合了病毒 DNA 的细胞并不危险，因为这种病毒缺少产生病毒基因组的 RNA 拷贝，并把它们包装入病毒颗粒所需的基因。在多数情况下，使用重组反转录病毒是把 DNA 导入大量哺乳动物细胞最好的方法。反转录病毒的生活周期如图 20-5 所示。

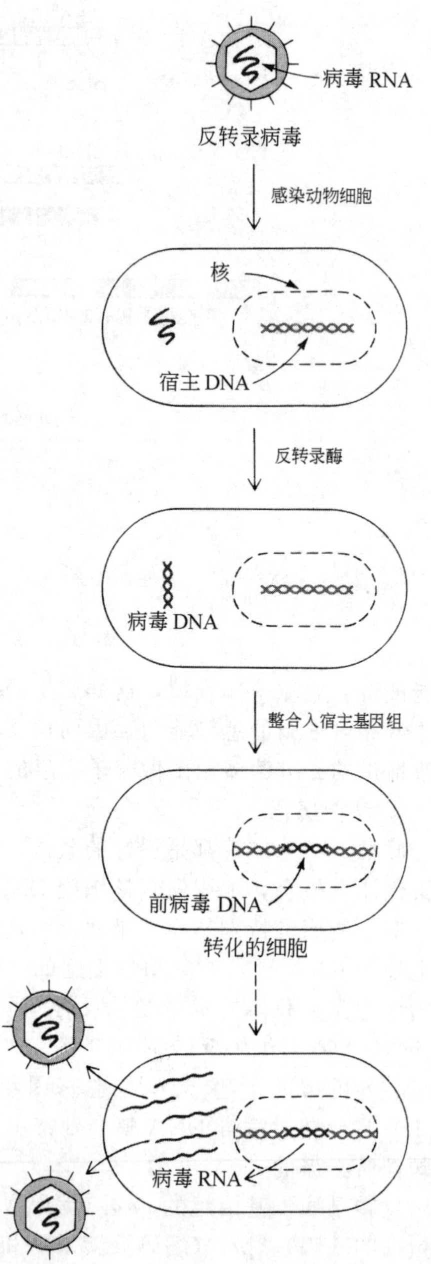

图 20-5　反转录病毒的生活周期

4. 植物中的基因克隆借助一种寄生菌

把重组 DNA 导入植物具有巨大的农业潜力，可让作物产生更多有营养的物质，产生具抗恶劣环境（如抗冻抗干旱、抗病虫害）的高产作物等；甚至让植物产生人类急需的具有生物活性的多肽药物和其他药物。但在植物细胞中尚未发现可用于克隆的天然质粒的存在。农杆菌（*Agrobacterium tumefaciens*）的发现，使植物的基因克隆取得了重大的研究进展。农杆菌在植物的受伤部位侵入植物，并在受伤部分转化植物细胞。诱导它们形成一种肿瘤。这种植物肿瘤叫做冠瘿瘤（crown galls）[图 20-6(a)]。多数农杆菌中含有一个大的质粒（约 200kb）叫做 Ti 质粒，Ti 质粒上有一段 DNA，称为 T-DNA（transferred DNA，约 23kb）[图 20-6(b)]。当农杆菌和一个植物细胞接触时，它所含的质粒中的 T-DNA 片段在质粒转化入植物细胞中时，能整合到植物核染色体的随机位点，并导致冠瘿瘤的形成。这是一个罕有的原核生物 DNA 转移给真核细胞的例子，它代表着一种天然的遗传工程过程。不含 Ti 质粒的土壤农杆菌不能诱导冠瘿瘤的产生。

Ti 质粒中 T-DNA 以外的一个约 35kb 的区域内含有毒性基因（Virulence，*Vir*）。该毒性基因的产物对 T-DNA 的转移及整合是必需的。这个 T-DNA 编码的酶改变植物的代谢物，形成两种对细菌很重要的化合物。第一类是植物的生长激素植物生长素（auxin）和细胞分裂素。它们刺激植物细胞生长，转化植物细胞形成冠瘿。第二类化合物叫冠瘿氨基酸或冠瘿碱（opines），它是一类细菌的食物来源，其化学本质是一类氨基酸衍生物。如鳍鱼碱（octopine）是精氨酸与丙酮酸缩合而成的化合物，农杆碱（agropine）是谷氨酸的二环糖衍生物。冠瘿氨基酸在肿瘤内被大量合成并分泌到周围，它们仅能由细菌用 Ti 质粒编码的酶所代谢，这种细菌用这种方式把营养变成其他生物无法利用的形式进行垄断。

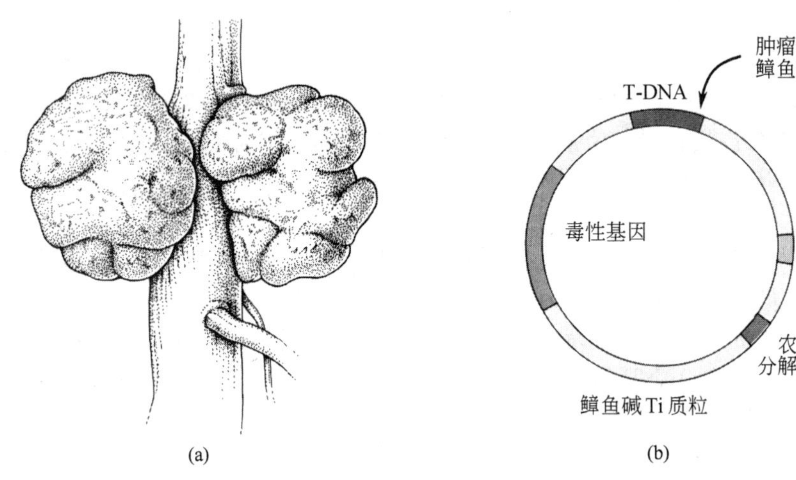

图 20-6 (a) 植物肿瘤-冠瘿瘤；(b) Ti 质粒

T-DNA 能够在植物染色体上整合提供一种把基因导入植物的载体。把 T-DNA 转入植物基因组的细菌系统能用来把重组 DNA 导入植物，从而获得转基因植株。

三、目的基因的获得

目的基因，或者外源 DNA，它是我们所需要的具有某种遗传特性的 DNA 片段。由于单个基因只占一个染色体的一小部分，分离含有单个基因的 DNA 片段一般采用两个方法：

1. 建立 DNA 文库（基因组文库）

DNA 文库（DNA library）是由一个基因组产生的所有 DNA 片段克隆的总称。简单地说，就是把某一基因组 DNA 切割成成千上万个片段，把这些片段全部克隆。于是，这些 DNA 片段的全部克隆含有一个生物体的全部遗传信息，因此称基因组文库（genomic library）就像人类知识都储存在图书馆中一样。建立 DNA 文库有以下几种基本方法：

① 纯化载体 DNA 和基因组 DNA；

② 用相同的限制性内切酶分别切割载体 DNA 和基因组 DNA，并经蔗糖密度梯度离心纯化切割后的基因组 DNA 片段，去掉太大或过小的片段；

③ 将纯化的基因组 DNA 片段与切开的载体 DNA 混合并连接。产生的“连接混合物”用于转化细菌细胞或包装成噬菌体颗粒。这样便产生了含有不同重组 DNA 分子的一群细菌细胞或噬菌体（图 20-7）。从理论上讲，几乎所有的这个基因组的 DNA 都可能存在于这个 DNA 文库中。以这种方法建立的“DNA 图书馆”叫做“基因组文库”（genomic library）。每个细菌细胞生长成一个菌落或称一个“克隆”；每个“克隆”中的细胞含有相同的重组 DNA 分子。在噬菌体构成的“文库”中，每个重组噬菌体产生一个噬菌斑，即琼脂培养基上细菌“菌坪”中细胞被溶解

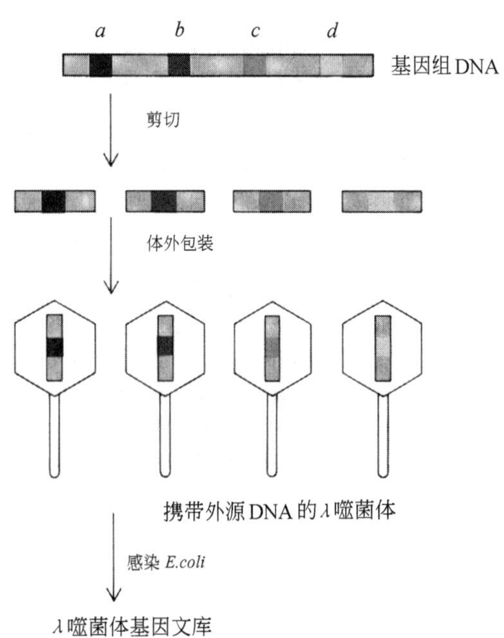

图 20-7 以 λ 噬菌体为载体的基因组文库

产生的半透明的环斑。在一个噬菌斑中的所有重组噬菌体都是相同的。

2. 建立 cDNA 文库

从高等生物基因组文库中获得的DNA片段不仅含有基因还会有非编码的顺序，这些非编码顺序占真核基因组的一大部分。故许多真核生物基因是内含子和外显子的嵌合体（mosaics）。为了建立更专门更特异的文库以克隆那些在某个器官或组织的细胞中才能表达的基因，可从这些器官或组织的细胞中分离纯化出 mRNA，经反转录酶催化产生与之互补的DNA，即 cDNA（complementary DNA），将这些 cDNA 插入载体进行克隆，产生的克隆群体叫做 cDNA 文库。第一个被详细研究的真核基因是为珠蛋白编码的基因，因为从红血细胞的前体细胞建立 cDNA 文库很方便，它有一半的 mRNA 都是珠蛋白（globin）的 mRNA。工程化胰岛素原的制备如图 20-8 所示。从胰腺组织细胞中分离出胰岛素原的 mRNA，在反转录酶的作用下，产生胰岛素原的 cDNA；将胰岛素原的 cDNA 插入质粒构成一个重组质粒，经转化，重组质粒可进入大肠杆菌细胞，胰岛素原便可在细菌细胞中合成。

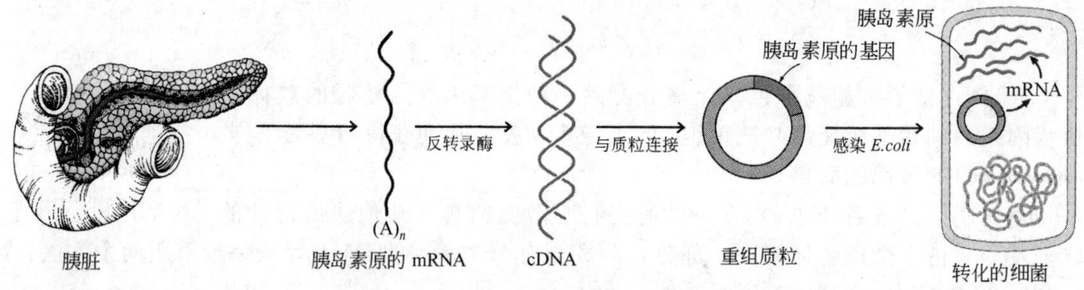

图 20-8 由大肠杆菌细胞合成胰岛素原

反转录酶存在于反转录病毒中。在病毒基因组复制时，反转录病毒利用反转录酶首先合成 RNA-DNA 杂交分子，即以病毒的 RNA 为模板合成与它互补的 DNA 链（cDNA）；如前所述反转录酶催化以 RNA 为模板合成 DNA 也需要引物。通常采用人工合成的互补于 poly（A）尾巴的寡聚脱氧胸腺嘧啶核苷酸［oligo（dT）］作引物。这种引物与 RNA 链互补，且有自由的 3′-OH 末端（图 20-9）。在碱性条件下，RNA-DNA 杂交分子中的 RNA 被水解。作为反转录酶的特性之一，新合成的 DNA 链的 3′-端形成一个发卡结构；这样，在它的 3′-端可逐个加接脱氧核苷酸残基，合成另一条与新合成的 DNA 链互补的 DNA 链。由于 S1 核酸酶可识别未配对的碱基，双链 cDNA 末端发卡结构可用 S1 核酸酶除去，这样产生可用于克隆的双链 cDNA。

3. 人工合成 DNA

某些生物活性肽及蛋白质的基因较小，只有十几个或几十个核苷酸组成。DNA 自动合

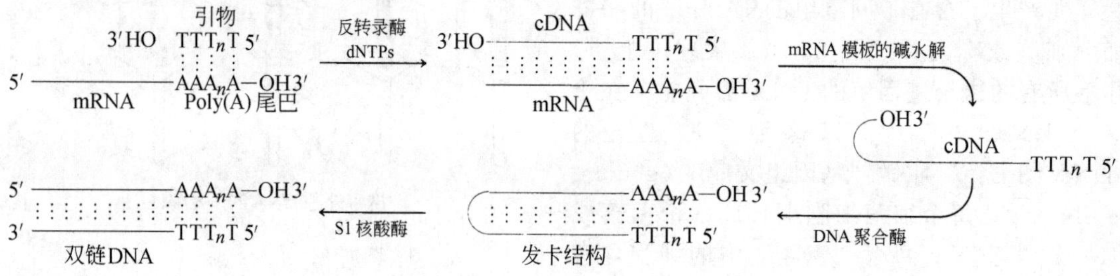

图 20-9 反转录示意图

成仪的问世，对合成这些小的基因提供了重要手段。

四、DNA 的体外重组

当目标 DNA 片段分离后，用同一个限制性内切酶分别切割目标 DNA 和载体 DNA，经“退火”，DNA 连接酶的作用，目标 DNA 和载体 DNA 将连接在一起构成一个重组的 DNA 分子。由于不同的限制酶产生不同的黏性末端，因此连接反应的效率受所用限制酶的影响。如由 *Eco*RⅠ产生的 DNA 片段一般不和 *Bam*HⅠ产生的片段连接。平末端也可被连接，但效率很低。

两个 DNA 片段连接之前，在它们的末端加接限制酶的识别顺序是很有用的。这样可以使克隆的 DNA 分子在这一点上被限制酶切开重新产生有用的 DNA 片段。因此，在两个 DNA 片段中间通常要插入人工合成的具有限制酶识别顺序的 DNA 片段；这种人工合成的 DNA 片段称为“接头”（linker）。若合成的 DNA 片段含有多个限制酶识别顺序叫做“多聚接头”（polylinker）。

五、将重组 DNA 导入细胞的技术

重组 DNA 送入受体细胞的方法主要有转化、转染、电穿孔法、微注射法等。

1. 转化

以质粒为载体构建的重组 DNA 分子导入受体细胞的过程称转化（transformation）或转化作用。转化过程所用的受体细胞一般是限制-修饰系统缺陷的变异株，以防止重组 DNA 分子被破坏。人们早已发现，用氯化钙溶液处理过的大肠杆菌细胞能够接受质粒等小分子的 DNA。这种经特殊处理过的能接受外源 DNA 的细胞被称为感受态细胞。细胞吸收外来 DNA 而获得新的遗传特征的过程叫做“转化”。

2. 转染

以噬菌体或真核病毒作为载体构建的重组体依靠病毒对细胞的感染功能导入受体细胞的过程称为转染。

3. 电穿孔法

电穿孔法（electroporation）是将受体细胞和目的 DNA 一起温育，使细胞短时间暴露于高压脉冲电流，使细胞膜产生临时的通透性以吸收 DNA。电穿孔法所使用的电激器已有成品出售，可用于多种细胞的基因转移。将外源 DNA 转入植物细胞的过程如图 20-10 所示。

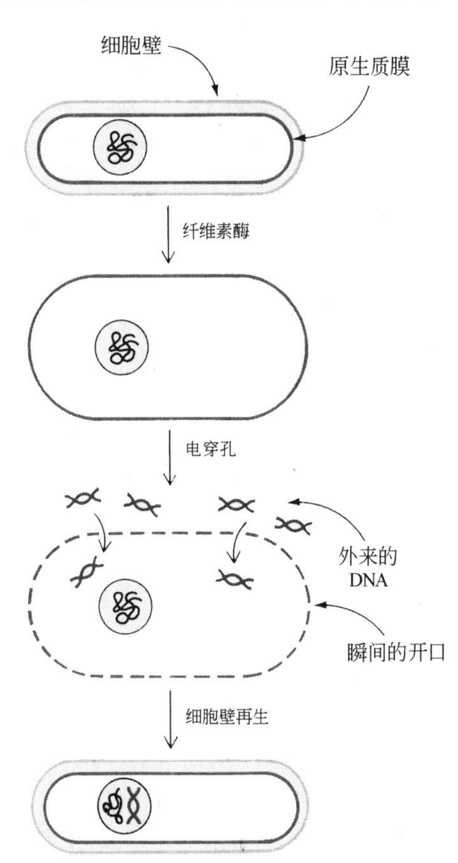

图 20-10　电穿孔法示意图

4. 微注射法

微注射法（microinjection）是借助极细针管的帮助把 DNA 注射入细胞核的方法。由于注射必须一个细胞一个细胞地进行，所以处理的细胞总量是小的，且对操作人员的操作技能要求很高。如通过微注射的方法把 DNA 导入小鼠受精卵的核中，通过染色体整合能实现有效地转化。当经过注射的受精卵被植入雌鼠子宫发育后，新基因常常能在新生小鼠中得到表达。经过仔细的培养，一个所有小鼠都具有新基因的同合子鼠系可被建立。导致动物遗传上的这种永久性改变的方法叫做“转基因”，转基因获得的动物叫转基因动物（transgenic animal）。

如果小鼠细胞能被重组DNA技术稳定地改变它的遗传特性，则人的细胞也可以用这种方法改造。这就提供了一种潜在的治疗或治愈一些传统治疗方法很难治愈的遗传性疾病。随着人类基因组工程的完成，修复人的遗传缺陷将成为可能。

六、筛选克隆细胞

1. 利用载体的特殊标记

获得重组DNA分子的细胞称为“转化子”（transformant）。转化子的筛选有如下方法：

若外源DNA是通过*Bam*HⅠ限制酶切割后插入到pBR322质粒DNA的*Bam*HⅠ位点可按照下述方法筛选。首先将转化的细胞涂布在含有氨苄青霉素的培养基上培养，只有那些带有完整的pBR322质粒的细胞，或是含有插入外源DNA的pBR322质粒的细胞在这种培养基上可以生长；没有转化的细胞不能在这种培养基上生长。为了得到携带有外源DNA的重组质粒的克隆，将生长在含有氨苄青霉素培养基上的克隆用“复印法”转移到含有四环素的培养基上培养，那些能生长的克隆就是带有自身环化的质粒DNA的细胞；不能生长的细胞，就是带有外源DNA的重组质粒的克隆。因外源DNA的插入，破坏了pBR322质粒的四环素抗性基因。

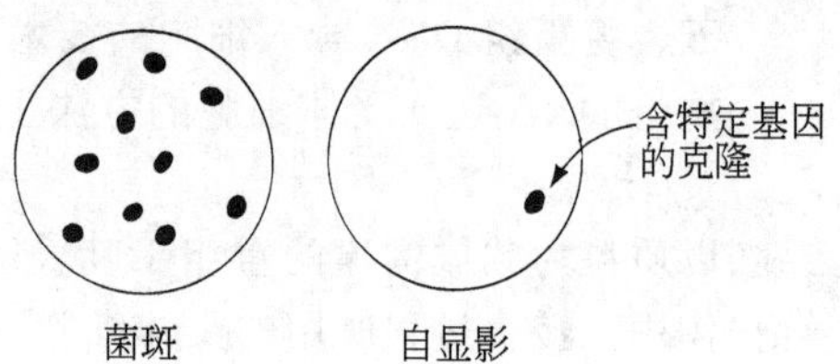

图 20-11　菌落原位杂交示意图

2. 菌落原位杂交

一般的方法是把一张硝酸纤维膜平展均匀地压在含有许多“转化子”菌落的培养皿表面，这些菌落含有不同的重组DNA分子。于是每个菌落的一些细胞沾到了硝酸纤维膜上，形成一个复印版。将硝酸纤维膜用碱处理以裂解黏附在膜上面的细胞并把DNA变性，这些DNA仍被吸附在硝酸纤维膜上原菌落所在的位置，然后用带有放射性的互补DNA或RNA片段作为探针处理膜，探针将和有互补顺序的DNA退火杂交。这样就可用放射自显影（autoradiography）的方法找到能和探针杂交的菌落（图20-11），也就找到了含有目的DNA顺序的克隆。

克隆一个基因的关键是找到或制备一个互补链作为探针。探针的来源依赖于我们要研究的基因。有时一些其他物种的同源基因克隆可以作为探针。另一种方法是根据已纯化蛋白质的氨基酸排列顺序，用简并法推出该蛋白质基因的核苷酸排列顺序并加以化学合成，以获得带有标记的探针。

3. 免疫学方法

基本方法是对所有的转化细胞进行培养，把一张硝酸纤维膜平展均匀地压在含有许多单个菌落的培养皿表面，用碱处理膜，使细胞裂解，表达产物蛋白质将释放出来；加入带放射性的某一特定基因编码的蛋白质的抗体可与表达产物蛋白质结合，自显影即可检出（图20-12）。

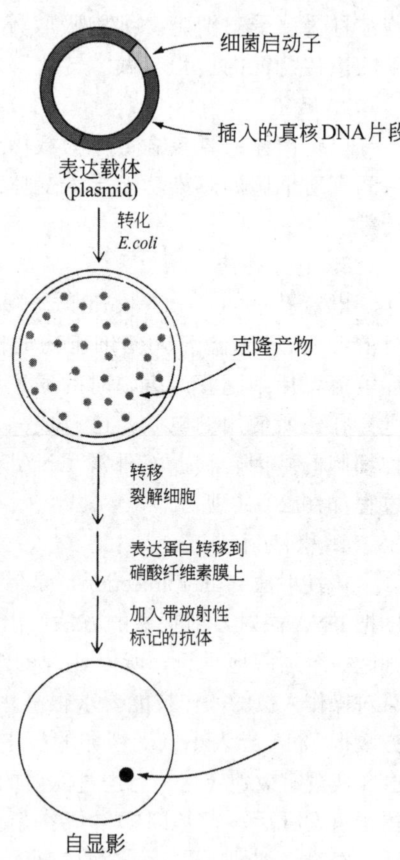

图 20-12　免疫学检测

第三节　重组DNA技术的应用

一、重组DNA技术产生新品种新选择

人们克隆基因的目的往往在于基因的产物而不是基因本身。例如，一些蛋白在商业、治疗和科学研究上有巨大的价值，但由于它在细胞内的含量低等原因而不易得到；自20世纪70年代遗传工程技术诞生以来，DNA重组技术在工业、农业、医药、食品工业、环境保护等方面的应用取得了可喜的研究成果。重组DNA技术的第一个商用产品是人胰岛素，它是Elililly和他的公司生产的；已在1982年由美国食品和药物管理局（FDA）批准用于人体治疗。目前，成千上百个公司正在参加世界范围内的新产品开发，主要的新产品有：抗凝血剂、凝血因子、白细胞集落刺激因子、红血细胞生成素（erythropoietin）、生长因子、人生长激素、干扰素（interferons）、白细胞介素（interleukins）、单克隆抗体（monoclonal antibodies）、超氧化物歧化酶（superoxide dismutase）、疫苗（vaccines）等等。促红细胞生成素是一种蛋白质激素，相对分子质量51000。能刺激红细胞的产生，患有肾病的人常常缺少这种蛋白，因此导致贫血。重组DNA技术生产的促红细胞生成素用于这类病人的治疗，可减少重复输血和相随而至的危险。

其他一些重组DNA的工业产品正在陆续地出现。用重组DNA技术制备的酶已被用于生产去污剂、糖和奶酪。工程化蛋白正在被人们用做食品添加剂以增加营养、调节口味和芳香性。

二、法医学的强大武器——DNA指纹法

传统上，确定一个犯罪嫌疑人是否在现场的最精确方法是指纹鉴定。随着DNA重组技术的发展，已经产生一种更大强有力的法医学手段：DNA指纹鉴定法（DNA fingerprinting）。

DNA指纹法是以序列多态性（sequence polymorphism）为基础的。人类个体之间存在着轻微的DNA顺序差异性，通常平均1000bp中有一bp不同。每一个与原型人基因组顺序（从第一个人类个体获得的完整基因组顺序）的差异存在于某一部分的人群中，每一个个体之间有些不同。有些顺序的改变影响到一些限制性内切酶的识别位点，导致由特定限制性内切酶切割产生的DNA片段大小的差异。这些差异就是“限制片段长度多态性”（restriction fragment length polymorphism，RFLP）。

限制片段长度多态性的检出依赖于一个特殊的杂交方法，即Southern吸印法（Southern blotting），如图20-13。由限制性内切酶切割基因组DNA产生的DNA片段使用琼脂糖凝胶电泳把DNA按片段大小分开。把凝胶浸在碱性溶液中使DNA片段变性，然后变性DNA片段按原来在凝胶中的位置被吸印入尼龙膜。这尼龙膜之后被浸入含有放射性标记探针的溶液中。这种探针顺序通常在一个人基因组中重复几千次，因此当人基因组DNA用限制性内切酶酶解产生的DNA片段在与放射性探针杂交后，通过放射自显影方法能显示出可与放射性标记探针杂交的几千条带。

能被这种检测方法检出的基因组DNA顺序一般是含有重复顺序的区域（高等真核生物基因组中的一些短重复顺序能串联重复几千次）。

在这些DNA区域的重复DNA顺序的重复次数因个体的不同而不同（同卵双生者除外）。因此选择一个适合的探针，显示的基因组限制片段的电泳图具有个体的独特性（特异性）。联合使用的几种探针就能够准确无误地从所有人群中鉴别出单一个体的身份。但是Southern blotting方法需要较新鲜的DNA样品，而且所需要的样品量也大，常常超过犯罪现场所能采到的样品量。RFLP分析的灵敏度能依靠PCR方法扩增DNA样品而得到大大增强，使得研究者可以从一根头发囊泡、一滴血、从强奸事件的被害人身上取得的少量精液获

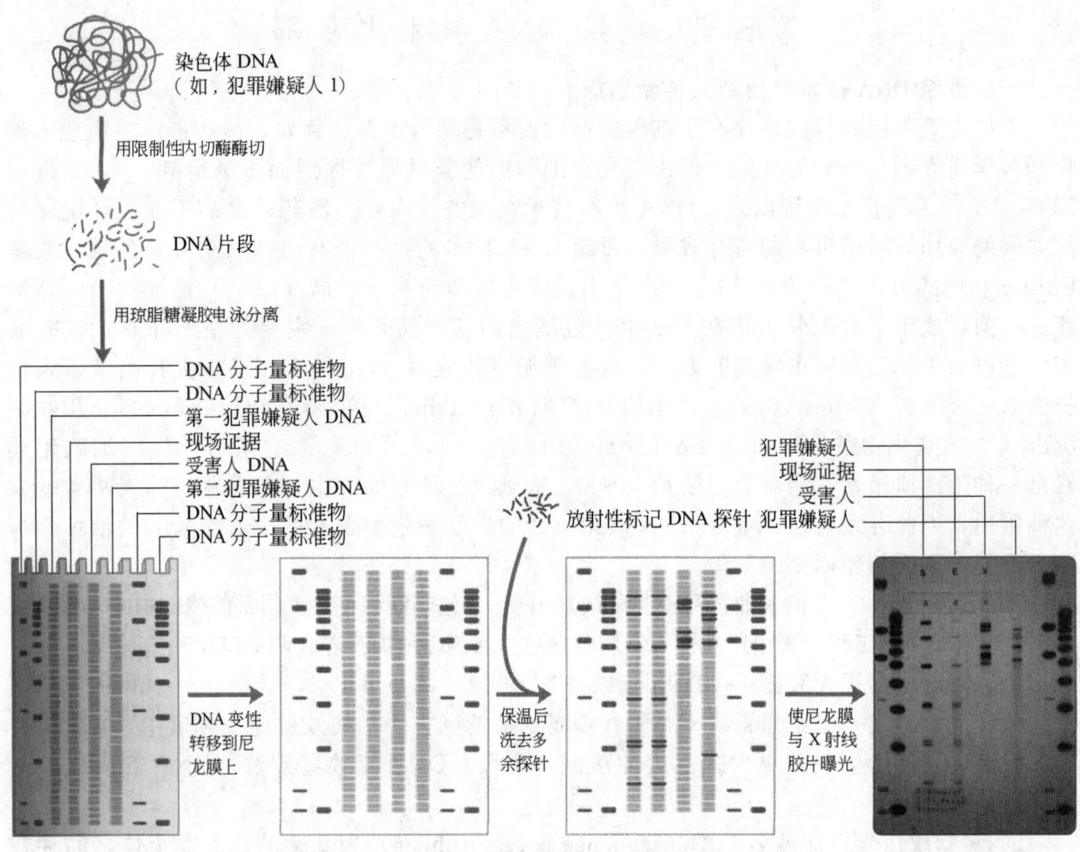

图 20-13　Southern 吸印法在 DNA 指纹法中的应用

得 DNA 指纹，而且所取的样品可以历经几个月甚至许多年。

这些方法在全世界为法庭提供决定性证据。如图 20-13 中的例子；从一个被强奸者杀害的受害人身上获得的 DNA 进行的 DNA 指纹分析与受害人和两个犯罪嫌疑人的 DNA 指纹进行比较。可以发现有一个嫌疑人的 DNA 区带图形与从受害人身上精子样品的图形完全一样。这是使用一种探针进行的 DNA 指纹分析。如果再用 3、4 个其他探针分别进行这种分析，可以做出毫无疑问的证据。这样的分析结果已经被广泛用于法庭证据或开释犯罪嫌疑人。还可以用于亲子鉴定。随着社会对标准和正式方法的认可，DNA 指纹法对法庭案例的侦察审判越来越重要，并在法医学实验室中广泛建立。这种方案甚至能解决几十年的谋杀疑案；1996 年，DNA 指纹法帮助证实了 1918 年被杀害的末代俄国沙皇和他的家人的骨骼身份。

三、工程化微生物用于地下采油、采矿及消除环境污染

工程化微生物可清除有毒的工业废水和垃圾，工程化的植物能够抗干旱、抗涝、抗病虫害等，增加农作物产量，减少农药的使用。

四、基因治疗与遗传性疾病的基因诊断

人类基因组图谱的初步完成，不仅为人类全部基因的定位建立起一个工作框架，而且为鉴定分离人类疾病相关基因提供了丰富的信息。

人类基因治疗（human gene therapy）试图以正常基因矫正替代缺陷的基因，或从基因水平调控细胞中缺陷基因的表达，以达到治疗某一基因缺陷所致的遗传性疾病、免疫缺陷等。由于这项研究固有的伦理问题，美国科学审查委员会把目标定得很窄。实验必须符合严格的伦理和实用标准，并只限于严重的遗传紊乱疾病。

第一，研究只限于体细胞，因此，治疗个体不会把遗传改变传给下一代。

第二，所选择的病必须是已知单基因缺陷引起的，相应的正常基因必须已被克隆。如由单一基因产生的单一酶的功能缺乏造成的疾病 Lesch-Nyhan 综合征，就是由于没有次黄嘌呤-鸟嘌呤磷酸核糖转移酶而造成的智力发育迟缓和严重的行为障碍。由于缺少腺苷脱氨酶或嘌呤核苷磷酸转移酶而造成的两种严重免疫缺陷也被列入基因治疗的疾病种类，对矫正腺苷脱氨酶基因缺陷已取得良好进展。

第三，必须能从病人身体分离细胞，在组织培养中加以改造，然后植回病人身体。对基因治疗允许使用的细胞是皮肤细胞和骨髓细胞。

第四，所计划的过程在进行人体实验之前必须有严格符合安全标准的动物实验。

基因诊断（gene diagnosis）指应用 DNA 重组技术对基因组 DNA 进行分析，以判断某种遗传疾病是否存在基因缺陷。传染性疾病是由于病毒和细菌等病原体的侵入所致的疾病。这些病原体都有特定的基因组 DNA。DNA 重组技术的发展，许多病原体的基因组 DNA 已被分析清楚或正在分析。通过设计某种病原体特定的 PCR 引物，通过 PCR 检测特异的扩增片段便可用于临床诊断。

一种重要新技术的出现总是与风险及不可预料的社会影响和环境影响相伴。如转基因食品的安全性问题，基因诊断可帮助医生检出遗传性的疾病，如高胆固醇症、哮喘病等，这种信息可使病人得到更好更早的治疗，但是同样的信息可能被用于限制个人获得医疗保险和健康护理、生命保险、甚至失去某些工作等。故在决定如何应用重组 DNA 技术中，对经济的、环境的、伦理的考虑必将愈来愈重要。

第四节　基因组文库和基因组学

由于人类基因组及其他一批物种的基因组测序的完成，在生命科学领域诞生了一门新的学科——基因组学（genomics）。这是一门在整个细胞、整个物种的基因组水平研究 DNA 顺序、整个基因组基因成分和功能的科学。由于基因组数据库信息数量的迅速增长，基因组 DNA 测序的里程碑一个接着一个建立。21 世纪初的生物学拥有了几年前想都想不到的信息资源。下面讨论促使获得这些进展的技术。

一、DNA 文库提供基因组特异的遗传信息目录

DNA 文库是许多 DNA 克隆的集合，有了 DNA 文库就可以进行 DNA 测序，用生物信息学（bioinformatics）方法找出基因并研究基因的功能，这些工作属于基因组学的研究范围。DNA 文库依据 DNA 的来源分成几种不同形式，其中最大型的是基因组文库（genomic library）。把整个基因组 DNA 切成成千上万个片段，把它们插入载体形成整个基因组所有片段的克隆，这些克隆的全体叫作基因组文库。

制作基因组文库的第一步是用限制性内切酶对基因组 DNA 进行部分降解（partial digestion，不完全降解），产生一定大小的 DNA 片段，以便能被克隆载体容纳并克隆，保证一个基因组的所有 DNA 序列都能存在于基因组文库中。太大或太小的 DNA 片断可以用离心或电泳的办法去掉。然后把克隆载体如 BAC（细菌人工染色体）或 YAC（酵母人工染色体）质粒用相同的限制酶切割，并把这些切开的载体 DNA 与基因组的 DNA 片段连接。连接混合物用于转化大肠杆菌或酵母细胞以产生细胞形式的文库。每个细胞都寄居有一个不同的重组 DNA 分子。理论上基因组中的所有 DNA 序列都可能被保留在这个文库中，每个转化细胞成长为一个菌落，即一个“克隆”，在这个克隆中每个细胞在遗传上都是相同的，都携带同一种重组质粒。

图 20-14 中所示是假定的某物种 X 的一染色体片段，A-Q 代表片段中的标签顺序位点（sequece-tagged site STSs-已知碱基顺序包括已知基因的 DNA 顺序片段），染色体下面的数字 1～9 是一系列按顺序排列的 BAC 克隆。这些克隆在遗传图上的排序是多步骤的过程。判断一个 STS 是否在某个克隆中依靠分子杂交，如用从 STS 片段 PCR（DNA 聚合酶链式反应）扩增的探针与各个克隆杂交来判断，一旦各 STS 在每个对应的 BAC 克隆中被证实，就在遗传图上进行排序。例如，比较 3、4 和 5 号克隆表明标志顺序 E 存在于所有三个克隆中，F 存在于 4、5 号克隆中，但不存在于 3 号，而 G 只存在于克隆 5 中，这表明这些 STS 标志序列的排序应是 EFG。这些克隆部分交盖，克隆的排序应是 3，4，5。这样产生的系列克隆的有序排列叫作一个重叠群（contig）。

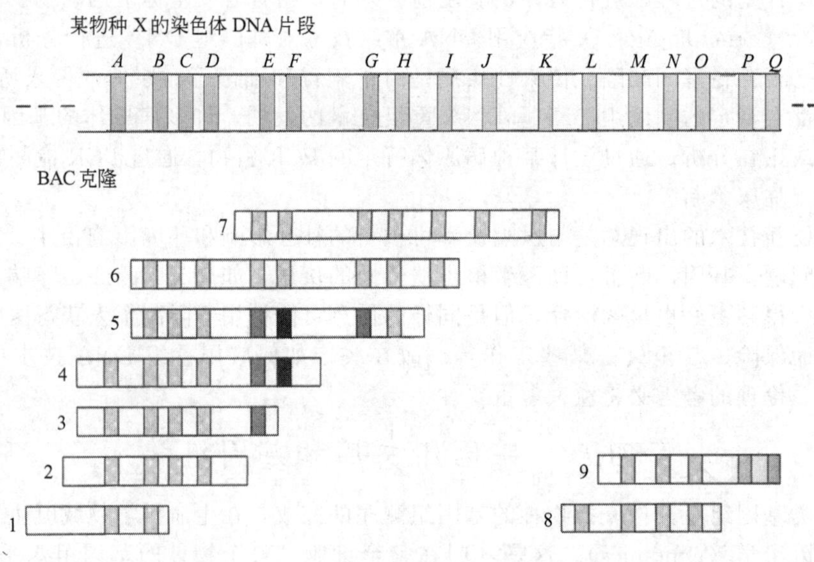

图 20-14 一个 DNA 文库中各克降的顺序（重叠群）

使用杂交方法，科学家们能够根据各个克隆 DNA 片断的覆盖顺序把每个克隆按照次序排列起来。一系列相交盖的克隆 DNA 组成基因组中的一段较长的片段。这些相邻片段被称为一个重叠群。使用分子杂交方法，可以在文库中找到先前已知的基因或顺序的位置。如果这些顺序已经在染色体上作图（mapping，用遗传学方法确定基因在染色体上的位置），研究者就可以找到一个 DNA 克隆或一个重叠群在整个基因组的位置。一个详细研究过的基因组文库可能含有成千上万个长的重叠群。它们有序地排列在染色体上形成详细的物理图。在基因组文库中的已知顺序（称为标签顺序位点，sequence-tagged site，STS）能够为基因组测序提供界标。

越来越多的不同物种基因组的 DNA 测序已完成。因而基因组文库的应用价值正在变小，研究人员现在正在建造更专门的文库以研究基因的功能。例如，可以把一个基因组、一些细胞或组织中被表达成 mRNA 的基因顺序组成一个文库。这种文库缺少许多组成真核基因的大部分非编码 DNA 顺序。首先从一个物种或从一物种的特殊细胞、组织抽提出 mRNA，然后使用逆转录酶进行几步反应，制备这些 mRNA 的互补 DNA（cDNA）；把产生的双链 cDNA 片段克隆入适当的载体。这样产生的克隆群体称作 cDNA 文库（cDNA library）。在 cDNA 文库中寻找一个基因的表达顺序比在基因组文库中寻找来得容易。例如如果想克隆珠蛋白（血红蛋白）基因，则可以首先从红血细胞的前体细胞——网织红细胞制备细胞 mRNA，再制备成 cDNA 文库。因为这种细胞中约一半的 mRNA 是珠蛋白的 mRNA，要从这个 cDNA 文库中得到珠蛋白编码基因就容易得多。为了给大的基因组作图可以对 cDNA文库中的克隆作随机采样测序，以产生有用的 STS，这种 STS 也叫表达顺序标签（expressed sequence tag，EST）。EST 的大小一般从几十个到几百个碱基对，能够在较大的基因组图中定位。几十万个 EST 可以为人类基因组测序绘出详细的物理图。

cDNA 文库还可以做得更精细、有用。如在克隆载体上接入一段标志性序列，作为“报告基因”，它们能和被克隆的 cDNA 形成“报告基因架构”（reporter construct）。目前使用的两种有用的标志是绿色荧光蛋白的基因和抗原决定簇标签（epitope tags）。一个较大的基因和绿色荧光蛋白（green fluorescent protein，GFP）基因融合会产生有高度荧光性的融合蛋白。它能起显示作用。只要几个这种蛋白质分子就可以在显微镜下被观察到，用于研究它们在细胞内的定位和运动。另一种标志物叫作抗原决定簇标签（epitope tag）它是一段短蛋白质顺序，可和识别它的单克隆抗体紧密结合。这种标签蛋白能和抗体相互作用，因而可以用免疫沉淀法从一个蛋白质粗提物中沉淀出来。如果其他蛋白和标签蛋白相结合，它可被一齐沉淀出来，这就可以为细胞中蛋白质-蛋白质的相互作用提供信息。现在专门 DNA 文库的多样性和用途正在与日俱增。

二、多聚酶链式反应扩增特异性 DNA 片段

人类基因组工程以及对各种类型基因组测序的研究，为人们提供了前所未有的了解基因顺序信息的好机会。这些 DNA 顺序信息又为简化单个基因的克隆以便更详细地进行生物化学研究提供了条件。如果知道一个被克隆的 DNA 片段的侧接 DNA 顺序（flanking sequence)，就能利用多聚酶链式反应（polymerase chain reaction，PCR）大大扩增这个 DNA 片段，这种 PCR 方法是 Kary Mullis 在 1983 年发明的。这样扩增的 DNA 片段能直接被克隆或用于系列生化与分子生物学分析过程。

PCR 方法非常简便，只要合成两个互补于被扩增的 DNA 片段侧接 DNA 顺序的寡核苷酸，这两个寡核苷酸就可以作为 DNA 聚合酶延伸 DNA 链的引物，这两引物的 3′末端相对，两引物的杂交点就界定了被聚合酶扩增的 DNA 片段在整个 DNA 分子上的位置（图 20-15）。为了获得单链 DNA 模板，提取的 DNA 可进行快速地热变性。然后在过量的化学合成寡核苷酸引物的存在下退火使之与模板 DNA 杂交。在反应体系中补加四种脱氧核苷三磷酸，在引物的引导下由 DNA 聚合酶选择性地合成两引物间的 DNA 片段。这个热变性、退火、复制的过程在几小时内可被重复 25～30 次。这种三阶段的循环可以在 PCR 仪中自动地进行，最后使被扩增的 DNA 片段呈指数增加到可用于分析和克隆的数量。在 PCR 反应中使用的是一种热稳定性 DNA 聚合酶，如 *Taq* DNA 聚合酶（*Taq*，*Thermophilus aquaticus*，一种生长在 90℃以上温泉中的古细菌）。它能在每次 DNA 热变性过程中仍保持活性，因此每次循环后不必重新补加 DNA 聚合酶。在设计 PCR 引物时，可在引物中加入限制性内切酶的切割位点，便于被扩增 DNA 片段的克隆。

这种技术是高度灵敏的，PCR 技术能检出和扩增任何仅含有一个 DNA 分子模板的样品。即使 DNA 样品被长时间放置，PCR 方法甚至能成功地克隆 4 万年以前的样品中的 DNA。一些研究者已经成功地利用 PCR 技术克隆人类木乃伊残留的 DNA 和灭绝的动物猛犸的 DNA，创造了分子考古学和分子古生物学的新领域。在古人类埋葬地点的 DNA 被 PCR 扩增用于跟踪古人类的迁徙。流行病学专家可以利用人类的残留物跟踪人类病源病毒的进化。所以，除了用于克隆 DNA 以外，PCR 还是法医学的强有力工具。它也可用于在出现症状之前的病毒感染检验和不同遗传疾病的人类胎儿产前诊断。

PCR 方法对整个基因组测序的进展起到重要作用。例如，EST 在特殊染色体上的作图，常常使用 EST 的 PCR 扩增，然后把扩增产物与有序排列的文库中的克隆进行杂交，可以确定每个 EST 在基因组中的位置。从诞生之日起科学家们便使 PCR 技术在人类基因组工程中得到许多应用。

三、基因组测序提供最完善的基因文库

基因组是一个物种遗传信息的根本来源，但是我们对自己的基因组更感兴趣。在发明了实用的 DNA 测序技术之后不到十年，关于把 30 亿个碱基对的人类基因组全部测序的建议被提上议事日程。国际性人类基因组工程在 20 世纪 80 年代末获得大量政府资助后正式开始。参与这个项目的国家包括美国、英国、日本、法国、中国和德国。在项目执行之初，对一个有 3×10^9 bp 的人类基因组进行测序是个吓人的任务。后来逐渐发明了一些先进技术，使这项工作加速进行并提前完成。这项工作包括建立超过 100000 bp DNA 片断的克隆技术和一次能测定 600～700bp DNA 顺序的现代测序技术。每个克隆须分段完成测序；测序过程使用鸟枪法 (shotgun approach)，即研究者使用强大的新自动测序仪对一个给定克隆的片段进行随机测序，然后使用计算机找出各片段间的交盖部分，就可以排出各片段的前后顺序和连接方式，测序片段组装成 DNA 克隆的顺序。对已测序的克隆片段的数目进行统计学计算，以使这个克隆的全部序列平均被重复测序 4～6 次。把它测序的 DNA 序列送入数据库，使测定的 DNA 序列覆盖整个基因组。人类基因组物理图的建造是一件费时的工作，它的进展反映在整个 20 世纪 90 年代主要杂志的年度报告中，直至这个物理图建成。全部测序的完成原定在 2005 年，但是新技术的出现促进计划提前在 2003 年 4 月完成。

在 1997 年新建立的一个商业公司（Celera 公司）参与了人类基因组测序的竞争，这个由 J. Craig Venter 领导的 Celera 小组采用一个叫做“全基因组鸟枪法测序”的不同策略。省去了全基因组拼接基因组物理图的阶段，而是把整个基因组已测序的片段用计算机进行序列比对，找出交盖部分并排出次序。在人类基因组工程项目开始的时候，曾经认为在这么大范围内进行鸟枪法测序是不可行的。但是由于计算机软件和自动化测序的发明，使得这条途径于 1997 年变得可行。这家私人公司和国家的测序

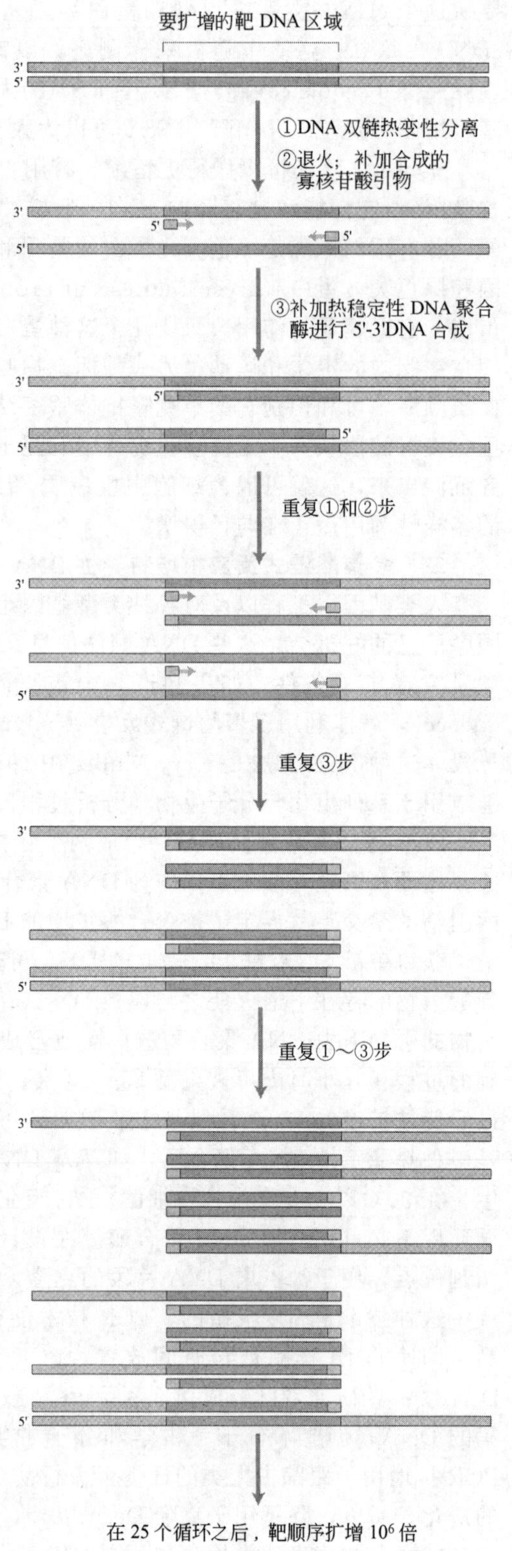

图 20-15　由多聚酶链式反应（PCR）扩增一个 DNA 片段

竞争使得这项工程提前完成。在2001年人类基因组序列草图（draft）发布后两年的工作排除了接近1000个不连续的位点，并提供了高质量的整个基因组的连续顺序资料。

人类基因组工程达到了20世纪生物学的顶峰，并将大大地改变新世纪的科学面貌。人类基因组仅仅是这个故事的一部分。许多其他物种的基因组也已经测序或正在测序。其中包括酿酒酵母（*Saccharomyces cerevisiae*，1996年完成）、裂殖酵母（*Schizosacch pombe*，2002年）、线虫（1998）、果蝇（2000）、植物拟南芥（2000）、小鼠（2002）、斑马鱼等及几十种细菌和古细菌。早期的测序工作主要集中在用于实验的模型生物上，但是在经验增多和技术改进后，基因组的测序最终还是要涉及许多其他物种。扩大许多基因在基因组中的定位（作图），证实新的蛋白和致病基因，许多新的探索正在开始实施。

20世纪80年代中期的讨论导致1989年人类基因组工程正式启动。前期的研究工作包括深入进行遗传作图以提供基因组界标，这个过程占据了整个90年代，为其他一些物种基因组的测序提供了宝贵经验。最初完成测序的基因组包括许多细菌，如流感嗜血杆菌、酵母、果蝇和植物拟南芥，直到2000年才完成一些哺乳动物基因组的测序，每个基因组（genome）都有一个网址以供最新数据的存储。

人类基因组工程实施的成果不仅仅是获得使生物学迅速发展的数据库，而且改变了人类对自身的思维。对人类基因组范围的DNA序列初步研究带给我们许多新奇和深奥的问题。那就是人类基因组没有我们想像得那么复杂。数十年前人们估计在3.2×10^9 bp的人类基因组中应有约100000个基因。现已发现人类只有30000～35000个基因，大约只是3倍于果蝇、2倍于线虫。虽然人类已经高度进化，但是人类的基因组还是相当古老的。在早些时候的一次筛选中，人们发现在1278个蛋白质家族中只有94个是脊椎动物独有的。我们和植物、蠕虫和果蝇共同具有许多蛋白质结构域，人类使用这些结构域作更复杂的排列组合。独特的基因表达模式能使一个基因产生更多的蛋白，这是人类和其他脊椎动物比细菌、蠕虫或任何其他生物优越的地方。这就使得人类的基因成分能产生更多更复杂的蛋白质。

现已知道，人类基因组DNA只有1.1%～1.4%用于编码蛋白质（图20-16），基因组的50%以上由短的重复顺序组成，其中的大部分，约占人类基因组的45%来自转座子和短的可移动顺序（movable sequence）。它们是分子寄生物。许多转座子长时间在一个位置上不变，不再移动到基因组的其他地方。而其他转座子以低频率的速度在移动，使得基因组成为一个永远动态的进化实体。起码有几个转座子已被它们的寄主选作有用的细胞成分。

所有这些信息告诉我们，人类和其他生物到底有多大区别。在人类群体中大概有几百万个单一碱基的区别。即所谓单核苷酸多态性（single nucleotide polymorphism，SNP）。每个人与另一个人在每1000bp中就有1bp的差别。从这些微小的差异产生了人类的差异性，就是我们知道的毛发颜色、视力、对医药的过敏性、脚的尺寸，甚至行为的差异。有些SNPs和人类的特定群体相连，并且能提供千万年前人类迁徙的信息和进化关系的信息。

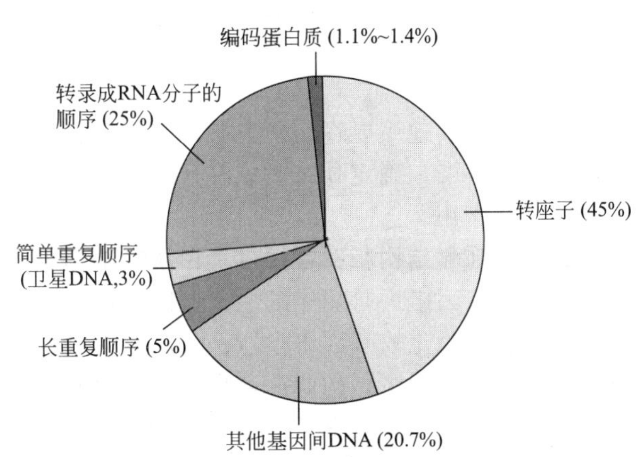

图20-16　人类基因组各种顺序组成图

与现在人类基因组测序这个巨大的进展一样，人们正在努力了解其他的生物的基因组信息，国际数据库中大量的基因组信息每月都在增加。有一些信息是用以前从未见过的语言写成的，但是它们有巨大的价值，并必将促进新的蛋白、和新的生物化学与分子生物学过程的发现，进而影响生物化学的每个方面。

第五节　从基因组到蛋白质组

一、蛋白质组和蛋白质组学

一个基因不只是简单的一个 DNA 序列，当细胞需要的时候，它的信息会被转换成一种蛋白质或一个功能 RNA 产物。对于一个已测序的基因组（genomes），首先要把此基因组内的基因分门别类。把给 RNA 编码的基因与为蛋白质编码的基因相比，其产物比较难以证实，甚至在脊椎动物基因组中也难于确定位置。这是因为 DNA 序列信息爆炸，人们了解到的准确事实。尽管许多年来生物化学在长足地进展，在每种真核细胞中仍有许多未认识的蛋白质种类，在细菌细胞中也有相当一部分未被了解。这些蛋白质可能在人类仍然未知的过程中起作用，或者在人们认为已了解的过程中起作用。而且，基因组信息不能阐明这些蛋白质的三维结构，以及这些蛋白质在细胞内合成后如何被修饰。这些蛋白质在每种细胞中有着无数的重要功能，现在已成为整个细胞生物化学的新的焦点。

由一个基因组表达的所有蛋白质成分叫作蛋白质组（proteome）。这是 1995 年第一次出现在研究文献中的名词。这个概念迅速演化成一个独立的研究领域叫作蛋白质组学（proteomics）。蛋白质组学要解决的问题是明确的，但至今尚未解决。每个基因组都提供给我们成千上万个为蛋白质编码的基因，因而人们想知道这些蛋白质的结构和功能。尽管在多年的研究后许多有关蛋白质的信息能给我们很多惊喜，但整个蛋白质组的研究仍然是一个极为艰巨的任务。仅仅了解一种蛋白质的功能就要经过艰苦的研究，尽管生化学家现在已经能够利用许多现代化的技术走更便捷的道路。

蛋白质的功能能够从三个水平来描述。表型功能（phenotypic function）介绍一个蛋白质对整个基因组的影响。例如，丧失某个蛋白质能导致某种生物个体的生长速度降低，或发育畸形甚至死亡。细胞功能（cellular function）介绍一个蛋白质在细胞水平参与的相互作用网络。细胞内蛋白质和其他蛋白质相互作用决定一种蛋白质参与的代谢过程。最后，即第三个水平是分子功能（molecular function），可以看成是一个蛋白质精确的生物化学活性，包括一个酶催化的反应细节，或一个配基与受体结合的细节。

对几个模型生物的基因组如酿酒酵母和植物拟南芥，使用包括遗传工程在内的各种手段进行研究。如灭活一个基因的研究，看这种基因对有机体的影响，如果机体的生长情况或其他性质发生改变（或者根本就不生长），这就提供了这种基因产生的蛋白质所具有的表型功能。

还有三种其他主要途径研究蛋白质功能：(1) 在序列和结构上与已知功能的基因和蛋白质进行比较；(2) 确定什么时候在什么位置这种基因被表达；(3) 研究一个蛋白质和其他蛋白质的相互作用。

二、序列和结构相关性提供蛋白质功能的信息

对许多基因组进行测序的主要原因是能通过基因组 DNA 序列比对确定基因的功能。这种研究方法称为比较基因组学（comparative genomics）。有时候通过对新发现的基因与先前研究过的基因进行序列的同源性比对，可以确定它们的相关性，因而完全或部分地确定它的功能。这些来自不同物种但具有明显的序列和功能相关性的基因叫做直向同源基因（orthologs），在同一生物种中序列类似性基因称作共生同源基因（paralogs）(见图 20-17)。如在一个物种中已详细研究过的一个基因可以用来确定第二个物种中直向同源基因的功能。基

因的身份最容易通过亲缘关系相近物种进行基因组序列的比较来确定，例如比较小鼠和人类的基因组序列。虽然人和细菌这两种进化距离很远的物种之间也有很清楚的直向同源基因。

有时候甚至在紧密相关物种之中同源基因在染色体上的位置、排列顺序都以大片段的形式保留下来（见图 20-17）。这种基因排列位置的保守性称作同线性（synteny）。它提供了基因之间直向同源基因关系的又一证据。

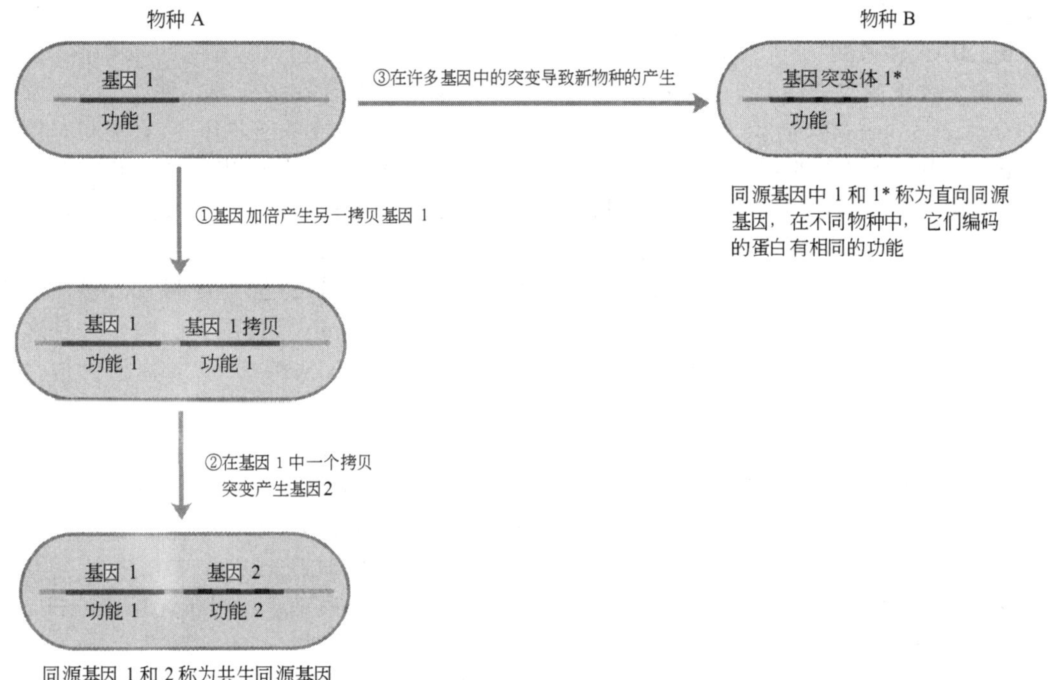

图 20-17　突变和基因加倍造成遗传多样性的产生

另一方面，在一些蛋白质内可以找出和特殊结构模序（motif）相关的 DNA 或氨基酸顺序。像催化 ATP 的水解；与 DNA 结合或能形成锌指（一种蛋白质的超二级结构）的结构模序的存在，可以帮助鉴定蛋白质的分子功能。这种相关性的确定需要越来越精细的计算机软件的帮助。它的局限性在于目前现有基因和蛋白质结构的信息数据以及把特殊结构模序与序列相比对的能力仍然有限。

为了进一步进行基于结构相关性的蛋白质的功能鉴定，科学界已开始了许多结构蛋白质组学的专题研究，目的是尽可能多地获得那些没有现有的功能信息的蛋白质结晶，并测定蛋白质的结构和结构域。这些课题得益于把蛋白质结晶这样乏味的步骤实现自动化的帮助。当这些蛋白质的结构问题解决后，它们将被纳入结构数据库，这些工作将可以帮助确定结构模序的变化范围。当一个新发现的蛋白质被证明与数据库中已知功能的蛋白质的模序有着明显的相关性时，这些信息就可以提示这个蛋白质的分子功能。

三、细胞基因表达图谱（cellular expression pattern）

在一个新测序的基因组中，研究人员发现编码蛋白质的基因和已知蛋白质的基因没有结构的相关性，在这种情况下，必须使用其他方法以获得关于这些基因功能的信息。确定在一种组织内哪些基因表达，什么环境会触发一个基因的表达，以提供有价值的线索。许多不同的方法已被开发出来研究细胞基因的表达图谱，并进一步能够了解一个基因在细胞中的功能。

四、双向凝胶电泳

双向凝胶电泳（two-dimensional gel electrophoresis）可以在一张凝胶胶片上分离和展示 1000 种以上的不同蛋白质，接着使用质谱仪能对单个电泳分离的蛋白质点进行部分测序并指定编码此蛋白质的基因。来自不同组织的或相同组织的不同发育阶段蛋白质样品，或用不同的生物学条件处理的组织的样品，进行双向电泳分析，电泳图中出现特殊蛋白质的点，能够帮助我们确定某基因或蛋白质的细胞功能。

五、DNA 微阵列

生物学技术的改进使 DNA 文库、PCR 和分子杂交技术组合在一起，发明了 DNA 微阵列（DNA microarray）技术，有时称 DNA 芯片（DNA Chip，或基因芯片）。它能同时检验成千上万个基因的表达情况。具体的做法是把 PCR 扩增产生的 DNA 片段（含几十个、几百个核苷酸残基）固定在一个固定支持物表面。这种工作是由机器人来完成的，它能把纳升（nanoliter）级的 DNA 溶液点入固体表面。成千上万个这样点入的 DNA 探针是按照预先设计的次序有序地点入只有几个平方厘米的固体表面。另一类策略是把 DNA 探针直接在固体表面合成，这要涉及光刻技术（照相平板印刷术 photolithography）(如图 20-18)。一旦这种芯片做成，它能探测由特殊细胞类型或细胞培养物产生的 mRNA 和 cDNA，以研究这些细胞基因的表达情况。

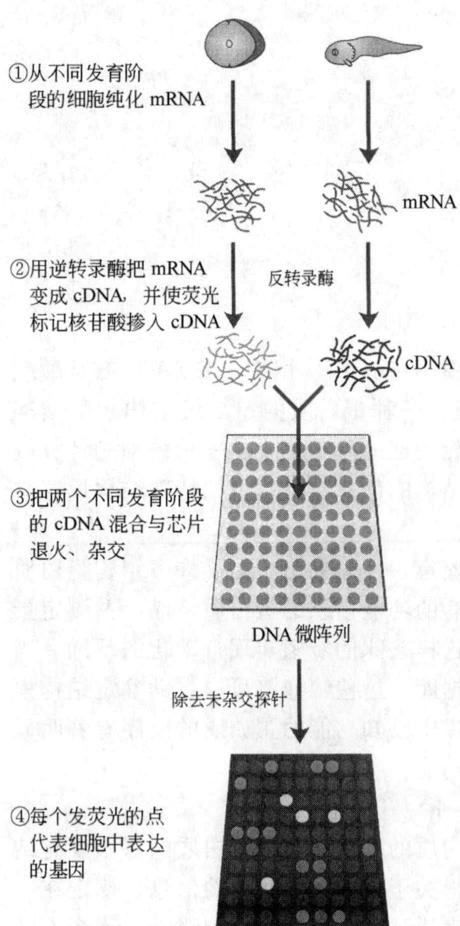
①从不同发育阶段的细胞纯化 mRNA
mRNA
②用逆转录酶把 mRNA 变成 cDNA，并使荧光标记核苷酸掺入 cDNA
反转录酶
cDNA
③把两个不同发育阶段的 cDNA 混合与芯片退火、杂交
DNA 微阵列
除去未杂交探针
④每个发荧光的点代表细胞中表达的基因

图 20-18　DNA 微阵列工作原理

微阵列能回答诸如一个物种发育的特定阶段哪些基因被表达的问题。在两个不同发育阶段的细胞中分离全部的 mRNA 成分，并把这些 mRNA 逆转录成 cDNA，同时在 cDNA 中掺入具有不同颜色荧光标记核苷酸残基。两组荧光标记的 cDNA 被混合，然后把混合 cDNA 溶液与芯片上的许多寡核苷酸探针进行杂交反应。如图 20-18 中，这种由红绿两种不同荧光标记的 cDNA 混合物和芯片杂交结果表明，在蝾螈发育的单细胞阶段，绿色标记的 cDNA——也就是相应的 mRNA 较多，在发育的后期阶段红色标记的 mRNA 更丰富，两个阶段都表达的基因，红绿荧光交盖表现为黄色。由于两个样品混合与一个芯片杂交可以测出两阶段不同基因表达的相对丰度。这种方法必须校准由于最初点入芯片的 DNA 探针数量上的误差以及其他导致误差的因子。这种芯片技术可以检出在细胞收获的某一瞬间整个基因组范围内所有基因的表达情况。对一个未知功能的基因来说，其表达的时间和环境对了解它在细胞内的功能可提供重要线索。

酵母基因组已被完全测序，它的 6000 多个基因的片段通过 PCR 方法扩增后被点入芯片的特定位置，形成阵列。酵母生长的两个截然不同的阶段营养生长和孢子化过程所产生的 mRNA 通过逆转录和荧光标记，使这两种 cDNA 混合物与酵母全基因组芯片杂交，产生的杂交图表明两个不同生长阶段基因表达的巨大差异。

六、蛋白质芯片（protein chip）

蛋白质也可以被固定在固体表面用于鉴别样品中是否有某种蛋白的存在。例如，把一系列不同蛋白的抗体以阵列方式分别固定在固体表面。然后把被检测的蛋白质样品和抗体阵列反应。如果样品的某一蛋白能和抗体阵列中的某一抗体结合，就可证明样品中存在着该抗体对应的蛋白质（抗原）的存在。

七、蛋白质相互作用的检测

蛋白质相互作用的检测（detection of protein-protein interactions）可以了解蛋白质的细胞功能和分子功能。了解蛋白质功能的关键之一是检测它和谁结合。使蛋白质与蛋白质相互作用，可把未知功能的蛋白质和已知功能的蛋白质联系在一起，提供有用的线索，用于这种研究的技术是多种多样的。

八、基因组成分的比较

基因组成分的比较虽然不是直接证据，在特殊基因组中那些独特的基因组合可能提供这些基因功能的线索。我们只需在数据库中寻找特殊基因，然后测定哪些基因也存在于这个基因组中。两个基因总是同时存在一个基因组中，它们的蛋白质可能就是功能相关蛋白质，如果这些蛋白质中起码有一个功能是已知的，这种相关性对预测蛋白质功能就特别有用。

九、纯化蛋白质复合物

使用建造的 cDNA 文库使每个蛋白质基因与一个抗原决定族标签（epitope tag）相连（相融合），这样，研究人员就能够使用结合抗原决定簇标签的抗体用免疫沉淀纯化一个基因的蛋白质产物。如果带标签的蛋白在细胞内表达，能够和这个蛋白相结合的蛋白也可以随着它一起被沉淀，通过鉴别相结合的蛋白可以了解到带标签的蛋白和其他蛋白的蛋白质-蛋白质相互作用。这种方法有各种不同形式。例如，一个表达带标签蛋白质的细胞粗提物（crude extract）可被加入含有免疫抗体的色谱柱，于是能够和带标签的蛋白相互结合的蛋白有时也能被持留在柱上。其后使用一种特异的蛋白酶切断标签和蛋白之间的联系，纯化蛋白质复合物（purification of protein complexes）就可以从色谱柱上被洗脱下来，并加以分析，研究者能够使用这种方法确定细胞中形成的蛋白质复合物成分和结合方式。

现在已有一系列有用的蛋白质标签。一种普通的标签是组氨酸标签（histidine tag），常常只含六个一串的组氨酸残基。这种聚组氨酸能够相当紧密地结合金属离子，如镍离子。如果一个蛋白质基因克隆连上一个组氨酸标签，使它在羧基末端有了额外的这些组氨酸残基，这种蛋白就能够使用固定有镍离子的色谱柱进行纯化。使用这种方法很方便，但必须十分小心，因为补加的抗原决定簇或组氨酸标签中的氨基酸残基会影响蛋白质的活性。

十、酵母双杂交分析（yeast two-hybrid analysis）

一个精致的研究蛋白质-蛋白质相互作用的遗传学方法，是以酵母蛋白 Gal 4p 蛋白的性质为基础的。这个蛋白质能激活一些酵母基因的转录。Gal 4p 有两个结构域，其中一个和一段特异的 DNA 顺序相结合；另一个结构域激活 RNA 聚合酶，从一个相邻的报告基因合成 mRNA。这两个结构域被分离时其活性仍然稳定，但是 RNA 聚合酶的激活需要和 Gal4p 的激活结构域的结合，而激活结构域又需由 DNA 结合结构域来定位。因此，这两个结构域必须被会合在一起才能正确地行使其功能（见图 20-19）。

在这个方法中，被研究基因的蛋白质编码区融合于 Gal4p 蛋白的 DNA 结合结构域顺序或者激活结构域顺序，产生的融合基因表达一系列融合蛋白。如果一个融合于 DNA 激活结构域的蛋白能够和融合于激活结构域的一个蛋白相互结合，转录就可被激活。这种激活使报告基因被转录，产生一种酵母生长必需的蛋白；或者产生一种酶，它能催化一种反应产生有

(a)

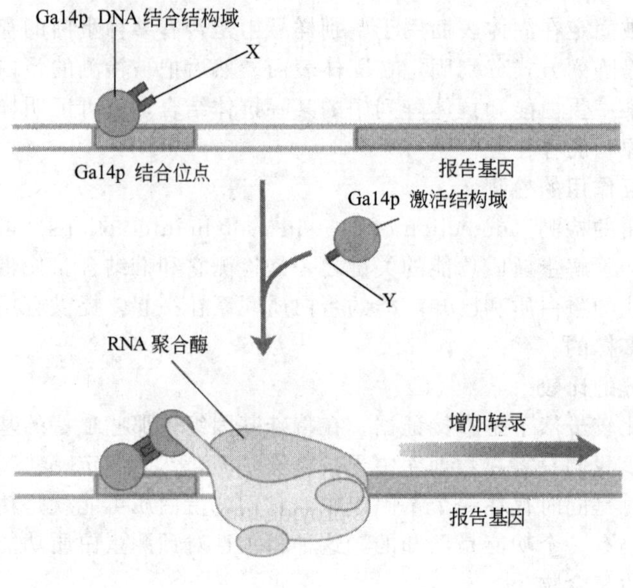

(b)

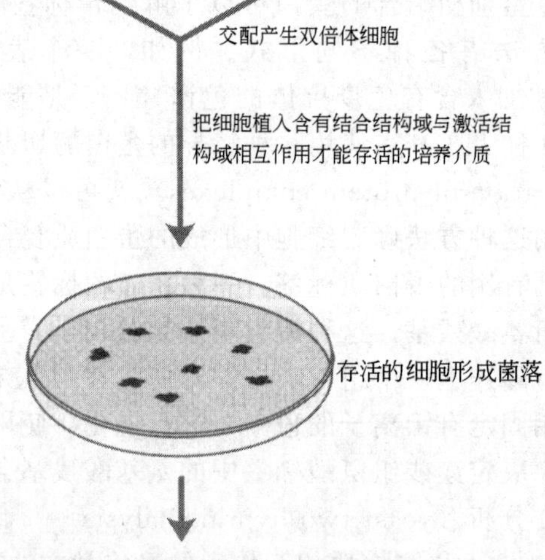

图 20-19　酵母双杂交系统

（a）通过遗传工程方法构建两个杂合蛋白，X 蛋白含有酵母 Gal4p 蛋白的 DNA 结合结构域，Y 蛋白含 Gal4p 的激活结构域，这个系统用于检测 X，Y 蛋白在酵母双倍体细胞内能否相互结合；（b）两个单倍体酵母细胞的交配产生双倍体酵母菌株，如果 X，Y 蛋白能够相结合，就能使此菌株在营养缺陷培养基上存活

色的产物。因此，当生长在适当的介质中时，具有这种能成对结合的融合蛋白的细胞就能和不具有成对激活能力的细胞区分开来。通常的做法是许多和 Gal4p DNA 结合顺序融合的基因在一个酵母菌株；而另一个和 Gal4p 激活结构域编码顺序融合的基因在另一个酵母菌株中。这两株酵母菌交配后产生的二倍体细胞就可以生长成单菌落。这个方法可以在细胞内筛

选与一个蛋白质互相结合的另一种蛋白质。

所有的这些技术为研究蛋白质的功能提供了重要的线索。但是，它们不能代替经典的生物化学。它们为研究者提供一条快速进入重要新生物学问题的许可证。最终，任何一个新蛋白质的详细功能的了解还需要传统的生物化学分析，如在本教科书介绍的许多仔细研究过的蛋白那样。像生物化学与分子生物学互为前进的工具一样，基因组学和蛋白质组学加速发现的不仅是新的蛋白质，而且还有新的生物学过程和机制。

提　　要

重组 DNA 技术诞生于 20 世纪 70 年代初，它是改变生物遗传特性的一条新的途径。重组 DNA 技术是几十年来人们对 DNA、RNA 和病毒研究的成果。它首先依赖于能够切割，连接 DNA、复制 DNA 和反转录 RNA 的酶的发现。从巨大的染色体上分离一个基因需要切割和连接 DNA 片段的方法，需要有一些能够自我复制的小分子载体以便插入 DNA 片段。需要能把带有外源 DNA 片段的载体导入细胞的方法，使它们能繁殖以形成克隆；还要有能找到含有我们感兴趣 DNA 的细胞克隆的方法。来自细菌的限制性内切酶和 DNA 连接酶的发现为 DNA 重组技术提供了重要的工具。细菌克隆的载体主要有质粒、噬菌体和 Cosmid。它们可用于克隆不同大小的 DNA 片段。这些载体都有复制的原点，使重组 DNA 得以在寄主细胞内繁殖。它们含有可供选择的遗传因子，如抗生素抗性因子；便于对含有重组子的细胞进行筛选。有一些病毒特别是反转录病毒（retroviruses）和腺病毒（adenoviruses）已经被改造成能把外源 DNA 导入哺乳动物细胞的“病毒载体”。植物中的基因克隆借助一种寄生菌农杆菌。

基因克隆的第一步常常是建造 DNA 文库。它含有大部分基因组的特定 DNA 片段。为了克隆那些在某个器官或组织的细胞中才能表达的基因，可从这些器官或组织的细胞中分离纯化出 mRNA，经反转录酶催化产生与之互补的 DNA，即 cDNA（complementary DNA），将这些 cDNA 插入载体进行克隆，产生的克隆群体叫做 cDNA 文库。特殊的 DNA 片段还可以通过 PCR 技术加以扩增。使用带有放射性的互补顺序作为探针可从 DNA 文库中检出含有特定基因的克隆。

通过转化或转染可把重组 DNA 送入细胞，把重组 DNA 导入动物细胞常用电穿孔法或微注射法。

重组 DNA 技术产生新产品新选择。重组 DNA 技术已扩展应用到人类，基因治疗技术的目的是治疗人类的遗传性疾病。

基因组学包括基因组研究和它的基因内容的研究。

基因组片段能被组织在文库中，这种基因组文库和 cDNA 文库的设计有不同形式和目的。

PCR 反应可用于扩增 DNA 文库或全基因组中的一个选择性 DNA 片段。

一个国际性的协作已经完成了包括人类基因组在内的许多基因组的测序，形成公众可用的数据库。

一个蛋白质组是由一个细胞基因组产生的蛋白质成分。蛋白质组学是研究细胞中所有蛋白质成分和分类的新学科。

确定一个新基因功能的最有效方法之一是依靠比较基因组学，查询基因组数据库中的类似序列。共生同源基因和直向同源基因及它们的蛋白质产物是新基因在相同物种或不同物种中有亲缘关系的基因。

细胞蛋白质组能用双向凝胶电泳分析，并用质谱仪加以研究。

一个蛋白质的细胞功能有时可以通过研究它的基因什么时候在什么细胞位置表达来推断。研究人员可使用 DNA 微阵列（DNA 芯片）和蛋白质芯片来测定细胞中的基因表达水平。

几种新技术包括比较基因组学、免疫沉淀和酵母双杂交分析能够检出蛋白质-蛋白质互相结合作用。这些结合作用能提供一种蛋白质在细胞内功能的重要线索。

思考题

1. 何谓重组 DNA 技术？简述其应用价值。
2. 简述Ⅱ型限制性内切酶的作用特征。
3. 常用的 DNA 克隆载体有哪些？为什么它们可用做基因克隆的载体？
4. 为什么要建立基因文库？

参 考 文 献

[1] Nelson D L & Cox M M. Lehninger Principles of Biochemistry. 5th Edition. New York：Worth Publisher，2008.

[2] Weaver R F. Molecular Biology. 2nd Edition. New York：McGaw-Hill，2003.

[3] Stryer L. Biochemistry. 4th Edition. New York：Freeman W H Company，1998.

[4] Garrett R H & Grisham C M. Biochemistry. 2nd Edition. Philadelphia：Saunders College Publishing，1999.

[5] Jeremy. M. Berg，John. L. Tymoczko，Lubert Stryer. Biochemistry. 6th Edition. New York：W H Frecman，2006.

生化英汉名词对照及索引

A

B

C

D

E

F

G

H

I

J

K

L

M

N

O

P

Q

R

S

T

U

V

W

X

Y

Z